HISTOIRE NATURELLE DES ÊTRES VIVANTS

TOME II

Fascicule II

CLASSIFICATIONS

ZOOLOGIQUES ET BOTANIQUES

Paris. — Imp. E. CAPIOMONT et Cie, rue des Poitevins, 6. (N° 28).

HISTOIRE NATURELLE
DES ÊTRES VIVANTS

TOME II

Fascicule II

CLASSIFICATIONS
ZOOLOGIQUES ET BOTANIQUES

A L'USAGE DES CANDIDATS

au Certificat d'études physiques, chimiques et naturelles
et à la Licence ès sciences naturelles

PAR

E. AUBERT

Docteur ès sciences, Agrégé de l'Université,
Professeur au lycée Charlemagne.

DEUXIÈME ÉDITION, REVUE ET AUGMENTÉE

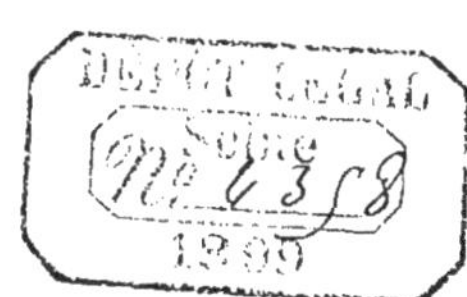

PARIS
LIBRAIRIE CLASSIQUE DE F.-E. ANDRÉ-GUÉDON
E. ANDRÉ Fils, Successeur
6, rue Casimir-Delavigne (près l'Odéon)
(CI-DEVANT, 15, RUE SÉGUIER)

1898

PRÉFACE

Le 2e fascicule du second Tome de l'***Histoire naturelle des Êtres vivants*** comprend l'ensemble des *Classifications zoologiques* et *botaniques*.

Le mode d'exposition adopté pour chaque groupe a été le suivant : 1° l'énoncé succinct des principaux caractères concernant ce groupe ; 2° un tableau des divisions qui y sont admises ; 3° une étude morphologique, anatomique et physiologique aussi simple que possible; 4° l'examen des divisions principales.

Un aperçu de l'importance paléontologique des groupes principaux termine chacun des grands chapitres.

Mon but n'a pas été de citer un grand nombre de genres, bien que l'ouvrage en comprenne plus de 2000. Les Animaux et les Végétaux les plus importants ont été seuls envisagés avec leurs caractères extérieurs, leur habitat, leur utilité et leurs applications diverses.

J'ai multiplié figures et schémas, persuadé qu'un fait quelconque est plus facile à saisir et mieux retenu, lorsqu'il est accompagné d'un dessin même imparfait.

Puisse cet ouvrage faciliter aux jeunes gens l'étude si captivante de l'Histoire naturelle! Je l'ai composé en me supposant entouré de quelques-uns d'entre eux, toujours prêts à soulever des objections au sujet de tel ou tel passage délicat.

Je tiens à exprimer ici mes sincères remercîments à M. André, mon éditeur, qui m'a profondément encouragé en secondant mes efforts avec la plus parfaite bienveillance.

E. AUBERT.

TABLE DES MATIÈRES

CLASSIFICATIONS

I. — BUT DE LA CLASSIFICATION

II. — DE L'ESPÈCE ET DE SES VARIATIONS

III. — MÉTHODES DE CLASSIFICATION

CLASSIFICATIONS ZOOLOGIQUES

PREMIER DEGRÉ D'ORGANISATION

PROTOZOAIRES

DEUXIÈME DEGRÉ D'ORGANISATION

MÉTAZOAIRES

Première Série. — SPONGIAIRES (ÉPONGES).

DEUXIÈME SÉRIE. — POLYPES (CŒLENTÉRÉS).

TROISIÈME SÉRIE. — ÉCHINODERMES.

QUATRIÈME SÉRIE. — CHITINOPHORES.

I. — ARTHROPODES

II. — NÉMATHELMINTHES

CINQUIÈME SÉRIE. — NÉPHRIDIÉS.

I. — LOPHOSTOMÉS

II. — VERS

III. — MOLLUSQUES

IV. — PROTOCHORDES

V. — VERTÉBRÉS

CLASSIFICATIONS BOTANIQUES

I. — THALLOPHYTES.

A. — CHAMPIGNONS

B. — ALGUES

C. — LICHENS

II. — MUSCINÉES.

A. — HÉPATIQUES

B. — MOUSSES

III. — CRYPTOGAMES VASCULAIRES.

A. — FILICINÉES

B. — ÉQUISÉTINÉES

C. — LYCOPODINÉES

IV. — PHANÉROGAMES.

A. — GYMNOSPERMES

B. — ANGIOSPERMES

a. — MONOCOTYLÉDONES

b. — **DICOTYLÉDONES**

HISTOIRE NATURELLE
DES ÊTRES VIVANTS

CLASSIFICATIONS

I. — BUT DE LA CLASSIFICATION

Les êtres qui vivent à la surface du globe offrent à nos yeux une telle profusion de formes diverses que l'observateur le plus superficiel serait découragé, dès les premiers efforts, s'il ne disposait d'une boussole, d'un fil d'Ariane, en quelque sorte, qui lui permît de s'orienter au milieu de cet immense dédale.

Qu'on imagine, en effet, les êtres de la nature pris comme objets d'une étude complète chacun à tour de rôle, combien de plantes, combien d'animaux pourrait connaître, à la fin de sa vie, le scrutateur doué de la plus grande puissance de travail, capable d'une finesse d'observation et d'une rapidité de déduction exemplaires? Quelques milliers à peine; et encore ce savant imaginaire aurait-il oublié de nombreux détails concernant les premiers individus soumis à ses recherches.

N'est-il pas préférable, si faire se peut, de rapprocher, de *grouper* sous un vocable particulier les êtres ayant de nombreux caractères communs, en sorte que l'étude de l'un d'eux fasse connaître la structure de tous les autres?

Le fil d'Ariane à l'aide duquel le débutant peut faire ainsi de rapides progrès dans l'étude des sciences naturelles, c'est la *classification*.

Aperçu historique. — Aristote (384-322 av. J.-C.) paraît être le premier des philosophes de l'antiquité qui ait reconnu la nécessité de grouper les nombreux êtres dont il avait fait l'étude. Pline l'Ancien (mort en 79 av. J.-C.) divise les animaux en *terrestres*, *aériens* et *aquatiques*.

Puis, dix-sept siècles durant, les sciences naturelles demeurent plongées, comme presque toutes les sciences d'ailleurs, dans un oubli dont les exhumeront quelques chercheurs à l'époque de la Renaissance. Parmi les naturalistes de l'ère nouvelle, Ray (1686) énonce le premier la loi fondamentale de la génération :

Les enfants ressemblent toujours à très peu près à leurs parents.

Les êtres qui se ressemblent à ce titre appartiennent à une mêr espèce.

La notion de l'*espèce*, ainsi admise comme conséquence de notion de l'*hérédité*, sert de base au grand naturaliste suédc Linné (1707-1778) pour jeter les fondements d'une classificati en Zoologie et en Botanique.

Cependant, à mesure que s'élargit le cercle des connaissanc acquises, les groupements méthodiques d'abord adoptés ne so plus l'expression des liens de parenté des organismes découver Aux *systèmes* succèdent les systèmes : la classification de Linné fa place, en Zoologie, aux quatre plans généraux de Cuvier, puis a types de de Blainville, aux embranchements de Milne-Edwar à ceux de Claus, à la classification embryogénique de M. Gia aux degrés d'organisation, types de structure et séries M. Edmond Perrier; en Botanique, aux systèmes de Tournef et de Linné sont substitués successivement les groupeme d'Antoine-Laurent de Jussieu, de Candolle, Lindley, Brongniar

Les dernières classifications admises ont elles-mêmes un car tère transitoire, on le conçoit facilement; elles ont, tout au mo sur celles qui les ont précédées, l'avantage de mieux préciser filiation des êtres.

Hypothèses de la fixité et de la variabilité des espèces. Orig du transformisme. — Considérant que les êtres issus des mêmes par sont identiques, *Linné regarde l'espèce comme immuable* dans ses caractère devient le chef de l'*École de la fixité des espèces* qu'illustra *Cuvier* (1769-18

Cependant tous les animaux nés de parents communs, toutes les pla originaires de graines issues d'un même pied, n'ont pas une complète analc une identité absolue; leur diversification s'accentue davantage lorsque ces ê de même origine, sont contraints de vivre en des milieux différents, dans conditions variées.

Buffon consigne ces faits auxquels attachent une importance toute particu *Lamarck* et *Étienne Geoffroy-Saint-Hilaire*, les véritables créateurs d nouvelle *École*, celle *de la variabilité des espèces*.

La nouvelle doctrine prend corps, s'enrichit des conquêtes d'une foul travailleurs à la tête desquels il convient de citer le grand naturaliste an *Darwin*. Les recherches de notre siècle, fécondes dans le domaine de l'embryol et de la paléontologie, ont apporté de nombreuses sanctions déjà à l'hypot scientifique que Cuvier combattit avec tant d'acharnement. La découverte nombreux intermédiaires entre les formes existantes, fournis par les faunes e flores fossiles, l'évidence d'analogies anatomiques jusque-là méconnues e espèces voisines prouvent de plus en plus nettement la mutabilité des espè aussi ne faut-il pas s'étonner du nombre sans cesse croissant des adepte la nouvelle École.

Le *transformisme*, à l'état d'hypothèse purement philosophique avec Ba Diderot, Kant, etc..., a pris, avec Lamarck et Geoffroy-Saint-Hilaire, un cara scientifique qu'accentueront désormais les preuves fournies par l'*expérimenta* malheureusement l'acquisition de telles preuves exige un temps considérable

Examinons brièvement les observations principales faites jusqu'à ce jour.

II. — DE L'ESPÈCE ET DE SES VARIATIONS

Espèce. — Races. — Métis. — Hybrides.

L'**espèce**, a dit Cuvier, *est l'ensemble des individus nés les uns des autres ou de parents communs; elle comprend en outre tous ceux qui leur ressemblent autant qu'ils se ressemblent entre eux.*

Tous les Chiens sont rangés dans une même espèce ; cependant il est, parmi ces animaux, des formes bien distinctes : on ne peut

Fig. 1. — Bœuf de la race de Durham.

confondre un Terre-neuve avec un Basset, un Danois avec un Épagneul. *L'espèce Chien comprend donc plusieurs* **variétés**.

La Pensée des jardins a de grandes fleurs et des stipules de même ordre de grandeur que les feuilles; or, si l'on fait des semis successifs de graines issues d'un même pied de cette Pensée, on remarque, parmi les sujets obtenus, certaines plantes pourvues de petites fleurs et de stipules bien plus courtes que les feuilles, en tout comparables à la Pensée des champs. Ces deux sortes de végétaux (considérés longtemps comme deux espèces distinctes) sont deux **variétés** d'une même espèce.

Une **variété** *est représentée par un ensemble d'individus provenant* *d'êtres de même espèce dont ils se distinguent par des caractères peu importants.*

Les individus d'une même variété, accouplés pendant plusieurs générations, peuvent fixer par **hérédité**[1] *les caractères de cette variété dans leur descendance et constituer une* **race**. C'est ainsi que les variations de forme signalées plus haut dans l'espèce Chien sont devenues des caractères de races : race terre-neuve, race basset, race épagneule, race danoise, etc...

Certaines races sont *naturelles;* elles se rencontrent à l'état sauvage et sont limitées à certaines localités le plus souvent.

Fig. 2. — Bélier mérinos français.

D'autres sont dites *artificielles*, parce qu'elles résultent d'acco plements que l'homme a réglés parmi ses animaux domestiqu (race bovine Durham, fig. 1; race ovine Mérinos, fig. 2).

Les croisements d'individus de même espèce, mais de ra distinctes, donnent des **métis** dont l'accouplement, fécond général, assure la création des *races métisses.*

1. L'*hérédité* est la faculté que possèdent les organismes de transmettre à leur desc dance les caractères qu'ils ont acquis. Cette transmission paraît se faire d'une man capricieuse : les petits ressemblent à l'un ou l'autre de leurs parents directs, ancestr ou collatéraux. Un caractère, disparu de la lignée pendant un certain nombre de gén tions, peut devenir le propre d'un individu nouveau, disparaître avec lui ou se transme encore à plusieurs générations (grains de beauté, doigts surnuméraires, etc...) On ne donner encore une explication satisfaisante de l'hérédité.

En Botanique, on appelle *métis* les plantes qui proviennent de générateurs distincts, mais de la même espèce. Ainsi toutes les plantes dioïques ne produisent que des métis; les végétaux monoïques, hermaphrodites, donnent aussi des métis lorsque la pollinisation est croisée (voir T. I, page 534).

Admettons l'existence d'une espèce quelconque à une époque plus ou moins reculée; cette espèce a pu être l'origine d'un grand nombre de formes variées. Pour peu que les caractères de ces formes se manifestent de nos jours avec une certaine constance, l'observateur actuel, qui en ignore l'origine, considérera à tort chacune d'elles comme une espèce distincte : Ainsi les races domestiques de Pigeons, dont l'origine commune paraît être le Pigeon de roche (Darwin), sont susceptibles de telles variations que les formes dites Pigeon-paon, Pigeon grosse-gorge, etc., ont été considérées comme de vraies espèces par certains ornithologistes.

Les croisements d'individus appartenant à des espèces réputées distinctes peuvent être féconds : ils donnent alors des **Hybrides** : tel est le cas dans l'accouplement du Chien et du Loup, du Chien et du Renard, de la Chèvre et du Bouquetin, de la Chèvre et du Bélier, de la Jument et de l'Ane, du Lièvre et du Lapin, etc., parmi les animaux; des *Fucus vesiculosus* et *serratus*, des *Cytisus Laburnum* et *purpureus*, des *Dianthus*, *Geum*, *Nicotiana*, *Verbascum*, etc..., parmi les plantes.

L'hybride de l'Ane et de la Jument s'appelle *Mulet;* celui du Cheval et de l'Anesse est le *Bardeau;* le *Léporide* est indistinctement le produit du croisement du Lièvre et de la Lapine ou du Lapin et de l'Hase.

Certains hybrides sont doués de *fécondité continue* (Léporides); d'autres se reproduisent pendant quelques générations seulement (*fécondité bornée :* Chien et Loup; Chacal et Chien); d'autres enfin sont stériles (Mulet, Bardeau) ou très exceptionnellement féconds pendant une génération.

Les croisements d'hybrides effectués *sans régularité* donnent des produits qui, de génération en génération, manifestent un retour insensible aux formes des premiers parents (*atavisme*).

Les croisements d'individus appartenant à des espèces fort éloignées sont généralement sans résultat.

En résumé, *la fécondité, nulle quand il s'agit du croisement d'individus très dissemblables, croît jusqu'à une certaine limite à mesure que s'atténuent les dissemblances; elle décroît et peut redevenir nulle par l'accouplement d'individus tout à fait identiques.*

Au maximum de fécondité correspond la meilleure qualité des produits engendrés: parmi les Végétaux, en particulier, ce sont les métis qui jouissent de la plus grande vigueur.

La notion de l'espèce, basée sur la *descendance commune*, qui paraissait si nettement établie par la définition de Cuvier, devient donc de plus en plus confuse, à mesure que se multiplient les formes intermédiaires entre les races, et même entre certaines espèces admises comme distinctes par les anciens naturalistes.

Adoptant comme nouveau critérium le *croisement fécond*, on *convient* aujourd'hui *de considérer comme appartenant à des espèces différentes : 1° les formes animales qui ne s'unissent pas entre elles; 2° celles qui engendrent des produits inféconds ou faisant rapidement retour aux formes des générateurs.*

PRINCIPES DU TRANSFORMISME

Les variations éprouvées par les êtres vivants ont été attribuées à des causes multiples par d'illustres naturalistes de notre époque : de là l'origine des nombreux principes qui servent de fondement à la théorie du transformisme.

Lutte pour l'existence. — Adaptation. — Supposons un couple d'êtres confinés en un point du globe, dans un milieu dont les conditions sont favorables à son existence (oxygène respirable, température et humidité convenables, alimentation abondante); ce couple prospère et se multiplie avec rapidité; mais, dans un avenir plus ou moins éloigné, le nombre de ses descendants sera tel que la zone occupée sera trop étroite et les moyens de subsistance insuffisants. Alors s'engage *la lutte pour l'existence* (*Darwin*) : les plus forts demeurent maîtres du terrain primitif; les plus faibles sont contraints de s'établir en d'autres régions où diffèrent les conditions de la vie.

Le sort des *migrateurs* varie : ou bien ils ne peuvent supporter le changement de milieu, alors ils succombent; ou bien ils s'y *accommodent*, ils s'y *adaptent* et subissent des modifications plus ou moins profondes.

Pour *Lamarck*, les migrateurs, éprouvant d'autres *besoins*, prennent de nouvelles *habitudes* aussi durables que les besoins qui les ont fait naître; ils font *usage* de certains organes, de préférence à d'autres organes qui s'atrophient *faute d'emploi :*

« Le Pic, le Fourmilier ont une langue filiforme très allongée, parce qu'ils ont pris l'habitude de chercher leur nourriture dans les fentes étroites et profondes; les Cygnes, les Canards ont des membranes entre les doigts (pattes palmées) à cause des mouvements de natation qu'ils exécutent dans l'eau. »

Les modifications ainsi acquises par certains individus sont transmises par hérédité à leur descendance qui les conservera aussi longtemps que persisteront les circonstances extérieures.

*Alors que Lamarck attribue de telles modifications à l'***activité propre de l'organisme**, *Étienne Geoffroy-Saint-Hilaire croit devoir les rapporter à l'***influence du milieu ambiant**, et surtout au milieu respirable.

Geoffroy-Saint-Hilaire en donne comme preuve le retard considérable apporté aux métamorphoses des Têtards de Grenouille que l'on force à demeurer sous l'eau tout en les privant de lumière. Il remarque que des *embryons* issus d'un même générateur, appelés à vivre dans des conditions différentes de lumière, de pression, de température, d'oxygène, etc., éprouvent de profondes variations : *certains organes demeurent rudimentaires, par suite d'un arrêt de développement qui coïncide avec un accroissement excessif d'autres organes.*

Geoffroy-Saint-Hilaire tire de ses observations le *principe du balancement des organes*, sorte de corollaire du *principe de la corrélation des formes* émis par *Cuvier*.

Fig. 3. — Aigle fauve (*Aquila fulva*).

Principe de la corrélation des formes. — *Les divers organes d'un être sont dans une dépendance telle qu'ils assurent l'harmonie de l'ensemble ; l'examen d'un seul organe suffit parfois au naturaliste pour reconstituer l'aspect général de l'être auquel cet organe appartenait.*

Un Mammifère, dont les pattes sont terminées par des sabots, ne peut retenir une proie capable de fuir; il est forcément herbivore : comme tel, il possède des lèvres développées et très mobiles fermant une bouche étroite, des molaires larges et aplaties pour écraser sa nourriture, un vaste estomac et un long intestin nécessités par la lenteur de digestion des principes végétaux. Trop faible pour se défendre contre les attaques des carnivores, contraint à errer toujours pour chercher sa subsistance, le Mammifère herbivore est haut monté sur pattes, perché sur ses phalanges, digitigrade au plus haut point (voir T. I, page 205, fig. 201 à 204).

Le Mammifère pourvu de griffes acérées est carnivore, au contraire; une bouche largement fendue, pourvue de mâchoires animées par des muscles puissants, armée de fortes canines et de molaires tranchantes, un tube digestif court : tels en sont les caractères.

Les Oiseaux se prêtent à des conclusions identiques, si l'on compare dans leurs grandes lignes les Rapaces (fig. 3) au bec et aux ongles crochus, à la puissante

FIG. 4. — Chardonneret (*Fringilla carduelis*).

musculature et aux larges ailes qui leur permettent de planer longtemps au-dessus de leur proie fugitive, avec nos Oiseaux de basse-cour et tous les granivores (fig. 4).

Cuvier, qui avait compris l'importance toute particulière de l'anatomie comparée, s'est appuyé sur de telles corrélations pour restaurer la plupart des Mammifères du gypse parisien découverts à son époque.

Principe du balancement des organes. — *L'accroissement ou la diminution d'un organe coïncide avec la diminution ou l'accroissement d'un autre organe faisant partie du même système ou ayant des rapports avec lui.*

Le train antérieur de la Hyène ou de la Girafe s'est développé au détriment du train postérieur; le contraire a eu lieu chez la Gerboise et le Kanguroo.

De même, parmi les Végétaux, les Cactées, pourvues temporairement de feuilles très réduites, possèdent une tige charnue avec un parenchyme auquel incombent les fonctions qu'accomplit ce tissu dans les feuilles des autres plantes.

Variabilité limitée. — *Isidore Geoffroy-Saint-Hilaire*, continuant et défendant l'œuvre de son père, *fait observer que la* **variabilité** *des formes vivantes issues d'une même souche* **est limitée;** c'est-à-dire que les êtres engendrés par le couple primordial imaginé précédemment et répartis en divers points sur la terre conserveront, en vertu de l'hérédité, leurs formes nouvelles *aussi longtemps que rien ne les sollicitera à se modifier.*

Sélection. — Quelle est la destinée de ces types variés originaires des mêmes parents? *Darwin*, portant son attention sur les animaux domestiques et les plantes cultivées (dont les nombreuses variations individuelles ont pour cause l'adaptation à des conditions d'existence et d'alimentation diverses[1]), reconnaît que *l'homme peut, par un choix judicieux et des croisements raisonnés des êtres reproducteurs, fixer dans leurs descendants certaines qualités qui lui sont précieuses*, et supprimer d'autres dispositions qui lui paraissent nuisibles, étant donné le but poursuivi : c'est en cela que consiste la **sélection** qui, dans le cas présent, est dite *sélection artificielle et méthodique.*

Fig. 5. — Cheval boulonnais.

La race bovine de Durham (fig. 1), par exemple, a été obtenue au siècle dernier par le croisement, pendant six générations successives, de taureaux à léger squelette et forte corpulence des bords de la Tees (Angleterre) avec des vaches fines de tissus, originaires de la même contrée. Les caractères essentiels de cette race, améliorée pour la boucherie, sont les suivants : tête petite, oreilles minces, cornes courtes et de médiocre grosseur, corps volumineux, large croupe, garrot épais, jambes petites, fines et délicates.

Par la sélection artificielle méthodique, l'homme a pu créer des types parfaits : 1° d'animaux de trait (races *boulonnaise* (fig. 5) et *percheronne* parmi les che-

1. L'homme ne peut rien sur la propriété que possèdent les êtres vivants de varier; il n'a aucun moyen de la leur donner; il ne fait que réunir autour d'eux plus rapidement, plus complètement, plus soigneusement que ne le fait la nature, les conditions qui permettent à la variabilité de se manifester sous les formes les plus diverses. *Il accumule en un court espace de temps plus de variations que la nature n'en laisse persister en des siècles :* c'est là l'essence de toute expérience (Edmond Perrier).

vaux, race des *steppes du Don* et race *Sussex* pour les bœufs de travail]; 2° d'animaux de boucherie [races *Durham* et *Charollaise* parmi les bœufs, races *Southdown* (fig. 6) et *Dishley* parmi les moutons]; 3° d'excellentes laitières (vaches *normandes*, *flamandes* et *bretonnes*); 4° des producteurs de laine [races *mérinos* (fig. 2), espagnole et française], etc.

Les céréales, les plantes fourragères, saccharines, etc., ont été aussi l'objet d'une sélection attentive, propre à créer des variétés à la fois vigoureuses et productives.

La *sélection naturelle* est produite de la même manière parmi les êtres qui vivent à l'état sauvage. *En raison de la concurrence vitale, les variétés les mieux appropriées aux circonstances*, **les plus**

Fig. 6. — Bélier de la race de Southdown.

aptes à la résistance, sont les seules qui survivent. Les croisements qui s'opèrent entre les survivants fixent chez les jeunes quelques caractères des parents, caractères toujours corrélatifs des conditions du milieu où vivent les générations nouvelles.

Parmi ces caractères, il en est un qui acquiert parfois une grande importance en ce qu'il préserve les êtres de la destruction : la *couleur* de la robe, du tégument ou de tout l'ensemble du corps chez les animaux, la *couleur* et la *forme de la fleur* chez les végétaux Phanérogames.

Mimétisme. — Les animaux qui habitent les régions glaciales ont une robe blanche; ceux qui nagent à la surface des mers ont le corps transparent et bleuâtre; la livrée fauve est habituelle aux carnivores qui errent aux confins des déserts. La Phyllie feuille-morte, la *Locusta viridissima*, la Mante religieuse, etc., sont autant d'insectes difficiles à distinguer à l'état d'immobilité au milieu des plantes dont ils ont adopté la couleur.

On appelle **mimétisme** *la faculté que possèdent certains êtres d'acquérir une couleur identique à celle du milieu, et parfois quelque autre particularité avantageuse.*

Ainsi la Crevette grise (fig. 7) a la teinte du sable; nombre d'animaux vivant au milieu des Algues qui forment la mer des Sargasses en ont la coloration; les espèces pélagiques adoptent la transparence et la teinte bleu-clair de l'eau de mer; parmi les Poissons, le *Phyllopteryx* (fig. 8) ressemble à une Algue déchiquetée. Au nombre des Insectes, l'espèce *Phyllium siccifolium* est pourvue d'ailes rappelant absolument des feuilles sèches; le papillon *Leptalis Theonoë* copie l'*Ithomia Ilerdina* qui est protégé par une sécrétion nauséabonde contre les attaques des Oiseaux et des Lézards, etc.

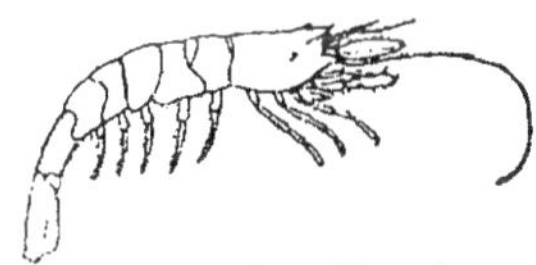

Fig. 7. — Crevette grise (*Crangon vulgaris*).

Les animaux ainsi dotés peuvent échapper facilement à leurs ennemis ou demeurent invisibles pour une proie convoitée.

Le mimétisme peut être signalé, parmi les Végétaux, chez nombre de Monocotylédones, les Orchidées en particulier; les *Ophrys mascula*, *apifera* et *arachnites*

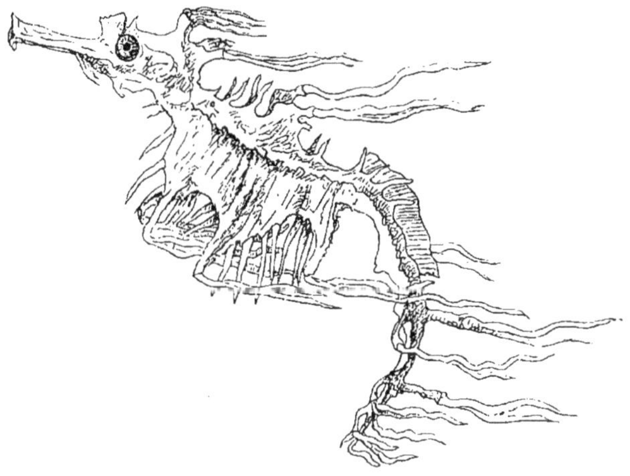

Fig. 8. — *Phyllopteryx eques*.

(fig. 9) se couvrent de grappes de fleurs dotées, non seulement de la couleur, mais de la forme des Mouches, Abeilles et Araignées qui en assurent la pollinisation croisée.

Divergence des caractères. Extinction des formes intermédiaires. — *La lutte pour l'existence a donc pour conséquence la sélection naturelle; elle détermine*, en outre, *la* **divergence des caractères** parmi les variétés persistantes qui semblent de plus en plus indépendantes, par suite de l'**extinction des formes intermédiaires**. En effet, la lutte est la plus acharnée entre les individus qui se ressemblent davantage, puisqu'ils ont des besoins identiques; les formes qui ont chance de survivre sont donc celles qui présentent le moins d'analogies.

Cette absence de formes intermédiaires parmi les espèces vivantes et fossiles était l'un des grands arguments de Cuvier contre la théorie du transformisme en éclosion. « Si les espèces « ont changé par degrés, dit-il dans son *Dis-« cours sur les révolutions du globe*, on devrait « trouver des traces de ces modifications gra-« duelles, et jusqu'à présent cela n'est point « arrivé. » Une telle affirmation n'est plus possible depuis la découverte d'importantes séries paléontologiques : ainsi la comparaison des Chevaux fossiles américains (voir T. I, pages 203-204, fig. 201) et de Périssodactyles européens a permis d'établir d'une manière indiscutable la phylogénie des Équidés.

Fig. 9. — *Ophrys arachnites.*

La délimitation absolue des espèces est impossible. — Si, comme nous venons de le voir, on ne peut délimiter les races issues d'un même couple, il est non moins difficile d'imposer des limites absolues aux espèces. L'embryologie et la paléontologie en fournissent chaque jour des preuves.

Données embryologiques. — L'étude du développement nous a appris que tout être pluricellulaire émane d'une cellule qui se segmente, puis évolue dans des sens divers sous l'empire de l'hérédité et de l'adaptation. La série des phénomènes évolutifs est d'autant plus semblable, pour les formes envisagées, que celles-ci seront plus rapprochées à l'état adulte. Si parfois des espèces voisines paraissent évoluer différemment, c'est que l'*accélération embryogénique* se manifeste dans l'éclosion plus hâtive des individus qui naissent, sans métamorphoses apparentes, sous la forme adulte (voir T. II, fasc. 1er, pages 73 à 79).

Le développement métamorphique et le développement fœtal n'impliquent-ils pas une dissemblance profonde des organismes qui en seront le résultat? L'embryologie nous montre encore qu'il n'en est rien.

La Grenouille présente, au début de ses métamorphoses, une organisation générale conforme au type Poisson; elle parcourt des phases ultérieures qui demeurent plus ou moins constantes chez les ordres inférieurs d'Amphibiens [absence de membres chez les Apodes (Cécilie), persistance des branchies externes chez les Pérennibranches (*Menobranchus lateralis*)].

Les embryons des Vertébrés supérieurs, qui subissent le développement fœtal, possèdent aussi, dans les premières phases de leur évolution, les caractères définitifs des Poissons inférieurs (arcs viscéraux, cœur simple, pronéphros, notochorde, etc.) ; puis en apparaissent d'autres qui persistent chez les Amphibiens (un ventricule unique, des branchies quelquefois, mésonéphros, etc.) ; enfin se dessinent les caractères qui montrent l'orientation des jeunes êtres, en voie de développement, vers le type Reptile, Oiseau ou Mammifère.

Ces diverses phases évolutives ont été rendues évidentes dans l'exposé du développement de l'appareil circulatoire chez l'embryon humain comparé à celui des autres Vertébrés Amniens (voir T. II, fasc. 1er).

Fritz Muller tire de ces observations la conclusion qui suit : *L'histoire de l'évolution individuelle est la répétition courte et abrégée, la récapitulation de l'histoire de l'évolution de l'espèce.*

Hæckel traduit la même pensée en ces termes : *L'ontogénie* (développement de l'individu) *reproduit la phylogénie condensée*[1].

Malheureusement, l'accélération embryogénique qui modifie les procédés du développement (parfois dès les premières phases de la segmentation de l'œuf) et l'adaptation de l'embryon à un mode de vie différent sont deux correctifs qui pallient beaucoup la portée de ces conclusions.

Données paléontologiques. — La paléontologie, de même que l'embryologie, fournit un appoint précieux à la doctrine transformiste, au point de la rendre plus que vraisemblable.

Les couches sédimentaires, déposées dans le cours des siècles sur l'écorce solide du globe, recèlent de nombreux restes d'animaux et de plantes plus ou moins intacts. Ces *fossiles* sont autant de documents précieux pour le naturaliste qui cherche à connaître l'histoire de la vie sur la terre depuis l'origine ; leur examen révèle une différence d'autant plus accentuée entre la faune et la flore actuelles et celles des époques géologiques antérieures qu'on remonte plus loin dans le passé.

Cuvier, frappé des différences profondes existant entre les faunes successives, admit que d'épouvantables cataclysmes avaient détruit à maintes reprises tous les êtres vivants du globe, et qu'à la suite de chacune de ces révolutions apparaissaient d'autres habitants de conformation appropriée aux nouvelles conditions d'existence.

Lyell a montré que *les phénomènes géologiques et biologiques suivent, sur la terre, un cours lent et régulier.*

---

1. Hæckel a tenté de constituer l'arbre généalogique des êtres vivants. Le tronc de cet arbre, unique d'après lui, porte des rameaux principaux appelés *phylums;* chaque phylum est l'origine d'un groupe spécial. La phylogénie est la partie de la biologie qui s'occupe des rapports de ces divers groupes aux points de vue paléontologique, embryogénique, anatomique et physiologique.

« On ne connaît et on ne connaîtra jamais, dit M. Edmond Perrier, qu'une petite « partie des formes qui ont vécu dans les âges géologiques antérieurs ; aussi est-il « surprenant que ce que l'on en sait cadre si exactement avec l'hypothèse d'une « évolution continue des formes vivantes. Il résulte des recherches actuelles que

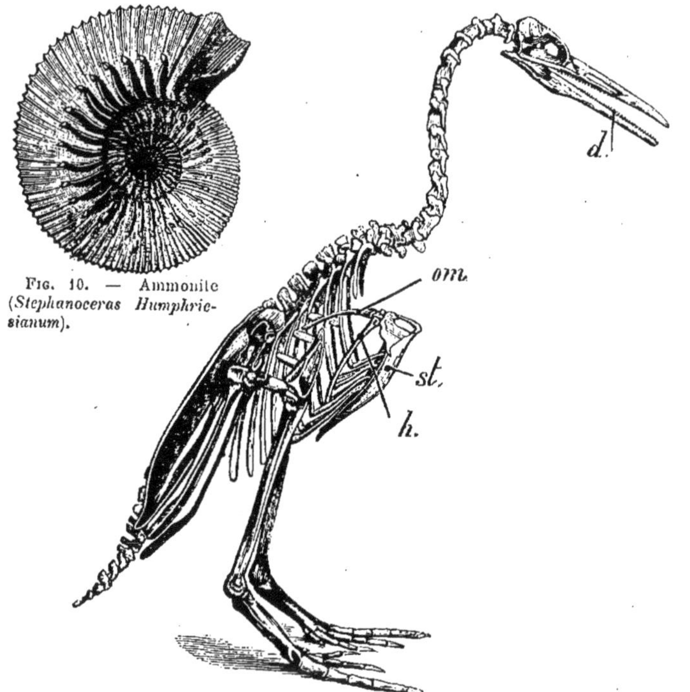

Fig. 10. — Ammonite (*Stephanoceras Humphriesianum*).

Fig. 11. — *Hesperornis regalis. st*, sternum plat ; *om*, omoplate dans le prolongement duquel est le coracoïde ; *h*, humérus réduit à un stylet grêle ; *d*, nombreuses dents insérées dans une rigole commune sur chaque maxillaire.

« les faunes et les flores fossiles ne se sont jamais brusquement modifiées. Les « formes d'une période ont apparu une à une au milieu des formes anciennes qui « ont elles-mêmes disparu de la même manière. »

Parmi les formes connues à l'état fossile, il en est qui se sont conservées intactes jusqu'à nos jours (Lingules, Pleurotomaires, Troques, Nautiles, Scorpions, etc.).

Loin de tirer de ce fait une preuve contre la variabilité des espèces, on en doit conclure que les types ainsi conservés se sont toujours trouvés dans un milieu favorable à leur existence.

Toutefois la plupart des espèces anciennes ont disparu : Mollusques [Ammonites (fig. 10) et Bélemnites] ; Poissons cuirassés ;

Reptiles Dinosauriens et Enaliosauriens (fig. 59, T. I); Oiseaux Odontornithes (fig. 11); Mammifères [Mastodonte, Mammouth (fig. 12), *Palæotherium*, *Dinotherium*, etc.]. La disparition de quelques espèces a eu l'Homme pour témoin (Rhytine, *Dinornis*, Dronte, etc.).

Cette extinction entraîne d'énormes lacunes dans la généalogie des êtres; ces lacunes se sont encore élargies par le fait que nombre

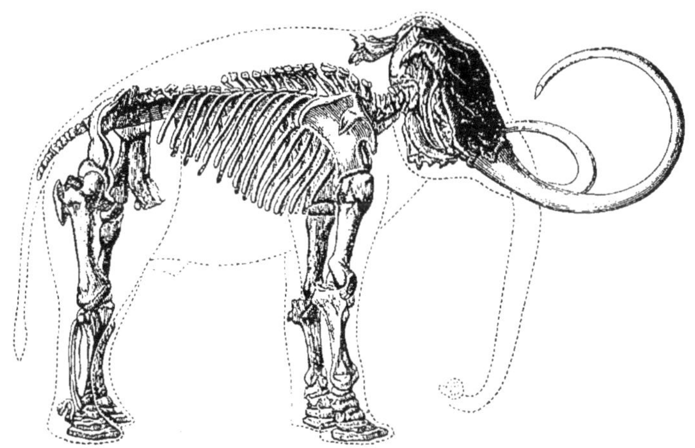

Fig. 12. — Mammouth (*Elephas primigenius*).

de restes enfouis dans les couches géologiques y ont été détruits ou dissous, et que la plupart des formes sans squelette, non protégées par un tégument dur ou une coquille, n'ont laissé aucun vestige.

Malgré toutes ces causes de rupture des chaînes zoologiques et botaniques, les fossiles connus représentent, dans quelques-unes de ces chaînes tout au moins, des séries d'anneaux suffisant à prouver l'évolution progressive des êtres.

Parmi les Mollusques Céphalopodes, par exemple, les Tétrabranchiaux de l'ère primaire sont les plus anciennes formes connues (l'une d'elles s'est conservée jusqu'à nos jours, le Nautile, fig. 13). Une *lacune* existe entre les Tétrabranchiaux et les Dibranchiaux primaires dont les premiers représentants paraissent être les *Clymenia* et les *Goniatites;* de ceux-ci dérivent nettement, comme de deux rameaux distincts, les *Ammonites* de l'ère secondaire.

Les Ammonites sont représentées, dans le Jurassique en particulier, par des formes innombrables et variées; on y a établi des groupes auxquels a été attribuée la valeur de genres et de familles, mais ces groupes passent de l'un à l'autre dans les couches successives par des forme de transition connues.

Parmi les Arthropodes, les *Trilobites* du Silurien, pourvus d'appendices peu différenciés, semblent les précurseurs des *Euryptérides* desquels dérivent les *Limules* [cette dernière forme existe encore dans la faune des mers asiatiques (Chine, Japon, Iles malaises) et sur les côtes occidentales de l'Amérique du Nord].

Les premiers Vertébrés apparus sont, dans le Silurien supérieur, des Poissons voisins des Sélaciens [1], pourvus seulement d'un squelette interne cartilagineux; puis se voient, coexistant avec eux, les premiers Ganoïdes revêtus d'un squelette dermique qui leur constitue une sorte de cuirasse (*Pterichthys*, *Asterolepis*,

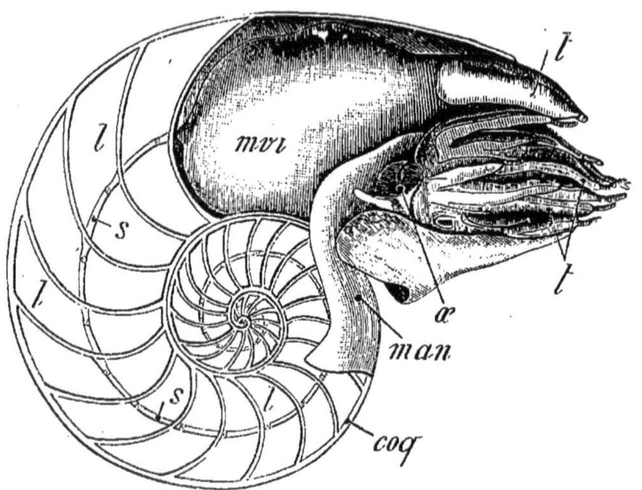

Fig. 13. — Nautile (*Nautilus pompilius*). Coquille *coq*, coupée par le plan de symétrie, sauf la dernière loge occupée par l'animal; *l*, loges; *s*, siphon membraneux; *m.vi*, masse viscérale; *t*, tentacules; *æ*, œil; *man*, manteau.

fig. 14). Les Ganoïdes sont les ancêtres des Téléostéens, Poissons osseux dont le nombre des formes va sans cesse croissant au point que, dès l'époque crétacée, cet ordre prédomine comme de nos jours sur les autres ordres de Poissons.

Les Dipnoï, également dérivés des Ganoïdes, se rencontrent déjà dans le Permien sous la forme *Ceratodus* vivante à l'époque actuelle. Par beaucoup de leurs caractères (notamment la constitution de l'appareil circulatoire et la présence d'un véritable poumon, vessie aérienne spéciale), les Dipnoï font le passage aux Vertébrés aériens dont les plus anciens (*Protriton*, *Branchiosaurus*) sont aussi d'âge permien.

Le *Branchiosaurus* avait des restes de corde dorsale dans les vertèbres, des rudiments de branchies et des écailles sur tout le corps. Le *Protriton*, le *Pleurosaurus*, etc., ont conservé toute leur vie certains caractères de jeune *Archegosaurus*.

---

1. Peut-être les premiers Poissons avaient-ils uniquement une corde dorsale comme l'*Amphioxus* actuel (voir T. I, page 196, fig. 189).

L'évolution des Reptiles, pendant l'ère secondaire, est manifestement en rapport avec l'étendue des milieux qu'ils peuvent habiter : la surface plus importante des continents avec côtes très découpées, la température moyenne élevée et autres

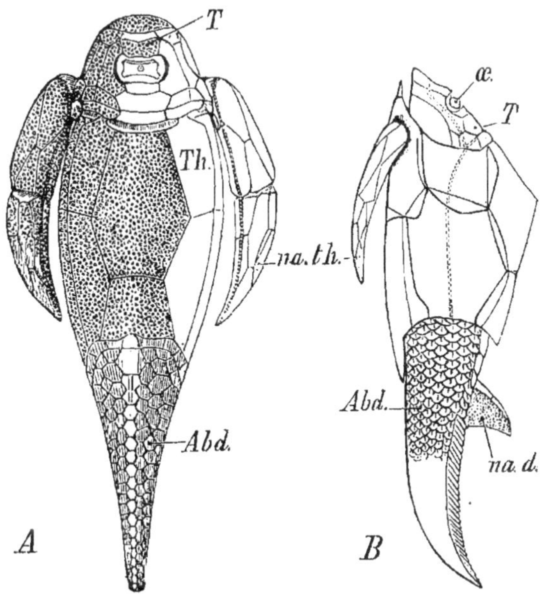

Fig. 14. — Poissons cuirassés (Ptérichthydés). — A ; *Asterolepis ornatus.* — B ; *Pterichthys cornutus. T*, tête avec la cavité orbitaire centrale ; *æ*, œil ; *Th*, thorax ; *Abd*, abdomen ; *na.d*, nageoire dorsale ; *na.th*, nageoire thoracique.

circonstances favorables leur permettent une vie facile dans les mers, sur les rivages et même dans les airs ; aussi voit-on se multiplier les types reptiliens qui atteignent leur apogée pendant la période jurassique.

C'est de ce moment que datent nombre de formes de transition des Reptiles aux Oiseaux et aux Mammifères.

Les Reptiles *Dinosauriens* rappellent les Pachydermes par leur tronc massif et puissant, un sacrum distinct résultant de 4 ou 5 vertèbres soudées, de grosses pattes avec doigts courts ; la plupart étaient carnivores comme le *Mégalosaure*. L'*Iguanodon* cependant se nourrissait de végétaux ; il possédait des caractères de Saurien, d'Oiseau et de Mammifère, tout à la fois.

Le *Compsognathus* du Jurassique était un Saurien avec de nombreux caractères d'Oiseau : tête presque identique portée par un long cou, vertèbres cervicales amphicèles, sacrum composé de 4 vertèbres soudées, os pubis et ischions très allongés et dirigés en bas, etc.

L'*Archæopteryx* (fig. 15) de la même époque, appartenait au type Saurien par 4 membres pouvant servir à la marche, l'absence de soudure tarso-métatarsienne, la présence d'une queue allongée avec 22 vertèbres mobiles les unes sur les autres ; mais cet animal se rapprochait plus des Oiseaux par les grandes plumes que portaient ses membres antérieurs et les parties latérales de sa queue, par la conformation des os de l'épaule et du bras, la structure de la patte en tout comparable à celle de l'Oiseau, etc.

Les *Odontornithes* du Crétacé possèdent le type Oiseau plus accentué ; ce sont de véritables bipèdes pourvus d'ailes. Les ailes de l'*Hesperornis* sont encore rudimentaires et terminées, comme chez l'Autruche, par des doigts armés de griffes; chez l'*Ichthyornis*, la transformation des membres antérieurs en ailes est mieux prononcée.

On n'a pas encore trouvé de Mammifères fossiles appartenant au groupe des Monotrèmes, groupe qui a cependant plus d'un caractère commun avec les Reptiles. La présence d'un cloaque, d'un bec corné, la ponte d'œufs (?) rapprochent ces animaux des Oiseaux.

Quant aux Mammifères fossiles connus, leurs affinités réciproques et leur parenté avec les groupes actuels sont de mieux en mieux démontrées; il serait trop long de les exposer ici; nous en ferons l'étude au chapitre de la classification des Mammifères.

En résumé, les êtres vivants ont subi, dans l'espace et dans le temps, une évolution graduelle régie par deux facteurs : l'*adapta-*

Fig. 15. — *Archæopteryx lithographica.*

tion aux conditions variables de milieu qui accentue les divergences des formes; l'*hérédité* qui tempère en quelque sorte ces divergences et les fixe dans la descendance aussi longtemps que le milieu demeurera constant.

Progrès continu de l'organisation. — Si l'on envisage l'ensemble des séries zoologiques, par exemple, on constate que, depuis l'origine, la puissance organique n'a cessé de s'élever. Toutes les séries n'ont cependant pas atteint leur apogée au même moment.

Ainsi les Vertébrés paraissent manquer au début du Silurien; les formes de Poissons se multiplient déjà pendant le Dévonien; les Amphibiens et quelques Reptiles datent de l'âge carbonifère et permien; pendant le Jurassique, les Reptiles atteignent leur plus beau développement, pendant que les Oiseaux et de petits Mammifères Marsupiaux commencent leur évolution.

Alors qu'aujourd'hui encore la terre classique des Marsupiaux vivants est l'Australie, les Mammifères placentaires se sont répandus dans les grands continents depuis le début de l'ère tertiaire; l'Homme enfin, dont la puissance intellectuelle s'accroît graduellement, couronne ce merveilleux édifice.

Il en est à peu près de même pour les groupes botaniques principaux.

Les premiers représentants des Végétaux ont été des Algues marines répandues dans les mers dès l'époque silurienne; la flore des continents, composée de *Cryptogames vasculaires*, est devenue particulièrement luxuriante pendant l'âge carbonifère où d'immenses *Calamites*, *Lepidodendrons*, *Sigillaires*, *Pecopteris*, etc...., véritables géants des forêts houillères, étendaient leurs rameaux au-dessus des marécages où pullulaient les *Annularia*, les *Asterophyllites*. Les premiers représentants du groupe des *Phanérogames Gymnospermes*, *Cordaïtes* et *Walchia*, paraissent à la fin de l'ère primaire. Des *Voltzia* (Conifères) et des Cycadées continuent dans le Trias, ce groupe des Gymnospermes auquel ne s'adjoindront guère les *Angiospermes* avant la période crétacée. Mais quelle profusion de formes variées les plantes à fleurs ne vont-elles pas présenter à partir de l'ère tertiaire! Elles envahissent les continents qu'elles couvrent de verdure, tandis qu'aux Algues principalement échoit l'empire des eaux.

MÉTHODES DE CLASSIFICATION

Bien qu'il soit difficile de délimiter nettement les espèces, les naturalistes font, de ces groupes d'individus, le point de départ de toute classification. Deux marches différentes ont été suivies pour grouper les êtres vivants; elles ont donné lieu à deux sortes de classifications : les *classifications artificielles* ou *systèmes* et la *classification naturelle* ou *généalogique*.

Classifications artificielles. — Le but des premiers savants a été de *cataloguer* les êtres connus, plutôt que de les classer. Choisissant *arbitrairement* un organe, ils en comparèrent toutes les manières d'être dans la série animale ou végétale, et constituèrent des groupes dont chacun comprenait un certain nombre d'espèces pourvues de la même forme pour l'organe envisagé.

On appelle *classifications artificielles* ou *systèmes* ces procédés de classement dont l'inconvénient est de ranger parfois côte à côte, dans un même groupe, des espèces fort dissemblables : c'est ainsi qu'en Botanique, après Césalpin (1583), Tournefort (1694) divisa les Végétaux en *Herbes* et en *Arbres* eux-mêmes répartis dans 22 groupes caractérisés par la présence ou l'absence de fleurs et la forme de la corolle.

Systèmes de Linné. — Nomenclature binaire. — Clefs analytiques. — Considérant les espèces comme autant d'entités distinctes, Linné *fait de l'espèce l'unité en classification;* il réunit en un même *genre* les espèces possédant un certain nombre de caractères communs établis par convention, rassemble les genres en *familles*, les familles en *ordres*, ceux-ci en *classes;* les classes seront elles-mêmes groupées en *embranchements*.

A mesure qu'on gravit les degrés de cette hiérarchie : espèce, genre, famille, ordre, classe, embranchement, le nombre va diminuant des caractères communs aux êtres d'un même groupe.

Linné introduit en outre, dans la science, l'usage de la *nomenclature binaire* universellement adoptée aujourd'hui.

Toute forme, animale ou végétale, est désignée par deux termes : un *nom*, celui du genre dont elle fait partie et un *prénom* qui définit son espèce.

Ainsi le Chien domestique a pour nom *Canis* et pour prénom *familiaris;* le Loup est *Canis Lupus;* le Renard, *Canis Vulpes;* le Chacal, *Canis aureus*.

L'objectif du naturaliste suédois, dans la conception de ses systèmes, est de faciliter la détermination des êtres; il inaugure à cet effet les *clefs analytiques* ou *procédés dichotomiques*. Le principe d'une clef analytique consiste à opposer l'un à l'autre deux caractères dont l'un au moins se rapporte à l'être analysé, et d'enchaîner une série de ces oppositions qui conduit vite au nom générique, puis au prénom spécifique que l'on cherche.

Les clefs analytiques sont d'un usage courant dans les flores actuelles.

Les classifications artificielles imaginées par Linné sont les suivantes :

1° ***Classification zoologique*** (1766). — L'ensemble des animaux est compris dans six classes : *Mammifères*, *Oiseaux*, *Amphibies*, *Poissons*, *Insectes*, *Vers*.

Les divers ordres renfermés dans les 4 premières classes sont assez mal définis, sauf : les Singes (*Primates*) et les Cétacés (*Cete*) parmi les Mammifères; les Rapaces (*Accipitres*), les Passereaux (*Passeres*) et les Échassiers (*Grallæ*) parmi les Oiseaux; les Serpents (*Serpentes*) et les Batraciens (*Nantes*) rangés parmi les Amphibies. Les Reptiles comprennent les Poissons cartilagineux et certains Poissons osseux (types aberrants). La classe des Insectes embrasse tous les Arthropodes; celle des Vers comprend tous les autres animaux.

2° ***Classification botanique*** (1735). — Linné a réparti les Végétaux en 24 *classes* dont les caractères sont tirés de l'examen des étamines, et les classes en *ordres* basés sur la forme du pistil.

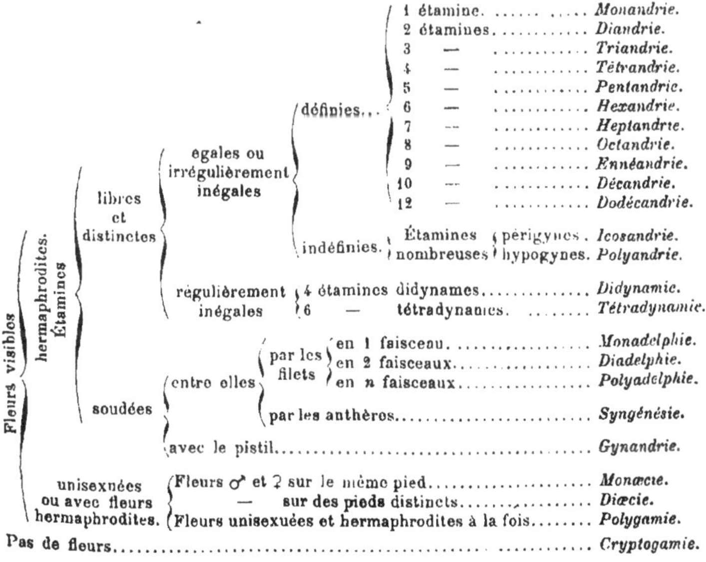

Méthode naturelle. — Établir les analogies et les dissemblances qui existent dans *toute l'organisation* des êtres vivants, grouper ces derniers en espèces, puis en genres, etc., à telle fin que les espèces pourvues du plus grand nombre de traits communs soient les plus rapprochées, faire de l'ensemble des êtres une sorte de généalogie basée sur les affinités plus ou moins nettes des groupes adoptés : tel est le but de la *méthode* dite *naturelle.*

Cet arrangement méthodique des êtres est supérieur aux systèmes, puisqu'il repose sur la *comparaison de l'ensemble des caractères* que présentent les organismes; il n'est pas cependant l'expression *absolue* des rapports des êtres, étant subordonné à l'appréciation du classificateur; celui-ci, faisant un choix dans les caractères, accorde toujours, et *par pure convention*, une importance plus grande à tel ou tel organe.

Cuvier, ayant montré que les diverses parties d'un être sont subordonnées les unes aux autres (*Principe de la subordination des organes*), divisait ces parties en *organes dominateurs* et *organes subordonnés;* d'après lui, les organes dominateurs, qui sont les plus importants, entraînent aussi les ressemblances les plus générales et servent à constituer les groupes supérieurs en classification, tandis qu'on a recours aux organes subordonnés pour établir les groupes inférieurs.

Toute classification dite *naturelle doit embrasser non seulement les êtres vivants*, *mais les espèces fossiles;* elle ne pourra jamais être l'expression fidèle de l'œuvre de la nature, étant donné que des lacunes subsisteront toujours dans le domaine de la paléontologie et que la découverte ultérieure d'êtres intermédiaires aux formes connues peut susciter une interprétation différente des analogies admises aujourd'hui.

Quoi qu'il en soit des incertitudes qui planent sur la généalogie des êtres, la classification en est indispensable; les classifications naturelles les plus récentes, fondées sur toutes les connaissances acquises jusqu'ici, sont nécessairement les moins imparfaites.

CLASSIFICATIONS ZOOLOGIQUES

Les animaux ont une organisation de complexité variable qui permet de les répartir en deux grandes divisions appelées *degrés d'organisation* par M. Ed. Perrier.

1° Les **PROTOZOAIRES** sont composés d'un seul élément anatomique ou forment des colonies d'éléments tous semblables.

2° Les **MÉTAZOAIRES** embrassent le plus grand nombre des animaux et présentent deux *types de structure :*

(**a**) le *type ramifié*, qu'on trouve chez la plupart des animaux fixés au sol au moins pendant le jeune âge ;

(**b**) le *type segmenté*, qui se rapporte au plus grand nombre des animaux libres, ou qui se fixent tardivement.

Les Métazoaires à corps ramifié, pourvus d'une *symétrie radiaire* plus ou moins nette, s'appellent **PHYTOZOAIRES**.

Les Métazoaires à corps segmenté, pourvus d'une *symétrie bilatérale*, au moins dans le jeune âge, s'appellent **ARTIOZOAIRES**.

La connaissance des formes larvaires dont tirent leur origine les Métazoaires, l'examen des analogies et des dissemblances entre les formes plus ou moins compliquées qui en dérivent, les relations de parenté entre ces formes (encore problématiques pour certaines larves), ont fait répartir les Métazoaires (Phytozoaires et Artiozoaires) en cinq *séries* correspondant aux cinq types admis comme formes originelles :

Séries :	Embranchements correspondants de Claus :	Formes larvaires originelles :
Spongiaires.	Cœlentérés.	*Blastula* ou *Amphiblastula.*
Polypes.		*Parenchymula.*
Echinodermes	Echinodermes.	*Auricularia, Pluteus* *Bipinnaria, Brachiolaria.*
Chitinophores	Arthropodes. Némathelminthes.	*Nauplius.*
Néphridiés.	Vers Mollusques Tuniciers Vertébrés	*Trochosphère.*

L'ensemble de la classification des animaux est compris dans le tableau suivant :

CLASSIFICATION DES ANIMAUX

Degrés d'organisation.		Séries.		Embranchements.	Classes.

I. — PROTOZOAIRES

Corps formé d'une cellule (*plastide*) ou d'une colonie de cellules semblables.

Degrés d'organisation.	Séries.		Embranchements.	Classes.
I PROTOZOAIRES		Membrane ni permanente ni continue. *Pseudopodes.*	**RHIZOPODES**	*Amiboïdes. Foraminifères. Radiolaires.*
		libres. Membrane avec cytostome. Reproduction par spores flagellifères.	**MÉGACYSTIDÉS**	
		parasites. Membrane chez l'adulte. Reproduction par spores. Ni pseudopodes, ni cils vibratiles.	**SPOROZOAIRES**	*Sporidiés. Grégarinidés.*
		libres. Membrane avec *flagellum* ou *cils vibratiles.*	**INFUSOIRES**	*Flagellifères. Ciliés. Tentaculifères.*

II. — MÉTAZOAIRES

Corps pluricellulaire comprenant 3 *feuillets blastodermiques* plus ou moins nets.

Degrés d'organisation.	Séries.		Embranchements.	Classes.
II MÉTAZOAIRES	PHYTOZOAIRES — Spongiaires	Corps ramifié ou massif, non rayonné. Pas de cavité générale. Ni tentacules, ni nématocystes.	**ÉPONGES CALCAIRES**	*Homocèles. Hétérocèles.*
			ÉPONGES SILICEUSES	*Hexactinellidés. Hexacératinés. Chondrospongiaires.*
	Polypes	Corps rayonné ou ramifié irrégulièrement. Mésoglée. Pas de cavité générale. Tentacules, *nématocystes.*	**HYDROZOAIRES**	*Hydrides. Hydroméduses. Trachyméduses. Siphonophores.*
			SCYPHOZOAIRES	*Acalèphes. Anthozoaires. Cténophores.*
	Échinodermes	Corps rayonné. Mésoderme calcifié. *Cavité générale.* Tube digestif à paroi distincte de celle du corps. *Canaux*	**ANANGIÉS**	*Stellérides. Ophiurides.*
			ANGIOPHORES	*Crinoïdes. Échinides.*
		Corps segmenté.	aquatiques	*Mérostomes. Crustacés.*

Échinodermes. . Corps rayonné. Mésoderme calcifié. *Cavité générale*. Tube digestif à paroi distincte de celle du corps. *Canaux*
- ANANGIES . . . . . . *Ophiurides.*
- ANGIOPHORES . . . . . . *Crinoïdes. Échinides. Holothurides.*

II MÉTAZOAIRES (*suite*).

ARTIOZOAIRES

- **Chitinophores.** . . Cuticule et divers organes chitineux. Pas de cils vibratiles.
  - Corps segmenté. *Membres articulés*. Forme larvaire : Nauplius — **ARTHROPODES**. .
    - aquatiques . . *Mérostomés. Crustacés.*
    - terrestres . . *Arachnides. Onychophores. Myriapodes. Insectes.*
  - Corps non segmenté. *Pas de membres articulés*. Parasites. — **NEMATHELMINTHES** . . . . . . *Acanthocéphales. Nématodes. Chetognathes.*
- **Néphridiés.** . . . Cuticule nulle ou mince. Cils vibratiles. *Appareil néphridien*. Forme larvaire : *Trochosphère*.
  - Appareil ciliaire portant les aliments à la bouche. — **LOPHOSTOMÉS** . . . . . . *Rotifères. Bryozoaires. Brachiopodes.*
  - *Corps mobile généralement segmenté*. Aliments saisis directement par la bouche. — **VERS** . . . . . .
    - Annelés . . . . . . *Polychètes. Géphyriens. Oligochètes. Hirudinées.*
    - Plathelminthes . . *Trématodes. Cestodes. Turbellariés. Némertes.*
    - Pseudhelminthes . . . . . .
  - Corps non segmenté. *Coquille* en général. Système nerveux avec 2 ou 3 colliers œsophagiens. — **MOLLUSQUES** . . . . . . *Amphineures. Gastéropodes. Scaphopodes. Lamellibranches. Céphalopodes.*
  - **CHORDATA**
    - Une *corde dorsale* et des fentes branchiales persistant dans l'âge adulte. — **PROTOCHORDES** . . . . . . *Hémichordes. Urochordes. Céphalochordes.*
    - Corde dorsale cartilagineuse au début, formant l'axe primitif d'un *squelette interne*. 4 membres au plus. Système nerveux central (encéphale et moelle épinière). — **VERTÉBRÉS.**
      - Anallantoïdiens. *Poissons. Amphibiens.*
      - Allantoïdiens . . . *Reptiles. Oiseaux. Mammifères.*

PREMIER DEGRÉ D'ORGANISATION

PROTOZOAIRES

Animaux unicellulaires[1], *quelquefois composés de plusieurs cellules à peu près identiques associées en colonies où la division du travail physiologique fait défaut. Reproduction par spores et jamais par œufs.*

	Caractères	Classe	Ordres
PROTOZOAIRES	Membrane ni permanente ni continue. *Pseudopodes*	**Rhizopodes**	*Amibes.* *Foraminifères.* *Radiolaires.*
	Membrane avec cytostome. Reproduction par *spores flagellifères*	**Mégacystidés.**	
	Membrane chez l'adulte. *Ni pseudopodes, ni cils vibratiles.* Parasites. Reproduction par spores naissant dans des asques	**Sporozoaires**	*Sporidiés.* *Grégarinides.*
	Membrane ordinairement pourvue de *cils vibratiles*	**Infusoires**	*Flagellifères.* *Ciliés.* *Tentaculifères.*

Morphologie extérieure. — Le corps protoplasmique, dépourvu de *membrane* chez les Rhizopodes, émet des prolongements rétractiles ou *pseudopodes :* très fins d'ordinaire (*Difflugia*, fig. 16, A), mous et anastomosables en réseau (*myxopodes*), mais parfois rigides et non déformables grâce à une baguette élastique et résistante qui en occupe l'axe (*axopodes*). Les animaux pourvus de pseudopodes sont animés de mouvements lents.

Chez les autres Protozoaires, animés de mouvements rapides, la couche externe du protoplasme est différenciée en une *membrane* résistante, pourvue ou non de prolongements permanents. On distingue parmi ces prolongements : les *flagellums*, longs filaments qui ondulent sans cesse (*Noctiluca*, *Cercomonas*, *Rhipidodendron*, fig. 17); les *cils vibratiles*, nombreux et courts, distribués sur toute la surface du corps (*Holophrya*), ou suivant des franges (*Calceolus*), formant parfois de véritables crochets ou *cirres* (*Aspidisca*, fig. 18; *Euplotes*) et des *soies* rigides; les *membranes ondulantes* qui avoisinent le cytostome ou orifice buccal (*Onychodromus*); les *trichocystes*, spéciaux à quelques espèces seulement (*Paramæcium*, *Cyrtostomum*, fig. 39).

1. Le mot *plastide* est préférable au mot *cellule* dans le cas des animaux dont le protoplasme n'est pas enveloppé d'une membrane nettement différenciée.

Les trichocystes fusiformes, capables de s'allonger au moindre contact, se transforment en autant de petites aiguilles venimeuses qui immobilisent et peuvent tuer les proies.

Les Sporozoaires, parasites, sont dépourvus d'organes spéciaux de locomotion.

Structure interne. — La structure du protoplasme des Protozoaires a été exposée déjà (voir T. I, pages 10-12). Homogène chez les Amiboïdes inférieurs, le protoplasme présente, à la surface, un *ectoplasme* plus condensé enveloppant l'*entoplasme*.

L'ectoplasme est parfois imprégné d'une matière chitineuse agglutinant des corpuscules étrangers (*Difflugia*, fig. 16, A) ou traversé par des spicules siliceux (*Acanthometra*), des sphères, des disques siliceux (*Heliosphæra*, fig. 19) ou calcaires (*Rotalia*). Par les fins orifices que présente le test calcaire perforé de certains Foraminifères, de fins pseudopodes rayonnent tout autour de la coquille.

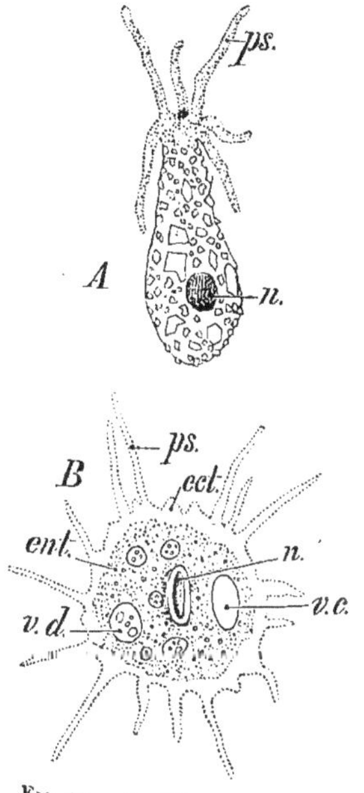

Fig. 16. — A ; *Difflugia*. — B ; *Dactylosphæra polypodia*. *ps*, pseudopodes ; *n*, noyau ; *ect*, ectoplasme ; *ent*, entoplasme ; *v.d*, vacuole digestive ; *v.c*, vacuole contractile.

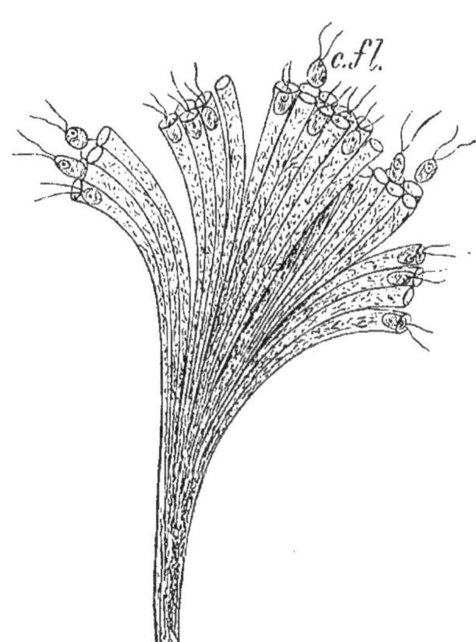

Fig. 17. — *Rhipidodendron*. Colonie de cellules flagellifères, *c.fl*.

Vacuoles. — Dans l'ectoplasme se trouvent fréquemment des *vacuoles contractiles* dont les contractions brusques sont aussi périodiques (quelquefois 1 à 12 par minute); elles disparaissent alors et se reforment à peu près au même point, souvent par la fusion de petites vacuoles secondaires. Les vacuoles contractiles servent à expulser en partie l'eau d'imbibition du protoplasme et

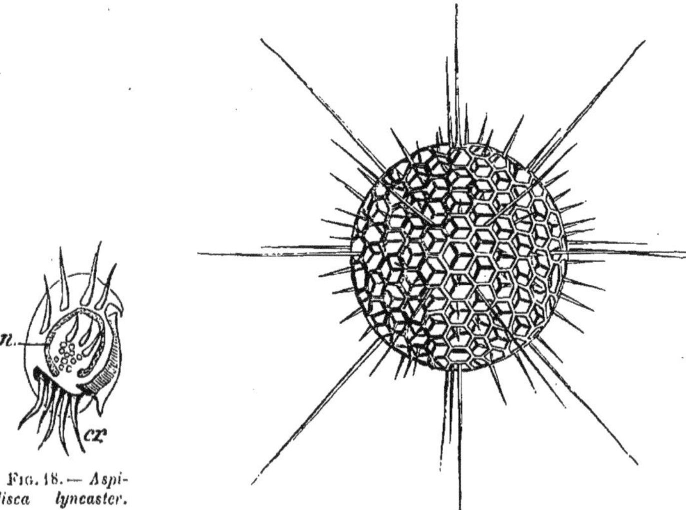

FIG. 18. — *Aspidisca lynceaster*. *n*, noyau; *cr*, crochets.

FIG. 19. — *Heliosphæra echinoïdes*.

celle qui a été englobée avec les particules alimentaires; le courant d'eau qui traverse ainsi le protoplasme en facilite aussi la respiration.

Dans l'entoplasme, on rencontre des *vacuoles digestives* enveloppant les particules alimentaires baignées par un liquide acide

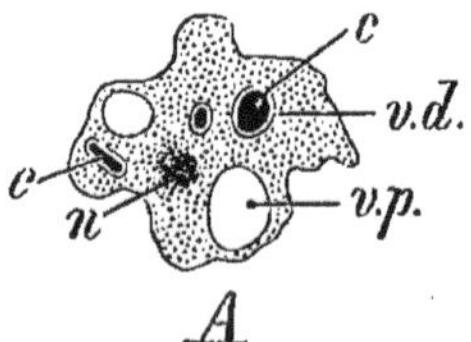

FIG. 20. — Amibe. *n*, noyau; *c*, corpuscules inclus dans des vacuoles digestives, *v.d*; *v.p*, *vacuole contractile*.

FIG. 21. — *Protamœba primitiva*. Reproduction asexuelle par *scissiparité* : L'être *a* subit un étranglement en son milieu, *b*; les deux moitiés deviennent indépendantes, *c*.

et diastasique (fig. 20) et des *inclusions gazeuses* (bulles d'acide carbonique) qui jouent parfois le rôle de flotteurs.

Noyaux et Nucléoles. — Le protoplasme est dépourvu de noyau chez quelques Rhizopodes inférieurs désignés par Hæckel sous le nom de *Monères* (*Protamœba*, *Protomyxa*, *Myxodictyum*, fig. 21, 22 et 23). Les autres Rhizopodes possèdent au moins 1 noyau

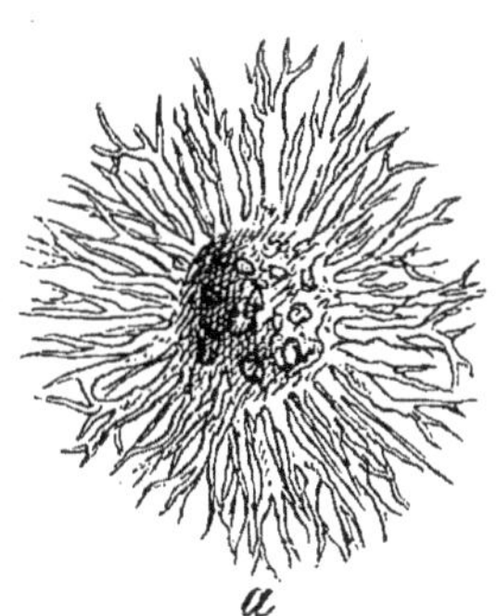

Fig. 22. — *Protomyxa aurantiaca.*

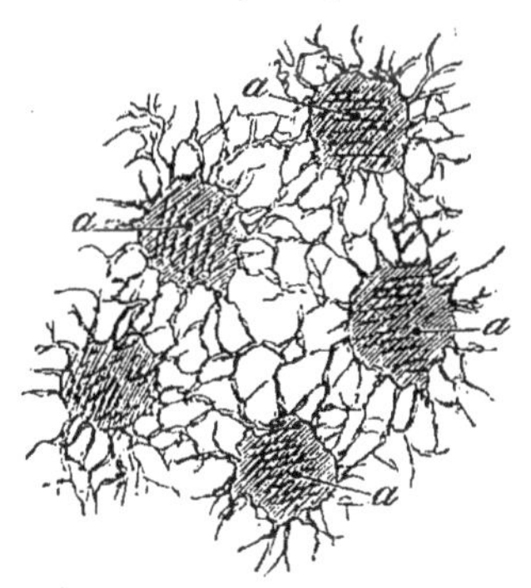

Fig. 23. — *Myxodictyum sociale.* Colonie d'individus monocellulaires.

(*Amœba*, fig. 24; *Dactylosphæra*, fig. 16), quelquefois un grand nombre (400 et plus chez *Actinosphærium Eichhornii*). En général unique chez les Infusoires, le noyau présente diverses formes et est accompagné d'un ou plusieurs nucléoles plus petits (*Paramæcium*, fig. 25); chez certaines espèces, il comprend plusieurs segments réunis en chapelet; l'*Opalina ranarum* renferme des noyaux et des nucléoles en nombre variable.

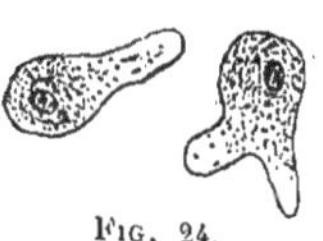

Fig. 24. *Amœba coli.*

Nutrition. — Digestion. — Les Rhizopodes capturent, à l'aide de leurs pseudopodes, les particules en suspension dans l'eau et les enveloppent incomplètement ou non. Une particule alimentaire, totalement englobée par le protoplasme avec une petite quantité d'eau, remplit une vacuole digestive où elle subit l'action des acides et des diastases sécrétés par l'animal; les résidus en sont rejetés par un point quelconque de la paroi du corps.

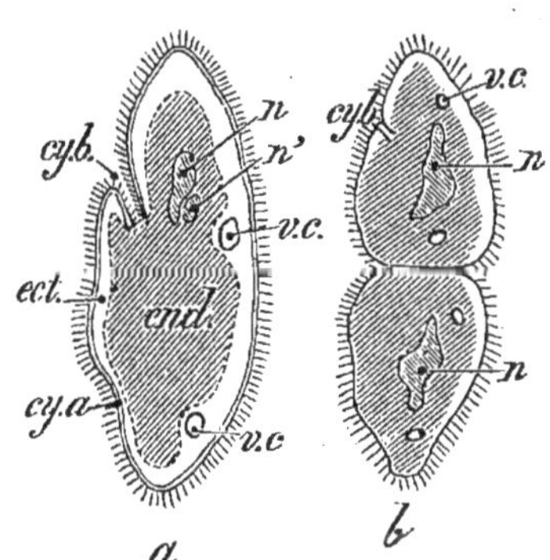

Fig. 25. — *Paramæcium aurelia.* L'être entier *a* présente, en *b*, un étranglement médian d'où résultera sa division en deux individus nouveaux. *cy.b*, cytostome; *cy.a*, cytoanus; *ect*, ectoplasme; *end*, entoplasme; *n*, macronucléus; *n'*, micronucléus; *v.c*, vacuoles contractiles.

Les Sporozoaires, parasites, se nourrissent par imbibition de la lymphe de leur hôte.

Les Infusoires, dont la paroi est limitée par une *cuticule*, sont pourvus d'un *cytostome*, *Cy.b* (fig. 25), orifice buccal de l'ectoplasme bordé de cils vibratiles ou de membranes ondulantes (Infusoires sédentaires), de lèvres ou de trichocystes (Infusoires errants). Chez les animaux sédentaires (*Stentor*, fig. 26) ou momentanément fixés, les mouvements des cils déterminent un appel d'eau dont le point terminal est le cytostome; les particules solides, engagées dans le cytopharynx, y sont saisies par l'entoplasme. Les Infusoires errants (*Paramæcium*) atteignent et immobilisent leur proie à l'aide de leurs trichocystes, la saisissent par leurs lèvres mobiles et la font pénétrer dans l'entoplasme. Autour de l'objet capturé se forme une vacuole digestive entraînée, par la circulation protoplasmique, dans une direction qui n'est pas constante. *Le prétendu tube digestif n'existe donc pas chez les Infusoires.*

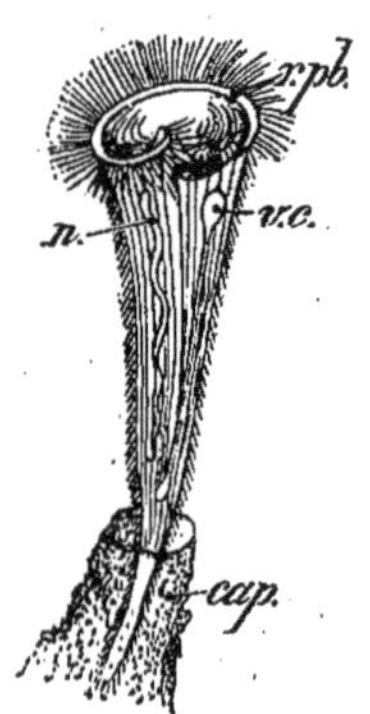

Fig. 26. — *Stentor Ræselii*. r.pb, région péribuccale; n, noyau; v.c, vacuole contractile; cap, capsule tubuliforme chitineuse.

Les résidus de la digestion sont éliminés par le *cytoprocte*, *cy.a.*, ouvert seulement quand la défécation a lieu.

La digestion et l'assimilation des matières albuminoïdes sont très rapides; beaucoup plus lente est l'attaque des grains d'amidon, des globules butyreux du lait; les grains de chlorophylle paraissent inaltérés.

Parmi les produits assimilables de la digestion, les uns (glycogène) sont dissous dans le paraplasme, d'autres (*paramylon*) ont la forme de granules en suspension dans l'hyaloplasme, jusqu'au moment de leur utilisation.

La **circulation** des Protozoaires consiste en des courants intérieurs décelés par le déplacement des granulations protoplasmiques. Les mouvements rythmiques de *systole* et de *diastole* des vacuoles contractiles contribuent à la formation de ces courants, favorisent la **respiration** de l'animal et assurent l'**excrétion** des produits liquides et gazeux de désassimilation.

Relation. — L'hyaloplasme, portion contractile et vivante du protoplasme des Protozoaires, ne présente aucune différenciation qui permette d'attribuer à l'une quelconque de ses parties une fonction plus spéciale comme substance musculaire ou nerveuse.

Reproduction. — La *scissiparité* est le mode de reproduction asexuelle le plus général chez les Protozoaires [*Protamæba*,

Actinosphærium, *Hoplorynchus*, *Paramæcium*]. Le *bourgeonnement* s'y produit quelquefois (*Podophrya gemmipara*, fig. 27).

Chez certaines espèces, on remarque la *conjugaison* par fusion temporaire (*Paramæcium*) ou permanente (*Grégarines*). Nous ne

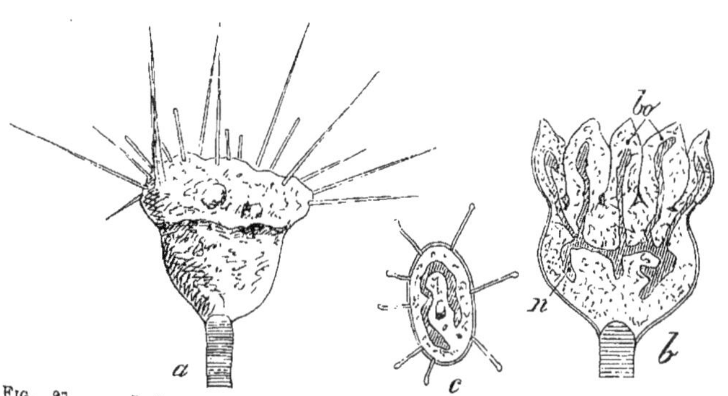

Fig. 27. — *Podophrya gemmipara*. Reproduction asexuelle par *bourgeonnement* : l'individu *a* forme, en *b*, des bourgeons, *bo*, qui se détachent et deviennent autant d'individus nouveaux, *c*.

saurions revenir sur ces faits qui ont été étudiés précédemment (voir T. II, fasc. 1er).

§ 1. — RHIZOPODES

Protozoaires dont la couche externe du protoplasme émet des prolongements temporaires appelés pseudopodes.

Les pseudopodes ne sont jamais animés de mouvements oscillatoires.

Pseudopodes	courts, peu ramifiés, non anastomosés			*Amiboïdes.*
	fins, ramifiés et anastomosés.	*Réticulés.*	Pas de capsule centrale. Test calcaire ordinairement.	*Foraminifères.*
			Capsule centrale. Test ordinairement siliceux.	*Radiolaires.*

I. — AMIBOÏDES

Rhizopodes à pseudopodes courts, simples ou peu ramifiés, non anastomosés.

Ils habitent les eaux douces, la terre humide, les matières en putréfaction, quelquefois les eaux salées.

Les Amiboïdes se divisent en :

Lobés, à pseudopodes courts et larges;

Acuminés, à pseudopodes peu ramifiés partant d'une mên région du corps;

Radiés ou *Héliozoaires*, à pseudopodes rayonnant tout auto du corps.

1° AMIBOÏDES LOBÉS

Amœbidés. — Pas de membrane :

Sans noyau : *Protamœba* (fig. 21).

Avec noyau : *Amœba*.

A. coli (fig. 24) a l'une de ses extrémités un peu effilée et transparente. C espèce pullule chez les individus atteints de diarrhée, de dysenterie; dans eaux marécageuses en Russie. — *A. buccalis;* tartre des dents.

Arcellidés. — Enveloppe plus ou moins complète. Viv dans les eaux douces.

Arcella; membrane plan-convexe avec une ouverture c trale pour le passage des pseudopodes. — *Difflu* (fig. 16, A); membrane chitineuse agglutinant des co étrangers.

2° AMIBOÏDES ACUMINÉS

Une coque de revêtement sécrétée par une membrane tincte ou non.

Euglypha; coque formée de plaques hexagonales contigu

3° AMIBOÏDES RADIÉS [HÉLIOZOAIRES]

Corps nu : *Dactylosphæra* (fig. 16, B); pseudopodes s fibres de soutien. — *Actinosphærium;* ectoplasme entoplasme distincts; pseudopodes grêles et soute par une baguette élastique (axopodes).

Corps pourvu d'une enveloppe gélatineuse, de spicules d'un véritable squelette siliceux. — *Sphærastrum;* trage de spicules siliceux. — *Acanthocystis;* spic rayonnants portés par des lames basilaires. — *Chla lina;* squelette siliceux en forme de sphère treillisée.

II. — RÉTICULÉS

Rhizopodes à pseudopodes ramifiés, anastomosés en un ré plus ou moins serré.

Parmi les Réticulés, on peut ranger la plupart des *Monères* d'Hæckel, dép vues de membrane et de noyau. Les unes sont libres : *Protogenes; Proto* (fig. 22); les autres sont associées en colonies : *Monobia :* terre humide et eaux douces. *Myxodictyum* (fig. 23); eaux salées.

Les Réticulés comprennent les *Foraminifères* et les *Radiolaires.*

A. — FORAMINIFÈRES

Rhizopodes à pseudopodes filamenteux anastomosés. Pas de capsule centrale. Test membraneux, arénacé ou calcaire.

Le test est chitineux chez beaucoup d'espèces d'eau douce : *Gromia* (fig. 28) ; *Miliola.* Une matière organique chitineuse peut agglutiner une foule de corps étrangers et former à l'animal un revêtement de vase, grains de sable, spicules d'Éponges, fragments de coquille, etc.

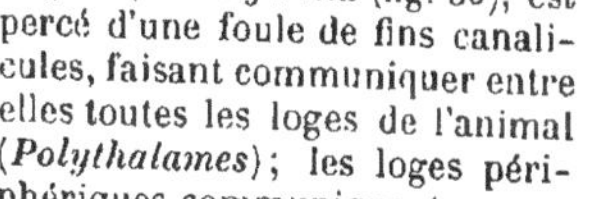

Fig. 28. — *Gromia oviformis. ps*, pseudopodes ; *t.c.* test chitineux ; *p.al*, particule alimentaire.

Les Foraminifères à test calcaire ou arénacé se divisent en : *Perforés* et *Imperforés.*

Le test des *Imperforés*, tels que *Triloculina* (fig. 29), consiste en une substance compacte et homogène ; l'intérieur de la coquille communique avec l'extérieur par *une seule ouverture large* (*Monothalames*).

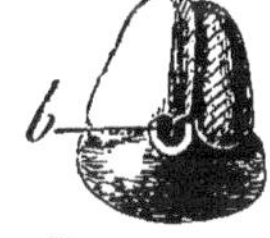

Fig. 29. — *Triloculina austriaca.*

Le test des *Perforés* comme *Lagena*, *Globigerina* (fig. 30), est percé d'une foule de fins canalicules, faisant communiquer entre elles toutes les loges de l'animal (*Polythalames*) ; les loges périphériques communiquent en outre avec l'extérieur. Ces canaux, simples d'ordinaire et perpendiculaires à la surface des lames qu'ils traversent, peuvent se ramifier et s'anastomoser (*Nummulites*) ; *ils servent au passage de minces filets protoplasmiques émis par la masse centrale et prolongés en un réseau extérieur ténu.* La dernière loge possède *une large ouverture* par laquelle le protoplasme communique encore avec l'extérieur.

Accroissement et enroulement des Foraminifères. — 1° *Accroissement continu.* — Dans presque toutes les formes, une *loge initiale* abrite l'animal ; cette loge s'allonge en bouteille (*Lagena*) ; le col s'enroule en un canal autour de la loge initiale (*Miliolides*) ; l'enroulement se continue indéfiniment dans le même plan, sans que la coquille se partage en loges (*Cornuspira*).

2° *Accroissement discontinu.* — Le protoplasme de la loge initiale déborde à un certain moment autour de l'ouverture, sécrète une seconde loge, puis une troisième, et ainsi de suite. Les loges successives forment une série régulière (*Nodosaria*), irrégulière (*Globigerina*) ; chez les *Orbitolites*, la formation des loges a lieu dans tous les plans. L'accroissement des *Nummulites* est dû à l'enroulement progressif sur elle-même d'une lame continue qui recouvre ses propres parties les plus anciennes ; les tours successifs sont en même temps divisés en nombreuses loges par des cloisons compliquées.

1° FORAMINIFÈRES IMPERFORÉS

Gromidés. — Une seule ouverture large par laquelle sortent les pseudopodes. Test chitineux : *Gromia oviformis* (fig. 28).

Miliolidés. — Une ouverture à chaque extrémité du test. Test calcaire ordinairement.

Loges simples. — *Biloculina* (fig. 30, C); plusieurs chambres dont les deux dernières seules visibles embrassent les autres. — *Triloculina.* — *Spiroloculina;* toutes les chambres visibles. — *Miliola.*

Loges divisées en loges secondaires. — *Orbiculina. Orbitolites. Alveolina.*

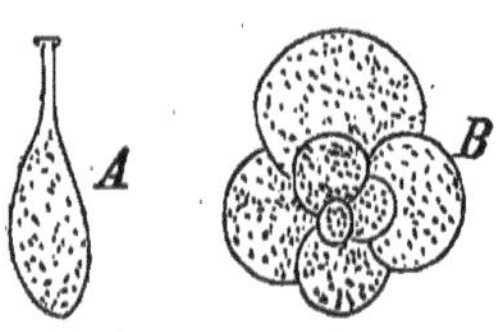

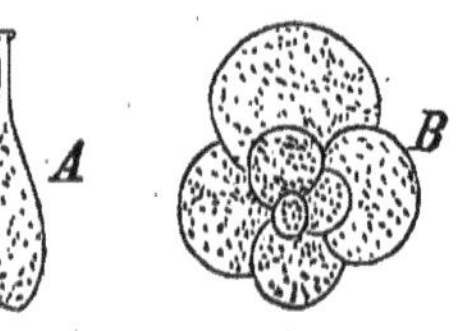

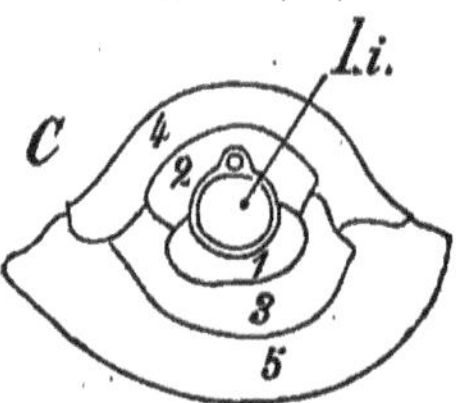

Fig. 30. — Foraminifères. 1° Perforés : A; *Lagena clavata.* B; *Globigerina bulloïdes.* — 2° Imperforés : C; *Biloculina Murrhyna.*

2° FORAMINIFÈRES PERFORÉS

Les pseudopodes sortent par les pores de la coquille.

Lagena (fig. 30, A); 1 loge. — *Nodosaria;* plusieurs loges en série linéaire. — *Globigerina* (fig. 30, B); petit nombre de loges percées de larges pores. — *Rotalia.*

Nummulinidés. — Test calcaire finement perforé. Système de canaux complexes dans l'épaisseur de la coquille. *Fusulina. Nummulites. Orbitoïdes.*

Importance paléontologique des Foraminifères. — Ordinairement marins, les Foraminifères ont joué un rôle considérable dans la constitution des couches géologiques. A l'époque carbonifère déjà, on trouve un calcaire riche en Fusulines: les *Lagénidés* abondent dans le Jurassique, les *Globigérines* et les *Rotalia* dans le Crétacé; c'est surtout dans les couches tertiaires que les Foraminifères atteignent leur apogée avec les *Orbitoïdes*, les *Nummulites*, qui forment de puissantes masses calcaires dans toute l'étendue du bassin méditerranéen.

B. — RADIOLAIRES

Rhizopodes marins à pseudopodes rayonnants issus d'un protoplasme hyalin qui entoure une capsule centrale; cette capsule est remplie de protoplasme très dense. Squelette nul, organique (*acanthine*) *ou siliceux* (*spicules, sphères ou disques treillissés*).

Capsule centrale. — La capsule centrale, membraneuse, divise le protoplasme en une partié *intracapsulaire* et une couche *extracapsulaire*.

Capsule centrale { percée de nombreux pores dans toute son étendue : *Péripylaires*. allongée avec pores sur une plage limitée : *Monopylaires*. formée de 2 couches étroitement superposées, et percée de 1, 2 ou 3 larges orifices : *Phéodaires*.

Protoplasme intracapsulaire. — Il est dépourvu de vésicule contractile; de nombreuses *vacuoles* s'y rencontrent, contenant des gouttelettes huileuses ou des corpuscules d'excrétion (*Thalassicola*, fig. 31); des pigments et des cristaux y sont aussi disséminés. Le protoplasme intracapsulaire contient un noyau, parfois très grand chez les Phéodaires; les aiguilles convergentes de l'*Acanthometra* pénètrent jusqu'au centre du noyau où elles se rejoignent.

Fig. 31. — *Thalassicola pelagica*

Protoplasme extracapsulaire. — Celui-ci émet les pseudopodes et revêt d'une mince couche les aiguilles du squelette; une *couche gélatineuse* plus ou moins épaisse le recouvre. Des vacuoles ou *alvéoles*, remplies de liquide transparent, y sont parfois tellement nombreuses qu'elles forment plusieurs couches dans toute la masse extracapsulaire (*Thalassicola*, *Sphærozoum*). On y distingue, en outre, des granulations pigmentaires et des cellules jaunes ou *zooxanthelles*, Algues qui vivent en symbiose avec les Radiolaires (*Lithocircus*, fig. 32).

Formations squelettiques. — Presque tous les Radiolaires sont pourvus d'un squelette siliceux; toutefois, parmi les Péripylaires, les *Acanthaires* ont un squelette d'*acanthine*, comprenant de longues aiguilles pleines qui convergent vers le centre de la capsule avec régularité (loi de Müller).

Certaines formes (*Thalassicola*, *Collozoum*) n'ont pas de squelette solide.

Reproduction. — Les Radiolaires se reproduisent par des *spores flagellifères*, zoospores de deux tailles différentes parfois (*microspores* et *macrospores*).

1° RADIOLAIRES PÉRIPYLAIRES

Pores disséminés sur toute la paroi de la capsule centrale.

Spumellaires. — Squelette nul ou siliceux. 1 noyau.

Pas de squelette : *Thalassicola* (fig. 31); alvéoles nombreux autour de la capsule. — *Collozoum*; plusieurs capsules.

Spicules tangentiels : *Thalassosphæra*; 1 capsule. — *Sphærozoum*; plusieurs capsules.

Sphère treillissée : *Heliosphæra* (fig. 19).

Acanthaires. — Squelette d'acanthine. Noyau fragmenté de bonne heure. — *Acanthometra;* nombreuses épines égales et rayonnantes. — *Diploconus;* une grande épine équatoriale. — *Haliomma;* sphères treillissées, l'une extracapsulaire, l'autre intracapsulaire avec des épines rayonnantes.

2° RADIOLAIRES MONOPYLAIRES

Pores de la capsule centrale localisés sur une plage limitée.

Lithocircus (fig. 32); une boucle squelettique polygonale.

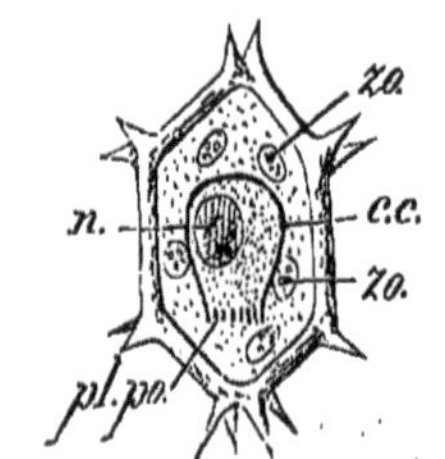

Fig. 32. — *Lithocircus annularis.* — *c.c*, capsule centrale avec une plage porifère, *pl.po*; *n*, noyau; *zo*, zooxanthelles.

3° RADIOLAIRES PHÉODAIRES

Capsule avec 1, 2 ou 3 larges orifices.

Protocystis ; 1 orifice ; pas de squelette. — *Aulacantha ;* spicules rayonnants. — *Aulosphæra ;* une sphère treillissée.

§ 2. — SPOROZOAIRES

Protozoaires presque tous parasites, sans organes spéciaux de locomotion ; mouvements lents ou nuls.

1° **MICROSPORIDIES** [Psorospermies des Insectes]. — Corpuscules envahissant les tissus de nombreux Arthropodes. La maladie de la *pébrine* chez les Vers à soie est due à ce que les tissus du Bombyx en sont infestés.

On triture dans un mortier une chenille atteinte de pébrine; les corpuscules très fins (2 μ) ne sont pas écrasés; on les retrouve dans les produits de lavage du mortier sous forme de corpuscules à coque brillante. On fait manger par une chenille saine une feuille de mûrier badigeonnée de ces corpuscules avec un pinceau.

Dans le tube digestif de la chenille en expérience, la coque en est dissoute et met en liberté une masse amiboïde qui traverse l'épithélium intestinal et se loge dans le tissu conjonctif de la paroi intestinale. Ce globule protoplasmique s'accroît aux dépens de son hôte; une fois sa taille maximum atteinte, il rentre ses pseudopodes, donne naissance à de nombreuses spores qui évoluent sur place et de la même manière, envahissant les muscles, les glandes séricigènes et jusqu'aux ovules reproducteurs.

Les tissus de la chrysalide, du papillon, les œufs pondus par ce dernier sont donc infestés et transmettent la maladie de génération en génération.

2° **MYXOSPORIDIES** [Psorospermies des Poissons]. — Parasites de la peau, des branchies et des divers organes internes des Poissons. Corps sans membrane, à mouvements lents et amiboïdes, renfermant plusieurs noyaux qui sont le point de départ de la sporulation. Spores de formation endogène, pourvues d'une enveloppe généralement bivalve et de *corpuscules polaires*, *urticants*, comparables aux nématocystes des Polypes.

3° **SARCOSPORIDIES.** — Parasites des fibres musculaires striées des Oiseaux et des Mammifères ; le Porc en renferme parfois en abondance.

4° **GRÉGARINIDES.** — *Parasites des Invertébrés, pourvus d'une membrane ; s'enkystent avant de se reproduire par spores.*

La description sommaire d'une Grégarine (*Hoplorhynchus*) a été faite déjà (voir T. II, fasc. 1er, page 13); les modes de reproduction avec ou sans conjugaison en ont été traités (pages 13 et 19 du même fascicule).

Coccididés. — Parasites monocellullaires ; corps non segmenté ; vivent dans les éléments anatomiques de leur hôte.

Coccidium ; foie du Lapin.

Monocystidés. — Parasites à corps non segmenté ; habitent à l'état adulte les cavités ouvertes de leur hôte.

Monocystis du Lombric.

Polycystidés.— Corps divisé en protoméride et deutoméride.

Stylorhynchus des Blaps. — *Hoplorhynchus* du Homard.

§ 3. — MÉGACYSTIDÉS

Protozoaires de grande taille, pourvus d'une membrane, souvent munis d'un tentacule mobile et d'un flagellum.

Ces animaux font le passage entre les Radiolaires (par leur capsule membraneuse et leur mode de reproduction) et les Infusoires flagellifères (par leur flagellum).

Noctiluques. — Organismes répandus dans toutes les mers, surtout au voisinage des côtes tellement nombreux parfois qu'ils donnent à l'eau un aspect laiteux (océan Indien).

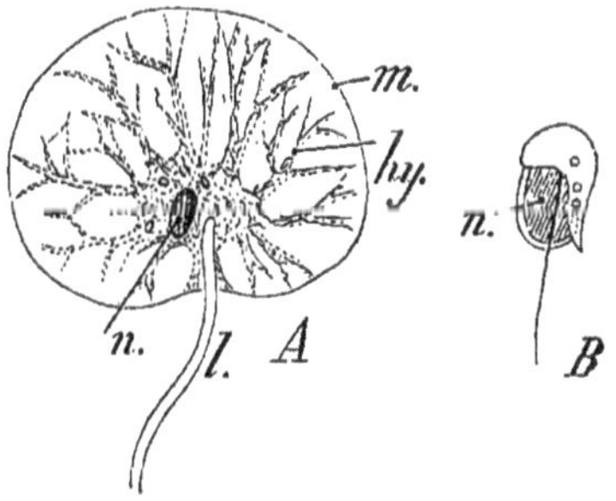

Fig. 33. — A ; *Noctiluca miliaris*. *hy*, hyaloplasme ; *m*, membrane ; *n*, noyau ; *t*, tentacule. B, zoospore.

Les Noctiluques sont photogènes (voir T. II, fasc. 1er, page 92) et donnent à la mer agitée une teinte variable du vert au bleu (phénomène appelé improprement *phosphorescence* de la mer).

Une Noctiluque a l'aspect d'une pêche de 1 à 2 millimètres de diamètre (fig. 33, A) ; le sillon ventral qu'elle présente n'occupe que 1/6 de circonférence ; un *cytostome* s'y trouve compris ; un tentacule mobile et un *flagellum* ou fouet sont au voisinage et en avant de cet orifice.

Le protoplasme, particulièrement abondant près du sillon ventral et du cytostome, se prolonge en de nombreux tractus qui rejoignent la capsule membraneuse externe (cette dernière n'est d'ailleurs qu'une couche protoplasmique différenciée). Le réseau formé par ces tractus a de plus larges mailles près de la périphérie; le protoplasme y circule activement.

Un noyau, des vacuoles digestives, des granulations diverses et des gouttelettes graisseuses se remarquent dans le protoplasme.

Le *tentacule* consiste en un ruban continu avec la masse protoplasmique centrale et recouvert d'une fine cuticule. Il est animé de mouvements ondulatoires, ainsi que le fouet.

Les Noctiluques se reproduisent par *bipartition* et par *sporulation*. La *bipartition*, débutant par la division du noyau, s'effectue suivant le plan de symétrie de l'animal; le cytostome est partagé en deux moitiés dont chaque nouvel individu emporte une lèvre. La *sporulation* est ordinairement précédée de la conjugaison de deux individus accolés par leur région cytostomale; fusion des individus conjugués, segmentation du noyau unique en 2, 4, 8, 16,... 512 *gemmes* sur chacune desquelles apparaît un fouet vibratile, transformation des gemmes en *zoospores* (fig. 33, B) : telles sont les phases successives de la sporulation.

§ 4. — INFUSOIRES

Protozoaires pourvus d'une membrane avec des flagellums ou des cils vibratiles. Vacuoles contractiles.

1 ou plusieurs flagellums........	*Flagellifères.*
Cils vibratiles....................	*Ciliés.*
Successivement libres et fixés; ciliés à l'état libre, pourvus de tentacules quand ils sont fixés.	*Tentaculifères.*

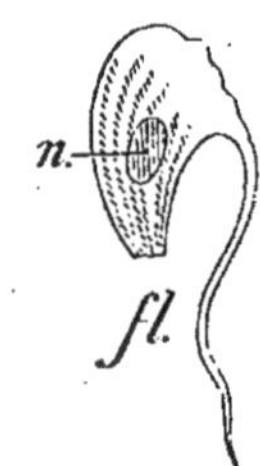

FIG. 34. — *Trypanosoma sanguinis. fl*, flagellum; *n*, noyau.

I. — FLAGELLIFÈRES

Infusoires possédant des flagellums ou fouets vibratiles.

1° TRYPANOSOMÉS

Un flagellum; membrane ondulante tout le long du corps.

Trypanosoma (fig. 34); dans l'intestin de l'Huître. — *Undulina;* dans le sang de la Grenouille.

2° RHIZOFLAGELLÉS

Un flagellum ; des pseudopodes lobés.

Mastigamœba (fig. 35) ; émet des pseudopodes larges par toute sa surface. — *Cercomonas ;* prolongement caudal outre le flagellum ; dans les infusions de foin.

Fig. 35. *Mastigamœba.*

3° EUFLAGELLÉS

Pas de pseudopodes ; pas de collerette membraneuse autour de la base du flagellum.

1 flagellum.

Monades. Les unes solitaires : *Monas* [*M. necator ;* parasite de la Truite] ; les autres sociales, formant des colonies arborescentes : *Dendromonas. Cephalotamnium. Anthophysa* (fig. 36).

2 à 5 flagellums de même grandeur et de même direction.

Rhipidodendron (fig. 17) ; habite au sommet de tubes gélatineux disposés en éventail ; eaux douces. — *Monocercomonas* (fig. 37, A) ; parasite de l'intestin de l'Homme. — *Trichomonas* (B) ; dans le vagin de la Femme.

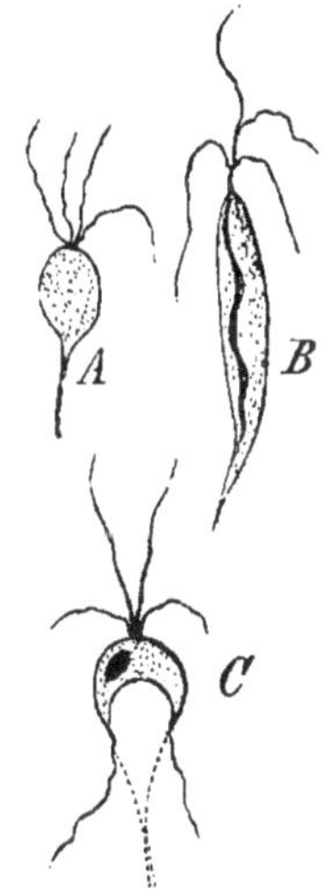

Fig. 37. — Infusoires flagellifères. A ; *Monocercomonas.* B ; *Trichomonas.* C ; *Hexamitus.*

Fig. 36. — *Antophysa.*

1 flagellum préhenseur et locomoteur en avant ; 1 ou 2 flagellums, parfois fixateurs, dirigés en arrière.

Phyllomitus. — *Entosiphon ;* eaux douces.

2 ou 3 paires de flagellums en avant; 2 fouets postérieurs.

Hexamitus (fig. 37, C) ; parasite de l'intestin du Triton.

4° CHOANOFLAGELLÉS

1 flagellum entouré d'une collerette protoplasmique qui limite l'aire de préhension des aliments.

Les particules alimentaires, attirées par les mouvements du flagellum, descendent sur la paroi interne de l'entonnoir, *en* (fig. 38) et parviennent à l'*aire ingestive*, *a.d.* Une vacuole se forme autour de l'aliment qui est entraîné dans la masse protoplasmique.

Fig. 38. — *Codosiga Botrytis*. *en*, entonnoir; *fl*, flagellum; *a.d*, aire ingestive.

Phalansterium ; collerette longue et étroite; habite, en colonies, des tubes gélatineux ramifiés. — *Monosiga ;* collerette large ; vit solitaire dans les eaux douces, en général. — *Codosiga* (fig. 38); plusieurs individus au sommet d'un même pédoncule.

II. — CILIÉS

Infusoires se mouvant à l'aide de cils vibratiles généralement nombreux et courts.

1° HOMOTRICHES

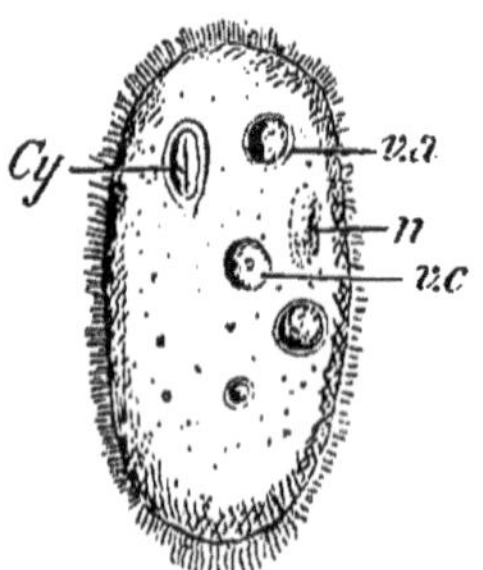

Fig. 39. — *Cyrtostomum leucas*. *Cy*, cytobouche ; *n*, noyau ; *v.c*, vésicule contractile ; *v.a*, vacuole alimentaire.

Cils vibratiles semblables.

Holophrya ; cytostome terminal. — *Chilodon ;* cytostome ventral se continuant par un canal denté. *C. cucullus ;* très commun dans les eaux douces.

Paramæcium (fig. 25); cytostome ventral et oblique se continuant par un canal cilié. — *Cyrtostomum* (fig. 39).

Endoparasites sans cytostome. — *Opalina ;* sur la

Grenouille; *Anoplophrya;* sur les Moules, les Annélides marines, etc.

2° HÉTÉROTRICHES

Cils vibratiles semblables sur tout le corps, sauf les cils oraux, beaucoup plus grands.

Balantidium; parasite du tube digestif. *B. coli;* chez l'Homme et le Porc. — *Stentor* (fig. 26); péristome en entonnoir; vit dans les eaux douces.

3° PÉRITRICHES

Corps nu ou pourvu d'une ou plusieurs ceintures de cils vibratiles.

Vorticella (fig. 40); pédoncule contractile pouvant s'en-

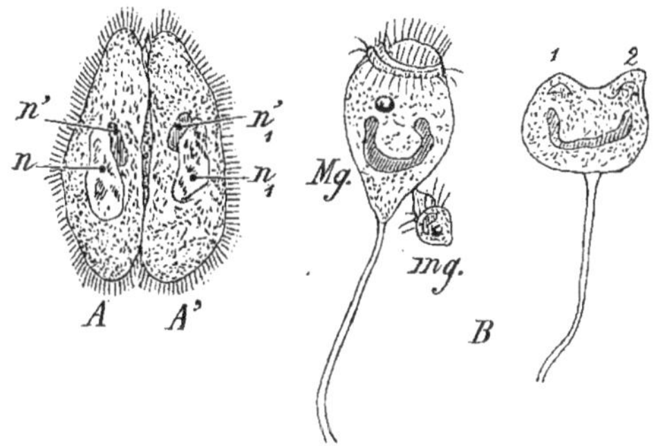

Fig. 40. — *Conjugaison :* Fusion *temporaire* de deux *Paramécies*, A et A'; n, n_1, macronucléus; n', n'_1, micronucléus. — Fusion *permanente* de deux *Vorticelles*, B, à gauche : l'un des individus fusionnés (microgonidie, *mg*, libre) est plus petit que l'autre (macrogonidie, *Mg*, fixée).

A droite, multiplication d'une Vorticelle par bourgeonnement.

rouler en hélice; eaux douces. *V. microstoma;* dans les infusions.

4° HYPOTRICHES

Face dorsale nue et convexe, face ventrale aplatie et ciliée parfois pourvue de grosses soies (cirres) servant à la marche.

Euplotes. E. charon des eaux douces. — *Aspidisca* (fig. 18).

III. — TENTACULIFÈRES

Infusoires libres et ciliés à l'état jeune, fixés et parasites ou pourvus de tentacules dans l'âge adulte.

Ordinairement fixés, directement ou à l'aide d'un pédoncule.

Ce pédoncule est le prolongement de la cuticule qui les recouvre.

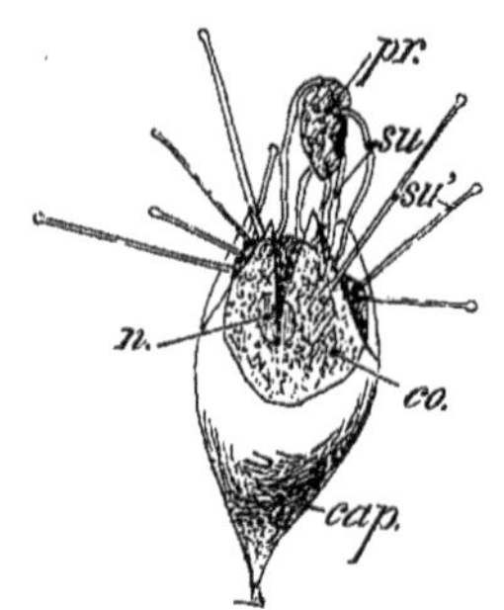

Fig. 41. — *Acineta mystacina* suçant une proie *pr*. *co*, corps protoplasmique ; *n*. noyau ; *su'*, *su*, suçoirs ; *cap*, capsule.

Les Tentaculifères vivent, en général, de proies vivantes dont ils s'emparent au moyen de *tentacules* qui peuvent, chez certaines espèces, s'épanouir à leur extrémité et se transformer en *suçoirs*.

Acineta (fig. 41) ; une capsule pédonculée et largement ouverte. — *Hemiophrya* (fig. 27) ; corps nu et pédonculé — *Sphærophrya ;* parasite d'Infusoires ciliés (Paramécies, Stentors, etc.).

DEUXIÈME DEGRÉ D'ORGANISATION

MÉTAZOAIRES

Animaux pluricellulaires dont les éléments sont groupés d'abord en trois feuillets blastodermiques (ectoderme, mésoderme, entoderme); de ces trois feuillets dérivent tous les tissus de l'animal adulte.

PREMIÈRE SÉRIE

SPONGIAIRES (ÉPONGES)

Métazoaires aquatiques dont le corps, ramifié ou massif, ne présente pas une symétrie rayonnée; mésoderme distinct, renforcé parfois de spicules calcaires ou siliceux, de fibres siliceuses ou cornées. Ni tentacules, ni nématocystes.

Morphologie générale. — Le type fondamental de l'Éponge est un sac (fig. 42, A), dont la cavité communique avec l'extérieur par un large orifice, *os* (*oscule*) et par un grand nombre de pores beaucoup plus petits (*pores inhalants*, *p.in*). La paroi interne du sac est tapissée de cellules flagellifères à collerette (*choanocytes*, G). Le mouvement constant des flagellums de ces cellules détermine un courant d'eau qui, de l'extérieur, entre par les pores inhalants en *f*, pénètre dans le sac, baigne les choanocytes tout en leur apportant des particules alimentaires, puis sort par l'oscule en F.

Les formes progressivement complexes qu'on peut observer parmi les Spongiaires sont les types *Ascon*, *Sycon* et *Leucon* que nous offrent les Éponges calcaires.

1° *Type Ascon.* — C'est une sorte d'urne en tout comparable au type fondamental qui vient d'être décrit; l'*Ascetta primordialis*, B, est conforme à cette description. La surface extérieure (ectoderme) est tapissée de cellules très aplaties avec un flagellum, *ect* (C); l'entoderme, *ent* (paroi interne de la cavité gastrique), est couvert de cellules flagellifères à collerette, les *choanocytes*, *ch.cy*; le mésoderme, *més*, qui réunit les parois externe et interne, renferme des cellules conjonctives diverses et des spicules, *sp*, situés autour des pores, *p.in*. Le courant d'eau à la fois *alimentaire* et *respiratoire* qui traverse l'animal, suit le sens des flèches *f*, *F* (B).

2° *Type Sycon*. — La paroi est ici plus épaisse (D); les canaux qui la traversent de part en part sont encore simples, mais d'un diamètre plus large en leur milieu où se forme une sorte d'excavation, une *corbeille vibratile*, *co.vi*. C'est, en effet, sur la paroi de ces corbeilles seulement que se rencontrent les choanocytes qui régularisent le mouvement de l'eau. Les parois externe et interne sont tapissées de cellules flagellifères aplaties. [La figure 42, F, donne une idée de cette disposition un peu plus compliquée, il est vrai, car elle se rapporte au type suivant].

3° Type *Leucon*. — La paroi est ici traversée par un réseau de canaux irréguliers (E), présentant çà et là des corbeilles vibratiles qui permettent la circulation de l'eau de l'extérieur vers la cavité gastrique. Partout où n'existent pas de corbeilles, *c.vi* (F), les canaux aquifères sont tapissés de cellules flagellifères plates, *c*, sans collerette, analogues aux cellules ectodermiques.

Il existe des intermédiaires entre ces trois types, et les Éponges les plus complexes résultent de l'association de formes simples constituant de véritables colonies. Ainsi, dans le genre *Ascandra*, certaines espèces sont uniquement composées d'individus isolés, d'autres espèces comprennent des assemblages d'individus accolés, concrescents par leur base; les plus complexes résultent d'une fusion plus intime des individus en colonies arborescentes qui bourgeonnent par toute leur surface; les limites respectives des individus composants y sont souvent difficiles à établir, leurs cavités communiquent toutes entre elles; chez quelques-uns même, l'oscule a disparu et le courant d'eau qui les alimente est en partie assuré par leurs voisins.

Un commencement de *polymorphisme*, très atténué d'ailleurs, caractérise les colonies arborescentes d'*Ascandra pinus*, dont les individus associés demeurent cependant équivalents.

Description extérieure. — Les Éponges ont des formes variées : les unes simples sont des urnes (*Ascetta primordialis*, fig. 42, B), des coupes (*Poterion*), des cornets (*Asconema*); les autres sont digitées (*Ascandra*), ramifiées en lames irrégulières et contournées (*Sigmatella flabellum*), en masses compactes et irrégulières (*Euspongia*, Éponge ordinaire).

Chez les Éponges les plus simples, les oscules s'ouvrent à la surface, comme nous l'avons vu plus haut; mais à mesure que l'Éponge devient une colonie plus massive, chaque membre de la colonie devant être traversé par un courant d'eau alimentaire, la masse est sillonnée de nombreux tubes plus ou moins larges et irréguliers dans lesquels s'ouvrent à la fois les pores inhalants et les oscules des individus associés; on appelle *tubes vestibulaires* ces canaux aquifères, *extérieurs aux membres de la colonie*, bien qu'englobés dans la masse spongiaire.

Structure interne. — Les Éponges renferment les 3 feuillets : ectoderme, entoderme et mésoderme. Les deux premiers sont formés d'une seule couche de cellules. Les *cellules ectodermiques*, très aplaties, sont pourvues en leur milieu d'un cil unique assez

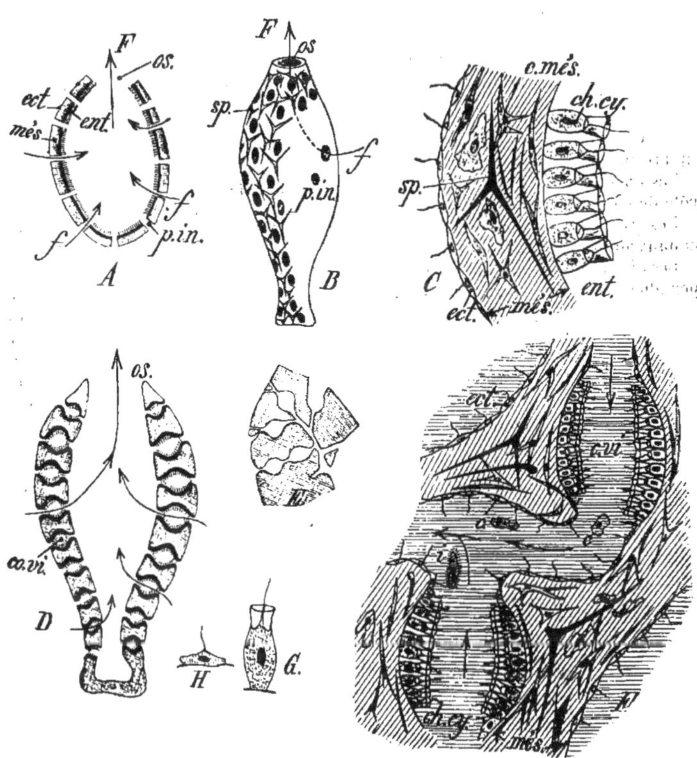

Fig. 42. — Structure schématisée des divers types d'Éponges calcaires. A; type fondamental. — B, type *Ascon*. — D; type *Sycon*. — E; portion de paroi du type *Leucon*. — G; et *ch.cy;* choanocyte. — H; pinacocyte. — C; portion de paroi d'une Éponge appartenant au type *Ascon*. — F; portion de paroi d'une Éponge appartenant au type *Leucon*. *ect*, ectoderme; *més*, mésoderme; *ent*, entoderme; *p.in*, pore inhalant; *os*, oscule; *f*, *F*, courant d'eau alimentaire et respiratoire; *sp*, spicule; *co.vi*, corbeille vibratile; *i*, infusoire; *c*, corpuscules entraînés dans les corbeilles vibratiles par le courant d'eau alimentaire.

court (*pinacocytes*, fig. 42, H). Les *cellules entodermiques* sont *toutes* des *choanocytes* chez les Asconidés (A) appelés **Homocèles** pour cette raison; chez tous les autres types dits **Hétérocèles**, l'entoderme est formé de choanocytes *seulement dans les corbeilles vibratiles* et de pinacocytes partout ailleurs. Le mésoderme est formé d'éléments variés [*amiboïdes* et migrateurs, *conjonctifs*, *glandulaires*, *musculaires*, *nerveux* et *reproducteurs*], noyés dans une substance interstitielle amorphe appelée *mésoglée*, qui résulte de leur propre sécrétion.

Les *cellules amiboïdes* paraissent provenir de la segmentation des premières cellules mésodermiques issues de l'entoderme; elles se différencient, par la suite, en tous les autres éléments du mésoderme énumérés ci-dessus, en *spongoblastes* (producteurs des fibres du squelette) et en *scléroblastes* (producteurs des spicules calcaires ou siliceux).

Les *cellules conjonctives* sont fusiformes, étoilées, anastomosées en un réseau très lâche; elles sont plus nombreuses autour des corps solides (spicules, œufs) inclus dans la mésoglée.

Les *cellules glandulaires*, en général perpendiculaires à l'ectoderme, ont pour rôle de sécréter une mucosité qui s'épanche à la surface de l'ectoderme blessé.

Des *fibres musculaires lisses*, abondantes sous l'ectoderme et le long des canaux aquifères, forment des *sphincters* autour des oscules et des pores inhalants.

Les *éléments nerveux* se présentent sous deux formes : 1° des *cellules sensitives* périphériques, *c.s* (fig. 43), dont un prolongement très accusé pénètre dans une saillie du corps (*palpocil, synocil*); 2° des *cellules ganglionnaires*, *c.g*, profondément placées, dont les prolongements sont en rapport avec les cellules sensitives d'une part, avec les éléments musculaires d'autre part.

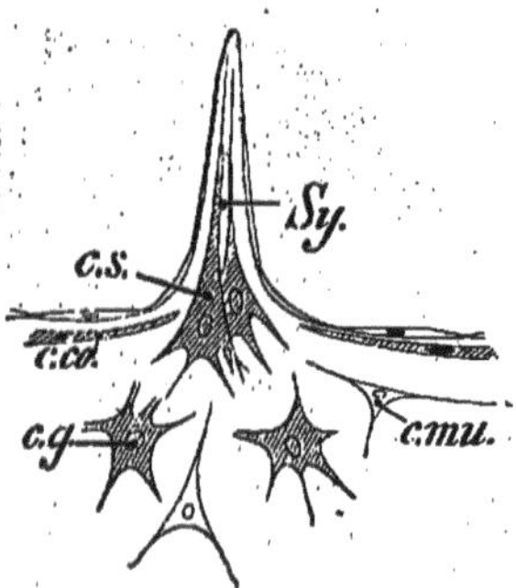

Fig. 43. — Synocil de *Sycandra compressa*. *c.s*, cellules ganglionnaires spéciales du synocil; *c.g*, cellules ganglionnaires profondes; *c.mu*, cellules musculaires; *c.co*, cellules conjonctives.

Les *éléments reproducteurs* consistent en *spermatozoïdes* (pourvus d'une tête et d'une queue) et en *ovules*, dérivés directement des cellules amiboïdes.

Les *spongoblastes* forment des fibres de *spongine* allongées et anastomosées qui constituent le squelette des Éponges cornées [*Euspongia* ou Éponge de toilette, *Phyllospongia*, *Aplysina*].

Des *scléroblastes* dérivent les spicules calcaires (Éponges calcaires) et les spicules siliceux (Éponges siliceuses). Les spicules calcaires sont linéaires, pourvus de 3 rayons dans le même plan (*Sycandra*), ou de 4 rayons dont l'un est perpendiculaire au plan formé par les 3 autres. Les spicules siliceux ont des formes très variables utilisées pour la classification des Éponges siliceuses; chez *Euplectella aspergillum* (fig. 44) en particulier, ils constituent un réseau régulier d'une belle apparence, une véritable dentelle.

Nutrition. — Comme nous l'avons vu, le courant d'eau pénètre de l'extérieur, par les canaux vestibulaires et les pores inhalants, dans la cavité gastrique des Éponges, sous l'action des cellules flagellifères; puis il sort par les oscules, après avoir abandonné les particules alimentaires en suspension dans l'eau.

L'intensité du courant d'eau est réglée suivant les besoins de l'animal, grâce à la contractilité dont jouissent les cellules musculaires qui, bordant les canaux aquifères, forment les sphincters des oscules et des pores inhalants.

Le travail de la **digestion** est effectué par les cellules à collerette et autres cellules entodermiques. La **fonction respiratoire** s'accomplit par toutes les cellules directement baignées par l'eau. La

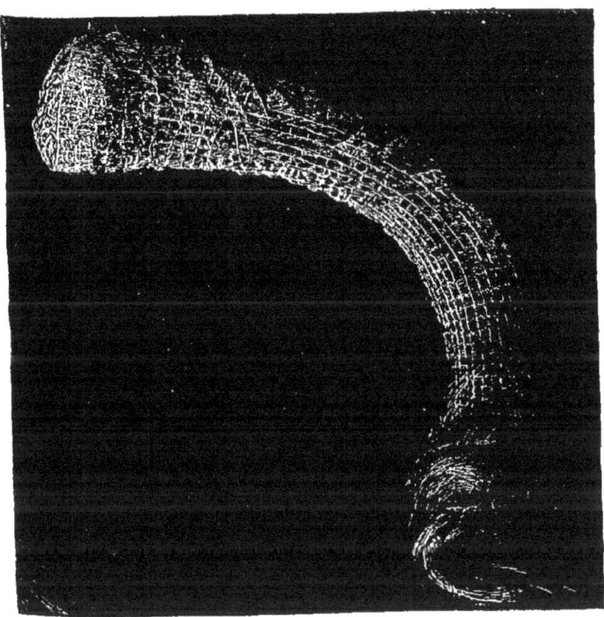

Fig. 44. — *Euplectella aspergillum.*

diffusion des matières assimilables et des gaz se fait dans toute l'épaisseur du mésoderme. L'**excrétion** des produits de désassimilation se fait par un processus analogue.

Relation. — Les Éponges fixées au sol ont une forme variable sous l'influence des contractions de leurs fibres musculaires, lorsqu'elles ont un squelette corné sans spicules ou avec peu d'inclusions dures (*Euspongia*). Si le squelette tégumentaire est abondant, les fibres musculaires sont peu nombreuses et la déformation de l'Éponge est nulle ou à peu près (*Euplectella aspergillum*).

Les éléments nerveux distribués, soit isolément, soit par

groupes, soit en anneaux, au voisinage ou autour des ouvertures de l'appareil aquifère, jouent un rôle d'une certaine importance de concert avec l'appareil musculaire.

Mais on ne trouve encore que des corpuscules nerveux (fig. 43) et non des éléments neuro-épithéliaux, comme il en existe chez les êtres mieux organisés.

Reproduction. — Certaines Éponges sont hermaphrodites (*Sycon*, *Sycandra*, etc.); les autres sont *ou paraissent* unisexuées, peut-être parce que les deux sortes de produits sexuels n'arrivent pas à maturité à la même époque.

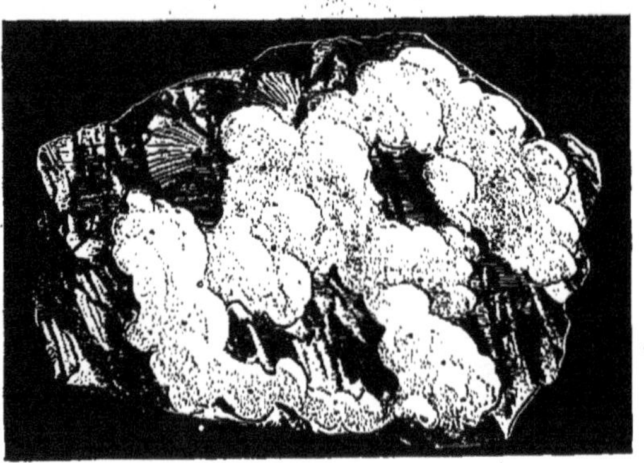

Fig. 45. — *Leucandra nivea.*

La fécondation des ovules a lieu à l'intérieur de l'Éponge; les premiers stades de la segmentation de l'œuf se produisent dans les canaux aquifères efférents ou dans le mésoderme. Les larves sont mises en liberté à des stades divers et forment une *gastrula* par invagination ou une *parenchymula*. La multiplication a lieu aussi par *bourgeonnement* interne (statoblastes) ou externe (gemmules) [Voir fasc. 1er, p. 81-83].

§ 1. — ÉPONGES CALCAIRES

Squelette composé exclusivement de spicules calcaires.

1° HOMOCÈLES

Cavité gastrique entièrement tapissée de choanocytes.

Asconidés (fig. 42, A, B).

Ascetta; cavité gastrique lisse. — *Homoderma;* cavité gastrique avec des cæcums.

2° HÉTÉROCÈLES

Cavité gastrique tapissée de choanocytes (dans les corbeilles vibratiles seulement) et de cellules flagellifères aplaties.

Syconidés (fig. 42, D).

Canaux aquifères simples.

Sycetta; tous les spicules à 3 pointes. — *Sycandra;* spicules de trois sortes. — *Grantia.*

Leuconidés (fig. 42, E, F).

Canaux aquifères ramifiés.

Leucetta. — *Leucandra* (fig. 45).

§ 2. — ÉPONGES NON CALCAIRES[1]

Squelette ***toujours dépourvu de spicules calcaires*** *et composé : soit de spicules siliceux parfois soudés par de la spongine, soit de corps étrangers réunis par de la spongine, soit de fibres de spongine pure ; quelquefois pas de squelette.*

1° HEXACTINELLIDES

Squelette exclusivement siliceux. Spicules à rayons dirigés suivant trois axes rectangulaires.

Euplectella; en forme de tube; squelette formé de cordons longitudinaux et transversaux se croisant à angle droit; une touffe de fibres siliceuses à la base. *E. aspergillum* (fig. 44); Philippines. — *Asconema;* en forme de coupe. — *Pheronema;* aspect d'un nid d'Oiseau soutenu par une touffe de spicules ténus.

2° SPICULISPONGIÉS

Tétractinellides.

Squelette compact formé de spicules siliceux dont un certain nombre ont 4 rayons; quelquefois squelette nul.

Plakina, *Placortis;* espèces incrustantes de la Méditerranée.

Monactinellides.

Squelette avec des spicules siliceux à 1 axe le plus souvent.

Suberites; corps sphéroïdal.—*Poterion;* en forme de coupe. — *Spongilla;* Éponge d'eau douce formant une couche verdâtre sur les bois immergés (portes d'écluses, piliers).

---

1. Inexactement appelées *Éponges siliceuses*, alors qu'un certain nombre n'ont pas de squelette siliceux.

3° ÉPONGES CORNÉO-SILICEUSES (CORNACUSPONGIÉS)

Squelette composé ou de spicules cimentés par de la spongine, ou de fibres de spongine.

Esperella; Manche. — *Euspongia;* Éponge massive avec un réseau de fibres cornées. Employée en médecine et pour les usages domestiques.

Sous l'unique dénomination : *E. officinalis*, on comprend l'Éponge fine de toilette originaire de Syrie, l'Éponge brune de Marseille, l'Éponge commune de cheval, etc...

4° ÉPONGES MUQUEUSES (MYXOSPONGIÉS)

Squelette nul.

Halisarca. H. Dujardini; vit sur les côtes de France dont elle recouvre les rochers d'incrustations violettes.

Importance paléontologique des Spongiaires. — Des représentants de ce groupe se trouvent à tous les niveaux dans les couches sédimentaires; mais c'est lors du Jurassique et du Crétacé que les Éponges atteignent leur apogée. Celles qui se sont le mieux conservées sont celles dont le squelette était le plus compact; les formes en appartiennent surtout aux Hexactinellides (Éponges siliceuses) et aux Hétérocèles (Éponges calcaires).

DEUXIÈME SÉRIE

POLYPES (CŒLENTÉRÉS ou CNIDAIRES)

Animaux dont le corps, ramifié irrégulièrement ou rayonné, est composé d'un ectoderme et d'un entoderme très nets; ces deux feuillets sont séparés par un mésoderme rudimentaire. Pas de cavité générale. Une cavité digestive pourvue d'un seul orifice (bouche et anus) entouré de tentacules préhenseurs. Nématocystes dans l'ectoderme.

POLYPES	dont la bouche conduit *directement* dans la cavité gastrique. Pas de filaments gastriques. Produits sexuels d'origine *ectodermique* en général. Individus libres ou associés sans squelette minéral. Forme larvaire fondamentale : **Hydrule**.	**Hydrozoaires.**
	avec un *œsophage*. Cavité gastrique divisée par des cloisons portant des *filaments gastriques*. Produits sexuels d'origine *entodermique* en général. Forme larvaire fondamentale : **Scyphule**.	**Scyphozoaires.**

Morphologie générale. — La forme de Polype la plus simple est celle de *Protohydra Leuckarti*, sorte de cornet fixé par sa pointe, pourvu à l'autre extrémité d'un orifice servant à la fois de bouche et d'anus [1].

L'Hydre d'eau douce (fig. 46) présente, autour de la bouche, une couronne de *tentacules* préhenseurs et contractiles, *br* ; elle peut émettre sur ses flancs des bourgeons creux, *bo*, qui tôt ou tard seront eux-mêmes pourvus d'une bouche et contribueront à l'entretien de la jeune colonie. Chaque bourgeon est un *blastozoïde;* l'individu primitif issu d'un œuf est un *oozoïde* et la colonie entière forme un **hydrozoïde**.

Dans le cas actuel, *tous les blastozoïdes sont identiques*. Mais nombre de Polypes forment des colonies dont les membres ont des attributions diverses résultant d'une division du travail physiologique : les uns, uniquement préhenseurs et tactiles, sont les *dactylozoïdes;* d'autres, uniquement affectés à la nutrition et pourvus d'un orifice bucco-anal, sont les *gastrozoïdes;* d'autres enfin, spécialement chargés de la multiplication, sont les *gonozoïdes* (*Hydractinia echinata*, fig. 47).

Ces divers individus sont portés, soit sur une même tige ramifiée, soit sur de véritables stolons rampants dont l'ensemble

1. La *Protohydra* est en tout comparable à un *Ascon* (page 59) sans pores inhalants ni choanocytes, mais armée de nématocystes. Le courant d'eau alimentaire ne traverse pas les parois comme chez les Éponges ; il entre et sort par l'ouverture bucco-anale.

est appelé *cœnosarque*, protégé par un revêtement chitineux, le *périsarque;* ce revêtement forme souvent des corbeilles plus ou moins évasées dans lesquelles s'épanouissent ou s'abritent librement les bourgeons (*Campanularia gelatinosa*, fig. 48).

La réunion des blastozoïdes (*individualités anatomiques*) *a donné une seule individualité physiologique*, *l'***hydrozoïde**.

Le groupement de dactylozoïdes en cercle autour d'un gastrozoïde, puis la fusion des dactylozoïdes en une cloche ou *ombrelle contractile* dont le gastrozoïde (*manubrium*) occupe le

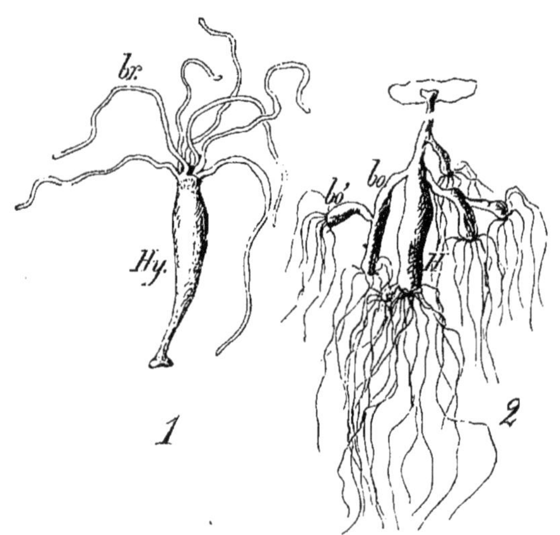

Fig. 46. — *Hydra grisea.* L'Hydre grise, *Hy* (1), abondamment nourrie, forme latéralement des *bourgeons*, *bo*, *bo'* (2) qui se différencient en autant d'individus *semblables*, associés *temporairement.*

centre : telle paraît être l'origine d'une **méduse**, hydrozoïde nageur dont les individus formateurs seraient presque totalement confondus.

Les méduses peuvent atteindre une différenciation variable, se développer directement ou non. Elles caractérisent les groupes suivants : **Hydroméduses, Trachyméduses** et **Scyphoméduses (Acalèphes)**.

Certains Polypes nageurs, possédant une ombrelle *non contractile* sans gastrozoïde central, se meuvent à l'aide de *palettes ciliées* disposées en bandes longitudinales; ils constituent le groupe des **Cténophores** [parmi les Scyphozoaires][1].

Le groupe des **Anthozoaires** [parmi les Scyphozoaires] se distingue des deux précédents par le développement, dans les

1. Certains auteurs rangent les Cténophores à côté des Plathelminthes (page 243).

tissus des bourgeons formateurs, d'un abondant squelette calcaire qui forme un *polypier* persistant, alors que les organismes constructeurs ont disparu.

Structure générale interne. — Les tissus des Polypes forment deux couches distinctes : l'*ectoderme* et l'*entoderme*, que sépare un *mésoderme* représenté soit par une mince lamelle de soutien, soit par la *mésoglée* (fig. 49, A).

Les *cellules ectodermiques*, *ect*, disposées généralement en plusieurs couches, forment déjà chez les Polypes les mieux

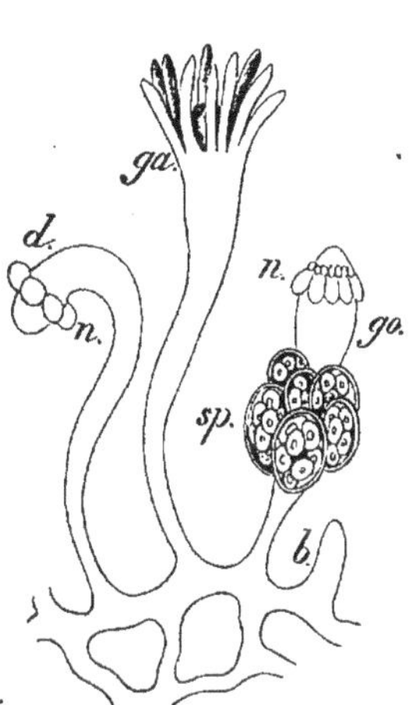

Fig. 47. — *Hydractinia echinata*. Colonie d'individus différenciés en vue de fonctions variées. *ga*, gastrozoïdes ; *d*, dactylozoïdes avec batteries de nématocystes, *n* ; *go*, gonozoïdes portant des sporosacs, *sp*.

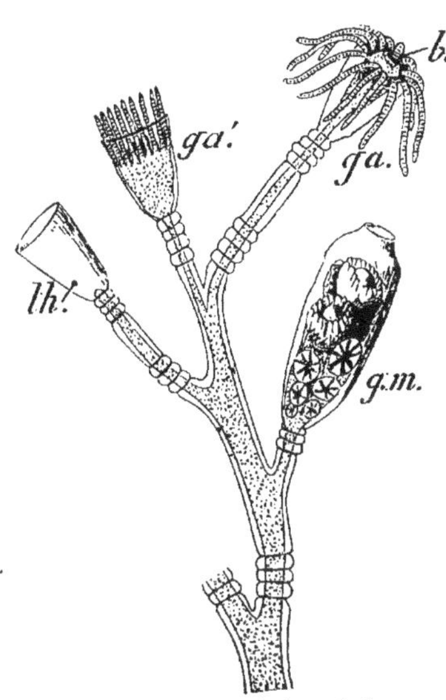

Fig. 48. — *Campanularia gelatinosa*. *ga*, gastrozoïde épanoui montrant la bouche, *b* ; *ga'*, gastrozoïde retiré dans l'hydrothèque, *th* ; *g.m*, gonozoïdes.

organisés : une *couche épithéliale*, une *couche nerveuse* et une *couche musculaire*. Les principaux éléments en sont : des cellules épithéliales ciliées, *c.ci* (B) ; des *cellules urticantes* ou *cnidoblastes*, *cn.b*, formant une coupe qui contient une capsule (*nématocyste*, *né*) où est enroulé un *fil urticant*, *f.ur*[1] ; des *cellules neuro-épithéliales* *c.n.ép*, sensitives, qui transmettent les excitations reçues par leur unique cil rigide aux *cellules nerveuses ganglionnaires* sous-jacentes, *cn* (A) ; des *cellules myo-épithéliales* périphériques, *c.ép.mu*

1. L'irritation de l'ectoderme par le contact d'un corps étranger est perçue par les cellules nerveuses voisines ; elle a pour effet la brusque dévagination du fil urticant qui pénètre dans le corps excitateur.

et de véritables *cellules musculaires* profondes, *c.mu*, sont les éléments contractiles des Polypes.

Les éléments nerveux et musculaires, plus nettement différenciés chez les Polypes que chez les Éponges, attestent donc la supériorité des premiers organismes sur les seconds.

Les *cellules entodermiques*, *ent*, disposées en une assise unique le plus souvent, revêtent la cavité gastrique et les tubes du cœnosarque ; dans la cavité gastrique où elles jouent plus particulièrement un rôle digestif, *elles émettent, par leur surface libre*,

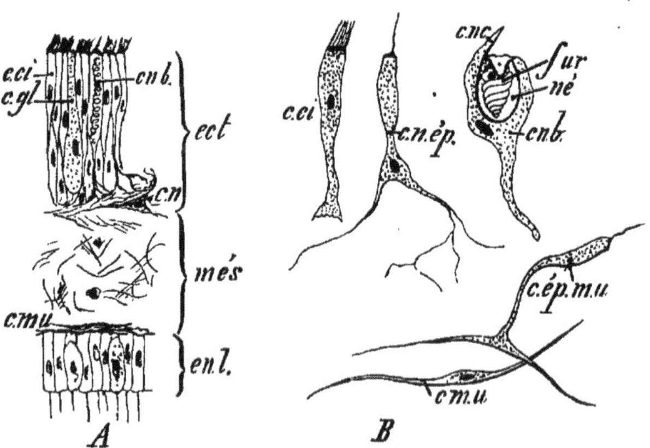

Fig. 49. — Coupe schématique et éléments histologiques de *Calliactis effœta*. — A ; *ect*, ectoderme ; *més*, mésoglée ; *ent*, entoderme ; *c.ci*, cellule ciliée ; *c.gl*, cellule glandulaire ; *c.n*, cellule nerveuse ; *c.mu*, cellule musculaire. — B ; *c.n.ép*, cellule neuro-épithéliale ; *c.ép.mu*, cellule épithélio-musculaire ; *cnb*, cnidoblaste avec sa capsule, *né* et son fil urticant, *f.ur*.

des prolongements amiboïdes qui capturent les particules alimentaires et les digèrent.

La *mésoglée mésodermique*, *més*, ne renferme que peu de cellules originaires des deux autres feuillets ; très mince d'ordinaire, elle atteint une notable épaisseur dans l'ombrelle des Méduses et s'incruste, chez les Anthozoaires, de spicules calcaires d'origine ectodermique (fig. 50) qui y ont émigré et s'y entrecroisent.

Jamais le mésoderme des Polypes ne subit une délamination en un feuillet sous-ectodermique et un feuillet supra-entodermique ; *il n'y apparaît jamais de cavité générale*.

Le mot Cœlentéré appliqué aux Polypes est donc impropre et doit être rejeté.

Nutrition. — La plupart des Polypes sont pourvus de tentacules préhenseurs, garnis de cellules urticantes. Les matières alimentaires, introduites par l'orifice bucco-anal, sont soumises à l'action des sucs digestifs sécrétés par les glandes de l'entoderme; l'eau dilue les matières nutritives ainsi préparées qui sont mises en circulation, par les cellules ciliées, dans les canaux gastro-vasculaires du cœnosarque et distribuées dans toute la colonie.

Les petites particules alimentaires en suspension dans l'eau peuvent être englobées directement par les pseudopodes lobés qu'émettent les cellules de l'entoderme.

Les produits d'excrétion sont rejetés par l'orifice bucco-anal.

Relation. — Le développement de cellules musculaires plus ou moins isolées chez les Polypes inférieurs, groupées en véritables lames musculaires chez les autres; la présence, à la base de l'ectoderme, d'une couche nerveuse dont les cellules ganglionnaires sont en rapport avec les cellules sensitives superficielles et avec les cellules musculaires; l'apparition de véritables organes des sens (*corpuscules marginaux* des Méduses)[1] permettent à tous les Polypes, et aux organismes nageurs en particulier (Méduses, Cténophores), d'explorer le milieu ambiant, d'y recevoir des impressions et d'accomplir tous les mouvements propres à assurer leur nutrition et leur sécurité.

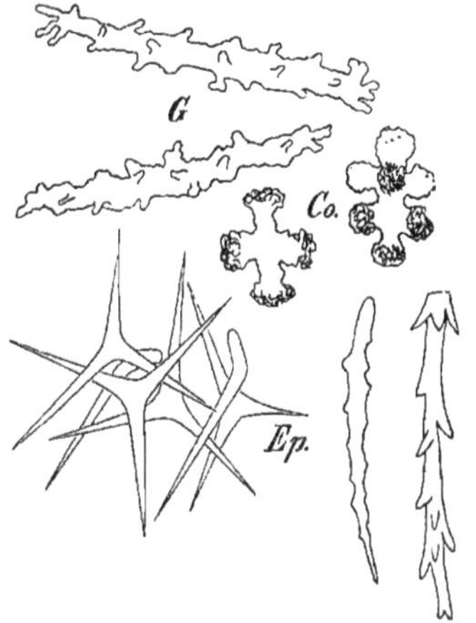

Fig. 50. — Spicules de Polypes (*G*, Gorgone; *Co*, Corail) et d'Éponges, *Ep.*

Reproduction. — La **reproduction sexuelle** a lieu chez tous les Polypes; mais les éléments sexuels naissent en des points très variés et sont mis en liberté de manières différentes avec les espèces considérées.

Le développement de l'œuf aboutit à une *parenchymula* (*planula*) ciliée.

La **multiplication asexuelle** par *bourgeonnement* acquiert, dans cette série d'êtres, une importance absolument exceptionnelle qu'ont rendue évidente les considérations précédentes sur la morphologie générale des Polypes.

---

1. La description succincte de ces organes a été faite précédemment (voir T. I, pages 237 et 249-250, fig. 231 et 242).

§ I. — HYDROZOAIRES

Polypes dont la bouche conduit directement *dans la cavité gastrique. Pas de filaments gastriques. Produits sexuels d'origine ectodermique en général. Individus libres ou associés sans squelette minéral. — Forme larvaire fondamentale :* HYDRULE.

Les Hydrozoaires forment quatre classes importantes : les *Hydrides*, les *Hydroméduses*, les *Trachyméduses* et les *Siphonophores* dont les caractères principaux sont les suivants :

	Caractères	Classe	[P]	[M]
HYDROZOAIRES	Individus de forme *polype* exclusivem.	**Hydrides**	[P]=*Hydre ;*	[M]=0.
	Colonies comprenant 2 sortes d'individus : [P] *Polypes* nourriciers ; [M] *méduses* craspédotes reproductrices (tentacules creux).	**Hydroméduses**	[P]=*Tubulaires ;* [P]=*Campanulaires ;*	[M]=*Anthoméduses.* [M]=*Leptoméduses.*
	Individus de forme *méduse* exclusivem.	**Trachyméduses**	[P]=0 ; [P]=0 ;	[M]=*Narcoméduses.* [M]=*Trachoméduses.*
	Colonies flottantes comprenant *polypes* et *méduses variés* étagés le long d'une tige creuse.	**Siphonophores.**		

I. — HYDRIDES. HYDROMÉDUSES. TRACHYMÉDUSES

Polypes fixés en général, composés d'hydromérides isolés ou associés soit entre eux, soit avec des méduses craspédotes. Cavité gastrique sans cloisons.

1° **Forme Polype** [P]. — L'Hydre d'eau douce est, après la *Protohydra Leuckarti*, la forme polype la plus simple. C'est une sorte de sac (fig. 51) dont l'orifice bucco-anal, *b*, entouré de tentacules préhenseurs, *br*, donne accès dans une cavité gastrique, *c.g*, sans cloisons, elle-même limitée par le pied de l'animal. Les tentacules contractiles, organes de préhension, mais aussi de tact et de défense, sont creux dans cette espèce (par exception) et communiquent avec la cavité gastrique.

Sous l'influence d'une nourriture abondante, l'Hydre peut bourgeonner et les bourgeons, *bo*, tous identiques à l'organisme mère, demeurent parfois associés, mais deviennent le plus souvent indépendants.

Chez nombre d'Hydroméduses, l'association est la règle ; l'individu issu d'un œuf (*oozoïde*) donne presque toujours des bourgeons différenciés en vue de fonctions déterminées : ainsi apparaissent les polypes *gastrozoïdes* nourriciers, *dactylozoïdes* défenseurs, *gonozoïdes* reproducteurs : *Hydractinia echinata* (fig. 47), *Podocoryne*, *Syncoryne*, etc.

De ces formes différenciées, celle qui présente les plus étranges variations est le gamozoïde dont les types extrêmes sont les *gonophores* de l'Hydre, saillies de la paroi externe, *t* et *ov* (fig. 51) et la *Méduse craspédote* de Campanulaire (fig. 48, *g.m* ; voir aussi fig. 58, T. II, fasc. 1er).

La figure 52 montre les diverses formes de gonophores, A, B, C, rencontrées parmi les Hydrozoaires et les étapes que franchissent graduellement ces organes pour parvenir à la forme libre de Méduse, D.

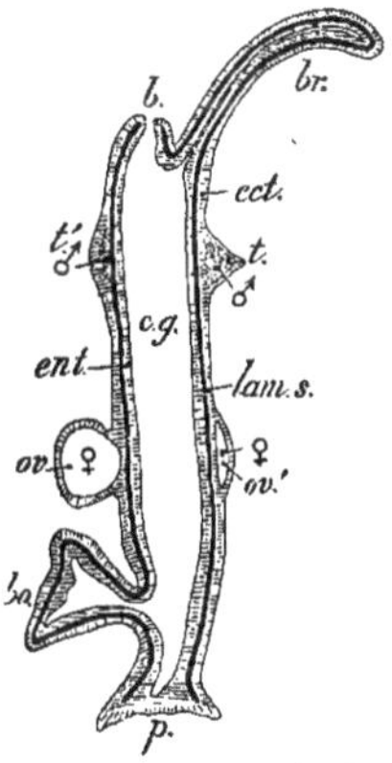

Fig. 51.—Hydre. *b*, orifice bucco-anal; *c.g*, cavité gastrique; *br*, bras; *p*, disque pédieux ; *ect*, ectoderme ; *ent*, entoderme ; *lam.s*, lame mésodermique ; *bo*, bourgeon. *t*, *t'*, testicules et *ov*, *ov'*, ovaires à divers états de développement.

2° **Forme Méduse craspédote** [M]. — La forme la plus parfaite atteinte par une semblable méduse consiste en une cloche molle, l'*ombrelle*, *om* (fig. 53), au fond de laquelle est suspendu comme un battant le *manubrium*, *man* ; celui-ci est pourvu d'une bouche, *b*,

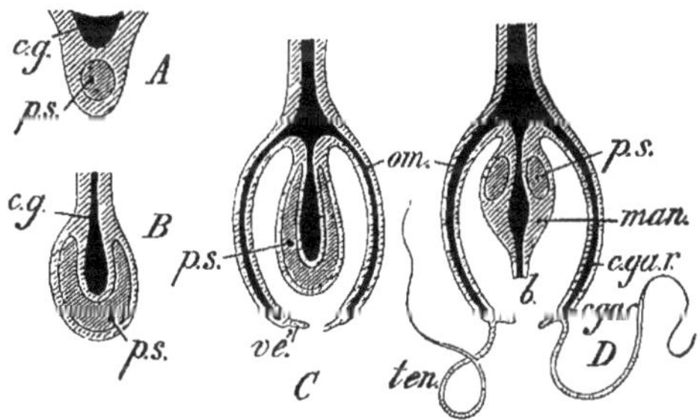

Fig. 52. — Schéma montrant les formes diverses affectées par les gonophores des Hydrozoaires, depuis le sporosac de l'Hydre, A, jusqu'à la méduse, D. — A ; Hydre. — B ; *Hydractinia echinata*. — C ; *Tubularia indivisa*. — D ; *Syncoryne mirabilis*. — *p.s*, cavité renfermant les produits sexuels ; *c.g*, cavité gastrique ; *c.ga.r* et *c.ga.c*, canaux gastro-vasculaires radiaire et circulaire ; *om*, ombrelle ; *vé*, velum ; *ten*, tentacule ; *man*, manubrium ; *b*, bouche.

à son extrémité. Sur les bords de l'ombrelle contractile sont insérés des tentacules, *ten*, et une membrane lamellaire également contractile (*velum*, *vél*), percée d'un orifice plus ou moins large qui rétrécit l'ouverture de l'ombrelle.

La bouche donne accès dans une cavité gastrique située au niveau du pied du manubrium, cavité d'où rayonnent *des canaux gastro-vasculaires*, *c.ga.r* (fig. 53), orientés suivant des méridiens, près de la face interne de l'ombrelle; ces canaux radiaires, au nombre de 4 en général, débouchent dans un *canal circulaire*, *c.ga.c*, qui suit tout le bord de l'ombrelle.

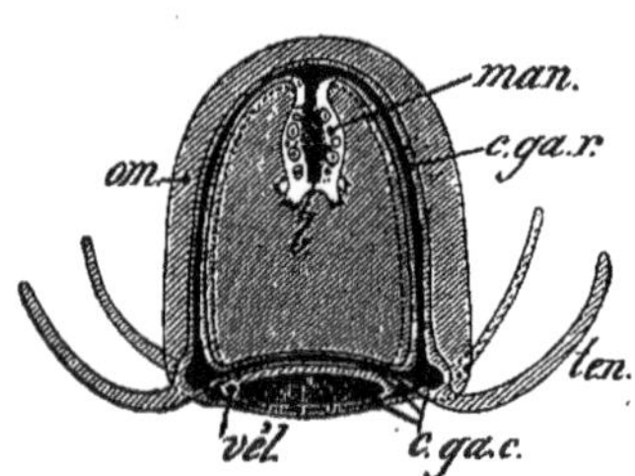

FIG. 53. — Méduse craspédote de *Podocoryne carnea*. *c.ga.r* et *c.ga.c*, canaux gastro-vasculaires radiaire et circulaire; *om*, ombrelle.; *vél*, velum ; *ten*, tentacule ; *man*, manubrium; *b*, bouche.

C'est généralement en face des canaux radiaires que sont insérés certains des tentacules qui bordent l'ombrelle. Au nombre de 4 dans la méduse de *Podocoryne carnea* (fig. 53), les tentacules peuvent être beaucoup plus nombreux : 8, 12, 16, 24, etc. (*Campanularia gelatinosa*, fig. 48) ; ils sont rétractiles, simples ou ramifiés (*Ctenaria*, *Cladonema*) et pourvus de pelotes de nématocystes.

Organes des sens et système nerveux des Méduses craspédotes. — Le bord de l'ombrelle porte des organes des sens (*ocelles*, *otocystes*) qui ne coexistent jamais dans la même espèce. Les *ocelles* sont situés à la base des tentacules, en général. Les *otocystes* sont insérés entre les tentacules (voir T. I, page 237, fig. 231, B).

Les ocelles caractérisent les *Anthoméduses ;* les otocystes se rencontrent chez les *Trachyméduses* et la plupart des *Leptoméduses*.

Les filets nerveux qui aboutissent à ces organes proviennent d'un système nerveux central composé de deux anneaux, *an.n* (fig. 54), superposés et courant dans l'ectoderme, sur tout le bord de l'ombrelle. Chacun de ces anneaux est composé de cellules ganglionnaires et de fibrilles nerveuses dont les unes aboutissent aux cellules neuro-épithéliales, *c.n.ép* (fig. 49, B), tandis que les autres font communiquer les deux anneaux. Un plexus nerveux relativement abondant se remarque sur la surface interne de l'ombrelle (*sous-ombrelle*).

Produits sexuels. — Les éléments sexuels mûrs, existant soit dans les gonozoïdes, soit dans les Méduses craspédotes, ne naissent pas nécessairement au point où ils sont parvenus à maturité. Les jeunes cellules génitales sont douées, en effet, de mouvements amiboïdes qui leur permettent d'émigrer des canaux gastro-vasculaires du cœnosarque (où elles ont généralement pris naissance) jusque dans la paroi des gonozoïdes ou dans l'épaisseur du manubrium des Méduses.

Jamais les produits génitaux ne se développent, chez les Méduses craspédotes, dans des poches spéciales directement ouvertes au dehors.

La fécondation une fois opérée, les *œufs* subissent une segmentation totale, forment parfois une *blastula*, puis une *parenchymula* d'où dérive un *organisme hydraire* apte à bourgeonner; les *bourgeons* se différencient en vue de fonctions physiologiques distinctes.

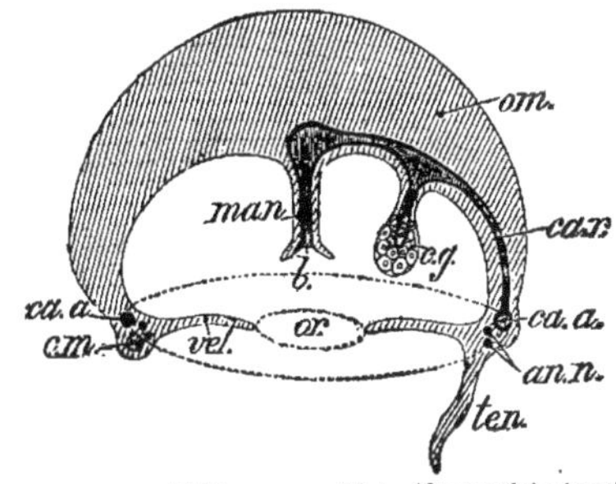

FIG. 54. — Méduse craspédote (figure théorique). *om*, ombrelle; *man*, manubrium; *b*, bouche; *ca.r*, canal radial; *ca.a*, canal annulaire; *an.n*, anneau nerveux; *ten*, tentacule; *vél*, velum et son orifice, *or*; *o.g*, produits sexuels.

Les *Méduses*, constituées ordinairement lors de cette différenciation, disséminent les *éléments sexuels* qu'elles renferment, pour produire une nouvelle génération de *Polypes*.

Cette succession de phases n'est pas observée chez les Trachyméduses; dans ce groupe, en vertu de l'accélération embryogénique signalée déjà (voir T. II, fasc. 1er, pages 78 et 87), la parenchymula issue de l'œuf donne directement une Méduse.

1° HYDRIDES [P]

Ni périsarque, ni tentacules; reproduction par *scissiparité*.

Protohydra. P. Leuckarti. — Microhydra.

Pas de périsarque; tentacules creux verticillés. *Bourgeons* latéraux du corps *devenant libres* à maturité.

Hydra (fig. 46). *H. viridis, fusca, vulgaris*, etc.; fixées temporairement sur les plantes vivant dans les eaux douces.

2° HYDROMÉDUSES [P, M]

Campanulaires [P]. **Leptoméduses** [M]. — [P] Périsarque formant des calices (*hydrothèques* et *gonothèques*) qui abritent les gastrozoïdes et les gonophores (ces derniers étagés le long de rameaux).

[M]. Méduses aplaties, discoïdes, à otocystes; éléments génitaux sur les canaux radiaires dont le nombre est souvent considérable.

Plumularia, *Sertularia* (fig. 55); colonies en forme de plumes; hydrothèques sessiles; les gonophores ne parviennent pas à l'état de méduses.

Campanularia (fig. 56); blastostyles portant des méduses qui, devenues libres, s'appellent *Obelia*. — *Campanulina;* méduses du genre *Lizzia*.

Tubulaires [P]. ***Anthoméduses*** [M]. — [P] Périsarque ne formant pas de calices protecteurs pour les gastrozoïdes ou les gonophores.

[M] Méduses en cloche, portant leurs produits génitaux dans les parois du manubrium. 4 canaux radiaires, en général.

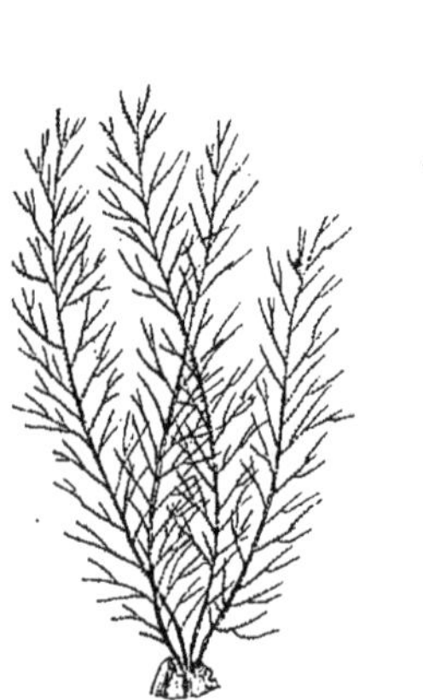

Fig. 55. — *Sertularia argentea*.

Fig. 56. — *Campanularia geniculata*.

Tentacules verticillés.

Tubularia. — *Hydractinia echinata* (fig. 47); commensal des Pagures, vivant sur la coquille qu'ils habitent; pas de méduses. — *Podocoryne*. *P. carnea* a pour forme médusaire *Dysmorphosa*.

Tentacules épars.

Coryne, *Syncorine* dont les méduses sont *Codonium* et *Sarsia;* manubrium plus long que l'ombrelle.

3° TRACHYMÉDUSES [M]

Méduses craspédotes, à développement direct, *pourvues de tentacules rigides*.

Trachoméduses. — Éléments génitaux le long des canaux radiaires. *Rhopalonema;* 16 otocystes. — *Geryonia*.

Narcoméduses. — Éléments génitaux dans la paroi du manubrium; canaux radiaires élargis en grandes poches intertentaculaires.

Cunina. — *Ægina.*

II. — SIPHONOPHORES

Polypes flottants constitués par des hydromérides et des méduses variés, étagés le long d'une tige creuse.

Caractères généraux. — La différenciation des individus constituant ces colonies flottantes est poussée plus loin que chez les autres Polypes.

On y trouve en effet : des *dactylozoïdes* ou longs filaments pêcheurs, *f. pr* (fig. 57); des *gastrozoïdes* nourriciers, *po;* des *phyllozoïdes* protecteurs (écailles, boucliers, *bou*); des *nectozoïdes* ou appareils médusiformes affectés à la natation (*cloches natatoires*, *cl*, *cl′*, *cl″* ou méduses craspédotes sans manubrium ; *pneumatophore*, *p.n*; *aurophore*, etc.); des *gonozoïdes* reproducteurs unisexués, *méd* (gonophores médusiformes sans bouche, avec ombrelle rudimentaire, qui parviennent rarement à l'état de méduses parfaites et indépendantes).

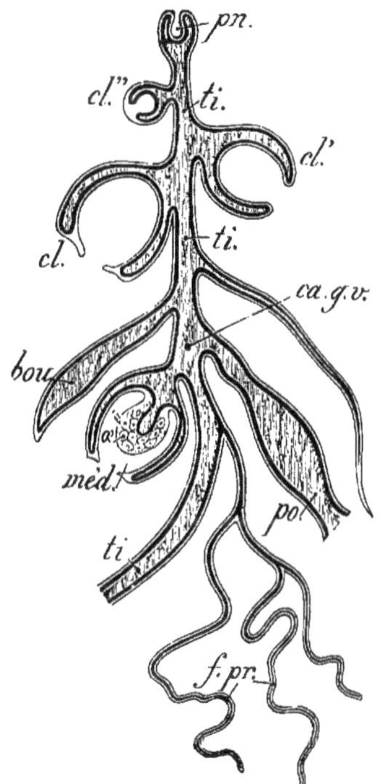

Fig. 57. — Siphonophore (figure théorique). *pn*, pneumatophore; *ti*, tige; *ca.g.v*, cavité gastro-vasculaire; *cl*, *cl′*, *cl″*, cloches natatoires; *po*, polype; *méd*, méduse renfermant des œufs, *œ*; *bou*, bouclier; *f.pr*, filaments pêcheurs.

Origine probable de la colonie. — Tous ces individus sont réunis par un cœnosarque commun qui représenterait, d'après Hæckel, une Méduse mère sur laquelle se sont développés les bourgeons ainsi différenciés. Le pneumatophore, absent chez *Praya* (fig. 58), réduit chez *Physophora* (fig. 57), de grande dimension chez *Physalia* (fig. 59), équivaut au pédoncule des Lucernaires.

L'ombrelle de la méduse mère, représentée chez les **Siphonantes** (*Physophora*) par un *nectosome* soutenant l'ensemble des cloches natatoires, forme un vaste disque chez les **Disconanthes** (*Velella*, figure 60 ; *Porpita*, figure 61).

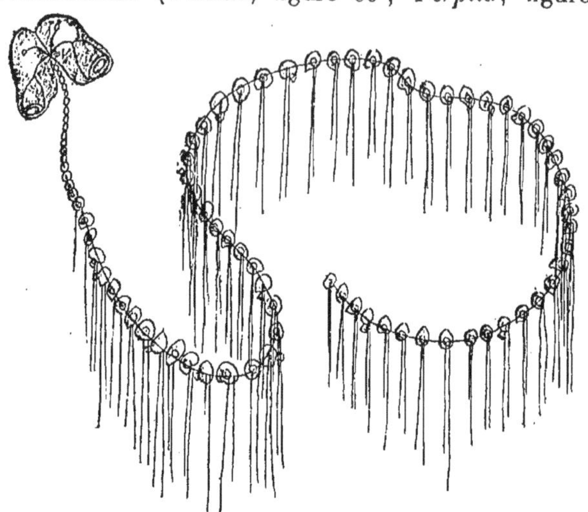

Fig. 58. — *Praya diphyes.*

Les bourgeons se développent sur le manubrium ou *siphosome*

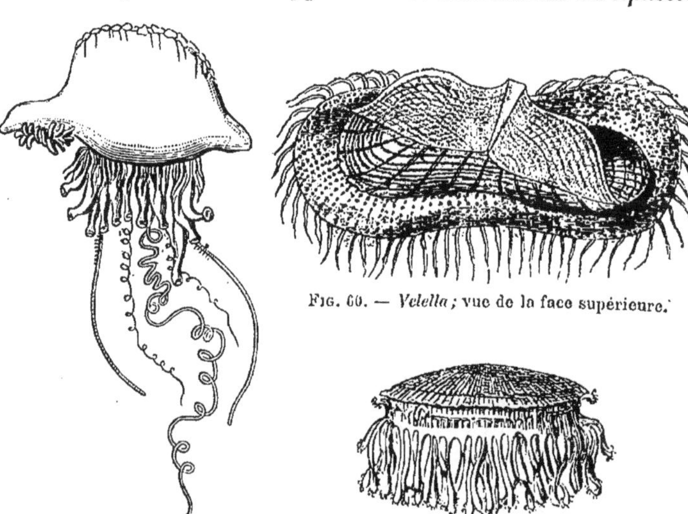

Fig. 59. — *Physalia utriculus.*

Fig. 60. — *Velella*; vue de la face supérieure.

Fig. 61. — *Porpita mediterranea*; vue latérale montrant les nombreux polypes disposés sur la face inférieure d'un disque circulaire très aplati.

très allongé, chez les Siphonanthes; chez les Disconanthes, c'est la sous-ombrelle tout entière qui les produit.

1° SIPHONANTHES

Les hydromérides et les méduses sont portés par le manubrium de la méduse initiale.

1 **Calycophores.**

Pas de pneumatophore.

Monophyes; 1 cloche natatoire. — *Diphyes. Praya* (fig. 58). *Eudoxella;* 2 cloches natatoires. — *Polyphyes;* au moins 4 cloches.

2° **Physophores.**

Un pneumatophore.

Physophora (fig. 57); petit pneumatophore; manubrium ou *siphosome* plus court que le *nectosome* qui porte 2 rangs de cloches natatoires. *P. hydrostatica.* — *Nectalia.*

Forskalia; pneumatophore avec des poches latérales; siphosome plus long que le nectosome qui porte les cloches natatoires suivant une hélice. — *Physalia* (fig. 59); un pneumatophore très vaste; pas de cloches natatoires. — *Stephalia;* un aurophore au-dessous du pneumatophore.

2° DISCONANTHES

Les hydromérides naissent en cercles concentriques sur la sous-ombrelle de la méduse initiale.

Porpita (fig. 61); disque circulaire. *P. mediterranea.* — *Velella* (fig. 60); disque elliptique surmonté d'une crête verticale.

§ 2. — SCYPHOZOAIRES

Polypes pourvus d'un œsophage. Cavité gastrique divisée par des cloisons portant des filaments gastriques. Produits sexuels d'origine entodermique en général. Forme larvaire fondamentale : Scyphule.

SCYPHOZOAIRES	Individus isolés, libres, en forme de cloche ou de disque [méduse acraspède]......................	**Scyphoméduses** [**Acalèphes**].
	Individus toujours fixés; squelette en général	**Anthozoaires** [**Coraux**].
	Individus pourvus de 8 rangées de palettes ciliées..................	**Cténophores.**

I. — ACALÈPHES

Méduses nageuses ou fixées, acraspèdes (sans velum); *tentacules et organes sensitifs abrités spécialement; filaments gastriques; pas d'anneau nerveux continu. Développement direct ou par scission transversale d'une forme larvaire fixée.*

Description générale. — Forme extérieure. — Les Méduses de ce groupe, *qui en constituent les organismes adultes*, présentent deux formes générales : 1° une forme élevée; 2° une forme aplatie et discoïde, *toutes dépourvues d'ailleurs de velum* (d'où leur nom d'*Acraspèdes*).

Parmi les Méduses à ombrelle élevée et profonde, on distingue :

Les **Cuboméduses** se rapprochant d'un cube ou d'un prisme quadrangulaire, telles que *Charybdæa* (fig. 62) et les **Lucernaires** qui, fixées par le sommet de l'ombrelle, présentent une forme plutôt conique avec un sillon peu accusé au-dessus de la surface de fixation.

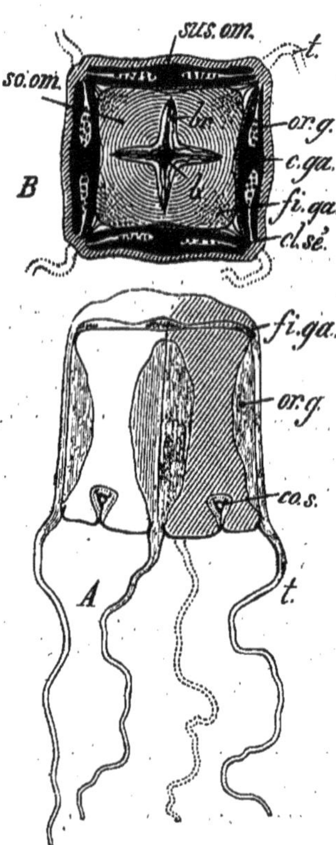

Fig. 62. — *Charybdæa marsupialis.* — A ; vue de profil. — B ; vue d'en dessous. *br*, bras : *b*, bouche centrale ; *so.om*, *sus. om*, face inférieure et paroi latérale de l'ombrelle ; *c.ga*, cavités gastriques séparées par de minces cloisons, *cl.sé* ; *or.g*, organes génitaux ; *fi.ga*, filaments gastriques ; *t*, tentacules ; *co.s*, corpuscules sensitifs.

Les Méduses à ombrelle discoïde ou **Discoméduses** atteignent les dimensions les plus considérables ; leur pourtour est divisé au moins en huit lobes entre lesquels sont disposés des tubercules sensitifs.

Autres caractères généraux. — Les *Ægina* (Craspédotes) forment, avec les *Charybdées* (Acraspèdes), le passage des Méduses craspédotes aux Acraspèdes proprement dites.

1° *Charybdæa.* — Aux 4 canaux gastro-vasculaires radiaires très dilatés des *Ægina* peuvent être comparées les 4 *poches*, *c.ga* (fig. 62, B) que présentent les Charybdées, cavités en communication avec une bouche centrale, *b*. Cette dernière est bordée de 4 bras, *br*, gouttières qui aboutissent à l'orifice buccal.

4 *minces cloisons*, *cl.sé*, partant des angles de *Charybdæa*, séparent les larges poches gastro-vasculaires dans lesquelles font saillie les organes génitaux, *or.g*, fixés sur les mêmes cloisons. Outre les quatre tentacules, *t*, les Charybdées possèdent aussi un *velum*, *différant* toutefois *de celui des Méduses craspédotes en ce qu'il est sillonné de fins canaux gastro-vasculaires.*

4 corpuscules sensitifs, *co.s*, composés d'ocelles et d'un otocyste, sont en rapport avec *un anneau nerveux* situé le long du bord de l'ombrelle.

2° *Acalèphes discophores.* — L'*Aurelia aurita* (fig. 65, G et fig. 66) est une Méduse discoïde, *sans velum véritable* dont le bord, découpé en 8 lobes, présente dans les incisures 8 corpuscules marginaux, *co.m*, protégés par un capuchon; des tentacules courts et nombreux, *t.m*, y forment une frange. Au milieu de la face sous-ombrellaire est disposé un manubrium court que prolongent 4 bras plissés, *br*, excavés en gouttière[1].

La bouche *b*, située au point de convergence des gouttières, donne accès dans une cavité gastrique d'où partent de nombreux canaux gastro-vasculaires, les uns simples, *c.an*, *c.in*, *c.g*, les autres ramifiés, tous aboutissant à un canal circulaire, *c.ci*, voisin du bord de l'ombrelle.

Par exception, des *ouvertures anales* sont situées à l'extrémité de 8 des canaux radiaires chez *Aurelia aurita*.

Le système nerveux, moins parfait

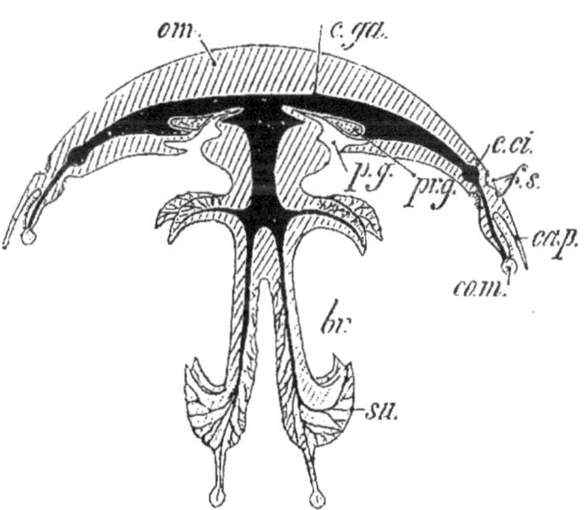

FIG. 63. — Coupe schématique verticale d'un Rhizostome. *om*, ombrelle, *cap*, capuchon; *f.s*, fossette ciliée sensorielle; *co.m*, corpuscule marginal; *c.ga*, cavité gastro-vasculaire; *c.ci*, canal circulaire; *br*, bras; *su*, suçoirs; *pr.g*, produits génitaux; *p.g*, poche ou cavité génitale.

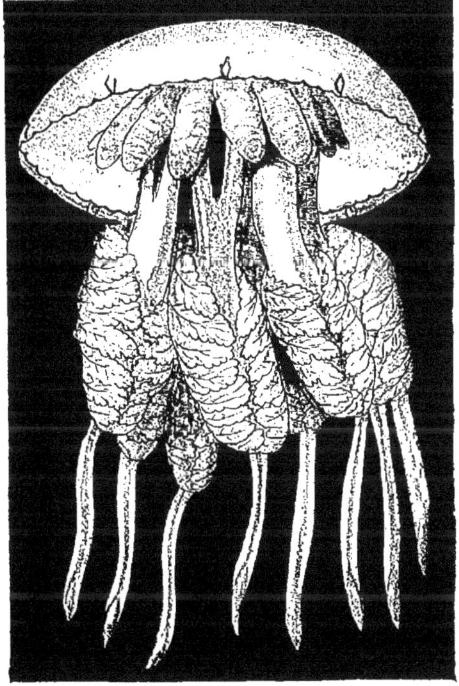

FIG. 64. — *Rhizostoma Aldrovandi*.

1. Chez les Rhizostomes (fig. 63 et 64), les bras se divisent en 8 tentacules, *br*, creusés en gouttière et bordés de replis frisés. Ces replis se soudent en formant un grand nombre de canaux sortes de suçoirs, *su*, qui communiquent avec l'extérieur d'une part et, de l'autre côté, avec un canal centra situé dans chaque tentacule. Les canaux tentaculaires s'ouvrent dans la cavité gastrique, *c.ga*; la bouche a disparu.

que chez les Méduses craspédotes, consiste seulement en amas de cellules neuroépithéliales avec des fibrilles nerveuses, situées

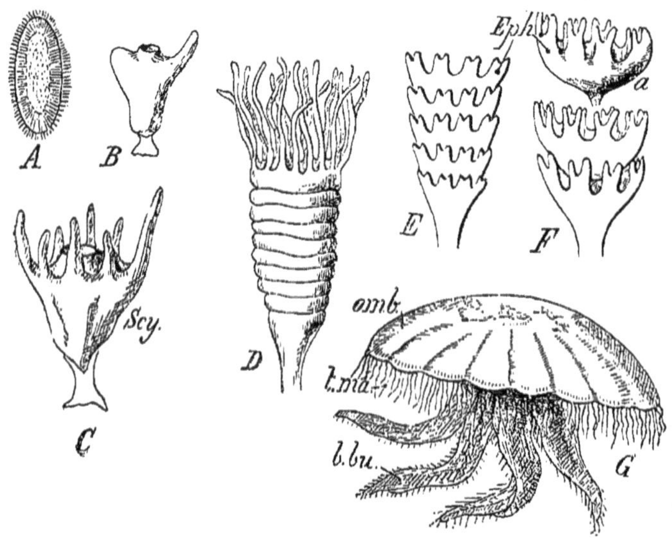

FIG. 65. — Développement d'*Aurelia aurita*. — A; *parenchymula*. — B, C; Scyphistome. — D; strobilation. — E; Strobile. — F; *Ephyra*. — G; Méduse. *omb*, ombrelle; *t.ma*, tentacules marginaux; *b.bu*, bras buccaux.

au voisinage des *corpuscules marginaux;* pas d'anneau nerveux continu.

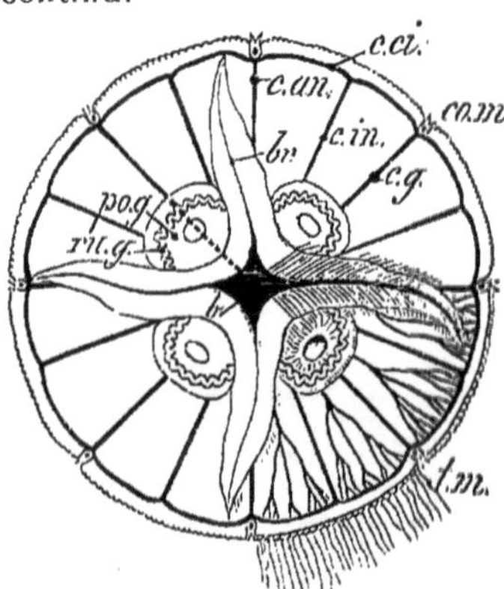

FIG. 66. — Vue schématisée d'*Aurelia aurita* du côté oral. *br*, bras; *b*, bouche. Canaux gastro-vasculaires : *c.an*, canaux angulaires; *c.g*, canaux génitaux; *c.in*, canaux intermédiaires; *c.ci*, canal circulaire *co.m*, corpuscules marginaux; *t.m*, tentacules marginaux; *po.g*, poche génitale; *ru.g*, ruban génital.

Les corpuscules sensoriels ont été représentés et décrits déjà (voir T. 1, page 237, fig. 231).

Les produits génitaux, formés aux dépens de l'entoderme des

canaux gastro-vasculaires (comme chez les Craspédotes, d'après de Varenne), sont disposés en rubans, *ru.g*, pelotonnés en fer à cheval, entourés par une mince lame de mésoderme et faisant saillie dans 4 *poches génitales*, *po.g;* ces poches résultent d'invaginations de la sous-ombrelle et sont largement ouvertes à l'extérieur. Les produits génitaux parvenus à maturité s'échappent quelquefois par ces poches, mais le plus souvent par les canaux gastro-vasculaires et la bouche.

Les œufs donnent, par segmentation, une parenchymula ciliée; rarement le développement est direct [Cuboméduses: *Charybdæa;* Stauroméduses : *Lucernaria*]; la parenchymula donne ordinairement un *Scyphistome* dont la scission transversale ou *strobilation* aboutit à la formation d'*Ephyra;* ces dernières se transforment en jeunes Méduses (voir T. II, fasc. 1er, pages 75, 91-93).

1° MÉDUSES A OMBRELLE PROFONDE

Huit glandes génitales d'ordinaire, situées dans la paroi sous-ombrellaire de 4 larges poches gastriques radiales.

1° Cuboméduses.

4 tubercules sensitifs radiaux.

Charybdæa (fig. 62).

2° Stauroméduses.

Pas de tubercules sensitifs.

Lucernaria (fig. 67); fixée; 8 bras creux (lobes adradiaux) portant des faisceaux de tentacules. — *Tessera;* libre; pas de faisceaux de tentacules sur le bord de l'ombrelle.

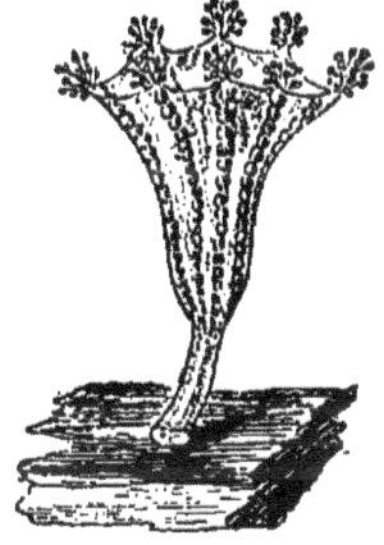

FIG. 67. — *Lucernaria.*

2° MÉDUSES A OMBRELLE APLATIE (DISCOMÉDUSES)

Quatre glandes génitales d'ordinaire, dans la paroi sous-ombrellaire d'une cavité gastrique centrale et discoïde. Au moins 8 tubercules sensitifs.

Monostomes. — Pas de bras buccaux; une ouverture buccale à l'extrémité d'un manubrium quadrangulaire.— *Ephyra* (fig. 65).

4 bras buccaux: une ouverture buccale en croix.

Pelagia. P. noctiluca (fig. 68); très longs tentacules; reproduction directe. — *Aurelia. A. aurita* (fig. 66); courts tentacules; sexes séparés. — *Chrysaora;* hermaphrodite. — *Cyanea.*

Rhizostomes.

8 bras buccaux percés de nombreux petits suçoirs; canaux radiaux ramifiés et réunis par un canal circulaire. Pas de tentacules.

Rhizostoma (fig. 64); suçoirs dorsaux sur des bras simples. — *Cassiopea;* suçoirs ventraux sur des bras ramifiés.

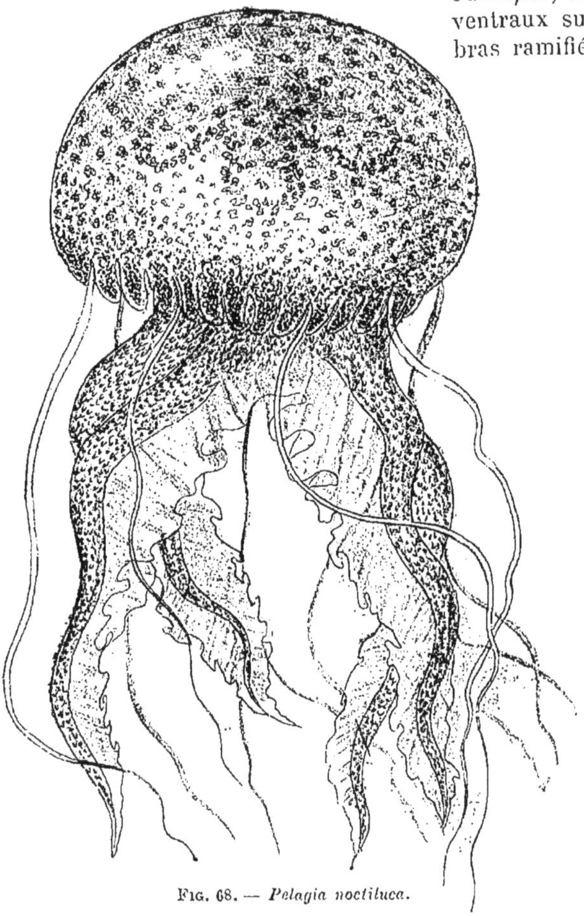

FIG. 68. — *Pelagia noctiluca.*

II. — ANTHOZOAIRES

Corps formé d'individus isolés ou de colonies d'individus sécrétant en général un squelette calcaire ou corné (polypier).

Morphologie générale. — *Passage des Hydroméduses aux Coralliaires par les Hydrocoralliaires.* — Soit un gastrozoïde entouré d'un cercle de dactylozoïdes dont les cavités communiquent entre elles et avec celles du gastrozoïde par un réseau de fins canaux; si la paroi de ces canaux est revêtue d'une sécrétion chitineuse, le Polype obtenu est une *Hydractinie* (**Hydroméduses**); si la paroi des tubes est encroûtée de calcaire, la colonie est un *Millepora* (**Hydrocoralliaires**). Cette colonie forme une unité physiologique, un *système cyclique.*

Que la solidarité s'accentue entre les membres d'un même système cyclique à tel point que les dactylozoïdes s'implantent sur le gastrozoïde et que leurs cavités gastriques s'ouvrent directement dans une cavité centrale (celle du gastrozoïde), on aura franchi par étapes insensibles la distance qui sépare les Hydroméduses des Coralliaires ; les formes de transition sont fournies par les genres *Millepora* (fig. 69), *Allopora*, *Cryptohelia*, *Heliopora*.

Dans le type *Hydrocoralliaire*, les cavités des individus associés communiquent par un réseau de canaux ; dans le type *Coralliaire*, ces cavités s'ouvrent dans une même cavité gastrique.

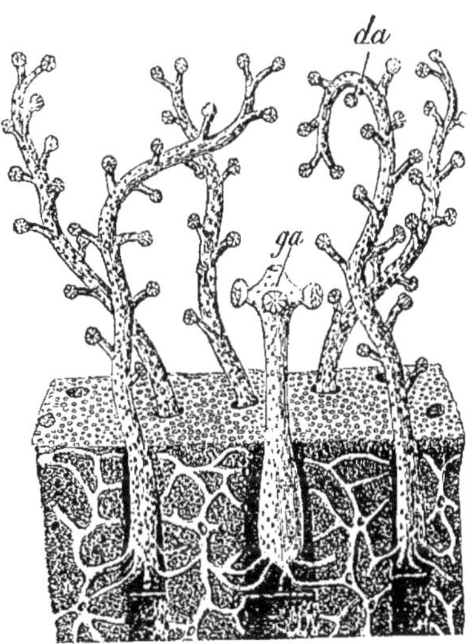

FIG. 69. — *Millepora alcicornis*. *ga*, gastrozoïde central autour duquel sont disposés les dactylozoïdes, *da*, avec leurs tentacules capités armés de batteries de nématocystes. (On n'a figuré que la moitié d'un hydrozoïde avec les canaux gastro-vasculaires qui sillonnent le polypier calcaire et font communiquer les membres de la colonie.)

Forme générale d'un Coralliaire. — Un Polype Coralliaire (fig. 70, C) consiste en un sac tubuliforme dont la face supérieure est percée d'un orifice, la bouche, *b* ; des tentacules creux, *t*, sont insérés près du bord du *péristome*, *pé*, membrane qui s'étend de la bouche à la paroi latérale.

La bouche a la forme d'une fente elliptique dont le grand axe est contenu dans le *plan vertical de symétrie* du corps (*symétrie bilatérale* réelle, visible sur la coupe transversale XY dont le plan de symétrie est AB). L'orifice buccal donne accès dans l'œsophage, *œ*, puis dans la cavité gastrique, *c.ga*, où le tube œsophagien fait saillie. La cavité gastrique est divisée en *loges* par des cloisons rayonnantes (*septa* ou *replis mésentéroïdes*, *r.més*) qui s'avancent depuis la paroi latérale jusqu'au tube œsophagien [*septa complets*, 1, 2, 3, 4 (fig. 70, coupe XY)] ; d'autres cloisons (*septa incomplets*, non figurés sur la coupe) ne parviennent pas jusqu'à l'œsophage et divisent les premières loges en compartiments plus ou moins nombreux.

Les septa complets ont un bord libre qui s'étend de l'extrémité du tube œsophagien jusqu'au fond de la cavité gastrique, de sorte que les grandes loges qu'ils limitent latéralement communiquent toutes entre elles par la partie médiane de la cavité gastrique. Au sommet de chaque loge s'ouvre la cavité du tentacule qui la surmonte.

Structure interne. — Les trois feuillets blastodermiques présentent, chez les Coralliaires, les caractères généraux déjà mentionnés (page 70).

Le *mésoderme* et l'*entoderme* sont toutefois intéressants à considérer dans les septa qu'ils constituent. Dans chaque cloison, une lame mésodermique, *més* (fig. 70, D, E) est comprise entre deux

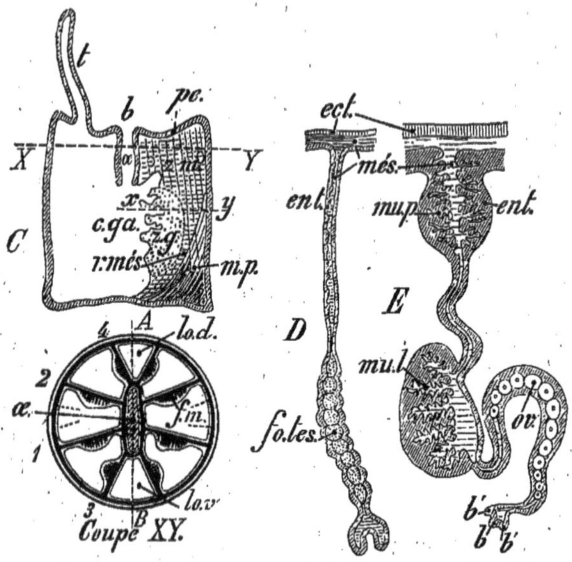

Fig. 70. — Coupes schématiques à travers un Polype Coralliaire (*Bunodes*). — C; coupe longitudinale montrant la structure d'un septum à droite. *b*, bouche; *æ*, œsophage; *c.ga.* cavité gastrique; *pe*, péristome; *r.més*, repli mésentéroïde; *z.m*, zone musculaire présentant des orifices qui assurent la communication latérale des loges; *z.g*, zone génitale; *m.p*, muscle pariétal. — *Coupe XY*. AB, plan de symétrie; *æ*, œsophage; 1,2,3,4, *septa complets* reliant la paroi latérale à l'œsophage et subdivisant la cavité gastrique en loges (qui communiquent toutes entre elles au-dessous de l'œsophage); les numéros indiquent l'ordre d'apparition des septa. *lo.d*, loge dorsale; *lo.v*, loge ventrale; *f.m.* fanons musculaires saillants dans les loges latérales. — D. Coupe transversale d'un septum mâle; *fo.tes*, follicule testiculaire. — E. Coupe transversale d'un septum femelle; *ov*, ovules. *ect*, ectoderme; *ent*, entoderme; *més*, mésoderme; *mu.p*, muscle pariétal; *mu.l*, muscle longitudinal; *b*, bande digestive; *b'*, bandes vibratiles.

feuillets entodermiques, *ent*, séparés eux-mêmes par une bande ectodermique sur le bord libre du septum, *dans la région voisine de l'œsophage* appelée *cordon pelotonné*.

Bande ectodermique. — Sur le bord libre d'un septum, on distingue trois bandes longitudinales : deux bandes externes, *b'*, *b'* (E) garnies de cellules ciliées (*bandes vibratiles*) et une bande médiane, *b* (*bande digestive*), dont les cellules sont capables d'émettre des prolongements amiboïdes pour capturer et digérer les particules en suspension dans la cavité gastrique ; des cellules *glandulaires*, *sensorielles* et des *cnidoblastes* se remarquent également dans la bande médiane appelée aussi *bande urticante*[1] pour cette raison.

Entoderme. — Les cellules entodermiques qui tapissent les parois latérales des septa sont disposées en deux couches : l'une *épithéliale*, est formée de cellules ciliées, glandulaires, pigmentaires, et de cellules épithélio-musculaires, *c.ép. mu* (fig. 49, B); l'autre *musculaire* comprend les fibres musculaires, expansions des cellules précédentes.

Au voisinage de la base même d'une cloison, on trouve un premier épaississement musculaire, *muscle pariétal*, *mu.p* (E), dont les fibres, appliquées contre les replis du mésoderme, sont coupées transversalement par le plan *xy* (C); plus avant dans la cavité gastrique, le septum présente un nouvel épaississement, *fanon musculaire*, *mu.l* (E) et *f.m* (coupe XY), saillant sur l'une des faces seulement. Ces fibres musculaires des cloisons sont en continuité avec celles des tentacules rétractiles.

Les **produits sexuels** apparaissent, *dans la région inférieure des cloisons*, entre le muscle longitudinal, *mu.l* et le bord libre du septum. Ils sont tous de même nature dans les septa d'un même individu, car *les Coralliaires sont tous unisexués*. Les spermatozoïdes prennent naissance dans un *follicule testiculaire*, *fo.tes* (D), qui renferme de grosses cellules à noyau volumineux ; les ovules, *ov* (E), se disposent en chapelets près du bord libre du septum femelle. Les produits sexuels s'échapperont à maturité, dans la cavité gastrique, par la déhiscence de la paroi fort amincie.

Mésoderme. — Le mésoderme est le plus souvent fibrillaire; il s'épanouit dans les septa en expansions foliacées (E), qui permettent une grande extension des fibres musculaires entodermiques disposées en une couche unique à sa surface.

C'est dans le mésoderme que se dépose le squelette, produit de sécrétion des cellules ectodermiques, dont nous dirons quelques mots plus loin.

Formes principales adoptées par le Polype Coralliaire. — Deux formes fondamentales se rencontrent parmi les Coralliaires :

le type *Zoanthaire* ou *Hexactiniaire*, dont le nombre des tentacules et des loges est 6 ou un multiple de 6 ;

---

1. Chez quelques Actinies (*Sagartia*), de cette bande urticante partent des filaments défenseurs ou *aconties*, garnis de nématocystes ; l'animal peut projeter au dehors les aconties par sa bouche ou par des ouvertures de la paroi latérale du corps (*synclides*).

le type *Alcyonnaire* ou *Octactiniaire*, dont le nombre des tentacules et des loges est 8.

1° **Polype Zoanthaire.** — L'étude du développement des Actinies a montré que : 1° les cloisons divisant leur cavité gastrique ne sont pas de même âge; 2° ces cloisons apparaissent deux à deux et symétriquement par rapport à un plan (plan de symétrie AB, fig. 70).

L'ordre d'apparition de ces septa est indiqué dans la figure 71 (A); primitivement divisée en 2 loges inégales par les cloisons 1, 1,

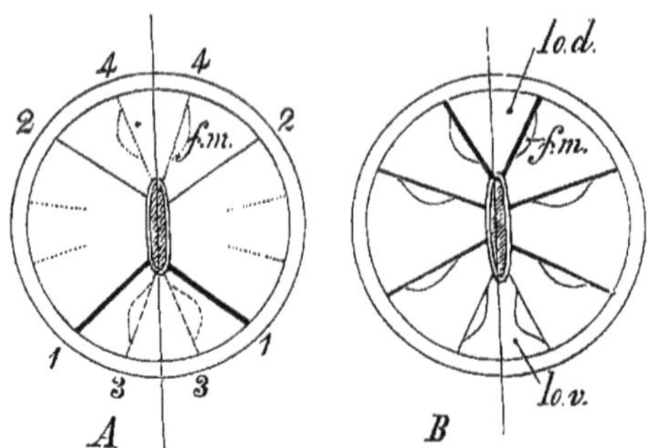

Fig. 71. — Ordre d'apparition des premiers septa : A, chez un Zoanthaire; B, chez un Alcyonnaire. *f.m*, fanons musculaires; *lo.d*, loge dorsale; *lo.v*, loge ventrale. (Les traits les plus forts indiquent les premiers septa formés; les traits ponctués représentent les derniers septa apparus).

l'Actinie présente successivement 4, puis 6, puis 12 loges et ainsi de suite, par le développement des cloisons 2, 2, 3, 3, 4, 4, etc.

Les loges, primitivement inégales, se régularisent et chacune d'elles est surmontée d'un tentacule *simple et conique*. A mesure que le nombre des loges augmente dans la suite, celui des tentacules devient aussi plus considérable; ils sont d'importance inégale (fig. 72) et leur insertion a lieu, sur le péristome, suivant plusieurs cercles concentriques[1].

2° **Polype Alcyonnaire.** — Ce type que nous offre le Corail diffère du précédent par la division de la cavité gastrique en 8 loges surmontées de tentacules bipinnés et contractiles (fig. 73). Les cloisons ne sont pas non plus de même âge; deux d'entre elles apparaissent avant toutes les autres et limitent une *loge dorsale*, *lo.d* (fig. 71, B) dans laquelle n'existent pas de fanons muscu-

1. Les modifications que subit le type Zoanthaire sont parfois considérables, chez les Coloniaux en particulier. Nombre de Madréporaires (*Fungidés* et *Astræidés*) sont formés de Polypes tellement fusionnés qu'il devient impossible de les dégager par l'examen même le plus attentif.

laires saillants; la *loge ventrale*, *lo.v*, qui lui est opposée, en possède deux au contraire et les loges intermédiaires chacune un.

Cette disposition des fanons musculaires est variable avec les genres chez les divers Zoanthaires ; les Actinies, en particulier, n'ont pas de fanons musculaires dans les loges dorsale et ventrale.

Squelette des Coralliaires. — Nul chez les Actinies, corné chez les Antipathaires (*Gerardia*), le squelette de la plupart des Coralliaires est calcaire.

1° **Zoanthaires.** — Le développement du squelette chez un Polype encore à l'état larvaire se traduit par les faits suivants: la

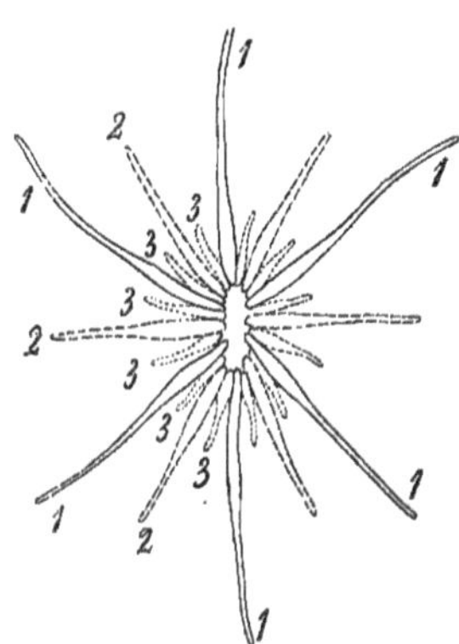

Fig. 72. — Position et importance relatives des tentacules d'une Actinie. 1, 2, 3, etc., ordre d'apparition des tentacules.

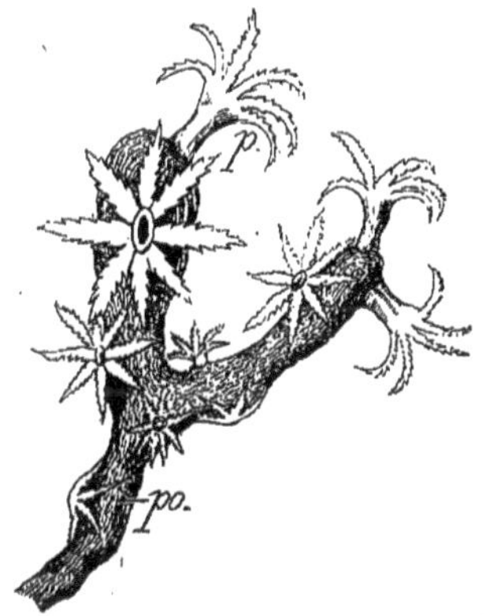

Fig. 73. — *Corallium rubrum* (Corail). Sur le polypier, *po*, sont disposés un grand nombre de polypes, *p*, *tous semblables*.

formation d'une *lame basilaire* dans l'épaisseur de la paroi d'attache du Polype au subrstatum; l'apparition de *lames verticales rayonnantes d'origine ectodermique et occupant le milieu des loges* du Polype (ces lames sont simples vers le centre et bifurquées à la périphérie de l'animal); la soudure des lames à la périphérie avec formation d'une enveloppe cylindrique appelée *muraille* (la muraille est logée dans la mésoglée pariétale).

Base, *muraille latérale*, *lames rayonnantes* (fig. 74) : telles sont les parties fondamentales du squelette. Viennent s'y ajouter d'ordinaire : la *columelle*, *col*, colonne qui occupe l'axe du Polype et à laquelle se soudent les lames rayonnantes, par leur base tout au moins; les *palis*, *p*, colonnettes verticales disposées autour de la columelle; les *synapticules*, *syn*, lamelles insérées perpendiculairement sur les lames et pouvant se souder elles-mêmes entre elles; l'*épithèque*, *ép*, production calcaire extérieure à la muraille et formant un calice, abri du Polype.

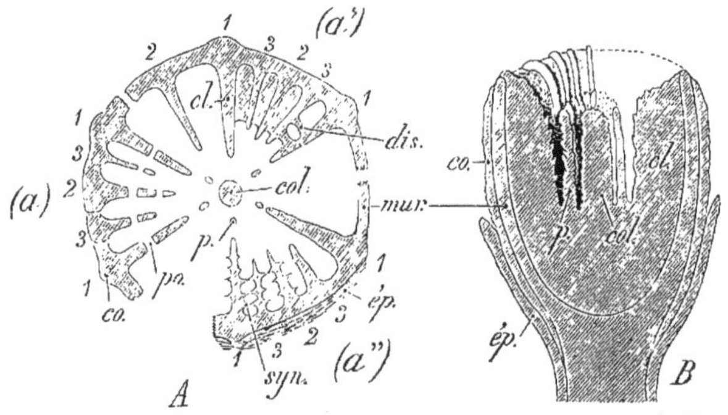

Fig. 74. — Squelette d'un Madréporaire simple. A; coupe transversale. B; coupe longitudinale médiane. (*a*), Perforé; (*a'*), Imperforé; (*a''*), Synapticulé. 1, 2, 3, etc., ordre d'apparition des cloisons, *cl*; *mur*, muraille *col*, columelle; *p*, palis; *dis*, dissépiments; *syn*-synapticules; *po*, pores; *ép*. épithèque; *co*, côte.

Cet ensemble minéral forme le *polypier dont les diverses parties ont une origine ectodermique.*

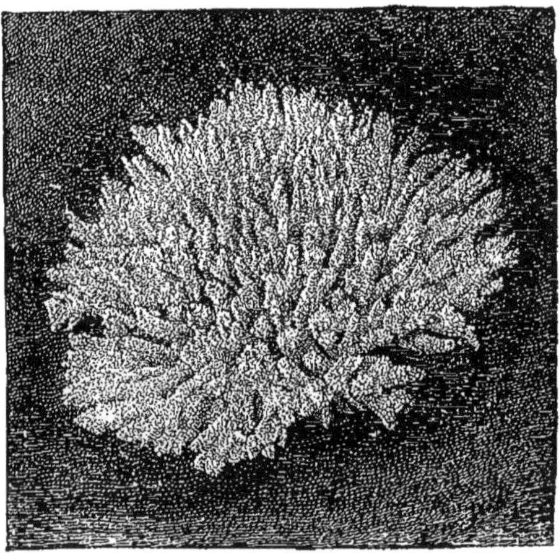

Fig. 75. — *Madrepora verrucosa.*

Chez les *Madréporaires* coloniaux (fig. 75), des incrustations extérieures aux calices des divers Polypes les soudent en un tout appelé *cœnenchyme*.

Chez les *Madréporaires perforés* (fig. 74, *a*), le cœnenchyme est traversé par une foule de fins canalicules où sont logés les

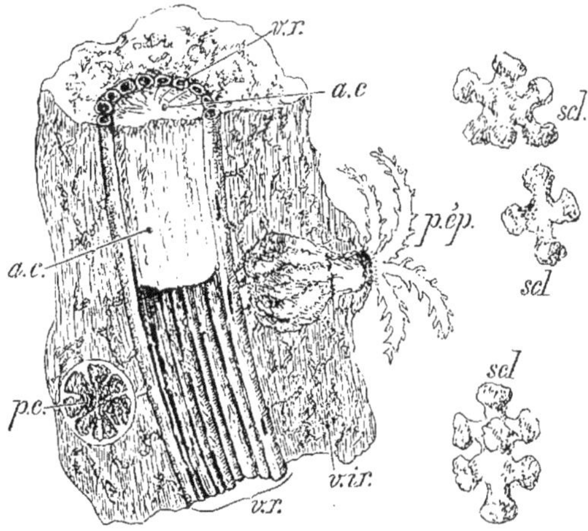

Fig. 76. — *Corallium rubrum*. Section schématisée du polypier passant par l'axe de symétrie d'un Polype épanoui, *p.ép* et coupant transversalement, au niveau de la cavité digestive, un autre Polype contracté, *p.c.* — *a.c*, axe calcaire du polypier entouré de canaux réguliers, *v.r*, puis d'un ensemble de canaux, *v.ir*, formant un réseau irrégulier superficiel. *scl*, spicules formant le polypier.

canaux du cœnosarque qui assurent la nutrition générale de la colonie; ces canalicules n'existent pas dans le cœnenchyme des *Madréporaires imperforés* (*a'*).

2° **Alcyonnaires.** — Leur squelette est composé soit de spicules calcaires épars (*Alcyonum*), soit de spicules et de lames calcaires ou cornées. Entièrement calcaire chez le Corail (fig. 76), le polypier est formé d'articles alternativement calcaires et cornés (*Isis*, fig. 78); il consiste, chez la Pennatule en une tige calcaire mince; chez les Tubipores, ce sont des tubes parallèles dont l'ensemble est comparable à un jeu d'orgues.

Fig. 77. — Diverses formes d'Actinies.

En aucun cas, le polypier des Alcyonnaires ne se développe en lames associées, comme chez les Zoanthaires; il ne s'y forme pas de calice distinct pour chaque Polype.

Nutrition et relation. — La nutrition des Anthozoaires ne diffère que peu de celle des autres Polypes, que les formes considérées soient libres ou associées (voir le rôle des bandes digestives des septa, page 87).

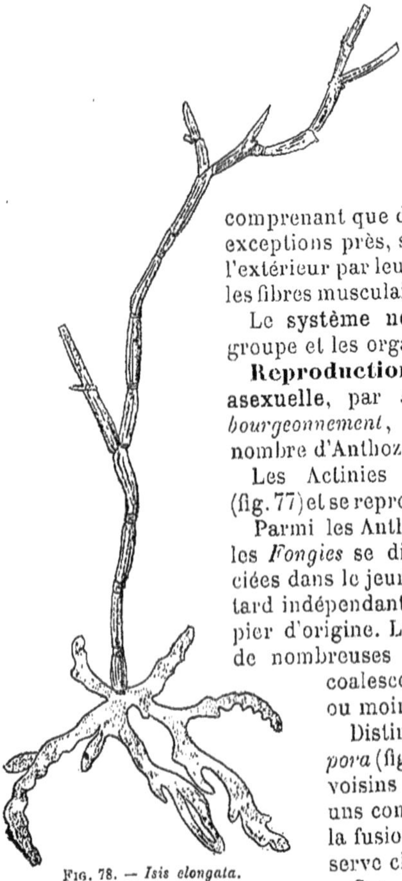

Dans les formes coloniales, les canaux gastro-vasculaires du cœnosarque répartissent à tous les membres de la colonie les matières utiles à son entretien.

Les Anthozoaires, ne comprenant que des formes fixées, à de rares exceptions près, se mettent en relation avec l'extérieur par leurs tentacules, rétractiles par les fibres musculaires que renferme leur paroi.

Le **système nerveux** est diffus dans ce groupe et les organes des sens y font défaut.

Reproduction. — La **reproduction asexuelle**, par *scissiparité* et surtout par *bourgeonnement*, s'observe chez un grand nombre d'Anthozoaires.

Les Actinies vivent cependant isolées (fig. 77) et se reproduisent seulement par œufs.

Parmi les Anthozoaires qui bourgeonnent, les *Fongies* se distinguent en ce que, associées dans le jeune âge, elles deviennent plus tard indépendantes en se détachant du polypier d'origine. Les *Madréporaires* présentent de nombreuses formes chez lesquelles la coalescence des individus est plus ou moins prononcée.

Fig. 78. — *Isis elongata.*

Distincts et espacés, chez *Madrepora* (fig. 75), *Oculina*, les calices sont voisins chez *Astroïdes*, pressés les uns contre les autres dans *Isastræa;* la fusion des cavités calicinales s'observe chez *Mæandrina*, *Cœloria*, etc.

Ces formes coloniales forment parfois des arborescences élégantes (Corail, *Isis*, *Rhipidogorgia*). Dans certains cas, les Polypes s'allongent énormément, forment par la coalescence de leurs bases une colonne axiale le long de laquelle ils sont étagés et bourgeonnent latéralement : telle est l'origine des *Renilla*, *Pennatula*, etc.

Dans le cas de la **reproduction sexuelle**, les ovules, parvenus à maturité dans les replis mésentéroïdes, sont mis en liberté dans la cavité gastrique du Polype femelle, où ils sont fécondés par les spermatozoïdes émanant d'un Polype mâle par le même processus.

La segmentation des œufs est variable avec les espèces considérées; *la larve possède toujours une symétrie bilatérale* que voile plus ou moins dans la suite la symétrie radiaire. Le mode d'apparition des cloisons a été précédemment décrit, ainsi que celui du squelette (quand il existe).

I. — HYDROCORALLIAIRES

Gastrozoïdes et dactylozoïdes en communication par un système de canaux.

Millepora (fig. 69); systèmes cycliques sans calice commun. — *Allopora*, *Stylaster*; systèmes cycliques entourés d'une muraille commune. — *Cryptohelia*; un opercule sur chaque calice.

II. — CORALLIAIRES

Les cavités des individus associés s'ouvrent directement dans une cavité gastrique commune.

1° TÉTRACORALLIAIRES (RUGUEUX)

4 systèmes de lames.

Tous sont fossiles. — *Zaphrentis* (ère primaire); cloisons symétriquement disposées autour d'un sillon profond occupé par une cloison principale. — *Cyathophyllum* (ère primaire); nombreuses cloisons alternant avec 4 cloisons primaires; toutes les espèces ont bourgeonné activement. — *Calceola* (Dévonien); calice en forme de pantoufle, surmonté d'un opercule hémielliptique.

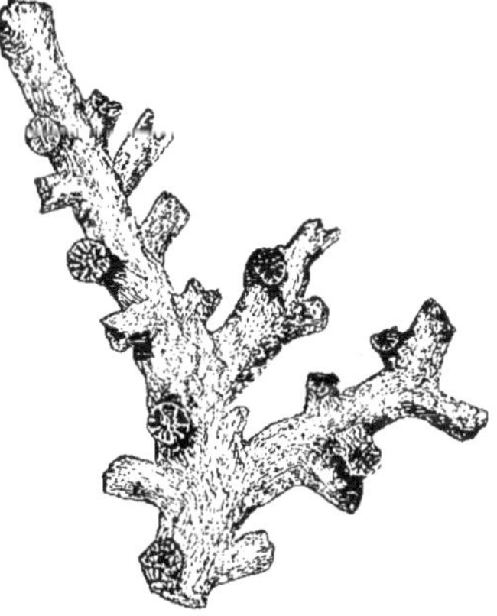

Fig. 79. — *Dendrophyllia.*

2° HEXACORALLIAIRES (ZOANTHAIRES)

6 systèmes de lames.

(a) **Madréporaires**. — Hexacoralliaires pourvus d'un *polypier*.

1° Madréporaires perforés. — Polypier calcaire dont les mailles sont traversées par des canaux de communication entre les cavités des Polypes associés. Cloisons et muraille criblées de trous.

Porites; calices unis par leur muraille sans cœnenchyme interposé. — *Isopora*, *Madrepora* (fig. 75); cœnenchyme abondant au milieu duquel font saillie les calices. — *Dendrophyllia* (fig. 79); grands calices cylindriques, columelle développée. — *Astroïdes;* forme encroûtante.

2° **Madréporaires synapticulés.** — Muraille assez souvent perforée; lames quelquefois criblées de pores, réunies par des synapticules (fig. 74, *a''*).

Fungia; simple à l'état adulte; forme discoïde, lames solides. — *Phyllastræa;* forme coloniale foliacée, pourvue de grands calices à bords saillants sur les côtés de la feuille.

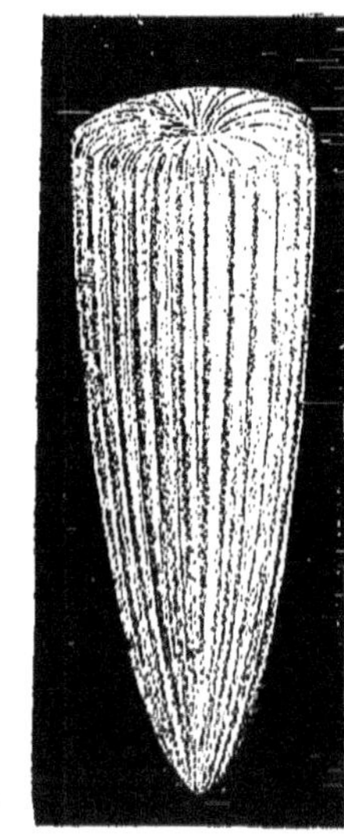

Fig. 80. — *Caryophylla clavus.*

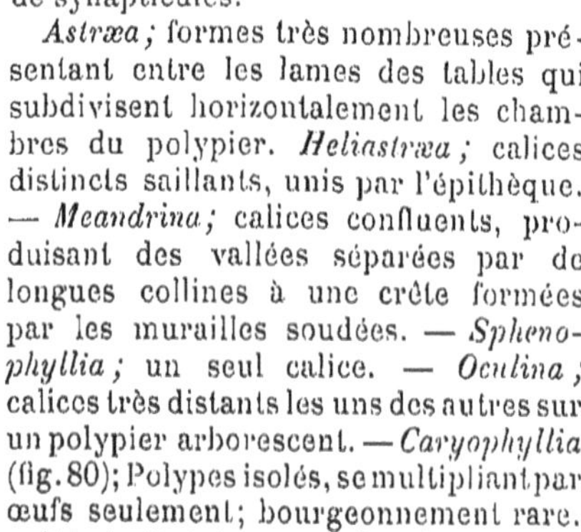

3° **Madréporaires imperforés.** — Muraille et lames sans perforations; pas de synapticules.

Astræa; formes très nombreuses présentant entre les lames des tables qui subdivisent horizontalement les chambres du polypier. *Heliastræa;* calices distincts saillants, unis par l'épithèque. — *Meandrina;* calices confluents, produisant des vallées séparées par de longues collines à une crête formées par les murailles soudées. — *Sphenophyllia;* un seul calice. — *Oculina;* calices très distants les uns des autres sur un polypier arborescent. — *Caryophyllia* (fig. 80); Polypes isolés, se multipliant par œufs seulement; bourgeonnement rare.

(*b*) ***Actiniaires.*** — *Pas de squelette.* Ils se fixent ordinairement sur les rochers par un disque pédieux.

Actinia (fig. 77); tentacules courts, rétractiles. *A. equina* pourpre ou verte, abondante sur les rochers des côtes de France, comme les suivantes. — *Anemonia;* tentacules longs, non rétractiles. — *Bunodes;* paroi couverte de verrues. — *Sagartia;* tentacules courts et digités disposés en 1 seule couronne; possède des aconties. — *Adamsia;* mêmes caractères; se fixe sur les coquilles de Buccin habitées par les Pagures.

(*c*) ***Cérianthaires.*** — Forme isolée, vivant *en liberté* dans le sable où elle s'enfonce par son extrémité inférieure munie d'un pore; extrémité supérieure avec une bouche entourée d'un grand nombre de tentacules. — *Cerianthus* (Arcachon, Méditerranée).

(*d*) ***Antipathaires.*** — Squelette formé d'un *axe corné*, simple (*Stichopathes*) ou ramifié (*Antipathes*).

3° OCTOCORALLIAIRES (ALCYONNAIRES)

Huit loges surmontées de 8 tentacules bipennés.

1° **Hélioporacés**. — Polypier calcaire traversé par des canaux agglomérés. — *Heliopora*.

2° **Coralliacés**. — Polypier pourvu d'un axe calcaire compact et continu. — *Corallium* (Corail).

Le corail employé en bijouterie est formé par le polypier du *Corallium rubrum* (Corail rouge). Il existe plusieurs variétés de corail basées sur la couleur du polypier; le corail rose est le plus estimé (côtes de Syrie); le corail rouge se pêche beaucoup sur les côtes d'Algérie et de Tunisie, à l'aide de *fauberts* qui le détachent de la surface inférieure des rochers. On trouve aussi du corail blanc et du corail noir; cette dernière variété résulte de la décomposition de la matière organique enclavée dans le polypier.

3° **Gorgonacés**. — Polypier axial, dressé, ramifié, composé de spicules calcaires libres ou unis par une substance cornée; quelquefois squelette entièrement corné.

Briareum; masses à lobes irréguliers; axe mal défini formé de spicules distincts.

Fig. 81. — *Gorgonia verrucosa*.

Isidés. Axe formé de parties calcaires et cornées alternantes : *Isis* (fig. 78). *Mopsea*. *Acanthogorgia*. *Gorgonia* (fig. 81); axe corné non calcifié; polypier ramifié.

4° **Alcyonacés**. — Polypes à longue cavité gastrique.

Tubipora; séries de tubes calcaires parallèles. *T. musica*, *purpurea*. — *Cornularia*; Polypes portés isolément sur des stolons. — *Haimæa*; Polypes solitaires. — *Alcyonum*; masses molles, lobées, sur lesquelles sont épars les Polypes. *A. digitatum*, *palmatum*.

5° **Pennatulacés**. — Colonies libres, portées par une extrémité inférieure sans Polypes, enfoncée dans le sable ou la vase.

Veretillum (fig. 82); tige cylindrique sans axe squelettique; spicules courts. — *Renilla*; polypes portés par un disque pédonculé et en forme de rein. — *Pennatula*; aspect d'une plume d'oie : tige courte et massive.

Importance paléontologique des Coralliaires. — Les Coralliaires apparaissent déjà à l'époque silurienne (Tétracoralliaires); les formes d'Hexacoralliaires imperforés se multiplient plus tard (Trias); elles atteignent un tel développement, pendant le Jurassique et le Crétacé, que des récifs coralligènes s'édifient en bordures sous-marines, immenses par leur étendue et leur épaisseur au voisinage des côtes, dans nos mers secondaires [mer de Paris, bassin du Rhône (récifs du Jura), bassin d'Aquitaine].

Outre les Hexacoralliaires imperforés qui subsistent, les formes perforées prennent une grande extension dès le début de l'ère tertiaire, et leur variété s'en est accentuée.

Les Coralliaires vivent aujourd'hui plus particulièrement autour des îles océaniennes comprises dans la zone torride.

Fig. 82.
Veretillum cynomorium.

III. — CTÉNOPHORES

Polypes nageurs, transparents, ne bourgeonnant jamais; ils se meuvent à l'aide de palettes ciliées disposées suivant 8 *rangées longitudinales.*

Morphologie générale. — La forme générale du corps est globuleuse (*Pleurobrachia*, *Hormiphora*), rubanée (*Cestum*), parfois en tonnelet (*Beroë*). Chez ce dernier genre, la bouche est très large, tandis qu'elle est étroite en général.

Les Cténophores possèdent deux plans de symétrie (*plan sagittal*, *p.s.*, et *plan latéral* ou *gastrique*, *p.l*, fig. 83, B) perpendiculaires entre eux; la droite d'intersection de ces plans constitue l'axe longitudinal du corps dont l'une des extrémités est occupée par la bouche, *b* et l'autre par le centre nerveux, *c.n.*

Le plan sagittal contient les deux tentacules, *t*; les deux plans divisent le corps en 4 segments égaux dont chacun porte deux rangées méridiennes de palettes natatoires, *pa.n.*

Tentacules et palettes natatoires. — Les *tentacules* des Cténophores sont insérés au fond de poches dans lesquelles ils peuvent se rétracter; simples parfois, ils sont pourvus de lamelles chez les *Hormiphora*, mais toujours ils sont pleins. Ces tentacules présentent des cellules épithéliales dont quelques-unes sont *préhensiles;* ces dernières, terminées par un bouton gluant, sont portées à l'extrémité d'un long filament qui se perd dans les fibres musculaires sous-jacentes d'autre part.

Les filaments des cellules préhensiles se détendent quand le Cténophore passe au voisinage d'une proie qu'il saisit grâce à la matière visqueuse qui imprègne les boutons projetés.

Les *palettes natatoires* consistent en bourrelets parallèles et saillants formés par des cellules ectodermiques ciliées.

Nutrition. — La bouche, *b* (fig. 83, A), se continue par un pharynx, *ph*, qui donne accès dans une cavité gastrique (*entonnoir*, *en*). De cette cavité partent deux larges canaux horizontaux, *c.h* (B), dont chacun se subdivise en 2, puis encore en 2 :

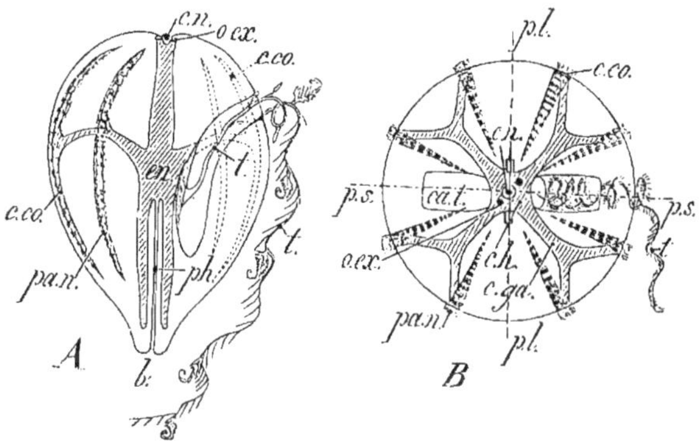

FIG. 83. — *Hormiphora plumosa*. Figures schématiques montrant la structure de ce Cténophore. — A ; Forme extérieure dans la moitié gauche ; coupe passant par le milieu du corps à droite. *pa.n*, palettes natatoires ; *t*, tentacule ; *b*, bouche ; *ph*, pharynx ; *en*, entonnoir ; *c.co*, canaux costaux ; *o.ex*, orifice excréteur ; *c.n*, centre nerveux. — B. Vue par la face supérieure. *p.l*, plan latéral ; *p.s*, plan sagittal ; *c.ga*, canaux gastro-vasculaires ; *c.h*, canaux horizontaux ; *ca.t*, cavité du tentacule, *t*.

ainsi se forment 8 canaux gastro-vasculaires, *c.ga*, qui aboutissent à 8 canaux longitudinaux (*canaux costaux*, *c.co*) sous-jacents aux rangées de palettes natatoires. L'entonnoir se prolonge du côté du centre nerveux, *c.n* (A), au pôle aboral, par un tube bientôt divisé en 4 branches, une dans chaque segment du corps, deux de ces branches, *c.cu* (fig. 84), demeurent fermées; les deux autres s'ouvrent à l'extérieur, chacune par un orifice, *o.ex*, situé au voisinage du plan latéral. C'est par ces orifices que s'échappent l'eau et les résidus de la digestion.

Relation. — La paroi du corps renferme de nombreuses fibres musculaires, les unes dérivées de l'ectoderme, les autres originaires de la mésoglée (mésoderme); grâce à ces éléments histologiques, les Cténophores sont essentiellement déformables sous l'influence des incitations motrices qui partent d'un *centre nerveux* assez nettement différencié.

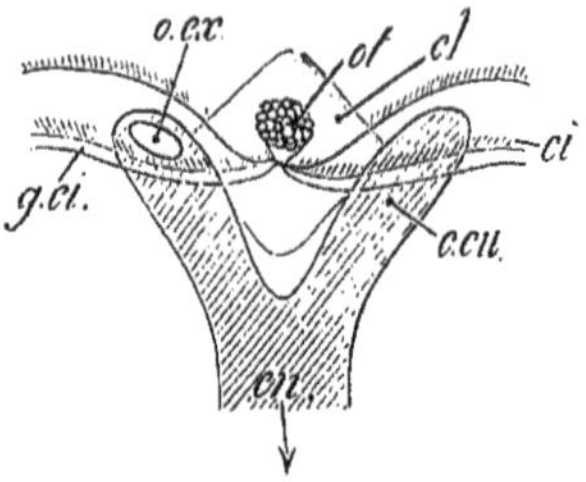

Fig. 84. — Centre nerveux (pôle aboral), *en*, entonnoir; *o.ex*, orifice excréteur; *c.cu*, canal fermé en cul-de-sac; *ot*, amas d'otolithes abrité sous la cloche, *cl*; *g.ci*, gouttières ciliées.

Au pôle aboral, en effet, sous une sorte de cloche transparente, *cl* (fig. 84), on voit un petit amas d'*otolithes*, *o.t*, soutenu par des lamelles qui constituent des cils vibratiles agglutinés Ces lamelles se continuent par 4 gouttières ciliées, *g.ci*, dédoublées ensuite de telle sorte qu'elles correspondent aux 8 rangées méridiennes de palettes natatoires. L'excitation de l'organe sensoriel provoque le mouvement des palettes de toutes les rangées dans un sens centrifuge.

Reproduction. — Les Cténophores se reproduisent seulement par œufs; *ils sont hermaphrodites* (voir T. II, fasc. 1er, page 21).

1° CTÉNOPHORES STÉNOSTOMES

Bouche étroite; deux tentacules.

Globuleux. — *Pleurobrachia*. — *Hormiphora* ou Cydippe (fig. 83); corps ovoïde.

Lobés. — Corps aplati parallèlement au plan latéral.

Bolina; lobes peu développés. — *Eucharis;* lobes très grands.

Rubanés. — Corps comprimé et allongé en ruban.

Cestum C. Veneris, peut atteindre jusqu'à 1 mètre de longueur.

2° CTÉNOPHORES EURYSTOMES

Bouche très grande; pas de tentacules.

Beroë.

TROISIÈME SÉRIE

ÉCHINODERMES

Animaux dont le corps possède une symétrie radiaire alliée à une symétrie bilatérale plus ou moins nette. Mésoderme calcifié. Une cavité générale *sépare le tube digestif autonome de la paroi du corps. Un système ambulacraire constitue l'appareil de locomotion.*

Les Échinodermes sont donc notablement supérieurs aux animaux étudiés jusqu'ici, par leur mésoderme très net et un tube digestif véritable ; ils sont *dépourvus de nématocystes* (éléments qui demeurent caractéristiques de la série des Polypes).

ÉCHINODERMES	Pas d'appareil absorbant. Corps étoilé ou pentagonal..........	**Anangiés** (*Astéroïdes*)	Bras d'importance essentielle se touchant par leur base............	*Stellérides.*
			Bras d'importance secondaire, indépendants à la base.............	*Ophiurides.*
	Canaux absorbants autour du tube digestif...	**Angiophores**	Corps globuleux ou discoïdal...........	*Échinides.*
			Corps sacciforme à tégument mou...........	*Holothurides.*
			Corps caliciforme...... =	*Crinoïdes.*

Morphologie générale. — Le corps des Échinodermes présente une symétrie radiaire, plus ou moins voilée par une symétrie bilatérale que possèdent déjà les larves de ce groupe (voir T. II, fasc. Ier, page 72). Les parties semblables sont généralement au nombre de 5, disposées autour de l'axe du corps dont l'une des extrémités est presque toujours occupée par la bouche ; l'anus est situé à l'opposé chez la plupart des Échinides et des Holothurides.

On appelle *bras*, *rayons*, *fuseaux*, les parties symétriques du corps; *radius*, le demi-méridien qui passe par le milieu d'un bras ou d'un rayon; *interradius*, le demi-méridien situé au milieu de l'espace qui sépare deux bras ou deux rayons consécutifs.

Parfois l'une des parties acquiert sur les autres une prédominance marquée et la symétrie bilatérale apparaît nettement.

Stellérides. — Chez les *Stellérides* (fig. 85), autour d'un disque central, rayonnent les *bras* (fig. 86) renfermant chacun deux cæcums digestifs rameux, *In*, deux glandes génitales, *Gé*, de part et d'autre du radius; celui-ci contient un *nerf* médian, *n.am* et un *vaisseau ambulacraire*, *c.am*; ce vaisseau est en rapport avec deux séries longitudinales et symétriques de *tubes ambulacraires*, *tu.am*, qui bordent un *sillon ambulacraire* ventral et médian.

Le nombre des bras est de 5 ordinairement (*Asterias*, *Astropecten*); il peut atteindre 10 et plus (*Solaster*, fig. 85; *Heliaster*, etc.). Libres sur une assez grande longueur chez *Echinaster sepositus* et *Solaster papposus*, les bras sont presque soudés chez *Asterina gibbosa* (qui a la forme d'un pentagone) et réunis par une membrane chez *Palmipes membranaceus*.

Fig. 85. — *Solaster papposus*.

Ophiurides. — Dans ce groupe, les bras grêles ne contiennent plus ni cæcums digestifs, ni glandes génitales; les tubes ambulacraires y font saillie sur deux rangées latérales. Simples chez *Ophiura*, *Ophiothrix*, etc., les bras se ramifient beaucoup dans le genre *Astrophyton* où ils servent à la fois d'*appareil locomoteur* et *préhenseur*.

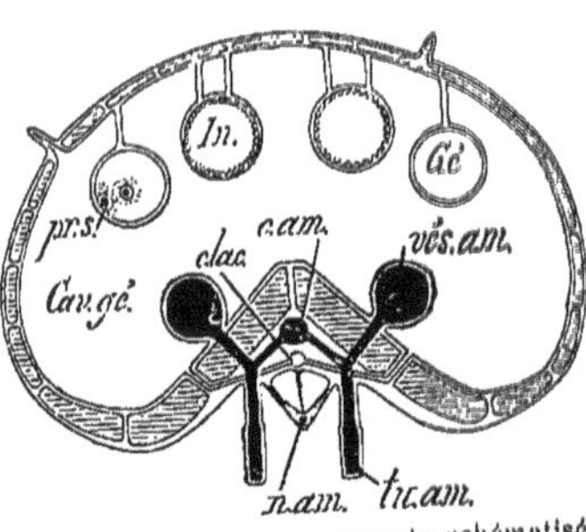

Fig. 86. — Coupe transversale schématisée d'un bras de Stelléride. *Cav.gé*, cavité générale; *In*, intestin; *Gé*, glande génitale avec les produits sexuels, *pr.s*; *c.am*, canal ambulacraire; *vés.am*, vésicule ambulacraire; *tu.am*, tube ambulacraire; *c.lac*, canal lacunaire; *n.am*, nerf ambulacraire.

Échinides. — Mieux connus sous le nom d'*Oursins*, *ces animaux ne présentent pas de bras* comme les Astéroïdes; de forme globuleuse ou discoïdale (fig. 87), ils ont le corps hérissé de piquants soutenus par un test calcaire continu. Si l'on supprime les piquants, on distingue, sur le test mis à nu d'un Oursin régulier (fig. 88, A), 10 zones dont 5 plus étroites et 5 plus larges; les 5 zones étroites dites *zones ambulacraires*, *z.am*, présentent, de chaque côté du radius, deux rangées de pores fins servant au passage des tubes ambulacraires;

les 5 zones larges sont dites *zones interambulacraires*, *z.in*, formées de plaques pentagonales plus grandes que celles

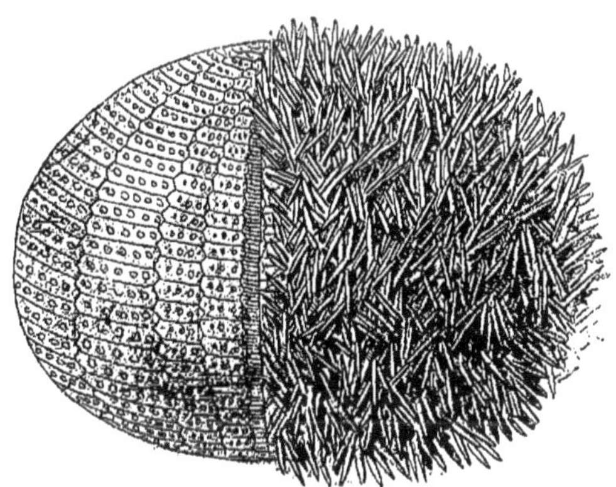

FIG. 87. — *Sphærechinus esculentus.*

des zones ambulacraires et hérissées de gros mamelons (C).

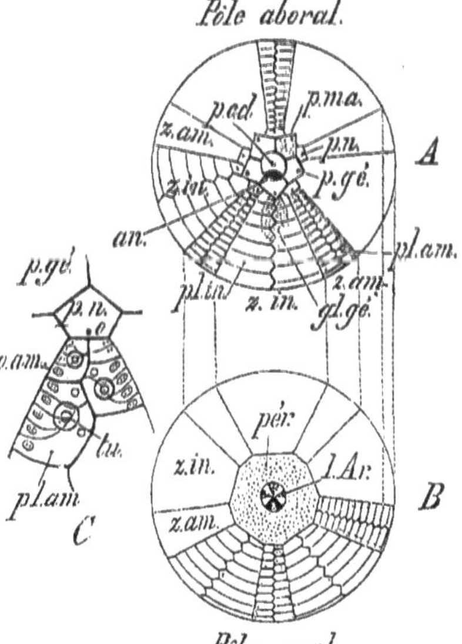

FIG. 88. — Test d'Oursin schématisé. A ; pôle aboral. B ; pôle oral. — *p.c.d*, plaque centrodorsale ; *an*, anus ; *p.ma*, plaque madréporique ; *p.gé*, plaques génitales ; *p.n*, plaques neurales ; *z.am*. zones ambulacraires ; *z.in*, zones interambulacraires ; *pl.am*, *pl.in*, plaques ambulacraires et interambulacraires ; *pér*. péristome ; *l.Ar*, lanterne d'Aristote dont on ne voit que les dents saillantes dans l'orifice buccal. — C ; quelques plaques ambulacraires, *pl.am*, montrant les tubercules, *tu*, et les orifices des ambulacres, *o.am*, disposés par paires ; *p.n*, plaque neurale et l'orifice *o* par lequel le nerf qui y aboutit communique avec le réseau nerveux superficiel.

Les Échinides sont donc bien formés de 5 segments qui, chez les Oursins réguliers, rayonnent autour d'un axe longitudinal passant par la bouche au milieu de la *face orale* ou *ventrale* (B) et par l'anus, *an*, au milieu de la *face aborale ou dorsale* (A).

La symétrie radiaire s'efface devant la symétrie bilatérale chez les Oursins irréguliers (*Clypeaster*, *Spatangus*); chez les Spatangues, la bouche, *bo* (fig. 89), tout en demeurant sur la face ventrale, se porte en avant dans un radius qui détermine le plan de symétrie bilatérale; l'anus, *an*, quittant la face dorsale, se porte sur la face ventrale en arrière, dans le plan de symétrie. En même temps, *trois* des zones ambulacraires sont situées dans la région antérieure du corps qui devient le *trivium*; les *deux* autres sont contenues dans la région postérieure appelée *bivium*.

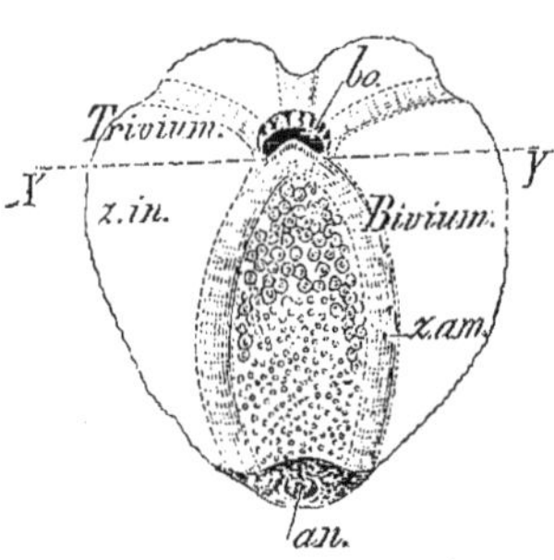

Fig. 89. — *Schizaster* vu par la face ventrale; *bo*, bouche en haut; *an*, anus; XY, plan de séparation du *bivium* et du *trivium*.

Holothurides. — Le corps de la plupart des Holothurides a la forme d'un sac allongé terminé à l'une de ses extrémités, par la bouche entourée d'une couronne de tentacules, et par l'anus à l'extrémité opposée. Contrairement aux Échinides, le tégument est dépourvu d'un squelette rigide, mais seulement pénétré de spicules calcaires. Une symétrie radiaire parfaite s'observe chez les Holothurides sédentaires, vivant dans la vase ou le sable

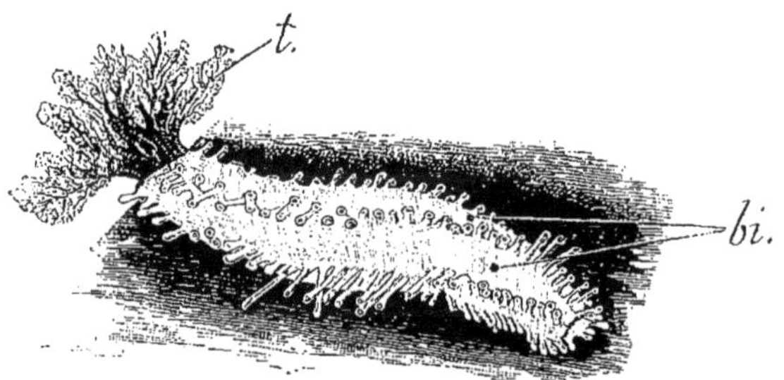

Fig. 90. — *Cucumaria*. *t*, tentacules buccaux; *bi*, bivium.

(*Synapta*); les espèces errantes présentent une symétrie bilatérale très nette dont le plan est déterminé : soit par la zone ambulacraire médiane du trivium qui forme la face ventrale (*Cucumaria*, fig 90), soit par le plan qui contient la bouche et l'anus dans les espèces courbées en U (*Psolus*, fig. 91).

Crinoïdes. — Fixés au sol par un pédoncule articulé (*Rhizocrinus*, *Pentacrinus*) ou libres (Comatule : *Antedon rosacea*, fig. 99), les Crinoïdes possèdent un *calice* central duquel se détachent 5 ou 10 bras différemment ramifiés suivant les espèces. Au centre du calice est la bouche, sur la face opposée au pédoncule, quand il existe; l'anus est logé dans un interradius considéré comme impair et postérieur, par analogie avec les formes d'Échinodermes à symétrie bilatérale très nette.

Structure de la paroi du corps. — Squelette. — La paroi du corps des Échinodermes comprend trois couches; une couche épithéliale externe, une couche conjonctive fibro-cellulaire et une couche épithéliale interne.

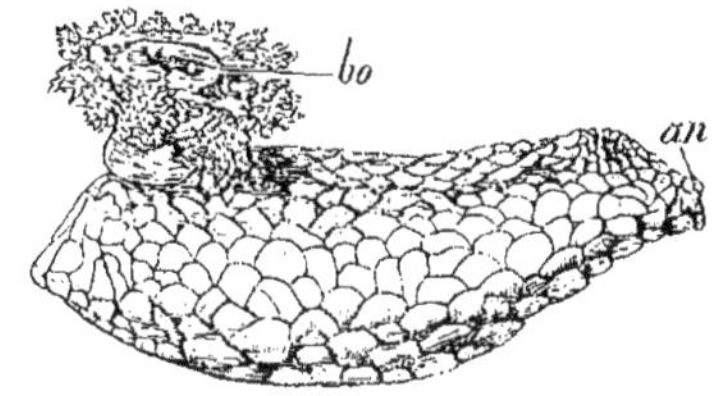

Fig. 91. — *Psolus*. *bo*, bouche; *an*, anus.

L'*épithélium externe* contient des cellules de soutien, des cellules glandulaires, des éléments neuro-épithéliaux en continuité avec une couche fibrillaire nerveuse sous-épithéliale.

L'*épithélium interne*, qui tapisse la cavité générale, est formé de cellules pavimenteuses, vibratiles tout au moins en certains points.

De grandes cellules flagellifères tapissent, en effet, la cavité dorsale des bras (Ophiure) et forment parfois de véritables corbeilles vibratiles (Comatule).

C'est dans la *couche conjonctive* mésodermique que se dépose le calcaire, dans les mailles d'un réseau organique anhiste appelé *tissu calcifère*.

Les pièces calcaires qui se déposent dans ce tissu sont des *spicules* et des *plaques* parfois indépendants, mais agencés le plus souvent; elles constituent tout le squelette des Échinodermes; ces plaques paraissent avoir les spicules pour origine.

Squelette. — Échinides. — Le test calcaire, continu chez les Oursins, est facile à décrire en particulier chez les *Oursins réguliers*. Il a pour centre l'*appareil apical* situé au pôle aboral (fig. 88, A).

L'appareil apical comprend : une plaque *centro-dorsale*, *p.c.d*, cinq plaques *génitales* ou basales, *p.gé*, et cinq plaques *neurales* ou radiales, *p.n*. (Ces dernières occupent les angles que laissent entre elles les plaques génitales). La *plaque centro-dorsale* est entourée, chez la plupart des Échinides, par une membrane incrustée de calcaire appelée *périprocte*, que traverse l'anus, *an*. Les *plaques génitales* forment la base des zones interambulacraires, *z.in*; l'une d'elles, plus grande que les 4 autres, est la *plaque madréporique*, *p.ma*, ou *plaque hydrophore*, percée d'une foule de pores aboutissant dans le canal hydrophore (voir p. 108)[1]; les autres sont pourvues d'un orifice par où s'échappent les produits sexuels émanant des *glandes génitales*, *gl.gé*, sous-jacentes aux zones interambulacraires. Les *plaques neurales*, plus petites que les précédentes, forment la base des zones ambulacraires, *z.am* ; elles présentent aussi un orifice, *o* (fig. 88, C), par lequel passe un filet nerveux qui assure la communication du nerf ambulacraire sous-jacent avec le plexus nerveux superficiel (voir aussi fig. 95).

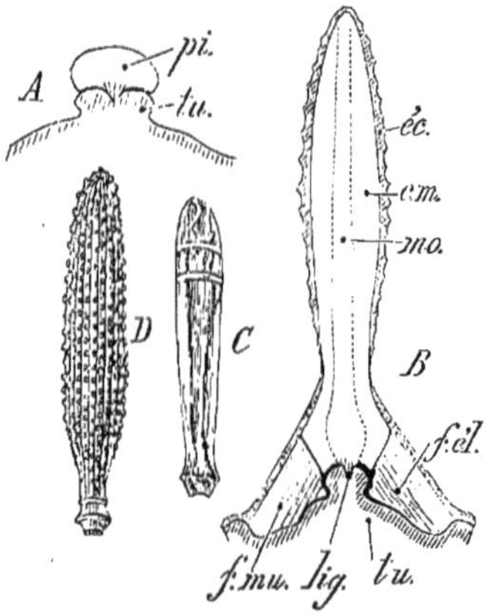

Fig. 92. — Piquants de Cidaridés. A, B; deux stades du développement; *tu*, tubercule; *pi*, piquant; *lig*, ligament; *f.él*, fibres élastiques; *f.mu*, fibres musculaires. *mo*, moelle; *c.m*, couche moyenne; *éc*, écorce du piquant.

Les 5 zones ambulacraires sont plus étroites que les 5 zones interambulacraires; toutes 10 rayonnent à partir de la rosette apicale et se terminent à la périphérie du *péristome*, *pér* (B), membrane incrustée de calcaire qui entoure la bouche. Limitées par des lignes suturales droites, les 10 zones sont constituées chacune par deux rangées de plaques pentagonales; les plaques ambulacraires, *pl.am*, beaucoup plus petites que les autres, *pl.in*, sont pourvues, près de leur bord externe, de doubles pores, *o.am* (C), servant au passage des tubes ambulacraires.

Les plaques pentagonales résultent de la soudure de plusieurs plaques primaires (C)[2].

Cette disposition régulière de la rosette apicale et des zones se modifie profondément chez les Oursins irréguliers.

---

1. On admet, pour régler l'orientation d'un Oursin régulier d'une manière identique à celle des Oursins à symétrie bilatérale, que la plaque madréporique correspond à l'interradius antérieur droit (n° 2).

2. Les plaques pentagonales qui composent le test des Oursins sont hérissées de tubercules, les uns plus gros, les autres plus petits (réduits parfois à de simples granules) qui servent à l'articulation des *piquants* et des *pédicellaires*.

Un *piquant* ou *radiole* (fig. 92) est une baguette solide, articulée au sommet du tubercule *tu*, par un ligament médian, *lig*, et mobile grâce à des fibres musculaires, *f.mu*, insérées en couronne autour de sa base, avec des fibres élastiques, *f.él*.

Comme les autres pièces du squelette, le piquant est constitué par un réseau calcaire dont les mailles assez régulières sont remplies de tissu vivant.

Les *pédicellaires* sont des organes de préhension que nous envisagerons à propos des organes des sens.

Crinoïdes. — La rosette apicale des Échinides paraît constituer les pièces du *calice* des Crinoïdes. La *plaque centro-dorsale*, formant le fond du calice, sert aussi de base d'insertion au pédoncule articulé des Crinoïdes fixés et des très jeunes Comatules (fig. 99) (cette plaque n'est pas perforée par l'anus qui est reporté sur la face orale, près de la bouche); aux 5 plaques génitales des Oursins correspondent 5 *plaques basales ;* aux cinq plaques neurales des Oursins correspondent 5 *plaques radiales* formant, avec les basales, les parois du calice dans lequel est logé le corps du Crinoïde. Chaque plaque radiale porte en son milieu un *bras*, tige articulée simple à la base et ramifiée un peu plus haut, correspondant à une zone ambulacraire de l'Oursin.

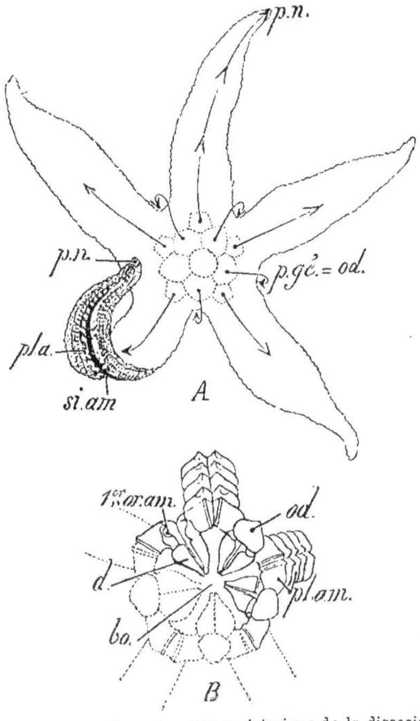

FIG. 93. — Représentation théorique de la dissociation de la rosette apicale chez les Étoiles de mer. A ; face dorsale. Les plaques neurales, *p.n*, sont situées à l'extrémité des bras ; les plaques génitales, *p.gé*, deviennent les plaques *odontophores*, *od*, situées sur la face ventrale (en B), au voisinage de la bouche *bo* ; *d*, dents ; *pl.am*, plaques ambulacraires ; 1er *or.am*, premier orifice ambulacraire ; *si.am*, sillon ambulacraire.

Astéroïdes. — Les Étoiles de mer et les Ophiures, pourvues de bras, possèdent un squelette composé d'une partie centrale (appareil apical) et d'une partie brachiale. Au début du développement existe une rosette apicale nette (fig. 93, A), qui se dissocie dans la suite ; la plaque centro-dorsale fait place à une vaste membrane incrustée (périprocte des Oursins) ; les plaques interradiales (plaques génitales des Échinides, *p.gé*) passent sur la face orale où elles forment 5 *plaques odontophores*, *od* (B) ; les plaques radiales, (plaques neurales des Échinides, *p.n*) sont portées à l'extrémité des bras.

Qu'on imagine les zones ambulacraires des Oursins se disposant en autant de gouttières, *si.am*, à concavité tournée du côté de la face orale, les rangées adjacentes de plaques interambulacraires formant les deux bords de chaque gouttière ; des plaques accessoires (*plaques latérales*) constituant une gouttière plus vaste ayant les mêmes bords que chacune des précédentes qui en sont enveloppées du côté convexe : on aura ainsi la physionomie des bras des Astéroïdes et celle de l'ensemble de leur squelette

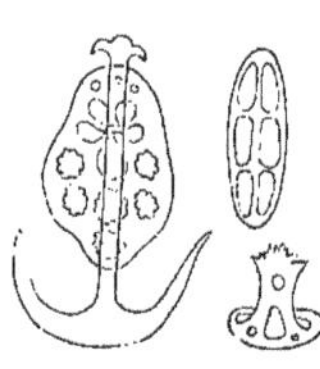
Fig. 94. — Plaques calcaires des Holothurides (test).

Les plaques ambulacraires d'un bras *se touchent* au fond du sillon ventral chez les Stellérides, tandis qu'*elles sont soudées* chez les Ophiures.

Holothurides. — Le squelette y est réduit à des plaques calcaires (fig. 94) réparties dans l'épiderme et le derme des téguments mous. On y trouve dix pièces articulées en une couronne autour du bulbe pharyngien et une plaque madréporique indépendante dans la cavité générale.

Cavité générale. — Les Échinodermes sont les premiers animaux que nous trouvons pourvus d'une cavité générale; celle-ci se forme chez la larve par le développement de deux diverticules de la cavité archentérique du tube digestif primitif et s'appelle, pour cette raison, un *entérocèle*.

Les deux vésicules vaso-péritonéales isolées croissent et occupent peu à peu tout l'espace compris entre la paroi du corps et celle du tube digestif; parvenues au contact de ces parois, elles y forment un revêtement de cellules ciliées; elles s'accolent elles-mêmes et forment une fine membrane commune, tendue en travers de la cavité générale. Dans l'épaisseur de cette membrane (*mésentère*) résorbée partiellement dans la suite, sont contenus le tube digestif, les glandes génitales, le tube hydrophore et la glande ovoïde.

La cavité générale est remplie d'un liquide un peu albuminoïde et coagulable, renfermant des cellules amiboïdes en suspension.

Nutrition. — Digestion. — Échinides. — La bouche des Oursins est tantôt centrale (Oursins réguliers : *Sphærechinus* et *Clypéastroïdes*), tantôt portée en avant (*Schizaster*, fig. 89); elle est pourvue, chez les premiers seulement, d'un appareil de mastication, la *lanterne d'Aristote* qui a été déjà décrite (T. 1, page 73).

De l'axe de la lanterne part le tube digestif également décrit (T. 1, page 79).

La première anse du tube digestif paraît seule affectée à la digestion, car sur elle seule se ramifient des vaisseaux absorbants du système périviscéral (fig. 95).

L'anse postérieure paraît être exclusivement respiratoire; elle est, en effet, reliée à l'œsophage par un *siphon* qui y amène de l'eau, tandis que la portion antérieure du tube digestif est remplie d'aliments.

Crinoïdes. — La bouche y est placée au centre de la face opposée au calice et l'anus à son voisinage, dans un interradius.

Holothurides. — Ces animaux possèdent un tube digestif s'étendant presque en ligne droite de la bouche à l'anus (*Synapta*), recourbé en S chez la plupart. La bouche s'ouvre au fond d'un entonnoir antérieur, au milieu d'une couronne de 10 tentacules rétractiles ; l'anus débouche dans un cloaque postérieur à côté des orifices de 2, 3 ou 4 organes creux, formant des arborescences multiples dans la cavité générale. Ces organes sont considérés comme *poumons* aquatiques, comme *glandes excrétrices* rejetant de la guanine, et comme *organes locomoteurs*.

Gonflés d'eau, ces poumons déterminent la dilatation du corps qui devient rigide et donne aux muscles un point d'appui qui leur manque, puisque le squelette fait défaut chez les Holothuries.

Astéroïdes. — Le tube digestif des Étoiles de mer a la forme d'un sac, s'ouvrant à l'extérieur par une bouche ventrale, pourvu ou non d'un anus dorsal dont le rôle physiologique est nul. Le tube digestif émet dans chacun des bras deux diverticules ramifiés, *In* (fig. 86). Les diverticules ne pénètrent pas dans les bras chez les Ophiures, toujours dépourvus aussi d'anus.

Les Stellérides dévaginent leur estomac pour s'emparer des matières alimentaires.

Respiration. — La respiration cutanée est à peu près la seule qui se produise chez les Échinodermes, sauf chez les Oursins et les Étoiles de mer qui possèdent des *branchies* rudimentaires.

Un certain nombre d'Oursins possèdent une cavité péripharyngienne isolée de la cavité générale ; cette cavité péripharyngienne présente, dans le genre *Echinus*, dix *branchies* flottant dans l'eau de mer ; le genre *Dorocidaris*, dépourvu de branchies, possède par contre cinq appendices en forme de houppes (*organes de Stewart*), épanouis dans le liquide de la cavité générale.

Ces organes de respiration permettent aux Oursins de puiser l'oxygène, au profit du liquide péripharyngien, soit dans le milieu extérieur (*Echinus*), soit dans le milieu intérieur (*Dorocidaris*).

Circulation. — Les Échinodermes possèdent un appareil complexe qu'on ne peut appeler exactement appareil circulatoire, puisque les liquides qu'il renferme n'ont aucune analogie avec le sang des animaux supérieurs et que les mouvements de ces liquides ne rappellent en rien une circulation, telle que nous l'avons définie (voir T. I, pages 106 à 110).

Cet appareil comprend plusieurs parties :

1° Un *appareil ambulacraire* (système aquifère) ;

2° Un *appareil lacunaire* (cavités parambulacraires) ;

3° Un *appareil plastidogène* duquel dépend un *appareil absorbant*.

Nous envisagerons ces diverses parties chez les Oursins.

1° *Appareil ambulacraire.* — De la plaque madréporique, *pl.ma* (fig. 95) part le *tube hydrophore*, *t.hy* (canal du sable, tube aqui-

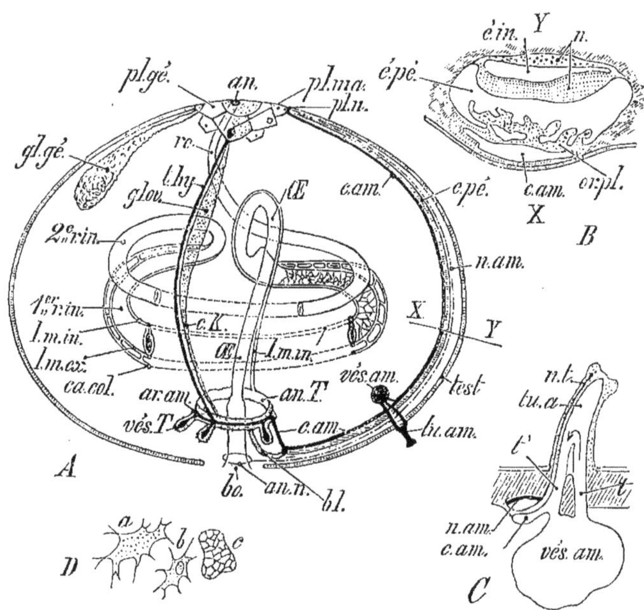

FIG. 95. — Figure schématique représentant l'organisation d'un Oursin régulier. — A; coupe médiane longitudinale passant par le radius IV à droite et par l'interradius I à gauche. Le *test* a été figuré sans tubercules ni appendices d'aucune sorte. *bo*, bouche; Œ, œsophage; 1er *r.in*, 2e *r.in*, 1re et 2e courbures de l'intestin; *re*, rectum; *an*, anus situé sur le périprocte; *pl.gé*, plaque génitale; *gl.gé*, glande génitale; *pl.n*, plaque neurale; *pl.ma*, plaque madréporique. — **Appareil ambulacraire** (en noir); *t.hy*, tube hydrophore; *ar.am*, anneau ambulacraire avec 5 diverticules logés dans les vésicules de Tiedemann, *vés.T*; *c.am*, canal ambulacraire; *vés.am*, *tu.am*, vésicule et tube ambulacraires. — **Appareil lacunaire** (hachures horizontales en A; voir aussi la coupe XY en B); *c.pé.* espace périnervien; *c.in*, espace intranervien dans le nerf *n*. — **Appareil plastidogène** (en pointillé); *gl.ov*, glande ovoïde; *c.K*, canal de Kœhler; *an.T*, anneau de Tiedemann; *b.l*, bourrelets lacunaires se continuant, dans les radius, par l'organe plastidogène, *or.pl* (B) : en D, corpuscules amiboïdes et globules muriformes contenus dans cet appareil. — **Appareil absorbant.** *l.m.in*, *l.m.ex*, lacunes marginales interne et externe; *ca.col*, canal collatéral. — C; coupe longitudinale d'un ambulacre; *c.am*, *vés.am*, *tu.a*, canal, vésicule et tube ambulacraires; *n.am*, nerf ambulacraire émettant une ramification, *n.t*, dans l'ambulacre.

fère) qui descend verticalement à l'intérieur du test, entre les deux replis de la *membrane péritonéale* (paroi commune des vésicules vaso-péritonéales primitives); le tube hydrophore aboutit à l'*anneau ambulacraire*, *ar.am*, appliqué sur la base de la lanterne d'Aristote. De cet anneau dépendent 5 *prolongements vésiculaires*, *vés.T*, dans les interradius et 5 *canaux ambulacraires*, *c.am*, dans les radius. Ces derniers descendent sur la face externe de la lanterne pour gagner la paroi et s'incurvent *à l'intérieur* du test pour remonter le long et au milieu des zones ambulacraires jusqu'aux plaques neurales supérieures, *pl.n.* Au niveau du pore neural, chaque canal se termine en cul-de-sac; mais il a émis, sur son trajet, à droite et à gauche, un grand nombre de branches transversales parallèles en rapport avec autant de vésicules internes *vés.am*; d'une *vésicule ambulacraire* partent deux tubes étroits, *t*, *t'* (fig. 95, C) indépendants jusqu'au niveau du test où ils passent par un double pore d'une plaque ambulacraire, puis se fusionnent en un tube unique, *tu.a*, saillant à l'extérieur; ce tube ambulacraire est terminé le plus souvent par un disque aplati formant ventouse, et soutenu par une rosette de 4 à 6 pièces calcaires.

Une disposition identique se remarque chez les Étoiles de mer, où les canaux ambulacraires, *c. am* (fig. 86), occupent le fond de la gouttière ambulacraire dans chaque bras.

Chez les Ophiures, la plaque madréporique est ventrale et le tube hydrophore courbé en fer à cheval pour cette raison.

Chez les Holothurides, la plaque madréporique est interne, le tube hydrophore très court, les canaux ambulacraires partent d'un anneau péripharyngien et s'incurvent près de la bouche pour suivre, dans les radius, un parcours comparable à celui que nous avons signalé chez les Oursins; les tentacules qui entourent la bouche ne sont autre chose que de gros tubes ambulacraires en communication avec les canaux ambulacraires au voisinage de leur incurvation.

2° *Appareil lacunaire.* — Entre chaque canal ambulacraire, *c.am* (fig. 95, A, B) et le test, on distingue deux cavités longitudinales superposées : l'une est l'*espace périnervien*, *e.pé* (B), adjacent et extérieur au canal ambulacraire, *c.am*; l'autre est l'*espace intra-nervien*, *e.in*, adjacent et intérieur au tégument, limité par du tissu nerveux, *n*. Ces espaces parambulacraires, *e.pé* (A), sont des lacunes qui accompagnent le canal ambulacraire correspondant jusqu'à la base de la lanterne d'Aristote, point où elles s'oblitèrent.

Chez les Stellérides et les Ophiurides, où l'appareil lacunaire est le plus complet, les lacunes parambulacraires, *e. lac* (fig. 86), aboutissent à un anneau labial (sous-jacent à l'anneau ambulacraire) qui émet, le long du tube hydrophore, une branche de communication avec un anneau aboral; de ce dernier partent 5 paires de canaux qui englobent les glandes génitales dans autant de poches closes.

L'appareil lacunaire des Holothurides est à peu près identique à celui des Oursins.

3° *Appareil plastidogène.* — On appelle ainsi un tissu conjonctif lâche où prennent naissance des *corpuscules amiboïdes* et des *glo-*

bules mûriformes, a, b, c (fig. 95, D), qui en envahissent ensuite les mailles et pénètrent, par diapédèse, dans les liquides des cavités lacunaire, ambulacraire et générale.

La partie la plus importante de l'appareil plastidogène est la *glande ovoïde, gl.ov* (A), logée dans le sinus axial de la membrane péritonéale, à côté du tube hydrophore. Le tissu conjonctif réticulé qui la constitue se continue en haut vers la plaque madréporique, et entre en rapport avec un anneau aboral dont les lacunes se continuent jusque dans les glandes génitales; en bas, il forme un canal glandulaire (*canal de Kœhler, c.K*) qui, parvenu au niveau de l'anneau ambulacraire, forme autour de lui l'*anneau de Tiedemann, an.T*, de structure spongieuse.

L'anneau de Tiedemann émet 10 prolongements. Ce sont :

1° Dans les interradius, 5 diverticules enveloppant les prolongements vésiculaires de l'anneau ambulacraire; ces formations plastidogènes s'appellent *vésicules de Tiedemann, vés.T* (antérieurement vésicules de Poli);

2° Dans les radius, 5 *bourrelets lacunaires, b.l*, qui, descendant le long du pharynx vers la bouche, atteignent presque l'anneau nerveux, *an.n* et se portent à la rencontre des espaces périnerviens, *é.pé*; ils forment dans chacun d'eux un bourrelet plastidogène, *or.pl* (B), accolé au canal ambulacraire, *c.am*, sur toute sa longueur.

Chez les Étoiles de mer, on a trouvé des connexions de l'organe ovoïde avec les glandes génitales, connexions absentes chez la plupart des Oursins adultes et les Ophiures.

La glande ovoïde n'existe pas chez les Holothurides ou peut-être est-elle devenue la glande génitale unique que possèdent ces animaux. Tout le reste de l'appareil plastidogène présente les mêmes caractères que chez les Oursins.

Appareil absorbant. — De l'anneau de Tiedemann part une lacune, *l.m.in* (A) qui, longeant l'œsophage, *œ*, parvient au bord interne de la première courbure intestinale et devient la *lacune marginale interne*. Beaucoup de lacunes secondaires s'en détachent (figurées à droite seulement en A) qui forment sur l'intestin un vaste réseau aboutissant à la *lacune marginale externe, l.m.ex*, parallèle à la 1re, mais située sur le bord externe de l'intestin (1re courbure). Un *canal collatéral, ca.col*, est situé plus en dehors chez nombre d'espèces et communique par plusieurs rameaux avec la lacune marginale externe.

L'appareil absorbant se rencontre aussi chez les Holothurides. Stellérides et Ophiurides en sont dépourvus.

Les Crinoïdes ont un appareil circulatoire notablement différent de celui des autres Échinodermes.

Rôles des divers liquides qui précèdent dans la nutrition des Echinodermes. — Le liquide de l'appareil ambulacraire provient du milieu extérieur par diffusion simple et sans courants, à travers les pores de la plaque madréporique ; il circule dans cet appareil, grâce à l'épithélium vibratile qui en tapisse la paroi ; en pénétrant dans les tubes ambulacraires saillants dans l'eau ambiante, il y puise par osmose de l'oxygène qu'il transmet par les vésicules au liquide de la cavité générale ; ce gaz vivifiant est, par suite, réparti à tous les organes.

Outre sa fonction respiratoire, le liquide ambulacraire est chargé de la fonction locomotrice.

Par osmose aussi, le liquide de la cavité générale, les liquides ambulacraire et lacunaire puisent, dans le contenu de l'appareil absorbant, les matériaux propres à l'entretien de tous les organes ; l'appareil plastidogène ne produit en abondance les corpuscules figurés amiboïdes, etc., qu'à la condition d'être convenablement nourri.

Relation. — Système musculaire. — Les Échinodermes n'effectuent que des mouvements lents, dus au jeu d'un appareil musculaire peu développé, sauf chez les Holothuries. Les Oursins ne possèdent de fibres musculaires qu'à la base des piquants (fig. 92). Chez les Étoiles de mer, les Ophiures, les Crinoïdes, des muscles volontaires relient les pièces mobiles du squelette des bras. Les Holothuries possèdent, dans les zones ambulacraires, 5 bandes musculaires longitudinales qui s'étendent du bulbe pharyngien à l'anus.

Système nerveux. — Le système nerveux consiste, chez les Oursins, en un collier pentagonal appliqué sur la paroi du pharynx, à une faible distance de l'orifice buccal (voir T. I, page 327, fig. 308). Des angles de ce pentagone, *an.n* (fig. 95), angles situés dans les radius, se détachent des *troncs nerveux ambulacraires*, *n.am* (A, B et C), situés entre le test et les espaces périnerviens ; des branches latérales se ramifient en *nerfs tentaculaires*, *n.t* (C) qui se rendent aux tubes ambulacraires, *tu.a*, et en rameaux qui forment le réseau nerveux superficiel.

Parvenu au pore de la plaque neurale correspondante, *pl.n*, un *nerf ambulacraire se réfléchit à l'extérieur du test* et fournit, de concert avec les branches latérales, le réseau superficiel compliqué dont il vient d'être fait mention.

La même disposition générale se rencontre chez tous les Échinodermes ; les Crinoïdes présentent, en outre, un *anneau nerveux dorsal* placé dans la région du calice voisine du point d'insertion du pédoncule.

La nature du tissu nerveux des Échinodermes est encore mal définie. Les nerfs ambulacraires, *n* (fig. 95, B) sont de véritables tubes aplatis dont la lumière est l'espace intranervien, *é. in* ; la paroi séparatrice des espaces péri et intranervien est plus particulièrement nerveuse avec des cellules nettes.

Organes des sens. — Au bout des bras, chez les Étoiles de mer, existent des accumulations de taches d'un rouge vif, désignées sous le nom d'*yeux;* ces organes coiffent l'extrémité du nerf ambulacraire.

Les Synaptes (Holothurides) possèdent des *otocystes* (T. I, pages 236 et 237), de part et d'autre des nerfs ambulacraires.

Les *sphéridies*, disposées autour de la bouche des Oursins, près des sutures des premières plaques ambulacraires, sont de petites massues calcaires, portées par une hampe massive et courte articulée sur un tubercule du test, pourvues d'un anneau nerveux basilaire. Ces organes sensitifs se trouvent chez presque tous les Échinides.

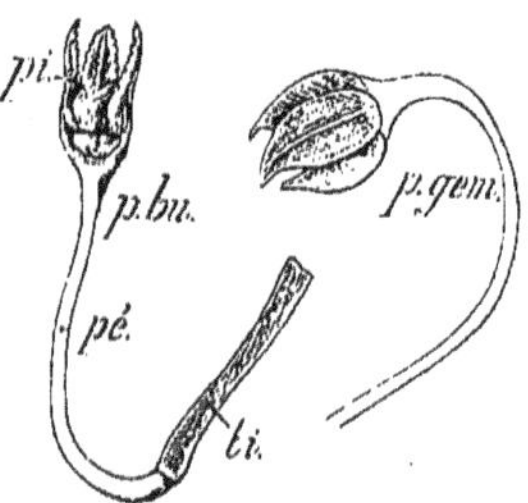

FIG. 96. — Pédicellaires. *p.bu*, pédicellaire buccal; *p.gem*, pédicellaire gemmiforme; *ti*, tigelle, *pé*, pédoncule; *pi*, pince.

Stellérides et Échinides sont pourvus de *pédicellaires* (fig. 96), pinces à 2, 3 ou 4 branches, généralement pédonculées. Les pédicellaires sont distribués autour de la bouche, sur le péristome et dans les zones ambulacraires; ils sont affectés à la *préhension* de certaines particules alimentaires, à la *défense* de l'animal contre les êtres minuscules qui cherchent abri et subsistance à la surface du test. Les pédicellaires *gemmiformes* sont même venimeux.

Reproduction. — *Les Échinodermes sont unisexués*, pour la plupart; mais aucun signe ne permet de distinguer un mâle d'une femelle, sauf à la maturité sexuelle. Les produits sexuels naissent, chez les **Oursins**, en général, dans 5 glandes génitales, *gl.gé* (fig. 95, A), placées dans les zones interambulacraires; chacune de ces glandes débouche à l'extérieur par le pore de la plaque génitale correspondante.

Les **Étoiles de mer** possèdent 10 glandes génitales en grappe, deux dans chaque bras, *Gé* (fig. 86), leurs orifices, situés dans les interradius, sont en nombre variable et occupent des places diverses suivant les genres.

Chez les **Ophiures**, les produits sexuels s'échappent par les orifices de 10 *poches* dites *respiratoires;* ces poches sont situées de chaque côté des bras, sur la face ventrale du disque central.

Les **Crinoïdes**, à l'inverse des Ophiures, abritent dans leurs bras les glandes sexuelles qui consistent en cordons ramifiés dans les pinnules latérales; c'est dans les pinnules que sont produits les œufs ou les spermatozoïdes.

Les **Holothurides** possèdent *une seule glande génitale* très développée, arborescente, dont le canal excréteur s'ouvre sur la ligne médiane dorsale de l'aire péribuccale.

Les ovules sont fécondés à l'extérieur du corps; la segmentation des œufs aboutit à une *blastula* puis à une *gastrula* par invagination ; la constitution du tube digestif, le développement variable de vésicules vaso-péritonéales (diverticules de l'œsophage appelés encore *entérocèles*), l'apparition de bandelettes ciliées extérieures de formes diverses, etc., servent à caractériser les larves d'Échinodermes connues sous les noms de *Pluteus* (Échinides et Ophiurides), *Bipinnaria* et *Brachiolaria* (Stellérides), *Auricularia* (Holothurides), *larve vermiforme* (Crinoïdes) (voir T. II, fasc. 1er, pages 72, 96-107).

Ces formes larvaires, pourvues d'une symétrie bilatérale plus ou moins nette, donnent des adultes à symétrie radiée, grâce à la forme annulaire qu'adopte progressivement l'*hydrocèle* (futur appareil ambulacraire dérivé des entérocèles). En même temps se développe le squelette calcaire : apparition préalable des plaques calcaires qui formeront ultérieurement les pièces calicinales ou apicales; puis développement des plaques ambulacraires, de l'appareil plastidogène et des glandes génitales qui en dépendent plus ou moins étroitement.

§ 1. — ANANGIÉS (ASTÉROÏDES)

Échinodermes libres, à corps étoilé. Appareil digestif sacciforme ; pas d'appareil absorbant.

Bras se touchant par la base .... **Stellérides.**
Bras indépendants à la base .... **Ophiurides.**

I. — STELLÉRIDES

Bras presque toujours larges se fusionnant en un disque médian ; ambulacres situés exclusivement sur la face inférieure des bras et sur les bords d'une gouttière ventrale.

Cæcums digestifs et glandes génitales à l'intérieur des bras. Plaque madréporique dorsale.

1° STELLÉRIDES TÉTRASÉRIÉS

Tubes ambulacraires disposés suivant *quatre rangées* ou plus. Pédicellaires pédonculés.

4 rangées : *Asterias;* squelette dorsal muni de piquants; 5 bras. *A. glacialis. A. rubens*, commune sur les côtes de la mer du Nord et de la Manche. — *Heliaster;* porte jusqu'à 40 bras.

Plus de 4 rangées : *Pycnopodia;* grand nombre de bras.

2° STELLÉRIDES BISÉRIÉS

Tubes ambulacraires disposés suivant *deux rangées*. Pédicellaires sessiles.

Squelette dorsal formant un réseau de petites plaques avec piquants : *Echinaster;* 5 longs bras coniques — *Solaster. S. papposus* (fig. 85) : 13 bras. — *Cribrella* (fig. 97) ; mers d'Europe.

Fig. 97. — *Cribrella oculata.*

Corps pentagonal ou avec bras courts : *Asterina. A. gibbosa;* bras très courts, bords tranchants. — *Culcita;* disque pentagonal à bords arrondis.

Pas d'anus; tubes ambulacraires sans ventouses : *Astropecten. A. aurantiacus;* couleur orangée; se trouve dans l'Atlantique et la Méditerranée.

Disque petit avec bras qui en sont distincts, comme chez les Ophiurides : *Brisinga;* 9 à 12 bras. Atlantique, grandes profondeurs.

II. — OPHIURIDES

Bras grêles, simples ou ramifiés, distincts du disque central; pas d'anus ni de cæcums dans les bras. Glandes génitales dans le disque central. Plaque madréporique ventrale.

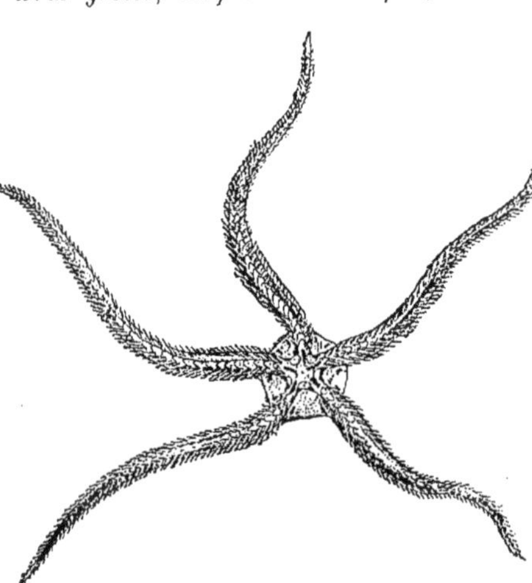

Fig. 98. — *Amphiura squamata.*

1° OPHIURES

Bras simples à l'aide desquels rampe l'animal. Gouttières ambulacraires recouvertes de plaques soudées par paires.

Ophiura; disque recouvert de petits granules. — *Ophiolepis;* disque couvert de plaques radiales et d'écailles nues. — *Amphiura* (fig. 98); hermaphrodite et lumineuse. — *Ophiacantha;*

disque enveloppé par un tégument mou dissimulant les écailles sous-jacentes. — *Ophiothrix ;* disque épineux. *O. fragilis ;* Atlantique.

2° EURYALES

Bras ordinairement ramifiés, volubiles, s'enroulant autour des corps auxquels se fixent ces animaux sédentaires; gouttières ambulacraires couvertes par une membrane molle.

Astrophyton. — *Euryale;* ramifications très nombreuses des bras sur toute leur étendue.

§ 2. — ANGIOPHORES

Échinodermes fixés et pourvus de bras ramifiés (Crinoïdes), ou libres sans bras (Échinides, Holothurides). Appareil digestif avec bouche et anus, couvert de canaux absorbants.

Corps fixé au moins dans le jeune âge. Bras......... **Crinoïdes.**
Test calcaire formé de séries de plaques en nombre égal ou supérieur à 20. Corps globuleux........... **Échinides.**
Téguments coriaces rarement soutenus par des plaques calcaires. Corps allongé......................... **Holothurides.**

I. — CRINOÏDES

Corps fixé, au moins dans le jeune âge; bras simples ou ramifiés. Bouche et anus sur le côté ventral du calice.

1° PALÉOCRINOÏDES

Calice entièrement formé de pièces calcaires.

Cyathocrinus. Poteriocrinus. Genres fossiles primaires.

2° NÉOCRINOÏDES

Calice non entièrement formé de pièces calcaires.

Brachiés. — Bras bien développés. Organes génitaux contenus dans les pinnules.

Rhizocrinus ; pédoncule allongé dépourvu de cirres. — *Pentacrinus ;* pédoncule prismatique portant des verticilles de cirres à intervalles réguliers. — *Antedon. A. rosaceus* (Comatule); fixée seulement dans le jeune âge (fig. 99), libre à l'âge adulte et pourvue de 10 bras.

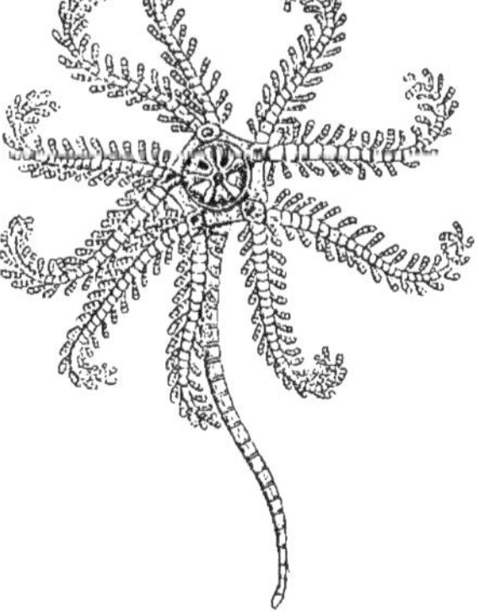

FIG. 99. — *Antedon rosaceus* (Comatule jeune encore fixée).

Cet animal est commun dans la Méditerranée.

Cystidés. — Corps globuleux avec bras peu ou pas développés et un court pédoncule dépourvu de cirres. Organes génitaux dans le calice.

Tous fossiles, à l'exception d'*Hyponome Sarsii* (Détroit de Torres).

Blastoïdes. — Corps en forme de bouton de fleur avec un court pédoncule. Ont vécu du Silurien supérieur au Carbonifère.

II. — ÉCHINIDES (OURSINS)

Corps globuleux ou discoïde avec un test continu composé de 20 séries de plaques polygonales (10 ambulacraires et 10 interambulacraires); tubes ambulacraires servant à la locomotion.

1° OURSINS RÉGULIERS

Bouche et anus aux deux extrémités de l'axe de symétrie radiaire. Aires ambulacraires identiques. Appareil masticateur (lanterne d'Aristote).

Échinidés. — Test immobile; aires ambulacraires larges.

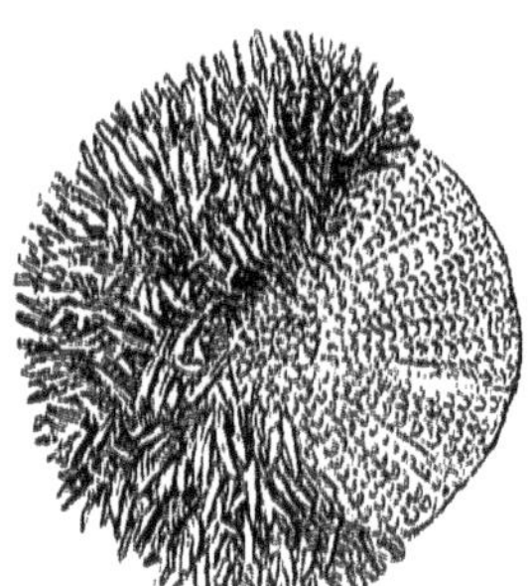

Fig. 100. — *Echinus acutus.*

Echinus [*E. melo* (Oursin melon); *E. acutus*, fig. 100; *E. microtuberculatus*, fig. 101; etc.]; vit sur nos côtes; on n'en peut manger les glandes génitales que de septembre à avril pour éviter les intoxications. — *Strongylocentrotus. S. lividus* (Oursin commun). — *Sphærechinus;* échancrures profondes du test à l'insertion des branchies.

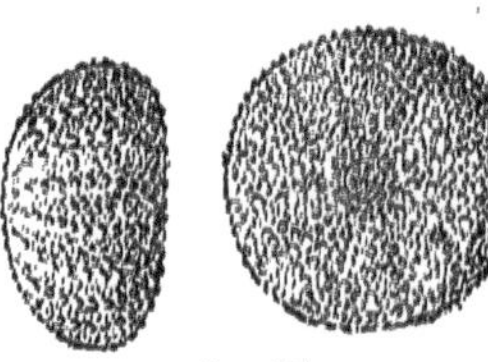

Fig. 101. *Echinus microtuberculatus.*

Cidaridés.—Test immobile; aires ambulacraires étroites. Radioles pleines et très grandes. — *Salenia;* plaque centro-dorsale et rosette apicale très régulière. — *Cidaris;* grand nombre de petites plaques remplaçant la centro-dorsale sur le périprocte. — *Dorocidaris*. *D papillata*.

2° CLYPEASTROÏDES

Bouche centrale pourvue d'un appareil masticateur; anus excentrique. Symétrie bilatérale.

Clypeaster; corps aplati, aires ambulacraires imparfaitement pétaloïdes.

Scutellides. — Corps très aplatī; aires ambulacraires nettement pétaloïdes.

Dendraster; pas de perforation du test. — *Mellita ; Rotula;* lunules en nombre variable avec les genres.

3° SPATANGOÏDES

Symétrie bilatérale. Bouche et anus excentriques en général; pas d'appareil masticateur ; 4 glandes génitales.

Echinolampas; 5 aires ambulacraires pétaloïdes. — *Spatangus ;* test cordiforme ; pétales ambulacraires très étalés. *S. purpureus* (fig. 102) ; Méditerranée. — *Schizaster* (fig. 89).

FIG. 102. — *Spatangus purpureus.*

Genres fossiles : *Ananchytes;* test ovale; appareil apical allongé, pas de rosette ambulacraire pétaloïde. — *Hemipneustes*.

III. — HOLOTHURIDES

Corps allongé, quelquefois courbé en U, non soutenu par un squelette; téguments bourrés de spicules calcaires. Bouche et anus terminaux; une couronne péribuccale de tentacules; plaque madréporique interne.

1° PÉDIEUX

Tubes ambulacraires saillants au dehors. Animaux unisexués.

Holothuria; 20 à 30 tentacules simples, élargis en disque. *H. tremula tubulosa;* anus terminal. — *Cucumaria* (fig. 90); 10 tentacules arborescents, en avant du corps un peu pentagonal. — *Psolus* (fig. 91); pas de tubes ambulacraires sur la face dorsale qui présente la bouche et l'anus.

2° APODES

Pas de tubes ambulacraires. Tous hermaphrodites.

Synapta; 10 à 25 tentacules digités : crochets tégumentaires en forme d'ancres dans la peau; pas de poumons. *S. digitata, inhærens ;* Bretagne.

Importance paléontologique des Échinodermes. — Les couches géologiques de tous les âges renferment des fossiles dont quelques-uns au moins appartiennent à la série des Échinodermes. Les Crinoïdes et les Échinides sont les groupes les plus intéressants à considérer à ce point de vue.

1° *Crinoïdes.* — Dans le Cambrien apparaissent déjà les Cystidés sous des formes variées dont le nombre s'accroît dans le Silurien, puis diminue à l'époque dévonienne. Alors ont apparu déjà les Blastoïdes, qui disparaissent à la fin du Carbonifère.

2° *Échinides.* — Les Échinides, peu nombreux pendant l'ère paléozoïque, abondent, au contraire, dès le Trias sous la forme de Cidaridés, puis d'Échinidés dans le Jurassique. Les Oursins réguliers paraissent avoir dominé dès le début, puis la déformation de la rosette apicale (avec substitution de la plaque madréporique au périprocte émigrant dans l'interradius postérieur) a amené la distinction des Endocycles et des Exocycles (Jurassique). Avec l'époque crétacée, la différenciation des formes s'accentue : les *Echinospatagus*, précurseurs des Spatangoïdes, apparaissent dans le Néocomien ; les premiers Clypéastroïdes vivent au Crétacé moyen. Les Spatangoïdes évoluent pendant toute la période tertiaire. A l'époque actuelle, nous trouvons : la plupart des Cidaridés dans les grandes profondeurs ; les Clypéastres confinés dans les mers chaudes ; les Spatangoïdes plus ou moins retirés au delà de la zone littorale immédiate.

QUATRIÈME SÉRIE

CHITINOPHORES

Animaux possédant une **symétrie bilatérale**; *téguments couverts d'une cuticule formée d'une épaisse couche de* **chitine** *qui se continue sur les parois du tube digestif et des organes internes communiquant avec l'extérieur. Pas de cils vibratiles.*

CHITINOPHORES	libres. *Membres articulés*........	**Arthropodes.**
	parasites en général. Pas de membres..........................	**Némathelminthes.**

I. — EMBRANCHEMENT DES ARTHROPODES

*Corps généralement segmenté, c'est-à-dire formé d'***anneaux**; *ces anneaux portent des* **appendices articulés** *pouvant servir à des usages variés : préhension, mastication, locomotion*, etc.

ARTHROPODES	aquatiques : **Branchiates**	Appendices non différenciés.............			**Mérostomacés.**
		Appendices différenciés..................			**Crustacés.**
	terrestres : **Trachéates**	Appendices locomoteurs	4 paires......................		**Arachnides.**
			n paires	1 p. append. buccaux	**Onychophores.**
				3 p. —	**Myriapodes.**
			3 paires.....		**Insectes.**

Morphologie générale. — Les Arthropodes affectent une *symétrie bilatérale*. Leur corps est *annelé*. La même extrémité de leur corps se porte toujours en avant et devient la *tête* pourvue d'une bouche et d'appendices différenciés, en général, en vue de l'exploration du milieu, de la préhension et de la trituration des particules alimentaires fournies par ce milieu. Les anneaux qui font suite à la tête sont plus ou moins différenciés ; ils portent par paires les organes de locomotion, de respiration et de reproduction qui influent de la sorte sur la physionomie générale du système nerveux (*chaîne ganglionnaire*, voir T. I, page 322, fig. 306). En outre, les organes locomoteurs sont orientés de telle manière que toujours la même face du corps est tournée vers la terre : c'est la *face ventrale*, plus plane que la *face dorsale*.

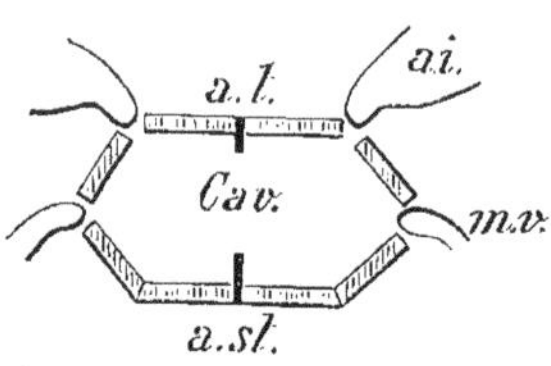

FIG. 103. — Section d'un anneau d'Arthropode. *a.t*, arceau dorsal, *a.st*, arceau sternal ; *m.v*, patte ; *ai*, aile ; *cav*, cavité générale.

Une couche de chitine[1] plus ou moins abondante, sécrétée par l'épithélium tégumentaire et déposée à la surface des cellules épithéliales, revêt la surface du corps comme d'un vernis ; elle constitue le *squelette extérieur* sur lequel s'insèrent les ligaments et les muscles chargés de maintenir les organes ou de les faire mouvoir.

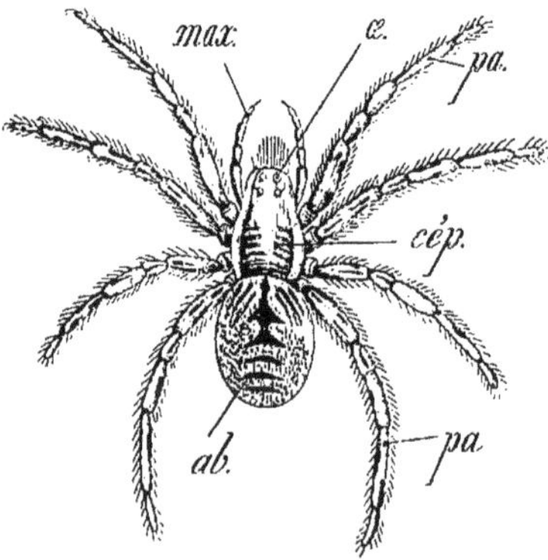

FIG. 104. — *Lycosa tarentula*. *cép*, céphalothorax ; *ab*, abdomen ; *œ*, œil ; *max*, patte-mâchoire (palpe maxillaire) ; *pa*, pattes.

Le revêtement de chitine s'opposerait à la croissance des Arthropodes si ces animaux ne le rejetaient à intervalles d'autant plus rapprochés que leur croissance est plus rapide : *mues*. Au moment des mues, ils subissent des changements brusques de forme, des *métamorphoses* qui leur permettent d'acquérir en une ou plusieurs fois la forme adulte (voir T. II, fasc. 1er, page 65).

Constitution d'un segment typique. — Nous avons vu (T. I, page 208) quelle est la constitution fondamentale du squelette d'un segment typique (fig. 103) :

1° Un *arceau ventral* formé de 2 pièces médianes (*sternums*) et de 2 latérales (*épisternums*), ordinairement soudées entre elles ;

2° Un *arceau dorsal* comprenant 2 *tergums* médians et latéralement 2 *épimères*.

---

1. La chitine est une substance résultant de la combinaison d'une matière albuminoïde et d'un hydrate de carbone ; elle s'incruste parfois de calcaire (50 pour 100 chez l'Écrevisse).

A leurs points d'union, ces pièces forment des cloisons incomplètes ou *apodèmes*, saillies sur lesquelles s'insèrent les muscles et les ligaments. Les appendices d'un segment s'articulent de chaque côté, aux points de jonction de l'épisternum et de l'épimère.

Liberté ou soudure des segments. — Les segments qui composent le corps d'un Arthropode demeurent libres, en général, dans la région postérieure; souvent ils sont fusionnés totalement ou en partie dans la région antérieure. La segmentation du corps est dite alors *hétéronome*. Ainsi la tête des Insectes et des Myriapodes, le céphalothorax des Araignées (fig. 104) résultent d'une

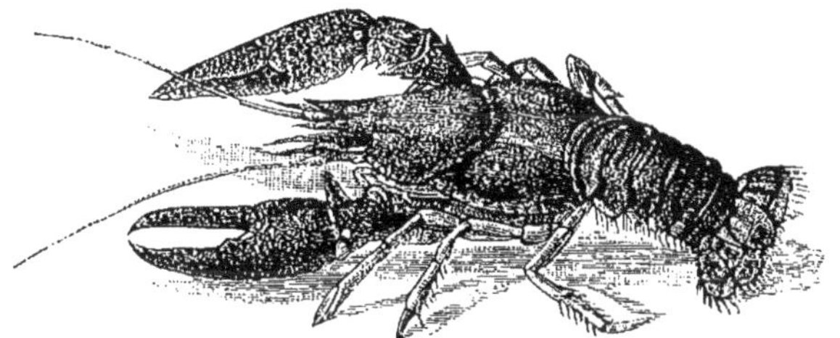

Fig. 105. — Écrevisse (*Astacus fluviatilis*).

fusion totale des segments antérieurs; la carapace dorsale de l'Écrevisse (fig. 105) est due à une soudure plus complète des pièces dorsales que des parties ventrales des anneaux antérieurs.

Différenciation des appendices articulés. —*Les appendices du corps sont tous morphologiquement équivalents;* mais en raison de

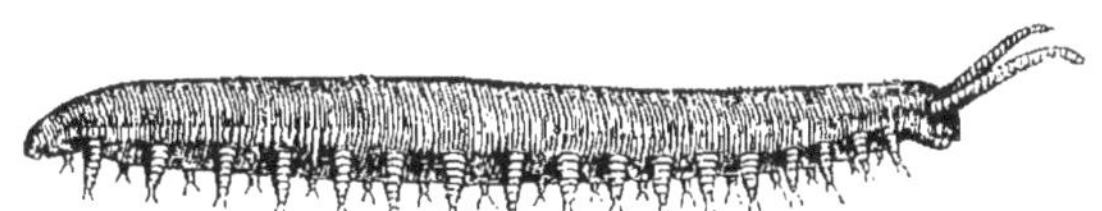

Fig. 106. — *Peripatus capensis.*

la place qu'ils occupent, au voisinage de la bouche, au milieu ou près de l'extrémité postérieure du corps, ils évoluent de manières diverses; ils s'*adaptent* à des fonctions différentes : *antennes* exploratrices; *mandibules* et *mâchoires* voisines de la bouche; *pattes locomotrices* dans la région moyenne du corps; *pattes abdominales* en arrière, affectées à la réception des œufs (Écrevisse), atrophiées souvent (Insectes, Araignées).

Avec la liberté ou la soudure des segments, avec les modifications qu'éprouvent les appendices articulés, le corps des Arthropodes présente un aspect extérieur très variable. Composé d'anneaux identiques chez les *Onychophores* (Péripate, fig. 106), ou

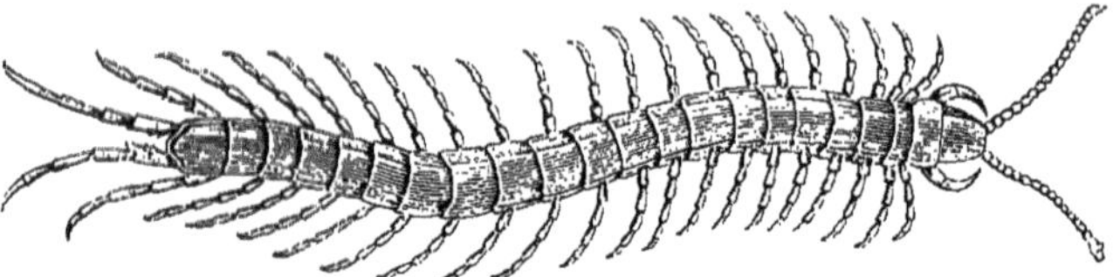

FIG. 107. — Scolopendre (*Scolopendra morsitans*).

d'anneaux à peu près identiques, abstraction faite de la tête, chez les *Branchipus*, les *Myriapodes* (Iule, Scolopendre, fig. 107), etc., le corps présente deux régions distinctes (*céphalothorax* et *abdomen*) chez les Crustacés supérieurs (Écrevisse, fig. 105) et chez les Araignées.

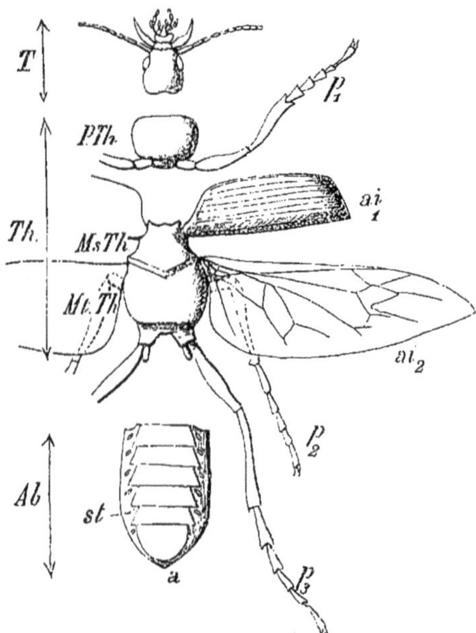

FIG. 108. — Squelette externe d'un Insecte. — *T*, tête. — *Th*, thorax : *P. Th*, *prothorax* avec la 1re paire de pattes, p_1 ; *Ms.Th*, *mésothorax* avec la 2e paire de pattes, p_2 et la 1re paire d'ailes, ai_1 ; *Mt.Th*, *métathorax* avec la 3e paire de pattes. p_3 et la 2e paire d'ailes, ai_2. — *Ab*, abdomen composé d'anneaux, chacun avec une paire de stigmates, *st* ; *a*, anus.

Les Insectes présentent le maximum de différenciation (fig. 108). Leur corps se divise nettement en 3 régions :

1° La *tête*, *T*, résultant de la soudure de 6 anneaux.

La tête porte, en effet, outre les yeux et le labre, 4 paires d'appendices : antennes, mandibules, mâchoires, maxilles soudées en une lèvre inférieure.

2° Le *thorax*, *Th*, composé de 3 anneaux distincts pourvus chacun d'une paire de pattes locomotrices.

Chez les Insectes seulement, le thorax est pourvu d'*ailes*.

3° L'*abdomen*, *Ab*, composé *typiquement* de 11 anneaux dont le nombre peut diminuer par avortement des derniers ; en général, ces anneaux ne portent pas d'appendices.

Nutrition. — La **digestion** s'accomplit dans un tube de complexité variable avec les types envisagés ; le tube digestif possède toujours une bouche antérieure et un anus situé à l'extrémité opposée du corps.

Outre la **respiration** cutanée, d'importance variable avec la mollesse des téguments, les Arthropodes respirent par des *branchies* ou par des *trachées*, suivant qu'ils habitent l'eau ou qu'ils vivent sur la terre.

Un véritable **appareil circulatoire**, *non clos toutefois*, contient du *sang* généralement incolore chargé de répartir aux organes les matières indispensables à leur entretien ; le mouvement du liquide nourricier est déterminé par les contractions d'un cœur dorsal en forme de sac ou de tube (*vaisseau dorsal*).

L'**appareil excréteur** des Arthropodes est représenté par des glandes spéciales (Crustacés), de véritables *organes segmentaires* qui s'ouvrent au dehors (Onychophores), ou par des canaux tubulaires fins, les *canaux de Malpighi*, qui dépendent de l'intestin (Trachéates).

Relation. — Les organes de relation, comme ceux de nutrition, attestent une supériorité anatomique et physiologique considérable des Arthropodes sur tous les groupes étudiés jusqu'ici.

Le *système musculaire* et le **système nerveux ganglionnaire** y atteignent un haut degré de différenciation.

Les **organes des sens** y sont plus ou moins nets : les yeux existent presque toujours ; les autres organes sont représentés d'une façon variable.

Le siège des sens de l'ouïe, de l'odorat et du goût n'est pas toujours parfaitement établi.

Reproduction. — *La plupart des Arthropodes sont unisexués*. Les organes génitaux, parfaitement différenciés, occupent des positions diverses avec les genres considérés ; la fécondation des ovules est interne.

Le **développement** des œufs est interne (femelles ovovivipares) ou externe (femelles ovipares), accompagné de *métamorphoses* le plus souvent progressives (voir T. II, fasc. 1er, pages 65 e suivantes).

La *parthénogénèse* s'observe chez quelques espèces.

Nous étudierons brièvement et séparément les diverses classes d'Arthropodes, afin d'en indiquer les caractères principaux d'une manière plus explicite.

§ 1. — BRANCHIATES

Arthropodes aquatiques respirant par des **branchies** *et pourvus d'organes excréteurs qui débouchent à la surface du corps.*

I. — MÉROSTOMACÉS

Appendices articulés non différenciés.

Ce groupe, représenté à l'époque primaire par de nombreuses formes (*Trilobites*, *Eurypterus*, etc.), ne comprend plus qu'un seul genre, *Limulus* (Crabe des Moluques), actuellement vivant dans l'océan Pacifique.

Aspect extérieur de la Limule. — Le corps (fig. 109) est divisé en 2 parties principales :

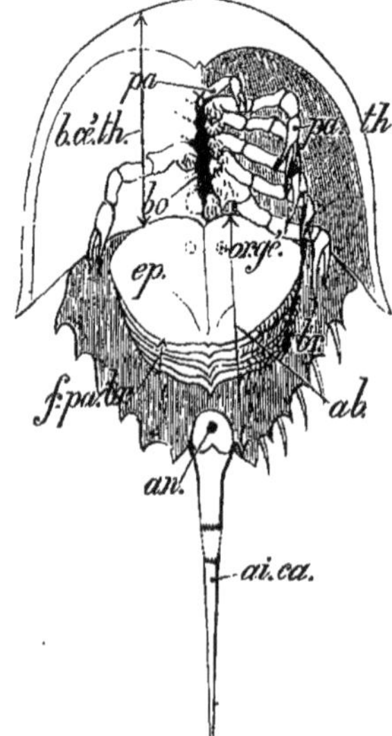

FIG. 109. — Limule (*Limulus rotundicauda*). *b.cé.th*; bouclier céphalothoracique; *ab*, abdomen ; *ai.ca*, aiguillon caudal : *pa.th*, pattes thoraciques à la base desquelles s'ouvre la bouche, *bo*; *ep*, opercule ; *f.pa.br*, feuillets branchiaux; *or.gé*, organes génitaux ; *an*, anus.

1° Un grand *bouclier céphalothoracique* portant sur la face dorsale deux yeux simples médians, et sur les côtés deux gros yeux composés; sur sa face ventrale se trouvent 6 paires d'appendices locomoteurs; l'article basilaire de chacun de ces appendices est masticateur et voisin de la bouche; l'article terminal a la forme d'une pince affectée à la préhension.

2° Un *abdomen* hexagonal dont les anneaux sont soudés, sauf le dernier (*telson*) qui constitue l'aiguillon caudal, *ai.ca.* Les appendices des anneaux abdominaux sont soudés par paires et forment 6 feuillets munis de lamelles branchiales; sur le 1er, sorte d'opercule, *ep*, sont situés les orifices génitaux, *or.gé.*

Nutrition. — Le **tube digestif** est très simple : la bouche, entourée des articles basilaires masticateurs, donne accès dans un œsophage court, puis dans un estomac antérieur ; l'intestin rectiligne et vaste aboutit à l'anus, *an*, situé à la base du telson.

Les *lamelles branchiales*, *br*, affectées à la **respiration**, reçoivent de deux sinus ventraux le **sang** qui subit l'hématose et aboutit au *cœur dorsal* par des vaisseaux branchio-péricardiques ; le cœur distribue par des artères nombreuses, aux diverses parties du corps, le sang qui tombe ensuite dans des lacunes interorganiques (sauf dans le foie où des capillaires relient les terminaisons artérielles et veineuses).

Relation. — Le **système nerveux** central, composé de 2 ganglions cérébroïdes, d'un collier œsophagien et d'une chaîne abdominale, est contenu dans un vaste sinus artériel que forment les deux crosses aortiques émises par le cœur en avant; des nerfs ophtalmiques, pédieux, abdominaux et tégumentaires s'en détachent vers les diverses régions du corps.

Deux *ocelles* et deux *yeux composés* dorsaux.

Reproduction. — *Les Limules sont unisexuées;* les organes génitaux, situés dans le céphalothorax et confondus en arrière, présentent 2 conduits en grande partie symétriques qui se courbent en arrière et débouchent à la face interne de l'opercule branchial. *Ovaires* et *testicules* sont identiques.

La ponte par les femelles et la fécondation externe des ovules par les mâles sont simultanées.

Le **développement** des œufs a lieu avec des métamorphoses; lorsque l'embryon quitte l'œuf, il est dépourvu d'aiguillon caudal et ressemble à un *Trilobite* (fig. 110); il s'enfonce dans le sable et acquiert, au bout de 6 semaines, sa forme définitive après deux mues.

1° XIPHOSURES

Corps pourvu d'un long aiguillon. *Limule* (Japon, Moluques).

2° EURYPTÉRIDÉS

Animaux fossiles primaires de grande taille avec un grand nombre de segments libres. *Eurypterus. Pterygotus.*

3° TRILOBITES

Fossiles primaires (fig. 110).

Leur corps, divisé transversalement en 3 régions, comprend : 1° un *céphalothorax* non segmenté; 2° un *abdomen* à segments libres; 3° un *postabdomen* (*pygidium*) à segments soudés, mais distincts. Le corps est aussi divisé longitudinalement en 3 lobes.

Le *céphalothorax*, généralement arrondi en avant, se prolonge souvent de chaque côté par une *pointe génale* dirigée en arrière; il présente en son milieu un renflement appelé *glabelle*, où était logé l'estomac; de part et d'autre de la glabelle sont les *joues;* deux gros *yeux* composés et saillants sont disposés de chaque côté, au bord externe d'une ligne de suture qui divise les joues en deux parties : *joue fixe* interne et *joue mobile* externe.

Certaines espèces de Trilobites, habitant les grandes profondeurs, étaient dépourvues d'yeux; chez d'autres, on trouve des ocelles entre les yeux composés.

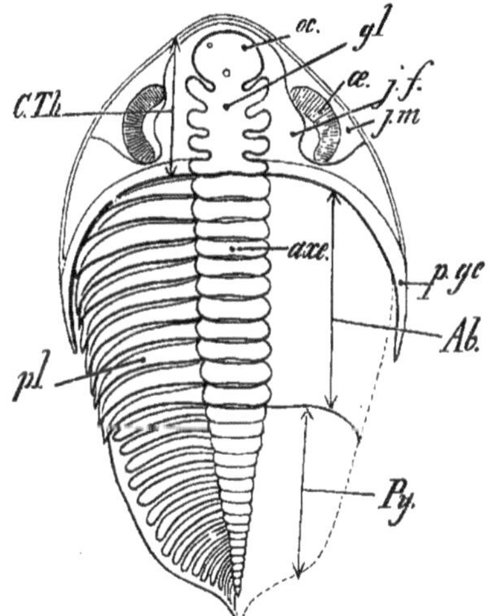

Fig. 110. — *Dalmanites Hausmannii* (Trilobite; face dorsale). *C.Th*, céphalothorax; *Ab*, abdomen; *Py*, pygidium; *gl*, glabelle; *oc*, ocelle; *j.f*, joue fixe; *j.m*, joue mobile; *œ*, œil composé; *p.gé*, pointe génale; *pl*, plèvre.

Dans l'*abdomen* se trouve un nombre d'anneaux (2 à 29) variable avec les espèces considérées; chaque anneau se compose d'un *axe* central et de *plèvres* latérales souvent munies de pointes.

Le *pygidium* est en général raccourci; les plèvres l'enveloppent plus ou moins.

Sur la face inférieure, les Trilobites étaient pourvus d'appendices céphaliques au nombre de quatre paires (pattes-mâchoires) et d'appendices locomoteurs (1 paire par anneau) sur toute la région thoracique et abdominale.

Paradoxides, *Conocephalus*, *Calymene*, *Phacops*, *Trinucleus*, etc.

II. — CRUSTACÉS

Arthropodes aquatiques, pourvus de branchies et d'appendices différenciés. Téguments recouverts ordinairement d'une couche chitineuse imprégnée de calcaire.

Ces animaux présentent un nombre considérable de formes, variées par le nombre et le développement des segments du corps, par la différenciation plus ou moins accentuée de leurs appendices. Le tableau suivant suffit à en donner un aperçu.

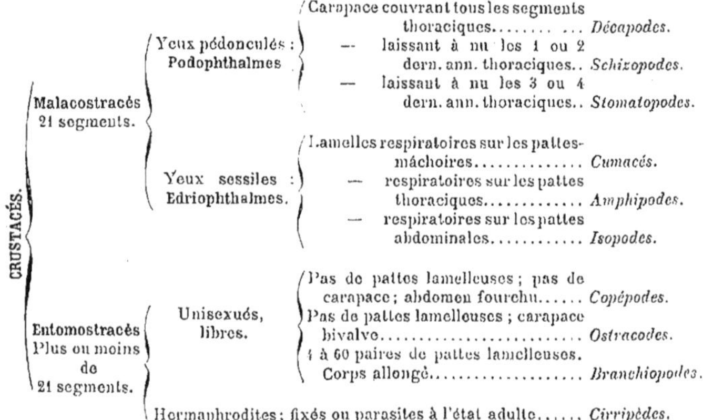

CRUSTACÉS.

- Malacostracés 21 segments.
  - Yeux pédonculés : Podophthalmes
    - Carapace couvrant tous les segments thoraciques........ ... *Décapodes.*
    - — laissant à nu les 1 ou 2 dern. ann. thoraciques.. *Schizopodes.*
    - — laissant à nu les 3 ou 4 dern. ann. thoraciques.. *Stomatopodes.*
  - Yeux sessiles : Edriophthalmes.
    - Lamelles respiratoires sur les pattes-mâchoires............. *Cumacés.*
    - — respiratoires sur les pattes thoraciques............ *Amphipodes.*
    - — respiratoires sur les pattes abdominales........... *Isopodes.*
- Entomostracés Plus ou moins de 21 segments.
  - Unisexués, libres.
    - Pas de pattes lamelleuses ; pas de carapace ; abdomen fourchu...... *Copépodes.*
    - Pas de pattes lamelleuses ; carapace bivalve......................... *Ostracodes.*
    - 4 à 60 paires de pattes lamelleuses. Corps allongé.................. *Branchiopodes.*
  - Hermaphrodites ; fixés ou parasites à l'état adulte...... *Cirripèdes.*

Morphologie générale. — Le type fondamental des Crustacés comprend 21 segments ; mais ce nombre, réalisé chez les Crustacés supérieurs (Malacostracés, fig. 105), peut être porté, chez les Entomostracés, de 9 (*Cypris*) à plus de 50 (*Apus*).

Le corps ne présente pas de segmentation chez certains parasites (*Lernée*, *Sacculine*).

La fusion plus ou moins complète de certains segments s'observe souvent, surtout à la partie antérieure du corps (céphalothorax de l'Écrevisse) ; on peut toutefois reconnaître le nombre d'anneaux coalescents en une région donnée, grâce au nombre de paires d'appendices que porte cette région.

Appendices. — Les appendices portés par les segments successifs du corps, chez l'Écrevisse ou le Homard, par exemple, sont : 1 paire d'yeux, 2 paires d'antennes, 6 paires de pièces masticatrices (1 p. de mandibules, 2 p. de mâchoires, 3 p. de pattes-mâchoires), 5 paires de pattes locomotrices, 6 paires de pattes abdominales. Le dernier segment du corps ou *telson* est réduit à une lame aplatie et médiane.

Le type général de l'appendice chez les Crustacés comprend 3 parties : le *protopodite*, *p* (fig. 111), portant à son extrémité deux branches : l'*endopodite*, *en* et l'*exopodite*, *ex* ; chacune de ces parties peut être elle-même pluri-articulée.

A cette forme générale peuvent être rapportés les appendices *thoraciques*, *abdominaux*, *masticateurs* et *préoraux*, modifiés par l'adaptation à des fonctions spéciales.

Les *Branchiopodes* possèdent des appendices à peu près tous identiques : un protopodite et un endopodite avec des lobes foliacés (affectés à la locomotion); un exopodite formé de deux pièces, l'une lamelleuse et l'autre vésiculaire (affectées à la respiration).

Les *Crustacés supérieurs* nous offrent, au contraire, des appendices variés de la plus étrange manière.

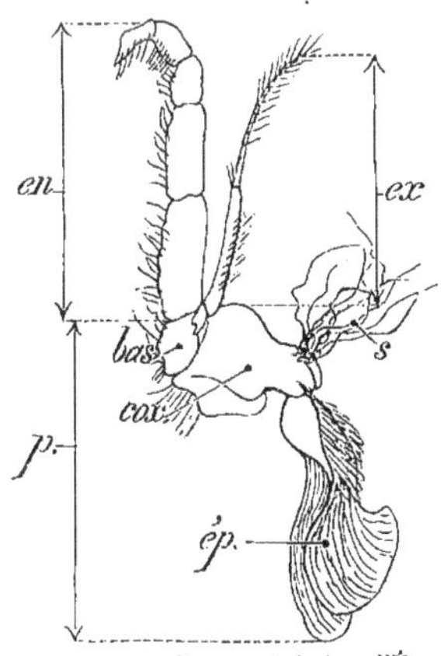

Fig. 111. — Patte-mâchoire d'Écrevisse. *p*, protopodite ; *en*, endopodite ; *ex*, exopodite ; *bas*, basipodite ; *cox*, coxopodite ; *ep*, épipodite ; *s*, soies.

Soit le Homard (fig. 112). Les pattes-mâchoires ou *maxillipèdes* (I,J,K) sont les appendices *masticateurs* les plus complets ; les trois parties fondamentales, *p*, *en*, *ex*, y sont représentées [la base du protopodite ou *coxopodite* est affectée à la mastication ; elle supporte en outre l'épipodite et des branchies]. Les autres appendices masticateurs, mâchoires (G,H) et mandibules (F), sont dépourvus d'exopodite.

Les appendices *thoraciques*, locomoteurs, n'ont pas d'exopodite ; mais l'endopodite y a subi un développement considérable et le protopodite supporte les branchies.

Parmi les appendices *abdominaux*, ceux du 20ᵉ segment sont aplatis en rames servant à la natation ; les précédents servent à porter les œufs chez les femelles ; la première paire d'appendices abdominaux est transformée en organes d'accouplement chez les mâles.

Les appendices *préoraux* sont les 2 paires *d'antennes* et les *pédoncules oculaires*. Dans chacune des antennes (D,E), on trouve les 3 parties fondamentales, *p*, *en*, *ex* ; l'endopodite et l'exopodite ont la forme de longs fouets multi-articulés, sauf l'exopodite de l'antenne postérieure (E) qui se réduit à une écaille. Le pédoncule oculaire (A) est réduit à un seul article cylindrique.

Tégument. — Les téguments des Crustacés comprennent un *épiderme* chitineux, calcifié dans un grand nombre de cas, et un *derme* conjonctif. La plus grande épaisseur de l'épiderme est occupée par une couche lamelleuse, où se déposent les incrustations ; cette couche repose sur un épithélium chitinogène profond.

Un pigment brun épidermique, qui passe au rouge par l'action des acides ou de l'eau bouillante et un pigment rouge dermique donnent sa couleur au tégument.

Nous avons vu précédemment que, en raison de l'*accroissement continu* de leur corps, les Crustacés entourés d'une enveloppe rigide doivent subir des *mues*. La mue s'opère grâce à la formation d'une nouvelle enveloppe, molle d'abord, entre l'épithélium

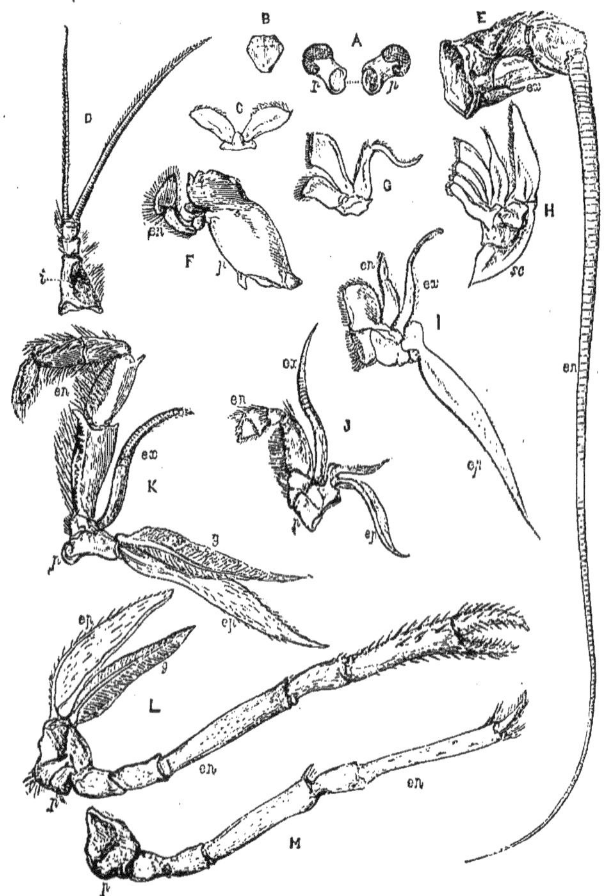

Fig. 112. — Appendices du Homard. A, yeux; B, labre; C, métastome; D, antennule; E, antenne; F, mandibule; G, H, mâchoires; I, J, K, pattes-mâchoires (*g*, branchie); L, M, etc., pattes ambulatoires; *ex*, exopodite; *en*, endopodite; *ep*, épipodite; *sc*, scaphognathite.

chitinogène et la couche lamelleuse superficielle ; l'enveloppe rigide ancienne se déchire aux points de moindre résistance et l'animal s'en dégage par de brusques secousses, soit en arrière, soit en avant, ainsi que des formations chitineuses de l'intestin.

Chez l'Écrevisse, par exemple, il se forme dans l'estomac, avant la mue, une réserve calcaire consistant en deux *gastrolithes* qui sont dissous après la mue ; cette réserve est utilisée pour l'incrustation du nouveau tégument.

Nutrition. — **Tube digestif.** — Chez les Crustacés, la bouche toujours ventrale, située entre les pièces maxillaires, donne accès dans un œsophage court, puis dans un estomac très vaste divisé en deux parties : la partie antérieure *masticatrice* est armée de pièces chitineuses ou *dents* (une médiane et deux latérales) formant une pince à trois branches qui triture les aliments sous l'action de muscles puissants ; la partie postérieure, *estomac proprement dit* ou *chambre pylorique*, reçoit la matière triturée, imbibée de sucs digestifs sécrétés par deux *glandes hépatiques* latérales très volumineuses.

Un intestin rectiligne s'étend de l'estomac à l'anus postérieur (voir fig. 70, T. I).

Les glandes hépatiques, expansions plus ou moins arborescentes de la chambre pylorique, atteignent leur développement maximum chez les Podophthalmes où elles forment un volumineux *foie* jaunâtre. Ce foie renferme deux sortes de cellules : des *cellules hépatiques*, à protoplasme coloré en jaune, et des *cellules à ferments* qui rassemblent dans une vacuole le liquide qu'elles sécrètent. Le suc digestif de la glande, alcalin et jaunâtre, digère les matières albuminoïdes, amylacées et grasses ; *il a toutes les propriétés des glandes salivaires, gastriques, pancréatique et hépatique des Mammifères.*

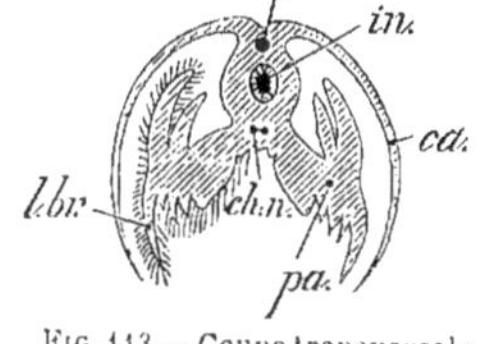

FIG. 113. — Coupe transversale du corps d'un Phyllopode. *ca*, carapace dorsale ; *c*, cœur ; *in*, intestin ; *ch.n*, chaîne nerveuse ganglionnaire ; *pa*, patte pourvue de lamelles branchiales, *l.br*.

Appareil respiratoire. — La plupart des Crustacés sont pourvus de *branchies*[1] situées au voisinage des appendices locomoteurs. Alors que, chez les Crustacés inférieurs, les appendices en partie modifiés servent à la fois de rames et d'organes respiratoires (*Branchiopodes*, fig. 113), des organes nouveaux sont affectés à la respiration chez les Crustacés supérieurs.

Ces organes forment, chez l'Écrevisse, des panaches ramifiés situés dans chaque patte thoracique : 1° sur le coxopodite (*podobranchie*) ; 2° sur la membrane d'articulation de la patte avec la paroi du corps (*arthrobranchie*) ; 3° sur la paroi même du corps (*pleurobranchie*).

La fonction de ces organes a été exposée précédemment (voir T. I, page 105, fig. 109).

Appareil circulatoire et sang. — Le sang des Crustacés, ordinairement incolore, se compose de globules amiboïdes et

1. Les *Copépodes*, les *Cirripèdes* et les *Mysis* n'en ont pas.

pourvus d'un noyau, nageant dans un plasma coagulable à l'air ; dans le plasma est en dissolution l'*hémocyanine* capable de fixer l'oxygène et de prendre alors une teinte bleuâtre. Ce liquide nourricier est contenu dans un *appareil vasculaire lacunaire*, sauf chez les Cirripèdes, les Lernéens et quelques Copépodes.

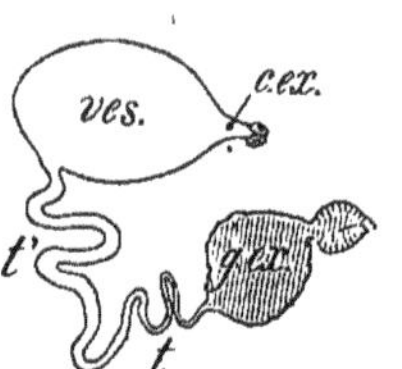

Fig. 114. — Appareil excréteur de l'Écrevisse (glande verte). *g.ex*, glande excrétrice ; *t*, tube excréteur ; *ves*, sorte de vessie ; *c.ex*, tube excréteur terminal.

L'appareil vasculaire (réduit à un cœur uniloculaire avec 2 ouvertures afférentes latérales et un orifice efférent antérieur chez les *Entomostracés*) présente une complication assez grande chez les Malacostracés (en voir la description T. I, page 151, fig. 148).

Appareil excréteur. — Les Malacostracés possèdent une paire de *glandes vertes* logées dans l'article basilaire des grandes antennes. Une glande verte, *g.ex* (fig. 114), constituée par un grand nombre de culs-de-sac, est pourvue d'un canal excréteur, *t.t*, pelotonné, puis renflé en une sorte de vessie, *ves*, d'où part un tube terminal, *c.ex* ; l'orifice de ce tube est situé sur l'article basilaire de la grande antenne.

Le liquide excrété par ces glandes contient de la guanine.

Chez la plupart des Entomostracés, on trouve des *glandes du test* qui débouchent au voisinage des mâchoires.

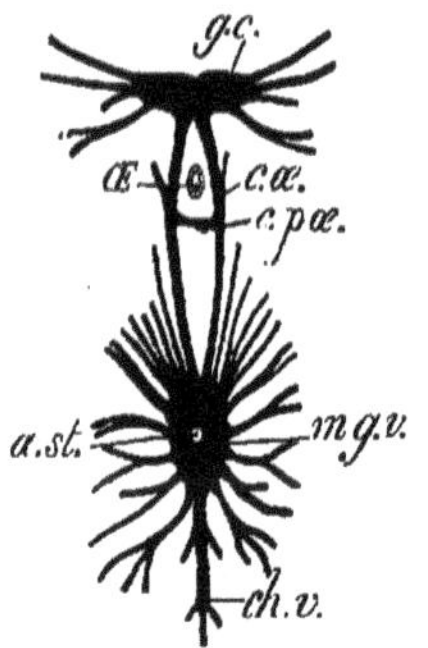

Fig. 115. — Système nerveux du Crabe (*Carcinus mænas*). *g.c*, ganglions cérébroïdes ; *c.œ*, collier œsophagien (*œ*, œsophage); *c.p.œ*, commissure sous-œsophagienne ; *m.g.v*, masse ganglionnaire ventrale ; *a.st*, artère sternale ; *ch.v*, chaîne ventrale.

Relation. — Système nerveux. — Les Crustacés présentent un système nerveux ganglionnaire (voir T. I, page 322, fig. 306) se rapprochant d'autant plus du type ancestral des Arthropodes que les animaux considérés sont moins élevés en organisation (*Apus*, *Copépodes*, *Cirripèdes*). Chez les Crustacés supérieurs, une certaine *différenciation* se manifeste dans les ganglions cérébroïdes, et les ganglions thoraciques et abdominaux deviennent plus ou moins coalescents suivant les cas; cette coalescence a été mentionnée déjà chez l'Écrevisse (voir T. I, page 324, fig. 306, *F*) ; elle atteint son maximum dans le Crabe (fig. 115) et autres Crustacés *Brachyures* où l'abdomen est excessivement réduit.

Organes des sens. — Les organes du toucher et de l'odorat consistent en des poils différant comme aspect et comme position, situés sur les antennules.

Les *organes tactiles*, *p.ta* (fig. 116, B), consistent en poils ramifiés à leur extrémité ; les *poils olfactifs*, *p.olf*, sont de petites bouteilles chitineuses avec une cellule sensorielle médiane. Les *organes du goût* sont encore mal connus.

Les *organes auditifs*, *v.au* (A), consistent en *otocystes* dont chacun est placé dans l'article basilaire de l'antennule. L'otocyste, fermé chez le Homard, renferme des otolithes ; ouvert chez l'Écrevisse, il contient de petits grains de sable.

Quant aux yeux, le plus souvent pairs, à facettes chez les Malacostracés, ils présentent une grande analogie avec ceux des Insectes (voir T. I, page 266, fig. 265); ils sont pédonculés (Podophthalmes) ou sessiles (Édriophthalmes).

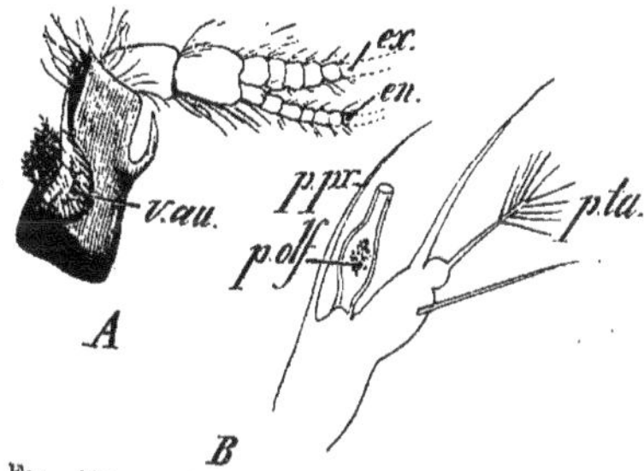

FIG. 116. — Organes des sens chez les Crustacés. A : antennule d'Écrevisse vue du côté interne; *ex*, exopodite ; *en*, endopodite ; *v.au*, vésicule auditive. — B ; antennule d'*Asellus aquaticus* à son extrémité ; *p.ta*, poils tactiles ; *p.olf*, poils olfactifs protégés par les soies, *p.pr*.

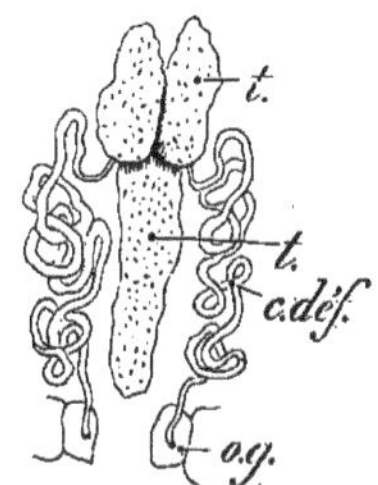

FIG. 117. — Organes génitaux mâles de l'Écrevisse. *t*, testicules ; *c.déf*, canaux déférents ; *o.g*, orifices génitaux.

Les Crustacés parasites et quelques animaux des grandes profondeurs sont parfois aveugles.

Des filets nerveux aboutissent aux poils et aux organes du tact, de l'olfaction et de l'audition ; des nerfs spéciaux desservent les yeux.

Reproduction[1]. — Sauf chez les Cirripèdes, hermaphrodites parce qu'ils sont fixés et ne pourraient se féconder mutuellement, *tous les Crustacés sont unisexués.*

La glande génitale est à peu près identique dans les deux sexes. Le plus généralement unique et médian (Écrevisse), placé dans le thorax au-dessous du cœur, le *testicule*, *t*, présente 2 lobes latéraux d'où partent des conduits distincts (fig. 117). Les *oviductes*, courts et larges, débouchent dans l'article basilaire de la 3e paire de pattes thoraciques ; les canaux déférents s'ouvrent à la base de la 5e paire. La 1re paire abdominale du mâle est souvent transformée en organes de copulation.

1. Les spermatozoïdes, doués de mouvements amiboïdes très lents, doivent être apportés par le mâle au contact des œufs.

Parfois les œufs fécondés sont recueillis par la femelle dans des poches (*Cyclops*) ou des lamelles foliacées incubatrices (Cloporte).

Le **développement** des œufs se fait avec des métamorphoses plus ou moins nombreuses, en rapport avec l'accélération embryogénique. La forme larvaire fondamentale est le *Nauplius* d'où dérivent les formes *Protozoé*, *Zoé*, *Mégalope*., etc.

Il est inutile de revenir sur ce sujet traité dans le 1er fascicule du T. II, pages 74, 109-113.

A. MALACOSTRACÉS

Corps composé de 21 segments.

1° PODOPHTHALMES

Yeux supportés par des pédoncules mobiles. Carapace recouvrant la plus grande partie du thorax.

1. **Décapodes**. — *5 paires de pattes thoraciques locomotrices, précédées de 3 paires de pattes-mâchoires.*

Brachyures. — Décapodes à *abdomen réduit* et replié sous le céphalothorax.

Fig. 118. — *Pinnotheres veterum.*

Connus vulgairement sous le nom de Crabes, ces animaux ont un céphalothorax très développé autour duquel rayonnent les 5 paires de pattes thoraciques; la première paire, seule pourvue de pinces didactyles, est incurvée en avant; les pédoncules oculaires sont courts, les antennes peu saillantes.

Très communs sur les côtes dans les anfractuosités des rochers, les Crabes comestibles sont l'objet d'une pêche active.

(a). *Carapace quadrangulaire, à bord frontal presque rectiligne.*

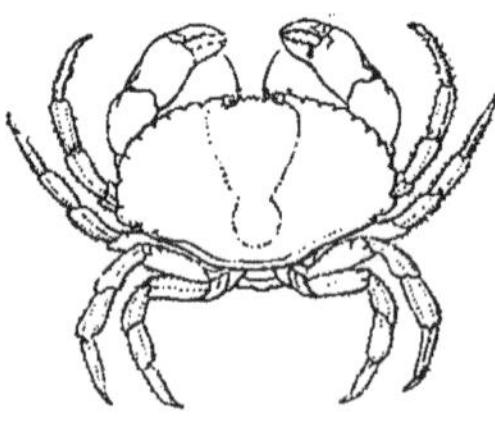

Fig. 119. — *Cancer pagurus.*

Gecarcinus (Crabe terrestre); carapace bombée sous laquelle il met en réserve une grande quantité d'eau lui permettant de vivre à terre; lieux humides. Antilles.

Pinnotheres (fig. 118); très petit, à carapace molle; vit entre les lobes du manteau chez les Moules et autres Mollusques acéphales.

(b). *Carapace à bord frontal arqué.*

Cancer. *C. Pagurus* ou Crabe Tourteau (fig. 119); atteint une grande taille; recherché des gourmets pour le volume et la délicatesse de son foie. — *Carcinus.*

C. mœnas; Crabe commun ou Crabe enragé (fig. 120); moins estimé que le précédent. — *Portunus. P. puber* ou Étrille (fig. 121); petit Crabe nageur comestible. Rochers de l'Océan.

(c). *Carapace triangulaire.*

Maïa (fig. 122). *M. squinado* ou Araignée de mer; commune sur nos côtes; grande espèce comestible dont la carapace est couverte de piquants.

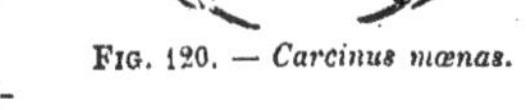

Fig. 120. — *Carcinus mœnas.*

Macroures. — Décapodes à céphalothorax cylindrique, pourvus d'un abdomen allongé et non replié.

Tandis que les Brachyures sont surtout marcheurs, les Macroures sont d'excellents nageurs pour la plupart.

(a). *Carapace d'épaisseur moyenne; 2es antennes avec une écaille.*

Astacus. A. fluviatilis ou Écrevisse (fig. 123); dernier segment thoracique mobile.

L'Écrevisse vit dans les eaux douces, courantes et limpides. Il en existe deux variétés comestibles : l'une, à pattes rouges, plus estimée que l'autre dont les pattes sont blanches. Lors de la ponte des œufs, la femelle les recueille sur ses

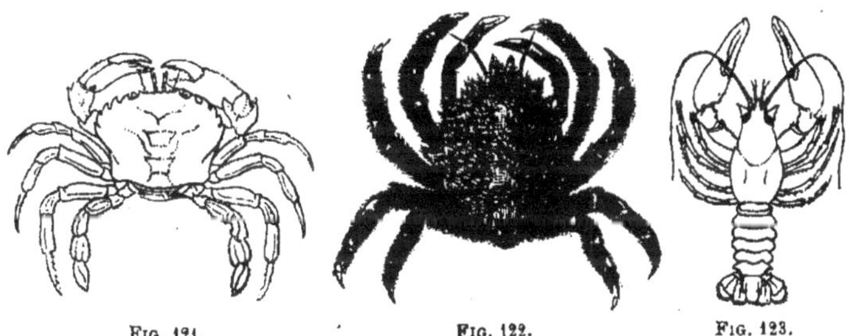

Fig. 121. *Portunus puber.* — Fig. 122. *Maia verrucosa.* — Fig. 123. *Astacus fluviatilis.*

appendices abdominaux ; les métamorphoses s'accomplissent toutes dans l'œuf. Les jeunes Écrevisses éclosent donc sous la forme adulte ; elles subissent 8 mues la première année, 5 mues la 2e année, 2 ou 3 la 3e année ; elles muent de plus en plus rarement ensuite.

Depuis quelques années, les belles Écrevisses de la Meuse et de l'est de la France ont été atteintes par une maladie encore inconnue qui cause la perte d'un grand nombre de ces Crustacés.

Homarus. H. vulgaris ou Homard commun (fig. 108, T. I); dernier segment thoracique soudé.

Le Homard vit dans l'Océan et la Méditerranée; il a une chair délicate; aussi les pêcheurs en livrent-ils des millions chaque année à la consommation. Il y aurait intérêt à établir sur nos côtes des aquariums de culture pour assurer le repeuplement.

Palæmon. P. serratus (Crevette rose, Bouquet, fig. 124); plus grande que *P. squilla* ou Salicoque; mandibules bifides et long rostre denté en scie. — *Crangon. C. vulgaris* ou Crevette grise (fig. 7); mandibules simples et rostre non denté.

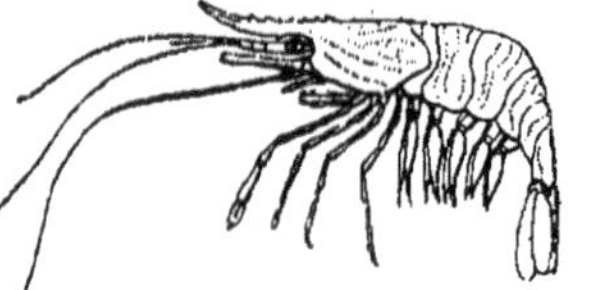

FIG. 124. — *Palæmon serratus.*

Les Crevettes sont comestibles, mais la Crevette rose est plus estimée que la grise ; elles sont abondantes sur nos côtes de la Manche et de l'Océan.

(b). *Carapace très épaisse ; 2es antennes sans écaille.*

Palinurus. P. vulgaris ou Langouste; très estimée pour la table; vit sur les côtes de France. Une carapace épineuse et très dure la protège efficacement sur les côtes rocailleuses qu'elle affectionne; grandes antennes très longues; la première paire de pattes thoraciques (*pinces*) demeure petite, tandis que chez le Homard elle atteint d'énormes dimensions. Forme larvaire : *Phyllosome.*

Galathea; carapace aplatie, non épineuse ; côtes de France.

(c). *Abdomen mou et asymétrique.*

Pagurus. P. Bernhardus ou Bernard l'ermite; habite les coquilles de Gastéropodes (Buccin), car son abdomen mou se déchire contre les roches et tente l'appétit des animaux carnassiers; souvent il vit en société avec *Sagartia parasitica,* Actinie qui paraît se nourrir des reliefs du Bernard l'ermite.

L'asymétrie des pattes locomotrices et de l'abdomen du Pagure, l'avortement des pattes abdominales, etc, sont les conséquences du mode de vie sédentaire adopté par l'animal dans les coquilles abandonnées.

2° **Schizopodes.** — *Podophthalmes dont la carapace laisse à nu 1 ou 2 anneaux thoraciques. Pattes thoraciques semblables aux pattes-mâchoires et formant avec elles 8 paires de pattes locomotrices.*

Mysis; pas de branchies sur les pattes thoraciques; grande carapace mince non calcaire; dernier segment abdominal terminé en pointe bifide.

3° **Stomatopodes.** — *Carapace molle laissant à découvert les 3 derniers segments thoraciques ; 5 paires de pattes-mâchoires terminées par une main* (la seconde paire forme deux puissantes pinces ravisseuses); 3 *paires de pattes locomotrices biramées. Branchies flottantes suspendues aux 5 premières paires de pattes abdominales.*

Squilla. S. mantis (fig. 125). Joli Crustacé semi-transparent, d'un vert tendre avec des teintes rosées; belles houppes branchiales abdominales. La femelle dépose ses œufs dans les trous qu'elle habite. Méditerranée.

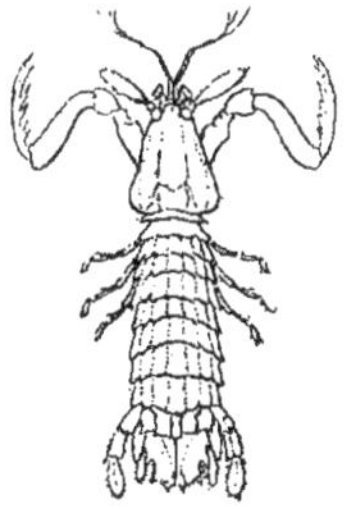

Fig. 125. — *Squilla mantis.*

2° EDRIOPHTHALMES

Yeux sessiles ou faiblement pédonculés. Carapace nulle ou recouvrant incomplètement les segments thoraciques.

Une paire de pattes-mâchoires; 7 paires de pattes locomotrices.

1° **Cumacés**. — *Branchies portées par les pattes-mâchoires.*

Cuma; petit Crustacé vivant au fond de la mer.

2° **Amphipodes**. — *Lames branchiales portées par les pattes thoraciques. Corps comprimé latéralement.*

Hypérines. — Grande tête et gros yeux; abdomen bien développé. Vivent en parasites dans le corps des Méduses et des Pyrosomes.

Hyperia (fig. 126). — *Phronima.*

Crevettines. — Petite tête et petits yeux; abdomen bien développé.

Gammarus. G. fluviatilis ou Crevettine des ruisseaux et *G. pulex* ou Crevettine puce; vivent communément dans les eaux douces courantes, où elles *nagent* plutôt qu'elles ne sautent. Quelques

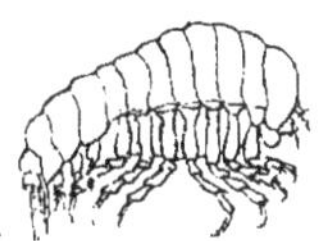

Fig. 126. *Hyperia Latreillei.*

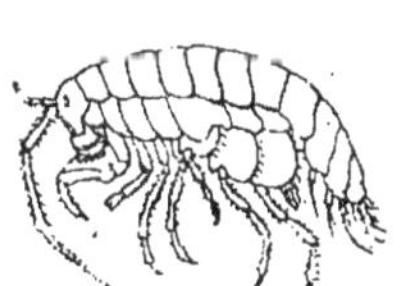

Fig. 127. *Talitrus saltator.*

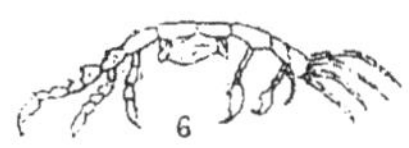

Fig. 128. *Caprella linearis.*

espèces marines. — *Talitrus. T. saltator* ou Puce de mer (fig. 127), s'enfonce dans le sable fin des bords de la mer et *saute* admirablement, grâce à une adaptation des 3 dernières paires de pattes abdominales.

Lémodipodes. — Tête petite; abdomen rudimentaire.

Cyamus. C. ceti ou Pou de Baleine; corps large; pattes fortes armées de crochets; vit en parasite sur les Cétacés. — *Caprella* (fig. 128); corps filiforme; vit en liberté parmi les Algues.

3° **Isopodes.** — *Lames branchiales portées par les pattes abdominales foliacées. Corps aplati.*

Euisopodes. — Segments thoraciques libres.

Oniscus (Cloporte); vit dans les caves et autres lieux humides. — *Porcellio* (fig. 129). — *Ligia;* grand Cloporte abondant dans les anfractuosités des rochers au bord de la mer. — *Bopyrus;* parasite sous la carapace des Crevettes.

Fig. 129. *Porcellio granulatus.*

Le *Bopyrus* présente un dimorphisme sexuel remarquable : la femelle, dont le corps est asymétrique et non segmenté, est pourvue de lamelles incubatrices ; le mâle, beaucoup plus petit, vit caché sous la femelle.

Anisopodes. — Les pattes abdominales sont biramées, mais non affectées à la respiration. Carapace plus ou moins étendue sous laquelle circule l'eau.

Anceus; mâles libres dans la vase; femelles allongées, parasites sur les Poissons.

B. ENTOMOSTRACÉS

Corps composé d'un nombre variable de segments.

1° ENTOMOSTRACÉS UNISEXUÉS

1° **Copépodes.**—*Carapace rudimentaire ou nulle, jamais calcifiée. Abdomen réduit et fourchu. Pas de branchies.*

Ces Crustacés de petite taille présentent 2 paires d'antennes affectées à la natation; la première paire est particulièrement développée. Les femelles portent toujours, de part et d'autre de l'abdomen, deux *sacs ovigères* allongés. Le mâle est plus petit que la femelle; ses antennes sont souvent terminées en crochet.

Chez la plupart des formes parasites, le dimorphisme sexuel est poussé beaucoup plus loin : les mâles, très petits, véritables *pygmées*, vivent en parasites sur les femelles au voisinage des orifices génitaux (*Chondracanthus*).

Les Copépodes éclosent sous la forme *Nauplius* dont ils conservent l'œil impair à l'état adulte.

Copépodes libres. — *Pièces buccales masticatrices.*

Tous les segments du corps régulièrement développés.

Cyclops (Cyclope, fig. 130); doit son nom à son œil frontal unique.

Ce genre présente de nombreuses espèces, très petites et communes dans les eaux douces.

Copépodes parasites. — *Pièces buccales modifiées pour la succion.* Abdomen très réduit : *Chondracanthus;* lèvres non soudées en trompe. Mâles nains.

Trompe bien développée; sacs ovigères très longs :

Caligus (Calige, fig. 131); corps aplati, antennes munies de ventouses; parasite sur le Môle, les Squales, etc. — *Lernæa* (Lernée); tête renflée avec 2 antennes préhensiles; parasite sur les Gades.

Le genre *Argulus* forme le sous-ordre des **Branchiures**, avec un abdomen court et bilobé, 2 paires de pattes-mâchoires, dont la paire antérieure forme deux ventouses, 4 paires de pattes bifurquées, un appareil buccal transformé en suçoir; parasite sur la Carpe.

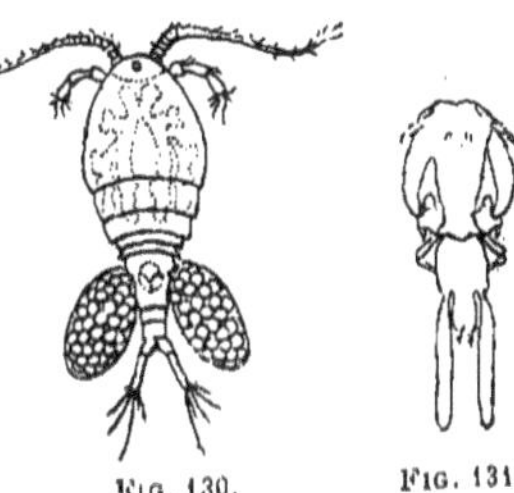

Fig. 130. *Cyclops quadricornis*. Fig. 131. *Caligus rapax*.

2° **Ostracodes.** — *Carapace bivalve. Abdomen presque nul. Pas de branchies.*

Animaux très petits vivant les uns dans les eaux douces, les autres dans la mer. 2 paires d'antennes affectées à la locomotion.

Cypris (Pou d'eau, fig. 132); carapace mince ; eaux douces. — *Cythere;* carapace dure; vit dans la mer.

3° **Branchiopodes.** — *Pattes pourvues de rames lamelleuses multilobées servant à la respiration.*

Crustacés les plus rapprochés du type ancestral. Nombre des segments variable (5 chez les *Daphnies*, 60 et plus chez l'*Apus*).

La parthénogénèse est commune chez les Branchiopodes; les mâles sont extrêmement rares et les femelles meurent avant d'avoir été fécondées pour la plupart. Chez les Daphnies, les mâles sont plus communs, mais ils apparaissent assez tard dans la saison, alors que les femelles ont déjà pondu des *œufs d'été* petits, à coque mince, qui se développent sans fécondation; les *œufs d'hiver* qu'elles pondent ensuite sont gros, à coque épaisse et ne peuvent se développer s'ils n'ont été fécondés. Les œufs résistent à la sécheresse pendant longtemps; ainsi explique-t-on l'apparition d'*Apus* ou de *Branchipus* après la pluie, dans des mares depuis longtemps desséchées.

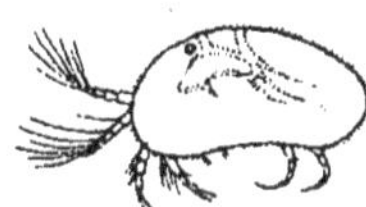

Fig. 132. — *Cypris ornata.*

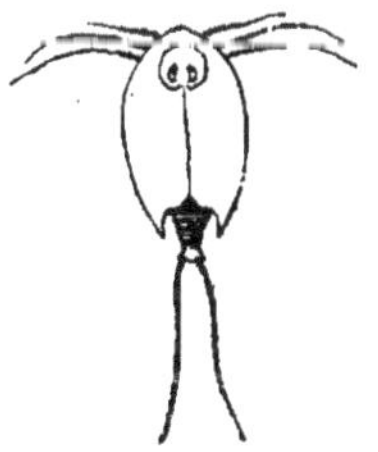

Fig. 133. — *Apus cancriformis.*

Phyllopodes. — Corps grand; pattes nombreuses; antennes non natatoires.

Branchipus; corps nu, allongé; vit dans les flaques d'eau douce au printemps. — *Apus. A. cancriformis* (fig. 133); grande carapace céphalothoracique molle; vit dans les eaux douces.

Cladocères. — Très petits; pattes peu nombreuses; antennes natatoires.

Daphnia. D. pulex ou Puce d'eau; très commune dans les eaux douces, les aquariums, etc.

2° ENTOMOSTRACÉS HERMAPHRODITES

1° ***Cirripèdes.*** — *Fixés ou parasites à l'état adulte; les premiers sont enfermés dans un repli du tégument* (manteau) *contenant des*

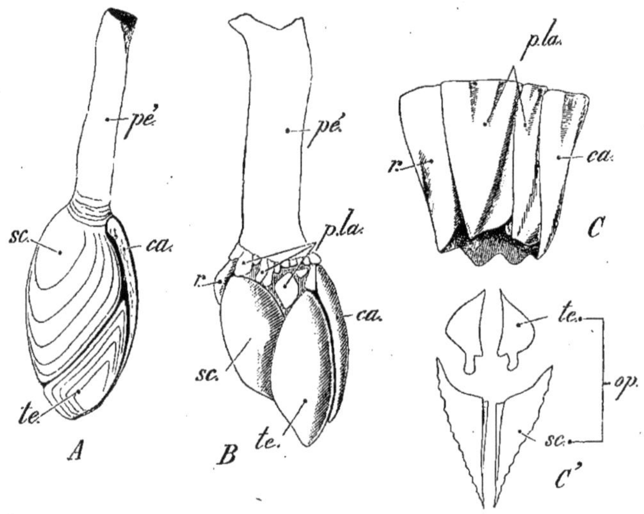

Fig. 134. — A. Anatife (*Lepas anatifera*). — B. *Pollicipes*. — C. Balane (*Balanus*). *pé*, pédoncule; *ca*, carène dorsale; *sc*, scuta; *te*, terga; *p.la*, pièces latérales : *r*, rostre. — C'. Opercule de la Balane.

plaques calcaires; ils possèdent 6 paires de pattes bifurquées et multiarticulées (cirres).

Corps pédonculé.

Lepas. L. anatifera ou Anatife (fig. 134, A). — *Pollicipes* (B).

Corps sessile.

Balanus (Balane, fig. 134, C).

Considérés longtemps comme des Mollusques à cause de leur carapace calcaire, ces animaux sont de véritables Arthropodes par leurs pattes articulées et des Crustacés par leur forme larvaire primitive (Nauplius).

L'Anatife, par exemple, présente deux parties distinctes :

1° Un *pédoncule, pé* (fig. 134, A), allongé et mou, formé par le développement de l'extrémité céphalique; il contient l'ovaire; une cuticule lisse le recouvre.

2° Un *capuchon* conique, fendu sur la face ventrale et revêtu de 5 pièces calcaires : une *carène* dorsale, *ca*; deux *scuta*, *sc*, protégeant la tête et le thorax; deux *terga*, *te*, situés au-dessous, entre lesquels font saillie les pattes articulées.

Chez les *Pollicipes*, un certain nombre de pièces calcaires, *p. la* (B), apparaissent au bord supérieur du capuchon ; les mêmes pièces atteignent un développement considérable chez les Balanes qui en sont revêtues latéralement ; les *scuta* et *terga* forment l'opercule, *op* (C').

Le capuchon renferme le corps proprement dit qui y est comme suspendu : la tête volumineuse, avec une bouche ventrale, se prolonge en haut par le pédoncule ; au thorax, qui porte 6 paires de pattes biramées, fait suite un abdomen rudimentaire sur lequel on remarque l'anus.

La respiration est cutanée ; l'appareil circulatoire est imparfaitement connu.

Le système nerveux ganglionnaire, qui comprend, outre les ganglions cérébroïdes, cinq paires de ganglions abdominaux chez l'Anatife, ne renferme plus qu'une masse ventrale unique chez les Balanes. Un œil, simple en apparence mais possédant deux cristallins, est situé sur l'estomac.

2° **Kentrogonides** [**Rhizocéphales**]. — *Corps non segmenté, pourvu d'un pédicule avec des prolongements radiciformes. Ni pièces calcaires, ni pattes articulées, ni tube digestif.*

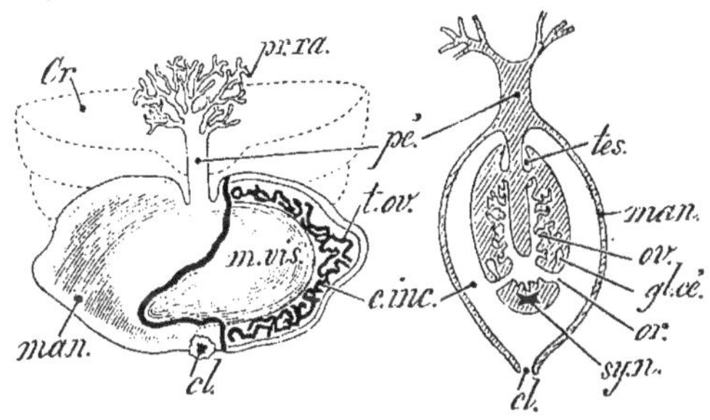

Fig. 135. — Sacculine (*Sacculina*). A gauche, vue de face ; le manteau, *man*, est coupé en partie ; à droite, section du corps par un plan antéro-postérieur médian (plan de symétrie). *pé*, pédicule avec ses prolongements radiciformes qui ont envahi les tissus du Crabe, *Cr.* *m.vis*, masse viscérale ; *t.ov*, tubes ovifères contenus dans la cavité incubatrice, *c.inc* ; *cl*, cloaque ; *tes*, testicule ; *ov*, ovaire ; *gl.cé*, glande cémentaire ; *or*, orifice de sortie des tubes ovifères dans la cavité incubatrice ; *sy n*, ganglion nerveux.

Sacculina (Sacculine, fig. 135) ; parasite fixé sur la face ventrale des Crabes. — *Peltogaster* ; parasite des Pagures.

La Sacculine, fixée sous l'abdomen du *Carcinus mænas*, est constituée par une masse ovoïde jaunâtre (violette au moment de la ponte) ; cette masse présente un *manteau* extérieur, *man*, entourant une *cavité incubatrice*, *c. inc.*, dans laquelle est suspendue la *masse viscérale*, *m. vis*. Un pédicule court, *pé*, relie le corps de la Sacculine à l'abdomen du Crabe, *Cr*, où se ramifient une foule de tubes creux, les *prolongements radiciformes* du pédicule *pr. ra*, fermés en cul-de-sac à leur extrémité. La masse viscérale est presque entièrement formée de l'ovaire, *ov*, dont les ovules sont fécondés dans l'ovaire même par les spermatozoïdes qu'émettent deux petits testicules, *tes* ; les œufs sont expulsés dans la cavité incubatrice enveloppés de tubes chitineux (*tubes ovifères*, *t. ov*) où ils subissent la première partie de leur développement. Ils éclosent au stade *Nauplius*, adoptent la forme *Cypris* (et se fixent aux poils des pattes du Crabe qui les nourrira), puis la forme *Kentrogone* : c'est à ce stade que la larve, après une mue, transperce à l'aide d'un *dard* creux la membrane molle de la base du poil qui la soutient et s'inocule entièrement à son hôte.

Le parasite (endoparasite) émet ses prolongements radiciformes dans les organes du Crabe infesté ; au bout de 18 mois, il rompt en un point les téguments abdominaux du Crabe, devient en partie externe et grossit rapidement aux dépens de son hôte.

Les **Pantopodes** ou **Pygnogonides** constituent un petit groupe d'Arthropodes marins, dépourvus de branchies; leur corps est composé de 5 segments (fig. 136) : le 1er segment est pourvu d'un rostre et de 2 à 4 paires de membres ayant subi une régression variable; les segments suivants, sauf le dernier, possèdent chacun une paire de membres dans lesquels pénètrent des prolongements de l'estomac.

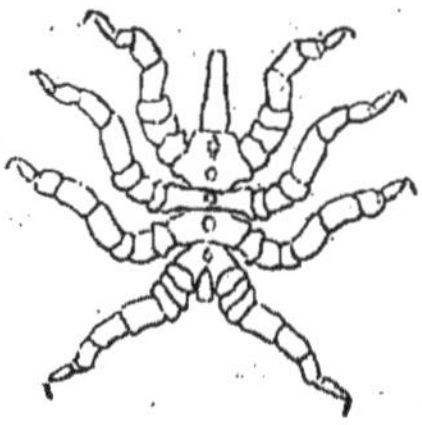

Fig. 136. *Pygnogonum littorale.*

Tous de petite taille, les Pygnogonides vivent dans la mer; quelques espèces habitent à de grandes profondeurs (3 000 mètres).

§ 2. — TRACHÉATES

Arthropodes terrestres respirant par des **trachées** *dont les orifices (stigmates) sont disposés en deux rangées symétriques. Organes excréteurs consistant en tubes de Malpighi qui débouchent dans l'intestin, sauf chez les Onychophores.*

I. — ARACHNIDES

Corps généralement divisé en deux régions : le céphalothorax et l'abdomen; le céphalothorax porte 6 paires d'appendices : les deux paires antérieures préhensiles, les 4 autres paires locomotrices.

Arachnides	Appareil respiratoire spécial.	Abdomen segmenté	....	*Arthrogastres.*
		Abdomen non segmenté	distinct du céphalothorax.......	*Aranéides.*
			confondu avec le céphalothorax.	*Acariens.*
	Respiration cutanée.	Unisexués. Corps vermiforme	....	*Linguatulides.*
		Hermaphrodites	....	*Tardigrades.*

Morphologie générale. — Les *Scorpions* (Arthrogastres) sont les Arachnides les plus rapprochés des Crustacés par l'aspect

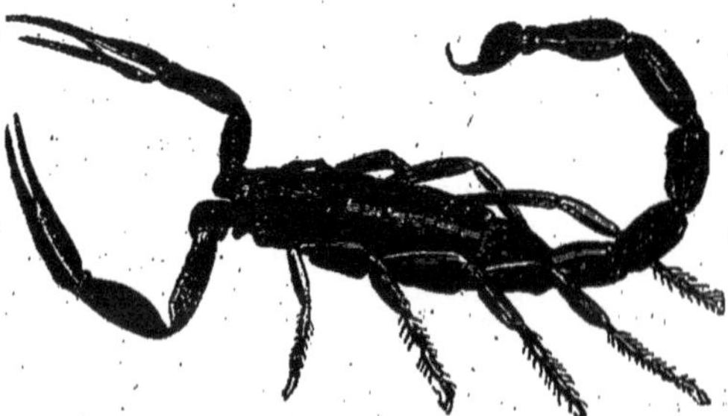

Fig. 137. — Scorpion.

général de leur corps (et aussi les Arthropodes aériens les plus anciens, tout au moins d'après les connaissances paléontologiques actuelles). Ces animaux sont composés d'un *céphalothorax* portant tous les appendices préhensiles et locomoteurs et d'un *abdomen* avec 12 segments : les 7 segments antérieurs larges et aplatis

Fig. 138. — *Thelyphonus caudatus.*

forment l'*abdomen proprement dit;* les 5 autres prismatiques constituent le *postabdomen* terminé par un aiguillon venimeux (fig. 137).

Chez les *Thélyphones* (fig. 138), le postabdomen est réduit à un long filament articulé; ce fouet disparaît chez les *Phrynes* dont l'abdomen segmenté est encore assez largement soudé au céphalothorax.

Fig. 139. — *Mygale.*

Chez les *Araignées* (fig. 139), l'abdomen a perdu toute trace de segmentation; il est brusquement séparé du céphalothorax par un étranglement.

Les *Acariens* (fig. 140)

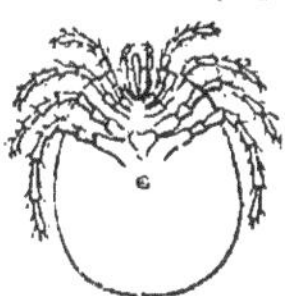

Fig. 140. — *Hydrachna globosa.*

présentent le maximum de différenciation par la fusion du céphalothorax et de l'abdomen en une masse unique.

Appendices. — Au nombre de 6 paires, les appendices des Arachnides se décomposent en :

1 paire de *chélicères* (pinces didactyles ou griffes);

1 paire de pattes-mâchoires ou *maxillipèdes:*

4 paires de pattes locomotrices.

Les *chélicères*, *ch* (fig. 306, E, T. I) sont des pinces didactyles chez les Arthrogastres (Scorpions); elles consistent, chez les autres Arachnides (fig. 141, A), en griffes parfois pourvues d'une glande à venin (*Epeira*, B).

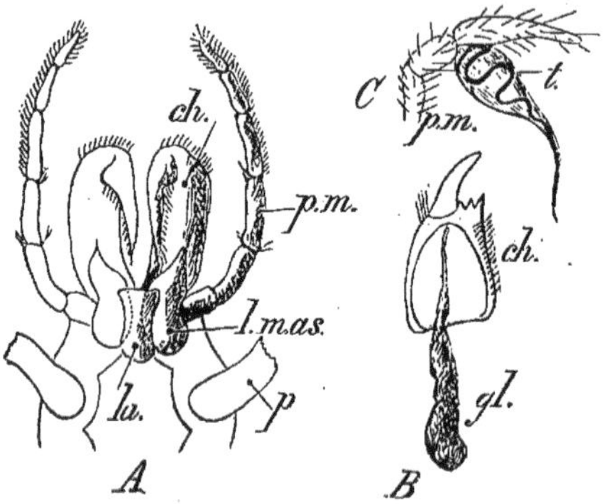

Fig. 141. — A. Chélicère et maxillipède d'Araignée. *ch*, chélicère ; *l.mas*, lame masticatrice ; *p.m*, palpe maxillaire; *p*, patte. — B. Chélicère d'*Epeira diademata*; *gl*, glande à venin. — C. Palpe maxillaire de *Segestria*.

Les *maxillipèdes*, *p.m*, atteignent leur développement maximum chez les Arthrogastres où il consistent en bras robustes, allongés (Scorpion, *p.m*, fig. 306, T. I. E et fig. 137), terminés par une pince didactyle ou par une griffe plus ou moins forte. A leur base se trouve une lame masticatrice, *l.mas*. Ces appendices sont plus réduits chez les Araignées, transformés en appareil de succion chez nombre d'Acariens, absents chez les Linguatules.

Les pattes locomotrices multiarticulées ne présentent rien de particulier, sauf chez les Phrynes où la première paire a la forme d'antennes; les Linguatules en sont totalement dépourvues.

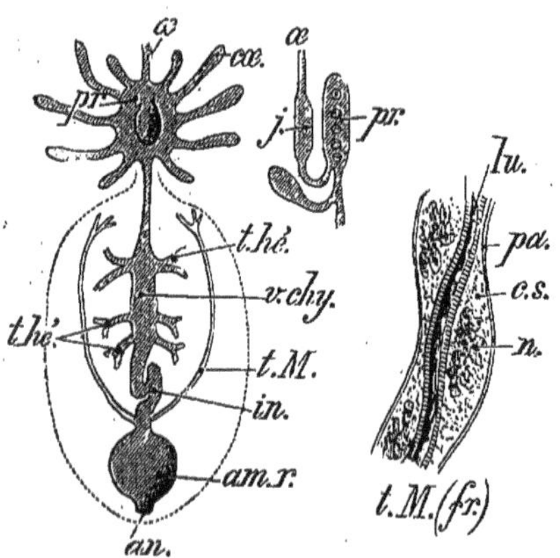

Fig. 142. — Tube digestif de Mygale. — *œ*, œsophage; *j*, jabot; *pr*, proventricule avec les cæcums latéraux, *cæ*; *v.chy*, ventricule chylifique où débouchent les tubes hépatiques, *t.hé*; *in*, intestin; *t.M*, tubes de Malpighi; *am.r*, ampoule rectale; *an*, anus. — *t.M* (*fr.*), fragment d'un tube de Malpighi qui en montre la lumière, *lu*, la paroi, *pa*, les cellules sécrétrices, *c.s* avec leurs noyaux irréguliers, *n*. (La figure du milieu montre la portion antérieure du tube digestif vue de profil.)

Nutrition. — **Tube digestif**. — Il consiste en une bouche ventrale et un œsophage court qui s'ouvre dans un *proventricule* thoracique, *pr* (fig. 142) ; celui-ci émet des prolongements ou *cæcums* latéraux, *cæ* (sauf chez les Phrynes et les Scorpions); il se continue dans l'abdomen par le *ventricule chylifique*, *v.chy*, puis par un intestin plus ou moins enroulé, *in*, que termine une vaste *ampoule rectale*, *am.r*; l'anus, *an*, est situé à l'extrémité du corps.

Le ventricule chylifique est un véritable estomac chimique ; un foie volumineux y déverse le produit de sa sécrétion par 4 paires de canaux latéraux, *t.hé*.

Les *glandes salivaires* modifiées, situées de chaque côté de l'œsophage, sécrètent un venin qui s'écoule à l'extrémité des chélicères (*Epeira*, fig. 141, B).

Appareil respiratoire. — Le Scorpion possède 4 paires d'organes appelés improprement *poumons*, *po* (fig. 306, E, T. I) ; ces organes sont situés sur la surface ventrale, du 2ᵉ au 5ᵉ anneau abdominal ; chacun d'eux consiste en un sac rempli d'air, communiquant avec l'extérieur par un stigmate ; dans ce sac sont suspendues environ 120 poches parallèles, séparées par des lacunes dans lesquelles circule le sang.

Les Araignées Mygales n'ont plus que deux paires de ces organes (elles sont *tétrapneumones*) ; les autres Araignées possèdent encore une paire de poumons antérieurs (*dipneumones*), tandis que la paire postérieure s'est étirée en tubes formant de véritables *trachées* sans fil spiral ni ramifications (voir T. I, page 83, fig. 82).

Les Acariens ne possèdent que des trachées.

Appareil circulatoire. — Il a été décrit déjà avec quelques détails (voir page 150, fig. 146 et 147, T. I).

Appareil excréteur. — Les Arachnides possèdent 2 *tubes de Malpighi*, *t.M* (fig. 142), quelquefois ramifiés, qui débouchent dans l'intestin en avant du rectum.

Un tube de Malpighi est creux et terminé en cul-de-sac à son extrémité libre ; des cellules sécrétrices, *c.s*, à noyau très ramifié parfois, en forment la paroi. Leur produit de sécrétion est un liquide riche en acide urique et urates, en leucine, urée (?) acide *hippurique* (?) ; jamais on n'y trouve de produits biliaires.

Les tubes de Malpighi sont l'équivalent physiologique des reins des animaux supérieurs.

Le dernier article postabdominal du Scorpion renferme 2 *glandes à venin* symétriques dont les canaux excréteurs s'ouvrent à l'extrémité de l'aiguillon caudal. Le venin sécrété est expulsé par les contractions d'un muscle ; il provoque l'empoisonnement du système nerveux (convulsions suivies de paralysie).

Rarement la piqûre entraîne la mort de l'Homme ; elle est mortelle pour les petits animaux (Oiseaux, Insectes).

Les *glandes séricigènes* sont les plus développées de toutes les glandes des Arachnides ; rassemblées à l'extrémité postérieure de l'abdomen, elles sécrètent des substances diverses qui produisent la soie dont ces animaux font leur toile ; c'est par les petits tubes des *filières* et les pores du *cribellum*, organes situés sous la région ventrale postérieure de l'abdomen, que s'échappe la sécrétion propre à former les fils.

Relation. — **Système nerveux**. — Le système nerveux ganglionnaire atteint son plus haut degré de perfection chez le Scorpion (fig. 306, E, T. I). A mesure que s'accentue la fusion des segments du corps, les ganglions de la chaîne ventrale disparaissent (fig. 143) (voir aussi T. I, page 324).

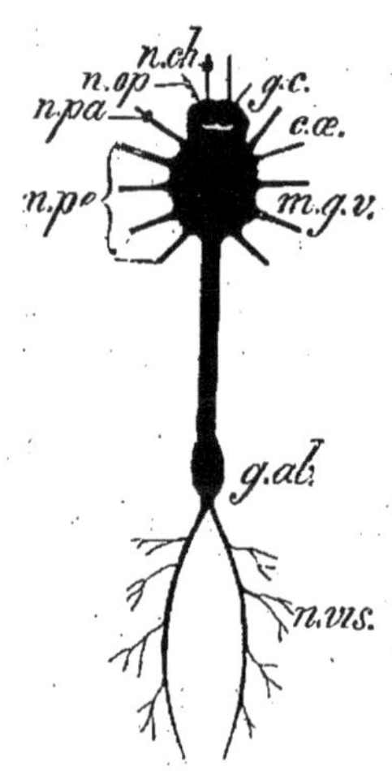

FIG. 143. — Système nerveux de la Mygale. *g.c*, ganglions cérébroïdes; *c.œ*, collier œsophagien; *n. ch*, nerf du chélicère; *n. op*, nerf optique; *n.pa*, nerf du maxillipède; *m.g.v*, masse ganglionnaire ventrale; *n.pé*, nerfs pédieux; *g.ab*, ganglion abdominal; *n.vis*, nerfs viscéraux.

Organes des sens. — Les *yeux* sont les seuls organes sensitifs non douteux chez les Arachnides. Les Scorpions en possèdent 2 médians et 10 latéraux répartis en 2 groupes; les Aranéides en ont 8, placés diversement : épars chez les animaux errants, groupés chez la Mygale et ceux qui habitent des trous; ces yeux sont à cornées lisses. Les Acariens ont seulement 2 yeux à facettes.

Reproduction. — Sauf les Tardigrades hermaphrodites, *tous les Arachnides sont unisexués*.

Les organes génitaux sont en général très simples.

Les *ovaires* des Araignées sont deux glandes en grappe qui, à la maturité sexuelle, remplissent presque tout l'abdomen; deux oviductes en partent et se réunissent dans un vagin ouvert entre les deux stigmates supérieurs. Les canaux déférents des *testicules* se confondent en un seul, qui s'ouvre au même niveau chez le mâle dont l'abdomen est toujours plus étroit; en outre, les palpes maxillaires sont souvent transformés en appendices copulateurs; le mâle accumule le sperme dans le tube, *t*, enroulé en spirale (fig. 141, C); il enfonce l'extrémité de l'appendice vésiculaire du palpe dans les réceptacles séminaux voisins du vagin de la femelle.

Les organes génitaux du Scorpion portent encore la trace de la segmentation du corps.

A part quelques cas de parthénogénèse, la fécondation interne est la règle chez les Arachnides; elle se produit à la suite d'un accouplement au moyen d'organes copulateurs spéciaux (*Segestria*) ou d'un pénis. Les œufs se développent dans le corps de la mère (Scorpion, Phryne, *Demodex*, etc.), ou bien à l'extérieur (Araignées : elles emportent leur ponte dans un cocon de soie). Le développement se fait avec métamorphoses chez les Arachnides inférieurs.

1° ARTHROGASTRES

Arachnides pourvus d'un abdomen segmenté.

1° **Scorpionides**. — Abdomen suivi d'un post-abdomen assez grêle, terminé par un crochet venimeux. Chélicères et maxillipèdes didactyles. Des poumons.

Scorpio (Scorpion, fig. 137); sternum presque pentagonal. *S. imperator* atteint 20 centimètres; Gabon. — *Euscorpius flavicaula*, brun, atteint 4 centimètres au plus; il vit dans le midi de la France, à partir de Grenoble et Bordeaux. — *Euscorpius italicus*; Alpes maritimes. — *E. carpathicus*, fauve en dessus, atteint 3 centimètres; vit jusqu'à 1 800 mètres d'altitude; Dauphiné.

2° **Pédipalpes**. — Post-abdomen filiforme ou nul; chélicères avec griffe; grands maxillipèdes. Des poumons.

Thelyphonus (fig. 138); post-abdomen filiforme; Java, Mexico. — *Phrynus*; post-abdomen nul; première paire de pattes thoraciques antenniforme.

3° **Solifuges**. — Céphalothorax dont les 3 segments postérieurs sont articulés. Des trachées.

Galeodes; semblable à une grosse Araignée.

Les Galéodes habitent les pays chauds.

4° **Phalangides**. — Céphalothorax inarticulé. Des trachées.

Phalangium (Faucheur); pattes très longues et grêles; commun en France.

2° ARANÉIDES

Céphalothorax et abdomen nettement séparés. Chélicères à griffes. Maxillipèdes modifiés pour l'accouplement chez le mâle.

1° **Tétrapneumones**. — 4 poumons et 4 filières; chélicères à griffes dirigées en avant.

Theraphosa (Mygale, fig. 139); grande Araignée avec pattes très velues, épaisses, atteignant jusqu'à 8 centimètres de longueur.

La Mygale habite des tubes pourvus d'un couvercle qu'elle a confectionnés dans des fentes d'arbres ou entre les pierres; elle y guette sa proie et peut même tuer de petits Oiseaux.

2° **Dipneumones**. — 2 poumons et 6 filières; chélicères à griffes dirigées en dedans.

Aranéides errantes. — Ne tissent pas de toile.

Salticus; 2 yeux médians très gros; 6 yeux latéraux petits; bondit sur sa proie. — *Lycosa* (fig. 104); yeux tout petits.

La Lycose vit dans des trous qu'elle a tapissés de soie, et s'empare de sa proie en marchant ou en courant sur elle.

Aranéides sédentaires. — Tissent une toile.

Toile rudimentaire :

Thomisus; fabrique les fils de la vierge qui flottent dans l'air en été par un beau temps.

Toile horizontale terminée par un sac où vit l'araignée :

Segestria (Araignée des caves). — *Argyroneta* (Argyronète).

Une espèce d'Argyronète aquatique file dans l'eau une cloche formée d'un tissu fin et serré, maintenue par les plantes voisines; puis elle y accumule de l'air de la manière suivante: lorsqu'elle plonge rapidement dans l'eau, son duvet maintient autour d'elle une certaine couche gazeuse qu'elle fait dégager par bulles en se frottant le corps avec ses pattes, au-dessous de l'ouverture de la cloche. Elle y peut vivre ainsi à l'abri des attaques de ses ennemis.

Tegenaria. T. domestica; vit dans les coins des appartements où elle tisse sa toile.

Toile ronde, verticale, très régulière :

Epeira. E. diademata ; tache en forme de croix sur l'abdomen.

3° ACARIENS

Céphalothorax et abdomen confondus et sans segmentation apparente. Base des maxillipèdes formant suçoir en général. Respiration trachéenne ou cutanée.

Les Acariens font la transition entre les Arachnides supérieurs et les formes dégradées.

Les types les plus élevés ont, en effet, 4 paires de pattes locomotrices multiarticulées et une respiration trachéenne [*Hydrachna* (fig. 140) ; *Gamasus ; Ixodes*]. Chez les espèces inférieures, ces organes sont très simplifiés et la respiration cutanée subsiste seule (*Demodex*). Les espèces vagabondes ont un appareil buccal masticateur qui leur permet de broyer les substances végétales; cet appareil est transformé en une véritable trompe chez certaines espèces qui sucent le suc des plantes, ou qui vivent en parasites sur les animaux.

Tube digestif très simple avec un estomac volumineux muni de cæcums latéraux; intestin court terminé par l'anus qui s'ouvre au milieu de la face ventrale du corps.

Respiration trachéenne seulement chez quelques formes; certaines espèces parasites ont une respiration cutanée (*Sarcoptes, Acarus, Demodex*).

Pas d'organes de la **circulation**.

Système nerveux réduit à une masse ganglionnaire périœsophagienne.

Les sexes sont séparés. De l'œuf segmenté éclôt une larve agile, munie de 3 paires de pattes seulement, qui acquiert peu à peu sa forme définitive par des mues successives.

Les Acariens sont tous de petite taille et vivent dans les conditions les plus diverses.

1° *Acariens trachéens à stigmates s'ouvrant à la base des pattes*.

Tégument chitineux ; chélicères en pinces ; maxillipèdes libres.

Oribatidés. — Stigmates à la base des 4 paires de pattes.

Hoplophora, *Oribata*; vivent sur le bois pourri.

Gamasidés. — 1 paire de stigmates en arrière de la 2e paire de pattes.

Dermanyssus. D. gallinæ; parasite des Oiseaux de basse-cour; vit dans la cavité des plumes. Quelquefois, il se rencontre chez les ouvriers des fermes.

Ixodidés. — 1 paire de stigmates en arrière de la 3e paire de pattes.

Ixodes. I. ricinus ou Tiquet des chiens; période d'existence libre, puis parasite sur le Chien; la femelle, fécondée et abondamment nourrie, a l'aspect d'une graine de Ricin.

Ces parasites passent parfois du Chien à l'Homme [procéder au lavage de la peau avec de l'essence de térébenthine].

Argas. A. reflexus (fig 144); vit dans les pigeonniers.

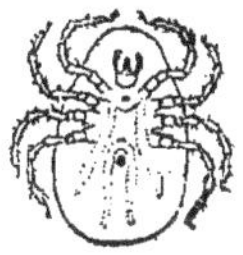

Fig. 144. *Argas reflexus.*

L'*Argas reflexus*, parasite de l'Homme parfois, cause des démangeaisons et suce le sang; bien gorgé, il tombe et peut rester des mois et des années sans mouvement. Il en est de même de l'*Argas persicus* (Punaise de Miana) qui, pourvu d'un appareil buccal puissant, se gorge du sang de l'Homme et détermine une suppuration au point où il a mordu la peau; sa morsure semble aggravée par l'inoculation d'un venin. L'*Argas americanus* est également parasite de l'Homme chez qui il provoque des désordres plus ou moins graves.

2° ***Acariens trachéens à stigmates placés en avant ou sur les côtés du céphalothorax.***

Trombidiidés. — Chélicères en crochets.

Trombidium; corps velouté; yeux pédonculés. Les larves hexapodes sont carnassières et s'attaquent à divers animaux; les adultes sont phytophages.

T. holosericeum, d'un rouge écarlate, court au printemps sur la terre humide; à la fin du printemps, l'animal est parvenu à l'état adulte, pond après accouplement ses œufs dans la mousse; il en sort des larves hexapodes de très petite taille, d'un rouge vif (*Rougets*), prises autrefois pour des insectes (*Leptus autumnalis*). Parasites d'ordinaire chez le Lièvre, plus rarement chez l'Homme, ces larves se fixent dans les conduits excréteurs des glandes sudoripares.

Hydrachnidés. — Acariens aquatiques. Chélicères en forme de griffe.

Hydrachna (fig. 140); larves hexapodes parasites sur les Nèpes.

3° ***Acariens sans trachées.***

Sarcoptes. — Corps arrondi. Animaux venimeux, vivant sous la peau; ils produisent les diverses formes de *gale* de l'Homme et des animaux.

Sarcoptes scabiei (fig. 145).

La femelle fécondée est un animal globuleux qui creuse des galeries dans la profondeur de l'épiderme, pour y abriter ses œufs. Pourvue de maxillipèdes puissants, elle perce les téguments, soulève une lamelle épidermique, s'arcboute sur ses pattes antérieures munies de ventouses terminales et creuse obliquement dans les tissus ; une fois engagée dans une galerie, elle ne peut reculer en arrière à cause de papilles aiguës antéro-postérieures situées sur son dos : elle pond une vingtaine d'œufs et meurt. Les œufs se développent en 2 ou 4 jours, donnent autant de larves hexapodes qui percent le plafond de la galerie et parviennent à la surface de la peau. Ces larves se nourrissent de matières sébacées, de sueur, muent plusieurs fois ; elles donnent alors : soit des *mâles* de petite dimension avec un pénis situé entre la 4e paire de pattes ; soit des *femelles pubères* avec un orifice vulvo-anal *postérieur* par lequel les mâles peuvent les féconder ; la fécondation étant opérée, ces femelles muent encore une fois et présentent, pour la ponte, un orifice transversal *au milieu* de la face ventrale.

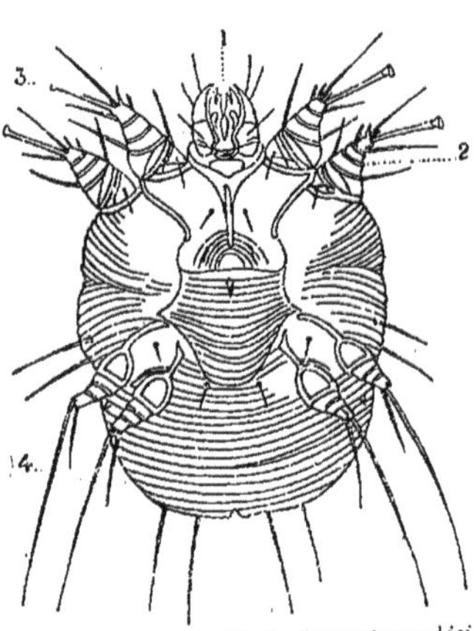

FIG. 145. — Femelle de *Sarcoptes scabiei* (face ventrale).

L'envahissement de la peau par les Sarcoptes a lieu aux points de plus faible résistance (membrane interdigitale, aisselle des bras, repli de l'aine, ventre ; il est accompagné de la production de pustules dues à la sécrétion d'un venin par l'envahisseur.

S. scabiei Hominis; le plus petit de tous produit la gale de l'Homme. Les Sarcoptes de l'Ours, du Chien, du Cheval, du Porc, etc., peuvent communiquer à l'Homme une gale non persistante [faire des frictions générales avec des pommades sulfurées, pour la guérison].

Démodécidés. — Corps vermiforme dû à l'allongement de l'abdomen en arrière de la 4e paire de pattes.

Demodex folliculorum (fig. 146) ; vit la tête en avant dans les follicules pileux et les conduits des glandes sébacées du nez, du front et des joues, chez l'Homme. On en trouve parfois un grand nombre dans le même endroit.

4e LINGUATULIDES

Corps vermiforme, annelé, pourvu comme appendices de 2 paires de crochets au voisinage de la bouche. Animaux unisexués.

Parasites, à l'état adulte, dans les fosses nasales et les sinus frontaux et maxillaires des Vertébrés supérieurs, rarement chez l'Homme.

Linguatula. L. tænioides, parasite du Chien.

Supposons l'œuf de *Linguatula tænioides* rejeté sur l'herbe par éternuement du Chien et avalé par un Lapin ou un autre herbivore; l'embryon sort de l'œuf, perfore, à l'aide de ses 4 membres terminés en pointe, l'intestin de son hôte, parvient au foie où il adopte à peu près la forme de l'adulte. Si un Chien mange le foie du Lapin, il s'inocule en même temps la larve qui, progressant de l'estomac dans les fosses nasales, y élit domicile et adopte la forme sexuée.

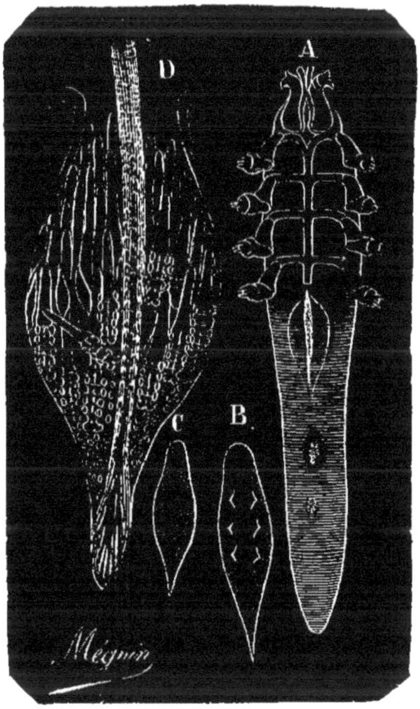

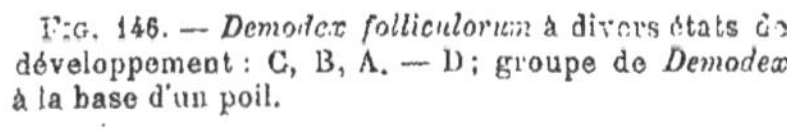

FIG. 146. — *Demodex folliculorum* à divers états de développement : C, B, A. — D; groupe de *Demodex* à la base d'un poil.

5° TARDIGRADES

Arachnides hermaphrodites très dégradés.

Ces animaux, qui habitent dans la mousse des toits, dans l'eau, peuvent demeurer longtemps à l'état de vie ralentie dans les gouttières, la poussière, etc. (voir T. I, p. 4); ils reprennent la vie active dès que la moindre quantité d'eau leur parvient (*Animaux réviviscents*).

II. — ONYCHOPHORES ou PROTRACHÉATES

Arthropodes à corps vermiforme, possédant une paire d'antennes annelées, n *paires de pattes locomotrices* ($n > 4$) *réparties régulièrement tout le long du corps. Trachées rudimentaires.*

Un seul genre : *Peripatus* (fig. 106).

De nombreuses espèces de *Peripatus* vivent sur les continents et dans les îles de l'hémisphère austral.

Morphologie externe. — Longtemps considéré comme une Annélide à cause de sa *peau molle*, de ses *organes segmentaires* (*néphridies*) et de la *segmentation* de son corps (segmentation accusée seulement par les appendices et les néphridies), le Péripate est un Arthropode par ses *trachées* et ses *pattes articulées ;* il se rapproche des Myriapodes.

Aucun sillon ne distingue la tête du reste du corps; l'extrémité antérieure porte 2 longues *antennes* annelées, en arrière desquelles se trouvent 2 *yeux* ponctiformes ; la *bouche*, un peu ventrale avec une lèvre circulaire, est armée de 2 puissants crochets masticateurs ; à l'extrémité postérieure du corps se trouve l'*anus* terminal, précédé de l'*orifice génital* sur la face ventrale.

Des pattes locomotrices toutes semblables sont disposées sur les

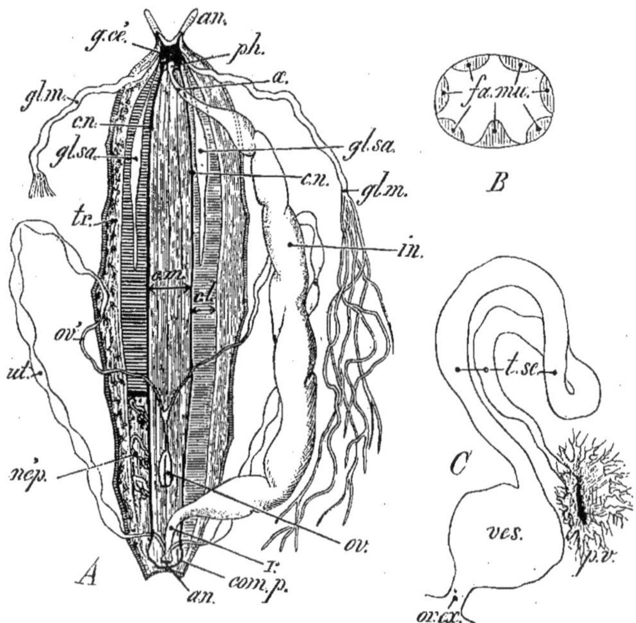

FIG. 147. — Structure schématisée du *Peripatus capensis* ♀ : *ant*, antennes ; *ph*, pharynx ; *æ*, œsophage ; *in*, intestin ; *r*, rectum ; *an*, anus ; *gl.sa*, glandes salivaires ; *gl.m*, glandes mucipares. *g.cé*, ganglions cérébroïdes ; *c.n*, collier nerveux ; *com.p*, commissure postérieure supra-anale. *nép*, néphridies. *ov*, ovaire ; *ov'*, oviducte ; *ut*, utérus. *c.m*, chambre médiane ; *c.l*, chambre latérale ; *tr*, trachées. — B ; coupe transversale du corps montrant la disposition des faisceaux musculaires. — C ; néphridie. *p.v*, pavillon vibratile ; *t.sc*, tube sécréteur ; *ves*, organe vésiculaire ; *or.ex*, orifice excréteur.

côtés du corps, en nombre variable, suivant les espèces : 14 paires (*Peripatus brevis*) ; 42 paires (*P. torquatus*) ; ces appendices sont de petits cônes pluriarticulés et terminés par une paire de crochets.

La surface de la peau porte des rides qui n'ont aucun rapport avec la segmentation du corps.

De chaque côté de la bouche sont les orifices de 2 *glandes mucipares* ou *glandes de la glu*, *gl.m* (fig. 147, A); à la base de chaque patte est un *orifice segmentaire*; sur toute la surface du corps sont répartis irrégulièrement de petits *orifices des trachées*, *tr*.

Morphologie interne. — La cavité générale du corps est limitée par une paroi épaisse avec une *cuticule*, un *hypoderme*, une *couche conjonctive* et une *couche musculaire* importante (fig. 135, B). Elle est divisée longitudinalement en 3 compartiments : l'un médian, plus vaste, *c.m* (fig. 135, A), qui renferme le tube digestif, *in*, les organes génitaux, *ov*, *ut* et les glandes mucipares, *gl.m*; les 2 autres latéraux, *c.l*, contenant les glandes salivaires, *gl.sa*, les organes segmentaires (*néphridies*, *nép*.) et les bandes nerveuses, *c.n*.

Nutrition. — Le **tube digestif** presque droit comprend : la bouche, un pharynx ovoïde, *ph*, un œsophage court, *œ*, donnant accès dans un large intestin, *in*, que termine un rectum court, *r*. De cet appareil dépendent les deux *glandes salivaires*, en forme de boyau, qui réunissent leurs canaux excréteurs en un seul s'ouvrant au fond de la bouche. En outre, on remarque les 2 *glandes mucipares*, *gl.m*, glandes en tubes très ramifiés dont les canaux sécréteurs atteignent jusqu'au rectum; elles fournissent un liquide visqueux, collant, qui s'écoule près de la bouche par les deux orifices de la glu; ce liquide, projeté par l'animal sur une proie, la réduit à l'immobilité et permet au Péripate de s'en emparer.

L'**appareil respiratoire** consiste en trachées imparfaites. A la surface du corps, entre les rides, se trouvent de fins et nombreux orifices en forme de boutonnière, les *stigmates*, qui donnent accès dans un tube court s'épanouissant en ombrelle; du centre de l'ombrelle se détache un bouquet de tubes grêles non ramifiés, à paroi délicate, distribués sur tous les organes, le péritoine, le rectum et sur l'utérus en gestation où ils sont particulièrement abondants.

L'**appareil circulatoire** est lacunaire et constitué par un *vaisseau dorsal* ou cœur (voir T. I, p. 149), pourvu d'une paire d'orifices latéraux par segment du corps; ces orifices s'ouvrent dans la cavité générale. Le sang circule d'arrière en avant dans le cœur, tombe dans les lacunes interorganiques et revient au cœur par les fentes latérales.

Des *organes segmentaires* ou *néphridies*, *nép* (A et C), représentent ici l'**appareil excréteur**. Une paire de néphridies par métamère.

Une néphridie consiste en un *pavillon*, *p.v* (C), tapissé d'un épithélium vibratile largement ouvert dans l'un des compartiments latéraux de la cavité générale; puis vient un *tube glandu-*

laire, *t.se*, étroit d'abord, plus large ensuite et contourné en anse, qui débouche dans une large *vésicule*, *vés*; celle-ci est pourvue d'un orifice, *or.cx*, qui s'ouvre à la base d'une patte.

Les glandes mucipares des premiers segments seraient des organes segmentaires modifiés.

Relation. — **Système nerveux.** — Le *système nerveux* central du Péripate comprend deux gros *ganglions céphaliques*, *g.ce* (A), formant un collier périœsophagien, parce que sous l'œsophage ils se réunissent par deux commissures; ces masses nerveuses envoient des nerfs aux antennes, aux yeux, aux pièces buccales. Après leurs commissures sous-œsophagiennes, elles donnent 2 cordons latéraux éloignés, *c.n*, qui se rejoignent en arrière de l'anus par une commissure, *com.p*; ces cordons ne présentent pas les renflements ganglionnaires propres aux Arthropodes, mais sont réunis par de nombreuses *commissures transversales et ventrales*, *sans rapport toutefois avec la métamérisation qu'accusent les néphridies*.

Organes des sens. — 2 *yeux* assez bien conformés sont situés en arrière des antennes; les antennes elles-mêmes servent d'*organes olfactifs*. Tels sont les organes sensitifs du Péripate.

Reproduction. — *Sexes séparés*. Les mâles sont plus rares et plus petits que les femelles.

Les *organes génitaux mâles* sont représentés par 2 longs tubes (testicule, vésicule séminale et canal déférent) réunis en un canal unique qui aboutit au pore génital en avant de l'anus. Les spermatozoïdes s'agglutinent en *spermatophores* dans les canaux déférents.

Les *organes génitaux femelles* consistent en 2 *ovaires*, *ov*, confondus sur la ligne médiane et dorsale du corps; deux oviductes, *ov'*, en partent et se renflent en un utérus, *ut*, où les œufs accomplissent leur évolution. La fécondation des ovules paraît avoir eu lieu dans les ovaires eux-mêmes jusqu'où seraient parvenus les spermatozoïdes.

L'œuf subit une segmentation complète et inégale; la formation d'une *gastrula* par épibolie, l'apparition du mésoderme et des divers somites, le développement des antennes et des autres appendices qui apparaissent successivement d'avant en arrière, la formation des yeux et des organes internes caractérisent le **développement** du Péripate qui sort de l'œuf lorsque tous ses somites sont complets (voir T. II, fasc. 1er, page 115).

Genre unique : *Peripatus*.

Se tient sur le bois pourri, les feuilles sèches. Il évite la lumière.

III. — MYRIAPODES

Arthropodes vermiformes, à corps nettement segmenté; tête distincte avec 1 paire d'antennes articulées, 1 paire de mandibules et 2 paires de mâchoires. Un nombre variable de segments identiques entre eux forme le reste du corps. Trachées.

Morphologie générale. — Par leur aspect extérieur, les Myriapodes se divisent en 2 ordres : les *Chilopodes* et les *Chilognathes*.

Les *Chilopodes* (fig. 148, *ch.p*) ont le corps *aplati*; leurs segments portent *latéralement* chacun *une* paire de pattes (*Lithobius*, fig. 149; Scolopendre).

Les *Chilognathes* (*ch.g*) ont le corps *cylindrique*; leurs segments sont pourvus de *deux* paires de pattes insérées sur la face *ventrale* et près de la ligne médiane (*Julus*, fig. 150).

Cette disposition des appendices chez les Chilognathes est due au développement considérable de l'arceau tergal, *a.t*; de plus, chaque segment primitif est simple et se divise incomplètement ensuite en deux parties constituées d'une manière identique.

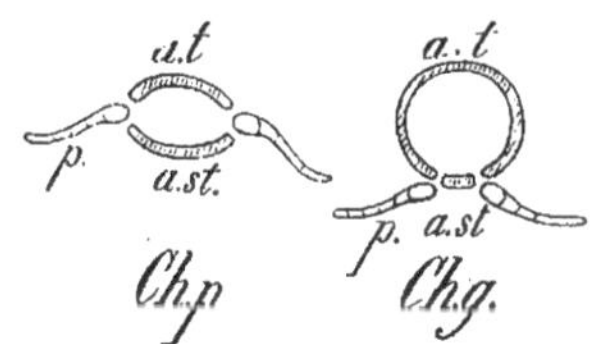

FIG. 148. — Coupe transversale schématique d'un Chilopode, *Ch.p* et d'un Chilognathe, *Ch.g*. *a.t*, arceau tergal; *a.st*, arceau sternal: *p*, patte.

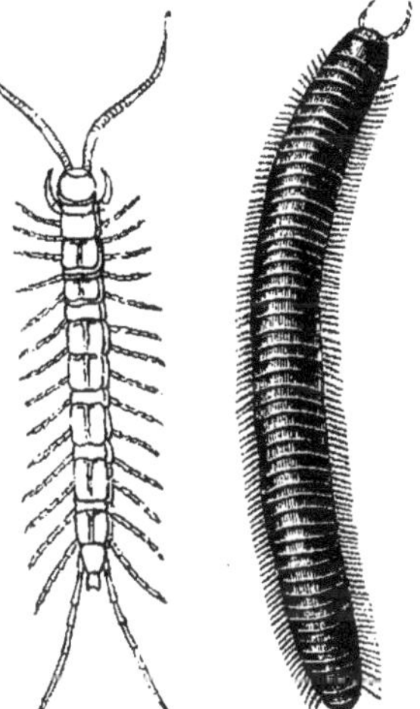

FIG. 149. — *Lithobius forficatus.*

FIG. 150. — *Julus terrestris.*

Appendices. — Les *pattes locomotrices* sont identiques, simples et composées de 6 ou 7 articles. Mais l'*appareil masticateur* est composé d'une manière variable avec les deux types de Myriapodes :

Les *Chilopodes*, ordinairement *carnassiers* (Scolopendre, fig. 107), présentent, au-dessous d'un *labre*, *la* (fig. 151), une paire de fortes *mandibules* dentées, *man*, une 1re paire de *mâchoires* à large base triturante, ma_1, une 2e paire de *mâchoires* grêles, ma_2, soudées par leurs bases en une lèvre inférieure, enfin une paire de *pattes-mâchoires* très saillantes, *p.ma*, armées de crochets au sommet de chacun desquels débouche le canal excréteur d'une glande venimeuse basilaire.

Chez les *Chilognathes*, végétariens, existe une seule paire de mâchoires; les secondes mâchoires et les pattes-mâchoires font retour à la fonction locomotrice.

Nutrition. — Le **tube digestif** s'étend en ligne droite de la bouche à l'anus (sauf chez *Glomeris*) ; la paroi de l'estomac renferme nombre de follicules gastriques. Dans la portion terminale de l'intestin s'ouvre l'**appareil excréteur** formé de longs *tubes de Malpighi* (1 paire : *Scolopendra*; 3 paires : *Julus*).

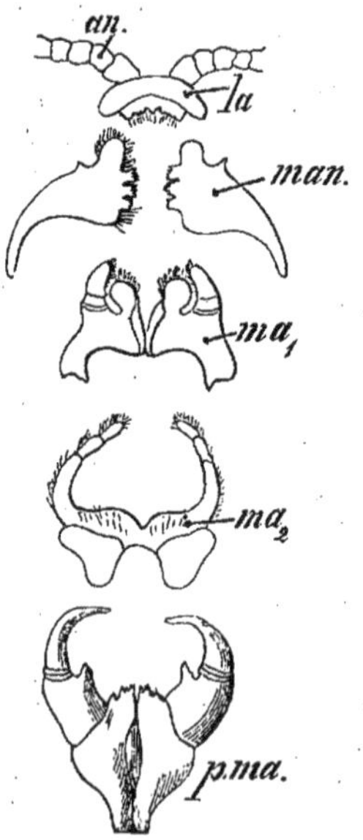

Fig. 151. — Armature buccale de *Scolopendra mutica*. *la*, labre; *man*, mandibules; ma_1, ma_2, mâchoires; *p.ma*, pattes-mâchoires.

La **respiration** est trachéenne. Les trachées s'anastomosent (Chilopodes) ou non (Chilognathes); elles s'ouvrent à l'extérieur par des stigmates situés entre les arceaux sternal et tergal correspondants.

L'**appareil circulatoire** lacunaire avec un vaisseau dorsal a été décrit (voir T. I, page 150, fig. 146, II).

Relation. — Le **système nerveux** des Myriapodes est construit sur le type ganglionnaire normal : ganglions cérébroïdes, collier œsophagien, chaîne ganglionnaire ventrale dont les ganglions sont unis par paires en nombre égal à celui des segments du corps (voir T. I, page 324).

Un *système nerveux viscéral* ou *stomato-gastrique* apparaît ici bien différencié, comme chez les Crustacés supérieurs et les Insectes.

Les **organes des sens** sont représentés par des *yeux* simples en nombre variable avec les genres considérés (4 : Scolopendre ; 8 : *Glomeris*; un grand nombre : *Julus*). Les Géophiles, les Polydesmes en sont dépourvus. Des poils sensitifs situés au voisinage de la bouche doivent servir au toucher et au goût.

Reproduction. — *Les Myriapodes sont tous unisexués*; leurs organes génitaux toujours tubulaires sont construits sur 2 types différents :

Chez les *Chilopodes*, ces organes, situés *dorsalement* par rapport au tube digestif, ont toujours un *orifice unique* placé à l'extrémité postérieure du corps, en avant de l'anus (Scolopendre, fig. 152, A et B).

Chez les *Chilognathes*, les organes génitaux sont situés *ventralement* par rapport au tube digestif ; ils présentent *deux orifices* placés à la base de la 2e paire de pattes (*Glomeris*, fig. 153, C et D).

L'accouplement et la fécondation sont encore peu connus.

Le **développement** comporte des métamorphoses plus incomplètes chez les Chilopodes que chez les Chilognathes ; les Scolopendres sont même vivipares.

La segmentation est régulière et incomplète au début ; puis le blastoderme s'épaissit du côté ventral où apparaît un sillon trans-

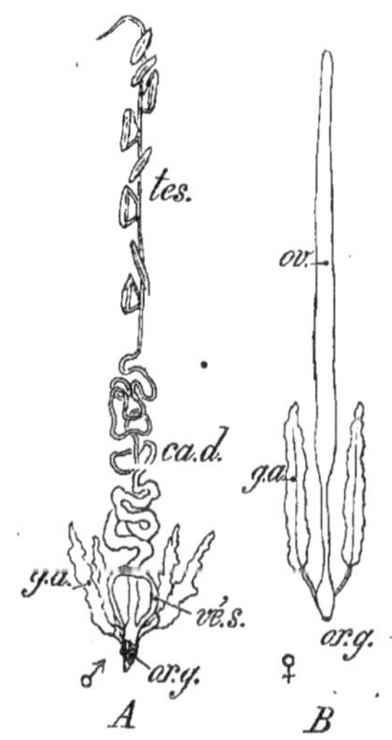

Fig. 152. — Organes génitaux de *Scolopendra complanata*. — A ; organes mâles ; *tes*, testicule ; *ca.d*, canal déférent ; *or.g*, orifice génital ; *vé.s*, vésicule séminale ; *g.a*, glandes accessoires. — B ; organes femelles. *ov*, ovaire.

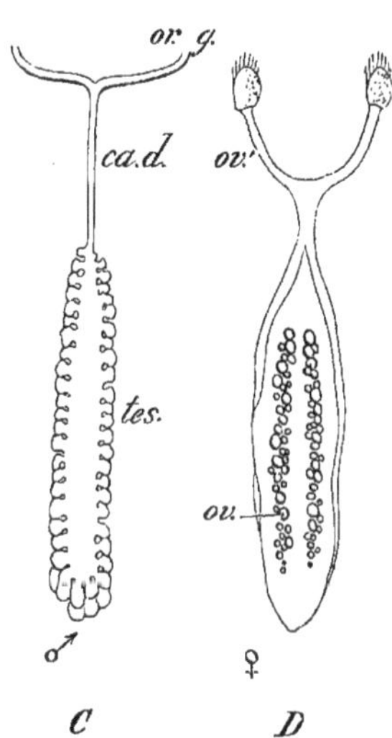

Fig. 153 — Organes génitaux de *Glomeris marginata*. — C ; organes mâles ; D, organes femelles (mêmes indications que pour la figure 152).

versal de plus en plus profond ; l'embryon courbé a ses extrémités céphalique et caudale en contact ; les appendices y apparaissent successivement. Jamais, au moment de la naissance, le nombre des segments définitifs du corps n'est atteint ; il n'est obtenu qu'après un nombre variable de mues (voir T. II, fasc. 1er, page 117).

1° CHILOPODES

Corps aplati; 1 paire de pattes locomotrices par segment du corps; 2 paires de mâchoires, 1 paire de pattes-mâchoires. Orifices génitaux à l'extrémité postérieure du corps. Pas d'organe d'accouplement.

Scutigera (fig. 154); antennes et pieds développés; yeux à facettes; vit dans le sud de l'Europe et l'Afrique. — *Lithobius. L. forficatus* (fig. 149); 15 paires de pattes; segments alternativement larges et étroits. — *Geophilus* (fig. 155); pattes nombreuses. — *Scolopendra* (Scolopendre, fig. 107); 21 paires de pattes, longues antennes et fortes pattes-mâchoires.

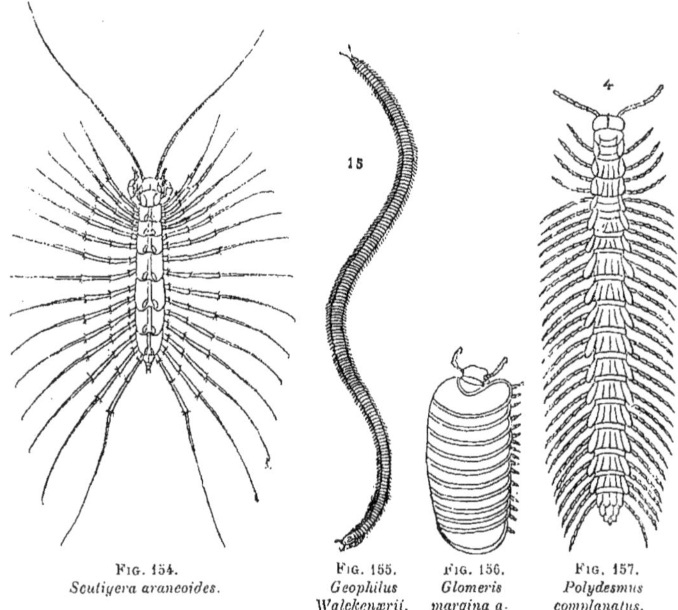

Fig. 154. *Scutigera araneoides.* Fig. 155. *Geophilus Walckenærii.* Fig. 156. *Glomeris margina a.* Fig. 157. *Polydesmus complanatus.*

La morsure de la Scolopendre des pays chauds (Sénégal, Indes) est très redoutée.

2° CHILOGNATHES

Corps cylindrique; deux paires de pattes locomotrices par segment du corps; 1 seule paire de mâchoires; pas de pattes-mâchoires. 2 orifices génitaux antérieurs; 1 organe d'accouplement.

Glomeris. G. marginata (fig. 156); 13 segments; se roule en boule. — *Polydesmus* (fig. 157); 20 segments; pas d'yeux. — *Julus. J. terrestris* (fig. 150); segments nombreux; beaucoup d'yeux.

IV. — INSECTES

Corps comprenant une tête, un thorax et un abdomen distincts. La tête porte 1 paire d'antennes, 1 paire de mandibules, 1 paire de mâchoires et 1 lèvre inférieure. Le thorax est pourvu de **3 paires de pattes locomotrices articulées** *et de 2 paires d'***ailes** *(en général). L'abdomen ne porte pas d'appendices, sauf à son extrémité. Des trachées.*

INSECTES	*broyeurs*	4 ailes ; les premières ± résistantes.	Métamorphoses complètes. Femelles ailées :	*Coléoptères.*
			Métamorphoses complètes. Femelles aptères :	*Strepsiptères.*
			Métamorphoses incomplètes	*Orthoptères.*
		Pas d'ailes ; pas de métamorphoses		*Thysanoures.*
		4 ailes membraneuses, réticulées.	Métamorphoses incomplètes	*Pseudonévroptères.*
			— complètes	*Névroptères.*
	lécheurs.	4 ailes membraneuses veinées.	Métamorphoses complètes	*Hyménoptères.*
	suceurs	4 ailes avec *lamelles écailleuses*.	Métamorphoses complètes	*Lépidoptères.*
		4 ailes nues.	Métamorphoses incomplètes	*Hémiptères.*
		2 ailes nues ou pas d'ailes.	Métamorphoses complètes	*Diptères.*
	broyeurs ou suceurs.	Segments thoraciques ± confondus		*Parasites.*

Morphologie externe. — **Division du corps**. — Tout Arthropode trachéen dont le corps est nettement divisé en 3 régions (*tête, thorax* et *abdomen*, fig. 108) appartient à la classe des Insectes.

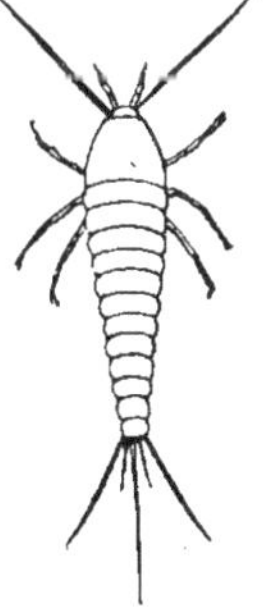

Fig. 158. *Lepisma saccharina.*

La **tête**, *T*, est formée de la soudure de 6 anneaux et porte les *yeux*, les *antennes* et l'*appareil buccal*.

Le **thorax**, *Th*, comprend 3 anneaux distincts (*prothorax*, *P.Th* ; *mésothorax*, *Ms.Th* ; *métathorax*, *Mt.Th*) pourvus chacun d'une paire de *pattes locomotrices* ; les deux derniers segments portent aussi chacun une paire d'*ailes*, à part quelques exceptions.

L'**abdomen**, *Ab*, est composé de 11 anneaux chez les formes inférieures (*Lepisma*, fig. 158) ; mais, par atrophie ou coalescence, ce nombre peut descendre à 5. Les appendices abdominaux ont en général disparu, sauf à l'extrémité du corps (*armure génitale*).

Appendices. — Les *appendices thoraciques* ou *pattes locomotrices*, au nombre de 3 paires, comprennent 5 parties : la *hanche*, *h* (fig. 159), articulée avec le thorax; le *trochanter*, *tr*; la *cuisse*, *cu*; la *jambe*, *j*, terminée par deux éperons et le *tarse*, *ta*, composé de 2 à 5 articles. Ce type général peut adopter des formes adaptives très diverses pour la marche, le saut, la natation ou la préhension.

Les *ailes* n'appartiennent pas au plan primitif des Insectes; ce sont des organes secondaires; les 3 anneaux du thorax paraissent en avoir été pourvus, mais la paire prothoracique ne se rencontre jamais à l'état adulte.

Une aile est un sac aplati dont les deux feuillets sont soudés par leur face interne et parcourus par les *nervures;* ces dernières sont des tubes creux, communiquant avec la cavité générale, dont le double but est de former la charpente de l'aile et d'assurer sa nutrition.

Le nombre et la structure des ailes sont invoqués pour la classification des Insectes.

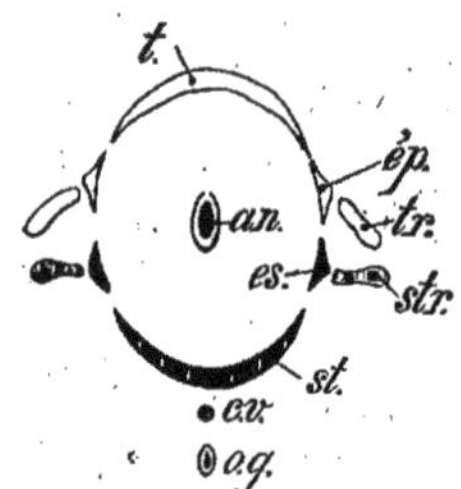

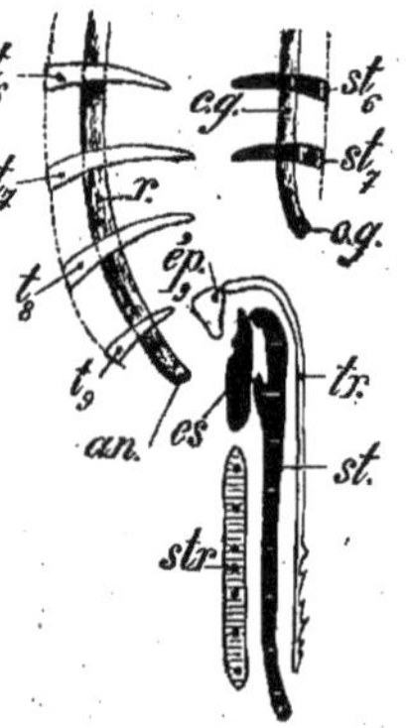

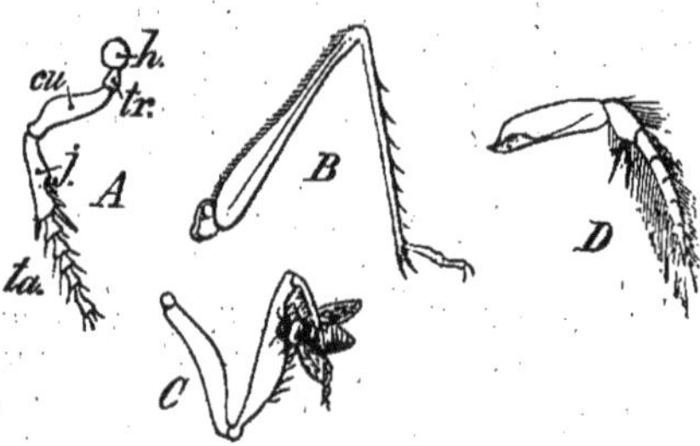
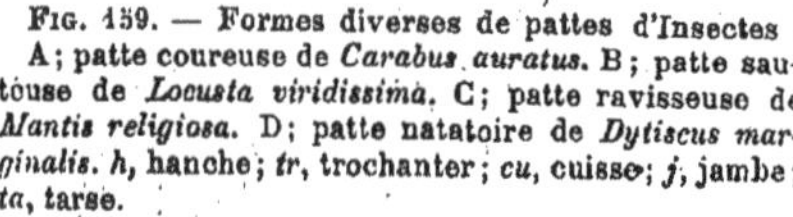

FIG. 159. — Formes diverses de pattes d'Insectes : A; patte coureuse de *Carabus auratus.* B; patte sauteuse de *Locusta viridissima.* C; patte ravisseuse de *Mantis religiosa.* D; patte natatoire de *Dytiscus marginalis.* *h*, hanche; *tr*, trochanter; *cu*, cuisse; *j*, jambe; *ta*, tarse.

FIG. 160. — Représentation schématique de l'extrémité de l'abdomen chez un Hyménoptère porte-aiguillon montrant la transformation du squelette externe des derniers anneaux abdominaux. t_6.... t_9, tergites des 6e,... 9e anneaux de l'abdomen; st_6,... *st*, sternites; *ép*, épimérite; *es*, épisternite; *tr*, tergorhabdite (stylet); *str*, sternorhabdite (valve); *r*, rectum; *an*, anus; *c.g*, canal génital; *o.g*, orifice génital; *c.v*, orifice du canal excréteur de la glande venimeuse.

Les *appendices abdominaux*, en général atrophiés, se retrouvent cependant chez *Machilis* (8 paires antérieures) et *Campodea* (3 paires antérieures); ceux de la région postérieure sont modifiés profondément pour constituer une armure génitale (*oviscapte* des Orthoptères, *tarière* des Tenthrédides, *aiguillon* des Guêpes, *pinces caudales* des Forficules.) La figure 160 suffit à faire comprendre les modifications des anneaux et appendices abdominaux postérieurs chez les Hyménoptères porte-aiguillon.

Les *appendices buccaux* des Insectes ont été décrits (voir T. I, pages 70 et 71, fig. 63).

Les *antennes* sont composées d'articles de formes très variées suivant les genres considérés (fig. 161).

Nutrition. — Tube digestif. — Il est constitué par des régions différenciées qui permettent d'y reconnaître les trois parties fondamentales. L'*intestin antérieur* est représenté par un *œsophage* rectiligne souvent élargi à sa partie postérieure en un *jabot* où demeurent provisoirement les aliments (Cicindèle). — L'*intestin moyen* ou *estomac*, reconnaissable aux glandes qui en dépendent, comprend souvent deux parties : le *proventricule* très muscu-

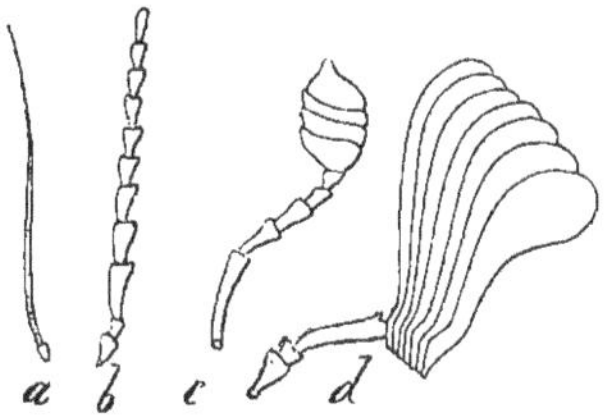

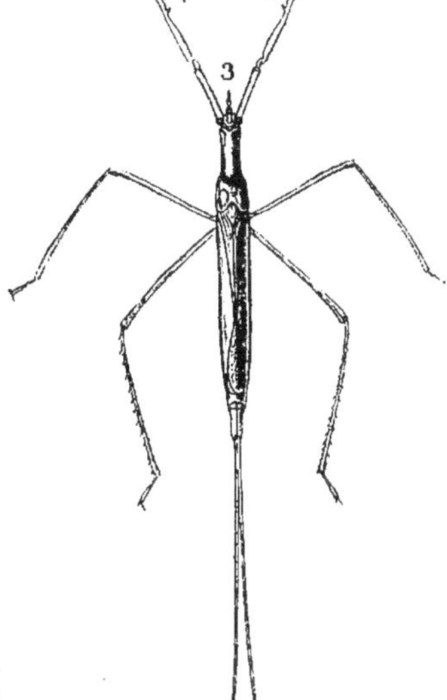

Fig. 161. — Quelques formes d'antennes : *a*, antenne sétacée de *Locusta* ; *b*, antenne dentée en scie d'*Elater* ; *c*, antenne claviforme de *Necrophorus* ; *d*, antenne flabelliforme de *Melolontha* (Hanneton).

Fig. 162. — *Ranatra linearis*.

leux, avec des séries longitudinales de pièces chitineuses saillantes en dedans (appareil *filtrant* qui retient les trop grosses particules alimentaires) et le *ventricule chylifique* avec des follicules gastriques nombreux. — L'*intestin postérieur* ou *intestin proprement dit* commence au point d'insertion des tubes de Malpighi ; court chez les carnivores, long chez les herbivores, l'intestin est contourné plus ou moins, se termine par le rectum muni d'une large *ampoule rectale* ouverte au dehors par l'anus (voir T. I, page 75, fig. 69).

Les *glandes annexes* du tube digestif sont :

1° Les *glandes salivaires* formées de grappes d'acini très développées (Hyménoptères, Orthoptères) ou de petites glandes logées dans la paroi de l'œsophage (Coléoptères) ;

2° Les *glandes gastriques* dont le produit de sécrétion, non assimilable au suc gastrique des Vertébrés, agit sur les aliments de manières différentes selon les espèces.

Appareil respiratoire. — Les *trachées* des Insectes (voir T. I, page 101, fig. 98 à 100) émanent de *stigmates* au nombre de 10 paires au plus (8 paires abdominales, 2 paires thoraciques).

Chez beaucoup d'Insectes, ce nombre est réduit : ainsi les Aquatiques n'ont que deux stigmates placés à l'extrémité de l'abdomen [à la base d'un long siphon formé par 2 appendices en gouttière accolés (*Ranatra*, fig. 162), ou à l'extrémité d'un long pédoncule abdominal (larve d'*Eristalis*), de telle sorte que ces animaux peuvent respirer sans sortir de l'eau].

Les troncs trachéens, parfois isolés et ramifiés en touffes arborescentes, sont le plus souvent réunis par des anastomoses transversales et longitudinales; souvent ces branches commissurales se dilatent en larges vésicules, en relation avec la puissance du vol (Abeille, fig. 99, T. I).

Certaines larves aquatiques (Ephémère, Agrion, etc.) ont un mode de respiration spécial, à l'aide de *branchies trachéennes*, sortes de sacs extérieurs à l'animal fixés sur les anneaux de l'abdomen aux points où s'ouvriraient normalement les stigmates. Les trachées, au lieu de déboucher par un stigmate dans le milieu ambiant, forment des arborescences dans les sacs baignés par l'eau où elles puisent l'oxygène nécessaire à la respiration.

Appareil circulatoire. — Il a été décrit déjà (T. I, page 149, fig. 146).

Appareil excréteur. — Les *tubes de Malpighi* sont en nombre variable de 25 (Cicindèle) à 50 et plus (Blatte).

Glandes spéciales. — Les larves d'un certain nombre d'Insectes sont pourvues de *glandes séricigènes*, glandes salivaires adaptées à une fonction spéciale et débouchant, par un canal commun, dans une *filière*, orifice situé sur la lèvre inférieure. Au moment de leur dernière transformation, les larves *filent* la soie à l'aide de laquelle elles s'enferment dans un *cocon* protecteur (Ver à soie, fig. 229); elles y subissent les métamorphoses qui les font passer de l'état de *larve* à celui d'*imago* ou *insecte parfait* (voir T. II, fasc. 1er, p. 67).

Certains Insectes (Hyménophères : Abeille, Guêpe, etc.) possèdent une *glande venimeuse*, voisine du rectum, avec un canal excréteur dont l'orifice, *c. v* (fig. 160), est situé entre l'anus, *an* et l'orifice génital, *o. g*.

La *cire* des Abeilles est fournie par des *glandes cirières* que portent les sternites des 4 segments moyens de l'abdomen.

Relation. — Système nerveux. — Les Insectes possèdent un *système nerveux ganglionnaire* dont les ganglions sont très distincts et plus ou moins coalescents, plus un *système sympathique*, bien étudiés chez un grand nombre d'espèces (voir T. I, pages 322-324 et fig. 306, A, B, C, D).

Organes des sens. — Les Insectes possèdent, à de rares exceptions près, 2 *yeux à facettes* (fig. 163), placés de chaque côté de la tête; les Hyménoptères possèdent en outre 3 *ocelles*, disposés en triangle sur le milieu du front.

Les *organes auditifs* sont représentés par des otocystes parfois (Diptères), plus souvent par des *organes chordotonaux :* terminaisons nerveuses en rapport direct avec l'épithélium tégumentaire.

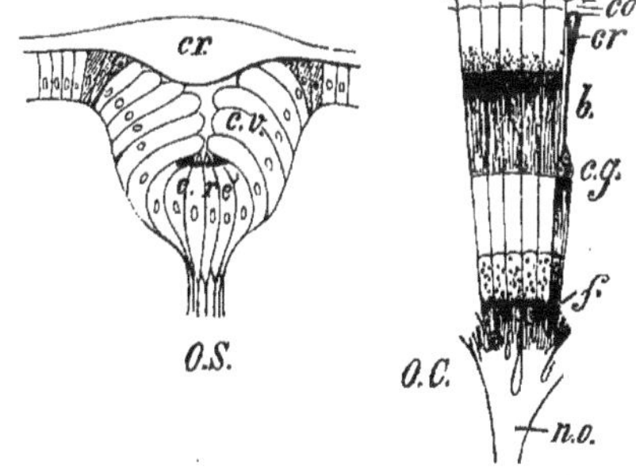

Fig. 163. — Yeux des Insectes. *O.S*, œil simple (ocelle); *cr*, cristallin ; *c.ré*, cellules rétiniennes prolongées par des fibres nerveuses. — *O.C*, œil composé ; *co*, cornée ; *c.g*, cellules ganglionnaires; *f*, fibres du nerf optique, *n.o*.

Ces terminaisons sont logées dans les saillies chitineuses que porte, sur sa face interne, une membrane flexible et fortement tendue appelée *tympan*. Quand le tympan vibre sous l'influence des sons extérieurs, il agite les organes chordotonaux ainsi impressionnés.

Un appareil tympanal se trouve sur les côtés du 1er segment abdominal chez les *Acridiens;* les *Locustides* en possèdent 2, séparés par une énorme vésicule trachéenne, sur les pattes antérieures.

Certains Insectes peuvent produire des sons, soit par le passage rapide de l'air à travers les stigmates, soit par le frottement rapide et cadencé de parties chitineuses les unes sur les autres (Criquet, Grillon, Sauterelle, Cigale).

Les antennes portent des *poils tactiles* et des *organes olfactifs* parfois en nombre considérable (40000), surtout chez les Insectes herbivores.

L'*organe du goût* est représenté par la *languette* (lamelle médiane du labre) chez les Hyménoptères, par la *trompe* chez les Diptères (fig. 63, T. I).

Reproduction. — *Les Insectes sont unisexués.* Les organes génitaux occupent toujours la région postérieure du corps et sont construits sur le même plan.

Les *testicules*, *tes* (fig. 164, A), consistent en tubes allongés et entortillés (1 paire en général), qui débouchent dans deux vésicules séminales latérales, *v.sé*, réunies elles-mêmes en un *canal déférent* unique.

Les *ovaires* tubuleux, *ov* (B), associés en deux groupes latéraux, sont pourvus d'*oviductes*, *ov*, confondus en un *vagin*, *va*, avec une *poche copulatrice*, *p.co* et un *réceptacle séminal*, *r.sé* ; dans ce réceptacle, les spermatozoïdes peuvent demeurer longtemps actifs.

Le **développement** des œufs a lieu après la fécondation.

Dans certains cas cependant, la fécondation n'a pas lieu avant la segmentation [*parthénogénèse normale* (Cochenilles, Pucerons);

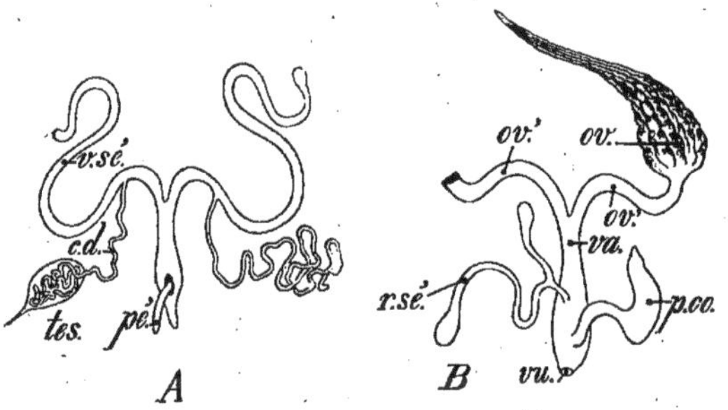

FIG. 164. — Appareil génital d'Insecte. — A; appareil mâle; *tes*, testicule; *c.d*, canal déférent; *v.sé*, vésicule séminale; *pé*, pénis.— B; appareil femelle; *ov*, ovaire; *ov'*, oviducte; *va*, vagin; *r.sé*, réceptacle séminal; *p.co*, poche copulatrice; *vu*, vulve.

parthénogénèse *accidentelle* (Abeilles ouvrières, Guêpes); parthénogénèse *larvaire* ou *pædogénèse* (Cécidomyes du genre *Miastor*, dont les larves engendrent d'autres larves qui leur sont identiques) (voir T. II, fasc. 1er, pages 37 et 38].

La segmentation de l'*œuf centrolécithe* produit un blastoderme superficiel entourant le vitellus nutritif et quelques éléments formateurs d'où l'entoderme tire son origine (voir T. II, fasc. 1er, p. 44). Une *plaque ventrale* avec *gouttière primitive* est le point de départ du corps de l'embryon, qui se divise successivement d'avant en arrière en 20 segments; les 8 segments antérieurs présentent les appendices d'abord inarticulés.

De l'œuf sort une forme larvaire aptère, plus ou moins éloignée de la forme adulte, et qui s'en rapprochera par des mues successives en subissant des métamorphoses.

Insectes
- *amétaboliens*, sans métamorphoses (Thysanoures).
- *hémimétaboliens*, à métam. incomplètes (Orthoptères, Hémiptères). La larve ne diffère guère de l'adulte que par l'absence d'ailes.
- *holométaboliens*, à métam. complètes (Coléoptères, Hyménoptères), etc.

Pendant la phase de *nymphe* ou *chrysalide*, intermédiaire aux formes de larve et d'insecte parfait, tous les organes internes (sauf les organes génitaux) subissent une destruction (***histolyse***) suivie d'une reconstitution (***histogénèse***) des organes de l'adulte. L'*imago*, ou insecte parfait, ne grandit plus et ne subit aucune modification profonde (voir T. II, fasc. 1er, pages 117-122).

1° COLÉOPTÈRES

Insectes broyeurs. 4 ailes : les antérieures cornées, rigides (élytres), juxtaposées par leur bord interne et **formant un étui** ; *les postérieures membraneuses, plissées longitudinalement et transversalement sous les élytres. Métamorphoses complètes.*

1° **Pentamères.** — 5 *articles à tous les tarses.*

Plus de 100 000 espèces.

(a) **Carnassiers.** — Les uns terrestres (*Cicindela, Calosoma, Carabus*, etc.), les autres aquatiques (*Dytiscus, Gyrinus*, etc.). Tous sont pourvus de mandibules puissantes et acérées.

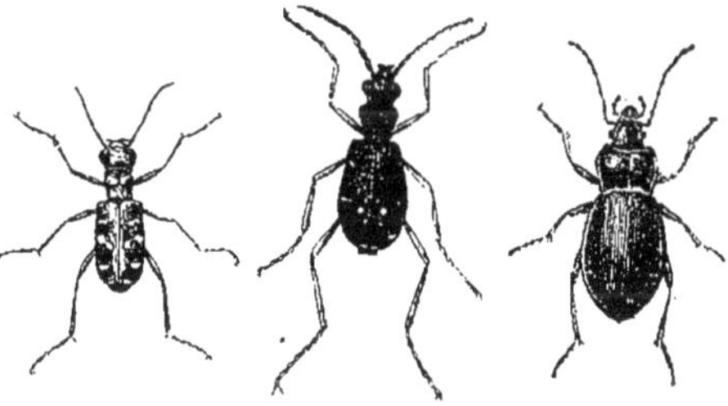

FIG. 165. *Cicindela germanica.* FIG. 166. *Cidindela campestris.* FIG. 167. *Carabus convexus.*

Carabides. — Corps svelte ; longues pattes grêles.

Cicindela (Cicindèle, fig. 165). Yeux gros et saillants ; antennes filiformes de 11 articles (fig. 161, *a*). Ces animaux courent et volent avec agilité.

La Cicindèle champêtre (*C. campestris*, fig. 166) est d'un beau vert avec des reflets cuivrés sur les élytres, la tête et le corselet. Les larves, carnassières comme l'adulte, se tiennent dans des trous creusés verticalement dans le sol, pièges dont elles ferment l'orifice avec leur tête ; elles y attendent le passage d'un petit animal dont elles feront leur proie. Elles s'enferment également dans ces tubes pour passer à l'état de nymphes.

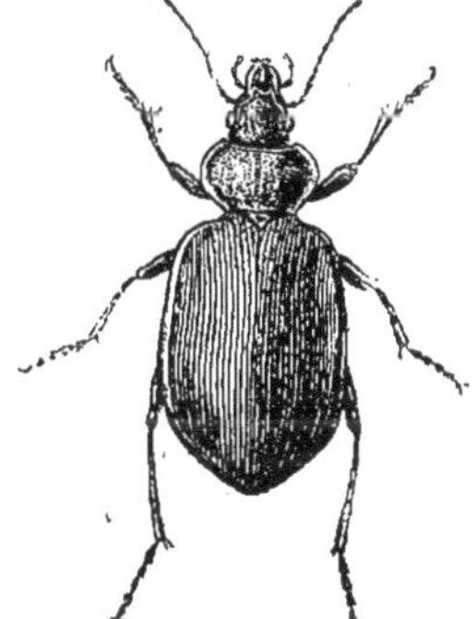

FIG. 168. — *Calosoma sycophanta.*

Carabus (Carabe, fig. 167); élytres ovalaires.

Le Carabe doré (*Carabus auratus*) est très commun dans les champs.

Calosoma (fig 168); élytres quadrangulaires.

Le *Calosoma sycophanta*, d'un bleu foncé avec les élytres vert doré, court sur les troncs des Chênes ; il fait une chasse active aux chenilles processionnaires.

Dyticides. — Corps large, ovale, très plat; pattes propres à la natation : les dernières sont de véritables rames (fig. 159, *d*).

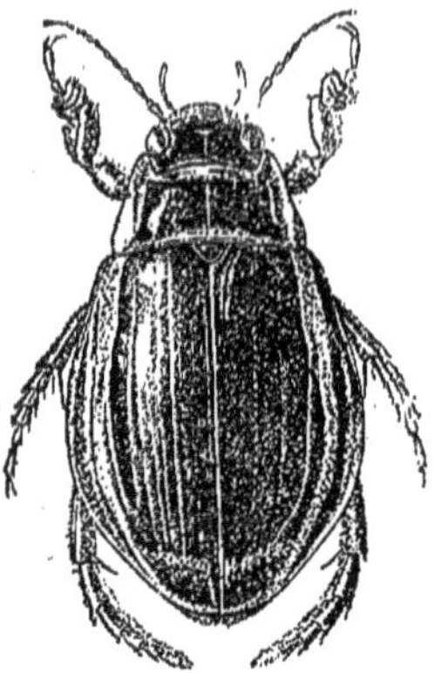

Fig. 169. — *Dytiscus latissimus.*

Ils vivent dans les eaux dormantes ou peu courantes. Pourvus de larges ailes, les Dyticides peuvent sortir de l'eau et se transporter d'une mare dans une autre; pour s'approvisionner d'air, ils viennent à la surface de l'eau, soulèvent leurs élytres, effectuent une inspiration et plongent à nouveau dans l'eau en emportant une certaine quantité d'air sous les élytres en voûte.

Fig. 170. *Gyrinus natator.*

Dytiscus (Dytique, fig. 169); longues antennes filiformes, pattes antérieures assez courtes.

Le Dytique bordé (*Dytiscus marginalis*) est brun verdâtre foncé avec bordure jaune en dessus; ton fauve ferrugineux en dessous. Le mâle a les élytres lisses; ceux de la femelle sont cannelés.

Ce Coléoptère détruit nombre d'Insectes, de Mollusques et même des Grenouilles; sa larve, longue au maximum de 5 centimètres, est extrêmement vorace.

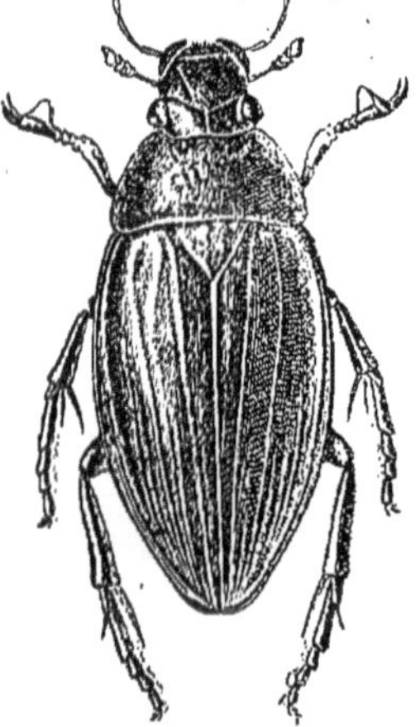

Fig. 171. — *Hydrophilus piceus.*

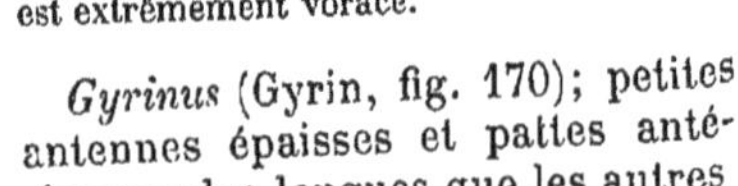

Gyrinus (Gyrin, fig. 170); petites antennes épaisses et pattes antérieures plus longues que les autres.

Le Gyrin passe une partie de son existence à la surface de l'eau où il décrit des cercles avec une grande rapidité; aux premiers froids, il se cache sous les pierres et les herbes au fond de l'eau. Sa larve, très vorace, est fort agile et fuit ses ennemis par des sauts brusques.

(b) **Hydrophilides.** — Herbivores aquatiques. Corps ovalaire; antennes courtes terminées en massue et insérées latéralement; longs palpes maxillaires pendants.

Les femelles possèdent des *glandes séricigènes abdominales* et 2 filières; elles tissent une coque dans laquelle elles renferment leurs œufs. Les larves phytophages sont moins agiles que celles des Dytiques; enfoncées dans la vase, elles s'y transforment en nymphes.

Hydrophilus. Antennes de 9 articles; longue pointe sternale dirigée en arrière.

L'Hydrophile brun (*H. piceus*, fig. 171) atteint 6 centimètres de longueur.

(c) **Brachélytres**. — Les uns sont carnassiers (*Staphylinus olens*), les autres amateurs de chair corrompue (*St. hirtus*, *maxillosus*, fig. 172) ou de débris végétaux ; les Brachélytres ou Staphylinides ont les élytres courts, mais les ailes postérieures très développées, des antennes filiformes et longues, un nombre variable d'articles du tarse. Larves très analogues à l'insecte parfait.

Fig. 172. *Staphylinus maxillosus.*

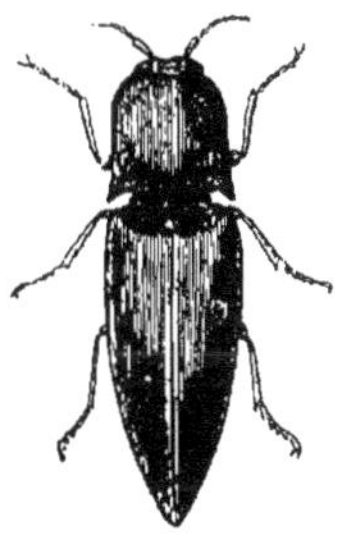

Fig. 173. *Elater sanguinolentus.*

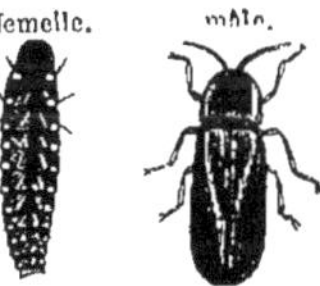

Fig. 174. *Lampyris noctiluca.*

Le Staphylin odorant (*Staphylinus olens*), tout noir, court sur les chemins; si on l'attaque, il s'arrête, se campe sur les pattes et redresse à la fois sa tête pour mordre et son abdomen pour exhaler une odeur pénétrante.

(d) **Serricornes**. — Antennes dentées en scie (fig. 161, *b*).

Elatérides. — Insectes phytophages; corps long et pattes courtes.

Une pointe du prosternum des Elatérides s'engage, à leur volonté, dans une cavité correspondante du mésosternum ; aussi quand ces animaux sont renversés sur le dos, ils enfoncent leur pointe sternale dans sa cavité et, par une brusque détente, ils se projettent en l'air, répétant la manœuvre jusqu'à ce qu'ils retombent sur le ventre.

Elater (Taupin, fig. 173). Le Taupin des moissons (*Elater segetis*), gris et très commun, est nuisible aux cultures ; sa larve ronge les racines des végétaux. — *Pyrophorus*. *P strabus* ou Pyrophore du Mexique; à la base du prothorax se trouvent deux plaques ovalaires photogènes à la volonté de l'animal.

Malacodermes. — Téguments de faible consistance.

Lampyris (Lampyre). Corps élancé, élytres flexibles et longs, sauf chez la femelle ; le corselet large couvre en partie la tête.

Le Lampyre noctiluque (*L. noctiluca* ou Ver luisant, fig. 174), le Lampyre brillant (*L. splendidula*), la Luciole (*L. italica*) émettent une vive lumière dans la région abdominale (voir T. II, fasc. 1er, page 92, fig. 64).

Toutes ces espèces sont utiles : elles dévorent les limaces.

Anobium (Vrillette, fig. 175). — *Lymexylon* (Lime-bois, fig. 176).

Ces espèces sont nuisibles, car elles rongent le bois.

Les Vrillettes attaquent les bois morts et y pratiquent les trous que l'on remarque dans les vieux meubles.

(e) **Clavicornes.** — Antennes dilatées au sommet (fig. 161, *c*). Vivent tous de matières corrompues.

Necrophorus (Nécrophore, fig. 177) ; corps épais, allongé ; pattes robustes.

Le Nécrophore fossoyeur (*N. vespillo*) a un corps noir et les élytres pourvus de 2 bandes transversales d'un rouge vif. Il enterre les cadavres de petits animaux

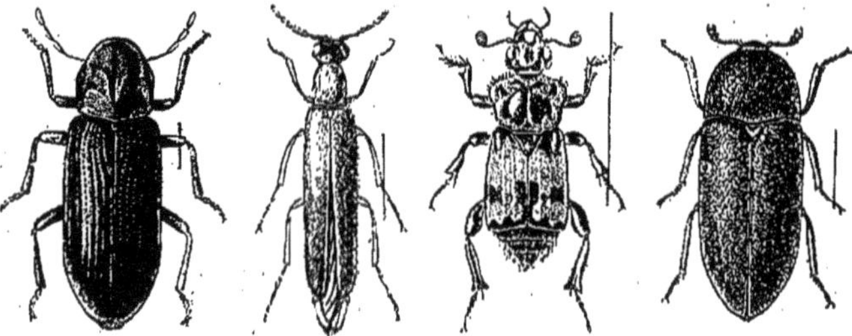

Fig. 175. *Anobium pertinax.* Fig. 176. *Lymexylon navale.* Fig. 177. *Necrophorus vestigator.* Fig. 178. *Dermestes vulpinus.*

(Souris, Mulots, etc.) dans lesquels il a pondu ses œufs; les larves écloses se nourrissent de cette chair corrompue.

Dermestes (fig. 178) ; petit insecte de couleur grise ou brune. — *Anthrenus* (Anthrène), corps noir de 2 à 3 millimètres ; bandes transversales blanches sur les élytres. *Très nuisibles.*

Les Dermestes pullulent dans les magasins de denrées, de fourrures; ils attaquent les peaux des Mammifères et des Oiseaux dans les collections, tandis que l'Anthrène des musées vit aux dépens des collections d'Insectes.

(f) **Lamellicornes.** — Antennes coudées terminées par des lamelles (fig. 161, *d*).

Scarabéides. — Les lamelles des antennes sont mobiles et les mandibules peu développées

En général de forte taille, les Scarabéides pondent des œufs d'où éclosent les larves connues sous le nom de *Vers blancs* ; ces larves fuient la lumière et vivent de racines ou de bois pourri.

Cetonia (Cétoine, fig. 179). Antennes de 10 articles dont les 3 derniers lamelleux. Insecte *mélitophage.*

La Cétoine dorée (*C. aurata*), magnifique Coléoptère d'un vert doré, vole à l'aide de ses ailes postérieures en soulevant légèrement ses élytres sans les écarter; elle choisit les fleurs les plus brillantes (Rose, Pivoine), ronge les pétales du Chèvrefeuille et en suce le miel. La Cétoine pond ses œufs dans le bois pourri dont se nourriront les larves.

Melolontha (Hanneton). Antennes de 10 articles dont les 6 (♀) ou 7 (♂) derniers lamelleux. Insecte *phyllophage très nuisible.*

Fig. 179. *Cetonia hirtella.*

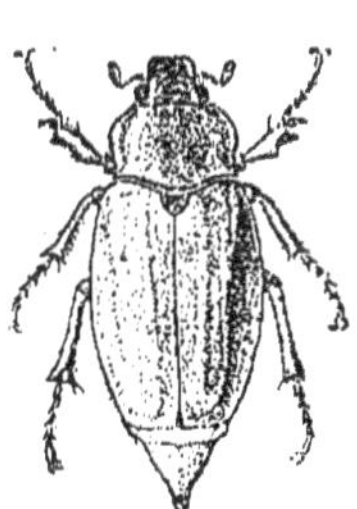

Fig. 180. *Melolontha vulgaris.*

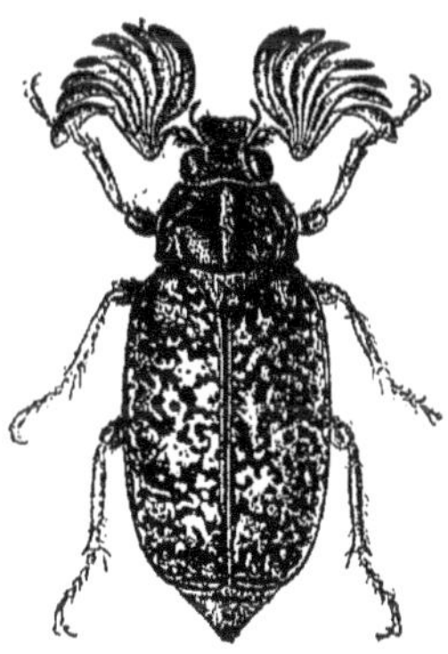

Fig. 181. *Polyphylla fullo.*

Le Hanneton commun (*M. vulgaris*, fig. 180), à corselet noir et à élytres brun rouge, présente sur chaque anneau de l'abdomen une tache latérale blanche. Il vole en écartant ses élytres. Ce Coléoptère commet au printemps d'énormes dégâts, en dévorant les bourgeons et les feuilles des arbres. Les femelles fécondées s'enfoncent dans la terre où elles déposent leurs œufs. Les larves souterraines accomplissent leur développement en trois ans environ et rongent nombre de racines pendant ce laps de temps.

Le Hanneton foulon (*Polyphylla fullo*, fig. 181), de couleur brune avec des écailles blanchâtres sur tout le corps, affectionne le bord de la mer (côtes de l'Océan et de la Méditerranée).

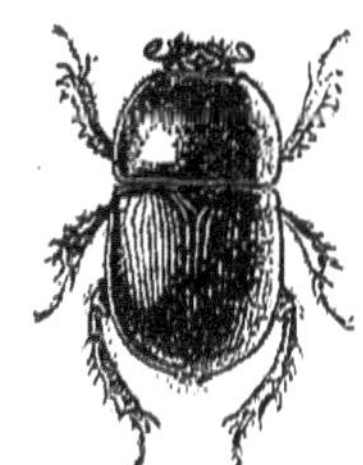

Fig. 182. *Geotrupes mutator.*

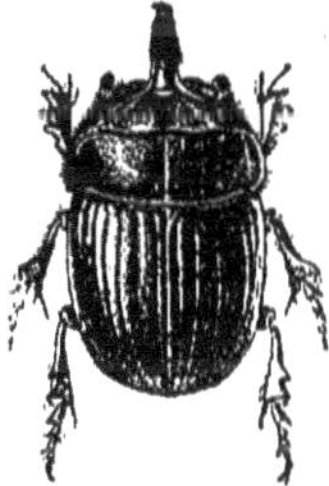

Fig. 183. *Copris hispana.*

Oryctes (*O. nasicornis* ou Rhinocéros); gros Insecte brun, luisant, avec une corne relevée sur la tête; vit au voisinage des tanneries. — *Geotrupes* (fig. 182); antennes de 10 ou 11 articles; mandibules coriaces. — *Copris* (fig. 183). *Ateuchus;* antennes de 9 articles; mandibules et mâchoires membraneuses : ce sont les Insectes des fumiers, des bouses de vache, appelés vulgairement *Bousiers.*

Le Géotrupe stercoraire (*G. stercorarius*), d'un noir luisant, avec des élytres striés, dépose ses œufs dans des trous du sol avec une provision de matières en décomposition. L'Ateuchus sacré (*A. sacer*), commun dans l'Europe méridionale

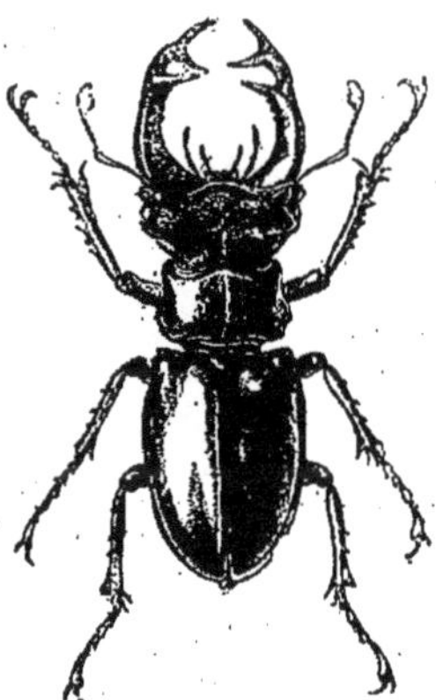

FIG. 184. — *Lucanus cervus.*

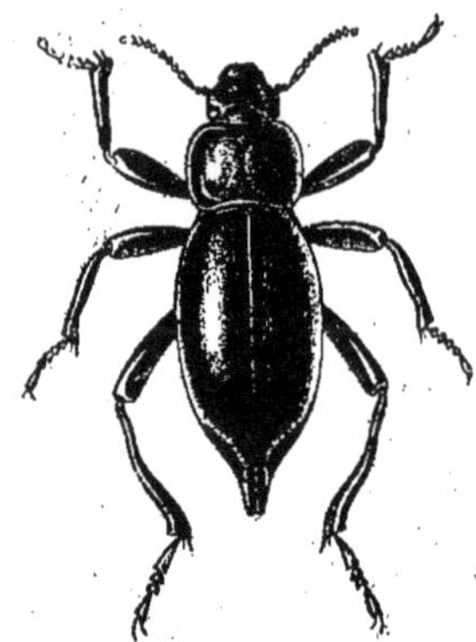

FIG. 185. — *Blaps gigas.*

et le nord de l'Afrique, est tout noir; sa tête est hérissée de 2 tubercules. Cet animal roule autour de chacun de ses œufs une boule de fumier et l'enfouit dans le sol.

Ces insectes sont utiles, car ils diffusent dans le sol les matières organiques fécondantes; ils sont *coprophages*.

Lucanus (Lucane, fig. 184); très grande taille. Les mâles ont des mandibules énormes. Les Lucanes habitent les bois et ne volent que le soir.

Le Cerf-volant (*L. cervus*) vit à l'état de larve dans les troncs des Chênes pourris.

2° **Hétéromères.** — 5 *articles aux tarses antérieurs et intermédiaires ; 4 articles aux tarses postérieurs.*

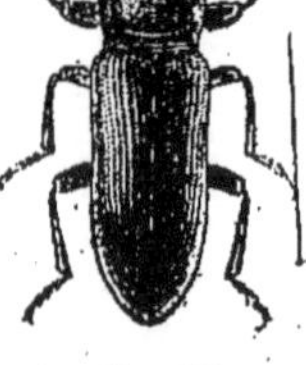

FIG. 186. *Tenebrio obscurus.*

Mélasomes. — Corps noir.

Blaps (fig. 185) ; privé d'ailes sous les élytres.

Les Blaps répandent une odeur puante autour d'eux. Le Blaps porte-malheur (*B. mortisaga*), innocent des présages qu'on lui impute, a une larve jaune.

Tenebrio (fig. 186); corps long et étroit.

Le Ténébrion de la farine (*T. molitor*) vit de farine, de biscuit, dans les boulangeries, au voisinage des fours. Sa larve fauve passe son existence enfouie dans la farine (*ver de farine*), ainsi que la nymphe.

Cantharidides. — Insectes vésicants, à tête cordiforme; élytres flexibles; téguments peu consistants. Un principe vésicant, la *cantharidine*, est contenu dans les organes génitaux et dans le sang. *Hypermétamorphoses.*

Cantharis (Cantharide, fig.187); grands élytres d'un vert brillant.

La Cantharide des officines (*C. vesicatoria*) est d'un vert brillant; abondante dans le midi de la France et en Espagne, sur les Frênes et les Lilas, elle est recueillie dans des toiles étendues au pied des arbres qu'on secoue violemment, exposée à des vapeurs de vinaigre bouillant et conservée en vases clos dans des endroits secs.

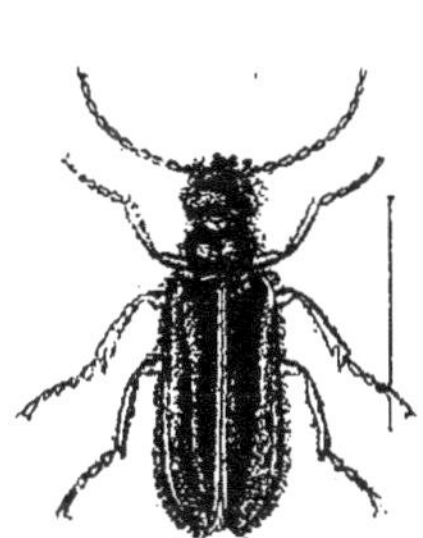

Fig. 187. *Cantharis vesicatoria.*

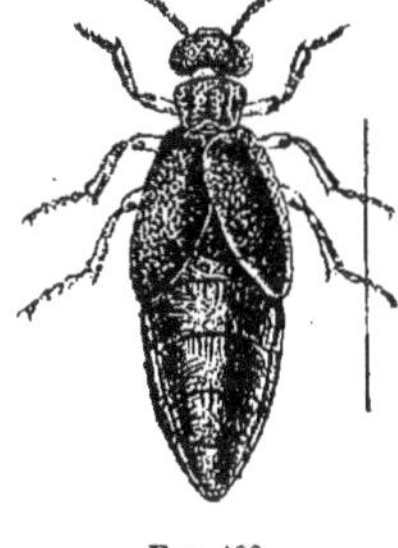

Fig. 188. *Meloe variegatus.*

Meloe (Méloé, fig. 188); élytres courts, pas d'ailes postérieures. Corps lourd et mou.

Les *hypermétamorphoses* des Cantharidides se résument ainsi :

La petite larve agile, issue d'un œuf de Méloé par exemple, est pourvue de longues pattes et s'accroche à un Hyménoptère (soit l'Abeille solitaire) qui l'introduit dans son nid; là, elle dévore l'œuf pondu par l'Abeille sur une pâtée de miel; elle *mue*, devient lourde, avec 6 pattes courtes, et mange le miel; elle se transforme en *chrysalide* inactive, *mue* une 3e fois, acquiert ses dimensions définitives et devient une *nymphe* d'où sortira l'insecte parfait.

3° ***Tétramères.*** — *4 articles à tous les tarses.*

Curculionides. — Tête prolongée en avant en un rostre (Rhynchophores ou *Porte-bec*); téguments durs et épais.

La plupart sont petits, mais *tous sont nuisibles*, surtout à l'état larvaire, car ils s'attaquent à tous les végétaux.

Bruchus (Bruche); rostre court et large; antennes non coudées.

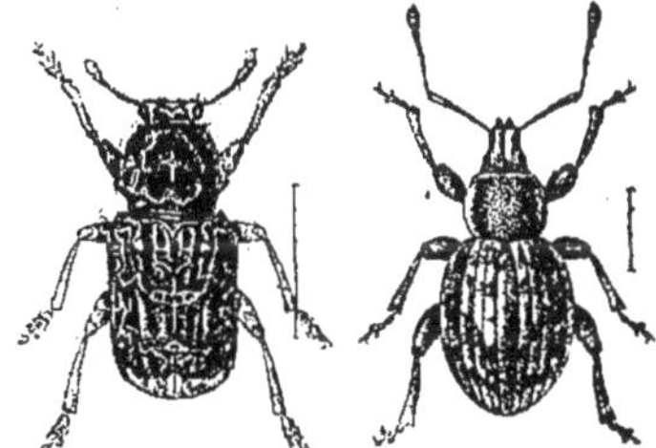

Fig. 189. *Platyrhinus latirostris.* Fig. 190. *Otiorhynchus picipes.*

Le Bruche du Pois (*B. Pisi*) pond ses œufs dans les pois à l'approche de la maturité; chaque larve envahit une graine et devient libre. Pois, lentilles, fèves, etc., sont attaqués par des Bruches spéciaux.

Platyrhinus (fig. 189); rostre large, presque carré; antennes courtes. — *Otiorhynchus* (Charançon, fig. 190); rostre plus ou moins long, antennes coudées.

Les Charançons sont nombreux comme espèces dans nos pays. Les Calandres du Blé et du Riz (*Calandra granaria*, fig. 191; *Oryzoe*) commettent parfois des dégâts considérables dans les greniers où elles se nourrissent de ces graines précieuses.

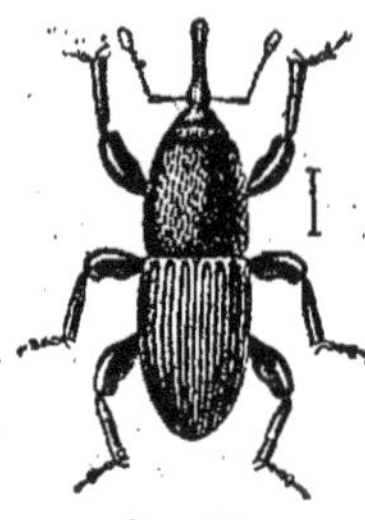

Fig. 191. *Calandra granaria.*

Cérambycides ou **Capricornes.** — Antennes extrêmement longues (Longicornes); mandibules très fortes et mâchoires de forme variable avec la nature des plantes dont se nourrissent ces Coléoptères. *Animaux nuisibles.*

Les larves des Cérambycides sont grosses, allongées, d'un blanc jaunâtre, avec des téguments mous. Elles vivent dans des troncs d'arbres et se nourrissent de bois; quand elles ont atteint leur grandeur maximum, elles agglutinent avec de la salive des débris ligneux, en font une coque où elles passent la phase de nymphe.

Cerambyx (Capricorne, fig. 192); antennes fortes.

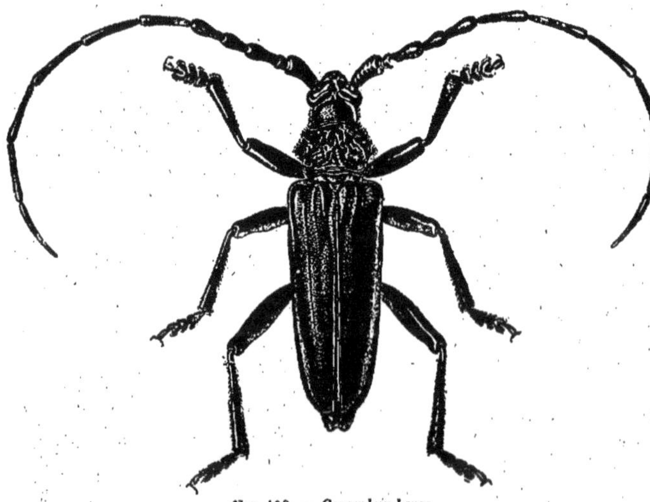

Fig. 192. — *Cerambyx heros.*

Le Capricorne (*C. heros*), long de 5 centimètres, a un corps svelte, brun foncé, les élytres rougeâtres et chagrinés; il vit sur les Chênes.

Aromia (Callichrome, fig. 193); antennes grêles et longues.

Le Callichrome musqué (*A. moschata*), se voit sur les Osiers et les Saules à la fin de l'été, au bord des rivières; il exhale une agréable odeur de rose.

Bostrichides. — Petit corps cylindrique; tête épaisse retirée dans le prothorax; antennes courtes, épaissies à leur extrémité; mandibules fortes et saillantes.

Animaux nuisibles.

Bostrichus.

Les larves et les Insectes parfaits creusent des galeries dans le bois dont ils se nourrissent; ils attaquent principalement les Conifères (fig. 193 *bis*).

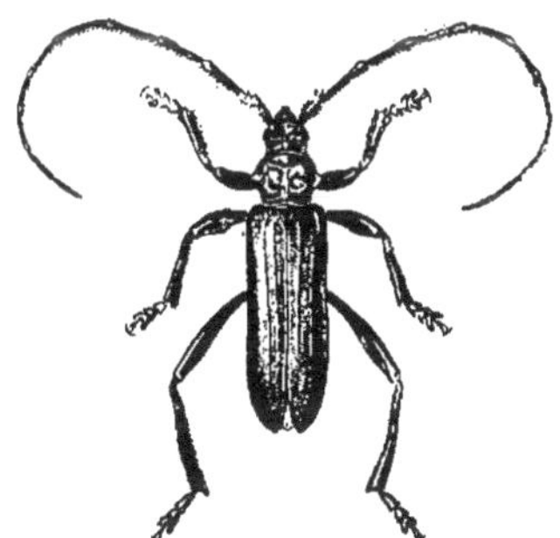

Fig. 193. — *Aromia moschata.*

Chrysomélides. — Corps ramassé, souvent arrondi, orné de brillantes couleurs; antennes filiformes.

Animaux nuisibles détruisant les parties molles des végétaux, à l'état larvaire comme dans l'âge adulte.

Crioceris (Criocère); corps oblong; tête et prothorax étroits.

Le Criocère du Lis (*C. merdigera*), noir avec corselet et élytres d'un beau rouge vermillon, vit sur le Lis blanc Pour se protéger contre les attaques de ses ennemis, la larve du Criocère se fait, sur le dos, une épaisse couverture de ses déjections.

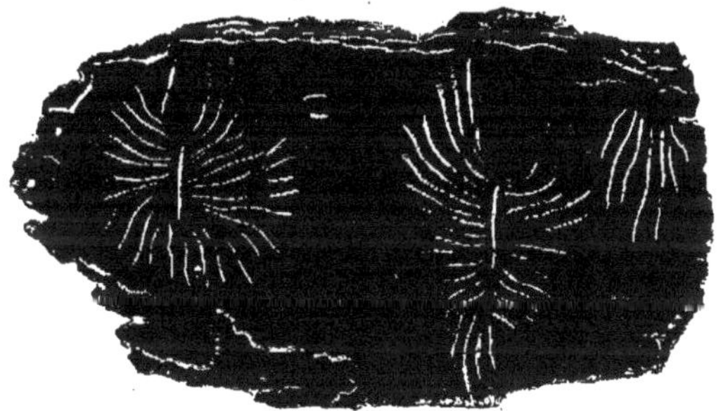

Fig. 193 *bis*. — Bois rongé par le *Bostrichus*.

Cassida (fig. 194); prothorax large formant bouclier au-dessus de la tête.

La Casside verte (*C. viridis*) vit sur les Chardons, les Artichauts et nuit aux Betteraves.

Chrysomela (Chrysomèle, fig. 195); tête dégagée du thorax.

La Chrysomèle du Peuplier (*Lina populi*) est d'un vert bronzé avec élytres rouges; sa larve surtout en détruit le feuillage.

Eumolpus (Eumolpe, fig. 196); prothorax moins large que les élytres.

L'Écrivain (*E. vitis*, Eumolpe de la Vigne), découpe par petites lanières les feuilles de cette plante.

4° **Trimères.** — *Tarses composés de 4 articles dont l'avant-dernier rudimentaire.*

Coccinella (Coccinelle, fig. 197).

La Coccinelle à 7 points (*C. septempunctata*) est un Insecte essentiellement *utile*

Fig. 194. *Cassida murræa.*

Fig. 195. *Lina 20-punctata.*

Fig. 196. *Eumolpus* (*Bromius*) *vitis.*

Fig. 197. *Anisosticta* (*Coccinella*) *19-punctata.*

dont la larve consomme par jour une quantité énorme de Pucerons, suceurs extrêmement nuisibles à la végétation.

2° STREPSIPTÈRES

Insectes parasites des Hyménoptères. Pièces buccales très réduites; ailes antérieures en forme d'écailles rudimentaires enroulées à la pointe; *ailes postérieures très développées.*

Les mâles ont de gros yeux globuleux; les femelles sont aveugles, sans ailes ni pattes. Animaux vivipares. — *Stylops;* parasite des Andrènes.

3° ORTHOPTÈRES

Insectes broyeurs. 4 ailes **droites**: *les antérieures (pseudélytres) plus petites et plus résistantes que les postérieures; ces dernières sont finement réticulées et plissées en éventail à l'état de repos. Métamorphoses incomplètes [rudiments d'ailes dans l'intervalle des 2 dernières mues].*

1° **Coureurs.** — *Tarses de 5 articles.*

Blatta (Blatte, fig. 198). — Corps large et plat à téguments très flexibles; antennes longues et filiformes, pattes hérissées d'épines. Le corps noir ou gris terne dégage une odeur repoussante. *Très nuisible.*

Les Blattes vivent de substances animales et végétales conservées ou desséchées; elles endommagent parfois de grands approvisionnements. Elles rassemblent leurs œufs dans une coque qu'elles ont sécrétée. La Blatte américaine (*Kakerlac* ou *Cancrelat*) vit dans les ports de mer; la Blatte des cuisines (*B. orientalis* ou Cafard), plus petite que la précédente, s'installe dans les fissures des vieilles cheminées.

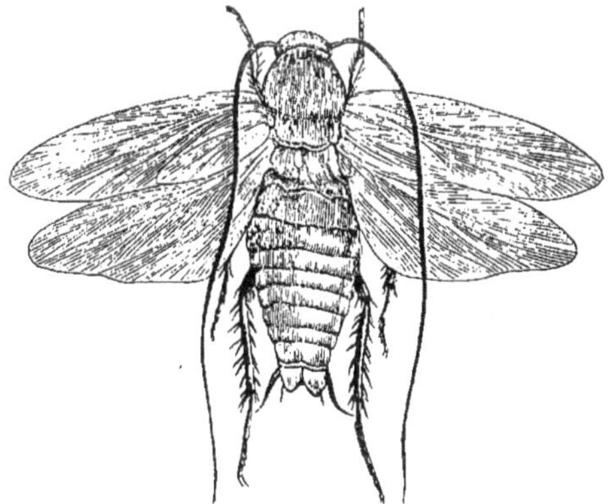

Fig. 198. — *Blatta americana*.

Mantis (Mante). — Corps élancé; tête mobile avec de gros yeux et des mandibules tranchantes; prothorax très long portant des pattes antérieures préhensiles (fig. 159, *c*); grandes ailes; abdomen volumineux.

La Mante religieuse verte (*M. religiosa*) se tient immobile dans les broussailles, le train antérieur dressé, les premières pattes prêtes à saisir l'insecte qui s'aventure à leur portée.

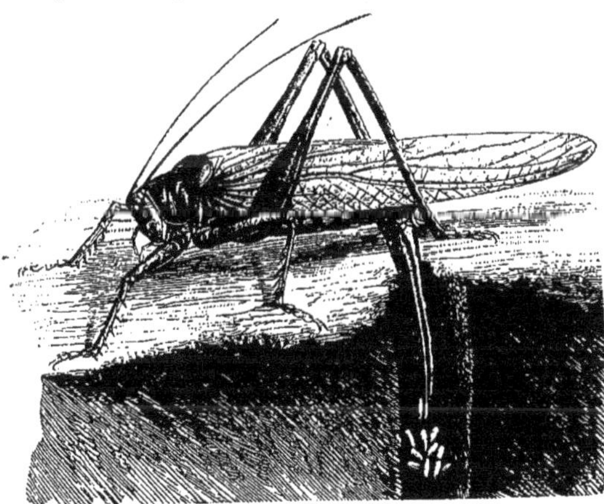

Fig. 199. — *Locusta viridissima*.

Phasmides. — Ces êtres simulant des baguettes aptères (*Bacillus*), ou pourvus d'ailes ayant l'aspect de feuilles sèches

(*Phyllium siccifolium*), présentent des cas de mimétisme intéressants; ils vivent dans les régions intertropicales.

2° **Sauteurs**. — *Cuisses des pattes postérieures renflées et propres au saut. Organes de stridulation* (bruit) *chez les mâles.*

Locustides ou **vraies Sauterelles**. — Antennes très longues et sétacées; tarses de 4 articles; abdomen pourvu, chez les femelles, d'un grand oviscapte à l'aide duquel elles enfouissent leurs œufs dans le sol.

La disproportion entre leurs pattes antérieures et leurs pattes postérieures s'oppose à la marche des Locustes; aussi sautent-elles d'ordinaire. Elles sont phytophages, mais ne causent pas de grands dégâts.

Locusta (*L. viridissima* ou Sauterelle verte, fig. 199), front avec tubercule médian. — *Decticus* (*D. verrucivorus*); front sans éminence; ailes tachetées de brun. — *Ephippigera* (*E. vitium*); corps vert et ailes rudimentaires affectant la forme d'écailles.

Gryllides. — Antennes très longues et sétacées; tarses de 3 articles ordinairement; l'oviscapte des femelles est très frêle. Pseudélytres des mâles pourvus d'un large appareil musical.

Fig. 200. — *Gryllus campestris.*

Tandis que les Locustides aiment la lumière, les Gryllides sont nocturnes, de couleur sombre, brune ou grise.

Gryllus (Grillon ou Cri-Cri, à cause du bruit que font les mâles avec leurs élytres, fig. 200); pattes de devant simples.

Le Grillon des champs (*G. Campestris*) noirâtre, vit solitaire dans un trou qu'il a creusé et d'où il ne sort que pendant la nuit. Le Grillon domestique (*G. domesticus*), jaune brun, habite les crevasses des vieilles cheminées, près des endroits chauds tels que les boulangeries.

Fig. 201. — *Gryllotalpa.*

Gryllotalpa (Courtilière, fig. 201), pattes de devant fortes et digitées, admirablement conditionnées pour fouir le sol.

La Courtilière se creuse des galeries dans les terres meubles (jardins, potagers), coupe et mange les racines; si elle détruit les Vers et les larves qu'elle rencontre, la Courtilière n'en est pas moins phytophage et *très nuisible* aux cultures.

Acridides ou **Criquets**. — Antennes courtes, assez épaisses; tarses de 3 articles; pas d'oviscapte chez les femelles.

Les mâles appellent les femelles en frottant leurs élytres, à nervures très saillantes, sur les arêtes que possèdent les cuisses postérieures du côté interne.

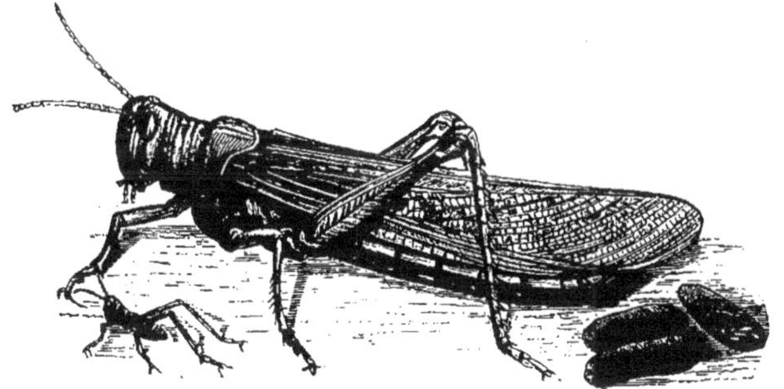

Fig. 202. — *Acridium peregrinum.*

Acridium (*A. peregrinum* ou Criquet voyageur, fig. 202); sternum pourvu d'une pointe.

Cet *insecte nuisible*, abondant en Afrique et en Orient, se multiplie parfois d'une manière prodigieuse, envahit par colonnes épaisses les régions cultivées, détruit toute végétation et sème la ruine sur son passage. Aujourd'hui on organise en Algérie, contre de telles invasions, de véritables armées de soldats et d'indigènes qui exterminent en masse les Criquets et détruisent leurs cadavres au moyen de la chaux.

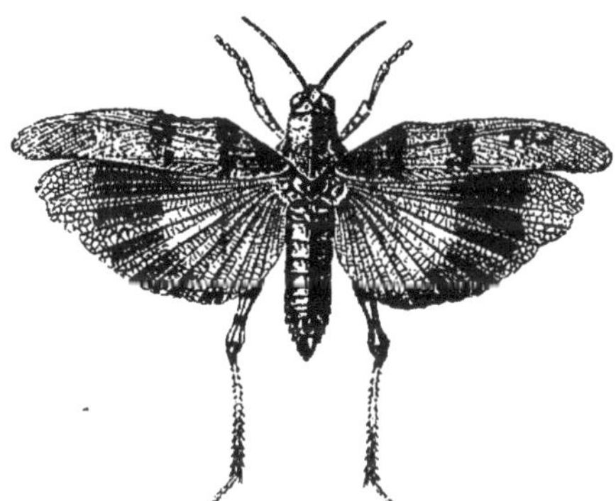

Fig. 203. — *Œdipoda cærulescens.*

Pachytilus (*P. migratorius* ou Criquet émigrant); sternum sans pointe.

Cause en Europe des ravages du même genre que le précédent en Afrique et en Asie.

Œdipoda (fig. 203). Petites Sauterelles à ailes rouges (*Œ. miniata*) ou bleues (*Œ. cœrulescens*), très répandues dans nos prairies.

3° **Labidoures** ou ***Forficulides***. — *Abdomen pourvu de 2 crochets* **formant pince**.

Forficula (fig. 204); tarses de 3 articles; ailes antérieures courtes (véritables élytres) à suture droite; ailes postérieures ployées en éventail, puis transversalement, au repos.

Le Perce-oreille (*Forficula auricularia*) est nocturne; il vit sous les pierres et l'écorce des arbres, se nourrit de végétaux et commet ainsi quelques dégâts. Sa pince abdominale est inoffensive.

4° THYSANOURES

Insectes broyeurs, aptères, dont l'abdomen porte des **appendices sétiformes.** *Pas de métamorphoses.*

Les Thysanoures se rapprochent des Forficules par leurs appendices : filaments tactiles (Lépisme); organe du saut replié sous le ventre (Podure). Ces Insectes ont certaines affinités avec les Myriapodes : le *Campodea* présente 3 paires de pattes rudimentaires et le *Machilis* en a 8 paires.

Fig. 204. — *Forficula auricularia.*

Ils se nourrissent de matières molles ou en décomposition.

Lépismides. — Corps allongé, convexe, écailleux; abdomen pourvu de longs filaments.

Lepisma (*L. saccharina* ou petit Poisson d'argent, fig. 158); petits yeux; 3 filaments abdominaux. Il habite les livres, le linge dans les armoires (surtout à la campagne). — *Machilis*, gros yeux, 5 filaments abdominaux.

Campodéides. — Corps allongé, aplati, velu. — *Campodea.*

Podurides. — Animaux plus petits que les précédents, pourvus d'un appendice abdominal fourchu et replié sous le corps, leur permettant de sauter.

Podura; lieux humides. — *Desoria* (*D. glacialis*); glaciers des Alpes.

5° PSEUDONÉVROPTÈRES

Insectes broyeurs. 4 ailes membraneuses de même structure; réseau de nervures à mailles fines. Métamorphoses incomplètes [*rudiments d'ailes avant la pénultième mue, grandissant à chaque mue*].

1° **Corrodants.** — *Appendices buccaux très forts. Larves terrestres. Adultes mangeant du bois ou des matières animales.*

Termes (Termite, fig. 205). Tarses de 4 articles; ailes égales.

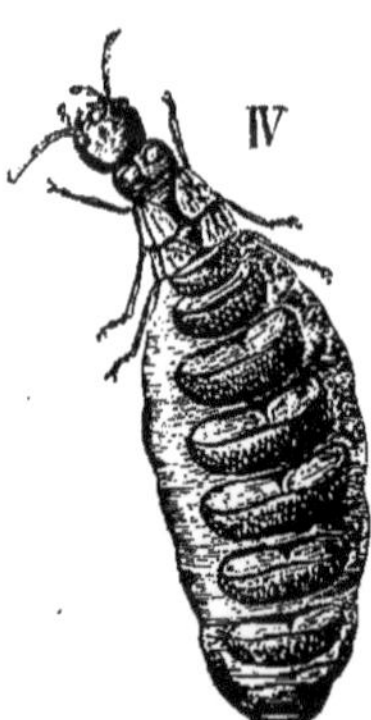

Fig. 205. — *Termes lucifugus.* I; Ouvrier. II; Soldat. III; Mâle. IV; Grande femelle.

Les Termites forment des sociétés, établies dans des nids ou *termitières*, comprenant des mâles et des femelles, des neutres, des nymphes actives et des larves. Les *mâles* et les *femelles* ont des ailes amples, une tête forte avec 2 gros yeux et 3 ocelles; les neutres, aptères, comprennent les *ouvriers* à tête ronde et mandibules courtes et les *soldats* à tête plus allongée et fortes mandibules; les *nymphes* de deux tailles différentes ont des rudiments d'ailes courts ou longs. Dans chaque société se trouve au moins un couple fécond (*roi* et *reine* dont les ailes tombent après l'accouplement); la reine fécondée a un abdomen fort distendu sous lequel est caché le roi; elle pond les œufs que les ouvriers emportent dans une nourricerie où ils en surveillent l'éclosion. Aux soldats incombe la défense de la colonie.

Le Termite lucifuge (*T. lucifugus*), commun dans les landes de Gascogne et dans les habitations de la côte voisine, vit dans les souches des vieux Pins, creuse ses galeries dans les poutres des maisons exposées par suite à l'effondrement (La Rochelle, Rochefort, Saintes, Bordeaux, etc.).

Le Termite belliqueux (*T. bellicosus*), de l'Afrique méridionale, construit des nids atteignant jusqu'à 5 mètres de hauteur.

2° **Odonates.** — *Antennes courtes; appendices buccaux forts. Larves aquatiques à respiration rectale, carnassières comme les adultes.*

Libellulides ou **Demoiselles.** — Ailes égales avec une réticulation d'une finesse admirable. Grosse tête portant de gros yeux. Appendices abdominaux formant chez le mâle une pince dont il se sert pour retenir la femelle. Larves et nymphes pourvues d'une lèvre inférieure très développée, articulée sur le menton et terminée par 2 palpes formant pince (*masque*).

Les Demoiselles sont d'une extrême férocité : la larve et la nymphe, peu agiles, se servent du masque pour saisir leur proie (l'insecte ailé l'appréhende en volant); la victime est déchirée en un instant. Pour respirer, la larve introduit par l'anus, dans son intestin, une certaine quantité d'eau qu'elle rejette violemment si elle est attaquée. La nymphe, sur le point de donner l'insecte parfait, grimpe sur les plantes hors de l'eau; sa peau se dessèche et se fend; l'insecte ailé s'en échappe.

Fig. 206. — *Libellula depressa.*

Libellula (*L. depressa*, Libellule, fig. 206); corps large, palpes labiaux à 2 articles; le mâle est bleuâtre en dessus, la femelle fauve. — *Æschna* (fig. 207); corps arrondi et robuste; palpes labiaux à 3 articles. — *Agrion*; corps grêle; abdomen en forme de longue baguette, bleu gris de perle. — *Calopteryx. C. virgo* (Agrion vierge); mâle bleu; femelle d'un vert brillant.

3° ***Amphibiotiques.*** — *Appendices buccaux faibles. Larves aquatiques carnivores avec branchies trachéennes. Les adultes ne prennent pas de nourriture.*

Perla (Perle); antennes longues; ailes antérieures un peu plus longues et plus étroites que les postérieures. — *Ephemera* (Éphémère, fig. 208); antennes courtes; ailes délicates dont les antérieures sont larges et les postérieures petites ou nulles.

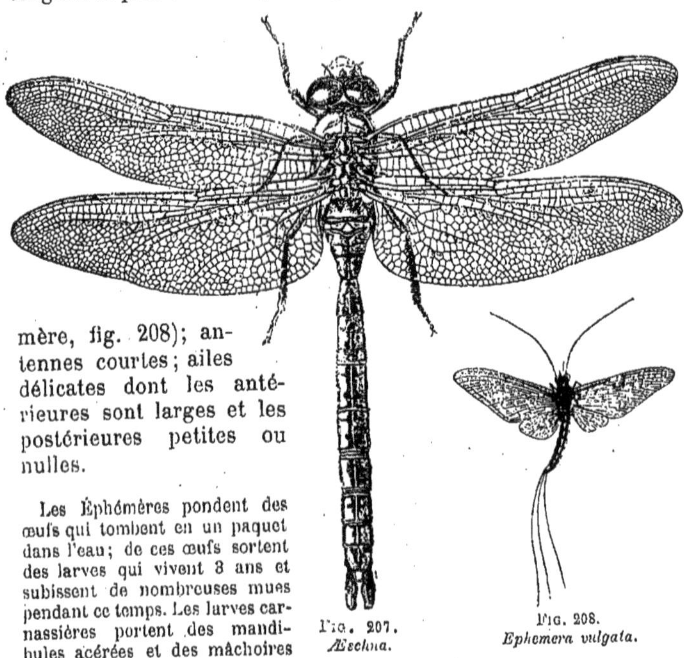

Fig. 207. *Æschna*.

Fig. 208. *Ephemera vulgata*.

Les Éphémères pondent des œufs qui tombent en un paquet dans l'eau; de ces œufs sortent des larves qui vivent 3 ans et subissent de nombreuses mues pendant ce temps. Les larves carnassières portent des mandibules acérées et des mâchoires épineuses. Elles acquièrent des rudiments d'ailes en se transformant en *nymphes* qui donneront elles-mêmes naissance à un insecte ailé; mais ce dernier n'est qu'une *pseudimago*, enveloppée d'une sorte de tunique qu'elle perd en devenant *imago*. Les insectes parfaits volent vers le soir par milliers à la surface des étangs et des cours d'eau; mâles et femelles s'accouplent aussitôt; les femelles fécondées laissent tomber leur paquet d'œufs dans l'eau et tous meurent, ayant à peine vécu sous cette forme parfaite.

6° NÉVROPTÈRES

Insectes broyeurs. 4 **ailes membraneuses réticulées,** *plus ou moins velues. Métamorphoses complètes.*

1° **Planipennes.** — *Ailes* **planes,** *nues ; mandibules fortes. Larves terrestres d'ordinaire.*

Myrmeleon. M. formicarius (Fourmilion, fig. 209).

La larve terrestre du Fourmilion ne peut marcher qu'à reculons; elle forme dans le sable, au voisinage d'une fourmilière, un entonnoir au fond duquel elle disparaît, sauf sa tête armée de 2 grandes mandibules; une Fourmi s'aventure-t-elle sur le bord? la larve lui jette de petits grains de sable, la fait rouler dans le précipice et en suce le sang à l'aide de ses mandibules perforées.

Pour se transformer en nymphe, la larve s'enferme dans une coque soyeuse sécrétée par elle et renforcée de grains de sable agglutinés; de cette coque sortira un insecte ailé, gris sombre, avec des taches jaunes.

Panorpa. P. communis (Panorpe); bouche prolongée en une longue trompe.

2° **Plicipennes.** — *Ailes postérieures* **ployées** *en long; les ailes sont écailleuses ou velues. Larves aquatiques.*

Phryganea (Phrygane).

Cet insecte habite le bord de l'eau et vole le soir. La femelle laisse tomber dans l'eau ses œufs enveloppés d'une gelée transparente qui les fixe aux pierres ou aux plantes aquatiques. De ces œufs sortent des *larves* très carnassières, avec des téguments mous, qui se forment un long étui protecteur en réunissant, par des fils de soie, des bouts de bois, grains de sable, etc. (fig. 210). La larve, pour se transformer en nymphe, fixe son fourreau en un point et le ferme à son extrémité. L'insecte ailé en sortira plus tard.

Fig. 209. — *Myrmeleon formicarius* et sa larve.

Fig. 210. — Larve de Phrygane dans son fourreau.

7° HYMÉNOPTÈRES

Insectes lécheurs. 4 **ailes membraneuses** *à nervures peu nombreuses. Métamorphoses complètes.*

1° **Vulnérants** ou **Porte-aiguillon.** — *Abdomen pédiculé pourvu d'un aiguillon venimeux rétractile chez les femelles et les neutres. Hanche formée d'un seul article. Larves apodes.*

A. Chasseurs. — *Nourrissent leurs larves de proies.*

(a) **Vespides.** — Ailes pliées longitudinalement pendant le repos. Antennes coudées ou arquées.

Les Vespides sont sociaux (*Guêpes*) ou solitaires (*Odynérides*).

Guêpes ou Vespides sociaux. — Les Guêpes construisent un nid (fig. 211) avec des fibres ligneuses, des feuilles mortes, etc., dont elles forment une sorte de papier grisâtre; à l'intérieur du nid sont disposés des rayons comprenant un seul rang de loges hexagonales. Les larves, faibles d'ordinaire, ont toutefois des mandibules fortes et se nourrissent de substances molles, de fragments de fruits, de débris d'Insectes, etc.

Vespa; corps épais, abdomen à peine étranglé à son origine.

La Guêpe commune (*V. vulgaris*) établit son nid dans la terre. A mesure que le nombre des jeunes s'accroît, le nid s'augmente de nouvelles cellules fabriquées par les ouvrières de la colonie; il est entouré de plusieurs enveloppes papyracées. — La Guêpe des bois (*V. sylvestris*), plus petite que la précédente, est noire

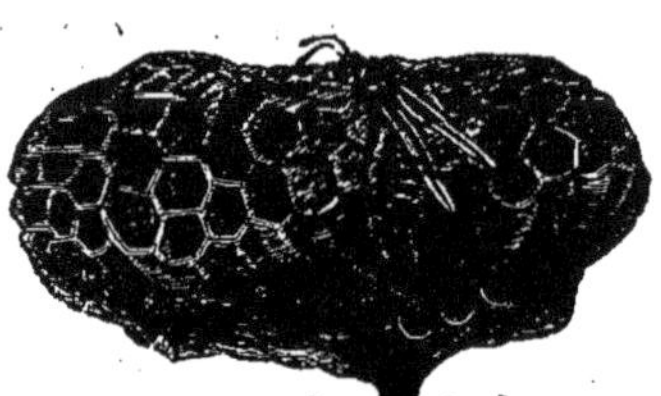

Fig. 211. — Nid d'une Guêpe (*Vespa sylvestris*).

Fig. 212. — *Vespa crabro*.

et tachetée de jaune; elle attache son nid aux branches des arbres. — Le Frelon (*V. crabro*, fig. 212) se distingue de la Guêpe par la coloration rousse de la partie antérieure de son corps; il établit ordinairement son nid dans les vieux troncs d'arbres, sous forme de rayons superposés et attachés les uns aux autres.

Polistes; 1er anneau de l'abdomen aminci en un pédicule assez long.

La Poliste française (*P. gallica*), noire avec taches et antennes jaunes, construit, sur les branches des Genêts et des arbustes peu élevés, son petit nid composé de 50 cellules tout au plus.

Odynérides ou *Vespides solitaires*. — Se distinguent des Guêpes par des mandibules longues, des antennes arquées, des mâchoires et une lèvre inférieure très allongées pour sucer le miel. Larves nourries de chenilles.

Odynerus; corps noir; anneaux de l'abdomen bordés de jaune vif.

L'Odynère se creuse un trou dans la terre, y dépose ses œufs avec une provision de nourriture; puis il en ferme l'entrée.

Eumenes (Eumène); formes plus sveltes.

L'Eumène pomiforme (*E. pomiformis*) est noire et tachetée de jaune, avec l'abdomen pédiculé. Elle fabrique avec de l'argile une petite capsule sphérique, uniloculaire, dans laquelle est déposée la ponte.

Les Odynérides font le passage des Vespides aux Fouisseurs proprement dits.

(b) ***Fouisseurs***. — Ailes étalées, antennes droites.

Dans aucune de ces espèces on ne trouve d'individus neutres ou d'ouvrières; les femelles seules construisent le nid et nourrissent leurs larves avec des animaux qu'elles ont paralysés en les piquant de leur aiguillon venimeux.

Cerceris (*C. arenaria*); nourrit ses larves avec des Charançons récemment éclos. — *Pompilus*; noir; les 3 premiers anneaux de l'abdomen sont rouges; ses larves sont approvisionnées d'Araignées errantes. — *Sphex*; fait la chasse aux Grillons, Criquets, Sauterelles, etc.

B. Formicides. — *Hyménoptères sociaux : mâles, femelles pourvues d'ailes caduques, ouvrières aptères. Nourrissent leurs larves de matières sucrées.*

Les Formicides ont une tête triangulaire avec des antennes coudées, de fortes mandibules, des pattes grêles et longues, un abdomen ovale soutenu par un pédicule court et mince.

Formica (Fourmi); mandibules triangulaires très dentées.

L'espèce dite Fourmi rousse (*F. rufa*), qui habite les bois et les taillis, comprend : des mâles ailés tout noirs couverts de poils, des femelles ailées d'un roux ferrugineux avec le dessus du corps noir et luisant, des ouvrières aptères de même aspect que les femelles.

Au printemps, peu après leur naissance, les femelles s'envolent avec les mâles qui les fécondent; elles se fixent aussitôt en un endroit avec quelques ouvrières qui les aident à couper leurs ailes. Les ouvrières construisent un nid, avec des chambres où elles placent les petits œufs blancs, à mesure qu'ils sont pondus par les femelles. Lors de l'éclosion des larves, les ouvrières vaquent à la recherche de miel, de jus de fruits, de la liqueur sucrée sécrétée par les Pucerons, en gorgent leur jabot et cèdent cette réserve, soit aux ouvrières de l'intérieur, soit aux larves qui grandissent. Les larves parvenues à leur maximum de croissance s'enferment dans une coque soyeuse et traversent la phase nymphe. L'*imago* est trop faible pour briser son enveloppe que déchirent encore les ouvrières; elle reçoit une éducation progressive, vaque petit à petit aux besoins de la colonie avec les autres. Celles des jeunes Fourmis qui sont ailées cherchent à s'envoler, s'accouplent dans les airs avec les mâles qui meurent presque aussitôt après.

Formica sanguinea a pour esclave *F. fusca* que capture aussi le genre *Polyergus*. — *Lasius niger* (Fourmi noire des jardins); élève des Pucerons en captivité.

C. Mellifères. — *Individus tous ailés; aiguillon barbelé; corps couvert de poils; premier article des tarses postérieurs élargi, ainsi que l'extrémité de la jambe du côté externe. Larves nourries de miel ou de pollen.*

Les Mellifères vivent en société (*Abeille*) ou solitaires (*Xylocope*, *Anthophore*.)

Apidés. — Vivent en sociétés nombreuses composées de 3 sortes d'individus; ils construisent des cellules de cire où ils renferment leurs œufs avec une provision de miel.

Apis mellifica (Abeille, fig. 213); yeux velus. — *Bombus*; yeux glabres.

L'Abeille présente dans sa structure, comme dans ses instincts, une supériorité marquée sur tous les Hyménoptères. Centralisation du système nerveux, vastes

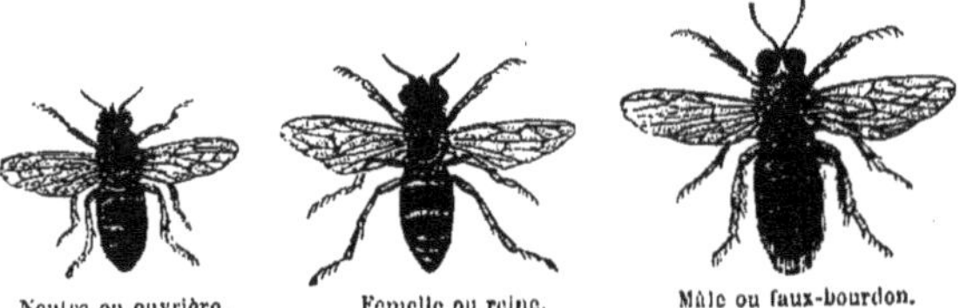

Neutre ou ouvrière. Femelle ou reine. Mâle ou faux-bourdon.

Fig. 213. — *Apis mellifica* (Abeille).

trachées vésiculaires abdominales (fig. 214), appendices spéciaux : mandibules capables de pétrir du ciment et de malaxer de la cire, mâchoires et lèvre inférieure longues pour humer le nectar des fleurs, jambes postérieures et 1er article des tarses propres à récolter le pollen ;

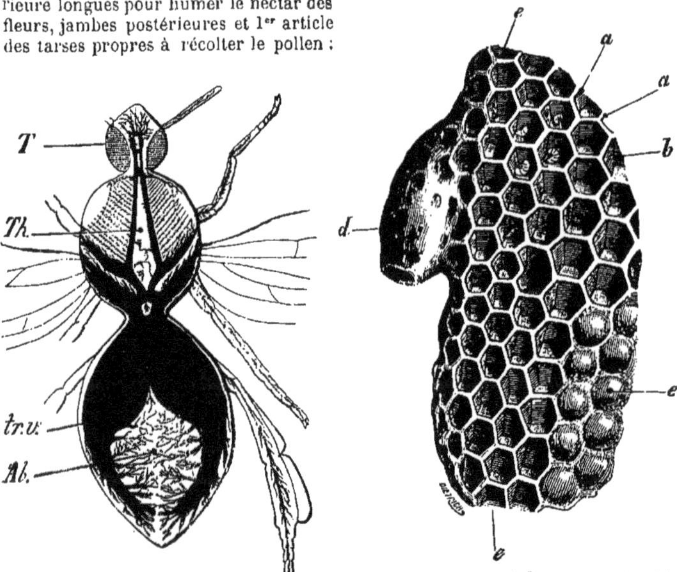

Fig. 214. — Appareil trachéen de l'Abeille (représenté en noir). *tr.v*, trachées vésiculaires. *T*, tête ; *Th*, thorax ; *Ab*, abdomen.

Fig. 215. — Fragment de rayon montrant les cellules des trois catégories. Partie supérieure : cellules d'ouvrières et larves de différents âges. — Partie inférieure : cellules de mâles. — *d*, cellule ordinaire de reine.

tels sont ses caractères anatomiques. La construction des nids et la disposition merveilleuse des loges (fig. 215) sont l'indice d'une profonde intelligence chez cet Insecte.

L'Abeille domestique est essentiellement sociale. La colonie comprend des ouvrières, des mâles et une reine.

1° Les *ouvrières* sont les plus petits membres de la colonie; leurs organes génitaux sont atrophiés, mais leur abdomen est pourvu d'un aiguillon droit. Leurs jambes postérieures sont creusées d'une fossette externe (*corbeille*) dans laquelle est logée une boulette formée de pollen pétri avec du miel; le pollen est rassemblé à l'aide d'une *brosse* formée par 7 ou 8 rangées de poils raides que présente la *pièce carrée* au 1er article des tarses postérieurs; puis la boulette constituée est retenue dans la corbeille par une sorte de *râteau* formé de poils raides implantés sur les bords de la jambe.

2° Les *mâles* (*faux-Bourdons*) plus gros que les ouvrières, avec une grosse tête, sont dépourvus d'aiguillon.

3° La *reine*, femelle féconde, est chargée de pourvoir à la multiplication des membres de la colonie; elle présente un abdomen plus volumineux que les ouvrières, armé d'un aiguillon fort et recourbé.

En moyenne, un *essaim* se compose d'une reine vivant 4 ou 5 ans, de 3000 ouvrières vivant moins d'un an et de 300 mâles qui sont sacrifiés au bout de 2 ou 3 mois par les ouvrières (fin d'août) avant la mauvaise saison : les mâles seraient en effet des bouches inutiles.

L'Abeille domestique adopte facilement comme demeure la *ruche* qui lui est offerte. Lorsqu'une société se fonde, elle comprend une femelle ou *reine* et des ouvrières qui, aussitôt à l'ouvrage, bouchent les interstices avec une matière résineuse, puis construisent des alvéoles. Pour cela, la travailleuse prend avec sa patte postérieure l'une des lames de cire que produisent ses *glandes cirières* abdominales (voir page 160), la malaxe avec ses mandibules et en forme un rouleau qu'elle applique à la voûte de la ruche; toutes les ouvrières procèdent ainsi pendant quelque temps. La masse de cire étant suffisamment épaisse, des alvéoles hexagonaux très réguliers y sont creusés suivant 2 rangs adossés. Quelques loges plus grandes sont disposées sur les bords, quelques-unes mêmes sont spacieuses et irrégulières.

La reine parcourt les gâteaux et dépose un œuf dans chaque alvéole; pendant ce temps, les ouvrières recueillent et entassent du miel dans un certain nombre de loges et en construisent d'autres. 3 jours après la ponte, les jeunes larves éclosent, croissent rapidement, filent une coque soyeuse et se transforment en nymphes; celles-ci donneront à leur tour des Insectes parfaits, mâles et ouvrières. Les ovules, non arrosés de sperme par la reine lors de leur passage devant la vésicule séminale, donneront des mâles; quant aux œufs véritables (ovules fécondés), ils donnent des larves évoluant différemment suivant la nourriture qui leur est réservée; les *ouvrières* (femelles stériles) naissent dans les cellules étroites approvisionnées d'une grossière pâtée de miel et de pollen; les *reines* (femelles fertiles) proviennent de cellules vastes (*loges royales*) dont les larves sont alimentées avec la *pâtée royale* plus substantielle que la pâtée pollinique.

Si une jeune reine apparaît à l'éclosion dans une ruche, la vieille reine s'en va avec une partie de l'essaim constituer une nouvelle colonie; sinon, un combat a lieu entre les deux reines jusqu'à ce que l'une d'elles meure. Si toutes deux succombent, vite la pâtée royale est réservée à une larve dont la cellule est agrandie et qui deviendra la reine de l'essaim. A cet effet, quand la jeune reine apparaîtra hors de sa loge, elle s'élèvera dans les airs par un beau soleil, s'accouplera avec l'un des mâles qui la poursuivent et, une fois fécondée *pour toute sa vie*, elle rentrera à la ruche et pondra au bout de 2 jours dans les cellules vides. Une reine peut pondre jusqu'à 3000 œufs par jour; sa fécondité s'épuise vers la fin de sa vie où elle ne pond guère que des œufs de mâles. On doit alors parer au danger d'épuisement de la colonie en lui fournissant du *couvain* (œufs) emprunté aux ruches voisines[1].

---

1. *Ennemis des abeilles.* — Les Frelons et les Guêpes parmi les Hyménoptères, les Salamandres et les Crapauds parmi les Amphibiens, les Couleuvres et les Lézards parmi les Reptiles, les Mésanges, les Guêpiers et autres Oiseaux, la Musaraigne, font la chasse aux

Bombus (Bourdon); corps plus massif que celui de l'Abeille; vit en sociétés composées au plus de 50 individus; il ne construit pas de rayons.

Mellifères solitaires. — Des mâles et des femelles seulement; ces dernières creusent isolément leur nid dans le sol ou le bois et y déposent leurs œufs (parfois elles pondent dans les nids d'autres Mellifères).

Xylocopa. X. violacea (Xylocope violet); grand corps noir; ailes violettes; jambes et tarses postérieurs pourvus d'un appareil collecteur peu développé.

Le Xylocope (Abeille charpentière) établit son nid dans des pièces de bois ou des branches mortes qu'il creuse parfois à 30 ou 35 centimètres de profondeur; il y établit des cloisons avec de la sciure de bois agglutinée au moyen de salive et y pond ses œufs. Mâles et femelles hivernent.

Anthophora. A. parietina (Anthophore des murailles); corps noir avec des poils gris; les derniers anneaux de l'abdomen roussâtres.

L'Anthophore pratique son trou entre les pierres des vieux murs.

2° ***Térébrants ou Porte-scie.*** — *Femelles pourvues d'un oviscapte saillant à l'extrémité postérieure de l'abdomen, quelquefois rétractile.*

Phytophages. — *Abdomen sessile; trochanters biarticulés; larves vivant aux dépens des végétaux.*

Ces larves ont l'aspect de chenilles (fausses chenilles) avec 8 paires de pattes membraneuses.

(a) **Tenthrédides.** — Corps court et ramassé, à côtés parallèles, de surface lisse et de couleurs variées. L'abdomen des femelles seules est pourvu d'une tarière dentelée comparable à une scie. Antennes épaisses au sommet.

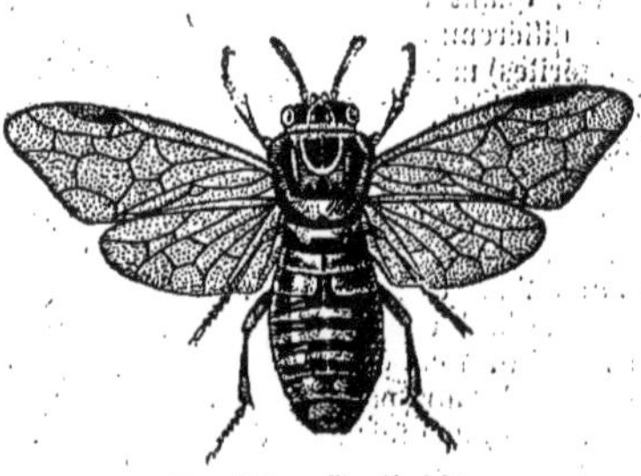

Fig. 216. — Tenthrède.

Les larves *nuisibles* des Tenthrédides sont de *fausses chenilles* avec 7 ou 8 paires de pattes (les chenilles de Lépidoptères n'en ont jamais plus de 5 paires) rongeant le feuillage d'une foule de végétaux; elles filent une coque soyeuse dans laquelle elles passent la phase de nymphe en hiver, pendant plusieurs mois parfois. Au printemps la femelle pond ses œufs dans l'intérieur des feuilles ou des tiges qu'elle a entamées avec sa scie.

Abeilles elles-mêmes. Les Blaireaux, les Ours renversent parfois les ruches, mais pour manger le miel que déguste, avec plaisir également, le Papillon Sphinx tête de mort.

Le couvain est parfois atteint lui-même d'une maladie appelée *pourriture du couvain.*

Cimbex. C. lutea; mâle brun, femelle jaune, larve d'un beau vert avec raie dorsale noire; dépose ses œufs dans le pétiole des feuilles. —*Hylotoma. H. Rosæ*; dépose ses œufs dans des entailles pratiquées en lignes sur les tiges des Rosiers; les larves jaunes, à côtés verts, dévorent le feuillage de ces arbrisseaux.—*Lophyrus. L. Pini*; la larve dévore les jeunes pousses et les feuilles du Pin qu'elle saccage. — *Tenthredo* (fig. 216).

(b) **Siricides.** — Corps allongé; antennes filiformes. Les femelles ont une tarière droite avec quelques dentelures.

Sirex. S. gigas; vit en Allemagne, dans les troncs de Pin, de Mélèze, etc.

Ses mandibules sont tellement fortes que le *S. juvencus* a pu trouer des balles de plomb.

(c) **Cynipides.** — Corps oblong; abdomen attaché au thorax par un mince pédicule. La tarière fort longue des femelles, contournée pendant le repos, est logée dans une rainure de l'abdomen; l'Insecte la développe quand il pratique une incision sur une plante.

Les Cynipides sont très répandus. Les femelles, en été, piquent de leur tarière une tige ou une feuille et déposent, dans l'entaille pratiquée, un seul œuf d'où procède une larve. Autour de celle-ci se développe une excroissance végétale appelée *galle* (fig. 217), destinée à protéger la plante contre les déprédations de la larve et à nourrir en même temps cette dernière. Pendant l'hiver la larve se développe, puis se transforme en nymphe au printemps suivant; l'insecte ailé doit trouer les parois de sa prison pour devenir libre.

Fig. 217. — Galle du *Cynips* du Rosier.

Fig. 218. — *Cynips gallæ tinctoriæ.*

Cynips. C. Quercus ou Cynips du Chêne. Il en existe plusieurs espèces : *C. Q. baccarum* des baies de Chêne; *C. Q. folii*, des feuilles; *C. terminalis*, des tiges (la femelle en est aptère); *C. gallæ tinctoriæ* (fig 218), qui provoque, sur l'espèce de Chêne appelée *Quercus infectoria*, les noix de galle employées en teinture, etc.

Entomophages. — *Corps long et mince; antennes longues de 14 articles au moins, pattes grêles. Abdomen nettement pédonculé chez la plupart* (Ichneumon); *tarière des femelles très développée.*

Fig. 219. — *Ichneumon.*

Ces animaux *utiles* pondent leurs œufs dans les œufs, larves ou pupes des Insectes phytophages, quelquefois dans les œufs d'Araignées.

Ichneumon (fig. 219); corps élancé, paré de bandes jaunes ou rougeâtres sur un fond noir. — *Ephialtes;* tarière de la femelle beaucoup plus longue que tout son corps. *E. manifestator;* d'un noir luisant; espèce commune dans nos bois.

8° LÉPIDOPTÈRES

Insectes suceurs dont les mâchoires sont le plus souvent allongées en une longue trompe enroulée en spirale. 4 **ailes couvertes d'écailles.** *Métamorphoses complètes; larve appelée* **chenille**; *nymphe appelée* **chrysalide**; *imago dénommée* **papillon.**

Fig. 220. — *Papilio machaon* et sa chenille.

1° ***Achalinoptères.*** — *Lépidoptères diurnes pourvus d'***ailes sans frein**[1], *relevées et accolées à l'état de repos; antennes terminées en massue ou en bouton.*

(a) **Papilionides.** — Pattes antérieures bien développées; antennes terminées en une massue allongée.

Papilio (Papillon); ailes postérieures avec un prolongement caudiforme *P. machaon* (Machaon, fig. 220). — *P. podalirius* (Flambé).

1. Le frein est une sorte de crin rigide, ramification de la nervure costale de l'aile postérieure, qui peut ou non s'engager dans un anneau porté par la nervure costale de l'aile antérieure.

Le Machaon très commun est de grande taille; ailes jaunes rayées et tachetées de noir avec des taches ocellées bleu tendre sur les ailes postérieures. Sa belle chenille verte glabre a des anneaux noirs et de gros points rouges. Sa nymphe (*chrysalide succincte*) est entourée d'un fil qui la soutient comme une ceinture.

Pieris (Piéride, fig. 221); ailes peu découpées et sans prolongement, d'une teinte blanche ou jaunâtre.

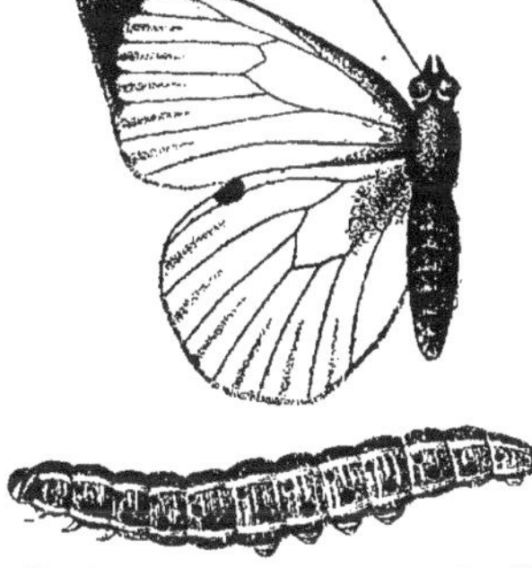

Fig. 221. — *Pieris brassicæ* et sa chenille.

Fig. 222. — *Colias hyale*.

La chenille de la Piéride du Chou (*P. brassicæ*), verdâtre avec 3 lignes longitudinales jaunes, fait une consommation énorme et rapide de choux.

Fig. 223. — *Argynnis Euphrosine*.

Fig. 224. — *Vanessa cardui* et chenille de *Vanessa Io*.

Colias (fig. 222); ailes jaunes, antennes courtes et roses. *C. edusa* ou Souci; *C. Hyale* ou Soufre.

Les chenilles de *Colias* vivent sur les Légumineuses.

Rhodocera rhamni ou Citron, ailes jaunes, les antérieures terminées en pointe aiguë.

(b) **Nymphalides.** — Se posent sur 4 pattes seulement; les 2 pattes antérieures sont en partie atrophiées et très velues. Chenilles hérissées d'épines ou de prolongement charnus. Chrysalides suspendues la tête en bas; elles portent des taches jaune d'or : d'où le nom de *chrysalide* qui leur a été donné.

Argynnis (Nacré, fig. 223); ailes arrondies de couleur fauve avec taches blanches et nacrées. — *Vanessa* (Vanesse, fig. 224); ailes anguleuses ou festonnées brillant des plus vives couleurs. *V. Io* ou Paon de jour; *V. atalanta* ou Vulcain; *V. cardui* ou Belle-Dame, etc.

Le Paon de jour a les ailes d'un rouge brique, très découpées, portant chacune une large tache multicolore analogue à l'œil de Paon. La chenille vit sur les Orties; elle est d'un noir de velours pointillé de blanc; sa chrysalide est suspendue à une feuille et le papillon éclôt au bout de quinze jours.

Arge. A. Galathea (Demi-deuil, fig. 225); fort commun dans les taillis en été; blanc et noir.

(c) **Érycinides.** — Petits Papillons avec de vives couleurs. Antennes terminées par une massue ovalaire. Chenilles à corps court et ramassé avec une petite tête.

Polyommatus; ailes d'un fauve doré et d'un éclat métallique. — *Lycæna. L. Adonis* ou Argus bleu céleste (fig. 226).

Fig. 225. — *Arge Galathæa.*

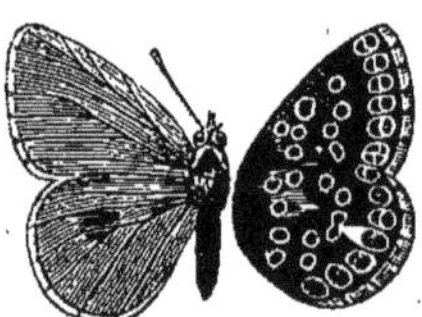

Fig. 226. — *Lycæna Adonis* (vue des ailes en dessus à gauche, en dessous à droite.)

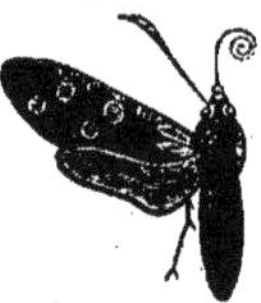

Fig. 227. — *Zygæna Filipendulæ.*

2° **Chalinoptères.** — *Lépidoptères dont les* **ailes pourvues d'un frein** *sont placées horizontalement au repos; antennes de formes très variables, les unes filiformes, les autres barbelées, etc.*

(a) **Zygénides.** — Antennes épaissies vers l'extrémité.

Zygæna (Sphinx-Bélier, fig. 227); ainsi appelée à cause du grand développement de ses antennes portées par une petite tête.

La Zygène de la Filipendule a les ailes antérieures couleur bleu d'acier avec taches carmin, et les ailes postérieures rouges avec bordure noire. Sa chenille jaune pâle, avec rangées de taches noires, est hérissée de poils; elle vit sur beaucoup de Légumineuses; sa chrysalide est enfermée dans une coque allongée, mince, de couleur jaune paille.

(b) **Sphingides.** — Corps très volumineux, antennes épaisses, crénelées en dessous et terminées par une petite pointe. Ailes longues, étroites et fortes. Allure vive pendant les soirs d'été.

A l'aide de leur trompe très développée, les Sphingides peuvent puiser le nectar des fleurs sans s'y poser. Leurs chenilles glabres, ornées de vives couleurs, ont une corne sur le dernier anneau de l'abdomen; elles creusent une loge dans la terre pour y passer leur stade de nymphe jusqu'au mois de juin de l'année suivante, époque à laquelle apparaît le Papillon.

Macroglossa; trompe extrêmement développée; vol rapide en plein jour avec un fort bourdonnement. — *Sphinx* (fig. 228); trompe plus longue que le corps entier de l'Insecte. — *S. Ligustri*, du Troëne. — *Deilephila*; trompe égalant la demi-longueur du corps. *D. Euphorbiæ*; très répandu sur les Euphorbes.— *Acherontia*; trompe courte et épaisse.

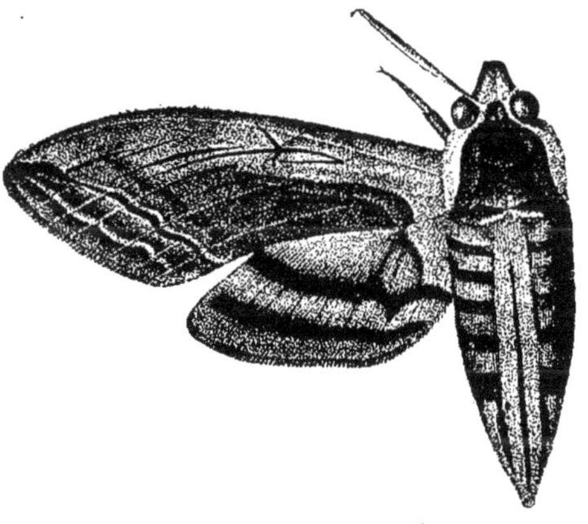

Fig. 228. — *Sphinx Ligustri*.

Le Sphinx Tête-de-mort (*A. atropos*) a un corps noirâtre, une grande tache pâle sur le prothorax avec un dessin figurant grossièrement un crâne humain. Ailes antérieures d'un brun noir; ailes postérieures d'un jaune fauve. La chenille de ce Sphinx est la plus grande de toutes; elle vit sur les Solanées et s'enfonce dans la terre pour s'y transformer.

(c) **Bombycides.** — Corps épais, massif; antennes pectinées souvent rameuses et panachées chez les mâles. Trompe rudimendaire sans usage; palpes très courts.

Bombyx (fig. 229); corps couvert de poils; antennes pectinées.

C'est au genre Bombyx qu'appartient le Bombyx du mûrier (*Sericaria Mori*), Papillon velu, blanchâtre, dont la chenille est improprement appelée *Ver à soie*. Le Bombyx du Mûrier, originaire de la Chine, introduit en France par Olivier de Serres, provient d'œufs éclos au printemps. [Dans les *magnaneries* où l'on élève les Vers à soie, l'éclosion est obtenue par incubation artificielle des œufs, à la température de 20 degrés environ, lorsque les feuilles de Mûrier sont déjà bien développées.] La chenille blanchâtre, issue de l'œuf, a 2 millimètres de longueur; elle croît rapidement sur des claies où elle consomme en abondance de la feuille de Mûrier. Dans l'espace de 33 jours, elle subit 4 mues et atteint 80 millimètres de long; alors elle monte sur des bruyères disposées au voisinage et commence à filer son *cocon*, pour passer à l'état de chrysalide.

La matière visqueuse d'où la soie tire son origine est sécrétée par 2 glandes en tube très contournées, placées sur les côtés de l'intestin chez la chenille. Chacune de ces glandes se continue en avant par une *filière* très grêle; les 2 filières se confondent en un canal unique terminé dans une petite papille que porte la lèvre inférieure. Dans ce canal aboutissent aussi les canaux excréteurs de 2 petites glandes fournissant un vernis. La matière visqueuse des 2 glandes séricigènes s'écoule sous forme de 2 fils extrêmement fins qui, dans le canal commun, sont réunis en un seul fil soudé et rendu brillant par le vernis des glandes accessoires. Le fil qui forme le cocon est continu et atteint plus d'un kilomètre de longueur; il peut être dévidé quand on a étouffé la chrysalide, en plongeant le cocon dans l'eau bouillante; le vernis se ramollit alors et, pendant le dévidage, les fils de plusieurs cocons peuvent être intimement unis pour constituer la *soie grège*.

FIG. 229. — Métamorphoses du Bombyx du Mûrier (*Sericaria Mori*).

La phase d'immobilité dure 3 semaines; le Papillon éclôt en ramollissant le cocon à l'une de ses extrémités et en écartant les fils qui s'opposent à sa sortie. Après accouplement, les femelles pondent les œufs en nombre considérable et meurent.

Maladies du Ver à soie. — La *pébrine*, la *muscardine* et la *flâcherie* sont trois affections terribles que peut contracter le Ver à soie, maladies qui ont singulièrement compromis la sériciculture vers le milieu de ce siècle.

Nous avons étudié précédemment (page 52) la *pébrine*, dont la cause est connue grâce aux patientes recherches de M. Pasteur.

La *muscardine* est due à un champignon (*Botrytis Bassiana*) dont le mycélium envahit les organes du Ver à soie; ce mycélium émet, à travers les stigmates, des prolongements sporifères; une fois mûres, les spores tombent et propagent rapidement la maladie. Le Ver attaqué meurt rapidement.

La *flâcherie* est due au *Micrococcus Bombycis* qui provoque la fermentation des feuilles de Mûrier; le Ver à soie nourri de ces feuilles devient flasque, noir; il faut le tuer afin d'éviter la propagation de la maladie.

Le Bombyx processionnaire (*B. processionea*), *très nuisible*, est de petite taille, avec des ailes gris pâle. La femelle dépose ses œufs en paquets sur les Chênes en septembre; au printemps suivant, les chenilles éclosent, filent en commun une toile sous laquelle elles s'abritent pendant le jour; mais le soir, elles quittent leur résidence jusqu'au lendemain matin et ravagent les feuilles pendant toute la nuit. Si on touche la chenille, les poils dont elle est hérissée pénètrent dans la peau et provoquent une sorte d'urtication désagréable pendant longtemps.

Saturnia (*S. piri* ou Grand-Paon de nuit, fig. 230); ailes très développées, plus ou moins festonnées, avec de magnifiques taches ocellées.

Fig. 230. — *Saturnia piri* et sa chenille.

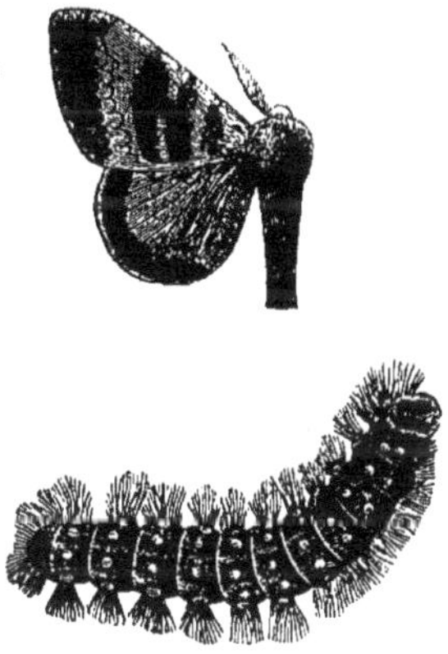

Fig. 231. — *Liparis dispar* et sa chenille.

Le Grand-Paon de nuit a les ailes grises avec une tache ocellée noire dont la pupille diaphane en forme de croissant, est entourée d'un iris fauve.

Liparis ou Zigzag. *L. dispar* (fig. 231); *L. salicis*; *L. chrysorrhæa*; causent des dégâts considérables en dévorant les feuilles des arbres de nos forêts et de nos jardins. *Insectes très nuisibles.*

(d) **Noctuélides.** — Lépidoptères de petite taille au corps large; trompe de moyenne longueur; antennes en forme de soie, simples ou finement dentées. Chenilles glabres le plus souvent. *Insectes nuisibles*.

Plusia (Plusie); remarquable en général par des ailes tachetées d'or, d'argent ou d'autres teintes métalliques. Chenilles avec 2 paires de pattes membraneuses seulement.

La Plusie gamma (*P. gamma*) a des ailes grises avec un reflet bronzé portant une tache argentée en forme de γ. La chenille commet d'*énormes ravages* dans les cultures de tout ordre et spécialement dans les cultures maraîchères.

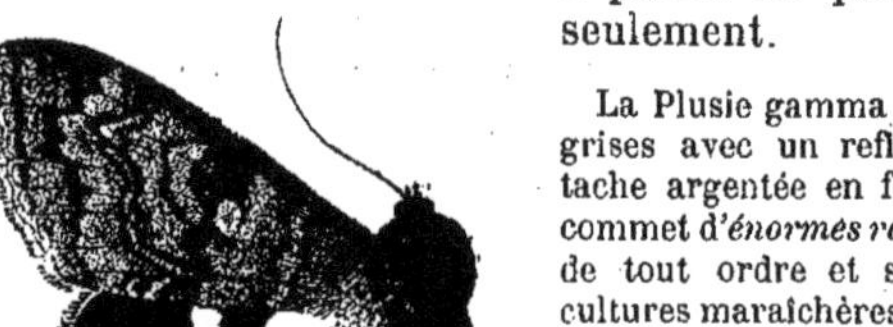

Fig. 232. — *Catocala nupta*.

Catocala (Lichenée, fig. 232); ailes antérieures grises, nuancées; ailes postérieures bleues, rouges ou jaunes. Chenilles grises avec des marbrures rappelant tellement les teintes de l'écorce et des Lichens qu'elles dissimulent facilement leur présence : d'où le nom de Lichenée.

Catocala Fraxini ou Lichenée bleue des Peupliers. *C. nupta* ou Lichenée rouge.

(e) **Phalénides.** — Corps grêle, ailes amples; antennes pectinées. Chenilles pourvues seulement de 2 paires de pattes membraneuses postérieures. *Insectes nuisibles*.

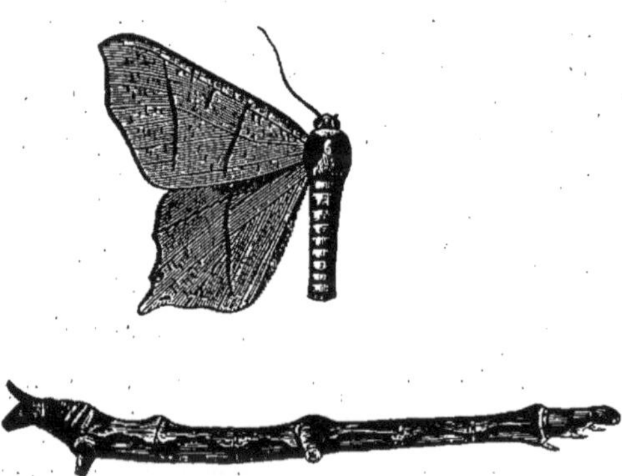

Fig. 233. — *Urapteryx Sambucaria* et sa chenille.

Les chenilles des Phalénides, dites *arpenteuses* (*Urapteryx Sambucaria*, fig. 233), s'appuient sur leurs pattes écailleuses antérieures, arrondissent leur corps pour rapprocher leur extrémité postérieure de la tête, fixent leurs pattes abdominales, détachent leur partie antérieure qu'elles portent en avant et recommencent le même manège. Elles peuvent aussi demeurer immobiles, toute la partie antérieure du corps soulevée et rigide, dans des attitudes très diverses.

Les Phalènes commettent des dégâts sur les Groseilliers, Pêchers, Abricotiers, Arbres verts, etc.

(f) **Pyralides** [appelés encore *Microlépidoptères* à cause de leur petite taille]. — Corps frêle ; ailes amples ; trompe bien développée. Chenilles peu velues avec 5 paires de pattes membraneuses. *Insectes nuisibles.*

Les Chenilles dites *tordeuses* de la plupart des Pyralides (*Halias* du Chêne, par exemple) se constituent un abri en contournant et tordant les feuilles de leurs arbres favoris.

Pyralis (Pyrale, fig. 234 et 235) ; palpes très longs et courbés.

La Pyrale de la Vigne (*P. vitana*) ravage nos vignobles. Elle a les ailes jaunes avec des reflets verdâtres et des bandes brunes ; apparaissant en juillet, elle pond

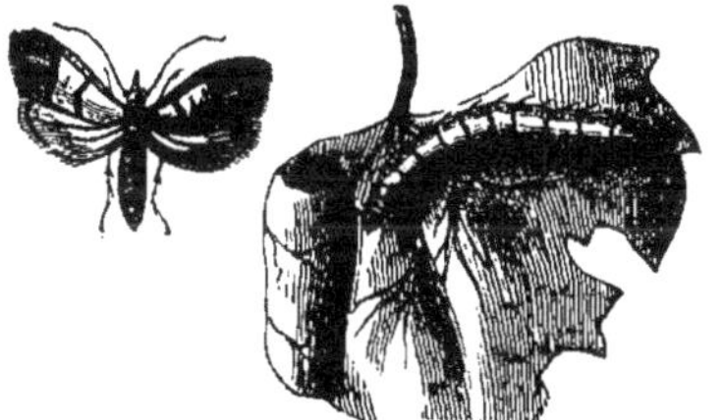

Fig. 234. — *Pyralis vitana* et sa chenille.

Fig. 235. — *Pyralis farinalis.*

ses œufs sur les feuilles ; en août, éclosent les chenilles qui, suspendues par un fil, attendent *sans prendre de nourriture* que le vent les pousse sur le cep ou l'échalas. Elles pénètrent alors entre le bois et l'écorce où elles hivernent ; au printemps suivant, les chenilles enlacent de fils les jeunes bourgeons qu'elles dévorent et la récolte est perdue.

On combat ce fléau en échaudant ceps et échalas pendant l'hiver.

Tinea (Teigne, fig. 236) ; palpes courts, non courbés ; ailes étroites bordées d'une longue frange soyeuse ; vivent, en général, de substances animales, rongent les étoffes de laine, les fourrures, les tapisseries, les plumes, etc. Chenilles faibles.

Fig. 236. — *Tinea tapezella.*

La *Teigne* des tapisseries (*Tinea tapezella*) est un petit papillon blanc. Sa chenille, rongeant une étoffe de laine, se fait rapidement un fourreau de poils détachés ; elle allonge et élargit ce fourreau à mesure qu'elle grandit. Au moment de sa transformation en chrysalide, elle fixe son fourreau par un bout. Le papillon libre vit des mêmes matières animales et y dépose ses œufs.

9° HÉMIPTÈRES

Insectes suceurs dont les pièces buccales sont allongées en 4 stylets enfermés dans une trompe cornée ou rostre. 4 ailes en général. Métamorphoses incomplètes.

Le nom de **Rhynchotes** (animaux à bec), attribué à ces Insectes *tous pourvus d'un rostre*, est préférable à celui d'*Hémiptères* qu'on leur donne plus généralement; la dénomination d'Hémiptères est applicable seulement aux Insectes dont la première paire d'ailes (*hémélytres*) est partagée en 2 parties de consistance

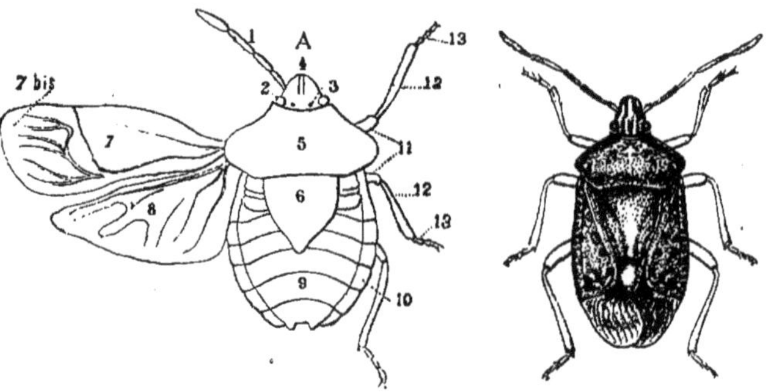

Fig. 237. — A. Hémiptère. 1, antenne ; 2, œil ; 3, ocelle ; 4, lobe frontal ou médian ; 5, corselet ; 6, écusson ; 7 et 7 *bis*, 1re aile demi-membraneuse ; 8, 2e aile ; 9, abdomen ; 11, cuisse ; 12, jambe ; 13, tarse.

Fig. 238. — *Pentatoma* (*Rhaphigaster*) *grisea*.

inégale : une portion basilaire coriace, une portion libre membraneuse (fig. 237).

1° ***Hétéroptères***. — *Hémélytres. Rostre naissant du front. Antennes de 4 ou 5 articles.*

Géocorises — *Antennes plus longues que la tête. Insectes presque toujours terrestres.*

Fig. 239. *Graphosoma semipunctatum*.

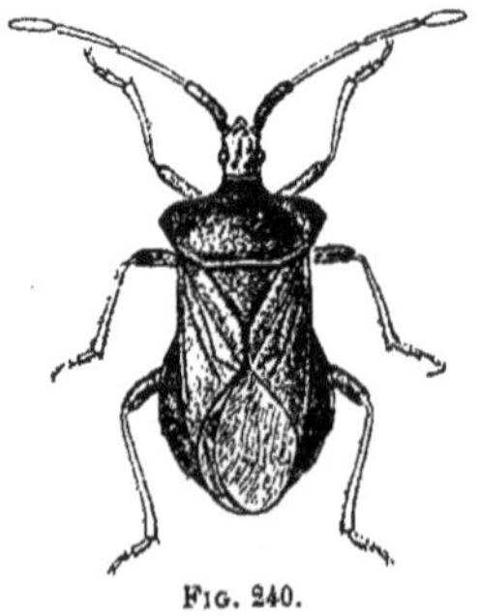

Fig. 240. *Coreus marginatus*.

(a) **Pentatomides.** — Antennes de 5 articles

Pentatoma. *P. grisea* (fig. 238); vit sur une foule de plantes. Corps gris, écusson triangulaire ne couvrant qu'une partie du corps en arrière du prothorax. — *Scutellera* (fig. 239); corps rouge avec bandes longitudinales noires ; l'écusson couvre toute la partie postérieure du corps.

Dégagent une odeur caractéristique de *Punaise*.

(b) **Coréides et Ligéides.** — Antennes de 4 articles.

Coreus. C. marginatus (fig. 240); corps brun uniforme et abdomen élargi débordant sur les côtés. — *Pyrrhocoris. P. apterus*; insecte noir et rouge abondant sur les arbres et dans les chemins en été; portion membraneuse des ailes à peine développée. — *Corizus* (fig. 241).

(c) **Acanthiides.** — Corps très aplati; élytres rudimentaires. *Acanthia.*

La Punaise des lits (*Acanthia lectularia*) suce le sang en faisant une piqûre; elle verse dans la plaie la sécrétion de ses glandes salivaires qui produit une irritation locale.

(d) **Hydrométrides.** — Corps très allongé, pubescent. Nagent sur l'eau. — *Hydrometra* (fig. 242). — *Lymnobates.*

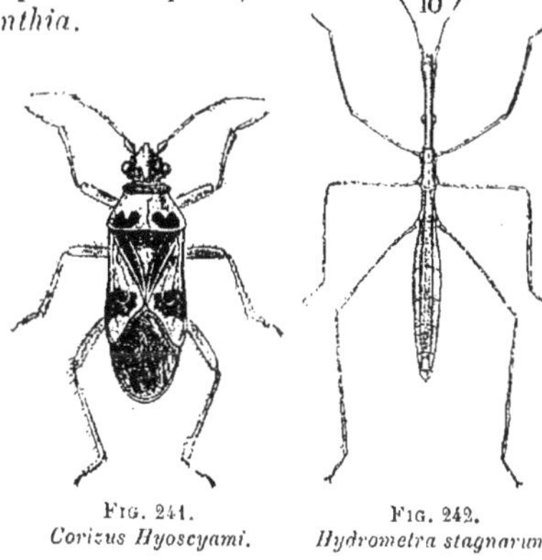

Fig. 241. *Corizus Hyoscyami.* Fig. 242. *Hydrometra stagnarum.*

Hydrocorises. — *Antennes courtes cachées dans une fossette au-dessous des yeux. Insectes aquatiques.*

Nepa. N. cinerea (fig. 243); corps plat, ovoïde. — *Ranatra. R. linearis* (fig. 162); corps très allongé. — *Notonecta. N. glauca* (fig. 244); nage sur le dos qui est caréné; pattes en forme de rames ciliées.

2° **Homoptères.** — *Les ailes antérieures de* **même consistance dans toute leur étendue**, *souvent plus dures et de couleur autre que les ailes postérieures transparentes. Rostre naissant de la partie inférieure de la tête, au-dessous des yeux. Femelles pourvues d'un oviscapte.*

Cicada (Cigale, fig. 245). Corps épais de grande taille; gros yeux; ocelles très visibles. Les mâles possèdent de grandes plaques sous-abdominales recouvrant un appareil musical.

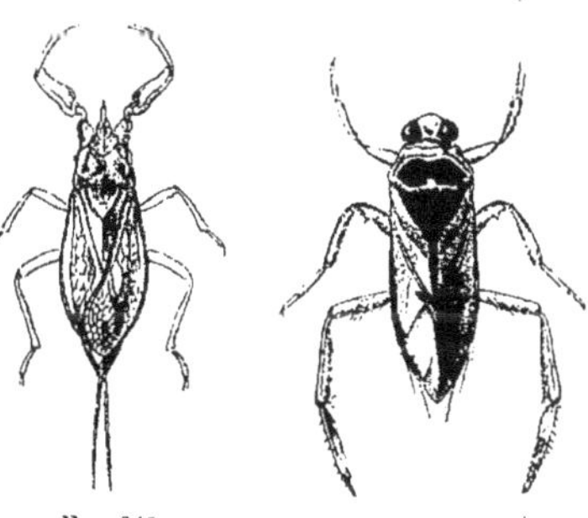

Fig. 243. *Nepa cinerea.* Fig. 244. *Notonecta glauca.*

La femelle de la Cigale dépose ses œufs dans des entailles pratiquées à l'aide de sa tarière dans les troncs des arbres; les larves s'enfoncent dans la terre pour sucer les racines; peu différentes des adultes, elles sortent à un moment donné du sol, s'accrochent à une plante et demeurent immobiles; leur peau se dessèche, se fend sur le dos et l'Insecte parfait sort de son enveloppe.

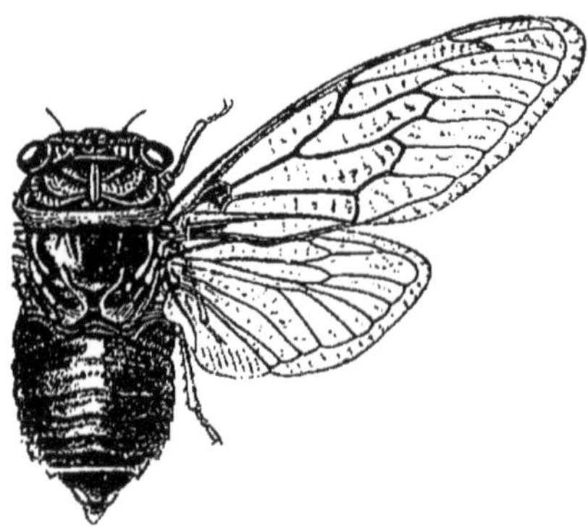

Fig. 245. — *Cicada plebeja.*

Fulgora, *F. laternaria* (Porte-lanterne). Tête prolongée en une longue vessie qui, dans l'obscurité, s'illumine d'une vive clarté. — *Pyrops* (Porte-chandelle.)

3° ***Sternorhynques.*** — *Rostre paraissant naître entre les pattes antérieures et les intermédiaires. 4 ailes membraneuses* (2 *seulement chez les mâles dans les espèces dont les femelles sont aptères*).

(a) **Aphidés**. — Femelles mobiles, les gamogénétiques aptères, les parthénogénétiques ailées ou non.

Aphis (Puceron); antennes longues formées de 7 articles. Petite tête; pas d'ocelles. Abdomen muni de 2 tubes saillants qui communiquent avec une glande sécrétant un liquide sucré dont les Fourmis sont friandes (Voir page 181); ce liquide servirait à l'allaitement des nouveau-nés (?)

Mâles ailés; femelles aptères. *Insectes nuisibles.*

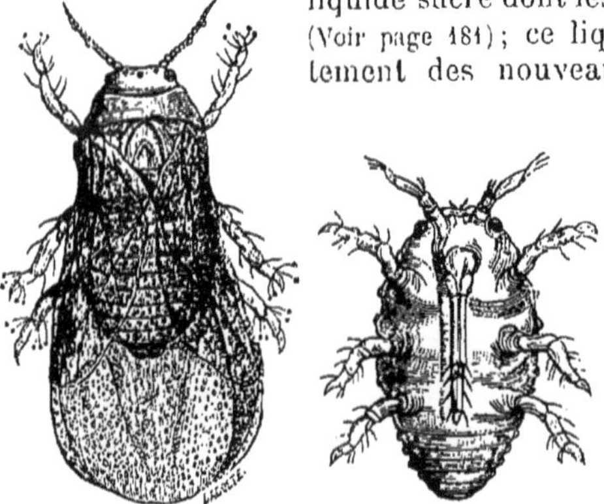

Fig. 246. — *Phylloxera vastatrix.*

L'Aphis est un genre à générations parthénogénésiques vivipares. A l'automne, les femelles fécondées pondent les *œufs d'hiver* sur les tiges; au printemps suivant, les jeunes éclosent, tous femelles ayant acquis au bout de 12 jours leur accroissement maximum. Ces femelles mettent au monde des *petits vivants* (environ 90 chacune); la nouvelle génération produira au bout du même temps une 2° génération de Pucerons vivants; et ainsi de suite jusqu'à l'automne, moment où apparaissent des individus des deux sexes qui s'accouplent. On comprend ainsi l'extrême multiplication des Pucerons qui causent de grands dégâts dans les cultures, en suçant les feuilles et les tiges des plantes.

Phylloxera (fig. 246); antennes de 3 articles. *P. vastatrix* (Phylloxera de la Vigne).

Le Phylloxera de la Vigne, Insecte nuisible au premier chef, a jeté la désolation dans les vignobles français du Midi et du Centre depuis 1875, causant une perte de plusieurs milliards.

Cet Hémiptère suce les racines de la Vigne, les nodosités qu'il détermine entraînent la mort du chevelu radiculaire en s'opposant à l'absorption.

Le Phylloxera se multiplie par générations parthénogénésiques ovipares (Voir T. II, fasc. 1er, page 38).

Combattre son envahissement par l'injection de sulfure de carbone dans le sol, par l'immersion des vignobles ou leur plantation dans les terrains sablonneux.

(b) **Coccidés.** — Antennes de 6 à 25 articles. Femelles ordinairement immobiles et aptères; mâles diptères.

Tous sont *très nuisibles* à la végétation, mais quelques-uns fournissent des matières tinctoriales dont l'industrie ne se sert plus guère depuis la découverte des couleurs d'aniline.

Coccus cacti (Cochenille, fig. 247 et 248); vit sur les Cactées (Nopal) dans le tissu desquelles les femelles enfoncent leur rostre pour ne l'en plus retirer; elles pondent alors sur place, meurent et sèchent en abritant leurs œufs.

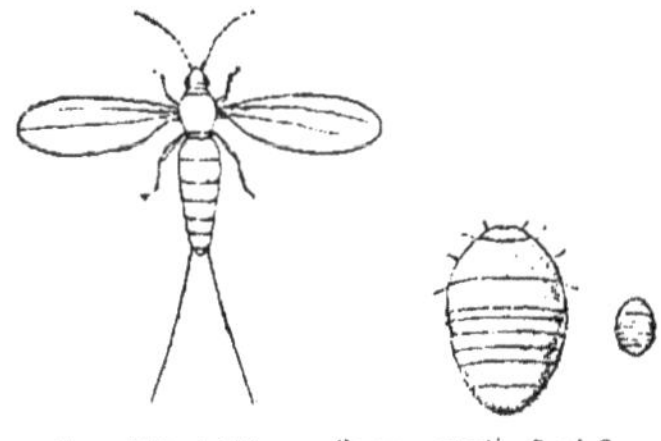

Fig. 247 et 248. — *Coccus cacti* ♂ et ♀.

On recueille les Cochenilles dont on extrait une belle matière colorante rouge.

10° DIPTÈRES

Insectes suceurs. Ailes postérieures transformées en balanciers; quelquefois aptères. Métamorphoses complètes.

On désigne ordinairement la plupart de ces Insectes sous le nom de *Mouches*. Leurs larves sont vermiformes, très agiles et se déplacent en rampant; leurs nymphes sont : les unes actives sans prendre de nourriture; les autres immobiles sans se dépouiller de la peau de la larve (*pupes* des Mouches proprement dites).

1° **Némocères.** — *Corps long et frêle; antennes longues, filiformes; grandes ailes et longues pattes très ténues.*

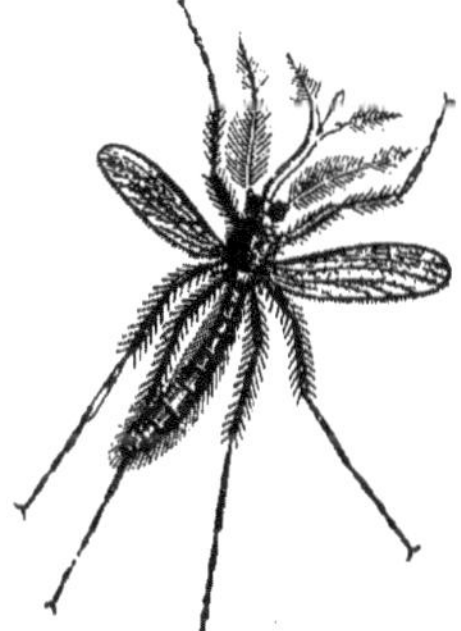

Fig. 249. — *Culex pipiens.*

Culex (Cousin ou Moustique, fig. 249); armature buccale délicate et résistante, formée de 6 stylets (mâchoires denticulées). A l'aide de cet appareil, la femelle pique la peau et suce le sang de l'Homme et des Mammifères, provoquant ainsi des démangeaisons insupportables.

Le Cousin piquant (*Culex pipiens*) abonde dans les marécages; sa larve aquatique vit dans les eaux stagnantes. Les antennes du mâle sont plumeuses, celles de la femelle presque nues au contraire. Une fois fécondée, la femelle dépose ses œufs en paquets à la surface de l'eau ; de ces petites masses flottantes éclosent les larves qui grandissent rapidement, se maintiennent la tête en bas et possèdent un tube respiratoire sur l'avant-dernier anneau abdominal.

Les nymphes actives sont enveloppées dans la peau de la larve, mobiles à l'aide de deux lamelles caudales; elles viennent respirer à la surface de l'eau par deux petits tubes dorsaux. Au moment de la mise en liberté du Cousin, la nymphe demeure immobile à la surface de l'eau; sa peau desséchée se fend sur le dos, l'insecte parfait se dégage de l'enveloppe et prend son vol.

Tipula (Tipule); armature buccale molle à l'aide de laquelle l'Insecte ne peut piquer, mais seulement sucer les matières fluides des végétaux et substances en décomposition.

La Tipule du Chou (*T. oleracea*) est pourvue de pattes très longues.

Cecidomya (Cécidomye). Ce genre joue un rôle important dans la formation des galles sur les végétaux.

La Cécidomye du Blé pond ses œufs dans les épis de Blé; les larves mangent le pollen, empêchent la fécondation et sont ainsi *nuisibles*.

2° **Brachycères.** — *Corps ramassé; antennes très courtes composées de 3 articles dont le dernier est pourvu d'une soie grêle (style).*

(a) **Tabanides.** — Corps large et épais; deux yeux énormes, une grande trompe formant un terrible suçoir. Les femelles sucent le sang; les mâles vivent des sucs végétaux. — *Tabanus* (fig. 250 et 251).

Fig. 250 et 251.
Tabanus bovinus au vol et en repos.

Le Taon des bœufs (*T. bovinus*), aux yeux d'un vert vif, au corps gris avec des bandes noires, est très commun à la lisière des forêts en été; avide de sang, il s'attaque aux Bœufs, aux Chevaux qui se cabrent irrités par sa piqûre. La larve vermiforme vit, sous terre, de débris végétaux ; sa nymphe est immobile.

(b) **Syrphides.** — *Volucella* (Volucelle); grosse Mouche à couleurs noires et jaunes; style des antennes plumeux; elle a l'aspect des Guêpes, des Frelons, etc.

La Volucelle dépose ses œufs dans les nids d'Hyménoptères.

(c) **Œstrides.** — Grosses Mouches massives velues, avec de petites antennes et une trompe rudimentaire. A l'état adulte, l'Insecte ne prend aucune nourriture; il ne pique donc pas les animaux, mais les effraie par son bourdonnement lorsqu'il vole autour d'eux. — *Œstrus.* — *Gastrophilus* (fig. 252).

L'Œstre du Cheval (*Gastrophilus Equi*) bourdonne derrière les Chevaux, attendant le moment favorable pour pondre; il attache ses œufs enduits d'une matière agglutinante aux endroits de la peau que l'animal lèche d'ordinaire. Les larves éclosent; le Cheval les avale en se léchant; une fois parvenues dans son estomac, les larves se fixent sur la muqueuse digestive au moyen de leurs mandibules en crochets. Parvenues au maximum de leur développement, les larves se décrochent, sont entraînées au dehors avec les excréments du Cheval, se changent en pupes, puis en Insectes ailés.

FIG. 252. *Gastrophilus Equi.*

FIG. 253. *Calliphora vomitoria.*

(d) **Muscides** (Mouches). — Grande trompe formée de toutes les pièces buccales réunies; la lèvre inférieure, grande et plissée, est douée d'une extrême sensibilité tactile.

Les larves des Muscides sont improprement appelées *Vers*; on les désigne sous le nom vulgaire d'*asticots*; elles ne subissent pas de mue pour se transformer en nymphe; leur corps se raccourcit, la peau durcie devient brune : c'est l'état de *pupe*.

Musca (Mouche); style des antennes velu ou plumeux. Elle se nourrit de matières animales ou végétales en décomposition. *M. domestica* ou Mouche domestique. — *Calliphora vomitoria*; grosse Mouche bleue de la viande (fig. 253). — *Lucilia Cæsar*; Mouche verte. — *Sarcophaga carnaria*; Mouche vivipare, grosse, noire et très velue. — *Stomoxis*; Mouche piquante d'automne. Sa trompe est horizontale et pique fortement l'Homme et les Animaux; elle peut être *charbonneuse*.

Les larves de toutes ces espèces dévorent les cadavres.

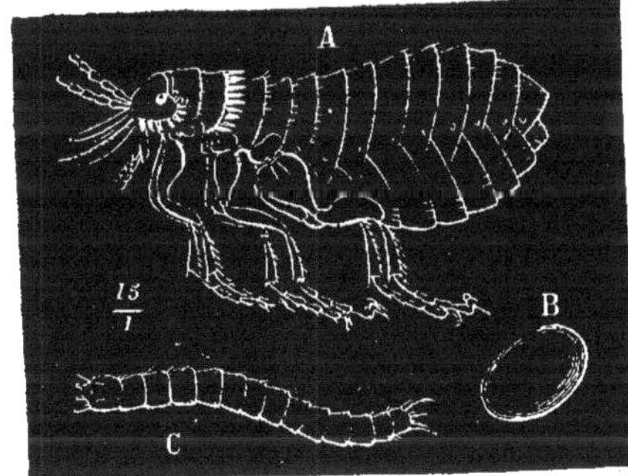

FIG. 254. — *Pulex irritans.*

Les Mouches sont des Insectes nuisibles parce que, suçant toutes les matières en décomposition, elles emportent les microbes avec leurs pattes et leur trompe, et contribuent ainsi à la propagation des maladies infectieuses.

3° **Aphaniptères.** — *Antennes très courtes; lèvre inférieure segmentée. 3 anneaux thoraciques bien distincts; pas d'ailes; pattes postérieures propres au saut. Insectes nuisibles.*

Pulex (Puce, fig. 254). — *Rhynchopsyllus.*

La Puce de l'Homme (*Pulex irritans*) dépose ses œufs dans la poussière des planchers, dans les moindres interstices; sa larve sans pattes est nourrie par la mère qui dégorge une partie du sang dont elle s'est repue. La nymphe est enfermée dans une coque soyeuse d'où sortira l'Insecte parfait.

La Chique (*Rhynchopsyllus penetrans*), qui vit en Amérique, est effilée et roussâtre. Le mâle demeure libre et de petite taille, tandis que la femelle s'introduit sous la peau et y acquiert le volume d'un pois, à cause du grand nombre d'œufs que renferme son abdomen. Cet Insecte détermine ainsi de très graves ulcérations; pour l'extraire, il faut éviter de percer son abdomen, car les œufs se répandraient dans la plaie, et le remède serait pire que le mal.

11° PARASITES

Insectes aptères; antennes de 3 à 5 articles; tarses biarticulés (le dernier article crochu). Segments thoraciques indistincts, au moins en partie. Insectes nuisibles.

Mallophages. — *Appareil buccal masticateur (mandibules et mâchoires libres). Méso- et métathorax confondus.*

Vivent, pour la plupart, sur les Oiseaux dont ils entaillent les plumes pour s'en nourrir.

Philopterus. P. hologaster des Poules. — *P. cygni* des Cygnes, etc.

Pédiculides. — *Bouche en suçoir. Segments thoraciques confondus.*

Pediculus (Pou). — *Phthirius. P. inguinalis* (Morpion).

Les Poux qui s'attaquent à l'Homme sont : le Pou de la tête (*P. capitis*) qui s'accroche aux cheveux et foisonne sur les têtes mal entretenues; le Pou du corps (*P. vestimenti*) et le Pou des maladies (*P. tabescentium*). Ce dernier provoque une hideuse affection, la *phthiriase*, où la peau se couvre de taches brunes (*mélanodermie*).

Les Poux mâles sont bien plus rares que les femelles; celles-ci pondent environ 50 œufs dont l'évolution est tellement rapide qu'en 2 mois une même femelle peut avoir été la souche de 10 000 individus. Les œufs ou *lentes* sont fixés aux cheveux et aux poils ; la larve qui en sort est presque sous sa forme adulte.

Les soins de propreté les plus minutieux nous préservent de l'atteinte de ces animaux.

Importance paléontologique des Arthropodes. — Les Arthropodes sont représentés dans les plus anciennes couches fossilifères par des formes très différenciées dont les *Trilobites* sont les plus importantes et les plus nombreuses; cependant on ne peut considérer ces formes comme absolument primitives.

Le Nauplius est certainement la forme ancestrale d'où dérivent les **Mérostomacés** *et tous les* **Crustacés** qui traversent ce stade Nauplius dans le cours de leur développement ; on n'en a toutefois trouvé aucune empreinte jusqu'ici dans les couches géologiques explorées. On sait que cette forme se complique graduellement par l'apparition, dans la région postérieure du corps, de nouveaux segments plus ou moins différenciés. *Moins est accusée la différenciation des segments et de leurs appendices, plus est ancien le groupe considéré :* c'est le cas des Trilobites dont les appendices sont identiques ; on les rencontre en effet déjà dans le *Cambrien* inférieur.

Les *Ostracodes* datent de la même époque ; en dérivent les *Cirripèdes* dont le genre *Pollicipes* s'est conservé depuis le *Silurien* inférieur jusqu'à nos jours. Les *Édriophthalmes* et les *Podophthalmes* sont d'âge plus récent (*Carbonifère*). Le *Penæus* actuel retrace, dans son développement, les étapes qu'a dû parcourir le groupe des *Décapodes* dans son évolution depuis l'*Anthrapalæmon* de l'époque houillère jusqu'aux formes actuelles.

Les **Arachnides** sont rares à l'état fossile ; toutefois les premières formes connues (*Cyclophthalmes*) se rapprochent du Scorpion et ne présentent pas la concentration des organes à la partie antérieure du corps, ni la disparition ou la coalescence des segments postérieurs, comme cela s'est produit chez les types découverts depuis l'époque tertiaire.

Les **Myriapodes** sont peu représentés dans les faunes anciennes.

Quant aux **Insectes** fossiles, leur nombre est considérable, mais rares sont les localités dans lesquelles s'est opérée leur répartition (dépôts d'eau douce surtout, formations lagunaires : schistes de Solenhofen, marnes d'Aix en Provence, de Corent en Auvergne, d'Œningen, etc...).

Le plus ancien des Insectes connus (*Palæoblattina*) est représenté par une seule aile dont la nervation est très simple ; il date du *Silurien*.

Les espèces se multiplient avec une extrême abondance dans le *Carbonifère* : *Orthoptères*, *Pseudonévroptères*, *Névroptères* y prédominent et nombre d'espèces, aujourd'hui disparues, peuvent servir d'intermédiaires entre les ordres actuels et combler les lacunes qui les séparent : ainsi l'*Eugereon* du *Permien* présente une trompe d'Hémiptère avec des ailes de Névroptère.

Les *Coléoptères*, rares à l'époque houillère, deviennent plus nombreux dans le *Trias* et plus encore dans le *Jurassique*. Leurs formes sont assez voisines des Chrysomélides et des Curculionides actuels ; à *Schambelen* (Argovie), on a trouvé des Hydrophiles et des Gyrins dans les dépôts liasiques.

La découverte d'une famille ou d'une espèce fossile à une époque déterminée et la connaissance des mœurs actuelles de cette famille ou de cette même espèce permettent de conclure avec juste raison qu'à cette époque existait telle famille végétale ou animale de prédilection pour les Insectes considérés : ainsi la découverte d'un Bousier dans le *Lias* atteste l'existence des Mammifères dès cette époque ; certains Insectes ont conduit les géologues à admettre l'existence contemporaine de plantes qui ont été trouvées ensuite.

Les schistes de Solenhofen, les couches de Purbeck sont très riches en Insectes, parmi lesquels figurent de grandes Libellules et probablement les premiers *Papillons*.

Si la faune entomologique du *Crétacé* est pauvre, par contre celle de l'*Oligocène* mérite d'être signalée par l'extrême abondance des types (Aix en Provence, Corent en Auvergne, Florissant dans le Colorado). Des marnes se sont déposées à cette époque dans les lacs et les marécages, enfouissant une riche collection d'Insectes, les uns aquatiques, les autres terrestres, parfaitement conservés d'ailleurs. Nombre de ces animaux appartenant à tous les ordres ont été préservés de la destruction par l'*ambre*, résine très fluide sécrétée à l'époque par le *Pinus succinifer*. Les Insectes venaient se poser sur les branches du Pin, se collaient par leurs pattes, se débattaient inutilement pour se dégager de la matière visqueuse qui, peu à peu, les a englobés et nous les a conservés avec tous leurs caractères.

II. — NÉMATHELMINTHES

Chitinophores à corps cylindrique **dépourvu d'appendices.** *Cavité générale s'étendant tout le long du corps. Pas de chaîne ganglionnaire ventrale. Animaux parasites en général.*

La présence d'un **revêtement chitineux** sur le corps est la *seule raison* qui fasse traiter des Némathelminthes après les Arthropodes, *groupe dont les Némathelminthes s'éloignent par leurs caractères.* Ce rapprochement nous permet toutefois de passer graduellement de la forme *Arthropode* (à corps segmenté) à la forme *Ver* également caractérisée par l'annulation du corps.

Les animaux groupés sous le nom de *Némathelminthes* présentent de grandes différences, dues surtout à leur existence libre ou parasitaire. Nous envisagerons successivement et par ordre d'affinité, autant qu'il sera possible, les groupes principaux dans lesquels ils ont été rangés. Ce sont : les *Chætognathes*, les *Chætosomidés*, les *Nématodes*, les *Gordiens* et les *Acanthocéphales*. Les Nématodes sont de beaucoup les plus importants.

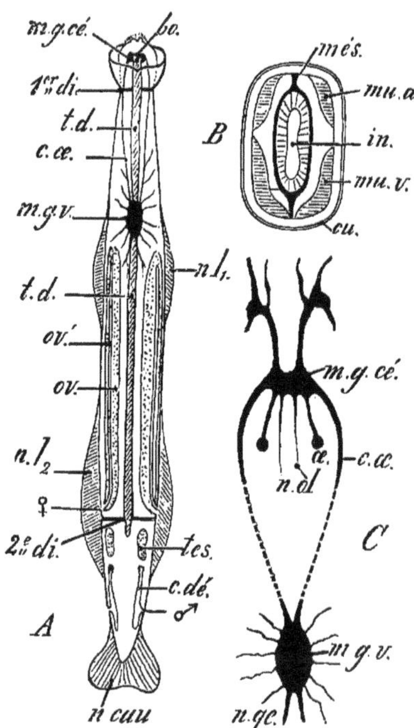

Fig. 255. — *Sagitta hexaptera.* A; vue schématisée du corps (face ventrale); *n.l*1, *n.l*2, nageoires latérales; *n.cau*, nageoire caudale; 1er *di*, 2e *di*, diaphragmes divisant la cavité générale en 3 parties. *bo*, bouche; *t.d*, tube digestif (l'anus, non indiqué sur la figure, s'ouvre au dehors immédiatement en arrière du 2e diaphragme). *m.g.cé*, *m.g.v*, masses ganglionnaires céphalique et ventrale, réunies par le collier œsophagien, *c.œ.* *tes*, testicule; *c.dé*, canal déférent; ♂, orifice génital mâle. *ov*, ovaire; *ov'*, oviducte; ♀, orifice génital femelle. — B; coupe transversale du corps; *cu*, cuticule recouvrant la peau; *mu.d*, *mu.v.* champs musculaires dorsaux et ventraux; *més*, mésentère soutenant l'intestin. — C; système nerveux grossi; *n.ol*, nerf olfactif; œ, œil; *n.gé*, nerf génital.

§ 1. — CHÆTOGNATHES

Animaux libres. Corps divisé en 3 régions; tube digestif **avec armature buccale spéciale;** *système nerveux ganglionnaire. Hermaphrodites.*

Ces animaux, petits et transparents, vivent à la surface des mers. Genres *Sagitta* et *Spadella.*

La *Sagitta hexaptera* (fig. 255), longue de 5 centimètres environ, a la tête aplatie avec une bouche ventrale, *bo*, un corps fusiforme pourvu de 6 expansions latérales

nl_1, nl_2, *n.cau*; près de l'extrémité postérieure se trouvent un anus ventral, *an* et des orifices génitaux, ♀, ♂, pairs et latéraux. Une fine cuticule recouvre l'ectoderme. Deux *diaphragmes* transversaux, 1er *di* et 2e *di*, divisent la cavité générale en 3 parties : une *région céphalique* contenant la masse nerveuse *ganglionnaire cérébrale*, *m.g.cé*; une *cavité somatique* avec le tube digestif, *t.d*, le ganglion nerveux ventral, *m.g.v* et les organes femelles, *ov*; une *cavité caudale* occupée par les organes mâles, *tes*.

Tube digestif rectiligne, s'étendant de la bouche à l'anus.

*Pas d'***appareils respiratoire, circulatoire** *ni* **excréteur.**

Le **système nerveux,** bien différencié, comprend un collier œsophagien, *c.œ* (C), réunissant deux masses ganglionnaires : l'une *cérébroïde* sus-œsophagienne, *m.g.cé*, l'autre *sous-intestinale* ventrale, *m.g.v.* De ces ganglions se détachent des nerfs formant un riche plexus ectodermique avec des terminaisons dans de nombreux *poils tactiles*, dans les *yeux*, *œ*, et dans un *anneau cilié olfactif*.

La Sagitta est hermaphrodite. Les canaux déférents, *c.dé* (A), situés au-dessous des *testicules*, *tes*, débouchent au dehors près de la nageoire caudale; les *ovaires*, *ov*, forment deux longues glandes cylindriques dont la cavité ne communique pas avec l'oviducte latéral, *ov'*; les ovules pénétreraient dans les oviductes par rupture de la paroi et seraient aussitôt fécondés par les spermatozoïdes (?).

Développement sans métamorphoses (Voir T. II, fasc. 1er, page 122).

§ 2. — CHÆTOSOMIDÉS

Animaux libres. Corps allongé, **hérissé de petites soies fines**; *tête distincte avec une couronne de crochets mobiles; double nageoire.*

Ces petits animaux, marins ou d'eau douce (*Chætosoma*, *Rhabdogaster*), présentent l'aspect extérieur des Chætognathes, mais ils ont l'*organisation interne des Nématodes* : les sexes séparés, un seul orifice génital femelle situé au milieu de la face ventrale, un orifice mâle unique débouchant au fond du cloaque terminal.

§ 3. —NÉMATODES

Animaux parasites en général. **Corps cylindrique effilé** *à ses deux extrémités. Tube digestif sans trompe. Collier nerveux œsophagien. Sexes séparés.*

Les Nématodes se trouvent dans les milieux les plus divers : les uns, libres pendant toute leur vie, habitent la mer (*Enoplus*), les eaux douces, la terre humide, les matières en fermentation (Anguillule du vinaigre) ou les substances putréfiées (*Rhabditis*). Les autres, en bien plus grand nombre, sont libres à l'état larvaire et parasites à l'état adulte ou inversement; ou bien ils sont parasites toute leur vie, soit dans un même individu, soit en **émigrant** d'un hôte dans un autre pour y achever leur développement.

Morphologie externe. — Le corps des Nématodes est cylindrique et rigide, sans annulation véritable; il atteint depuis une fraction de millimètre (*Anguillula*) jusqu'à 1 ou 2 mètres (*Filaria*). La tête, quelquefois effilée (*Trichocephalus*), se reconnaît chez *Ascaris* à des expansions latérales aliformes; la bouche est terminale et l'anus ventral placé au voisinage de l'extrémité du corps. Un pore excréteur ventral est situé près de la tête. L'orifice génital mâle s'ouvre au fond du cloaque anal et l'orifice femelle au milieu de la face ventrale.

Morphologie interne. — La structure interne des Néma-

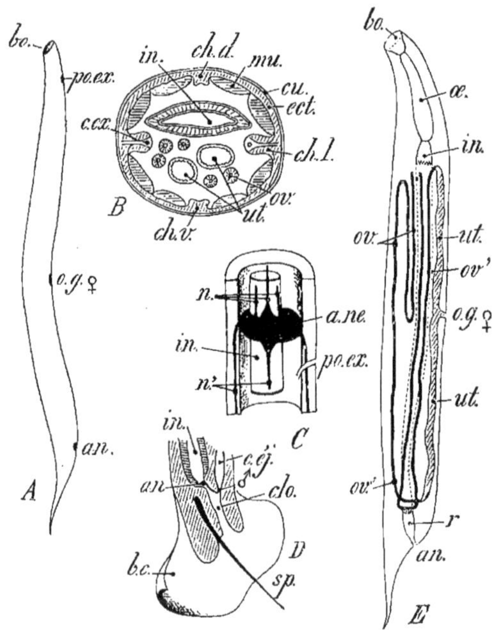

Fig. 256. — *Ankylostoma duodenalis*. A, B, E, femelle; D, mâle (extrémité postérieure). A; vue extérieure; *bo*, bouche; *an*, anus; *po.ex*, pore excréteur; *o.g.* ♀, orifice génital femelle. — B; coupe transversale du corps; *cu*, cuticule; *ect*, ectoderme; *ch.d*, *ch.l*, *ch.v*, champs ou épaississements fibrillaires dorsal, ventral et latéraux; *mu*, champs musculaires. *in*, intestin; *ov*, ovaire; *ut*, utérus; *c.ex*, appareil excréteur. — E; vue schématique de l'appareil génital femelle : *ov*, ovaire; *ov'*, oviducte; *ut*, utérus: *o.g*, ♀, orifice génital (le tube digestif a été pointillé). — D; extrémité postérieure du mâle ; *b.c*, bourse caudale ; *sp*, spicule; *in*, intestin; *an*, anus ; *c.éj* et ♂, canal éjaculateur et orifice génital mâle; *clo*, cloaque. — C; centre nerveux de l'*Ascaris lumbricoides*. *a.ne*, anneau nerveux embrassant l'intestin, *in*, un peu en avant du pore excréteur, *po. ex* ; *n*, *n'*, nerfs.

todes est uniforme; décrire un type, c'est donner la physionomie générale du groupe.

Soit l'*Ankylostoma duodenalis* (fig. 256, A).

Téguments. — Les téguments sont très rigides; ils comprennent une *cuticule* mince et transparente, *cu* (B), recouvrant un *ectoderme* granuleux, *ect*, et des épaississements fibrillaires longitudinaux, au nombre de 4 : 1 médio-dorsal, *ch.d*, 1 médio-ventral, *ch.v* et 2 latéraux (*champs latéraux*, *ch.l*).

Sous les téguments sont des *champs musculaires* longitudinaux, *mu*, dont les éléments sont de grandes cellules, aplaties et losangiques; ces champs limitent la *cavité générale* dans laquelle sont compris le tube digestif, *in*, les appareils excréteur, *c.ex* et génital, *ov*,*ut*.

La cavité générale est close, s'étend sur toute la longueur du corps et contient un *liquide coagulable*, mais dépourvu d'éléments figurés.

Nutrition. — Le **tube digestif,** *in* (E), s'étend en droite ligne de la bouche, *bo*, à l'anus, *an*; il comprend : une *capsule buccale* à paroi chitineuse armée de 8 dents également chitineuses; un *œsophage*, *œ*, à paroi musculaire et à section triangulaire; un *intestin*, *in*, à paroi épaisse et glandulaire suivi d'un *rectum* court, *r*, qui se termine à l'*anus*. L'anus est ventral chez la femelle (A, E); il est situé au fond d'un *cloaque*, *clo* (D), chez le mâle.

Le tube digestif se simplifie beaucoup chez certains Nématodes : chez la Trichine (*Trichina spiralis*), il consiste en une file unique de cellules pourvue d'un canal central; chez le *Mermis*, l'anus n'existe pas et les différentes parties du tube digestif ne communiquent pas entre elles.

Ni **appareil respiratoire,** ni **appareil circulatoire.**

L'**appareil excréteur** consiste en deux canaux longitudinaux non ramifiés, *c.ex* (B), logés dans l'épaisseur des champs latéraux, terminés en cul-de-sac en bas, réunis en avant du corps pour former un tube unique avec un pore excréteur ventral, *po.ex* (A et C).

Le liquide excrété est rejeté par les contractions du corps seulement, les cellules ciliées faisant défaut dans cet appareil.

Relation. — Mal défini chez l'Ankylostome, le **système nerveux** est plus net chez l'*Ascaris lumbricoides* (C) : un *anneau nerveux œsophagien*, *a.ne*, situé au-dessus du pore excréteur, renferme des cellules nerveuses groupées surtout en ganglions. De ce collier se détachent des *nerfs*, *n*,*n'*, se rendant aux champs latéraux et aux bandes musculaires.

Les **organes des sens** n'existent pas chez les formes parasites; des *yeux*, simples taches pigmentaires voisines du collier nerveux, se remarquent chez quelques espèces libres (*Enoplus*, *Lasiomitus*).

Reproduction. — *Les sexes sont séparés.*

L'*appareil génital mâle* consiste en un tube cylindrique entortillé situé en avant de l'intestin; les spermatozoïdes s'engagent dans une vésicule séminale, puis dans un canal éjaculateur qui s'ouvre en avant de l'anus dans le cloaque. 2 spicules servent d'organes de copulation. La bourse située à l'extrémité postérieure du corps permet au mâle de se fixer sur la femelle.

L'*appareil génital femelle* consiste en 2 longs tubes étroits et très contournés, *ov*,*ov'* (E), qui s'élargissent progressivement, se confondent en un vagin impair s'ouvrant en *o.g.* ♀, sur la face ventrale et au milieu du corps.

Développement de l'œuf et destinée de l'embryon. — Le *développement de l'œuf* a été observé chez la Trichine : la segmentation, *inégale* au début, se régularise ensuite; elle aboutit à une *morula* qui s'aplatit et donne une *gastrula* par invagination. Le mésoderme apparaît entre l'ectoderme et l'entoderme primitifs. L'embryon présente la forme d'une virgule à tête renflée.

Ce développement a lieu en général hors de l'utérus; cependant *certains Nématodes sont vivipares;* par suite du volume croissant des embryons dans l'utérus, cet organe occupe peu à peu toute la cavité générale et refoule contre la paroi le tube digestif (Filaire); parfois même les viscères sont entièrement détruits et la mère se réduit alors à un sac chitineux rempli d'embryons.

La destinée ultérieure de l'embryon est très variable.

Le développement est direct chez les espèces libres.

Chez les espèces dont une partie au moins du développement comprend une phase parasitaire, on peut observer des *migrations* curieuses que nous signalerons en particulier pour chaque espèce importante.

Divers modes de migrations. — *a*) *Larves libres*, *Adultes parasites :* La larve de l'Anguillule du Blé (*Tylenchus tritici*) vit dans la terre humide; l'adulte vit en parasite dans l'épi du Blé. La larve des *Trichocéphales* se développe dans l'œuf (c'est là une phase très courte à l'état libre); avalée par un Mammifère, la larve devient l'adulte qui s'établit dans le cæcum où s'écoule sa vie parasitaire.

b) *Larves parasites*, *Adultes libres :* La larve de *Sphærularia* est parasite des Bourdons et des Guêpes; l'adulte vit à l'état libre sur la terre.

c) *Larves et Adultes parasites :*

1° **Sur le même individu** (Il y a néanmoins migration). La larve de Trichine (*Trichina spiralis*) vit dans l'intestin (Porc, Homme); l'adulte est établi dans les muscles.

2° **Sur des individus différents.** — La larve du *Cucullanus elegans* vit dans le *Cyclops*; l'adulte a émigré dans l'intestin de la Perche.

1° NÉMATODES A TUBE DIGESTIF COMPLET

Tube digestif pourvu d'une bouche et d'un anus.

1° **Libres.** — *Pourvus d'organes des sens.*

Énoplidés. — Nématodes marins avec un collier nerveux compact sus-œsophagien et 2 yeux.
Enoplus.

2° **Parasites.** — *Pas d'organes des sens.*

Ascaris lumbricoides (Ascaride lombricoïde, fig. 257). Parasite de l'Homme.

Cet animal vit dans l'intestin grêle de l'Homme, surtout chez les enfants et à la campagne. Le mâle atteint de 15 à 25 centimètres; la femelle, de 25 à 45 centimètres. Corps cylindrique; bouche pourvue de 3 papilles chitineuses.

La femelle pond des œufs expulsés avec les excréments. Pourvus de 2 enveloppes résistantes et capables de résister longtemps à la dessiccation (5 ans), les œufs se développent rapidement dans un milieu humide. Absorbés par l'Homme *qui boit des eaux non filtrées à la campagne*, les œufs donnent des embryons qui éclosent dans l'intestin et y acquièrent leur état définitif. Quand l'Ascaride demeure dans l'intestin, il y occasionne des troubles peu importants en général; mais s'il pénètre dans le canal cholédoque, il s'oppose à l'évacuation de la bile et provoque la jaunisse (ictère); si, remontant vers la bouche, il pénètre par la trompe d'Eustache dans l'oreille moyenne, l'Ascaride suscite des troubles nerveux considérables; la mort par l'asphyxie survient quand il tombe dans la trachée-artère et les bronches. Lors de la fièvre typhoïde, il peut pénétrer dans la cavité péritonéale, à travers la paroi intestinale ulcérée au niveau des plaques de Peyer.

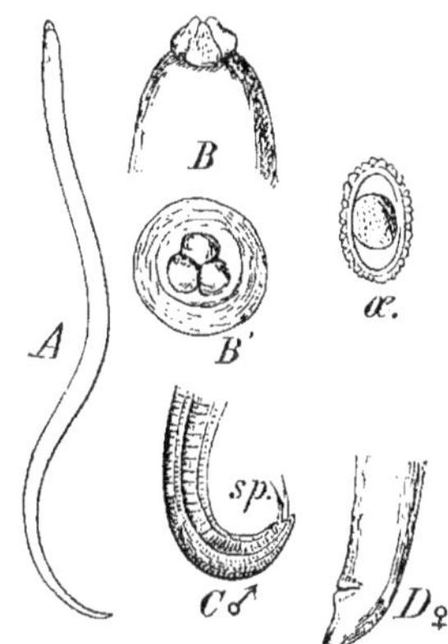

FIG. 257. — *Ascaris lumbricoides.* A; corps entier; B, B', extrémité antérieure vue de dos et de face; C, D, extrémités postérieures du mâle et de la femelle; æ, œuf.

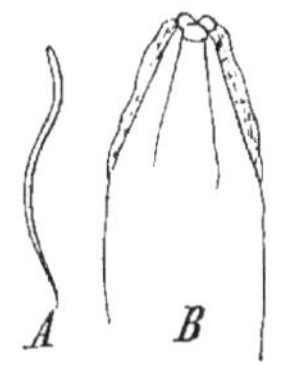

FIG. 258. — *Oxyurus vermicularis*, A. — B, extrémité antérieure.

Oxyurus vermicularis (Oxyure vermiculaire, fig. 258). Parasite de l'Homme.

L'Oxyure vit dans l'intestin grêle et le gros intestin. Le mâle a de 2 à 2,5 millimètres; la femelle a de 10 à 12 millimètres; leur corps cylindrique présente 3 nodules buccaux et deux expansions aliformes latérales.

La femelle s'accouple avec le mâle dans le cæcum, puis passe dans l'intestin grêle où elle pond. Les œufs sont entraînés avec les excréments au dehors; mais l'évolution peut s'en faire totalement dans l'intestin.

Ankylostoma duodenalis (Ankylostome du duodénum, fig 256); l'un des parasites les plus dangereux de l'Homme. Extrémité antérieure pourvue d'une ventouse et de crochets.

A l'état adulte, l'Ankylostome atteint 10 millimètres (mâle), 10 à 20 millimètres (femelle). Sa bouche cupiliforme est armée de 8 crochets chitineux; l'extrémité caudale est terminée par une bourse copulatrice chez le mâle; elle est en pointe chez la femelle. La femelle pond un nombre considérable d'œufs elliptiques, revêtus d'une coque lisse; ces œufs, rejetés avec les excréments, peuvent demeurer longtemps intacts; mais s'ils tombent dans l'eau ou sur la terre humide, ils éclosent et donnent des larves qui, après plusieurs mues, peuvent séjourner à l'état latent pendant des mois dans la boue. Ces larves pénètrent dans le tube digestif de l'Homme, lorsque celui-ci porte à sa bouche les mains souillées de cette boue contaminée. Une fois parvenu dans l'intestin, l'animal en perfore la muqueuse à l'aide de ses crochets buccaux, déchire les vaisseaux capillaires pour sucer le sang et provoque ainsi des hémorragies internes.

C'est ainsi que l'Ankylostome, très commun en Égypte, détermine la *chlorose d'Égypte*, *l'anémie des mineurs et des briquetiers :* ceux-ci, disséminant leurs excréments dans les galeries ou sur le sol qu'ils devront manier tôt ou tard, s'exposent ainsi à la contamination.

On a pu remarquer que l'anémie des mineurs est bien provoquée par l'Ankylostome puisque, dans les mines de sel gemme, aucun mineur ne subit cette affection : les flaques d'eau salée et les boues salées de ces mines ne renferment jamais d'Ankylostomes, attendu que le sel marin leur est absolument funeste.

Eustrongylus gigas (Strongle géant); parasite des reins chez beaucoup de Mammifères, mais très rare chez l'Homme. Extrémité inférieure en pointe.

Le Strongle géant est le plus gros des Nématodes parasites : le mâle a de 30 à 50 centimètres; la femelle atteint 1 mètre parfois. Le Strongle vit dans les voies urinaires et peut être *expulsé par les urines*. Quand il a pénétré dans l'appareil urinaire de l'Homme (vessie, uretère, bassinet), il provoque de violentes douleurs, des hématuries et la mort.

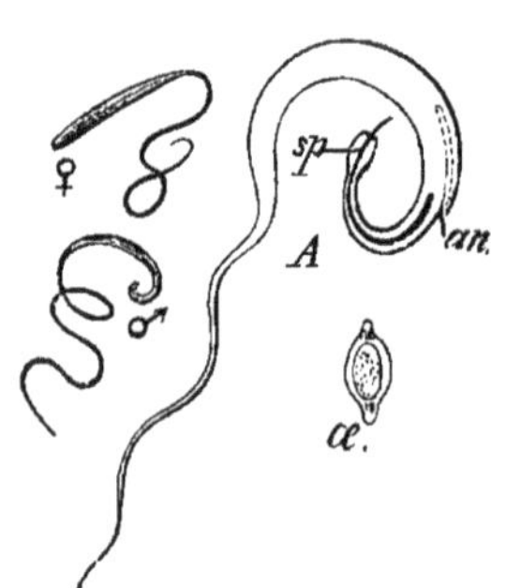

Fig. 259. — *Trichocephalus dispar*, mâle et femelle. A : le mâle grossi montre son extrémité postérieure pourvue d'un tube creux avec un spicule, *sp*; *an*, anus; *œ*, œuf.

Trichocephalus dispar (Trichocéphale, fig. 259); parasite de l'Homme; très commun, mais peu dangereux. Il vit aussi dans le cæcum des Mammifères.

Le Trichocéphale est un Nématode ovipare atteignant de 37 à 45 millimètres; son extrémité antérieure, très effilée, constitue les 2/3 de la longueur du corps; l'extrémité postérieure de la femelle est plus ou moins obtuse; celle du mâle est contournée en crosse. De l'orifice cloacal du mâle part un tube creux hérissé d'épines, d'où peut jaillir un spicule, *sp*. Localisé dans le cæcum et le côlon ascendant, il est fixé dans la muqueuse par son extrémité céphalique tubulaire et se nourrit ainsi. Les œufs, *œ*, en forme de citron, pondus par la femelle, sont entraînés au dehors avec les matières fécales; s'ils tombent dans l'eau, ils peuvent pénétrer dans le tube digestif de l'*Homme qui boit de l'eau non filtrée*, et s'y développer directement.

Trichina spiralis (Trichine, fig. 260); parasite du Porc, du Rat, etc., et accidentellement de l'Homme. La Trichine est vivipare; à l'état larvaire, elle habite les muscles striés de son hôte; à l'état adulte, elle a émigré dans l'intestin grêle.

La Trichine a 3 ou 4 millimètres de long; renflée à sa partie postérieure, elle s'effile régulièrement en avant. Elle envahit le corps des Souris et des Rats dont le Porc mange parfois les cadavres. Comme les muscles de la Souris étaient infestés de larves de Trichines enkystées (B), le suc gastrique de l'estomac du Porc dissout les kystes; les larves, mises en liberté, passent rapidement à l'état adulte et adoptent la forme sexuée. Les femelles du Nématode pondent une multitude d'œufs dans l'intestin du Porc.

Les œufs donnent des larves qui traversent l'intestin, pénètrent dans les vaisseaux de l'hôte, d'où elles sont disséminées dans toute l'étendue des muscles. Elles s'y immobilisent, s'entourent d'un kyste constitué aux dépens des fibres musculaires altérées. Elles demeureront à cet état, jusqu'à ce que la chair du Porc soit par exemple consommée par l'Homme; alors s'accomplira, dans l'intestin et les muscles de ce dernier, une série de transformations identiques à celles dont le Porc a été le témoin.

L'Homme trichiné éprouve, dans ses fonctions digestives, un malaise d'autant plus aigu que les parasites sont plus nombreux. L'altération des muscles est faible dans le cas où quelques Trichines seulement s'y sont fixées, et la maladie cesse avec l'enkystement des larves; quand les Trichines sont nombreuses, les muscles respiratoires en particulier sont profondément modifiés et la maladie devient mortelle.

La trichinose est très rare en France; la seule observation authentique qui en ait été faite chez l'Homme date de 1878, à Crépy-en-Valois.

Cette affection est plus fréquente en Allemagne et en Amérique où l'on mange la chair salée ou seulement fumée.

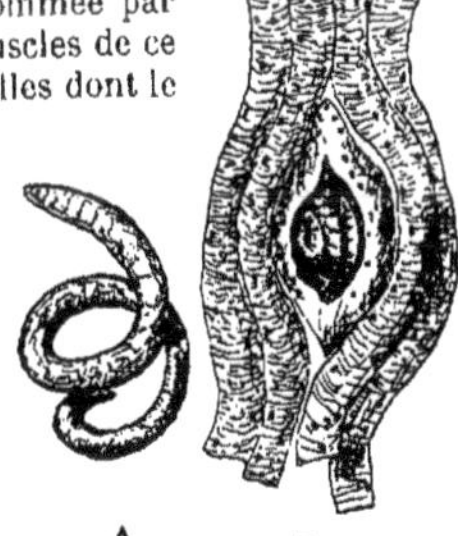

Fig. 260. — Trichine (*Trichina spiralis*). A, trichine libre. — B, Trichine enkystée dans un muscle (on a représenté quatre fibres musculaires entourant le kyste ouvert).

Filaria (Filaire); vivipare. Diverses espèces sont parasites de l'Homme; toutes sont constituées par un corps long, filiforme. Le mâle présente 1 ou 2 spicules; la femelle possède un ovaire double et une vulve près de la tête.

Filaria Bancrofti (Filaire du sang de l'Homme); l'un des parasites les plus redoutables de l'Homme en Orient et en Amérique.

On ne connaît jusqu'ici que la femelle et les embryons de Filaire. Le corps de l'adulte est capillaire, lisse, d'un même diamètre dans toute sa longueur qui atteint 80 à 90 millimètres.

La Filaire adulte habite dans les *lymphatiques* en amont des ganglions; si on ne la peut rencontrer en aval, c'est que les vaisseaux lymphatiques diminuent de diamètre en pénétrant dans les ganglions et la Filaire, bien que fine comme un cheveu, ne peut y progresser. Elle obstrue souvent totalement ces vaisseaux et provoque la tuméfaction des ganglions, l'*hématochylurie* et l'*éléphantiasis des Arabes*[1]. La femelle donne naissance à de nombreux embryons qui, de dimensions très petites (0mm,3 en longueur et 0mm,003 en diamètre), traversent les ganglions lymphatiques et passent dans le sang.

Les embryons de Filaire ne peuvent passer à l'état adulte chez l'Homme; ils doivent émigrer chez le Moustique. Le Moustique femelle, en se gorgeant du sang de l'Homme, absorbe une grande quantité d'embryons de Filaire qui s'y développent. Comme la femelle du Moustique vit quelques jours seulement pendant lesquels elle effectue sa ponte, son cadavre tombe généralement dans l'eau et s'y décompose; les jeunes Filaires deviennent libres, sont entraînées par le liquide et peuvent être avalées par l'Homme *qui boit cette eau impure*. Une fois dans le tube digestif de son nouvel hôte, la jeune Filaire en perfore la paroi, passe dans le système lymphatique où elle fait élection de domicile et les mêmes faits se renouvellent.

1. Les urines du malade atteint d'*hématochylurie* sont remplies de fines granulations graisseuses; elles sont aussi sanguinolentes et coagulables. — L'*éléphantiasis des Arabes* consiste dans le gonflement de la peau et des tissus sous-jacents, surtout dans la partie inférieure du corps, par suite de l'arrêt partiel de la circulation lymphatique.

Filaria Medinensis (Ver de Médine); parasite de l'Homme en Arabie, dans l'Inde et au Brésil.

La *Filaire de Médine*, à l'état adulte, se fixe sous la peau de l'Homme; elle y prend un développement considérable (1 ou 2 mètres parfois) en formant une légère saillie; un abcès sous-cutané se déclare, puis une inflammation purulente remplie d'embryons *si l'on n'a pas pris soin d'inciser préalablement la peau et d'extraire le Nématode en évitant de le rompre.*

Si les embryons tombent dans l'eau, ils peuvent se fixer sur le *Cyclops*, en perforer la paroi molle et parvenir dans ses tissus où ils s'enkystent.

Filaria lentis (du cristallin). — *F. Loa* (de l'orbite).

Anguillula (Anguillule) et *Rhabditis*. Parasites ou libres, tous filiformes, caractérisés par 2 renflements œsophagiens superposés.

Rhabdonema intestinale (Anguillule intestinale); ce Nématode présente deux formes bien distinctes qui se succèdent : une forme hermaphrodite parasite, une forme unisexuée libre.

L'Anguillule *hermaphrodite* (2 millimètres), dépourvue de renflement œsophagien, est abondante dans l'intestin de l'Homme atteint de la *diarrhée de Cochinchine*[1]; elle donne naissance à des embryons expulsés avec les matières fécales. Ces embryons peuvent vivre quelques heures au milieu des excréments à une température supérieure à 20° ; leur évolution, très rapide à 38°, aboutit à l'apparition de *larves sexuées* ayant 1 millimètre de longueur et deux renflements œsophagiens. Les femelles de ces larves donnent des individus hermaphrodites et sans renflement œsophagien, qui ne peuvent se développer que dans l'intestin de l'Homme.

2° NÉMATODES A TUBE DIGESTIF INCOMPLET

Tube digestif dépourvu de bouche ou d'anus.

Mermis; corps filiforme très long dépourvu d'anus; vit à l'état larvaire dans la cavité générale des Insectes et devient sexué dans la terre humide.

§ 4. — GORDIENS

Animaux parasites dans l'âge larvaire, libres à l'état adulte. — Corps filiforme extrêmement allongé, avec une cavité générale très réduite. Tube digestif complet chez la larve, oblitéré en avant chez l'adulte. Un canal excréteur dorsal. Un ganglion nerveux céphalique d'où part un cordon ventral. Sexes séparés. 2 phases dans la vie parasitaire.

Le groupe des Gordiens se rapproche des Nématodes à tube digestif incomplet. — Un seul genre : *Gordius*.

Le *Gordius aquaticus* vit en liberté à l'état adulte dans les eaux douces (puits, sources) ; sa bouche est atrophiée, mais l'anus persiste et s'ouvre dans un cloaque terminal, en arrière des orifices des 2 canaux déférents (mâle) ou des 2 oviductes (femelle). Après accouplement, la femelle pond dans l'eau ses œufs, qui se développent aussitôt et donnent des larves armées d'une trompe antérieure exsertile. A l'extrémité de la trompe s'ouvre la bouche entourée de 3 rangs de crochets; à l'aide de cette armature céphalique, la larve pénètre dans les téguments des larves aquatiques d'Insectes et s'y enkyste. Si un Poisson mange la larve d'Insecte, le kyste est dissous et la larve de *Gordius* s'enkyste à nouveau dans la muqueuse intestinale de son nouvel hôte. Devenue libre plus tard, la larve passe à l'état adulte.

---

1. Affection grave à laquelle succombent souvent les habitants des pays chauds de l'Indo-Chine en particulier.

§ 5. — ACANTHOCÉPHALES

Animaux parasites très dégradés. Corps vermiforme muni d'une trompe protractile pleine et armée de crochets *servant d'organe de fixation. Pas de tube digestif. Un ganglion nerveux. Sexes séparés.*

Un seul genre : *Echinorhynchus* (fig. 261); vit à l'état de larve dans la cavité générale ou dans les muscles d'un Insecte ou d'un Crustacé; dans l'âge adulte, il habite le tube digestif des Vertébrés, surtout des Poissons.

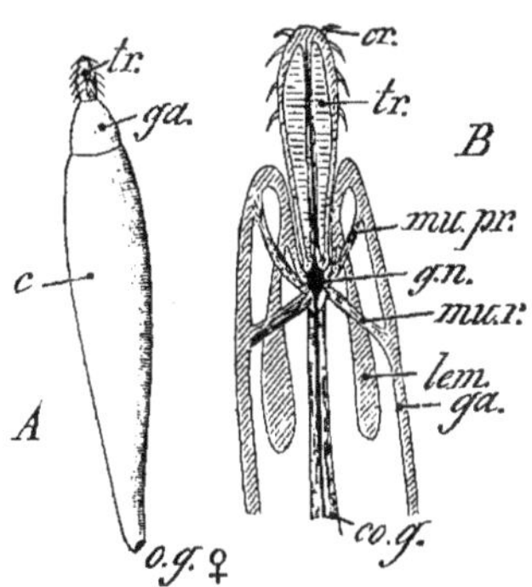

FIG. 261. — *Echinorhynchus gigas*. A; femelle; *tr*, trompe armée de crochets et sa gaine, *ga*; *c*, corps; *o.g* ♀, orifice génital femelle. — B; extrémité antérieure grossie; *tr*, trompe; *cr*, crochets; *mu.pr*, muscles protracteurs; *mu.r*, muscles rétracteurs; *lem*, lemnisques; *g.n*, ganglion nerveux; *co.g*, cordon génital.

L'*Echinorhynchus gigas* présente une trompe antérieure pleine, *tr*, armée de crochets, *cr*, et capable de se rétracter dans une gaine conique basilaire, *ga*; le corps est atténué en pointe à son extrémité inférieure où se trouve l'orifice génital, *o.g*, dans les 2 sexes. Les téguments fort épais se composent d'une *cuticule* mince recouvrant un *ectoderme* granuleux, sillonné de fibres longitudinales et circulaires, et traversé de nombreux canaux formant un réseau. Une *couche musculaire*, sous-jacente et continue, circonscrit la cavité générale dans laquelle sont contenus les *lemnisques*, *lem*, insérés au niveau de la gaine supérieure et le *cordon génital*, *co.g*, s'étendant de la trompe à l'orifice génital inférieur.

Les *lemnisques* sont 2 prolongements symétriques de l'ectoderme qui pendent librement dans la cavité générale; leur rôle est inconnu, probablement excréteur (?) Un *ganglion nerveux* unique, *g.n*, situé à la base de la gaine, émet des nerfs antérieurs, 4 nerfs latéraux et 1 nerf génital médian.

Le *cordon génital* renferme les *organes génitaux*.

L'Échinorhynque mâle atteint 6 à 12 centimètres, la femelle de 30 à 40 centimètres. Deux testicules, suivis chacun d'une vésicule séminale, confondent leurs canaux déférents en un canal éjaculateur unique qui débouche au fond d'une sorte de cloche postérieure; cette dernière communique avec l'extérieur par un orifice terminal.

Chez la femelle, le cordon génital contient un *ovaire* unique dont les ovules tombent dans la cavité générale où ils sont fécondés. Les œufs repris par un utérus en cloche passent dans l'oviducte, puis dans un vagin chitineux et sont expulsés au dehors, alors que leur segmentation est déjà avancée.

Comme l'Échinorhynque géant vit en parasite dans l'intestin du *Porc*, ses embryons, enveloppés de leur coque ovulaire, sont rejetés au milieu des matières fécales de l'hôte et repris par les larves de la *Cétoine;* la coque de l'œuf est digérée dans l'intestin de ces larves que perfore l'embryon d'Échinorhynque mis en liberté. Une fois parvenu dans les tissus de son nouvel hôte, l'embryon s'y enkyste et n'achèvera son développement que si la larve de Cétoine est à son tour mangée par un Porc.

CINQUIÈME SÉRIE

NÉPHRIDIÉS

Animaux possédant une symétrie bilatérale, une cuticule mince ou nulle et des cils vibratiles. Leur appareil excréteur est composé, au moins chez les formes primitives, de **néphridies** *ou* **organes segmentaires**, *faisant communiquer la cavité générale du corps avec l'extérieur.*

La classification générale des *Néphridiés*, avec les caractères généraux des embranchements que renferme ce groupe, est contenue dans un tableau précédent (page 41), auquel nous renvoyons le lecteur.

I. — EMBRANCHEMENT DES

LOPHOSTOMÉS

Corps formé d'un seul segment ou d'un petit nombre de segments fusionnés. Un **appareil ciliaire spécial** *porte les aliments à la bouche.*

LOPHOSTOMÉS.	de petite taille, rarement associés en colonies. Disques vibratiles (*appareil rotateur*) servant à la locomotion. *Mastax* dans la région moyenne du tube digestif.....	**Rotifères.**
	de petite taille, associés en colonies fixées en général. Appareil péribuccal cilié (*lophophore*) en couronne ou en double fer à cheval. Pas de mastax..................	**Bryozoaires.**
	jamais associés en colonies. Corps enfermé dans une coquille à 2 valves inégales. Appendices buccaux (*bras*) enroulés en spirale et pourvus de cirres respiratoires. Larve à 3 segments fusionnés chez l'adulte......................	**Brachiopodes.**

§ 1. — ROTIFÈRES

*Animaux de petite taille, ordinairement nageurs, pourvus d'*appareils rotateurs *servant à la locomotion et d'un appareil masticateur* (*mastax*).

Morphologie extérieure. — Les Rotifères sont transparents et ne dépassent pas 1 millimètre. Leur corps est recouvert d'une cuticule mince, sauf à la partie antérieure qui porte l'*appareil rotateur*. Celui-ci consiste : en 2 lobes circulaires indépendants (*Philodina*, fig. 262, D) ou tangents (*Rotifer*), en un disque tétralobé (*Melicerta*, C) ou profondément découpé (*Stephanoceros*) ; grâce aux longs cils qui le bordent et sont toujours en mouvement, cet appareil sert à la locomotion des Rotifères.

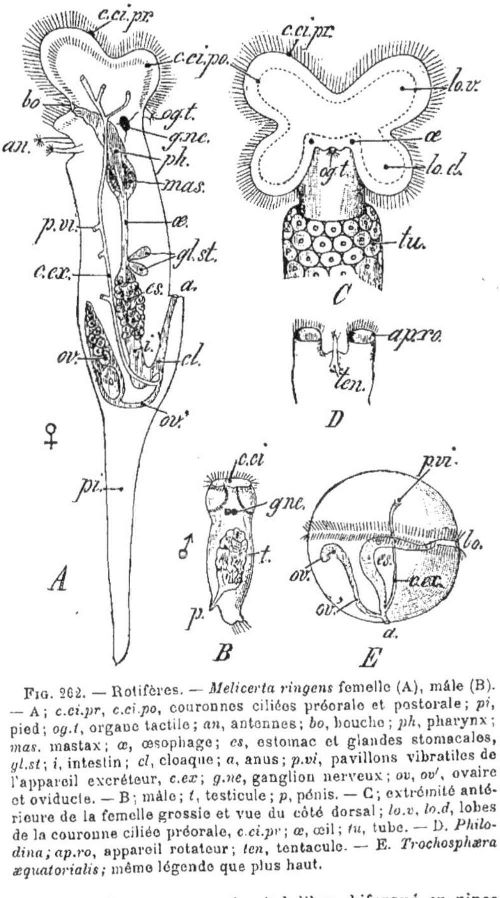

Fig. 262. — Rotifères. — *Melicerta ringens* femelle (A), mâle (B). — A ; *c.ci.pr*, *c.ci.po*, couronnes ciliées préorale et postorale ; *pi*, pied ; *og.t*, organe tactile ; *an*, antennes ; *bo*, bouche ; *ph*, pharynx ; *mas*, mastax ; *œ*, œsophage ; *es*, estomac et glandes stomacales, *gl.st* ; *i*, intestin ; *cl*, cloaque ; *a*, anus ; *p.vi*, pavillons vibratiles de l'appareil excréteur, *c.ex* ; *g.ne*, ganglion nerveux ; *ov*, *ov'*, ovaire et oviducte. — B ; mâle ; *t*, testicule ; *p*, pénis. — C ; extrémité antérieure de la femelle grossie et vue du côté dorsal ; *lo.v*, *lo.d*, lobes de la couronne ciliée préorale, *c.ci.pr* ; *œ*, œil ; *tu*, tube. — D. *Philodina* ; *ap.ro*, appareil rotateur ; *ten*, tentacule. — E. *Trochosphæra æquatorialis* ; même légende que plus haut.

La bouche, *bo* (A), est toujours située en dehors de l'appareil rotateur et sur la face ventrale ; elle est comprise entre la *couronne ciliée préorale* à longs cils indiquée plus haut, *c.ci pr*, et une *couronne postorale*, *c.ci. po*, à cils beaucoup plus courts. [Nous avons signalé déjà ces deux couronnes dans la *Trochosphère*, larve commune aux Vers ciliés et aux Mollusques (voir T. II, fasc. 1er, page 71)].

La région postérieure du corps, généralement rétrécie, est le *pied*, *pi*, à la base duquel s'ouvre l'*anus*, *a*. Chez les Rotifères nageurs, le pied libre, bifurqué en pince (*Brachionus*), se fixe temporairement aux corps étrangers au moyen d'un mucus sécrété par une *glande caudale*. Certaines espèces, comme *Melicerta*, vivent fixées dans un tube, *tu* (C), qu'elles ont construit elles-mêmes avec les matières en suspension dans l'eau ; chez d'autres, les individus sont disposés par groupes (*Megalotrocha*), mais ne forment pas de véritables colonies en ce sens que chaque individu se nourrit pour son propre compte et forme un tout physiologique.

Nutrition. — Le **tube digestif** est court; il s'étend de la bouche ventrale antérieure, *bo* (A), à l'anus dorsal et postérieur, *a*. A la bouche fait suite un pharynx musculeux, *ph*, dont les parois portent un *mastax* ou appareil chitineux dentelé, *mas*, chargé de la mastication des aliments. L'estomac, *es*, renferme dans sa paroi de grosses cellules glandulaires et reçoit le produit sécrété par deux glandes stomacales latérales, *gl.st*. Un intestin court et recourbé, *i*, aboutit dans le cloaque, *cl*, qui débouche au dehors sur la ligne médiane dorsale.

La **respiration** est cutanée. L'**appareil circulatoire** fait défaut.

L'**appareil excréteur** se compose de deux longs canaux latéraux, *c.ex*, avec des pavillons vibratiles, *p.vi*, ouverts dans la cavité générale; ces canaux, glandulaires en certains points, avec des renflements et des circonvolutions, se terminent ordinairement dans une vésicule contractile en communication avec le cloaque.

Relation. — Un petit *cerveau*, sorte de double *ganglion nerveux*, *g.ne*, situé contre la partie dorsale du pharynx, représente tout le **système nerveux** des Rotifères; quelques filets nerveux s'en détachent pour se rendre à l'appareil rotateur et aux organes des sens.

Les **organes des sens** comprennent : 1° deux *yeux* (*Melicerta*, *Philodina*), taches pigmentaires rouges, *œ* (C), appliquées sur la face dorsale du cerveau; 2° un *organe tactile* impair et dorsal, *og.t*, formé d'un tube court terminé par une cupule et une touffe de soies raides; 3° deux *antennes*, *an*, situées au-dessous de la bouche.

Reproduction. — *Les Rotifères sont unisexués;* ils présentent un dimorphisme sexuel curieux, sauf le genre *Seison*.

Le mâle (B) est très rare, beaucoup plus petit que la femelle (A) en général, et d'organisation plus simple. Chez *Melicerta ringens*, un volumineux testicule impair, *t* (B), occupe la cavité du corps; les spermatozoïdes sont mis en liberté par un court tube pénial postérieur, *p*.

La femelle (A) présente un ovaire ventral granuleux, *ov*, contenant de nombreux ovules, avec un oviducte court, *ov'*, qui débouche dans le cloaque; les ovules pondus en été se développent parthénogénétiquement; à l'automne, il en apparaît de beaucoup plus petits d'où proviennent probablement les mâles. Il y aurait alors accouplement et, avant l'hiver, la femelle pondrait des œufs fécondés à coque rigide (œufs d'hiver) d'où sortent exclusivement des femelles.

Le développement de l'œuf aboutit à une trochosphère, forme larvaire à laquelle s'arrête le mâle, tandis que la femelle subit une évolution plus complète (Voir T. II, fasc. 1er, page 130.)

1° ROTIFÈRES NAGEURS

Pied court et bifide; appareil rotateur plus ou moins développé.

Brachionus; cuirasse terminée par des pointes chitineuses, pied bifurqué en pince. — *Dinocharis;* cuirasse sans pointes. — *Hydatina;* appareil rotateur sinueux. — *Rotifer;* appareil rotateur formé de deux lobes tangents. — *Trochosphæra* (fig. 265, E); corps globuleux; appareil rotateur réduit, consistant en une double couronne ciliée équatoriale dont les 2 rangées s'écartent au niveau de la bouche, *bo*.

2° ROTIFÈRES TUBICOLES

Pied allongé contenu dans un tube édifié par l'animal.

Melicerta; appareil rotateur avec 4 lobes. — *Floscularia;* appareil rotateur avec 5 lobes. — *Stephanoceros;* appareil rotateur composé de 5 lobes allongés formant de véritables bras.

3° ROTIFÈRES PARASITES

Dépourvus d'appareil rotateur à l'état adulte.

Balatro ; parasite sur la peau des Oligochètes. — *Seison ;* parasite des Nébalies; mâle pourvu d'un tube digestif.

§ 2. — BRYOZOAIRES

Animaux de petite taille, associés en colonies. Lophophore péribuccal cilié, en couronne ou en double fer à cheval. Pas de mastax.

BRYOZOAIRES	pourvus d'un lophophore	à l'extérieur duquel s'ouvre l'anus. Tentacules creux.	**Ectoproctes.**
		à l'intérieur duquel est compris l'anus avec la bouche. Tentacules pleins.	**Entoproctes.**
	pourvus de 2 ou 12 bras symétriques avec double rangée de tentacules ciliés.		**Ptérobranches.**

Morphologie extérieure. — Tous les Bryozoaires, sauf *Loxosoma*, forment des colonies d'aspect variable suivant les genres : plaques minces attachées aux Algues (*Membranipora*), lames foliacées (*Flustra*), lames pierreuses perforées (*Retepora*), etc. Parfois ces colonies sont analogues aux colonies d'Hydraires; on peut cependant les en distinguer par leurs *mouvements beaucoup plus rapides*, et parce que chaque individu pourvu d'un tube digestif présente *une bouche et un anus distincts*.

Chaque individu habite une loge ou *zoécie*, *lo* (fig. 263, A), dans laquelle il peut s'abriter tout entier; cependant, il peut épanouir à l'ouverture de sa loge un disque circulaire ou en fer à cheval appelé *lophophore*, *lop*, dont il est pourvu.

Le lophophore porte une couronne de tentacules ciliés, *ten*, au nombre de 8 à 20, qui circonscrit la bouche. Le plus généralement l'anus, *a*, est situé en dehors du lophophore dont les tentacules sont creux et rétractiles (**Ectoproctes**); quelquefois l'anus est compris, au voisinage de la bouche, dans l'intérieur du lophophore dont les tentacules sont pleins et non rétractiles (**Entoproctes**)[1].

Structure d'un individu. — **Loge.** — L'individu ou *polypile* est abrité par une loge ou *ectocyste*, *lo*, anhiste et gélatineuse (*Alcyonidium*), le plus souvent cornée ou incrustée de calcaire. L'ectocyste est sécrété par le tégument de l'animal.

Tégument. — Le tégument, *tég*, comprend un épithélium ectodermique, du tissu conjonctif sous-jacent, une couche musculaire et l'endothélium de la cavité générale.

Nutrition. — Le **tube digestif**, en forme d'U, comprend la bouche, *bo*, recouverte (*Plumatella*) ou non (*Bugula*) d'un épistome membraneux mobile; puis un pharynx parfois musculaire, un œsophage cilié, *œ*, donnant accès dans un vaste estomac coudé, *es*, dont la paroi est entièrement couverte de glandules hépathiques brunes; un intestin court aboutit au rectum, *r*. L'anus *dorsal*, *a*, est en dehors du cercle tentaculaire (**Ectoproctes** : *Bugula*) ou en dedans (**Entoproctes** : *Pedicellina*).

Au coude formé par l'estomac est inséré le *funicule*, *fu*, qui d'autre part se termine au fond de la loge.

Les **appareils respiratoire** et **circulatoire** font défaut.

Le liquide de la cavité générale renferme des globules; il est mis en mouvement par les cils vibratiles de l'endothélium et par les contractions de la paroi. La

1. A ce point de vue, les Entoproctes se rapprochent beaucoup du genre *Stephanoceros* signalé chez les Rotifères.

respiration est cutanée; elle s'accomplit surtout par les tentacules creux chez les *Ectoproctes qui sont les Bryozoaires les plus parfaits.*

L'appareil **excréteur** est peu connu.

Relation. — Le **système nerveux** se réduit à un ganglion nerveux, *g.ne*, placé entre la bouche et l'anus; ce ganglion envoie quelques filets au lophophore et à l'œsophage. Les Phylactolèmes (*Cristatelles* et *Plumatelles*) possèdent même un collier œsophagien, *c.œ* (B).

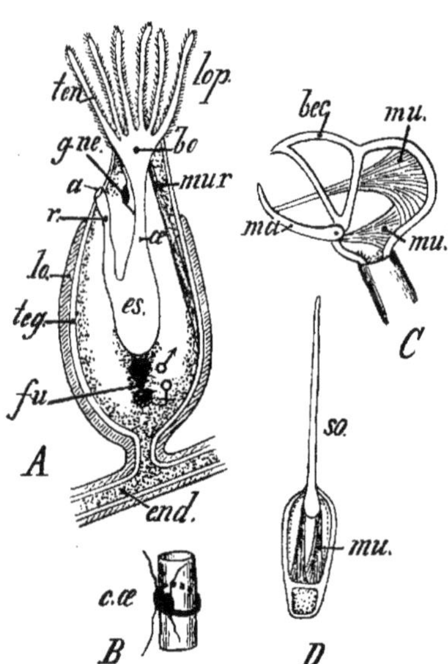

Fig. 263. — A. Schéma d'un Bryozoaire Ectoprocte; *lop*, lophophore; *ten*, tentacules; *lo*, zoécie ou loge; *t g*, tégument; *bo*, bouche; *œ*, œsophage; *es*, estomac; *r*, rectum; *a*, anus; *mu.r*, muscle rétracteur; *g.ne*, ganglion nerveux; *fu*, funicule; *end*, endothélium. — B. Collier œsophagien de *Phylactolème*. — C. Aviculaire de *Bugula; bec*, bec; *ma*, mandibule; *mu*, *mu'*, muscles releveur et abaisseur de la mandibule. — D. Vibraculaire de *Scrupocellaria*. *so*, soie.

Reproduction. — *Les Bryozoaires sont hermaphrodites.*

Les *spermatozoïdes* naissent toujours dans l'épaisseur du funicule et tombent, à maturité, dans la cavité générale. Les *ovules* naissent, soit dans le funicule au-dessous des spermatozoïdes, soit en un point quelconque de l'endothélium de la cavité générale; une fois mûrs, ils sont fécondés dans la cavité générale même (*hermaphrodisme suffisant*).

L'*œuf* formé se développe tantôt dans la loge même, tantôt dans une sorte de chambre à incubation appelée *oécie* ou *ovicelle.*

Les Bryozoaires peuvent aussi se développer **asexuellement** par des *statoblastes*.

Un statoblaste est un amas cellulaire, originaire du funicule, qui s'enveloppe d'une coque épaisse formée par ce funicule; il passe l'hiver, fixé à la colonie et s'ouvre, au printemps, en deux valves au milieu desquelles apparaît un jeune individu portant déjà le bourgeon d'un second individu. Le bourgeonnement répété des individus nés d'un statoblaste forme ainsi une colonie nouvelle.

Colonies de Bryozoaires et polymorphisme. — *Les Bryozoaires bourgeonnent tous.* Les bourgeons deviennent indépendants chez le seul genre *Loxosoma;* ils sont issus de stolons rampants et les loges sont distinctes chez *Pedicellina, Cristatella, Plumatella.* Les loges sont plus complètement unies chez les Ectoproctes *Gymnolèmes*, formant des colonies variées; mais *jamais l'un quelconque des membres de la colonie ne perd son indépendance* (caractère qui sépare absolument les Bryozoaires des Polypes).

Les divers membres de la colonie peuvent présenter des formes diverses, vu les fonctions particulières qu'ils sont appelés à remplir : c'est ainsi que, à côté d'individus normaux, on trouve les *aviculaires* (*Bugula*) et les *vibraculaires* (*Scrupocellaria*).

Un *aviculaire* (fig. 263, C), d'aspect comparable à une tête d'oiseau de proie, présente une capsule fixe terminée par un bec aigu, sur laquelle est articulée une mandibule grêle, *ma*; cette mandibule, actionnée par des muscles antagonistes *mu, mu'*, peut s'écarter ou se rapprocher du bec, *saisir une particule nutritive* ou *contribuer à la défense de la colonie.*

Les *vibraculaires* (D) ne sont pas autre chose que des aviculaires à bec fixe atrophié et à mandibule démesurément allongée en une soie mobile, *so*; leur rôle est de *s'opposer au dépôt de corps étrangers à l'orifice des loges* (Gymnolèmes, *Chilostomes*).

Tous les individus d'une même colonie sont en rapport par l'*endosarque, end,* tissu essentiellement formateur d'où dérivent les globules de la cavité générale, le funicule, les produits génitaux, etc.

Aviculaires et vibraculaires sont des individus dépourvus d'intestin. Dans une même loge se succèdent souvent plusieurs individus dont la durée est plus courte que celle de la loge, et qui tous proviennent du bourgeonnement de l'endosarque. Le premier habitant, parvenu au terme de son évolution, se résout en un *corps brun* qui peut demeurer longtemps ainsi; mais, que l'endosarque bourgeonne un jeune individu au voisinage et dans la même loge : celui-ci s'accroît, englobe le corps brun dans son estomac et le rejette par l'anus comme premier bol alimentaire.

1° ECTOPROCTES

Bryozoaires pourvus d'un lophophore en dehors duquel s'ouvre l'anus. Tentacules creux.

Phylactolèmes. — *Lophophore en fer à cheval; bouche pourvue d'un épistome mobile.* Vivent dans les eaux douces.

Cristatella (Cristatelle). Colonies vagabondes; un pied commun supporte les individus rangés en cercle. — *Plumatella* (Plumatelle). Colonies cornées, fixées.

Gymnolèmes. — *Lophophore circulaire; pas d'épistome.*

Presque tous marins.

(a) **Chilostomes.** — Une valve operculaire mobile peut fermer la loge.

Bugula; loges en forme de bateau, disposées sur deux ou plusieurs rangs. — *Scrupocellaria;* colonies en touffes; loges rhomboïdes avec un aviculaire latéral et un vibraculaire dorsal. — *Membranipora;* loges arrondies disposées en quinconce. — *Flustra;* loges rectangulaires.

(b) **Cténostomes.** — Opercule remplacé par une couronne de soies. Colonies jamais calcaires.

Alcyonidium; masse gélatineuse unissant les loges.

Fig. 264. — *Crisia cornuta.*

(c) **Cyclostomes.** — Loges calcaires tubulaires à orifice nu.

Crisia (fig. 264); loges en forme de cornet disposées en colonies arborescentes.

2° ENTOPROCTES

Bryozoaires dont le lophophore entoure la bouche et l'anus. Tentacules pleins.

Pedicellina; individus espacés, mais réunis par un stolon commun; parasites sur d'autres Bryozoaires, des Hydraires, des Algues, etc. — *Loxosoma;* individus libres, parasites sur les Annélides. Plusieurs analogies rapprochent ce genre des Rotifères.

3° PTÉROBRANCHES

Prolongements dorsaux portant deux rangées de tentacules.

Rhabdopleura ; 2 bras ; vit sur les vieilles coquilles au fond des mers boréales. — *Cephalodiscus ;* 12 bras avec nombreux tentacules ciliés ; rencontré à 300 mètres de profondeur (côtes de Patagonie).

Le groupe des Ptérobranches avec ses bras fait la transition des Bryozoaires aux Brachiopodes.

§ 3. — BRACHIOPODES

Animaux ne formant jamais de colonies. Corps enfermé dans une coquille à deux valves inégales dont le plan de symétrie est perpendiculaire à leur plan de séparation. Des deux côtés de la bouche sont les **bras enroulés en spirale** *et pourvus de cirres respiratoires. Larve à* 3 *segments fusionnés chez l'adulte.*

BRACHIOPODES	Les 2 valves sont unies par une charnière. Pas d'anus.........	**Articulés (Testicardines).**
	Les 2 valves sont indépendantes. Anus latéral..................	**Inarticulés (Écardines).**

Morphologie extérieure. — Tout Brachiopode est enfermé dans une *coquille bivalve* (fig. 265) dont les deux valves, *va. v,va.d* (fig. 266) ont un plan de symétrie perpendiculaire à leur plan de séparation. L'une des valves, plus grande

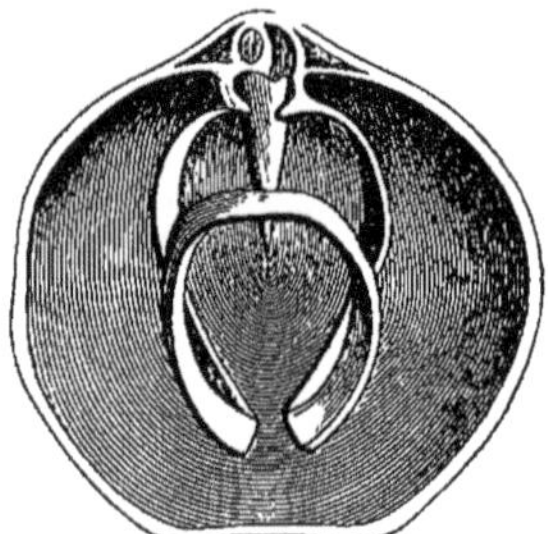
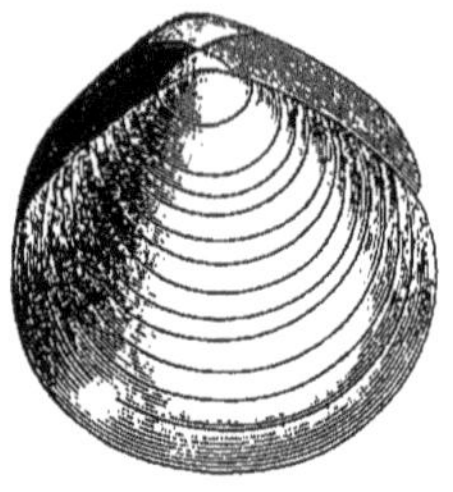

FIG. 265. — *Terebratula numismalis.*
A droite, le test est entier ; à gauche, valve dorsale montrant l'appareil apophysaire.

et plus bombée, est la *valve ventrale;* l'autre, plus plate, est la *valve dorsale* articulée par une charnière avec la première qui se recourbe en crochet du côté dorsal (*Terebratula*). Chez *Lingula*, les valves ne sont pas articulées.

Un pédoncule musculaire, *péd*, inséré au fond de la valve ventrale, fait saillie extérieurement par un orifice limité, en général, par 2 plaques triangulaires constituant le *deltidium* (*Rhynchonella*). L'animal se fixe aux rochers à l'aide de cet appareil musculaire.

Chez les *Lingules*, le pédoncule passe entre les deux valves indépendantes et presque identiques. Les genres *Crania*, *Thecidium*, etc., dépourvus de pédoncule, sont fixés aux rochers par la face externe de leur valve ventrale.

La coquille est formée de l'extérieur à l'intérieur : 1° d'une cuticule mince ; 2° d'une couche composée de lamelles calcaires, alternant (*Lingula*) ou non avec des lamelles cornées ; 3° d'une couche adhérente au *manteau* qui enveloppe le corps de l'animal. *L'ouverture et la fermeture* des valves de la coquille dépendent du jeu des muscles *adducteurs*, *mu. occ.*, = *mu.ad.*, *divaricateurs*, *mu di*, et *ajusteurs*, *mu.aj*, qui les font mouvoir (fig. 266 et 267).

Tégument. — La coquille est intimement liée, par toute l'étendue de sa face interne, au *manteau* qui représente le tégument des Brachiopodes. Le manteau bivalve résulte pour ainsi dire de l'étirement du tégument; chacune de ses valves présente une lame externe et une lame interne, réunies entre elles par de nombreux trabécules conjonctifs, limitant ainsi une cavité générale très réduite. Les lames externes sont hérissées d'une multitude de *papilles palléales*, logées dans de fins pertuis de la coquille; entre les lames internes se trouve la *cavité palléale* occupée presque entièrement par les bras.

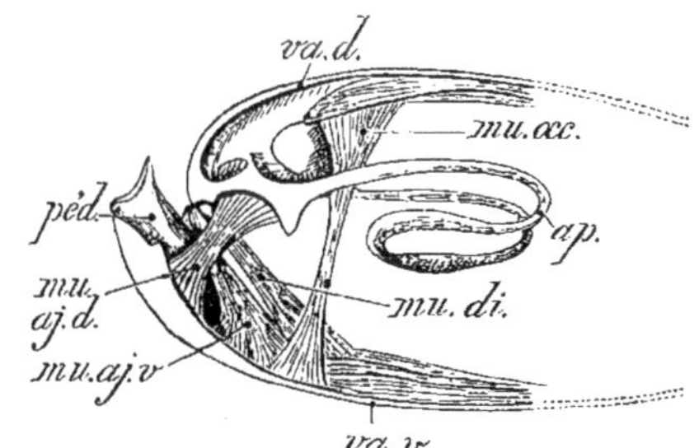

FIG. 266. — *Waldheimia australis. va.d*, *va.v*, valves dorsale et ventrale; *ap*, appareil apophysaire; *péd*, pédoncule: *mu.occ*, muscle occluseur; *mu.di*, muscle divaricateur: *mu.aj.d*, *mu.aj.v*, muscles ajusteurs dorsal et ventral.

La masse viscérale, peu volumineuse (fig. 267), est reléguée dans la région de la valve ventrale voisine du muscle pédonculaire.

Bras. — Toujours au nombre de deux, les bras, enroulés en anse chez les Térébratules, forment deux spirales coniques chez les Rhynchonelles.

Un bras est une baguette cartilagineuse en forme de gouttière, *go* (fig. 268), limitée sur le bord dorsal par une lèvre membraneuse et sur le bord ventral par une rangée de cirres, *ci*. Le tout est couvert de *cils vibratiles dirigeant un courant d'eau* (et les particules en suspension qui s'y trouvent) *de la périphérie des bras à leur point de jonction occupé par la bouche*, *bo*.

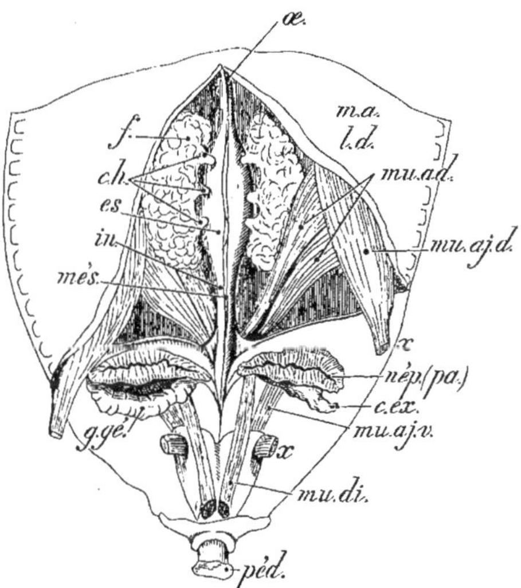

FIG. 267. — *Terebratulina caput serpentis* vue de dos. *péd*, pédoncule; *mu.ad.* muscles adducteurs; *mu.di*, muscles divaricateurs coupés à leur insertion avec la *valve dorsale enlevée; mu.aj.d*, muscles ajusteurs dorsaux coupés en *x*; *mu.aj.v*, muscles ajusteurs ventraux; *ma.l.d*, manteau (lobe droit); *més*, mésentère; *œ*, œsophage; *es*, estomac; *in*, intestin; *f*, foie et conduits hépatiques, *c.h*; *nép*; néphridies: *pa*, pavillon; *c.ex*, canal excréteur; *g,gé*, glande génitale.

Entièrement libres chez les Rhynchonelles et les Lingules, les bras se soudent avec le manteau chez les autres espèces, sur une plus ou moins grande partie de leur longueur; ils sont en outre soutenus par l'*appareil apophysaire*, *ap* (fig. 266), squelette calcaire porté par la valve dorsale et développé différemment suivant les types.

L'appareil apophysaire, nul chez les Inarticulés, consiste en deux courtes apophyses (*crura*) de la valve dorsale chez les Rhynchonelles; les Térébratules présentent deux rubans calcaires d'abord dirigés vers le fond de la valve dorsale, puis recourbés vers le bord antérieur et soudés par un fer à cheval reporté lui-même en arrière (fig. 265); dans les Brachiopodes anciens, c'était un double cordon calcaire enroulé en spirale conique dont le sommet était déjeté latéralement (*Spirifer*).

Nutrition. — **Le tube digestif** (fig. 268), revêtu d'un épithélium cilié, se compose de la bouche, *bo* (ouverte au fond de la gouttière brachiale, *go*), d'un œsophage court, *œ*, d'un estomac ovoïde, *es*, où débouchent les canaux hépatiques

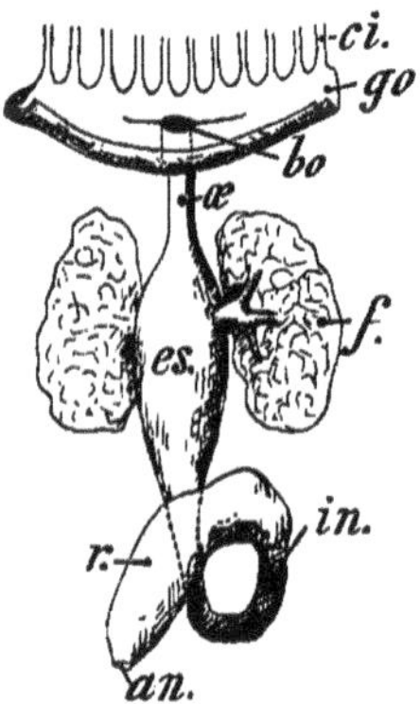

Fig. 268. — Tube digestif de *Crania*: *go*, gouttière avec ses cils, *ci*; *bo*, bouche; *œ*, œsophage; *es*, estomac et foie, *f*; *in*, intestin; *r*, rectum; *an*, anus.

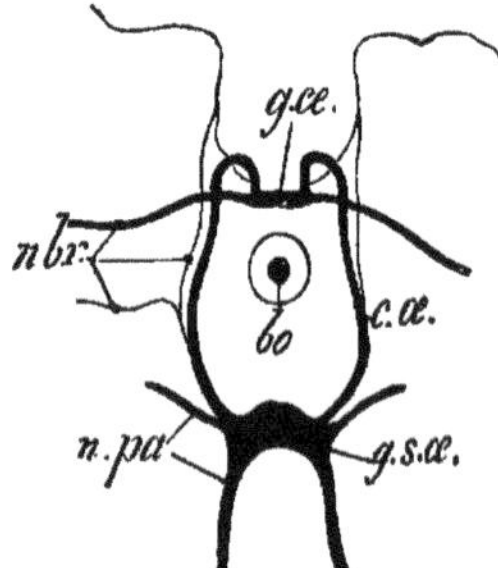

Fig. 269. — Système nerveux de *Terebratula vitrea*. *g.cé.* ganglions cérébroïdes; *c.œ*, collier œsophagien; *g.s.œ*, ganglion sous-œsophagien; *n.br*, nerfs des bras; *n.pa*, nerfs palléaux; *bo*, bouche.

provenant du foie, *f*. [Le foie est une double glande volumineuse située entre les muscles adducteurs]. L'intestin, *in*, se termine, chez les Inarticulés, par un anus dorsal (*Crania*), latéral et rejeté un peu à droite (autres genres).

Les Articulés n'ont pas d'anus; l'intestin s'y termine par un cæcum de plus en plus étroit (fig. 267).

La **respiration** cutanée a pour siège les cirres des bras, *ci*, dans lesquels circule le liquide de la cavité générale.

L'**appareil circulatoire** comprend un cœur et des vaisseaux afférents et efférents; il a été décrit chez *Waldheimia australis* et d'autres Brachiopodes articulés; mais les indications concernant cet appareil sont trop incomplètes encore pour que nous y insistions ici.

L'**appareil excréteur** consiste en 2 *néphridies*, *nép* (fig. 267) avec larges pavillons, *pa*, dont les conduits excréteurs, *c.ex*, servent aussi à l'évacuation des produits génitaux (*Terebratula*).

Relation. — Le **système nerveux** de *Terebratula* consiste en un collier œsophagien, *c.œ* (fig. 269), unissant 2 ganglions : l'un sus-œsophagien, *g.cé*, l'autre placé sous l'œsophage *g.s.œ*, assez peu distincts l'un et l'autre, qui envoient des nerfs aux bras, au manteau, aux viscères et aux muscles.

Un plexus nerveux abondant est à noter dans toute l'étendue des bras, en rapport avec des cellules épithéliales qui paraissent être des cellules sensorielles.

Reproduction. — *Les Brachiopodes sont unisexués*, sauf la Lingule. Aucun signe ne permet de reconnaître le mâle de la femelle, ni même de différencier les glandes génitales.

Dans un individu donné, la glande génitale, *g.gé* (fig. 267), est double et s'étend non seulement de chaque côté de l'intestin, mais encore dans les *sinus palléaux*, espaces libres compris entre les lames du manteau. Les produits sexuels tombent dans ces sinus, s'engagent dans la cavité générale d'où un épithélium cilié les conduit aux pavillons des néphridies; ils s'échappent au dehors par les canaux excréteurs.

La fécondation est probablement externe.

Le développement de l'œuf aboutit à une *gastrula* par invagination dont la cavité archentérique se divise en 3 parties : l'une médiane, *mé* (fig. 270, A) d'où procède l'intestin ; les 2 autres latérales, *c. g*, qui forment la cavité générale. Trois segments constituent, à un moment donné, le corps de la larve (B et C) : un segment antérieur ou céphalique portant 2, puis 4 taches oculaires, *œ*; un segment médian pourvu de 2 lobes qui forment l'ébauche du manteau, *lo.ma*; un segment caudal par lequel se fixe la larve.

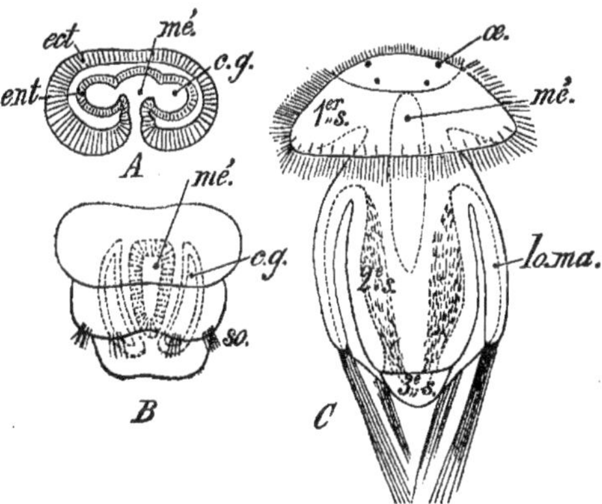

Fig. 270. — Trois phases du développement de la larve d'*Argiope*.

Le segment caudal devient le pédoncule; le segment médian devient le corps dont le manteau *redressé* sécrète la coquille ; le segment antérieur émet 2 pointes latérales qui s'allongent en formant les bras, avec les cirres qui s'y développent.

4° ARTICULÉS (TESTICARDINES)

Coquille munie d'une **charnière.** *Bras soutenus généralement par un squelette calcaire. Pas d'anus.*

Térébratulides. — Appareil brachial formé d'une lamelle continue, libre dans la coquille et non contournée en spirale.

Terebratula (Térébratule, fig. 265); l'appareil brachial est court et n'atteint pas le milieu de la coquille. *T. vitrea;* Méditerranée. — *Argiope* (fig. 271); coquille plus large que longue; cirres portés sur un disque entourant la bouche. — *Thecidium* (fig. 272); pas de pédoncule ni d'orifice au crochet de la valve ventrale qui est très bombée et de grande épaisseur; cette valve ventrale est adhérente au rocher.

Fig. 271. — *Argiope decollata.*

Fig. 272. — *Thecidium mediterraneum.*

Rhynchonellides. — Appareil brachial formé de deux apophyses courtes (*crura*) auxquelles sont fixés les bras; ces derniers, complètement libres, forment 2 spirales coniques à sommet antérieur.

Rhynchonella; coquille plissée. Mer du Nord, Méditerranée.

2° INARTICULÉS (ÉCARDINES)

Valves non réunies par une **charnière**. *Pas de squelette brachial. Un anus.* *Crania;* coquille calcaire adhérente aux rochers par la valve ventrale; anus médian. Méditerranée. — *Lingula* (Lingule); coquille cornée, mince; valves semblables livrant passage à un très long pédoncule. Mer des Indes.

Importance paléontologique des Brachiopodes. — Ce groupe est déjà représenté largement parmi les animaux les plus anciens; les genres *Lingula* et *Discina* actuels se rencontrent, dès le *Cambrien*, avec des formes disparues (*Orthis*). Ces premières formes sont des **Brachiopodes inarticulés**.

Aux *Rhynchonella*, *Atrypa*, *Spirifer*, etc., particulièrement abondants dans le *Dévonien*, s'ajoutent les *Productus* du *Carbonifère* (avec leur valve ventrale très bombée et leur valve dorsale plane ou concave), qui s'éteindront dès l'*époque permienne*.

Les genres *Terebratula* et *Rhynchonella* demeurent abondants pendant l'ère secondaire et subissent des modifications importantes qui les rendent précieux pour la détermination des couches géologiques. A ces types s'ajoutent les genres *Terebratella*, *Crania*, *Thecidium*, apparus à l'époque *jurassique*, qui subsisteront jusqu'à nos jours.

II. — EMBRANCHEMENT DES VERS

Corps mobile, généralement segmenté, pourvu d'une symétrie bilatérale; **jamais de membres articulés.**

VERS	*Cavité générale distincte.* Système nerveux avec chaîne ganglionnaire ventrale. Appareil néphridien à tubes non ramifiés........	**Annelés**	*Segmentation persistante* du corps : *Annélides*	pourvus de soies. Vie libre.	**Chétopodes.**
				dépourvus de soies. 2 ventouses. Vie ectoparasitaire	**Hirudinées.**
			Segmentation *non visible* chez l'adulte....		**Géphyriens.**
	Pas de cavité générale. Absence de chaîne nerveuse ventrale. Appareil néphridien à tubes ramifiés.	**Plathelminthes**	Corps cylindrique, allongé et cilié. Une trompe exsertile. Un anus. Un appareil circulatoire. Animaux unisexués........................		**Némertes.**
			Corps aplati, sans anus ni appareil circulatoire. Système nerveux très réduit. Animaux hermaphrodites.	Corps cilié......	**Turbellariés.**
				Corps non cilié	**Trématodes.**
				Ventouses ou crochets......	**Cestodes.**
	Vers dégradés sans mésoderme...........				**Pseudhelminthes.**

§ 1. — ANNELÉS

Vers allongés dont le corps est en général formé de segments disposés en une série linéaire. Cavité générale distincte. Système nerveux comprenant un collier œsophagien et une chaîne ventrale ganglionnaire.

Les Annelés comprennent : les **Chétopodes**, les **Hirudinées** et les **Géphyriens** (voir le tableau ci-dessus).

Morphologie générale. — Abstraction faite du petit groupe des Géphyriens dont le corps a perdu toute trace de segmentation à l'état adulte, les **Annélides** sont formées d'une série linéaire de segments (*zonites*) distincts extérieurement et intérieurement : *extérieurement*, par les sillons qui les délimitent ; *intérieurement*, par des diaphragmes musculaires transversaux qui divisent la cavité générale en autant de chambres.

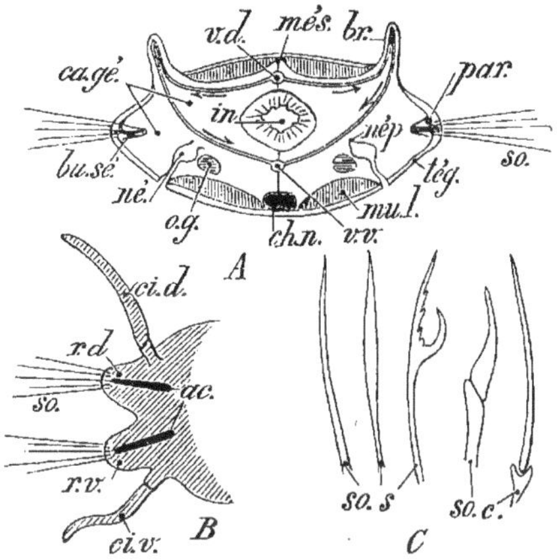

Fig. 273. — A. Coupe transversale d'un segment idéal d'Annélide. *tég*, tégument ; *mu.l*, muscles longitudinaux ; *par*, parapodes portant des soies, *so*, insérées sur un bulbe sétigère, *bu.sé* ; l'axe de ce bulbe est occupé par un acicule, *ac* (B) ; *br*, branchies ; *més*, mésentère partageant longitudinalement en 2 parties la cavité générale, *ca.gé* ; ce mésentère soutient les vaisseaux dorsal et ventral, *v.d*, *v.v*, l'intestin, *in* et la chaîne nerveuse ganglionnaire, *ch.n* ; *né*, néphridie ; *nép*, néphrostome ; *o.g*, organes génitaux. — B ; parapode dédoublé en 2 rames : l'une dorsale, *r.d*, l'autre ventrale, *r.v*, portant chacune un cirre, *ci.d*, *ci.v*. — C ; diverses sortes de soies : les unes simples, *so.s*, les autres composées, *so.c*.

Un segment idéal d'Annélide (fig. 273, A) présente, disposés symétriquement sur les parois latérales, deux *parapodes* ou mamelons ambulatoires, *par* et deux *branchies*, *br*.

Sur une coupe transversale, on remarque : le *tube digestif*, *in*, au centre ; deux *troncs vasculaires* longitudinaux, *v.d* et *v.v*, reliés par des anses latérales qui se ramifient dans les branchies ; la *chaîne ventrale ganglionnaire*, *ch.n* ; une paire de *néphridies*, *né*, avec les *organes génitaux* voisins, *o.g*.

La cavité générale d'un segment est séparée de celle des segments voisins par des cloisons mésodermiques transversales appelées *dissépiments* ; un *mésentère*, *més*, dorso-ventral, de même origine, s'étend longitudinalement dans le plan de symétrie de chaque segment et soutient le tube digestif, les troncs vasculaires et la chaîne nerveuse. Dissépiments et mésentère peuvent être largement perforés et parfois totalement résorbés.

Ce segment peut se compliquer ou se simplifier suivant que l'animal considéré mène une vie libre (**Chétopodes**) ou parasitaire (**Hirudinées**).

On appelle Annélide *homonome* celle dont les segments sont identiques ou à peu près, à part la tête et le dernier segment (*Polygordius*, Lombric); une Annélide *hétéronome* est celle dont les segments ont subi des changements tels que le corps peut être divisé en régions distinctes [Arénicole (fig. 274), Térébelle (fig. 275), etc.].

Fig. 274. — Arénicole des pêcheurs (*Arenicola piscatorum*).

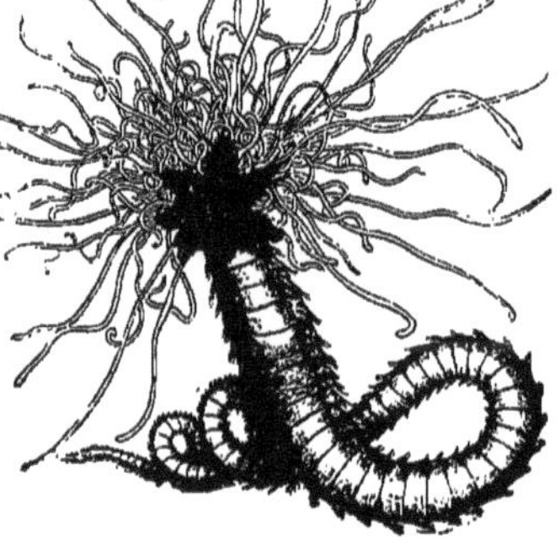

Fig. 275. — Térébelle (*Terebella Edwardsii*).

(*A*). CHÉTOPODES

Vers annelés dont le corps est pourvu de **soies**; *ils mènent une vie libre.*

Chétopodes	*Nombreuses soies.* Appendices au moins sur la tête. Animaux unisexués marins......	*Polychètes.*
	4 paires de soies par segment. Animaux hermaphrodites terrestres ou d'eau douce.	*Oligochètes.*

(*a*). CHÉTOPODES POLYCHÈTES

Vers pourvus de **soies nombreuses**, *de parapodes saillants et de branchies le plus souvent. Chaque néphridie est tout entière dans le même segment. Animaux unisexués dont les organes génitaux n'ont pas de conduits propres. Vivent dans la mer.*

Morphologie extérieure. — Le nombre des segments du corps est variable entre des limites très espacées [10 à 12 chez l'*Hermione;* 800 parfois chez l'*Eunice* (fig. 276)].

Le caractère essentiel des Polychètes consiste en ce que chaque segment du corps est pourvu d'une paire de *parapodes* latéraux, dont la complexité est variable avec l'espèce considérée, avec la région du corps envisagée dans une espèce donnée, enfin avec les attributions qui leur sont dévolues.

Parapode. — Un parapode est un mamelon unique (fig. 273, A) ou dédoublé en deux *rames :* l'une dorsale, *r.d*, l'autre ventrale, *r.v* (B). Chaque rame porte un *cirre* filiforme, *ci*, parfois aplati en lame ou transformé en branchie, d'après certains zoologistes. Au sommet de chaque rame fait saillie une touffe

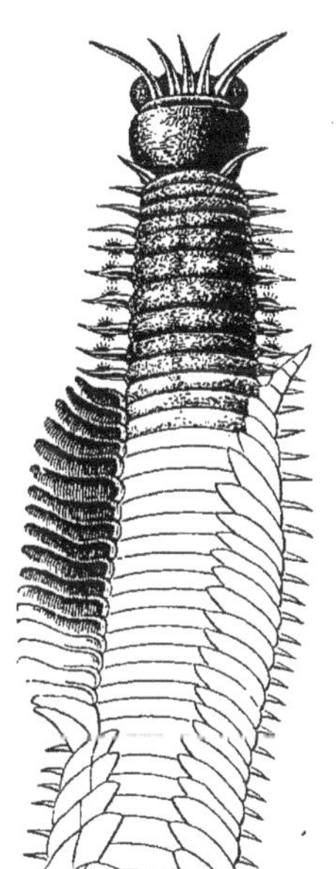

Fig. 276. — Partie antérieure du corps d'*Eunice Harassii* (Annélide errante) dont les branchies plumeuses, normalement relevées à droite, ont été rabattues en partie à gauche.

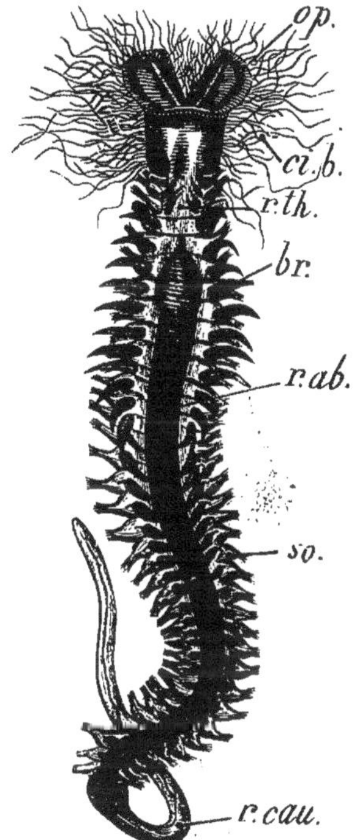

Fig. 277. — *Hermella alveolata* (Annélide sédentaire). *op*, opercule; *ci.b*, cirres buccaux; *r.th*, région antérieure (thoracique); *r.ab*, région abdominale; *r.cau*, région caudale. Chaque segment porte des branchies, *br* et des soies locomotrices, *so*.

de *soies*, *so*, productions chitineuses secrétées chacune par une glande unicellulaire. La forme des soies est caractéristique d'une espèce; aussi est-elle éminemment variable avec les divers types. Les soies sont *simples*, *so.s* (C) [en forme de fil, de lancette, de crochet, de flèche, barbelées, etc.] ou *composées*, *so.c*; ces dernières comprennent deux pièces articulées et se trouvent d'ordinaire chez les Polychètes errants.

Un fort filament chitineux, l'*acicule*, *ac* (B), sorte de grosse soie à pointe émoussée, occupe le centre de la rame et lui sert de soutien.

Le parapode subit des modifications : 1° chez les espèces diverses; 2° chez la même espèce avec les régions différentes du corps.

1° Dans le genre *Hermella*, fig. 277 (Polychète sédentaire), les cirres disparaissent, l'une des rames se transforme en branchie et l'autre est pourvue de petits crochets.

2° Chez un même animal, les parapodes sont moins développés sur les segments postérieurs plus jeunes; en avant, tout au moins sur le *segment céphalique*, la fonction des parapodes est plutôt exploratrice et respiratoire ; aussi supportent-ils des organes de forme variée en rapport avec leur fonction : *antennes* et *tentacules*, organes sensoriels insérés dorsalement et innervés par les ganglions cérébroïdes et les connectifs œsophagiens (fig. 276, 277); *branchies* (fig. 278); *palpes* insérés sur la face ventrale, parfois soudés entre eux et innervés par un ganglion du système stomato-gastrique.

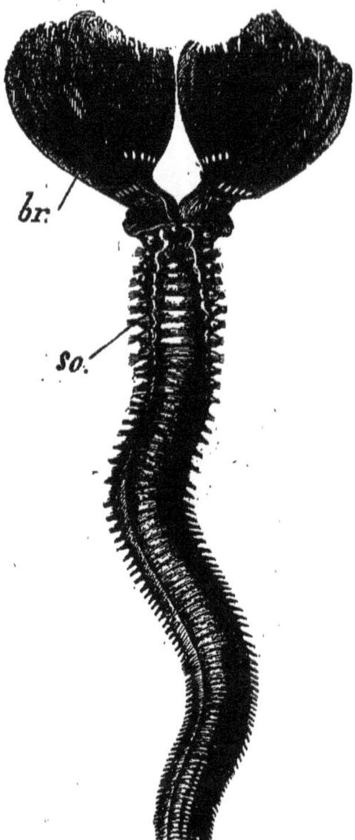

Fig. 278. — *Distylia volutifera* (Annélide sédentaire) ; *br*, branchies fort développées en avant de la tête (dues à la transformation des antennes en organes respiratoires); *so*, soies locomotrices.

Tégument. — Muscles. — Une *cuticule* résistante, parfois finement striée, recouvre *l'épiderme* à cellules cylindriques entremêlées de cellules à mucus et d'éléments conjonctifs provenant de la couche sous-jacente. Au-dessous de la couche conjonctive, on remarque une couche musculaire continue formée de fibres circulaires, puis 4 faisceaux musculaires longitudinaux, *mu.l* (fig. 273, A).

Nutrition. — Le **tube digestif**, simple chez les Annélides sédentaires, s'étend en droite ligne de la bouche antérieure à l'anus terminal et un peu dorsal; il se complique, chez les Polychètes errants et carnassiers, d'un appareil de préhension et de mastication : *trompe exsertile* (*Nephthys*), *sac maxillaire* (Eunice). Chez l'Eunice (fig. 279), la bouche conduit dans le sac maxillaire ovoïde, très musculaire, armé de pièces chitineuses (*labre* ventral, *la; mâchoires* dorsales, *ma*); l'œsophage court (pourvu de cæcums glandulaires chez l'Arénicole) donne accès dans un intestin étranglé au niveau des dissépiments et tapissé de cellules glandulaires.

L'appareil respiratoire consiste en *branchies* vasculaires : branchies *thoraciques* chez les Polychètes errants, parce qu'elles se rencontrent sur la plupart des anneaux [sur toute la longueur du corps chez l'Eunice, dans la partie moyenne du corps chez l'Arénicole]; branchies *céphaliques* chez les Tubicoles (Serpule, fig. 282; *Distylia*, fig. 278) dont les anneaux antérieurs sont le plus en rapport avec l'eau aérée.

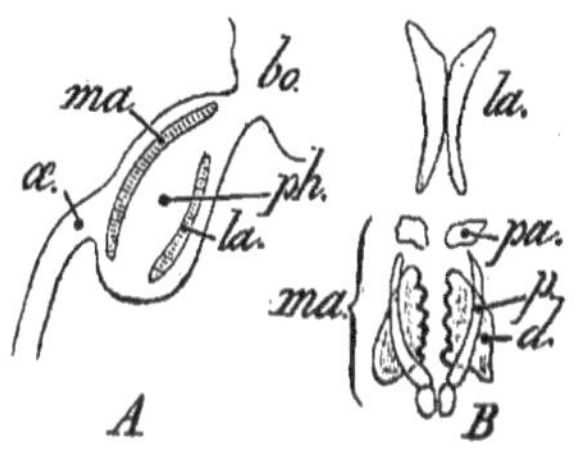

Fig. 279. — A; appareil (sac) maxillaire d'*Eunice*. *bo*, bouche; *ph*, pharynx avec un labre ventral, *la* et des mâchoires dorsales, *ma*; *æ*, œsophage. — B; les mêmes pièces vues de face.

Les branchies, en connexion étroite avec les parapodes, ont la forme d'un peigne (Eunice), de touffes arborescentes (Arénicole); elles constituent chez les Serpuliens une couronne fort élégante autour de la bouche.

Chaque ramification branchiale présente une artère et une veine réunies par des capillaires transversaux (Hermelle); quelquefois on trouve un vaisseau unique (Serpule) servant à l'aller et au retour du sang *animé d'un mouvement oscillatoire* et non circulatoire, dans ce cas.

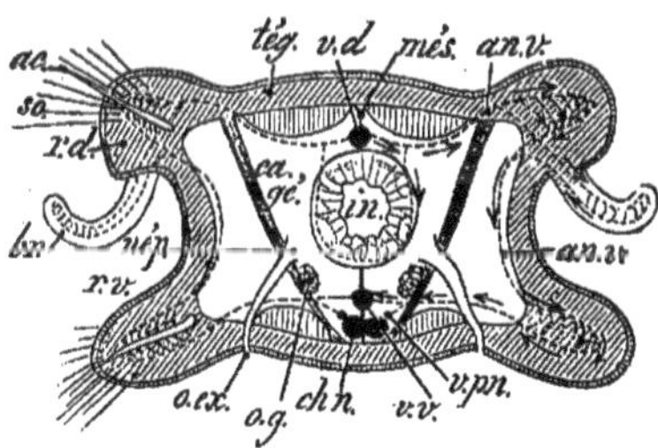

Fig. 280. — Représentation schématique de la circulation chez *Nephthys* (en pointillé). *v.d*, vaisseau dorsal relié au vaisseau ventral, *v.v*, par des anses vasculaires, *an.v*, ramifiées elles-mêmes dans les rames dorsales et ventrales, *r.d*, *r.v* et dans les branchies, *br*; durant ce trajet, le sang subit l'hématose et circule aussi dans les vaisseaux longitudinaux périnerviens, *v.pn*; certaines ramifications des anses vasculaires sont distribuées dans la paroi de l'intestin, *in*. (Pour les autres désignations, voir la légende de la figure 273.)

La respiration est exclusivement cutanée dans les genres *Syllis*, *Nereis*, etc.

L'appareil circulatoire, souvent absent chez les petites espèces, est très variable chez les Polychètes supérieurs. C'est un système *clos* composé essentiellement : d'un *vaisseau dorsal* contractile, *v.d* (fig. 280), dans lequel circule le sang d'arrière en avant; d'un *vaisseau ventral*, *v.v.* (situé entre l'intestin, *in* et la chaîne nerveuse, *ch.n*) dans lequel circule le sang d'avant en arrière; *d'anses vasculaires*, *an.v*, disposées par paires en nombre au moins égal à celui des segments du corps; ces anses réunissent les deux troncs vasculaires médians et se ramifient, les unes dans les parapodes et les branchies, les autres à la surface et dans la paroi de l'intestin. De fines branches anastomotiques relient les vaisseaux dorsal et ventral, du côté céphalique et à l'extrémité postérieure du corps.

Cet appareil fondamental se modifie avec le genre de vie de l'animal : tandis que, chez les *Annélides errantes*, le vaisseau dorsal est, en général, contractile dans toute son étendue, chez les *Sédentaires* la contractilité se manifeste dans la région antérieure de ce même vaisseau [l'Arénicole possède ainsi un véritable cœur avec oreillette et ventricule]; les *Tubicoles* (Serpule), dont les branchies sont localisées dans la région céphalique, y présentent un vaisseau dorsal très court remplacé, dans les segments postérieurs, par un réseau lacunaire péri-intestinal.

Sang. — Le sang des **Chétopodes**, renfermé dans un *appareil vasculaire clos*, est isolé du liquide contenu dans la cavité générale; il contient des globules de forme fixe; généralement incolore, il renferme parfois un pigment *dissous dans le plasma* (*hémoglobine* chez les genres *Eunice*, *Nereis*, *Arenicola*, *Terebella*, dont le sang est rouge; *chlorocruorine* chez les *Sabelles* et quelques *Serpules* dont le sang est vert).

L'**appareil excréteur** consiste en *néphridies*, *né* (fig. 273, A), tubes plus ou moins contournés qui s'ouvrent dans la cavité générale par un *pavillon vibratile* ou *néphrostome*, *nép*, se renflent en une vésicule glandulaire et débouchent au dehors par un orifice latéral, *o.ex*, (fig. 280).

On donne aussi le nom d'*organes segmentaires* aux néphridies, parce que chaque segment du corps en contient *fondamentalement* une paire[1]. Toutefois les néphridies ont tendance à s'atrophier chez l'adulte, surtout dans la région antérieure du corps. Les Tubicoles (Serpule, Hermelle) n'ont plus qu'une paire de néphridies, les autres étant devenues exclusivement des conduits génitaux.

Les néphridies jouent un double rôle : 1° elles *excrètent* les produits de désassimilation contenus dans le liquide de la cavité générale, ou même sécrétés par les cellules glandulaires du canal excréteur; 2° elles servent à l'expulsion des produits génitaux dans les segments où ceux-ci prennent naissance; alors *le pavillon vibratile* et *le canal s'élargissent à l'époque de la maturité sexuelle*.

Relation. — Le **système nerveux** (fig. 281) est formé de 2 *ganglions cérébroïdes* sus-œsophagiens, *g.cé*, (appartenant au 1er segment du corps), d'un *collier œsophagien*, *c.œ*, qui réunit les ganglions cérébroïdes à une paire de *ganglions buccaux* sous-œsophagiens, *g.bu*. Ceux-ci sont le point de départ d'une double *chaîne nerveuse ventrale*, *ch.n.v*, située près du tégument et dans le plan médian du corps. Dans chaque segment, on trouve une paire de ganglions réunis entre eux par une commissure, de telle

1. Voir le développement de l'appareil excréteur du *Polygordius*, T. II, fasc. 1er, fig. 52.

sorte que la chaîne nerveuse présente l'aspect d'une échelle.

Des ganglions cérébroïdes se détachent les *nerfs antennaires*, *n.an* et les *nerfs optiques;* du collier œsophagien et des ganglions

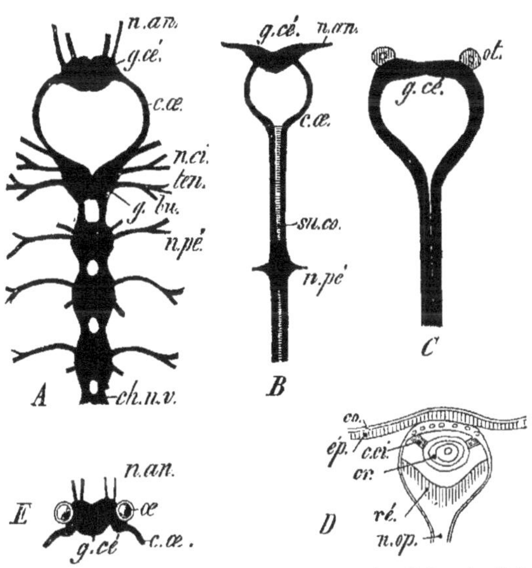

FIG. 281. — Système nerveux et organe de la vue chez les Chétopodes Polychètes. — A; *Phyllodoce*. — B; *Tomopteris*. — C; *Arenicola*. — D; œil d'*Alciope*. — E; yeux de *Phyllodoce*. *g.cé*, ganglions cérébroïdes; *c.œ*, collier œsophagien; *g.bu*, ganglions buccaux; *ch.n.v*, chaîne nerveuse ventrale; *n.an*. nerf antennaire; *n.ci.ten*, nerfs des cirres tentaculaires; *n.pé*, nerfs pédieux. — B; *su.co*, substance conjonctive reliant les 2 cordons de la chaîne ventrale. — C; *ot*, otocyste. — D; *co*, cornée; *ép*, épiderme; *cr*, cristallin relié à la paroi par les corps ciliaires, *c.ci*; *ré*, rétine; *n.op*, nerf optique.

buccaux partent les *nerfs des cirres tentaculaires*, *n.ci.ten;* les autres ganglions sont l'origine des *nerfs pédieux*, *n.pé*, ramifiés dans les parapodes.

Les cordons de la chaîne ventrale, très écartés chez la Serpule, sont intimement soudés chez la *Nephthys* et l'Eunice; dans les genres *Tomopteris* (B), et *Arenicola* (C), les ganglions eux-mêmes ne sont plus distincts extérieurement.

Les **organes des sens**, inégalement répandus chez les Annélides, sont mieux développés chez les Errantes et plus particulièrement dans les types nageurs.

Les *organes tactiles* consistent en petites papilles dont les cellules sont terminées par de fins poils rigides où aboutissent des fibres nerveuses; ces papilles sont abondantes sur les antennes, les tentacules et les palpes.

Les *organes olfactifs* et *gustatifs* sont encore peu connus.

Les *organes auditifs* (otocystes) existent dans un petit nombre de genres (Arénicole, fig. 281, C; Serpule; Térébelle).

Quant aux *yeux*, ils existent chez de nombreuses espèces, mais avec une complexité très variable : réduits, chez quelques Tubicoles, à des groupes de cellules à portion externe hyaline et à portion interne pigmentée en relation avec des filets nerveux, les yeux sont parfaitement différenciés chez *Alciope* (fig. 281, D).

Reproduction. — *Les Polychètes sont unisexués*, à de rares exceptions près (*Spirorbis*). L'appareil génital, très simple, n'est visible qu'au moment de la reproduction.

Les éléments sexuels proviennent de la différenciation des cellules de la cavité générale, le plus souvent au voisinage des organes segmentaires. *Ovules* et *spermatozoïdes* tombent dans le liquide périviscéral, d'où ils sont expulsés au dehors par les conduits excréteurs des néphridies.

Quelques espèces sont vivipares (*Eunice sanguinea, Syllis vivipara*); la fécondation y est donc interne. La femelle d'*Autolytus cornutus* porte même un sac ventral destiné à l'incubation des œufs.

Certains Polychètes peuvent se reproduire encore **asexuellement**, par *bourgeonnement* et par *scissiparité*.

Le *bourgeonnement* se manifeste avec netteté chez les *Myrianides* qui consistent parfois en véritables chaînes linéaires d'individus pourvus chacun d'une tête et d'un nombre de segments variable suivant leur âge. A part l'être primordial antérieur, le dernier individu est le plus ancien de la chaîne.

La *scissiparité* suit d'ordinaire le bourgeonnement; ce phénomène est le plus souvent connexe d'une différence qui survient dans le développement des organes génitaux des divers segments.

Quelques exemples permettront de mieux saisir ces particularités :

Dans le genre *Clistomatus*, la partie postérieure du corps, seule pourvue d'organes reproducteurs, se détache à la maturité sexuelle et meurt après la mise en liberté des ovules et des spermatozoïdes; *ce détachement est périodique*.

Chez *Protula*, la partie détachée acquiert une tête et constitue un individu sexué comparable à l'individu dont il est originaire.

L'*Autolytus* présente un polymorphisme intéressant. Les individus sexués (mâle et femelle) diffèrent entre eux et ne ressemblent pas aux êtres asexués desquels ils se sont détachés.

Quand l'Autolyte asexué a acquis 40 à 45 anneaux, au niveau du 13e segment se différencie la tête du tronçon postérieur qui va former l'individu sexué. Les segments de celui-ci acquièrent peu à peu de longues et fines soies locomotrices dont est dépourvue la partie asexuée; de plus, les éléments reproducteurs s'y développent. A un moment donné, la région postérieure du corps, plus agile en raison de ses appendices locomoteurs spéciaux, se secoue violemment et se détache de la région antérieure asexuée. Tandis que l'être asexué devient sédentaire dans un tube, l'individu sexué est essentiellement nageur, effectue sa ponte, puis meurt.

Les *Nereis* sont également intéressantes à envisager. A côté d'individus dont les segments sont tous identiques et pourvus d'organes locomoteurs peu développés

(*Nereis*), on rencontre des individus *de la même espèce* (*Heteronereis*) qui, au moment de la maturité sexuelle, présentent une région antérieure toujours asexuée, et une région postérieure sexuée *dépourvue de tête et toujours adhérente à la première*. Les segments de cette région sont pourvus de parapodes avec de larges lames membraneuses hérissées de touffes de soies en palette; l'ensemble de ces palettes minuscules constitue un puissant appareil de natation dont l'animal fait usage. Alors que les *Nereis* rampent au fond de la mer, les *Heteronereis* nagent à la surface, s'approchent des côtes au moment où leurs produits sexuels sont mûrs, les y abandonnent et regagnent la haute mer.

Le **développement** des œufs donne, par segmentation inégale, une *gastrula* qui forme une *trochosphère* (voir T. II, fasc. 1er, pages 71, 134-136) avec une double couronne ciliée pré- et postorale, et un nombre plus ou moins considérable d'autres bandes ciliées parallèles (larves *atroques*, *monotroques*, *télotroques*, *polytroques*).

1° POLYCHÈTES ERRANTS

Vers carnassiers à tête distincte et pourvue d'une trompe ou d'un appareil maxillaire. Segments tous semblables; parapodes saillants pourvus de cirres. Vie vagabonde.

Aphrodita (Aphrodite ou Souris de mer); corps large et aplati, recouvert sur le dos d'un feutrage de poils. — *Polynoe;* tête prolongée souvent en 2 pointes, portant 4 yeux, 3 antennes et 2 longs palpes ventraux. — *Eunice* (fig. 276); cuticule épaisse et irisée; nombreux anneaux; pieds uniramés; branchies en forme de peigne; tête avec 5 antennes, 2 yeux et un appareil maxillaire puissant. — *Marphysa;* diffère de l'Eunice par l'absence de cirres tentaculaires. — *Nephthys;* corps blanc rosé, tête aplatie; cirres lamelliformes; vit dans le sable. — *Nereis;* très carnassière, pourvue de deux mâchoires venimeuses; pas de branchies; tête avec 2 antennes et 4 yeux. — *Phyllodoce;* tête triangulaire avec 2 gros yeux (fig. 281, E). — *Polyophthalmus;* parapodes presque nuls; aspect de Nématode.

2° POLYCHÈTES SÉDENTAIRES

Corps formé de 2 régions au moins, différentes par la forme des parapodes et des soies. Tête peu distincte sans appareil maxillaire. Vivent dans des galeries creusées dans le sol ou dans des tubes sécrétés par eux, sans y être fixés.

Arenicola (Arénicole, fig. 274); dépourvue d'yeux, d'antennes et de cirres; 13 paires de branchies arborescentes; région caudale sans parapodes.

L'Arénicole des pêcheurs (*A. piscatorum*) vit dans un tube en V qu'elle s'est creusé dans la vase; elle sert d'amorce pour la pêche.

Hermella (fig. 277); vit dans un tube très résistant formé de grains de sable agglutinés; branchies dorsales; extrémité caudale nue sans trace de segments; des couronnes de larges soies divergentes portées par l'extrémité supérieure du corps ferment l'ouverture du tube quand l'animal y est totalement rentré. — *Terebella* (Térébelle, fig. 275); grand nombre de tentacules longs et contractiles sur le bord supérieur de la tête; 3 paires de branchies arborescentes sur les segments antérieurs. — *Serpula* (Serpule, fig. 282); vit dans un tube calcaire; branchies céphaliques formant une couronne; opercule corné à l'extrémité d'un tentacule. — *Spirorbis;* de petite taille; vit sur les Algues dans un tube enroulé en spirale. — *Sabella* (Sabelle); tube

Fig. 282. — Serpule (*Serpula contortuplicata*).

Fig. 283. — *Spirographis unispira* dans un tube droit parcheminé.

de la consistance du caoutchouc; couronne branchiale circulaire très développée. — *Spirographis* (fig. 283); diffère de la Sabelle par la disposition spiralée des branchies. — *Capitella;* tête sans appendices; parapodes rudimentaires; soies peu nombreuses (caractères d'Oligochète).

(*b*). CHÉTOPODES OLIGOCHÈTES

Vers dont chaque segment porte 4 paires de soies. *Pas de parapodes, ni de branchies. Chaque néphridie appartient à deux segments. Animaux hermaphrodites habitant la terre humide ou les eaux douces pour la plupart.*

Morphologie extérieure. — Les Oligochètes possèdent, en général, un grand nombre de segments (de 100 à 200 chez le Lombric ou Ver de terre, fig. 284, A), sans parapodes saillants.

Les soies y sont au nombre de 8, réparties en 4 paires symétriques : 1 paire dorsale, *so.d* et 1 paire ventrale, *so.v*, de chaque côté (fig. 285). Ces soies, simples (*Lumbricus*, fig. 284, C), terminées par des crochets bifides (*Dero*), sont implantées dans un petit bulbe sétigère ectodermique, *bu.s*.

Les segments du corps sont tous semblables, sauf dans la région du *clitellum*, *cli* (A), où ils s'épaississent et sont pourvus de glandes nombreuses qui sécrètent abondamment lors de la reproduction.

Le *Lumbricus terrestris*, par exemple, présente un segment céphalique avec une lèvre saillante au-dessus

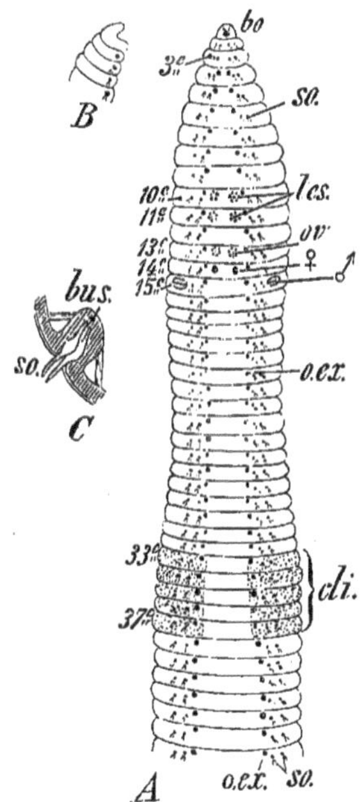

FIG. 284. — Partie antérieure du corps de *Lumbricus terrestris* (Ver de terre). — A ; *bo*, bouche avec une lèvre saillante vue de profil en B ; *so*, soies locomotrices (grossies en C et implantées dans un bulbe sétigère, *bu.s*) ; *o.ex*, orifices excréteurs ; *cli*, clitellum ; *tes*, *ov*, testicules et ovaires dont la place est indiquée dans les 10e, 11e et 13e segments du corps ; ♀, ♂, orifices génitaux femelles et mâles sur les 14e et 15e segments.

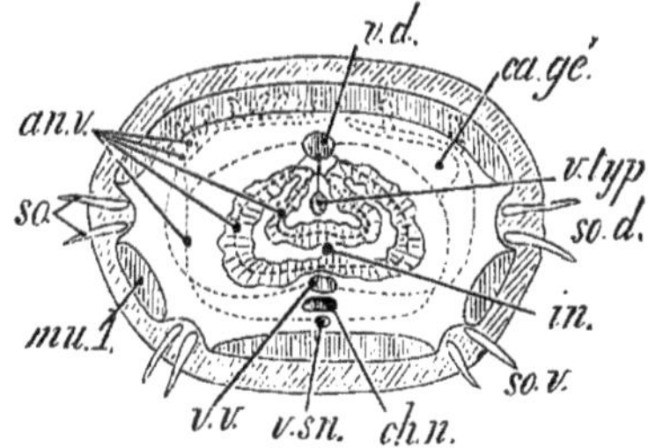

FIG. 285. — Coupe transversale schématisée du *Lumbricus terrestris*. *so.d*, *so.v*, soies dorsales et ventrales ; *mu.l*, muscles longitudinaux répartis en 4 champs musculaires ; *in*, intestin ; *ch.n*, chaîne nerveuse ; *ca.gé*, cavité générale. — Appareil circulatoire : *v.d*, vaisseau dorsal ; *v.typ*, vaisseau du typhlosolis ; *v.v*, vaisseau ventral ; *v.sn*, vaisseau sous-nervien ; tous ces vaisseaux longitudinaux sont reliés par de nombreuses anses vasculaires, *an.v*, (représentées en pointillé). La figure montre que l'hématose du sang s'accomplit surtout dans la région dorsale où les anses vasculaires se multiplient dans le champ musculaire dorsal.

de la bouche (B), mais sans yeux ni antennes ; parmi les segments suivants, on remarque, sur la face ventrale :

à la limite inférieure des 9e et 10e segments, les orifices des *réceptacles séminaux*, en dehors des soies ;

sur le 14e segment, une paire d'*orifices génitaux femelles* ♀ en dedans des soies ;

sur le 15e segment, deux larges *orifices génitaux mâles* ♂ en dehors des soies ;

du 33e au 37e segment, de nombreux pores excréteurs des glandules du clitellum;

sur tous les segments, sauf les 3 premiers, une paire d'*orifices néphridiens*, *o. ex;* tous portent aussi un *orifice dorsal* médian mettant en communication la cavité générale avec l'extérieur.

L'anus s'ouvre sur le dernier anneau du corps.

Tégument. — Muscles. — Cuticule, couche épidermique, couche de fibres musculaires annulaires, 4 faisceaux musculaires longitudinaux, *mu.l*, (fig. 285) : telle est la structure de la paroi du corps. La cavité générale est divisée en chambres par des *dissépiments* musculaires parfois incomplets.

Nutrition. — Le **tube digestif** rectiligne comprend, chez les *Lombricides*, à la suite de la bouche inerme, un pharynx très musculaire, un œsophage grêle portant 3 paires de *glandes de Morren* (celles-ci sécrètent du carbonate de calcium destiné à neutraliser l'acidité des aliments); deux dilatations stomacales (*jabot* à paroi mince, petit *gésier* fortement musculaire) précèdent l'intestin pourvu d'un *typhlosolis* (fig. 286) (invagination de la paroi dorsale qui augmente la surface de contact des aliments avec la paroi intestinale); l'intestin débouche au dehors par l'anus terminal.

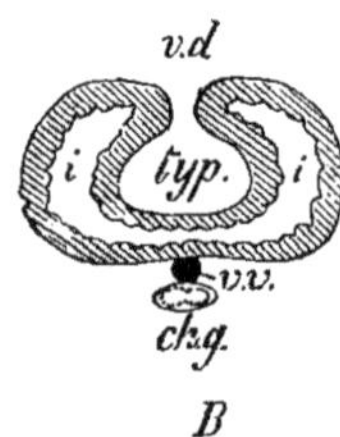

Fig. 286. — Coupe de l'intestin *i* du Lombric; *typ*, typhlosolis; *v.d*, *v.v*, vaisseaux dorsal et ventral; *ch.g*, chaîne ganglionnaire.

Un **appareil respiratoire** spécial fait défaut, sauf chez *Dero obtusa* dont l'extrémité caudale forme une région branchiale richement ciliée et vascularisée.

L'appareil circulatoire des Oligochètes aquatiques a été décrit déjà (voir T. I, page 149, fig. 145). Celui des Lombrics est plus compliqué, comme le montre la figure 285 : on y trouve deux vaisseaux ventraux médians, l'un situé au-dessus de la chaîne nerveuse, *v.v*, l'autre, *v.sn*, situé au-dessous; en outre un vaisseau, *v.typ*, occupe la partie centrale du typhlosolis. Des anses vasculaires, *an.v*, les mettent en rapport avec le vaisseau dorsal, *v.d*, qui est le plus important et avec la région dorsale du corps où s'accomplit surtout la respiration cutanée.

L'appareil **excréteur** consiste en une paire de néphridies par segment (sauf les 3 premiers chez le Lombric). Le pavillon vibratile d'une néphridie, *pa.vi* (fig. 287), s'ouvre toujours dans la cavité générale du segment immédiatement antérieur.

Le tube néphridien, très simple chez *Tubifex* et autres Oligochètes aquatiques (*Limicoles*), présente une partie extrêmement contournée et glandulaire, *p.gl*, chez les Lombricidés.

Chez les Limicoles, les segments renfermant les organes génitaux sont dépourvus de néphridies.

Relation. — Le plan du **système nerveux** des Oligochètes est identique à celui des Polychètes; les deux cordons de la chaîne ganglionnaire ventrale sont intimement soudés.

Les **organes des sens** paraissent faire défaut chez le Lombric; les *Nais* (Limicoles) possèdent des taches pigmentaires en guise d'yeux.

Reproduction. — *Les Oligochètes sont hermaphrodites.*

L'*appareil mâle* de *Lumbricus terrestris*, par exemple, consiste en deux paires de petits *testicules*, *tes* (fig. 288), placés dans les

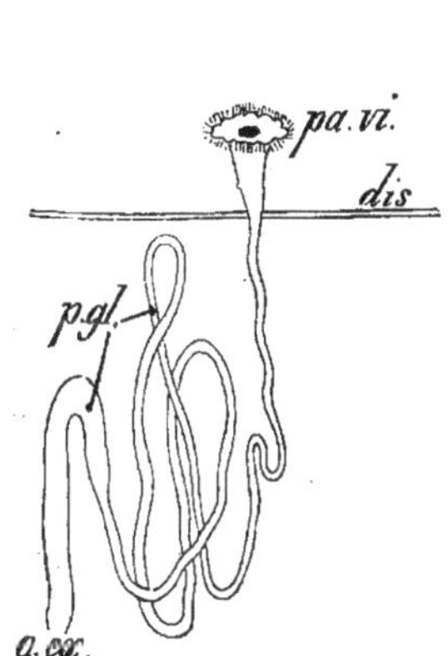

FIG. 287. — Néphridie du Lombric. *pa.vi*, pavillon vibratile situé dans le n^e segment, au-dessus d'un dissépiment, *dis*; *p.gl*, portion glandulaire et *o.ex*, orifice excréteur situés dans le $(n+1)^e$ segment.

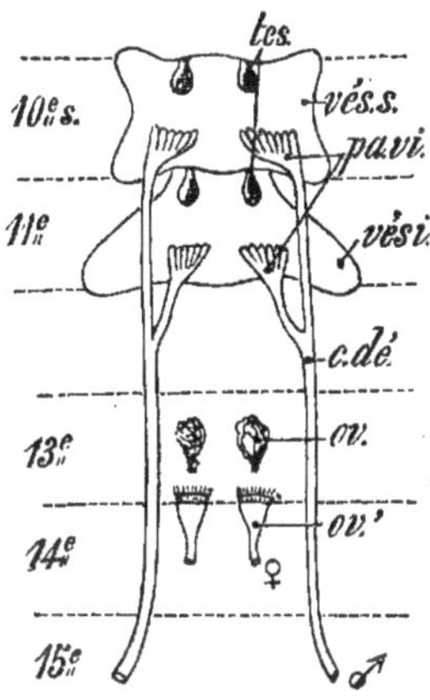

FIG. 288. — Appareil génital du Lombric. *tes*, testicules dans les 10e et 11e segments; *vés.s*, *vés.i*, vésicules supérieure et inférieure; *pa.vi*, pavillons vibratiles des canaux déférents, *c.dé*; ♂, orifices génitaux mâles; *ov*, ovaires; *ov'*, oviductes; ♀, orifices génitales femelles.

10e et 11e segments; les spermatozoïdes détachés de la surface de ces organes tombent dans deux grandes vésicules séminales, *vés*; ils sont recueillis par autant de pavillons vibratiles, *pa.vi*, qui aboutissent à deux canaux déférents, *c.dé*, dont les larges orifices ♂ se remarquent sur la face ventrale du 15e segment.

L'*appareil femelle* est représenté par deux *ovaires* pyriformes, *ov*, situés dans le 13e segment; les ovules tombent dans la cavité générale, sont recueillis par des pavillons ciliés que porte le dissépiment suivant; de courts oviductes, *ov'*, les conduisent aux orifices génitaux ♀ situés en dedans des soies ventrales, sur le 14ᵉ segment.

La fécondation est réciproque; deux Lombrics s'accolent par leurs faces ventrales, la tête de l'un voisine de la partie postérieure de l'autre; leurs clitellums sécrètent une mucosité abondante en forme d'anneau, dans laquelle les œufs sont enveloppés et protégés après la fécondation : cette mucosité est, en effet, capable de se durcir en une capsule résistante.

Le développement a lieu sans métamorphoses.

La reproduction asexuelle se manifeste aussi chez les *Oligochètes*.

Le cas le plus simple nous en est offert par le genre *Dero*. Le dernier segment bourgeonne; quand l'animal a acquis environ 50 anneaux, deux segments consécutifs [nᵉ et $n+1$ᵉ] bourgeonnent, l'un en avant, l'autre en arrière du dissépiment séparateur. Le dernier segment issu du bourgeonnement du nᵉ anneau s'organise en région caudale; le premier segment résultant du $n+1$ᵉ anneau forme une tête. Une rupture se produit à ce niveau et donne deux *Dero* complètes.

Chez *Nais*, le bourgeonnement est tellement rapide que plusieurs individus en résultent et bourgeonnent eux-mêmes bien avant que s'opère leur séparation.

1° OLIGOCHÈTES TERRICOLES

Vers possédant 2 vaisseaux ventraux, l'un au-dessus, l'autre au-dessous de la chaîne nerveuse. Des néphridies dans les segments génitaux. Vie terrestre.

Lumbricus (fig. 284); orifices génitaux précédant le clitellum.

Le Ver de terre se creuse des galeries dans la terre humide dont il se nourrit.

Les autres genres sont exotiques : *Eudrilus*, *Perichæta*, etc.

2° OLIGOCHÈTES LIMICOLES

Vers pourvus d'un seul vaisseau ventral. Pas de néphridies dans les segments génitaux. Orifices génitaux mâles situés sur le clitellum. Vie aquatique.

Nais; tête très allongée; soies ventrales bifides; vaisseau dorsal seul contractile; sang incolore. — *Dero*, branchies caudales. — *Tubifex;* vaisseau dorsal et quelques anses vasculaires contractiles. Vit dans des tubes vaseux d'où sort l'extrémité caudale seule.

(*B*). HIRUDINÉES

Vers allongés à corps un peu aplati dépourvu de soies, mais terminé par deux ventouses, l'une buccale, l'autre post-anale; cavité générale très réduite. Animaux hermaphrodites et ectoparasites.

Morphologie extérieure. — Les Hirudinées présentent un tégument plissé transversalement dont le nombre des anneaux est plus grand que celui des segments du corps. Pour connaître ce nombre de segments, il faut observer les organes internes (néphridies, chaîne nerveuse, etc.) qui fournissent d'utiles indications, tout au moins dans les types dont l'*organisation est la moins dégradée* (*Hirudo*)[1].

La Sangsue médicinale (*Hirudo medicinalis*, fig. 289) présente une ventouse antérieure et

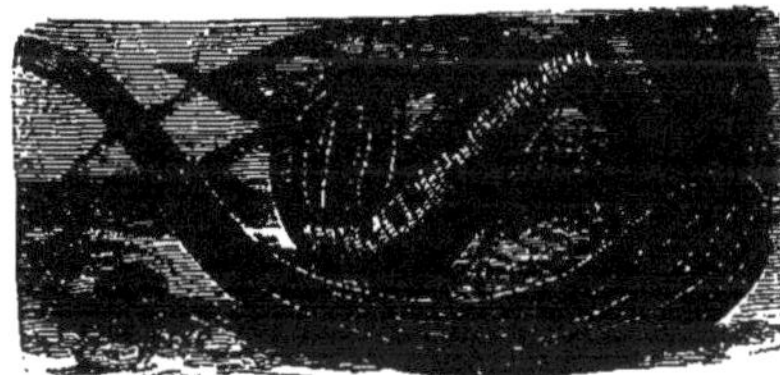

Fig. 289. — Sangsue.

ventrale où s'ouvre la bouche, une ventouse postérieure sur le dos de laquelle débouche l'anus. 101 anneaux les séparent, répartis en 26 segments qui, du 7e au 22e, comprennent chacun 5 anneaux (fig. 290). Les segments antérieurs au 7e et postérieurs au 22e renferment de 1 à 3 anneaux suivant leur position.

L'*orifice génital mâle* est situé entre le 24e et le 25e anneau, et l'*orifice femelle* entre le 29e et le 30e (fig. 291).

Deux rangées latérales et symétriques de 17 *orifices néphridiens*, *o.ex*, sont disposées sur la face ventrale au début de chacun des segments médians (du 7e au 23e compris).

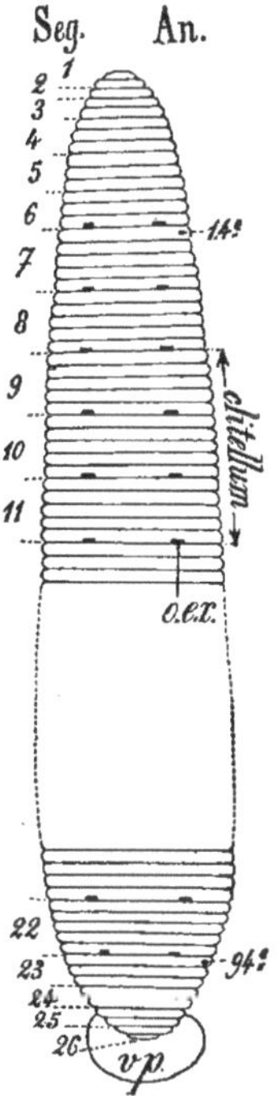

Fig. 290. — *Hirudo medicinalis* très schématisée (face ventrale). *Seg*, segments numérotés à gauche; *An*, anneaux externes numérotés à droite; *o.ex*, orifices excréteurs; *v.p*, ventouse postérieure à la face dorsale de laquelle est l'anus (La ventouse antérieure n'a pas été figurée).

1. Les Hirudinées sont des Annélides inférieures, adaptées à la vie parasitaire; elles dérivent évidemment des Chétopodes, car l'*Acanthobdella* est un genre encore pourvu de soies et la *Branchiobdella* est une petite Hirudinée dont l'organisation rappelle les Oligochètes inférieurs.

Tégument. — Muscles. — Chez les Hirudinées, sous une cuticule mince se trouve l'*épiderme* à cellules allongées, granuleuses, avec de nombreuses glandes unicellulaires à mucus; puis on remarque deux couches musculaires à fibres annulaires en dehors, à fibres longitudinales en dedans.

La cavité générale est plus ou moins obstruée par du tissu conjonctif et des faisceaux musculaires dorso-ventraux. Les

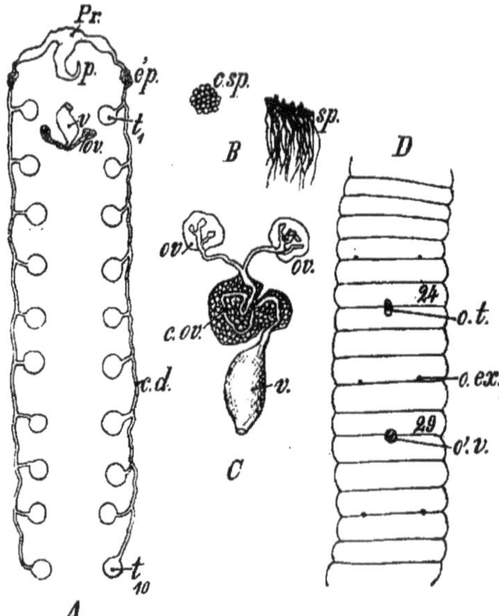

Fig. 291. — *Hirudo medicinalis* (Sangsue). A; appareil reproducteur; t_1 à t_{10}, testicules; *c.d*, canal déférent commun; *ép.* épididyme; *Pr*, prostate; *p*, pénis; *ov*, ovaires; *v*, vagin. — B; *c.sp*, cellules spermatiques; *sp*, bouquet de spermatozoïdes développés. — C; appareil génital femelle grossi (mêmes lettres qu'en A). — D; position des orifices génitaux mâle, *o.t* et femelle, *o'.v*, sur la face ventrale du corps; le pénis peut faire saillie entre le 24 et le 25e anneau; le vagin s'ouvre entre le 29e et le 30e; *o,ex*, orifices des néphridies (organes excréteurs):

Pour Lang, les orifices *o.t* et *o.v* sont situés : le 1er entre le 30e et le 31e anneau, le 2e entre le 35e et le 36e.

espaces qui demeurent libres sont *en communication avec l'appareil vasculaire* et deviennent des sinus sanguins.

Nutrition. — Le **tube digestif** de la Sangsue a été décrit avec ses trois mâchoires chitineuses et ses 11 estomacs pourvus de cæcums latéraux (Voir T. I, pages 72 et 77, fig. 65 et 71).

Certaines Hirudinées (*Rhynchobdellides*) n'ont pas de mâchoires; mais la partie antérieure de leur tube digestif peut se dévaginer en une longue trompe.

Un **appareil respiratoire** spécial fait défaut chez les Hirudinées; les échanges gazeux se font à travers la peau recouverte d'une cuticule mince.

L'**appareil circulatoire** est *incomplètement clos*; il se compose de vaisseaux s'ouvrant dans la cavité générale et les espaces endigués qui en dépendent[1].

Chez la Sangsue (fig. 292, D), 3 vaisseaux longitudinaux

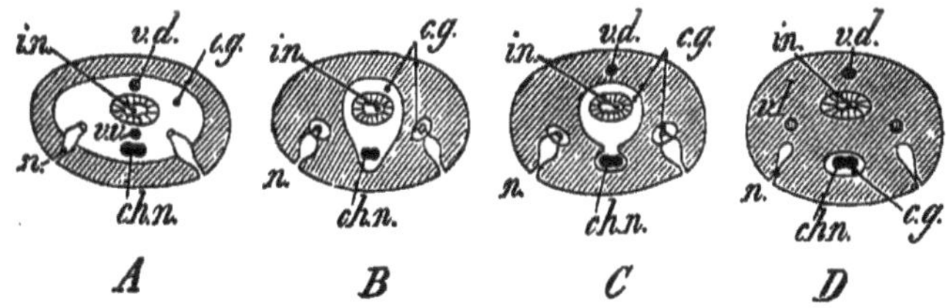

Fig. 292. — Comparaison de l'étendue de la cavité générale, *c.g*, chez diverses Hirudinées vues en section transversale : A, *Branchiobdella;* B, *Nephelis;* C, *Clepsine;* D, *Hirudo*. *in*, intestin; *v.d*, vaisseau dorsal; *v.v*, vaisseau ventral; *v.l*, vaisseaux latéraux; *ch.n*, chaine nerveuse; *n*, néphridie.

(1 médian dorsal, *v.d* et 2 latéraux, *v.l*) communiquent ensemble par de nombreuses anastomoses situées sous le tégument (disposition favorable aux échanges gazeux avec le milieu extérieur).

Le vaisseau dorsal se résout, à ses deux extrémités, en ramifications nombreuses qui s'ouvrent dans la cavité générale; celle-ci est, représentée par un sinus ventral, c.g, qui entoure la chaîne nerveuse ganglionnaire, ch.n.

L'obstruction graduelle de la cavité générale et l'origine des véritables vaisseaux sanguins est d'ailleurs nettement démontrée chez certains genres: *Branchiobdella* (A), *Nephelis* (B), *Clepsine* (C) : les sections transversales de ces animaux (fig. 292), rapprochées de celle de l'*Hirudo*, sont intéressantes à considérer à ce point de vue.

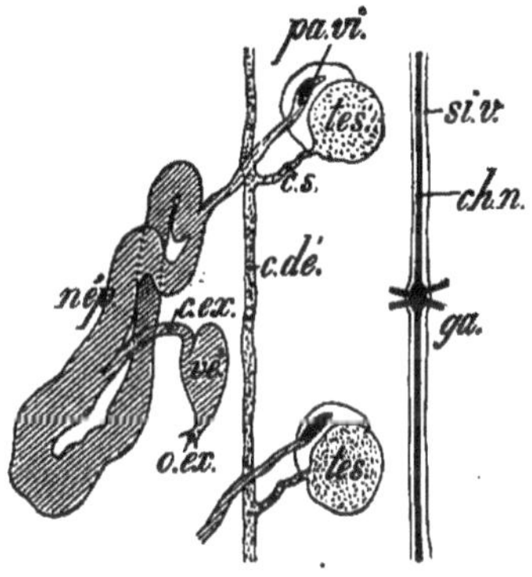

Ces sections montrent aussi les **néphridies** pourvues, chez les Hirudinées, d'un pavillon vibratile ouvert dans la cavité générale, sauf dans le genre *Hirudo* où le pavillon, *pa.vi* (fig. 293), est obturé par un tissu spongieux percé de fins canalicules.

Fig. 293. — Position relative des appareils excréteur et reproducteur chez *Hirudo medicinalis*. Appareil excréteur : *pa.vi*, pavillon d'un organe segmentaire obturé par du tissu spongieux; *nép*, néphridie; *c.ex*. canal excréteur; *vé*, vésicule; *o.ex*, orifice à l'extérieur. Appareil reproducteur : *tes*. testicule; *c.s*, conduit séminal; *c.dé*, canal déférent commun; *ch.n*, chaine nerveuse logée dans le sinus ventral, *si.v*, qu'entoure la gaine, *ga*.

Relation. — Le **système nerveux** de la Sangsue a été décrit précédemment (Voir T. I, page 324, fig. 306, G).

1. Différence essentielle avec les Chétopodes.

Les Hirudinées possèdent des **organes sensoriels** indiscutables : *organes gustatifs* autour de la bouche ; *organes visuels* (?) au nombre de 2 à 10 sur le bord de la ventouse antérieure ; *organes sensoriels segmentaires* au nombre de 12 à 14 sur l'anneau antérieur de chaque segment.

On n'est aucunement fixé sur leur signification.

Reproduction. — *Les Hirudinées sont hermaphrodites.*

Les appareils mâle et femelle de la Sangsue ont été examinés déjà (voir T. II, fasc. 1er, page 23, fig. 17). Les prostates, situées près du pénis, sécrètent un liquide qui entoure les spermatozoïdes et durcit en formant ainsi des *spermatophores*.

L'accouplement est direct et réciproque. Une fois les spermatophores introduits par le pénis d'un individu dans le vagin de l'autre, les spermatozoïdes sont mis en liberté et fécondent les ovules.

Les œufs sont enfermés dans un manchon de mucus sécrété par les glandes cutanées des anneaux voisins, mucus qui durcit rapidement et enveloppe aussi la partie moyenne des individus accouplés. Ceux-ci, en s'étirant, se dégagent du manchon ou *cocon* dans lequel se fait le développement des œufs.

Développement direct, sans métamorphoses ; les jeunes sortent du cocon un mois après la ponte ; ils se sont nourris, pendant cet intervalle, de l'albumine du cocon.

1° GNATHOBDELLIDES

Une ventouse buccale en forme de cuiller; pharynx armé de **mâchoires chitineuses.**

3 mâchoires : *Hirudo* (Sangsue).

La Sangsue grise (*H. medicinalis*, fig. 289) et la Sangsue verte (*H. officinalis*) habitent les eaux douces en Europe.

Hæmopis. La Sangsue de Cheval (*H. sanguisuga*), à mâchoires finement denticulées, ne peut attaquer que les muqueuses.

Elle pénètre parfois dans les narines des Chevaux pendant qu'ils boivent.

2 mâchoires : *Branchiobdella* (*B. Astaci*) petite ; vit sur les branchies de l'Écrevisse.

2° RHYNCHOBDELLIDES

Pas de mâchoires. La bouche est au fond d'une ventouse circulaire que porte une **trompe exsertile.**

Clepsine ; petite ventouse buccale ; vit de Mollusques.

Grande ventouse buccale chez les genres suivants qui vivent de Poissons : *Piscicola* (sur les Poissons d'eau douce) ; *Pontobdella* (sur les Raies).

(C). GÉPHYRIENS

Segmentation du corps non visible, tout au moins chez l'adulte.

Morphologie extérieure. — La métamérisation a disparu chez les Géphyriens dont la tête est indistincte; les Géphyriens armés possèdent en avant un *lobe céphalique* (improprement appelé trompe), remarquablement développé chez la *Bonellie* (fig. 294).

Le corps ovoïde de *Bonellia viridis* femelle présente, à la base du lobe céphalique, un orifice buccal, *o.bu*, qui termine la gouttière ciliée, *g.ci*, dont ce lobe est creusé sur sa surface ventrale. Un orifice génital, *o.g*, est rejeté un peu à droite de la ligne médiane et précédé de deux crochets chitineux, *c*, portés par un bulbe sétigère (caractère d'Annélide). L'anus *an*, s'ouvre à l'extrémité inférieure du corps.

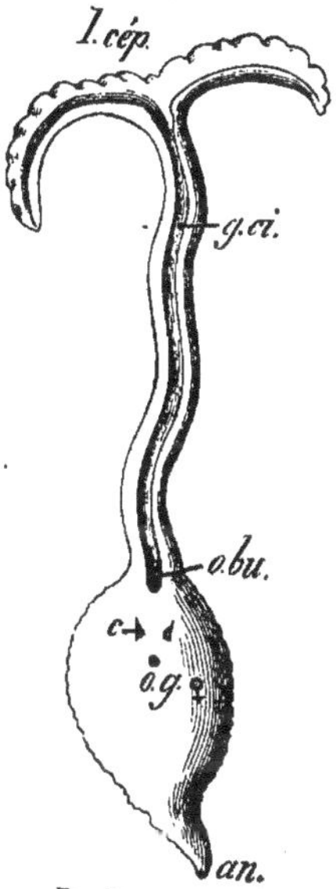

Fig. 294. — *Bonellia viridis* femelle (face ventrale). *l.cép*, lobe céphalique; *g.ci*, gouttière ciliée logée dans la trompe; *o.bu*, bouche; *an*, anus; *o.g* ♀, orifice génital; *c*, crochets.

Chez l'*Échiure*, le lobe céphalique est plus petit, mais on remarque plusieurs couronnes de crochets et, sur la face ventrale, 2 paires d'orifices segmentaires symétriquement placés.

Téguments identiques à ceux des Annelés, limitant une vaste cavité générale.

Nutrition. — Le **tube digestif**, plus ou moins contourné autour de l'utérus, *ut*, qui en occupe l'axe chez la Bonellie (fig. 295), présente deux diverticules ou *poches anales*, *p.an*, s'ouvrant dans le rectum, *r*. Sur ces poches, on distingue de fines arborisations ramifiées creusées chacune d'un canal, avec un pavillon vibratile terminal qui fait communiquer la cavité générale avec l'extérieur. On considère volontiers ces poches anales comme des *néphridies postérieures*.

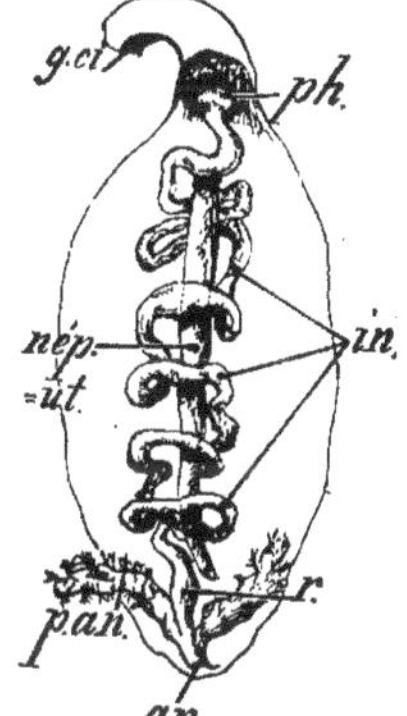

Fig. 295. — Tube digestif de *Bonellia viridis* ♀. *ph*, pharynx vu dorsalement; *in*, intestin; *r*, rectum et poches anales, *p.an*; *an*, anus; *nép*, néphridie transformée en utérus.

La **respiration** est cutanée. Les *Siponcles* possèdent un appareil tentaculaire péribuccal dont le rôle paraît incontestable comme appareil respiratoire.

L'**appareil circulatoire**, à peine ébauché chez le Siponcle, est clos chez la Bonellie. Il consiste, chez cette dernière, en un *cœur* périœsophagien, *c* (fig. 296), duquel part un vaisseau médian antérieur, *v.m*, logé dans la partie dorsale du lobe céphalique. Bifurqué au sommet de ce lobe, il se continue par deux troncs latéraux, *v.l*, qui contournent l'œsophage et se confondent en un vaisseau ventral, *v.v*. Ce dernier est en rapport avec le cœur par deux branches de retour.

Le sang est rose par l'*hémérythrine*.

L'**appareil excréteur** est représenté chez la Bonellie par les poches anales (néphridies postérieures) et par une vaste néphridie médiane, *nép* (fig. 296) qui joue en même temps le rôle d'utérus, *ut*. La néphridie s'ouvre dans la cavité générale par un large pavillon, *pa.vi* et débouche à l'extérieur à l'orifice *o.g* (fig. 294).

Les néphridies sont au nombre de deux paires (*Échiure*), de 1 à 4 paires (*Thalassema*).

La découverte d'une paire de néphridies céphaliques chez l'*Échiure* et le *Siponcle*, et la présence des 2 paires précédentes a porté M. Giard à considérer ces êtres comme des Vers à trois segments au moins.

Relation. — Fondamentalement, le **système nerveux** des Géphyriens consiste en un collier œsophagien continué par une bande nerveuse ventrale tout le long de laquelle sont des cellules ganglionnaires. Le Siponcle possède 2 ganglions cérébroïdes très nets. Mais, chez la Bonellie (fig. 297), le collier œsophagien, *c.œ*,

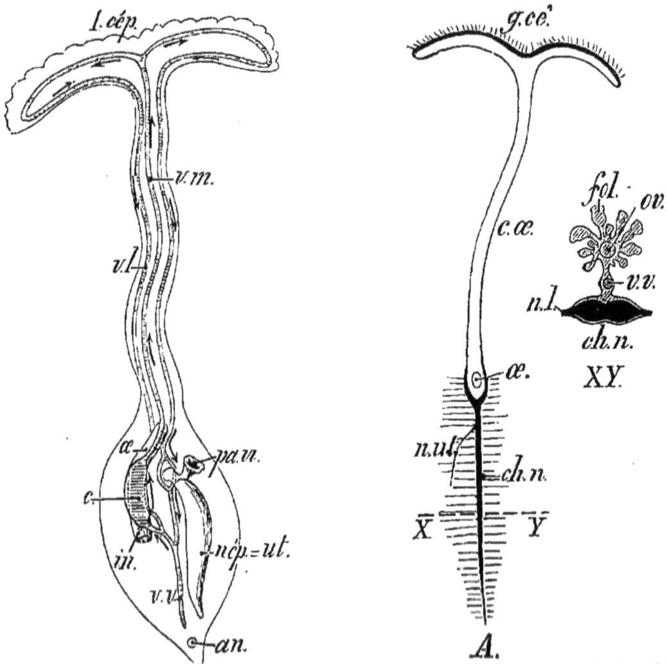

Fig. 296. — Appareil circulatoire de *Bonellia viridis* ♀ (face dorsale). *c*, cœur embrassant l'œsophage, *œ*; *v.m*, *v.l*, *v.v*, vaisseaux médian, latéraux et ventral; *pa.vi*, pavillon vibratile de la néphridie (utérus) ouvert dans la cavité générale. (Le sens des flèches indique le cours du sang.)

Fig. 297. — Système nerveux de *Bonellia viridis* ♀. *g.cé*, ganglions cérébroïdes; *c.œ*, collier œsophagien; *ch.n*, chaîne nerveuse ventrale et les différents nerfs qui en partent, notamment le nerf de l'utérus, *n.ut*. — Coupe XY montrant la position relative de la chaîne nerveuse, *ch.n*, du vaisseau ventral, *v.v* et de l'appareil génital; *ov*, ovaire; *fol*, follicule.

est excessivement allongé et formé de deux connectifs très fins aboutissant à un grand cordon nerveux céphalique, *g.cé*, *véritables ganglions cérébroïdes très étirés*. Ce cordon émet de nombreux et courts filets nerveux dans le lobe céphalique qui est ainsi un **appareil tactile** fort délicat.

La chaîne nerveuse, *ch.n*, appliquée contre la paroi ventrale, est reliée par une bandelette conjonctive au vaisseau ventral, *v.v* (coupe XY) et à l'ovaire, *ov*.

Reproduction. — *Les Géphyriens sont unisexués*. Leurs glandes génitales sont assez mal différenciées et les conduits en sont communs avec l'appareil néphridien. Les cellules sexuelles se développent aux dépens de l'épithélium de la cavité générale. A maturité, elles tombent dans le liquide de cette cavité et sont conduites au dehors par les tubes néphridiens.

Cas de dimorphisme intéressant dans le genre Bonellia.

Chez la Bonellie femelle, seule décrite plus haut, l'ovaire, *ov* (coupe XY), est représenté par une série de follicules, *fol*, d'où s'échappent les ovules; ceux-ci, recueillis dans la cavité générale par le pavillon, *pa.vi* (fig. 296), passent dans l'utérus, *ut*, et sont expulsés à l'orifice génital, *o.g* (fig. 297).

Le mâle de la Bonellie est très petit, sorte de Planaire ciliée avec tube digestif très réduit, qui vit en parasite dans la partie inférieure de l'utérus de la femelle.

Le **développement de l'œuf** donne une *gastrula* d'où dérive, chez la Bonellie, une larve entièrement ciliée avec deux couronnes pré- et postorales formées de cils plus forts; *c'est là une véritable Planaire dont le mésoderme forme un parenchyme comblant toute la cavité générale* (caractère de Plathelminthe).

Le mâle diffère peu de cette forme.

Les autres Géphyriens présentent dans leur développement un véritable stade *trochosphère* (Voir T. II, fasc. 1er, p. 138-140).

1° ***Géphyriens armés.*** — *Crochets chitineux ventraux au nombre de 2 au moins. Anus terminal.*

Bonellia (Bonellie). Vit entre les pierres dans la Méditerranée. — *Echiurus* (Echiure); dépourvu de lobe céphalique; bouche terminale. Vit dans l'Océan. — *Thalassema.*

2° ***Géphyriens inermes.*** — *Pas de crochets. Anus dorsal.*

Sipunculus (Siponcle); trompe rétractile avec couronne de tentacules péribuccaux.

3° ***Géphyriens tubicoles.*** — *Anus tout à fait dorsal.*

Phoronis; habite un tube comme la Serpule; panache branchial en avant. Hermaphrodite. Larve *actinotroque.*

§ 2. — PLATHELMINTHES

Vers à corps plat ou cylindrique, dépourvu de cavité générale et de chaîne nerveuse ventrale. Appareil excréteur formé d'un système pair de canaux.

Parmi les Plathelminthes sont rangés : les *Némertes*, les *Turbellariés*, les *Trématodes* et les *Cestodes.*

Morphologie générale. — Le caractère commun à tous les Plathelminthes consiste en ce que leur cavité générale est totalement obstruée par du parenchyme. Toutefois les Némertes, les Turbellariés et les Trématodes se distinguent des Cestodes par ce fait que leur corps est formé d'un segment unique. Les Némertes s'éloignent des trois autres groupes par un certain nombre de caractères mentionnés dans le tableau de classification (Voir page 222).

(*A*). NÉMERTES

Vers à corps cylindrique, allongé et cilié. Trompe exsertile indépendante du tube digestif. Un anus. Appareil circulatoire dont paraît dépendre l'appareil excréteur. Animaux unisexués.

Par toute leur organisation, les Némertes sont supérieures aux autres Plathelminthes. Toutes vivent en liberté, sauf *Malacobdella*, et leur corps est entièrement cilié.

Morphologie extérieure.— Les Némertes (fig. 298, A) présentent, en avant et sur la *face ventrale*, deux orifices superposés : l'un antérieur est l'orifice de dévagination et d'invagination de la trompe, *o.tr* (B); l'autre, situé un peu en arrière, est la bouche, *o.bu*. A l'extrémité postérieure du corps est l'anus, *an* (A).

Tégument. Muscles. — La structure de la paroi du corps est assez variable

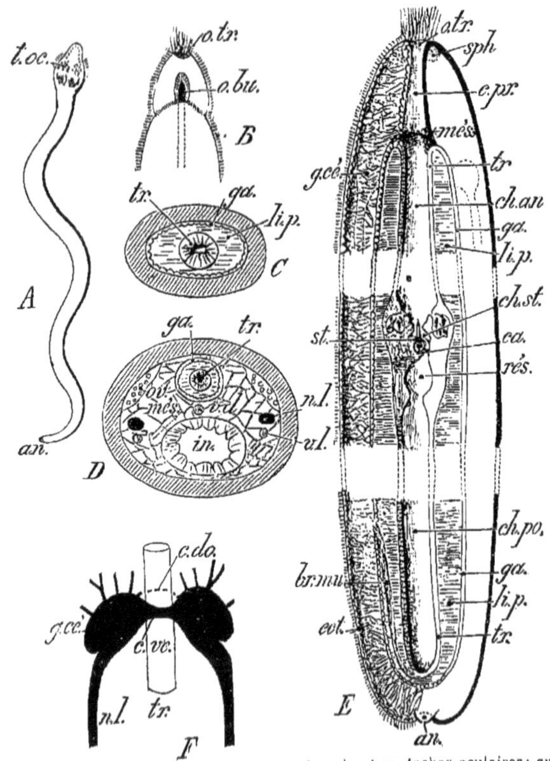

Fig. 208. — *Amphiporus lactiflorus*. A ; face dorsale ; *t.oc*, taches oculaires ; *an*, anus. — B ; extrémité antérieure vue du côté ventral ; *o.tr*, orifice de la trompe ; *o.bu*, orifice buccal situé au-dessous. — C ; coupe transversale faite en avant de la bouche ; *ga*, gaine envelop- pant la trompe, *tr*, qui baigne dans le liquide proboscidien, *li.p.* — D ; coupe transversale passant par le milieu du corps ; *in*, intestin ; *v.d*, *v.l*, vaisseaux dorsal et latéraux ; *n.l*, nerfs latéraux ; *ov*, ovaire ; *més*, mésogléе. — E ; Coupe longitudinale médiane ; *o.tr*, orifice de la trompe pourvu d'un sphincter, *sph* ; *c.pr*, canal de la trompe ; *tr*, trompe ; *ch.an*, *ch.st*, *ch.po*, chambres antérieure du stylet et postérieure ; *st*, stylet ; *ca*, *rés*, canal et réservoir faisant communiquer la chambre du stylet avec la chambre postérieure ; *li.p*, liquide pro- boscidien contenu dans la gaine, *ga* ; *br.mu*, bride musculaire relâchée lorsque la trompe est invaginée ; *ect*, ectoderme ; *més*, mésoglée ; *an*, anus. — F ; centres nerveux ; *g.cé*, gan- glions cérébroïdes reliés autour de la trompe par deux commissures dorsale, *c.do* et ventrale, *c.ve* ; *n.l*, nerfs latéraux.

avec chaque genre ; toutefois, on ne trouve pas de cuticule externe ; de plus, tout l'espace compris entre l'ectoderme, l'épithélium intestinal et la trompe, est occupé par un *parenchyme*, *mes* (D,E), *comparable à la mésoglée des Polypes :* ce parenchyme est mieux différencié cependant en certains points, particulièrement autour d'espaces qui communiquent avec la cavité de la gaine de la trompe (*chambre proboscidienne*) et qui représentent, avec celle-ci, une cavité générale rudimentaire; dans cette cavité se trouve un liquide analogue au *liquide proboscidien, li.p.*

Trompe. — A l'extrémité antérieure du corps de l'*Amphiporus* (fig. 298) se trouve un orifice, *o.tr*, donnant accès dans un canal cylindrique, *canal de sortie de la trompe, c.pr* (E); plus bas, on atteint la trompe elle-même, *tr*, fixée par son extrémité supérieure à la paroi de la gaine qui l'entoure, *ga*. Dans sa région moyenne, la cavité de la trompe est occupée par un *stylet, sl* (*Némertes armées*), au-dessous duquel est un petit réservoir à paroi musculaire, *rés*, rempli de liquide. La région inférieure de la trompe, *ch.po*, est terminée en cul-de-sac, et de sa paroi se détache un cordon musculaire, *br.mu*, qui va s'attacher en avant à la paroi du corps. Le cordon musculaire règle, par sa contraction ou son relâchement, l'invagination totale ou la dévagination partielle de la trompe. Cette dernière est mobile dans la gaine elle-même remplie d'un liquide, *li.p*, avec éléments figurés en suspension.

La trompe paraît être un organe de défense. Elle est absolument indépendante du tube digestif.

Nutrition. — Le **tube digestif** des Némertes s'étend en ligne droite de la bouche antérieure à l'anus postérieur et terminal; il est parallèle à la trompe et appliqué sur la paroi ventrale du corps, en *in* (D).

Pas d'**appareil respiratoire** spécial.

L'**appareil circulatoire** de l'*Ampiphorus* consiste en un vaisseau médian dorsal, *v.d* (fig. 298, D), parcouru d'avant en arrière par le sang incolore qui revient en sens contraire, par deux troncs latéraux contractiles, *v.l.* Cet appareil est lacunaire chez les Némertes inférieures et en rapport avec l'**appareil excréteur** qui, suivant les types, présente des variations importantes et une différenciation plus ou moins accusée.

Relation. — Le **système nerveux** des Némertes a pour centre deux ganglions cérébroïdes volumineux, *g.cé* (F), réunis par deux commissures, *c.ve* et *c.do*, formant un collier nerveux *autour de la trompe* (la commissure ventrale, *c.ve*, est la plus importante). Deux gros cordons longitudinaux, *nl* (F,D), partent de ce centre et sont réunis par de fines commissures circulaires plus ou moins régulièrement disposées (tout au moins chez les Némertes supérieures).

Les **organes des sens** sont peu différenciés : quelques taches pigmentaires, *t.oe* (A), font l'office d'yeux au voisinage des ganglions cérébroïdes.

Reproduction. — *Animaux unisexués* dont les glandes génitales identiques consistent en petits sacs, *ov* (D), situés dans le parenchyme, à droite et à gauche du tube digestif. Chacun de ces sacs contient une cellule qui donne soit un ovule, soit un faisceau de spermatozoïdes. Des canaux déférents ou des oviductes se forment momentanément pour l'expulsion des produits sexuels.

Le développement de l'œuf donne une larve appelée *Pilidium*, dans laquelle s'organise la jeune Némerte (Voir T. II, fasc. 1er, pages 71, 123-124).

1° NÉMERTES ARMÉES

Trompe armée de stylets. Bouche située en avant des ganglions cérébroïdes.

Amphiporus; corps court et taches pigmentaires nombreuses. — *Tetrastemma;* 4 yeux en carré. — *Nemertes;* corps très long; yeux nombreux.

2° NÉMERTES INERMES

Trompe sans stylets. Bouche située en arrière des ganglions cérébroïdes.

Lineus. L. marinus; plusieurs mètres de long. — *Carinella.*

Malacobdella; parasite sur les Myes; possède une ventouse au-dessus de laquelle s'ouvre l'anus (caractère d'Hirudinée).

(*B*). TURBELLARIÉS

Vers à corps plat et cilié, sans ventouses ni crochets, puisqu'ils mènent une vie libre.

Morphologie extérieure. — Le corps des Trématodes, large et plat chez les grandes espèces, s'allonge et prend une forme à peu près cylindrique chez les types de petite dimension.

L'une des plus grandes espèces, le *Mesostomum Ehrenbergi* (fig. 299, A), qui vit dans les mares, a le corps transparent, uniformément cilié et présente au

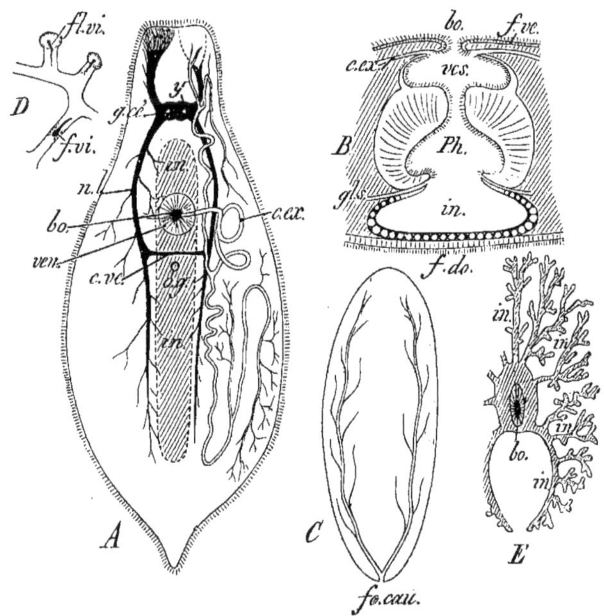

Fig. 299. — A. *Mesostomum Ehrenbergi* (figure schématique). *ven*, ventouse ventrale au milieu de laquelle s'ouvre la bouche, *bo* ; *in*, intestin ; *c.ex*, appareil excréteur débouchant au voisinage de l'orifice buccal (B) ; *g.cé*, ganglions cérébroïdes ; *n.l*, nerfs latéraux réunis par une commissure ventrale, *c.ve* ; *y*, yeux. — B ; coupe transversale au niveau de la bouche, *bo* ; *ves*, vestibule buccal ; *Ph*, pharynx ; *in*, intestin où débouchent les conduits des glandes salivaires, *gl.s* ; *f.vé*, *f.do*, feuillets ectodermiques ventral et dorsal. — C ; Appareil excréteur de *Prostomum* ; *fo.cau*, *foramen caudale*. — D ; entonnoirs et flammes vibratiles, *fl.vi*, que présente l'appareil excréteur. — E ; portion de l'intestin de *Leptoplana*.

milieu de la face ventrale une bouche, *bo*, occupant le fond d'une rosette, *ven* ; au-dessous et à son voisinage se trouve l'orifice génital, *o.g*.

Certaines espèces sont pourvues de tentacules (*Thysanozoon*), parfois d'une trompe antérieure plus ou moins rétractile (*Prostomum*).

Tégument. Muscles. — Une mince cuticule formée par l'ensemble des plateaux ciliés des cellules ectodermiques superficielles, un ectoderme parsemé de cellules glandulaires et quelquefois de *nématocystes*, puis une couche musculaire avec des fibres transversales externes et des fibres longitudinales internes, de courts muscles dorso-ventraux traversant le parenchyme qui remplit les espaces libres entre les organes : telle est la constitution du corps des Turbellariés, abstraction faite des organes.

Jamais de cavité générale.

Nutrition. — Le **tube digestif** présente divers degrés de complication.

Chez *Mesostomum*, la bouche, *bo* (B), pourvue d'un sphincter, donne accès dans un vestibule, *ves*, puis dans un pharynx à parois musculaires puissantes, *ph*, où s'ouvrent les conduits de nombreuses glandes unicellulaires et de deux glandes salivaires latérales, *gl.s*. Là s'arrête l'épithélium vibratile qui fait place à un épithélium formé de cellules sphériques tapissant l'intestin rectiligne, *in*. C'est l'intestin droit des *Rhabdocèles*.

Chez les *Acèles* (*Convoluta*), l'intestin disparaît et les matières alimentaires cheminent directement dans le parenchyme, à partir du pharynx.

Au contraire, les *Dendrocèles* ont un intestin ramifié dont les branches au nombre de 3 (*Planaria*) ou de n ($n > 3$) [*Leptoplana* (E)] divergent dans le parenchyme.

Absence d'**appareil respiratoire** et d'**appareil circulatoire.**

L'**appareil excréteur** consiste en deux tubes latéraux symétriques et ramifiés, *c.ex* (A), débouchant au dehors par un orifice commun postérieur ou *foramen caudale*, *fo.cau* (C) (*Plagiostomum*), ou par des séries d'orifices latéraux (*Gunda*), ou dans le vestibule postbuccal (*Mesostomum*, *c.ex*, A, B). Les terminaisons de ces canaux dans le parenchyme sont des tubes capillaires, à *lumière intracellulaire*, obturés à leur extrémité par une grande cellule avec une flamme vibratile, *fl.vi* (D). La fonction excrétrice est due à l'activité du protoplasme de ces cellules et la translation du liquide au mouvement de la flamme.

Relation. — Le **système nerveux** du *Mesostomum* présente deux *ganglions cérébroïdes*, *g.cé*, desquels partent deux nerfs latéraux, *n.l*, réunis par une commissure ventrale postbuccale, *c.ve*; ces nerfs constituent un rudiment de double chaîne ganglionnaire ventrale émettant des branches ramifiées sur l'intestin et dans le parenchyme.

Le système nerveux du genre *Gunda* est nettement métamérisé.

Les **organes des sens** sont assez répandus, mais simples chez les Turbellariés.

Le *Mesostomum* possède, en guise d'yeux, deux taches pigmentaires appliquées sur le cerveau, *y* (A). Le genre *Convoluta* possède un otocyste impair. Des *cellules tactiles* nombreuses sont réparties dans l'épiderme et innervées par un riche plexus sous-cutané (*Leptoplana* en particulier).

Reproduction. — *Les Turbellariés sont hermaphrodites.* Les organes génitaux, de structure assez comparable à celle des Trématodes (voir page 249), consistent : 1° en deux *testicules* symétriques dont les canaux déférents se confondent en un canal unique ouvert à gauche dans un *cloaque génital;* 2° en un *ovaire* impair dont l'oviducte s'ouvre dans le cloaque génital à droite.

Deux *utérus* symétriques reçoivent les œufs qui s'y développent.

En été, alors que le pénis et la glande coquillière ne sont pas développés, les ovules sont fécondés par les spermatozoïdes du même animal; les *œufs d'été*, logés dans l'utérus, s'en échappent par rupture des téguments.

A l'automne, les ovules sont fécondés par accouplement réciproque, entourés d'une coque résistante (*œufs d'hiver*) et mis en liberté par la mort et la décomposition du parent.

Développement rapide, parfois sans métamorphoses, sauf chez quelques espèces marines (*Eurylepta*) qui présentent une larve avec des appendices lobés et ciliés (Voir T. II, fasc. 1er, pages 125-126).

La **reproduction asexuelle** a lieu chez ces animaux qui, coupés en deux, complètent les parties qui manquent aux deux tronçons et constituent deux individus nouveaux.

1° TURBELLARIÉS DENDROCÈLES

Corps large, plat. Intestin ramifié.

Triclades. — 3 branches intestinales : *Planaria;* eaux douces. — *Gunda;* mers.

Polyclades. — *n* branches intestinales : *Leptoplana.* — *Thysanozoon;* aspect de Mollusque Éolidien ; nombreuses papilles dorsales.

2° TURBELLARIÉS RHABDOCÈLES

Corps peu aplati. Intestin droit.

Prostomum; bouche ventrale ; mais trompe exsertile antérieure, indépendante du tube digestif. — *Mesostomum;* bouche ventrale au milieu du corps. — *Opistomum;* bouche rejetée en arrière.

Vivent presque tous dans les eaux douces.

3° TURBELLARIÉS ACÈLES

Bouche ventrale et pharynx; pas d'intestin ni d'yeux ; orifices génitaux séparés.

Convoluta; espèce marine.

(*C*). TRÉMATODES

Vers parasites, à corps plat, non segmenté et non cilié, pourvus d'appareils de fixation (ventouses et crochets) et d'un tube digestif.

Morphologie extérieure. — Les Trématodes *endoparasites* possèdent en général deux ventouses : l'une antérieure, *v.or*, où s'ouvre la bouche, *bo*; l'autre abdominale, *v.ab* (*Distomum*, fig. 300, A). Les Trématodes *ectoparasites*, voisins des Turbellariés Polyclades, possèdent 2 ventouses antérieures de chaque côté de la bouche et 1 ou plusieurs ventouses postérieures (*Polystomum :* 6 ventouses et 18 crochets). Un *foramen caudale*, *f.c*, se remarque à la partie postérieure du corps, et un orifice génital, *o.g*, au-dessus de la ventouse ventrale chez *Distomum*.

Tégument. Muscles. — Le tégument est revêtu d'une cuticule épaisse et formé d'une enveloppe musculo-cutanée comparable à celle des Turbellariés. Les ventouses sont des expansions de cette couche musculo-cutanée.

Nutrition. — Le **tube digestif** de *Distomum* (Douve) consiste en une bouche antérieure, donnant accès dans un pharynx à paroi musculaire; un œsophage court se bifurque au-dessus de la ventouse ventrale et conduit à deux branches intestinales parallèles, ramifiées un grand nombre de fois (fig. 301).

Les branches intestinales sont simples chez *Distomum lanceolatum;* l'*Aspidogaster* possède un intestin unique et médian

Absence d'**appareils respiratoire** et **circulatoire**.

L'appareil **excréteur**, dont le *foramen caudale* postérieur et terminal est l'orifice, consiste en deux tubes ramifiés dans le parenchyme (fig. 301) avec cellules terminales pourvues d'une flamme (Voir Turbellariés, page 246, fig. 299, D).

Relation. — En général, le **système nerveux** se compose de deux ganglions cérébroïdes, *g.cé* (fig. 300, B), unis par une commissure dorsale assez longue; de ces ganglions partent deux paires de nerfs antérieurs, *n.v*, pour la ventouse orale et d'autres nerfs dont deux importants et latéraux, *n.l*, pour la partie postérieure du corps (*Distomum hepaticum*). Chez *Distomum clavatum*, les deux cordons latéraux sont réunis, à intervalles assez réguliers, par des cercles nerveux grêles. Les ventouses sont toujours richement innervées.

Pas d'**organes des sens**, sauf chez quelques Trématodes ectoparasites.

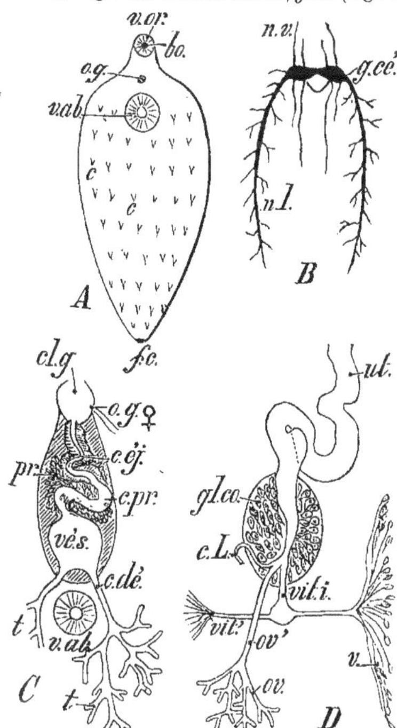

Fig. 300. — *Distomum hepaticum*. A, face ventrale; *c*, crochets; *v.or*, ventouse orale avec la bouche, *bo*, au centre; *v.ab*, ventouse abdominale; *o.g*, orifice génital; *f.c*, *foramen caudale*. — B; système nerveux; *g.cé*, ganglions cérébroïdes; *n.v*, *n.l*, nerfs antérieurs et latéraux. — C; appareil génital mâle; *t*, testicules; *c.dé*, canaux déférents débouchant dans une vésicule séminale, *vé.s*; *c.pr*, *c.éj*. canal éjaculateur entouré de la prostate, *pr*; ce canal s'ouvre dans le cloaque génital, *cl.g*, au voisinage de l'orifice femelle. — D; appareil génital femelle; *ov*, ovaire; *ov'*, oviducte; *v*, glandes vitellogènes; *vit'*, *vit.i*, vitelloductes pairs et impair; *ut*, utérus communiquant d'une part avec le cloaque génital (C), d'autre part à l'extérieur par le canal de Laurer. *c.L*; *gl.co*, glande coquillière.

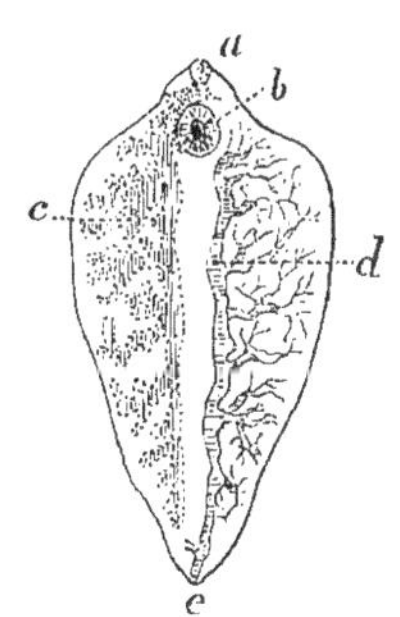

Fig. 301. — Douve du foie (*Distomum hepaticum*). *a*, bouche; *b*, ventouse ventrale; *c*, portion de l'intestin et ses ramifications (à gauche seulement dans la figure); *d*, portion du système excréteur (à droite seulement); *e*, pore excréteur.

Reproduction. — *Les Trématodes sont hermaphrodites* Un seul orifice génital, *o.g*, se trouve au voisinage de la bouche, entre celle-ci, *bo* et la ventouse abdominale, *v.ab*, chez la Douve du foie (A) dont nous envisagerons les organes génitaux.

Appareil femelle. — L'*ovaire* est une petite glande *impaire*, *ov* (D), d'où part l'oviducte, *ov'*, qui traverse une glande coquillière, *gl.co*; l'oviducte se continue par un *utérus*, *ut*, fort contourné aboutissant au cloaque génital, *cl.g* (C). A son entrée dans la glande coquillière, l'oviducte s'est uni à un court *vitelloducte* impair, *vit.i*, provenant lui-même de la fusion de deux vitelloductes symétriques, *vit'*; ces canaux latéraux émanent de glandes vitellogènes volumineuses, *v*, situées à droite et à gauche.

Un organe particulier aux Trématodes, c'est le *canal de Laurer* *c.L*, qui s'étend de l'oviducte à la paroi dorsale du corps. Par ce conduit s'écoule le trop-plein des ovules et des spermatozoïdes.

Appareil mâle. — Deux testicules en grappe, *t* (C), situés au voisinage de la ventouse abdominale, *v.ab*, sont pourvus de canaux déférents, *c.dé*, confondus en une vaste vésicule séminale, *vé.s*. De cette dernière part un canal éjaculateur, *c.éj*, qui occupe l'axe d'une glande prostatique, *pr* et aboutit au cloaque génital, *cl.g*.

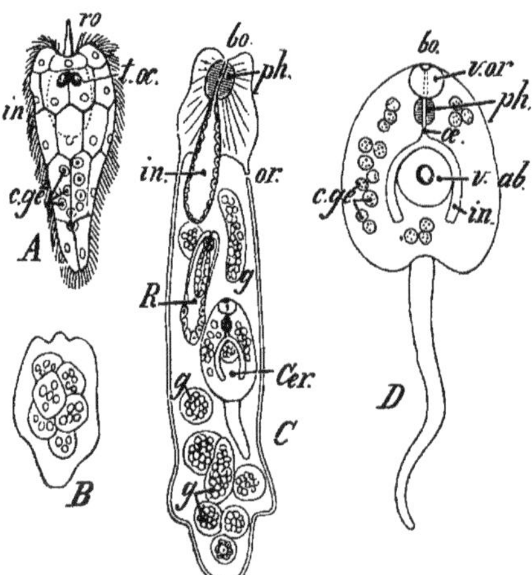

Fig. 302. — Phases du développement de *Distomum hepaticum*. A ; *Embryon cilié ; ro*, rostre ; *t.oc*, taches oculaires ; *in*, intestin ; *c.gé*, cellules germinatives. — B ; *Sporocyste*. — C ; *Rédie ; bo*, bouche ; *ph*, pharynx ; *in*, intestin : *g*, germes ; *R*, jeunes Rédies ; *Cer*, jeunes Cercaires ; *or*, orifice latéral. — D ; *Cercaire ; bo*, *ph*, *œ*, *in*, tube digestif ; *v.or*, *v.ab*, ventouses orale et abdominale.

Les spermatozoïdes parvenus dans le cloaque s'engagent dans l'utérus et fécondent les ovules (*autofécondation interne*).

Développement. — Les *Polystomiens*, les mieux organisés des Trématodes, ont un développement direct.

Il n'en est pas de même des *Distomiens* qui doivent être parasites de plusieurs hôtes (2 au moins) pour parcourir le cycle de leurs transformations (T. II, fasc. 1er, p. 127).

Les Distomiens subissent ainsi des migrations.

Soit *Distomum hepaticum* (Douve du foie). L'œuf développé dans l'eau subit une segmentation totale, un peu irrégulière ; il en sort une larve ciliée (fig. 302, A) pourvue d'un rostre, *ro*, d'une tache oculaire dorsale en X, *t.oc*, d'un rudiment de tube digestif et de *cellules germinatives*, *c.gé*. Il se fixe, au bout de quelque temps, par son rostre aux téguments d'une Lymnée (*Lymnæa truncatula*) qu'il traverse, perd son enveloppe ciliée à l'intérieur de son hôte et devient un sac, *sporocyste* (B), où les cellules germinatives se multiplient et se groupent en individus nouveaux, les *Rédies*, qui traversent la paroi du sporocyste.

Une Rédie (C) possède un corps cylindrique avec deux papilles caudales, un tube digestif simple, *in* et un appareil excréteur. Les cellules germinatives qu'elle renferme y deviennent l'origine de 15 à 20 germes ou organismes nouveaux, *g* : les Rédies *R*, les *Cercaires*, *Cer*, fort semblables à la Douve adulte, avec un long appendice caudal. Parvenues à leur développement complet, les Cercaires (D) s'échappent de la Rédie par un orifice latéral, *or*, quittent la Lymnée et nagent en liberté dans l'eau. Bientôt elles se sécrètent une capsule rigide où elles s'enkystent, fixées à une plante quelconque. Si un Mouton avale ce kyste, un jeune Distome s'organise qui passe du tube digestif dans le foie de l'hôte par les canaux biliaires.

Tel est le mode général de développement des Trématodes Distomiens; il est basé : 1° sur un *actif bourgeonnement interne*; 2° sur le *parasitisme* aux dépens de deux hôtes successifs (Mollusque aquatique et Vertébré) et quelquefois d'un troisième hôte spécial à la Cercaire (Mollusque, larve d'Insecte, Crustacé, etc.).

1° TRÉMATODES DISTOMIENS

Deux ventouses au plus et pas de crochets. ***Entoparasites*** (surtout dans le tube digestif des Vertébrés). ***Développement avec métamorphoses.***

Distomum (Douve); une ventouse orale et une abdominale.

La Douve du foie (*D. hepaticum*) qui vit dans les canaux biliaires du Mouton et du Bœuf, provoque la *cachexie aqueuse* chez ces animaux.

D. lanceolatum est beaucoup plus petit que le précédent (7 à 8 mill.); les branches de l'intestin y sont simples. Elle infeste également le foie des herbivores. Ses embryons vivent dans le corps d'un Mollusque Gastéropode, *Planorbis marginata*.

D. Sinense; trouvé dans les canaux biliaires d'un Chinois. *D. heterophyes*; trouvé dans l'intestin grêle d'un Égyptien. *D. pulmonale*; vit dans les poumons de l'Homme au Japon et provoque une toux avec crachats sanguinolents dans lesquels on le trouve. *D. crassum*; la plus grande espèce de Douve parasite de l'Homme.

Bilharzia; genre unisexué; le mâle est plus gros et plus court que la femelle qu'il abrite dans une gouttière ventrale.

B. hæmatobia; habite l'Afrique orientale où sa larve est fréquemment répandue dans les mares dont les habitants consomment les eaux impures.

Comment s'accomplissent les transformations et quelle est la nature des migrations de la *Bilharzia?* On l'ignore encore. Quoi qu'il en soit, ce parasite s'établit dans le système veineux abdominal de l'Homme (veine porte et ramifications, etc.), où il vit aux dépens du sang; assez inoffensif par lui-même, il est redoutable par ses œufs munis d'un éperon. Les œufs, entraînés par le sang dans le courant circulatoire, s'arrêtent dans les capillaires dont ils déchirent la paroi en provoquant des inflammations; par l'artère rénale, ils sont amenés au niveau des glomérules de Malpighi, en percent l'épithélium et déterminent le passage du sang dans l'urine (*hématurie*).

Amphistomum; ventouse abdominale rejetée en arrière. *A. clavatum*; dans le gros intestin de la Grenouille. — *Monostomum.*

2° TRÉMATODES POLYSTOMIENS

Plus de 2 ventouses et crochets chitineux. Ectoparasites en général. Pas de métamorphoses.

Tristomum; 2 ventouses orales et 1 postérieure; ectoparasite de la peau du Môle, des branchies de l'Esturgeon. — *Polystomum*; 6 ventouses caudales avec 16 crochets interposés.

P. integerrimum se trouve dans la vessie de la Grenouille.

Diplozoon; 2 individus soudés et croisés; vit sur les branchies du Goujon, de la Brème.

(*D*). CESTODES

Vers parasites à corps aplati, segmenté le plus souvent et non cilié,

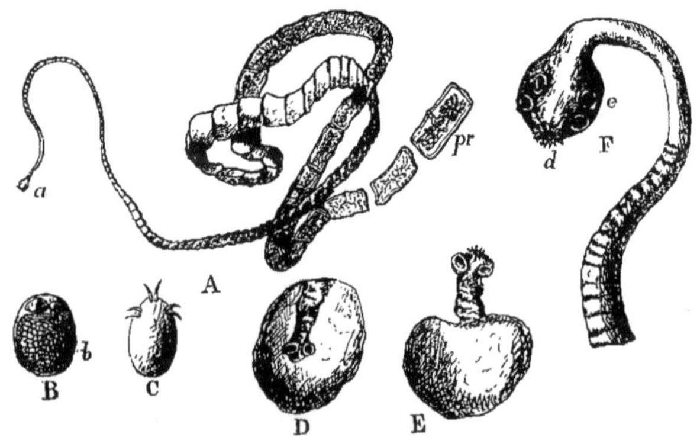

Fig. 303. — *Tænia solium*. A, *a*, tête et ses nombreux anneaux; *pr*, proglottis ou anneau détaché rempli d'œufs. — B, œuf renfermant l'embryon, *b*. — C, *Embryon hexacanthe* sorti de l'œuf. — D, *Cysticerque*, avec la tête invaginée. — E, le même avec la tête sortie de la vésicule. — F, *Scolex; d*, tête; *e*, ventouses (début du *Tænia*, dont les anneaux sont en formation)

pourvus d'appareils de fixation (ventouses ou crochets). Pas d'appareil digestif. Endoparasites.

Morphologie extérieure. — Les segments ou *proglottis* qui composent le corps des Cestodes (fig. 303, A) sont identiques quand ils sont complètement développés; le segment terminal seul ou *scolex* (F), improprement appelé tête, a une conformation spéciale, des ventouses, *e*, et parfois des crochets, *d*; il a pour fonction de fixer le parasite aux tissus de son hôte. Le scolex est continué par une partie très étroite d'abord, puis de plus en plus large, où un bourgeonnement actif fait naître continuellement de nouveaux segments à mesure que les proglottis mûrs, *pr* (A), se détachent à l'autre extrémité du corps. Ces derniers présentent un orifice sexuel latéral (*Tænia*) ou ventral (*Bothriocephalus*).

Les *Téniadés* possèdent sur le scolex 4 ventouses symétriques et 1 ou 2 couronnes de crochets, *c,c'* (fig. 305, A et D); chez les *Bothriadés*, on ne trouve plus que 2 ventouses.

Tégument. Parenchyme. — La paroi du corps est formée des mêmes éléments que chez les Trématodes, mais le parenchyme y est plus mou et les lacunes très nombreuses.

Nutrition. — Les **appareils digestif, respiratoire** et **circulatoire** font défaut chez les Cestodes.

L'appareil excréteur, très variable avec les espèces considérées, consiste chez *Tænia serrata* en 4 troncs longitudinaux : deux canaux dorsaux grêles et parallèles, 2 canaux ventraux plus larges et réunis par autant de branches anastomotiques qu'ils traversent de segments du corps. Ces 4 canaux sont réunis dans le scolex par un canal circulaire.

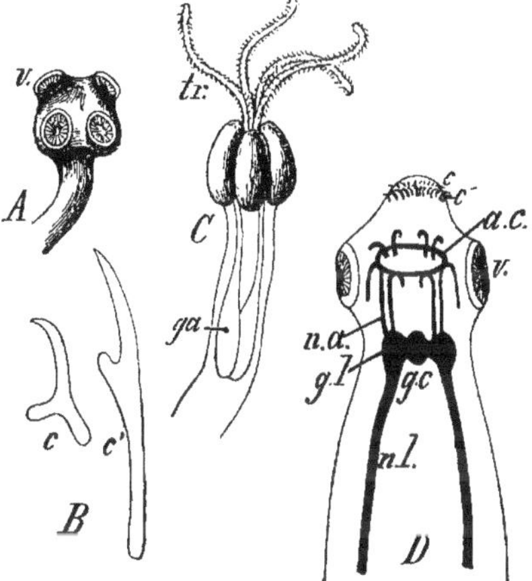

Fig. 304. — *Tænia*. A ; *Scolex* de *T. saginata* ; *v*, ventouses. — B ; crochets de *T. serrata*. — C ; *Scolex* de *Tetrarhynchus* ; *tr*, trompes protractiles avec crochets. — D ; système nerveux de *T. serrata* ; *g.c*, ganglion cérébroïde médian ; *g.l*, ganglions latéraux émettant des nerfs antérieurs, *n.a* et latéraux, *n.l* ; *a.c*, anneau nerveux antérieur ; *v*, ventouses ; *c,c'*, couronnes de crochets.

Le nombre des canaux longitudinaux est beaucoup plus considérable chez le genre *Caryophyllæus* où ils émettent un réseau de fins canalicules répartis dans le parenchyme. Les canaux principaux se rassemblent dans une vésicule contractile postérieure.

Relation. — Le **système nerveux** des Cestodes est assez compliqué, tout au moins dans le scolex. Le *Tænia serrata* présente un ganglion central, *g.c* (fig. 304, D), réuni à deux ganglions latéraux, *g.l*, d'où partent 4 paires de nerfs antérieurs, *n.a*. Un anneau commissural, *a.c*, se distingue en avant. 2 gros troncs latéraux et inférieurs, *n.l*, partent des ganglions latéraux et traversent sans ramifications tous les proglottis.

Reproduction. — *Les Cestodes sont hermaphrodites.* L'appareil génital est totalement développé dans les proglottis parvenus à maturité; il comprend *pour chacun d'eux* les parties suivantes chez le *Tænia serrata* :

Appareil femelle. — Certaines cellules du tissu fondamental (face ventrale et inférieure du proglottis), les *germigènes*, donnent les ovules que recueillent deux pavillons. Les tubes qui font suite à ces pavillons se confondent en un *oviducte*, en rapport avec un vaste *utérus* qui occupe tout l'axe du proglottis. Un long *vagin*, pourvu d'un réceptacle séminal, se rend de l'oviducte à la *poche de cirre* disposée latéralement.

Appareil mâle. — Les spermatozoïdes prennent naissance aux dépens de cellules germigènes du tissu fondamental (face dorsale et antérieure du proglottis); ils traversent les lacunes du parenchyme et se dirigent vers un *canal déférent* à paroi propre, qui occupe la région centrale du proglottis. Ce canal, fort contourné, se termine par le *pénis* ou *cirre*, organe tubuleux et musculaire placé dans la poche du cirre, au fond de la *papille génitale*.

Le pénis d'un segment pénètre dans la papille génitale du segment précédent dont il féconde les ovules; puis l'appareil mâle s'atrophie, une fois sa fonction accomplie.

Les *œufs* fécondés, accumulés dans l'utérus, le distendent, en rompent la paroi et se répandent dans le parenchyme du proglottis; celui-ci, détaché tôt ou tard, tombe dans l'intestin de l'hôte d'où il est rejeté avec les excréments.

Développement (Voir T. II, fasc. 1er, page 128). — Au moment de l'expulsion des proglottis, les œufs y ont déjà subi la première partie de leur évolution (fig. 303, B); ils ont la forme *d'embryons hexacanthes* (C) qui, protégés par une coque épaisse, peuvent demeurer longtemps intacts sur l'herbe. Sont-ils avalés par un Lièvre ou un Lapin, leur coque se ramollit, les embryons s'en échappent, percent à l'aide de leurs crochets la paroi de leur hôte, pénètrent dans le sang et se fixent dans le foie. Un grand nombre de ces larves succombent; celles qui résistent s'enkystent et forment, par développement et liquéfaction partielle de leur tissu, une vésicule pourvue d'une colonnette interne qui se différencie en un scolex invaginé : c'est le *cysticerque* (D); que le cysticerque soit mangé par un Chien, le *scolex* se dévagine (E), la vésicule inférieure est digérée par l'hôte et le scolex se fixe par ses crochets et ses ventouses à la paroi intestinale. Alors il bourgeonne activement des anneaux successifs (F).

1° TÉNIADÉS

4 ventouses petites, en croix. Orifices génitaux latéraux.

1 genre : *Tænia* (Ténia).

Échinoténiadés. — 1 à 4 couronnes de crochets.

Tænia solium (Ver solitaire de l'Homme ou Ténia armé, fig. 303).

Cette espèce atteint 2 à 3 mètres de long; sa tête est pourvue de deux rangées de crochets à manche court. Les œufs, avalés par le Porc, s'enkystent dans le tissu conjonctif intermusculaire et adipeux (le Porc est dit *ladre*). Les cysticerques de la grosseur d'un pois (*Cysticercus cellulosæ*), qui se développent chez le Porc, sont répandus surtout dans les muscles de la langue et de chaque côté du frein de cet organe. [Il est ainsi facile de reconnaître les Porcs atteints de ladrerie]. Si la chair du Porc ladre est consommée par l'Homme, les cysticerques se transforment en scolex dans l'intestin de leur nouvel hôte.

La ladrerie se manifeste aussi chez le Chien, le Chat, le Chevreuil, l'Ours et même chez l'Homme. Les cysticerques de l'Homme se transforment chez un autre homme en *Tænia solium*.

T. serrata, parasite du Chien, a été décrit plus haut. — *T. cœnurus*, de 30 centimètres à 1 mètre, parasite du Chien.

Son cysticerque possède plusieurs scolex et s'appelle un *cénure;* gros comme une tête d'épingle, le cénure vit dans l'encéphale du Mouton auquel il donne le *tournis*, affection convulsive assez fréquente chez cet herbivore.

T. echinococcus, le plus petit des Cestodes connus (3 à 4 millimètres), vit dans l'intestin grêle du Chien.

Il vit à l'état de larve *échinocoque* (plusieurs vésicules à têtes multiples) dans le foie et la plupart des autres organes (muscles, cerveau, etc.), chez l'Homme et un grand nombre de Ruminants, chez le Porc, le Cheval, le Lapin, etc.

Le Chien porte souvent, attachés à ses poils, des œufs de cette espèce; après s'être léché la peau, s'il passe ensuite sa langue sur les mains et le visage blessés de l'homme ou de l'enfant, il peut leur inoculer le Ténia en question.

Gymnoténiadés. — Pas de crochets.

Tænia saginata (T. inerme); tête pourvue de 4 ventouses, *v* (fig. 304, A). Cette espèce est fréquente dans l'intestin de l'Homme en Afrique et dans les Indes.

Son cysticerque (*C. bovis*) est plus petit que celui du Ténia armé; il vit dans le tissu conjonctif des muscles du Bœuf et du Mouton d'Afrique; il peut ainsi être communiqué à l'Homme qui consomme de la chair saignante de Bœuf.

2° BOTHRIOCÉPHALIDÉS

Deux ventouses. Orifices génitaux sur le milieu de la face ventrale.

Bothriocephalus (*B. latus*); tête ovoïde; deux ventouses en forme de gouttière, l'une ventrale, l'autre dorsale.

Le Bothriocéphale atteint jusqu'à 10 mètres de long; c'est le plus long des Cestodes parasites de l'intestin de l'Homme. Il a un embryon cilié *plérocerque* qui doit se fixer sur un hôte aquatique.

3° TÉTRAPHYLLIDÉS

4 grandes ventouses foliacées.

Tethrarynchus; 4 ventouses et 4 trompes, *tr*, avec crochets (fig. 304, C). Vit dans l'intestin des Raies. — *Phyllobothrium.*

4° CESTODES ABERRANTS

Ni ventouses, ni crochets.

Ligula. Corps simple en apparence, mais plusieurs orifices génitaux. Vit dans la cavité générale des Cyprinoïdes. — *Caryophyllæus.* Corps réellement simple; 1 seul orifice génital. Vit dans le tube digestif des Cyprinoïdes.

§ 3. — PSEUDHELMINTHES

Vers dégradés présentant un ectoderme continu et une masse entodermique uni- ou pluricellulaire.

Cellules ectodermiques losangiques emboîtées. Entoderme unicellulaire.. *Dicyémides.*
Cellules ectodermiques disposées en anneaux transversaux. Entoderme pluricellulaire déjà différencié.................................... *Orthonectides.*

1° DICYÉMIDES

Tous parasites dans le rein des Céphalopodes. Ces animaux ont un corps cilié, vermiforme, comprenant : un *ectoderme* formé de cellules en nombre faible et variable avec les espèces, et une *cellule entodermique.*

Les cellules ectodermiques sont toutes identiques chez les Hétérocyémides,

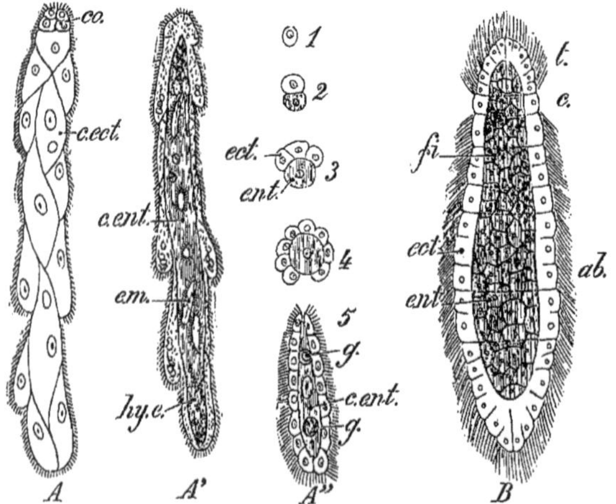

Fig. 305. — Pseudhelminthes. A; *Dicyema typus*; vue extérieure; *co*, coiffe polaire; *c.ect*, cellules ectodermiques. A'; *c.ent*, cellule entodermique; *em*, embryons; *hy.e*, réseau hyaloplasmique. A''; phases diverses du développement. — B; *Rhopalura Giardii; ect*, ectoderme; *ent*, entoderme; *t*, tête; *c*, couronne non ciliée; *ab*, abdomen.

tandis que, chez les Dicyémides (fig. 305), quelques cellules antérieures forment la *coiffe polaire*, *co* (A).

Dans la cellule entodermique, *c.ent.* (A′), naissent et se développent les embryons, *em.* Le protoplasme de cette cellule se creuse de vacuoles; dans le réseau hyaloplasmique, *hy.e*, apparaissent de petits globules ou *germes* qui grandissent dans les mailles du réseau et s'y transforment en jeunes individus.

Les germes issus d'un même individu peuvent évoluer suivant la forme *nématogène* (à cellules ectodermiques assez nombreuses et à cellule entodermique effilée en avant), ou suivant la forme *rhombogène* (peu de cellules ectodermiques, la cellule entodermique arrondie en avant).

Les *nématogènes* produisent directement des *embryons vermiformes* (allongés et ciliés dans toute leur étendue). Les rhombogènes donnent : d'abord, des *embryons infusoriformes* (en forme de toupie et ciliés seulement sur leur face inférieure); puis des embryons vermiformes après une période de repos.

Or les embryons infusoriformes paraissent être les *mâles* des Dicyémides dont les embryons vermiformes seraient les femelles; aussi considère-t-on aujourd'hui :

Les nématogènes comme des *femelles monogènes*, à développement direct, produisant des embryons vermiformes;

Les rhombogènes comme des *femelles diphygènes*, passant de la forme rhombogène (où elles produisent des mâles infusoriformes) à la forme nématogène secondaire (où elles produisent des femelles vermiformes).

1° **Hétérocyémides.**

Pas de coiffe. *Microcyema. M. vespa*, parasite de la Seiche.

2° **Dicyémides.**

Une coiffe. *Dicyema. D. typus* (fig. 305, A), parasite du Poulpe.

2° ORTHONECTIDES

Parasites également, les Orthonectides se déplacent sans contorsions à l'aide de leurs cils vibratiles. Leur ectoderme est formé d'une seule couche de cellules ciliées disposées en anneaux transversaux; l'entoderme est représenté par deux sortes de cellules : les unes intérieures donneront les éléments reproducteurs; les autres périphériques sont transformées en fibrilles musculaires.

La *Rhopalura Giardii* (fig. 305, B), parasite de l'*Ophiocoma neglecta* (Ophiure), présente une *forme mâle* et deux *formes femelles* dont l'une est cylindrique et l'autre aplatie.

Les spermatozoïdes des mâles sont mis en liberté par des désagrégations locales de certaines cellules ectodermiques. Les ovules mûrs deviennent libres par la fragmentation des femelles qui se séparent en anneaux. La fécondation n'a pas été observée.

L'œuf se divise en deux cellules : l'une, plus petite, se segmente en plusieurs autres (ectoderme) enveloppant la plus grosse (cellule entodermique). De cette dernière proviennent trois cellules alignées, dont les deux extrêmes produisent les fibrilles musculaires, tandis que la cellule médiane forme les éléments reproducteurs.

Rhopalura; parasite d'Ophiures (*Ophiocoma*) et de Némertes (*Lineus gesserensis*).

III. — EMBRANCHEMENT DES MOLLUSQUES

Corps **mou** *non visiblement segmenté. Symétrie bilatérale* **primordiale,** *masquée en général par la torsion ou l'enroulement de certaines parties. Une* **coquille,** *sécrétée par un repli cutané appelé* **manteau,** *protège souvent le corps. Un organe musculaire ventral, le* **pied,** *sert à la locomotion. Système nerveux présentant au moins 4 paires de ganglions et un nombre variable de colliers œsophagiens. Une cavité générale.*

Le groupe des Mollusques possède avec celui des Vers de réelles affinités. La *trochosphère* est une forme larvaire qui leur est commmune; les larves de Mollusques présentent souvent 2 ou 3 paires de *néphridies* qui se développent successivement. Ces caractères assurent à l'embranchement des Mollusques une place naturelle dans la série des *Néphridiés*.

MOLLUSQUES	Symétrie bilatérale parfaite. Pied adapté à la reptation..........................	**Amphineures.**
	Asymétrie profonde due à la torsion latérale du corps amenant la région postérieure en avant. *Coquille univalve* et turriculée. Tube digestif en U avec bouche et anus voisins. Large *pied* adapté à la reptation.	**Gastéropodes.**
	Symétrie nette. Flexion ventrale du corps. *Coquille tubuleuse* un peu arquée. Tube digestif en U avec bouche et anus voisins. Pied trilobé..........................	**Scaphopodes.**
	Symétrie à peu près complète. Manteau divisé en 2 lobes et *coquille bivalve.* Pas de tête distincte. Animaux aquatiques pourvus de *branchies lamelleuses.* Pied plus ou moins atrophié................	**Lamellibranches.**
	Symétrie nette. Flexion ventrale du corps. *Coquille externe* ou *interne* divisée, par des cloisons, en chambres dont l'animal occupe la dernière. Parfois absence de coquille. Pied dont la partie antérieure forme la couronne de bras, et dont l'extrémité postérieure est représentée par l'entonnoir..............................	**Céphalopodes.**

Morphologie générale. — Les Mollusques possèdent un certain nombre de caractères généraux :

1° La **peau molle** consiste en un épithélium généralement vibratile, sauf aux points où se trouve la coquille (genres aquatiques) ; cet épithélium recouvre un tissu *dermo-musculaire* plus ou moins lâche.

Dans la couche superficielle du derme, on remarque de nombreuses *glandes unicellulaires* (cellules épidermiques différenciées). Ce sont : des *glandes muqueuses*, à contenu finement granuleux, qui aboutissent par un fin prolongement à la surface de la peau imprégnée alors d'un mucus abondant; des *cellules calcigènes*, à contenu opaque, qui rejettent parfois leur produit de sécrétion comme les précédentes.

[Dans certains genres (*Doris*, *Pleurobranchus*), les concrétions calcaires en forme de spicules que renferme la peau sont produites par de telles cellules].

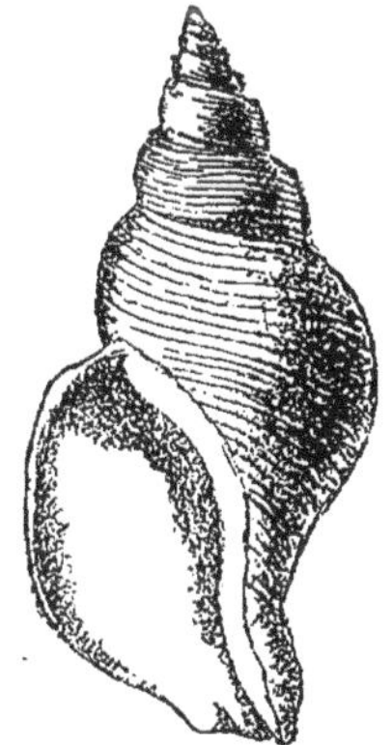

Fig. 306.
Fusus contrarius.

2° L'enveloppe musculo-cutanée joue un rôle important dans la locomotion et la protection des Mollusques; elle donne lieu à deux formations importantes : le **manteau** (dorsal) et le **pied** (ventral).

Le **manteau** est un double pli de la peau plus ou moins étendu, qui recouvre le corps totalement ou en partie; on appelle *cavité palléale* l'espace compris entre le manteau et la paroi du corps.

Dans cette cavité est abrité l'appareil respiratoire (*branchies* le plus souvent); le rectum, l'appareil néphridien et les organes génitaux y débouchent. La surface du manteau sécrète, en général, une matière calcaire et pigmentée qui forme une **coquille** protectrice chez la plupart des Mollusques.

La **coquille**, quand elle existe, est : *univalve* et *uniloculaire*, arquée (Scaphopodes, fig. 340, E) ou contournée (Gastéropodes, fig. 306); *univalve* et *pluriloculaire* (certains Céphalopodes, fig. 368); *bivalve* (Lamellibranches, fig. 307); *plurivalve* (Amphineures Placophores, fig. 313).

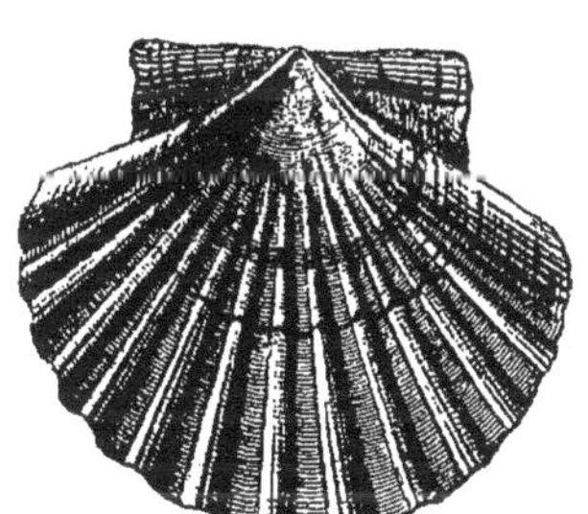

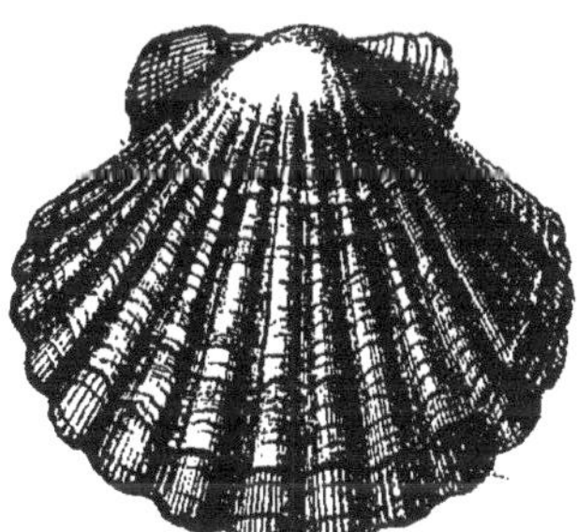

Fig. 307. — *Pecten maximus.*

Le **pied** est un organe résultant de la différenciation de la partie ventrale des téguments. Souvent rudimentaire chez les Mollusques fixés (Huître, Anodonte), il présente la forme d'une massue conique (Lamellibranches en général, fig. 308), d'une sorte de

Fig. 308. — *Venus verrucosa.*

large semelle (Gastéropodes, fig. 309), d'une couronne de bras péribuccaux et antérieurs (Céphalopodes, fig. 310).

Cavité générale. Péricarde. — Les Mollusques présentent une cavité générale composée de deux parties : l'une, parfois

Fig. 309. — *Helix pomatia* (Escargot).

assez vaste (*cavité céphalopédieuse* des Gastéropodes, *sinus* des Céphalopodes), est réduite le plus souvent à de petites et nombreuses lacunes situées entre les organes ou dans leur épaisseur.

Ces lacunes sont contenues surtout dans un tissu conjonctif particulier, le *tissu vésiculeux*, très répandu dans le manteau et dans le pied dont il forme le tissu érectile ; c'est grâce au tissu érectile que le pied peut saillir au dehors de la coquille. [Le sang circule librement dans les lacunes, comme nous le verrons plus loin.]

L'autre partie du cœlome est le *péricarde*, cavité plus ou moins vaste, *totalement indépendante de la cavité du cœur* qu'elle entoure, mais qui ne contient jamais de sang.

Le péricarde communique avec l'extérieur par les néphridies (fig. 165, T. I; fig. 311 et 312); *il est en rapport avec la cavité génitale*, tout au moins chez certains Amphineures et Gastéropodes infé-

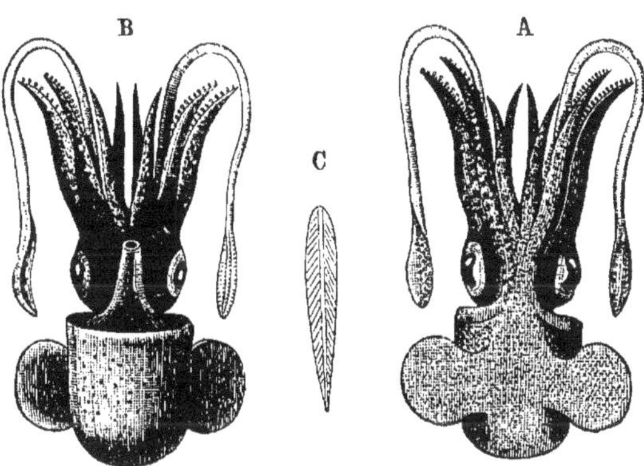

Fig. 310. — *Sepiola* (Sépiole).
A ; vue en dessus ; — B ; vue en dessous ; — C ; coquille.

rieurs ; dans ce cas, les produits génitaux naissent de la paroi de cette cavité génitale, *gl.g* (fig. 311, C), passent dans le péricarde, *pé* et s'engagent dans les tubes néphridiens, *o.ex*, d'où ils sont expulsés au dehors.

Morphologiquement, le cœlome est complété par la cavité génitale.

Nutrition. — Le **tube digestif** est toujours pourvu de deux orifices (bouche et anus) ; une énorme glande en dépend, l'*hépato-pancréas*, qui verse dans l'estomac le produit de sa sécrétion (Voir T. I, fig. 73, *f*; fig. 75, *f.pa* ; fig. 149 et fig. 152, F).

Rectiligne et contenu dans un plan médian chez les **Amphineures,** le tube digestif présente une courbure en U, avec rapprochement de la bouche et de l'anus, chez les **Scaphopodes** (fig. 340), les **Céphalopodes** et les **Gastéropodes** (fig. 74 et 75, T. I) ; ce rapprochement a été obtenu par une flexion dorso-ventrale du corps (Scaphopodes et Céphalopodes), ou par une torsion latérale (Gastéropodes).

Les Mollusques, sauf les Gastéropodes Pulmonés, respirent par des **branchies** abritées dans la cavité palléale.

L'appareil circulatoire est lacunaire ; il présente un cœur dorsal d'où partent des artères, ramifiées parfois en fins capillaires (Céphalopodes); mais toujours le sang tombe dans les lacunes interorganiques, puis se rassemble dans des sinus qui le conduisent à l'appareil respiratoire où se fait l'hématose; de là le sang oxygéné retourne au cœur.

Il ne paraît pas y avoir communication de l'appareil vasculaire avec l'eau extérieure chez les Mollusques, contrairement à une opinion courante basée sur l'observation du gonflement du pied chez la *Mye*, le *Pecten*, la *Natice*, etc. On attribue aujourd'hui les changements de volume du pied à un afflux ou un retrait du sang provoqués par la contraction ou le relâchement des muscles dans les autres régions du corps.

Cette explication est bien insuffisante toutefois pour expliquer le gonflement de la *Natice* dont le corps peut tripler de volume : on a découvert dans le pied, chez cette espèce, un système de canaux communiquant avec l'extérieur et y permettant l'accès de l'eau ; ces canaux sont-ils en rapport avec l'appareil vasculaire? Malgré l'incertitude qui plane sur ce sujet, la plupart des zoologistes nient aujourd'hui la pénétration de l'eau extérieure dans le sang.

Le **sang**, incolore chez la plupart des **Lamellibranches** et des **Gastéropodes**, présente une teinte bleuâtre due à l'*hémocyanine*, chez les **Céphalopodes.** La Planorbe a le sang rouge, sans que cette coloration soit due à des globules.

L'appareil excréteur des Mollusques s'appelle *corps de Bojanus*. Il consiste typiquement en une paire de néphridies, sacs à parois glandulaires dans leur région moyenne (fig. 165, T. I), communiquant d'une part avec l'extérieur, et d'autre part avec le péricarde de chaque côté duquel ils sont placés. La paroi de la glande néphridienne présente de nombreuses lacunes dans lesquelles pénètre le sang non hématosé, qui se rend de là à l'appareil respiratoire.

Relation. — Le **système nerveux** des Mollusques est ganglionnaire, sans que les *ganglions* soient disposés en une chaîne, comme chez les Arthropodes et les Vers. Ces ganglions sont réunis par des *commissures* (reliant les ganglions de même nom et de même fonction) et des *connectifs* (reliant les ganglions de noms et de fonctions différents) formant des colliers en nombre variable. Chez les **Amphineures** (fig. 312, C) et les **Céphalopodes** *tétrabranchiaux*, au lieu de ganglions distincts, on trouve des *bandelettes* nerveuses se continuant par des connectifs sans ligne de démarcation nette (Voir, pour plus de détails, pages 320-324, fig. 307, T. I).

Les **organes des sens** atteignent à un haut degré de différenciation chez nombre de Mollusques ; l'*œil* du Poulpe et des autres Céphalopodes rappelle presque l'œil des Vertébrés par sa complexité; des *otocystes* très distincts se rencontrent chez la plupart des Mollusques (Voir T. I, page 237, fig. 231). Moins connus sont les organes de l'olfaction, du goût et du toucher.

Reproduction. — La reproduction est toujours sexuelle. *Les Mollusques sont unisexués en général ;* toutefois *nombre d'entre eux* *sont hermaphrodites* (**Amphineures**, **Gastéropodes** *Pulmonés* et *Opisthobranches*, quelques **Lamellibranches**).

Chez les Mollusques hermaphrodites, les produits sexuels mâles et femelles se forment : tantôt dans les mêmes follicules (Escargot, fig. 16, T. II, fasc. 1er) où ils ne parviennent pas à maturité en même temps[1], tantôt dans des follicules distincts (*Æolidia*) avec un conduit efférent commun (*hermaphrodisme complet*).

L'Huître et le *Cardium* (bien qu'hermaphrodites en ce sens qu'un même animal peut produire des ovules et des spermatozoïdes) sont unisexués en réalité, parce qu'ils ne donnent que des ovules à un moment donné, que des spermatozoïdes à une autre époque de l'année (*hermaphrodisme incomplet*).

Quel que soit le mode de fécondation de l'ovule, avec ou sans organes de copulation, l'œuf subit une segmentation inégale (discoïdale chez les **Céphalopodes**). Les larves passent en général par la forme *trochosphère* pourvue d'un *voile* locomoteur (Voir T. II, fasc. 1er, page 141); ultérieurement y apparaissent le rudiment du *pied* entre la bouche et l'anus, un repli palléal et un épaississement de l'ectoderme (*glande coquillière*) qui produira la coquille.

§ 1. — AMPHINEURES

Mollusques à symétrie bilatérale parfaite. Peau recouverte de valves multiples (Placophores), dissociées en spicules disséminés (Solénogastres). Bouche et anus terminaux. Système nerveux fermé postérieurement en arc, constitué par de longues bandelettes non différenciées en ganglions. Pied adapté à la reptation. Tendance à la métamérisation.

Amphineures	Pas de coquille. Corps allongé, cylindrique. Pied peu développé................................	*Solénogastres.*
	Coquille plurivalve. Corps aplati. Large pied.....	*Placophores.*

Morphologie extérieure. — Les Amphineures les plus simples [*Proneomenia*, *Neomenia* (fig. 311, A), *Chætoderma*], qui constituent le groupe des Solénogastres, ont un corps allongé et cylindrique, la peau hérissée de soies chitinisées ou calcifiées. Un sillon ventral ou *sillon pédieux*, *s.pé* (A), absent chez *Chætoderma*, renferme une légère excroissance médiane, *pé* (Coupe *XY*); cette excroissance est un pied rudimentaire.

Chez les Placophores [*Chiton* (fig. 312, D)], le corps est aplati et le pied, *pi* (B), a la forme d'une large semelle limitée par un profond sillon ou *cavité palléale*, *s.pa*; ce sillon est formé par un repli de la peau, *première apparition du* **manteau**, *ma* (B), qui recouvre et protège les branchies, *br*.

La peau du *Chiton* est pourvue, en outre, de 8 *plaques dorsales* chitineuses, imbriquées, *pl.d* (D).

---

1. Chez les Pulmonés, dans le même follicule se développent côte à côte les spermatozoïdes et les ovules, ceux-ci dans la partie la plus profonde du follicule, ceux-là au voisinage de l'orifice du canal efférent; mais leur maturité n'ayant pas lieu en même temps, les ovules mûrs d'un follicule deviennent libres en même temps que les spermatozoïdes mûrs d'un autre follicule.

Nutrition. — Le **tube digestif** est rectiligne. Chez *Proneomenia* (B), la bouche, *bo*, s'ouvre dans un vestibule à paroi ciliée; le pharynx, *Ph*, présente une *radula* rudimentaire (Voir T. I, page 73) et reçoit le produit de glandes salivaires; l'intestin, *in*, avec un cæcum dorsal, *cæ*, porte des *replis glandulaires disposés métamériquement;* le rectum s'ouvre, par l'anus *a*, dans un cloaque, *cl*, où débouchent également les canaux excréteurs de deux néphridies, *o.ex*.

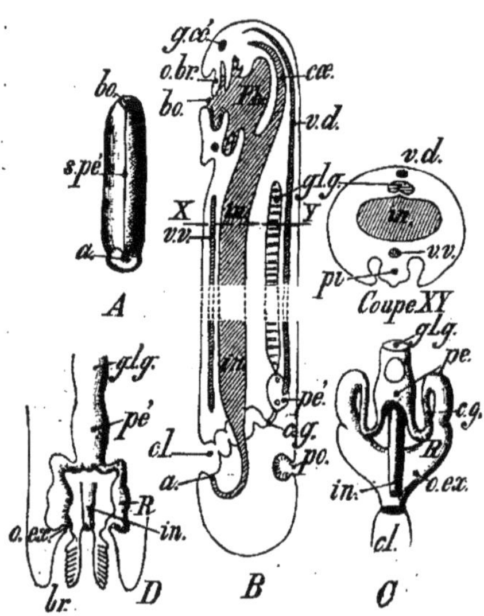

Fig. 311. — Amphineures. — A. *Neomenia carinata*; *s.pé*, sillon pédieux; *bo*, bouche; *a*, anus. — B et Coupe *XY*. *Proneomenia*; coupe longitudinale schématisée; *bo*, *Ph*, *in*, *a*, tube digestif; *cæ*, cæcum dorsal; *o.br*, organes branchiformes; *v.d*, *v.v*, vaisseaux dorsal et ventral; *pé*, péricarde; *gl.g*, glande génitale; *c.g*, conduit génital; *cl*, cloaque; *pi*, pied. — C. Position relative de l'intestin, *in*, de l'appareil génital, *gl.g*, du péricarde, *pé* et de l'appareil rénal, *R*, chez *Proneomenia* (vue du côté dorsal). — D. *Chætoderma*; rapports des mêmes organes; les branchies, *br*, sont situées dans la cavité palléale périanale.

Chez le *Chiton*, l'anus, *a* (fig. 312, A), s'ouvre au dehors indépendamment des orifices, *o.ex*, des tubes néphridiens R.

L'appareil respiratoire, figuré peut-être chez *Proneomenia*, par les organes branchiformes, *o.br* (B), consiste en *branchies anales*, *br*, logées dans une cavité palléale périanale très restreinte, chez *Neomenia* et *Chætoderma* (D).

Le nombre des branchies est plus considérable dans les Placophores; ces organes, *br* (fig. 312. A), s'étendent de la bouche à l'anus dans la gouttière palléale, *s.pa* (B), décrite précédemment.

L'appareil circulatoire consiste en un ventricule dorsal et postérieur, logé dans le péricarde, *pé* (B). Chez le Chiton, on trouve 2 oreillettes de part et d'autre du ventricule; le sang, de retour des branchies, *br*, se rassemble dans des vaisseaux latéraux, *v.l* (B, A), qui le conduisent au cœur; de là, le sang est poussé dans le vaisseau dorsal, *v.d*, et se répand dans les lacunes interorganiques.

L'appareil excréteur est représenté par deux néphridies, deux reins, R, communiquant avec le péricarde, *pé* (fig. 311, C, D et fig. 312, A, B). Chez les Solénogastres, les canaux excréteurs s'ouvrent dans un cloaque, *cl* (*Proneomenia*, B, C), ou dans la cavité branchiale postérieure (*Chætoderma*, D); ces orifices, *o.ex*, sont disposés de chaque côté du corps chez le Chiton dont les reins ont pris un grand développement et communiquent avec le péricarde, en *o.pé*, par des tubes contournés et étroits.

Relation. — Le **système nerveux** consiste en un anneau œsophagien, *a.œ* (fig. 312, C), formé par une bandelette nerveuse d'où se détachent 4 cordons longitudinaux : 2 *cordons pédieux*, *c.pé*, et 2 *cordons viscéraux* (branchiaux chez le Chiton, *c.vi.br*). Les cordons pédieux sont unis, sauf chez *Chætoderma*, par de nombreuses anastomoses transversales qui donnent à l'ensemble un aspect scalariforme. Les cordons viscéraux s'unissent, en arrière, par une commissure située *au-dessus* de l'anus, *a*.

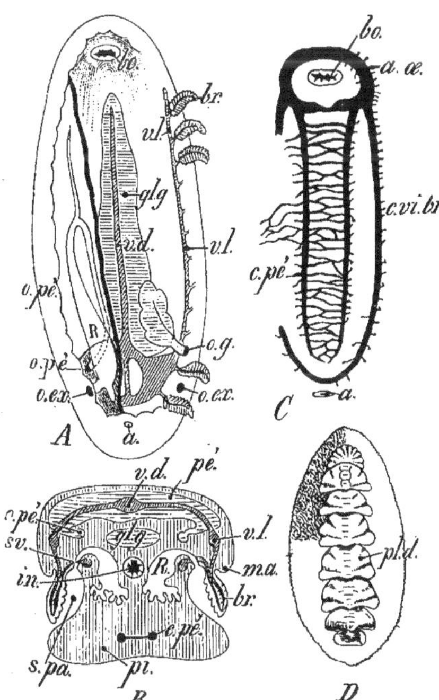

Fig. 312. — Organisation du *Chiton*. A ; position relative des appareils vasculaire, branchial, génital et rénal (vue schématisée du côté dorsal) ; *v.d*, *v.l*, vaisseaux dorsal et latéraux débouchant dans un ventricule postérieur teinté de hachures obliques. *br*, branchies étagées tout le long des vaisseaux latéraux (n'ont été figurées que les premières et les dernières) ; *gl.g*, glande génitale et son orifice extérieur gauche (seul figuré) *o.g* ; elle est indépendante du péricarde (hachures horizontales). *R*, rein droit ; *o.pé*, son orifice dans le péricarde représenté seulement à droite ; *o.ex*, son orifice excréteur. *bo*, bouche ; *a*, anus. — B ; Coupe transversale du corps ; *pi*, pied ; *ma*, manteau ; *s.pa*, sillons palléaux dans lesquels sont logées les branchies, *br* ; *in*, intestin ; *c.pé*, cordons nerveux pédieux (les autres lettres ont les mêmes affectations qu'en A). — C ; système nerveux. *a.œ*, anneau œsophagien ; *c.vi.br*. cordons viscéro-branchiaux ; *c.pé*, cordons pédieux. — D ; animal vu du côté dorsal ; *pl.d*, plaques dorsales.

Organes des sens peu connus.

Reproduction. — *Tous hermaphrodites*, sauf *Chætoderma*, les Amphineures possèdent une glande génitale, *gl.g*, sur les parois de laquelle prennent naissance les éléments sexuels. La cavité de cette glande communique largement avec le péricarde chez les Solénogastres (fig. 311) ; elle en est indépendante chez les Placophores où les produits sexuels sont mis en liberté par deux orifices latéraux, *o.g* (fig. 312, A).

Développement (V. T. II, fasc. 1er, page 141.

1° SOLÉNOGASTRES

= APLACOPHORES

Pas de coquille. Corps allongé, cylindrique avec un sillon ventral médian (sillon pédieux) contenant un pied rudimentaire.

Chætoderma ; sillon pédieux peu accentué. Animaux unisexués.

Neomenia ; branchies anales. — *Proneomenia ;* pas de branchies anales.

Fig. 313. — *Chiton*.

Ces deux genres possèdent un pied bien distinct au fond du sillon ventral.

2° PLACOPHORES

Coquille plurivalve. Corps aplati pourvu d'un large pied.

Chiton (Oscabrion, fig. 313) ; huit plaques calcaires transversales imbriquées. Animaux s'enroulant sur eux-mêmes à la manière des Cloportes.

§ 2. — GASTÉROPODES

Mollusques adaptés en général à la reptation; pied en forme de large semelle ventrale. Corps asymétrique par suite de la **torsion latérale** *de la région postérieure, abrité par une coquille univalve turriculée (au moins à l'état embryonnaire). Tête toujours distincte. Ganglions cérébroïdes, pédieux et viscéraux réunis par des connectifs formant deux triangles latéraux.*

GASTÉROPODES	Unisexués. Système nerveux *chiastoneure*. 1 ou 2 branchies *en avant* du cœur. Respiration aquatique, parfois aérienne par avortement des branchies. Coquille avec un opercule en général.		**Prosobranches.**
	Hermaphrodites. Système nerveux *orthoneure*.	1 poumon en avant du cœur. Coquille sans opercule ou nulle. Espèces terrestres.	**Pulmonés.**
		Branchies en *arrière* du cœur. Espèces marines.	**Opisthobranches.**

Morphologie extérieure et distribution générale des organes internes. — Les Gastéropodes possèdent une *tête* distincte, avec des yeux et des tentacules, une large semelle ventrale appelée *pied*, à l'aide de laquelle ils peuvent ramper sur un sol ferme. Une *coquille* abrite le plus souvent leur corps; mais *la forme extérieure de l'animal et celle de la coquille sont absolument indépendantes de la disposition des organes internes.*

Le corps peut être considéré comme formé de deux parties :

Une *région céphalopédieuse* (tête et pied) qui a conservé sa symétrie bilatérale primitive;

Une *masse viscérale* (tube digestif, branchies, cœur, néphridies) qui, avec la cavité palléale, a subi une *torsion latérale* en passant par le côté droit. Il résulte de ce fait une asymétrie plus ou moins profonde; l'anus et tous les organes voisins (branchies, cœur, néphridies) sont portés en avant. Un *enroulement en spirale* affecte en outre la masse viscérale et lui fait occuper une étendue restreinte.

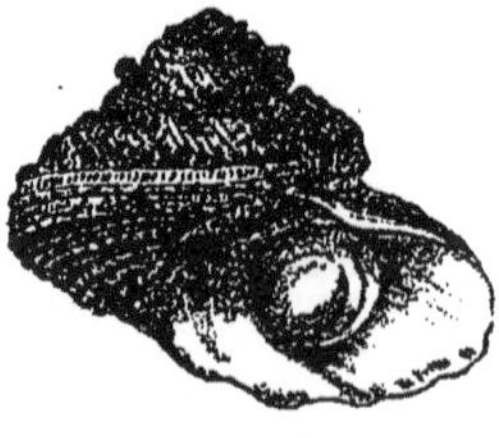

Fig. 314. — *Turbo rugosus.*

Fig. 315. — *Trochus.*

L'asymétrie progressive du corps peut être constatée chez les **Prosobranches.** La *Fissurelle* (fig. 330, A), par exemple, a subi une torsion de 180° qui n'a pas affecté sa symétrie extérieure; il n'en est pas de même des organes internes, car si l'anus médian est entouré de 2 branchies, de 2 reins et de 2 oreillettes (*Diotocardes*), organes tous symétriques, néanmoins l'anus est porté en avant et les connectifs nerveux attestent cette torsion de 180°. Pas d'enroulement spiral de la masse viscérale. Chez le *Turbo* (fig. 314), le *Trochus* (fig. 315), la moitié droite du corps subit un arrêt de développement avec disparition d'une branchie, réduction de l'oreillette droite et différence notable des deux reins. Chez les *Monotocardes* (*Paludina*, fig. 316, *Cerithium*, fig. 317, etc.), l'asymétrie est maximum : disparition d'une branchie, d'une oreillette et d'un rein (fig. 327, D); le rectum est placé à droite de la cavité palléale.

FIG. 316. Paludine.

FIG. 317. Cérithe.

Parfois l'asymétrie est masquée par la réduction de la masse viscérale. Parmi les **Pulmonés**, alors que la masse viscérale est énorme chez l'Escargot (fig. 309), elle se réduit à un petit tortillon postérieur chez la Testacelle, la Limace (fig. 318).

Les **Opisthobranches** sont caractérisés par une asymétrie moins profonde, quelquefois non apparente à l'extérieur. Chez les *Tectibranches* (Aplysie, **fig. 324**, Pleurobranche, etc.), l'appareil branchial non affecté par la torsion est demeuré *en arrière* du cœur; l'anus a été amené sur le côté droit. Si le corps des *Nudibranches* (dépourvu de coquille) est symétrique, avec l'anus médian, on n'y rencontre cependant qu'un rein et qu'une oreillette.

La **tête** porte la *bouche* et les *tentacules* qui sont des organes sensoriels, au nombre de 2 (**Prosobranches** en général : Littorine, Patelle, Haliotide, Fissurelle) ou de 4 (certains **Pulmonés** :

FIG. 318. — *Limax alpinus.*

Escargot, Testacelle, Limace; **Opisthobranches** : *Nudibranches*, en général). Ces tentacules sont creux et rétractiles (Escargot) ou seulement contractiles.

Le **pied** a la forme d'une semelle, chez toutes les espèces rampantes; c'est une masse musculaire épaisse dont l'épithélium et le tissu conjonctif dermique sont riches en cellules glandulaires (*glandes pédieuses*) capables de sécréter un mucus abondant[1]. Sur la face dorsale de sa région postérieure se trouve parfois un disque, corné ou calcaire, appelé *opercule* (fig. 330, C', E', F', H'),

1. La Janthine (fig. 330, L), au moment de la ponte, flotte à la surface de l'eau; elle sécrète, en un point de son pied, un mucus abondant qui emprisonne successivement de nombreuses bulles d'air. Il en résulte un véritable radeau très allongé ou flotteur, *fl*, au-dessous duquel l'animal dépose ses œufs dans des capsules ovigères, *c.ov*. Une fois, les œufs pondus, la Janthine se débarrasse de son radeau et regagne le fond de l'eau.

à l'aide duquel l'animal obture totalement ou partiellement l'ouverture de sa coquille lorsqu'il s'y est retiré.

Certains Mollusques sont pélagiques; ils présentent alors une modification du pied plus ou moins profonde : la partie antérieure et moyenne, *pro*, *mes* (fig. 319), devient une rame verticale au-dessous de laquelle est suspendu l'animal ; la région postérieure du pied, *met*, constitue un gouvernail (*Hétéropodes :* Atlante). Chez *Pterotrachea*, le corps dépourvu de coquille a une forme allongée et une nageoire ventrale. Les *Ptéropodes* ont un pied fort réduit, mais ils possèdent deux lobes antéro-latéraux (productions du pied), à l'aide desquels ils peuvent nager rapidement (fig. 339).

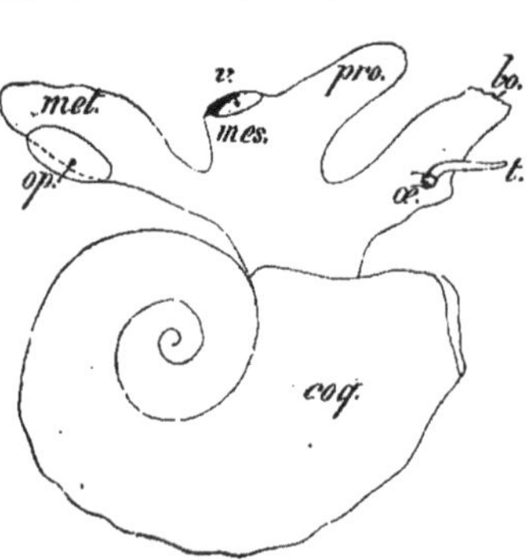

Fig. 319. — *Atlanta Peronii*. *coq*, coquille; *pro*, *mes*, pro- et mésopodium développés en une nageoire avec ventouse, *v*; *met*, métapodium avec opercule, *op*. *bo*, bouche; *œ*, œil; *t*, tentacule.

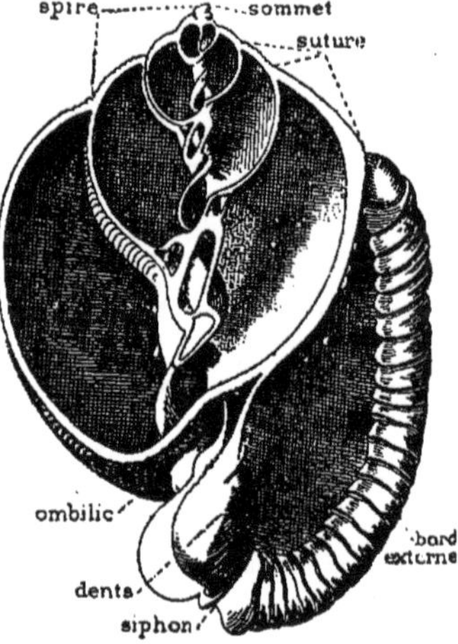

Fig. 320. — Coupe axiale d'une coquille de Gastéropode.

Coquille. — La coquille est une production continue et univalve du manteau qu'on rencontre chez presque tous les Gastéropodes. On peut la considérer comme engendrée par l'enroulement en hélice d'un cône autour d'un axe ou d'un cône *imaginaires* (fig. 320). Dans le premier cas, l'axe de la coquille est un pilier plein appelé *columelle;* dans le second cas, la columelle est creuse et la partie vide qu'elle présente s'appelle *ombilic*, *omb.* (Planorbe, fig. 321 ; *Solarium*, fig. 322).

Fig. 321. — Planorbe vue du côté de l'ombilic.

On appelle *sommet* ou *pointe* l'extrémité de la coquille par laquelle a commencé l'enroulement; l'*ouverture* est l'orifice par lequel peut sortir l'animal.

Orientons une coquille de telle sorte que la columelle soit verticale, la pointe de la coquille en haut, et plaçons l'œil au-dessus de cette coquille, comme si nous en voulions faire la projection horizontale : si l'enroulement des tours successifs a lieu dans

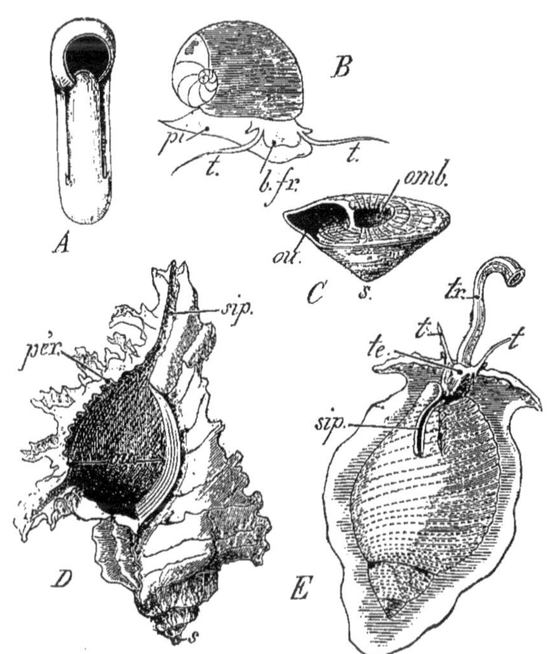

Fig. 322. — Gastéropodes. A ; *Planorbis rotundatus*. — B ; *Nerita polita* ; *pi*, pied ; *b.fr*, bulbe frontal ; *t*, tentacules ; *pi*, pied. — C ; *Solarium* ; *ou*, ouverture quadrangulaire de la coquille ; *omb*, ombilic ; *s*, sommet. — D ; *Murex* ; *pér*, péristome ; *sip*, siphon. — E ; *Dolium perdix* ; *te*, tête ; *t*, tentacules ; *tr*, trompe ; *sip*, siphon relevé au-dessus de la coquille.

le sens du mouvement des aiguilles d'une montre, la coquille est dite *dextre* ; elle est *senestre* dans le cas contraire.

La plupart des coquilles sont dextres ; les genres *Physa*, *Planorbis* (fig. 321), *Bulimus*, etc., sont sénestres. Parfois, dans une même espèce, certains types sont dextres et les autres sénestres (*Helix aspersa*).

Quand l'axe de la coquille est très allongé (*Turritella*, *Cerithium*, fig. 330, I, *Physa*), la coquille est dite *turriculée* ; il est de moyenne dimension le plus souvent (*Helix*, *Trochus*) ; s'il est nul (*Nerita*) ou presque nul (*Planorbis*), la coquille est dite *surbaissée* (fig. 322, A,B).

On appelle *péristome*, *pér* (D), la région de la coquille qui en circonscrit l'ouverture ; tantôt le péristome est continu et l'ouverture arrondie en avant (l'animal est dit alors *holostome* : *Helix*, *Solarium*, C) ; tantôt le péristome présente des prolongements rameux (*Murex*, D) ; tantôt le péristome se prolonge, en avant et près de la columelle, par un canal où s'engage une gouttière formée par le manteau ; cette gouttière s'appelle *siphon palléal* et sert à l'arrivée de l'eau dans la cavité palléale (L'animal est dit *siphonostome* dans ce cas : *Murex*, *Fusus*, *Dolium*, E).

La coquille subit une régression, parfois même une disparition complète dans certains genres. Chez les **Pulmonés**, tandis que l'Escargot possède une coquille bien développée, la Testacelle n'en a plus qu'une petite, tout à l'extrémité du corps; chez la Limace (*Limax*), la coquille est cachée sous la peau; elle est désagrégée chez l'*Arion* (fig. 323). — De même, parmi les **Opisthobranches**, les *Nudibranches* adultes sont dépourvus de la coquille qui tend à disparaître d'ailleurs chez les Gastéropodes nageurs ou **pélagiques**.

Fig. 323. — *Arion rufus*.

Constitution de la coquille. — Elle est variable suivant les cas.

La coquille se compose ordinairement : d'une cuticule externe (*periostracum*), d'une couche calcaire moyenne formée de prismes d'aragonite parallèles entre eux et normaux à la surface; d'une couche nacrée interne formée de lamelles superposées alternativement calcaires et organiques (*conchyoline*). Les reflets irisés de la nacre sont dus à ces lamelles minces.

Muscle columellaire. — On appelle ainsi un muscle puissant dont les fibres, insérées d'une part sur la columelle, se confondent d'autre part avec les fibres musculaires du pied. Quand le muscle columellaire se contracte, l'animal rentre dans sa coquille.

Manteau. Cavité palléale. — Le *manteau* est un repli de la peau s'étendant au-dessus du corps, d'arrière en avant; il forme une sorte de toit à la *cavité palléale* limitée sur les côtés par la soudure des bords du manteau avec la masse céphalopédieuse.

Le bord antérieur du manteau est libre, généralement épaissi et pourvu d'un ruban musculaire qui, par sa contraction, peut appliquer ce bord libre contre la paroi dorsale du corps et fermer momentanément la cavité palléale.

En général, la cavité palléale communique largement avec le milieu extérieur par une fente antérieure et dorsale; parfois, cependant, cette ouverture est assez restreinte et constitue l'*orifice respiratoire* avec ou sans siphon palléal, suivant que l'animal est siphonostome ou holostome. L'orifice respiratoire sert uniquement à la circulation de l'eau (ou de l'air chez les Pulmonés) dans la cavité palléale qui contient l'appareil respiratoire (*branchies* en général ; *poumon* chez les Pulmonés).

Si la masse viscérale du Gastéropode n'avait pas subi d'enroulement, le manteau limiterait, avec la paroi dorsale du corps, une cavité palléale ou respiratoire longitudinale, close en arrière et ouverte en avant; mais l'enroulement de la masse viscérale sur le côté droit a pour conséquence le rejet de la cavité palléale vers la gauche; celle-ci s'étend donc obliquement de droite à gauche. Très réduite chez l'*Aplysie* (fig. 324 A, Coupe *XY*) et chez le *Pleurobranche*, la cavité palléale disparaît chez les *Nudibranches* (*Doris*, *Phyllirhoe*).

Les **Pulmonés** (Escargot, Limace, Testacelle), adaptés à la vie aérienne, n'ont pas de branchies ; *la cavité générale y devient une cavité pulmonaire* communiquant avec l'air extérieur par le *pneumostome;* cet orifice étroit s'oppose à la dessiccation de la surface respiratoire qui demeure apte aux échanges gazeux entre le sang des vaisseaux et l'air de la cavité (Voir T. I, fig. 152).

Nutrition. — Tube digestif. — Le tube digestif des Gastéropodes présente, en général, une courbure en U par suite de l'enroulement de la masse viscérale. La *bouche* antérieure est portée soit par un mufle simple (Escargot, Haliotide) ou rétractile (Cyprée, *Strombus*), soit par une trompe capable de s'invaginer partiellement (*Dolium*, fig. 322, E ; *Cassis*).

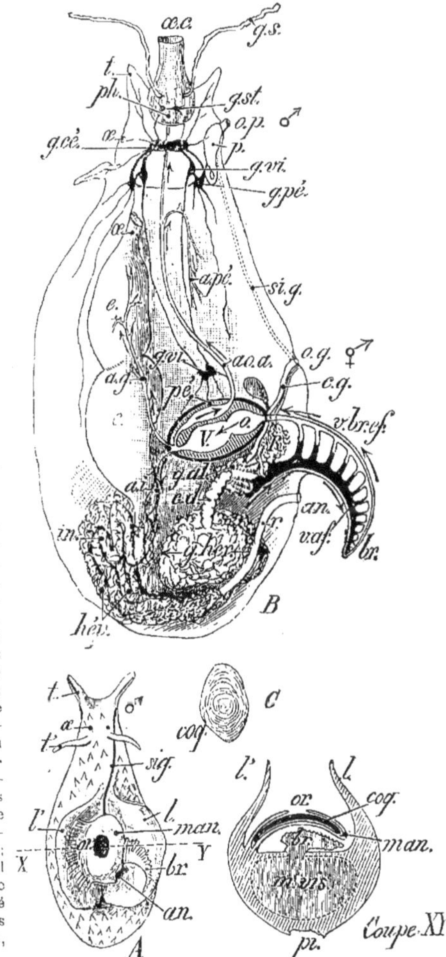

Fig. 324. — *Aplysia leporina.* A ; vue extérieure du côté dorsal. *t*, *t'*, tentacules ; *œ*, œil ; *man*, manteau compris entre les lobes latéraux du pied, *pi*, écartés en *l*, *l'* ; *or*, orifice du manteau laissant voir la coquille, *coq* (Coupe *XY* et *C*) ; *br*, branchies ; *a*, anus ; *si.g*, sillon génital aboutissant à l'orifice pénial ♂. — Coupe *XY* *m.vis*, masse viscérale. — B ; organes internes. *ph*, pharynx ; *g.s*, glandes salivaires ; *œ.c*, œsophage coupé et relevé antérieurement pour laisser voir les centres nerveux ; *e*,*e*, estomac ; *in*, intestin entouré de l'hépatopancréas ; *hép* ; *r*, rectum ; *an*, anus. *br*, branchie. *O.V*, oreillette et ventricule du cœur contenus dans le péricarde, *pé* ; *ao.a*, aorte antérieure ; *a.g*, artère gastrique ; *a.pé*, artère pédieuse ; *a.i*, artère intestinale ; *v.af*, vaisseau branchial afférent ; *v.br.ef*, vaisseau branchial efférent. *g.cé*, ganglions cérébroïdes ; *g.pé*, ganglions pédieux ; *g.vi*, ganglions viscéraux ; R, rein. *g.her*, glande hermaphrodite ; *c.d*, canal déférent ; *g.al*, glande albuminipare ; *c.g*, canal génital voisin du canal excréteur du rein ; *o.g*, orifice génital commun ; *si.g*, sillon cilié par lequel les spermatozoïdes sont conduits à l'orifice du pénis, *p*, en *o.p*.

La bouche donne accès dans un *bulbe buccal* ou *pharyngien*, à forte paroi musculaire, portant des *mâchoires*, *m* (T. I, fig. 66, A) et une *radula*, *r* (A et C).

Les *mâchoires* sont des plaques chitineuses enchâssées, au nombre de 2, latéralement et près de l'orifice buccal; chez l'Escargot, *phytophage*, on en trouve une 3e médiane et supérieure que ne possède pas la Testacelle carnassière.

La *radula* est une bande chitineuse flexible, portée par une masse musculaire que soutiennent des *odontophores* cartilagineux; très longue chez la Patelle en particulier, la radula est hérissée de séries de dents en nombre variable avec les espèces considérées (ce nombre peut dépasser 30000). Les dents sont insérées sur la radula, en rangées symétriques par rapport à l'axe médian longitudinal; chaque rangée est elle-même divisible en 2 moitiés symétriques et comprend des dents *médianes*, *mé*, des *intermédiaires*, *i* et des *latérales*, *l* (fig. 330, M).

Signalons quelques-unes des dispositions intéressantes sur lesquelles est en partie basée la classification des Gastéropodes :

Disposition	latérales,	inter-médiaires,	médianes,	inter-médiaires,	latérales.
rhipidoglosse (Diotocardes : *Haliotis*, *Nerita*).	*n*	1	3.1.3	1	*n*
docoglosse (Hétérocardes : *Patella*)........	3	1	4	1	3
ténioglosse (cert. Monotocardes : *Littorina*).	2	1	1	1	2
sténoglosse (cert. Monotocardes : *Purpura*).	0	1	1	1	0

Dans le bulbe pharyngien débouchent les conduits de 2 *glandes salivaires* courtes et voisines du bulbe (*Haliotis*, *Turbo*), allongées en lames foliacées couvrant en partie l'estomac (Escargot, fig. 152, T. I).

La salive est parfois venimeuse (*Cône*), parfois acide par l'acide sulfurique et utile à l'animal pour percer les coquilles (*Cassis*, *Dolium*).

Fig. 325. *Purpura lapillus.*

L'*œsophage* (avec un jabot latéral chez la Lymnée) conduit à un *estomac* volumineux et unique en général (divisé en plusieurs poches, *ee*, chez l'*Aplysie*, fig. 324, B). L'estomac est chargé de la trituration de la matière alimentaire, grâce aux contractions de sa paroi musculaire; les canaux de la glande appelée *hépatopancréas*, *hép* (B), y viennent déboucher au voisinage du pylore. L'*intestin*, plus ou moins contourné (Patelle), présente un rectum appliqué contre le plafond de la cavité palléale. Il débouche au dehors par l'anus, situé sur le côté droit en général. [Chez l'Escargot, l'anus est au voisinage du pneumostome[1].]

L'*hépatopancréas*, appelé foie d'ordinaire, est une masse brune constituant la presque totalité du tortillon; deux canaux en apportent la sécrétion dans l'estomac ou l'intestin. *Cette sécrétion exerce son action digestive sur les diverses sortes d'aliments :* ce qui justifie son appellation nouvelle.

L'hépatopancréas est aussi chargé de pourvoir à l'édification ou aux réparations de la coquille, à la production de l'*épiphragme* qui ferme la coquille de l'Escargot en hiver; il renferme des cellules calcaires produisant des granules de carbonate et de phosphate de calcium en telle quantité que la teneur de la glande en sels calcaires peut atteindre jusqu'à 26 pour 100 de son poids.

1. Chez les *Gastéropodes Diotocardes*, l'Haliotide par exemple, le rectum traverse le ventricule de part en part: c'est là un caractère de Lamellibranche.

Appareil respiratoire. — Sauf les **Pulmonés** qui vivent et respirent dans l'air à l'aide d'un *poumon*, les Gastéropodes sont pourvus de *branchies*, au nombre de deux chez les types qui ont conservé une symétrie relative (Fissurelle); la branchie droite a disparu chez les autres.

Une branchie consiste en un ensemble d'expansions triangulaires formées par la surface interne du manteau ; ces expansions constituent une ou deux séries de feuillets parallèles (1 série : Monotocardes à branchies *unipectinées* ; 2 séries : Diotocardes à branchies *bipectinées*); les feuillets adhèrent directement au manteau par leur base (*Littorina*, fig. 326), ou bien à un rachis médian dans le cas des branchies bipectinées (*Haliotis*). Les lamelles branchiales présentent, comme le manteau d'ailleurs, de nombreuses lacunes à travers lesquelles le sang subit l'hématose dans son parcours.

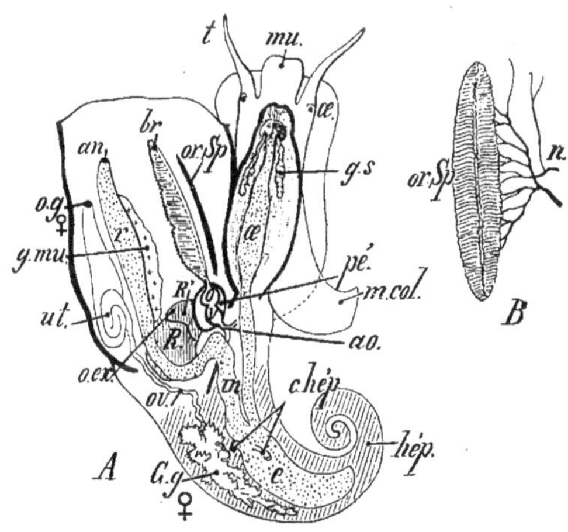

FIG. 326. — *Littorina littoralis* ♀. A; *mu*, mufle; *t*, tentacules; *œ*, yeux; *m.col*, muscle columellaire; *g.s*, glandes salivaires; *œ*, *e*, *in*, *r*, *an*, tube digestif; *hép*, hépatopancréas et ses canaux excréteurs, *c.hép*, aboutissant à l'estomac. *C. V*, cœur contenu dans le péricarde, *pé*; *ao*, aorte. *br*, branchie; *or.Sp*, organe de Spengel. *R*, rein et son orifice excréteur, *o.ex*; R', glande hématique. *G.g*, glande génitale femelle; *ov*, oviducte; *ut*, utérus; *o.g.* ♀, orifice génital femelle; *g.mu*, glande mucipare. — B; organe de Spengel de *Cassidaria* et les nerfs qui y aboutissent.

Les espèces dont le manteau est peu ou pas développé, laissent à nu les branchies quand elles existent (*Pterotrachea*); les *Nudibranches* qui n'ont pas de manteau présentent sur le dos des expansions cutanées auxquelles on donne le nom de *papilles branchiales* (*Æolidia*, fig. 339, A; *Tethys*, etc.); ces expansions ont une fonction respiratoire indéniable.

Les genres *Rhodope*, *Phyllirhoe*, etc., dépourvus même de papilles tégumentaires, n'ont plus qu'une respiration cutanée.

Appareil circulatoire. — Chez les Gastéropodes, le cœur, dorsal et rempli de sang oxygéné, est composé d'*un seul ventricule* communiquant avec 1 ou 2 oreillettes (fig. 327) : 1 oreillette chez les *Monotocardes*, **Pulmonés** et **Opisthobranches**, où le ventricule n'est pas traversé par le rectum; 2 oreillettes chez les *Diotocardes*, où le ventricule est traversé par le rectum (cette disposition est générale chez les Mollusques *Lamellibranches*).

On appelle **Prosobranches** les Gastéropodes dont la branchie (et par suite l'oreillette) est située *en avant* du ventricule (*Monotocardes*, *Diotocardes*, etc.); les **Opisthobranches** sont ceux dont la branchie (et par suite l'oreillette) est *en arrière* du ventricule (Aplysie, fig. 325, B; *Doris*, etc.).

Les **Pulmonés** ont, comme les **Prosobranches**, l'oreillette en avant du ventricule (fig. 152, T. I).

Le sang oxygéné, provenant de l'appareil respiratoire, pénètre de l'oreillette dans le ventricule qui, par ses contractions, l'envoie dans une seule *aorte*, *ao* (fig. 326), en général; celle-ci se bifurque immédiatement en une *aorte antérieure* pour la région céphalo-pédieuse et une *aorte viscérale* qui se rend dans le tortillon. Les ramifications des artères ou artérioles s'ouvrent directement dans les lacunes interorganiques. Des sinus rassemblent le sang et le conduisent aux lacunes branchiales ou pulmonaires, où se fait l'hématose.

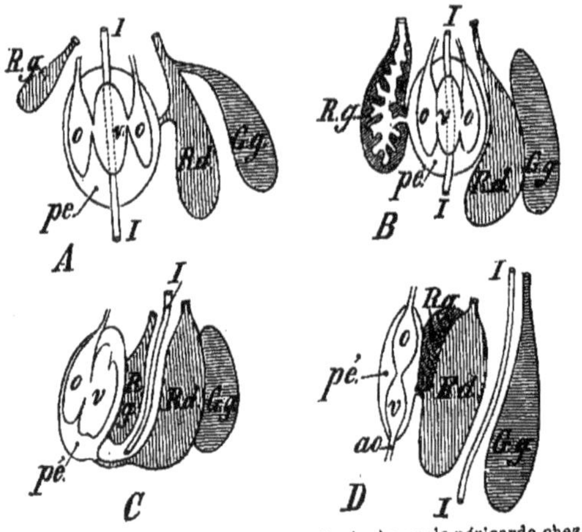

Fig. 327. — Rapports de l'appareil rénal avec le péricarde chez les Gastéropodes.— A; *Fissurella*. — B; *Haliotis*. — C; *Patella*. — D; Monotocardes. *I*, intestin; *pé*, péricarde; *o*, oreillettes; *v*, ventricule; *R.g*, *R.d*, reins gauche et droit; *G.g*, glande génitale.

Appareil excréteur. — La symétrie et les rapports des deux *reins* ou *corps de Bojanus* avec le péricarde, l'appareil génital et le milieu extérieur, symétrie et rapports que nous avons reconnus chez les Amphineures, subissent de profondes variations chez les Gastéropodes, suivant les types considérés.

Le rein droit, *R.d* (fig. 327, A, B, C, D), persiste chez tous et sert toujours de cavité intermédiaire entre la cavité péricardique et le milieu ambiant; il conserve son rôle dépurateur. Le rein gauche, *R.g*, réduit chez la *Fissurelle* (A), se porte à droite chez la Patelle (C) et les *Monotocardes* (D); il subit en même temps une affectation nouvelle; il devient une *glande hématique* (fig. 327,

R') *qui paraît former dans ses parois des globules sanguins* (ces globules tomberaient dans les lacunes des parois de la glande et seraient entraînés par le sang à mesure que s'en produirait l'émission).

Le corps des Mollusques est considéré comme formé de deux segments : la région céphalopédieuse et la masse viscérale ; chacun de ces segments doit être pourvu d'une paire de néphridies (organes segmentaires). Les reins représentent la paire de néphridies du segment viscéral faisant communiquer le péricarde avec le milieu ambiant ; le segment antérieur est pourvu, *dans l'âge larvaire seulement*, d'organes homologues appelés *reins primitifs* qui assurent la communication de la cavité générale céphalopédieuse avec l'eau dans laquelle nage la trochosphère.

Relation. — **Système nerveux**. — Le système nerveux des Gastéropodes, dont nous avons reconnu la structure fondamentale (Voir T. I, page 326, fig. 307), présente donc une paire de *ganglions cérébroïdes*, *g.c* (fig. 307, T. I, E, F), d'où se détachent deux colliers œsophagiens *c,c'* ; le collier *c* aboutit à une paire de *ganglions pédieux*, *g.p* ; l'autre, *c'*, porte sur son trajet une série de *ganglions viscéraux*, 1, 2.... 5 (dont le nombre est d'ailleurs variable). Deux connectifs relient les ganglions pédieux, *g.p*, aux ganglions pleuraux 1 et 5, formant ainsi deux *triangles latéraux*, *tr. l*, tels que *g.c*, *c'*, 5, *g.p*, *c*, *g.c*.

Chez les **Pulmonés** et les **Opisthobranches** (fig. 324, B), le système nerveux est *orthoneure*, c'est-à-dire que la commissure viscérale est régulière et sous-intestinale ; *chez tous les* **Prosobranches** (d'après Bouvier) le système nerveux est *chiastoneure*, c'est-à-dire que cette même commissure a subi, avec la masse viscérale, une torsion qui a porté vers la gauche la commissure partant du ganglion pleural droit, 1 : le ganglion 2 est alors *au-dessus* du tube digestif ; le ganglion 3, simple (*Diotocardes*) ou multiple (*Strombus*, *Cypræa*), qui envoie des nerfs aux viscères, est situé sur une commissure supra-intestinale qui passe à droite *sous l'intestin*, en aboutissant au ganglion 4 ; la chaîne se poursuit du ganglion *sous-intestinal* droit, 4, au ganglion pleural gauche, 5 (Voir fig. 307, F, T. I).

Il est possible de rapprocher ce système nerveux, en apparence si complexe, de celui des Amphineures, par une simple hypothèse basée sur le grand développement du manteau et sur une différenciation plus nette des ganglions.

Supposons, en effet, que dans l'anneau nerveux du Chiton (fig. 312, C), les *ganglions cérébroïdes* deviennent distincts du côté dorsal, et que la partie ventrale de ce même anneau donne naissance à n *ganglions viscéraux* dont les deux extrêmes innervent le pied et le manteau ; en raison de l'importance que prennent ces deux organes cutanés, les *ganglions viscéraux extrêmes* acquièrent simultanément un grand développement, puis se dédoublent tout en demeurant unis par un connectif nerveux. Ainsi sont devenus distincts les *ganglions pédieux*, *g.p* (T. I, fig. 306, E) et les *ganglions pleuraux*, 1 et 5. Une scission longitudinale se produit en même temps dans le connectif primitivement unique qui rattache les ganglions, *g.p*, et les ganglions 1 et 5 aux ganglions cérébroïdes, *g.c* (G,G, même figure). L'anneau œsophagien unique s'est ainsi dédoublé, sauf au niveau des ganglions cérébroïdes, et deux colliers œsophagiens ont pris naissance.

La séparation peut n'être qu'incomplète (**Pulmonés** : G G').

Organes des sens. — Les Gastéropodes possèdent deux *yeux*, *œ* (fig. 326), situés à la base des tentacules, *t*, sauf chez certains Pulmonés tels que l'Escargot (**Pulmonés** *Stylommatophores*) où ces organes sont portés à l'extrémité des tentacules postérieurs.

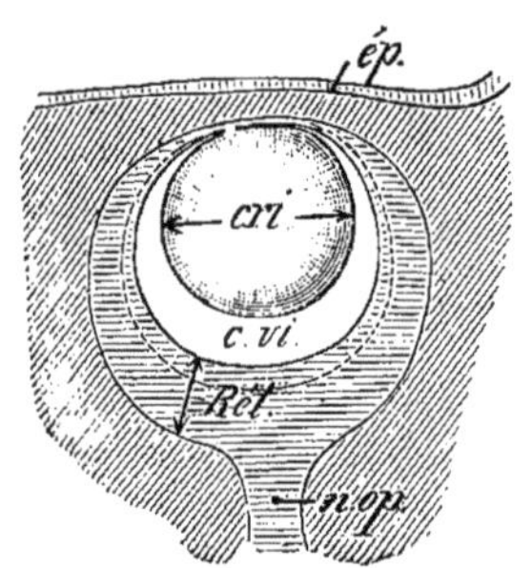

Fig. 328. — Œil de *Murex*. *ép*, épiderme cornéen; *cri*, cristallin; *c.vi*, corps vitré; *Rét*, rétine; *n.op*, nerf optique.

Les yeux consistent en une vésicule, close en général, renfermant une cornée, *ép* (fig. 328), puis un cristallin sphérique, *cri*, séparé de la rétine, *Rét*, par un corps vitré anhiste, *c.vi*.

Les 2 *otocystes* des Gastéropodes, placés au voisinage des ganglions pédieux, ont été décrits déjà (Voir T. I, page 237, fig. 231, C).

Quant aux *organes de l'odorat*, du *goût* et du *toucher*, ils ne paraissent pas nettement spécialisés. Des cellules neuro-épithéliales, éparses dans l'épiderme ou groupées en certains points, paraissent affectées à la perception de ces sensations diverses.

L'*organe de Spengel* ou *fausse branchie*, *or. Sp* (fig. 326, B), paraît être un organe olfactif du manteau; c'est un amas de cellules neuro-épithéliales (auxquelles aboutissent des terminaisons nerveuses) situé tout le long du rachis de la branchie chez les *Diotocardes*, indépendant de la branchie à gauche de laquelle il est placé chez les *Monotocardes*; dans ce dernier cas, l'organe de Spengel est formé d'une double rangée de feuillets parallèles : d'où le nom de fausse branchie qui lui a été attribué.

Chez les Pulmonés, l'*organe Lacaze* ou *osphradium*, situé près du pneumostome, a la forme d'une crypte tapissée de cellules neuro-épithéliales; il est l'homologue de l'organe de Spengel.

Reproduction. — *Les* **Pulmonés** *et les* **Opisthobranches** *sont hermaphrodites*; *les* **Prosobranches** *sont unisexués*. L'hermaphrodisme des premiers a été traité précédemment (Voir T. II, fasc. 1er, page 22, fig. 15).

Parmi les Gastéropodes unisexués, les rapports de la glande génitale avec la cavité néphridienne, signalés chez les Amphineures, subsistent d'une manière persistante chez *Fissurella*, avec le rein droit seulement (fig. 327, A), et temporairement chez *Trochus*, *Haliotis* (B), au moment de la maturité sexuelle. Tous les *Monotocardes* présentent une indépendance complète de l'appareil génital et de l'appareil excréteur (D).

Ovaires et testicules sont d'ordinaire cachés entre les lobes de l'hépatopancréas (fig. 326, A).

Les conduits génitaux sont très simples en général : chez le mâle, les spermatozoïdes aboutissent parfois à un pénis volumineux non invaginable. Si le pénis est éloigné de l'orifice génital, un sillon cilié, *si.g* (fig. 324), l'y relie et conduit ainsi les spermatozoïdes jusqu'à l'organe copulateur.

Les œufs sont en général pondus après l'accouplement, sauf chez la *Paludine vivipare* et quelques autres espèces où les premières phases du développement s'accomplissent dans l'utérus maternel.

Les **Prosobranches** enferment leurs œufs dans des coques cornées, indépendantes ou réunies, qui en contiennent chacune un certain nombre. Chez le *Buccinum undatum*, un certain nombre des œufs d'une même coque sont résorbés au profit des autres qui évoluent d'une manière normale.

La segmentation de l'œuf aboutit à une *gastrula par invagination* (*Paludina*) ou *par épibolie* (*Nassa*). Au stade *trochosphère* défini précédemment (T. II, fasc. 1er, p. 72) succède le stade *véligère* (fig. 329), caractérisé par le développement, à la partie antérieure, d'un organe cilié bi- ou multilobé appelé *voile*, *v*, qui joue le rôle d'organe locomoteur; c'est là qu'apparaîtront les tentacules, *t*, de l'adulte. Le pied, *pi*, se constitue sur la face ventrale, entre la bouche et l'anus; une invagination de la face dorsale épaissie produit la coquille larvaire hyaline, *coq*. Un bourrelet de la peau qui se manifeste près du bord de la coquille est le point de départ du manteau limitant la cavité palléale de plus en plus nette, *r.pa*. Les organes internes (organes des sens, tube digestif, néphridies, appareil circulatoire, etc.) sont plus distincts ; puis le voile s'atrophie, tandis que le pied prend de l'extension; la coquille primitive devient, en général, le nucléus de la coquille définitive; l'animal a acquis la forme adulte (Voir aussi T. II, fasc. 1er, page 142).

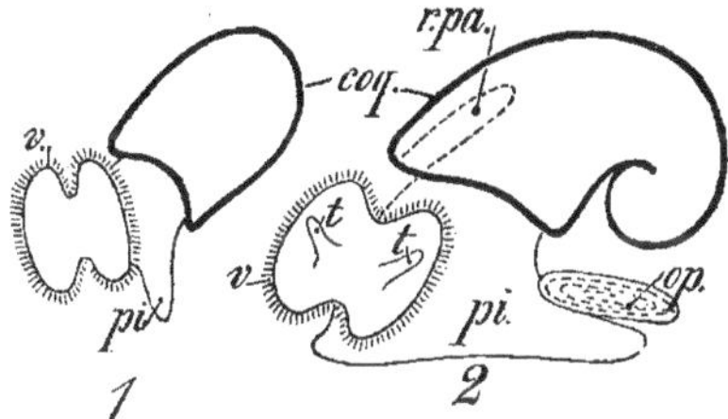

FIG. 329. — Deux stades véligères du développement des Gastéropodes; *coq*, coquille et opercule, *op*; *pi*, pied; *v*, voile; *t*, tentacules; *r.pa*, repli palléal.

I. — PROSOBRANCHES

Gastéropodes unisexués à système nerveux chiastoneure; 1 ou 2 branchies situées **en avant** *du cœur* (la respiration devient parfois aérienne par avortement de la branchie). *Une coquille, en général, pourvue souvent d'un opercule.*

Les Prosobranches comprennent les **Diotocardes**, les **Hétérocardes** et les **Monotocardes**.

A. — DIOTOCARDES

1 ou 2 branchies bipectinées. Cœur à 2 **oreillettes** *et 1 ventricule traversé par le rectum. 2 reins. Système nerveux à ganglions mal*

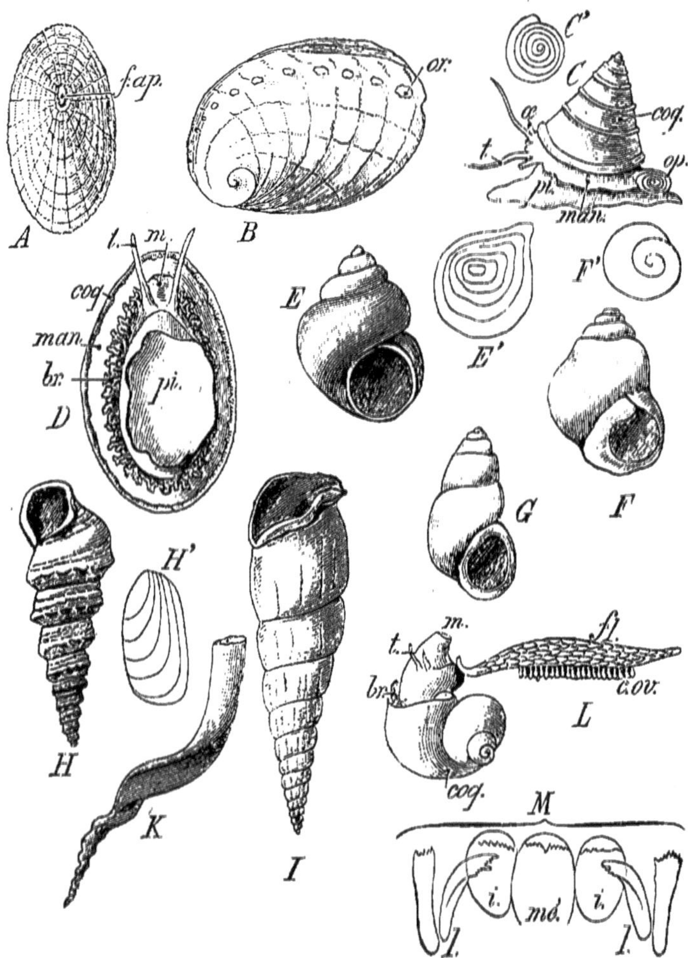

Fig. 330. — Gastéropodes. — A ; *Fissurella*. — B ; *Haliotis*. — C ; *Trochus*. C' ; son opercule. — D ; *Patella* vue par sa face ventrale. — E ; *Paludina* et son opercule E'. — F ; *Littorina* et son opercule F'. — G ; *Cyclostoma*. — H ; *Melania* et son opercule H'. — I ; *Cerithium nudum*. — K ; *Vermetus*. — L ; *Janthina* et son flotteur, *fl*, supportant les capsules ovigères, *c.ov.* — M ; radula de Ténioglosse, avec les dents médianes, *md*, intermédiaires, *i*, et latérales, *l*.

délimités, présentant surtout l'aspect de bandelettes ; nombreuses commissures reliant les bandelettes pédieuses.

Ce groupe comprend les *Homonéphridiés*, les *Hétéronéphridiés* et les *Mononéphridiés*.

1° **Homonéphridiés**. — *Symétrie bilatérale presque parfaite;* 2 branchies et 2 oreillettes égales; 2 reins à fonction identique. Le rein droit est un peu plus grand que le rein gauche et communique seul avec le péricarde (fig. 327, A).

Fissurella (Fissurelle, fig. 330, A); coquille conique très évasée, perforée au sommet; vit dans la Méditerranée.

L'axe de la fente apicale, *f. ap*, détermine le plan de symétrie de la cavité palléale et du corps.

Pleurotomaria; coquille conique analogue à celle d'un *Trochus*.

2° **Hétéronéphridiés**. — *Coquille spiralée et nacrée.* Corps dissymétrique; 1 ou 2 branchies; 2 oreillettes. Le rein droit a seul la fonction excrétrice; le rein gauche (*glande néphridienne* ou *hématique*) est seul en rapport avec le péricarde (fig. 327, B).

Haliotis (Ormier, fig. 330, B); coquille nacrée en forme d'oreille, à spire très surbaissée; une série de perforations situées à gauche correspondent à la ligne médiane (homologues de la fente apicale de la Fissurelle); 2 branchies; un fort muscle columellaire rejette les organes à gauche. Manche, Méditerranée. — *Trochus* (Toupie, fig. 330, C); coquille conique à base aplatie; ouverture quadrangulaire fermée par un opercule corné mince (C'). 1 branchie (gauche). — *Turbo* (Sabot).

T. rugosus (fig. 314) est la plus grosse coquille turbinée de nos côtes; l'ouverture circulaire en est fermée par un fort opercule calcaire.

3° **Mononéphridiés**. — *Coquille spiralée sans nacre.* 1 branchie (avortée chez *Helicina*). L'oreillette gauche est rudimentaire, le ventricule non traversé par le rectum. 1 rein (droit).

Nerita (fig. 322, B); coquille globuleuse épaisse; formes marines. — *Neritina*; coquille mince; vit dans les eaux douces.

N. fluviatilis abonde dans le sable de la Seine.

Helicina; pas de branchie (sorte de *Nerita* adaptée à la vie terrestre).

B. — HÉTÉROCARDES

1 *branchie bipectinée. Cœur à* 1 *oreillette et* 1 *ventricule non traversé par le rectum.* 2 *reins à orifices distincts et tous deux à droite du péricarde* (fig. 327, C). *Système nerveux de Diotocarde.*

La coquille conique et nacrée n'est pas turbinée à l'état adulte; jamais d'opercule.

Patella (fig. 330, D); la branchie forme un cercle sur le bord du manteau.

La Patelle est comestible et vit en abondance sur les rochers battus par les vagues; elle y est étroitement appliquée par un large pied circulaire.

C. — MONOTOCARDES

1 *branchie monopectinée. Cœur à* 1 **oreillette** *et* 1 *ventricule non traversé par le rectum.* 1 *seul rein* (*droit*); le rein gauche est devenu une *glande néphridienne* ou *hématique* (fig. 327, D).

La coquille n'est pas nacrée.

Ce groupe comprend les *Ténioglosses*, les *Hétéropodes* et les *Sténoglosses*.

1° **Ténioglosses**. — *Radula étroite pourvue normalement de 7 dents à chaque rangée.*

(a) **Rostrifères.** — Mufle contractile et invaginable. Organe de Spengel filiforme. Rein formé d'un seul lobe. Coquille holostome.

Paludina (Paludine, fig. 330, E); coquille turbinée; opercule circulaire (E'). Système nerveux rappelant assez celui d'un Diotocarde.

P. vivipara; coquille lisse; vit dans les eaux douces.

Valvata (Valvée); branchie bipectinée de Diotocarde; hermaphrodite; vit dans les eaux douces.

Ces deux genres forment la transition entre les Diotocardes et les Monotocardes.

Littorina (Littorine, Vignot, fig. 330, F); coquille épaisse, conique. Comestible.

L. *littoralis*; vit sur le littoral de l'Océan.

Cyclostoma (G); sorte de Littorine adaptée à la vie terrestre; branchie atrophiée. Coquille conique et mince; vit dans la terre humide, au milieu des haies. — *Melania* (H); coquille holostome très variable suivant les espèces qui vivent toutes dans les eaux douces. — *Cerithium* (Cérithe, I); coquille plus ou moins nettement siphonostome suivant les espèces. — *Turritella* (Turritelle); coquille excessivement allongée, à nombreux tours de spire, ornée de côtes et de sillons. — *Vermetus* (Vermet, K); coquille enroulée au début assez irrégulièrement, puis droite; souvent un opercule corné en ferme l'ouverture.

Le Vermet vit fixé et forme souvent des colonies serrées.

Fig. 331. — *Chenopus (Aporrhais) pes-pelicani.*

Chenopus (fig. 331). — *Strombus*; bord externe de la coquille étalé en forme d'aile; ouverture de la coquille longue et étroite.

(b) **Semi-Proboscidifères.** — Mufle invaginable formant une trompe peu développée. Organe de Spengel bipectiné.

Natica; coquille globuleuse holostome; le pied peut se rabattre autour de la coquille et la recouvrir au moins en partie. — *Janthina* (Janthine, fig. 330, L); sorte de Natice adaptée à la vie

Fig. 332. — *Cypræa* (Porcelaine).

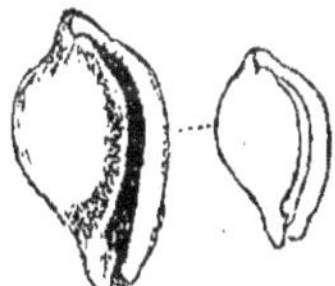

Fig. 333. — *Ovula carnea*.

pélagique. Un flotteur porte les capsules ovigères après la ponte. — *Cypræa* (Cyprée, Porcelaine, fig. 332); le dernier tour de spire de la coquille enveloppe complètement les précédents. La coquille présente une étroite fente longitudinale. — *Ovula* (fig. 333).

(c) **Proboscidifères.** — Trompe longue, plus ou moins invaginable.

Solarium (Cadran, fig. 322, C); coquille pourvue d'un ombilic profond et d'une ouverture quadrangulaire; la spire est anguleuse. — *Scalaria* (fig. 334); coquille turriculée.

Ces deux espèces sont holostomes. Les suivantes sont siphonostomes.

Cassis (Casque); coquille épaisse dont le dernier tour est grand et l'ouverture allongée; canal siphonal court et recourbé en arrière. — *Dolium* (fig. 322, E); coquille ventrue; canal très court.

Fig. 334. *Scalaria lamellosa*.

2° **Hétéropodes.** — *Radula ténioglosse; bulbe buccal rostrifère; pied formant une nageoire verticale comprimée. Animaux marins et nageurs.*

Ce groupe comprend des Ténioglosses adaptés à la vie pélagique.

Atlanta (Atlante, fig. 319); coquille mince, discoïde, spiralée et carénée au dernier tour de spire, avec une ouverture profondément échancrée; elle peut contenir tout le corps de l'animal. Gros sac viscéral entouré par le manteau; les branchies sont abritées dans la cavité palléale. Le pied est divisé en 3 parties : le *propodium*, *pro* (nageoire), le *mésopodium* lobé, *més* (avec une ventouse fixatrice), le *métapodium*, *mét* (gouvernail) qui porte l'opercule, *op*. Méditerranée.

Carinaria (Carinaire); coquille très réduite n'abritant qu'une faible partie du corps. — *Pterotrachæa*; pas de coquille; branchies. — *Firoloïdes*; ni coquille ni branchies.

3° **Sténoglosses.** — *Radula réduite à 3 dents au plus par rangée. Trompe rétractile. Organe de Spengel bipectiné. Rein formé de 2 lobes de structure différente. Coquille siphonostome.*

Ces animaux sont tous marins et carnassiers.

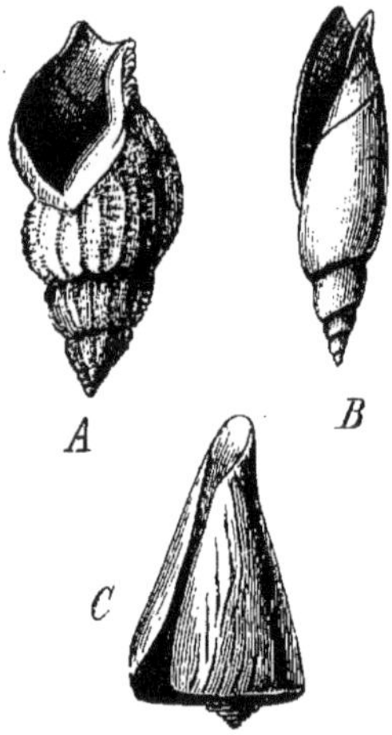

Fusus (fig. 306); coquille fusiforme avec un long canal. — *Buccinum* (Buccin, Escargot de mer, fig. 335, A); large canal.

B. undatum vit sur les côtes de l'Océan.

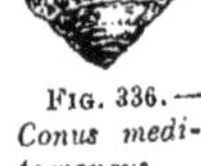

Fig. 336. — *Conus mediterraneus.*

Purpura (Pourpre, fig. 325); glande spéciale qui déverse dans la cavité palléale une liqueur dont on se servait autrefois pour confectionner la pourpre. — *Murex* (fig. 322, D); coquille épaisse avec de nombreuses expansions.

Le Bigorneau (*M. erinaceus*), qui vit sur nos côtes, mange beaucoup d'Huîtres après avoir perforé leur coquille.

Fig. 335. — A; *Buccinum*. B; *Oliva*. — C; *Conus*.

Voluta (Volute); dernier tour de la coquille très développé; bord columellaire à plis obliques très nets. — *Harpa* (Harpe); forme globuleuse du dernier tour de spire de la coquille qui porte des côtes saillantes transversales. — *Oliva* (Olive, fig. 335, B); coquille allongée et lisse. — *Conus* (Cône, fig. 335, C et 336); grand développement du dernier tour de spire qui cache presque tous les autres. Canal siphonal court.

II. — PULMONÉS

Gastéropodes hermaphrodites à système nerveux orthoneure; poumon situé en avant du cœur. Coquille holostome, sans opercule en général.

Les Pulmonés se divisent en **Stylommatophores** et **Basommatophores.**

(*A*). — STYLOMMATOPHORES

Pulmonés terrestres dont **les yeux sont portés au sommet de deux tentacules rétractiles,** *en arrière des tentacules tactiles.*

1° **Monotrèmes.** — *Orifices génitaux mâle et femelle réunis.*

Helix (Escargot, fig. 309); coquille enroulée et peu élevée dans laquelle l'animal peut rentrer tout entier et s'abriter en hiver au moyen d'un épiphragme.

L'Escargot de Bourgogne (*H. pomatia*) est un aliment très apprécié dans le nord de la France, comme le Limaçon (*H. aspersa*) dans le Midi.

Limax (Limace, fig. 318); coquille très mince, réduite à une lamelle plane abritée sous un épaississement du manteau au voisinage du pneumostome. — *Arion* (fig. 323) ; pas de coquille (Limace rouge). — *Bulimus*. — *Pupa*. — *Testacella* (Testacelle); coquille très réduite, très évasée, portée à l'extrémité d'un corps très allongé dont la masse viscérale est excessivement réduite.

La Testacelle se distingue des espèces précédentes parce qu'elle est carnivore et dépourvue de mâchoires.

2° **Ditrèmes.** — *Orifices génitaux distincts. Pas de coquille.*

Oncidium; formes marines vivant dans les estuaires. — *Vaginula*; formes terrestres des pays chauds.

(*B*). — **BASOMMATOPHORES**

Pulmonés dont **les yeux sont placés à la base de deux tentacules non rétractiles.** *Orifices sexuels toujours distincts. Coquille.*

Ces animaux sont tous aquatiques.

Lymnæa (Lymnée, fig. 337); coquille dextre mince et aiguë dont le dernier tour allongé présente une ouverture en amande; vit dans les eaux douces.

La larve de la Douve (*Distomum hepaticum*) fait élection de domicile chez *Lymnæa truncatulus*.

Planorbis (Planorbe, fig. 321); coquille dextre très déprimée.

La larve de la Douve (*Distomum lanceolatum*) vit en parasite sur *Planorbis marginatus*.

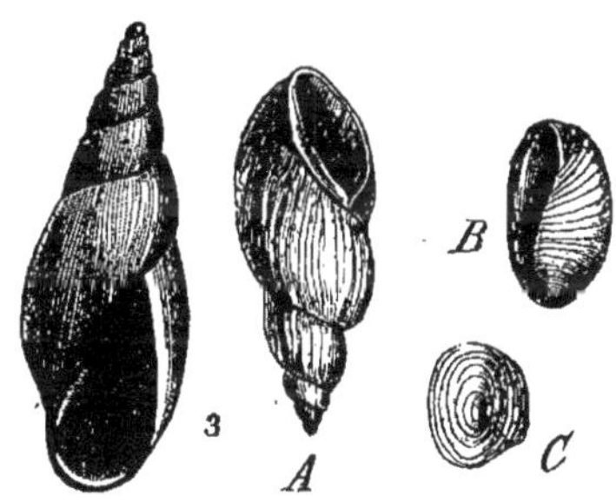

Fig. 337. *Lymnæa*.

Fig. 338. — A ; *Physa*. B ; *Bulla*. — C ; *Umbrella*.

Physa (Physe, fig. 338, A); coquille sénestre sur laquelle peuvent se rabattre les lobes latéraux du pied.

III. — OPISTHOBRANCHES

Gastéropodes hermaphrodites, à système nerveux orthoneure; branchie située **en arrière** *du cœur. Animaux marins.*

Les Opisthobranches se divisent en **Tectibranches, Ptéropodes** et **Nudibranches**.

(*A*). — TECTIBRANCHES

1 branchie *plus ou moins* **protégée par le manteau.** *Coquille plus ou moins développée chez l'adulte.*

Actæon; coquille externe spiralée.— *Bulla* (fig. 338, B); coquille globuleuse ne pouvant contenir l'animal entier; les tours internes sont peu à peu résorbés. — *Umbrella* (fig. 338, C); coquille patelliforme externe et calcaire. — *Pleurobranchus*; coquille patelliforme cornée et interne. — *Aplysia* (Aplysie, fig. 324); coquille cornée abritée presque totalement par le manteau. 4 grands tentacules dont 2 très développés ont fait appeler cette espèce le Lièvre de mer. Méditerranée.

(*B*). — NUDIBRANCHES

Branchies *symétriques dorsales* (*quelquefois nulles*) **toujours à nu.** *Pas de coquille à l'état adulte.*

Æolidia (fig. 339); nombreuses branchies dorsales papilleuses disposées suivant 4 rangées de chaque côté; 4 tentacules; *Æ. papillosa*; mer du Nord. — *Tethys*; 2 rangées longitudinales de branchies dorsales. — *Doris*; branchies plumeuses et rétractiles dans une cavité commune autour de l'anus. — *Rhodope*; pas de branchies; ni tentacules, ni appendices cutanés. — *Elysia*; expansions cutanées latérales remplaçant les branchies.

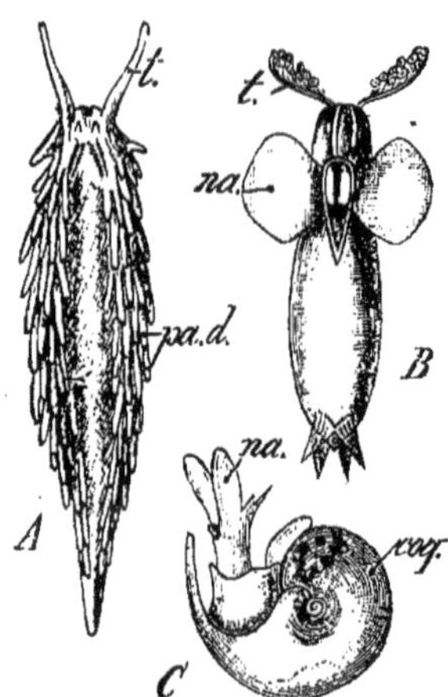

Fig. 339. — A : *Æolidia*. B ; *Pneumodermon*. — C ; *Limacina*.

(*C*). — PTÉROPODES

Pied présentant 2 lobes latéraux *jouant le rôle de nageoires.*

Ce sont des Opisthobranches adaptés à la vie pélagique. Les **Gymnosomes** ou *Ptéropodes nus* se rattachent aux Aplysidés, tandis que les **Thécosomes**, abrités par une coquille, se rapprochent plus des Bullidés.

1° ***Gymnosomes***. — Pas de coquille.

Pneumodermon (fig. 339, B); 2 bras protractiles, *t*, pourvus de ventouses en avant des nageoires. — *Clione*; pas de bras munis de ventouses.

2° ***Thécosomes***. — Une coquille.

Limacina (fig. 339, C); coquille sénestre spiralée. — *Hyalæa*; coquille globuleuse transparente. — *Cymbulia*; coquille cartilagineuse en forme de nacelle.

§ 3. — SCAPHOPODES

Mollusques symétriques sans tête distincte. Pas d'appareil circulatoire. Un pied trilobé. Une coquille tubuleuse, un peu arquée, ouverte à ses deux extrémités.

Le genre *Dentalium* représente à lui seul ce groupe qui fait le passage des Gastéropodes aux Lamellibranches.

Le Dentale (fig. 340, A) habite une coquille un peu arquée, E, plongée en partie

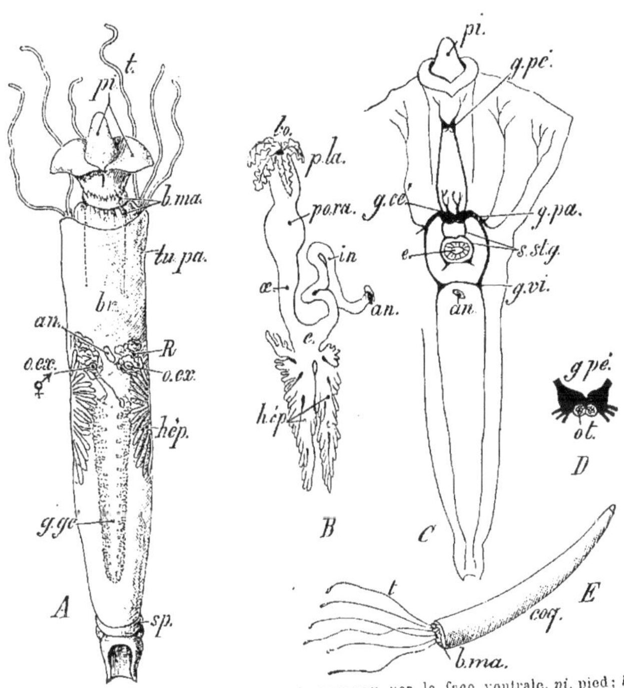

FIG. 340. — Anatomie du Dentale. — A; corps vu par la face ventrale. *pi*, pied; *b.ma*, bourrelets du manteau; *t*, cirres tactiles; *tu.pa*, tube palléal; *br*, partie branchiale du manteau; *an*, anus; *hép*, hépatopancréas; *R*, reins; *o.ex*, orifices excréteurs dont le droit est aussi l'orifice de la glande génitale dorsale, *g.gé*; *sp*, sphincter postérieur. — B; vue de profil schématisée du tube digestif; *bo*, bouche; *p.la*, palpes labiaux; *po.ra*, poche avec radula; *œ*, *e*, *in*, *an*, tube digestif; *hép*, hépatopancréas. — C; système nerveux; *g.cé*, *g.pa*, *g.pé*, *g.vi*, ganglions cérébroïdes, palléaux, pédieux, viscéraux; *s.st.g*, système stomatogastrique; *e*, estomac; *an*, anus. — D; otocystes sur les ganglions pédieux. — E; le Dentale dans sa coquille avec sa position ordinaire dans la vase où il plonge à moitié.

dans le sable sur les côtes. Il est enveloppé d'un manteau tubulaire avec deux bourrelets antérieurs, *b.ma*, d'où peut saillir le pied trilobé, *pi*.

Le manteau était formé primitivement, comme chez les Lamellibranches, de deux lobes qui se sont ensuite soudés sur la face ventrale, réservant deux fentes, l'une antérieure et l'autre postérieure, par lesquelles circule l'eau nécessaire à la respiration.

En arrière du pied volumineux se trouve la masse viscérale. La bouche s'ouvre dans la cavité palléale, du côté dorsal par rapport au pied; l'anus, *an*, est sur la ligne médiane ventrale; de chaque côté de lui débouchent les orifices, *o.ex*, des reins, *R*; l'orifice du rein droit sert aussi d'orifice ⚥ pour la glande génitale, *g.gé*, placée du côté dorsal.

Nutrition. — Le **tube digestif** du Dentale, fort analogue à celui des Gastéropodes, consiste en une bouche, *bo* (B), entourée de palpes labiaux, *p.la*; une poche avec radula, *po.ra*, se continue par l'œsophage, *œ*, l'estomac, *e*, puis par l'intestin, *in*, pourvu de nombreuses circonvolutions; l'anus, *an*, est sur la face ventrale.

Dans l'estomac se rend la sécrétion d'un hépatopancréas, *hép*, volumineux; les deux lobes de cette glande sont symétriquement placés dans la cavité générale.

La forme générale du tube digestif atteste que le corps du Dentale a subi une flexion ventrale.

Pas d'**appareil respiratoire** spécial. La respiration s'effectue par la surface du manteau, principalement dans sa région moyenne, *br* (A), et par les cirres tentaculaires, *t*, insérés en 2 faisceaux à la base du pédicule buccal.

Pas d'**appareil circulatoire**. La cavité générale contient un liquide avec des corpuscules amiboïdes; elle communique directement avec l'extérieur, *sans* le secours des organes néphridiens.

L'**appareil excréteur** consiste en 2 reins, *R*, disposés à droite et à gauche de l'anus et s'ouvrant dans la cavité palléale par les orifices, *o.ex*.

Relation. — Le **système nerveux** du Dentale consiste en deux *ganglions cérébroïdes*, *g.cé* (C), d'où partent les connectifs se rendant aux *ganglions pédieux*, *g.pé* et aux *ganglions palléo-viscéraux*, *g.pa* et *g.vi*. L'œsophage est entouré de 2 colliers, l'un antérieur [*g cé*, *g.pé*], l'autre postérieur [*g.cé*, *g.pa*, *g.vi*].

Les ganglions palléaux sont très voisins des ganglions cérébroïdes et rendent difficiles à distinguer les connectifs qui forment les 2 *triangles latéraux*; ces connectifs sont soudés avec les connectifs cérébropédieux sur la plus grande partie de leur trajet.

Un système stomato-gastrique *s. st. g* est facile à distinguer.

Organes des sens. — Le Dentale n'a pas d'*yeux*; deux *otocystes*, *ot* (D), sont appliqués sur les ganglions pédieux, *g.pé*; mais ils sont innervés par les ganglions cérébroïdes. Les cirres tentaculaires, *t*, sont à la fois des organes tactiles et préhensiles.

Reproduction. — *Le Dentale est hermaphrodite.* La glande génitale, *g.gé* (A), dorsalement placée en arrière du corps, présente un canal déférent qui débouche dans la cavité palléale par l'orifice rénal droit, *o.ex.* ⚥

Les œufs subissent une segmentation inégale; l'embryon a la forme d'une toupie avec plusieurs couronnes équatoriales de cils vibratiles qui se réduisent enfin à un bourrelet cilié péribuccal. Un manteau bilobé se développe sur la face dorsale de la larve libre; une coquille bivalve apparaît; manteau et coquille croissent; les bords palléaux se soudent sur la ligne médiane ventrale, de même que les valves de la coquille qui enveloppent ainsi dans un tube l'animal parvenu à la forme adulte.

Développement (Voir T. II, fasc. 1er, page 145).

§ 4. — LAMELLIBRANCHES (ACÉPHALES)

Mollusques à symétrie bilatérale le plus souvent, **sans tête distincte**. *Ils sont pourvus d'un manteau divisé en 2 lobes et d'une coquille bivalve. Système nerveux sans triangles latéraux.*

Les Lamellibranches sont aquatiques; leur état d'immobilité relative (*fouisseurs* ou *fixés* aux rochers) a déterminé chez ces animaux une certaine *régression*.

Morphologie extérieure. — Les Lamellibranches ont un corps symétrique en général (fig. 341), comprimé latéralement suivant une direction perpendiculaire au plan de symétrie. Une *coquille* bivalve abrite le corps (fig. 307 et 342).

Les deux valves, *Vd*, *V.g*, sont articulées par une *charnière dorsale*, *ch*, situées dans le plan de symétrie et réunies par *deux muscles adducteurs* (fig. 341), l'un antérieur, *mu.a*, en avant de la bouche, l'autre postérieur, *mu. p*, placé en avant de l'anus. La coquille est tapissée intérieurement par un *manteau*, *man*, formé de *deux lobes* soudés au corps le long de la ligne dorsale; lobe droit et lobe gauche se portent en avant, de part et d'autre de la masse viscérale qui se trouve ainsi contenue dans une vaste *cavité palléale*. La masse viscérale de l'animal est en partie logée dans l'épaisseur du manteau, en partie saillante dans la cavité palléale où elle forme, *du côté ventral*, la *bosse de Polichinelle*, *b.Po*, surmontée du *pied*, *Pi*.

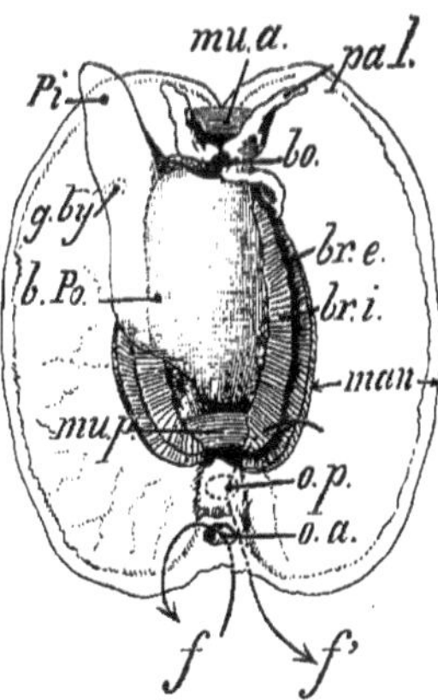

Fig. 341. — *Cardium* (face ventrale). *man*, manteau; *br.i*, *br.e*, branchies internes et externes; *mu.a*, *mu.p*, muscles antérieur et postérieur; *Pi*, pied; *g.by*, glande du byssus; *b.Po*, bosse de Polichinelle; *bo*, bouche entourée des palpes labiaux, *pa.l*; *o.a*, *o.p*, orifices antérieur et postérieur des siphons très courts.

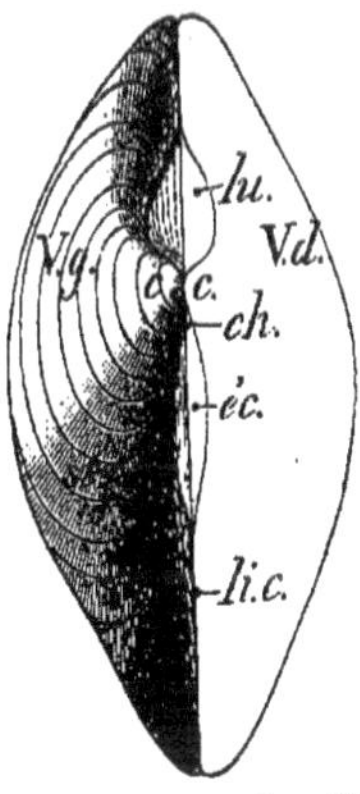

Fig. 342. — Coquille de *Cytherea* vue de dos. *V.g*, *V.d*, valves gauche et droite; *c*, crochets; *ch*, charnière; *lu*, lunule; *éc*, écusson; *st*, stries d'accroissement; *li. c*, ligne cardinale.

Sur le côté ventral du pied est une *glande byssogène*, *g.by*; à sa base et du côté dorsal s'ouvre la *bouche*, *bo*, immédiatement en arrière du muscle adducteur antérieur, *mu.a*. De chaque côté de la bosse de Polichinelle se trouvent les *orifices génitaux* et les *orifices excréteurs* pairs et symétriques; au-dessous, on remarque le muscle adducteur postérieur, *mu.p*, puis l'*anus*.

Deux *branchies*, *br.e*,*br.i*, s'étendent de chaque côté de la masse viscérale depuis la bouche jusqu'au muscle postérieur.

Coquille. — La coquille des Lamellibranches est, en général, composée de

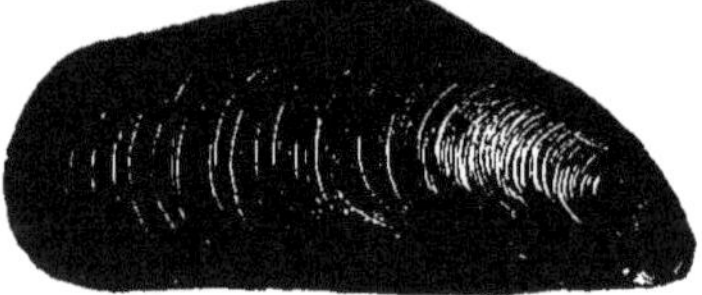

Fig. 343. — *Mytilus edulis* (Moule).

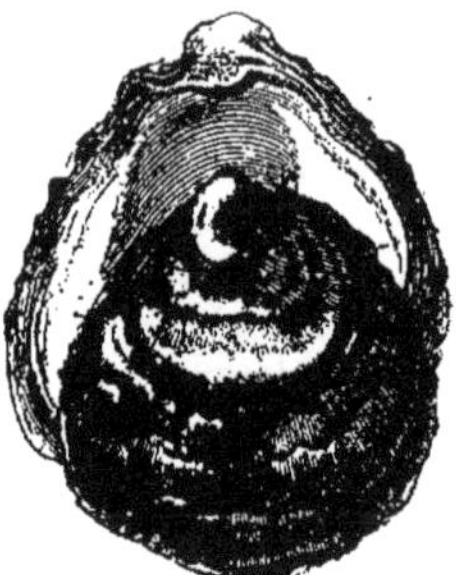

Fig. 344. — *Ostrea edulis* (Huître).

deux valves symétriques extérieurement : coquille *équivalve* (*Cardium*, *Venus*, *Mytilus*, fig. 343, *Cytherea*, fig. 342).

Les dents et les fossettes d'articulation seules diffèrent, dans ce cas.

La coquille est *inéquivalve* chez les espèces qui reposent constamment sur le sol par l'une de leurs valves (*Pecten*, fig. 307, Huître, fig. 344).

Les bords des valves s'appliquent exactement l'un contre l'autre (Moule) et peuvent même s'engrener (*Pecten*) par la contraction des muscles adducteurs.

Fig. 345. — *Mya arenaria* (Mye).

Quelquefois cependant une ou plusieurs ouvertures persistent après l'application des valves pour le passage des siphons et du pied : la coquille est *bâillante*. Chez la Mye (fig. 345), on trouve ainsi une ouverture postérieure; chez le *Solen* (fig. 346), l'ouverture est antérieure.

La coquille présente des *stries d'accroissement* concentriques, *st* (fig. 342), dont le point de départ pour chaque valve est le *crochet*, *c*, saillant et droit (*Pecten*), recourbé en avant le plus souvent (*Cytherea*).

Fig. 346. — *Solen siliqua* (Couteau).

Une coquille examinée du côté dorsal présente à considérer : la *lunule*, *lu* (fig. 342), région bombée située au-dessus des crochets, *c*; l'*écusson*, *éc*, région déprimée placée au-dessous. Ces deux régions sont traversées par la *ligne cardinale*, *li.c*, ligne de suture des valves visible extérieurement.

La surface d'union des valves est la *charnière*, *ch* (fig. 347, A); un *ligament* brunâtre, *li*, plus développé ordinairement *en arrière* des crochets dans la région correspondant à l'écusson, *éc*, maintient unies les deux valves.

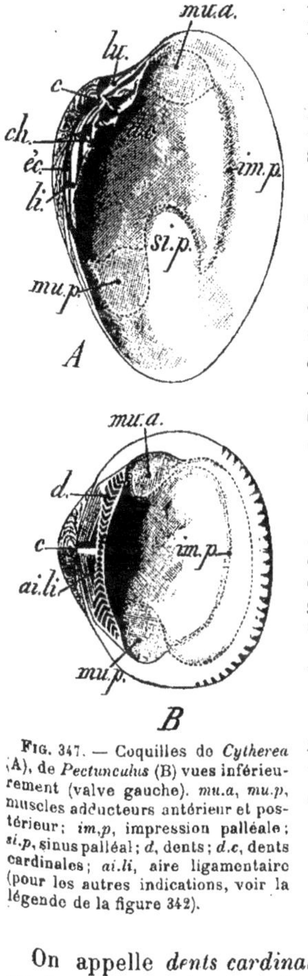

Ligament. — Le ligament possède une certaine *élasticité* qui fait bâiller la coquille dont les deux valves ne sont plus rapprochées par les muscles.

C'est le cas d'un Lamellibranche mort ou dont on a sectionné les muscles.

Le ligament est donc l'antagoniste des muscles adducteurs; il ouvre la coquille *par élasticité de pression s'il est interne* (*Pecten*, fig. 348, A), par *élasticité de tension s'il est externe* (*Spondylus*, B) : cette action est toujours *passive*.

Dans le genre *Pectunculus* (fig. 347, B), on remarque entre les crochets une *aire ligamentaire* large et sinueuse, *ai.li*, sur laquelle est appliqué un ligament mince.

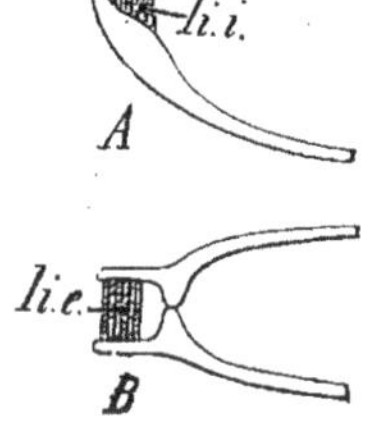

Fig. 348. — Positions diverses du ligament : interne, *li.i*, chez *Pecten*, A; externe, *li.e*, chez *Spondylus*, B.

Fig. 347. — Coquilles de *Cytherea* (A), de *Pectunculus* (B) vues inférieurement (valve gauche). *mu.a*, *mu.p*, muscles adducteurs antérieur et postérieur; *im.p*, impression palléale; *si.p*, sinus palléal; *d*, dents; *d.c*, dents cardinales; *ai.li*, aire ligamentaire (pour les autres indications, voir la légende de la figure 342).

Charnière. — Les faces des deux valves en contact portent des *dents*, *d* (fig. 347), correspondant à des cavités de la valve opposée; ce dispositif guide les valves lors de l'écartement déterminé par l'élasticité du ligament ou lors du rapprochement provoqué par la contraction des muscles adducteurs.

On appelle *dents cardinales*, *d.c* (fig. 347, A), celles qui sont en face des crochets, et *dents latérales* celles qui sont placées en avant ou en arrière des crochets.

Muscles adducteurs. — Les valves de la coquille sont réunies, chez le plus grand nombre de Lamellibranches, par *deux muscles* : l'un antérieur, *mu.a* (fig. 341 et 347), précédant la bouche; l'autre postérieur, *mu.p*, situé en avant de l'anus. Ces muscles ont leurs fibres perpendiculaires au plan de symétrie et s'insèrent sur la coquille en y déterminant des empreintes appelées *impressions musculaires*, *mu*.

Les Lamellibranches se divisent en :

homomyaires, quand les muscles sont à peu près égaux (*Cytherea*, *Pectunculus*, *Cardium*, etc.);

hétéromyaires, quand le muscle antérieur est très peu développé; le muscle postérieur plus volumineux se rapproche du centre de la coquille (*Mytilus* ou Moule, *Anodonta* (fig. 73, T. I));

monomyaires, quand le muscle antérieur a disparu (*Pecten*, fig. 308 et *Ostrea* ou Huître).

Cette disparition est facile à constater pendant le développement de l'Huître qui, à l'état larvaire, possède deux muscles; elle est due à un accroissement antéro-postérieur du corps; la bouche vient se placer sous la charnière; le muscle antérieur, très étiré et appliqué contre la charnière, n'a plus qu'une fonction très restreinte et s'atrophie.

Manteau. — Les bords du manteau sont libres du côté ventral chez les Lamellibranches inférieurs où ils présentent alors des organes sensoriels (yeux et tentacules du *Pecten*). Chez les formes élevées, les lobes palléaux se soudent en un ou plusieurs points : en un point médian (*Mytilus*); en deux points dans le genre *Chama*.

Dans le cas d'une seule soudure, comme chez la Moule, la fente antérieure sert au passage du pied (*fente pédieuse*) et l'autre à la circulation de l'eau dans la cavité palléale (*fente respiratoire*).

Les lobes du manteau se soudent postérieurement chez nombre de Lamellibranches, en formant deux tubes ou

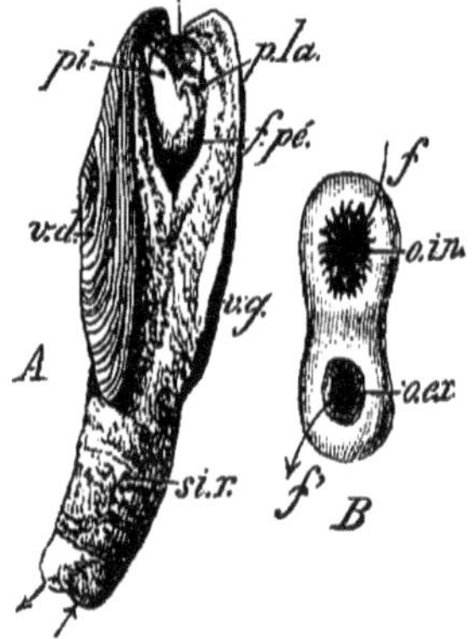

Fig. 350. — *Lutraria solenoïdes*. A; *v.d*, *v.g*, valves; *pi*, pied; *mu,a*, muscle antérieur; *p.la*, palpes labiaux; *f.pé*, fente pédieuse; *si.r*, siphons rétractiles et soudés. — B; vue de l'extrémité postérieure des siphons; *o,in*, orifice d'aspiration de l'eau; *o.ex*, orifice d'expiration. Les flèches *f* et *f'* indiquent le sens du courant suivi par le liquide.

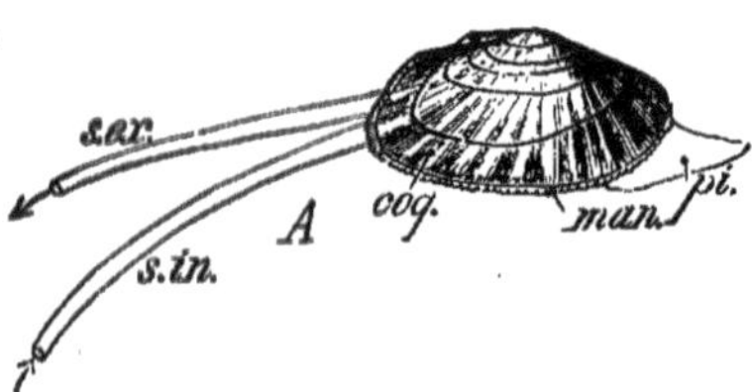

Fig. 349. — *Psammobia vespertina*. *coq*, coquille, *man*, manteau; *pi*, pied; *s.in*, *s.ex*, siphons aspirateur et expirateur indépendants.

siphons parallèles; le siphon antérieur *aspirateur*, *s.in* (fig. 349 et 350), sert à l'entrée de l'eau dans la cavité palléale; le siphon postérieur *expirateur*, *s.ex*, sert à la sortie de l'eau qui, après avoir traversé les lamelles branchiales, passe au voisinage de l'anus et entraîne les matières fécales.

Des tentacules sont disposés autour des orifices des siphons; courts chez *Cardium*, les siphons s'allongent considérablement tout en demeurant libres chez *Psammobia* (fig. 349); dans la *Mye* et chez *Lutraria solenoides* (fig. 350), ils sont soudés et rétractiles, *si.r*. Ils s'encroûtent de calcaire chez *Teredo* et *Aspergillum* où ils forment alors un tube extérieur aux valves (fig. 363).

Le bord du manteau forme sur la coquille une *impression palléale* variable suivant que les lobes forment ou non des siphons; quand le manteau ne présente pas de siphons, l'impression est *intégropalléale*, *im.p* (*Pectunculus*, fig. 347, B); lorsqu'il existe des siphons, l'insertion des muscles rétracteurs des bords du manteau remonte vers le centre de la coquille en formant une échancrure, un *sinus palléal*, *si.p* (*Cytherea*, fig. 347, A) et l'impression est dite *sinupalléale*.

Appareil locomoteur. Pied. — Chez les Lamellibranches fixés (*Ostrea*), le pied s'atrophie. Cet organe est d'autant plus développé que les espèces peuvent plus facilement se déplacer; il a la forme d'une hache ou d'une massue qui, en se gonflant, peut saillir en dehors de la coquille (fig. 349) et fouir dans le sable (*Solen*, *Mya*). Chez *Cardium*, le pied est coudé et permet à l'animal de sauter; il est pourvu, chez *Nucula*, d'une sole ventrale qui en fait un organe de reptation identique à celui des Gastéropodes.

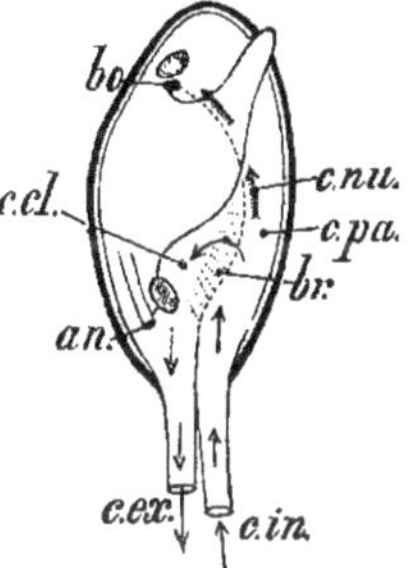

Fig. 351. — Figure schématique montrant la marche suivie par l'eau qui, entrant par *c.in*, pénètre dans la cavité palléale, *c.pa*, traverse les lamelles branchiales en *br*, entre dans la cavité cloacale, *c.cl*, puis sort par *c.ex*, en entraînant les excréments qui émanent de l'anus, *an*. Les flèches pointillées montrent la marche des particules alimentaires formant le courant nutritif, *c.nu*, qui aboutit à la bouche, *bo*.

La *glande byssogène*, située sur la face ventrale du pied chez la Moule et nombre de Lamellibranches, sécrète un produit liquide émis sous forme de filaments qui durcissent aussitôt; c'est le *byssus*. Parfois une expansion conique occupe leur extrémité, lorsque les filaments s'appliquent contre un rocher lors de leur émission. La Moule peut grimper le long d'un obstacle à l'aide du byssus qui lui sert d'appareil de fixation *temporaire*.

Nutrition. — Tube digestif. — Les Lamellibranches se nourrissent de particules alimentaires en suspension dans l'eau; ces particules sont apportées à la bouche par les courants d'eau que déterminent les cils vibratiles des branchies et des 2 paires de *palpes labiaux*, qui forment gouttière autour de l'orifice buccal, *bo* (fig. 351).

Pas d'appareil masticateur, ni de glandes salivaires. Un court œsophage donne accès dans l'estomac, *es* (fig. 352), qu'entoure l'*hépatopancréas*, *f*; l'intestin deux fois recourbé, *in*, pénètre en partie dans la bosse de Polichinelle, se porte en arrière ; le rectum, *r*, après avoir traversé le ventricule du cœur, *v*, aboutit à l'anus, *a*, en arrière du muscle adducteur postérieur, *m.p*.

Chez un certain nombre d'espèces, une *tige cristalline* hyaline, *t.c*, de rôle inconnu, est située dans une poche voisine de l'estomac.

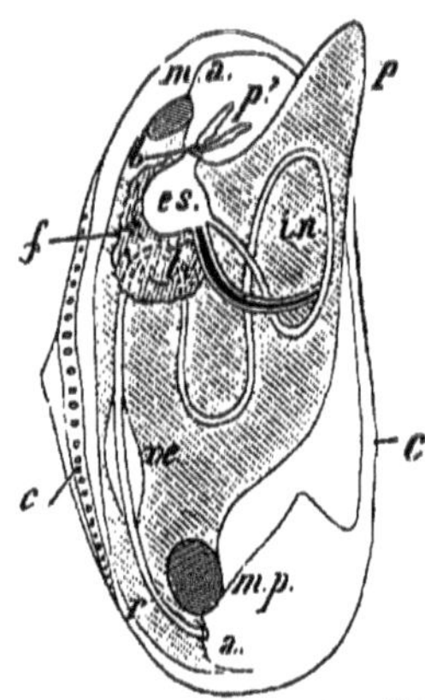

Fig. 352. — Appareil digestif de Lamellibranche (Anodonte) ; *m.a*, *m.p*, muscles adducteurs antérieur et postérieur ; *b*, bouche avec palpes *p'* ; *es*, estomac (*t.c*, tige cristalline) ; *in*, intestin ; *r*, rectum traversant le ventricule du cœur ; *a*, anus ; *f*, foie.

Appareil respiratoire. — Tous les Lamellibranches respirent par *deux branchies bipectinées*, *Br* (fig. 353), insérées sur deux supports qui occupent le fond des deux gouttières palléo-viscérales[1] entre le corps, *Co*, et le manteau, *man*.

Pour comprendre la structure d'une branchie de Lamellibranche, imaginons une branchie bipectinée simple (fig. 353, A), dont les dents ou lames parallèles s'allongent à un tel point que, flottantes dans la cavité palléale, elles dépasseraient les bords du manteau et de la coquille ; pour demeurer incluses dans la cavité palléale, ces lamelles se recourbent en formant chacune *deux feuillets* : l'un *direct*, *f.d*, l'autre *réfléchi*, *f.r* (B).

Les feuillets réfléchis des lamelles peuvent demeurer indépendants à leur extrémité, être plus ou moins développés ; parfois la lame externe de la branchie est représentée par le feuillet direct seul (*Lyonsia*). Chez la Moule (C), les feuillets directs et les feuillets réfléchis sont soudés au fond de la gouttière palléale. Les lamelles qui composent les branchies peuvent être indépendantes, ou bien réunies par des anastomoses transversales.

On distingue, d'après ces divers dispositifs :

Des *branchies foliées* (*Nucula*), dont les lamelles sont simplement juxtaposées, avec un feuillet direct seulement (fig. 353, A) ;

Des *branchies filamenteuses* (*Mytilus*), quand les lames branchiales sont pourvues d'un feuillet direct et d'un feuillet réfléchi, avec lamelles indépendantes (C).

Des *branchies lamelleuses* (*Anodonta*), lorsque les lamelles sont réunies par des anastomoses transversales.

L'irrigation sanguine des branchies a lieu de 2 manières :

Tantôt deux vaisseaux afférents, *v.af* (C), longeant les extrémités des feuillets réfléchis soudées à la paroi du corps, apportent

1. L'appareil respiratoire des Lamellibranches rappelle ainsi les branchies bipectinées des Gastéropodes.

aux branchies le sang chargé d'acide carbonique ; alors le sang suit les capillaires des feuillets réfléchis, puis ceux des feuillets directs pour subir l'hématose et pénétrer dans un vaisseau

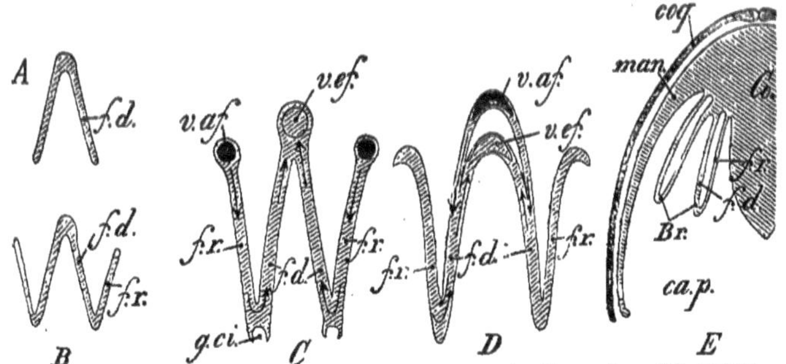

FIG. 353. — Sections transversales des branchies de divers Lamellibranches. — A ; *Nucula* ; type primitif (chaque branchie comprend seulement un feuillet direct, *f.d*). — B ; la branchie plus longue se replie sur elle-même en formant, outre le feuillet direct, *f.d*, un feuillet réfléchi, *f.r*. — C ; branchies filamenteuses de la Moule traversées par le sang qui émane des vaisseaux afférents, *v.af*, subit l'hématose et se rend au cœur par le vaisseau efférent, *v.ef*. — D ; branchies de l'Arche ; chaque feuillet branchial y est traversé par un double courant sanguin, parce qu'il existe un seul vaisseau afférent, *v.af*. — E ; figure théorique montrant le mode d'insertion des branchies, *Br*, entre le manteau, *man* et la masse viscérale, *Co* ; *coq*, coquille ; *ca.p*, cavité palléale.

efférent central, *v.ef* ; le courant sanguin est unique dans les lames branchiales.

Tantôt les vaisseaux afférent, *v.af* et efférent, *v.ef* (D), sont superposés ; chaque lame branchiale est alors traversée par un double courant sanguin.

Le sang est parfaitement endigué dans les branchies et emporté vers les oreillettes du cœur.

L'hématose du sang est due au courant d'eau très actif qui baigne les branchies ; ce courant a lieu de la façon suivante chez un Lamellibranche siphoné, par exemple :

L'eau pénètre par le siphon aspirateur, suivant le courant *c.in* (fig. 351), dans la cavité palléale, *c.pa* ; elle traverse les branchies, *br*, pénètre dans la cavité cloacale, *c.cl* et emporte, suivant *c.ex*, les matières excrémentitielles rejetées de l'intestin par l'anus, *an*.

Le bord libre des branchies présente une gouttière ciliée, *g.ci* (fig. 353, C), dont les cils recueillent les particules solides en suspension dans l'eau et les conduisent à la bouche, *bo* (fig. 351), en déterminant ainsi des courants nutritifs, *c.nu*.

Appareil circulatoire. — Les Lamellibranches possèdent, pour la plupart, un cœur médian dorsal, voisin de la charnière ; le cœur est composé d'un ventricule, *V* (fig. 149, T. I) et de deux oreillettes latérales *o*, (II), le tout *indépendant* du péricarde, *Pé*, qui l'enveloppe. *Le ventricule est traversé par le rectum.*

Chez les Lamellibranches inférieurs, le cœur est appliqué contre le rectum logé dans une gouttière de sa face ventrale. Chez l'Arche (III), la gouttière a totalement séparé le ventricule en deux parties très écartées latéralement. Chez *Avicula*, le cœur est accolé au côté ventral du rectum; chez *Ostrea*, il en est devenu indépendant, en se portant plus en avant encore.

Du ventricule partent deux aortes : l'une antérieure, *A.a*, qui irrigue la plus grande partie de la masse viscérale, le manteau, le pied, le muscle adducteur antérieur (non chez le *Pecten* où ce muscle a disparu); l'autre postérieure, *A.p*, qui envoie des rameaux au muscle postérieur et au rectum.

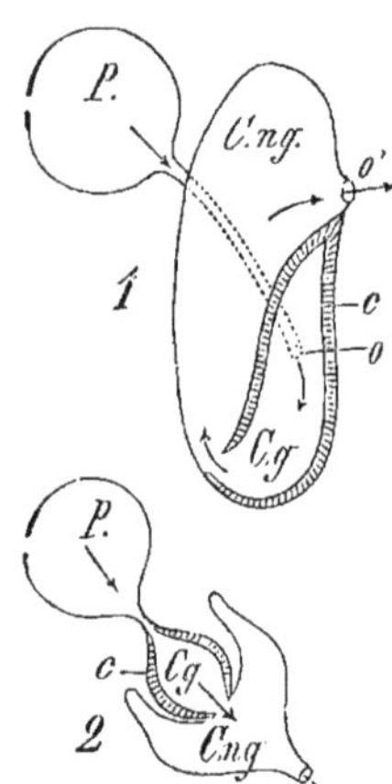

Fig. 354. — Appareil excréteur (corps de Bojanus) des Mollusques. 1, disposition normale. 2, disposition du même organe ramenée à l'organe segmentaire des Vers. *P*, péricarde; *C.g*, chambre glandulaire communiquant avec le péricarde; *C.ng*, chambre non glandulaire s'ouvrant à l'extérieur par l'orifice *o'*.

Le sang tombe dans les lacunes interorganiques; puis il pénètre dans des sinus veineux (pédieux et sous-péricardique) qui le conduisent aux reins (corps de Bojanus) où il s'épure. Des reins, le sang aboutit aux vaisseaux afférents des branchies, subit l'hématose à travers ces organes, puis se rend aux oreillettes par les vaisseaux efférents.

Appareil excréteur. — Chez *Nucula*, les reins sont deux tubes distincts faisant communiquer avec l'extérieur la cavité péricardique et l'appareil génital (caractère signalé chez les Amphineures). Des Lamellibranches plus élevés en organisation présentent les organes génitaux indépendants des reins. Chez l'*Unio*, le corps de Bojanus, recourbé en V, présente une portion glandulaire et une portion excrétrice (fig. 354). Les 2 reins peuvent communiquer entre eux par une anastomose tranversale, tout en conservant leur indépendance.

Relation. — Le **système nerveux** des Lamellibranches a été décrit déjà (page 324, T. I). Rappelons qu'il présente 3 paires de ganglions importants réunis par des connectifs qui forment 2 colliers : un anneau cérébro-pédieux, *a.pœ* (fig. 307, T. I, B) et un anneau cérébro-viscéral, *a.p.v.*

Pas de triangle latéral, parce que, d'après certains auteurs, chaque ganglion cérébroïde équivaudrait au ganglion cérébroïde proprement dit et au ganglion palléal correspondant (accusant en cela la coalescence dont nous avons observé les débuts chez le Dentale).

Organes des sens. — Beaucoup de Lamellibranches sont sensibles à l'action de la lumière; les *yeux*, de complexité variable suivant les types, sont en général épars sur toutes les régions du corps où peut atteindre directement la lumière (bords du manteau et des siphons notamment).

Les yeux les plus simples ou *ommatidies* (fig. 355, A), non visibles à l'œil nu, consistent en un groupe de cellules incolores et sensibles appelées *rétinophores*, *rép*, entourées de cellules pigmentées nommées *rétinules*, *ré*. Une cuticule *cornéenne*, *cu.c*, recouvre le plus souvent cet organe.

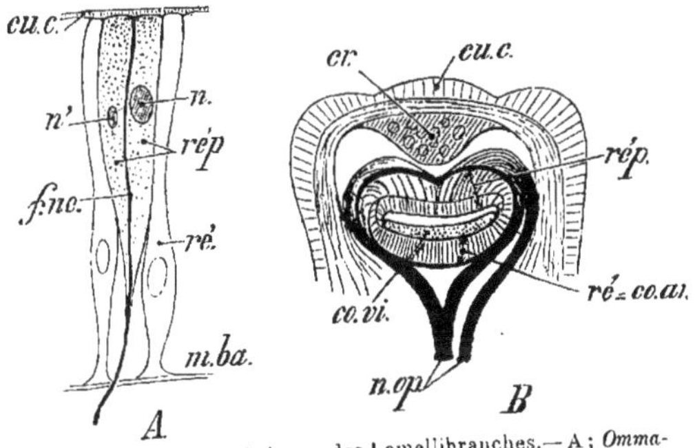

Fig. 355. — Organes de la vue des Lamellibranches. — A; *Ommatidie* isolée; *rép*, rétinophore; *n*, son noyau nucléolé; *n'*, son noyau atrophié; *f.ne*, fibre nerveuse; *ré*, rétinule; *cu.c*, cuticule cornéenne; *m.ba*, membrane basale. — B; Œil de *Pecten* (figure schématisée); *cu.c*, cornée; *cr*, cristallin; *rép*, couche des rétinophores réfléchies; *ré* (*co.ar*), couche argentée des rétinules; *co.vi*, corps vitré; *n.op*, nerf optique.

La *rétinophore*, *rép*, est due à la fusion plus ou moins complète de deux cellules primitives, entre lesquelles était engagée une fibre nerveuse, *f.ne*, qui se trouve enclavée, après la fusion, dans la substance protoplasmique de la cellule visuelle ainsi obtenue.

Le groupement côte à côte d'ommatidies nombreuses détermine la formation d'*yeux composés*, visibles à l'œil nu sur le bord du manteau chez le *Pecten*, l'*Arche* et quelques autres genres.

Les yeux composés de l'*Arche* consistent en ommatidies simplement juxtaposées; ce sont des *yeux à facettes* comparables à ceux des Arthropodes. Le plus haut degré de perfection est présenté par les yeux du *Pecten* (fig. 355, B).

Qu'on imagine les ommatidies disposées tout autour d'une surface sphérique, dont la partie antérieure, *rép*, s'invagine dans l'hémisphère postérieur, *ré*; on obtient une coupe à 2 rangs de cellules tournées *de sens inverse* et se regardant par leurs faces cornéennes. Les ommatidies de la couche invaginée perdent leurs rétinules et se bornent aux rétinophores sensibles, *rép*, orientées vers le fond de la coupe; les ommatidies de la couche enveloppante sont réduites à leurs rétinules, *ré* et forment une *couche argentée*, *co.ar*, tournée vers la lumière incidente qu'elle réfléchit sur les rétinophores en regard. La couche argentée sécrète le *corps vitré*, *co.vi*. Le *nerf optique*, *n.op*, fournit des fibres qui contournent le globe visuel et se rendent aux rétinophores.

On a ainsi *la disposition caractéristique des yeux des Vertébrés* (Voir T. I, fig. 247). C'est le seul cas rencontré jusqu'ici chez les Invertébrés.

Certains Lamellibranches (Anodonte, *Nucula*, etc.) possèdent des *otocystes* appliqués sur les ganglions pédieux, mais innervés par les ganglions cérébroïdes.

Sur le bord du manteau, on distingue des tentacules qui sont des *organes du tact*, très développés chez le *Pecten* en particulier.

Reproduction. — *Les Lamellibranches inférieurs sont unisexués (Nuculidés).*

La Moule est unisexuée, blanche (mâle) ou jaune (femelle).

Un grand nombre de *Lamellibranches* sont hermaphrodites (*Pecten*, *Ostrea* ou Huître, *Cardium*, *Cyclas*, *Pandora*, etc.).

La glande hermaphrodite forme la partie antérieure de la bosse de Polichinelle, et le tube digestif y décrit quelques circonvolutions. Chez l'Huître et le *Cardium*, la glande génitale forme, dans toute son étendue, d'abord des spermatozoïdes, puis des ovules; ces animaux sont donc, en réalité, mâles et femelles alternativement.

Dans le *Pecten*, le Spondyle, la partie inférieure rosée de la glande génitale est un ovaire et la partie supérieure blanche est un testicule; l'hermaphrodisme est parfait. Les produits génitaux y empruntent la voie rénale pour être mis en liberté (comme chez les Amphineures et Prosobranches inférieurs).

Des orifices génitaux distincts se remarquent chez la Moule, l'*Unio*, etc.

L'orifice génital se trouve toujours sur le trajet du connectif nerveux cérébro-viscéral, en dehors de ce connectif et au point où il plonge dans la masse viscérale. Quand l'orifice génital est voisin de l'orifice rénal (Arche, Moule), il est toujours externe par rapport à l'orifice rénal.

Le **développement** des œufs aboutit à une larve *Trochosphère*, qui parvient au *stade véligère; mais jamais le voile n'est lobé comme chez les Gastéropodes* (Voir T. II, fasc. 1er, page 146).

I. — PROTOBRANCHES

Mollusques homomyaires, à branchies bipectinées (caractère de Gastéropode Diotocarde), *à cœur non traversé par le rectum; pied avec une sole ventrale pour la reptation* (caractère de Gastéropode). *Pas de byssus. Coquille équivalve avec ligament interne.*

Nucula; coquille nacrée de forme triangulaire, bombée; pas de siphons. Vit dans les mers.

II. — FILIBRANCHES

Mollusques pourvus de branchies avec des lamelles très longues réfléchies et **libres** *entre elles. Pas de siphons; grand pied avec byssus. Coquille équivalve à crochets développés; aire ligamentaire triangulaire. Espèces marines en général.*

1° ***Homomyaires.*** — *Muscles adducteurs à peu près* **égaux.**

Arca (Arche, fig. 356, A et B); coquille épaisse, allongée, quadrangulaire, à charnière rectiligne.

L'arche de Noé (*A. Noæ*), comestible, se trouve sur les côtes méditerranéennes.

Pectunculus (Pétoncle, fig. 346, B); coquille circulaire, à charnière courbe. *P. pilosus*; Méditerranée.

2° ***Anisomyaires.*** — *Muscles adducteurs très* **inégaux** (*Hétéro-*

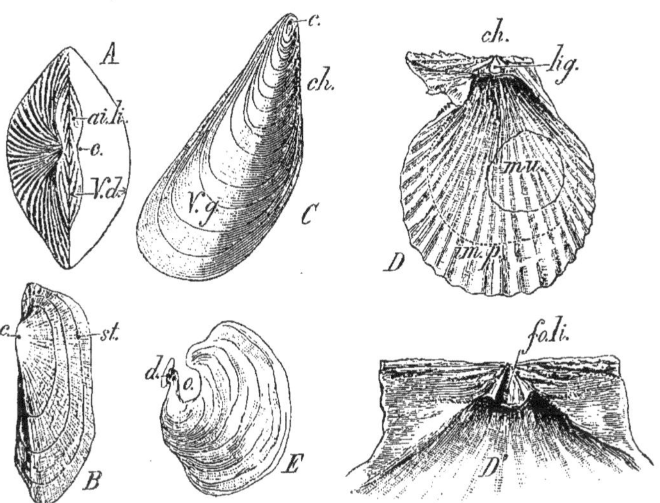

Fig. 356. — A; *Arca diluvii*. — B; *Arca Noæ*. — C; *Mytilus edulis*. — D; *Pecten varius*. — D'; charnière de *Pecten maximus*. — E; *Anomia*. — *V.d*, *V.g*, valves; *c*, crochets; *ch*, charnière; *lig*, ligament; *fo.li*, fosse ligamentaire; *d*, dent; *o*, perforation de la valve droite chez *Anomia*.

myaires) *ou bien* 1 *muscle seulement* (*Monomyaires*). *Branchies dont les filaments sont libres ou incomplètement soudés.*

(a) **Hétéromyaires.** — Muscles adducteurs très inégaux. Branchies à filaments libres.

Mytilus (Moule, fig. 356, C et 342); coquille aiguë à une extrémité, arrondie à l'autre. Charnière dépourvue de dents, sous laquelle est placé le muscle adducteur antérieur très petit. Byssus bien développé.

Dreyssentia. D. polymorpha; Moule d'eau douce vivant dans les fleuves d'Allemagne.

Pinna (Jambonneau, fig. 357); coquille triangulaire pointue en avant, brillante en arrière, parfois très volumineuse. Chair médiocre.

(b) **Monomyaires.** — Un seul muscle adducteur à l'état adulte. Branchies à filaments incomplètement soudés (**Pseudolamellibranches**).

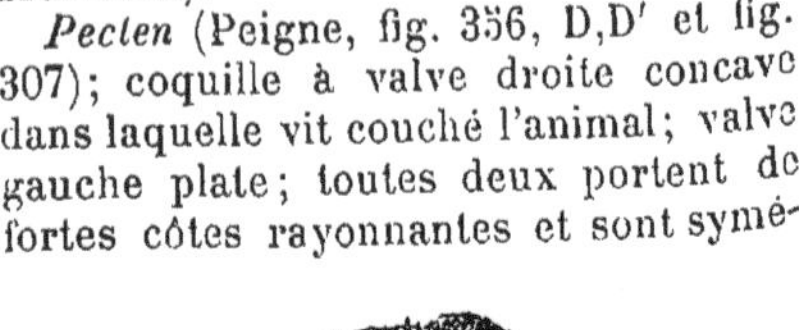

Pecten (Peigne, fig. 356, D,D' et fig. 307); coquille à valve droite concave dans laquelle vit couché l'animal; valve gauche plate; toutes deux portent de fortes côtes rayonnantes et sont symétriques par rapport à un plan médian perpendiculaire à la charnière. Cœur traversé par le rectum.

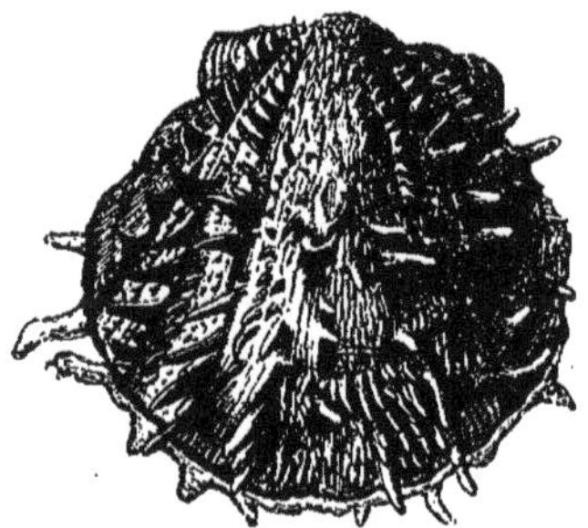

FIG. 357. — *Pinna nobilis* (Jambonneau).

FIG. 358. — *Spondylus* (Spondyle).

Les *Pecten Jacobæus*, *maximus*, *varius* sont consommés à Paris sous le nom de Coquilles de Saint-Jacques; ces espèces proviennent de la Méditerranée.

Spondylus (Spondyle, fig. 358); coquille dont la valve droite est plus profonde et plus grande que la valve gauche qu'elle dépasse au niveau de la région cardinale. Les valves sont hérissées de côtes épineuses.

Ostrea (Huître, fig. 344); coquille très inéquivalve, fixée par la valve gauche ordinairement bombée; charnière sans dents. Cœur non traversé par le rectum.

L'Huître comestible (*O. edulis*) comprend un grand nombre de variétés assez faciles à reconnaître par leur grandeur, leur forme et leur régularité. Au moment de la reproduction (mai, juin, juillet, août), il est interdit de les pêcher. On pratique l'*ostréiculture* dans des parcs spécialement aménagés (Arcachon, Marennes, Cancale, etc.).

A Arcachon, on s'occupe de recueillir les embryons et d'en favoriser le développement; à Marennes, on s'occupe de l'élevage de la jeune Huître jusqu'au moment où elle pourra être livrée à la consommation. Il faut, en moyenne, 4 à 6 ans pour obtenir les Huîtres livrables au commerce.

Anomia (fig. 356, E); coquille dont la valve droite est perforée pour le passage d'une cheville calcaire (byssus calcifié) qui sert à fixer l'animal au rocher. *A. ephippium*.

Ce caractère de l'*Anomia* est dû à un inégal développement des deux bords de la valve droite (symétrique chez le jeune animal); le bord postérieur, croissant plus vite que le bord en contact avec le byssus, enveloppe peu à peu ce dernier.

Placuna; coquille circulaire, plane et non perforée.

III. — EULAMELLIBRANCHES

Mollusques tous homomyaires et siphonés, pourvus de branchies du type le plus complexe (filaments associés en lames avec de nombreuses anastomoses transverses entre les feuillets directs et les feuillets réfléchis). *Ligament externe, en général.*

Tous les Eulamellibranches sont siphonés à un degré variable; chez les genres *Unio* et *Anodonta* considérés jusqu'ici comme asiphonés, il existe toujours une suture postérieure des bords du manteau qui détermine ainsi un orifice anal distinct de la fente branchiale constituée par l'écartement des deux lobes du manteau sur la face ventrale.

1° **Intégripalléaux**. — *Formes à siphons peu développés ne déterminant pas d'impression sinueuse sur la coquille. Coquille*

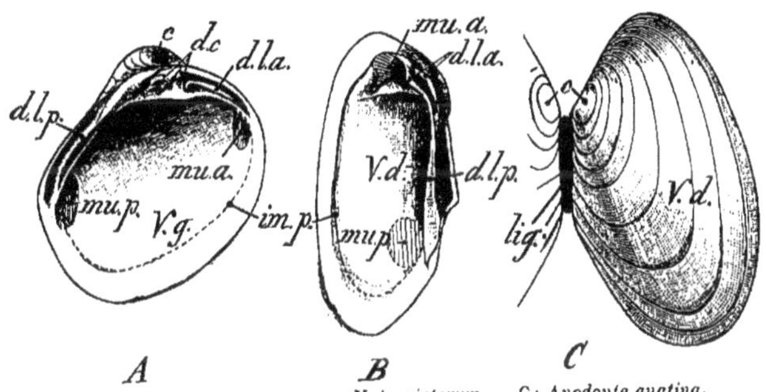

FIG. 359. — A; *Cyrena*. — B; *Unio pictorum*. — C; *Anodonta anatina*.

équivalve en général, dont les valves sont pourvues de dents cardinales et de dents latérales (Hétérodontes).

Cyprina (*C. islandica*); coquille épaisse, ovale ou arrondie; vit dans la mer. — *Cyrena* (fig. 359, A); coquille épaisse, ventrue, subtrigone; vit dans les estuaires ou dans les eaux saumâtres. — *Cyclas* ou *Sphærium* (Cyclade); coquille petite, mince.

C. rivicola vit dans la Seine.

Unio (fig. 359, B); coquille allongée, ovale, épaisse, recouverte extérieurement d'un fort épiderme ordinairement brun et pourvue d'une épaisse couche de nacre; un court siphon anal; pas de byssus.

La valve gauche possède une charnière avec 3 dents latérales (1 antérieure, 2 postérieures) et 1 dent cardinale; la valve droite porte 3 dents latérales (2 antérieures, 1 postérieure).

U. pictorum, Mulette des peintres. *U. sinuatus* sert à faire les boutons de nacre.

Anodonta (Anodonte, fig. 359, C); diffère du genre *Unio* par sa coquille mince, à charnière dépourvue de dents. *A. cygnea*; Moule d'étang.

Lucina (Lucine, fig. 360); coquille orbiculaire, épaisse, à crochets recourbés en avant et dents latérales éloignées des dents cardinales. La lame externe de chaque branchie avorte.

Fig. 360. — *Lucina leucoma* (Lucine).

Fig. 361. — *Cardium edule* (Bucarde).

Cardium (Bucarde, fig. 361); coquille équivalve à crochets saillants, à côtes rayonnantes épaisses et à bords crénelés; 2 dents cardinales coniques et 2 dents latérales éloignées pouvant aussi manquer. Siphons courts. Branchies fortement plissées.

C. edule, comestible, vit dans la mer du Nord de la Méditerranée.

Tridacna (Bénitier); coquille trigone, épaisse, à côtes rayonnantes et écailles foliacées, à bords dentelés, pouvant atteindre un poids de 200 kilogrammes.

Le bord antérieur de la coquille présente une large ouverture pour le passage d'un fort byssus qui maintient l'animal fixé aux rochers. Le muscle antérieur, très réduit, a passé complètement sur le plateau cardinal; le muscle postérieur est divisé. Vit dans l'océan Indien.

2° **Sinupalléaux**. — *Formes à siphons bien développés déterminant sur la coquille un sinus palléal. Coquille en général équivalve.*

Cytherea (fig. 341 et 346, A); coquille lisse ou pourvue de stries concentriques; 3 dents cardinales et toujours 1 dent latérale antérieure.

C. chione, comestible, vit dans la Méditerranée.

Venus (fig. 308); coquille ovale à bords finement crénelés; pas de dents latérales; siphons courts unis à la base. Quelques espèces en sont comestibles. — *Tapes*. *T. decussata* ou Clovisse; coquille plus allongée que *Venus* avec les 3 dents cardinales rapprochées.

Tellina; coquille ovale, lisse; longs siphons inégaux; l'antérieur plus long. — *Psammobia* (fig. 348); mêmes caractères; mais la coquille est plus allongée. — *Solen* (Couteau, fig. 362, A et 345); coquille très longue dont les bords parallèles sont presque rectilignes; elle est tronquée et bâillante à ses extrémités.

S. ensis, espèce comestible très estimée, vit enfoncée dans le sable lorsque la mer se retire.

Mya (Mye, fig. 362, B); coquille non nacrée, inéquivalve, bâillante du côté postérieur; dent cardinale peu saillante. *M. arenaria.* — *Corbula*; dent cardinale très accusée. — *Lutraria* (fig. 349); siphons fort développés.

Anatina; coquille mince, allongée, tronquée en arrière.

Aspergillum (Arrosoir, fig. 363, A); les siphons très longs se sont entourés d'un tube calcaire fixé aux corps étrangers et terminé en avant par une

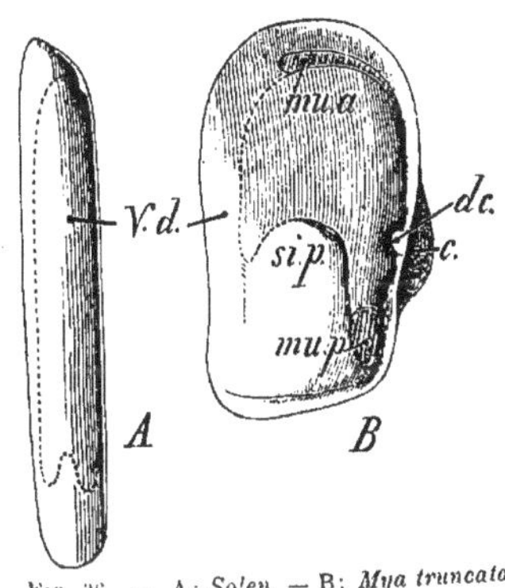

Fig. 36.. — A; *Solen.* — B; *Mya truncata.*

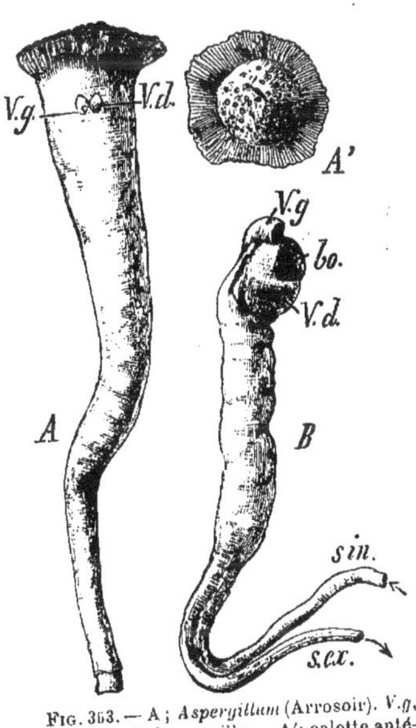

Fig. 363. — A; *Aspergillum* (Arrosoir). *V.g*, *V.d*, valves de la coquille. — A'; calotte antérieure du tube vue de face. — B; *Teredo navalis* (Taret); ses siphons et ses valves.

calotte percée de nombreux trous comme une pomme d'arrosoir. Une petite fente centrale, visible dans cette calotte correspond à l'orifice pédieux du manteau; sur le tube sont soudées les 2 valves de la coquille excessivement réduites.

Chez les genres *Pholas* et *Teredo* qui suivent, *la coquille est dépourvue de ligament à l'état adulte*; ces formes sont siphonées et *perforantes.*

Pholas (Pholade, fig. 364); le test de chaque valve se replie sur lui-même dans la région cardinale et forme un toit, *t*, qui recouvre le crochet (les 2 valves ne peuvent donc être articulées); les deux surfaces porcelanées externes ainsi déterminées servent à l'insertion d'un muscle qui, par ses contractions, écartera les 2 valves et entr'ouvrira la coquille. Ce muscle externe est protégé par des plaques calcaires (1 à 4) appelées valves accessoires, *v.s.*

P. dactylus, espèce comestible, vit à la Rochelle.

Les Pholades sont perforantes; elles peuvent percer les roches les plus dures, le bois, etc.

Teredo (Taret, fig. 363, B); les valves de la coquille, très petites mais solides, recouvrent la partie antérieure du corps; l'animal s'en sert pour percer, dans le bois, des galeries qu'il recouvre d'une sécrétion calcaire du manteau. Par ses longs siphons, il reçoit le courant d'eau alimentaire qui lui permet de vivre au fond de la galerie qu'il occupe.

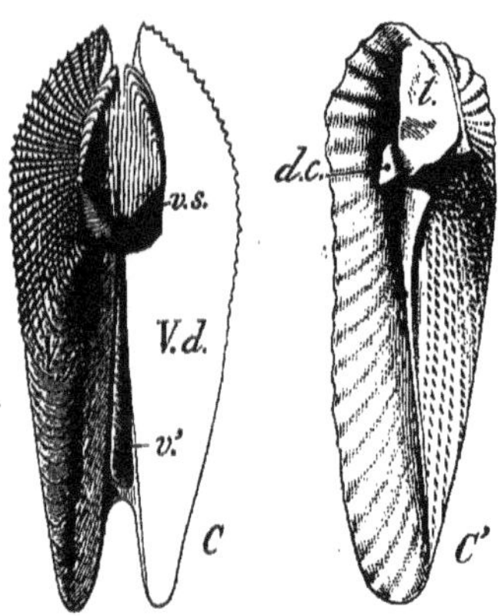

Fig. 364. — *Pholas dactylus* (Pholade). *V.g*, *V.d*, valves gauche et droite (cette dernière représentée seule en C'); *v.s*, valves accessoires; *d.c*, dent cardinale; *t*, toit.

Le *Teredo navalis* cause de grands ravages dans les digues, les navires en bois, les pilotis; la perforation des digues protectrices de la Hollande par ce dangereux Mollusque, au début du dix-huitième siècle, détermina une terrible inondation qui jeta la désolation dans ce malheureux pays.

Parmi les Lamellibranches, le groupe des *Chamacés*, à coquille inéquivalve dont l'une des valves est fixée aux rochers et l'autre valve mobile, n'est plus représenté aujourd'hui que par le genre *Chama* qui vit dans les récifs coralligènes. C'est à ce groupe qu'appartiennent les *Diceras*, *Caprina*, *Hippurites* et *Radiolites* qui ont joué un si grand rôle dans les formations calcaires de la période secondaire.

§ 5. — CÉPHALOPODES

Mollusques symétriques, pourvus d'une **tête distincte avec une couronne de bras** *représentant la partie antérieure du pied (la partie postérieure en est représentée par l'entonnoir). 2 ou 4 branchies; 2 ou 4 oreillettes. Un système nerveux orthoneure. Animaux unisexués.*

CÉPHALOPODES.	Coquille externe nacrée. Tentacules nombreux filiformes. 4 *branchies*; 4 oreillettes. Entonnoir divisé en 2 parties. Système nerveux avec bandelettes peu distinctes.	**Tétrabranchiaux.**
	Coquille interne ou nulle. 8 ou 10 grands bras préhenseurs. 2 *branchies*; 2 oreillettes. Entonnoir simple. Ganglions nerveux.	**Dibranchiaux.**

Les Tétrabranchiaux sont les formes primitives des Céphalopodes; ils ne sont plus représentés aujourd'hui que par le genre *Nautilus* vivant dans la mer des Indes. Nous ferons l'histoire abrégée de ce genre dans la classification, n'envisageant ici que les caractères des Dibranchiaux auxquels nous les comparerons.

Morphologie extérieure. — Les Céphalopodes **Dibranchiaux** présentent un *corps symétrique*, court en général (fig. 365, A), séparé par un étranglement d'une énorme *tête* qui porte *deux* gros *yeux latéraux*, *œ*, et une *couronne antérieure de bras*, 1,2,3,4.

Les bras, qui entourent l'*orifice buccal*, sont au nombre de 8 chez les *Octopodes* (Poulpe, Elédone); 2 longs *bras préhensiles*, *t* (A,A′), se remarquent en outre chez les *Décapodes* (Seiche, Calmar).

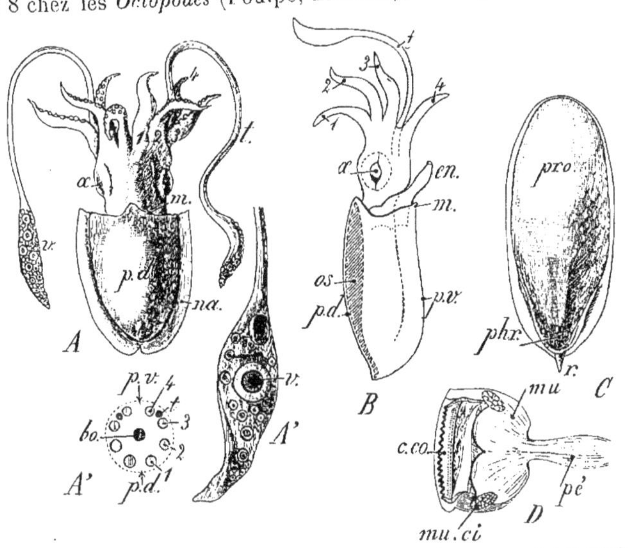

Fig. 365. — A ; *Sepia officinalis* (Seiche) ; *p.d*, paroi dorsale ; *na*, nageoire ; *m*, manteau ; tête portant les yeux, *œ* et 10 bras dont 2 tentacules, *t*, avec ventouses *v* (A′). La figure située au dessous de A est schématique et montre la position symétrique des bras, 1,2,3, 4 et *t* autour de la bouche ; *p.d*, *p.v*, parois dorsale et ventrale. — B ; vue de profil montrant l'entonnoir ventral, *en* ; *os*, place de l'os de Seiche. — C ; *r*, rostre ; *phr*, phragmocône ; *pro*, proostracum. — D ; ventouse de Décapode ; *pé*, pédoncule ; *mu*, muscle ; *c.co*, cercle corné.

Tous ces appendices représentent la partie antérieure du *pied* ; la partie postérieure en est figurée par l'*entonnoir*, *en* (B), organe ainsi appelé à cause de sa forme conique, adossé au corps du côté ventral, *p.v*, au-dessous de la tête, le bec en avant et l'ouverture élargie en arrière.

L'ouverture de l'entonnoir débouche dans la *cavité palléale*, *ca.p* (fig. 366). Il existe, en effet, un *manteau* en forme de sac, *m* (fig. 365, B) adhérent à la paroi dorsale du corps, *p.d*, et libre du côté ventral, *p.v*.

L'animal est contenu tout entier dans ce sac à l'exception de la tête, des bras et du bec de l'entonnoir. Le bord ventral du manteau s'écarte du corps pour permettre l'accès de l'eau dans la cavité palléale, ou peut s'appliquer par contraction contre le bord inférieur de l'entonnoir, de telle sorte que l'eau soit expulsée par le bec de l'entonnoir exclusivement.

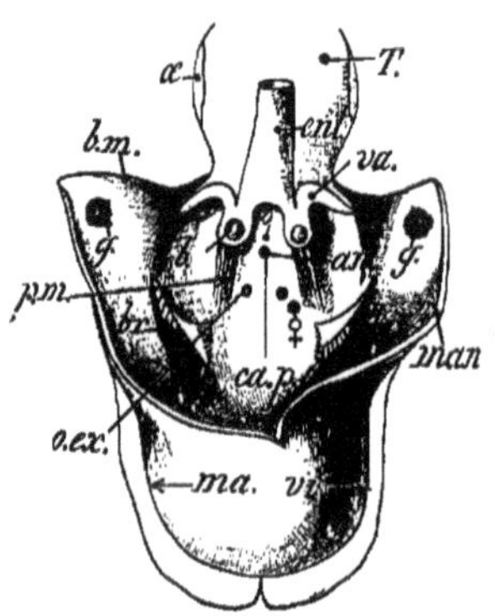

Fig. 366. — Vue schématisée de la Seiche par la face ventrale (le manteau, *man*, a été coupé pour laisser voir, dans la cavité palléale ouverte *ca.p*, les divers organes et orifices qui s'y trouvent). *T*, tête; *ma. vi*, masse viscérale; *ent*, entonnoir; *va*, valvule en nid de pigeon; *g*, bouton, s'engageant dans une boutonnière, *b*; *p.m*. pilier musculaire; *br*, branchies; *o*, orifice de la poche du noir; *an*, anus; *o.ex*, orifices excréteurs des reins.

Au fond de la cavité palléale du côté ventral, sont placées *deux branchies*, *br* (fig. 366).

Plus haut, on distingue deux *orifices néphridiens* symétriques, *o.ex*, et, à gauche, un *orifice génital* ♀ chez la femelle de la Seiche. [Chez le Poulpe, la femelle possède 2 orifices génitaux symétriques, et le mâle un seul orifice également placé à gauche.]

Sur la ligne médiane, au niveau de l'entonnoir, débouchent l'*anus*, *an*, et l'orifice, *o*, de la *poche du noir*.

Le courant d'eau afférent baigne les branchies; en évacuant la cavité palléale par l'entonnoir, il entraîne les produits excrémentitiels.

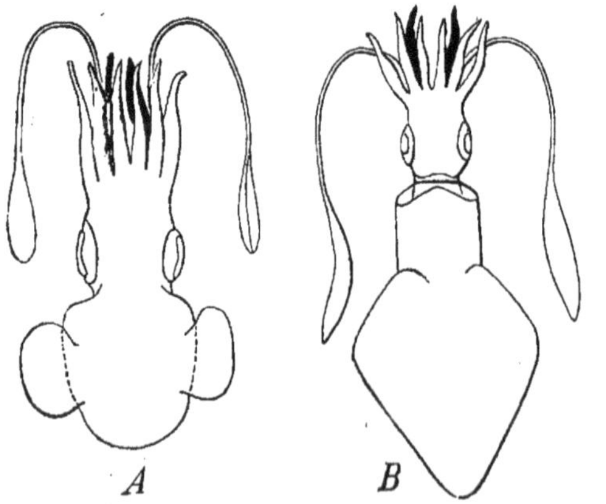

A B

Fig. 367. — A; *Sepiola Rondeletii* (Sépiole). B; *Loligo vulgaris* (Calmar).

La partie postérieure du corps est pourvue de nageoires latérales assez réduites chez la Seiche; les nageoires forment deux expansions circulaires chez la Sépiole (fig. 367, A) et triangulaires chez le Calmar (B). Le Poulpe en est totalement dépourvu; mais il possède une sorte de palmure qui s'étend entre les bras à leur base; c'est une membrane, contractile et dilatable alternativement, dont se sert l'animal comme organe locomoteur.

Coquille. — Parmi les Céphalopodes dibranchiaux de l'époque

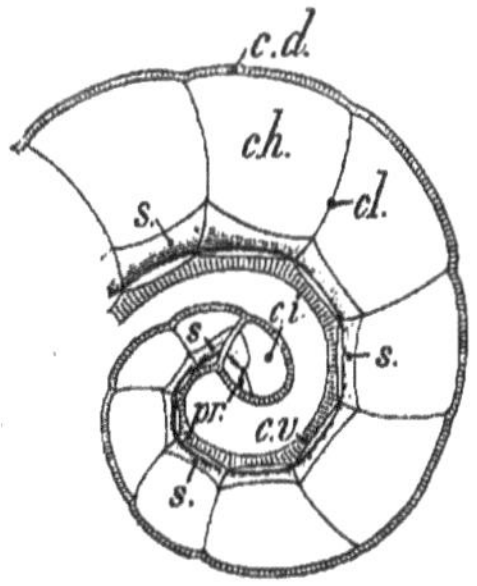

Fig. 368. — Coupe d'une coquille de Spirule. *c.i*, loge initiale; *ch*, loges séparées par des cloisons, *cl*; *cd*, *c.v*, côtés dorsal et ventral: *pr*, prosiphon; *s*, siphon.

Fig. 369. — Ammonite.

actuelle, la Spirule seule possède une coquille *externe* très réduite (fig. 368), englobée par deux lobes du manteau[1]. Cette coquille nacrée est enroulée en spirale et divisée en *loges* ou chambres, *ch*, dont la première, *c.i*, est un peu plus vaste que la seconde. L'animal a habité successivement toutes ces loges et ne réside plus théoriquement que dans la dernière.

En réalité, le corps de la Spirule est beaucoup trop volumineux pour s'abriter dans la dernière loge de la coquille, comme cela a lieu chez le Nautile (Voir page 313).

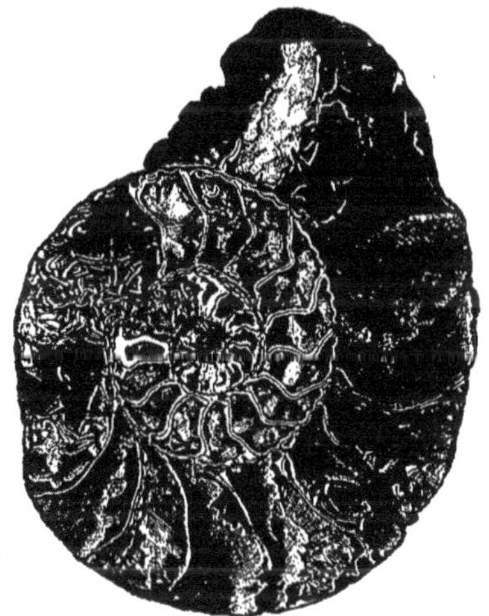

Fig. 370. — Coupe d'*Ammonites Lamberti* par son plan de symétrie; de part et d'autre des cloisons et sur la paroi des loges s'est formé un magnifique dépôt de pyrite de fer; quelques-unes des cloisons et des loges ont été brisées à gauche.

Un prolongement de l'extrémité postérieure du corps appelé *siphon*, *s*, traverse toutes les cloisons, *cl*, et demeure attaché à la loge initiale, *c.i* (*prosiphon*, *pr*). Le siphon est ventral chez la Spirule.

1. Les *Ammonites* de la période secondaire (fig. 369) possédaient une coquille externe bien développée et divisée en loges (fig. 370) par des cloisons très sinueuses formant, sur les moules internes, des contours découpés analogues à des feuilles de Fougère.

La Seiche possède, dans l'épaisseur du manteau et du côté dorsal, une coquille *interne*, en forme de bouclier ovale, appelée vulgairement *os de Seiche* (fig. 365, C). La face ventrale de ce bouclier présente une fossette, *phr*, en arrière; la face dorsale se prolonge, précisément au-dessus de cette fossette, par un rostre ou bec court, *t*; la masse principale de la coquille, *pro*, est formée de lamelles calcaires, pénétrées de conchyoline. Les lamelles sont parallèles, légèrement courbes et présentent de nombreuses vacuoles remplies d'air, qui donnent à la coquille une grande légèreté[1].

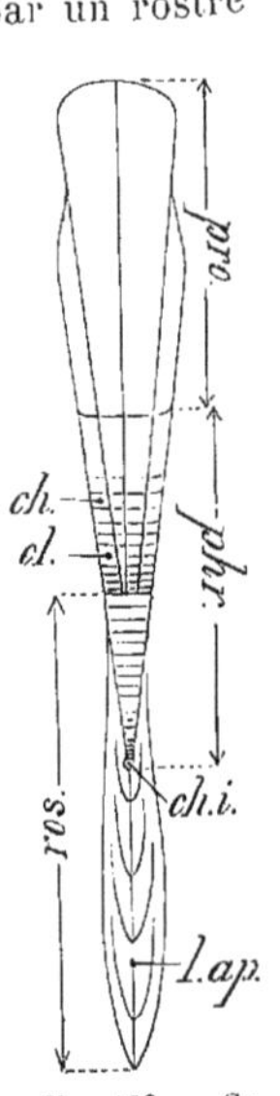

FIG. 372. — Coquille de Bélemnite; *ros*, rostre; *phr*, phragmocône; *pro*, proostracum; *l.ap*, ligne apicale: *ch.i*, chambre initiale; *ch*, loges séparées par les cloisons, *cl*.

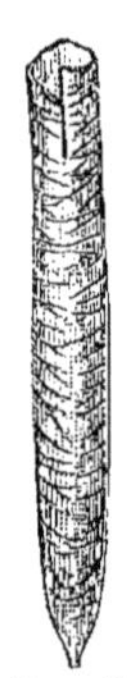

FIG. 371. *Belemnitella mucronata*

Le Calmar possède une *plume*, exclusivement formée de conchyoline, avec un *rachis* et deux expansions latérales symétriques. Chez le Poulpe et autres Octopodes adultes, on ne trouve plus de coquille.

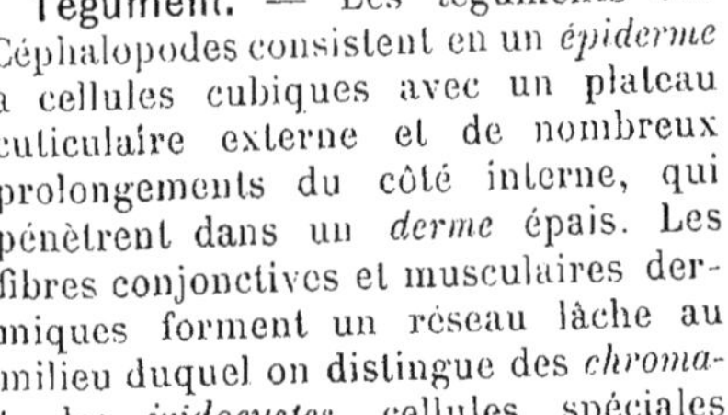

Tégument. — Les téguments des Céphalopodes consistent en un *épiderme* à cellules cubiques avec un plateau cuticulaire externe et de nombreux prolongements du côté interne, qui pénètrent dans un *derme* épais. Les fibres conjonctives et musculaires dermiques forment un réseau lâche au milieu duquel on distingue des *chromatophores* et des *iridocystes*, cellules spéciales pigmentaires, innervées par les nerfs palléaux, dont l'animal peut régler à volonté la position et les dimensions dans l'épaisseur du tégument.

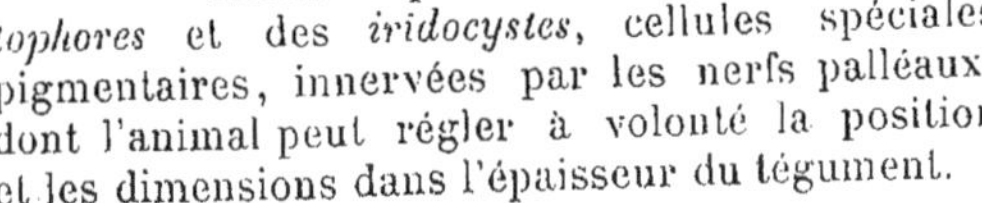

Les *chromatophores* sont de grandes cellules renfermant des granulations jaunes, bleues, vertes, brunes, noires, etc. (d'une couleur unique pour un même chromatophore). Les *iridocystes*, situés au-dessous des chromatophores, consistent en cellules avec de nombreux petits bâtonnets qui donnent à la peau des irisations remarquables sous l'influence des rayons solaires.

Grâce aux cellules pigmentaires, les Céphalopodes dibranchiaux peuvent varier de couleur et prendre, en particulier, celle du fond sur lequel ils reposent : la Seiche, d'un gris pâle, devient noire lorsqu'elle est inquiétée ; le Poulpe peut être tour à tour, gris, jaune, verdâtre ; la Sépiole, presque transparente d'ordinaire, devient très noire au moment où un ennemi la poursuit et jette un flot d'encre provenant de sa poche du noir; grâce à ce nuage d'encre diffusée dans l'eau, la Sépiole échappe à son ennemi dérouté, reprend sa transparence et se cache dans le sable.

1. La comparaison de l'os de Seiche et de la coquille des Bélemnites (fig. 371 et 372) a montré à M. Munier-Chalmas que ces deux productions sont homologues; elles ne diffèrent que par les dimensions relatives de leurs parties : le *rostre* de l'os de Seiche est l'homologue du *rostre*, *r*, de la Bélemnite ; la fossette ventrale correspond au *phragmocône*, *phr*, de la Bélemnite ; le bouclier représente le *proostracum*, *pro*, de cette dernière.

Ventouses. — Les bras sont pourvus de *ventouses* (fig. 365, A, A', D). Chez les *Décapodes*, ce sont des capsules pédonculées (D) présentant un cercle corné, *c.co*, à bord libre dentelé et un piston musculaire central, *mu*. Ce piston remplit la cavité de la ventouse au moment où elle s'applique sur un animal; puis, se rétractant vers le fond de la cupule, il y fait le vide ; le tégument de l'animal capturé pénètre alors dans la ventouse où il est fortement retenu.

La structure des ventouses est un peu différente chez les *Octopodes*; ces organes ne sont pas pédonculés; la cavité de la ventouse est divisée par un muscle sphincter en deux chambres dont l'inférieure (*chambre acétabulaire*) peut être annihilée par les contractions des muscles voisins ; cette chambre fait l'office d'un récipient à vide lorsque les mêmes muscles se relâchent.

Nutrition. — **Tube digestif.** — Nous avons vu (T. I, pages 73 et 79, fig. 66 et 75) la structure générale du tube digestif des Céphalopodes.

Outre le bec de Perroquet puissant dont l'orifice buccal est armé, le bulbe buccal est armé d'une *radula* dont la formule est, pour la Seiche :

1 2 1 2 1

Le tube digestif du Poulpe diffère de celui de la Seiche précédemment décrit : par un *jabot* dont est pourvu latéralement l'œsophage; par la réunion du foie, du pancréas et de la poche du noir en une *seule masse glandulaire*, bien que les parties intimes en demeurent distinctes.

Le *cæcum pylorique* joue le rôle de réservoir hépatique; il reçoit en effet la sécrétion de l'hépatopancréas riche en ptyaline, pepsine et trypsine.

La poche du noir sécrète la *sépia*, formée de granulations pigmentaires riches en fer. Cette glande comprend un cul-de-sac postérieur avec de nombreuses lamelles sécrétrices et une chambre antérieure munie d'un canal excréteur qui débouche, chez le Poulpe, au-dessus de l'anus dans la cavité palléale.

Appareil respiratoire. — Les Céphalopodes **Dibranchiaux** possèdent deux branchies bipectinées symétriquement placées du côté ventral, dans la cavité palléale, *ca.p* (fig. 366).

Une branchie (fig. 373, A) forme une pyramide triangulaire insérée sur le manteau par sa base et par une lamelle de soutien, *la.s*, qui court tout le long de son bord interne; la pointe seule en est libre.

Supposons que la branchie, primitivement réduite à une lame longitudinale (B), subisse deux séries de pincements transversaux et symétriques, *r* (C), d'autant plus développés qu'ils sont plus rapprochés de sa base : la branchie acquerra la forme bipectinée (Coupe *XY*) avec une lamelle médiane de soutien. Chaque lamelle présente elle-même sur ses 2 faces des ondulations nombreuses, *r.o* (C), de telle sorte que, chez la Seiche, la surface totale de la branchie atteint environ 1 800 centimètres carrés.

Le sang, chargé d'acide carbonique, provenant d'une grande veine, *G.V.* (fig. 374), et poussé vers la branchie par un cœur veineux, *C.v*, y pénètre par un vaisseau afférent, *v.af* (fig. 373, A et *XY*), situé au fond de la gouttière formée par l'ensemble des lamelles, *l.br*; des ramifications de ce vaisseau afférent contournent le bord

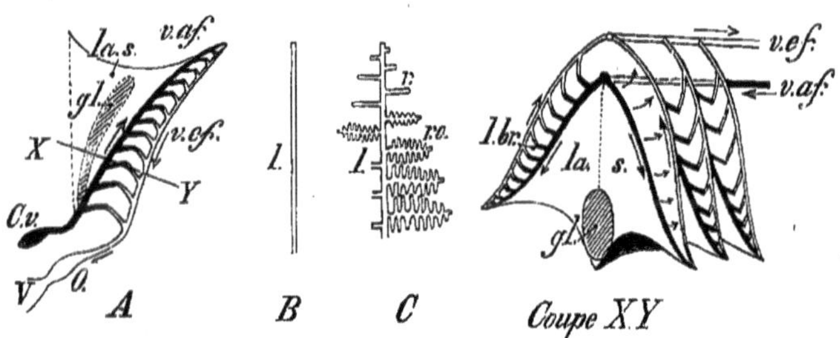

Fig. 373. — Figure schématique de la branchie d'un Cephalopode (*Sepia*) et de la circulation dans cet organe. — A ; rapports de la branchie avec l'oreillette *O* du cœur proprement dit et avec un cœur veineux, *C.v*; *la.s*, lamelle de soutien; *gl*, glande où se forment probablement les globules du sang (l'irrigation de cette glande n'a pas été figurée ici) : *v.af*, vaisseau afférent apportant à la branchie du sang chargé d'acide carbonique ; *v.ef*, vaisseau efférent emportant de la branchie du sang chargé d'oxygène. — Coupe *XY*; elle montre les 2 séries de lamelles branchiales, *l.br*, et leur mode d'irrigation. — B ; C ; schémas permettant de comprendre le développement et la structure de la branchie.

interne de chaque lamelle et communiquent, par l'intermédiaire des lacunes de la lamelle, avec les ramifications d'un vaisseau efférent, *v.ef*, situé sur la crête de la branchie. Durant ce trajet, le sang subit l'hématose ; il se dirige ensuite de la branchie à l'oreillette correspondante du cœur.

Appareil circulatoire. — Le cœur, situé près de l'extrémité inférieure du corps, se compose chez la Seiche d'un ventricule médian, *V*, flanqué de 2 oreillettes latérales, *O*. Le sang hématosé qui provient des branchies pénètre des oreillettes dans le ventricule et s'engage : d'une part, dans l'aorte ventrale, *A.v*, et ses ramifications (artères palléales, génitale, etc.); d'autre part, dans l'aorte dorsale qui envoie des vaisseaux principaux à l'hépatopancréas (artères hépatiques, *A.h*), à l'entonnoir (artère de l'entonnoir, *A.e*), au manteau et à la paroi dorsale du corps (artères palléales supérieures, *A.pa*), aux yeux (artères ophtalmiques, *A.o*), aux bras (artères pédieuses, *A.br*). Le sang tombe alors dans des sinus, *S*, *S'*, assez réduits chez la Seiche, plus vastes chez le Poulpe; la grande veine, *G.V*, qui chez la Seiche descend le long de l'aorte dorsale, reçoit le sang de retour des organes précédemment énumérés; elle se divise en deux veines caves pourvues des cœurs veineux, *C.v*, dont le rôle consiste à transmettre aux branchies le sang riche en acide carbonique.

Un *sac viscéro-péricardique*, unique chez les Décapodes, entoure les cœurs, l'estomac et les organes génitaux placés tout à fait en arrière du corps; ce péricarde s'ouvre dans les cavités rénales par deux pores ciliés, véritables néphrostomes qui assurent la communication indirecte du péricarde avec l'extérieur.

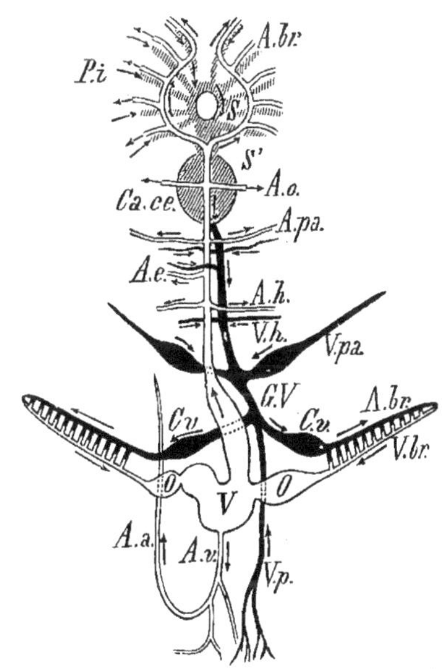

FIG. 374. — Appareil circulatoire de la Seiche (Céphalopode). *V*, ventricule. *O*, oreillettes. Du ventricule, le sang hématosé s'échappe par une aorte ventrale, *A.v*, et par une aorte dorsale qui donne les artères hépatiques, *A.h*, l'artère de l'entonnoir, *A.e*, les artères palléales, *A.pa*, les artères ophtalmiques, *A.o*, les artères pédieuses, *A.p*. Le sang se rassemble dans les sinus *S*, *S'*, et les veines qui forment la *grande veine*, *GV*. Celle-ci envoie, par l'intermédiaire des *cœurs veineux*, *C.v*, du sang chargé de CO^2 aux branchies où il subit l'hématose; *V.br*, veines branchiales qui ramènent au cœur le sang oxygéné.

Appareil excréteur. — Il consiste en deux reins symétriques situés dans la région abdominale, larges sacs réunis par deux anastomoses transversales chez la Seiche. Les cavités rénales s'ouvrent dans la cavité palléale par deux orifices placés au-dessous de l'anus, *o.ex.* (fig. 366); elles comprennent un grand nombre de trabécules avec cellules glandulaires qui recouvrent les veines caves et sécrètent des concrétions cristallines riches en acide urique.

Relation. — Système nerveux. — Les centres nerveux ganglionnaires ont subi chez les Céphalopodes une concentration que nous avons signalée déjà (Voir T. I, page 327, fig. 307, *H*, *H'*, *H''*).

Organes des sens. — Les *yeux* des Céphalopodes **Dibranchiaux** ont subi une différenciation comparable à celle que nous avons constatée chez les Vertébrés (Voir T. I, page 250).

L'œil du Poulpe présente, en effet, en arrière de deux *paupières* (l'inférieure plus développée et formant *cornée transparente*), un *iris* avec un orifice pupillaire en arrière duquel se trouve le *cris-*

tallin, un *corps vitré* séparant le cristallin de la *rétine* qui, elle-même, résulte de l'épanouissement du *ganglion optique*. Ce dernier repose sur un coussinet graisseux que limite extérieurement le *globe oculaire* (sclérotique et *cartilage oculaire*[1]).

Deux *otocystes*, logés dans 2 cupules du cartilage céphalique, sont innervés par les ganglions cérébroïdes.

Le *goût* paraît avoir pour siège l'entrée de la bouche. Quant au sens du *toucher*, il réside sur toute l'étendue de la peau, en particulier sur celle des bras.

Reproduction. — Les *Céphalopodes sont unisexués*. Les produits génitaux tirent leur origine d'une partie de la paroi de la cavité viscéro-péricardique différenciée en glande sexuelle (ovaire ou testicule).

Appareil génital femelle. — L'*ovaire*, *ov* (fig. 375, A), donne des ovules qui tombent dans le sac péricardique et s'engagent dans un *oviducte*, *ov'*, court et simple (*Décapodes*), double (*Octopodes*).

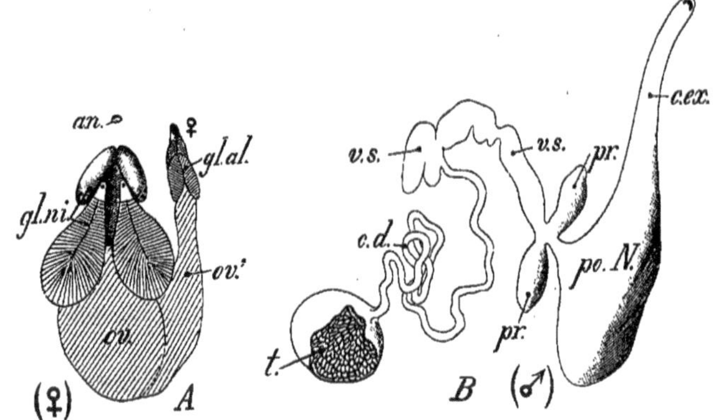

Fig. 375. — Appareil génital de la Seiche (*Sepia officinalis*). — A ; appareil femelle ; *ov*, ovaire ; *ov'*, oviducte ; *gl.al*, glande albuminipare ; ♀, orifice génital femelle ; *gl.ni*, glandes nidamentaires ; *an*, anus. — B ; appareil mâle ; *t*, testicule ; *c.d*, canal déférent ; *v.s*, vésicule séminale ; *pr*, prostate ; *po.N*, poche de Needham ; *c.ex*, canal excréteur.

Chez la Seiche, l'oviducte unique (gauche) est pourvu d'une *glande albuminipare*, *gl.al*, près de son extrémité ♀. A mesure que les ovules parviennent dans cette région, ils reçoivent du vitellus nutritif auquel s'ajoute, lors de leur émission dans la cavité palléale, le produit visqueux des *glandes nidamentaires*, *gl.ni*.

Ce produit enveloppe et agglutine les œufs après leur fécondation ; il se forme ainsi des coques protectrices libres ou agglomérées (raisins de mer).

1. Les cartilages oculaires sont deux dépendances du *cartilage céphalique*, sorte d'anneau traversé par l'œsophage et abritant le système nerveux central.

Appareil génital mâle. — Du *testicule unique*, *t* (fig. 375, B), part *un long canal déférent*, *c.d*, très entortillé, avec une portion glandulaire (*vésicule séminale*, *v.s*), une *prostate*, *pr*, et une *poche de Needham* très vaste, *po.N*, qui s'ouvre dans la cavité palléale à gauche (Seiche) ou au sommet d'un long pénis (Poulpe).

C'est dans la poche de Needham que se groupent les spermatozoïdes dans des *spermatophores*, réservoirs tubulaires atteignant jusqu'à 10 millimètres de long et capables d'émettre à un moment donné le sperme dont est remplie leur extrémité postérieure.

On ne sait au juste comment a lieu la fécondation.

Toutefois l'*Argonauta argo* mâle et quelques autres espèces présentent, au moment de la maturité sexuelle, une différenciation de l'un de leurs bras qui se renfle, présente un orifice latéral, se remplit de spermatophores et se rompt ; ce bras différencié et détaché du mâle s'appelle *hectocotyle*. La femelle s'en empare tôt ou tard et le conserve dans sa cavité palléale jusqu'après la ponte. Un nouveau bras se développe chez le mâle à la place de l'hectocotyle rompu.

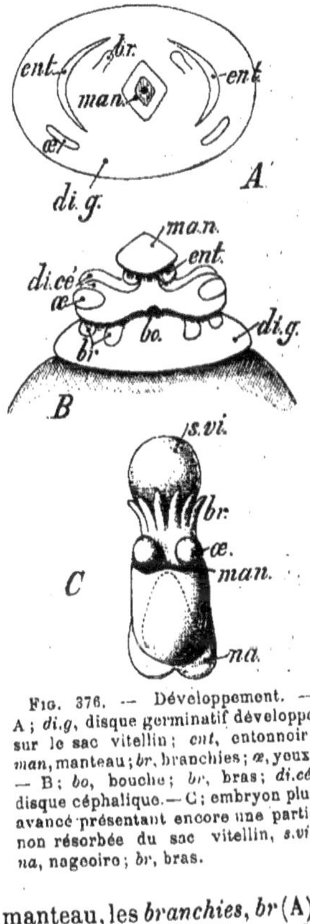

Développement. — L'œuf des Céphalopodes est très volumineux et renferme un vitellus nutritif abondant. La segmentation discoïdale dont il est l'objet aboutit à un *disque germinatif*, *di.g* (fig. 376 A, B), formé d'une seule couche de cellules, séparé par un étranglement de la grosse masse vitelline ou sac vitellin, *s.vi*.

A mesure que se différencient les 3 feuillets avec les organes internes qui en dépendent, on voit successivement apparaître, sur le disque germinatif : un bourrelet aplati médian qui formera le *manteau*, *man* ; sur les côtés les *yeux*, *œ*, et les 2 replis qui constitueront l'*entonnoir*, *ent*, en se soudant plus tard (sauf chez le Nautile); entre l'entonnoir et le manteau, les *branchies*, *br* (A).

Fig. 376. — Développement. — A ; *di.g*, disque germinatif développé sur le sac vitellin ; *ent*, entonnoir ; *man*, manteau ; *br*, branchies ; *œ*, yeux. — B ; *bo*, bouche ; *br*, bras ; *di.cé*, disque céphalique. — C ; embryon plus avancé présentant encore une partie non résorbée du sac vitellin, *s.vi* ; *na*, nageoire ; *br*, bras.

Les *bras*, *br* (B), apparaissent successivement comme autant de papilles arrondies sur le bord du disque germinatif; à mesure qu'ils s'allongent, ils se disposent en une couronne (C) au centre de laquelle sont la bouche et le sac vitellin externe. Ce dernier, *s. vi* (C), sera totalement résorbé au moment de la naissance du jeune Céphalopode.

L'embryon des Céphalopodes a un développement comparable à celui des autres Mollusques par la formation du manteau et de la membrane coquillière, mais il s'en distingue par la *présence d'un sac vitellin externe* et l'*absence du voile* (V. T. II, fasc. 1er, page 148).

I. — DIBRANCHIAUX

Céphalopodes pourvus de **2 branchies** *et de* 2 *oreillettes, de* 8 *ou* 10 *bras. Système nerveux dont les ganglions sont très distincts.*

1° **Octopodes.** — *Céphalopodes nus et dépourvus de coquille interne.* **8 bras** *portant des ventouses sans cercle corné. Yeux avec paupières.*

(**a**) *Ventouses sur* 2 *rangs d'ordinaire.*

Octopus (Poulpe ou Pieuvre) ; une membrane réunit les bras à leur base ; ventouses sessiles. Habite le long des côtes.

O. vulgaris, comestible, vit dans la Méditerranée.

Argonauta (Argonaute) ; ventouses pédiculées ; mâle petit ; grande femelle dont les bras dorsaux sécrètent une coquille mince, *réellement indépendante du corps*, où sont pondus les œufs. *A. argo;* Méditerranée.

(**b**) *Ventouses sur* 1 *seul rang.*

Eledone; un bras de la 3e paire hectocotylisé, comme chez le Poulpe.

E. moschata, comestible, a une forte odeur de musc. Méditerranée.

2° **Décapodes.** — *Céphalopodes toujours pourvus d'une coquille interne.* **10 bras** (dont 2 plus longs que les autres) *portant des ventouses pédiculées avec un cercle corné. Yeux sans paupières.*

(**a**) *Yeux sans cornée; cristallin baigné par l'eau de mer.*

Ommastrephes (Calmar-flèche); bras tentaculaires sans griffes. — *Onychoteuthis* (Calmar à griffes); bras tentaculaires avec 2 rangs de forts crochets à l'extrémité.

(**b**) *Yeux avec une cornée.*

Coquille interne formée de conchyoline (plume).

Loligo (Calmar, fig. 367, B); corps allongé avec 2 nageoires postérieures triangulaires.

La Seiche rouge (*L. vulgaris*), comestible, est fort appréciée des pêcheurs d'Arcachon.

Sepiola (Sépiole, fig. 367, A); corps court pourvu de 2 nageoires circulaires.

Coquille interne incrustée de calcaire (os de Seiche ou sépion).

Sepia (Seiche, fig. 365); corps ovale avec de longues nageoires latérales séparées en arrière; bras tentaculaires longs et entièrement rétractiles.

Coquille externe, cloisonnée.

Spirula (Spirule); siphon ventral dans la coquille en partie recouverte par le manteau (fig. 368).

Formes fossiles : I. **Bélemnoïdes**. — *Coquille interne ou nulle à l'état adulte*. *Bélemnites* (fig. 371 et 372); coquille interne droite à phragmocône conique et siphon ventral. — *Belemnitella*.

[Les Bélemnoïdes comprennent tous les genres précédents].

II. **Ammonoïdes**. — *Coquille toujours externe, cloisonnée*. *Goniatites*. — *Ammonites* (fig. 10 et 370). Formes à coquille toujours enroulée; sutures plus ou moins complexes des cloisons avec la coquille.

II. — TÉTRABRANCHIAUX

Un seul genre vivant : *Nautilus* (fig. 13).

Animal primitif à coquille externe, cloisonnée; suture simple des cloisons avec la coquille. Siphon central.

Nombreux tentacules céphaliques rétractiles; entonnoir dont les 2 parties originelles sont libres. Pas de poche du noir. 4 branchies et 4 oreillettes; pas de cœurs veineux. 4 reins. Système nerveux dont les centres sont formés de bandelettes mal définies. Yeux pédonculés en forme de coupe sans cristallin.

Formes fossiles : *Orthoceras*, *Gomphoceras*, *Cyrtoceras*, *Gyroceras*, *Lituites*.

Importance paléontologique des Mollusques. — De tous les embranchements étudiés jusqu'ici, celui des Mollusques présente la plus haute importance au point de vue paléontologique. Un grand nombre de formes ont été conservées par leur coquille ou des empreintes qui ont permis d'en reconnaître tous les détails.

Les trois principales classes (Gastéropodes, Lamellibranches et Céphalopodes) sont représentées, abondamment en général, aux divers étages géologiques qu'elles ont servi à préciser dans nombre de cas.

Gastéropodes. — Les premiers Gastéropodes apparaissent dès le *Cambrien* représentés par des Diotocardes, les uns symétriques (*Scenella*) comparables à la Patelle, d'autres à coquille turbinée. Les Ptéropodes figurent dans la faune *silurienne* avec le genre *Conularia*. Avec la période secondaire se font jour des types appartenant à la plupart des groupes actuels; aux **Prosobranches** Diotocardes (Fissurellidés) s'ajoutent des Hétérocardes (Patellidés), des Monotocardes siphonostomes (Cerithidés, Strombidés, etc.) et des **Opisthobranches**.

La faune des Prosobranches s'est maintenue à peu près intacte depuis le *Crétacé* supérieur jusqu'à nos jours; les Hétéropodes ont fait toutefois leur apparition pendant la *période tertiaire*.

Quant aux **Pulmonés**, représentés par quelques types (*Pupa*) à l'époque *carbonifère*, ils n'atteignent quelque importance qu'à partir du *Jurassique* : les couches de Purbeck renferment, en effet, nombre de genres encore vivants (Planorbe, Lymnée, Physe, etc.)

Lamellibranches. — Des **Filibranches** (*Palæarca, Modiolopsis*) font déjà partie de la faune *cambrienne*; au *Silurien* supérieur paraissent appartenir les premières formes *Pseudolamellibranches* (*Aviculacés*) et **Eulamellibranches** auxquelles se joignent les **Protobranches** (*Nucula*). Avec l'époque *carbonifère*, nous devons mentionner la grande extension des Anisomyaires Hétéromyaires (Mytilidés) et Monomyaires (Pectinidés) qui se répandent ensuite à profusion dans les couches *secondaires* (le genre *Ostrea* entre autres). C'est pendant la *période tertiaire* que les **Eulamellibranches** ont acquis la multiplicité de formes qui les caractérise encore aujourd'hui.

Céphalopodes. — Les **Tétrabranchiaux** sont les plus anciens des Céphalopodes; dès le *Cambrien* apparaissent les genres à coquille droite, courbe ou enroulée; très nombreux dans le *Silurien* supérieur, ils deviennent de plus en plus rares jusqu'à l'*époque jurassique* à partir de laquelle le seul genre *Nautilus* a subsisté.

Les **Dibranchiaux** paraissent dériver des Tétrabranchiaux; la preuve n'en est cependant pas encore faite : les *Goniatites* du *Dévonien*, qui ne possèdent pas de loge initiale comparable à celle des Tétrabranchiaux, évoluent à la fin de la période primaire en donnant naissance aux diverses séries des *Ammonites* secondaires.

Quelle est l'origine des *Bélemnites?* C'est là un point obscur; les Bélemnites apparaissent subitement dans le *Trias* avec tous leurs caractères et persistent pendant toute la période secondaire; elles décroissent à partir de ce moment et sont représentées de nos jours par la Seiche à rostre très court.

IV. — EMBRANCHEMENT DES PROTOCHORDES

Animaux pourvus d'une **notochorde** *(corde dorsale) s'étendant au côté dorsal du tube digestif; fentes branchiales. La corde dorsale et les fentes branchiales persistent à l'état adulte.*

PROTOCHORDES.	Corde dorsale localisée dans la tête.	**Hémichordes** (*Balanoglossus*).
	Corde dorsale localisée dans la région caudale (et dans le jeune âge seulement).	**Urochordes** [**Tuniciers**].
	Corde dorsale s'étendant d'une extrémité à l'autre du corps, mais plus développée à la partie antérieure.	**Céphalochordes** (*Amphioxus*).

Les **PROTOCHORDES** forment, avec les **VERTÉBRÉS** auxquels ils sont liés par de nombreuses affinités, le groupe général des **CHORDATA** ou **CHORDÉS.**

§ 1. — HÉMICHORDES [ENTÉROPNEUSTES]

Corde dorsale localisée dans la tête.

Morphologie générale. — Le genre *Balanoglossus* constitue, à lui seul, ce sous-embranchement.

Le Balanoglosse a l'aspect d'un Ver pourvu d'une trompe antérieure. Il se rencontre sur toutes les côtes, mais il est rare; il vit au niveau des marées basses, la partie antérieure du corps enfoncée dans le sable, l'extrémité postérieure avec l'anus en dehors. Son corps comprend trois régions qui sont, d'avant en arrière : la *trompe*, *Tr* (fig. 377 A); le *collier*, *Col*; le *tronc*, *R.br*.

La *trompe* est creuse et contractile, pourvue d'un pore dorsal, *po*, faisant communiquer avec l'extérieur sa cavité dite *cavité proboscidienne*, $cœ_1$; un

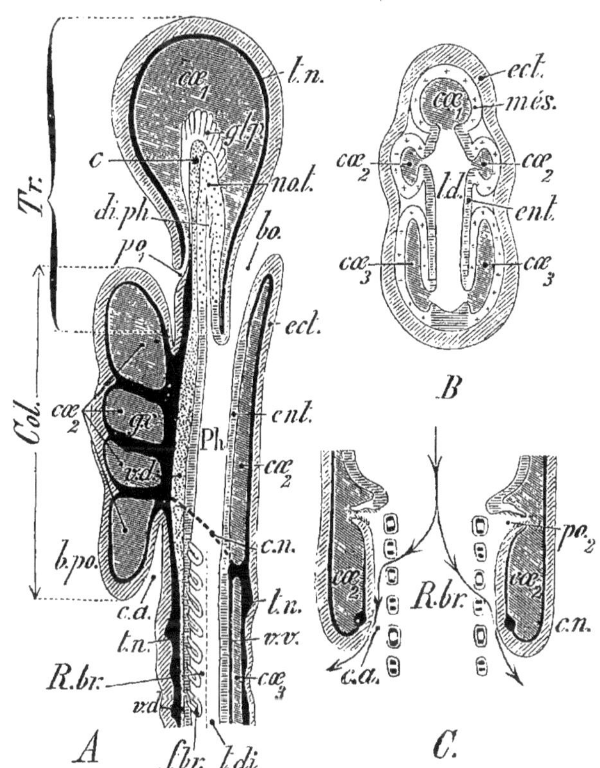

FIG. 377. — **Hémichordes.** Anatomie du *Balanoglossus*. — A; coupe longitudinale; *Tr*, trompe; *Col*, collier; *R.br*, région branchiale; $cœ_1$, $cœ_2$, $cœ_3$, cœlome dans ces 3 régions; po_1, pore dorsal; *bo*, bouche; *Ph*, pharynx divisé, dans la région branchiale, en une partie digestive, *t.di*, et une partie branchiale où se trouvent les fentes branchiales, *f.br*; *di.ph*, diverticule du pharynx. *c*, cœur; *v.d*, *v.v*, vaisseaux dorsal et ventral en pointillé; *gl.p*, glande proboscidienne; *not*, notochorde. *g.c*, ganglion cérébral; *c.n*, collier nerveux; *t.n*, tissu nerveux (en noir); *ect*, ectoderme; *ent*, entoderme; *c.a*, cavité atriale. — B; tube digestif. *t.d*, et les 5 invaginations produisant le cœlome de la trompe, $cœ^1$, du collier, $cœ_2$, et du tronc, $cœ_3$. — C; coupe horizontale de la région branchiale, *R.br*, au niveau des fentes; po_2, pores mettant en communication le cœlome du collier, $cœ_2$, avec la cavité atriale, *c.a*; *c.n*, cordons nerveux.

pédicule étroit relie la trompe au collier; l'ouverture de la bouche, *bo*, est à sa base, en avant du collier et du côté ventral.

Le *collier* est un large anneau musculaire dont le bord postérieur se prolonge en une collerette ou *opercule*, *b.po*, qui limite, entre le tronc et la voûte ainsi formée, une *chambre atriale*, *c.a*; au fond de cette chambre, *c.a* (C), débouchent

2 *pores latéraux ciliés*, po_2, qui mettent en rapport avec l'extérieur les deux cavités latérales formant le cœlome, $cœ_2$, du collier. [Ces cavités sont séparées par un mésentère dorso-ventral et sont envahies par du tissu conjonctif avec de vastes lacunes.]

Le *tronc*, partie principale du corps, comprend : 1° une *région branchiale* antérieure, *R.br* (A), avec deux rangées dorsales de fentes, *f.br*, qui donnent accès dans le tube digestif, *t.di*; 2° une *région gastrique* moyenne, avec une foule de boursouflures verdâtres (glandules *hépatiques* disposées de chaque côté d'un sillon médian dorsal); 3° une *région caudale* portant une annulation ne correspondant pas à une métamérisation réelle du corps; l'anus est situé tout à l'extrémité.

Le tronc présente latéralement aussi deux cavités du cœlome, $cœ_3$, originairement séparées par un mésentère dorso-ventral; mais ce mésentère est en partie résorbé d'ordinaire.

Cavité générale. — La cavité générale comprend ainsi 5 cavités : l'une proboscidienne antérieure, $cœ_1$ (B); 2 latérales, $cœ_2$, situées dans le collier; 2 latérales, $cœ_3$, s'étendant sur toute la longueur du tronc. Ces cavités ont pour origine autant de diverticules du tube digestif primitif, *t. d*, comme le montre la figure 377, B.

Nutrition. — **Tube digestif.** — A la bouche, *bo* (A), fait suite le pharynx, *Ph*, à parois épaisses, qui comprend en arrière la région branchiale, *R.br*, et qui forme un diverticule antérieur, *di.ph*, contenu dans l'axe du pédicule et la base de la trompe. Dans la région branchiale, le **pharynx** est divisé incomplètement par des bourrelets longitudinaux en deux compartiments superposés : le ***pharynx** proprement dit* ventral, *t.di*, la *cavité branchiale* dorsale, *R.br*. Au pharynx proprement dit font suite la *région hépatique* et la *région intestinale* terminée par l'anus.

Diverticule pharyngien antérieur. Corde dorsale. — Le cul-de-sac formé par le pharynx est limité par une paroi qui n'est autre que la continuation de l'entoderme, *ent*, *épithélium intestinal modifié profondément*. La dégénérescence des cellules entodermiques en fait un tissu comparable à celui qui forme la notochorde des Poissons inférieurs : *c'est la notochorde du Balanoglossus*, *not*, limitée ainsi à la partie antérieure du pharynx.

Appareil respiratoire. — La cavité branchiale communique largement avec le pharynx proprement dit d'une part, et avec l'extérieur d'autre part, au moyen d'une double série de fentes ciliées latérales. Une fente ciliée, *f.br* (A), s'ouvre par une sorte d'U dans la cavité branchiale, *R.br* et par un pore circulaire étroit à l'extérieur. L'eau qui a pénétré de la bouche dans le pharynx parvient à la cavité branchiale, traverse les fentes ciliées et se dégage au dehors en assurant l'hématose du sang (C).

Appareil circulatoire. — Le cœur du *Balanoglossus*, *c* (A), est situé au-dessus et le long de la corde dorsale, *not*; il se continue en arrière par un *vaisseau dorsal* sous-intestinal, *v.d*, que de nombreux sinus mettent en rapport avec un *vaisseau ventral*, *v.v*, dans la région branchiale en particulier.

Appareil excréteur. — Peut-être la *glande proboscidienne*, *gl.p*, appliquée contre le cœur et saillante dans la cavité de la trompe, $cœ_1$, joue-t-elle un rôle excréteur et le pore proboscidien, po_1, serait-il l'orifice d'expulsion des produits éliminés?

Relation. — Le **système nerveux** du *Balanoglossus* rappelle, par sa faible différenciation, celui des Polypes. Il consiste en deux cordons ectodermiques, *t.n* (A) : l'un dorsal, l'autre ventral, médians et réunis, au niveau postérieur du collier, par un anneau nerveux, *c.n*. Le cordon dorsal seul est individualisé dans la région du collier où il est indépendant de l'ectoderme; *seul* il possède, *et en ce point seulement*, des cellules ganglionnaires. En avant, ce *ganglion central*, *g.c*, émet dans la trompe un plexus nerveux, *t.n*.

Pas d'**organes des sens**.

Reproduction. — Le *Balanoglossus est unisexué*. La glande sexuelle consiste en follicules jaunâtres (*testicule*), rougeâtres (*ovaire*), alignés en 2 rangées longitudinales, de chaque côté de la région branchiale et en arrière dans la région gastrique ; 2 séries d'orifices génitaux symétriques sont disposées en dehors des orifices branchiaux.

On ignore comment a lieu la fécondation.

La segmentation de l'œuf, aboutit à une larve *Tornaria*, voisine des larves des Échinodermes (Voir T. II, fasc. 1er, page 72, fig. 51, C et page 150).

Ainsi que nous le verrons après avoir étudié l'*Amphioxus*, les analogies anatomiques sont nombreuses entre ce genre et celui que nous venons de décrire ; aussi ne permettent-elles plus de ranger le *Balanoglossus* parmi les Vers, ni parmi les Échinodermes.

Balanoglossus. B. minutus; pore dorsal de la trompe médian ; Méditerranée —*B. Kupfferi* ; 2 pores symétriques de la trompe. — *B. Kowalewskii.*

§ 2. — UROCHORDES [TUNICIERS]

Chordés pourvus d'une **notochorde** *persistante* (Appendiculaires) *ou temporaire*, **localisée dans la région caudale**. *Une* **tunique** *en forme de sac, avec deux orifices pour la circulation de l'eau, enveloppe complètement le corps.*

Tuniciers.	Appendice caudal et notochorde persistants. Animaux nageurs...........		*Appendiculaires*
	Appendice caudal caduc ; notochorde temporaire.	Animaux pélagiques. Tunique pourvue de 2 orifices opposés.	*Thaliacés* (Salpes).
		Animaux fixés. Tunique pourvue de 2 orifices voisins.	*Ascidiacés* (Ascidies).

Les Appendiculaires sont les représentants de la forme ancestrale des Tuniciers; leur étude préalable nous donnera une idée de la morphologie générale du groupe.

(*A*). — APPENDICULAIRES

Morphologie générale. — Les plus simples de tous les Tuniciers, les Appendiculaires, sont des animaux pélagiques dont le corps atteint quelques millimètres de long avec une large queue servant à la natation (*Oikopleura*, fig. 378, A). Ils s'entourent d'une large *tunique* ectodermique (non figurée ici), production mucilagineuse pourvue, chez l'*Oikopleura*, de 2 orifices antérieurs et d'un orifice postérieur assurant une circulation d'eau très active.

Au moindre contact de l'enveloppe mucilagineuse avec un objet quelconque ou la gaze d'un filet de pêche, l'animal sort de sa tunique par un mouvement brusque et en reforme une nouvelle en peu de temps. Aussi quand on les capture, les *Appendiculaires* sont toujours nus.

Notochorde et Myotomes. — Dans la queue seulement, on distingue la *notochorde* ou mieux l'*urochorde*, *not* (fig. 378, A) ; c'est une tige cartilagineuse sécrétée par des cellules qui en occupent maintenant la périphérie. Des bandes musculaires, *mu*,

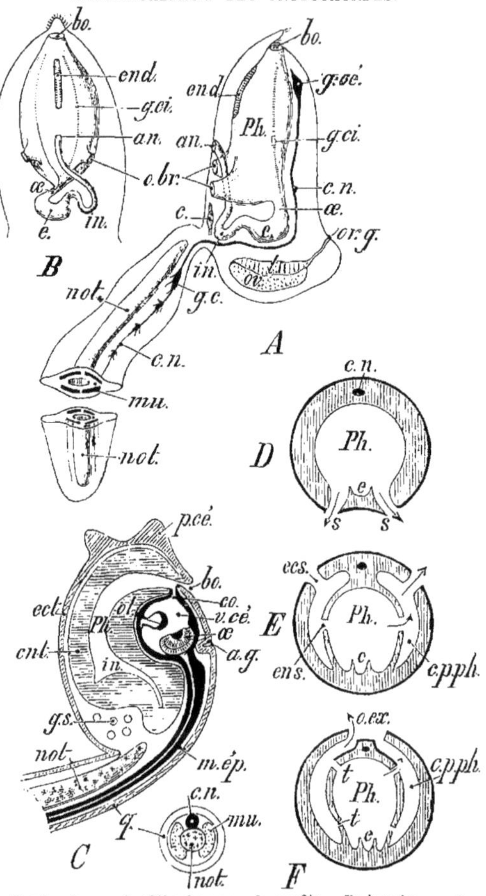

FIG. 378. — **Urochordes**. — A; *Oikopleura* vu de profil; — B; le même vu du côté ventral (la tunique extérieure n'a pas été figurée). *bo*, bouche; *Ph*, pharynx avec endostyle, *end*, et gouttières ciliées, *g.ci*; *œ*, œsophage; *e*, estomac; *in*, intestin; *an*, anus; *o.br*, orifices branchiaux; *c*, cœur; *not*, urochorde; *mu*, bandes musculaires dans la queue; *g.cé*, cerveau; *c.n*, cordon nerveux avec divers ganglions dans la queue. *ov*, ovaire; *t*, testicule et son orifice génital, *or.g*. — C; Larve de *Phallusia*; *ect*, ectoderme; *ent*, entoderme; *p.cé*, plaques adhésives céphaliques; *bo*, *Ph*, *in*, tube digestif en formation; *g.s*, globules sanguins; *v.cé*, vésicule cérébrale communiquant par *co* avec le tube digestif; *ot*, otocyste; *œ*, œil; *m.ép*, moelle épinière; *q*, queue vue en coupes longitudinale et transversale pour montrer les rapports de l'urochorde, *not*, avec les bandes musculaires, *mu* et avec le cordon nerveux; *c.n*, prolongement de la moelle épinière. — D; Coupe schématique d'*Appendiculaire* au niveau du pharynx, *Ph*; *e*, endostyle; *s.s*, stigmates. — E; stade de la formation de la cavité péripharyngienne, *c.p.ph*, d'une *Ascidie*; *en.s*, entostigmates; *ect*, ectostigmates. — F; coupe schématique d'une Ascidie; *t*, trémas dans la paroi du pharynx; *o.ex*, orifice de sortie de l'eau.

partagées en segments appelés *myotomes*, sont disposées autour de l'urochorde et règlent, par leurs contractions, les mouvements de la queue.

Nutrition. — Tube digestif. — La partie antérieure du corps est occupée par la bouche, *bo* (A et B), surmontée d'une lèvre, avec des soies tactiles. La bouche donne accès dans un vaste pharynx ou *sac branchial*, *Ph*; l'eau qui y pénètre, avec les particules solides en suspension, baigne la paroi et s'écoule latéralement par deux *stigmates* ou *orifices branchiaux* symétriques, *o.br*, pourvus de couronnes de cils vibratiles.

Les particules en suspension dans l'eau sont agglutinées en bols alimentaires par le mucus que sécrète une gouttière ventrale appelée *endostyle*, *end*; deux bandes ciliées dorsales, *g.ci*, partant du voisinage de la bouche, se rejoignent près de l'œsophage, *œ*, à l'ouverture duquel elles ont transporté les bols alimentaires. A l'œsophage fait suite un estomac volumineux, *e*, puis l'intestin, *in*, que termine l'anus, *an*, situé dans le plan de symétrie du corps un peu au-dessus des orifices branchiaux.

Appareil respiratoire. — Il consiste dans le sac branchial précédemment décrit, dans la paroi duquel s'opère l'hématose du liquide de la cavité générale.

Appareil circulatoire — Un *cœur* ventral, *c*, **avec** deux orifices opposés débouchant dans le cœlome, détermine par ses contractions rythmiques le mouvement du sang à travers les lacunes de la cavité générale Ce liquide, *sans globules*, circule tantôt dans un sens, tantôt en sens contraire; le changement de sens a lieu d'une manière brusque.

On ne connaît pas d'**appareil excréteur**.

Relation. — Système nerveux. — Un ganglion volumineux, dorsal et médian (*cerveau*), *g.ce*, voisin du sac branchial, envoie quelques petits nerfs autour de la bouche; un gros nerf, *c.n*, qui suit le côté droit du corps, descend vers sa partie inférieure, pénètre dans la queue où il longe le côté gauche de l'urochorde; il y présente un certain nombre de petits ganglions dont l'un, *g.c*, est plus important.

Organes des sens. — Contre le cerveau est appliqué un *otocyste*; l'orifice buccal est garni de cellules tactiles.

Un canal cilié s'étend du pharynx au voisinage du cerveau, *g.cé*; c'est le représentant, chez les Appendiculaires, de la *glande hypoganglionnaire* des Tuniciers et de l'*hypophyse* ou *corps pituitaire* des Vertébrés (Voir T. 1, page 293, fig. 275).

Reproduction. — *Les Appendiculaires sont hermaphrodites*: mais les testicules, *t* (au nombre de 2 chez l'*Oikopleura*), qui entourent l'ovaire, *ov*, sont mûrs les premiers Les ovules ne prennent naissance qu'après l'émission des spermatozoïdes. Les spermatozoïdes sont mis en liberté par un tube dorsal avec orifice, *or.g* ; les ovules sont expulsés par distension de l'ovaire et rupture de la paroi du corps.

Principaux genres :

Oikopleura; précédemment décrit. — *Fritillaria*; queue une fois plus longue que le corps; orifices expirateurs dorsaux; 1 testicule seulement et 1 ovaire. — *Kowalevskia*; pas d'endostyle; orifices expirateurs latéraux; pas de cœur.

(*B*). — ASCIDIACÉS

*Tuniciers en forme d'*outre, *pourvus d'une notochorde dans l'âge larvaire seulement. Animaux fixés par leur tunique qui présente 2 orifices (l'un buccal, l'autre cloacal) peu éloignés.*

Analogie de la larve urodèle d'Ascidie et d'un Appendiculaire. — C'est seulement par la comparaison des **Ascidies** *larvaires* avec les **Appendiculaires** que nous pouvons reconnaître (autrement que par la présence d'une *tunique*) les affinités qui existent entre ces classes.

La segmentation de l'œuf d'une Ascidie est totale et se fait d'une manière régulière tout d'abord; puis se produit une *gastrula* par invagination dont le prostome est rejeté en arrière (Voir aussi T. II, fasc. 1er, page 151). A mesure que se différencie, sur la face dorsale, la *gouttière médullaire* ectodermique transformée en un tube nerveux, par le processus indiqué chez les Vertébrés (Voir T. I, page 277, fig. 274, 1 et 2), le corps se prolonge en arrière par une longue queue, *q* (fig. 378, C), qui se recourbe sur la face ventrale. C'est à ce moment que la larve est mise en liberté (*larve urodèle*). Sa queue présente une notochorde médiane, *not* (*urochorde*), le long de laquelle est disposée la moelle épinière dorsale, *m.ép*; latéralement sont les muscles de la queue divisés en *myotomes*, *mu*.

La position du cordon nerveux à gauche dans la queue des Appendiculaires *c.n* (A) est due à une torsion de 90° éprouvée par cet appendice.

L'archentéron de la gastrula forme tout le tube digestif (pharynx, *Ph*, et intestin, *in*). Le pharynx, *Ph*, est mis en communication avec l'extérieur par la bouche, *bo*, résultant d'une invagination ectodermique[1]. Il devient, chez les Ascidies, un *sac branchial* véritable, avec de nombreuses perforations qui servent au passage de l'eau de la bouche à travers le pharynx, puis dans une cavité péripharyngienne en large communication avec l'extérieur.

Cette disposition est différente de celle que présentent les Appendiculaires; le passage de l'une à l'autre est réalisé de la façon suivante :

1. Au voisinage de la bouche s'établit une communication, *co*, entre le pharynx et la vésicule cérébrale bien différenciée déjà, *v. cé* : ce canal, reconnu aussi chez les Appendiculaires, est une partie de la glande hypoganglionnaire (hypophyse des Vertébrés).

Chez les **Appendiculaires** (fig. 378, D), deux stigmates simples, *s.s*, placés de part et d'autre de l'endostyle, font communiquer directement la cavité pharyngienne (ou branchiale) avec l'extérieur.

Quand on suit le développement des **Ascidies**, on voit, la région ventrale prendre latéralement une grande extension; la cavité pharyngienne, *Ph* (E), présente à l'intérieur, outre l'endostyle, *e*, deux replis qui montent à la rencontre de deux autres replis de la face dorsale. Le pharynx, *Ph*, consiste alors en un sac entouré d'une *cavité péripharyngienne*, *c.p.ph*, elle-même entourée de la paroi du corps; la cavité péripharyngienne communique avec le pharynx par 2 *entostigmates* latéraux, *ens* et avec l'extérieur par 2 *ectostigmates, ecs* (stigmates des Appendiculaires déplacés vers la ligne dorsale).

Qu'on imagine les ectostigmates se rapprochant plus encore, de manière à se confondre en un orifice expirateur ou cloacal unique, *o.ex* (F) et la paroi pharyngienne perforée d'un grand nombre de trémas, *t* : on aura la structure typique de la branchie des Ascidies.

Morphologie générale d'une Ascidie simple (adulte). — Une Ascidie a la forme d'un sac plus ou moins allongé limité par une tunique externe à 2 orifices : l'un antérieur, *bo* (fig. 379, A et B), est l'*orifice buccal* inspirateur ; l'autre, *o.cl*, est l'*orifice cloacal* expirateur, placé sur la ligne médiane dorsale du corps et plus ou moins éloigné de la bouche, suivant les genres.

A la tunique protectrice est accolé intérieurement l'épiderme qui forme la paroi du corps. Quand la tunique est fendue dans toute sa longueur, elle laisse voir le corps transparent de l'animal composé de 2 parties : 1° la très vaste région antérieure constituant la *région pharyngienne*, *branchiale* ou *respiratoire* ; 2° la *masse viscérale* postérieure comprenant tout le tube digestif sauf le pharynx, le cœur et les organes génitaux.

Dans la région antérieure, le *pharynx*, *Ph*, *qui joue le rôle de branchie en même temps*, forme un vaste sac à paroi fenêtrée (fig. 379, D) dont les ouvertures ou trémas, *t*, donnent accès dans une *cavité péripharyngienne*, *c.p.ph.* (A, Coupe *XY*, Coupe *X'Y'*). Cette cavité péripharyngienne est toutefois divisée en deux parties par une cloison épaisse située dans le plan de symétrie du corps. En outre, de nombreuses trabécules, *tra*, fines colonnes conjonctives, maintiennent le sac branchial suspendu à la paroi elle-même appliquée contre la tunique.

L'anus, *an* et les orifices génitaux, *o.g*, débouchent dans la cavité péripharyngienne, au niveau de l'orifice cloacal.

Tunique. — La tunique est une production cuticulaire de l'épiderme composée de *tunicine*, substance comparable à la cellulose des végétaux ; de temps à autre, des cellules ectodermiques y émigrent et contribuent à en augmenter l'épaisseur.

La tunique, vue en coupe, présente un faux air de cartilage avec des colorations diverses (*Phallusia*); parfois, on y rencontre des corpuscules calcaires, des spicules siliceux, etc. L'animal se fixe en général aux rochers à l'aide de sa tunique qui y prend l'aspect de stolons irréguliers.

Chez certaines vieilles Ascidies se produit une sorte d'exfoliation de la tunique : la couche externe se détache par des contractions violentes du corps, la partie interne subsiste seule, tandis que les fragments détachés sont emportés par l'eau.

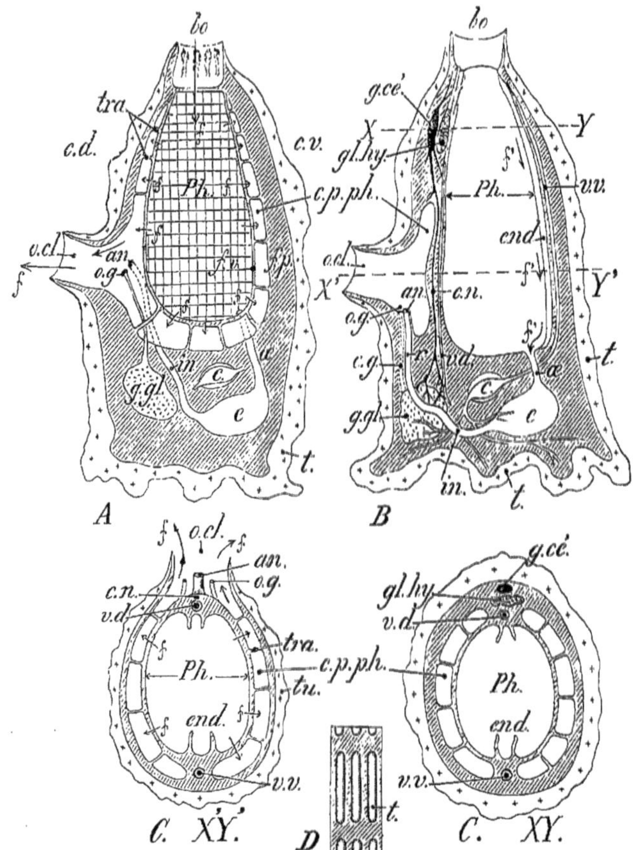

Fig. 379. — Figures schématiques relatives à l'Anatomie des Ascidies. — A, B ; coupes longitudinales : la 1re parallèle au plan de symétrie du corps ; la 2e passant par le plan de symétrie. — C ($XY, X'Y'$) ; coupes transversales pratiquées : la 1re au niveau du ganglion cérébral ; la 2e au niveau de l'orifice cloacal. *c.d*, côté dorsal ; *c.v*, côté ventral. *t*. tunique ; *f.p*, feuillet pariétal et *f.v*, feuillet viscéral réunis par des trabécules, *tra* ; entre les 2 feuillets se trouve la cavité péripharyngienne, *c.p.ph*. Tube digestif : *bo*, bouche ; *Ph*, pharynx avec endostyle, *end* ; *æ*, œsophage ; *e*, estomac ; *in*, intestin ; *r*, rectum ; *an*, anus débouchant dans le cloaque, *o.cl*. (Les flèches *f'* indiquent la marche des particules alimentaires ; les flèches *f* montrent le passage de l'eau à travers les trémas, *t* (D), de la paroi du pharynx). — *c*, cœur ; *v.v*, vaisseau ventral ; *v.d*, vaisseau dorsal. — *g.cé*, cerveau voisin de la glande hypoganglionnaire, *gl.hy*. *g.gl*, *c.g*, *og*, glande génitale, conduit et orifices génitaux.

Paroi du corps. — Sous l'*épiderme* qui forme avec la tunique, le revêtement externe du corps, on trouve le *mésoderme* avec des fibres musculaires et des travées conjonctives, puis l'*entoderme* qui tapisse la cavité pharyngienne. C'est dans l'épaisseur de cette paroi qu'est creusée la cavité péripharyngienne due à une double invagination ectodermique.

Nutrition. — Tube digestif. — Un large orifice buccal, *bo*, donne accès dans un vaste pharynx, *Ph*, qui sert aussi de branchie, comme nous l'avons vu déjà. Le long de la paroi ventrale de cette cavité se trouve l'*endostyle*, *end* (B et C), gouttière tapissée de cellules, les unes ciliées, les autres glandulaires. Le rôle de l'endostyle est, comme pour les Appendiculaires, de grouper en bols alimentaires les particules en suspension dans l'eau qui circule à travers le pharynx; les bols alimentaires sont conduits (suivant *f*″,B) jusqu'à l'entrée de l'œsophage, *œ*, passent dans l'estomac, *e*, où ils subissent l'action de sucs sécrétés par des cellules glandulaires de la paroi. Après un séjour dans cette vaste poche, les matières nutritives s'engagent dans l'intestin, *in*; les résidus de la digestion sont rejetés par l'anus, *an*, dans le cloaque d'où les expulsera le courant d'eau expirateur.

Les cellules glandulaires de l'estomac sont particulièrement abondantes dans les genres *Molgula* et *Cynthia*, sans constituer cependant un *foie*.

Appareil respiratoire. — Il est constitué par le pharynx ou *branchie*, à paroi fenêtrée (D). Les trémas, *t*, sont disposés plus ou moins régulièrement. Dans l'épaisseur de la paroi, *f.v* (A), se trouvent de nombreuses lacunes (*sinus branchiaux*) dans lesquelles circule le sang qui y subit l'hématose. Tantôt la paroi interne du sac branchial est à peu près lisse (*Phallusia*), tantôt elle présente des plis qui en accroissent l'étendue (*Cynthia*, *Molgula*), plis revêtus d'un épithélium vibratile propre à favoriser la circulation de l'eau dans la branchie.

Un courant d'eau pénètre, en effet, constamment suivant *f* dans le pharynx (A) dont il traverse la paroi, se rend dans la cavité péripharyngienne et sort par l'orifice cloacal, *o.cl*.

Appareil circulatoire. — Chez tous les Tuniciers se trouve un cœur musculaire, *c*, logé dans un péricarde délicat et ouvert à ses deux extrémités dans des lacunes souvent bien endiguées et isolables (*Molgula*, *Cynthia*). Le long du pharynx et dans le plan de symétrie, se trouvent deux *pseudo-vaisseaux* importants : l'un ventral, *v.v* (B et C), l'autre dorsal, *v.d*, tous deux en communication avec les lacunes de la branchie. La lacune ventrale, *v.v*, est en rapport direct avec le cœur qui, d'autre part, communique avec les lacunes de la masse viscérale; dans ces mêmes lacunes se confond aussi le pseudo-vaisseau dorsal, *v.d*, qui s'étend jusqu'au voisinage de la glande génitale.

Le cœur bat environ 35 à 40 fois par minute; pendant quelque temps, il est traversé par le sang suivant un certain sens, puis en sens contraire. Si nous supposons que le sang sorte de la branchie par la lacune ventrale, *v.v*, il parvient au cœur, se répand autour des organes, pénètre dans la lacune dorsale, *v.d*, traverse les lacunes branchiales et reprend le même trajet. Il est aussi facile de se rendre compte de la marche inverse.

Le **sang** *renferme des globules.*

Appareil excréteur. — Il paraît être représenté par des cellules glandulaires voisines de l'intestin, cellules qui renferment des concrétions d'acide urique (?) ; pas de conduit excréteur.

Relation. — **Système nerveux.** — Un ganglion cérébral fusiforme, *g.cé* (B) occupe la partie dorsale du corps entre les deux orifices buccal et cloacal. Il en part des filets nerveux en haut vers le siphon buccal et un nerf médian, *c.n*, qui contient à la fois des cellules nerveuses et des fibres [c'est donc *un véritable ganglion* prolongeant le ganglion cérébral] ; des filets nerveux s'en détachent pour le siphon cloacal et la masse viscérale.

Sur la face ventrale du ganglion cérébral est située la **glande hypoganglionnaire**, *gl.hy*, correspondant à la glande proboscidienne du *Balanoglossus* et à l'*hypophyse* des Vertébrés. La cavité en est remplie par un mucus épais ; un canal part de cet organe et débouche au fond du siphon buccal. Le rôle en est inconnu.

Les **organes des sens** sont représentés par des organites tactiles situés dans le siphon buccal.

Reproduction. — **1° Reproduction sexuelle.** — Comme les Appendiculaires, *les Ascidies sont hermaphrodites* ; mais les produits sexuels n'arrivent pas à maturité simultanément.

Chez *Phallusia*, le testicule est réparti sur toute l'étendue de l'intestin ; l'ovaire est distinct. Chez la Molgule, les ovaires, au nombre de deux, font saillie dans la cavité péribranchiale où s'ouvrent leurs oviductes ; les testicules sont appliqués contre les ovaires.

La fécondation des ovules a lieu dans le cloaque où s'accomplit parfois une partie du développement de l'œuf.

L'œuf des Ascidies possède une couche de cellules folliculaires, ayant pour origine la paroi de l'ovaire.

La description succincte du **développement** de l'œuf a été exposée, page 320, avec l'apparition de la *larve urodèle*.

L'embryon de *Molgula tubulosa* est toutefois dépourvu d'appendice caudal.

2° Bourgeonnement. — Un certain nombre d'Ascidiacés peuvent se multiplier par bourgeonnement et constituer des *colonies* ; ce sont les formes primitives qui jouissent de cette propriété que ne possèdent pas les types les mieux organisés.

Il suffit que, par multiplication cellulaire, il se produise en un point d'un individu primitif (*oozoïde*) un massif cellulaire contenant quelques éléments originaires des 3 feuillets blastodermiques, pour que ce massif cellulaire constitue un *bourgeon* d'où dérivera le *blastozoïde*.

1° Tantôt *les blastozoïdes n'ont avec l'oozoïde que des rapports de voisinage.* Dans le genre *Clavelina*, par exemple, des stolons ou prolongements de la base de l'oozoïde rampent sur le sol, et des bourgeons s'y développent sans régularité de position : c'est là le *bourgeonnement stolonial*; les divers individus, uniquement reliés par le substratum, sont physiologiquement indépendants.

2° Tantôt *les blastozoïdes ont avec l'oozoïde des rapports intimes* et forment des colonies complexes. Ils ont pour origine la paroi latérale du corps (*Botryllidés*), le tissu ovarien (*Polyclinidés*), etc.

Dans les colonies qui en résultent, il arrive parfois que deux ou plusieurs individus, groupés autour d'un axe, conservent distincts leurs orifices buccaux rangés en cercle et présentent un cloaque central commun ; ils forment alors une *cœnobie* (*Botrylloïdes*).

Les *Pyrosomes* forment des *cœnobies* ou *colonies flottantes* d'Ascidies. Une colonne creuse axiale, fermée à sa partie inférieure, ouverte en haut, constitue le cloaque commun à tous les individus de la colonie ; chacun de ceux-ci présente un orifice buccal à son extrémité libre, tandis qu'au voisinage de son orifice cloacal il est soudé, par sa tunique, aux Ascidies voisines.

La seule différence essentielle entre la constitution des Pyrosomes et celle des Ascidies est relative à la présence d'*organes sensoriels* bien développés (*œil* et *otocyste*).

I. — ASCIDIACÉS APLOUSOBRANCHES

Branchies simples, **sans plis.**

Tous les types de cet ordre sont associés en formes stolonifères, ou en Ascidies composées.

Formes stolonifères ou sociales. — *Clavellina* ; orifices buccal et cloacal voisins.

Formes composées. — *Didemnum* ; corps divisé en 2 régions : région pharyngienne ou *thorax* et région viscérale ou *abdomen*. — *Polyclinum* ; corps très allongé comprenant 3 régions : thorax, abdomen et post-abdomen ; individus disposés irrégulièrement en étoile autour d'un cloaque commun.

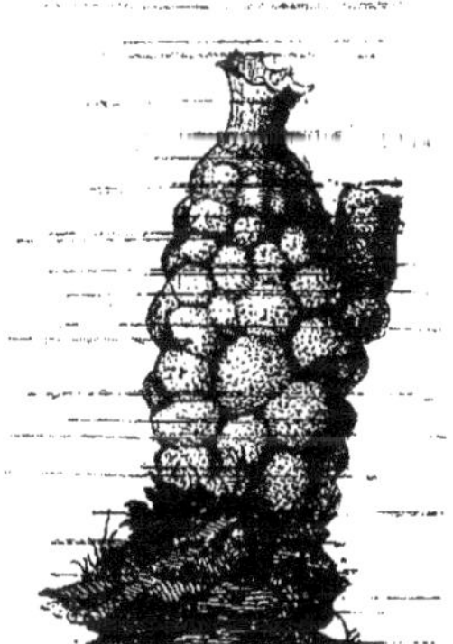

Fig. 380. — *Phallusia mamillaris.*

II. — ASCIDIACÉS PHLÉBOBRANCHES

Branchies pourvues de papilles bifides, puis creuses, soudées les unes aux autres en **tubes longitudinaux** *ou travées.*

Formes stolonifères (primitives). — *Perophora* ; individus globuleux fixés de part et d'autre du stolon rampant.

Formes simples. — *Phallusia* (fig. 380). *Ascidia*; orifice buccal à 8 dents; orifice cloacal à 6 dents. Corps transparent; diffusion des glandules hépatiques.

III. — ASCIDIACÉS STOLIDOBRANCHES

Branchies pourvues de plis *longitudinaux ou méridiens bien développés.*

Formes composées. — *Botryllus*; cœnobies étoilées plus ou moins régulières. — *Botrylloides*; cœnobies irrégulières décomposables en plusieurs cercles intérieurs à un cercle commun, avec un orifice cloacal parfois ramifié.

Formes simples. — *Cynthia*; tunique mince; orifices à 4 lobes; bandes cellulaires hépatiques. — *Molgula*; villosités de la tunique agglutinant chacune un grain de sable. Orifice buccal à 6 dents; orifice cloacal à 4 dents.

IV. — ASCIDIACÉS PÉLAGIQUES

Pyrosoma; colonies flottantes plutôt que nageuses, dont les individus associés ont les orifices buccaux distincts et une chambre cloacale commune. Œil et otocyste.

P. Atlanticum.

(*C*). — THALIACÉS

Tuniciers nageurs pourvus d'une notochorde dans l'âge larvaire seulement; leur tunique présente deux orifices (buccal et cloacal) opposés; leur corps, en forme de tonnelet ou de cylindre, est transparent comme du cristal.

Morphologie générale. — Le corps de ces animaux, en forme de tonneau, est protégé par une tunique mince. Les orifices buccal et cloacal, *bo* et *o.cl* (fig. 381, A), sont très larges; 8 rubans musculaires, mu_1 à mu_8, forment, au-dessous de la tunique et dans la paroi du corps, des cercles complets et parallèles (*Doliolum*), des bandes interrompues sur la face ventrale et souvent obliques (*Salpa*).

Nutrition. — Le **tube digestif** comprend, après la bouche, *bo*, un vaste pharynx, *Ph*, séparé de la bouche par un arc cilié, *a.ci* et pourvu de l'endostyle, *end*; puis l'œsophage, *œ*, l'estomac, *e*, et un intestin court aboutissant à l'anus, *an*, qui s'ouvre dans le cloaque.

La **branchie** est constituée par la partie inférieure du pharynx qui présente 2 rangées de trémas transversaux.

Chez les *Salpes*, la cavité branchiale communique avec la cavité péripharyngienne et le cloaque par 2 larges orifices latéraux.

Le **cœur**, *c*, se trouve du côté ventral, au voisinage de l'estomac.

Pas d'**appareil excréteur** connu.

Relation. — Un **ganglion nerveux** dorsal, *g.cé*, avec une glande hypoganglionnaire, *gl.hy*.

Pas d'**organes des sens** (sauf un *otocyste* chez les nourrices).

Reproduction. — Un ovaire arrondi et compliqué, *ov*, un testicule simple et allongé, *t*, s'observent chez les *Doliolum*.

L'ovaire des *Salpes* ne renferme ordinairement qu'un ovule *mûr bien avant les zoospermes* (Voir T. II, fasc. 1er, page 153).

L'hermaphrodisme de tous les Tuniciers est insuffisant, puisqu'il ne peut y avoir autofécondation.

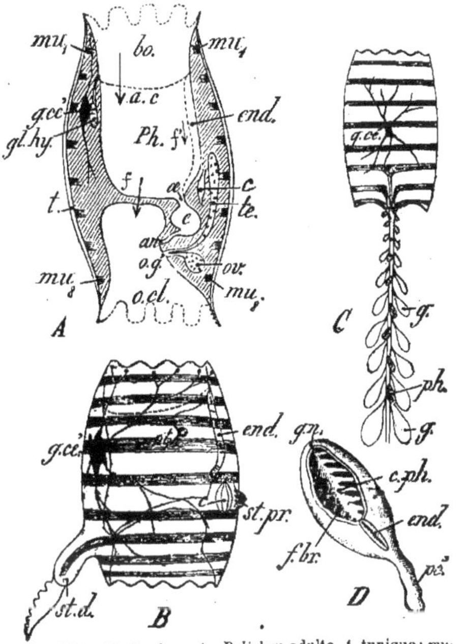

Évolution du Doliolum. — Les œufs tombent au fond de l'eau où ils subissent une segmentation régulière aboutissant a une *gastrula* embolique; une *larve urodèle* s'organise, assez comparable d'abord à une larve d'Ascidie (fig. 378, C) avec invaginations pharyngienne et cloacale, un cœur, un ganglion nerveux et 9 bandes musculaires transversales. Peu à peu, la queue se résorbe et disparaît; au voisinage du cœur, en *c* (fig. 381 B), se développe un *stolon prolifère* ventral, *st.pr*, occupant à peu près la place des organes génitaux absents. Un otocyste volumineux, *ot*, est en rapport avec le ganglion nerveux, *g.cé*; du côté dorsal apparaît un stolon, *st.d*, capable de s'allonger démesurément en arrière [*ce stolon dorsal n'est nullement une dépendance de l'appendice caudal disparu*]; enfin les appareils digestif et branchial subissent une atrophie complète : Telle est la *forme asexuée* (B), *issue de la larve urodèle, et appelée improprement nourrice.*

Fig. 381. — Thaliacés. — A ; *Doliolum* adulte. *t*, tunique ; mu_1, mu_8, 8 bandes musculaires transversales ; *bo*, *Ph*, *œ*, *e*, *an*, tube digestif. *c*, cœur; *te*, testicule ; *ov*, ovaire (les autres lettres sont conformes aux indications de la légende 379). — B, *Doliolum* nourrice. *g.cé*, cerveau ; *ot*, otocyste; *st.pr*, stolon prolifère ventral; *st.d*, stolon dorsal. — C; *Doliolum* dont le stolon dorsal très développé porte des gastrozoïdes, *g*, et des phorozoïdes, *ph*. — D ; gastrozoïde grossi ; *c.ph*, cavité pharyngienne avec endostyle. *end* ; *f.br*, fentes branchiales ; *g.n*, ganglion nerveux ; *pé*, pédoncule.

Le stolon ventral, *st.pr*, formé de cellules originaires des 3 feuillets blastodermiques, s'accroît peu à peu (C) ; à son extrémité se développent successivement des prolongements amiboïdes qui, étranglés à leur base, deviennent libres, rampent sur le corps de la nourrice et vont se fixer sur le stolon dorsal qui s'agrandit à mesure. Les premiers bourgeons amiboïdes se fixent sur les côtés (*bourgeons latéraux*, *g*); ceux qui viennent ensuite se disposent sur la ligne médiane (*bourgeons médians*, *ph*); d'autres enfin se fixent sur les pédoncules des bourgeons médians (*gonozoïdes*).

Chacun de ces bourgeons s'accroît et évolue suivant les besoins de la colonie naissante :

1° Les *bourgeons latéraux* acquièrent rapidement les appareils digestif et respiratoire; ce sont de véritables *gastrozoïdes*, *g*, en forme de cuiller portée par un pédoncule, *pé* (D), avec une large fente buccale, deux séries de fentes branchiales latérales, *f. br*, et un ganglion nerveux, *g. n*, à l'extrémité libre; ils pourvoient à la nutrition de la colonie.

2° Les *bourgeons médians*, *ph*, par un développement moins rapide, deviennent de petits *Doliolum* à forme normale, dépourvus toutefois d'organes génitaux; on les appelle *phorozoïdes*.

Ces jeunes êtres se détachent alors du stolon de la nourrice et possèdent, comme elle, un petit stolon ventral (reste du stolon primitif issu de la nourrice) sur lequel se sont fixés les nouveaux bourgeons ou *gonozoïdes*. Ces derniers se développent sur le *Doliolum* qui les a produits, et aboutissent à la forme sexuée.

Ainsi est clos le cycle évolutif complexe du genre *Doliolum*.

Œuf→Nourrice { Bourgeons latéraux→Gastrozoïdes.
— médians→Phorozoïdes.
— — →Gonozoïdes→ Individu sexué→ Œuf.

1° CYCLOMYAIRES

Corps en forme de tonnelet avec des cercles musculaires complets. Sac branchial avec 2 rangées symétriques de trémas. Testicule tubulaire; ovaire pluriovulaire.

Doliolum (fig. 381); vit dans la Méditerranée.

2° HEMIMYAIRES (DESMOMYAIRES)

Corps cylindrique ou aplati, avec des rubans musculaires non parallèles et ininterrompus sur la face ventrale. Branchie formée seulement par la paroi dorsale et médiane du pharynx; 2 larges fentes latérales font communiquer le pharynx avec le cloaque. Masse viscérale formant un petit *nucléus*. Ovaire uniovulaire.

Salpa; vit dans la Méditerranée.

§ 3. — CÉPHALOCHORDES

Chordés pourvus d'une **notochorde** *qui s'étend d'une extrémité à l'autre du corps, mais* **plus développée à la partie antérieure**.

Le genre *Amphioxus* constitue, à lui seul, ce groupe important qui *établit le passage des* **PROTOCHORDES** *aux* **VERTÉBRÉS**.

Morphologie extérieure. — L'*Amphioxus* (fig. 189, T. I et fig. 382, A et B) vit dans le sable fin des côtes, au niveau des plus basses mers; il a un corps long de 5 à 8 centimètres, symétrique par rapport à un plan, fusiforme, aplati latéralement, sans appendices.

Une *bouche* triangulaire, *bo* (A,B), occupe la partie antérieure du côté ventral; un *pore abdominal*, *po*, est situé à l'extrémité de la gouttière ventrale formée par deux replis latéraux, *r.v*; l'*anus*, *an*, est déjeté un peu à gauche de la nageoire impaire (nageoire caudale, *n.c*) qui forme crête dans le plan de symétrie et à l'extrémité postérieure du corps.

Tégument. — Muscles. — Une couche épithéliale de cellules non ciliées, auxquelles s'adjoignent des cellules tactiles, repose sur une membrane basale

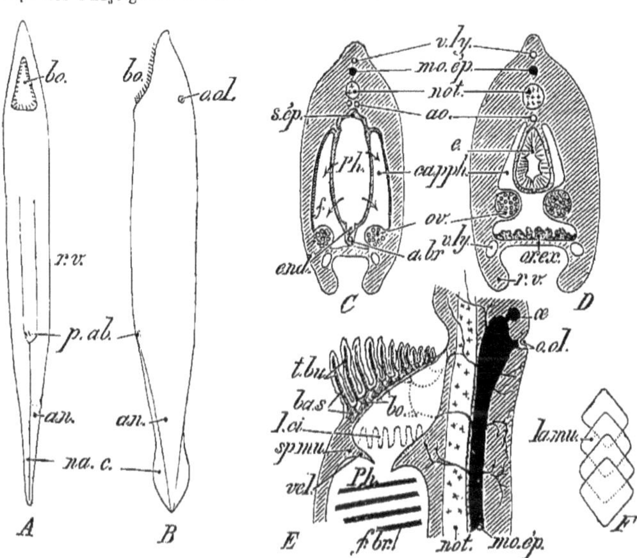

FIG. 382. — *Amphioxus* : A, vu par la face ventrale; B, vu de profil. *bo*, bouche; *an*, anus; *p.ab*, pore abdominal; *r.v*, repli ventral; *na.c*, nageoire caudale; *o.ol*, organe olfactif. — C; coupe transversale au niveau du pharynx, *Ph*. — D; coupe transversale au niveau de l'estomac *e*. *s.ép*, sillon épibranchial; *end*, endostyle; *ca.p.ph*, cavité péripharyngienne dans laquelle passe, suivant *f*, l'eau qui se dégage par le pore abdominal. *ao*, aorte dorsale; *a.br*, artère branchiale; *v.ly*, vaisseaux lymphatiques. *not*, notochorde. *mo.ép*, moelle épi- nière; *or.ex*, organe excréteur; *ov*, ovaire. — E; coupe longitudinale de la partie anté- rieure du corps; *bo*, bouche entourée des tentacules buccaux, *t.bu*, avec les baguettes de soutien, *ba.s*; *l.ci*, languettes ciliées; *sp.mu*, sphincter musculaire; *vel*, velum; *Ph*. pharynx avec les fentes branchiales, *f.br*; *œ*, œil situé en avant du cerveau. — F; lames musculaires isolées.

transparente et anhiste; au-dessous est un tissu conjonctif traversé par de nombreux canaux lymphatiques en rapport avec deux gros vaisseaux, *v.ly* (D), qui occupent les replis de la paroi ventrale du corps.

Les muscles, sur lesquels s'applique la peau, sont constitués, d'un bout à l'autre du corps, par des lamelles losangiques imbriquées ou *myomères* (F), unies par de minces lamelles conjonctives appelées *myocommes*; en outre, au fond de la gouttière ventrale se trouvent des muscles transversaux.

Squelette. — Une notochorde, *not* (fig. 382, E), déjà décrite (T. I, page 196), s'étend dans le plan de symétrie et tout le long du corps; la gaine ou *couche squelettogène*, qui l'entoure complètement, émet des *prolongements supérieurs* soudés de manière à former un *canal neural*, *a.n* (fig. 190, B, T. I,; dans ce canal est contenu le système nerveux central. Du côté ventral, la couche squelettogène émet aussi des *prolongements inférieurs* soudés de manière à constituer un *canal hémal*, *a.h* (B, même figure) dans la région caudale seulement, en arrière de l'anus. Le canal hémal contient l'aorte dorsale.

Cette disposition se rapproche beaucoup de celle que présente le squelette initial des Vertébrés.

La bouche possède un squelette consistant en 2 tigelles cartilagineuses dont l'ensemble forme un fer à cheval ouvert antérieurement. Chaque tigelle est partagée en segments ou *baguettes de soutien*, *ba.s* (fig. 382, E), dont chacune porte un cirre; les cirres forment eux-mêmes les axes d'autant de tentacules buccaux, *t.bu*, réunis par une palmure avec un certain nombre de cellules ciliées (monociliées).

L'appareil constitué par les tentacules buccaux forme une sorte de crible en travers de l'orifice buccal. En outre, des baguettes cartilagineuses sont situées dans la paroi du pharynx, entre les fentes branchiales.

Nutrition. — Appareil digestif. — La bouche, *bo* (E), est une cavité en entonnoir limitée inférieurement par un *velum*, *vel*, avec un sphincter musculaire à sa base, *sp.mu* et des digitations; ce velum isole en partie la bouche du pharynx, *Ph.* Des languettes ciliées, *l.ci*, ont pour rôle d'activer le courant d'eau d'inspiration.

A la bouche fait suite un vaste *pharynx*, *Ph*, avec de nombreuses fentes branchiales transversales; comme chez les Ascidies, c'est à la fois un pharynx avec endostyle (*sillon hypobranchial* de l'*Amphioxus*, *end*, *C*) et une branchie entourée d'une cavité péripharyngienne, *ca.p.ph*, en communication elle-même avec le milieu extérieur par le pore abdominal, *p.ab.*

Les particules alimentaires agglomérées par la sécrétion des cellules glandulaires renfermées dans les sillons hypo- et épibranchial, *end* et *s.ép* (C), pénètrent dans un œsophage court, puis dans un large estomac et un intestin rectiligne, tous deux ciliés. L'anus est placé du côté gauche.

L'estomac présente un cæcum antérieur, improprement appelé *cæcum hépatique* puisque sa paroi ne renferme pas plus de cellules sécrétrices que celle de l'estomac.

Appareil respiratoire. — Il est formé par le pharynx.

Le courant d'eau inspirateur traverse les fentes branchiales, *f.br* (E), sert à l'hématose du sang, pénètre dans la cavité péripharyngienne et sort du corps par le pore abdominal.

Appareil circulatoire. — Le cœur manque chez l'*Amphioxus*; la contractilité des principaux vaisseaux pourvoit à son absence.

Le sang hématosé qui provient de la branchie passe dans une *aorte dorsale*, double dans la région branchiale, *ao* (fig. 383), et simple en arrière. L'aorte contractile distribue le sang dans toute la région postérieure; une veine porte, *v.p*, le ramène, chargé d'acide carbonique, dans la paroi du cæcum hépatique; il se rassemble dans une veine cave, *v.c*, qui se continue par une artère branchiale, *a.br*. Cette dernière (fig. 382, C) longe la branchie parallèlement au sillon hypobranchial; elle émet de chaque côté des rameaux qui, pourvus de *bulbilles* contractiles, *c*, déterminent la circulation du sang dans la paroi du pharynx où il subit l'hématose; en avant, l'artère branchiale communique directement aussi avec l'aorte par 2 anastomoses dont l'une subsiste seule, l'anastomose droite, *an.d*.

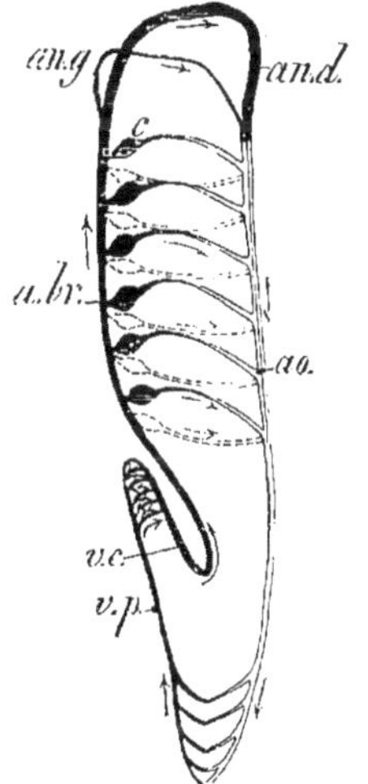

Fig. 383. — Schéma de la circulation de l'*Amphioxus*. *ao*, aorte dorsale double sur toute la longueur de la région branchiale; *an.d*, *an.g*, anses droite et gauche (cette dernière atrophiée); *a.br*, artère branchiale reliée à l'aorte, *ao*, par des anastomoses pourvues de cœurs contractiles, *c*; *v.p*, veine porte; *v.c*, veine cave.

L'*Amphioxus* possède un *système lymphatique*, mal connu d'ailleurs.

Trois vaisseaux lymphatiques longitudinaux, *v.ly* (fig. 382, C, D), l'un médian dorsal, les 2 autres logés dans les replis ventraux, *r.v*, constitueraient, avec un cœur lymphatique situé à la base du cæcum, l'appareil central de circulation de la lymphe. Ce cœur lymphatique communiquerait directement avec l'artère branchiale.

Appareil excréteur. — Sa connaissance est encore douteuse; on considère comme tel un amas glandulaire, *or.ex* (D), situé dans la paroi ventrale de la cavité péripharyngienne, *ca.p.ph*.

Relation. — **Système nerveux et organes des sens.** — Un tube nerveux complet (obtenu par une invagination ectodermique, comme chez les Vertébrés, fig. 274, 1 et 2, T. I), véritable moelle épinière, s'étend au-dessus de la notochorde[1]. En avant, la moelle se termine : 1° par une vésicule cérébrale avec une tache pigmentaire sans différenciation ou *ocelle*, *œ* (fig. 382, E); 2° par une sorte de bulbe olfactif en connexion avec une *fossette olfactive* ectodermique, *o.ol*.

Des ramifications nerveuses partent de la moelle : les unes dorsales se rendent surtout aux cellules neuro-épithéliales du tégument; les autres latérales se distribuent aux muscles.

1. Toutefois, dans la suite, la partie supérieure du tube nerveux se résorbe; le tube présente alors la forme d'une gouttière des côtés de laquelle se détachent les nerfs.

L'*ocelle*, *œ*; la *fossette olfactive* (?), *o.ol*; des *cellules tactiles* ectodermiques : tels sont les organes sensoriels de l'*Amphioxus*.

Reproduction. — *L'Amphioxus est unisexué.*

Aucune différence ne caractérise au début les glandes génitales, *ov* (C et D), placées de part et d'autre de la cavité péripharyngienne; plus tard, s'il se forme un testicule, la glande se creuse, en son milieu, d'un tube qui devient une vésicule remplie de spermatozoïdes; si c'est un ovaire, la glande se lobe. Dans tous les cas, les éléments sexuels tombent, par rupture de la paroi, dans la cavité péripharyngienne et sont entraînés vers le pore abdominal par le courant d'eau expirateur.

La segmentation de l'œuf alécithe de l'*Amphioxus* a été exposée (Voir T. II, fasc. 1er, pages 39-41 et 156). Quant au **développement** de l'embryon, il présente les plus grandes analogies avec celui des Ascidies; toutefois l'anus s'ouvre près de l'extrémité ventrale du corps [non du côté dorsal, en avant de l'appendice caudal, comme cela a lieu chez les Ascidies].

Amphioxus lanceolatus; seule espèce recueillie sur les côtes sablonneuses de la mer du Nord, de la Méditerranée et de l'Amérique du Sud.

V. — EMBRANCHEMENT DES

VERTÉBRÉS

Chordés pourvus d'une symétrie bilatérale. Tégument sans cellulose ni coquille. Notochorde cartilagineuse, persistante ou temporaire, *constituant l'axe primitif d'un squelette interne dont la* **colonne vertébrale** *est la base. 4 membres au plus. Tube digestif ouvert à ses deux extrémités, dont dérive l'appareil respiratoire* (Branchies ou Poumons). *Appareil vasculaire clos; sang rouge dont la couleur est due à des globules riches en hémoglobine. Système nerveux central comprenant l'encéphale et la moelle épinière.*

VERTÉBRÉS	**Anamniens** (*Ichthyopsidés*)	possédant des nageoires avec rayons........		**Poissons.**
		dépourvus de nageoires avec rayons; des poumons dans l'âge adulte..........		**Amphibiens** (*Batraciens*).
	Amniens (*Pulmonés*)	dépourvus de mamelles (*Sauropsidés*).	Écailles recouvrant le corps..........	**Reptiles.**
			Plumes............	**Oiseaux.**
		possédant des mamelles....................		**Mammifères**

Morphologie générale. — La symétrie bilatérale du corps est un caractère d'une généralité presque absolue chez les Vertébrés qui sont des animaux vivant en liberté.

Tégument. — La peau qui n'est protégée, ni par une coquille (**Mollusques**), ni par un revêtement de cellulose (**Tuniciers**), ni par une production chitineuse (**Arthropodes**, **Vers**), se compose de deux couches superposées : le *derme* profond ; l'*épiderme* superficiel (Voir T. I, pages 223-224 et 181-184).

Le *derme*, essentiellement formé de tissu conjonctif mésodermique, ne présente que rarement des éléments musculaires (*muscles horripilateurs*, *m.h*, fig. 170, T. I). *Jamais ces muscles ne contribuent à la locomotion* : caractère essentiel pour les Vertébrés qui n'ont pas d'enveloppe musculo-cutanée, comme la plupart des animaux étudiés jusqu'ici.

L'*épiderme*, d'origine ectodermique, est homogène chez les Vertébrés aquatiques (la plupart des *Ichthyopsidés*) ; il se différencie en une *couche cornée* protectrice et une *couche de Malpighi* très active chez les Vertébrés aériens (*Amniens*).

Nous avons exposé (T. I, pages 181 à 184) les formations tégumentaires des Vertébrés dérivées : soit de l'épiderme (poils, plumes, écailles des Reptiles), soit du derme (écailles des Poissons Téléostéens, *scutelles* des Crocodiles et des Tortues).

On appelle *dermosquelette* ou *exosquelette* l'ensemble des ossifications dermiques, recouvertes ou non par les productions épidermiques ou *phanères*.

Squelette. — On appelle plus particulièrement ainsi l'ensemble des formations cartilagineuses et osseuses qui ont pour rôle de maintenir les organes dans leur situation respective.

Les Vertébrés ont un *squelette interne*, purement cartilagineux (Poissons inférieurs), cartilagineux d'abord, puis osseux (autres Vertébrés) ; ce squelette a eu pour origine une notochorde dont la gaine (*couche squelettogène*) a donné la **colonne vertébrale** composée de *vertèbres* (Voir T. I, pages 196-206).

Les arcs neuraux des vertèbres protègent la moelle épinière et les arcs hémaux, les viscères.

En avant se forme le *crâne* destiné à recouvrir l'encéphale ; 2 *paires de membres* au plus sont rattachées au squelette par des *ceintures* scapulaire et pelvienne.

Les Vertébrés inférieurs présentent en outre des *organes locomoteurs impairs* situés dans le plan de symétrie.

Muscles. — Les masses musculaires primitives, d'origine mésodermique, sont divisées en *segments* par des *myocommes* (V. *Amphioxus*, page 329). La partie dorsale de chaque segment musculaire forme un *myotome* ou *plaque musculaire* d'où dériveront les organes locomoteurs actifs ; la partie ventrale forme le *somite* entourant le tube digestif.

Nutrition. — **Appareil digestif.** — Chez les Vertébrés, c'est un tube ouvert à ses deux extrémités, rectiligne d'abord, puis peu à peu contourné sur lui-même, avec des dilatations, des circonvolutions, des annexes glandulaires; ces variations nombreuses résultent d'une spécialisation des cellules de la muqueuse intestinale, d'une *division du travail* poussée au plus haut point et aussi, pour deux animaux distincts, d'une *différence dans le régime alimentaire* (Voir T. I, pages 40, 65, 73 à 75 ; T. II, fasc. 1er, pages 52 et 53, fig. 41).

Appareil respiratoire. — Tous les Vertébrés ont, outre la *respiration cutanée*, un mode spécial de respiration à l'aide de *branchies* (Poissons, Amphibiens au moins dans le jeune âge) ou de *poumons* (Reptiles, Oiseaux et Mammifères, Amphibiens adultes). (Voir T. I, pages 82-83.)

Dans l'un et l'autre cas, *les appareils respiratoires spéciaux dépendent du tube digestif* : les arcs qui soutiennent les *branchies* des Poissons limitent les fentes branchiales par lesquelles l'eau sort du pharynx dans les ouïes ou cavités péripharyngiennes (Voir T. I, pages 101 à 104) ; les *poumons* sont des diverticules de la partie ventrale de l'œsophage. (Voir T. II, fasc. 1er, pages 54 et 55.)

Appareil circulatoire. — Cet appareil est *clos* chez les Vertébrés; il comprend un organe de propulsion (cœur) et un appareil de dissémination (artères, vaisseaux capillaires et veines); il a pour annexe un appareil lymphatique plus ou moins complexe (Voir T. I, pages 108-110, 118, 139, 142-143).

L'étude générale des *liquides sanguins* (sang rouge et lymphe) a été faite aussi (Voir pages 110-118).

Appareil excréteur. — Désigné sous le nom d'*appareil urinaire* chez les Vertébrés, l'appareil excréteur est composé, à l'origine, d'organes segmentaires (*néphridies*) absolument identiques à ceux des Vers Il suffit, pour s'en convaincre, d'en comparer la physionomie chez l'embryon du Squale et chez un Ver quelconque (fig. 164, T. I).

L'appareil urinaire, comme l'appareil génital, dérive d'un organe unique, le *germe uro-génital*, visible dès les 1ers jours chez l'embryon, dans la région dorsale et de chaque côté de la colonne vertébrale.

L'évolution de ce germe a été traitée (T. II, fasc. 1er, pages 24-28) ; nous avons vu apparaître successivement le *pronéphros* (persistant en partie chez les **Poissons** *Cyclostomes*, *Ganoïdes* et *Téléostéens*), puis le *mésonéphros* (rein définitif des **Poissons** *Ganoïdes* et *Téléostéens* pour la plupart et des **Amphibiens**). Un *métanéphros* ou rein définitif se constitue ensuite, et de toutes pièces, chez les **Amniotes**.

L'appareil génital, mâle ou femelle, résulte de l'évolution

variable d'une même *glande sexuelle primitive* ayant aussi pour origine le germe uro-génital; les conduits génitaux, de même que les canaux urinaires, débouchent dans un *cloaque* avec l'intestin terminal chez tous les Vertébrés, sauf les *Ganoïdes* et la plupart des *Téléostéens* parmi les **Poissons** et les **Mammifères** (les *Monotrèmes* exceptés).

Relation. — **Système nerveux.** — Il se compose toujours :

1° d'une *moelle épinière* logée au-dessus de la colonne vertébrale, dans le canal rachidien formé par l'ensemble des arcs neuraux;

2° d'un *encéphale*, abrité par une boîte crânienne, et d'autant plus développé qu'on se rapproche des Vertébrés supérieurs (Voir T. I, fig. 275, A').

Chez tous les Vertébrés, l'*axe cérébro-spinal* est placé *au-dessus* du tube digestif et ne présente jamais de commissures formant ou rappelant un collier œsophagien (colliers observés chez les Arthropodes, les Vers, les Lophostomés et les Mollusques).

Des **organes des sens**, en général mieux développés, caractérisent aussi les Vertébrés; les organes du *toucher*, du *goût* et de l'*odorat* sont mieux connus que dans les groupes précédents.

Reproduction. — *Les sexes sont séparés.* L'origine et le développement de l'appareil génital ont été rappelés plus haut.

L'étude générale des éléments sexuels, de la maturation et de la fécondation de l'ovule, puis de la segmentation de l'œuf et du développement de l'embryon a été faite dans le 1er fascicule du tome II de cet ouvrage.

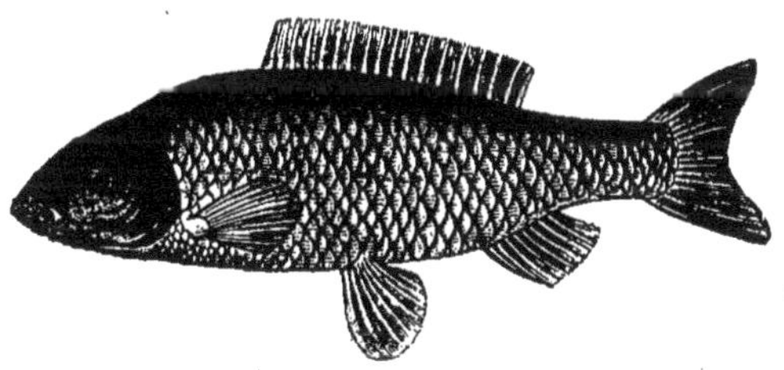

Fig. 384. — *Cyprinus carpio* (Carpe).

Les Vertébrés se divisent en deux catégories : les *Amniens* ou *Allantoïdiens* et les *Anamniens* ou *Anallantoïdiens*, suivant que dans l'œuf apparaissent ou non les membranes embryonnaires appelées *amnios* et *allantoïde* qui caractérisent le développement des Vertébrés supérieurs.

Amniens (Mammifères, Oiseaux et Reptiles).

Anamniens (Amphibiens, Poissons). (Voir T. II, fasc. 1er, page 49.)

§ 1. — POISSONS

Vertébrés **anamniens** *aquatiques respirant par des* **branchies.** *Tégument pourvu d'***écailles** *ou de productions osseuses dermiques. Appareil locomoteur représenté par des* **nageoires** *paires* (4 *au plus*) *et des nageoires impaires.* **Cœur simple** (1 *oreillette et* 1 *ventricule*) *placé sur le trajet du sang rouge foncé. Circulation simple. Température variable.*

POISSONS	Squelette entièrement cartilagineux. Notochorde persistante. Pas de membres. *Bouche circulaire.* 6 à 7 paires de branchies en forme de bourse.		**Cyclostomes.**
	Squelette en partie ossifié. Valvule spirale dans l'intestin. Bulbe aortique avec plusieurs rangées de valvules.	Bouche ordinairement ventrale et transversale. 5 paires de poches branchiales avec autant de fentes externes.	**Sélaciens** (**Chondroptérygiens**).
		Bouche terminale. Des écailles *ganoïdes* ou des plaques osseuses sur le corps. Branchies libres protégées par un opercule.	**Ganoïdes.**
		Notochorde persistante. *Respiration par des branchies et par un poumon.*	**Dipnoï.**
	Squelette osseux. Écailles cycloïdes ou cténoïdes. Queue homocerque en apparence. Pas de valvule spirale. Bulbe aortique avec 2 valvules seulement. Branchies libres recouvertes par un opercule.		**Téléosteens.**

Morphologie extérieure. — La forme générale des Poissons est parfaitement adaptée à leur genre de vie aquatique. Leur corps a, le plus souvent, la forme d'un fuseau comprimé latéralement, caréné du côté ventral, avec des nageoires (dorsale, anale et caudale) disposées verticalement pour permettre à l'animal de mieux fendre l'eau. Les écailles imbriquées d'avant en arrière, la transformation des membres en nageoires, l'absence d'étranglement entre la tête et le tronc sont autant de conditions favorables à la natation avec un minimum de résistance de la part de l'eau.

La *bouche* est située le plus souvent à la partie antérieure de la tête (Carpe, fig. 384; Perche, etc.), quelquefois sur la face ventrale (Requin, fig. 385; Raie). L'*anus*, par suite d'un phénomène de céphalisation, s'est porté sur la ligne médio-ventrale, en avant de la nageoire anale et de l'orifice des organes sexuels et urinaires. [La masse viscérale a aussi abandonné, comme nous le verrons, la région post-anale du corps.]

Téguments. — La peau des Poissons comprend un *épiderme sans couche cornée* et un *derme* conjonctif avec des vaisseaux et

Fig. 385. — *Carcharias glaucus* (Squale glauque).

des nerfs; *elle ne renferme ni muscles, ni glandes analogues à celles des autres Vertébrés.*

Les cellules de l'épiderme, *c.ep* (fig. 386), sont polyédriques, à contour crénelé; chez les **Dipnoï** et les **Cyclostomes**, un plateau cuticulaire strié, *cu*, est formé par les cellules superficielles. Des cellules caliciformes ou *mucipares*, *c.mu*, sécrètent une matière huileuse qui, répandue sur l'épiderme, le protège contre l'influence de l'eau (**Téléostéens** surtout); des *cellules pigmentaires* étoilées, en connexion avec

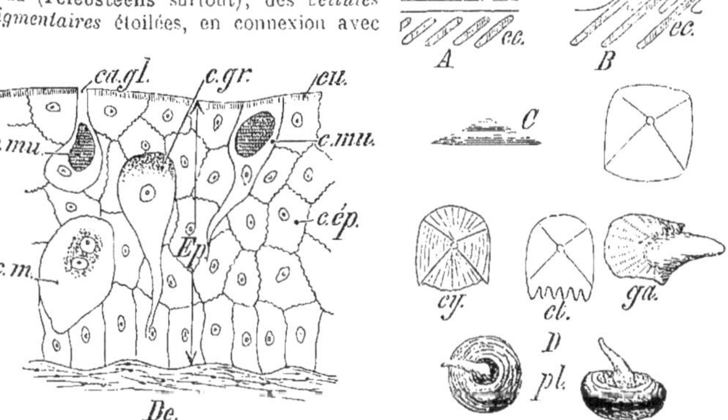

Fig. 386. — Coupe de la peau de la Lamproie (*Petromyzon*). *Ép*, épiderme; *De*, derme; *cu*, cuticule; *c.ép*, cellules épithéliales dentées; *c.m*, cellules en massue; *c.gr*, cellules granuleuses; *c.mu*, cellules mucipares (l'une avec son canal glandulaire, *ca.gl*).

Fig. 387. — Écailles de Poissons. — A; *ec*, écailles jeunes, plus développées en B. — C; lamelles superposées formant l'écaille vue à droite. — D; différentes formes d'écailles : *cy*, cycloïde; *ct*, cténoïde; *ga*, ganoïde; *pl*, placoïde.

des nerfs, peuvent déterminer un changement de coloration de la peau (Épinoche, Pleuronectes dont le corps adopte, suivant leur volonté, une teinte voisine de la couleur du fond où ils habitent).

Exosquelette. — On désigne sous ce nom les *écailles* et les *os de recouvrement* du crâne et de la ceinture scapulaire *qui apparaissent dans le derme* (Voir T. I, page 199).

L'exosquelette est une *formation plus ancienne* que le squelette interne; ce fait est confirmé par la paléontologie (les 1ers Poissons découverts dans le Silurien et le Devonien étaient cuirassés) et par l'ontogénie (dans le cours du développement, des dépôts calcaires apparaissent dans le derme, avant que toute trace d'ossification se soit manifestée dans le squelette cartilagineux).

A part les **Cyclostomes**, tous les Poissons ont des écailles dont il existe 4 types essentiels : le type *placoïde*, *pl*, propre aux **Sélaciens** (fig. 387, D), le type *ganoïde*, *ga*, qu'on trouve chez les **Ganoïdes**, enfin les types *cycloïde*, *cy*, et *cténoïde*, *ct*, spéciaux aux **Téléostéens**.

Implantées dans des cavités formées par le tissu conjonctif dermique, les écailles sont recouvertes par l'épiderme pendant toute la vie (**Téléostéens** et **Dipnoï**), pendant la vie embryonnaire seulement (**Ganoïdes** et **Sélaciens**).

Le développement des écailles est comparable à celui des dents que nous envisagerons plus loin ; on trouve, dans les *écailles placoïdes*, l'émail et l'ivoire sillonné de prolongements de la pulpe qui en occupe la base ; les *écailles ganoïdes* n'ont plus de pulpe, mais l'émail y a pris un développement excessif et leur donne un brillant aspect ; les *écailles cténoïdes* et *cycloïdes* demeurent minces et l'émail, cessant de s'accroître, se dissocie en lames concentriques à leur surface.

Les plaques osseuses dermiques, appelées *os de recouvrement*, atteignent leur plus grand développement à l'époque actuelle chez les *Lophobranches* (Hippocampe, fig. 388 ; Syngnathe) et les *Plectognathes* (*Ostracion*, *Diodon*, *Triodon*, etc.). Ces Poissons sont, en effet, enfermés dans une carapace formée de plaques contiguës.

FIG. 388. *Hippocampus* (Hippocampe).

Squelette interne. — Le squelette interne demeure cartilagineux chez les Poissons les plus inférieurs (**Cyclostomes**, **Sélaciens**, **Ganoïdes** *cartilagineux*) ; il s'ossifie plus ou moins complètement dans les autres ordres.

Les os qui composent le squelette interne peuvent avoir pour origine :

1° L'*ossification du tissu conjonctif proprement dit :* les os qui en proviennent sont dits *os de membrane* (os de la voûte du crâne) ;

2° L'*ossification d'un cartilage primitif* qui subit l'histolyse et la résorption ; c'est l'*ossification enchondrale*, et les os qui en résultent sont appelés *os de cartilage* (os des membres, de la colonne vertébrale, de la base du crâne).

L'os de cartilage, une fois formé, s'épaissit aux dépens du périoste, membrane périphérique dont la partie profonde, en contact direct avec le tissu osseux, est la *couche ostéogène*. Comme il y a résorption du tissu osseux du côté interne (moelle de l'os) et rénovation du côté externe (couche ostéogène), on comprend que, peu à peu, à l'os de cartilage primitif s'est substitué un os de membrane (*os périostique*). (Voir T. I, page 188.)

Colonne vertébrale. — La notochorde persiste toute la vie chez les **Cyclostomes** ; l'étui squelettogène, *et* (fig. 389, A), en représente seul la gaine fibrillaire protectrice et se prolonge au-dessus en un canal abritant la moelle épinière. Toutefois chez la Lamproie (*Petromyzon*) apparaissent, dans la région dorsale de cette gaine, des éléments cartilagineux (*rudiments d'arcs vertébraux*) non soudés sur la ligne médiane ; ces plaques cartilagineuses correspondent, de 2 en 2 paires, à un segment musculaire. La métamérisation est à peine distincte.

Chez les **Ganoïdes cartilagineux** et les **Dipnoï**, la forme de la vertèbre s'accentue; la gaine de la corde est très développée et figure déjà le *corps vertébral* encore fibrillaire; 3 pièces cartila-

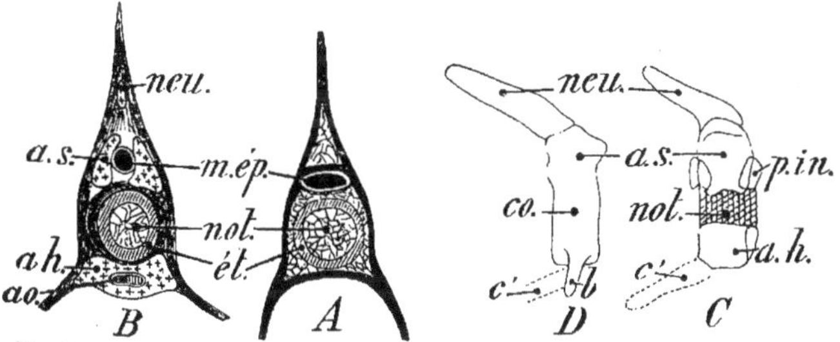

Fig. 389. — Vertèbres vues en coupe. — A; *Ammocœtes*. — B; *Acipenser* (Esturgeon). Vertèbres vues de côté. — C; *Acipenser*. — D; *Polypterus*, *not*, corde dorsale et son étui squelettogène, *ét*; *m.ép*, moelle épinière entourée de l'arc neural, *a.s*; *neu*, neurépine; *ao*, aorte protégée par l'arc hémal, *a.h*; *co*, corps vertébral; *p.in.* pièces intercalaires; *c'*, côte.

gineuses supérieures indépendantes figurent l'*arc neural*, *a.s* (B et C), avec son apophyse épineuse ou *neurépine*, *neu*. Des pièces cartilagineuses inférieures forment, en se soudant dans la région caudale, un véritable *arc hémal*, *a.h*, entourant tout au moins l'aorte, *ao* (Esturgeon).

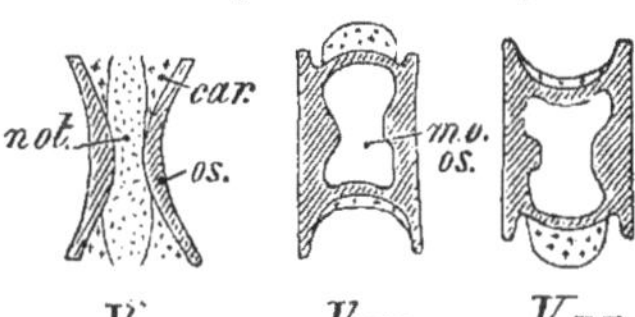

Fig. 390. — Vertèbres : amphicœlique, *V.am*; opisthocœlique, *V.op*; procœlique, *V.pr*. *not*, corde dorsale; *mo.os*, moelle osseuse.

Les **Sélaciens** et certains **Ganoïdes** cartilagineux présentent, en outre, des *pièces intercalaires*, *p.in* (C), entre les arcs neural, *a.s* et hémal, *ah*; la gaine de la notochorde se chondrifie et se partage en *segments vertébraux* en forme de sablier (fig. 191, B, T. I); le corps de la vertèbre est devenu *biconcave* et la calcification s'y manifeste ensuite.

Il en est de même, et d'une manière plus nette, chez les **Ganoïdes osseux** et les **Téléostéens**.

Forme des vertèbres. — Les vertèbres en forme de double cône ou de sablier sont dites *amphicœliques*, *V.am* (fig. 390) et se rencontrent chez tous les Poissons à vertèbres différenciées; le Lépidostée (Ganoïde) est le seul dont les vertèbres soient *opisthocœliques*, *V.op*, concaves en arrière et convexes en avant.

Région caudale. — La *région caudale* de la colonne vertébrale présente des aspects différents. Chez les **Cyclostomes** et les **Dipnoï** (fig. 391, A) où la corde dorsale s'étend en ligne droite jusqu'à l'extrémité du corps, la nageoire caudale l'entoure symétriquement et la queue est dite *homocerque* (*Protopterus*). Chez tous les autres Poissons, la colonne vertébrale est infléchie du côté dorsal (B), par suite d'une inégalité dans la croissance de la nageoire caudale; la queue est dite ***hétérocerque***.

L'hétérocercie est *extérieure* (Esturgeon, B) ou ***intérieure*** (Saumon, Brochet, etc. C, D); dans ce dernier cas, elle est masquée par une symétrie apparente de la nageoire caudale.

Côtes et Sternum. — *Les côtes se développent indépendamment de la colonne vertébrale;* en rapport intime avec les myocommes (Voir pages 329 et 333), elles présentent, comme eux, une disposition métamérique dans l'intervalle des vertèbres. Elles peuvent exister dans toute l'étendue de la colonne vertébrale.

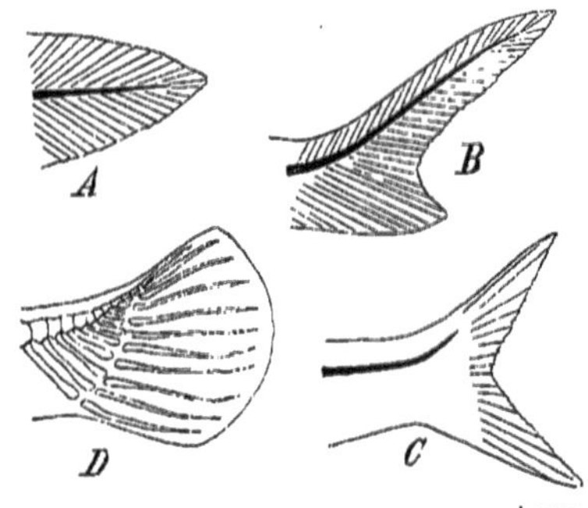

Fig. 391. — Région caudale. — A ; queue homocerque de *Protopterus*. — B ; queue hétérocerque d'*Acipenser* (Esturgeon). — Hétérocercie masquée chez *Esox* (Brochet, C) ; chez *Lepidosteus* (D).

Non développées chez les Poissons inférieurs (**Cyclostomes** et nombre de **Sélaciens**), les côtes, *c'* (fig. 389, D), reposent sur les moignons basilaires, *b*, des corps vertébraux, *co* ; quand les moignons font défaut, les côtes reposent directement sur la gaine de la notochorde (C).

Les côtes des Ganoïdes sont des différenciations des arcs hémaux; par suite, elles ne sont pas comparables à celles de tous les autres Vertébrés.

Soudées dans la région post-anale du corps, les côtes sont écartées en avant pour abriter la masse viscérale ; jamais alors *elles ne sont réunies par un sternum* (fig. 190, D, T. 1).

Squelette de la tête. — Pour en mieux comprendre la structure, nous décrirons succinctement l'évolution de cette partie du squelette qui comprend le *crâne* et les *arcs viscéraux*.

Crâne. — Dans son état primitif, le crâne est représenté par 2 paires de lamelles cartilagineuses (*parachordes* et *trabécules*), *Pa* et *Tr* (fig. 392, 1), soudées ensuite en une *lame basilaire* unique tout autour de la notochorde ; c'est une sorte de plancher pour l'encéphale. Puis la lame basilaire se prolonge, en avant et sur les côtés, jusqu'au contact des organes olfactifs, visuels et auditifs (2); elle se relève sur les côtés (3) et forme même, chez les **Sélaciens**, une capsule cartilagineuse complète et persistante autour de l'encéphale.

Chez les Poissons supérieurs et les autres Vertébrés, la voûte du crâne est due à l'ossification directe de la membrane fibreuse primitive.

Squelette viscéral. — Il consiste en 7 arcs pairs (4), disposés tout autour et dans les parois de l'œsophage :

1° L'*arc mandibulaire* ou *oral*, *Car*, *ca.M*, limite la bouche ; il est innervé par le nerf *trijumeau* (préhension des aliments) ;

2° l'*arc hyoïdien*, *Hy*, est en rapport avec la langue ; il est innervé par le nerf *facial* ;

3° les *arcs branchiaux vrais*, *a.br*, portent les branchies et sont séparés par les fentes branchiales *f.br* ; ce sont les nerfs *glosso-pharyngien* et *vague* qui y aboutissent.

D'abord simples, ces arcs se segmentent de la manière suivante en s'ossifiant :

1° L'arc mandibulaire donne le *carré*, *Car*, et le *cartilage de Meckel*, *ca.M* ;

2° l'arc hyoïdien donne l'*hyomandibulaire* en rapport avec le carré, le *symplectique* et l'*hyoïde* divisé lui-même en 3 segments;

3° les arcs viscéraux se divisent chacun en 5 segments : *basibranchial* soudé à

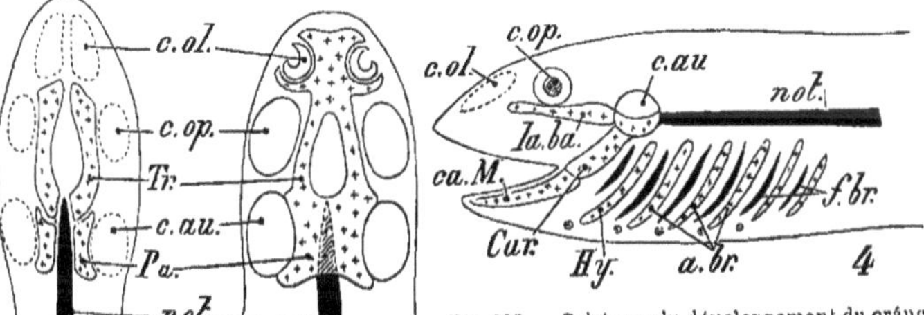

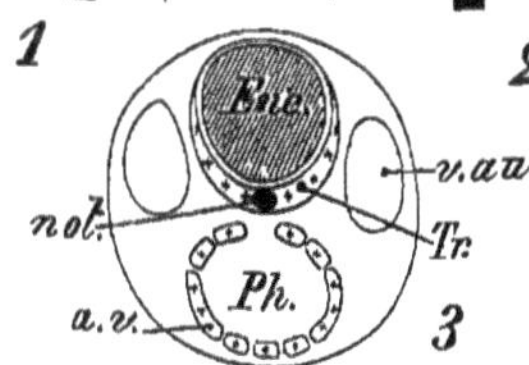

Fig. 392. — Schémas du développement du crâne primordial (1 ; 1er stade. — 2 ; 2e stade. — 3 ; coupe transversale) et du squelette viscéral (4). *Tr*, trabécules ; *Pa*, parachordes ; *not*, notochorde ; *c.ol*, capsule olfactive ; *c.op*, capsule optique ; *c.au*, capsule auditive ; *Enc*, encéphale ; *Ph*, pharynx entouré par le squelette viscéral ; *a.v*, arc viscéral et ses éléments constitutifs. — 4 ; *la.ba*, lame basilaire ; *Car*, os carré ; *ca.M*, cartilage de Meckel ; *Hy*, arc hyoïdien ; *a.br*, arcs branchiaux ; *f.br*, fentes branchiales.

son congénère sur la ligne médiane ventrale, *hypo-*, *cérato-*, *épi-* et *pharyngo-branchial* soudé en haut à la base du crâne.

Ainsi est constituée la cage qui soutient les branchies des Poissons (fig. 106, T. 1).

Aux *os de cartilage* qui résultent de l'ossification plus ou moins complète de toutes ces pièces, viennent s'ajouter les *os de membrane* qui concourent à former le squelette céphalique.

Le tableau suivant résume, en le simplifiant, le squelette céphalique :

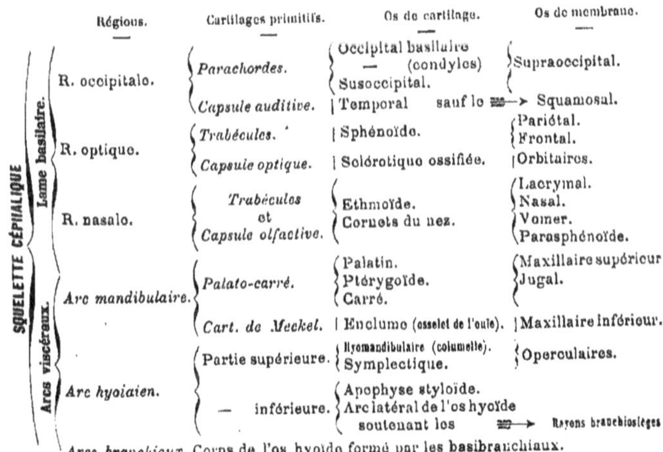

		Régions.	Cartilages primitifs.	Os de cartilage.	Os de membrane.
SQUELETTE CÉPHALIQUE	Lame basilaire.	R. occipitale.	*Parachordes.*	Occipital basilaire — (condyles) Susoccipital.	Supraoccipital.
			Capsule auditive.	Temporal sauf le →	Squamosal.
		R. optique.	*Trabécules.*	Sphénoïde.	Pariétal. Frontal.
			Capsule optique.	Sclérotique ossifiée.	Orbitaires.
		R. nasale.	*Trabécules* et *Capsule olfactive.*	Ethmoïde. Cornets du nez.	Lacrymal. Nasal. Vomer. Parasphénoïde.
	Arcs viscéraux.	*Arc mandibulaire.*	*Palato-carré.*	Palatin. Ptérygoïde. Carré.	Maxillaire supérieur Jugal.
			Cart. de Meckel.	Enclume (osselet de l'ouïe).	Maxillaire inférieur.
		Arc hyoïdien.	Partie supérieure.	Hyomandibulaire (columelle). Symplectique.	Operculaires.
			— inférieure.	Apophyse styloïde. Arc latéral de l'os hyoïde soutenant les →	Rayons branchiostèges
		Arcs branchiaux. Corps de l'os hyoïde formé par les basibranchiaux.			

Chez les **Cyclostomes**, le crâne est réduit à la lame basilaire ; l'*absence de mâchoires* caractérise ces animaux qui possèdent, autour de l'orifice buccal, un cartilage annulaire avec un grand

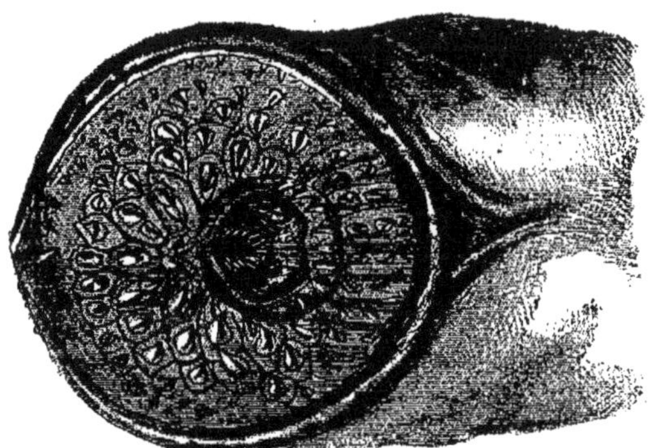

Fig. 393. — Tête de *Petromyzon fluviatilis* (Lamproie).

nombre de *dents cornées* (appareil de fixation, fig. 393) et d'autres pièces accessoires. — Le squelette branchial est réduit à 9 paires de lames cartilagineuses superficielles, non segmentées.

Les **Sélaciens**, ont un crâne en forme de boîte cartilagineuse (Voir page 340) avec des capsules latérales où sont logés les organes sensoriels. Le palato-carré et la mâchoire inférieure portent de nombreuses dents (fig. 62, T. I). — Le squelette viscéral cartilagineux est conforme au type décrit précédemment ; le nombre des arcs branchiaux est ordinairement de 5 ; il s'y développe souvent des cartilages accessoires (*rayons branchiostèges* pour l'arc hyoïdien).

Les **Ganoïdes** cartilagineux font le passage des Sélaciens aux Ganoïdes osseux et aux Téléostéens ; des *os* de recouvrement y

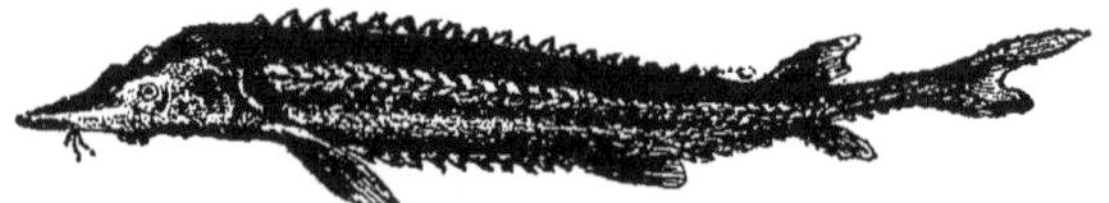

Fig. 394. — *Acipenser sturio* (Esturgeon).

forment une sorte de cuirasse à la surface du crâne toujours cartilagineux ; l'*opercule* y fait son apparition avec des plaques osseuses (Esturgeon, fig. 394).

Le squelette céphalique des **Ganoïdes osseux** comprend les plaques osseuses formant la cuirasse dermique, plus les cartilages ossifiés dans presque toute leur étendue, *à commencer par la base* *et la région moyenne du crâne* (*Polypterus*). — Le squelette branchial comprend 4 à 5 arcs plus ou moins ossifiés, dont les derniers sont très réduits.

Chez les **Téléostéens**, le crâne primordial cartilagineux est envahi par de nombreuses ossifications; mais les plaques osseuses sont toujours indépendantes et séparées par du cartilage. C'est dans ce groupe que le squelette céphalique atteint son maximum de complexité. Les os qui circonscrivent la cavité bucco-pharyngienne peuvent porter des dents. Quant au squelette branchial, il a été décrit (T. 1, page 102, fig. 106).

Le squelette céphalique des **Dipnoï** se rapproche de celui des Ganoïdes cartilagineux; le crâne demeure cartilagineux; il est soudé à la colonne vertébrale. La mâchoire inférieure, très forte, est en partie ossifiée; les arcs branchiaux, au nombre de 5 (*Ceratodus*) ou 6 (*Protopterus*), sont cartilagineux et rudimentaires, de même que l'opercule et les rayons branchiostèges.

Membres.

L'étude du développement des membres chez les Sélaciens a révélé que leur origine est due à des *replis cutanés* : un *repli médian dorsal* qui donnera la *nageoire dorsale*; 2 *replis latéraux symétriques*, convergeant sur la ligne médiane ventrale, d'où proviendront les nageoires paires (*pectorales* et *abdominales*) et les autres nageoires impaires (*anale* et *caudale*).

Chaque paire de membres comprend, chez les Poissons, une partie basilaire fixée au tronc (*ceinture*) et une *partie libre* (Voir, à ce sujet, T. 1, pages 199-201).

Les membres font défaut chez les **Cyclostomes**.

Chez les **Sélaciens**, la ceinture scapulaire a la forme d'un arc cartilagineux simple, ouvert sur le dos; la ceinture pelvienne est une plaque cartilagineuse simple ou double. La partie libre de la nageoire est unie à la ceinture qui la porte par 3 pièces cartilagineuses, *pro-*, *méso-* et *métapterygium*, celui-ci ayant apparu le premier (fig. 436, I).

Dans les groupes supérieurs de Poissons, la ceinture scapulaire s'ossifie et présente : l'*omoplate* (dorsale) qui s'unit au crâne, le *coracoïde* et le *procoracoïde* (ventraux).

Sauf les **Dipnoï**, les autres groupes ne possèdent pas de bassin.

Le développement des pièces de soutien des nageoires est très variable avec les genres considérés.

Les *nageoires impaires* sont soutenues, comme les nageoires paires, par des *rayons*, baguettes cartilagineuses ou osseuses, elles-mêmes en rapport avec des *rayons interépineux*; ces derniers sont en relation variable avec les apophyses épineuses des vertèbres.

Nutrition. — Appareil digestif (Voir, comme indications générales, T. 1, pages 70 et 75, fig. 62 et 68, II).

La bouche a une forme conique chez les **Cyclostomes**, qui sont dépourvus de mâchoires; sa paroi y porte un certain nombre d'*odontoïdes* pointus (fig. 393), provenant d'un épaississement corné de l'épithélium buccal; ces odontoïdes ont un rôle purement fixateur.

Chez les **Sélaciens**, le bord des mandibules exclusivement est garni de *dents* qui, chez la plupart, sont des écailles placoïdes identiques à celles du reste de la peau, mais plus serrées et plus fortes. Les *Requins* ont toutefois des dents plus spécialisées (fig. 62, T. I).

A part l'*Esturgeon* dépourvu de dents, les **Ganoïdes** et les **Téléostéens** en présentent sur tous les os qui participent à la formation de la cavité bucco-pharyngienne.

Développement d'une dent. — Une dent a pour origine un bourgeon, *b.ép* (fig. 395) de la couche de Malpighi, *co.M* (épiderme), formant une calotte qui coiffe une papille dermique, *p.d*, appelée à devenir la pulpe dentaire, *pu.den*. Le pédicule

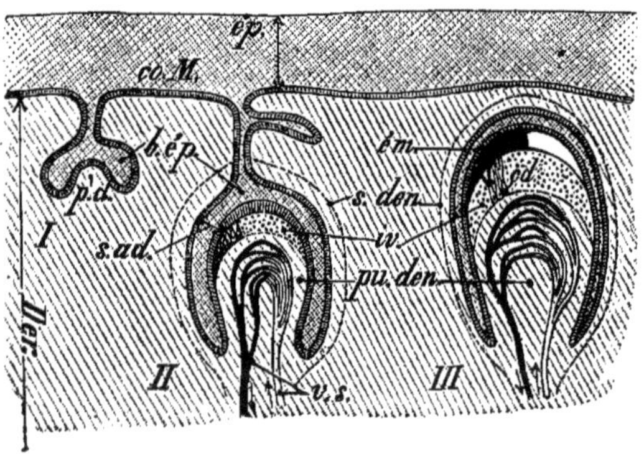

FIG. 395. — Phases successives du développement des dents, I, II, III. *ép*, épiderme; *co.M*, couche de Malpighi ; *Der*, derme ; *b.ép*, bourgeon épidermique ; *p.d*, papille dermique ; *s.ad*, sac adamantin ; *ém*, émail ; *iv*, ivoire ; *od*, odontoblastes ; *pu.den*, pulpe dentaire ; *v.s*, vaisseaux sanguins. En II, on voit se former déjà, en haut, le bourgeon de la dent de remplacement.

du bourgeon s'étrangle (II) et le sac à double paroi qu'il forme (*sac adamantin*, *s.ad*) se trouve bientôt indépendant de la couche de Malpighi (III). Sur sa face interne, le sac adamantin forme l'émail, *ém*, seule production épidermique de la dent. L'ivoire, *iv*, est dû aux cellules externes ou *odontoblastes*, *od*, de la papille dermique qui sécrètent la dentine. Le centre de la papille est occupé par la pulpe dentaire avec les filets nerveux et les vaisseaux sanguins, *v.s*, qui nourrissent la dent. Le cément se formera par calcification du tissu environnant la racine.

Le tube digestif est assez court chez les Poissons, sauf les **Téléostéens** chez lesquels il présente un certain nombre de circonvolutions; aussi, à part ce dernier groupe et quelques

Ganoïdes, l'intestin possède-t-il une *valvule spirale*, repli comparable à l'escalier tournant par lequel on accède au sommet d'une tour de faible diamètre (phares, clochers, etc.); la valvule augmente la surface de contact de l'intestin avec les aliments. Quand ce repli fait défaut, il est compensé par le développement d'*appendices pyloriques*, au nombre de 1 (*Polypterus*) à 190 (*Scomber*); ces diverticules digitiformes ont leur paroi interne identique à celle de l'intestin.

Chez les **Cyclostomes** et les **Dipnoï**, *chaque cellule de l'épithélium digestif est douée de la faculté de sécréter; c'est une petite glande.* Groupées en tubes dans l'estomac chez les **Sélaciens**, ces cellules forment des régions glandulaires plus distinctes encore dans le tube digestif des Poissons supérieurs.

Un *foie* et un *pancréas* plus ou moins nets sont également à mentionner.

L'*anus* s'ouvre dans un *cloaque*, en avant des conduits génitaux et urinaires, chez les Poissons, sauf les **Téléostéens** et les **Ganoïdes** où il est distinct.

Appareil respiratoire (Voir, pour les indications générales, T. I, pages 102 à 105, fig. 104 à 107).

Les Poissons respirent par des *branchies*; en outre, les **Dipnoï** ont un *poumon* constitué par leur vessie aérienne.

Branchies. — Les branchies sont *deux rangées symétriques de diverticules formés par la partie antérieure du tube digestif*, communiquant directement avec l'extérieur par des orifices percés dans la peau. L'eau, pourvue d'oxygène dissous, qui a pénétré dans la bouche, sort par ces orifices; et l'absorption du gaz vivifiant est d'autant mieux assurée que la surface de contact est plus vaste entre le courant d'eau et les diverticules; de là le plissement et la forme lamelleuse qu'affectent les branchies.

L'appareil branchial des **Cyclostomes** (fig. 396, A et B) rappelle celui de l'*Amphioxus*; 7 fentes branchiales, *f.br*, sont étagées chez l'*Ammocète* (A) le long du pharynx proprement dit, *Ph*; chez la Lamproie (*Petromyzon*), elles sont disposées sur toute la longueur d'un *sac branchial*, *Ca.br* (B et C.XY), diverticule ventral du pharynx.

La figure schématique (C) montre les *poches branchiales* en rapport avec le pharynx d'une part et avec l'eau ambiante d'autre part, les flèches indiquent le courant de l'eau.

La *Myxine* diffère de la Lamproie par l'existence de deux canaux longitudinaux et latéraux dans lesquels s'ouvrent les poches branchiales; ces canaux sont dès lors traversés, d'avant en arrière, par le courant d'eau qui s'échappe, à la surface ventrale du corps, par deux orifices situés en arrière des branchies.

Les **Sélaciens** (D) n'ont plus, en général, que 5 paires de poches branchiales qui s'ouvrent directement au dehors par de larges fentes placées sur les côtés du cou (Squales) ou sur la face ventrale (Raies). La surface des poches est hérissée d'une foule de feuillets richement irrigués par le sang qui y vient subir l'hématose.

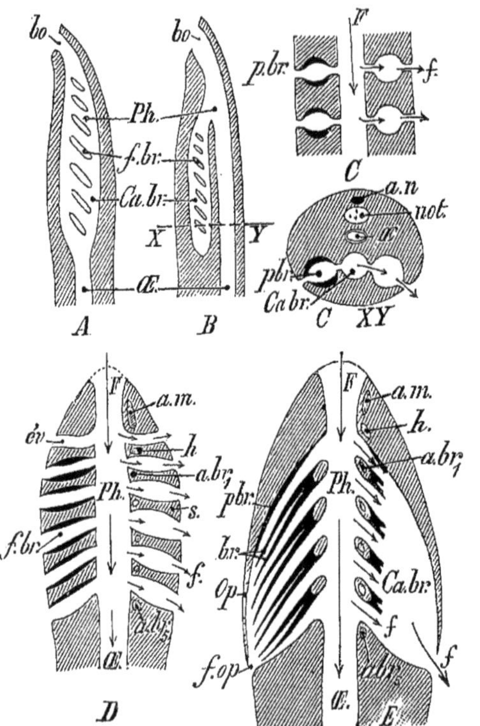

Fig. 396. — Figures schématiques représentant les dispositions diverses de l'appareil branchial chez les Poissons : Coupes longitudinales : A ; Ammocète. — B et C ; Lamproie. — D ; Sélaciens. — E ; Ganoïdes et Téléostéens. — *C. XY* ; Coupe transversale du corps de la Lamproie. *bo*, bouche ; *Ph*, pharynx ; *Ca.br*, cavité branchiale ; *f.br*, fentes branchiales ; *p.br*, poches branchiales ; *év*, évent ; *op*, opercule ; *f.op*, fente operculaire ; *œ*, œsophage ; *br*, branchie ; *a.m*, arc mandibulaire ; *h*, arc hyoïdien ; $a.br_1$, $a.br_5$, arcs branchiaux ; *a.n*, axe nerveux ; *not*, notochorde. La flèche F indique le sens du courant d'eau afférent tenant en suspension les particules alimentaires ; *f*, sens du courant d'eau expirateur.

En avant se trouve, entre les arcs mandibulaire, *a.m*, et hyoïdien, *h*, 1 paire de fentes dont la paroi est dépourvue de lamelles branchiales proprement dites ; ce sont les évents, *év*, avec une *pseudobranchie* ; car le sang qui traverse ces lamelles (quand elles existent) est déjà hématosé.

La Chimère constitue une forme de passage des **Sélaciens** aux **Ganoïdes** et aux **Téléostéens**, par l'existence d'*opercules* qui recouvrent et protègent les branchies.

L'appareil branchial des **Ganoïdes** et des **Téléostéens** (E) consiste, en effet, en lames branchiales, *br*, au nombre de *quatre* de chaque côté du cou, supportées par les arcs branchiaux et logées dans une vaste cavité appelée *ouïe*, *Ca. br*. L'ouïe a pour toit l'opercule, *Op*, en arrière duquel est réservée une *fente operculaire*, *f.op*, par où sort le courant d'eau expirateur.

L'opercule est pourvu, tout le long de son bord libre, d'une membrane soutenue par les *rayons branchiostèges* (fig. 106, T. I).

Pour passer de l'appareil respiratoire d'un Sélacien à celui d'un Téléostéen, par exemple, il suffit d'imaginer les septa, *s* (D), séparateurs des lames branchiales du premier, atrophiés chez le second, *sauf au niveau des arcs branchiaux*.

A signaler également, pendant la période embryonnaire, chez les Téléostéens, une pseudobranchie, *pbr*, irriguée par l'artère hyo-mandibulaire (arc aortique antérieur).

Les **Dipnoï** ont un opercule rudimentaire.

Le *Protopterus* possède, outre les *branchies internes* sous-operculaires, 3 paires de *branchies externes*, simples papilles sans squelette, irriguées par les 2ᵉ, 3ᵉ et 4ᵉ arcs aortiques.

Vessie natatoire (fig. 397). — C'est un diverticule de la paroi *dorsale* du pharynx d'origine comparable à celle des poumons, sauf que ces derniers naissent du côté ventral. Exclusivement présent chez les **Dipnoï**, les **Ganoïdes** et la plupart des **Téléostéens**, cet organe communique avec le pharynx par un canal ouvert toute la vie (Ganoïdes et Téléostéens *physostomes*), oblitéré plus tard et transformé en un cordon fibreux plein (Téléostéens *physoclystes*).

La vessie des Ganoïdes et des Téléostéens, recevant du sang oxygéné, n'est donc pas affectée à la respiration; c'est un *appareil hydrostatique* que l'animal peut comprimer plus ou moins, suivant qu'il veut occuper, dans l'eau, un niveau variable entre des limites déterminées (Voir T. I, page 100).

Il n'en est pas de même chez les **Dipnoï**, *où la vessie* **aérienne** *remplit l'office de poumon* unique (*Ceratodus*) ou bilobé (*Lepidosiren*, *Protopterus*); son canal de communication avec l'œsophage devient alors ventral (comme chez le Polyptère).

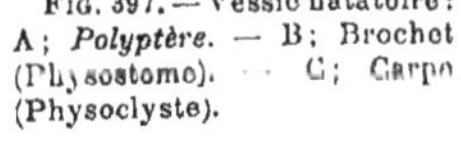

Fig. 397. — Vessie natatoire : A ; *Polyptère*. — B ; Brochet (Physostome). — C ; Carpe (Physoclyste).

Appareil circulatoire.

Appareil circulatoire. — L'appareil circulatoire présente chez tous les Poissons une grande similitude, à part quelques points de détail relatifs au nombre des valvules du bulbe aortique et au mode d'irrigation du poumon chez les **Dipnoï** (Consulter à ce sujet le T. I, pages 108 et 147, fig. 113 B et 144).

L'*appareil lymphatique* des Poissons est encore mal connu.

La lymphe suit, en général, des gaines périvasculaires entourant les gros troncs sanguins, le bulbe aortique et le ventricule. Le *sac lymphatique sous-vertébral*, qui entoure l'aorte, communique avec un *sac mésentérique* dans lequel débouchent les vaisseaux lymphatiques de l'intestin. Il n'y a de véritables lymphatiques, *à paroi propre*, que sous la peau où ils prennent naissance au milieu du réseau capillaire sanguin.

Appareil excréteur. — Les *reins* des Poissons sont représentés, soit par une partie du *pronéphros* persistant après la naissance pendant plus ou moins de temps (**Cyclostomes**, **Téléostéens**), soit par le *mésonéphros* qui forme le *rein primitif* permanent (**Téléostéens, Ganoïdes, Sélaciens**). (Voir T. II, fasc. 1ᵉʳ, page 25.)

Le caractère segmentaire de l'appareil excréteur se retrouve dans le mésonéphros de la *Myxine* (Cyclostome), où 2 tubes urinaires longitudinaux, les canaux de Wolff, *t* (fig. 398), reçoivent des tubes segmentaires terminés par une vésicule close, *v.cl*; dans cette extrémité aveugle est un glomérule de Malpighi (T. I, page 165).

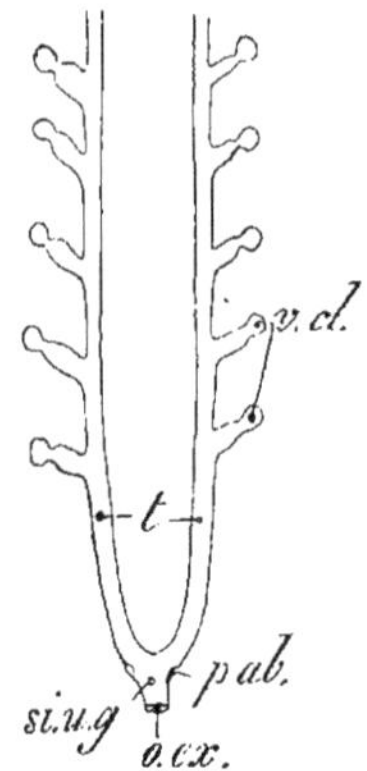

Fig. 398. — Appareil urinaire de Cyclostome (mésonéphros de Myxine) *v.cl*, vésicules closes; *t*, tubes urinaires; *si.u.g*, sinus uro-génital; *o.cx*, orifice excréteur; *p.ab.* pore abdominal.

Les reins des **Téléostéens** sont deux rubans plus ou moins fusionnés (fig. 398) situés entre la colonne vertébrale et la vessie natatoire; les uretères, *Ur*, sont plongés dans la masse rénale, et se soudent en un canal unique, l'urèthre, *Uh*, avec un réservoir latéral appelé vessie, *V*.

Ce réservoir n'a rien de commun avec la *vessie urinaire* originaire du canal allantoïdien chez les Amniotes.

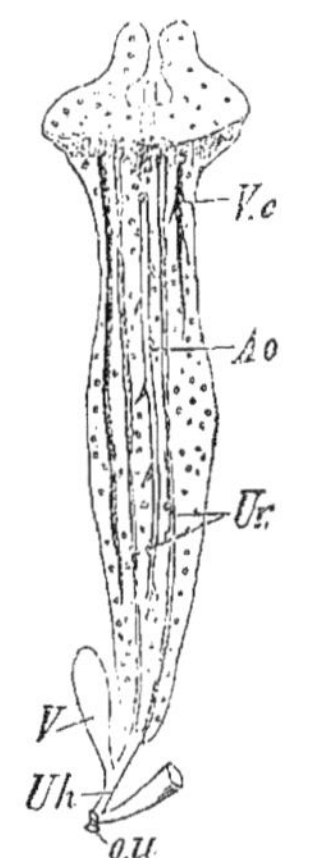

Fig. 398 *bis*. — Rein de Perche. *Uh*, urèthre et son orifice, *ou*, situé en arrière de l'orifice génital.

L'orifice urinaire est situé en arrière de l'anus et indépendant de l'orifice génital, *o.u*, chez la Perche.

Les embryons des **Sélaciens** sont pourvus d'un appareil excréteur qui rappelle absolument les *néphridies* ou organes segmentaires des Vers (fig. 399).

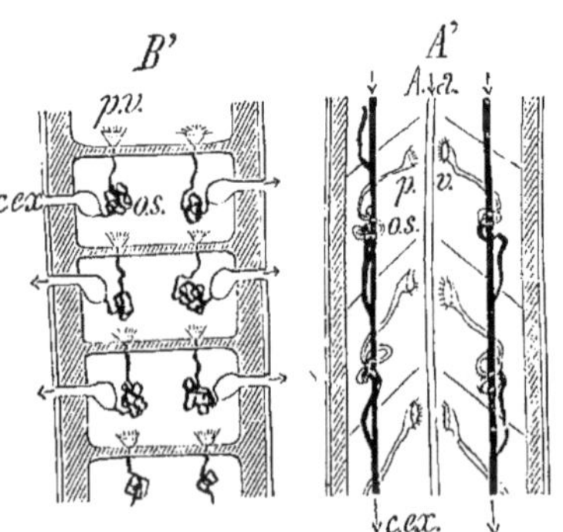

Fig. 399. — Organes excréteurs. — A'; appareil excréteur de l'embryon du Squale; *p.v.* pavillon cilié de l'organe segmentaire, *os*; *c.ex*, canal excréteur commun. — B'; appareil excréteur des Vers.

Plus tard, les tubes segmentaires antérieurs entrent en connexion avec le testicule chez le *mâle*, et servent à l'évacuation des spermatozoïdes; les tubes postérieurs conservent le rôle purement urinaire : les uretères (canaux de Wolff) sont donc en même temps les canaux déférents du mâle.

Chez la *femelle*, la glande génitale est indépendante de l'appareil urinaire et chaque canal de Wolff s'est divisé longitudinalement en deux parties dont l'une est l'uretère et l'autre, l'oviducte (canal de Müller).

Relation. — **Système nerveux.** — L'encéphale des Poissons constitue un axe nerveux horizontal, situé dans le prolongement de la moelle épinière. Les 5 cerveaux qui le composent sont différemment développés suivant les espèces et plus ou moins distincts.

Chez les **Cyclostomes**, le cerveau postérieur (cervelet) et l'arrière-cerveau sont indistincts; les lobes optiques y sont nets; le cerveau intermédiaire très réduit porte latéralement les deux petits hémisphères du cerveau antérieur avec des lobes olfactifs volumineux.

Les **Sélaciens** possèdent un cerveau antérieur important, H (fig. 400), avec de gros lobes olfactifs transversaux, *l.ol*, un cervelet extrêmement développé, *Ce*, avec une petite protubérance annulaire et un arrière-cerveau important, *Bu*.

Les **Téléostéens** se distinguent des précédents par la réduction du cerveau antérieur comparativement aux lobes optiques énormes et au cerveau postérieur de dimensions très notables.

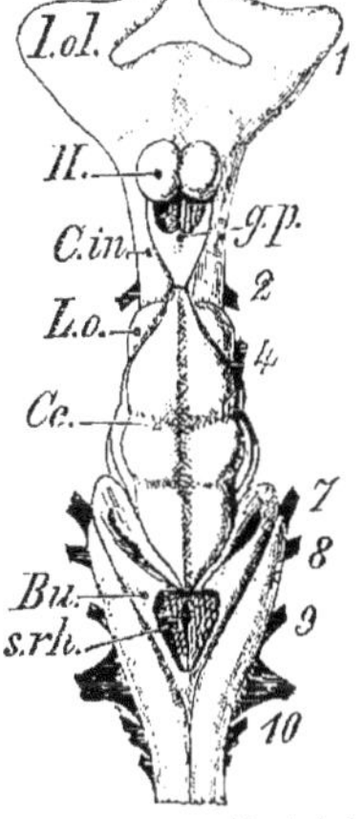

Fig. 400. — Encéphale de *Scyllium canicula* (Sélacien). *l.ol.* lobes olfactifs; *H*, hémisphères cérébraux; *g.p*, glande pinéale; *C.in*, cerveau intermédiaire; *Lo*, lobes optiques; *Ce*, cervelet; *Bu*, bulbe rachidien, *s.rh*, sinus rhomboïdal; 1 à 10, nerfs craniens.

Par l'ensemble de ses caractères, l'encéphale des **Téléostéens** ne se rattache directement ni à celui des **Cyclostomes**, ni à celui des **Sélaciens**; il paraît être passé par une phase intermédiaire.

L'encéphale des **Ganoïdes** *et des* **Dipnoï** *possède des caractères qu'on retrouve chez les* **Amphibiens** : flexion de l'encéphale entre le cerveau moyen et le cerveau postérieur; cerveau antérieur prédominant avec les lobes olfactifs qui en dépendent; cervelet réduit à une bandelette transversale en avant de la fosse rhomboïdale qui occupe la partie supérieure de l'arrière-cerveau.

Nerfs. — Les *nerfs craniens* signalés chez les Vertébrés supérieurs (T. I, page 297) peuvent être mentionnés ici, sauf les nerfs 4 et 6 absents chez les **Dipnoï**, et le nerf 11 qui manque chez tous les Poissons. Le grand hypoglosse, 12, n'est pas un nerf cranien dans ce groupe; il y naît de la moelle épinière.

Les racines dorsales et ventrales d'une même paire de *nerfs rachidiens*, alternes chez les Poissons inférieurs, naissent toutes dans un même plan chez les **Ganoïdes** et les **Téléostéens**.

Organes des sens. — Les Poissons présentent des organes sensoriels consistant en *cellules neuro-épithéliales*, groupées ordinairement, pourvues d'un bâtonnet saillant à l'extérieur et d'un filet nerveux qui y aboutit. Les groupes de cellules sensorielles sont situés à fleur de peau ou au fond de tubes alignés le long de *canaux muqueux*; ces canaux sont ainsi appelés parce que les cellules sensorielles y sont accompagnées de cellules mucipares dont la sécrétion, en forme de gelée, les protège (Voir aussi T. I, page 249, fig. 240).

D'autres organes, appelés *bourgeons sensitifs terminaux*, sont formés de cellules sans bâtonnet, constituant des papilles sail-

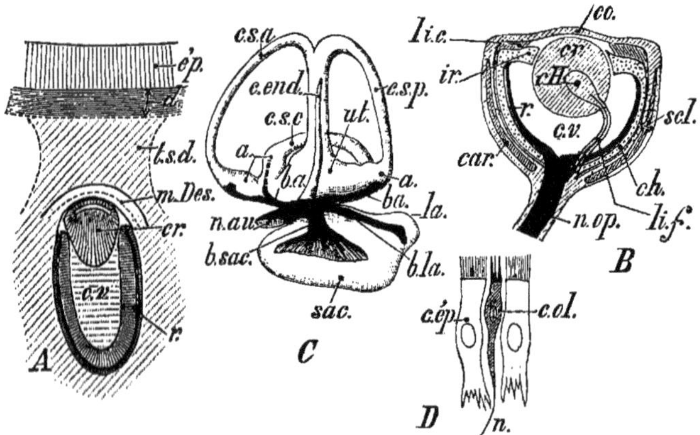

FIG. 401. — Organes des sens chez les Poissons. — A ; œil d'Ammocète caché sous la peau ; — B ; œil d'un Poisson supérieur ; *ép*, épiderme ; *d*, derme ; *t.s.d*, tissu sous-dermique ; *m.Des*, membrane de Descemet ; *co*, cornée ; *scl*, sclérotique et cartilage, *car* ; *li.c*, ligament ciliaire ; *ch*, choroïde ; *ir*, iris ; *cr*, cristallin ; *c.H*, *campanula Halleri* ; *li.f*, ligament falciforme ; *r*, rétine ; *c.v*, corps vitré ; *n.op*, nerf optique. — C ; labyrinthe membraneux de la Perche (*Perca fluviatilis*) ; *sac*, saccule ; *ut*, utricule ; *la*, lagena ; *c.s.a*, *c.s.p*, *c.s.e*, canaux semi-circulaires ; *a*, ampoules ; *c.end*, rudiment du conduit endolymphatique ; *n.au*, nerf auditif et ses branches (du saccule, *b.sac* ; de la lagena, *b.la* ; des ampoules, *b.a*). — D ; *c.ol*, cellules olfactives de *Petromyzon Planeri* ; *f.n*, fibre nerveuse y aboutissant ; *c.ép*, cellules épithéliales.

lantes, abondantes sur les lèvres et sur les expansions voisines de la bouche (barbillons, filaments pêcheurs de la Baudroie, etc.).

Des organes à peu près analogues localisés dans la bouche sont affectés au **goût**. Ils sont comparables aux bourgeons gustatifs décrits (T. I, page 231, fig. 227).

Des **cellules olfactives** se font aussi remarquer dans les cavités nasales, *co.l* (fig. 401, D). (Voir T. I, page 236 et fig. 230, D, E.)

Les **organes de l'ouïe** sont représentés uniquement par l'oreille interne composée du *vestibule* et d'un *canal semi-circulaire* chez la Myxine; d'un vestibule différencié déjà en un *saccule* et un *utricule* lui-même pourvu de 2 canaux semi-circulaires chez la Lamproie.

Chez les Poissons supérieurs, on trouve un véritable labyrinthe membraneux : le saccule et l'utricule sont bien distincts ; le saccule, *sac* (fig. 401, C) porte la *lagena*, *la* (1er rudiment du limaçon); de l'utricule, *ut*, partent les 3 canaux semi-circulaires, *c.s.a*, *c.s.p*, *c.s.e*; les **Sélaciens** sont, en outre, pourvus d'un *conduit endolymphatique* qui, de l'oreille interne, va s'ouvrir à l'extérieur.

Des *crêtes auditives*, auxquelles aboutissent les ramifications du nerf auditif, *n.au*, se remarquent sur la paroi interne des ampoules, du saccule, de l'utricule et de la lagena (Consulter le T. I, p. 245 à 248).

L'œil présente, comme l'oreille, chez les Poissons une complication variable avec les espèces. Chez la Myxine (**Cyclostomes**), c'est une simple *coupe optique* enfoncée sous la peau, avec une couche externe pigmentée et une couche interne plus épaisse (sorte de *rétine*); dans la coupe, un tissu transparent (*corps vitré*).

L'Ammocète (fig. 401, A) possède en outre un cristallin, *cr*, et un rudiment de cornée, *m.Des*, mieux défini chez la Lamproie adulte.

Les autres Poissons ont des yeux complets (B) pour la plupart volumineux, avec un cristallin *globuleux* et très réfringent, *cr* (comme en possèdent tous les animaux aquatiques).

Les Poissons étant dépourvus du *muscle ciliaire* qui sert à l'accommodation chez les Vertébrés supérieurs, cette accommodation est assurée par le *processus falciforme*, *li.f*, repli de la choroïde, *ch*, qui s'étend du point d'immergence du nerf optique, *n.op*, jusqu'à l'équateur du cristallin où il se termine par un renflement (*campanula Halleri*, *c.H*).

Le ligament falciforme contient des nerfs, des vaisseaux et des *fibres musculaires lisses* dont la contraction modifie la courbure du cristallin.

A l'état de repos, l'œil des Poissons est adapté pour la vision à faible distance, contrairement à celui des Vertébrés supérieurs dont l'adaptation a lieu pour la vision à l'infini.

Reproduction. — A de rares exceptions près, *les sexes sont séparés chez les Poissons*[1].

Chez les **Cyclostomes**, sauf la Myxine, la glande sexuelle est impaire et ne peut être reconnue mâle ou femelle qu'au moment du frai.

Chez les **Téléostéens**, les ovaires et les testicules sont pairs, de même forme et de situation identique. Les *testicules* sont deux corps allongés appliqués contre les reins par leur paroi dorsale;

---

1. La Myxine est successivement mâle et femelle ; mâle quand elle n'a pas dépassé une trentaine de centimètres de longueur, femelle ensuite. Dans le jeune âge, en effet, la partie postérieure des glandes sexuelles a la constitution d'un testicule mûr (*hermaphrodisme protandrique*).

Le Serran et le *Chrysophrys* possèdent un testicule dans la paroi de l'ovaire ; mais tandis que le Serran se féconde lui-même (hermaphrodisme suffisant), chez le *Chrysophrys* la fécondation est réciproque.

leurs canaux déférents sont *creusés dans la masse sexuelle* et débouchent directement au dehors entre l'anus et l'orifice urinaire après s'être fusionnés près de leur terminaison. — Les *ovaires* sont des sacs clos en avant, à paroi interne lamelleuse sur laquelle se développent les ovules; les oviductes courts (formés de même que les canaux déférents) se fusionnent en un canal commun aboutissant à une fente placée comme l'orifice du canal déférent chez les mâles.

Il n'existe donc ni canal de Wolff ni canal de Müller chez les Téléostéens. Chez les Anguilles, les produits sexuels s'échappent des glandes génitales attachées au mésentère, tombent dans la cavité générale et sont expulsés par deux *pores abdominaux* situés symétriquement derrière l'anus. Le même fait se produit chez les femelles des Saumons. *C'est là la disposition ancestrale des glandes génitales* : ainsi, pour amener les ovules aux pores abdominaux, il se forma dans le péritoine des sillons longitudinaux qui, transformés en tubes, devinrent les sacs ovariens avec leurs oviductes. La fusion des oviductes, et parfois celle des ovaires, est un phénomène secondaire.

Chez les **Sélaciens**, les *testicules* pairs et symétriques, placés au-dessus du foie, sont pourvus de canaux déférents qui ne sont autres que les uretères (canaux de Wolff). — Les ovaires, également pairs, sont pourvus d'oviductes *distincts de leur substance* (canaux de Müller). Soudés en avant et près du cœur en un pavillon commun, les oviductes présentent ensuite une *glande coquillière*, puis une partie évasée (*utérus* dans lequel se développe l'embryon des Squales vivipares); ils se fusionnent à nouveau avant de déboucher dans un cloaque, un peu en arrière des uretères.

La fécondation des ovules est externe, en général; le mâle verse sa laitance ou sperme sur les ovules pondus par la femelle. Un organe d'accouplement (*ptérygopode*) se rencontre cependant chez les Sélaciens mâles; il est formé de parties modifiées des nageoires abdominales qui, creusées en forme de gouttière, peuvent se rapprocher et former un tube éjaculateur. Le mâle introduit le ptérygopode dans le cloaque et jusque dans l'oviducte de la femelle qu'il distend, puis il y éjacule le sperme émanant de la papille génitale mâle saillante et embrassée par la base du ptérygopode.

Développement. — La plupart des Poissons sont *ovipares*; quelques **Téléostéens** (Cyprinodontes, etc.) et la plupart des Squales sont *vivipares* : dans ce cas, les œufs se développent dans l'utérus formé par l'oviducte (*Carcharias*).

La ponte n'a lieu qu'une fois par an et le plus souvent au printemps. Alors les mâles revêtent parfois une vraie parure de noces (couleurs plus vives des écailles); les individus des deux sexes se rassemblent en grandes troupes, recherchent les fonds plats près des rives des fleuves ou sur le bord de la mer (Hareng). Certaines espèces marines viennent effectuer leur ponte dans les eaux douces en remontant le cours des fleuves (Saumon, Alose, Esturgeon); l'inverse a lieu pour l'Anguille.

L'œuf se développe sans *amnios* ni *allantoïde* (Voir T. II, fasc. 1er, page 49, fig. 39 B).

Chez les **Cyclostomes**, la segmentation est totale et aboutit à une *morula*.

L'œuf, chez tous les autres Poissons, subit une segmentation inégale avec formation d'une *discogastrula* (Voir T. II, fasc. 1er, pages 39 et 43, fig. 31 et 35). Le disque germinatif enveloppe peu à peu le vitellus; la ligne primitive y apparaît, puis la gouttière médullaire et la corde dorsale. L'intestin devient distinct de la vésicule ombilicale (fig. 402); cette dernière présente, chez les embryons des espèces vivipares (*Carcharias*), des villosités superficielles qui pénètrent dans des dépressions correspondantes de la paroi utérine et forment un véritable placenta ombilical servant à nourrir le fœtus aux dépens de la mère.

Fig. 402. — Schéma montrant le développement de l'œuf d'un Anamnien. *c.g*, cavité générale; *V,o*, vésicule ombilicale; *in*, intestin; *c*, aorte; *n*, notochorde; *ch*, chaîne nerveuse.

Quand le jeune Poisson abandonne les enveloppes de l'œuf, il possède, fréquemment appendu à sa face ventrale, un reste du sac vitellin incomplètement résorbé.

I. — CYCLOSTOMES

Squelette entièrement cartilagineux; notochorde persistante; pas de nageoires paires. **Bouche circulaire** *sans mâchoires, affectée à la succion. 6 à 7 paires de branchies en forme de bourses (poches branchiales). Une fosse nasale médiane. Yeux incomplets.*

1° **Pétromyzontidés.** — *Corps cylindrique un peu déprimé sur le dos. Double nageoire dorsale. Fosse nasale en cul-de-sac.*

Petromyzon (Lamproie, fig. 393 et 403). 7 paires de fentes

Fig. 403. — *Petromyzon fluviatilis* (Lamproie).

branchiales. La larve, appelée *Ammocète*, est pourvue d'une bouche sans odontoïdes et d'yeux sous-cutanés profonds.

P. Planeri a pour larve *Ammocœtes branchialis.*

La Lamproie fluviatile (*P. fluviatilis*) habite les mers d'Europe, et remonte les fleuves et les rivières pour y effectuer sa ponte; elle retourne à la mer en automne.

2° **Myxinidés**. — *Corps cylindrique. Fosse nasale ouverte dans le pharynx. Vertébrés endoparasites.*

Myxine; une paire d'orifices branchiaux. Mers du Nord. — *Bdellostoma*; 6 orifices branchiaux d'un côté, 7 de l'autre. Mers du Sud.

Les Myxinidés se fixent, à l'aide de leur bouche, sur les téguments d'autres Poissons; ils peuvent même vivre dans le corps des Morues, des Esturgeons, etc.

II. — SÉLACIENS (CHONDROPTÉRYGIENS)

Poissons cartilagineux pourvus d'un tégument avec des granulations calcifiées. 1 paire de grandes nageoires pectorales et 1 paire de nageoires abdominales. Bouche d'ordinaire transversale et ventrale. Une valvule spirale dans l'intestin. 5 paires de poches branchiales en général, avec autant de fentes externes. Un bulbe aortique avec plusieurs rangées de valvules. Pas de vessie natatoire.

1° ***Holocéphales.*** — **Appareil maxillo-palatin immobile**; *minces incrustations annulaires dans la gaine de la corde dorsale; une paire de fentes branchiales avec opercule rudimentaire.*

Chimæra (Chat de mer). Mers du Nord et Méditerranée.

2° **Plagiostomes.** — *Appareil maxillo-palatin mobile. Corps vertébraux distincts.* **Bouche transversale**; 5 *paires de fentes branchiales* (fig. 396).

(a) **Squales** ou **Pleurotrèmes.** — Orifices branchiaux *sur les côtés du corps fusiforme.* Ceinture scapulaire incomplète. Plusieurs rangées de dents pointues en forme de poignard (fig. 62, T. I). Vivipares, sauf les Roussettes.

La peau, couverte de petits tubercules calcifiés, est employée pour faire des étuis et polir le bois et l'ivoire (chagrin, peau de Roussette, galuchat).

Pas de nageoire anale.

Acanthias (Aiguillat); 2 nageoires dorsales pourvues chacune d'un piquant en avant. *A. vulgaris*, Mers tempérées.

Une nageoire anale.

Carcharias (Requin, fig 385); museau très allongé; Poisson

Fig. 404. — *Zygæna malleus* (Squale Marteau).

très redoutable pour l'Homme. *C. acutus*, océan Indien; *C. glaucus* et *lamia*, Méditerranée et Océan.

Le *C. Lamia* est très commun et atteint deux mètres de longueur.

Zygæna (Marteau, fig. 404). *Z. malleus* vit dans la Méditerranée. — *Mustelus*; évents très grands.

L'Émissole lisse (*M. Lævis*) est pourvue d'un placenta ombilical.

Scyllium (Chien de mer ou Roussette); œufs entourés d'une coque résistante quadrilatère avec des sortes de vrilles aux coins. *S. canicula*. Mers d'Europe.

(b) **Raies** ou **Hypotrèmes.** — Orifices branchiaux *sur la face ventrale du corps plat*. Ceinture scapulaire complète. Pas de nageoire anale. Grandes nageoires pectorales étalées horizontalement. Dents plates en pavé. Vivipares, sauf les Raies.

Nageoire dorsale double.

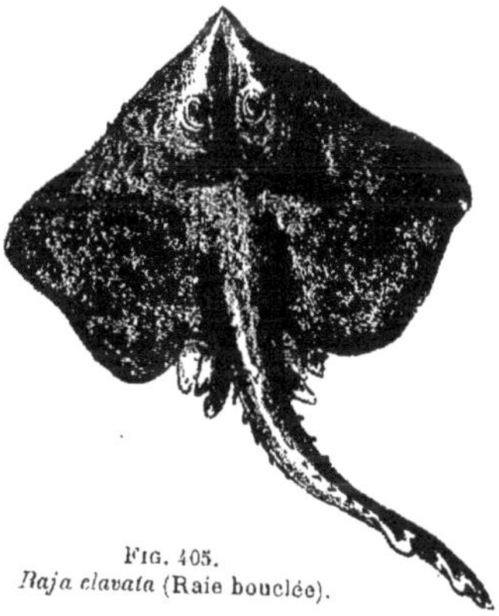

Raja (Raie, fig. 405); corps discoïde; nageoires pectorales s'étendant du museau aux nageoires abdominales; les 2 nageoires dorsales sont tout à l'extrémité de la queue. *R. clavata* (Raie bouclée). *R. batis* (Raie cendrée).

Fig. 405. *Raja clavata* (Raie bouclée).

Ces deux espèces vivent sur les côtes de l'Europe.

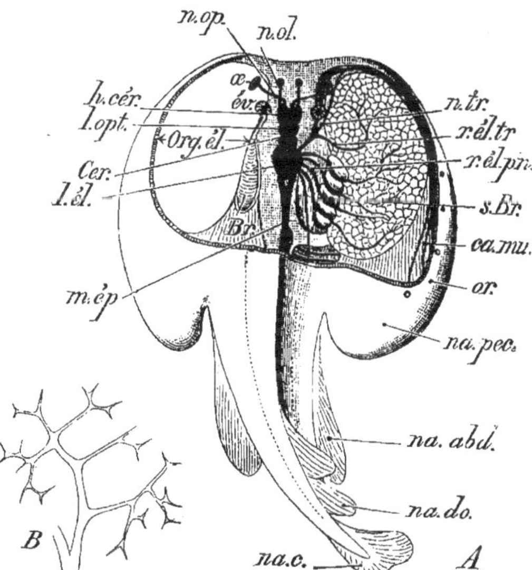

Fig. 406. — Organes électriques. — A; Torpille; *na.pec*, nageoire pectorale; *na.abd*, nageoire abdominale; *na.do*, nageoire dorsale; *na.c*, nageoire caudale; *Br*, *s.Br*, sacs branchiaux; *év*, évent; *Org. él*, organes électriques (figurés seulement à droite); *h.cér*, hémisphères cérébraux; *l.opt*, lobes optiques; *l.él*, lobes électriques; *m.ép*, moelle épinière; *n.ol*, nerf olfactif; *n.op*, nerf optique; *œ*, œil; *n.tr*, nerf trijumeau et son rameau électrique; *r.él.tr*; *r.él.pn*, rameaux électriques du nerf pneumogastrique répartis dans l'organe électrique droit. — B; terminaisons en bois de cerf du plexus nerveux dans les organes électriques.

Torpedo (Torpille, fig. 406); corps nu arrondi en avant; queue courte; organes électriques (Voir T. II, fasc. 1er).

T. Marmorata vit dans la Méditerranée.

Pristis (Scie); museau prolongé en une longue lamelle sur les bords de laquelle sont implantées des dents. Océan et Méditerranée.

Une nageoire dorsale avec un aiguillon en arrière.

Myliobates (Aigle de mer). Méditerranée.

III. — GANOÏDES

Poissons cartilagineux ou osseux avec écailles ganoïdes ou plaques osseuses dermiques. Une valvule spirale dans l'intestin. Un bulbe aortique avec plusieurs rangées de valvules. Branchies libres protégées par un opercule. Une vessie natatoire physostome (fig. 397, B).

Proganoïdes. — *Ganoïdes cuirassés dont le squelette cutané est seul ossifié.* — **Formes fossiles** primaires : *Cephalaspis*; une vaste plaque céphalique. — *Pterichthys* (fig. 14, B); *Coccosteus*; tête et portion antérieure du thorax recouvertes de grandes plaques.

Crossoptérygiens. — *Squelette cartilagineux. Nageoires paires bisérielles formées d'une partie centrale écailleuse entourée par les rayons.*

Ce groupe forme une série progressive se rattachant aux **Sélaciens** par le caractère des nageoires paires et aux **Dipnoï** par l'ossification peu avancée de leur squelette.

Polypterus; seul représentant vivant; nageoire dorsale divisée en un grand nombre de segments. Vit en Afrique.

Genres fossiles primaires : *Osteolepis*, *Holoptychius*, *Dendrodus*.

Chondroganoïdes. — *Squelette cartilagineux; crâne cartilagineux parfois persistant et recouvert d'une carapace d'os dermiques. Opercule. Nageoires paires unisérielles.*

Acipenser (Esturgeon, fig. 394). 5 rangées longitudinales d'écussons osseux. Bouche inerme située très en arrière du museau pointu, pourvue de barbillons.

A. sturio (Esturgeon) se trouve en France. *A. ruthenus* (Sterlet) vit, ainsi que le précédent, dans la mer Noire et la mer Caspienne.

L'Esturgeon est nomade; il remonte les fleuves et leurs affluents au moment du frai. Les œufs de cet animal servent à préparer le *caviar*, fort estimé en Russie; la colonne vertébrale, desséchée et bouillie dans l'eau, sert à faire des potages; avec la vessie natatoire, on fabrique l'*ichthyocolle* (colle de poisson) employée à clarifier les liquides, à faire des gelées.

Euganoïdes. — *Ganoïdes osseux.*

Lepidosteus (Lépidostée); écailles rhomboïdales. — *Amia*; écailles rondes; se rapproche beaucoup des **Téléostéens** Clupéides (Harengs) auxquels on l'a souvent réuni.

Ces 2 genres vivent dans les fleuves de l'Amérique du Nord.

IV. — TÉLÉOSTÉENS

Poissons à squelette osseux et à vertèbres distinctes. Écailles cycloïdes ou cténoïdes; des plaques osseuses parfois. Pas de valvule spirale dans l'intestin. Branchies libres protégées par un opercule; en général, une pseudobranchie operculaire. Bulbe aortique avec 2 valvules seulement.

Téléostéens	Vessie natatoire communiquant avec le pharynx. Nageoires abdominales nulles ou portées en arrière.			**Physostomes.**
	Vessie natatoire close. Colonne vertébrale complètement ossifiée. Nageoires abdominales portées très en avant.	**Physoclystes**	Branchies en houppe.	**Lophobranches**
			Appareil maxillo-palatin soudé.	**Plectognathes.**
			Rayons des nageoires articulés.	**Anacanthiniens.**
			Rayons antérieurs rigides et d'une seule pièce.	**Acanthoptérygiens.**

(A). — PHYSOSTOMES (MALACOPTÉRYGIENS)

Téléostéens à peau nue ou écailleuse. Rayons des nageoires articulés (mous). Nageoires abdominales nulles (Apodes) *ou très en arrière* (Abdominaux). *Vessie natatoire s'ouvrant dans le pharynx.*

Physostomes apodes. — *Pas de nageoires abdominales.*

Anguilla (Anguille); corps allongé, cylindrique, avec queue comprimée. Nageoires dorsale, caudale et anale soudées en une nageoire médiane; écailles non apparentes. Sang toxique. *A. vulgaris* vit dans les fleuves d'Europe.

A l'automne, les Anguilles descendent des fleuves vers la mer où elles émettent leurs produits sexuels; au printemps suivant, les jeunes Anguilles quittent la mer et remontent le cours des fleuves.

Conger (Congre ou Anguille de mer); pas d'écailles; nageoire dorsale commençant près de la tête; queue allongée et pointue. *C. vulgaris*; côtes d'Europe. — *Muræna* (Murène); pas de nageoires pectorales.

Gymnotus (Gymnote); corps sans écailles, pourvu d'un organe électrique (Voir T. II, fasc. 1er, pages 98 et 99).

Physostomes abdominaux. — *Des nageoires abdominales situées en arrière des nageoires pectorales.*

Clupea (Hareng); corps fortement comprimé à bord ventral denté en scie; écailles minces se détachant aisément; dents petites sur les mâchoires, le palais, le vomer et l'os hyoïde.

Le Hareng vit dans les mers du Nord dont il abandonne le fond au moment du frai; il remonte alors à la surface, s'approche des côtes de l'Écosse, de la Norvège, etc., en bancs immenses qui font l'objet d'une pêche particulièrement productive en septembre et octobre.

Alausa (Alose, fig. 407); mâchoire supérieure seule garnie de dents.

L'Alose (*A. vulgaris*) quitte la mer à l'époque du frai et remonte les fleuves

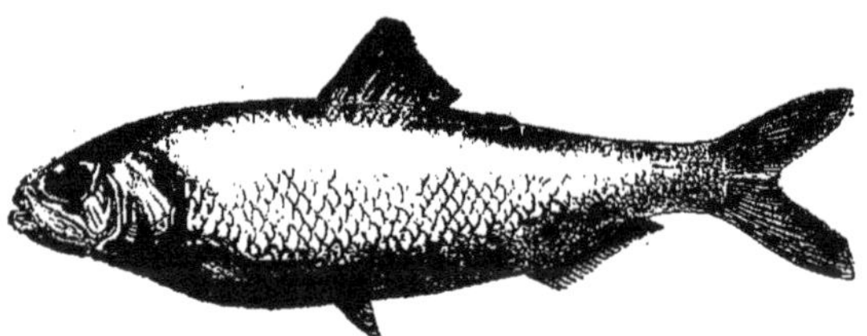

Fig. 407. — *Alausa vulgaris* (Alose).

pour y effectuer sa ponte. La Sardine (*A. Sardina*) fait l'objet d'une pêche active sur nos côtes; on la consomme fraîche et conservée dans l'huile après cuisson.

Engraulis (Anchois); pêché en Hollande et en Norvège.

On ne le consomme qu'en conserves.

Esox (Brochet); Poisson d'eau douce écailleux, à tête large, aplatie; nageoire dorsale située très en arrière. Cavité buccale largement fendue et pourvue de nombreuses dents. Très vorace.

Le Brochet (*Esox lucius*) est commun dans presque tous les fleuves et les lacs d'Europe et d'Amérique; il atteint parfois un poids de 10 à 12 kilogrammes.

Salmo. 2 nageoires dorsales, la seconde pourvue de quelques rayons seulement; nageoire anale courte; petites écailles.

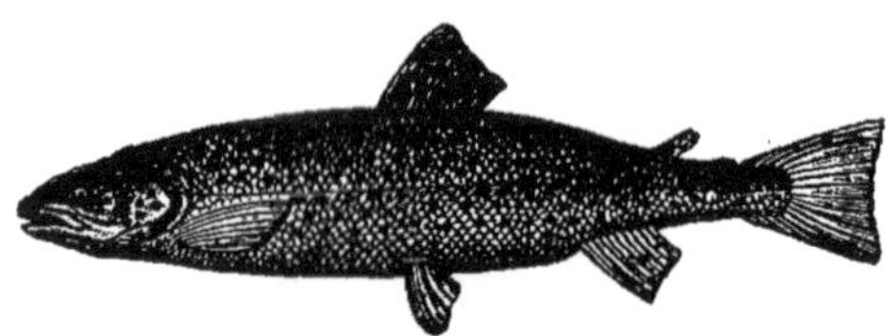

Fig. 408. — *Trutta* (Truite).

S. salvelinus (Ombre-Chevalier). — *Trutta* (Truite, fig. 408); caractères presque identiques à ceux du précédent. *T. salar* (Saumon); museau allongé. *T. lacustris* (Truite des lacs); museau peu allongé; vit dans les lacs des Alpes. *T. fario* (Truite commune); vit dans les torrents et les lacs des pays montagneux. Chair jaunâtre exquise.

Les Saumons sont de gros Poissons voraces qui passent, à l'époque du frai, de la mer dans les eaux claires et froides des cours d'eau et des lacs, dans les régions montagneuses (de mai à novembre); ils peuvent, par grands bonds, franchir les cascades. Leur chair, grasse et rouge à ce moment, est très appréciée. Après le frai durant lequel ils ne prennent aucune nourriture, ils retournent à la mer, considérablement amaigris. Les jeunes passent la première année dans l'endroit où ils sont nés et ne gagnent la mer que l'année suivante. Poids maximum : 45 kilogrammes.

Cyprinus (Carpe, fig. 384); Poisson d'eau douce à corps épais et faiblement comprimé. Bouche terminale avec 4 barbillons à la mâchoire supérieure; pas de dents, sauf sur les os pharyngiens inférieurs. Longue nageoire dorsale et courte nageoire anale avec un fort rayon osseux. *C. carpio* (Carpe). — *Carassius*; pas de barbillons. *C. auratus*, Cyprin doré. — *Tinca* (Tanche); 2 barbillons; écailles très petites; nageoire caudale carrée. *T. vulgaris*. — *Gobio*. *G. fluviatilis* (Goujon, fig. 409); 2 barbillons; nageoire caudale

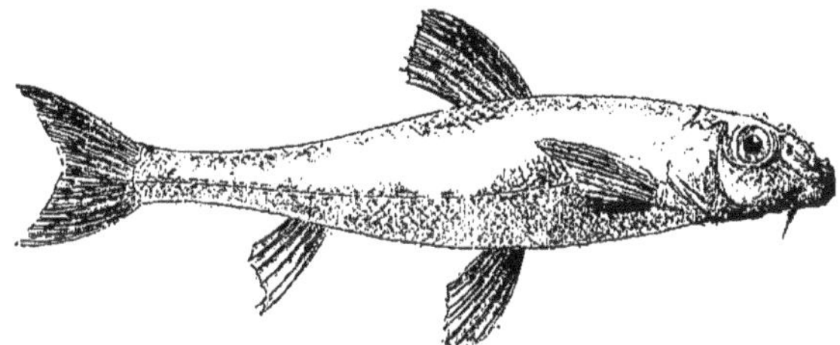

Fig. 409. — *Gobio fluviatilis* (Goujon).

fourchue; corps petit et allongé. — *Abramis*. *A. brama* (Brème); pas de barbillons; mâchoire supérieure avancée; nageoire caudale profondément fourchue. — *Alburnus* (Ablette, fig. 410); les

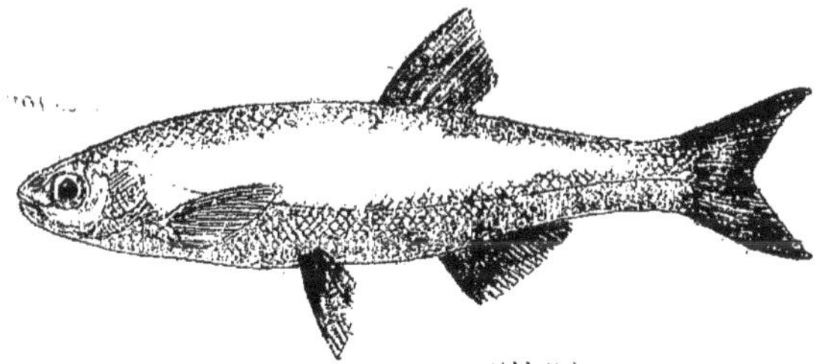

Fig. 410. — *Alburnus* (Ablette).

écailles portent une matière qui, soluble dans l'ammoniaque, sert à la fabrication des fausses perles. — *Leuciscus*. *L. rutilus* (Gardon); corps ovalaire, comprimé, avec de grandes écailles.

Cobitis (Loche); corps très allongé; bouche ventrale entourée de 10 à 12 barbillons.

Malapterurus. M. electricus (Malaptérure). *Silurus* (Silure, fig. 411). Poissons électriques sans nageoire dorsale; une nageoire

Fig. 411. — *Silurus* (Silure).

adipeuse précède la nageoire caudale arrondie. 6 grands barbillons; organe électrique sous-cutané (Voir T. II, fasc. 1er, pages 98 et 99).

(B). — LOPHOBRANCHES

Teléostéens à corps cuirassé, à museau allongé, tubuleux, dépourvu de dents. Branchies en houppes et orifice branchial étroit.

Syngnathus (Syngnathe ou Aiguille de mer); une nageoire dorsale; nageoires pectorales très petites. Le mâle est pourvu d'une poche ovifère dans la région caudale. *S. acus*; Océan et Méditerranée. — *Hippocampus* (Hippocampe, fig. 388); queue préhensile; pas de nageoires. *H. antiquorum*; Méditerranée.

(C). — PLECTOGNATHES

Téléostéens à corps globuleux ou comprimé latéralement, protégé par une épaisse cuirasse dermique. Appareil maxillo-palatin soudé. Ouverture buccale étroite.

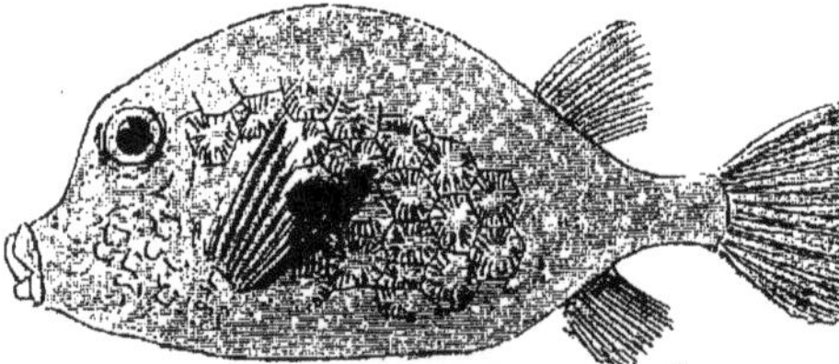

Fig. 412. — *Ostracion triqueter* (Coffre).

Mâchoires avec dents séparées.

Ostracion (Coffre, fig. 412); corps triangulaire ou quadrangulaire recouvert d'une cuirasse dermique inflexible; pas de nageoires ventrales; nageoires dorsale et anale courtes. *O. triqueter*; Inde occidentale.

Mâchoires transformées en bec, garnies d'une plaque dentaire tranchante, indivise ou double.

Orthagoriscus (Môle); corps très comprimé; queue très courte; nageoires dorsale, caudale et anale réunies.

Le Poisson-lune (*O. mola*) est très commun dans les mers chaudes.

Diodon; mâchoire sans suture médiane. Océans Atlantique et Indien. — *Tetrodon*; mâchoires avec suture médiane.

Ces 2 genres ont un corps globuleux.

(D). — ANACANTHINIENS

Téléostéens à nageoires dont les rayons sont formés de segments articulés. Les nageoires abdominales sont en avant ou au-dessous des pectorales.

Gadus. *G. Morrhua* (Morue, fig. 413); corps allongé, avec

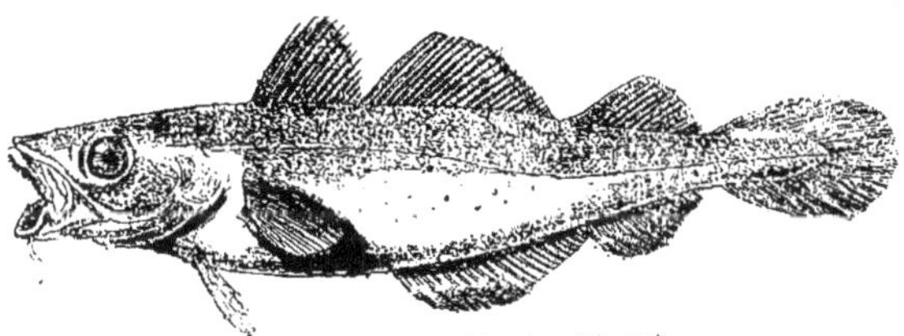

Fig. 413. — *Gadus Morrhua* (Morue).

une peau visqueuse et une large tête; 3 nageoires dorsales; 2 nageoires anales; 1 barbillon à la mâchoire inférieure.

La Morue se pêche en abondance, à l'époque du frai, sur les côtes de Terre-Neuve; sa chair est très appréciée. On consomme la Morue fraîche, salée (Morue

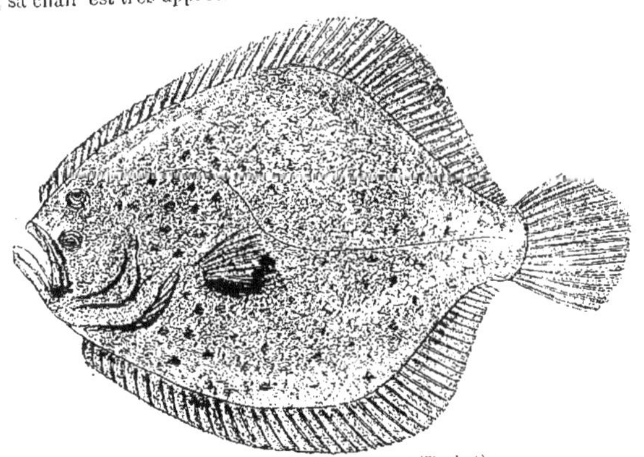

Fig. 414. — *Rhombus maximus* (Turbot).

verte) ou séchée (*Stockfish*). L'huile de foie de Morue, riche en leucomaïnes, est employée pour combattre le rachitisme et la phtisie.

Merlangus. M. vulgaris (Merlan), vit sur les côtes septentrionales. — *Lota. L. vulgaris* (Lotte); 2 nageoires dorsales, 1 anale; Poisson vorace d'eau douce.

Pleuronectidés. Poissons plats. Corps asymétrique, fortement comprimé latéralement, dont l'un des côtés, tourné vers la

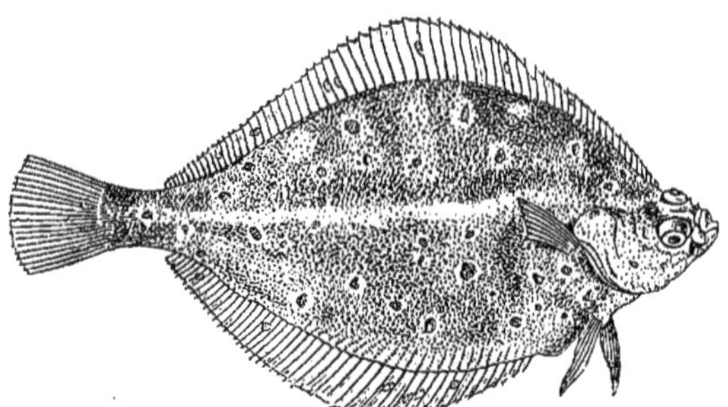

Fig. 415. — *Pleuronectes platessa* (Carrelet).

lumière, est seul riche en pigment ; les 2 yeux sont placés sur la

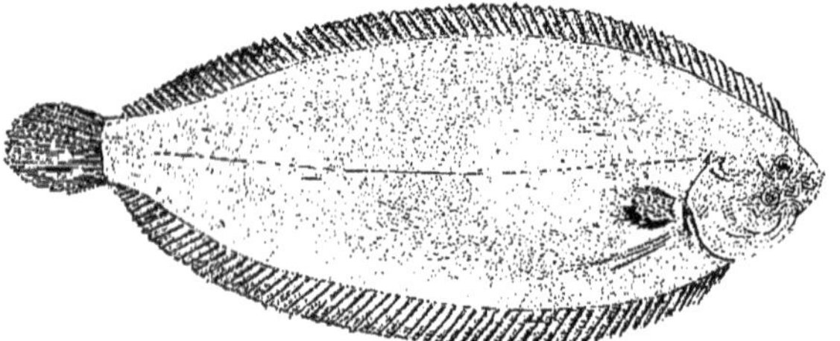

Fig. 416. — *Solea vulgaris* (Sole).

face pigmentée, par suite d'un déplacement de l'œil qui appartient

Fig. 417. — *Exocœtus Rondeletii* (Exocet).

normalement à la face non colorée ; bouche également asymétrique. Les nageoires impaires sont toutes confondues en une seule. Nageoires abdominales placées en avant des nageoires pectorales rudimentaires ou nulles. Vivent sur les rivages sablonneux surtout.

Yeux sur le côté gauche.

Rhombus. Rh. maximus (Turbot, fig. 414), à peau tuberculeuse. *Rh. lævis* (Barbue), à écailles lisses.

Yeux sur le côté droit.

Pleuronectes; orifice buccal étroit. *Pl. platessa* (Plie franche, Carrelet, fig. 415) et *Pl. limanda* (Limande) vivent sur les côtes de l'Europe septentrionale. — *Solea*; ouverture buccale large. *S. vulgaris* (Sole, fig. 416); mers du Nord.

Exocœtus (Poisson-volant, fig. 417); nageoires pectorales énormément développées en manière d'ailes; l'Exocet peut se lancer en l'air à une assez grande hauteur.

(*E*). — **ACANTHOPTÉRYGIENS**

Peau nue ou écailleuse. Rayons antérieurs de la nageoire dorsale rigides. Souvent pas de vessie natatoire.

Perca (Perche); 2 nageoires dorsales, la 1re avec 13 ou 14 rayons épineux. Opercule épineux; nageoire anale avec 2 piquants. Corps zébré de noir.

La Perche de rivière (*P. fluviatilis*) est très vorace et chasse les petits Cyprins; elle se tient parfois à de grandes profondeurs dans l'eau.

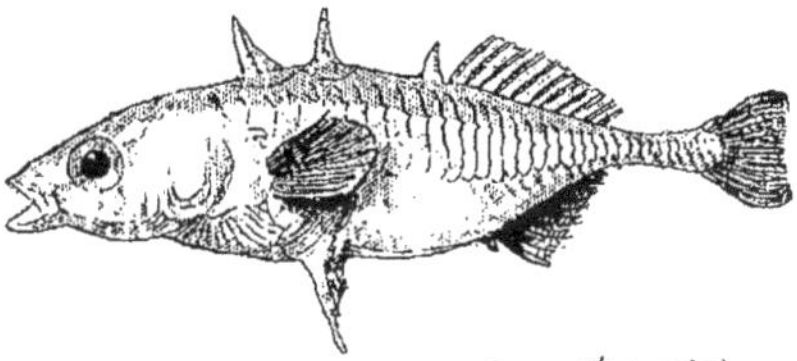

Serranus; hermaphrodite. Vit sur nos côtes.

Fig. 418. — *Gasterosteus aculeatus* (Épinoche).

Gasterosteus (Épinoche, fig. 418); corps allongé et comprimé. Piquants isolés en avant

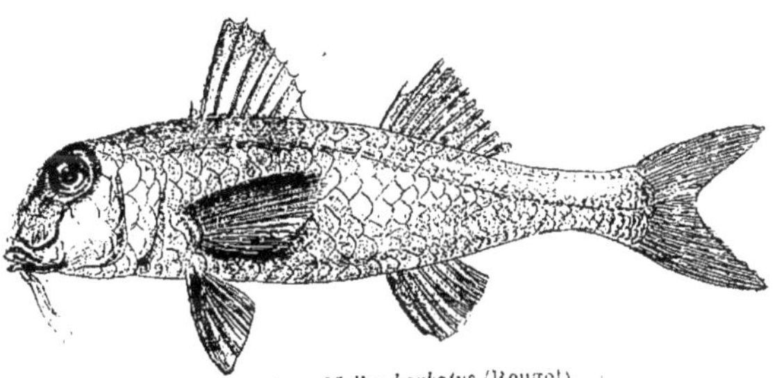

Fig. 419. — *Mullus barbatus* (Rougot).

de la nageoire dorsale; nageoires abdominales pourvues d'un fort piquant.

L'Epinoche (*G. aculeatus*) construit un nid placé au fond des cours d'eau ou suspendu aux plantes aquatiques, y pond ses œufs et élève ses petits.

Mullus (Mulle, fig. 419); corps d'un rouge vif, allongé et peu comprimé, couvert de grandes écailles. Deux longs barbillons sur l'os hyoïde; mâchoire supérieure sans dents.

Le Rouget (*M. barbatus*), qui vit dans la Méditerranée, a une chair très appréciée.

Triglidés Grosse tête garnie souvent d'épines ou de piquants. Nageoires pectorales parfois de la longueur du corps, avec quelques rayons détachés faisant fonction d'organes tactiles. Nageoires abdominales sur la poitrine.

Scorpæna (Rascasse); tête armée de piquants et de lambeaux charnus qui lui donnent un aspect hideux (Crapaud de mer); vit dans la Méditerranée. — *Cottus*; tête large, un peu aplatie.

FIG. 420. — *Trigla* (Grondin).

Le Chabot (*C. Gobio*) vit dans les ruisseaux limpides et les fleuves; le mâle prend soin de sa progéniture. Le Scorpion de mer ou Chaboisseau (*C. scorpius*) est une espèce marine à préopercule épineux.

Trigla (Grondin, fig. 420). — *Dactylopterus* (Hirondelle de mer,

FIG. 421. — *Dactylopterus* (Dactyloptère).

fig. 421); Poisson volant avec 2 grandes nageoires pectorales. Méditerranée et Océan.

Trachinus (Vive, fig. 422); corps allongé; grande nageoire

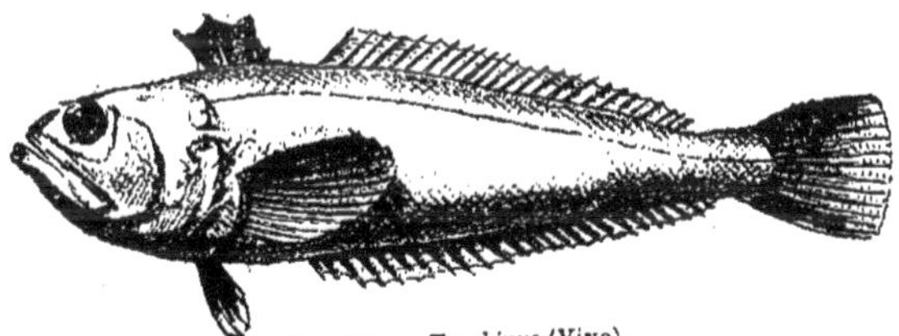

FIG. 422. — *Trachinus* (Vive).

anale; yeux placés très haut latéralement; organes épineux, venimeux, les uns dorsaux, les autres operculaires. *T. draco*;

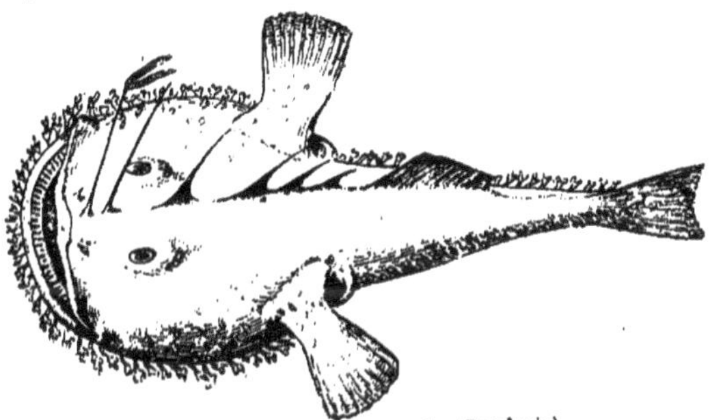

FIG. 423. — *Lophius piscatorius* (Baudroie).

Océan. *T. radiatus*; Méditerranée. — *Lophius* (Baudroie, fig. 423); tête plate; 6 piquants dorsaux.

Scombérides (Maquereaux). Corps allongé, plus ou moins comprimé, avec une peau argentée, nue ou couverte de petites écailles. Nageoire caudale à échancrure semi-lunaire. Les piquants

FIG. 424. — *Scomber scombrus* (Maquereau).

postérieurs des nageoires dorsale et anale, non réunis, forment de nombreuses petites nageoires. Marins pour la plupart avec un museau pointu.

Au printemps de chaque année, ils reviennent en grand nombre dans les mêmes localités où ils sont l'objet d'une pêche active. Chair très estimée [*Maquereaux* dans la Manche et la mer du Nord ; *Thons* dans la Méditerranée].

Scomber. *S. scombrus* (Maquereau vulgaire, fig. 424); petites

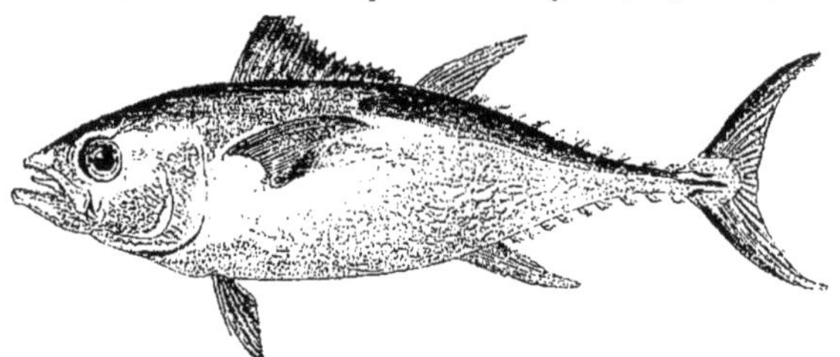

Fig. 425. — *Thynnus vulgaris* (Thon).

écailles. — *Thynnus T. vulgaris* (Thon commun, fig. 425); cuirasse écailleuse autour de la poitrine ; il atteint jusqu'à 5 mètres

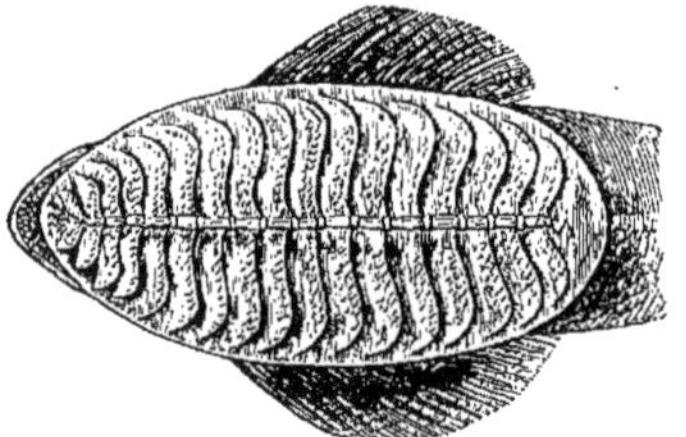

Fig. 426. — *Echeneis* (Rémora). Sa ventouse adhésive vue par la partie supérieure.

de long. — *Echeneis* (Rémora, fig. 426); 1re nageoire dorsale transformée en une ventouse adhésive sur la tête. — *Xiphias*

Fig. 427. — *Xiphias* (Espadon).

(Espadon, fig. 427); mâchoire supérieure allongée en forme d'épée.

Anabas. Os pharyngiens supérieurs divisés en feuillets irréguliers qui peuvent former de petits réservoirs à eau.

Ce Poisson peut sortir de l'eau et ramper à une distance plus ou moins grande des ruisseaux ou des étangs qu'il habite d'ordinaire, sans que ses branchies se dessèchent : l'eau interceptée par les os pharyngiens coule, en effet, goutte à goutte sur les branchies.

L'*Anabas* vit dans les Indes et l'Afrique.

V. — DIPNOÏ

Poissons écailleux, incomplètement ossifiés, à notochorde persistante. Une valvule spirale dans l'intestin. **Respiration par des branchies et un poumon.** *Bulbe aortique avec plusieurs rangées de valvules.*

Ce groupe fait la transition des Poissons aux Amphibiens.

1° **Monopneumonés**. — *Poumon simple*, non divisé. *Nageoires formées, comme chez les Crossoptérygiens, d'une tige médiane avec deux rangées latérales de rayons. Valvules du bulbe aortique disposées comme chez les Ganoïdes. Écailles cycloïdes de Téléostéens.*

Ceratodus; vit dans les rivières de l'Australie en se nourrissant de feuilles. Chair comestible.

2° **Dipneumonés**. — *Deux poumons. Nageoires grêles à tige cartilagineuse segmentée, avec une rangée latérale de rayons.*

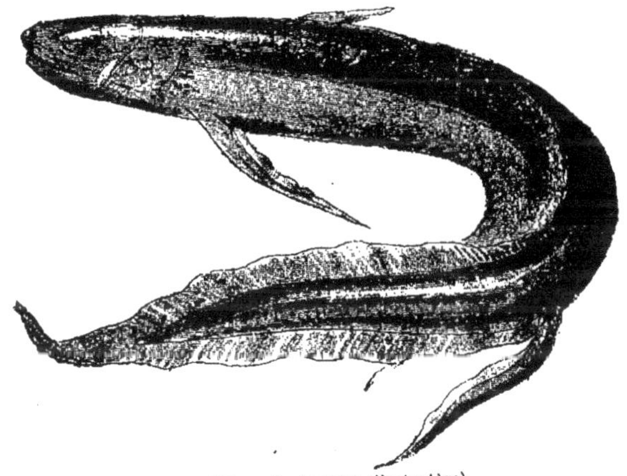

FIG. 428. — *Protopterus* (Protoptère).

Protopterus (fig. 428); des branchies externes; vit dans les cours d'eau de l'Afrique tropicale. — *Lepidosiren*; pas de branchies externes; vit dans les fleuves du Brésil.

Importance paléontologique des Poissons. — L'existence des premiers Poissons a été révélée à l'époque *silurienne* par la découverte de plaques osseuses et de fragments de gaine notochordale calcifiée (dans l'*Ordovicien*); des dents, des piquants, des empreintes de peau chagrinée sont nombreux dans les couches du *Silurien* supérieur : tous ces restes ont appartenu aux **Ganoïdes** cuirassés et aux **Sélaciens**, pourvus d'un squelette interne exclusivement cartilagineux non conservé.

A l'époque *dévonienne*, les Ganoïdes cuirassés atteignent leur apogée, puis disparaissent, tandis que les premiers Euganoïdes (*Acanthodes*) se manifestent avec les **Dipnoï**. Nombreux sont les Sélaciens dans les dépôts marins du *Carbonifère*, tandis que les Ganoïdes caractérisent les dépôts d'eau douce et saumâtre. Les Chondroganoïdes dominent dans la faune *permienne*.

Les premiers **Téléostéens** (Physostomes) apparaissent dans le *Trias* mêlés à des Ganoïdes d'ossification plus accentuée, aux Dipnoï et aux Sélaciens.

Physostomes et Ganoïdes osseux prédominent dans les faunes *jurassique* et *crétacée;* dans le Crétacé supérieur apparaissent les Téléostéens Physoclystes; dans la faune *tertiaire*, ces derniers vont multiplier leurs formes à tel point que leurs genres seront presque aussi nombreux qu'à l'époque actuelle; une grande partie de ces genres s'est même conservée jusqu'à nos jours.

§ 2. — AMPHIBIENS (BATRACIENS).

Vertébrés **anamniens** *à peau généralement nue* (recouverte d'écailles surtout chez quelques genres fossiles). *Tête reposant sur la colonne vertébrale par* 2 *condyles occipitaux.* 4 *membres* (pouvant manquer parfois). *Respiration branchiale dans le jeune âge ou persistante; respiration pulmonaire dans l'âge adulte. Température variable. Circulation simple dans l'âge larvaire, double et incomplète chez l'adulte. Développement avec métamorphoses.*

Amphibiens.	à peau couverte de petites écailles. *Corps serpentiforme, sans membres*		**Gymnophiones.**
	à peau nue. 4 membres.	Corps allongé avec *queue persistante*. Vertèbres amphicœliques ou opisthocœliques. Branchies externes persistantes ou non.	**Urodèles.**
		Corps ramassé *dépourvu de* queue. Vertèbres procœliques.	**Anoures.**
	Fossiles.	Colonne vertébrale incomplètement ossifiée; *boîte cranienne ossifiée et fermée en haut*. Membres (0, 1 ou 2 paires). Dents à structure labyrinthiforme.	**Stégocéphales.**

Les Amphibiens se rapprochent des Poissons par *leur structure et leur développement embryonnaire* : les Dipnoï forment le passage d'une classe à l'autre. Par leur *respiration aérienne dans l'âge adulte*, ils confinent aux Reptiles dont ils se séparent nettement par l'*absence d'amnios et d'allantoïde* chez l'embryon et par la présence de *branchies* que ne possèdent à aucun moment les jeunes Reptiles.

Morphologie extérieure. — Les Amphibiens vivent *autour des rivages*, alternativement dans l'air et dans l'eau; suivant que l'un ou l'autre des deux modes d'existence prédomine, le corps adopte une conformation différente : il est allongé et cylindrique, ou comprimé avec une queue aplatie et souvent une crête cutanée dorsale (*Triton*, fig. 429) chez les types qui séjournent plus longtemps dans l'eau; il devient ramassé, avec des membres mieux développés chez les genres aériens (**Anoures**) qui peuvent grimper (*Dendrobates*), courir et sauter (*Rana*).

La bouche antérieure est largement fendue le plus souvent;

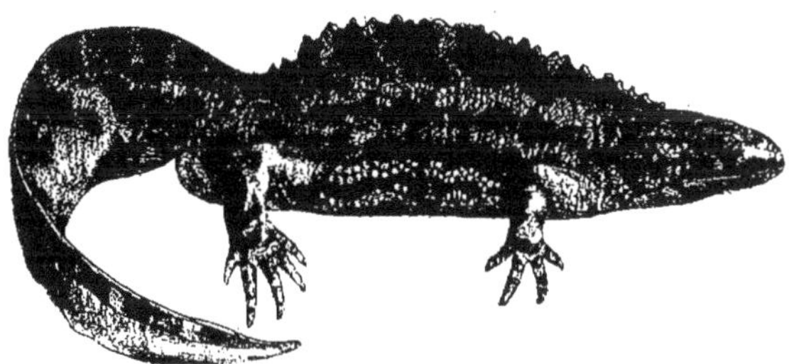

FIG. 429. — *Triton marmoratus* (Triton marbré).

l'anus n'occupe l'extrémité postérieure que chez les **Anoures** (sans queue, fig. 430).

Tégument. — Les larves d'Amphibiens ont un épiderme formé de deux couches de cellules seulement; mais ce nombre

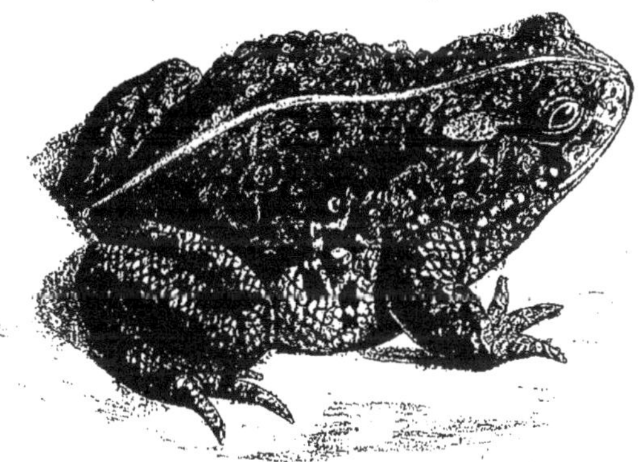

FIG. 430. — *Bufo vulgaris* (Crapaud commun).

augmente chez l'adulte où l'*épiderme*, *Ep* (fig. 431), bourgeonne activement dans le derme, *De*; ces bourgeons deviennent des *glandes cutanées excessivement nombreuses*, *gl* (caractère de la peau des Amphibiens).

Ces glandes sont abondantes surtout sur la tête, le cou et les flancs. Leur sécrétion est visqueuse, maintient la peau constamment humide, et assure la *respiration cutanée;* elle est *toxique* en outre.

Dans le derme conjonctif, on remarque de nombreuses *taches pigmentaires*, *t.pig*, contenues ou non dans des cellules; la peau peut subir, grâce à ces taches et sous l'influence du système nerveux, des *changements de coloration ou de ton*[1].

Exosquelette. — Remarquablement développé chez les **Stégocéphales**, l'exosquelette est représenté par quelques plaques

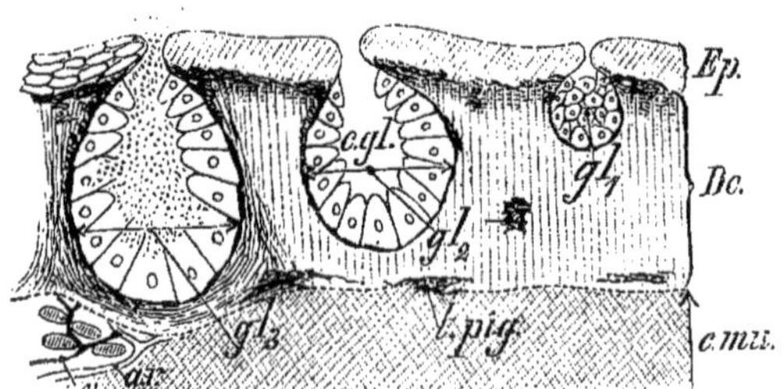

Fig. 431. — Peau de Salamandre adulte. *Ep*, épiderme ; *De*, derme ; *c.mu*, couche musculaire ; gl_1, gl_2, gl_3, glandes cutanées ; *t.pig*, taches pigmentaires ; *v*, *ar*, vaisseaux sanguins.

osseuses dorsales chez le *Ceratophrys aurata* et par les écailles enfoncées entre les replis cutanés des Cécilies (**Gymnophiones**).

Squelette interne. — Sauf quelques parties qui subsistent

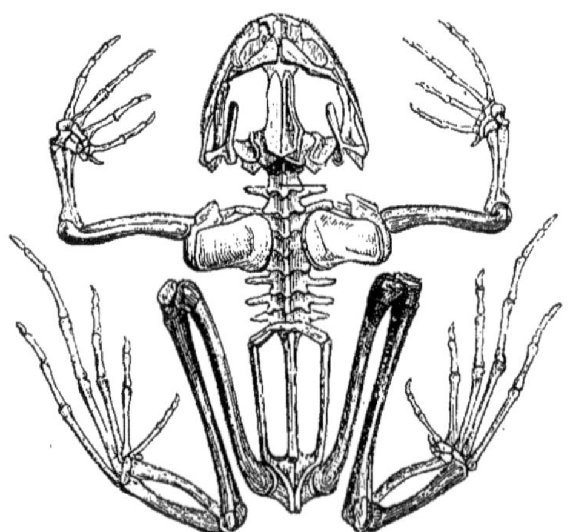

Fig. 432. — Squelette de la Grenouille.

à l'état cartilagineux, le squelette des Amphibiens est ossifié (fig. 432).

1. Les Amphibiens subissent des *mues* ; tous les ans, leur peau tombe par lambeaux dont ils se débarrassent par des mouvements rapides et saccadés.

Colonne vertébrale. — Chez les jeunes embryons, les vertèbres ont la forme d'anneaux cartilagineux, comme enfilés le long de la notochorde, elles deviennent *amphicœliques* (Voir page 339, fig. 390, *V. am*) par suite de l'étranglement de la notochorde au milieu de chaque corps vertébral; puis elles s'ossifient.

Les vertèbres demeurent *amphicœliques* chez les **Gymnophiones** et quelques Urodèles

Les **Urodèles** supérieurs possèdent des vertèbres *opisthocœliques*, *V.op* (fig. 390).

A cet effet, le cartilage intervertébral primitif, situé entre la n^e et la $n+1^e$ vertèbre par exemple, se divise en 2 parties : l'une antérieure, *concave*, s'accole à la n^e vertèbre dont elle fait désormais partie intégrante, en figurant sa *cavité articulaire postérieure*; l'autre, *convexe* et hémisphérique, forme un condyle soudé à la $n+1^e$ vertèbre dont elle constitue la *facette articulaire antérieure*.

Chez les **Anoures**, grâce à un phénomène du même genre, mais inverse, les vertèbres deviennent *procœliques*, *V.pr* (fig. 390).

La colonne vertébrale comprend 4 régions : la *région cervicale* avec 1 vertèbre (*axis*[1]) pourvue d'une apophyse odontoïde aplatie et de 2 facettes articulées avec les condyles occipitaux; les *régions dorsale*, *sacrée* et *caudale*, dont le nombre des vertèbres est variable avec chaque espèce et même avec chaque individu (*la région sacrée exceptée*, qui comprend 1 vertèbre sur laquelle s'insèrent les os iliaques, fig. 433).

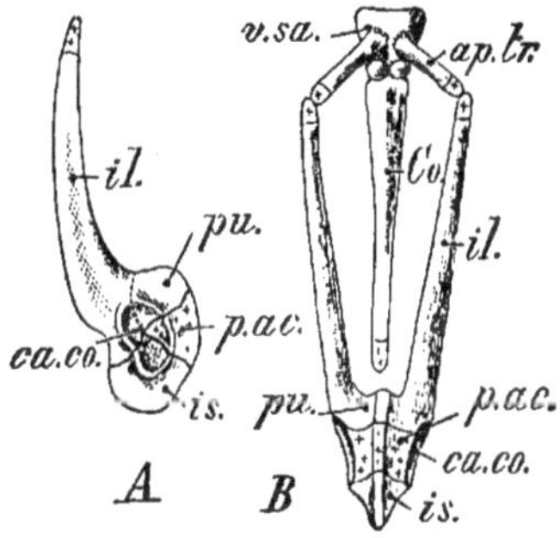

Les arcs neuraux soudés aux corps des vertèbres forment un canal rachidien continu protégeant la moelle épinière. Les arcs hémaux ne sont complets que dans la région caudale des **Urodèles**

FIG. 433. — Ceinture pelvienne de Grenouille (*Rana esculenta*) vue par la face inférieure en B, et de profil en A. *il*, ilium ; *pu*, pubis; *is*, ischion; *p.ac*, partie acétabulaire du pubis; *ca.co*, cavité cotyloïde; *v.sa*, vertèbre sacrée et ses apophyses transverses, *ap.tr*; *Co*, coccyx.

Côtes et sternum. — Les *côtes* sont très atrophiées (**Urodèles**), à peine visibles chez certains **Anoures**; mais elles sont appliquées sur les *apophyses transverses* des vertèbres nettement distinctes.

Le *sternum*, *st* (fig. 434), apparaît ici pour la première fois, sur la ligne médiane ventrale et dans la région thoracique, sous la forme d'un cartilage auquel s'unit la ceinture scapulaire, par l'intermédiaire du coracoïde, *co*, et de l'épicoracoïde, *ép.co*

1. L'*atlas* ou première vertèbre s'est, en effet, soudée à l'occipital.

Squelette céphalique. — Il est beaucoup plus simple ici que chez les Poissons. On y retrouve les 3 régions *auditive*, *orbitaire* et *nasale*.

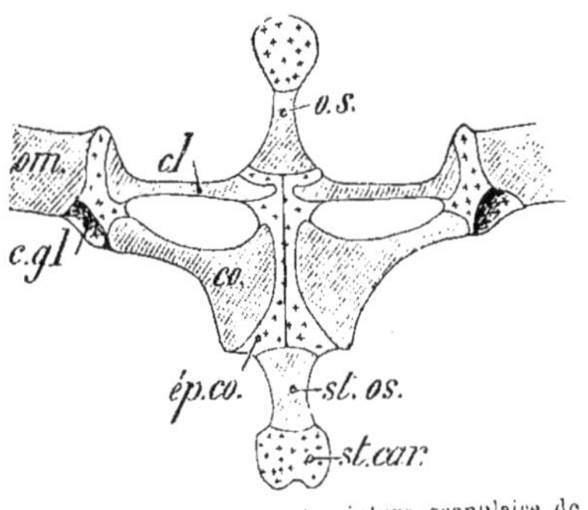

Fig. 434. — Sternum et ceinture scapulaire de Grenouille. *os*, omosternum; *st.os*, *st.car*, parties osseuse et cartilagineuse du sternum; *ép.co*, épicoracoïde; *co*, coracoïde; *cl*, procoracoïde; *om*, omoplate; *c.gl*, cavité glénoïde.

Le crâne cartilagineux persiste plus chez les **Anoures** adultes que dans les autres groupes, mais alors qu'il constitue une capsule presque entièrement close chez les premiers, il forme une cavité largement ouverte chez les **Urodèles**.

Tous les Amphibiens possèdent 2 condyles occipitaux, *co.oc* (fig. 435), articulés avec l'*axis* (Voir plus haut).

Chez les **Urodèles**, en avant des condyles sont 2 grandes vésicules auditives, *v.au*, avec

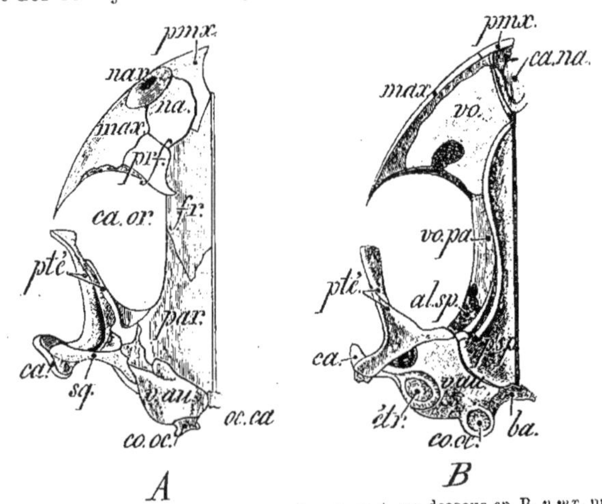

Fig. 435. — Crâne de Salamandre vu en dessus en A, en dessous en B. *p.mx*, prémaxillaire; *nar*, narine; *na*, nasale; *ca.na*, cavité nasale; *max*, maxillaire; *prf*, préfrontal; *fr*, frontal; *ca.or*, cavité orbitaire; *par*, pariétal; *vo.pa*, voméro-palatin; *al. sp*, alisphénoïde; *p.sp*, parasphénoïde; *pté*, ptérygoïde; *ba*, occipital basilaire; *co.oc*, condyle occipital; *oc.ca*, occipital cartilagineux; *v.au*, vésicule auditive; *étr*, étrier; *sq*, squamosal; *ca*, os carré.

une fenêtre ovale fermée par l'étrier cartilagineux, *étr*, en bas et en dehors.

Les capsules nasales, *nar*, antérieures, sont reliées aux capsules auditives par du cartilage que recouvrent : les pariétaux, *par*, les frontaux, *fr*, et les nasaux, *na*, en dessus ; les parasphénoïdes, *p.sp*, les os vomers, *vo*, et les palatins (voméro-palatins, *vo.pa*) en dessous. Le maxillaire supérieur, *max*, est situé en dehors et en avant du crâne ; l'intermaxillaire, *pmx*, qui remonte sur le crâne jusqu'au contact du nasal, *na*, est en réalité devenu un prémaxillaire.

L'appareil suspenseur de la mâchoire inférieure se compose uniquement de l'os carré, *ca*, soudé au crâne et recouvert du squamosal, *sq*.

Chez les **Anoures**, le développement du crâne est différent ; de plus, le maxillaire supérieur est relié en arrière à l'os carré par l'intermédiaire d'un os appelé *quadrato-jugal*. Le crâne des **Gymnophiones** est entièrement ossifié.

Les *arcs branchiaux* sont représentés seulement par leurs parties basilaires qui se fusionnent en une large plaque cartilagineuse occupant le plancher buccal. Cette plaque présente deux prolongements latéraux (*arc hyoïdien*) qui se fixent sur la capsule auditive par leur extrémité.

Membres. — I. ***Ceintures.*** — Les ceintures scapulaire et pelvienne des Amphibiens présentent les caractères exposés déjà (Voir T. I, pages 195 et 200, fig. 188).

Désormais, la ceinture scapulaire ne se réunit plus au crâne. Chez les **Anoures**, par exemple (fig. 434), le procoracoïde, *cl*, et le coracoïde, *co*, partent de l'omoplate à peu près parallèlement ; ils forment une sorte de cadre de chaque côté du sternum médian, *st*, qui les unit[1].

La ceinture pelvienne comprend deux plaques plus ou moins ossifiées réunies sur la ligne médiane par une symphyse ; la partie postérieure de chacune de ces plaques est l'ischion, *is* (fig. 433) et latéralement se trouve l'ilium, *il*, tige osseuse qui s'appuie, d'autre part, sur l'apophyse transverse correspondante, *ap.tr*, de la vertèbre sacrée, *v.sa*.

II. ***Partie libre des membres.*** — Alors que la nageoire des Poissons constitue un *levier à un seul bras*, on voit apparaître avec les Amphibiens (et pour la première fois chez les Vertébrés), des membres dont la partie libre constitue un *système de leviers à plusieurs bras* (fig. 436, III).

Constitution générale de la partie libre du membre chez les animaux vivant dans l'air. — Comme, dans la locomotion aérienne, le corps doit être, non seulement *poussé en avant*, mais encore *soulevé* pour la rapidité des déplacements, l'axe longitudinal des membres doit s'infléchir au moins en un point

---

1. Chez les Amphibiens seuls, la *clavicule* n'est autre que le *procoracoïde* ; mais chez les Vertébrés supérieurs, elle est absolument distincte de la ceinture scapulaire et devient un *os secondaire* (Voir T. I, page 200).

(coude, genou), puis former, avec le plan de symétrie du tronc, un angle d'autant plus petit que le corps sera plus haut porté.

L'homologie des parties libres des membres (comme celle des ceintures d'ailleurs) a été rapidement esquissée (Tome 1er, pages 195 et 196).

Les parties libres ont un plan de structure fondamental, caractérisé par l'existence de rayons : l'un *principal*, les autres *secondaires* qui, dans la figure 436, III, sont représentés par les pièces suivantes :

rayon principal : h, c, u, 5, d_5. *rayons secondaires* { 4, d_4. / i, ce, 3, d_3. / i, ce, 2, d_2. / r, r', 1, d_1. }

Le squelette de la main et du pied est ainsi composé :

Un *os central*, *ce*, simple ou double; 3 os proximaux [*radial*, r' (*tibial*) ; *cubital* ou *ulnaire*, u (*péronéal*); *intermédiaire*, i]; 4 à 6 os distaux [1, 2, 3, 4, 5] soutenant les os métacarpiens (métatarsiens) et ceux des doigts.

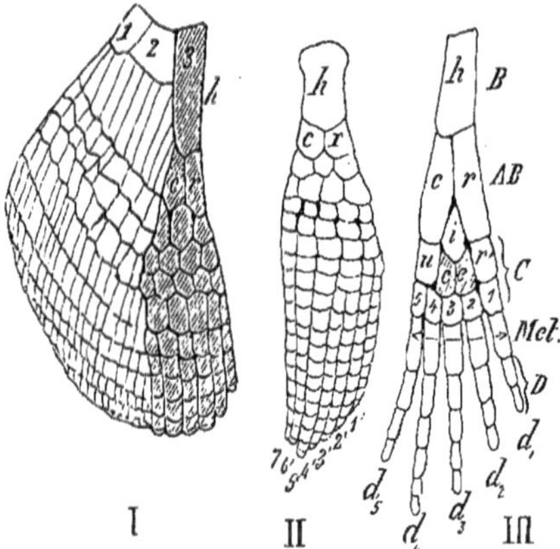

Fig. 436. — Partie libre des membres. — I; Raie (nageoire). — II; Ichthyosaure; 1' à 7', séries de phalanges. — III; Grenouille. *B*, bras (*h*, humérus). *AB*, avant-bras (*c*, cubitus; *r*, radius). *C*, carpe. *Mét*, métacarpe. *D*, doigts.

Parmi les Amphibiens, les **Gymnophiones** sont apodes; le genre *Siren* (**Urodèles**) n'a que des membres antérieurs; tous les autres possèdent 4 membres dont le type est conforme au plan général qui précède. Courts chez les **Urodèles** qui rampent péniblement, les membres y sont pourvus quelquefois d'une palmure (natation); ils atteignent un plus grand développement chez les **Anoures**, surtout les membres postérieurs qui, longs et forts, permettent à ces animaux de faire de grands bonds (Grenouille, Crapaud).

Le nombre des doigts est le plus généralement de 4 en avant et de 5 en arrière.

Nutrition — **Appareil digestif** — La disposition générale en a été donnée (Voir T. I, pages 70 et 75, fig 68, A).

Le nombre des *dents* est beaucoup plus réduit que chez les Poissons ; ces pièces ont toutes la forme d'un cône élargi à sa base, avec 1 ou 2 pointes ; elles sont portées par les maxillaires, intermaxillaires, vomers et palatins, et enfoncées dans la muqueuse buccale d'où elles surgissent à peine.

Parmi les **Stégocéphales**, les *Labyrinthodontes* possédaient des dents partagées en secteurs plissés (fig. 437), par des lames rayonnantes de la pulpe.

La *langue*, rudimentaire chez les Poissons, devient volumineuse et papilleuse chez les Amphibiens; elle est fixée par son extrémité antérieure chez la *Grenouille* qui en projette la partie libre au dehors par simple renversement (fig. 438), en l'appliquant sur la proie convoitée. La langue du *Caméléon*, libre sur toute sa périphérie, peut être projetée hors de la bouche par l'extension d'un long pédoncule éminemment protractile.

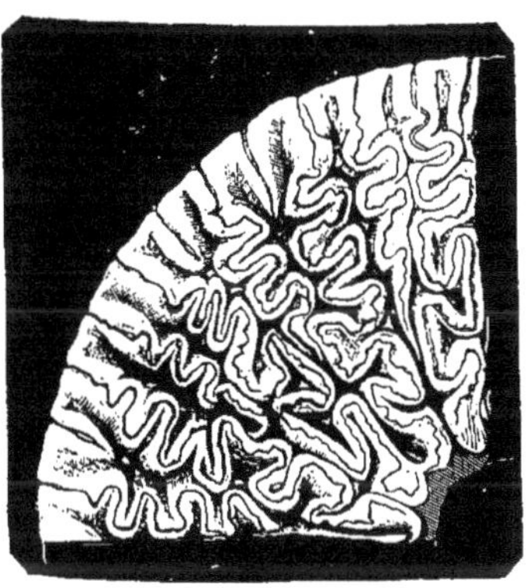

Fig. 437. — Un quart d'une dent de Labyrinthodonte.

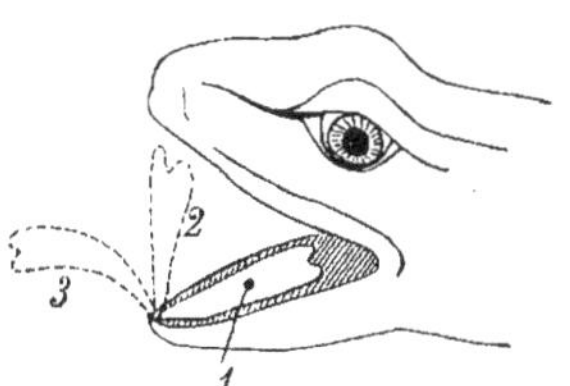

Fig. 438. — Langue de Grenouille dans 3 positions, montrant son bord postérieur libre.

La langue, riche en glandes dont la mucosité imprègne sa surface, est un excellent organe de préhension.

Appareil respiratoire. — Outre la *respiration cutanée*, excessivement importante pour les Amphibiens, ces animaux sont dotés d'une *respiration branchiale* transitoire (**Anoures**) ou persistante (**Urodèles** *Pérennibranches*) et d'une *respiration pulmonaire* dans l'âge adulte.

(Consulter, à ce sujet, T. I, pages 82, 100, 101 et 102; fig. 102, 103 et 97, D; T. II, fasc. 1er, page 66, fig. 48).

Appareil circulatoire. — Nous renvoyons le lecteur à la description de cet appareil contenue dans le T. I (pages 146-147, fig. 143).

Appareil lymphatique. — Les *Anoures* possèdent 4 *cœurs lymphatiques* animés de contractions rythmiques : 2 postérieurs, près de l'extrémité du coccyx, et 2 *antérieurs* entre la 3e et la 4e vertèbre. Ces cœurs sont situés aux points où le système lymphatique communique largement avec l'appareil sanguin proprement dit.

Le *système lymphatique* consiste en une *partie superficielle* et une *partie profonde*. Le système superficiel comprend de vastes lacunes sous-cutanées (*sacs lymphatiques*) communiquant entre elles et avec les sacs lymphatiques de la cavité péritonéale. Parmi ces derniers, il en est un plus important, le *sac lymphatique sous-vertébral* qui reçoit toute la lymphe venant de l'intestin, puis forme une gaine à l'aorte et se jette dans un vaste sinus antérieur, en rapport avec les troncs veineux antérieurs.

Appareil excréteur. — Chez les **Gymnophiones**, l'appareil urinaire consiste en deux rubans étroits situés de part et d'autre de la colonne vertébrale. Chaque ruban comprend une série de tubes, *tu.seg* (fig. 439), pourvus d'un pavillon vibratile ou néphrostome, *nép*, avec une capsule de Bowmann, *gl*, et s'ouvrant d'autre part dans le canal de Wolff, *ca. W*.

Le nombre des tubes, de 1 par segment au début, se multiplie à tel point qu'il en existe ensuite jusqu'à 20 dans le même segment.

Chez les **Urodèles**, le mésonéphros comprend deux parties : l'une, supérieure, étroite ou *rein génital*, *r.g* (fig. 440); l'autre, inférieure, plus large, ou *rein pelvien*, *r.p*.

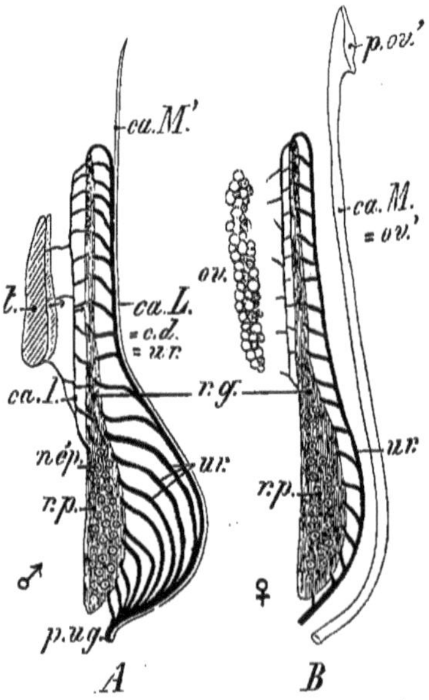

Fig. 440. — Schéma de l'appareil génito-urinaire du Triton. — A ; appareil mâle. — B ; appareil femelle. *t*, testicule ; *ca.l*, canal latéral ; *r.g*, rein génital ; *r.p*, rein pelvien avec les néphrostomes, *nép*. *ca.L*, canal de Leydig servant à la fois de canal déférent et d'uretère chez le mâle ; *ca.M'*, canal de Müller atrophié chez le mâle ; *p.ug*, pore uro-génital. *ov*, ovaire ; *ur*, uretère ; *ca.M*, canal de Müller servant d'oviducte chez la femelle ; *p.ov'*, pavillon.

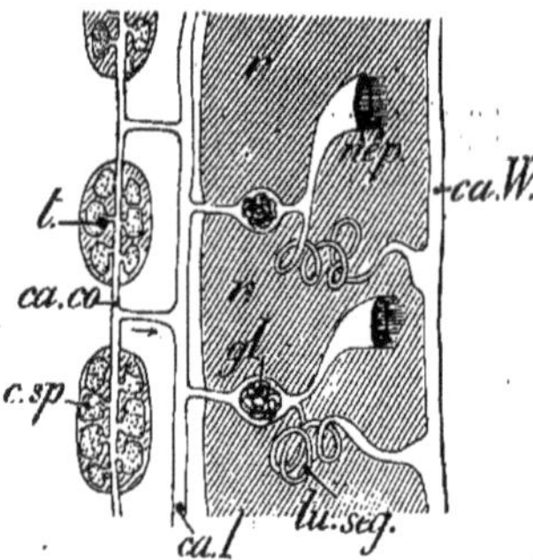

Fig. 439. — Appareil génito-urinaire des Gymnophiones. *r*, substance du rein ; *nép*, néphrostome ; *gl*, glomérule ; *tu.seg*, tube segmentaire ; *ca. W*, canal de Wolff ; *t*, testicule ; *c.sp*, capsule spermatique ; *ca.co*, canal collecteur ; *ca.l*, canal latéral.

Le rein génital est en connexion étroite avec le testicule, *t* (A), chez le mâle ; ses canaux excréteurs servent également de canaux déférents et se déversent dans le *canal de Leydig*, *ca.L* (= *c.d* = *ur*). Ce dernier longe le canal de Müller atrophié, *ca.M'*. Le rein pelvien, pourvu de nombreux néphrostomes, *nép*, ouverts dans la cavité générale, possède un certain nombre de canaux excréteurs.

Chez la femelle, le rein génital n'a pas de connexion avec l'ovaire, *ov* (B) ; le canal de Leydig fonctionne exclusivement comme uretère, *ur* ; il est indépendant du canal de Müller, *ca.M*, qui joue le rôle d'oviducte, *ov'*.

Les canaux urinaires débouchent sur la paroi postérieure du cloaque, sans communication directe avec la *vessie urinaire*.

(Consulter le T. I, page 167, fig. 163, pour l'appareil urinaire des **Anoures**).

Relation. — Système nerveux. — *Les Amphibiens sont, de tous les Vertébrés, ceux dont l'encéphale est le plus simple* (Voir, à ce sujet, T. I, page 322, fig. 305, E, E').

Nerfs craniens. — Les nerfs optiques (2) s'entrecroisent avec enchevêtrement et non par simple application de l'un sur l'autre au point de croisement ainsi que cela a lieu chez la plupart des Poissons. Une branche volumineuse se détache du nerf vague (10) chez les Amphibiens aquatiques et toutes les larves, s'étend sur la face latérale du corps jusqu'à l'extrémité de la queue. Le glosso-pharyngien (9) se termine désormais par une branche linguale et une branche pharyngienne, ainsi que l'indique son nom. Le nerf spinal (11) n'existe pas.

On trouve déjà, dans la Grenouille, des branches du **sympathique** dans toute la longueur du tronc.

Organes des sens. — Des ***organes sensoriels***, formés de groupes de *cellules avec bâtonnet* se trouvent chez les Amphibiens aquatiques et les larves, comme chez les Poissons (Voir page 349). On voit ces organes disposés métamériquement, en *une* rangée de chaque côté du corps, chez la larve de Salamandre, chez le Protée, etc., jusqu'à l'extrémité de la nageoire caudale.

Pour la première fois, on trouve des cellules tactiles groupées en *taches tactiles* sous l'épiderme.

Des ***Bourgeons terminaux gustatifs*** (?) se rencontrent également et *exclusivement* dans la cavité buccale des Amphibiens.

Dans les ***capsules nasales*** se trouvent des *cellules olfactives*, comparables à celles de la figure 401, D; en outre s'y joignent des *cellules glandulaires chez les espèces qui séjournent assez longtemps dans l'air*, à l'effet de maintenir toujours humide la muqueuse nasale et ses nombreux replis. Les capsules nasales, situées à la partie antérieure de la tête, *nar* (fig. 435), communiquent avec la cavité buccale; en outre, un *canal naso-lacrymal*, qui part de l'orbite, traverse la paroi latérale du nez et vient déboucher dans sa cavité.

L'***oreille*** des Amphibiens se distingue de celle des Poissons : 1° par la *lagena* mieux développée (présentant le premier vestige de la *membrane basilaire* des Vertébrés supérieurs); 2° par une plaque cartilagineuse (*étrier*) chez les **Urodèles**; 3° par une *caisse tympanique*, une *membrane du tympan* à fleur de peau et une *trompe d'Eustache* chez les **Anoures** seulement.

Dans l'***œil*** des Amphibiens, on ne trouve plus ni la membrane argentine de la choroïde, ni le ligament falciforme avec la *campanula Halleri*, car le ligament ciliaire des Poissons est ici remplacé par un *muscle ciliaire*, peu développé il est vrai.

Larynx. — Les poumons d'un grand nombre d'**Urodèles** débouchent dans une petite cavité en forme de sac s'ouvrant elle-même dans le pharynx par une fente; un double cartilage limite cette fente. Chez les **Anoures**, cet appareil se différencie en une véritable *caisse vocale* avec des membranes vibrantes et des résonnateurs formés par 1 ou 2 diverticules du plancher buccal. L'appareil, soutenu par une charpente cartilagineuse, est enchâssé entre les cornes postérieures de l'os hyoïde. Quant à la charpente, elle est formée de deux cartilages symétriques (aryténoïdes) qui portent les cordes vocales, et d'un cartilage annulaire (cricoïde) qui enveloppe les 2 premiers. Du tissu fibreux réunit ces 3 pièces.

Reproduction. — Nous avons remarqué plus haut les connexions des organes génitaux avec l'appareil urinaire des Amphibiens. Ces organes, symétriquement placés de chaque côté de la colonne vertébrale, ont une forme plus ou moins allongée suivant celle qu'affecte en général le corps (longs rubans en chapelet chez les **Gymnophiones**, fig. 439; ramassés chez les **Anoures**).

Chez les **Urodèles** (fig. 440), le *testicule*, *t*, déverse les produits sexuels par des canaux collecteurs (comparables à ceux des Gymnophiones, *ca.co*, fig. 439) dans un canal latéral, *ca.l*; de là les spermatozoïdes passent dans les canalicules rénaux et sortent par les tubes urinaires qui les conduisent au canal de Leydig, *ca.L*.

Fig. 441. — *Alytes obstetricans* (Alyte accoucheur).

L'*ovaire* est un sac à mince paroi, à cavité interne continue; les ovules s'en échappent par déhiscence, tombent dans la cavité générale et sont recueillis par le pavillon de la trompe, *p.ov'*, situé très en avant, au voisinage des poumons; l'oviducte, *ov'*, est plus ou moins contourné et débouche dans le cloaque après s'être réuni à l'uretère correspondant.

Chez *Salamandra atra*, vivipare, l'oviducte se dilate en *utérus* près de son extrémité terminale.

Chez les **Anoures**, les testicules sont sphériques et la cavité des ovaires divisée en compartiments.

Pas d'appareils de copulation chez les Amphibiens. Le mâle tient étroitement embrassée la femelle au moment de la ponte, et féconde les ovules à mesure qu'ils sont mis en liberté.

Les œufs sont petits, dépourvus de coque calcaire, mais entourés d'une abondante substance albumineuse qui les agglutine les uns aux autres; cette substance, très gonflable dans l'eau, prend l'aspect de la gélatine.

Développement. — Rarement après la ponte les parents se préoccupent du développement des œufs.

Chez le Crapaud accoucheur (*Alytes obstetricans*, fig. 441), le mâle enroule autour de ses cuisses le chapelet formé par les œufs agglutinés, s'enfonce dans la terre humide, les couve et s'en débarrasse un peu avant le moment de l'éclosion des larves.

Le *Pipa dorsigera* mâle dépose sur le dos de la femelle les œufs qui s'y développent (Voir T. II, fasc. 1er, page 65).

La segmentation totale et inégale de l'œuf aboutit à la formation d'une *blastula*, puis d'une *gastrula* par invagination.

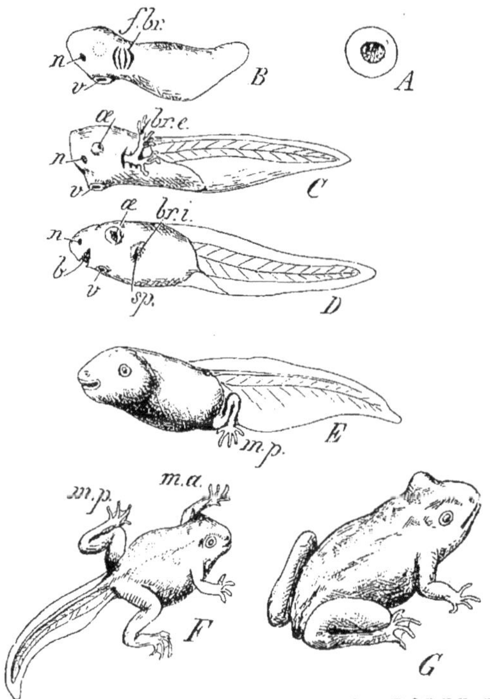

Fig 442. — Métamorphoses de la Grenouille. — A : œuf — B,C,D,E,F ; Têtard aux stades successifs de son évolution. — G ; Grenouille. *v*, ventouse ; *œ*, œil ; *f.br*, fentes branchiales, *br.e*, branchies externes ; *br.i*, branchies internes logées dans une cavité latérale ouverte au dehors par le spiracle, *sp* ; *b*, bouche ; *m.p*, *m.a*, membres postérieurs et membres antérieurs.

Apparition d'une gouttière médullaire transformée ensuite en canal médullaire ou *neuraxe*, différenciation de la notochorde aux dépens de l'entoderme, délimitation des feuillets, ébauche des organes : telles sont les transformations qui nous conduisent à l'embryon dépourvu d'amnios et d'allantoïde, ne présentant pas non plus de sac vitellin externe (le vitellus est englobé par la paroi ventrale du corps).

L'*embryon*, trop long pour la dimension de sa coque ovulaire, s'est courbé sur lui-même, surtout dans la région caudale. Les ventouses, les diverticules pairs destinés à se transformer en fentes branchiales, les branchies externes prennent successivement naissance; c'est à ce moment qu'a lieu l'éclosion. Alors s'accomplissent les **métamorphoses** postérieures à l'éclosion (fig. 442) qui ont été passées en revue précédemment (T. II, fasc. 1er, pages 65 et 66).

L'évolution condensée et complète, dans laquelle les jeunes éclosent à un état voisin de l'adulte, se remarque rarement chez les Amphibiens (*Pipa*, vivipare; *Rana opisthodon*, ovipare).

I. — GYMNOPHIONES (APODES)

Amphibiens dont le **corps** est **serpentiforme** *et dépourvu de membres ; peau couverte de petites écailles. Vertèbres amphicœliques. Petits yeux recouverts par la peau.*

Cœcilia. Amérique du Sud. — *Siphonops.* Brésil. — *Epicrium.* Cayenne, Ceylan.

Ces animaux vivent sous terre dans les contrées tropicales et humides; ils se nourrissent de larves d'Insectes surtout.

II. — URODÈLES

*Amphibiens à peau nue, de forme allongée, pourvus en général de 4 membres courts et d'*une **queue persistante**. *Branchies externes persistantes ou non.*

1° ***Pérennibranches.*** — **Branchies externes persistantes.** *Pas de paupières. Pas de maxillaires supérieurs en général.*

Siren; corps anguilliforme sans membres postérieurs; 3 ouvertures branchiales ; mâchoires avec un revêtement corné. *S. lacertina*; eaux stagnantes de la Caroline du Sud. — *Proteus* (Protée); corps cylindrique ; 2 ouvertures branchiales.

Le Protée possède les plus gros globules sanguins rouges (1/17 de millimètre); il vit dans les eaux souterraines (Carniole, Dalmatie).

Menobranchus ; tête large, aplatie ; 4 ouvertures branchiales.

2° ***Dérotrèmes.*** — *Pas de branchies chez l'adulte. Une* **ouverture branchiale de chaque côté du cou**. *Des maxillaires supérieurs.*

Amphiuma; corps anguilliforme; doigts rudimentaires aux pattes très courtes elles-mêmes. — *Menopoma*; tête large; 4 doigts; 5 orteils (Amérique).

3° ***Salamandrines.*** — *Ni branchies, ni orifices branchiaux dans l'âge adulte. Des paupières. Vertèbres opisthocœliques.*

Amblystoma; museau obtus; dos paraissant annelé à cause des plis de la peau; queue épaisse et souvent comprimée en s'éloignant de la base.

L'Amblystome du Mexique possède une larve capable de se reproduire : l'Axolotl (*Siredon pisciformis*), pourvu de branchies et d'une crête dorsale. On considérait autrefois les Amblystomes et les Axolotls comme deux genres distincts.

Salamandra (Salamandre, fig. 443); corps lourd avec une queue cylindrique, Glandes parotides très développées. Une rangée

Fig. 443. — *Salamandra maculata* (Salamandre).

d'orifices glandulaires de chaque côté du tronc. *S. maculata* (Salamandre tachetée); venin énergique; vit dans l'Europe et l'Afrique septentrionale. *S. atra* (Salamandre noire); vivipare.

La Salamandre noire vit dans les hautes montagnes de France et de Suisse: il en naît un petit seulement à la fois, nourri dans l'utérus de la mère aux dépens des œufs non développés.

Triton (Salamandre aquatique); corps grêle avec une queue comprimée latéralement. Pas de glandes parotides. *T. cristatus*, venimeux. Le mâle a une crête sur le dos. *T. marmoratus* a le dos vert et le ventre rouge (fig. 429).

III. — ANOURES

Amphibiens à peau nue et à corps ramassé **dépourvu de queue.** *4 membres dont les postérieurs au moins sont bien développés. Vertèbres procœliques. 7 vertèbres thoraciques, après l'axis, portant des côtes réduites à de courtes apophyses. Vertèbres caudales soudées en un os allongé (urostyle). Pas de branchies dans l'âge adulte.*

1° Aglosses. — *Corps plat.* **Pas de langue.** *Tympan caché. Yeux situés en avant, près des coins de la bouche. Pattes postérieures palmées.*

Pipa (Crapaud de Surinam); corps plat semblable à celui du Crapaud. Tête courte, large et pointue ; ses pattes antérieures grêles sont pourvues de doigts libres terminés chacun par 4 pointes divergentes ; ses pattes postérieures sont, au contraire, puissantes. Pas de dents.

Le *P. dorsigera*, remarquable par le soin qu'il prend de sa progéniture, vit dans l'Amérique du Sud.

2° ***Phanéroglosses*** — *Pourvus d'une* **langue charnue.**

(a) **Oxydactyles.** — *Doigts pointus et libres.* Orteils unis ou non par une palmure.

Rana (Grenouille, fig. 444) ; corps relativement élancé et grêle. Pattes postérieures très longues (saut) avec orteils unis par une

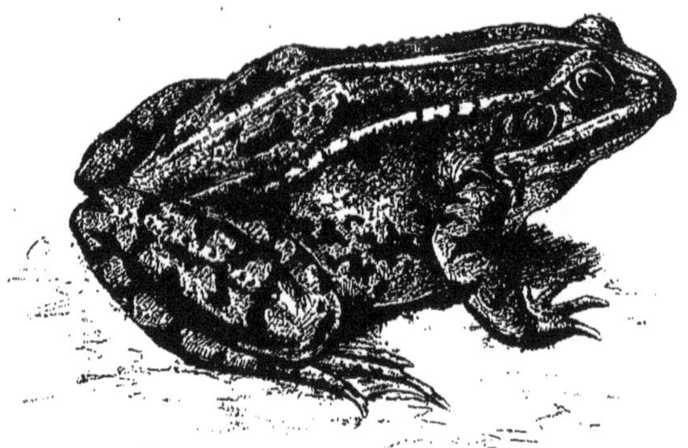

FIG. 444. — *Rana esculenta* (Grenouille verte).

palmure (natation). Peau lisse sans excroissances. Pas de parotides. Tympan libre. Langue pourvue d'une profonde échancrure en arrière.

Pendant l'accouplement, le mâle, monté sur le dos de la femelle, l'embrasse au-dessous des aisselles et la maintient en lui enfonçant, dans la peau des flancs, le renflement spongieux de ses pouces. Œufs agglomérés en masses irrégulières.

R. esculenta (Grenouille verte); taches sombres et bandes jaunes sur le dos; vit au bord des eaux stagnantes, fin mai, au moment du frai. — *R. temporaria* (Grenouille rousse); brune avec taches sombres sur les tempes; elle *coasse* seulement au moment de la ponte en mars; elle vit alors dans l'eau et habite, le reste du temps, les prairies et les champs.

Pelodytes. Peau couverte de tubercules.

Pelobates (Pélobate); corps épais; mâchoire supérieure avec dents. Tête protégée par un bouclier osseux; doigts libres; orteils réunis par une palmure; les pattes postérieures ont un éperon jaune (*P. fuscus*) ou noir (*P. cultripes*). Pas de tympan. — *Alytes* (Alyte, fig. 441); tympan distinct; pas de sac vocal. Ce genre fraye à terre et creuse des galeries. *A. obstetricans* (Alyte accoucheur. Voir page 379). — *Bombinator* (Sonneur); pas de tympan; langue complètement soudée comme celle de l'Alyte.

B. igneus a la peau verruqueuse, d'un vert sale, le ventre rouge de feu tacheté de bleu. Voix sonore.

Bufo (Crapaud, fig. 430); formes lourdes et trapues; peau très glanduleuse et verruqueuse. 2 amas de glandes de chaque côté du cou sécrètent une humeur repoussante. Pas de dents sur les mâchoires.

Comme la plupart des précédents, ces animaux ne vont dans l'eau qu'à l'époque du frai; le reste du temps, ils se cachent le jour dans des galeries humides et sombres d'où ils sortent la nuit pour chercher leur nourriture.

Les Crapauds sont extrêmement utiles par le nombre considérable d'insectes nuisibles dont ils font leur proie.

B. vulgaris (Crapaud commun); peau d'un gris brun. *B. viridis* (Crapaud vert); taches vertes sur fond gris sombre. *B. calamita* (Crapaud des joncs); bandes jaune clair sur le dos.

(b) **Discodactyles.** — *Doigts élargis en disque à leur extrémité (pelotes adhésives).*

Grâce à ces disques adhésifs, les Amphibiens qui suivent sont *grimpeurs* et montent sur les arbres.

Hyla (Rainette); doigts postérieurs pourvus d'une palmure. Tête revêtue d'une peau molle non adhérente; des dents.

La Rainette verte (*H. viridis* ou *arborea*) a le dos d'un beau vert avec des bandes jaunes sur les pattes de derrière; le ventre est blanc. Le mâle possède un sac vocal de la grosseur d'une noisette, saillant en avant du corps.

Elle vit sur les arbres pendant la belle saison et descend au voisinage des eaux à l'automne, se blottissant dans la vase.

Hylodes; orteils libres. — *Dendrobates*; pas de dents.

IV. — STÉGOCÉPHALES

Amphibiens tous fossiles, à colonne vertébrale incomplètement ossifiée; boîte crânienne formant une **capsule fermée en haut,** *largement ouverte par-dessous. Membres (0, 1 ou 2 paires). Os du crâne et de la ceinture scapulaire profondément sculptés. Trou pariétal. Face ventrale souvent pourvue de fortes écailles. Dents labyrinthiformes.*

Ces animaux se rencontrent pendant toute la période qui s'étend du Carbonifère à la fin du Trias; c'est à l'époque permienne que leur nombre est le plus considérable.

Branchiosaurus. C'est le Vertébré aérien d'organisation la plus inférieure; sa forme rappelle celle d'une Salamandre; notochorde entourée seulement d'une gaine avec quelques plaques osseuses; os des membres réduits à l'état de tubes cylindriques dont le contenu et les surfaces d'articulation sont demeurés cartilagineux. Écailles sur toute la face ventrale. Larve pourvue de 4 paires d'arcs branchiaux cartilagineux (Carbonifère). — *Protriton* (*P. petrolei*), pas d'écailles (Permien d'Autun). [Peut-être était-ce la forme larvaire d'un grand Stégocéphale ?]

Labyrinthodontes. — *Dents profondément plissées* (fig. 437).

Archegosaurus; ossification imparfaite ; tête très allongée et triangulaire. Il atteint $1^m,50$ de longueur (Permien). — *Actinodon*; plastron ventral formé d'écailles ganoïdes pointues. — *Mastodonsaurus*; le plus grand des Amphibiens connus; son crâne atteignait jusqu'à 1 mètre ; le squelette est mieux ossifié dans ce type que chez tout autre Stégocéphale (Trias).

Importance paléontologique des Amphibiens. — Les Amphibiens apparaissent dans le terrain *houiller* sous la forme de **Stégocéphales** dont le nombre des genres va croissant dans le *Permien*, ainsi qu'il a été dit plus haut. Ce sont d'abord les formes à vertèbres à peine ossifiées (Branchiosauriens), puis les Labyrinthodontes dont l'ossification est de plus en plus parfaite et qui représentent les formes terminales des Stégocéphales. Cet ordre important s'éteint complètement après le *Trias*.

On n'a retrouvé d'Amphibiens ensuite qu'à l'époque *crétacée* (Urodèles).

A partir de l'*Éocène*, les **Urodèles** se multiplient et les **Anoures** font leur apparition; leurs débris fossiles ont été trouvés abondants dans les formations lacustres tertiaires, avec les caractères des types actuels.

§ 3. — REPTILES

Vertébrés **amniens et allantoïdiens**, *écailleux ou cuirassés, pourvus ou non de 4 membres* (marche, saut, vol, natation). *Crâne incomplètement ossifié portant un seul condyle occipital. Respiration pulmonaire. Circulation double et incomplète. Température variable. Ovipares en général.*

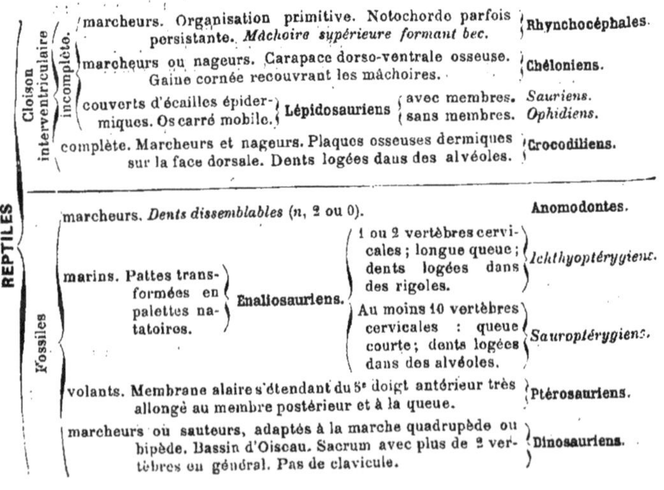

REPTILES	Cloison interventriculaire incomplète.	marcheurs. Organisation primitive. Notochorde parfois persistante. *Mâchoire supérieure formant bec.*		**Rhynchocéphales.**
		marcheurs ou nageurs. Carapace dorso-ventrale osseuse. Gaine cornée recouvrant les mâchoires.		**Chéloniens.**
		couverts d'écailles épidermiques. Os carré mobile. **Lépidosauriens**	avec membres.	*Sauriens.*
			sans membres.	*Ophidiens.*
	Cloison interventriculaire complète.	Marcheurs et nageurs. Plaques osseuses dermiques sur la face dorsale. Dents logées dans des alvéoles.		**Crocodiliens.**
	Fossiles	marcheurs. *Dents dissemblables* (n, 2 ou 0).		**Anomodontes.**
		marins. Pattes transformées en palettes natatoires. **Enaliosauriens.**	1 ou 2 vertèbres cervicales ; longue queue ; dents logées dans des rigoles.	*Ichthyoptérygiens.*
			Au moins 10 vertèbres cervicales : queue courte ; dents logées dans des alvéoles.	*Sauroptérygiens.*
		volants. Membrane alaire s'étendant du 5e doigt antérieur très allongé au membre postérieur et à la queue.		**Ptérosauriens.**
		marcheurs ou sauteurs, adaptés à la marche quadrupède ou bipède. Bassin d'Oiseau. Sacrum avec plus de 2 vertèbres en général. Pas de clavicule.		**Dinosauriens.**

La classe des Reptiles constitue un groupe assez hétérogène présentant de nombreuses affinités : 1° avec les Amphibiens (**Stégocéphales**) par les **Anomodontes** et les **Rhynchocéphales** ; 2° avec les Oiseaux par les **Crocodiliens**, les **Ptérosauriens** et les **Dinosauriens** ; 3° avec les Mammifères par les **Anomodontes**. Les **Chéloniens**, avec leur carapace, constituent un groupe assez indépendant.

Mais les Reptiles diffèrent :

1° des Amphibiens par leurs *écailles épidermiques*, l'ossification plus complète de la base du crâne pourvu d'un seul condyle, et par l'absence de branchies ;

2° des Oiseaux par l'*absence de plumes* et la présence de *côtes sacrées* ;

3° des Mammifères par l'*absence de poils*, l'existence *d'un seul condyle occipital*, la fusion des os du crâne et des os de la mâchoire inférieure.

Morphologie extérieure. — Les Reptiles, sauf les Tortues, ont un corps allongé, plus ou moins cylindrique et pourvu, en général, de 4 membres courts. Certains n'ont que 2 membres (*Pseudopus*, membres supérieurs seulement); d'autres n'en présentent pas (Serpents, fig. 445. — *Typhline* ; *Anguis* ou Orvet, fig. 446 ; *Amphisbæna*, etc., parmi les **Sauriens**).

FIG. 445. — Serpent.

Qu'ils soient, ou non, pourvus de membres, les Reptiles terrestres *rampent* ; leur colonne vertébrale est segmentée de manière à permettre au tronc des mouvements ondulatoires, la face ventrale de leur corps porte plus ou moins sur le sol, à cause de la réduction des membres et de leur position très déjetée sur les côtés.

FIG. 446. — *Anguis fragilis* (Orvet).

Les Lézards ont toutefois le corps un peu surélevé, les doigts déliés et garnis d'ongles acérés qui leur permettent de grimper avec agilité (fig. 447). Chez les Tortues, la colonne vertébrale étant rigide, sauf dans les régions cervicale et caudale (fig. 175, T. I), les déplacements du corps sont essentiellement dus aux mouvements des pattes.

La tête plus ou moins volumineuse est portée par un cou très réduit; on y remarque la bouche antérieure, 2 fosses nasales, 2 yeux avec ou sans paupières (plus l'*œil pinéal* des Lézards[1]). Un cloaque débouche au-dessous de la base de la queue par un orifice circulaire (*Dolichotrèmes* : **Chéloniens, Crocodiliens**), ou par une fente transversale (*Plagiotrèmes* : **Sauriens, Ophidiens**).

Fig. 447. — *Lacerta muralis* (Lézard commun).

Tégument. — La constitution générale de la peau est conforme à celle de tous les Vertébrés supérieurs (Allantoïdiens), constitution qui a été décrite dans le T. I de cet ouvrage (pages 223-224, fig. 166, 167, 170 et 225).

La peau des Reptiles renferme peu de glandes, contrairement à celle des Amphibiens.

Toutefois, chez les Lézards, la face ventrale de la cuisse présente des *glandes fémorales, gl.fé* (fig. 455), dont la sécrétion durcit à l'air en formant, en dehors des orifices glandulaires, des sortes de papilles fixatrices lors de l'accouplement.

La couche de Malpighi (épiderme profond) produit en proliférant, *chez les Serpents*, des écailles, des tubercules, etc., à la formation desquels participe le derme, comme nous l'avons vu pour les poils des Mammifères (T. 1, page 181, fig. 170). De temps à autre survient une *mue*, c'est-à-dire que le revêtement corné se détache tout d'une pièce et le Serpent en sort, la tête la première, en la retournant comme un doigt de gant.

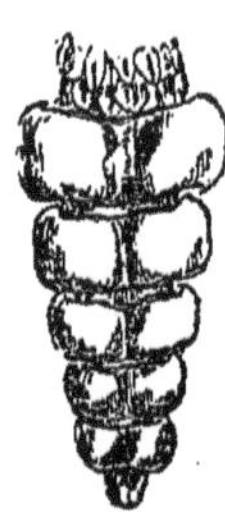

Fig. 448. Queue de Crotale.

Chez le Crotale (Serpent à sonnettes), une petite clochette cornée persiste à chaque mue au bout de la queue, de sorte qu'après quelques années l'animal possède une série de clochettes formant un appareil stridulant qui vibre lors des mouvements de la queue (fig. 448).

Le derme de certains Reptiles renferme des *chromatophores* contractiles auxquels le Caméléon et certains Serpents doivent leurs changements de coloration.

Exosquelette. — Les **Tortues** et les **Crocodiliens** possèdent un exosquelette très développé ; les **Sauriens** et les **Ophidiens** en sont totalement dépourvus.

Chez les **Crocodiliens**, l'exosquelette est composé de larges plaques couvrant la face ventrale du corps.

1. Voir T. I, page 266, fig. 204.

Les **Tortues** sont enveloppées d'une véritable boîte osseuse formée de plaques intimement unies : la partie dorsale de la boîte est la *carapace*; la partie ventrale, le *plastron* (fig. 174 et 175, T. I).

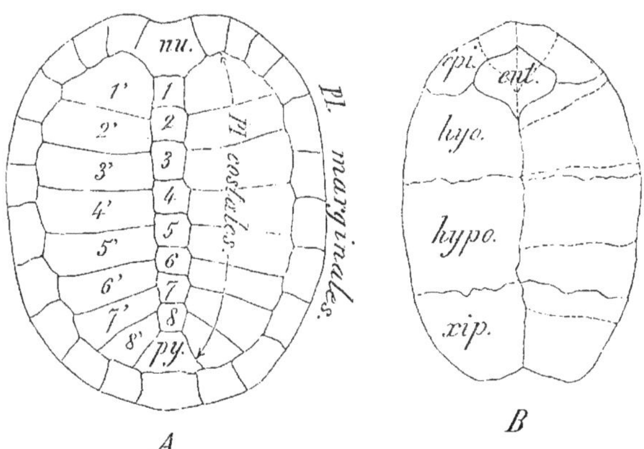

FIG. 449. — Exosquelette de Tortue (*Emys pulchella*). A ; carapace. B ; plastron. 1 à 8, plaques neurales ; *nu*, plaque nucale ; *py*, plaque pygale. 1' à 8', plaques costales. *ent*, entoplastron ; *épi*, épiplastron ; *hyo*, hyoplastron ; *hypo*, hypoplastron ; *xip*, xiphiplastron.

Le plastron comprend *exclusivement* des plaques exodermiques ; la carapace renferme, en outre, des parties du squelette interne (apophyses épineuses des vertèbres et côtes).

Carapace et plastron sont revêtus d'écailles cornées épidermiques *dont la disposition n'a aucun rapport avec celle des plaques osseuses.*

Composition de l'exosquelette de la Tortue. — 1° *Carapace.* — Elle est formée de trois sortes de plaques :

8 *plaques neurales* (1 à 8, fig. 449, A), en 1 série médiane (avec les apophyses épineuses des vertèbres dorsales).

16 *plaques costales* (1' à 8'), en 2 séries symétriques (comprenant les côtes dorsales).

n plaques marginales, en cercle autour des précédentes.

La série médiane est complétée : en avant par la *plaque nucale*, *nu* ; en arrière par la *plaque pygale*, *py*.

2° *Plastron.* — Il comprend :

1 pièce impaire [*entoplastron*, *ent* (B)].

8 pièces disposées en deux séries longitudinales symétriques appelées, d'avant en arrière : *épi-*, *hyo-*, *hypo-*, *xiphiplastron*.

Squelette interne. — **Colonne vertébrale.** — Sauf les **Rhynchocéphales** et les *Geckos* (**Sauriens**), la notochorde disparaît chez les Reptiles adultes.

Quant à la forme des vertèbres, elle est très variable dans cette classe. Les **Lépidosauriens** ont des vertèbres procœliques ; les vertèbres du cou chez les **Tortues** s'articulent de façons très variables, afin de faciliter les mouvements de la tête. Les **Croco-**

diliens présentent, comme les Vertébrés supérieurs, des *disques intervertébraux* cartilagineux.

La colonne vertébrale comprend 5 *régions*, mieux différenciées que chez les Amphibiens :

La *région cervicale* composée d'au moins 2 vertèbres bien développées, l'*atlas* et l'*axis* ;

Les **Serpents** n'ont que ces 2 vertèbres; les autres Reptiles en possèdent davantage.

La *région dorsale* comprenant jusqu'à 300 vertèbres chez les **Serpents** ;

La *région lombaire* ;

La *région sacrée* formée de 2 vertèbres (quelquefois 3 chez les **Crocodiliens**) avec de grosses apophyses transverses ;

La *région coccygienne* avec un nombre très variable de vertèbres[1].

La variabilité du nombre des vertèbres dans les différentes régions est soumise à la loi générale suivante : *toute région qui s'accroît le fait aux dépens des régions voisines*. Ainsi les Lézards ont moins de vertèbres cervicales et plus de vertèbres dorsales; chez le *Plésiosaure*, c'est l'inverse.

Côtes et sternum. — Les côtes des Reptiles sont très développées. *Un certain nombre d'entre elles*, appelées *vraies côtes*, *se fusionnent à leur extrémité pour former un sternum sur la face ventrale* (sauf chez les Serpents). Les côtes libres ou qui se joignent indirectement au sternum sont dites *fausses côtes*.

Originairement, une côte a deux racines : l'une articulée au corps vertébral, l'autre à l'apophyse transverse de la même vertèbre ; mais la seconde se réduit parfois à un tubercule, ou bien elle se confond avec la première et l'articulation a lieu au point de rencontre du corps vertébral et de l'apophyse. De plus, les vraies côtes sont composées d'un *segment vertébral* ossifié et d'un *segment sternal* cartilagineux ou calcifié (Voir T. I, fig. 190, E).

Chez les **Rhynchocéphales**, les côtes ont une seule racine et une *apophyse uncinée* sur le segment vertébral.

Les **Serpents** possèdent une paire de côtes par vertèbre sur toute la longueur du corps, sauf les deux vertèbres cervicales qui en sont dépourvues ; les vertèbres caudales portent des côtes courtes soudées à leurs apophyses transverses.

Les **Sauriens** possèdent des côtes cervicales, 3 ou 4 paires de vraies côtes dorsales et un grand nombre de fausses côtes.

Les côtes thoraciques des **Chéloniens** sont soudées aux plaques costales de la carapace.

Chez les **Crocodiliens**, toutes les vertèbres cervicales portent des côtes; les vraies côtes dorsales sont au nombre de 8 à 9 paires avec apophyse uncinée.

Le *sternum* n'existe pas chez les **Serpents** ni chez les **Chéloniens**; dans les espèces qui en possèdent, les os coracoïdes

1. Chez les **Tortues**, une partie de la colonne vertébrale (8 vertèbres) est soudée aux plaques neurales de la carapace (fig. 175, T. I)

s'unissent directement au bord supérieur et latéral de cette pièce squelettique, de sorte que la ceinture scapulaire est fermée sur la face ventrale.

Squelette céphalique. — *Le crâne des Reptiles est ossifié et très solide* (fig. 450).

La cavité crânienne, qui s'étend fort en avant chez les **Ophidiens**, demeure reléguée en arrière chez les autres Reptiles qui possèdent une cloison interorbitaire traversée par les nerfs olfactifs. *Un seul condyle occipital*, *co.oc.*

De nombreux **Sauriens** présentent un *trou pariétal*, *t.p* (A), dans l'os pariétal unique, *par*, qui limite la partie supéro-postérieure de la tête.

La nature et la disposition générale des os de la tête se rapprochent peu à peu de la physionomie que présente le squelette céphalique des Vertébrés supérieurs ; toutefois un *os transverse*, *tr*, sert d'arc-boutant entre le maxillaire supérieur, *max*, et le ptérygoïde, *pté* ; la capsule auditive présente une fenêtre ovale, *f.ov* (B′), et une fenêtre ronde, une columelle (chaîne des osselets) ; la cavité du tympan communique avec le pharynx par la trompe d'Eustache.

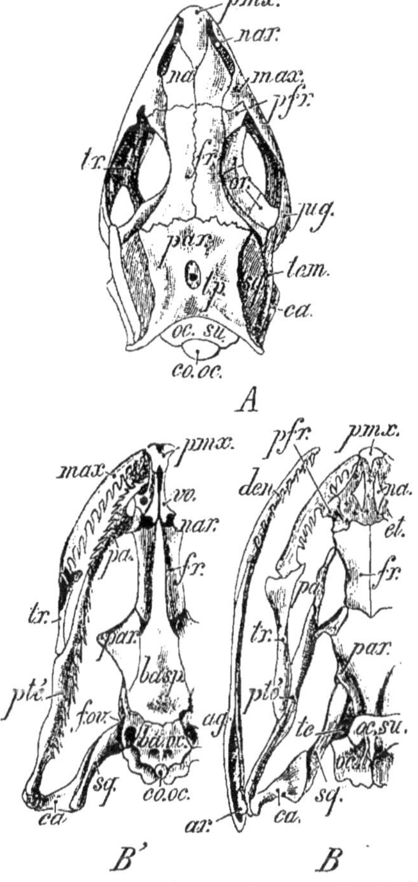

FIG. 450. — A ; crâne de *Lacerta agilis*. B, B′ ; crâne de *Tropidonotus natrix* (B, face supérieure ; B′, face inférieure). *pmx*, prémaxillaire ; *nar*, narine ; *na*, nasal ; *max*, maxillaire supérieur ; *pfr*, préfrontal ; *fr*, frontal ; *par*, pariétal ; *t.p*, trou pariétal ; *sp*, squamosal ; *tem*, temporal ; *or*, orbitaires ; *jug*, jugal ; *tr*, transverse ; *oc.su*, occipital supérieur ; *co.oc*, condyle occipital ; *ca*, os carré ; *vo*, vomer ; *pa*, palatin ; *par*, pariétal ; *ba.sp*, basisphénoïde ; *ba.oc*, basioccipital ; *pté*, ptérygoïde ; *ar*, articulaire, *ag*, angulaire ; *den*, dentaire.

La mâchoire inférieure, *ar*, *ag*, *den* (B), est suspendue par l'intermédiaire d'un *os carré*, *ca*, lâchement uni (**Ophidiens**, *Lézards*) ou solidement fixé au crâne (**Rhynchocéphales, Chéloniens, Crocodiliens**).

Les Reptiles possèdent une paire d'*arcs ptérygo-palatins* bien développés, *pté*, *pa* (B,B'), écartés de la base du crâne et mobiles (**Ophidiens** et *Lézards*), partiellement ou totalement soudés sur la ligne médiane (**Chéloniens, Crocodiliens**). Dans ce dernier cas, ils forment, avec des prolongements des maxillaires supérieurs, une *voûte palatine* située au-dessous de la voûte sphénoïdale du crâne et comparable à celle des Vertébrés supérieurs ; *cette voûte constitue le plancher de la cavité nasale et le plafond buccal;* en arrière se trouvent les fosses nasales postérieures faisant communiquer le pharynx avec le nez.

Membres. — I. ***Ceintures.*** — La **ceinture scapulaire** des **Chéloniens** a conservé les caractères du type décrit chez les Amphibiens ; en avant, un procoracoïde ou clavicule, *pc* (fig. 175, T. I), et un coracoïde, *c* ; une omoplate en arrière. Chez les **Sauriens**, la clavicule devient distincte du reste de la ceinture ; elle disparaît même chez les **Crocodiliens**.

Les *Amphisbènes* et les *Scinques* (**Sauriens**) ont encore une ceinture scapulaire, mais plus de membres.

La **ceinture pelvienne** des **Chéloniens** est représentée également en avant, par le *pubis*, *pu*, et l'*ischion*, *is*, et par l'*ilium* en arrière. L'ilium acquiert de grandes dimensions chez les Crocodiliens, comme chez les Vertébrés supérieurs désormais.

Pubis et ischion circonscrivent un large trou (*foramen obturatum*), en se soudant par leurs extrémités au niveau de la symphyse pubio-ischiatique.

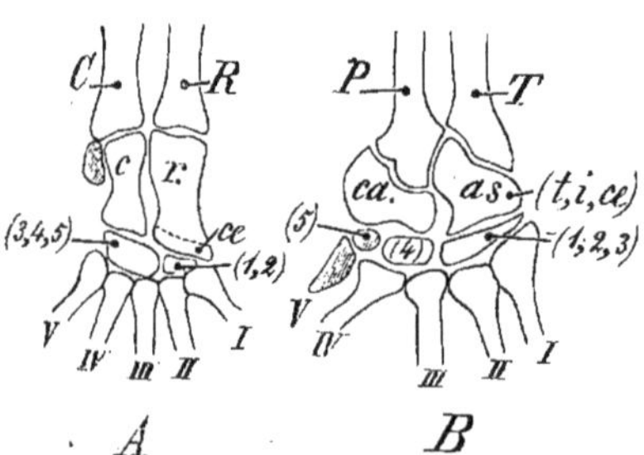

FIG. 451. — Membres antérieur (A) et postérieur (B) du Crocodile *C*, cubitus; *R*, radius; *c*, cubital; *r*, radial; *ce*, os central. *T*; tibia; *P*, péroné; *as*, astragale; *ca*, calcanéum. I à V, doigts.

II. ***Partie libre des membres.*** — Chez les **Chéloniens** et les **Sauriens**, ces parties libres sont, à peu de chose près, conformes au type général décrit page 373. Chez les **Crocodiliens**, les modifications sont plus profondes (fig. 451).

Au membre antérieur, le radial, *r*, et le cubital, *c*, forment la rangée proximale du carpe ; l'os central, *ce*, rejeté sous le radial, s'est soudé à lui ; la rangée distale comprend deux os seulement (1, 2) et (3, 4, 5).

Au membre postérieur (B), le tibia, *T*, et le péroné, *P*, supportent l'*astragale, as* = (tibial, *t*, intermédiaire, *i*, et central, *ce*, soudés) qui forment la rangée proximale avec le *calcanéum*, *ca* (péronéal); la rangée distale comprend 3 os [(1, 2, 3), (4), (5)].

On compte 5 doigts en avant et 4 en arrière.

Nutrition. — Appareil digestif. — La disposition générale en a été indiquée déjà (Voir T. I, pages 69 et 75, fig. 57 à 61 et 68, F).

Chez les Reptiles, comme chez tous les Vertébrés aériens, les *glandes de la bouche* sont nombreuses et destinées à maintenir humide la muqueuse buccale.

La différenciation en est déjà nette chez les Reptiles; les unes sont simplement muqueuses, les autres *digestives*; les Ophidiens et les Sauriens dits *venimeux* possèdent même un *appareil venimeux* qui résulte de la spécialisation d'une partie des glandes labiales supérieures.

Une *glande à venin*, *s.ve* (fig. 452), est contenue dans une gaine fibreuse et pourvue d'un canal excréteur débouchant à la base des gouttières, *g.ve*, portées par quelques dents *cannelées*; celles-ci sont insérées sur la partie antérieure des maxillaires supérieurs (*Protéroglyphes*). Chez les *Solénoglyphes*, les maxillaires supérieurs très réduits portent chacun 1 seul crochet venimeux *canaliculé*, mais originairement cannelé.

Le sac à venin est sous la dépendance de muscles puissants que l'animal peut contracter au moment où, la gueule béante, il va mordre une proie; à mesure que les crochets s'enfoncent dans la plaie, le venin s'y écoule et pénètre dans le sang de l'animal blessé.

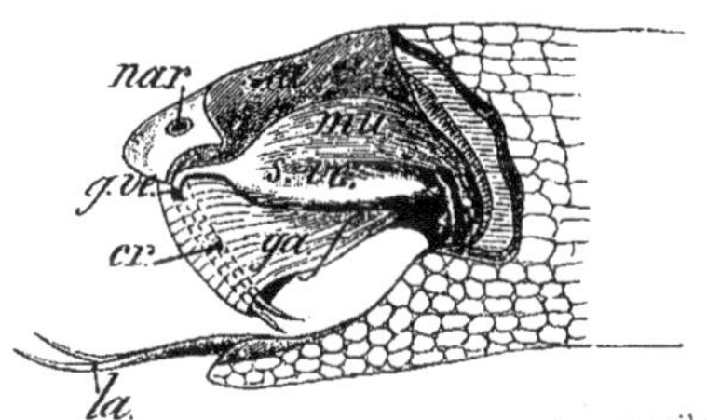

FIG. 452. — Tête du Crotale. *nar*, narine; *æ*, œil; *s.ve*, glande venimeuse; *g.ve*, gouttière; *cr*, crochets; *la*, langue.

La *langue*, en général très mobile chez les **Sauriens** et les **Ophidiens**, n'effectue que des mouvements limités chez les **Crocodiliens** et les **Chéloniens**. Très charnue dans ces deux ordres, la langue présente des formes variables parmi les Sauriens; elle est longue, grêle et bifide chez les Serpents. C'est surtout un organe sensoriel.

Le tube digestif est court (T. I, fig. 68, F); la courbure de l'estomac s'accuse déjà; une *valvule iléo-cæcale* se rencontre, avec les Reptiles, *pour la première fois chez les Vertébrés supérieurs*, délimitant en avant le gros intestin pourvu d'un cæcum asymétrique; le gros intestin aboutit dans un cloaque.

Valvules conniventes et villosités intestinales atteignent un développement important.

Un *foie* avec vésicule biliaire et un *pancréas* distinct versent les produits de leur sécrétion dans les canaux cholédoque et de Wirsung qui fusionnent leurs lumières avant de parvenir à l'intestin.

Un rudiment de *muscle diaphragme* apparaît chez les Reptiles; l'ébauche en est plus prononcée chez les **Crocodiliens**.

Appareil respiratoire. — Les Reptiles respirent par des poumons dès leur naissance (Voir T. I, page 99, fig. 97, B et C).

Les Caméléons possèdent des poumons régulièrement cloisonnés, dont les cloisons suivent *la disposition des gros vaisseaux sanguins qui pénètrent dans ces organes*. Ainsi la *répartition des vaisseaux sanguins du poumon y détermine et y régit celle des bronches* qui acquerront un développement bien autrement remarquable chez les Oiseaux et les Mammifères.

Appareil circulatoire. — La disposition en a été envisagée longuement (Voir T. I, pages 144-146, fig. 141 et 142); elle a montré que :

1° Tous les Reptiles, sauf les Crocodiliens, ont un cœur avec 2 oreillettes et un ventricule à demi cloisonné;

2° Les **Crocodiliens** ont un cœur droit et un cœur gauche indépendants, mais les artères aorte droite (ventricule gauche) et aorte gauche (ventricule droit) communiquent par le *foramen de Panizza*.

Fig. 453. — Rein de *Monitor*, *lo*, lobe rénal; *ca*, canalicule urinaire; *ur*, uretère; *o.ex*, orifice excréteur.

Chez tous les Reptiles, la circulation est donc double et incomplète.

Appareil excréteur. — Il est constitué par le rein définitif ou *métanéphros toujours dépourvu de néphrostomes* (Voir T. II, fasc. 1er, page 27, fig. 19).

En général petits, compacts et lobés, les reins présentent toutefois, chez les **Serpents**, une forme allongée et rubanée. Les **Sauriens** et les **Chéloniens** seuls ont une vessie urinaire (développée aux dépens de l'ouraque), qui débouche sur la paroi ventrale du cloaque, indépendamment des deux uretères; ceux-ci ont des orifices distincts dans le cloaque.

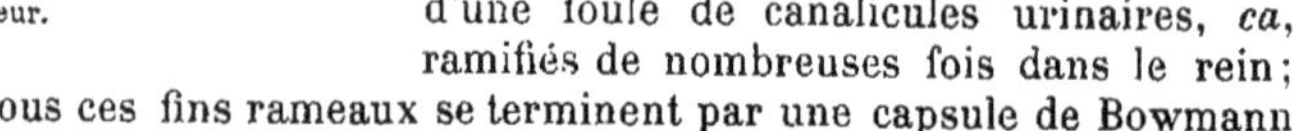
Un uretère, *ur* (fig. 453), résulte de l'union d'une foule de canalicules urinaires, *ca*, ramifiés de nombreuses fois dans le rein; tous ces fins rameaux se terminent par une capsule de Bowmann embrassant un glomérule de Malpighi (Voir T. I, page 165, fig. 157 et 159).

Relation. — **Système nerveux.** — Sa configuration générale a été décrite (Voir T. I, page 321, fig. 305, D).

La conformation de l'**encéphale** décèle, pour les Reptiles, un degré d'intelligence supérieur à celui de tous les Vertébrés étudiés jusqu'ici. Les *hémisphères cérébraux* sont bien développés; on y peut remarquer (et pour la première fois parmi les Vertébrés) une *écorce grise cérébrale qui en occupe la région dorsale, avec des cellules pyramidales bien différenciées*. Le *corps calleux* est visible, le *trigone* commence à s'ébaucher.

L'épiphyse du cerveau intermédiaire porte un *œil pinéal* chez les Lézards.

Le *cerveau moyen* est divisé en 2 lobes optiques; parfois il en comprend 4 (ébauche de la paire postérieure des *tubercules quadrijumeaux* des Mammifères).

Parmi les **nerfs craniens**, mentionnons que les *nerfs optiques* forment un chiasma, avec enchevêtrement plus complexe de leurs fibres constitutives que chez les Amphibiens; le *nerf spinal* (11ᵉ paire) peut être observé, naissant de la moelle épinière et pénétrant dans le crâne, d'où il ressort aussitôt après s'être accolé au *pneumogastrique* correspondant (10ᵉ paire).

Organes des sens. — ***Tact.*** — Des *boutons terminaux intra-épidermiques* existent sur les lèvres et la cornée des Reptiles; la langue des Serpents renferme des corpuscules du tact logés dans de nombreuses papilles dermiques.

Goût. — On remarque dans la langue des **Sauriens** et des **Crocodiliens** des *bourgeons gustatifs*.

Odorat. — Tous les Reptiles, sauf les Crocodiliens, possèdent une cavité nasale (fig. 454) divisée, d'avant en arrière, en 2 parties : un *vestibule*, *v*, et une *cavité olfactive proprement dite*, *ca.ol* (cette dernière est seule pourvue de cellules sensorielles et de cellules glandulaires); un *cornet*, au-dessous duquel débouche un canal naso-lacrymal, se remarque aussi chez ces animaux qui se rapprochent beaucoup des Mammifères.

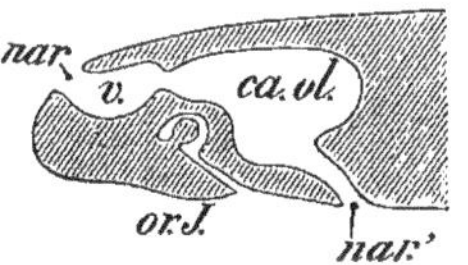

Fig. 454. — Cavité nasale du Lézard. *nar*, narine; *v*, vestibule; *ca.ol*, cavité olfactive; *nar'*, fosse nasale postérieure; *or.J*, organe de Jacobson.

Les **Crocodiliens** marquent un pas de plus dans ce rapprochement; leur cavité olfactive s'étend plus en arrière que chez les autres Reptiles; de plus, cette cavité comprend, comme chez les Animaux supérieurs, une région olfactive en haut et une région respiratoire en bas (Voir T. I, page 235).

Ouïe. — L'oreille des Reptiles diffère surtout de celle des Amphibiens par le plus *grand développement du limaçon*. Peu accentué encore chez les **Tortues** et les **Serpents**, *le limaçon forme un canal légèrement contourné en spirale chez les* **Crocodiliens.** L'orifice de communication de l'utricule avec le saccule se réduit de plus en plus.

Vue. — Le globe de l'œil est sphérique chez les Reptiles et présente certains caractères signalés déjà (Consulter, à ce sujet, le T. I, pages 265 et 266, fig. 264).

Reproduction. — La transformation des reins primordiaux et du canal de Wolff en appareil excréteur du testicule (épididyme et canal déférent) chez le mâle; leur atrophie chez la femelle et le canal de Müller devenu un oviducte : tels sont les caractères originels des organes génitaux des Reptiles.

La forme des glandes génitales est, en général, conforme à celle du corps, allongée pour les **Serpents**, large pour les **Chéloniens**.

Les *testicules*, plus ou moins symétriques, *t* (fig. 455, A), logés dans l'abdomen, ont un volume variable (maximum au moment de la reproduction). Les canalicules efférents aboutissent à l'épididyme, *ép*, auquel fait suite le canal déférent, *c.d.* Les canaux déférents se confondent avec les uretères correspondants, *ur*, peu avant leur terminaison dans le cloaque, *cl*.

Les *ovaires*, *ov* (B), sont en général asymétriques, surtout chez les Serpents. Les oviductes, *ov'*, débouchent séparément dans la paroi dorsale du cloaque, *cl*, derrière l'anus.

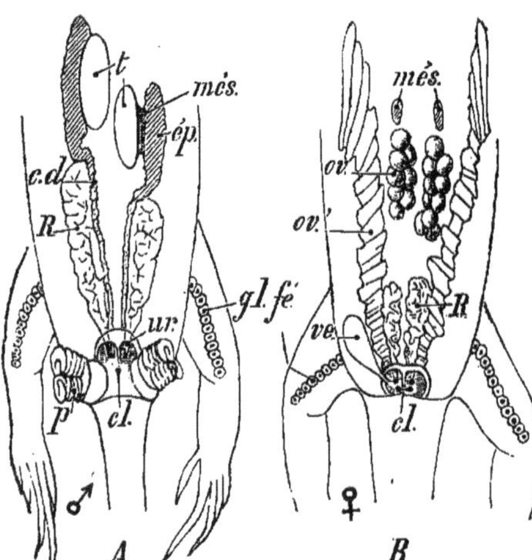

Fig. 455. — Organes génito-urinaires de *Lacerta agilis*. — A; mâle. — B; femelle. *R*, reins; *ur*, uretère. *t*, testicule; *més*, mésonéphros; *ép*, épididyme; *c.d*, canal déférent; *p*, pénis; *cl*, cloaque; *gl. fé*, glandes fémorales. *ov*, ovaire; *ov'*, oviducte; *ve*, vessie.

Les Reptiles mâles, sauf les Rhynchocéphales, possèdent 1 ou 2 pénis, *p* (fig. 455, A), (1 chez les **Chéloniens** et les **Crocodiliens**). Le pénis peut être bifide à son extrémité chez la Tortue.

Un véritable accouplement a pour résultat la *fécondation interne* des ovules chez la femelle. Celle-ci pond ses œufs après la fécondation (sauf la Vipère et l'Orvet qui sont *vivipares :* ce qui veut dire que *la segmentation des œufs et le développement total des embryons ont lieu dans le sein de la mère*).

Les œufs, déposés dans des endroits chauds et humides, se développent sans que la mère s'y intéresse; toutefois le *Boa* couve ses œufs jusqu'à l'éclosion.

L'œuf, pourvu d'un vitellus nutritif abondant et d'une couche épaisse d'albumine sous la coque, subit une segmentation comparable à celle de l'œuf d'Oiseau; la *discogastrula* une fois obtenue (Voir T. II, fasc. 1er, page 43), l'*embryon* s'organise peu à peu et d'une manière à peu près identique à celle que nous avons envisagée pour l'embryon de l'Homme et des Vertébrés supérieurs.

Flexion cranienne, apparition de l'amnios, puis de l'allantoïde, différenciation successive des organes internes : tels sont les caractères du développement des Reptiles, comme de tous les Vertébrés supérieurs (Consulter, à ce sujet, le T. II, fasc. 1er, pages 45 à 64).

I. — RHYNCHOCÉPHALES

Reptiles marcheurs dont la notochorde est parfois persistante. Vertèbres amphicœliques. **Mâchoire supérieure formant une sorte de bec** *sans dents, parfois. Os carré immobile; intermaxillaires réunis par un ligament. Œil sans peigne; oreille sans caisse tympanique. Pas d'organes d'accouplement.*

Hatteria : seul genre actuellement vivant dans la Nouvelle-Zélande.

Rhynchosaurus ; genre fossile du *Trias* (Angleterre). Mâchoire supérieure formant un bec sans dents et fortement recourbé ; mâchoire inférieure fourchue dont les branches étaient reçues dans des fossettes de la mâchoire supérieure.

II. — CHÉLONIENS

Reptiles marcheurs ou nageurs, protégés par un exosquelette osseux (carapace dorsale, plastron ventral). Os carré immobile. Gaine cornée recouvrant les mâchoires dépourvues de dents.

1° **Athèques.** — *Les plaques costales ne se rejoignent pas entre elles; la carapace est à jour.*

Sphargis (Luth); seul genre vivant actuellement. L'exosquelette est indépendant du squelette interne; il est formé de plaques osseuses incomplètement soudées en mosaïque; au-dessous de la carapace sont les côtes.

La carapace et le plastron sont recouverts d'une peau épaisse, coriace, qui enveloppe aussi l'ensemble des doigts et transforme les pattes en palettes natatoires sans griffes.

Sph. coriacea. Océan Atlantique, O. Indien, Méditerranée.

Les Athèques constituent le groupe le plus voisin de la forme ancestrale des Tortues.

2° **Thécophores.** — *Les expansions costales se rejoignent d'une côte à l'autre, au moins dans la région médiane.*

(a) **Trionychidés.** — *Exosquelette incomplet.*

Carapace plate, ovale, dont *les plaques marginales manquent* ou sont peu développées; les os du plastron sont mobiles, séparés par des fontanelles et indépendants du bassin. Une peau épaisse, non écailleuse, recouvre la carapace et le plastron. Pattes transformées en palettes natatoires. Tête et pattes non rétractiles.

Trionyx. Pas de plaques marginales. Plastron court. *Trois griffes* aux pattes.

L'espèce *Tr. ferox* est une Tortue dont la morsure est redoutable et la chair excellente : elle vit dans les fleuves de la Caroline.

(b) **Cryptodires.** — *Bassin non soudé au plastron. Carapace avec plaques marginales bien développées. Écailles épidermiques. La tête est rétractile dans l'exosquelette assez tardivement ossifié.*

Chelone. Grandes Tortues marines, les mieux adaptées à la vie pélagique, protégées par une carapace aplatie et cordiforme que recouvrent de grandes écailles imbriquées. La carapace et le plastron ne sont soudés sur les bords que par les prolongements digitiformes des pièces du plastron ; entre ces prolongements sont de grandes fontanelles. Pattes adaptées à la natation. Vivent dans les mers chaudes.

Après l'accouplement dans l'eau, les femelles se rendent en grandes troupes sur les côtes, avec les mâles qui sont beaucoup plus petits. Après le coucher du soleil, elles atterrissent et creusent dans le sol des trous où elles déposent leurs œufs. Les jeunes Tortues se rendent à la mer immédiatement après leur éclosion et s'accroissent à un tel point que leur poids peut atteindre plusieurs quintaux.

Le Caret (*Ch. imbricata*) fournit la belle écaille du commerce ; il vit dans les océans Atlantique et Indien. Il n'est pas comestible, tandis que la Tortue franche (*Ch. esculenta*) a une chair très délicate ; cette dernière espèce vit au Brésil et dans la mer du Japon.

Tortues de marécages. — *Exosquelette complet* à l'état adulte ; carapace et plastron soudés sur les côtés d'une manière continue.

Emys ; carapace peu bombée ; doigts libres avec 3 phalanges,

Fig. 456. — *Cistudo Europæa* (Cistude d'Europe).

terminés par des griffes. Dalmatie, Grèce, Amérique. — *Cistudo* (fig. 456) ; caractères à peu près identiques.

La Tortue commune (*C. Europæa*) est très répandue dans le sud de l'Europe (Espagne, midi de la France, Italie et Grèce) ; elle se rend à terre pendant la nuit. Elle vit de Vers, de Mollusques, de Poissons et de plantes.

Tortues terrestres. — *Testudo* (fig. 457) ; carapace très bombée où peut s'abriter entièrement le corps ; 5 doigts avec 2 phalanges, réunis par la peau jusqu'aux ongles.

La Tortue grecque (*T. græca*) habite les endroits humides et ombragés des pays chauds (sud de l'Europe, Asie Mineure); elle vit de plantes.

En été a lieu l'accouplement et la femelle pond une douzaine d'œufs, gros

FIG. 457. — *Testudo mauritanica* (Tortue mauritanique).

comme une noix, qu'elle enfouit dans la terre humide sans s'en préoccuper davantage.

(c) **Pleurodires.** — *Exosquelette complètement ossifié de bonne heure. Carapace et plastron soudés latéralement sans solution de continuité.*

Pelomedusa; 6 à 7 plaques neurales; pas de plaque nucale.

III. — LÉPIDOSAURIENS (PLAGIOTRÈMES)

Reptiles couverts d'écailles épidermiques; Vertèbres procœliques en général. Os carré mobile. Arcades temporales très incomplètes. Pourvus de membres (**Sauriens**) *ou non* (**Ophidiens**). **Fente cloacale transversale.**

(*A*). — SAURIENS

Lépidosauriens avec membres.

1° **Fissilingues.** — *Pleurodontes.* **Langue fourchue**, *mince et protractile. Paupières complètes en général. Membrane du tympan libre. Petites écailles imbriquées sur le tronc.*

Lacerta (Lézard). Longue queue, plus épaisse à la base chez le mâle. Tête couverte de larges plaques polygonales. Dents creuses à la base. Surface ventrale du corps avec des plaques carrées disposées en séries obliques. Glandes fémorales. Habitent les endroits exposés au soleil et se nourrissent d'Insectes et de Vers.

Le Lézard commun (*L. muralis*, fig. 447) est gris et s'abrite dans les interstices des pierres; les autres espèces vivant en France sont : *L. agilis*, verdâtre à forme trapue; *L. viridis*, vert, à longue queue; *L. ocellata*, à taches bleues ocellées sur les flancs; cette espèce est la plus développée.

L. vivipara pond des œufs d'où sortent les petits au bout d'un instant.

Ameiva (Lézards du Nouveau Monde); fortes dents pleines et dirigées obliquement en dehors. — *Varanus* (Varan); tête sans larges plaques polygonales. Corps couvert de tubercules écailleux sur le dos et sur le ventre. Pas de glandes fémorales.

Le Varan du désert ou Crocodile terrestre (*V. arenarius*) a la queue arrondie; il vit dans l'Afrique septentrionale. Le Monitor (*V. niloticus*) a la queue comprimée avec une carène; il vit sur les rives du Nil, mange les œufs de Crocodile, chasse les Oiseaux et les Mammifères.

2° **Vermilingues.** — *Acrodontes. Langue vermiforme, protractile et préhensile. Membrane du tympan cachée par la peau. Grande paupière extensible percée d'une petite ouverture en son milieu.*

Chamæleon (Caméléon); tête pyramidale; corps comprimé latéralement et couvert d'une peau chagrinée; queue mince, longue et préhensile. Pattes également préhensiles terminées par 5 doigts (3 en avant, 2 en arrière). La peau peut changer de couleur sous l'action de la lumière et par la volonté de l'animal.

La langue du Caméléon est un appareil préhensile, renflé à son extrémité et creusé en coupe, qui peut dépasser la longueur du corps, quand l'animal la déploie pour saisir une proie. Lent et paresseux, le Caméléon grimpe bien sur les arbres, y demeure immobile des heures entières, guette les insectes sur lesquels il darde sa langue avec la rapidité d'une flèche.

3° **Brévilingues.** — *Acrodontes ou pleurodontes. Langue courte et épaisse, échancrée ou non à l'extrémité antérieure. Peau écailleuse ou non. Membrane du tympan cachée sous la peau.* 0, 1 *ou* 2 *paires de membres.*

Les ceintures scapulaire et pelvienne, bien que rudimentaires, subsistent malgré la disparition des membres (Orvet).

Scincus (Scinque); corps serpentiforme couvert d'écailles lisses. Museau plat; 4 membres pourvus de 5 doigts aplatis et dentelés sur les bords. *S. officinalis*; Égypte. — *Seps*; corps très allongé: 4 membres rudimentaires. *S. Chalcidica*; Dalmatie. — *Pseudopus*; rudiments de pattes postérieures. Europe méridionale.

Anguis (fig. 446); corps allongé sans membres.

L'Orvet (*A. fragilis*), vivipare, est commun en France; il se cache dans des trous pendant le jour; il capture pendant la nuit les Lombrics et certains Mollusques dont il se nourrit. On l'appelle Serpent de verre, parce que son corps serpentiforme se brise facilement.

4° **Crassilingues.** — *Pleurodontes ou acrodontes.* **Langue épaisse et charnue,** *courte, non protractile. Membrane du tympan libre.* 4 *membres pourvus de doigts libres. Habitent les pays les plus chauds.*

(a) **Ascalabotes.** — Corps lourd pourvu de pelotes visqueuses aux doigts armés eux-mêmes de griffes rétractiles. Queue courte et épaisse. Pas de paupières.

Les *Ascalabotes* sont des animaux nocturnes, timides, très inoffensifs, considérés à tort comme venimeux.

Platydactylus; doigts élargis. *P. verus* (Gecko) vit en Chine. *P. muralis* habite les bords de la Méditerranée.

(b) **Iguanidés.** — Lézards de grande taille, assez comparables aux Caméléons par leur forme et leurs mœurs.

Pleurodontes (Amérique) : *Iguana* (Iguane); dos hérissé d'une crête dentelée en avant; se nourrit de plantes. Chair délicate. — *Basiliscus* (Basilic); la crête, semblable à une nageoire, s'étend sur le dos et la queue.

Acrodontes (ancien continent) ; *Draco* (Dragon).

Une sorte de parachute est porté par les côtes très allongées chez *D. volans* qu'on rencontre à Java.

5° ***Annelés***. — *Pleurodontes en général. Corps serpentiforme recouvert d'une peau dure, sans écailles, divisée en anneaux par des sillons transversaux. Plaques écailleuses sur la tête seulement. Pas de sternum. Ceintures scapulaire et pelvienne rudimentaires. Pas de membres en général. Ni paupières, ni membrane du tympan.*

Les Annelés sont inoffensifs, habitent sous terre, dans les fourmilières surtout, et vivent d'Insectes et de Vers.

Amphisbæna (Amphisbène); pleurodonte, sans sternum ni membres; vit dans l'Amérique du Sud.

Il convient de placer ici le groupe des **Pythonomorphes**, grands Sauriens adaptés à la vie aquatique.

Mosasaurus (Mosasaure); découvert dans le Crétacé de Maëstricht; pouvait atteindre 8 mètres; sa queue comprenait jusqu'à 100 vertèbres. Crâne semblable à celui du Varan; dents acrodontes; vertèbres procœliques; petits membres dépourvus de griffes et transformés en palettes natatoires.

(*B*). — OPHIDIENS (SERPENTS)

Lépidosauriens sans membres.

1° **Colubriformes**. — *Les deux mâchoires sont armées de dents crochues non venimeuses (Aglyphodontes); la dernière dent de la mâchoire supérieure est parfois cannelée, en rapport ou non avec une glande venimeuse (Opisthoglyphes).*

(a) **Aglyphodontes.** — *Pas de crochets venimeux*; tête couverte de plaques ou d'écailles.

Colubridés (Couleuvres). Tête distincte peu large avec une denture complète.

Certaines espèces habitent sur terre, les autres dans les lieux humides, au bord des ruisseaux, des mares, etc.

Couleuvres terrestres : *Coronella* ; écailles lisses.

C. Lævis. La Couleuvre lisse, très répandue en Europe, a le dos roux avec des taches noirâtres.

Elaphis ; écailles carénées.

La couleuvre d'Esculape (*E. Æsculapii*), d'un brun olivâtre, avec une longue queue, habite au milieu des buissons. La Couleuvre à 4 raies noires sur les flancs (*E. quaterradiatus*), habite le midi de la France. C'est l'un des plus grands

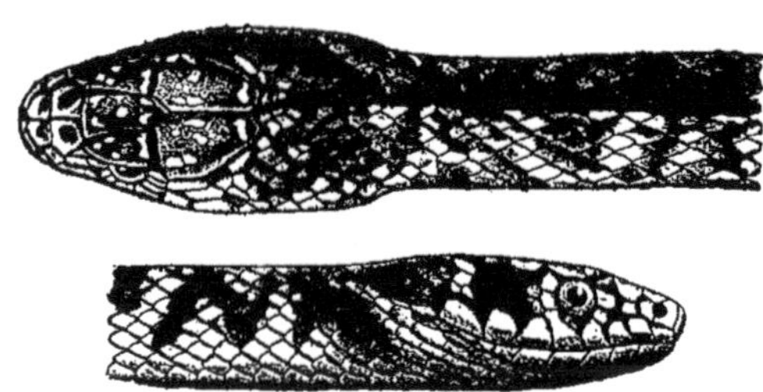

Fig. 458. — *Zamenis viridiflavus.*

Serpents d'Europe ; il atteint fréquemment 2 mètres. Inoffensif, il se nourrit de Taupes, de Souris, de Lézards et d'Oiseaux.

Zamenis (fig. 458) ; Couleuvre verte et jaune. *Z. viridiflavus.* *Couleuvres habitant les lieux humides : Tropidonotus* (fig. 459) ; écailles carénées.

La Couleuvre à collier (*T. natrix*) porte sur la nuque un collier de couleur claire (jaune pâle, orangé ou rougeâtre) ; elle est verdâtre sur le dos et les flancs, d'un noir bleuâtre en dessous. Cette espèce est la plus commune en France, vit dans

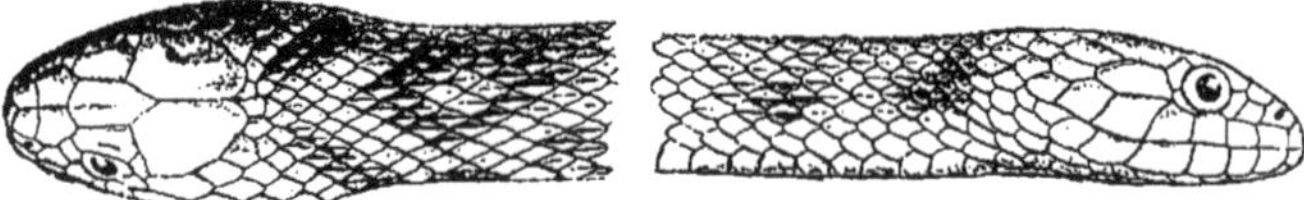

Fig. 459. — *Tropidonotus viperinus.*

les prairies humides, les bois marécageux, s'établit près des habitations ; souvent, pendant l'hiver, elle se creuse une galerie dans la paille ou le fumier. Elle nage et plonge bien dans l'eau. Inoffensive pour l'Homme, cette Couleuvre se nourrit de Souris, d'Oiseaux, de Grenouilles, etc.

La Couleuvre vipérine (*T. viperinus*) ressemble beaucoup à la Vipère ; mais elle est essentiellement aquatique et vit de préférence, en nombreuses sociétés, dans les mares remplies de Nénuphars (sud-ouest de la France).

Pythonidés (Péropodes). Serpents de grande taille et de force musculaire considérable. Tête allongée. Queue courte. *Membres postérieurs rudimentaires* terminés par un éperon corné de chaque côté du cloaque. Habitent les pays chauds.

Boa (Boa) ; queue préhensile. Tête couverte d'écailles. Intermaxillaire privé de dents. Brésil.

Le *Boa constrictor* mesure 3 à 4 mètres de long, quelquefois plus. Le Boa grimpe sur les arbres où il se suspend par la queue ; il attend le passage d'une proie, s'élance dessus, l'enserre dans ses replis et la broie avant de la déglutir.

Python (Python). Queue préhensile ; tête couverte de plaques ; dents sur l'intermaxillaire. Sumatra, Inde.

Le Python atteint **10 à 12** mètres ; ses mœurs sont les mêmes que celles du Boa. La peau de ces animaux est utilisée en maroquinerie fine.

(b) **Opisthoglyphes.** — 1 ou plusieurs *crochets cannelés portés en arrière* par les maxillaires supérieurs.

Cœlopeltis (fig. 460) ; tête quadrangulaire, haute ; museau court ; écailles dorsales finement striées.

La Couleuvre maillée ou Couleuvre de Montpellier (*C. insignitus*) est brun olivâtre sur les flancs avec une teinte rougeâtre sur le dos ; le ventre est blanc jaunâtre. Elle est agressive quand on fait mine de la saisir ; elle habite les terrains

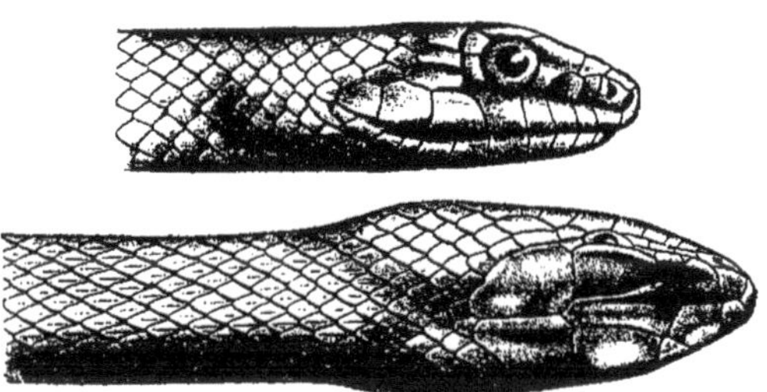

Fig. 460. — *Cœlopeltis insignitus.*

arides et rocailleux ensoleillés, où elle vit de petits Mammifères, d'Oiseaux et de Lézards. La morsure en paraît inoffensive pour l'Homme et mortelle pour les petits animaux.

Dendrophis ; Serpent arboricole des Indes, avec une tête triangulaire aplatie.

2° **Protéroglyphes**. — *Serpents venimeux dont les maxillaires supérieurs, courts et immobiles, portent* **en avant** *un ou quelques* **crochets cannelés** *également immobiles ; en arrière, comme sur les palatins, les ptérygoïdes et la mâchoire inférieure, se trouvent des dents pleines à crochet. Tête non élargie en arrière et couverte de plaques.*

Ces Reptiles habitent les régions les plus chaudes de tous les pays, sauf l'Europe.

(a) **Serpents terrestres.** — *Aspect de Couleuvre à couleurs vives Tête carrée ou ovalaire avec un museau court.*

Naja ; région antérieure extensible latéralement par suite de l'écartement des premières paires de côtes ; le cou devient alors beaucoup plus large que la tête. Tête quadrangulaire.

L'Haje, Aspic ou Serpent de Cléopâtre (*N. haje*) vit en Egypte ; c'était le serpent sacré des Egyptiens. — Le Serpent à lunettes ou Cobra (*N. tripudians*) présente une tache en forme de lunette sur le cou. — Le Serpentivore (*N. elaps*), qui vit dans l'Inde comme le précédent, est beaucoup plus grand que lui ; il atteint 4 mètres et se nourrit surtout de Serpents.

La morsure de ces Ophidiens est presque instantanément mortelle.

Le *Naja* peut dresser verticalement la partie antérieure de son corps, l'autre partie s'appuyant sur le sol ; grâce à cette faculté, les jongleurs indiens et égyptiens (*psylles*) font exécuter une sorte de danse au Serpent, *privé préalablement de ses dents venimeuses* ; ils l'excitent ou le calment par des airs musicaux, etc.

Elaps : corps allongé, très grêle. Tête aplatie.

Le Serpent corail (*E. corallinus*) est d'un rouge éclatant avec des anneaux noirs bordés de blanc ; il vit dans les forêts de l'Amérique du Sud (Brésil, Guyane, etc.) ; sa morsure est très dangereuse.

(b) **Serpents de mer.** — *Tête à peine distincte du tronc. Corps comprimé pourvu d'une queue en forme de rame.*

Platurus. Hydrophis (O. Indien).

Ces Ophidiens habitent la mer, remontent parfois le cours des fleuves, mais ne viennent jamais à terre ; leur morsure est souvent mortelle pour l'Homme.

3° **Solénoglyphes.** — *Serpents venimeux dont les maxillaires supérieurs, très courts et mobiles, portent chacun un* **crochet canaliculé** *en arrière duquel sont de petits crochets de remplacement. Dents pleines sur le palais et la mâchoire inférieure. Tête triangulaire élargie en arrière.*

Beaucoup de ces Ophidiens sont vivipares.

Les maxillaires supérieurs sont couchés horizontalement, ainsi que les crochets venimeux logés dans un pli de la muqueuse buccale, lorsque la gueule est fermée ; à mesure que celle-ci s'ouvre, les crochets deviennent verticaux, la pointe en bas, et s'enfoncent dans la plaie que fait l'animal en mordant sa proie. Une fois la morsure faite et le venin éjaculé, le Serpent lâche sa proie et attend, avant de la déglutir, que le poison ait produit son effet.

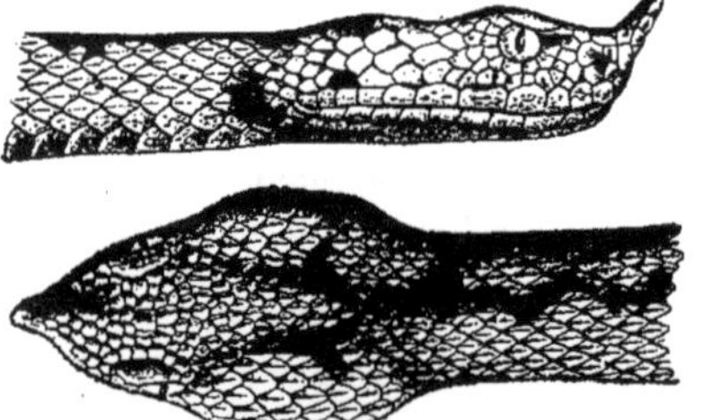

Fig. 461. — *Vipera ammodytes.*

(a) **Vipéridés.** — *Tête large très distincte, sans fossette entre les narines et les yeux ; la partie supérieure de la tête est couverte de petites plaques et d'écailles.*

Vipera (Vipère, fig. 461) ; petites écailles lisses sur la tête en arrière ; plaques frontales.

La Vipère commune (*V. aspis*), grise, rouge ou noire, à museau tronqué, atteint jusqu'à 0m,70 ; elle habite les contrées montagneuses et boisées (centre et sud de la France, Espagne). — La Vipère à museau cornu (*V. ammodytes*) habite l'Autriche et l'Italie.

Pelias (fig. 462); 3 plaques sur le milieu de la tête.

La Vipère péliade, petite Vipère ou lance d'Achille (*P. berus*), a une couleur variable comme la précédente; elle est aussi plus petite (0m,45 au maximum); elle habite les régions rocailleuses et les bois, principalement dans le nord et l'ouest de la France, en Allemagne, etc.

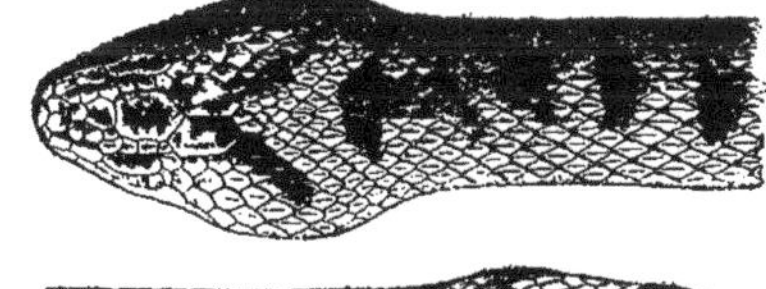

Fig. 462. — *Pelias berus.*

Les femelles mettent au monde, en avril (*Vipera*) ou en août (*Pelias*), des *petits vivants* qui atteignent parfois 15 à 23 centimètres de long.

Les Vipères se nourrissent de petits Mammifères et d'Oiseaux. Elles ont pour *ennemis* les Oiseaux Rapaces (diurnes et nocturnes), les Cigognes, les Corbeaux et le *Hérisson qui devrait être protégé par les agriculteurs.*

(b) **Crotalidés.** — *Grosse tête; fossettes lacrymales entre les yeux et les narines.*

Crotalus (Serpent à sonnettes); queue pourvue d'anneaux épidermiques emboîtés (fig. 448).

Le Crotale est le plus dangereux des Serpents; il vit en Amérique.

Trigonocephalus (Trigonocéphale); une grande plaque sur la tête; queue pointue; vit en Amérique du Nord. — *Bothrops*; tête couverte de petites écailles.

La Vipère jaune de la Martinique (*B. lanceolatus*), le Jararaca du Brésil (*B. brasiliensis*), la Vipère verte des Indes (*B. viridis*) sont, avec les genres précédents, des types tous également redoutables.

IV. — CROCODILIENS

Reptiles marcheurs et nageurs pourvus de plaques osseuses dermiques dorsales; os carré immobile; voûte palatine close, en arrière de laquelle s'ouvrent les fosses nasales postérieures. Dents implantées dans des alvéoles. Pas de trou pariétal. Deux arcades temporales.

Les **Crocodiliens** sont les mieux organisés de tous les Reptiles et se rapprochent beaucoup des Oiseaux. La structure du système nerveux et de l'appareil circulatoire en font un groupe bien plus élevé que celui des **Lépidosauriens**. Le crâne y est très solide et les arcades temporales sont complètes.

Tous les types actuels de Crocodiliens ont des vertèbres procœliques.

1° **Longirostres.** — *Museau très développé constitué par les maxillaires supérieurs; intermaxillaires réduits.*

Gavialidés. — Pattes avec une membrane natatoire; pas de bouclier ventral. Vertèbres procœliques.

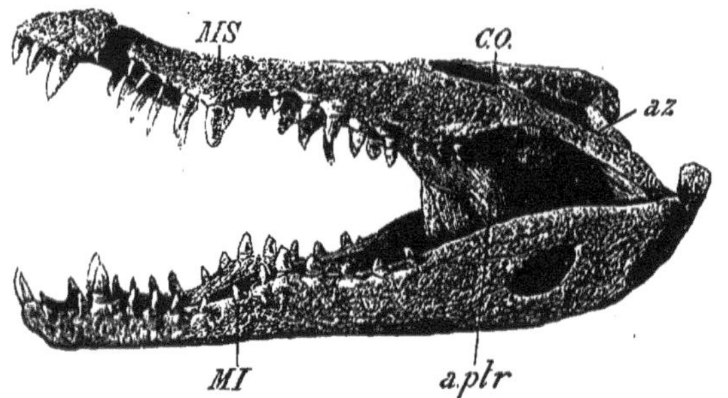

Fig. 463. — Tête et dentition du Crocodile.

Rhamphostoma (Gavial); vit dans le bassin du Gange et les îles de la Sonde.

Fig. 464. — *Alligator* (Caïman).

Teleosaurus; vertèbres amphicœliques; fossile commun dans le *Jurassique* (Bathonien de Caen). — *Thoracosaurus*; vertèbres procœliques; orbites ouvertes dans la fosse temporale; pas de bouclier ventral. Ce fossile du *Crétacé supérieur* présente beaucoup des caractères du Gavial.

2° ***Brévirostres***. — *Museau court, arrondi. Orbites communiquant avec les fosses temporales.*

Crocodilus (Crocodile, fig. 463) ; dents antérieures de la mâchoire inférieure reçues dans des fossettes correspondantes des intermaxillaires. Pattes postérieures à membrane natatoire. *C. vulgaris* ; vit en Égypte. *C. palustris* ; habite le sud de l'Asie.

Alligator (Caïman, fig. 464) ; pas de fossettes dans les intermaxillaires. Membrane natatoire rudimentaire ; plaques osseuses dorsales et ventrales ; vit en Amérique.

Les premiers Brévirostres possédaient des vertèbres amphicœliques ; leurs dimensions atteignaient à peine 0m,40.

V. — ANOMODONTES (DICYNODONTES)

Reptiles fossiles marcheurs. Vertèbres amphicœliques. Os carré immobile. 1 *ou* 0 **dent** *sur chacun des maxillaires supérieurs ; mâchoire inférieure sans dents.*

Dicynodon ; une forte défense de chaque côté à la mâchoire supérieure.

La forme générale de la tête des **Dicynodontes** rappelle celle des **Chéloniens** ; comme eux, les mâchoires à bords tranchants devaient porter un bec corné. Les ceintures scapulaire et pelvienne ressemblent beaucoup à celles des Mammifères **Monotrèmes**.

VI. — ÉNALIOSAURIENS

Reptiles marins *fossiles dont les pattes étaient adaptées à la natation.*

(*A*). — ICHTHYOPTÉRYGIENS

Tête volumineuse avec un long museau, portée par un cou très court formé de 1 *à* 2 *vertèbres cervicales ; longue queue. Vertèbres amphicœliques ; os carré immobile.* 1 *fosse temporale. Dents logées dans des rigoles profondes.*

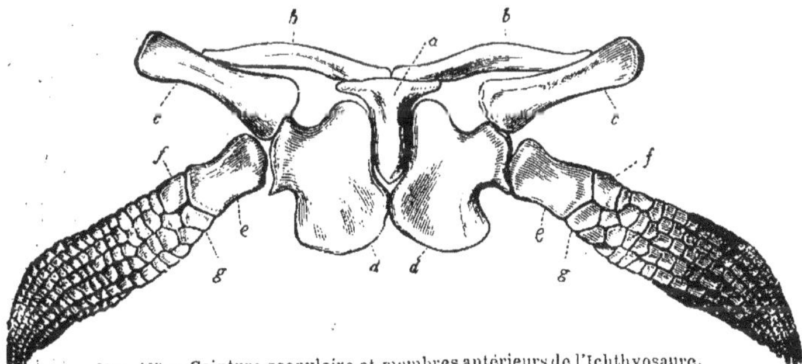

Fig. 465. — Ceinture scapulaire et membres antérieurs de l'Ichthyosaure.

Ichthyosaurus (fig. 59, T. I). Ce fossile, très commun dans les *mers jurassiques*, atteignait jusqu'à 13 mètres de long. Son museau est dû à l'allongement des intermaxillaires ; dans les orbites énormes, on trouve un anneau sclérotical ossifié à pièces articulées. Trou pariétal bien développé.

Le sternum manque, mais des côtes abdominales nombreuses soutiennent la face ventrale. Les pattes (fig. 465), spécialisées en vue de la natation, rappellent la structure fondamentale du membre ; mais les doigts y sont au nombre de 7 au membre antérieur (fig. 436, II) ; tous les doigts étaient recouverts par la peau.

La patte des Ichthyosaures paraît être due à une *réadaptation* à la vie aquatique : les ancêtres de l'Ichthyosaure ayant dû être des Reptiles terrestres (Baur).

La ceinture pelvienne et les membres postérieurs étaient plus grêles.

La découverte de coprolithes volumineux et allongés indique que l'Ichthyosaure possédait une valvule spirale dans l'intestin ; l'analyse de ces coprolithes a révélé la grande voracité de l'animal qui vivait de Poissons, de Crustacés et d'Ammonites. Il était *vivipare* puisque, à l'intérieur de grands individus, on a trouvé de 1 à 7 squelettes de petits Ichthyosaures parfaitement fossilisés.

(*B*). — SAUROPTÉRYGIENS

Tête petite portée par un long cou ; queue courte ; vertèbres faiblement amphicœliques. Os carré immobile. 1 fosse temporale. Dents logées dans des alvéoles.

Plesiosaurus. Caractères assez différents de ceux de l'Ichthyosaure.

La *ceinture scapulaire forme un anneau complet par la soudure des 2 clavicules en avant et des 2 coracoïdes en arrière :* caractère que ne présente pas l'Ichthyosaure. Le bassin est volumineux et la ceinture pelvienne très développée. Les pattes natatoires, moins éloignées du type normal, comprennent 5 doigts seulement.

Le Plésiosaure habitait aussi les *mers jurassiques* ; contemporain de l'Ichthyosaure et carnassier comme lui, il lui livrait parfois de terribles combats.

Nothosaurus (Trias d'Allemagne) ; pattes pourvues de griffes.

VII. — PTÉROSAURIENS

Reptiles volants *fossiles pourvus d'une membrane alaire insérée sur le 5e doigt très allongé de chaque membre antérieur et s'étendant jusqu'à la queue.*

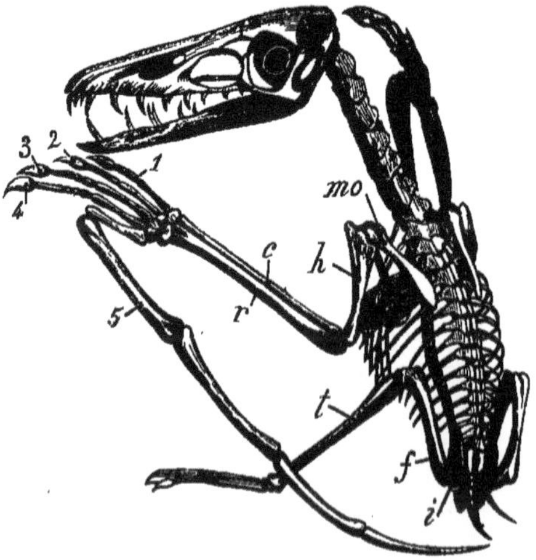

Pterodactylus (Ptérodactyle, fig. 466) ; *Rhamphorhynchus* ; calcaire *jurassique* supérieur (Bavière).

Petits animaux atteignant la taille d'un Corbeau ou d'une Poule, le 1er avec un cou allongé, le second pourvu d'un cou relativement court et d'une longue queue. Ils avaient des os pneumatiques, l'omoplate et le coracoïde allongés, comme les Oiseaux (simples caractères d'adaptation au vol) ; comme les Crocodiles, ils ne possédaient pas de clavicule, et présentaient une fosse lacrymale, un os carré immobile et des vertèbres procœliques.

FIG. 466. — *Pterodactylus. om*, omoplate ; *h*, humérus ; *c*, cubitus ; *r*, radius ; 1 à 5 doigts ; *i*, ilium ; *f*, fémur ; *t*, tibia.

Pteranodon ; cette espèce gigantesque de la *craie* du Kansas atteignait 8 à 9 mètres.

VIII. — DINOSAURIENS

Reptiles fossiles terrestres, marcheurs ou sauteurs, adaptés à la marche quadrupède ou bipède, ou au saut. Crâne avec 2 fosses temporales. Bassin d'Oiseau. Sacrum comprenant plus de 2 vertèbres en général. Pas de clavicule.

Ce groupe est assez hétérogène ; les genres qui s'y trouvent présentent des *caractères de Crocodilien* (2 fosses temporales, une fosse lacrymale, un os carré immobile, des dents implantées dans des alvéoles) et des *caractères d'Oiseau* (bassin et différenciation des membres postérieurs).

1° **Sauropodes.** — *Dinosauriens gigantesques herbivores, pourvus de 4 membres à peu près égaux et marchant sur leurs 5 pattes; 5 doigts armés de griffes. Sacrum de 5 vertèbres.*

Ils apparaissent dans le Trias.

Atlantosaurus; atteignait 40 mètres. — *Brontosaurus*; d'une longueur de 16 mètres avec une tête de petitesse excessive et de grandes vertèbres dorsales; queue très développée.

Ces 2 genres ont été trouvés dans le *Jurassique supérieur* (Montagnes Rocheuses).

2° **Théropodes.** — *Dinosauriens carnivores bipèdes, digitigrades* (marchant à l'aide des membres postérieurs seuls). *5 doigts dont le dernier rudimentaire. Queue fort développée posant sur le sol.*

Ces animaux étaient peut-être sauteurs; carnassiers redoutables, ils étaient pourvus de dents tranchantes et denticulées.

Megalosaurus; atteignait 6 à 7 mètres; 5 vertèbres sacrées (*Jurassique*). — *Compsognathus*; de la taille d'un Chat, avec le cou, les membres postérieurs et la queue très longs. Os pneumatiques. Membres postérieurs d'Oiseau (astragale soudée au tibia ; 3 grands doigts, pouce court et 5ᵉ doigt réduit à un os métatarsien rudimentaire).

3° **Orthopodes.** — *Dinosauriens herbivores; bassin pourvu d'un postpubis.*

Le *postpubis*, dirigé en arrière parallèlement à l'ischion, est un long processus de l'ischion ; *la présence de cet appendice est* aujourd'hui *caractéristique des Oiseaux.*

Iguanodon; membres antérieurs courts. Sacrum formé de 5 ou 6 vertèbres soudées. Long postpubis ; membres postérieurs très développés ; tibia seul articulé avec le tarse ; péroné fort court. Os pneumatiques (Sables wealdiens de Tournai).

L'*Iguanodon* digitigrade, avec 3 doigts aux pattes postérieures, se tenait debout; ses mâchoires étaient armées de *dents en spatule* bordées de sillons crénelés et ornées de plis longitudinaux. Il mesurait parfois 11 mètres de longueur.

Importance paléontologique des Reptiles. — *Les reptiles paraissent incontestablement dérivés des Amphibiens* **Stégocépales.** Apparus à l'époque *permienne* sous la forme de **Thériondontes,** voisins des **Anomodontes,** les Reptiles évoluent progressivement et atteignent leur apogée pendant l'ère secondaire.

Déjà au *Trias*, leur évolution est avancée : les **Chéloniens** y sont nettement différenciés; les **Ichthyoptérygiens** sont représentés par le genre *Mixosaurus*, les **Sauroptérygiens** par le genre *Nothosaurus ;* les **Archosauriens** (d'où dérivent Crocodiliens, Ptérosauriens et Dinosauriens) datent aussi de ce moment.

A l'époque *jurassique* a lieu l'épanouissement des Reptiles abondamment répartis dans l'air (**Ptérosauriens**), sur la terre (**Dinosauriens, Crocodiliens, Chéloniens**) et dans l'eau (**Énaliosauriens**).

Les **Ophidiens** apparaissent seulement dans le *Crétacé*, ainsi que les **Pythonomorphes,** nageurs et pourvus d'un sternum.

Au début de l'*ère tertiaire* ne subsistent plus que les types représentés encore de nos jours; les autres (**Énaliosauriens, Ptérosauriens, Dinosauriens**) ont disparu définitivement.

§ 4. — OISEAUX

Vertébrés **amniens et allantoïdiens,** *couverts de plumes, pourvus de 4 membres : 2 antérieurs (ailes) adaptés au vol; 2 postérieurs propres à la station bipède. Crâne ossifié portant 1 condyle occipital. Respiration pulmonaire. Sacs aériens. Circulation double et complète. Température presque constante. Ovipares.*

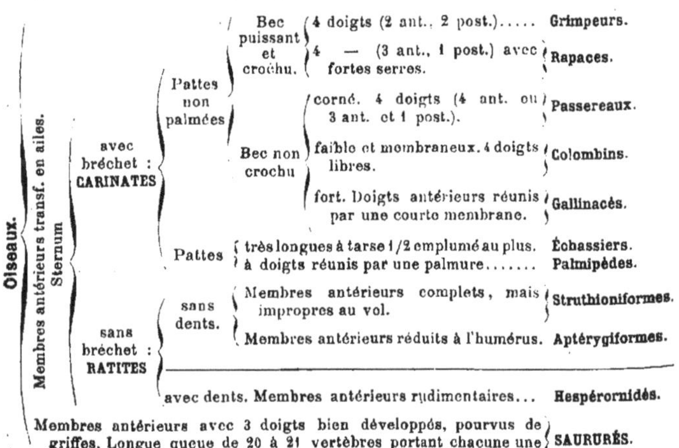

Oiseaux.

- Membres antérieurs transf. en ailes. Sternum
  - avec bréchet : **CARINATES**
    - Pattes non palmées
      - Bec puissant et crochu.
        - **4** doigts (2 ant., 2 post.)..... **Grimpeurs.**
        - 4 — (3 ant., 1 post.) avec fortes serres. **Rapaces.**
      - Bec non crochu
        - corné. 4 doigts (4 ant. ou 3 ant. et 1 post.). **Passereaux.**
        - faible et membraneux. 4 doigts libres. **Colombins.**
        - fort. Doigts antérieurs réunis par une courte membrane. **Gallinacés.**
    - Pattes
      - très longues à tarse 1/2 emplumé au plus. **Échassiers.**
      - à doigts réunis par une palmure....... **Palmipèdes.**
  - sans bréchet : **RATITES**
    - sans dents.
      - Membres antérieurs complets, mais impropres au vol. **Struthioniformes.**
      - Membres antérieurs réduits à l'humérus. **Aptérygiformes.**
    - avec dents. Membres antérieurs rudimentaires... **Hespérornidés.**
- Membres antérieurs avec 3 doigts bien développés, pourvus de griffes. Longue queue de 20 à 21 vertèbres portant chacune une paire de plumes. **SAURURÉS.**

La classe des Oiseaux est la plus homogène du règne animal. Si l'on met à part les sous-classes des **Saururés** et des **Ratites,** les autres types excessivement nombreux que comprend le groupe des **Carinates** sont également bien organisés et ne diffèrent que par des caractères peu importants.

Fig. 467. — Martinet.

Les Oiseaux se rattachent aux Reptiles par l'*Archæopteryx* qui présente, comme nous le verrons, un certain nombre de caractères de Reptile.

Morphologie extérieure. — Les Oiseaux ont la faculté de *voler* (fig. 467), de *marcher* (fig. 468) et de *sauter*. Ces propriétés retentissent sur leur aspect extérieur, comme sur leur organisation interne. Leur tronc repose obliquement sur leurs membres postérieurs verticaux, tandis que leurs membres antérieurs, transformés en *ailes*, sont repliés et disposés latéralement. En avant du tronc se trouve la tête légère avec un bec corné, portée par un cou plus ou moins allongé; en arrière, la queue courte est garnie de fortes plumes dont l'animal se servira comme d'un gouvernail.

Fig. 468. — Héron.

La *pneumaticité* des os, l'existence de vastes cavités aériennes situées en d'autres points du corps concourent à donner, pour un même volume, une grande légèreté à l'animal.

La pneumaticité des os se développe graduellement chez le jeune Oiseau, à mesure qu'il s'exerce à voler : elle est très accusée chez les espèces qui volent rapidement et longtemps (*Albatros*); très atténuée, au contraire, chez les espèces qui ont perdu la faculté de voler (Autruche).

Téguments. — La peau des Oiseaux est constituée par un *derme très mince* que recouvre l'épiderme également réduit. Elle repose sur un riche réseau de fibres musculaires lisses qui, insérées aux follicules des plumes, déterminent par leur contraction l'érection de ces organes.

Fig. 469. — Oie.

Pas de glandes tégumentaires, si ce n'est la *glande uropygienne* (glande du croupion); cette dernière, très développée en particulier chez les espèces aquatiques (fig. 469), est une glande sébacée modifiée dont la sécrétion puisée par le bec de l'Oiseau est utilisée pour le lissage des plumes.

Les formations tégumentaires sont nombreuses chez les Oiseaux (fig. 470) : étui corné du bec et des ergots, peau des doigts écailleuse en quelque sorte, griffes et plumes (Voir T. 1, page 183, fig. 172 et 173).

Développement des plumes. — La plume tire son origine d'une saillie épidermique (fig. 471, 1) dans laquelle pénètre une papille dermique, *p.d*. A mesure que s'accroît la papille (2), elle s'enfonce davantage dans le *follicule*, *f* (follicule de la plume). La couche cornée, *c.co*, et la couche de Malpighi, *c.M*, qui recouvraient totalement la papille, se déchi-

FIG. 470. — *Aquila nævia* (Aigle criard).

rent (3) à la suite de l'extension prise à son intérieur par la couche de Malpighi. En effet, les cellules de cette couche, *c.M*, (Coupe *XY*), prolifèrent rapidement et forment une série de plis rayonnant autour de la papille dermique centrale

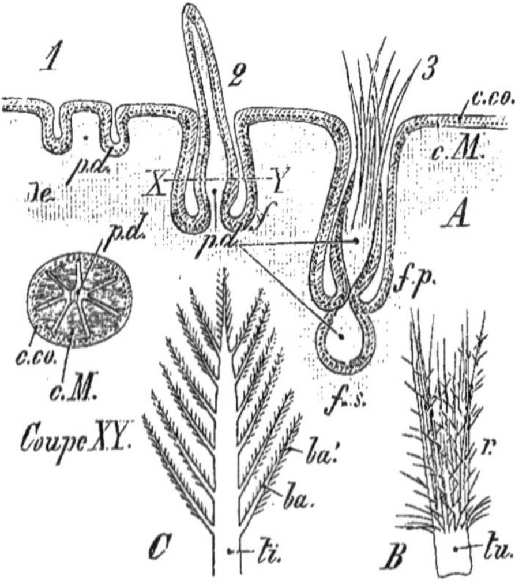

FIG. 471. — Développement des plumes. — A ; 1, 2, 3, stades successifs ; *c.co*, couche cornée ; *c.M*, couche de Malpighi (épiderme) ; *De*, Derme ; *p.d*, papille dermique ; *f*, follicule de la plume (*f.p*, follicule primaire ; *f.s*, follicule secondaire). — B ; plumule ; *tu*, tuyau ; *r*, rayons cornés. — C ; plume ; *ti*, tige ; *ba*, barbe ; *ba'*, barbules.

desséchée ; chacun d'eux subit une kératinisation et devient un rayon corné indépendant des voisins. La couche cornée qui enveloppe les rayons se rompt au moment de l'éclosion des Oiseaux ; ceux-ci sont donc pourvus d'un plumage primitif (*duvet embryonnaire*), composé de *plumules* (3 et B) avec un tuyau, *tu*, et des rayons cornés, *r*.

Les plumules persistent durant toute la vie de l'Oiseau (Pingouin, *Apteryx*), ou bien (et c'est le cas général) sont remplacées par des *plumes définitives* qui prennent naissance à la base des plumules, dans un follicule secondaire, *f.s* (3).

La plume définitive diffère de la plumule en ce que l'un des rayons, prenant un accroissement plus considérable que les autres, devient la *hampe ou axe primaire* de la plume ; le long de la *tige* ou *rachis*, *ti* (C), sont étagés les autres rayons qui deviennent les *barbes*, *ba*, elles-mêmes pourvues de *barbules*, *ba'*.

Pas d'exosquelette chez les Oiseaux.

Squelette interne. — Nous renvoyons le lecteur au T. I, pour l'étude générale du squelette des Oiseaux (pages 198 à 206, fig. 191, 194, 198 et 205).

Colonne vertébrale. — La notochorde a complètement disparu chez les Oiseaux ; l'ossification des vertèbres est complète et la soudure de toutes les pièces d'une vertèbre est parfaite.

La colonne vertébrale comprend 5 régions : cervicale, dorsale, lombaire, sacrée et coccygienne.

Les vertèbres cervicales (en nombre variable de 8 à 23 suivant la longueur du cou) sont articulées *par emboîtement réciproque* ; elles possèdent 2 apophyses épineuses : l'une supérieure, *a.ép.s* (fig. 472), l'autre inférieure, *a.ép.i* ; latéralement y sont articulées les côtes, *co*, bifurquées ainsi que les apophyses transverses, *a.tr*.

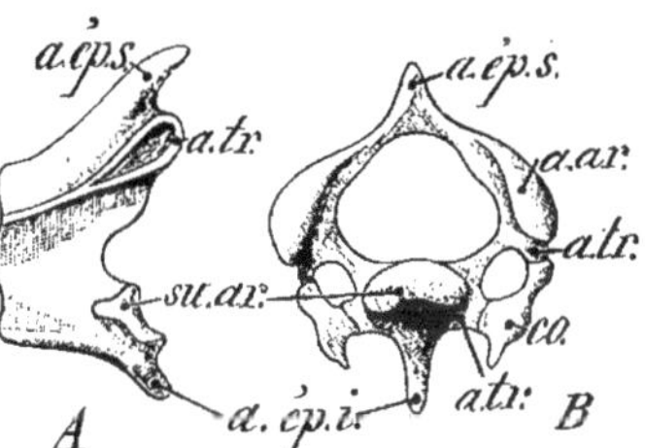

Fig. 472. — Vertèbre cervicale d'oiseau. *a. ép.s*, *a.ép.i*, apophyses épineuses supérieure et inférieure : *a.tr.*, apophyse transverse ; *a.ar*, apophyse articulaire ; *su.ar*, surface articulaire ; *co*, côte.

Les vertèbres dorsales (au nombre de 6 à 10) sont peu mobiles ou même soudées complètement, ainsi que les vertèbres lombaires.

Aux vertèbres sacrées, au nombre de 2 chez l'embryon (*vertèbres sacrées primitives*), s'adjoignent des vertèbres lombaires et dorsales en haut, des vertèbres caudales en bas, à mesure que progresse le développement de l'Oiseau. Le nombre total des *vertèbres sacrées secondaires* ainsi surajoutées peut être de 21.

Les vertèbres caudales, nombreuses chez l'*Archæopteryx* (fig. 15), en nombre moindre mais encore toutes distinctes chez quelques **Ratites**, se réduisent à 10 environ chez tous les Oiseaux actuels [les premières y sont encore libres ; les dernières méconnaissables et soudées en un os unique, le *pygostyle*, *co* (fig. 194, T. I), servent à l'insertion des pennes rectrices].

Côtes et sternum. — Les Oiseaux possèdent de 5 à 10 paires d'arcs hémaux complets comprenant de chaque côté deux *côtes* : l'une *vertébrale*, *dr* (fig. 194, T. I), articulée avec la vertèbre ; l'autre *sternale*, *st*, soudée au sternum antérieur, *st*. Toutes deux sont également ossifiées, et chaque côte vertébrale (sauf la dernière) porte une *apophyse uncinée*, *up*, appliquée sur la côte suivante.

Le *sternum*, très développé chez les Oiseaux, présente un large *bouclier* ventral pourvu d'une crête médiane, *carène* ou *bréchet*.

Le bréchet est d'autant plus saillant que l'Oiseau est meilleur voilier (**Carinates**); l'Autruche et tous les Oiseaux coureurs n'ont pas de bréchet (**Ratites**).

La synostose plus ou moins complète des vertèbres dorsales et suivantes, du sternum et des côtes avec leurs apophyses uncinées, donne une grande solidité à la cage thoracique des Oiseaux; les muscles moteurs des ailes y trouvent donc un point d'appui précieux pour la locomotion aérienne.

Squelette céphalique. — Le crâne des Oiseaux présente de nombreuses analogies avec celui des Sauriens; toutefois il s'en distingue par plusieurs caractères : *boîte crânienne beaucoup plus volumineuse* (en rapport avec le développement de l'encéphale); os minces, spongieux, formant une *masse squelettique continue* par la disparition de leurs sutures; 1 *condyle occipital* situé sur la face ventrale de la base du crâne[1]; *os carré mobile*; fosses nasales postérieures s'ouvrant entre le vomer impair et les palatins, par suite de l'absence d'une voûte palatine comparable à celle que nous avons signalée chez les Crocodiliens.

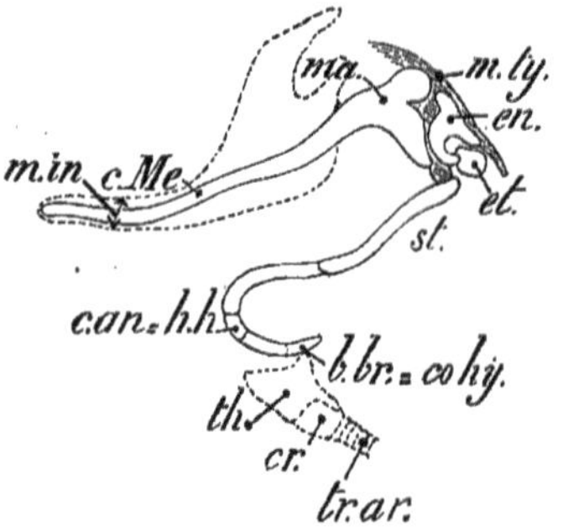

Fig. 473. — Arcs mandibulaire et hyoïdien. *m.in*, maxillaire inférieur; *c.Me*, cartilage de Meckel; *ma*, marteau; *m.ty*, membrane du tympan; *en*, enclume; *ét*, étrier; *st*, stylhyal (apophyse styloïde du temporal); *c.an* = *h.h*, hypohyal (corne antérieure de l'os hyoïde), *b.br* = *co.hy*, basihyal (corps de l'os hyoïde); *th*, *cr*, cartilages thyroïde et cricoïde; *tr.ar*, trachée artère.

L'*os hyoïde* existe chez les Oiseaux (fig. 473); il prend un grand développement chez le *Pic*, où il constitue 2 longues apophyses (*grandes cornes*) qui se recourbent autour du crâne en arrière; la partie antérieure, contenue dans la langue, s'appelle *entoglosse*.

Membres. — I. ***Ceintures.*** — La **ceinture scapulaire** (fig. 474, A), comprend une *omoplate* allongée, *om*, appliquée en arrière sur les côtes, et un *coracoïde* volumineux, *co*, articulé à angle aigu avec l'omoplate. La cavité articulaire de l'humérus, *c.gl*, est formée par ces 2 os.

La *clavicule*, *cl*, est un os dermique qui, soudé avec son congénère, *cl*, forme la fourchette, *f*.

La **ceinture pelvienne** (B) présente un *ilium* allongé et lamelleux, *il*, auquel sont soudés l'*ischion*, *is* et le *pubis*, *pu*. Ce dernier, rudimentaire en avant, se continue en arrière par un *post-*

1. Pour la première fois, parmi les Vertébrés, nous trouvons l'axe longitudinal du crâne formant un angle avec l'axe de la colonne vertébrale.

pubis, *p.pu*, parallèle à l'ischion et appliqué sur lui à son extrémité.

Le bassin des Oiseaux n'est pas fermé en avant par une symphyse pubienne.

II. ***Partie libre des membres.*** — L'étude du membre antérieur a été déjà faite (Voir T. I, page 202, fig. 198).

Quant au membre postérieur, il se compose d'un *fémur*, d'un *tibia* volumineux auquel sont soudés : le *péroné* rudimentaire du

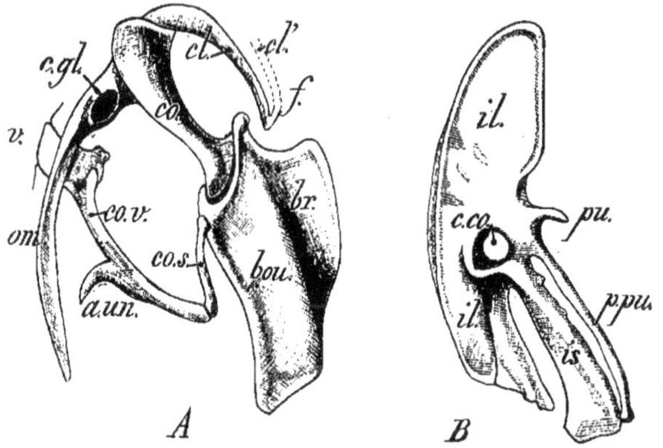

Fig. 474. — A ; ceinture thoracique du Faucon et partie du tronc ; *om*, omoplate, *c.gl*, cavité glénoïde ; *co*, ceracoïde ; *cl.cl'*, clavicules dont la réunion forme la fourchette, *f* ; *bou*, bouclier et *br*, bréchet du sternum ; *v*, l'une des vertèbres ; *co.v*, vraie côte ; *co.s*, côte sternale. — B ; bassin de l'*Apteryx* ; *il*, ilium ; *pu*, pubis ; *p.pu*, postpubis ; *is*, ischion ; *c.co*, cavité cotyloïde.

côté externe, le *tibial* et le *péronéal* (os tarsiens) à son extrémité ; les autres os tarsiens sont soudés entre eux et avec les métatarsiens.

On dit, pour cette raison, que *la jambe de l'Oiseau est articulée avec le pied par une articulation tarso-métatarsienne.*

Le nombre des doigts du pied est de 4 chez la plupart des Oiseaux ; il peut être réduit à 3 (*Casoar*) ou à 2 (*Autruche*).

Nutrition. — Appareil digestif. — La description générale de cet appareil a été faite déjà (Voir T. I, pages 69 et 75, fig. 68, E).

Le *bec* des Oiseaux est variable, soit par la *longueur relative des deux mandibules* qui le constituent, soit par la *forme de ces mandibules*.

Les mandibules ont à peu près la même longueur chez les **Passereaux**, les **Gallinacés**, les **Échassiers** en général et chez certains **Palmipèdes** ; toutefois la mandibule supérieure est plus longue et recourbée vers le bas en un fort crochet chez les **Rapaces** (fig. 470) et les *Perroquets* (fig. 475) ; la mandibule inférieure est la plus développée chez le Bec-en-ciseaux.

La forme du bec dépend beaucoup du genre de nourriture que prennent les Oiseaux :

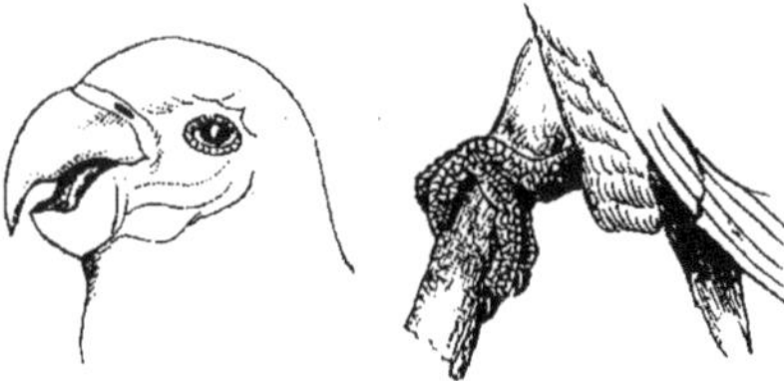

Fig. 475. — Tête et patte de Perroquet.

Fig. 476. — *Pyrrhula vulgaris* (Bouvreuil).

conique et court chez les Granivores (Chardonneret, Pinson, Bouvreuil, fig. 476), il est en outre *pourvu d'un fort crochet* à la mandibule supérieure chez les

Fig. 477. — *Hirundo rustica* (Hirondelle de cheminée).

Fig. 478. — *Numenius* (Courlis cendré).

Rapaces qui s'en servent pour lacérer leur victime ; il est *allongé et ténu* chez le Colibri qui se nourrit d'insectes ; il est *aplati et fendu jusqu'au dessous des yeux* chez l'Hirondelle (fig. 477), le Martinet et l'Engoulevent qui, le bec ouvert saisissent au vol les Mouches et les Papillons ; le bec est *long et fort* chez le Courlis (fig. 478) qui cherche sa proie dans la vase ou le sable humide à une certaine profondeur ; il a la forme d'une *spatule* chez le Canard, l'Oie, le Cygne (fig. 479), qui puisent de petits Vers et des Mollusques dans les eaux vaseuses ; le Pélican possède un bec fort *long et pourvu*, entre les 2 branches de la mâchoire inférieure, d'*une vaste poche* où il emmagasine le produit de sa pêche.

Fig. 479. — *Cygnus mansuetus* (Cygne domestique).

La *langue* des Oiseaux, peu musculeuse d'ordinaire, est revêtue d'une production cornée ; les *Pics* s'en servent comme d'organe préhensile, car ils peuvent la projeter fort en avant.

Les **Rapaces** et surtout les *Perroquets* ont une langue charnue dont l'épaisseur est due moins au développement musculaire qu'à l'abondance de graisse, de glandes et de vaisseaux sanguins.

Le *muscle diaphragme* forme, chez les Oiseaux, une voûte encore incomplète, mais plus nette que chez les Reptiles ; cette cloison musculaire est traversée par le cœur.

Appareil respiratoire. — Les Oiseaux respirent par des poumons traversés par les bronches, dont certains rameaux aboutissent aux sacs aériens (Voir T. I, pages 99 et 100, fig. 97, A). Insistons sur la distribution et le rôle de ces *sacs*.

Les **sacs aériens**, qui apparaissent de bonne heure chez l'embryon, sont des diverticules de la vésicule pulmonaire; ils se développent rapidement et envahissent non seulement la cavité générale du corps en entourant les viscères, mais encore tous les interstices qui s'offrent à eux. Ils pénètrent ainsi jusque dans les espaces contenus entre les fibres des muscles et dans la cavité des os dont la moelle a disparu.

Les os ne sont pas les seuls organes pneumatiques de l'Oiseau; *le corps tout entier possède cette pneumaticité favorable à la respiration et au vol.*

En effet, les *sacs aériens du tronc*, situés au voisinage des poumons, déterminent, par leurs variations de volume, l'aération des grosses bronches pulmonaires. Les *sacs aériens périphériques* ont provoqué, par leur développement progressif chez l'embryon, l'extension du squelette, une plus large surface d'insertion des muscles, tout en assurant la légèreté de ces diverses parties.

Les *organes propres au vol* ont ainsi gagné en étendue et en puissance sans augmentation proportionnelle du poids de l'animal.

Appareil circulatoire. — Les Oiseaux ont un cœur à 4 cavités, une crosse aortique droite, une circulation double et complète à peu près analogue à celle de l'Homme et des Mammifères (Voir T. I, pages 143 et 144, fig. 140).

Système-porte rénal. — Chez les **Poissons** autres que les Cyclostomes et les Sélaciens et chez les **Amphibiens**, le sang, revenant de la partie postérieure du corps, passe dans les reins où il est réparti entre de nombreux capillaires, puis il parvient aux veines cardinales postérieures qui le conduisent au cœur. Le sang a traversé un *système-porte rénal*. Mais, déjà chez les Amphibiens, une partie du sang a évité ce trajet en pénétrant directement dans la veine cave inférieure qui aboutit aussi directement au sinus veineux.

Chez les **Reptiles**, l'importance du système-porte rénal a diminué plus encore.

Chez les **Oiseaux**, les veines iliaques, qui ramènent le sang de la région postérieure du corps, traversent les reins sans y former de réseau capillaire; leur contenu ne contribue donc en rien à la sécrétion urinaire.

Chez les **Mammifères**, comme nous avons pu le remarquer en étudiant l'appareil circulatoire de l'Homme, les veines iliaques se confondent en la veine cave inférieure et sont absolument indépendantes des reins.

Le *sang rouge* renferme des hématies elliptiques renflées en leur milieu.

Le **système lymphatique** présente un *canal thoracique* nettement individualisé, parallèle à la colonne vertébrale et longeant sa face ventrale; ce canal, bifurqué en arrière et en avant, communique en arrière avec les veines ischiatiques, en avant avec les 2 branches de la veine cave supérieure. Sur le trajet des vaisseaux lymphatiques postérieurs, on remarque des *valvules* et des *ganglions* lymphatiques; des cœurs lymphatiques postérieurs ont été remarqués chez quelques Oiseaux (Oie, Cygne, Autruche, etc.).

Appareil excréteur. — L'origine, les caractères et la position des reins des Oiseaux sont identiques à ceux que nous avons signalés pour les Reptiles (Voir aussi T. I, page 169, fig. 162).

Pas de vessie urinaire.

Relation. — **Système nerveux.** — L'encéphale des Oiseaux présente, comme nous l'avons vu déjà (T. I, page 321, fig. 305, CC'), un volume plus considérable que celui des Reptiles, et cependant la structure en diffère peu.

Le cerveau antérieur volumineux, pourvu d'un corps calleux très réduit, se développe au-dessus du cerveau intermédiaire qu'il recouvre totalement sauf l'épiphyse (*glande pinéale*), à peine visible; il parvient ainsi au contact du cervelet, après avoir rejeté latéralement les *lobes optiques* (cerveau moyen); ces derniers sont placés de chaque côté et au voisinage du chiasma optique qui est très volumineux.

Le cervelet recouvre en arrière le sinus rhomboïdal ou 4e ventricule.

Les 12 paires de **nerfs crâniens** sont représentées chez les Oiseaux.

Le **grand sympathique** se rapproche beaucoup de celui des Mammifères étudié à propos de l'Homme (Voir T. I, pages 298-300).

Organes des sens. — Des *corpuscules du* ***tact*** se trouvent uniquement sur la langue et le bec des Oiseaux.

Le ***goût*** est très obtus chez ces animaux.

L'organe de l'***odorat*** se compose, comme chez les Crocodiliens, d'un *vestibule* et d'une *cavité olfactive* dans laquelle on remarque deux *cornets* : le cornet moyen très développé sous forme d'une lamelle plus ou moins enroulée, et le cornet supérieur peu saillant.

L'organe de l'***ouïe*** diffère peu de celui des Reptiles dans sa physionomie générale.

Dans l'*oreille interne*, le saccule est de petite dimension; les orifices de communication du saccule avec l'utricule d'une part, avec le limaçon d'autre part, deviennent très étroits. Le limaçon est toujours rectiligne.

L'*oreille moyenne* (caisse du tympan) communique, comme chez les Mammifères, avec des cellules mastoïdiennes; la trompe d'Eustache se réunit avec sa congénère en un canal unique qui débouche dans le pharynx. La chaîne des osselets consiste en un os unique, la *columelle*, qui s'étend de la membrane du tympan à la membrane de la fenêtre ovale.

La columelle correspond à l'étrier des Mammifères.

L'*oreille externe* est représentée, chez quelques Oiseaux, par un rudiment de conduit auditif externe; celui-ci est pourvu parfois d'un repli cutané ou d'une valvule membraneuse mobile garnie de grandes plumes et faisant office de pavillon (Hibou, Grand-Duc, fig. 480).

L'organe de la **vue** a été décrit chez les Oiseaux (Voir T. I, page 265, fig. 264).

FIG. 480. — *Bubo maximus* (Grand-Duc).

Larynx. — Les Oiseaux possèdent 2 larynx : l'un supérieur, rudimentaire, situé en arrière de la langue (*larynx ordinaire*), incapable de produire des sons; l'autre inférieur (*syrinx*), situé en général au carrefour de la trachée-artère et des bronches, quelquefois sur les bronches mêmes.

Le syrinx est le véritable appareil vocal des Oiseaux, celui qui module les sons; c'est un appareil secondaire.

Quand le syrinx est disposé au carrefour broncho-trachéen formant un *tambour*, les anneaux cartilagineux de cette région sont mobiles sous l'action de muscles spéciaux qui déterminent la tension ou le relâchement des membranes vibrantes appelées *membranes tympaniformes*, saillantes dans le tambour.

Le tambour est particulièrement développé chez les Oiseaux aquatiques.

Reproduction. — Les organes génitaux des Oiseaux sont conformés essentiellement comme ceux des Reptiles.

Les *testicules* ovales, arrondis, très gonflés à l'époque de la reproduction, sont appliqués à la face antérieure des reins; le testicule gauche est plus gros que le droit. Les épididymes, peu développés, se continuent par les canaux déférents contournés et longeant les uretères du côté externe. Les orifices génitaux mâles débouchent sur deux papilles coniques à la face postérieure du cloaque.

Les *ovaires* sont tout à fait asymétriques; l'ovaire droit et l'oviducte du même côté s'atrophient et disparaissent; *l'ovaire gauche volumineux subsiste* avec un oviducte très flexueux.

L'*oviducte* comprend 3 parties :

1° Un *pavillon* très large qui reçoit l'œuf à sa sortie de l'ovaire ; une muqueuse albuminigène sécrète l'albumine qui enveloppe l'œuf et forme en dedans les chalazes contournées par suite du mouvement en spirale décrit par l'œuf.

2° L'*utérus*, partie évasée dont la paroi sécrète une substance liquide blanche et solidifiable (coquille).

3° La *partie cloacale* très courte qui débouche dans le cloaque.

Fig. 481. — Nid de Pinson à gauche. — Nid de l'Hirondelle Salangane à droite.

La plupart des Oiseaux n'ont pas d'**organes d'accouplement** ; cependant certains **Ratites** et les **Palmipèdes** possèdent un tube reployé sur le côté gauche du cloaque et déroulable au dehors ; ce tube est pourvu d'une gouttière médiane dans laquelle peut s'engager le sperme lorsqu'il a été préalablement introduit dans le cloaque de la femelle[1].

Tous les Oiseaux sont *ovipares*.

Les œufs sont pondus ordinairement à un jour d'intervalle, quand la femelle en produit plusieurs. Beaucoup d'Oiseaux de mer (Manchot, Pingouin) ne pondent qu'un seul œuf ; les grands Oiseaux de proie, la Tourterelle, le Martinet, etc., en pondent 2 ; les autres en produisent davantage, surtout la Poule (fig. 482) et l'Autruche.

Fig. 482. — *Gallus* (Coq et poule).

La *durée de l'incubation* est de 11 ou 12 jours pour le Colibri et le Roitelet, de 15 à 18 jours pour les Oiseaux

1. Tous les Oiseaux, sauf le *Coq*, le *Faisan*, etc., sont monogames. Deux Oiseaux de sexes différents s'apparient parfois pour toute leur vie (Tourterelle, Aigle, Cigogne) ; d'autres fois pour une saison seulement. Ils construisent un *nid* de forme et de nature variables suivant les espèces considérées (fig. 481).

A l'époque des amours, les mâles, en général plus forts que les femelles, revêtent une *parure de noces* formée de couleurs plus vives que leur livrée ordinaire ; leur chant plus fréquent est aussi plus varié et plus agréable.

chanteurs, de 21 jours pour la Poule, de 6 semaines pour le Cygne, de 2 mois environ pour l'Autruche. Cette durée dépend de la grosseur de l'œuf, de la constance de température déterminée par la mère qui couve et du développement du jeune à l'éclosion.

Le Coucou pond furtivement et isolément ses œufs dans les nids des Passereaux, se déchargeant sur eux des soins de l'incubation.

Pendant tout le temps de l'incubation, la femelle reste seule sur les œufs et le mâle lui apporte la nourriture; chez certaines espèces, le mâle relaie la femelle quelques heures par jour (Tourterelle, Vanneau); rarement le mâle couve seul (Autruche, vers la fin de la période d'incubation).

Nombre d'Oiseaux *émigrent*, à l'approche des froids, soit des hautes altitudes vers les plaines, soit des pays froids vers des régions plus clémentes. Il serait trop long d'insister ici sur les *migrations des Oiseaux;* nous renvoyons le lecteur aux ouvrages spéciaux sur les mœurs de ces intelligents animaux.

Nous avons précédemment étudié la structure et la segmentation de l'œuf, le développement des organes de l'embryon (Voir T. II, fasc. 1er, pages 36 à 37, 43 à 64).

I. — CARINATES

I. — GRIMPEURS

Oiseaux à bec robuste. Pattes comprenant 2 doigts antérieurs et 2 doigts postérieurs. Plumage rigide; peu de duvet.

1° **Psittacomorphes** (Perroquets). — *Bec épais à mandibule supérieure fortement crochue; langue charnue. Narines percées dans une membrane appelée cire. Pattes fortes à tarses courts.*

Ces Oiseaux, actifs et intelligents, s'apprivoisent facilement. Par l'éducation des mouvements de leur langue épaisse, ils arrivent peu à peu à imiter les accents de la voix humaine. Ils ont un plumage fort riche en couleurs parfois; ils volent et grimpent le long des branches, en s'aidant de leur bec.

Les Perroquets vivent en société dans les forêts des contrées tropicales et se nourrissent de fruits, de graines, etc. Ils pondent 1 ou 2 œufs dans un nid établi au fond d'un creux d'arbre ou de rocher.

Psittacus (Perroquet vrai, fig. 475); bec dont l'extrémité est fortement recourbée. Queue courte et carrée; côte occidentale d'Afrique. — *Chrysotis* (Perroquet vert); ailes très courtes; habite le Brésil. — *Conurus* (Perruche); queue conique, plus courte que les ailes pointues; joues emplumées; belle couleur verte, vit au Chili. — *Sittace* (Ara); grand bec, longue queue étagée, le plus grand des Perroquets, avec des joues nues; Amérique — *Cacatua* (Cacatoès); tête ornée d'une huppe; queue courte et large.

2° **Coccygomorphes** (Coucous). — *Bec long, légèrement crochu et profondément fendu.*

Cuculus (Coucou, fig. 483); bec faible; très commun en France dans les bois. Cri : Coucou. *C. canorus*; couleur gris-cendré en dessus, blanc rayé de gris sous le ventre.

La femelle ne construit pas de nid; elle pond par terre un assez petit œuf qu'elle porte, à l'aide de son bec, et dépose furtivement dans le nid d'une Fauvette ou d'un Traquet. L'œuf est couvé par l'Oiseau propriétaire du nid; après l'éclosion le jeune Coucou, beaucoup plus grand et plus turbulent que ses commensaux, les culbute hors du nid sans que leurs parents cessent d'avoir les mêmes égards pour leur fils d'adoption. — Le Coucou détruit beaucoup d'Insectes et de Chenilles.

Fig. 483. — *Cuculus* (Coucou).

Rhamphastus (Toucan); énorme bec à bords dentelés, spongieux intérieurement.

Le Toucan toco (*R. toco*) habite les forêts vierges du Brésil; il se nourrit de bananes, d'œufs d'Insectes et de jeunes Oiseaux; il peut être réduit en domestication.

3° **Pics.** — *Bec fort, droit et conique dépourvu de cire. Langue plate, cornée et longue, pouvant être projetée fort loin grâce à un mécanisme de l'appareil hyoïdien.*

Fig. 484. — *Picus major* (Pic épeiche).

Ces Oiseaux (fig. 484), grimpeurs par excellence, ont une queue formée de plumes raides (à rachis solide comme un fil d'acier) qui leur servent de point d'appui pour monter le long des arbres. A l'aide de leur bec, ils frappent violemment les troncs d'arbres et font sortir des fentes de l'écorce les Insectes qui s'y trouvent.

Ils établissent leur nid dans les troncs des arbres pourris et y pondent des œufs d'un blanc pur.

Les Pics habitent les forêts et les jardins parfois; *ils rendent*, en général, *de grands services à la sylviculture*, en détruisant un nombre considérable d'Insectes et de larves.

Picus; plumage raide, bec fort; langue avec crochets. *P. viridis* (Pic vert), *P. major* (Pic Épeiche) et *P. canus* (Pic gris) sont communs en Europe. — *Jynx* (Torcol); plumage lâche et mou; bec conique plus court que la tête; langue sans crochets.

Le Torcol se nourrit souvent de Fourmis; il émigre à l'automne.

On range souvent parmi les Coccygomorphes le groupe des **Lévirostres** et la *Huppe* que nous étudierons parmi les Passereaux.

II. — RAPACES

Oiseaux à bec puissant et crochu. 3 doigts antérieurs et 1 doigt postérieur armés d'ongles crochus (serres).

Les Rapaces, essentiellement carnivores, se nourrissent de chair vivante, parfois de cadavres (*Vautours*). Leurs victimes sont surtout des Mammifères et des Oiseaux qu'ils maintiennent avec leurs serres et déchirent à l'aide de leur bec; ils avalent la chair et les téguments, vomissent sous forme de boulettes les poils et les plumes non digestibles et utilisent le reste.

La femelle couve seule dans un nid établi sur les arbres, les tours ou au sommet des rochers élevés (*aire* de *l'Aigle*).

Fig. 485. — *Milvus regalis* (Milan royal).

1° *Diurnes.* — *Rapaces dont les yeux petits sont dirigés latéralement; doigt externe dirigé en avant. Leur plumage est raide et leur vol bruyant.*

(a) Falconidés (Faucons). — *Bec court et généralement denté. Tête, cou et tarses emplumés en général. Ailes grandes et pointues.*

Aquila (Aigle). Long bec, non échancré et droit à la base; tarses emplumés jusqu'aux doigts. *A. imperialis* (Aigle impérial); vit dans l'Europe méridionale. *A. fulva* (Aigle fauve, fig. 3); assez commun dans les Alpes. *A. nævia* (Aigle criard, fig. 470); habite le midi de la France.

L'Aigle se nourrit de Mammifères et d'Oiseaux; après avoir plané dans les airs, il fond brusquement sur eux, les saisit avec ses griffes et peut les emporter près de son aire.

Haliætus (Pyrargue); gros bec jaune-brun, cire et pattes jaunes. — *Milvus* (Milan); queue longue et fourchue; bec faible sans échancrure.

Le Milan royal (*M. regalis*, fig. 485) ravit la proie des Rapaces plus faibles que lui et chasse les petits Rongeurs; on le trouve, dans le sud de la France

Buteo (Buse); bec gros et court; vole lourdement. — *Falco* (Faucon); bec court, très recourbé, avec une dent proéminente; ailes pointues.

Fig. 486. — *Falco subbutea* (Faucon hobereau).

Les Faucons sont les plus rapides voiliers des Rapaces; aussi les employait-on beaucoup pour la chasse. Le Faucon commun (*F. communis*), le Faucon hobereau (*F. Subbuteo*, fig. 486), la Crécerelle, l'Emerillon (fig. 487), le Gerfault, etc., nichent dans les trous des rochers ou sur les arbres élevés; ils se nourrissent d'Oiseaux, de Sauterelles. L'Émerillon s'apprivoise facilement; on l'emploie pour la chasse à l'Alouette. Toutes ces espèces habitent l'Europe.

Fig. 487. — Faucon Émérillon.

(b) **Vulturidés** (Vautours). — *Bec long, droit, recourbé seulement à la pointe. Tête et cou nus en partie. Grandes et larges ailes plus ou moins arrondies.*

Fig. 488. — *Vultur* (Vautour fauve.)

Les Vautours volent lentement à une grande hauteur; ils se nourrissent de charogne, en général; ils établissent leur nid sur les arbres ou les grands rochers.

Vultur (Vautour, fig 488); tête revêtue d'un duvet; cou entouré d'une collerette de fines plumes; queue arrondie; habite l'Europe méridionale et l'Algérie. — *Gypaetus* (Gypaète); tête et cou très emplumés, long et fort bec; pattes assez faibles. Alpes et Pyrénées.

2° **Nocturnes.** — *Rapaces dont les gros yeux, dirigés en avant, sont entourés d'une collerette de plumes* (disque périophtalmique). *Doigt externe pouvant se porter en avant ou en arrière. Leur plumage est souple et leur vol silencieux.*

Les Hiboux ont l'œil et l'oreille très subtils comme organes sensoriels; ils chassent, de préférence au crépuscule et pendant la nuit, les petits Rongeurs (Souris, Rat, Mulot, etc.); s'ils détruisent parfois de petits Oiseaux (ce qui est très rare), il faut convenir cependant qu'*ils rendent de grands services à l'agriculture* en détruisant les Rongeurs et les Insectes. Pendant le jour, ils se cachent dans les trous des murailles et des arbres où ils font aussi leur nid.

FIG. 489. — *Strix flammea* (Effraie).

Strix (*S. flammea*, Effraie, fig. 489); disques périophtalmiques complets. — *Syrnium* (Hulotte ou Chat-Huant); plumes jusque sur les doigts des pattes. — *Bubo* (Duc); disques périophtalmiques incomplets; faisceaux de plumes autour des oreilles. Tarses et doigts très emplumés.

Le Grand-Duc (*Bubo maximus*, fig. 480) habite les rochers surtout dans les régions de hautes montagnes.

Otus (Hibou); taille moyenne, bec court; faisceaux de plumes sur les conques auditives. *O. vulgaris* (Hibou vulgaire) est commun dans nos contrées.

III. — PASSEREAUX

Oiseaux à bec corné, dépourvu de cire; tarses recouverts de petites écailles; pattes comprenant 4 doigts antérieurs, ou 3 antérieurs et 1 postérieur. Appareil vocal très développé chez la plupart d'entre eux (Oscines).

Cet ordre comprend la foule des petits Oiseaux qui peuplent les campagnes et les bois où ils volent, sautent, chantent ou crient, et nous égayent autant par leur ramage varié que par leur brillant plumage (un grand nombre d'espèces tout au moins).

1° **Lévirostres.** — *Grand bec léger, de forme variable. Pattes faibles dont les 2 doigts externes antérieurs sont souvent réunis jusqu'au milieu de leur longueur.*

Ces Oiseaux, à voix monotone et criarde, nichent dans les trous du sol ou des arbres; ils vivent d'Insectes, de Poissons ou de fruits.

Alcedo (Martin pêcheur, fig. 490); grosse tête; bec long, droit et comprimé. Robe de couleurs variées.

Le Martin pêcheur (*A. hispida*) vit solitaire au bord de nos cours d'eau, demeure immobile sur une branche d'où il guette le Poisson, plonge rapidement dès que sa proie passe près de lui. Il fait son nid dans les trous des berges qu'il a tapissés d'arêtes de Poissons.

Merops (Guêpier); bec long et comprimé, faiblement courbé. Chasse les Abeilles et d'autres Insectes qu'il saisit au vol. Europe méridionale.

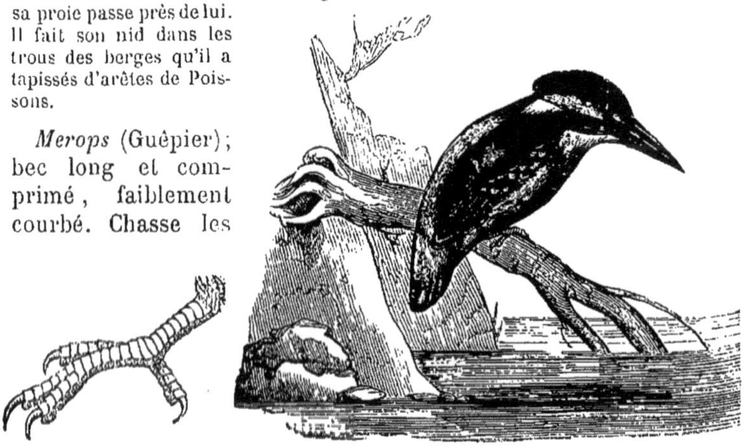

FIG. 490. — *Alcedo hispida* (Martin-pêcheur) et sa patte.

2° **Ténuirostres.** — *Long bec grêle et très pointu; pattes identiques à celles des* **Lévirostres.**

Ces Oiseaux se rapprochent des Grimpeurs par leur mode de locomotion.

Upupa (Huppe, fig. 491); Oiseau criard à long bec comprimé latéralement; le corps est svelte, la tête surmontée d'une huppe formée de 2 rangées de plumes.

La Huppe vulgaire (*U. epops*) est un Oiseau coureur qui vit en France seulement d'avril en octobre, sur la lisière des bois. Elle fouille dans les herbes et les feuilles mortes pour capturer les Insectes et les Vers dont elle se nourrit.

FIG. 491. — *Upupa epops.*

(a) **Trochilidés.** — Bec long et mince, droit (*Oiseaux-Mouches*), ou arqué (*Colibris*).

Ce sont les plus petits et les plus charmants de tous les Oiseaux par leur élégance et leur brillant plumage. Leurs ailes longues et pointues leur permettent un vol d'une extrême rapidité pendant lequel ils saisissent des Insectes butinant sur les fleurs.

Ces Oiseaux sont dépourvus d'appareil vocal ; ils habitent tous l'Amérique et émigrent, lors du froid, vers les régions tropicales.

Trochilus (Colibri); queue fourchue. Amérique du Nord.

(b) **Certhiadés.** — Oiseaux chanteurs. Bec long, un peu recourbé.

Certhia (Grimpereau) ; queue longue à plumes raides. Dos brun ; ventre blanc.

Fig. 492. — *Hirundo rustica* (Hirondelle de cheminée).

Le Grimpereau familier (*C. familiaris*) grimpe comme les Pics ; il se nourrit uniquement d'Insectes, de leurs œufs et de leurs larves dont il fait une consommation énorme dans les bosquets et sur les arbres fruitiers.

3° ***Fissirostres.*** — *Bec aplati et fendu jusqu'au dessous des yeux ; petit cou ; tête plate. Ailes longues et pointues. Pattes faibles avec 4 doigts antérieurs, ou 3 antérieurs et 1 postérieur ; les 2 externes antérieurs sont soudés.*

Ces Oiseaux au vol très rapide ont toujours le bec ouvert pendant leur course ; ils saisissent ainsi les Mouches et les Papillons. Ils vivent dans les pays chauds ; ils viennent au printemps dans les zones tempérées, mais *émigrent* à l'automne. Sauf les Hirondelles qui gazouillent assez agréablement, les autres Oiseaux sont criards (Martinet, Engoulevent).

Fig. 493. — *Chelidon urbica* (Hirondelle de fenêtre).

Hirundo (Hirondelle) ; bec court et triangulaire. Tarses nus. Queue longue et fourchue. *H. rustica* (Hirondelle de cheminée, fig. 477 et 492) ; dessus noir brillant à reflets bleus ; ventre blanc-roussâtre. — *Chelidon* (*C. urbica*, Hirondelle de fenêtre, fig. 493) ; dessus noir-bleuâtre, sauf la partie postérieure du dos qui est d'un blanc pur comme le ventre.

Les Hirondelles, très familières, sont précieuses comme insectivores; elles construisent leur nid dans les angles des fenêtres, au coin des cheminées, etc., en agglutinant de la terre avec leur salive.

Fig. 494. — *Corvus corax* (Corbeau ordinaire).

Cypselus (Martinet, fig. 467); tarses courts et emplumés; 4 doigts antérieurs; ongles très recourbés.

Le Martinet noir (*C. apus*) a le plumage entièrement noir.

Caprimulgus (Engoulevent); bec très plat, fort large; le bord du bec est garni de soies raides. Plumage souple dont la teinte rappelle celle de l'écorce des arbres.

L'Engoulevent habite les grands bois; il pond 1 ou 2 œufs par terre, au pied d'une touffe d'herbe. Il émigre à l'automne.

4° **Dentirostres.** — *Bec fort, dont la mandibule supérieure présente une échancrure près de son extrémité.*

Fig. 495. — *Garrulus* (Geai).

Ces Oiseaux, bons voiliers, habitent les pays froids et tempérés qu'ils abandonnent parfois en hiver.

Corvus (Corbeau, fig. 494); bec long et fort. Longues ailes pointues; queue arrondie.

Le Corbeau commun (*C. corax*) habite les grandes forêts, chasse les Souris, les Taupes, quelquefois les Lièvres. La Corneille (*C. corone*), très commune en France, *détruit les jeunes Oiseaux* et mérite pour cela d'être sacrifiée.

Pica (Pie); *animal nuisible*, maraudeur, dénicheur d'Oiseaux, qui détruit les œufs et le petit gibier. — *Garrulus* (Geai, fig. 495); bec court et fort, échancré ; vit dans les bois, au bord des plaines.

Le Geai doit être détruit au même titre que la Pie; il commet les mêmes méfaits.

Oriolus (Loriot, fig. 496); couleur d'un jaune vif.

Siffleur émérite, mais grand amateur de fruits, le Loriot sait se cacher parmi les arbres; il émigre à l'automne quand il n'y a plus de fruits mûrs.

Paradisea (Oiseaux de paradis); habitent la Nouvelle-Guinée.

Sturnus (Étourneau ou Sansonnet); bec long et pointu. Oiseau chanteur.

Fig. 496. — *Oriolus galbula* (Loriot).

L'Étourneau commun (*St. vulgaris*), d'un noir brillant, vit par bandes nombreuses dans nos contrées; il se rend *très utile* en détruisant de nombreux Insectes dans les prairies où paissent les troupeaux. Le Pique-Bœuf (*Bufaga*), voisin de l'Étourneau, mange les larves d'Œstres dans la peau des Bœufs.

Lanius (Pie-grièche); bec comprimé en avant avec une forte dent tranchante.

Les Pies-grièches sont de petits Oiseaux de proie qui doivent être traités sans merci; elles se nourrissent non seulement d'Insectes, mais de jeunes Oiseaux encore au nid qu'elles embrochent sur une épine jusqu'au moment où elles s'en nourrissent. Elles émigrent lors de la mauvaise saison. La Pie-grièche écorcheuse (*L. collurio*), la plus répandue en France, a le dos roux, le ventre blanc-rosé et niche dans les buissons.

Parus (Mésange, fig. 497); bec court, pointu; corps ramassé avec de vives couleurs.

Très agiles, les Mésanges explorent les arbres pour y puiser œufs d'Insectes et chenilles, larves diverses; elles pondent de 15 à 18 œufs dans des nids remarquablement construits, et nourrissent les jeunes avec une quantité prodigieuse d'Insectes et de larves. ***Les Mésanges sont donc utiles à l'agriculture.*** Cependant la Mésange bleue (*P. cœruleus*, fig. 498) détruit parfois de petits Oiseaux; l'espèce la plus commune chez nous est la Mésange charbonnière (*P. major*).

Fig. 497. — *Parus biarmicus* (Mésange à moustaches).

Fig. 498. — *Parus cœruleus* (Mésange).

Sylvia (Fauvette). — ***Regulus*** (Roitelet). Petits Oiseaux chanteurs habitant les buissons et les jeunes taillis; *très utiles* à cause de la quantité d'Insectes qu'ils détruisent.

Luscinia (Rossignol, fig. 499); bec aigu; queue arrondie; dos brun-roux; ventre d'un blanc-roux. *L. rubicula* (Rouge-gorge).

Le Rossignol (*L. luscinia*), commun dans nos petits bois, nous charme pendant toute la belle saison par son chant merveilleux. Il émigre à l'automne. *Très utile.*

FIG. 499. — *Luscinia* (Rossignol).

Turdus (Grive); bec grêle porté par un corps allongé et massif. *T. musicus* (Grive commune); dos brun, ventre blanc-roussâtre. *T. merula* (Merle noir); tout noir, à bec jaune.

Ces Oiseaux habitent les bosquets et les jardins, vivent d'Insectes, mais consomment aussi des baies, des fruits pulpeux. Ils émigrent à l'automne. La Grive, très grasse à cette époque, est l'objet d'actives chasses au fusil et aux collets. Le Merle peut-être réduit en captivité; on lui apprend alors à siffler, mais il ne se reproduit pas dans ces conditions.

5° **Conirostres.** — *Bec fort et conique, pouvant broyer les graines. Corps ramassé; tête épaisse portée par un petit cou. 4 doigts dont 3 antérieurs; les 2 doigts externes sont réunis à la base.*

Ces Oiseaux vivent en société, se nourrissent de graines, de fruits ou d'Insectes.

FIG. 500. — *Alauda arvensis* (Alouette des champs).

Alauda (Alouette, fig. 500); bec assez court; queue peu développée. La patte présente un pouce muni d'un ongle très long et mince, en forme d'éperon droit (Oiseau coureur). Plumage de couleur terreuse.

A. cristata (Alouette huppée). *A. alpestris* (Alouettes de montagnes).

L'Alouette des champs (*A. arvensis*) court très vite et vole également bien; par les beaux jours d'été, elle s'élève parfois dans les airs à de grandes hauteurs et ne cesse de chanter. A l'automne, nombre d'Alouettes se réunissent pour émigrer et sont alors l'objet de chasses aux collets.

Anthus (fig. 501). — *Emberiza* (Bruant, fig. 502); bec court, épais et conique; pattes à longs doigts dont le postérieur est armé d'un éperon court.

Le Bruant jaune (*Emberiza citrinella*) a le dos jaune mêlé de brun-foncé et le dessous jaune; il habite au voisinage des plaines en été, construit son nid dans les broussailles, presque au ras du sol; très recherché à l'automne par les chasseurs.

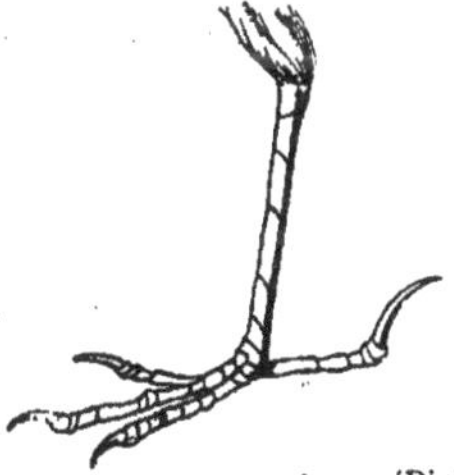

Fig. 501. — *Anthus arboreus* (Pipi).

Fig. 502. — *Emberiza citrinella* (Bruant jaune).

Il n'émigre pas. L'Ortolan (*E. hortulana*), à dos roussâtre et à ventre roux, est un gibier fort apprécié des gourmets.

Fringilla (Pinson, fig. 503); bec robuste et pointu.

Fig. 503. — *Fringilla cœlebs* (Pinson ordin.).

Le groupe des Fringilles comprend de nombreuses espèces qui vivent presque toutes autour de nos habitations : le Moineau (*Passer domesticus*, fig. 504), de ton noir et gris cendré ; le Verdier (*P. chloris*) d'un vert sombre avec le ventre et les cuisses jaunes; le Pinson ordinaire (*Fringilla cœlebs*) aux teintes variées; le Chardonneret (*F. carduelis*, fig. 4); le Tarin (*F. spinus*) qui vit dans les forêts de Pins; la Linotte (*F. Linota*) à belle livrée d'un rouge cramoisi au printemps.

Tous ces Oiseaux dévorent un grand nombre d'Insectes; s'ils consomment des grains, ils n'en rendent pas moins de *grands services à l'agriculture.*

Fig. 504. — *Passer domesticus* (Moineau).

Pyrrhula (Bouvreuil, fig. 467): dos gris-cendré; ventre rouge-ponceau vif. Bec noir.

Le Bouvreuil vulgaire (*P. vulgaris*) *commet des dégâts* au printemps, en mangeant les bourgeons des arbres fruitiers.

IV. — COLOMBINS

Oiseaux à bec faible, membraneux et renflé autour des narines. Ailes pointues de moyenne taille. Pattes faibles à 4 doigts libres (3 — 1) articulés au même niveau.

Fig. 505. — *Columba* (Pigeon).

Les Pigeons, monogames, pondent 2 ou 3 œufs dans un nid grossier porté sur des branches d'arbre ou dans un taillis. Les 2 sexes couvent; les petits, à l'éclosion, n'ont presque pas de plumes et les paupières closes.

La mère sécrète, dans son jabot, un liquide crémeux qu'elle donne à ses petits encore trop faibles; elle les nourrit ensuite de graines qu'elle a ramollies également dans son jabot.

Columba (Colombe, Pigeon, fig. 505); queue de faible longueur.

Fig. 506. — *Palumbus* (Pigeon ramier).

Le Pigeon Bizet (*C. livia*), entièrement gris-cendré, vit en bandes à l'état sauvage sur des rochers escarpés (côtes de la Méditerranée, en Europe et en Asie); il paraît être la souche de toutes nos races de Pigeons domestiques.

Fig. 507. — *Turtur auritus* (Tourterelle).

Palumbus (Pigeon ramier, fig. 506); longue queue et tarses très courts. Émigre par grandes troupes à l'automne. — *Turtur* (Tourterelle, fig. 507); corps petit et élégant pourvu d'une longue queue. *T. auritus* (T. commune).

La Tourterelle, commune dans les bois, niche sur les arbres. Lorsqu'on la prend jeune, elle peut être réduite en domesticité.

V. — GALLINACÉS

Oiseaux à corps ramassé, à courtes ailes arrondies, pourvus d'un fort bec ordinairement recourbé à sa pointe. Jambes couvertes de plumes. Le doigt postérieur est atrophié ou inséré au-dessus de l'articulation des 3 doigts antérieurs.

Le mâle possède un ergot aigu au-dessus du doigt postérieur.

Mauvais voiliers et bons coureurs, les Gallinacés vivent à terre où ils cherchent leur nourriture (graines, baies, bourgeons, Vers, Insectes); ils établissent leur nid dans les buissons, près du sol. Le mâle est polygame, ne s'occupe pas de l'incubation; les jeunes éclosent avec des plumes, les yeux ouverts; ils sont capables de courir et de chercher leur nourriture dès le premier jour.

Meleagris (Dindon); bec court et bombé en dessus; lobes cutanés à la gorge et à la base de la mandibule supérieure. Le mâle étale sa large queue en faisant *la roue*; en même temps, il fait entendre un glouglou caractéristique. — *Talegallus* (Talégalle).

Phasianidés. — *Tête dénudée en partie sur les joues, souvent surmontée d'une crête charnue.*

Ailes moyennes arrondies; longue queue, souvent large, présentant chez le mâle de longues couvertures. Pattes robustes dont les doigts antérieurs sont armés de fortes griffes pour gratter le sol.

Les deux sexes sont très différents dans ce groupe : le mâle est plus gros que la femelle et possède une brillante parure.

Gallus (Coq, fig. 482); crête dentelée sur la tête; 1 ou 2 lobes charnus sous la mandibule inférieure. Les grandes couvertures de la queue, recourbées en faucille, retombent en arrière en formant toit.

Le Coq et la Poule ont été réduits en domesticité; leurs nombreuses races (cochinchinoise, du Mans, de la Bresse, Crève-Cœur, de Houdan, etc.) paraissent dérivées du Coq de Bankiva (*G. bankiva*) dont les plumes du cou sont d'un jaune d'or. Leur élevage, le produit de leur ponte, leur plumage permettent aux agriculteurs de réaliser de jolis bénéfices, sans que l'entretien de la basse-cour les oblige à de grands frais.

Phasianus (Faisan, fig. 508); dépourvu de crête et de lobes

FIG. 508. — *Phasianus colchicus* (Faisan).

cutanés sous la mandibule inférieure. Longue queue en toit, comme dans le genre précédent.

Le Faisan doré (*Ph. colchicus*) aux brillantes couleurs, et le Faisan argenté (*Ph. nycthemerus*), au plumage moins éclatant, habitent les bois touffus. Originaires de la Chine, ils se sont parfaitement acclimatés dans nos forêts, où ils vivent surtout au voisinage des étangs. Ils font l'objet de grandes chasses, car leur chair est des plus recherchées.

Pavo (Paon); petite tête ornée d'une aigrette. Les longues couvertures de la queue du mâle sont légères et décorées de riches dessins. Cri désagréable.

P. cristatus est un Oiseau d'ornement pour les jardins et les parcs.

Numida (Pintade) ; tête nue en partie ; les plumes du dos et les couvertures de la queue sont parsemées de points blancs.

La Pintade commune (*N. meleagris*) est un Oiseau de basse-cour.

Tetrao (Tétras); corps trapu; petite tête emplumée avec une bande rouge au-dessus de l'œil. Tarses couverts de plumes. Vit dans les bois.

FIG. 509. — *Perdix rubra* (Perdrix rouge).

Le Coq de bruyère (*T. urogallus*) est l'un des plus gros Oiseaux habitant les forêts de Pins des régions montagneuses (Europe et Asie); il vole lourdement, avec bruit. Le petit Coq de bruyère ou Tétras lyre (*T. tetrix*) et la Gelinotte (*T. bonasia*) deviennent rares en France; ils habitent les bois de Sapins et de Bouleaux des Vosges, du Jura et des Alpes. Gibier très estimé.

Perdix (Perdrix, fig. 509); bec court et épais. Longs tarses sans plumes, rarement avec ergots. Monogame.

La Perdrix grise (*P. cinerea*), à dos brun-roux rayé de noir, à ventre blanc marqué d'un fer à cheval roux-foncé est pourvue d'un bec brun ; elle est commune dans les plaines du nord de la France ; elle s'abrite dans les taillis pendant les grandes chaleurs. Elle fait son nid au pied d'une touffe d'herbe, dans les blés ou dans les prairies. — La Perdrix rouge *P. rubra*) a le dos brun-olivâtre, une gorge blanche avec un collier noir, le ventre roux-clair, le bec et les pattes rouges. Elle habite plus au sud de la France que la Perdrix grise et s'établit de préférence sur les coteaux garnis de bruyère et bien exposés au soleil. Toutes deux ont une chair fort délicate et très prisée des gourmets.

FIG. 510.— *Coturnix* (Caille).

Coturnix (Caille, fig. 510); plus petite que la Perdrix, elle a de longues ailes pointues.

La Caille émigre en septembre vers l'Algérie et revient en avril ; elle suit surtout les côtes d'Espagne et d'Italie pour effectuer plus sûrement la traversée de la Méditerranée, traversée pénible pour elle à cause de son corps lourd. Elle parvient épuisée sur la côte d'Afrique où l'on peut la prendre vivante et l'expédier comme gibier en Europe.

VI. — ÉCHASSIERS

Oiseaux à long cou grêle et à grand bec. Corps perché sur de longues pattes. Queue courte et grandes ailes.

Les Échassiers vivent en général au bord de l'eau, dans les marécages; ils peuvent, comme le *Héron*, courir rapidement sur les rivages et voler haut dans les airs. Leur nourriture consiste surtout en Vers, larves d'Insectes et Mollusques peuplant la vase des marais; parfois ils peuvent, s'ils ont le bec fort, se saisir de Poissons et de Grenouilles. Certains Échassiers comme l'*Outarde*, sont terrestres, se rapprochent des Gallinacés et sont dépourvus de doigt postérieur (Oiseaux coureurs). D'autres, comme la *Poule d'eau*, sont plus voisins des Palmipèdes; leurs pattes courtes leur permettent de nager facilement, quoique dépourvues de palmure. La plupart des Échassiers sont migrateurs.

1° **Rallidés**. — *Doigts longs et grêles, pourvus de grands ongles, séparés ou entourés d'une légère membrane lobée. Bec court et fort.*

Rallus (fig. 511); bec droit à peu près aussi long que la tête; plumage imperméable.

Fig. 511. — *Rallus aquaticus* (Râle d'eau).

Le Râle d'eau (*R. aquaticus*) vit dans les lacs et les étangs du nord de l'Europe; il traverse la France au moment de l'émigration à l'automne.

Crex; bec fort et plus court que le précédent.

Le Râle de genêts (*C. pratensis*) habite les prairies et les champs; il sort plutôt la nuit, émigre en septembre comme la Caille.

Gallinula (fig. 512); bec comprimé à bords dentelés, plus court que la tête. Longs doigts aplatis en dessous.

La Poule d'eau (*G. chloropus*) habite en troupes les grandes herbes au bord des étangs, grimpe le long des tiges de roseaux. Elle émigre un peu vers le Midi lors des grands froids.

Fig. 512. — *Gallinula chloropus* (Poule d'eau).

Fig. 513. — Foulque.

Fulica (Foulque); gros bec; doigts bordés d'une membrane frangée (fig. 513).

Le Foulque noir (*F. atra*) est très commun dans les étangs remplis de roseaux.

2° **Ardéidés**. — *Grands Échassiers au long cou portant une petite tête avec un fort bec à bords tranchants. Longues pattes nues; doigts réunis par une courte membrane.*

Ibis; bec long, recourbé en faux. Cou et face en partie dénudés. Grandes ailes; vit dans l'Amérique centrale. — *Platalea* (Spatule); bec long et très aplati antérieurement comme une spatule; de passage en France au printemps et à l'automne. — *Ardea* (Héron, fig. 514); corps élancé « avec un long bec emmanché d'un long cou ».

Le Héron cendré (*A. cinerea*), qui atteint 1 mètre de taille, porte une grande huppe sur la nuque; il niche en compagnie au haut des arbres, des forêts, l'un d'eux perché comme sentinelle sur la plus haute cime. Il est devenu rare en France; le Héron émigre pour l'hiver dans les contrées méridionales.

Fig. 514. — *Ardea cinerea* (Héron).

Ciconia (Cigogne, fig. 515); bec long et conique. *C. alba* (Cigogne blanche); plumage d'un blanc sale; ailes noires; bec et pattes rouges.

La Cigogne devient très rare en France; dans les Vosges, elle établit son nid au faîte des tours, des églises, des cheminées, etc.; elle est commune en Algérie. Sa nourriture consiste en Reptiles, Amphibiens et Poissons. La Cigogne émigre par grandes troupes à l'automne.

Leptoptilus (Marabout); tête et gorge nues. Oiseau d'une extrême laideur; les plumes de sa queue sont très recherchées. — *Grus* (Grue, fig. 516); bec en cône allongé, pointu. Tête en partie nue. Doigt postérieur court n'appuyant pas sur le sol.

Fig. 515. — Cigogne noire.

La Grue cendrée (*G. cinerea*) passe en France lors de ses migrations en mars et en octobre; elle voyage en troupes qui constituent de vastes triangles.

3° **Scolopacidés.** — *Bec long et mince, revêtu d'une peau molle; jambes grêles. 3 doigts antérieurs parfois unis par une membrane; le doigt postérieur est petit ou atrophié.*

Fig. 516. — *Grus cinerea* (Grue cendrée).

Numenius (Courlis, fig. 478); corps élancé pourvu d'un long cou et d'une petite tête que termine un bec allongé et corné à l'extrémité. — *Totanus* (Chevalier); bec mou jusqu'au milieu, corné et dur à l'extrémité. Oiseau migrateur qui habite le bord des étangs. — *Machetes* (Combattant); bec un peu élargi à l'extrémité.

Combats fameux entre les mâles pour la possession d'une femelle à l'époque des amours.

Scolopax (Bécasse, fig. 517); pattes courtes et vigoureuses, emplumées jusqu'au talon. — *Gallinago* (Bécassine); bec très long; pattes moyennes et nues au-dessus du talon.

Fig. 517. — *Scolopax* (Bécasse).

Les Bécasses et Bécassines sont surtout communes en France à l'époque des passages d'automne et de printemps; elles s'établissent sur la lisière des bois humides, dans les marécages, etc., et y séjournent assez longtemps; elles constituent un gibier fort recherché des chasseurs.

4° **Alectoridés.** — *Longues pattes d'Échassier; bec fort, court et bombé dont la mandibule supérieure déborde sur la mandibule inférieure; 3 doigts courts, tous réunis (ou les 2 externes seulement) par une courte membrane. Genre de vie des Palmipèdes.*

Ces Oiseaux sont des coureurs; leurs pattes fortes, dépourvues de pouce, leur permettent de fournir une course rapide.

Otis (Outarde).

La grande Outarde barbue (*O. tarda*) atteint de 1 mètre à 1m,20; commune autrefois en Champagne, elle vit maintenant dans les champs du S.-E. de l'Europe. L'Outarde canepetière (*O. tetrax*), qui atteint au plus 0m,45, se reproduit en été dans les grandes plaines de la Champagne et dans la Vendée.

VII. — PALMIPÈDES

Oiseaux aquatiques, pourvus de pattes courtes à doigts palmés (fig. 518).

Les Palmipèdes ont un plumage serré, un abondant duvet et une grosse glande uropygienne dont la sécrétion leur sert à lisser et à huiler leurs plumes. Leurs pattes courtes, placées très en arrière, ont de puissantes rames à l'aide desquelles les Palmipèdes nagent vite et avec élégance; leur démarche sur la terre ferme est au contraire maladroite. Les uns, comme la Frégate, sont dotés de puissantes ailes et volent avec une excessive rapidité; d'autres, comme le Canard et le Cygne, pourvus d'ailes ordinaires, volent plus rarement et moins vite; d'autres enfin, comme le Pingouin et le Manchot, ont des ailes réduites à un moignon, qu'ils emploient surtout en guise de rames pour nager.

Fig. 518. — Mouette.

1° **Totipalmes.** — ***Bec long de forme très variable, porté par une petite tête. Ailes pointues et souvent très longues. Palmure commune aux 4 doigts.***

Tachypetes (Frégate); bec, ailes et queue très développés; la membrane qui relie les doigts est échancrée. Vol puissant jusqu'à une grande distance des côtes.

La Frégate vole d'une manière infatigable et plonge pendant ce temps pour saisir les Poissons dont elle se nourrit.

Sula (Fou de Bassan); bec denté en scie. Oiseau de haute mer qui vole et nage avec rapidité. — *Phalacrocorax* (Cormoran, fig. 519); bec comprimé, de moyenne longueur, gorge nue.

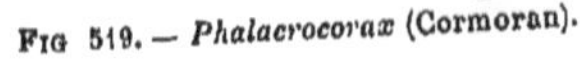

Fig. 519. — *Phalacrocorax* (Cormoran).

Les Chinois l'élèvent et l'exercent à la pêche; ils entourent le cou de cet Oiseau d'un anneau pour lui empêcher d'avaler le Poisson qu'il a saisi.

Pelecanus **(Pélican); bec avec grande poche suspendue à la mandibule inférieure.**

Le Pélican fréquente l'embouchure des grands fleuves et les baies du bord de la mer Méditerranée.

2° **Longipennes.** — *Bec corné de forme variable. Longues ailes pointues qui permettent à ces Palmipèdes de voler rapidement et jusqu'à de grandes distances des côtes.*

Fig. 520. — *Larus argentatus* (Goéland argenté).

Procellaria (Pétrel, Oiseau des tempêtes) ; pouce rudimentaire ; bec plus court que la tête.

Le Pétrel brave les violentes tempêtes, et saisit sa proie sur les vagues mugissantes ; il niche en société sur les côtes rocheuses ; le mâle et la femelle couvent alternativement l'œuf unique. Mers du Nord.

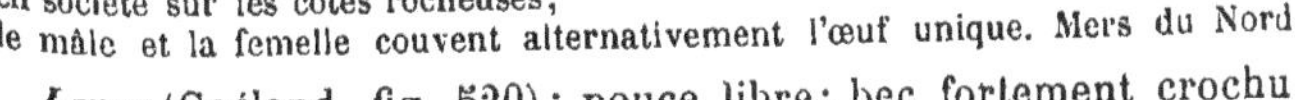

Larus (Goéland, fig. 520) ; pouce libre ; bec fortement crochu. — *Sterna* (Sterne ou Hirondelle de mer, fig. 521) ; bec droit.

Ils nichent en société sur les rivages, comme le Pétrel, et procèdent de la même manière pour l'incubation des 2 ou 4 œufs qui composent la couvée.

Fig. 521. — *Sterna hirundo* (Sterne).

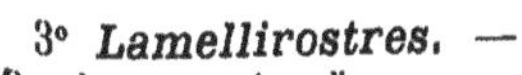

3° **Lamellirostres.** — *Bec large revêtu d'une peau molle très riche en corpuscules tactiles ; les bords du bec sont garnis de petites lamelles transversales. Pattes palmées. Doigt postérieur rudimentaire.*

Les lamelles du bec forment un crible qui retient les animaux pêchés dans la vase (Vers et Mollusques, larves), tout en se laissant traverser par l'eau. La femelle construit son nid au bord de l'eau généralement, le tapisse de duvet et y pond un grand nombre d'œufs qu'elle couve seule. Les petits courent aussitôt après l'éclosion.

Anas (Canard) ; pattes rejetées fort en arrière. Bec large et aplati en avant ; petit onglet au bout de la mandibule supérieure ; petit cou. Le mâle a un très beau plumage.

Fig. 522. — *Anser leucopsi.* (Oie Bernache).

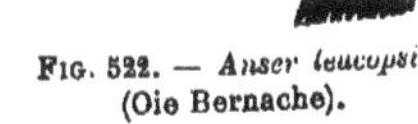

Le Canard sauvage (*A. boschas*) est la souche des nombreuses variétés du Canard domestique ; il habite les grands marais et les cours d'eau où il se reproduit. Les Sarcelles (*A. querquedula* et *A. crecca*), communes en France, émigrent vers le Midi quand surviennent les froids. L'Eider (*A. mollissima*), qui habite au voisinage des mers du Nord, est très recherché pour son duvet (édredon). Les Macreuses sont des espèces à chair détestable.

Anser (Oie, fig. 522) ; bec de la longueur de la tête, aplati à son extrémité où se trouve une lamelle cornée. Pattes moins en arrière que chez le Canard avec une palmure moyenne. L'Oie ne plonge pas, comme le Canard, pour prendre sa nourriture dans la vase.

L'Oie grise (*A. cinereus*) a donné naissance à l'Oie domestique si appréciée dans nos basses-cours.

FIG. 523. — *Phœnicopterus roseus* (Flamant rose).

Cygnus (Cygne, fig. 479); bec pourvu de lamelles bien développées, porté par un long cou. Excellent nageur. Habite les pays tempérés et froids.

Le Cygne muet (*C. olor*) a le bec rouge surmonté d'une caroncule noire; il est l'ornement des pièces d'eau dans les parcs et les jardins publics.

Phœnicopterus (Flamant, fig. 523); bec courbé en son milieu et caractéristique. Très longues pattes.

4° ***Brachyptères***. — *Bec fort en général. Ailes courtes.*

FIG. 524. — *Podiceps cristatus* (Grèbe huppé).

(a) **Plongeons.** — Ailes courtes et obtuses permettant encore à ces Oiseaux de voler, sinon longtemps, tout au moins rapidement.

Ils se tiennent debout à terre sur leurs pattes de derrière; dans l'eau, ils nagent bien, construisent presque un nid flottant où ils pondent un seul œuf. Plumage épais et très recherché.

Colymbus (Plongeon); pattes palmées; habitent les mers du Nord et pondent dans les lacs. — *Podiceps* (Grèbe, fig. 524); pattes dont les doigts sont pourvus d'expansions membraneuses lobées. Huppe sur la tête. Amérique septentrionale.

FIG. 525. — *Mormon arctica* (Macareux moine).

(b) **Pingouins.** — Ailes courtes, peu propres au vol, mais pourvues toujours de petites rémiges.

Les Pingouins vivent en troupes considérables dans les mers arctiques; ils pondent sur les côtes dans des trous du sol et soignent leur petit.

Alca (Pingouin). — *Mormon* (Macareux, fig. 525); bec fort comprimé. — *Uria* (Guillemot).

(c) **Manchots.** — Ailes réduites à de courts moignons sans rémiges, dont les plumes ont la forme d'écailles. Plumage formant une fourrure épaisse et chaude. Corps adipeux.

Fig. 526. Grand Manchot.

Les Manchots nagent et rament rapidement, enfoncés dans l'eau jusqu'au cou. Ils viennent à terre sur les côtes insulaires de l'océan Pacifique (Hémisphère austral), y pondent un œuf et s'occupent de leur petit.

Aptenodytes (Manchot, fig. 526).

Parmi les Carinates doit être rangé le **genre fossile** *Ichthyornis* (*du Crétacé supérieur*), pourvu d'un sternum avec bréchet.

Ses grandes mâchoires étaient garnies de dents coniques logées dans des alvéoles; des vertèbres amphicœliques, un cerveau petit et allongé avec les lobes optiques non recouverts, constituent autant de caractères qui rapprochent l'*Ichthyornis* des Reptiles.

II. — RATITES

Oiseaux coureurs dont le sternum n'a pas de bréchet. Coracoïde dans le prolongement de l'omoplate. Ischion non soudé à l'iléon.

I. — STRUTHIONIFORMES

Ratites sans dents. Membres antérieurs complets, pourvus de plumes, mais impropres au vol.

Ce groupe comprend les *Autruches* et les *Casoars*, excellents coureurs, habitants des vastes plaines tropicales. Leurs pattes très fortes portent 2 ou 3 doigts seulement. L'atrophie des ailes est accompagnée de la disparition des apophyses uncinées sur les côtes et des clavicules. Un bec large, aplati et profondément fendu, termine la tête petite portée par un long cou presque dénudé. Le duvet est rare et les grandes plumes sont garnies de barbes souples (Autruche), rigides et parfois transformées en piquants (Casoar).

Les Autruches se nourrissent de graines, de plantes, parfois de petits animaux; la femelle pond 16 à 20 œufs qu'elle couve les premiers jours; puis le mâle est chargé de l'incubation, surtout pendant la nuit. Les jeunes sont élevés par leurs parents.

Struthio (Autruche); 2 doigts aux pattes; le doigt interne seul est pourvu d'un ongle large. Habite les steppes et déserts d'Afrique.

Les Anglais ont entrepris d'élever des Autruches dans de vastes parcs, au cap de Bonne-Espérance; ils tirent une source de bénéfices prodigieux de la vente des plumes qui ornent la queue de ces Oiseaux. Il est fort à souhaiter que pareille entreprise soit faite en Algérie par nos colons.

Rhea (Nandou); pattes tridactyles; vit dans les pampas en Amérique. — *Casuarius* (Casoar); tête surmontée d'un appendice osseux. Cou petit et pattes tridactyles courtes; les ailes portent chacune 5 baguettes pointues et ébarbées. Habite les forêts de l'Australie et des îles voisines.

II. — APTÉRYGIFORMES

Ratites sans dents. Membres antérieurs réduits à un court humérus caché sous la peau. Ceinture scapulaire rudimentaire.

Apteryx; ceinture scapulaire complète, mais réduite à de petits os.

Gros comme un Poulet, l'*Apteryx* est couvert de plumes simples comme celles du Casoar, pendantes, à barbes déchiquetées; ses pattes sont fortes. Il vit dans les contrées boisées de la Nouvelle-Zélande et sort, la nuit seulement, des trous dans lesquels il se cache pendant le jour, pour se nourrir de larves d'Insectes et de Vers; il pond 2 œufs par an.

Genres fossiles : *Dinornis*; ceinture scapulaire réduite à un petit coracoïde. Membres postérieurs puissants; tête très petite. Il atteignait 3 mètres de hauteur; *alluvions quaternaires* de la Nouvelle-Zélande. — *Æpyornis*; le plus gigantesque des Oiseaux connus; son œuf était d'un volume de 8 litres; *dépôts quaternaires* et récents de Madagascar.

III. — HESPÉRORNIDÉS

Ratites pourvus de dents.

Genre fossile : *Hesperornis* (fig. 11); grand bec armé de dents nombreuses, aiguës et recourbées, logées dans des alvéoles. Membre postérieur très développé analogue à celui des Grèbes; membre antérieur réduit à un fin stylet représentant l'humérus. Cet Oiseau, plongeur et nageur, atteignait 1 mètre de hauteur; *Crétacé moyen* d'Amérique.

III. — SAURURÉS

Oiseaux **fossiles** *dont les membres antérieurs étaient pourvus de doigts bien développés armés de griffes. Longue queue de 20 à 21 vertèbres portant chacune une paire de plumes.*

Archæopteryx (fig. 15). Outre les caractères précédents qu'on ne trouve pas chez les Oiseaux actuels, cet animal présentait comme certains Reptiles (**Dinosauriens** en particulier) : un sacrum de 5 à 6 vertèbres; des dents coniques implantées dans des alvéoles; des vertèbres amphicœliques; des côtes sans apophyse uncinée et des côtes ventrales.

Ses caractères d'Oiseau sont : une petite tête dont les os sont soudés; l'os carré libre; une large cavité encéphalique; une fourchette (soudure des clavicules), etc. *Schistes kimmeridgiens d'Eichstädt.*

Importance paléontologique des Oiseaux. — Le plus ancien des Oiseaux connus est l'*Archæopteryx* trouvé dans des *schistes jurassiques*, et remarquable par ses affinités reptiliennes. Apparaissent dans le *Crétacé*, les deux types : *Hesperornis* parmi les **Ratites** et *Ichthyornis* parmi les **Carinates**; d'autres genres s'ajoutent à ceux-ci.

Mais c'est à l'époque tertiaire (*Eocène supérieur*) que la faune ornithologique s'enrichit en nombreux genres, voisins de ceux qui vivent actuellement dans la zone torride (Gypse de Paris, phosphorites du Quercy).

Le nombre des Oiseaux est considérable à l'époque *miocène*.

Lors du *Pliocène* commence la répartition des espèces suivant les régions, répartition qui se produit pendant la *période quaternaire* et fournit un tableau comparable à celui que nous offre l'époque actuelle.

Nous observons aujourd'hui l'extinction lente des **Ratites** comme a eu lieu celle des **Saururés**. Le *Dronte*, rangé parmi les *Colombins*, a même disparu depuis moins de 2 siècles; il vivait sur la côte orientale d'Afrique et dans les îles Mascareignes.

§ 5. — MAMMIFÈRES

Vertébrés **amniens et allantoïdiens**, *couverts de poils (sauf certains Cétacés adultes), et pourvus de* **mamelles** *dont la sécrétion sert à nourrir les petits. Crâne ossifié portant 2 condyles occipitaux; mâchoire inférieure mobile sur le crâne sans l'intermédiaire d'un os carré. 4 membres Respiration pulmonaire. Circulation double et complète. Température presque constante Hémisphères cérébraux réunis par un corps calleux. Vivipares (sauf les Monotrèmes).*

Morphologie extérieure — Les Mammifères sont conformés pour vivre, en général, sur la terre. Quelques-uns cependant possèdent des membres adaptés à la locomotion aérienne (**Chéiroptères** pourvus d'une membrane alaire, fig. 527) ou à la locomotion aquatique (**Pinnipèdes** pourvus de nageoires, fig. 528).

Fig. 527. — *Plecotus auritus* (Oreillard).

Le corps adopte la station horizontale, puisqu'il repose sur 4 pattes (fig. 529); mais, chez les Mammifères supérieurs, dont les membres antérieurs au moins ont un pouce opposable aux autres doigts, la station est oblique (**Singe**, fig. 530) ou verticale (**Homme**). Ce dernier a, en effet, une tendance ancestrale à saisir

MAMMIFÈRES.

- **Protothériens.** Petite taille ; organisation primitive. Mâchoires sans dents au moins dans l'âge adulte. Bec corné. *Cloaque*. Ovipares. — **Monotrèmes.**
- **Métathériens. (Aplacentaires).** Pas de placenta. Bassin pourvu en avant de 2 *os marsupiaux* (épipubis). Dentition complète et variable (dernière prémolaire seule remplaçable) ; pas de cloaque. Vivipares..... — **Marsupiaux.**
- **Euthériens ou Placentaires.** Un placenta. Pas de cloaque. Vivipares.
  - **Adécidués.** Sans caduque.
    - **Homodontes.**
      - Dentition incomplète ou nulle. Membres terminés par de gros ongles recourbés............. — **Édentés.**
      - Marins carnivores ; membres antérieurs transformés en nageoires. Ni membres postér. ni poils. Queue transf. en nageoire horizontale. Dents ou fanons. — **Cétacés.**
    - Hétérodontes marins herbivores, avec membres antérieurs transf. en nageoires.. — **Siréniens.**
    - **Hétérodontes Ongulés.**
      - Nombre *impair* de doigts (le 3e plus grand). Parfois pas de canines. Estomac simple. Cæcum volumineux.................. — **Périssodactyles**
      - Nombre *pair* de doigts (2e et 5e rudimentaires). Parfois pas de canines ni d'incisives à la mâch. sup. Estomac simple ou multiple. — **Artiodactyles.**
  - **Décidués.** Une caduque.
    - **Herbivores,**
      - de grande taille ; *longue trompe*. 1 ou 2 paires d'incisives énormes (défenses) ; pas de canines. 5 doigts presque égaux....... — **Proboscidiens.**
      - de petite taille. Carpe et tarse sériés. Dentition de Rongeur.. — **Hyracoïdes.**
      - de petite taille. Incisives à croissance continue servant à *ronger* des matières dures. 5 doigts armés de griffes...... — **Rongeurs.**
    - **Carnassiers,**
      - de petite taille, plantigrades, pourvus de 5 doigts. Molaires à tubercules aigus. Cerveau antérieur lisse et peu développé... — **Insectivores.**
      - Insectivores dont les membres antérieurs sont adaptés au *vol*...................... — **Chéiroptères.**
      - Pieds pentadactyles transformés en nageoires; vie aquatique — **Pinnipèdes.**
      - Digitigrades ou plantigrades pourvus de griffes puissantes. Dentition complète (dents carnassières). Cerveau volumineux avec circonvolutions..... — **Carnivores.**
    - **Préhenseurs.** Membres antérieurs au moins avec un *pouce opposable*. Dentition complète. Encéphale volumineux. **Primates.**
      - Grimpeurs; dentition d'Insectivore. Cerveau lisse. Orbites non fermées, 2 paires de mamelles........ — **Lémuriens.**
      - Orbites distinctes des fosses temporales. Tous les doigts pourvus d'ongles. Cerveau avec circonvolutions........... — **Singes.**
      - Cerveau antérieur très développé. Langage articulé. Station verticale........... — **Homme.**

les objets qui peuvent lui permettre, en cas de danger, de chercher un abri sur les arbres.

Fig. 528. — *Trichechus rosmarus* (Morse).

Un caractère très général aussi chez les Mammifères est la brièveté de l'axe antéro-postérieur de la tête; ce caractère est d'autant plus net que l'animal considéré est plus intelligent : l'encéphale, ayant pris une extension croissante, est contenu dans

Fig. 529. — *Canis aureus* (Chacal).

une boîte cranienne plus vaste qui influe sur la forme générale de la tête (fig. 531).

La face présente une physionomie souvent en rapport avec le régime alimentaire qui influe sur la dentition; plus courte chez les Mammifères carnassiers, la face s'allonge au contraire chez les Herbivores qui ont une armature dentaire plus étendue (fig. 532).

Tégument. — Les Mammifères ont le corps couvert de *poils*[1].

Les poils font partie des formations tégumentaires que nous avons étudiées déjà (Voir T. 1, pages 181-183, fig. 170-171). Parmi ces formations, on range : les *callosités* des **Singes**, le bec des

Fig. 530 – *Satyrus orang* (Orang-outang). — *Troglodytes niger* (Chimpanzé). *Gorilla gina* (Gorille).

Monotrèmes, les *ongles*, *griffes* et *sabots*, les *cornes creuses* des **Ruminants**, la *corne nasale* du Rhinocéros, les *fanons* de la Baleine, etc.

Les *glandes cutanées* (sudoripares, sébacées, cérumineuses, de *Meibomius*, etc.) résultent, comme les poils, de bourgeons issus de la couche de Malpighi et développés dans la profondeur du derme (Voir T. 1, pages 171, 173, 241, 263, fig. 166 et 167).

1. Les **Cétacés** sont les seuls Mammifères dépourvus de poils, tout au moins dans l'âge adulte; quelques-uns cependant n'en ont jamais, même pendant la période embryonnaire.

Parmi les glandes cutanées doivent être rangées les *glandes mammaires* qui caractérisent tous les Mammifères; l'examen de ces glandes a été fait (Voir T. II, fasc. 1er, pages 81-87, fig. 59).

De tous les Mammifères, les **Monotrèmes** sont les seuls qui soient dépourvus de mamelons; on remarque des touffes de poils aux points où débouchent, de chaque côté, les canaux excréteurs des mamelles dans la poche incubatrice, poche où séjournent encore les petits après leur naissance; la sécrétion coule le long des poils que lèchent les jeunes.

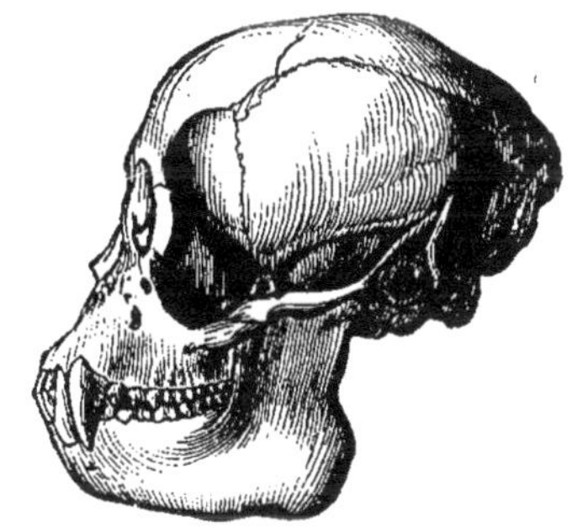

FIG. 531. — *Mycetes niger* (Crâne de Hurleur).

Exosquelette. — Le Tatou (fig. 533) possède une cuirasse formée de lames osseuses disposées sur la tête, la nuque, le dos et la queue, en bandes transversales un peu mobiles. Ces lames sont recouvertes d'écailles cornées épidermiques.

L'axe osseux des *bois* (fig. 534) qui ornent le front des Cervidés est aussi une formation exosquelettique.

Squelette interne. — Colonne vertébrale. — La notochorde a disparu complètement chez les Mammifères dont le développement est terminé; les disques fibro-cartilagineux intervertébraux demeurent indépendants des corps vertébraux; les vertèbres sont en contact mobile par des *apophyses articulaires* très développées (Voir T. I, page 191, fig. 181 et 216, A). Les *apophyses transverses sont* toujours *simples à leur base*; les apophyses épineuses des vertèbres dorsales antérieures sont très grandes, pour

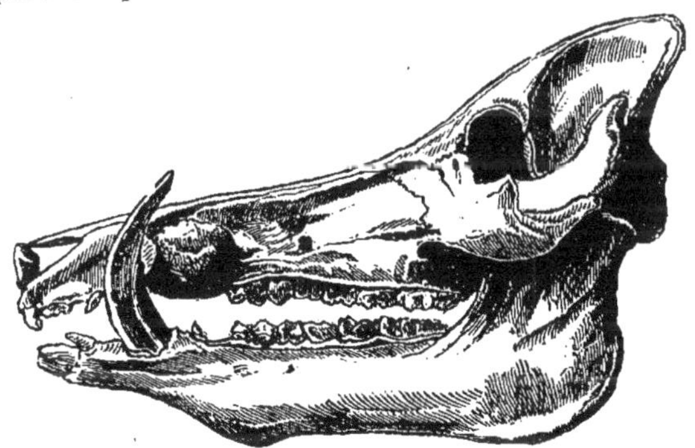

FIG. 532. — *Sus europæus* (Crâne de Sanglier).

l'insertion d'un ligament cervical chez les **Ongulés** à long cou et les **Proboscidiens** à lourde tête.

Les *vertèbres cervicales sont toujours au nombre de* 7 (6, Lamantin ; 6, 8 ou 9, Paresseux) ; elles sont parfois soudées chez les **Cétacés**.

Fig. 533. — *Dasypus* (Tatou Encoubert).

L'*atlas* porte 2 facettes articulaires pour les 2 *condyles occipitaux* ; le corps de l'*axis* se prolonge par l'apophyse odontoïde qui occupe la place du corps absent de l'atlas (Voir T. I, fig. 181).

Le nombre des *vertèbres dorsales* est variable (20 environ avec les vertèbres lombaires).

On compte 2 *vertèbres sacrées primaires* chez les **Marsupiaux** ; chez les Mammifères Placentaires, un certain nombre d'autres s'y

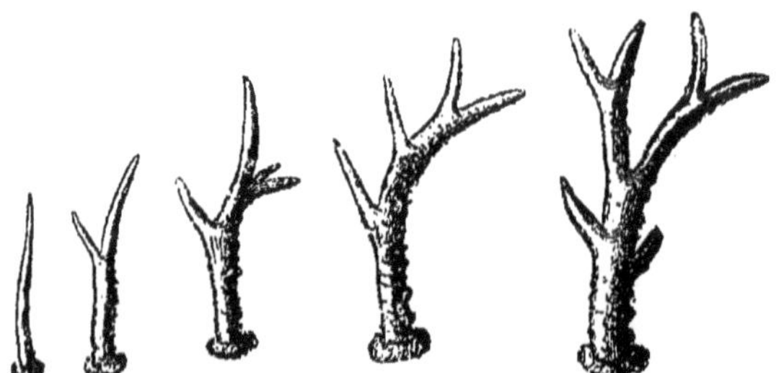

Fig. 534. — *Cervus capreolus* (Bois de Chevreuil).

ajoutent et l'ensemble, complètement soudé, constitue le *sacrum*.

Les *vertèbres caudales* sont en nombre très variable (46 bien développées chez le Pangolin ; 3 ou 4 rudimentaires soudées en un *coccyx* chez l'Homme).

L'embryon humain de 5 semaines présente l'ébauche de 38 vertèbres caudales.

Côtes et Sternum. — Les *côtes cervicales*, complètement soudées avec les apophyses transverses des vertèbres correspondantes chez les Mammifères (T. I, fig. 190, F), limitent les orifices dans lesquels passent les artères vertébrales.

Le nombre des *côtes dorsales* (vraies côtes et fausses côtes) est très variable; elles présentent avec les vertèbres et le sternum les relations indiquées déjà (Voir T. I, pages 89 et 191, fig. 88, 177 et 190).

Dans les régions lombaire et sacrée, les côtes rudimentaires se fusionnent complètement avec les apophyses transverses pour constituer des *apophyses latérales*.

Le *sternum* est formé de 4 à 13 articles, libres parfois (**Édentés**), soudés en général. Le 1er article, qui s'appelle *manubrium* chez l'Homme, sert à l'insertion des 1res côtes et des clavicules (des os caracoïdes chez les **Monotrèmes**).

Squelette céphalique. — *Les portions cranienne et viscérale du squelette céphalique des Mammifères sont plus intimement soudées que chez les autres Vertébrés* (abstraction faite de l'arc mandibulaire soudé lui-même en une seule pièce appelée *maxillaire inférieur*). La face occupe la base du crâne; elle est d'autant moins proéminente que l'animal est plus intelligent.

L'angle formé par l'axe antéro-postérieur de la tête avec l'axe de la colonne vertébrale est de plus en plus grand chez les Mammifères supérieurs; il atteint son maximum chez l'Homme (station bipède).

L'ossification de la base du crâne s'est faite dans du tissu cartilagineux, celle du sommet dans du tissu fibreux (frontal, pariétaux).

Les rapports des os du crâne et de la face chez les Mammifères sont à peu près identiques à ceux que nous avons signalés pour l'Homme (Voir T. I, pages 192 et 193); les dimensions relatives de ces os diffèrent.

Chez les **Equidés**, les **Ruminants** et les **Primates**, l'os jugal (qui forme *l'arcade zygomatique* avec le maxillaire supérieur et une apophyse du temporal) présente une apophyse qui rejoint l'os frontal et rend la cavité orbitaire indépendante de la fosse temporale (T. I, fig. 182 et 183).

Parmi les arcs viscéraux, les arcs mandibulaire et hyoïdien persistants (fig. 473) sont unis sur la ligne médiane avec leurs congénères du côté opposé; ils s'articulent aussi ensemble à leur extrémité dorsale, au niveau de la région otique (auditive).

L'*arc mandibulaire* forme :

l'*enclume*, *en* (os carré des autres Vertébrés) et le *marteau*, *ma* (articulaire des Téléostéens) à son extrémité dorsale;

une branche du *maxillaire inférieur*, *m.in*, avec le concours d'un os de membrane (*dentaire* des Reptiles) du côté ventral.

Le condyle du maxillaire inférieur s'engage dans la cavité glénoïde du squamosal soudé à la région otique pour former l'os temporal.

L'*arc hyoïdien* forme :

l'*étrier*, *ét* (hyomandibulaire) à son extrémité dorsale;

du côté ventral, un cordon continu dont certaines parties seulement sont ossifiées : l'*apophyse styloïde, st* (styl-hyal) soudée au temporal, une *corne antérieure* de l'os hyoïde, *c.an* (hypo-hyal, *h.h*).

Le corps de l'*os hyoïde* est formé par la soudure des parties médianes ossifiées de tous les arcs branchiaux (basi-branchiaux, *b.br*) et de l'arc hyoïdien (basi-hyal) ; s'y ajoutent les cornes antérieures ou petites cornes dont il est question plus haut.

Membres. — I. ***Ceintures.*** — L'*os coracoïde* de la ceinture scapulaire est très réduit chez tous les Mammifères, sauf chez les **Monotrèmes** où il atteint encore le sternum. Il forme alors une apophyse de l'omoplate (apophyse coracoïde). L'omoplate prédominante, avec son apophyse acromion, sert seule à l'articulation de l'humérus. La clavicule repose sur l'acromion en dehors et sur le sternum en dedans (Voir T. I, fig. 177).

La ceinture pelvienne présente encore, comme chez les Reptiles, une symphyse pubienne supérieure et une symphyse ischiatique inférieure (**Marsupiaux**, certains **Rongeurs**, **Insectivores** et **Ongulés**) ; chez les Mammifères supérieurs, la symphyse pubienne seule subsiste.

Les **Monotrèmes** et les **Marsupiaux** possèdent 2 os épipubiens ou *os marsupiaux* reposant symétriquement sur les 2 pubis en avant.

II. ***Partie libre des membres.*** — Les principales dispositions en ont été décrites (Voir T. I, pages 193 à 196 et 201 à 206).

Nutrition. — Nous avons exposé, dans le 1er Tome de cet ouvrage, la disposition et la structure des appareils auxquels incombent les fonctions de nutrition chez les Mammifères (Voir T. I : Appareil digestif, pages 66-69 et 73-75 ; appareil respiratoire, page 99 ; appareil circulatoire, p. 143 ; appareil excréteur, page 169). Le développement de ces divers appareils a été également décrit (Voir T. II, fasc. 1er : Appareils digestif et respiratoire ; pages 52 à 55 ; appareil circulatoire, pages 55-64 ; appareil excréteur, pages 24-28).

Envisageons ici quelques caractères particuliers :

Dents. — Toute dent jeune est largement ouverte à sa base, de telle sorte que la pulpe y est activement nourrie et détermine la croissance de l'organe.

Tantôt à l'état adulte, la dent demeure ainsi large ouverte : elle est alors dite *à croissance continue* et peut atteindre une longueur considérable (*défenses* : **Proboscidiens**, Sanglier, Morse) ; tantôt elle s'use par son extrémité libre à mesure qu'elle s'allonge par sa base (incisives des **Rongeurs**, molaires des Herbivores) ; tantôt la base de la dent ne présente plus qu'un orifice très étroit et l'organe cesse de croître (cas général ; la dent est dite *brachyodonte*).

Cæcum. — Le cæcum, très petit, parfois même absent chez les Mammifères carnassiers, présente chez les Herbivores une longueur égale ou supérieure à celle de leur corps.

Cloaque. — Les **Monotrèmes** et quelques **Marsupiaux** sont les seuls Mammifères qui possèdent un cloaque, comme les Oiseaux et les Reptiles ; chez tous les autres, l'anus est indépendant du ou des orifices génito-urinaires.

Relation. — Muscle diaphragme. — Complet chez les Mammifères, le muscle diaphragme divise en deux parties la cavité générale : *cavité thoracique* et *cavité abdominale*.

Le **système nerveux** et les **organes des sens** des Mammifères ont été étudiés également dans le 1er tome de cet ouvrage auquel nous renvoyons le lecteur (Système nerveux, pages 320-321 ; organes des sens, pages 224, 232, 236, 249 et 263).

Larynx. — Le larynx des Mammifères se distingue de celui des autres Vertébrés par l'existence d'une *épiglotte* et d'un *cartilage thyroïde* bien développés.

L'épiglotte a pour rôle de protéger le larynx, d'éviter que toute particule alimentaire solide ou liquide puisse accéder dans l'arbre

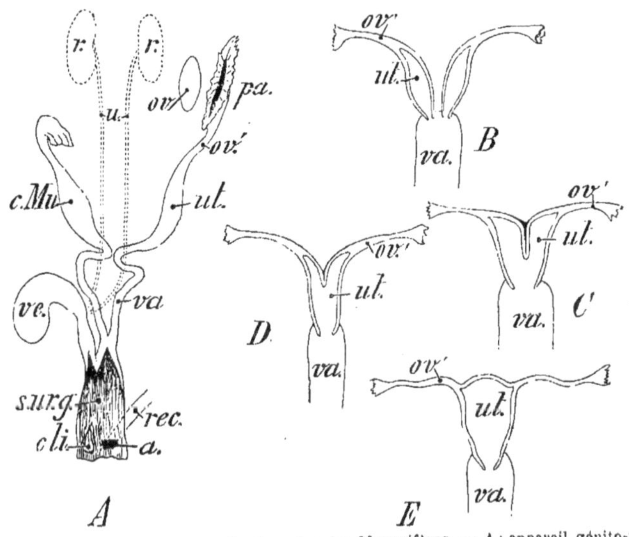

Fig. 535. — Diverses formes d'utérus chez les Mammifères. — A ; appareil génito-urinaire de *Didelphis dorsigera* ♀ ; *r*, rein ; *u*, uretère ; *ve*, vessie ; *ov*, ovaire ; *pa*, pavillon ; *ov'*, oviducte ; *ut*, utérus (canaux de Müller indépendants, *c.Mu*) ; *va*, vagin ; *s.ur.g*, sinus urogénital ; *cli*, clitoris ; *rec*, rectum ; *a*, anus. — B ; utérus double. — C ; utérus bipartit. — D ; utérus bicorne. — E ; utérus simple.

pulmonaire ; elle forme chez les **Cétacés**, avec les cartilages aryténoïdes, un long cône *saillant dans l'orifice postérieur des fosses nasales*, orifice par lequel passe l'air nécessaire à la respiration.

Reproduction. — Nous connaissons l'origine et la structure de l'appareil reproducteur de l'Homme (Voir T. II, fasc. 1er, fig. 24 à 52). Limité à la cavité abdominale, l'appareil génital des Mammifères est mieux différencié que celui des autres Vertébrés ; toutefois les

Monotrèmes et les **Marsupiaux** établissent, à ce point de vue, la transition entre les Mammifères d'une part, les Reptiles et les Oiseaux d'autre part.

Les **Monotrèmes** *sont ovipares;* ils possèdent un *ovaire gauche*, *ov* (fig. 535, A), *plus développé que l'ovaire droit*, et des *canaux de Müller distincts*, *c. Mu* (formant chacun un oviducte, *ov'*, un utérus, *ut*, et un vagin, *va*).

Chez les **Marsupiaux** persiste l'indépendance des canaux de Müller.

Chez les autres Mammifères, les canaux de Müller se fusionnent plus ou moins (B, C, D, E,) et forment un *vagin* unique, *va*, surmonté d'un *utérus*, *ut*, essentiellement variable avec le degré de coalescence de ces canaux (*utérus double*, *bicorne*, *bipartit*, *simple*).

Chez les **Primates** et l'Homme en particulier, l'ébauche des canaux de Müller primitifs se retrouve seulement dans les 2 oviductes (T. II, fasc. 1er, fig. 25). L'utérus est double (B) chez les **Rongeurs** (*Lièvre*, *Écureuil*, *Marmotte*); il est bipartit (C) chez quelques **Rongeurs** (*Rat*, *Cobaye*) et des **Chéiroptères**; il est bicorne (D) chez les **Insectivores**, les **Carnivores**, les **Cétacés** et les **Ongulés**; il est simple chez les **Primates**.

Le *pénis* est entièrement perforé et laisse alternativement passer l'urine et le sperme. [Il est simplement creusé en gouttière chez les Reptiles.]

L'organe d'accouplement consiste, chez les **Monotrêmes**, en un sac ouvert dans le cloaque, sac dans lequel est contenu le pénis. Chez tous les autres Mammifères, il est dû au développement d'un *tubercule génital* sur la paroi antérieure du cloaque (Voir T. II, fasc. 1er, fig. 23).

(Consulter le T. II, fasc. 1er, pag. 33 à 36, 43, 45 à 64, pour l'étude de la segmentation de l'œuf et du développement de l'embryon).

I. — PROTOTHÉRIENS

Mammifères de petite taille et d'organisation primitive.

I. — MONOTRÈMES

Mâchoires sans dents, recouvertes d'un bec corné, même à l'état adulte. Coracoïde, procoracoïde et épisternum distincts. Os marsupiaux. **Un cloaque** *dans lequel débouchent le rectum, les conduits génitaux et urinaires. Ovipares. Mamelles sans mamelons.*

Par leurs ceintures et leurs membres, les **Monotrèmes** se rapprochent des Reptiles; leur bec corné, la soudure précoce des os du crâne les relient aux Oiseaux; l'oviparité, l'existence d'un cloaque et la conformation des organes génitaux éloignent également ces animaux des Mammifères auxquels ils se rattachent seulement par la présence de poils et l'existence de mamelles (sans mamelon).

Leurs caractères comme Mammifères relient étroitement les **Monotrèmes** aux **Marsupiaux** : absence de placenta, naissance précoce des petits qui nécessite l'existence d'une poche marsupiale (incubatrice chez l'Échidné), soutenue en avant par les os marsupiaux ou épipubis; encéphale avec 2 lobes optiques seulement, un corps calleux rudimentaire et une protubérance annulaire réduite.

Les **Monotrèmes** pondent des œufs, les couvent, abritent et nourrissent les petits dans la poche marsupiale, après l'éclosion, jusqu'à ce qu'ils puissent se nourrir seuls.

Ornithorhyncus (Ornithorhynque, fig. 536); bec de Canard large et aplati; le corps cylindrique est revêtu d'une fourrure épaisse

FIG. 536. — *Ornithorhynchus paradoxus* (Ornithorhynque).

et souple et terminé par une queue. Pattes palmées, à 5 doigts pourvus de fortes griffes. Encéphale lisse.

L'Ornithorhynque vit au bord des cours d'eau en Australie et s'y nourrit de Vers et d'animaux aquatiques.

Echidna (Échidné, fig. 537); bec allongé, étroit et cylindrique; langue vermiforme, protractile, enduite d'une sécrétion visqueuse.

FIG. 537. — *Echidna hystrix* (Échidné).

Corps hérissé de piquants cornés et terminé par une queue rudimentaire. Pattes avec de forts ongles recourbés. Encéphale avec circonvolutions.

Les pattes postérieures du mâle sont pourvues d'un *ergot*, *er* (fig. 538), creusé d'un canal glandulaire (organe excitateur); une poche y correspond sur les pattes de la femelle.

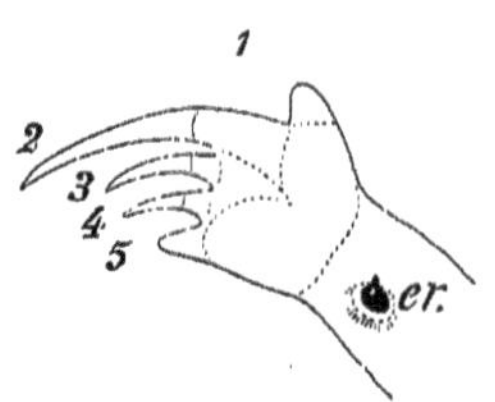

Fig. 538. — Patte d'Échidné. *er*, ergot.

L'Échidné couve l'œuf qu'il a pondu, en le plaçant dans sa poche marsupiale.

Cet animal creuse la terre; il se nourrit de Fourmis dont il s'empare en appliquant sa langue visqueuse sur les fourmilières qu'il a détruites à l'aide de ses ongles puissants. Il vit également en Australie.

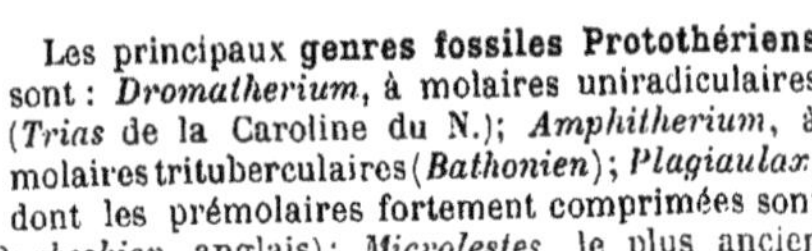

Les principaux **genres fossiles Protothériens** sont : *Dromatherium*, à molaires uniradiculaires (*Trias* de la Caroline du N.); *Amphitherium*, à molaires trituberculaires (*Bathonien*); *Plagiaulax*, dont les prémolaires fortement comprimées sont ornées de sillons obliques (*Purbeckien* anglais); *Microlestes*, le plus ancien Mammifère connu (*Réthien*), etc.

II — MÉTATHÉRIENS

Mammifères aplacentaires, sans cloaque; vivipares.

II. — MARSUPIAUX

2 os marsupiaux *soutiennent en avant la poche marsupiale. Dentition complète et très variable (la dernière prémolaire seule est remplaçable). Cerveau petit avec un corps calleux rudimentaire.*

Les **Marsupiaux** vivants et fossiles forment, à peu d'exceptions près, un groupe localisé dans la région australienne; ils paraissent dater de l'*Éocène* seulement.

Le caractère principal des **Marsupiaux** est la présence d'une *poche marsupiale* placée sous le ventre; cette poche renferme les glandes mammaires dont le lait servira à nourrir les jeunes.

Les **Marsupiaux** mettent au monde de bonne heure des petits de taille excessivement réduite (gros parfois comme un haricot) qui, placés par la mère dans la poche marsupiale, pincent entre leurs lèvres l'un des mamelons qu'ils quitteront seulement à la fin de cette seconde gestation.

Les différences que présente la dentition des Marsupiaux sont en rapport avec les variations de leur régime alimentaire : ils comprennent en effet des carnivores (*Dasyure*), des insectivores (*Sarigue*), des rongeurs (*Phascolome*), des herbivores ongulés (*Kanguroo*).

Au double vagin de la femelle correspond un pénis bifide chez le mâle.

Les Marsupiaux sont nocturnes, en général; ils vivent dans les régions boisées de l'Australie et des îles voisines; un petit nombre habitent l'Amérique. Il en existait en Europe à l'époque tertiaire (*Didelphys*).

1° **Polyprotodontes.** — *Incisives nombreuses,* $\frac{4 \text{ à } 6}{3 \text{ à } 5}$, *petites et presque égales ; fortes canines ; molaires hérissées de tubercules aigus. Régime carnivore ou insectivore. Grimpeurs, sauteurs ou coureurs.*

(a) **Didelphydés.** — $\frac{5}{4}$ incisives. 5 doigts ; les pouces postérieurs sont opposables, la queue longue et prenante (grimpeurs). Poche marsupiale parfois peu développée.

Didelphys (Sarigue, fig. 539) ; doigts libres. — *Chironectes*, pattes postérieures palmées.

Cette famille, exclusivement américaine aujourd'hui, avait de nombreux représentants en Europe à l'*époque tertiaire* (Gypse de Montmartre, phosphorites du Quercy, etc.).

(b) **Dasyuridés.** — $\frac{4}{3}$ incisives. 5 doigts en avant, 4 en arrière. Queue touffue, non prenante. Carnivores.

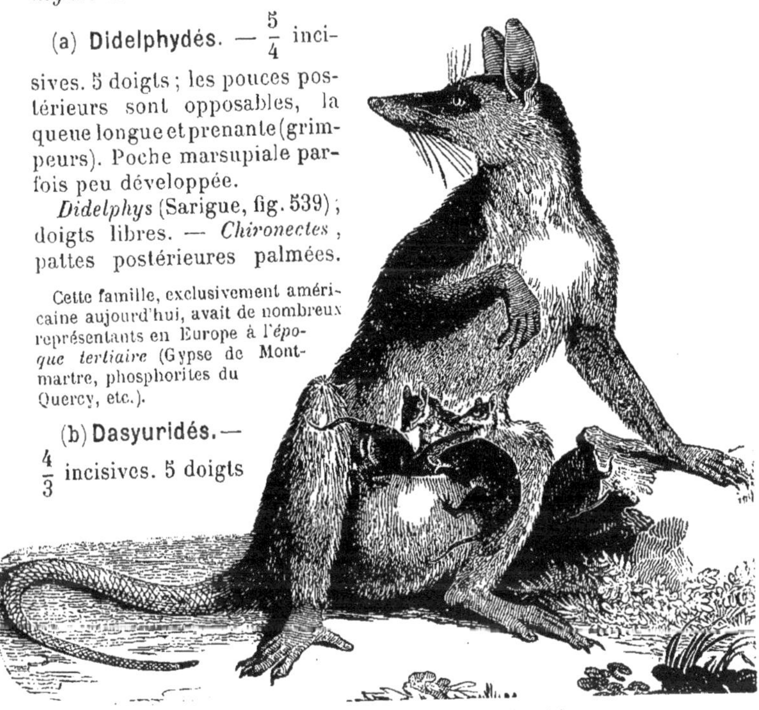

FIG. 539. — *Didelphis virginiana* (Sarigue de Virginie).

Thylacinus (Thylacine ou Loup zébré); de la taille d'un Chacal.

Fort et hardi, le Thylacine est féroce comme le Loup.

Dasyurus (Dasyure); sorte de Fouine à corps ramassé. — *Myrmecobius* (Myrmécobie, fig. 540); museau long et pointu armé de 54 dents.

De la taille d'un Écureuil, le Myrmécobie se nourrit de Fourmis et de Coléoptères.

Péramélidés — $\frac{4 \text{ ou } 5}{3}$ incisives. Pas de pouce; 2e et 3e doigts petits avec une commune enveloppe; 4e et 5e doigts forts. Queue préhensile. Insectivores.

Perameles (Péramèle).

2° **Diprotodontes**. — *Jamais plus de 3 incisives à chaque*

Fig. 540. — *Myrmecobius fasciatus* (Myrmécobie).

mâchoire. Pas de canines en général; molaires avec tubercules ou crêtes transversales. Herbivores.

Rongeurs. — Dentition $\frac{1}{1}\,\frac{0}{0}\,\frac{1+4}{1+4}$. 5 doigts; membres égaux.

Phascolomys (Phascolome Wombat, fig. 541); sort la nuit pour chercher les racines dont il se nourrit.

Frugivores. — Dentition $\frac{3}{1}\,\frac{1}{0}\,\frac{2(3)+4}{2(1)+4}$. Pattes postérieures avec pouce opposable (grimpeurs). Membres égaux.

Phalangista (Phalanger); queue touffue, surtout à la base; ressemble à l'Écureuil. — *Petaurus* (Petauriste); membrane aliforme entre les membres constituant un parachute.

Herbivores. — Dentition $\frac{3}{1}\,\frac{1(0)}{0}\,\frac{1(2)+4}{1(2)+4}$. Membres postérieurs beaucoup plus grands que les antérieurs; longue queue (Sauteurs).

Macropus (Kanguroo).

Excessivement agile, le Kanguroo vit dans les plaines riches en pâturages et grimpe parfois sur les arbres; il sort de son gîte seulement pendant la nuit. On le chasse comme gibier.

Le Kanguroo géant (*M. giganteus*) atteint jusqu'à $1^m,30$ de longueur.

Fig. 541. — *Phascolomys Wombat* (Phascolome).

Formes fossiles principales (*Quaternaire* d'Australie) : *Thylacoleo* ; carnassier de la taille du Lion. Ses arcades zygomatiques très développées servaient à l'insertion de muscles puissants. — *Diprotodon* ; rongeur gigantesque dont la tête seule atteignait 1 mètre.

III. — EUTHÉRIENS

Mammifères placentaires, dépourvus d'os marsupiaux. Pas de cloaque. Vivipares.

Chez les **Euthériens**, l'embryon subit, dans l'utérus maternel, une gestation plus longue que chez les Marsupiaux ; il reçoit de la mère, par l'intermédiaire d'un *placenta*, les matériaux nécessaires à son développement, matériaux apportés par le sang maternel au niveau des villosités choriales (Voir T. II, fasc. 1er, fig. 38).

Nous avons vu déjà que les **Euthériens** ou **Mammifères placentaires** se divisent en ***Adécidués*** ou sans caduque (*Édentés*, *Cétacés*, *Périssodactyles*, *Artiodactyles*, *Hyracoïdes*) et en ***Décidués*** pourvus d'une caduque (tous les autres Mammifères). (Voir T. II, fasc. 1er, pages 48-49.)

III. — **ÉDENTÉS**

Mammifères adécidués à dentition nulle ou incomplète (et monophyodonte). Jamais d'incisives ; des canines rarement ; molaires toutes semblables dépourvues d'émail. Ischion soudé au sacrum. Membres massifs pourvus de gros ongles recourbés. Régime herbivore ou insectivore.

L'ordre des **Édentés** ne peut être rapproché encore d'aucun des autres groupes de Mammifères; nous l'étudions en premier lieu à cause de son degré inférieur d'organisation et de sa dentition incomplète, parfois nulle.

Les **Édentés** actuels vivent tous dans l'Amérique du Sud, à l'exception de l'*Oryctérope* qui habite l'Afrique et du *Pangolin* qui est africain et asiatique.

1° **Vermilingues** (Fourmiliers). — *Corps revêtu d'une fourrure épaisse et pourvu d'une longue queue touffue; tête très allongée avec museau cylindrique étroit.* **Langue vermiforme** *et protractile. Pas de dents* (sauf chez *Orycteropus*). *Pattes courtes et fortes munies d'ongles recourbés.*

Les Fourmiliers se servent de leurs ongles pour creuser le sol et fouiller dans les nids des Fourmis et des Termites; ils appliquent leur langue filiforme et

FIG. 542. — *Myrmecophaga jubata* (Tamanoir).

visqueuse sur la fourmilière en partie détruite; les Fourmis s'y accolent et l'animal les avale en retirant vivement sa langue.

Myrmecophaga (Tamanoir, fig. 542); longs poils raides; queue touffue.

Le Tamanoir s'appuie sur le sol par les pattes de derrière et le bord interne des pattes antérieures; démarche maladroite. Il vit dans les forêts.

Manis (Pangolin, fig. 543); corps couvert d'écailles imbriquées; longue queue; il s'enroule en boule au moindre danger. — *Orycteropus* (Oryctérope); poils courts et épais; longues oreilles; forte queue et museau rappelant celui du Porc; la chair en est estimée. Le Cap, Sénégal.

2° **Dasypodes** (Tatous). — *Corps revêtu d'un squelette dermique. Tête allongée avec un museau conique armé de nombreuses molaires prismatiques. Pattes antérieures à 4 doigts; pattes postérieures à 5 doigts avec de longs ongles recourbés.*

Les Dasypodes peuvent se rouler en boule ; ils habitent des trous pendant le jour et cherchent la nuit les Insectes dont ils se nourrissent.

Fig. 543. — *Manis* (Pangolin).

Dasypus (Tatou, fig. 533). Le Tatou géant (*D. gigas*) atteint presque 1 mètre.

3° **Bradypodes** (Paresseux). — *Corps couvert de poils. Tête ronde, sembloble à celle d'un Singe ;* $\frac{5}{4}$ *molaires courtes. Longues pattes*

Fig. 544 — *Cholœpus didactylus* (Unau).

grêles, terminées par 3 longs doigts avec de grandes griffes leur permettant de se suspendre aux arbres.

Les Paresseux vivent dans les forêts de l'Amérique du Sud, effectuent des mouvements très lents et se nourrissent de feuilles. Ils donnent naissance à un petit qu'ils portent sur leur dos; mamelles pectorales.

Bradypus (Paresseux); 3 doigts à tous les membres. *B. tridactylus* (Aï); — *Cholœpus* (fig. 544); 2 doigts seulement aux membres antérieurs. *C. didactylus* (Unau).

Formes fossiles principales :

Megatherium; taille supérieure à celle du Rhinocéros; son crâne était petit et presque cylindrique, ses mâchoires armées de molaires prismatiques; sa dentition : $\frac{0}{0}\frac{0}{0}\frac{5}{4}$ était adaptée à un régime herbivore. Le *Megatherium* se nourrissait de feuilles; il se soulevait sur les pattes postérieures et la queue pour s'appuyer contre les troncs d'arbre à l'aide de ses pattes antérieures (*Quaternaire* de l'Amérique du Sud).

Glyptodon (fig. 545); caractérisé par une carapace complète, formée de scutelles dermiques, qui recouvrait toute la face dorsale et la queue de l'animal;

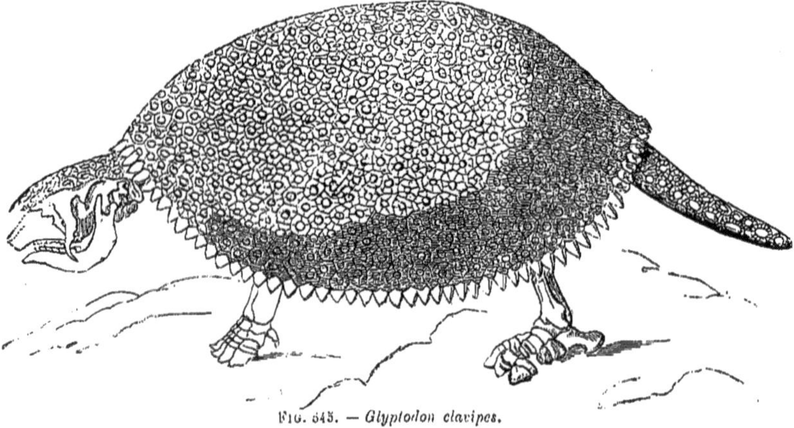

Fig. 545. — *Glyptodon clavipes.*

pas de plastron ventral. Les vertèbres, sauf l'atlas, étaient presque totalement ankylosées, les mâchoires armées de molaires $\left(\frac{8}{8}\right)$ à surface plate; les membres postérieurs et la queue avaient un développement considérable (*Quaternaire* de l'Amérique du Sud, du Mexique, du Texas et de la Floride).

IV. — CÉTACÉS

Mammifères adécidués marins, carnivores, homodontes ou dépourvus de dents. Corps pisciforme dépourvu de poils. Membres antérieurs transformés en nageoires; pas de membres postérieurs; queue transformée en nageoire horizontale sans squelette osseux.

Les Cétacés sont des Mammifères adaptés à la vie pélagique. Leur corps est dépourvu presque totalement de poils (quelques soies sur la lèvre supérieure); mais il présente une épaisse couche adipeuse sous-cutanée.

La tête, non distincte du tronc, est parfois énorme (fig. 546); elle présente latéralement 2 petits yeux, *œ*, souvent situés près des coins de la bouche; plus en arrière se trouvent les orifices très étroits des conduits auditifs externes sans pavillon, *or*; les deux narines sont reléguées sur le haut de la tête et très rappro-

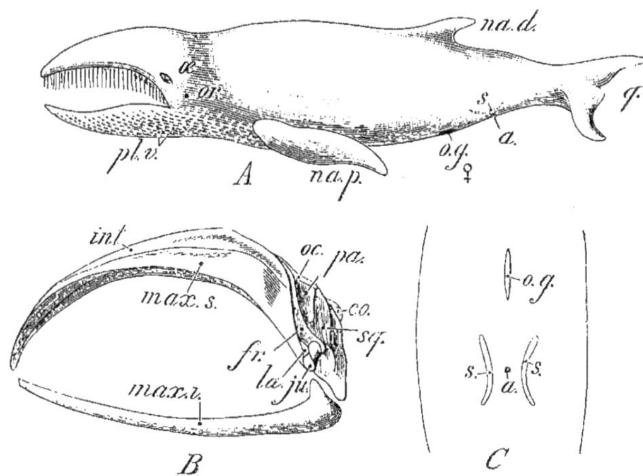

Fig. 546. — A; Balænoptère. *na.d*, *na.p*, nageoires dorsale et pectorales; *œ*, œil; *or*, orifice de l'oreille externe; *pl.v*, plis ventraux; *o.g.* ♀, orifice génital femelle; *a*, anus entre les sillons mammaires, *s*; *q*, queue. — B; crâne de Baleine. *int*, intermaxillaire; *max.s*, *max.i*, maxillaires supérieur et inférieur; *fr*, frontal; *pa*, pariétal; *oc*, occipital; *co*, condyle; *sq*, squamosal; *ju*, jugal. — C; face ventrale de Balænoptère.

chées. Les membres antérieurs seuls visibles sont des nageoires, *na.p*, se mouvant tout d'une pièce. Sous le ventre est l'anus, *a* (C), situé entre deux sillons latéraux, *s*, qui contiennent les 2 mamelles très petites; en avant de l'anus s'ouvre l'orifice génital, *o.g* (fente vulvaire chez la femelle, orifice par lequel peut saillir le pénis chez le mâle).

Le *squelette* est formé d'un tissu caverneux, spongieux, pénétré de graisse fluide.

La colonne vertébrale comprend 7 vertèbres cervicales soudées parfois en un os court, les autres vertèbres très mobiles et pas de sacrum. Les côtes sont faiblement articulées aux vertèbres dorsales; le sternum rudimentaire est relié à une ou quelques paires de côtes seulement.

La tête (B) comprend une boîte cranienne très réduite et un museau particulièrement développé que soutiennent les maxillaires, *max*, de vastes intermaxillaires, *int*, et le vomer. On trouve des dents coniques assez semblables sur les deux mâchoires (*Dauphin*) ou sur la mâchoire inférieure seule (*Cachalot*). La Baleine, qui n'en possède que pendant la vie fœtale, est pourvue de *fanons*, sortes de grandes papilles cornées qui coiffent autant de bourgeons épidermiques de la couche de Malpighi.

Les fanons sont suspendus à la voûte palatine en plusieurs séries longitudinales et parallèles; leurs dimensions croissent du centre de la voûte à la périphérie. Quand la Baleine ouvre la gueule, l'eau s'y précipite avec une foule de petits animaux en suspension; l'eau est rejetée latéralement, tandis que les fanons, faisant office de crible, retiennent les Mollusques, Crustacés, etc., capturés, dont se nourrit exclusivement le colosse au gosier étroit.

Les membres antérieurs, dépourvus de clavicule, comprennent 4 ou 5 doigts (2ᵉ et 3ᵉ allongés) avec un grand nombre de phalanges, comme les Ichthyosaures. Les membres postérieurs sont représentés uniquement par 2 ischions styliformes, placés longitudinalement.

Le cerveau est très réduit (son poids est environ $\frac{1}{2500}$ du poids total du corps). Le nez ne sert pas à l'olfaction (le nerf olfactif est atrophié); son orifice, simple ou double (*évents*), situé en avant du front, donne accès dans les cavités nasales de direction verticale et réunies à leur partie inférieure; à ce niveau, le larynx fait saillie dans la cavité nasale unique et rend ainsi indépendantes les voies respiratoires et les voies digestives. La Baleine peut respirer et déglutir simultanément.

On croyait autrefois que la Baleine rejetait de l'eau par les évents; en réalité, c'est la vapeur d'eau contenue dans l'air expiré qui se condense au contact de l'air froid et produit ces panaches de brouillard que l'on prenait pour des colonnes d'eau.

Les Cétacés vivent dans la haute mer; les petites espèces approchent souvent des côtes et pénètrent parfois dans l'embouchure des fleuves.

1° **Denticètes.** — *Cétacés pourvus de dents.*

(a) 1 *seul évent. Dents aux* 2 *mâchoires.*

Delphinus (Dauphin, fig. 547); museau étroit et allongé; plus de 200 dents fines et persistantes. Une nageoire dorsale.

FIG. 547. — *Delphinus delphis* (Dauphin).

Le Dauphin vulgaire (*D. delphis*) atteint 2 mètres à 2ᵐ,50; il est très commun dans nos mers, vit par troupes de 5 à 10 individus qui s'approchent des côtes et remontent parfois les fleuves. Le Dauphin se nourrit de Harengs, de Sardines, de Maquereaux, etc.; il s'accouple en automne et donne, 10 mois après, un petit de 50 centimètres de longueur environ.

Phocaena (Marsouin); tête arrondie en avant, sans bec; une nageoire dorsale triangulaire peu élevée; nageoires pectorales étroites. 100 dents environ.

Le Marsouin commun (*Ph. communis*) atteint $1^m,60$; il habite l'océan Atlantique et la Manche, abonde dans le golfe de Gascogne. Il se nourrit de petits Poissons et de Seiches et brise les filets des pêcheurs sur les côtes.

On en a capturé dans la Charente et la Loire.

Orca (Orque); nageoire dorsale très élevée; grosses dents peu nombreuses.

L'Orque Épaulard (*O. Gladiator*) est une espèce redoutable qui s'attaque aux Baleines dans les mers du Nord.

(b) 1 *seul évent. 2 dents seulement à la mâchoire supérieure.*

Monodon (Narval, fig. 548); pas de nageoire dorsale.

Fig. 548. — *Monodon monoceros* (Narval).

Chez la femelle, les 2 dents demeurent petites; chez le mâle, la dent gauche (d'ordinaire) s'allonge énormément en avant et présente une surface cannelée en spirale : d'où son nom *Monodon monoceros*. Mers du Nord.

(c) 1 *évent en croissant; 2 ou 4 dents seulement à la mâchoire inférieure.*

Hyperoodon; museau allongé en rostre; front renflé et très convexe.

Le Butzkopf (*H. rostratus*) atteint 7^m50 environ; il vit par petites bandes qui passent l'été dans les mers polaires et s'approche rarement de nos côtes où il échoue quelquefois. La bosse du crâne renferme du *spermaceti*[1].

(d) 2 *évents séparés dont l'un seul (gauche) sert à la respiration.*

1. Le spermaceti ou blanc de Baleine est une matière grasse qui s'accumule dans le tissu conjonctif des **Cétacés**, comme la graisse; il est liquide pendant la vie chez ces animaux et se dédouble, après leur mort, en une matière cristalline et en huile. Employé pour faire les bougies de luxe et préparer les cosmétiques.

Catodon (Cachalot, fig. 549) ; tête énorme, tronquée en avant, dont la cavité nasale droite, excessivement développée, est remplie de spermaceti. Mâchoire inférieure seule pourvue de dents.

Le Cachalot mâle (*C. macrocephalus*) atteint 18 à 20 mètres; la femelle est beaucoup plus petite. Il habite la haute mer en troupes nombreuses comprenant

Fig. 549. — *Catodon macrocephalus* (Cachalot).

un vieux mâle et de 20 à 100 femelles et individus jeunes. Chaque bande, à la recherche de sa nourriture, nage avec rapidité; le Cachalot se nourrit de Céphalopodes surtout.

Au moment de la reproduction, les mâles se livrent des combats acharnés.

La poursuite du Cachalot par les pêcheurs est dangereuse, car il peut d'un coup de tête faire échouer les embarcations; à part ces accidents d'ailleurs très rares, la pêche en est productive par la quantité énorme de *spermaceti* recueillie, par l'*huile* qu'on extrait du lard (80 à 100 barils chez les grands individus) et par l'*ambre gris* qu'on retire de l'intestin[1].

2° **Mysticètes.** — *Tête énorme; mâchoires dépourvues de dents; voûte du palais présentant des fanons. Évents séparés.*

Fig. 550. — *Balæna mysticetus* (Baleine franche).

Balæna (Baleine, fig. 550); pas de nageoire dorsale; ventre lisse; fanons très longs.

1. L'*ambre gris* est une substance odorante qui s'amasse dans l'intestin du Cachalot; une fois rejeté comme excrément, il acquiert un parfum agréable dû à une matière balsamique appelée *ambréine*. Dans l'océan Indien, on trouve quelquefois des boules flottantes d'ambre gris.

La Baleine franche (*B. mysticetus*) atteint une longueur de 12 à 30 mètres, dont la tête occupe environ le tiers. Autrefois elle se montrait assez fréquemment près de nos côtes; mais, de plus en plus rare, elle se cantonne dans les régions boréales où vont la pêcher les baleiniers, soit au moment de la fécondation (saison du

Fig. 551. — *Balænoptera rostrata* (Rorqual).

large où mâles et femelles vivent pendant quelque temps par *games* de 4 à 8 individus), soit au moment de la naissance des jeunes (saison des *baies* où les femelles quittent les mâles pour donner le jour au *baleineau*, velu et gros comme un Bœuf, qui accompagne sa mère aussitôt). La mère a un attachement profond pour son petit : elle l'allaite et le quittera seulement quand il sera assez fort pour faire partie d'une bande ou *game*.

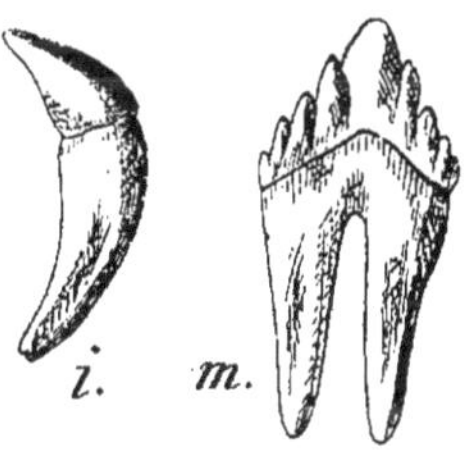

Fig. 552. Incisive et molaire de *Zeuglodon*.

Balænoptera (Rorqual, fig. 551); corps élancé avec une nageoire dorsale adipeuse et une petite nageoire caudale; face ventrale avec de petits sillons longitudinaux.

Le Rorqual à museau pointu (*B. rostrata*) atteint 8 à 10 mètres; il fréquente les côtes, s'approche des navires dans les rades et se nourrit de petits Poissons. On ne le pêche pas, car il renferme peu d'huile.

Forme fossile principale : *Zeuglodon* ; dentition hétérodonte : $\frac{3\ 1\ 5}{3\ 1\ 5}$, précédée d'une dentition de lait. Incisives, *i* (fig. 552) et canines coniques ; molaires, *m*, à 2 racines et à couronne denticulée. Cet animal atteignait 20 mètres de long (*Éocène* d'Amérique, de l'Europe et de l'Égypte).

V. — SIRÉNIENS

Hétérodontes marins herbivores à cou distinct. Physionomie extérieure de Cétacé. Poils épars sur toute la surface du corps.

Autrefois confondus avec les Cétacés, ils s'en distinguent par leurs os massifs et non caverneux, leur tête avec de larges narines rejetées très en arrière, les articulations légèrement mobiles de leurs membres antérieurs, leurs mamelles pectorales, etc. Les ischions styliformes sont réunis par une symphyse,

Deux genres représentent seuls aujourd'hui cet ordre, animaux herbivores des régions tropicales qui remontent volontiers le cours des fleuves. Ils atteignent environ 3 mètres.

Halicore (Dugong, fig. 553); pas d'os nasaux; os intermaxillaires et maxillaires puissants fortement recourbés vers le bas; pas d'ongles rudimentaires aux membres antérieurs. Dents incisives et molaires. Océan Indien et mer Rouge. — *Manatus* (Lamentin). Mâchoire supérieure non recourbée; $\frac{2}{2}$ incisives rudimentaires tombant rapidement; $\frac{11}{11}$ molaires dont $\frac{6}{6}$ sont utilisées à la fois. Des ongles rudimentaires aux membres antérieurs. Chair et huile estimées. Embouchure de l'Orénoque et de l'Amazone.

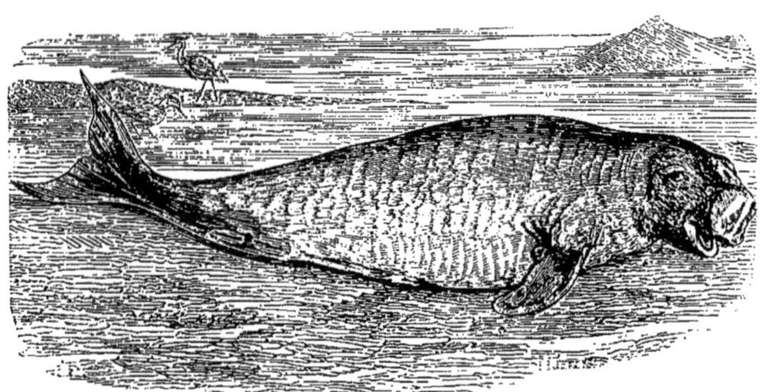

Fig. 553. — *Halicore* (Dugong).

Forme disparue récemment : *Rhytina* (Rhytine); mâchoires sans dents; aspect du Dugong; atteignait 8 mètres de long. Cet animal vivait encore vers 1760 dans le détroit de Behring.

VI. — PÉRISSODACTYLES

Mammifères adécidués, hétérodontes et ongulés (sabots) possédant un **nombre impair de doigts** ; *le poids du corps porte en majeure partie sur le 3e doigt (médian), qui est le plus grand. Carpe et tarse alternés. Dentition le plus souvent complète. Estomac simple et cæcum volumineux.*

La signification du mot *périssodactyle*, s'appliquant au nombre impair de doigts, n'est peut-être pas très exacte, car on range dans ce groupe le *Tapir* et l'*Acerotherium* qui portent 4 doigts aux membres antérieurs; elle devient absolument juste si, opposant les **Périssodactyles** aux **Artiodactyles**, on remarque que les premiers ont 1 *pilier central impair* servant de point d'appui principal à chaque membre, tandis que les seconds ont 2 *piliers médians semblablement conformés* (3e et 4e doigts) à chaque membre.

Les Périssodactyles constituent un phylum très riche en genres variés qui forment une série généalogique bien définie. Il n'en subsiste aujourd'hui que 3 genres : *Equus* (Cheval), *Tapirus* (Tapir) et *Rhinoceros*.

Membres. — Nous avons jeté déjà un rapide coup d'œil sur la constitution du membre chez les Périssodactyles (Voir T. I, pages 203-204, fig. 201 à 203). *Adapté exclusivement à la course* chez tous les Ongulés et chez les Périssodactyles en particulier, le membre s'allonge verticalement par le redressement des articulations (le pied touche le sol par l'extrémité des dernières phalanges : *Onguligrades*) et par l'accroissement des parties qui le constituent.

Le pied devient moins large et moins épais, car les os métapodiaux se groupent en une sorte de voûte à convexité antérieure, au lieu d'être rangés côte à côte sur une surface plane; les doigts médians formant clef de voûte se développent davantage; les doigts latéraux, dont le travail est moindre, subissent la régression et peuvent même disparaître. *Pour assurer au pied une stabilité plus grande, les pièces du carpe et du tarse*, **disposées ancestralement en séries** (carpe et tarse sériés) *alternent par le chevauchement de la rangée distale vers le côté interne* (carpe et tarse alternes). Chaque os d'une rangée est par suite articulé avec deux os de l'autre rangée et non situé dans le prolongement d'un seul comme dans la disposition ancestrale dite *disposition sériée*. Enfin, il y a soudure d'os originairement distincts.

C'est chez les **Équidés** que ces modifications sont le plus accusées.

Dentition. — La formule dentaire primitive des **Périssodactyles** est : $\frac{3}{3}\frac{1}{1}\frac{4+3}{4+3}$; une prémolaire a disparu chez le Cheval; la réduction porte sur les canines chez le Rhinocéros.

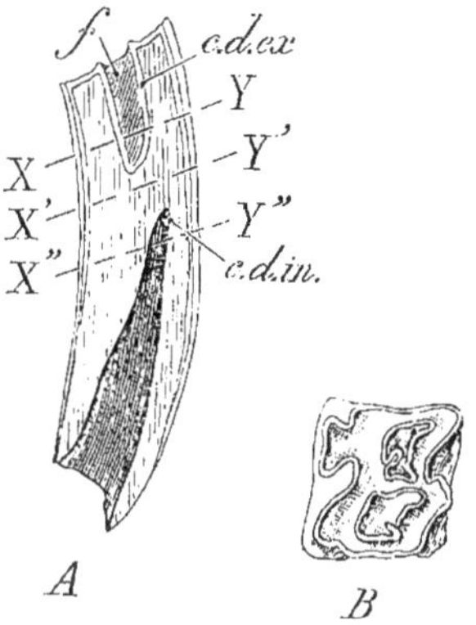

Les molaires deviennent prismatiques; elles portent typiquement 4 tubercules; mais les molaires supérieures acquièrent 2 tubercules nouveaux. Les tubercules, primitivement coniques et séparés, s'unissent de manières diverses en constituant des crêtes transversales ou obliques, ou bien en formant des croissants ou des V (fig. 554, B).

Fig. 554. — A, coupe théorique d'une incisive de Cheval; *c.d.ex*, *c.d.in*, cornets dentaires externe et interne; *f*, fève. — B; face externe d'une molaire.

1° ***Tapiridés***. — *Tapirus* (Tapir, fig. 555); tête allongée prolongée en avant par une trompe mobile, peu préhensile. Dentition : $\frac{3}{3}\frac{1}{1}\frac{4+3}{4+3}$. Membres antérieurs à 4 doigts; membres postérieurs tridactyles. Queue courte. *T. indicus* (Tapir de l'Inde); à dos blanc. *T. americanus* (Tapir de l'Amérique du Sud), de couleur uniforme.

Le Tapir, de la taille d'un petit Ane, est un animal timide vivant sur le bord des cours d'eau, dans les forêts marécageuses; il nage parfaitement.

2° ***Rhinocéridés***. — *Rhinoceros* (Rhinocéros, fig. 556); Pachyderme lourd, de grande taille, pourvu d'une forte cuirasse cutanée, et d'une tête allongée avec 1 ou 2 cornes épidermiques portées par les os nasaux. Dentition : $\frac{2}{2}\frac{0}{0}\frac{4+3}{4+3}$; les incisives rudimentaires tombent parfois avec l'âge. Membres terminés par 3 doigts.

FIG. 555. — *Tapirus americanus* (Tapir américain).

Espèces à 1 corne : *Rh. indicus* et *Rh. javanus*, Rhinocéros de l'Inde et de Java.

Espèces à 2 cornes : *Rh. africanus* à peau lisse. Afrique méridionale.

Les Rhinocéros vivent avec les Éléphants dans les forêts tropicales de l'Afrique et de l'Asie; ils ravagent les plantations et sont très redoutables; leur peau épaisse se laisse difficilement entamer par les projectiles.

FIG. 556. — *Rhinoceros indicus* (Rhinocéros des Indes).

Formes fossiles : *Rh. tichorinus* à peau revêtue de poils, espèce fossile du *Diluvium*. — *Acerotherium* (*Rh. incisivus*) ; espèce sans corne du *Miocène* avec 4 doigts aux membres antérieurs.

3° ***Équidés***. — *Equus* (Cheval, fig. 5); Ongulé de grande taille à longs membres vigoureux, terminés chacun par un seul doigt portant à terre : ce doigt (3°) est coiffé d'un large sabot[1]. Le cubitus et le péroné sont atrophiés. Un seul os métacarpien ou métatarsien (*canon*). Robe non rayée; tête allongée et grêle portant de courtes oreilles; bord dorsal du

1. Le sabot du Cheval, qui correspond à la couche cornée ou épiderme, comprend 3 parties principales : la *muraille*, la *sole* et la *fourchette*. La muraille est la partie latérale, seule visible quand le pied porte à terre ; elle se recourbe en arrière et forme un V dont les deux branches, appelées *barres*, limitent l'espace triangulaire dans lequel est engagée la fourchette ; cette dernière est une sorte de pyramide triangulaire. La sole est la plaque en forme de demi-lune qui occupe la face inférieure du sabot. A la face interne de la muraille, on remarque de nombreux feuillets cornés entre lesquels s'engagent autant de plis de la couche de Malpighi et du derme sous-jacent.

cou garni d'une longue crinière flottante; queue garnie de crin jusqu'à la base.

Dentition : $\frac{3\ 1\ 3+3}{3\ 1\ 3+3}$. Les incisives s'appellent, de dedans en dehors : *pinces*, *mitoyennes*, *coins*. Les incisives (fig. 554, A) sont creusées, sur leur surface de frottement, d'une fossette (cornet dentaire externe) d'autant plus petite que les dents sont plus usées; c'est par ce degré d'usure qu'on peut reconnaître l'âge d'un Cheval dans certaines limites[1]. Les canines petites persistent seulement chez les mâles. Une *barre* sépare les molaires des dents antérieures.

Le Cheval vit en troupes à l'état sauvage; il habite de grandes plaines dans toutes les contrées du monde. En France, on cite les chevaux de la Camargue et des dunes de Gascogne.

Domestiqué depuis longtemps en Asie, le Cheval est un des plus utiles auxiliaires de l'Homme comme coursier et comme animal de trait; on utilise même comme viande de boucherie ceux de ces animaux qu'un accident a mis hors de service. C'est un préjugé ridicule que celui de prétendre que la viande de Cheval ne peut entrer dans une bonne alimentation.

La Jument porte 11 mois.

---

1. Le *cornet dentaire externe* des incisives, comblé de cément, est tapissé d'une couche d'émail qui se continue avec l'émail extérieur en formant une crête sur les bords du cornet. Par le frottement, cette crête s'émousse, disparaît et laisse l'ivoire à découvert sous forme d'un anneau irrégulier.

En dedans de l'anneau d'ivoire se trouve la *fève*, tache noire due au cément; en dehors, la *table dentaire* est couverte d'émail. Dans la suite, la fève se réduit de plus en plus par l'usure graduelle du cornet externe qui disparaît tout à fait; l'incisive est alors *rasée*. Plus tard (à 9 ans) apparaît un cercle brun (*étoile dentaire*) dû à la section du cône interne occupé par la pulpe.

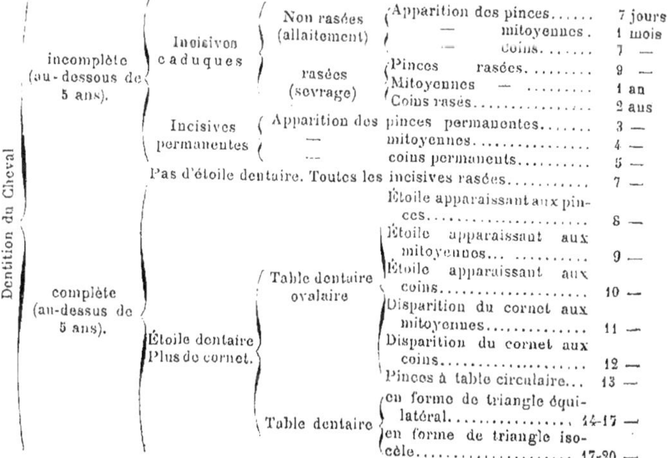

Dentition du Cheval					
incomplète (au-dessous de 5 ans).	Incisives caduques	Non rasées (allaitement)	Apparition des pinces		7 jours
			— mitoyennes		1 mois
			— coins		7 —
		rasées (sevrage)	Pinces rasées		9 —
			Mitoyennes —		1 an
			Coins rasés		2 ans
	Incisives permanentes	Apparition des pinces permanentes			3 —
		— mitoyennes			4 —
		— coins permanents			5 —
complète (au-dessus de 5 ans).	Pas d'étoile dentaire. Toutes les incisives rasées				7 —
	Étoile dentaire Plus de cornet.	Table dentaire ovalaire	Étoile apparaissant aux pinces		8 —
			Étoile apparaissant aux mitoyennes		9 —
			Étoile apparaissant aux coins		10 —
			Disparition du cornet aux mitoyennes		11 —
			Disparition du cornet aux coins		12 —
			Pinces à table circulaire		13 —
		Table dentaire	en forme de triangle équilatéral		14-17 —
			en forme de triangle isocèle		17-20 —

Sous-genre : *Asinus* (Ane, fig. 557); longues oreilles; crinière dressée; queue courte, pourvue de crins à l'extrémité seulement.

FIG. 557. — *Asinus vulgaris* (Ane). — *Hippotigris zebra* (Zèbre). — *H. Burchelli* (Dauw).

A. hemionus (Hémione); intermédiaire entre le Cheval et l'Ane; bande longitudinale foncée sur le dos.

L'Hémione vit du Thibet à la Mongolie.

A. onager (Onagre); croix brune bordée de blanc. Mongolie.

A. tæniopus (Ane sauvage); vit en Afrique; il établit le passage au Zèbre; le bas de ses jambes présente des bandes annelées foncées.

L'Ane domestique (*A. vulgaris*) paraît dériver de l'Ane sauvage et de l'Onagre; sobre, facile à nourrir, plus robuste que le Cheval, l'Ane est employé, par les pauvres surtout, comme bête de trait et pour porter les fardeaux; brutalisé bien injustement, l'Ane est l'un de nos plus précieux animaux domestiques; sa chair sert à faire des saucissons (Lyon); le lait de l'ânesse est recommandé aux malades atteints d'affections de poitrine. On élève cet animal en Gascogne et dans le Poitou.

Le *Mulet*, hybride de l'Ane et de la Jument, est plus grand que l'Ane et porte comme lui de longues oreilles; la sûreté de son pied le fait rechercher comme bête de somme dans les défilés montagneux. Le *Bardeau*, hybride du Cheval et de l'Anesse, est plus petit que le Mulet; on le trouve surtout en Sicile.

Généralement ces hybrides sont stériles.

Sous genre : *Hippotigris* (Zèbre; fig. 557); robe rayée; crinière courte et droite; oreilles moyennes. Vit en Afrique. *H. quagga* (Couagga); robe peu rayée. *H. zebra* (Zèbre commun) entièrement rayé. *H. Burchelli* (Dauw, fig. 557); les raies manquent sur les jambes.

Formes fossiles principales. Certains types rencontrés dans l'*Éocène* de l'Amérique du Sud (*Macrauchenia*) possèdent une structure générale qui rappelle celle des Tapirs et des Chevaux; leur dentition est complète et typique : $\frac{3}{3}\frac{1}{1}\frac{4+3}{4+3}$; leurs incisives sont comparables à celles du Cheval. Leurs membres sont terminés par 3 doigts presque égaux; ils se rapprochent le plus du type ancestral.

Titanotherium ou *Brontops* (*Miocène* de l'Amérique du Nord et de l'Europe) rappelle par sa forme les Tapirs et les Rhinocéros; il atteint 2m,50 de hauteur; dentition : $\frac{2\ (0)}{3\ (0)}\frac{1}{1}\frac{4+3}{4\ (3)+3}$; les incisives manquent le plus souvent, les molaires sont pourvues de 4 tubercules.

Hyracotherium (*Éocène inférieur* d'Europe et d'Amérique) a la taille d'un Renard; ses membres sont courts et massifs, pourvus encore de 4 doigts en avant; il est très voisin d'*Eohippus*.

Propalæotherium (*Éocène moyen* de Paris) a pour équivalent *Epihippus*, lui-même intermédiaire entre *Orohippus* et *Mesohippus* en Amérique.

Palæotherium n'a plus que 3 doigts à chaque pied (*Éocène* à *Miocène moyen*). Les *P. magnum* (de la taille du Rhinocéros) et *P. medium* (de la taille du Porc) ont été trouvés dans le Gypse parisien et les phosphorites du Quercy.

Paloplotherium, *Mesohippus*, *Miohippus* = *Anchitherium* sont des formes très voisines de l'*Éocène supérieur* et du *Miocène*, dont les caractères sont de plus en plus identiques à ceux des Équidés actuels.

Hipparion, *Protohippus* et *Pliohippus*, avec leur doigt médian tout à fait prédominant et la régression des doigts 2 et 4, nous conduisent au genre *Equus* qui apparaît dans le *Pliocène*.

La phylogénie des **Équidés** est donc établie d'une manière certaine par les formes fossiles d'Europe et d'Amérique, à partir tout au moins du genre *Hyracotherium*.

Lophiodon (Éocène) présente des molaires possédant des caractères communs à celles du Tapir et du *Palæotherium*. Dentition : $\frac{3}{3}\frac{1}{1}\frac{3+3}{3+3}$.

VII. — ARTIODACTYLES

Mammifères adécidués, hétérodontes et ongulés possédant un **nombre pair de doigts** (*les 3e et 4e sont les plus grands*). *Carpe et tarse alternés. Dentition parfois incomplète. Estomac simple ou multiple.*

Cet ordre, qui présente avec le précédent de grandes analogies, est représenté aujourd'hui par de nombreuses formes répandues sur toute la surface du globe; la conservation de ces types variés est due : 1° à la *rumination* propre à la plupart d'entre eux (Voir T. I, p. 75, fig. 68, D); 2° à la présence de fortes *défenses* ou de *cornes* qui leur ont permis de lutter plus avantageusement que les **Périssodactyles**.

Membres. — Le caractère fondamental des **Artiodactyles** est la présence, à l'extrémité de chaque membre, de 2 *piliers médians* de même valeur physiologique, sur lesquels porte le poids du corps; les raisons exposées précédemment (page 464), relatives à l'adaptation des membres à la course chez les **Périssodactyles**, conservent ici toute leur valeur. Une analyse rapide des modifications subies par le membre primitif a été faite déjà (Voir T. I, pages 205-206, fig. 204).

Dentition.—Les **Artiodactyles** primitifs ont 44 dents disposées en 2 rangées continues : $\frac{3\ 1\ 4+3}{3\ 1\ 4+3}$.

Les incisives, pointues et fortes chez l'Hippopotame (fig. 558), s'allongent et deviennent tranchantes chez le Sanglier (fig. 532), le Cochon et les **Ruminants**;

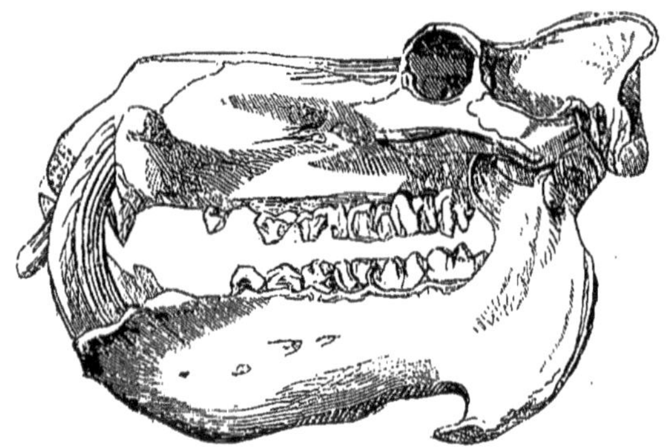

Fig. 558. — Crâne d'Hippopotame du Cap.

elles disparaissent même de la mâchoire supérieure chez les Ruminants proprement dits (fig. 55 et 56, T. I).

La canine devient une forte défense chez l'Hippopotame, le Sanglier et les **Ruminants**, et se dispose en bas contre les incisives externes.

Les prémolaires demeurent assez petites, formant une simple crête ou, au plus, 3 tubercules; les molaires ont 4 tubercules. Une barre sépare les molaires des canines chez les **Artiodactyles** actuels.

Les **Artiodactyles** actuellement vivants peuvent être rangés dans 3 sous-ordres : les ***Suidiens*** (Suidés et Hippopotamidés), les ***Caméliens*** et les ***Ruminants proprement dits***.

Les **Suidiens** forment le groupe des **Pachydermes** avec les **Anthracothériens** et les **Anoplothériens**, tous fossiles.

A. — PACHYDERMES

Dentition complète. Estomac simple. Métacarpiens et métatarsiens non soudés.

1° **Suidiens**. — *Dentition* : $\frac{3(2)}{3(1)}\ \frac{1}{1}\ \frac{4(3)+3}{4(3)+3}$. *Incisives pointues; canines proéminentes (défenses). 4 doigts ordinairement* (le pouce manque toujours).

(a) **Suidés**. — Pattes avec 2 doigts médians plus longs et plus forts que les latéraux. Peau couverte de soies. Mamelles abdominales.

Sus. Dentition : $\frac{3}{3}\ \frac{1}{1}\ \frac{4+3}{4+3}$. *S. scrofa* (Sanglier commun, fig. 559); canines inférieures longues et déjetées en dehors; canines supérieures plus courtes servant à aiguiser les premières. Les soies du dos forment une crinière hérissée.

Le mâle s'appelle *solitaire*, la femelle *laie* et les jeunes *marcassins*. Le Sanglier habite les forêts (depuis l'Inde jusqu'à l'ouest de l'Europe et le nord de l'Afrique); il cause beaucoup de dégâts dans les cultures; la chair en est estimée, surtout la *hure*. Le Sanglier est la souche du Cochon domestique.

FIG. 559. — *Sus scrofa* (Sanglier).

S. domesticus (Cochon ou Porc, fig. 560); nombreuses races; les unes naturelles, les autres artificielles.

Le mâle s'appelle *verrat*, la femelle, *truie* et les jeunes, *cochons de lait*. La gestation dure 3 mois, 3 semaines et 3 jours. Le Porc fournit une chair excellente à condition qu'elle soit bien cuite[1], du *lard* et de la *panne* (graisse) qui, fondue, constitue l'*axonge* ou *saindoux*; les *soies* servent à faire des brosses et des pinceaux.

Phacochœrus (Phacochère), tête énorme à large groin; grandes canines; vit en Afrique. — *Babyrussa* (Babiroussa, fig. 561); corps grêle porté sur de hautes pattes; les canines supérieures du mâle percent la peau et se recourbent vers le front en protégeant la région des yeux (Moluques). — *Dicotyles* (Pécari, fig. 562); canines non saillantes; dentition : $\frac{2}{3}\ \frac{1}{1}\ \frac{3+3}{3+3}$. Estomac à 3 poches; métacarpiens et métatarsiens en partie soudés; pieds postérieurs tridactyles. Se rapproche des Ruminants. Amérique.

1. Consulter le *Cours élémentaire d'Hygiène* par E. Aubert et A. Lapresté, pages 86 à 92.

(b) **Hippopotamidés.** — Pattes avec 4 doigts à peu près d'égale

Fig. 560. — *Sus domesticus* (Cochon domestique).

longueur, portant tous sur le sol. Peau nue. Mamelles inguinales.

Fig. 561. — *Babyrussa* (Babiroussa).

Hippopotamus (Hippopotame, fig. 563); corps lourd portant

une énorme tête avec un large groin renflé. Dentition : $\frac{2}{2}\frac{1}{1}\frac{4+3}{4+3}$; fortes canines dont les inférieures sont recourbées.

L'Hippopotame (*H. amphibius*) peut atteindre un poids de 3000 kilogrammes: sa chair est assez appréciée; ses dents fournissent de l'ivoire. Il vit par bandes dans les fleuves et les lacs de l'Afrique et nage bien; herbivore, il paît, la nuit seulement, sur le rivage.

H. major ; fossile du *Diluvium* européen.

Sous-genres fossiles parmi les Pachydermes :

2° **Anthracothériens.** — Par leurs incisives pointues et dirigées en avant, par leurs canines saillantes, ils se rapprochent des **Suidiens**; leurs molaires supérieures ont 5 tubercules, les inférieures n'en ont que 4. Ils ont 2 doigts médians plus forts que les 2 latéraux; pouce rudimentaire.

FIG. 562. — *Dicotyles* (Pécari à collier).

Anthracotherium; crâne allongé et massif comme celui des Suidés (*Éocène supérieur*, *Oligocène* et *Miocène*). — *Hyopotamus*; museau très allongé et mince.

FIG. 563. — *Hippopotamus amphibius* (Hippopotame).

3° **Anoplothériens.** — Apparus un peu avant les précédents (*Éocène* et *Miocène inférieur*), les **Anoplothériens** ont des molaires d'**Anthracothériens**; mais leurs incisives sont tranchantes, disposées en rangs serrés, et leurs canines sont petites. Ces fossiles se rapprochent des **Ruminants**.

Anoplotherium, de la taille d'un Tapir; 3 doigts à chaque membre (3 = 4;

2, plus court; 5, atrophié). Animal aquatique pourvu d'une grande queue qui lui servait de gouvernail (*Eocène supérieur :* Gypse de Paris, phosphorites de Quercy). — *Dichobune*; 4 doigts aux pattes. — *Xiphodon*; pattes très hautes à 2 doigts seulement, soutenant un corps svelte. *X. gracile*, du Gypse de Paris, avait la légèreté d'une Antilope ou d'un Chevreuil.

B. — CAMÉLIENS

Artiodactyles sans cornes; cou long ; queue courte. Des incisives à la mâchoire supérieure. Pas de soudure entre les os carpiens ou tarsiens. Pattes pourvues d'une large semelle qui unit les 2 doigts. Estomac composé de 3 poches (caillette non distincte).

A part les caractères qui précèdent et la forme ellipsoïdale des globules sanguins, les **Caméliens** ressemblent beaucoup aux **Ruminants** par toute leur organisation.

Camelus (Chameau, fig. 564); sur le dos se trouvent 2 pro-

FIG. 564. — *Camelus Bactrianus* (Chameau de la Bactriane).

tubérances graisseuses chez *C. Bactrianus* (Chameau d'Asie); *C. dromedarius* (Dromadaire d'Afrique) n'en a qu'une. Dentition : $\frac{1}{3}\frac{1}{1}\frac{3+3}{2+3}$.

Le Chameau vit dans les steppes des pays tempérés; il est précieux pour l'Arabe qui en fait son cheval du désert. Capable de porter jusqu'à 200 kilogrammes, le Chameau peut rester une semaine sans manger ni boire; il accumule dans sa panse une provision d'eau pour les longues traversées du désert.

Auchenia (Lama, fig. 565); sorte de Chameau sans bosse du Nouveau-Monde; tête assez grosse, avec des oreilles droites, portée par un long cou; queue longue et velue. *A. lama* (Lama). *A. vicunna* (Vigogne).

FIG. 565. — *Auchenia* (Lama).

Le Lama est domestiqué dans l'Amérique du Sud où on l'emploie comme bête de somme; il est précieux aussi par son lait, sa laine et sa chair.

C. — RUMINANTS PROPREMENT DITS

Artiodactyles avec ou sans cornes; pas d'incisives à la mâchoire supérieure; pas de canines (sauf chez les espèces sans cornes). *Molaires à crêtes en forme de croissant. Estomac composé de 4 poches* (sauf chez les Tragulidés).

1° **Tragulidés.** — *Pas de cornes; estomac à 3 divisions. 4 doigts.* *Hyæmoschus*; 4 doigts (3 et 4 très développés); métacarpiens libres. Vit au Gabon. — *Moschus* (fig. 566); métacarpiens des 2e et 5e doigts manquent. Le mâle porte, sous la peau du ventre, une poche remplie de musc.

Le Porte-Musc (*M. moschiferus*) habite les hautes montagnes de l'Asie centrale.

Tragulus; 4 doigts; métacarpiens médians en partie soudés.

T. pygmæus est le plus petit des Ruminants (taille d'un Lièvre).

Genre fossile : *Gelocus*; l'un des plus anciens Ruminants (*Oligocène*).

2° **Cervicornes.** — *Ruminants pourvus de cornes pleines et caduques (bois) : radius et cubitus soudés. 4 poches stomacales.*

Les *bois* (fig. 567) sont des végétations exosquelettiques, intimement unies à un revêtement corné, reposant sur 2 apophyses de l'os frontal. Ils étaient primitivement recouverts d'une peau molle, vascularisée, qui se dessèche peu à peu.

Le 1er bois est une simple *dague;* le 2e porte un *andouiller* à la base; le 3e porte 2 andouillers, et ainsi de suite, le nombre des andouillers croissant avec l'âge de l'animal considéré (*ramure*). Les femelles n'ont pas de ramure, sauf chez le Renne. Tous les ans, les Cerfs perdent leurs bois et il leur en repousse

FIG. 566. — *Moschus moschiferus* (Porte-Musc).

d'autres; la rupture s'en opère au niveau de la *meule* (*cercle de pierrures*) qui occupe la base du bois; les pierrures, à mesure qu'elles se développent, forment des saillies qui pressent contre la peau et ferment la lumière des vaisseaux nourriciers. Après la chute, on voit apparaître une proéminence molle, sillonnée de vaisseaux, qui donnera naissance au bois nouveau. Le moment du développement complet des bois coïncide avec l'époque de la reproduction.

Le développement phylogénique des bois est le même que le développement ontogénique qui vient d'être décrit.

Les Cerfs possèdent, à chaque membre, 2 doigts médians très développés et 2 doigts latéraux rudimentaires; une houppe de poils raides (brosse) entre les sabots des pattes de derrière. La tête est pourvue de grandes oreilles; au bord interne des yeux saillants se trouvent des *larmiers* ou fossettes lacrymales, sécrétant une matière huileuse.

Les Cervidés sont répandus dans les forêts du monde entier (sauf en Australie et dans le sud de l'Afrique); ils se nourrissent d'herbes. La femelle possède 4 mamelles et met au monde un seul petit (*faon*). Ces animaux, très timides, ne peuvent être domestiqués, à l'exception du Renne (fig. 568).

Utilisé par les tribus des régions boréales comme animal de trait, le Renne est encore précieux par sa chair, son lait, sa peau et ses bois.

Bois arrondis. — *Cervulus*; bois avec 1 andouiller à la base. Indes : îles de la Sonde. — *Cervus* (fig. 569); bois arrondi, plusieurs

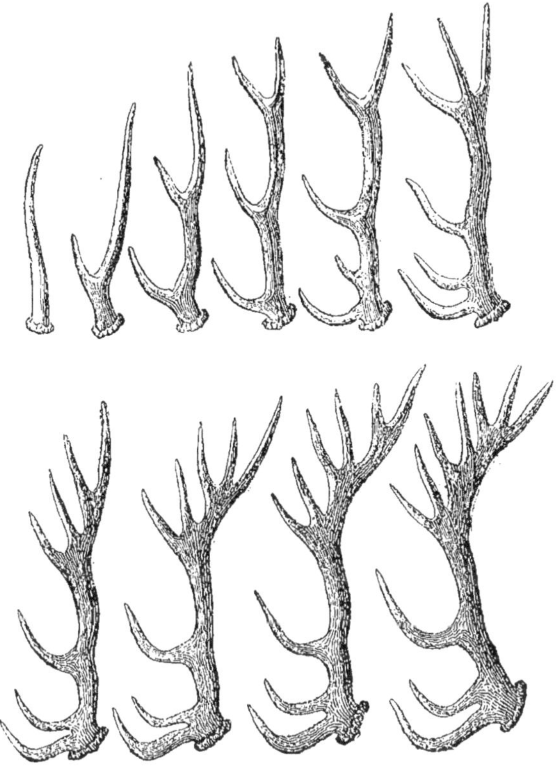

Fig. 567. — Bois de Cerf.

fois ramifié. *C. capreolus* (Chevreuil) ; bois fourchu et court (fig. 534); queue rudimentaire ; chair estimée. *C. elaphus* (Cerf) ; possède une ramure à nombreuses branches chez les vieux individus (*dix-cors*, *vingt-cors*) ; chair assez grossière. Nombreuses espèces en Amérique.

Bois palmés. — *Dama* (Daim). Tiges de la ramure d'abord arrondies, étalées ensuite en larges palettes (fig. 570). La chair du Daim est très estimée. Italie méridionale, Espagne, Afrique.

Le *Megaceros hibernicus* du *Diluvium* était un Cerf gigantesque.

Alces (Élan) ; museau large et velu ; bois en forme de palettes bien moins grandes que chez le Daim. — *Rangifer* ou *Tarandus*

FIG. 568. — *Rangifer* (Renne).

(Renne, fig. 568) ; gorge avec une longue crinière ; mâle et femelle portant une ramure. Animal excessivement précieux pour les Lapons ; il se nourrit d'herbes, de lichens le plus souvent.

Le Renne vivait dans l'Europe centrale à l'époque *quaternaire*.

Cornillons. — *Camelopardalis* (Girafe, fig. 571) ; tête grêle et allongée portant 2 cornillons simples recouverts par la peau, avec une touffe de poils au sommet ; pas de larmiers. Langue mobile servant d'organe préhensile. La tête est portée par un long cou ; le corps assez étroit est perché sur de longues jambes.

La Girafe est le plus grand des Mammifères terrestres actuels ; elle atteint 6 mètres ; son allure paraît maladroite, car elle marche l'*amble* (les 2 pieds du même côté sont portés ensemble en avant). Elle vit dans les plaines boisées de l'intérieur de l'Afrique.

3° ***Cavicornes.*** — *Ruminants à cornes creuses et persistantes.*

Formule dentaire constante : $\frac{0 \cdot 0}{3+1} \frac{3+3}{3+3}$

Les *cornes* sont des étuis cornés d'origine épidermique, revê-

Fig. 569. — *Cervus elaphus* (Cerf).

tant deux prolongements osseux du frontal, prolongements eux-mêmes creusés de cavités spacieuses. La grandeur, la forme et la

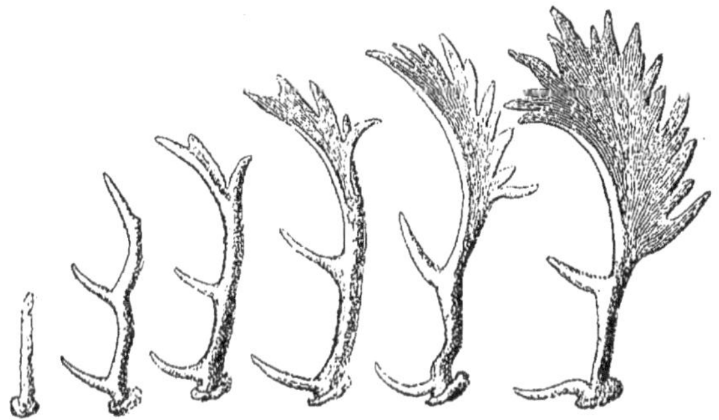

Fig. 570. — Bois de Daim.

position des cornes fournissent des caractères précieux pour la classification.

Chez les formes primitives, les cornes s'inséraient l'une près de l'autre entre les orbites; elle ont tendance à s'écarter et à se porter fort en arrière chez les espèces récentes, où le frontal prend une grande extension et forme une partie importante de la voûte du crâne aux dépens des pariétaux très réduits. C'est alors que le frontal se creuse de cavités (Moutons et Bœufs).

Les Cavicornes comprennent les Antilopes, les Chèvres et Moutons et les Bœufs, domestiqués dès les temps les plus reculés.

Fig. 571. — *Camelopardalis* (Girafe).

(a) **Antilopinés.** — *Cornes minces et allongées, le plus souvent cylindriques, droites ou courbes, parfois cannelées. Corps élancé recouvert d'un poil court et porté sur de longues jambes grêles. Quelquefois des larmiers. Pas de barbe au menton.*

Les Antilopinés se rapprochent ainsi beaucoup des Cerfs. Ils habitent soit les plaines des pays chauds (Arabie et Afrique), soit les hautes montagnes et sont extrêmement agiles.

Saïga; cornes courtes et annelées, absentes chez la femelle, taille du Daim. Steppes de l'Europe et de l'Asie. — *Antilope* (fig. 572); nez pointu, cornes longues lyriformes ; pas de larmiers.

La Gazelle (*A. dorcas*) habite en troupeaux nombreux les plaines de l'Arabie et de l'Afrique septentrionale.

Tetraceros; 4 cornes. Inde. — *Antilocapra. A. americana* (Antilope à fourche); la seule Antilope d'Amérique; elle possède des cornes bifurquées qui se renouvellent comme chez les Cerfs.

Dans ce groupe des Gazelles, le frontal est encore presque compact ainsi que les cornes; il n'en est plus de même chez les espèces suivantes:

Rupicapra (Chamois, fig. 573); cornes petites, verticales, à pointe recourbée en crochet en arrière; taille d'une Chèvre.

FIG. 572. — *Antilope* (Antilope).

Le Chamois habite les points les plus élevés des Alpes et des Pyrénées; il descend en hiver dans les vallées. Sans cesse en éveil, il vit en petites troupes, toujours protégées par des sentinelles. Le rut commence en automne; mâle et femelle s'isolent et ne rejoignent le troupeau qu'en hiver; la femelle donne seulement 1 ou 2 petits.

Catoblepas. C. gnu (Antilope Gnou) ; de la taille du Cheval ; cornes très recourbées en dehors, forte crinière et queue garnie de crins.

Genre fossile : *Tragoceras*, à fortes cornes droites, triangulaires et dirigées en arrière. *T. Amaltheus* a été trouvé à Pikermi, en Grèce.

(b) **Ovinés.** — *Cornes fortes recourbées en arrière, comprimées latéralement avec des épaississements annulaires (les deux sexes en*

Fig. 573. — *Rupicapra* (Chamois).

possèdent d'ordinaire). Les doigts rudimentaires (2 et 5) *sont courts. 2 mamelles en général.*

Capra (Chèvre); cornes dressées presque parallèles, fortement aplaties latéralement et recourbées en arrière. Crâne étroit et front bombé, menton barbu. Pas de larmiers. 2 longues mamelles pendantes. Queue courte. Les mâles répandent une odeur désagréable. Animaux grimpeurs, habitant à l'état sauvage les hautes montagnes de l'ancien continent.

C. ibex (Bouquetin des Alpes, fig. 574) ; le mâle porte d'énormes cornes quadrangulaires, pourvues de fortes tubérosités antérieures.

Le Bouquetin devient rare dans les Alpes; on en trouve dans les Pyrénées, en Espagne et dans le Caucase. Il vit à la limite des neiges persistantes; les femelles

Fig. 574. — *Capra ibex* (Bouquetin des Alpes).

et les jeunes descendent paître la nuit dans les forêts et remontent au lever du soleil.

C. Falconeri de l'Inde et *C. ægagrus* ou Bezoard du Caucase et de la Perse paraissent être les types sauvages d'où dérive la Chèvre domestique (*C. hircus*).

La Chèvre domestique présente de nombreuses races dont les *Angoras* et les *Cachemirs* (fig. 575) fournissent une laine longue et soyeuse; celles d'Europe (*Chèvres des Alpes et du Poitou*) à poils grossiers, celles d'Afrique (*Chèvre d'Égypte*) à poil ras, sont précieuses par leur lait. Leur chair est peu estimée, sauf celle du Chevreau. La peau de Bouc (mâle) et de Chèvre (femelle) sert à faire des chaussures; celle du Chevreau, plus souple, est employée dans l'industrie gantière.

Fig. 575. — *Capra hircus* (Bouc de Cachemir).

Ovis (Mouton, fig. 576); cornes insérées en arrière des yeux, plus ou moins enroulées en hélice, à section triangulaire. Crâne large et front plat. Menton imberbe. Des larmiers en général.

2 mamelles abdominales. Queue longue et pendante ordinairement. Le Mouton sauvage vit sur les hautes montagnes, en

Fig. 576. — *Ovis aries* (Mouton).

troupeaux nombreux conduits par un vieux bélier (hémisphère septentrional).

Fig. 577. — *Ovis musimon tragelaphus* (Mouflon à manchettes).

O. musimon (Mouflon); pelage rude et épais; queue courte, cornes peu enroulées, taille d'un Mouton. Il habite les montagnes rocheuses de la Corse et de la Sardaigne où on le chasse à cause de sa chair estimée.

Une variété, appelée Mouflon à manchettes (*O. musimon tragelaphus*, fig. 577), habite la chaîne de l'Atlas en Algérie.

O. argali (Argali) est de la taille du Cerf et vit dans l'Asie centrale.

Le Mouflon et l'Argali sont regardés comme les ancêtres probable du Mouton domestique (*O. aries*) à longue queue, au pelage

FIG. 578. — *Bison americanus* (Bison).

épais et laineux, aux cornes enroulées, qui est aujourd'hui répandu sur toute la terre.

Domestiqué dès l'âge de pierre, le Mouton est précieux par sa laine (particulièrement fine et abondante chez le *Mouton mérinos* d'Espagne, fig. 2) dont l'Homme confectionne ses vêtements (drap, flanelle), le *Mouton de prés-salés* nous fournit une chair exquise; le lait de Brebis sert à faire des fromages, ainsi que celui de Chèvre.

Le mâle s'appelle *Bélier*, la femelle est la *Brebis;* les jeunes sont des *Agneaux*. La Brebis a une gestation de 5 mois et donne le jour à un petit seulement.

Ovibos; cornes réunies par leur large base, descendant en avant, puis se recourbant en hameçon. Front plat. Peau couverte de longs poils.

Le Bœuf musqué (*O. moschatus*) vit par troupes dans le Groenland; il est intermédiaire entre le Mouton et le Bœuf.

(c) **Bovinés.** — *Grands Ruminants, les mieux spécialisés. Cornes lisses à section circulaire, insérées derrière les yeux et sur les côtés du front, recourbées en arrière ou en dehors, mais non enroulées en hélice.*

FIG. 579. — *Poephagus* (Yack).

Museau tronqué, généralement nu, à narines écartées (mufle); queue plus ou moins longue avec une touffe de poils terminale. 4 mamelles en général.

Bubalus (Buffle); front bombé, bas et étroit, avec des cornes comprimées latéralement à la base; mufle nu sur toute sa longueur.

Le Buffle ordinaire ou Arni (*B. vulgaris*) vit à l'état sauvage depuis l'Inde jusqu'en Italie et dans l'Afrique septentrionale. Il est domestiqué en Italie, où il est utilisé pour les travaux des champs.

Bison (Bison, fig. 578); front plus large que long, un peu voûté, portant des cornes insérées en arrière des orbites; ces cornes cylindriques sont dirigées à l'extérieur et recourbées vers le haut. Une forte crinière recouvre la tête et le cou. Pelage laineux.

L'Aurochs (*B. europæus*), autrefois très commun dans l'Europe centrale, n'est plus représenté que par quelques individus sauvages vivant en Lithuanie et dans

Fig. 580. — *Bos taurus* (Bœuf).

le Caucase. Le Bison américain (*B. americanus*) présente les mêmes caractères. Tous deux proviennent de *B. priscus* (*Quaternaire*).

Poephagus (Yack, fig. 579); tête de Bison, cornes de Bœuf, queue de Cheval; toison laineuse très épaisse, tombant presque jusqu'au col. Thibet.

Le Yack est le plus grand des Bovinés; il est domestiqué sur les hauts plateaux du Thibet et de la Mongolie, où il sert de bête de somme; son lait, sa laine et sa chair sont également appréciés.

Bos (Bœuf, fig. 1 et 580); front large et plat, portant très en arrière des yeux 2 cornes en croissant. Mufle nu sur toute sa longueur. Pelage grossier.

Les formes *Bos primigenius* du *Quaternaire*, *B. frontosus* de l'âge du bronze et *B. longifrons* contemporain des habitations lacustres paraissent être des espèces d'où dérive notre Bœuf domestique (*B. taurus*).

Aujourd'hui il n'existe plus guère, *à l'état sauvage*, que le Gayal (*B. frontalis*), le Gaur (*B. Gaurus*) des Indes et le Banteng (*B. Sondaicus*) des îles de la Sonde, tous pourvus de cornes courtes.

Fig. 581. — Vache bretonne.

Les Bœufs errants de la Camargue et de l'Andalousie sont probablement redevenus sauvages.

B. taurus (Bœuf domestique); garrot sans bosse.

Cet animal présente de nombreuses races créées *par sélection* pour le *travail*, la *boucherie* ou le *lait* (Voir p. 25); avec sa graisse, on fait du suif; avec sa peau, des chaussures; son sang sert à clarifier les liquides; ses os, sa corne et son fumier constituent d'excellents engrais. Le mâle s'appelle *Taureau*, la femelle est la *Vache* (fig. 581); le jeune s'appelle *Veau* (*Taurillon* ou *Génisse*), suivant le sexe. La durée de la gestation est de neuf mois et le nombre des petits de 1 ou 2.

B. indicus (Zébu); garrot avec une loupe graisseuse formant bosse.

Le Zébu sert au Thibet et en Afrique comme monture ou animal de trait; il trotte et galope. Il grogne ainsi que le Yack et ne mugit pas comme notre Bœuf. On le croise avec l'Yack femelle pour obtenir le *Dzo*, qui jouit d'une fécondité illimitée.

VIII. — PROBOSCIDIENS

Mammifères décidués, hétérodontes et ongulés, de grande taille, possédant une longue **trompe** *préhensile. 5 doigts presque égaux. Carpe sérié. 1 ou 2 paires d'incisives énormes* (**défenses**); *pas de canines; molaires à crêtes transversales.*

Les **Proboscidiens** se séparent nettement des **Périssodactyles** par la disposition ancestrale des os du carpe (*carpe sérié*). Le corps, lourd et massif (fig. 582), est soutenu par un puissant squelette, surtout celui de la tête et des membres.

La tête, courte et grosse, présente de nombreuses cavités dans les os qui la composent; de puissants ligaments la relient aux apophyses épineuses des vertèbres dorsales; le cou est court; aussi la trompe, formée de l'allongement des cavités nasales en avant et pourvue à son extrémité libre d'un appendice mobile et dactyliforme, est-elle chargée de prendre les aliments qu'elle porte à la bouche en se recourbant en arrière.

La dentition ne comprend que des incisives et des molaires; les canines et les incisives inférieures manquent chez l'Éléphant. Les incisives coniques sont à croissance continue et presque entièrement formées d'ivoire. Les molaires tuberculeuses sont hérissées

FIG. 582. — *Elephas africanus et indicus* (Éléphant d'Afrique et Éléphant d'Asie).

de crêtes en nombre variable (2 ou 3 chez *Dinotherium*, 2 à 5 chez *Mastodon*, jusqu'à 27 chez *Elephas*, fig. 583); les vallées en sont

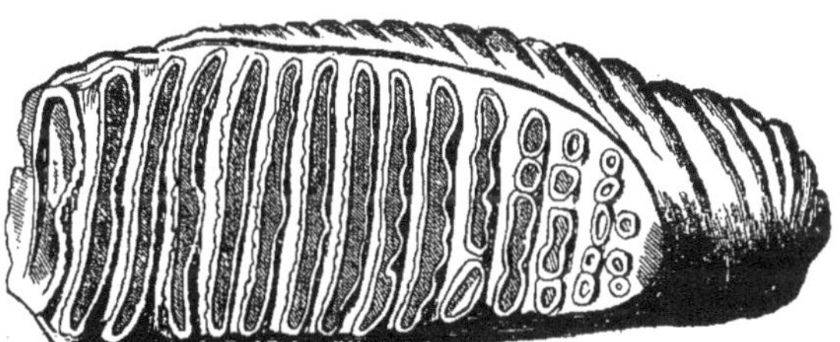

FIG. 583. — Molaire d'Éléphant d'Asie.

comblées par du cément chez l'Éléphant. Les molaires poussent les unes après les autres et ne sont jamais plus de 2 ou 3 à la fois, de chaque côté de chaque mâchoire. Quand les antérieures tombent, celles qui les suivent immédiatement les remplacent; aussi, pour l'Éléphant, en particulier, écrit-on ainsi la formule dentaire :

$$\frac{1}{0}\ \frac{0}{0}\ \frac{1+1+1+1+1+1}{1+1+1+1+1+1}.$$

Estomac simple. Cæcum très grand. Le foie est dépourvu de vésicule biliaire. Cerveau avec de nombreuses circonvolutions. Yeux petits et grandes oreilles pendantes. 2 mamelles pectorales chez la femelle.

Elephas (Éléphant); 2 défenses seulement sur les intermaxillaires. Molaires avec de nombreuses cloisons transversales d'émail.

E. indicus; grosse tête et front concave; oreilles et défenses petites; molaires avec bandes d'émail elliptiques. Inde, Ceylan.

E. africanus; plus grand que le précédent; front fuyant, grandes oreilles couvrant le cou et les épaules; molaires avec bandes d'émail losangiques. Afrique centrale et méridionale.

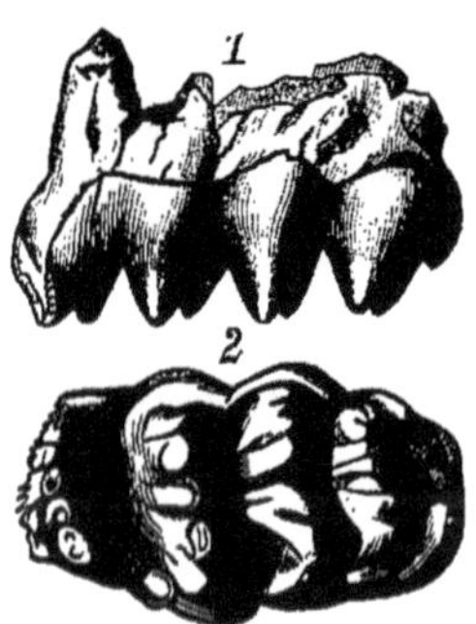

Fig. 584. — Molaire de Mastodonte, vue de profil en 1, vue de face en 2.

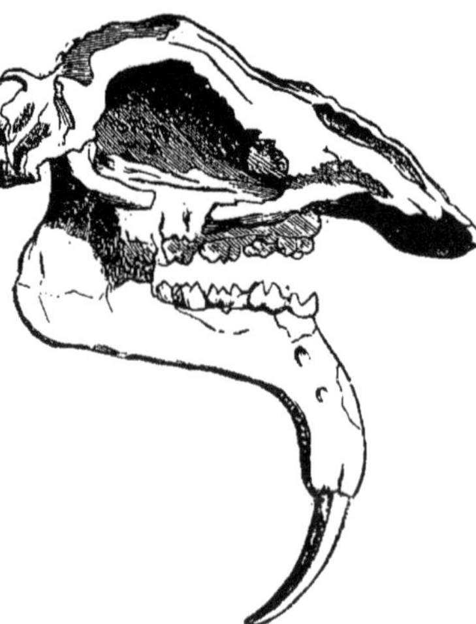

Fig. 585. — Crâne de *Dinotherium*.

L'Éléphant vit en troupes dans les contrées humides et ombragées de l'Inde et de l'Afrique; très intelligent, il peut être facilement domestiqué; de tout temps, l'Homme l'a utilisé comme bête de somme et comme animal de guerre.

Espèces fossiles. — *Elephas antiquus* (*Quaternaire* d'Europe et d'Amérique) a été le plus grand de tous les Mammifères terrestres; longues défenses faiblement recourbées. — *E. primigenius* (Mammouth, fig. 12; *Quaternaire* de l'Europe centrale) possédait 2 énormes défenses pouvant atteindre une longueur de 5 mètres et un poids de 125 kilogrammes.

Le Mammouth était très répandu autrefois en Sibérie où il formait de nombreux troupeaux. Deux de ces animaux ont été retirés entiers et parfaitement conservés des glaces de la Sibérie, en 1799 et en 1846; leur corps était recouvert d'une épaisse fourrure brune qu'on ne retrouve pas chez les types actuels.

Mastodon (Mastodonte); 4 défenses peu recourbées; les 2 incisives inférieures plus petites que les supérieures. Molaires avec 3 à 6 rangées transversales de tubercules sans cément interposé (fig. 584). — *M. angustidens* (*Miocène* d'Europe et d'Asie). — *M. americanus*; incisives inférieures rudimentaires. — *Dinotherium* (*Miocène* moyen et supérieur d'Europe et d'Asie); animal gigantesque atteignant au moins $4^m,50$. Dentition : $\frac{0}{1}\frac{0}{0}\frac{2+3}{2+3}$. La mâchoire inférieure seule était armée de fortes incisives recourbées vers le bas (fig. 585).

IX. — HYRACOÏDES

Petits Ongulés à carpe et tarse sériés. 4 doigts en avant, 3 en arrière. Dentition de Rongeur $\frac{1}{2}\frac{0}{0}\frac{4+3}{4+3}$. *Incisives à croissance continue. 3 paires de mamelles.*

Un seul genre : *Hyrax* (Daman, fig. 586); de la taille d'un

FIG. 586. — *Hyrax syriacus* (Daman de Syrie).

Lièvre. Animal grimpeur qui vit dans les fentes des rochers au Cap (*H. capensis*), en Abyssinie (*H. abyssinicus*) et en Syrie (*H. syriacus*).

X. — RONGEURS

Mammifères décidués, onguiculés (ongles ou griffes) et hétérodontes. Dentition incomplète : pas de canines; incisives à croissance continue; molaires à replis d'émail transversaux, à croissance limitée ou continue.

Les Rongeurs comprennent un nombre considérable de Mammifères très agiles, dont les uns, de très petite taille, s'abritent dans des trous qu'ils ont creusés dans le sol ; d'autres grimpent à l'aide de leurs pattes aux doigts très mobiles et armés d'ongles; d'autres enfin fréquentent le voisinage des eaux et nagent parfaitement. Tous sont reconnaissables à leur dentition et à la forme de la mâchoire inférieure (Voir, à ce sujet, T. I, pages 67 et 68, fig. 53 et 54).

Peu intelligents, possédant un encéphale très réduit, les Rongeurs sont sans défense contre les Carnassiers qu'ils évitent par la fuite et en se cachant dans leurs trous. Ils sont d'une remarquable fécondité : 4 à 6 portées dans l'année; chaque portée comprend plusieurs petits. La femelle possède de nombreuses mamelles pectorales et abdominales. Les Rongeurs se trouvent dans le monde entier.

1° **Léporidés.** — *Excellents coureurs dont les pattes postérieures sont plus fortes que les antérieures. Poil épais. Dentition :* $\frac{2}{1}\frac{0}{0}\frac{5(6)}{5}$ *: 2 incisives accessoires très petites sont situées en arrière des principales.*

Lepus; longues oreilles; queue courte et dressée. Clavicule rudimentaire.

Le Lièvre (*L. timidus*, fig. 587) atteint environ $0^{m},50$ de longueur. Il habite les champs, la lisière des bois, s'abrite dans une légère excavation, dans un sillon

Fig. 587. — *Lepus timidus* (Lièvre).

ou sous un buisson ; il cherche, au crépuscule seulement, sa nourriture composée de racines et de feuilles diverses (plantes potagères surtout). Il fuit au moindre bruit et fait des bonds prodigieux quand il est poursuivi. La femelle (*hase*) a plusieurs portées, chacune de 1 à 4 petits ; au bout d'une gestation de 30 jours, les jeunes naissent, couverts de poils et les yeux ouverts. A l'âge de 3 semaines, ils quittent leur mère.

Contrairement au Lièvre qui vit solitaire, le Lapin (*L. cuniculus*, fig. 588) vit en société dans des galeries souterraines qu'il s'est creusées dans les landes; il en sort le soir pour paître en famille. Sa fécondité est grande : 7 à 8 portées de 4 à 12 petits chacune ; la gestation dure 30 jours et, au bout de 6 mois, les jeunes peuvent se reproduire. Les petits naissent nus et aveugles.

FIG. 588. — *Lepus cuniculus* (Lapin).

Le Lapin de garenne a été réduit en domesticité ; l'une des races créées est le *Lapin d'Angora* à longs poils soyeux.

On appelle *Léporide* l'hybride fécond du Lièvre et du Lapin.

Les **Léporidés** ont une chair très appréciée; aussi sont-ils recherchés des chasseurs.

Lagomys ; queue nulle; oreilles courtes; pattes à peu près de même dimension ; clavicules bien développées. Habite les plateaux élevés de la Sibérie.

FIG. 589. — *Cavia cobaya* (Cochon d'Inde).

2° **Subongulés.** — *Rongeurs assez lourds dont les pattes antérieures ont 4 doigts et les postérieures 3 seulement. Dentition* : $\frac{1\,0\,4}{1\,0\,4}$.

Cavia (Cochon d'Inde, fig. 589) ; pattes courtes.

C. Aperia vit dans le Paraguay et le Brésil comme le Lapin sauvage. *C. cobaya* (Cobaye domestique).

Fig. 590. — *Hystrix* (Porc-épic).

Dasyprocta (Agouti); semblable au Lièvre et haut sur pattes. Vit dans les forêts de l'Amérique du Sud.

3° **Hystricidés.** — *Gros Rongeurs lourds. Dos couvert de piquants. Pattes courtes avec 4 ou 5 doigts armés de griffes fortes. Molaires avec plis d'émail.*

Hystrix (Porc-épic, fig. 590); animal habitant des trous d'où il sort la nuit; queue courte; longue crinière de soies sur le cou.

Fig. 591. — *Dipus* (Gerboise de Mauritanie).

Habite le nord de l'Afrique, l'Italie et l'Espagne. — *Cercolabes ;*

grimpeur pourvu d'une queue prenante; se tient sur les arbres dans les forêts. Brésil et Guyane.

4° **Lagostomidés.** — *Pattes postérieures très longues et dentition analogue à celle du Lièvre; aspect extérieur de Souris : longues oreilles, queue touffue, fourrure souple et fine.*

Eriomys (Chinchilla); grand comme l'Écureuil; fourrure recherchée et chair excellente. Il habite les hauts sommets des Andes. — *Lagostomus* (Viscache, Lièvre des pampas); vit dans l'Amérique du Sud.

A côté des **Lagostomidés** peut être rangée la petite famille des **Dipopidés** représentée par le genre *Dipus* (Gerboise, fig. 591).

La Gerboise est remarquable par le grand développement de ses pattes postérieures et de sa queue; elle fait d'énormes bonds et se meut avec une grande rapidité. Elle habite les steppes des deux continents.

5° **Muridés.** — *Rongeurs à corps plus ou moins svelte.* $\frac{3}{3}$ *molaires tuberculeuses. Fortes clavicules.*

Mus (Rat). Queue très longue cannelée et écailleuse; museau pointu; grandes oreilles. Nombreuses espèces. Molaires à surface

Fig. 592. — *Mus rattus* (Rat noir).

ornée de lamelles transversales d'émail avec 3 tubercules sur chaque lamelle.

Le Rat noir (*M. rattus*, fig. 592), au pelage gris noirâtre, au museau très effilé, atteint 0m,15 ; sa queue a 0m,20.

Originaire de l'Asie centrale, il fut amené en Europe sur les navires, à l'époque des croisades, et se multiplia rapidement ; il a été presque entièrement détruit chez nous par le Surmulot, beaucoup plus fort. Il vit dans les lieux secs (gre-

Fig. 593. — *Mus decumanus* (Surmulot).

niers, remises, etc.), d'où il sort surtout la nuit. 2 à 4 portées annuelles de 4 à 10 petits chacune.

Le Surmulot (*M. decumanus*, fig. 593), au pelage brun roussâtre, atteint 0m,30; sa queue n'a que 0m,20.

Fig. 594. — *Mus musculus* (Souris).

Probablement originaire aussi de l'Asie centrale, il a envahi, au siècle dernier, la Russie, puis l'Angleterre par les navires, la France vers 1750 et la Suisse vers 1810. Il habite la ville et la campagne, préfère les égouts et les caves; il traverse facilement les fleuves à la nage. Omnivore, il se nourrit de végétaux, mais ne dédaigne pas la nourriture animale, dépèce les cadavres dans les abattoirs, poursuit dans la campagne poulets et perdreaux; il a détruit le Rat noir à Paris et dans les grandes villes. 2 ou 3 portées annuelles de 4 à 8 petits capables de se reproduire au bout de 3 mois.

La Souris (*M. musculus*, fig. 594), au pelage gris brun, avec de grandes oreilles nues, atteint 0m,09; queue de même longueur.

La Souris a toujours accompagné l'Homme, s'installant partout où il élit domicile; elle se nourrit de matières végétales, de graisse, de suif, de papier, en un mot des substances les plus variées. Sa fécondité est énorme : 3 ou 4 portées annuelles de 6 à 8 petits qui naissent nus et aveugles, au bout de 22 à 24 jours; ils sont néanmoins capables de se reproduire à l'âge de 3 semaines.

Fig. 595. — *Mus sylvaticus* (Mulot).

Le Mulot (*M. sylvaticus*, fig. 595), au pelage fauve, aux pattes blanches, atteint 0m,12; queue de même longueur.

Commun dans toute la France, le Mulot habite les champs et s'y creuse des terriers dans lesquels il s'abrite et fait d'abondantes provisions (glands, faînes, épis); il mange les graines semées, ronge l'écorce des jeunes arbres et parfois attaque les petits Oiseaux. *Essentiellement nuisible;* sa fécondité est comparable à celle de la Souris.

Cricetus (Hamster). Corps court, épais, porté par de petites pattes armées d'ongles larges; queue courte et velue. Oreilles

Fig. 596. — *Cricetus frumentarius* (Hamster).

moyennes; des abajoues. Molaires dont la surface est ornée de lamelles d'émail transversales, avec 2 tubercules sur chaque lamelle.

Le Hamster commun (*C. frumentarius*, fig. 596) a le pelage

brun-jaune, formé d'un duvet court et mou avec de longues soies raides; longueur : $0^m,30$.

Il habite la plaine du Rhin, vit de racines, de graines et d'herbes qu'il emporte dans ses abajoues; il entasse, dans son terrier, jusqu'à 100 kilogrammes de provisions, qu'il consomme pendant l'hiver, en partie du moins, après avoir bouché les issues; s'il fait grand froid, il s'endort du sommeil hivernal.

Très nuisible aux moissons.

Arvicola (Campagnol). Forme lourde; tête large pourvue d'un museau écourté; petites oreilles et queue courte uniformément velue. **Molaires à surface supérieure ornée de plis d'émail en zigzag.**

Très nuisibles à l'agriculture, les Campagnols se creusent des terriers dans tous les terrains cultivés (prairies, champs, jardins potagers, etc.), détruisent beaucoup de végétaux et font de grandes provisions de graines pour l'hiver. Ils se reproduisent rapidement par les temps secs; les pluies abondantes et les inondations du printemps en détruisent beaucoup, parce que les petits sont noyés dans les terriers.

Fig. 597. — *Arvicola agrestis* (Campagnol).

Le Rat d'eau (*A. amphibius*), au pelage brun gris, atteint $0^m,17$; sa queue $0^m,08$.

Il habite des terriers sur la berge des cours d'eau; il nage avec facilité; se nourrit de racines, du frai de Poisson; détruit parfois les jeunes Oiseaux et leurs œufs, les Grenouilles et même des Poissons. Il hiberne.

Le Campagnol des champs (*A. agrestis*, fig. 597) a le pelage fauve et les pattes blanches; sa longueur est de $0^m,10$.

Le plus nuisible de tous les Muridés, ce Campagnol exerce d'incomparables dégâts dans les champs comme sur les hautes montagnes (on l'a trouvé dans les Alpes à 2000 mètres d'altitude). Il coupe le chaume du Blé avant la moisson et emporte l'épi dans son terrier, ravage les champs de carottes, coupe les racines des jeunes Trèfles et dévaste à l'automne les semailles. Il forme de véritables colonies dont les terriers sont voisins. 6 portées annuelles de 4 à 6 petits qui naissent au bout de 20 jours et se reproduisent dès l'âge de 2 mois.

Putois, Fouines, Chats, Buses, Hiboux détruisent fort heureusement un nombre considérable de ces animaux.

A. Nivalis (Campagnol des neiges) se trouve à de grandes hauteurs dans les Alpes. *A. subterraneus* (Campagnol souterrain) habite toute la France.

Myodes (Lemming, fig. 598); queue très petite; pattes antérieures avec de fortes griffes. Hautes montagnes de la Suède et de la Norwège.

FIG. 598. — *Myodes* (Lemming).

Le Lemming est connu par ses migrations en troupes considérables vers des régions plus clémentes, avant l'arrivée des grands froids.

Fibor (Ondatra). Gros Rat à pattes postérieures palmées et à queue comprimée latéralement en forme de rame. Une glande au voisinage de l'anus, sécrète une sorte de musc.

L'Ondatra construit des cabanes sur le rivage des fleuves et des lacs du Canada, comme le Castor. On le prend à l'aide de pièges pour utiliser sa fourrure.

6° **Castoridés.** — *Grands Rongeurs au corps épais; courtes oreilles; queue aplatie, écailleuse, en forme de rame. Pattes à 5 doigts armés de fortes griffes; les postérieures seules sont palmées. Des clavicules.* $\frac{4}{4}$ *molaires à plis transversaux d'émail.*

Castor. C. fiber (Castor commun ou Bièvre, fig. 599); pelage très recherché comme fourrure à cause des 2 sortes de poils soyeux (les uns plus longs, les autres courts) dont il est formé. Longueur : $0^m,65$; queue : $0^m,30$ sur $0^m,10$.

Le Castor, autrefois commun en France sur le rivage d'un grand nombre de rivières (en particulier la *Bièvre*, près de Paris), se trouve rarement sur les bords du Rhône et de ses affluents; c'est surtout au Canada qu'il est abondant aujourd'hui. Il vit de jeunes pousses d'arbres (surtout de Saule), mange l'écorce de Peuplier et de Bouleau, les racines de plantes aquatiques. Il peut couper des troncs de 50 centimètres de diamètre.

A ce propos, il importe de signaler les travaux de construction des digues auxquels se livre le Castor. Une troupe de Castors établit une digue avec des branches d'arbres coupées, puis reliées entre elles par d'autres branches et de la terre glaise. Cette digue est disposée en travers d'un cours d'eau et en amont des points où la troupe édifiera, sur pilotis, des huttes pour l'hiver. Chaque hutte se compose d'un étage supérieur avec un plancher à sec et d'un étage inférieur avec une ouverture sous l'eau; dans cette chambre immergée est placée la réserve d'écorces qui servira à l'alimentation de chaque habitant pendant la saison froide.

La femelle met au monde 2 à 5 petits par an en une seule fois. Les jeunes, d'abord aveugles, commencent à manger de jeunes pousses au bout d'un mois et

FIG. 599. — *Castor fiber* (Castor d'Europe).

sortent 15 jours après; ils sont adultes à 3 ans seulement, mais peuvent se reproduire dès l'âge de 2 ans.

Le Castor a une chair excellente; on le recherche pour sa fourrure et la substance odorante (*castoreum*) que sécrètent deux glandes spéciales placées au voisinage de l'anus.

7° **Myoxidés.**— *Rongeurs très agiles ressemblant à la Souris par leur petite tête et leur squelette, et à l'Écureuil par leur queue touffue.* $\frac{4}{4}$ *molaires. Pouce rudimentaire.*

Myoxus (Loir); animal *extrêmement nuisible.*

Le Loir commun (*M. glis*), au pelage gris brillant, blanc en dessous, atteint $0^m,15$.

Commun surtout dans la Provence et le Roussillon, il habite les grandes forêts de Chênes et de Hêtres, dont il mange les fruits. Le Loir établit son nid dans un creux d'arbre, y entasse ses provisions pour l'hiver et s'engourdit. A l'automne, il est très gras et sa chair est excellente.

Fig. 600. — *Myoxus nitela* (Lérot).

Le Lérot (*M. nitela*, fig. 600) a les oreilles plus grandes que le précédent et la queue touffue à l'extrémité.

Répandu dans toute la France, le Lérot habite les jardins et les vergers, où *il maraude et cause les plus grands dégâts.* Il consomme les fruits sucrés (prunes, abricots, poires, pêches dont il est friand) ou, à défaut, des noisettes, des œufs et de jeunes Oiseaux. Il s'abrite dans les murs, les arbres creux et même dans les nids des Oiseaux, en été; en hiver, il se réfugie dans les granges où plusieurs peuvent s'endormir, pressés les uns contre les autres.

Fig. 601 — *Myoxus muscardinus* (Muscardin).

Le Loir muscardin (*M. muscardinus*, fig. 601) est une sorte d'Écureuil en miniature; il est plus rare que le Lérot.

Il cause de grands dommages en mangeant les bourgeons des arbres; il affectionne les noisettes, faînes, glands et les baies du Sorbier. Il dort, le jour, dans son nid établi sur les branches basses d'un Noisetier; il s'engourdit et dort pendant 6 mois, à la saison froide.

8° **Sciuridés**. — *Rongeurs à longue queue généralement touffue. Membres antérieurs organisés pour saisir les objets; pouce rudimentaire. Clavicules bien développées. Molaires :* $\frac{5(4)}{4}$, *avec couronne d'émail carrée ou triangulaire.*

Sciurus (Écureuil, fig. 602); animal agile au corps élancé, avec

Fig. 602. — *Sciurus vulgaris* (Ecureuil commun).

de longues oreilles garnies d'un pinceau de poils et une queue touffue.

L'Écureuil commun (*S. vulgaris*) a deux pelages : l'un d'été, l'autre d'hiver. D'un roux brillant *en été* et blanc en dessous, le pelage devient d'un roux moins vif et mêlé de gris en hiver; et même dans les pays du Nord, la fourrure devient entièrement grise en hiver (petit-gris). Fourrure très recherchée.

Fig. 603. — *Arctomys* (Marmotte).

L'Écureuil habite les bois, surtout les grandes forêts de Pins; il vit de fruits, de bourgeons de Pins et de Sapins. Il construit son nid au sommet des grands arbres avec des bûchettes entrelacées et de la mousse; au voisinage, il fait des provisions qu'il consommera pendant l'hiver en se réveillant, à diverses reprises, de son sommeil hivernal. Ses ongles pointus et recourbés en font un excellent grimpeur; il saute avec agilité. L'Écureuil se pose sur ses membres postérieurs et sa queue pour grignoter les graines qu'il tient avec ses 2 pattes antérieures.

Sciuropterus (Écureuil volant, Polatouche); un parachute entre les membres. Sibérie et Amérique du Nord. — *Spermophilus*; petites oreilles, queue courte et abajoues. Régions boréales. — *Arctomys* (Marmotte, fig. 603); corps lourd; petites oreilles arrondies; queue courte et poilue; pas d'abajoues (Alpes, Asie, Amérique).

Fig. 603 *bis*. — Marmotte.

La Marmotte habite aux altitudes les plus élevées au voisinage des glaciers (fig. 603 *bis*); elle ne vit activement que pendant 3 mois et broute alors des plantes alpines (Plantain, Trèfle, *Aster*). Son long sommeil hiverna ne l'épuise pas.

XI. — INSECTIVORES

Mammifères décidués, onguiculés et hétérodontes. Dentition complète. Molaires hérissées de tubercules aigus. Animaux plantigrades et pourvus de 5 doigts armés de griffes. Hémisphères cérébraux petits et lisses.

Les **Insectivores** sont de petits Carnassiers, tous plantigrades, se nourrissant de petits animaux, surtout d'Insectes, de larves et de Vers. Dentition typique : $\frac{3}{3}\ \frac{1}{1}\ \frac{4+3}{4+3}$. Articulation de la mâchoire inférieure identique à celle des Carnivores (Voir T. I, p. 66, fig. 51 et 53). Mamelles ventrales.

Ce sont des animaux hibernants dans nos régions; ils sont répandus dans le monde entier, sauf l'Australie et l'Amérique du Sud.

1° **Érinacéidés** — *Erinaceus* (Hérisson, fig. 604); dos couvert de forts piquants; des poils protègent le reste du corps. Queue très courte. Le corps peut se rouler en boule. Canines non toujours distinctes; molaires à tubercules arrondis.

Le Hérisson commun (*E. europæus*) est très répandu en Europe et dans une partie de l'Asie; blotti dans les pierres ou les broussailles pendant le jour, il cherche la nuit les Insectes, Chenilles et Limaces, dont il se nourrit; parfois il mange des Mulots, des Serpents, des racines, etc. Il se roule en boule quand il est inquiété. C'est un *auxiliaire précieux des agriculteurs qui*, le plus souvent, *le tuent stupidement, parce qu'ils en ignorent les services*. Le Hérisson s'endort, pendant l'hiver, dans un nid de mousse et de feuilles au fond d'un tronc creux.

Fig. 604. — *Erinaceus europæus* (Hérisson).

2° ***Soricidés***. — *Sorex* (Musaraigne, fig. 605); le plus petit des Mammifères, de forme svelte, comme la Souris, mais avec un museau long et pointu, de courtes oreilles et une dentition très différente de celle du Rongeur précité. 28 à 32 dents.

Fig. 605. — *Sorex vulgaris* (Musaraigne).

La Musaraigne commune (*S. vulgaris*) atteint au plus 0m,07; elle habite, en France, les prairies et les bois humides; très sanguinaire, elle fait la chasse non seulement aux Insectes, mais aux Grenouilles, Campagnols et Mulots qu'elle va attaquer dans leurs terriers. La femelle établit son nid sous des racines ou dans un trou de mur et met au monde 5 à 10 petits, nus avec les yeux fermés.

La Musaraigne naine (*S. pygmæus*), de longueur 0m,05 au plus, est plus rare que la précédente.

Myogale (Desman); animal aquatique avec une longue trompe et les pattes palmées; queue écailleuse, comprimée, portant à sa base une glande musquée. 44 dents.

Le Desman des Pyrénées (*M. pyrenaica*), de longueur de 0m,13, habite l'Espagne et les Pyrénées, le long des petits cours d'eau; il détruit beaucoup de Truites, de Grenouilles, d'Insectes et de Mollusques dont il s'empare la nuit.

Le Desman de Russie (*M. moscovita*) a la grosseur du Hérisson; il fréquente les fleuves en Russie.

3° **Talpidés.** — *Talpa* (Taupe, fig. 606); corps allongé et cylindrique, protégé par un pelage velouté; pattes antérieures beaucoup plus fortes que les postérieures et propres à fouir le sol (Voir T. I, page 202, fig. 199). Yeux et pavillons des oreilles atrophiés. Nez prolongé en trompe. Dentition : $\frac{3}{4}\frac{1}{1}\frac{3+4}{2+4}$.

La Taupe commune (*T. europæa*), de longueur $0^m,14$, est très répandue dans toute la France; elle se creuse rapidement une ingénieuse habitation souterraine (*taupinière*) composée de galeries nombreuses (*terrain de chasse*), toutes reliées entre elles et communiquant avec une chambre centrale (*gîte*). La Taupe tue et dévore tout animal engagé dans ses galeries (Insectes, Vers, Mulots, Grenouilles, etc.); elle s'attaque parfois aux Serpents.

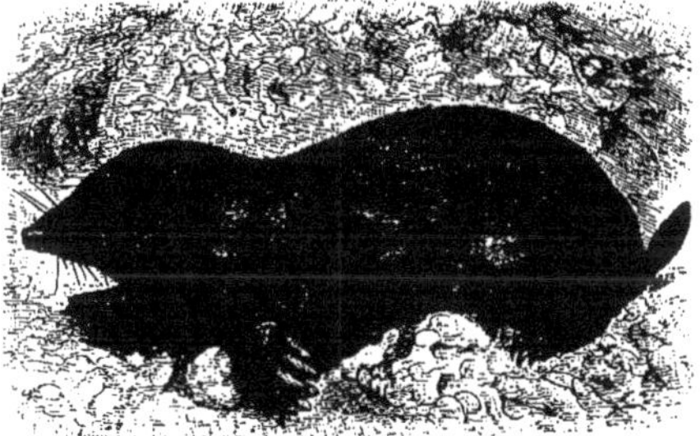

Fig. 606. — *Talpa europæa* (Taupe).

Si la Taupe cause d'importants dégâts aux cultures en creusant ses galeries souterraines, *elle rend* aussi *d'inappréciables services* par la quantité considérable d'Insectes, de larves de Hannetons, etc., qu'elle détruit.

Fig. 606 *bis*. — Galeries de la Taupe.

La Taupe aveugle (*T. cæca*) a les yeux complètement recouverts par la peau (Europe méridionale).

Chrysochloris (Taupe dorée du Cap); pas de queue visible; poils d'éclat métallique.

XII. — CHEIROPTÈRES

Mammifères décidués, onguiculés et hétérodontes. Dentition complète. **Membrane cutanée** *s'étendant entre tous les doigts des membres antérieurs et rejoignant les membres postérieurs et la queue* (Adaptation au vol). 2 *mamelles pectorales.*

La structure caractéristique du membre antérieur des **Chéiroptères** a été exposée déjà (Voir T. I, page 201, fig. 197). Ces animaux nocturnes ne sortent de leurs retraites obscures qu'au crépuscule; aussi ont-ils des yeux peu développés, mais par contre l'odorat, l'ouïe et le toucher d'une exquise sensibilité : de nombreux corpuscules tactiles sont contenus dans la membrane alaire; l'oreille est pourvue d'un grand pavillon, qui peut être fermé par un opercule.

Les Chauves-Souris, absentes des pays froids, acquièrent une taille d'autant plus grande qu'elles habitent des régions plus méridionales. Les espèces des régions tempérées s'endorment pendant l'hiver dans des lieux abrités, accrochées les unes à côté des autres par leurs pattes de derrière (fig. 607).

1° **Chéiroptères insectivores.** — *Petite taille; museau court. Molaires hérissées de tubercules pointus. Pouce seul armé d'une griffe.*

(a) **Gymnorhiniens.** — Nez lisse sans appendice feuilleté.

Chauves-Souris détruisant une quantité considérable d'Insectes.

Plecotus (Oreillard, fig. 608); grandes oreilles presque aussi longues que le corps et soudées ensemble à leur base; ailes courtes et larges. — *Synotus* (Barbastelle); oreilles moyennes, plus courtes que le corps, *soudées* à leur base interne et dentelées sur leur bord externe. — *Vespertilio* (Vespertilion, fig. 609); oreilles allongées et bien séparées, plus longues que larges — *Vesperugo* (Vespérien); oreilles bien séparées, courtes et arrondies.

Fig. 607. — Molosse de Cestoris au repos.

Fig. 608. — *Plecotus* (Oreillard).

Tous ces genres sont européens.

(b) **Phyllorhiniens.** — Nez pourvu d'appendices cutanés. Oreilles séparées.

Chauves-Souris se nourrissant en partie du sang des Mammifères qu'elles sucent par une petite plaie faite à la peau.

Rhinolophus (Rhinolophe); appendice nasal en fer de lance dressé. Europe et Asie. — *Phyllostoma* (Vampire); tête épaisse; langue longue. Appendice nasal en fer à cheval bien développé. Brésil et Guyane.

2° ***Chéiroptères frugivores.*** — *Grande taille. Tête allongée avec de pe-*

Fig. 609. *Vespertilio Bechskeinii.*

Fig. 610. — *Pteropus* (Roussette grise).

tites oreilles et une queue rudimentaire. Le pouce et le 2e doigt sont seuls armés d'une griffe. Molaires hérissées de tubercules émoussés. Langue garnie de pointes cornées dirigées en arrière.

Chauves-Souris causant de grands dégâts dans les plantations et vignobles (Australie, Inde, Afrique); elles entreprennent des migrations lointaines en troupes nombreuses.

Pteropus (Roussette, fig. 610); pas de queue. *P. edulis*, le plus grand des Chéiroptères, atteint 0m,50 de long. Inde. — *Harpyia.* — *Macroglossus*; queue courte.

XIII. — CARNIVORES

Mammifères décidués, onguiculés et hétérodontes. Dentition complète : [la dernière prémolaire supérieure et la 1ère molaire inférieure, très développées, constituent les *carnassières*]. *Digitigrades ou plantigrades à doigts armés de griffes puissantes. Volumineux cerveau avec circonvolutions.*

La dentition des Carnivores comprend de petites incisives, des canines très saillantes et des molaires de deux sortes : les prémolaires qui précèdent la carnassière sont aiguës et tranchantes; celles qui la suivent ont une couronne large et aplatie couverte de tubercules mousses. Plus l'animal est sanguinaire, moins les molaires sont développées; les carnassières, en retour, sont extrêmement puissantes. Le rôle des dents et le jeu du maxillaire inférieur ont été envisagés précédemment (Voir T. I, p. 66, fig. 51 à 53).

La plupart des Carnivores sont organisés pour courir rapidement et pour sauter; aussi sont-ils dépourvus de clavicules ou n'en ont-ils que de rudimentaires; les plus agiles sont digitigrades (Chat, Lion); quelques-uns seulement, aux formes lourdes, sont plantigrades. Leurs sens sont très développés.

L'ordre des Carnivores présente une grande homogénéité; les familles qui le composent, aujourd'hui bien distinctes, sont unies les unes aux autres par des intermédiaires fournis par les Carnivores fossiles.

Fig. 611. — *Viverra* (Civette).

1° **Viverridés.** — *Carnassiers de petite taille, digitigrades ou plantigrades avec 5 doigts aux 4 membres* (le pouce plus court que les autres doigts). *Ongles rétractiles au moins partiellement. Dentition* : $\frac{3}{3}\frac{1}{1}\frac{4(3)+2}{4(3)+2}$. *Carnassière parfaitement développée. Museau long et pointu.*

Fig. 612. — *Genetta* (Genette d'Europe).

Les Viverridés habitent les régions chaudes de l'ancien continent; ils sont très sanguinaires.

Viverra (Civette, fig. 611); digitigrade, pourvue d'une longue queue non enroulable. Molaires : $\frac{3}{4}+\frac{1}{1}+\frac{2}{1}$. Une grande poche, située entre l'anus et les organes génitaux, sécrète une substance onctueuse (*viverreum* ou *zibeth*) à odeur de musc.

V. zibetta (Civette d'Asie), à robe rayée, est plus petite que la Civette d'Afrique (*V. civetta*), de la taille d'un Renard.

Genetta (Genette, fig. 612); fourrure excellente; c'est le seul représentant du groupe en Europe. France méridionale et Espagne;

FIG. 613. — *Meles taxus* (Blaireau commun).

Algérie. — *Herpestes* (Mangouste); digitigrade; pas de poche odorante. Afrique.

2° **Mustélidés.** — *Carnivores plantigrades ou demi-plantigrades avec 5 doigts armés de griffes non rétractiles. Dentition* : $\frac{3\,1\,4+3(2)}{3\,1\,4+3(2)}$.

Animaux surtout grimpeurs.

FIG. 614. — *Mustela martes* (Martre commune).

Meles (Blaireau, fig. 613); corps assez trapu à membres courts. Molaires : $\frac{3}{4}+\frac{1}{1}+\frac{1}{1}$. Plantigrade, avec de fortes griffes.

Le Blaireau commun (*M. taxus*) a un pelage long et grossier, gris brun sur le dos, noir sous le ventre; sa tête est blanche avec une bande noire;

glande anale odorante. Il atteint $0^m,70$. Cet animal, répandu dans toute la France, se creuse des terriers profonds dans les bois ; il sort, la nuit surtout, pour chercher sa nourriture composée de fruits, de racines, de miel, de jeunes Mammifères ou d'Oiseaux. Pas de sommeil hivernal.

Mustela (Martre, fig. 614) ; corps allongé, souple et vermiforme, avec une queue longue et touffue. Museau pointu. Molaires : $\frac{3}{4}+\frac{1}{1}+\frac{1}{1}$. Digitigrades pourvus de griffes recourbées, aiguës et rétractiles.

La Martre commune (*M. martes*) a le pelage marron foncé et la gorge orangée ; elle habite toujours dans les forêts (de Pins surtout), où elle vit de Loirs, d'Écureuils, d'Oiseaux. Sa fourrure est plus recherchée que celle de la Fouine.

La Fouine (*M. foina*, fig. 615), plus petite que la Martre, a le pelage gris brun et

FIG. 615. — *Mustela foina* (Fouine).

la gorge blanche ; commune dans toute la France, elle habite la lisière des bois, s'approche des habitations où elle élit parfois domicile en hiver. Très sanguinaire ; quand elle pénètre dans une basse-cour, elle en tue les habitants et suce le sang de ses victimes dont elle n'emporte que quelques-unes pour sa nourriture.

La Zibeline (*M. zibelina*), à gorge jaunâtre, qui habite la Sibérie, a une fourrure très appréciée.

Putorius (Putois, fig. 616) ; corps vermiforme dont la tête et la

FIG. 616. — *Putorius* (Putois).

queue sont plus courtes que chez la Martre ; oreilles plus courtes et plus arrondies. Molaires : $\frac{2}{3}+\frac{1}{1}+\frac{1}{1}$. Digitigrades à ongles aigus et rétractiles.

Le Putois commun (*P. putorius*) a le pelage brun sur le dos et noir sous le ventre, la queue noire; il grimpe mal et chasse à terre la nuit les Oiseaux (Perdrix,

FIG. 617. — *Putorius vulgaris* (Belette).

Alouettes), les petits Rongeurs, ainsi que les Lièvres et les Lapins; s'il pénètre dans un poulailler, il en tue tous les habitants. Sa fourrure a peu de valeur.

FIG. 618. — *Putorius lutreola* (Vison).

Le Furet (*P. furo*), jaunâtre, a les mêmes instincts; on l'élève pour chasser le Lapin de garenne qu'il poursuit dans son terrier.

La Belette (*P. vulgaris*, fig. 617) a le pelage rouge-brun en dessus, blanc en dessous; c'est la plus petite de toutes les espèces carnivores d'Europe; elle fré-

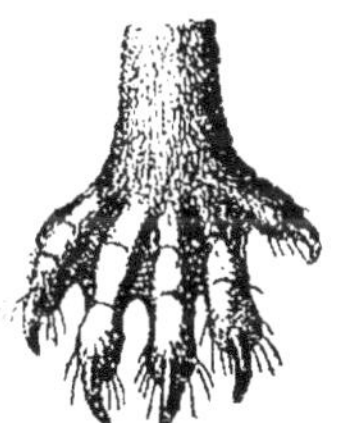

FIG. 619. — Patte postérieure de Vison.

FIG. 620. — *Lutra vulgaris* (Loutre).

quente les environs des fermes, fait la chasse, la nuit, aux Oiseaux de basse-cour ou autres; détruit beaucoup de Campagnols, de Mulots, de Souris, etc.

L'Hermine (*P. erminea*), plus grande que la Belette, habite également nos pays; son pelage d'été est brun-fauve; il devient entièrement blanc en hiver, sauf le bout de la queue qui demeure toujours noir. Les fourrures de Sibérie sont les plus estimées.

Le Vison (*P. lutreola*, fig. 618), aux doigts palmés (fig. 619) a un pelage brun-foncé et le menton blanchâtre; il habite en France la vallée de la Loire; il est assez répandu en Sibérie, en Russie.

Lutra (Loutre, fig. 620); tête large et aplatie avec de courtes oreilles; queue plate; membres courts avec doigts palmés. Molaires : $\frac{3}{3} + \frac{1}{1} + \frac{1}{1}$. Se nourrit de Poissons.

La Loutre vulgaire (*L. vulgaris*) habite le bord des rivières et des étangs; elle est très agile dans l'eau, s'empare, surtout la nuit, des Poissons qu'elle emporte dans sa retraite établie sous les racines d'un Saule, sur la berge. Fourrure estimée.

Tous les Mustélidés sont des *animaux nuisibles* bien qu'ils détruisent un assez grand nombre de petits Rongeurs.

3° ***Félidés***. — *Carnivores digitigrades; pattes pourvues de 5 doigts en avant et de 4 en arrière, tous armés de griffes recourbées, tranchantes et rétractiles* (fig. 621). *Dentition* : $\frac{3}{3}\frac{1}{1}\frac{2}{2} + \frac{1}{1} + \frac{1}{0}$. *Langue pourvue de papilles cornées très dures*.

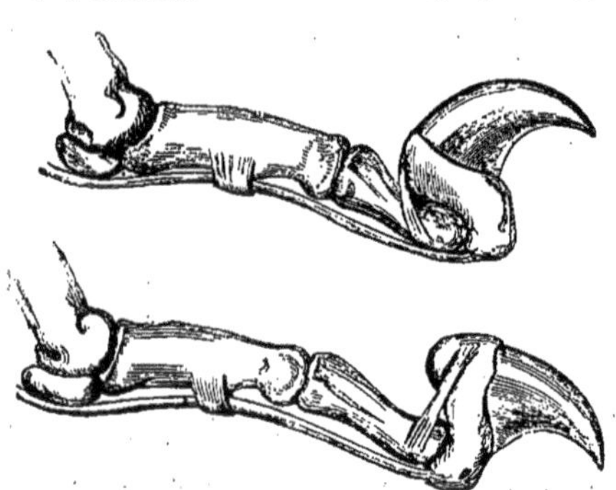

Fig. 621. — Griffe de Chat.

Felis. Canines fortes et en général sillonnées. Pattes courtes. Carnassière supérieure à 3 tubercules dont le médian est le plus développé; carnassière inférieure avec 2 tubercules égaux. Fourrure très recherchée en général.

Le Lion (*F. leo*, fig. 622), a un pelage court à peu près uniformément jaunâtre, le nez aplati, la face large par suite du grand développement des arcades zygomatiques et des muscles masticateurs. Pupille ronde. Le mâle porte une crinière sur le cou et les épaules, une houppe et un piquant corné au bout de la queue. Il habite les pays chauds d'Asie et d'Afrique. — En Amérique habite le Cougouar (*F. concolor*, fig. 623), petit Lion sans crinière et sans touffe à la queue. Le Lion est le seul Félin qui ne grimpe pas sur les arbres.

Le Tigre (*F. tigris*, fig. 624), dépourvu de crinière, possède un pelage jaune avec des raies transversales brun-foncé. Plus sanguinaire que le Lion, il sème l'effroi dans tous les lieux qu'il habite en Asie.

La Panthère ou Léopard d'Asie et d'Afrique (*F. pardus*, fig. 625) et le Jaguar de l'Amérique du Sud (*F. onca*) possèdent une robe jaune d'or parsemée de taches arrondies, pleines ou annulaires. Leur férocité ne le cède en rien à celle du Tigre.

Le Chat sauvage (*F. cattus*, fig. 626) est gris-fauve, à raies et bandes transversales, noirâtres sur le corps et la queue. Pupille verticale. Il vit dans toute l'Europe, sauf le Midi, et devient très rare en France.

Fig. 622. — *Felis leo* (Lion).

Le Chat domestique (*F. domestica*, fig. 626 *bis*), dérivé sans doute de plusieurs

Fig. 623. — *Felis concolor* (Couguar).

espèces sauvages, est notre commensal et nous délivre des Souris, Rats et autres Rongeurs; il a conservé en partie ses instincts sauvages et parfois chasse les

Oiseaux; il faut se défier de sa patte de velours qui devient rapidement offensive quand l'animal est agacé.

Lynx (Lynx); 28 dents. Ongles rétractiles.

Le Lynx est un égorgeur redoutable qui s'attaque aux Cerfs, Chevreuils, Moutons, Lièvres, etc. Il tue sans besoin et ne mange qu'une faible partie de ses victimes,

Fig. 624. — *Felis tigris* (Tigre).

laissant ses reliefs aux Loups et aux Renards. Cet animal habite l'Europe septentrionale et devient rare aujourd'hui dans le Jura, les Alpes et les Pyrénées.

Fig. 625. — *Felis pardus* (Panthère).

Cynaylurus (Guépard); 30 dents. Longues pattes armées d'ongles à demi rétractiles. Longue queue. Pupille circulaire.

Le Guépard possède une tête de Chat portée par un corps de Chien à robe tachetée. Il habite l'Asie et l'Afrique.

Les principaux **Félidés fossiles** sont : *Felis spelæa*, du *Diluvium*, avec tous les caractères du Lion actuel. — *Machairodus* (fig. 627), du *Pliocène*, avec des canines supérieures très puissantes. — *Cytoprocta*, aux pattes subplantigrades avec une dentition analogue à celle du Chat, quoique plus compliquée. — *Prælurus*, *Pseudælurus*, avec un nombre de molaires également plus considérable que chez les Félins. Ces genres établissent le passage des **Félidés** aux **Viverridés** et aux **Mustélidés**.

Fig. 626. — *Felis cattus* (Chat sauvage).

Fig. 626 *bis*. — *Felis domestica* (Chat).

4° ***Hyænidés***. — *Carnivores digitigrades, tétradactyles, pourvus de griffes non rétractiles. Dentition :* $\frac{3}{3}\frac{1}{1}\frac{3}{3}+\frac{1}{1}+\frac{1}{0}$.

Hyæna (Hyène, fig. 628); tête épaisse avec de grandes oreilles dressées; dos garni d'une épaisse crinière également dressée. Afrique.

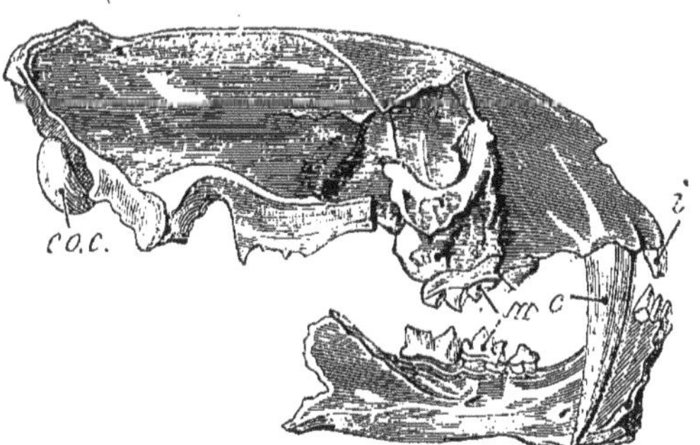

Fig. 627. — Crâne de *Machairodus*.

La Hyène est un Carnassier lâche, répandant une odeur puante, qui sort la nuit pour déterrer les cadavres dont il se nourrit le plus souvent. La Hyène rayée (*H. striata*) et la Hyène tachetée (*H. crocuta*) en sont les moins laides espèces.

Formes fossiles principales: Les **Hyænidés** sont reliés aux **Viverridés** par le genre *Ictitherium* aux volumineuses carnassières. — *Hyænictis* a la même dentition que la Hyène actuelle, sauf la présence d'une dent tuberculeuse rudimentaire en arrière de la carnassière inférieure (Pikermi). — *Hyæna spelæa* du *Quaternaire* semble une variété de *H. crocuta* actuelle.

Fig. 628. — *Hyæna* (Hyène).

Fig. 629. — Chiens esquimaux et du Saint-Bernard.

5° Canidés. — *Carnivores digitigrades, avec 5 doigts aux pattes antérieures et 4 aux pattes postérieures; Ongles non rétractiles.*

Dentition : $\frac{3}{3}\frac{1}{1}\frac{3}{4}+\frac{1}{1}+\frac{2}{2(1)}$.

Les Canidés vivent en société, ne grimpent pas et prennent eur proie à la course ; parfois omnivores.

FIG. 630. — Basset à jambes torses.

Canis (Chien). Pupille circulaire ; queue de longueur moyenne et peu touffue en général.

FIG. 631. — *Canis Lupus vulgaris* (Loup).

Le Chien domestique (*C. familiaris*, fig. 629 et 630), sociable et intelligent, est l'animal domestique le plus dévoué à son maître auquel il rend mille services (chasse, garde de la maison et des troupeaux, transport de fardeaux, etc.). Il a acquis un langage particulier et varié (*aboiement*) en rapport avec les sentiments que cet excellent animal veut traduire (joie, douleur, effroi, appel, etc.). Le nombre des races de Chiens domestiques est considérable ; les principales sont : le Chien de chasse (chien courant, braque, épagneul, barbet, griffon, etc.); le Boule-dogue à museau court; les Chiens laineux (Terre-Neuve, chien des Esquimaux, chien de berger, etc.), le Mâtin aux formes robustes (mâtin, chien danois, etc.); le Lévrier au corps allongé, au museau extrêmement pointu, très rapide à la course, etc.

Le Chien sauvage (ou redevenu sauvage) n'aboie pas; il hurle et chasse toujours en bandes. On le rencontre dans tous les pays.

Fig. 632. — *Vulpes vulgaris* (Renard).

Lupus (Loup, fig. 631); pupille ronde; queue touffue et pendante, grandes pattes.

Le Loup commun (*C. L. vulgaris*) a un pelage gris-fauve sur le dos, plus clair sous le ventre, les oreilles droites et pointues. Généralement solitaire, il se réunit en troupes pendant l'hiver pour chasser, lorsque la neige couvre la terre; il devient alors hardi et s'attaque non seulement aux Moutons et aux Chevreuils, mais aux Chevaux, Bœufs et Chiens, parfois à l'Homme, jusque dans les villages. Le Loup contracte la rage, comme le Chien. Il vit dans toute l'Europe et l'Asie.

Le Chacal (*C. L. aureus*, fig. 529), plus petit que le Loup, a le museau pointu

Fig. 633. — *Vulpes lagopus* (Renard bleu).

et une longue queue; sa robe est gris rougeâtre avec la gorge blanche (Inde, Afrique et Amérique).

Vulpes (Renard); pupille oblongue et verticale ; museau pointu ; queue longue et très touffue ; pattes courtes.

Le Renard (*V. vulgaris*, fig. 632) est assez commun dans tout l'hémisphère nord. Son pelage est d'un fauve rougeâtre. Il vit dans un terrier à plusieurs issues et en sort la nuit pour commettre ses rapines dans les poulaillers des fermes; il poursuit Lièvres, Lapins, Campagnols, Perdrix, Cailles, etc., et se nourrit aussi d'œufs.

Dans les régions polaires, on trouve le Renard bleu (*V. lagopus*, fig. 633) qui possède un pelage gris en été, blanc-bleuâtre en hiver. Sa fourrure est très prisée.

FIG. 634. — *Ursus maritimus* (Ours blanc).

Parmi les **formes fossiles** principales se rattachant aux **Canidés**, signalons : *Cynodon*, *Amphicyon* de l'*Oligocène*; ce dernier genre paraît être aussi l'ancêtre des **Ursidés**. Le genre *Canis* apparaît à l'époque *Pliocène*.

6° ***Ursidés***. — *Carnivores plantigrades, pentadactyles, pourvus de griffes non rétractiles. Dentition :* $\frac{3}{1}\ \frac{1}{1}\ \frac{3}{4} + \frac{1}{1} + \frac{2}{2}$.

Les Ursidés sont omnivores ; leur dentition le révèle par ses caractères ; prémolaires réduites, molaires tuberculeuses très développées, carnassières garnies de tubercules mousses. Ils sont grimpeurs ; leurs pattes postérieures très fortes leur permettent de se tenir debout.

Ursus (Ours) ; corps lourd et trapu, avec une courte queue. Répandu dans tous les pays.

FIG. 635. — *Ursus arctos* (Ours brun des Alpes).

L'Ours blanc (*U. maritimus*, fig. 634) a un pelage entièrement blanc. Exclusivement carnivore, il habite les régions polaires ; il peut atteindre 2m50 de long.

L'Ours brun (*U. arctos*, fig. 635) a le pelage épais, plus ou moins brun, formé de poils crépus. Il habite les pays froids et tempérés de l'Europe et de l'Asie. Jeune, il a une nourriture presque exclusivement herbivore (bourgeons, fruits, etc.), mange le miel et ravage les fourmilières pour y prendre les œufs et les larves dont il est très friand ; adulte, il devient carnivore, s'empare des Moutons, tue parfois des Bœufs, des Chevaux, etc. Il s'engourdit pendant l'hiver et dort d'un sommeil souvent interrompu.

Autres espèces : *U. ferox*. Amérique. — *U. americanus* (Ours noir d'Amérique).

La principale **espèce fossile** est : *Ursus spelæus*, du *Quaternaire*, avec des molaires hérissées d'un grand nombre de tubercules.

XIV. — PINNIPÈDES

Mammifères décidués, onguiculés et hétérodontes. Carnivores adaptés à la vie aquatique, dont les membres pentadactyles sont transformés en nageoires. Dentition complète. Cerveau volumineux avec de nombreuses circonvolutions.

Les **Pinnipèdes** ont le corps allongé et fusiforme, une tête petite supportée par un cou mobile, les 4 membres courts et transformés en nageoires pentadactyles armées de griffes ; pas de nageoire caudale. Les pattes antérieures servent surtout à la marche sur le sol, les pattes postérieures à la natation. La femelle possède 2 ou 4 mamelles ventrales et produit un petit.

Ces animaux vivent en troupes sur les côtes des pays froids et tempérés, surtout dans les régions polaires. On les pêche pour utiliser leur graisse et leur fourrure.

1° **Phoques ou Chiens de mer**. — *Piscivores à courtes canines ; molaires à tubercules pointus.*

Ils se nourrissent principalement de Poissons qu'ils pêchent la nuit ; le jour ils dorment sur les récifs. Intelligents et vifs en général, les Phoques sont faciles à apprivoiser.

Phoca ; museau glabre à l'extrémité ; pas d'oreilles externes.

Dentition : $\frac{3}{2}\ \frac{1}{1}\ \frac{5}{5}$.

Le Phoque barbu (*Ph. barbata*, fig. 636) atteint 3 mètres de long ; il habite les mers du Nord, ainsi que le Veau marin (*Ph. vitulina*).

Cystophora. C. proboscidea mesure près de 8 mètres de long ; le

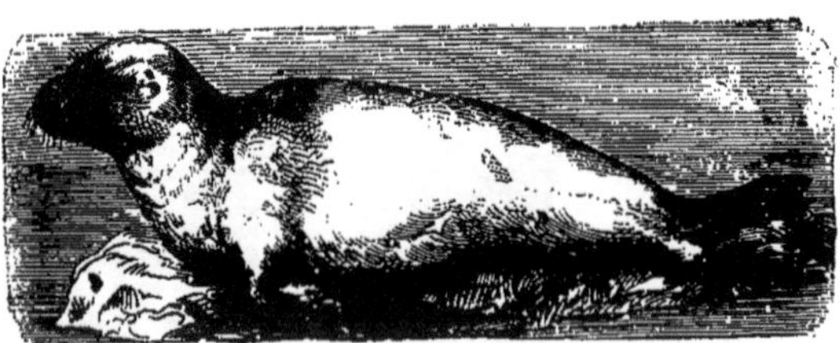

Fig. 636. — *Phoca barbata* (Phoque barbu).

mâle possède sur le museau une sorte de trompe. Océan Pacifique. — *Otaria* (Otarie) ; oreilles pourvues d'un pavillon.

2° **Morses**. — *Fortes canines supérieures dirigées en bas et servant de défenses. Molaires à tubercules mousses.*

Le museau large est couvert de poils. Ces animaux se nourrissent de Varechs, de Crustacés et de Mollusques.

Trichechus. T. rosmarus (Vache marine, fig. 528); atteint de 4 à 5 mètres de long; ses grandes défenses, qui ont jusqu'à $0^m,60$, sont travaillées comme l'ivoire. Océan glacial arctique.

XV. — LÉMURIENS

Mammifères **Primates** *décidués, hétérodontes et grimpeurs. Membres avec pouce opposable* (**main**). *Dentition d'Insectivore. Cerveau lisse; orbites non fermées.* 1 *ou* 2 *paires de mamelles* (pectorales et abdominales).

Les **Lémuriens** ou **Prosimiens** sont des grimpeurs à tête large, à face velue, à queue jamais prenante. Le 2e doigt du membre postérieur est toujours muni d'une griffe; les autres possèdent des ongles; ils habitent exclusivement les contrées tropicales de l'ancien monde : Madagascar, Afrique et Asie. Ils se nourrissent d'Insectes et de petits Mammifères.

Galeopithecus (Galéopithèque); une membrane aliforme très velue réunit sur toute leur longueur les membres et la queue, et fait office de parachute. Dentition : $\frac{2\,(1)}{2}\ \frac{0\,(1)}{1}\ \frac{2+4}{2+4}$. Tous les doigts sont armés de griffes.

Le Galéopithèque, qui vit dans les Iles Malaises, se nourrit d'Insectes et de fruits; il dort le jour, suspendu dans sa retraite, comme une Chauve-Souris. 2 mamelles pectorales.

Chiromys (Aye-Aye) ; ressemble à un gros Écureuil avec de longs doigts grêles pourvus de griffes; pas de canines. Madagascar. — *Tarsius* (Tarsier); tête épaisse avec de grands yeux, de longues oreilles et un museau court. Forêts des îles de la Sonde. — *Lichanotus* (Indri); museau court, petites oreilles cachées dans la fourrure; atteint 1 mètre de long. Madagascar. — *Lemur* (Maki); museau très allongé (comme celui d'un Renard), oreilles courtes et velues; longue queue touffue. Dentition : $\frac{2\,(0)}{2}\ \frac{1}{1}\ \frac{3+3}{3+3}$. Vit en troupes dans les forêts de Madagascar.

XVI. — SINGES

Mammifères **Primates** *décidués et hétérodontes. 4 mains pourvues d'ongles. Dentition complète d'Omnivore:* $\frac{2}{2}\ \frac{1}{1}\ \frac{3\,(2)+2\,(3)}{2\,(3)+2\,(3)}$. *Hémisphères cérébraux développés avec circonvolutions; orbites distinctes des fosses temporales.* 2 *mamelles pectorales.*

Par leurs canines robustes, leur face proéminente, surtout dans l'âge adulte, leur menton fuyant, les crêtes osseuses parfois considérables que présente leur crâne, etc., les Singes se distinguent de l'Homme. S'ils sont assez intelligents, ils ne possèdent pas toutefois le langage articulé; leur angle facial ne dépasse pas 30° en général. Les poils, plus abondants sur le dos que sur le ventre, manquent à la paume de la main, à la plante des pieds et parfois aux fesses (*callosités fessières*). La queue, nulle chez les **Anthropoïdes**, n'est pas prenante chez les autres Singes de l'ancien Continent; c'est, au contraire, un organe préhensile chez ceux d'Amérique.

La plupart des Singes vivent en troupes dans les pays chauds (le Magot est le seul type qu'on trouve encore aujourd'hui en Europe, sur les rochers de Gibraltar). Ils se nourrissent surtout de fruits, de graines et de racines, plus rarement d'œufs, d'Oiseaux et d'Insectes.

Les Singes ont la faculté d'imiter les mouvements qu'on exécute devant eux; cette tendance à l'imitation n'existe chez aucun autre animal; malheureusement ils ont le naturel pervers et s'il est possible d'entreprendre l'éducation de quelques-uns d'entre eux quand ils sont jeunes, on doit vite y renoncer dès qu'ils avancent en âge.

« Chassez le naturel, il revient au galop. »

1° ***Arctopithèques.*** — *Petits Singes de l'Amérique du Sud, couverts de poils laineux, à longue queue touffue, possédant des griffes, sauf le gros orteil opposable qui porte un ongle plat. Pouce non opposable. Tête arrondie renfermant un encéphale très volumineux, mais sans circonvolutions.* 32 *dents. Attitude quadrupède.*

Ce groupe de Singes est le plus voisin des Lémuriens.

Hapale. H. jacchus (Ouistiti); touffes de poils blancs en avant et en arrière des oreilles de longueur moyenne. Dentition : $\frac{2}{2}\ \frac{1}{1}\ \frac{3+2}{2+2}$. Canines petites; molaires à tubercules pointus. Queue non préhensile.

L'Ouistiti a une fourrure soyeuse; il vit en troupes sur les arbres, grimpe et saute avec légèreté; il s'abrite la nuit dans les creux des vieux troncs pour y dormir.

2° ***Platyrrhiniens.*** — *Singes d'Amérique* **à narines écartées,** *pourvus d'ongles. Le pouce de la main est souvent rudimentaire, jamais opposable autant que le gros orteil. Corps élancé avec une queue longue et souvent prenante. Dentition :* $\frac{2}{2}\ \frac{1}{1}\ \frac{3+3}{3+3}$. *Attitude quadrupède.*

Les Platyrrhiniens n'ont jamais d'abajoues ni de callosités fessières. Ils vivent sur les arbres en sociétés nombreuses. Leur intelligence est médiocre.

(a) Platyrrhiniens à queue pendante.

Pithecia (Saki); crâne élevé; mâchoire inférieure énorme; canines fortes.

Le Saki satan (*P. satanas*) du Brésil possède une grande barbe touffue.

Chrysothrix (Saïmiri); crâne très allongé; vit en Guyane. — *Callithrix* (Sagouin).

(b) **Platyrrhiniens à queue prenante.**

Cebus (Sajou); tête arrondie; angle facial de 60°; longue queue entièrement poilue. — *Ateles* (Atèle ou Singe-araignée); corps grêle à longs bras et longue queue; pouce rudimentaire. — *Mycetes* (Singe hurleur, fig. 531); os hyoïde vésiculeux renfermant des poches destinées au renforcement de la voix. Pouce bien développé; grosses canines.

3° ***Catarrhiniens.*** — *Singes de l'ancien continent*, **à narines rapprochées**, *pourvus d'ongles. Pouce bien développé* (sauf chez *Colobus*). *Queue jamais prenante, parfois nulle* (Anthropomorphes).

Dentition : $\frac{2\;1\;2+3}{2\;1\;2+3}$.

(a) **Cercopithécidés.** — Une queue; 19 vertèbres dorso-lombaires. Molaires à section allongée. Attitude quadrupède.

Cynocephalus (Cynocéphale ou Papion); corps trapu et lourd; museau semblable à celui du Chien. Grosses canines; des abajoues et de grandes callosités fessières. Habite les contrées montagneuses élevées d'Afrique.

Le Babouin (*C. babuin*) a le visage couleur de chair et une longue queue. Abyssinie. — Le Papion (*C. sphinx*) a la queue longue. Afrique occidentale. — Le Mandrill a une queue rudimentaire.

Cercopithecus (Guenon, fig. 637); formes plus légères; membres vigoureux pourvus de pouces bien développés; longue queue. Vit en Afrique, volontiers dans le voisinage de l'Homme. — *Macacus* (Macaque); corps trapu. — *Innuus* (Magot); queue courte.

Le Magot commun (*I. ecaudatus*) vit sur les rochers de Gibraltar et au nord de l'Afrique.

Semnopithecus (Semnopithèque, fig. 637); corps grêle avec de longs membres; pouce rudimentaire. Museau court; petites callosités; pas de véritables abajoues. Estomac divisé en trois compartiments. Asie.

Le Semnopithèque habite par troupes nombreuses dans les forêts de l'Asie méridionale; il vit surtout de feuilles et de fruits. L'Entelle (*S. entelle*) est vénéré des Hindous. Le Nasique (*S. nasicus*), qui habite Bornéo, est pourvu d'un long nez.

Colobus (Colobe); pas de pouce. Afrique.

Formes fossiles principales : *Mesopithecus*, du *Miocène supérieur* (Pikermi), avec une tête de Semnopithèque et les membres courts et robustes d'un Macaque. — *Oreopithecus*, qui fait la transition des Semnopithèques aux Singes anthropomorphes; face courte et menton arrondi; canines deux fois plus hautes que les autres dents.

(b) **Anthropomorphes.** — Pas de queue. 16 à 18 vertèbres dorso-lombaires. Molaires à section peu allongée, à angles arrondis. Pas de callosités fessières (sauf *Hylobates*). *Attitude oblique.*

Hylobates (Gibbon, fig. 638); corps élancé pourvu d'une tête arrondie et de longs membres antérieurs qui touchent presque le sol quand l'animal est debout; petites callosités et pas d'abajoues.

Fig. 637. — *Cercopithecus* (Guenon). — *Semnopithecus* (Semnopithèque et son petit).

Le Gibbon ne dépasse pas 1 mètre; il est d'une intelligence médiocre et d'un naturel très doux. Il habite en troupes nombreuses les forêts de l'Asie méridionale et de l'Océanie et se tient sur les arbres; il y déploie une vigilance surprenante qui lui permet de se soustraire par la fuite au moindre danger.

H. leuciscus (Gibbon cendré); occiput noir. *H. syndactylus* (Siamang), noir; 2e et 3e orteils réunis par une membrane.

Satyrus (Orang, fig 530); crâne court (brachycéphale) et courtes oreilles. Membres antérieurs atteignant les chevilles. 12 paires de côtes.

L'Orang-Outang (*S. orang*) atteint 1m,40 de hauteur; il habite les forêts marécageuses de Sumatra et de Bornéo, grimpe lentement sur les arbres au sommet desquels il construit son nid; il marche difficilement sur le sol, en s'appuyant sur ses membres postérieurs et sur la face dorsale des doigts recourbés. Le jeune

FIG. 638. — *Hylobates* (Gibbon).

Orang est intelligent, mais son cerveau s'accroît peu avec l'âge, tandis que ses mâchoires acquièrent un développement considérable.

Gorilla (Gorille, fig. 530); crâne allongé (dolichocéphale) et petites oreilles. Membres antérieurs atteignant le genou. **13 paires de côtes.**

Le Gorille (*G. gina*) vit en bandes dans les forêts du Gabon ; c'est le plus grand et le plus fort de tous les Singes; il atteint 1^{m},60.

Troglodytes (Chimpanzé, fig. 530) ; crâne allongé et grandes oreilles écartées. Les autres caractères extérieurs sont identiques à ceux du Gorille.

Le Chimpanzé (*T. niger*) est noir ; il vit en bandes nombreuses dans les forêts de la Guinée où il construit, sur les arbres, un nid pourvu d'un toit.

Formes fossiles principales : *Pliopithecus* (*Miocène*) qui diffère très peu du Gibbon.— *Driopithecus* (*Miocène*), de la taille du Chimpanzé.— *Anthropopithecus* (*Pliocène* de l'Inde), véritable Chimpanzé.

XVII. — HOMME

Mammifère **Primate**, *possédant* 2 *mains et* 2 *pieds ; la plante des pieds est large et les orteils courts :* **Dentition** : $\frac{2}{2}\,\frac{1}{1}\,\frac{2+3}{2+3}$. *Canines peu proéminentes. Station verticale. Encéphale développé au maximum. Langage articulé.*

La station verticale de l'Homme est obtenue grâce aux courbures qu'a éprouvées la colonne vertébrale ; les membres antérieurs, n'étant plus appelés à poser sur le sol, ont subi dès lors une réduction considérable ; par contre, le pied repose par toute sa plante sur la terre où il prend un solide point d'appui[1].

Tous les caractères qui précèdent constituent, entre l'Homme et les Singes anthropomorphes, des différences d'autant plus accusées que ces êtres sont considérés à un âge plus avancé.

Ancienneté et caractères des races humaines. — Malgré toutes les découvertes réalisées à Thenay (Loir-et-Cher), au Puy-Courny (près d'Aurillac), à Pouancé (Maine-et-Loire), au Val-d'Arno, à San-Giovanni (en Italie), dans la République Argentine, etc., au milieu de formations tertiaires, rien n'est moins démontré que l'existence de l'Homme à l'époque tertiaire. Par contre, les preuves de cette existence sont nombreuses à l'époque quaternaire ; elles abondent dans le *Quaternaire supérieur*.

1° Race de Canstadt. — La race la plus ancienne que l'on connaisse aujourd'hui est la *race de Canstadt* (près de Stuttgart), race à laquelle se rapportent le squelette de Neanderthal, les crânes de Grenelle, de la Denise (Haute-Loire), de Clichy, etc., les mâchoires de Larzac, d'Arcy-sur-Cure (Yonne), de la Naulette.

La taille de l'Homme appartenant à cette race ne dépassait pas celle des Lapons; ses autres caractères étaient les suivants : Tête volumineuse, tronc massif, membres antérieurs courts et robustes, mains et pieds grands et épais. Crâne *dolichocéphale* et *platycéphale*[2]; front bas et fuyant; arcades sourci-

1. Le pied diffère seulement du pied préhensile du Singe par ce fait que le gros orteil n'est pas opposable aux autres doigts ; mais l'arrangement des os du tarse et des muscles moteurs est absolument identique.

2. L'*indice céphalique horizontal* est le rapport du diamètre transversal maximum d'un crâne à son diamètre antéro-postérieur supposé égal à 100. Un crâne est *dolichocéphale* quand ce rapport est plus petit que 75 (Nègres), *mésaticéphale* entre 77 et 80 (Parisiens, Américains), *brachycéphale* au-dessus de 80 (Auvergnats, Lapons). — L'*indice céphalique vertical* s'obtient en faisant le rapport du diamètre vertical maximum du crâne au même diamètre antéro-postérieur supposé égal à 100. Un crâne est *platycéphale* quand ce rapport est inférieur à 71 (Corses), *orthocéphale* de 71 à 75 (Parisiens).

lières et zygomatiques puissantes; mâchoire inférieure saillante (*prognathe*).

Ces derniers caractères, en particulier, rappellent le Singe anthropomorphe et ne se retrouvent chez aucune forme humaine actuelle.

La race de Canstadt, contemporaine d'*Elephas primigenius*, *Rhinoceros tichorhinus*, *Ursus spelæus*, etc., date donc du *Pléistocène supérieur*.

2° **Race de Cro-Magnon.** — Dolichocéphale comme la précédente, la *race de Cro-Magnon* présente des caractères qui la rapprochent davantage des formes actuelles : Cavité cranienne spacieuse (1 590 centimètres cubes); frontal élevé antérieurement avec des arcades sourcilières peu saillantes; nez mince, étroit et long; menton encore saillant; les saillies sur lesquelles s'inséraient les muscles sont très prononcées. La taille des hommes de cette race pouvait atteindre 1m,85; celle des femmes était de 1m,66 (squelettes de Grenelle). Les caractères accusant la dureté dans l'expression du visage (comme les saillies des insertions musculaires) sont très atténués chez la Femme.

A ce type se rattachent les crânes de la Madeleine (vallée de la Vézère), Solutré, Grenelle, etc., qui tous datent du *Pléistocène supérieur* (époque du Mammouth), persistant dans l'âge du Renne et parvenant à l'âge de la pierre polie.

Alors, et à partir de ce moment, apparaissent nombre de *races mésaticéphales* et *brachycéphales* (*race de Furfooz*, en Belgique) dont les types actuels sont peut-être les descendants.

3° **Races actuelles.** — On en admet aujourd'hui 4 principales, caractérisées surtout par la forme de la tête et du crâne, la couleur de la peau et le développement des cheveux.

(a) **Race blanche** (**caucasique**). — Peau blanche (nord de l'Europe), foncée (midi de l'Europe) ou brune (Afrique). Cheveux blonds ou bruns, droits ou bouclés; barbe abondante; visage ovale, plus large en haut. Front élevé, nez étroit, yeux à fente transversale. Lèvres peu épaisses. Dents placées verticalement. Mâchoire inférieure non saillante (orthognathes). Europe, Asie occidentale, Afrique septentrionale.

(b) **Race jaune** (**mongolique et malaise**). — Peau jaunâtre (Asie orientale), brun olivâtre (Polynésie et Malaisie). Cheveux noirs et droits; barbe rare sur le visage en losange. Front bas et étroit; nez peu proéminent; yeux à fente oblique relevée en dehors (Mongols), à fente horizontale (Malais). Face aplatie; pommettes saillantes. Lèvres épaisses. Mâchoire inférieure peu saillante (mésognathes). Asie orientale, Malaisie, Polynésie, Esquimaux.

(c) **Race noire** (**éthiopique**). — Peau noire (Afrique centrale, Mélanésie), de couleur chocolat (Australie). Cheveux noirs, crépus et courts, en général; barbe rare (sauf chez les Australiens qui ont aussi des cheveux lisses et raides). Visage ovale, plus large en bas. Front fuyant; nez écrasé; lèvres épaisses et relevées. Mâchoires très proéminentes (prognathes). Afrique, Mélanésie, Australie.

(d) **Race rouge** (**américaine**). — Peau cuivrée. Cheveux longs, noirs et rudes; barbe rare. Visage elliptique. Yeux enfoncés. Front étroit; face large; pommettes et nez saillants. Lèvres minces (mésognathes). Amérique.

Les Patagons sont les géants de l'espèce humaine; ils atteignent en moyenne 1m,80 de hauteur.

Étude préhistorique de l'Homme. — L'Homme a progressivement acquis les connaissances qui lui ont permis de lutter plus avantageusement contre les animaux et de s'assurer un bien-être relatif; à ces fins, il a déployé toutes les ressources d'une *intelligence* très bornée au début, servie d'autant mieux par *la main* que l'éducation de cet organe est devenue plus parfaite.

On a divisé les temps préhistoriques en trois *âges* dont chacun est caractérisé par les matériaux dont l'Homme faisait le plus couramment usage :

1° L'*âge de la pierre;* 2° l'*âge du bronze;* 3° l'*âge du fer* auquel appartiennent les temps historiques.

1° Age de la pierre. Il comprend 2 périodes : celle de la *pierre taillée* (sans doute précédée de la période de la *pierre brute* sur laquelle on n'a aucune donnée) et celle de la *pierre polie*.

Dans la *période paléolithique* (*pierre taillée*) correspondant à l'*époque quaternaire*, l'Homme de Canstadt taille grossièrement des silex sur ses 2 faces, les appointe à un bout, les arrondit à l'autre et lutte ainsi contre les animaux. Il campe encore à l'air libre. C'est l'époque où vit *Elephas primigenius*.

Plus tard, il taille mieux des silex plus petits, les fixe à l'extrémité de bâtons et possède des armes plus redoutables (massues, lances, etc.) A cette époque, la race de Cro-Magnon habite les cavernes; elle est contemporaine du Renne : l'Homme commence à tailler les os pour s'en faire des aiguilles, des poinçons, des harpons, des *bâtons de commandement* ornés de dessins divers. Il n'utilise pas encore d'animaux domestiques.

Dès le début de la *période néolithique* (*pierre polie*), aurore des temps actuels, l'industrie humaine se manifeste; l'Homme, plus intelligent, utilise les haches en pierre polie pour combattre; il se construit des habitations sur pilotis au milieu des lacs (*habitations lacustres*) où il se retire la nuit à l'abri des animaux sauvages; il a domestiqué déjà le Chien, le Bœuf, le Mouton, le Cheval (?), utilise leurs efforts pour cultiver la terre à laquelle il confie ses premières semences.

Vivant en famille, il apprend à se vêtir, à tisser des étoffes, à mouler des vases en poterie cuite, des ustensiles de cuisine, etc. (car il a découvert le moyen de faire du feu). Les cavernes deviennent des lieux de sépulture : *dolmens*, *menhirs*, *cromlechs* (*monuments megalithiques*).

2° Age du bronze. — En travaillant le sol en divers points, l'Homme a découvert des minerais, l'or en premier lieu dont il a fait des bijoux; il sait ensuite préparer le bronze avec lequel il se forge des armes, des objets d'ornement, etc. La métallurgie est encore dans l'enfance; mais, l'esprit toujours en éveil, l'Homme se perfectionne dans l'art de faire le feu, atteint des températures suffisamment élevées pour obtenir la fonte liquide et le fer à l'état visqueux.

3° Age du fer. — Désormais en possession du métal le plus précieux qu'il peut forger tout à son aise, l'industriel se révélera constructeur de bateaux, créant ainsi l'art de la navigation, source des échanges commerciaux qui entraînent avec eux l'échange des idées et les relations des peuples ; il devient charpentier et architecte et se construit des habitations plus confortables; avec des instruments plus parfaits, l'agriculteur exige de la terre un rendement plus élevé, etc. L'Homme s'est placé, grâce à des efforts intellectuels incessants, au premier rang parmi les animaux.

Importance paléontologique des Mammifères. — Les Mammifères les plus anciens sont représentés dans le *Trias supérieur* par quelques dents isolées et des débris de mâchoire inférieure (**Protothériens**). Ce même ordre inférieur des Mammifères (très voisin des Reptiles) prend, seulement au *Jurassique supérieur*, une notable extension par le nombre de ses formes adaptées à des régimes variés.

Peut-être existait-il quelques **Marsupiaux** à l'époque *crétacée*? Il est impossible toutefois de l'affirmer encore.

Dès le début de l'*ère tertiaire*, les formes mammifères se multiplient avec une telle rapidité qu'*on peut considérer cette ère comme le règne des Mammifères, au même titre que l'ère secondaire a été dite le Règne des Reptiles*.

Les divers types trouvés dans l'*Éocène inférieur* (faune des environs de Reims) sont peu spécialisés; ils ont pour caractères communs : 5 doigts plantigrades pourvus de productions cornées intermédiaires entre des griffes et des sabots; pièces du carpe et du tarse toutes séparées; encéphale peu développé, lisse; dentition : $\frac{3}{3}\frac{1}{1}\frac{4+3}{4+3}$, faiblement adaptée à tel ou tel régime. Le type placentaire, *encore inconnu*, auquel se rattachent toutes ces formes serait-il l'ancêtre commun des **Carnivores**, des **Ongulés**, des **Primates** et des **Rongeurs**?

Un peu plus tard (faune des *Argiles à lignites*), et particulièrement en Amérique, les Protothériens disparaissent, tandis que les **Placentaires** se différencient en types franchement carnassiers (*Palæonictis*), nettement insectivores (*Diacodon*), rongeurs (*Paramys*), etc. Les **Ongulés** évoluent, à partir de l'*Éocène moyen* surtout, dans le sens périssodactyle (*Hyracotherium*, *Eohippus*, *Epihippus*, etc.)

et dans le sens artiodactyle. **Marsupiaux** (*Didelphys*), **Cétacés** (*Zeuglodon*), **Siréniens** (*Halitherium*), **Rongeurs** et **Lémuriens** ont des représentants.

Dans l'*Éocène supérieur* (Gypse de Paris, Lignites de la Débruge près d'Apt, Phosphorites du Quercy, etc.), presque tous les ordres de Mammifères sont représentés; les Ongulés prédominent avec des formes périssodactyles [*Lophiodon*, *Palæotherium*, *Paloplotherium*, — *Acerotherium* (le 1er Rhinocéros)], des formes artiodactyles (*Anoplotherium*, *Xiphodon*, — *Chæropotamus*); les **Édentés** apparaissent pour la première fois.

A l'*Oligocène* appartiennent : parmi les **Carnivores**, les genres *Viverra*, *Lutra*, etc.; parmi les **Périssodactyles**, les genres *Rhinoceros* et *Tapirus*.

Les *couches miocènes* (Sansan et Simorre) contiennent, outre des légions d'Insectivores, de Chéiroptères, de Rongeurs, etc., de grands Carnassiers (*Machairodus*), les 1ers Canidés (*Amphicyon*); des Périssodactyles (*Anchitherium* parmi les Équidés, *Aceratherium* et *Rhinoceros*); parmi les Artiodactyles, les 1ers Cervidés et Antilopidés; les 1ers **Proboscidiens** (*Mastodon angustidens* et *Dinotherium*); des Singes (*Pliopithecus*, *Dryopithecus*).

Au *Miocène supérieur* [faunes du mont Léberon (France) et de Pikermi (Grèce)] se rattachent des formes nouvelles : *Felis*, *Hyæna* (Carnivores). *Hipparion Protohippus* (Périssodactyles), *Sus*, *Helladotherium*, sorte de Girafe; *Gazella* (Artiodactyles), *Mesopithecus* (Singes).

A l'*époque pliocène* apparaissent : *Ursus arvernensis* (Carnivores), *Tapirus*, *Hipparion crassum*, *Pliohippus*, *Equus* (Périssodactyles), *Cervus*, *Alces*, *Bos* (Artiodactyles), *Mastodon arvernensis*, *Elephas meridionalis* (Proboscidiens), *Castor*, *Sciurus*, *Lagomys*, etc. (Rongeurs).

La faune de l'*époque quaternaire* comprend des formes préglaciaires et d'autres postglaciaires. La 1re faune diluviale est caractérisée par *Elephas antiquus*, *Hippopotamus major*, *Bos primigenius*, *Rhinoceros Merckii*, *Ursus spelæus*, *Hyæna spelæa*.

Par suite de l'extension glaciaire déterminée par un changement de climat, nombre d'espèces meurent (*E. antiquus*, *H. major*), tandis que des espèces nouvelles, cantonnées en Europe dans les régions boréales ou aux altitudes élevées, apparaissent dans nos contrées. Parmi ces espèces du *Pléistocène moyen* et *supérieur*, on doit signaler : *Elephas primegenius* qui caractérise l'époque du Mammouth, puis *Rangifer tarandus* qui caractérise l'époque du Renne.

C'est à cette date que remonte la **race humaine** *de Canstadt*.

La température s'étant radoucie, la faune postglaciaire comprend des espèces dont un certain nombre ont persisté dans nos régions (Cheval, Chien, Loup, Renard, Sanglier, Castor), tandis que d'autres ont émigré soit vers le nord (Renne, *Lagomys*, Hermine), soit vers le midi (Éléphant, Rhinocéros, Lion, Hyène).

RÉPARTITION DES ANIMAUX DANS LE TEMPS ET L'ESPACE

I. — RÉPARTITION DANS LE TEMPS

A la fin de chacun des chapitres concernant un groupe zoologique important, nous avons esquissé rapidement l'histoire paléontologique de ce groupe, ou son évolution. Un fait digne de remarque, c'est que chaque groupe a atteint son apogée à une époque plus ou moins reculée ; puis le déclin en a été marqué par l'extinction d'un certain nombre de formes et le rapetissement des formes persistantes.

Le tableau suivant est une vue d'ensemble des époques géologiques marquées par l'apogée des divers groupes.

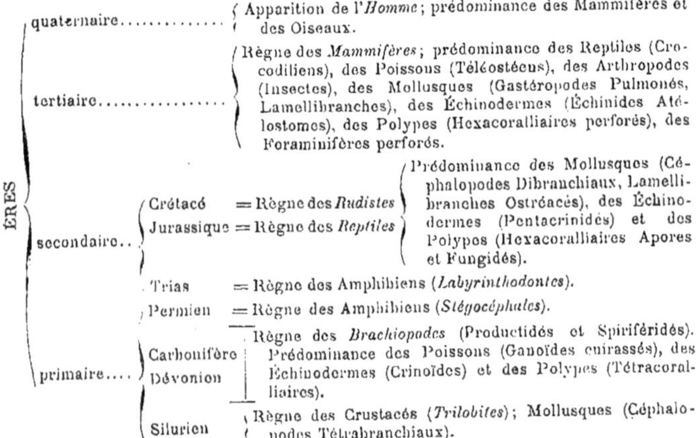

ÈRES			
quaternaire			Apparition de l'*Homme* ; prédominance des Mammifères et des Oiseaux.
tertiaire			Règne des *Mammifères* ; prédominance des Reptiles (Crocodiliens), des Poissons (Téléostéens), des Arthropodes (Insectes), des Mollusques (Gastéropodes Pulmonés, Lamellibranches), des Échinodermes (Échinides Atélostomes), des Polypes (Hexacoralliaires perforés), des Foraminifères perforés.
secondaire	Crétacé	= Règne des *Rudistes*	Prédominance des Mollusques (Céphalopodes Dibranchiaux, Lamellibranches Ostréacés), des Échinodermes (Pentacrinidés) et des Polypes (Hexacoralliaires Apores et Fungidés).
	Jurassique	= Règne des *Reptiles*	
	Trias	= Règne des Amphibiens (*Labyrinthodontes*).	
	Permien	= Règne des Amphibiens (*Stégocéphales*).	
primaire	Carbonifère, Dévonien		Règne des *Brachiopodes* (Productidés et Spiriféridés). Prédominance des Poissons (Ganoïdes cuirassés), des Échinodermes (Crinoïdes) et des Polypes (Tétracoralliaires).
	Silurien		Règne des Crustacés (*Trilobites*) ; Mollusques (Céphalopodes Tétrabranchiaux).

La principale cause déterminante d'une pareille distribution paléontologique des espèces animales réside dans le *refroidissement graduel* qui s'est opéré à la surface du globe depuis le début de la vie jusqu'à nos jours (sauf cependant, en Europe, pendant la période glaciaire qui a précédé immédiatement l'époque actuelle). Les espèces contemporaines de ces climats ont dû s'adapter, sous peine de mort, aux conditions d'existence nouvelles.

II. — RÉPARTITION DANS L'ESPACE

Les causes qui influent aujourd'hui sur la distribution géographique des espèces ont été les mêmes aux époques antérieures. Mais ces causes sont tellement multiples et les variations tellement complexes dans chaque groupe que l'établissement de provinces zoologiques est d'une extrême difficulté. Nous ne donnerons ici que des indications générales sur ces causes et leurs résultats.

Il convient de distinguer d'abord les *espèces aquatiques* et les *espèces terrestres*.

A. — ESPÈCES AQUATIQUES

Les espèces aquatiques les plus nombreuses sont évidemment les espèces marines sur lesquelles nous insisterons davantage. Celles-ci peuvent être réparties en une *faune sédentaire* et une *faune pélagique*.

1° **Faune sédentaire. — Influence de la profondeur des mers. —** Les animaux fixés ou sédentaires des mers actuelles sont compris dans les 5 zones suivantes :

1° La *zone littorale* que la mer couvre et découvre à chaque marée;

2° La *zone des Laminaires* s'étendant de 0 à 28 mètres de profondeur;

3° La *zone des Algues calcaires* (*Nullipores* et *Corallines*), de 28 à 72 mètres, où se tiennent les grands Gastéropodes;

4° La *zone des Brachiopodes et de certains Coraux*, de 72 à 500 mètres, habitée par les Coralliaires (*Dendrophyllie, Oculine*), les Oursins (*Spatangues*).

5° La *zone abyssale* qui s'étend au delà de 500 mètres de profondeur.

La distinction de ces zones ne signifie pas qu'une espèce ordinairement établie dans l'une d'elles ne puisse être rencontrée dans une autre.

A la première de ces zones appartiennent les Lamellibranches perforants (Pholade, Taret, etc.), les Patelles, Littorines, divers Troques, les Balanes, de nombreuses Actinies. Les Mollusques qui vivent fixés sur les rochers par leur byssus ou par l'une de leurs valves (Moule, Huître, Plicatule, etc.) se rencontrent également dans la zone littorale, mais peuvent descendre à un niveau plus ou moins profond dans la mer, vivant côte à côte avec les Oursins et les Brachiopodes.

La faune côtière comprend alors, jusqu'à une profondeur de 400 mètres environ : des Éponges calcaires, des Polypes (Gorgone), des Échinodermes (Comatule, *Cidaris*), des Bryozoaires, des Mollusques (Huître, Cythérée, et de nombreux Gastéropodes). — A une profondeur de 400 à 1500 mètres, on rencontre des Polypes (*Hexactinellidés*), des Étoiles de mer (*Pentagonaster*). Hydrocoralliaires et Alcyonnaires ne dépassent pas 1000 mètres. — De 1500 à 3000 mètres, disparaissent tour à tour les Éponges vitreuses, puis les Polypiers simples; y subsistent les Pentacrines et les Holothuries symétriques à sole ventrale.

2° **Faune pélagique.** — Les **animaux pélagiques** (ceux qui nagent, passivement ou activement, à la surface de la mer ou dans la profondeur des eaux) ne sauraient être répartis par zones, car la plupart d'entre eux, habitant ordinairement à une profondeur de 100 à 1000 mètres, remontent périodiquement (soit la nuit, soit l'hiver) pour trouver, dans les régions mieux éclairées et de température plus clémente, la nourriture vivante qu'ils ne trouvent pas dans un habitat profond.

Ces animaux ont un caractère commun : la transparence de leurs tissus qui les rend presque invisibles dans l'eau de mer (mimétisme); nombre d'espèces sont aussi photogènes.

Presque tous voyagent par grandes bandes : Noctiluques, Globigérines, Radiolaires couvrant parfois la surface de la mer par milliards; Polypes pélagiques (Méduses, Siphonophores, Cténophores) abondants dans nos mers; Tuniciers (Appendiculaires, Salpes, Pyrosomes); Crustacés (Copépodes, Ostracodes) : tels sont les animaux à peu près transparents qui peuplent la mer. Les Céphalopodes, Ptéropodes, Poissons et Cétacés s'ajoutent à ces espèces diverses pour constituer la faune pélagique (ils appartiennent toutefois à la faune superficielle).

La faune pélagique des *grands fonds* comprend des formes très variées, encore mal connues d'ailleurs, pour la plupart aveugles, puisqu'elles vivent dans la plus complète obscurité (la lumière solaire ne pénètre guère au delà de 400 mètres). Il y existe cependant un grand nombre d'espèces photogènes émettant parfois une lumière d'un vif éclat.

L'*aire de répartition* d'une forme pélagique est d'autant plus étendue que cette espèce est mieux adaptée à la natation; son expansion est favorisée aussi par l'uniformité des conditions extérieures qui se trouve mieux réalisée sur de grands espaces en pleine mer qu'au voisinage des côtes.

Influence de la nature des eaux. — (a) ***Matières en suspension.*** — Suivant que les eaux marines renferment plus ou moins de *matières en suspension*, les espèces qui y habitent diffèrent : ainsi les Moules se trouvent sur les côtes baignées par des *eaux vaseuses*, tandis que les *Polypes qui édifient les récifs madréporiques* ne se développent bien qu'*en eau marine pure*.

La construction des *récifs coralligènes*, en particulier, se produit dans les conditions suivantes : un fond dépourvu de dépôts marneux ou argileux, une profondeur maximum de 40 mètres, une température moyenne jamais inférieure à 20°, une eau marine pure et agitée.

La découverte de récifs madréporiques dans les couches géologiques d'une région jette une vive lumière sur les conditions d'existence et la limite des mers dans la région étudiée.

(b) ***Sels en dissolution.*** — **Faune saumâtre. Faune d'eau douce.** — Partout où débouchent les fleuves dans la mer, partout où s'étendent des marais, des lagunes, au bord de la mer, les eaux douces se mélangent à l'eau de mer dont elles diminuent le degré de salure ; il y vit une **faune saumâtre** capable de supporter des variations étendues dans la salure de l'eau. Myes, Cyrènes, Cérithes (Potamides), *Cardium*, Congéries, Paludines, *Unio*, etc., sont les types principaux de cette faune particulière.

Nous sommes conduits par cette étude au cas où les eaux, totalement dépourvues de sel marin, sont les eaux douces de nos cours d'eau.

La faune d'eau douce est particulièrement riche en Mollusques Gastéropodes (Physes, Lymnées, Planorbes, Bithynies, Paludines, etc.) et Lamellibranches (Anodontes, *Unio*, *Dreyssentia*, etc.), auxquels sont associés des Vers, des Crustacés (Écrevisse, Crevette d'eau douce, etc.), des Insectes (Hydrophiles, Dytiques, Gyrins, Ranâtres, Nèpes, etc.), de nombreuses espèces de Poissons et des Amphibiens.

B. — ESPÈCES TERRESTRES

La *distribution géographique actuelle* des animaux dépend non seulement de la *différence des milieux* (voisinage ou éloignement des océans, présence de plaines, de plateaux ou de montagnes, climat), mais encore et *surtout de la répartition des animaux aux époques géologiques antérieures, des modifications qu'ont subies, pendant les périodes géologiques, les contrées qu'habitent ces animaux.*

L'adoption d'une *région zoogéographique* est basée sur ce que la moitié au moins des espèces qu'elle renferme lui est spéciale ; c'est surtout par la comparaison des Vertébrés aériens (Mammifères, Oiseaux et Reptiles) que la délimitation des provinces zoologiques est établie, ainsi que l'indique la carte ci-jointe.

Il va sans dire que ces limites ne sont nettement tranchées qu'aux endroits où se trouvent des barrières presque infranchissables (océans, déserts, hautes chaînes de montagnes) ; et encore ces barrières sont-elles parfois insuffisantes, pour les Oiseaux bons voiliers, par exemple.

On admet généralement, aujourd'hui, 8 provinces zoologiques : *Région arctique ; R. paléarctique ; R. éthiopienne ; R. orientale* ou *indo-malaise ; R. australienne ; R. néarctique ; R. néotropicale ; R. antarctique.*

1° La **région arctique** embrasse l'Amérique septentrionale, le Groenland, le nord de la Russie et presque toute la Sibérie.

La *faune arctique est très uniforme et très pauvre* en même temps ; elle comprend surtout des Rongeurs et des Carnivores à poils longs et soyeux formant de riches fourrures (Renard bleu, Lemming, Lynx, Lièvre, Rat musqué), des Pinnipèdes (Morse, Phoque), des Ongulés (Renne, Bœuf musqué, Chien des Esquimaux, Ours blanc).

Cette région arctique a des steppes glacées (*Toundras*) au nord, et des zones forestières plus au sud.

2° La **région paléarctique**, au sud de la précédente, comprend l'Europe, le

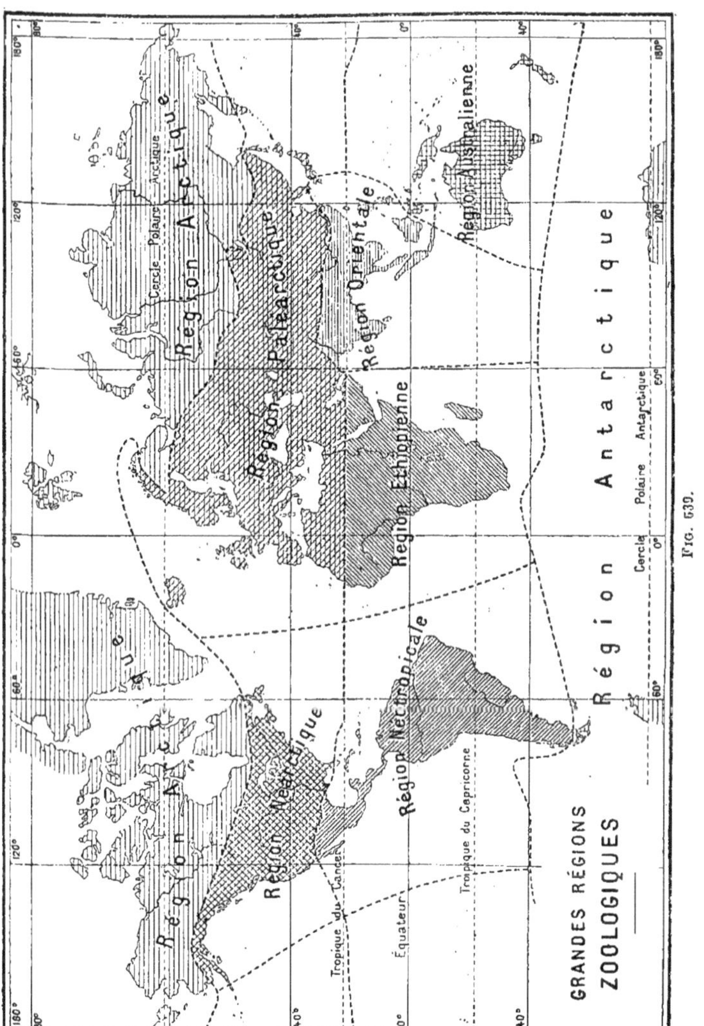

FIG. 639.

nord de l'Afrique jusqu'au Sahara, l'Asie jusqu'au désert d'Arabie et de l'Himalaya, la Chine septentrionale.

Les Mammifères sont ici extrêmement nombreux. Parmi les espèces principales, on trouve au nord : la Loutre, le Lynx, l'Ours brun, le Castor, l'Élan en Europe.

Plus au sud : le Hérisson, la Musaraigne, la Taupe ; l'Écureuil, le Campagnol, le Mulot, le Lapin ; le Chat, le Loup, le Renard, l'Ours brun, le Sanglier, le Cerf, le Chevreuil, le Bouquetin, le Chamois, l'Antilope, le Daim, le Buffle, le Cheval.

Dans l'Afrique du Nord : le Magot, le Lion, la Panthère, la Hyène, le Chacal ; le Porc-épic, la Gerboise; le Mouflon.

En Asie : le Lion, le Guépard, la Panthère, le Bouquetin, l'Yack, l'Hémione, le Chameau, le Dromadaire, le Buffle, la Chèvre de Cachemire, etc.

Les faunes du nord de l'Europe, des bords de la Méditerranée, de l'Asie occidentale et de la Mandchourie sont assez différentes les unes des autres.

3° La **région éthiopienne** s'étend sur toute l'Afrique et l'Arabie, au sud des déserts du Sahara, de la Lybie et de l'Arabie.

Sur la côte occidentale couverte de forêts, on trouve : le Gorille et le Chimpanzé, l'Hippopotame ; plus à l'est : les Singes, les grands Carnivores, l'Éléphant, l'Hippopotame, le Phacochère; divers Équidés (Zèbre, Dauw, Couagga), le Buffle, l'Antilope, le Pangolin, l'Autruche ; le Perroquet, le Crocodile, etc.

La faune de Madagascar est spéciale et toute différente de celle de l'Afrique orientale.

4° La **région orientale** ou **indo-malaise**, qui s'étend sur l'Hindoustan, l'Indo-Chine et les îles Malaises, renferme le Gibbon, l'Orang-outang, la Guenon, le Semnopithèque; des Lémuriens (Galéopithèque) ; le Tigre, le Léopard, l'Ours jongleur ; le Porc-Épic ; l'Éléphant ; le Rhinocéros ; le Zébu, le Buffle, l'Yack, l'Antilope ; le Cacatoès ; le Gavial, le Crotale, le Cobra, etc...

5° La **région néarctique** comprend l'Amérique du Nord, entre la région polaire et les steppes du Mexique. Un grand nombre des espèces européennes s'y trouvent représentées ; on y rencontre encore : l'Ours gris, le Raton ; le Vampire, la Sarigue ; la Perruche, les Oiseaux-mouches ; l'Alligator, etc.

6° La **région néotropicale**, au sud de la précédente, s'étend sur le reste de l'Amérique. La faune est constituée par les Singes à queue prenante ; le Jaguar, le Couguar, le Raton ; l'Agouti, le Cobaye, la Viscache, le Pecari, le Lama, le Cheval ; les Édentés (Tatou, Tamanoir, Paresseux) ; la Sarigue ; les Perroquets, le Nandou ; l'Alligator, etc.

7° La **région australienne**, où sont rangées l'Australie et la Nouvelle-Guinée, possède une faune absolument spéciale : des Marsupiaux et des Monotrèmes, des Cacatoès, le Casoar, le *Moa* (aujourd'hui éteint).

8° La **région antarctique** possède une faune très pauvre avec l'Otarie ; le Manchot, le Pétrel, l'Albatros, etc.

La comparaison de la faune actuelle avec la faune quaternaire montre (et nous avons pu nous en convaincre antérieurement) que ces faunes sont étroitement liées, qu'en un mot *la faune actuelle dérive de celle qui l'a immédiatement précédée en chaque point du globe.*

CLASSIFICATIONS BOTANIQUES

CLASSIFICATIONS BOTANIQUES

Nous avons examiné brièvement, dans le premier tome de cet ouvrage (page 369 et suivantes) et sous le titre « *Grandes divisions du règne végétal* », la complexité variable que nous offrent les Végétaux dans leur constitution, complexité déterminée par le perfectionnement de l'appareil nutritif seul, ou des appareils nutritif et reproducteur tout à la fois.

De cette revue sommaire il résulte que, si l'on tient compte seulement du mode de reproduction, les plantes se répartissent en 2 grands groupes :

Cryptogames, se multipliant par *spores* et par *œufs*;

Phanérogames, se multipliant par *graines* issues de fleurs.

Si l'on envisage en outre la nature des membres qui composent le corps végétatif, les Cryptogames se subdivisent elles-mêmes en 3 autres groupes.

Le règne végétal comprend ainsi 4 *embranchements* :

I. **Thallophytes**. . . . . . . { sans racine, ni tige, ni feuilles, ni fleurs. Un *thalle*.

II. **Muscinées**. . . . . avec tige et feuilles seulement.

III. **Cryptogames vasculaires**. avec racine, tige et feuilles seulement.

IV. **Phanérogames**. . . . . . . avec racine, tige, feuilles et fleurs.

[Consulter, à ce sujet, le T. I, pages 331-332 et le tableau de la page 380.]

I. — EMBRANCHEMENT DES THALLOPHYTES

Plantes formées d'un **thalle** *ou corps végétatif en général peu différencié (pseudoparenchyme). Multiplication : 1° par spores ; 2° par œufs.*

THALLOPHYTES	sans chlorophylle........................	Champignons.
	avec chlorophylle........................	Algues.
	formées de l'association d'une Algue et d'un Champignon........................	Lichens.

Morphologie générale. — Les Thallophytes consistent

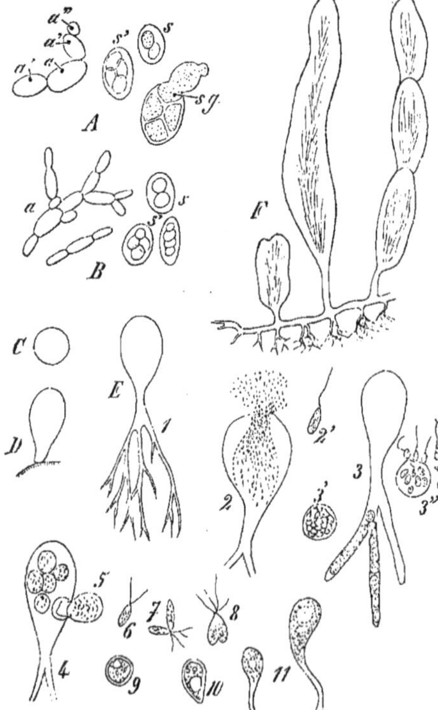

Fig. 640. — Végétaux unicellulaires. — A ; Levure de bière (*Saccharomyces cerevisiæ*) ; *a*, cellule primordiale avec bourgeons *a'*, *a''*. En *s*,*s'*, cellules avec spores ; *s.g*, spore en germination. — B ; Levure ordinaire des vins (*Saccharomyces ellipsoideus*) ; mêmes désignations que pour A. — C ; *Protococcus*. — D ; *Valonia*. — F ; *Caulerpa*. — E ; *Botrydium granulatum*, 1 ; 2, gélification de l'ampoule au sommet pour l'émission de zoospores à un cil, 2' ; 3, évacuation de l'ampoule par le protoplasme qui, dans les rameaux souterrains, forme des masses 3' capables d'émettre des zoospores à un cil, 3'' ; 4, partage du protoplasme en masses sphériques 5, qui se résolvent en zoospores à 2 cils, 6 ; 7, 8, fusion de deux zoospores et production d'un œuf, 9, qui germe en 10 et 11.

parfois en cellules isolées (Bactéries, *Protococcus*), ou bien elles sont formées d'un thalle dont la forme extérieure est essentiellement variable (fig. 640) : filament simple ou ramifié à protoplasme continu (*Mucor*, *Botrydium*, *Vaucheria*) ou cloisonné (*Spirogyra*, *Mesocarpus*); thalle à protoplasme continu, mais de forme extérieure très différenciée (*Caulerpa*); thalle à structure cloisonnée, mais uniquement formé de pseudoparenchyme (*Delesseria*, fig. 641; *Anthophycus*, fig. 642).

Nutrition. — L'absence ou la présence de *chlorophylle* dans un végétal est un caractère important à envisager; nous avons vu précédemment (T 1, pages 443 et 469-476) quel rôle joue la chlorophylle dans la vie de la plante.

L'**Algue**, pourvue de chlorophylle, peut, à la lumière, emmagasiner la radiation qui lui sert à décomposer l'acide carbonique de l'air et à fixer dans ses tissus le

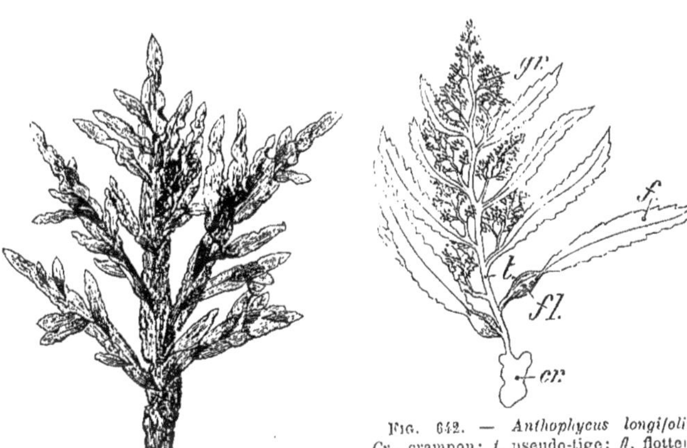

Fig. 641. — *Delesseria hypoglossum*

Fig. 642. — *Anthophycus longifolius*. *Cr.*, crampou; *t*, pseudo-tige; *fl*, flotteur: *f*, lame d'apparence foliacée; *gr*, inflorescence en grappe composée.

carbone essentiel à la constitution de tout composé organique; avec l'acide carbonique de l'air, de l'eau et des sels minéraux, l'Algue se constituera de toutes pièces.

Le **Champignon**, sans chlorophylle, emprunte le carbone qui lui est nécessaire aux tissus vivants ou à la substance des plantes et des animaux en décomposition.

Il convient cependant de remarquer que le Champignon doit digérer la matière organique dont il fait sa nourriture.

Toutefois la présence ou non de chlorophylle chez un Végétal ne peut être invoquée exclusivement pour déterminer son inscription dans tel groupe plutôt que dans tel autre : malgré l'absence du pigment vert chez la plupart des Bactériacées, ces organismes sont classés parmi les **Algues**.

Multiplication. — Les Thallophytes se multiplient de manières très diverses : par *dissociation du thalle*, par *spores*, par *œufs*.

§ 1. — CHAMPIGNONS

Thallophytes sans chlorophylle.

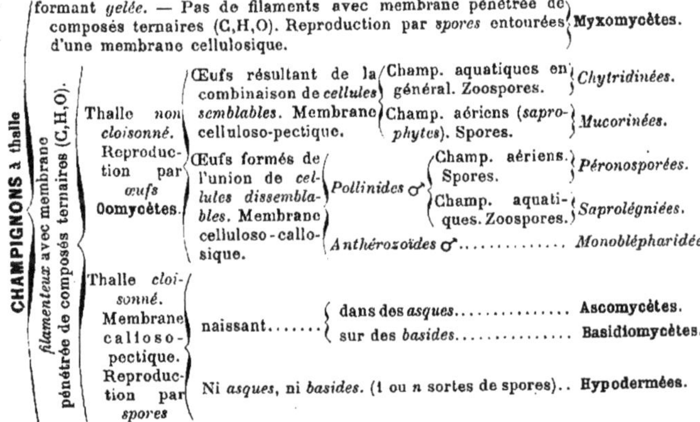

CHAMPIGNONS à thalle

- formant *gelée*. — Pas de filaments avec membrane pénétrée de composés ternaires (C,H,O). Reproduction par *spores* entourées d'une membrane cellulosique. — **Myxomycètes.**
- *filamenteux* avec membrane pénétrée de composés ternaires (C,H,O).
  - Thalle *non cloisonné*. Reproduction par *œufs* **Oomycètes.**
    - Œufs résultant de la combinaison de *cellules semblables*. Membrane celluloso-pectique.
      - Champ. aquatiques en général. Zoospores. — *Chytridinées.*
      - Champ. aériens (*saprophytes*). Spores. — *Mucorinées.*
    - Œufs formés de l'union de *cellules dissemblables*. Membrane celluloso-callosique.
      - *Pollinides* ♂
        - Champ. aériens. Spores. — *Péronosporées.*
        - Champ. aquatiques. Zoospores. — *Saprolégniées.*
      - *Anthérozoïdes* ♂ .... *Monoblépharidées.*
  - Thalle *cloisonné*. Membrane calloso-pectique. Reproduction par *spores*
    - naissant......
      - dans des *asques*.............. **Ascomycètes.**
      - sur des *basides*.............. **Basidiomycètes.**
    - Ni *asques*, ni *basides*. (1 ou *n* sortes de spores).. **Hypodermées.**

Caractères généraux. — Le thalle des Champignons est tantôt *continu*, tantôt *cloisonné*. *Continu*, il est composé d'une masse protoplasmique, avec de nombreux noyaux en général, logée dans un tube ramifié le plus souvent (*Mucor*, fig. 355, T. I). *Cloisonné*, le thalle est constitué par des filaments enchevêtrés en tous sens, formant un pseudoparenchyme ou *stroma* assez compact et une partie plus lâche, filamenteuse, appelée *mycélium* qui puise, dans le substratum, la matière nutritive (*Agaricus campestris* ou Champignon de couche, fig. 643); parfois le lacis filamenteux prend l'aspect d'un tubercule [*sclérote* : Coprin (*Coprinus stercorarius*, fig. 661), *Agaricus tuberosus*, etc.] ou d'un cordon allongé [*rhizomorphe : Agaricus melleus*]. La surface des sclérotes et des rhizomorphes consiste en un feutrage compact, brun parfois, qui abrite une réserve nutritive (amidon, amylodextrine, mannite, corps gras).

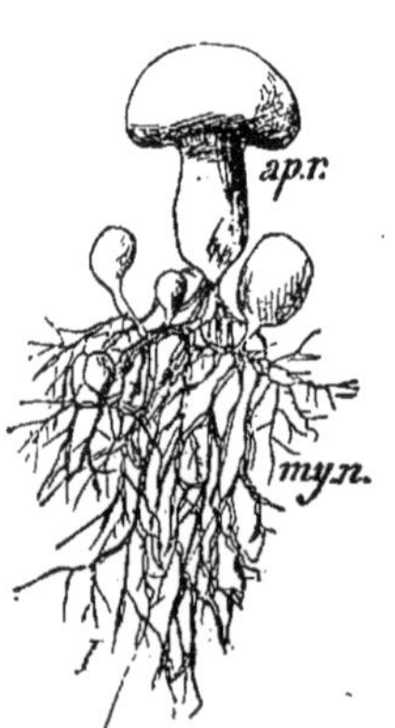

Fig. 643.—I, *Agaricus campestris* (Champignon de couche). *my.n*, mycélium nutritif; *ap.r*, appareil reproducteur.

Le thalle cloisonné peut se désagréger à mesure que de nouvelles cellules prennent naissance; le cas est fréquent chez les Levures (fig. 640, A et B).

Nutrition. — Les *Champignons n'ont pas de chlorophylle*; ils empruntent donc à la matière organique, *vivante* ou *en décomposition*, le carbone essentiel à la constitution de leur propre substance.

Ils sont *parasites* dans le premier cas, *saprophytes* dans le second (Voir T. I, pages 485-487).

Champignons parasites : *Puccinia graminis* (produisant la *rouille* sur le Blé), *Ustilago segetum* (provoquant le *Charbon* sur les Céréales), *Cystopus candidus* (provoquant la *rouille blanche* du Chou), *Peronospora viticola* (qui cause le *mildiou* de la Vigne), *Phytophthora infestans* (qui attaque la Pomme de terre), etc.

Champignons saprophytes : *Agaricus campestris* ou Champignon de couche, *Penicillium glaucum*, *Morchella* ou Morille, *Peziza* ou Pézize, *Saprolégniées* diverses, etc., qui vivent aux dépens du bois, d'Insectes et de Poissons morts, de l'humus du sol, du fumier.

Quelles que soient les substances absorbées, *elles doivent être* **digérées** par le Végétal *pour qu'il puisse se les assimiler*. Ce travail incombe au mycélium doué d'un tel pouvoir digestif *dans ses parties terminales* qu'il est capable de dissoudre carbonates, phosphates, silicates, etc.

C'est à ce pouvoir digestif et au mode d'accroissement périphérique du thalle sur le sol que sont dus les *ronds de sorcière*, cercles jaunâtres atteignant parfois 15 mètres de diamètre, qu'on observe dans les prairies où se développe l'Agaric champêtre, par exemple. Le thalle primitif, très réduit, occupait le centre du cercle qu'il a épuisé; il s'est accru surtout à la périphérie, multipliant ses rameaux qui ont, à leur tour, épuisé le substratum sur une étendue plus grande, et ainsi de suite. Le centre des ronds de sorcière appauvri ou épuisé contient une misérable végétation; la périphérie en est occupée au contraire par une zone de 15 à 20 centimètres où l'herbe vigoureuse se nourrit aux dépens des matériaux que lui fournit la décomposition des fructifications et du mycélium adulte.

Les Champignons ayant acquis leurs matériaux nutritifs [les uns organiques (glucose surtout), les autres minéraux] réalisent, à l'aide de l'air et de l'eau, la synthèse des composés qui forment leur substance vivante (albuminoïdes), leur *membrane cellulosique* (sauf chez les **Myxomycètes**), leurs matériaux de réserve (glucose, mannite), des produits de sécrétion localisés (*substances vénéneuses*).

Leur activité physiologique est décelée par l'importance de leurs échanges avec le milieu ambiant (**respiration**).

L'étude de la **respiration dans l'air confiné**, par un procédé indiqué déjà (Voir T. I, page 411, fig. 401), a montré à MM. Bonnier et Mangin, puis à M. Elfving, que *la respiration normale des Champignons* consiste en une absorption d'oxygène et un dégagement d'acide carbonique, comme chez tous les autres Végétaux.

Le rapport : $\frac{CO^2 \text{ dégagé}}{O \text{ absorbé}} = 0{,}6$ montre toutefois qu'une oxydation active est superposée à la respiration proprement dite; *c'est une source d'énergie supplémentaire que les Champignons ne peuvent puiser dans les radiations solaires retenues par la chlorophylle dont ils sont dépourvus.*

Certains Champignons peuvent puiser l'oxygène qui leur est nécessaire non seulement dans l'air, mais encore dans le dédoublement de substances organiques; ce sont des *ferments figurés* (Voir T. I, pages 495-496).

Remarque. — Le *séjour prolongé* des Champignons dans une atmosphère confinée donne lieu à des remarques intéressantes.

Au début et pendant toute la période de respiration normale, la quantité d'oxygène absorbée est supérieure au volume de CO^2 dégagé; la pression diminue peu à peu et régulièrement (fig. 644, courbe *o a*) dans l'appareil qu'on a préalablement pourvu d'un manomètre à air libre. Lorsque tout l'oxygène de l'air confiné a été absorbé, le Champignon entre dans la **période de résistance à l'asphyxie**[1], qui est de courte durée; alors ses éléments cellulaires, se comportant comme de véritables ferments figurés, dédoublent les principes sucrés qu'ils

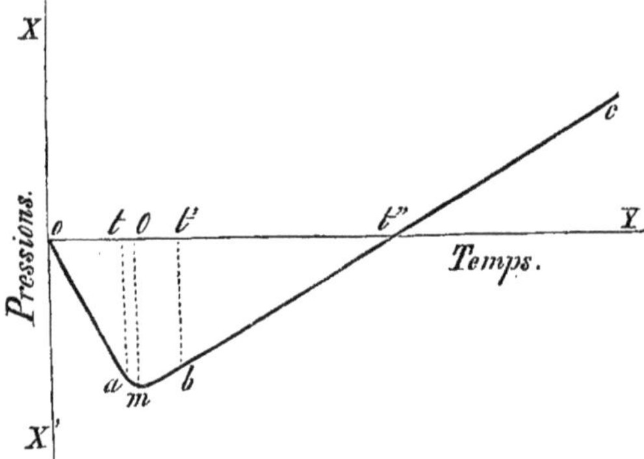

Fig. 644. — Courbe des variations de pression accompagnant le séjour prolongé des Champignons dans une atmosphère confinée.

renferment et la pression demeure à peu près constante pour peu de temps dans l'appareil (courbe *a b*) :

Si le Champignon contient seulement du *glucose*, il s'enrichit en alcool et dégage CO^2 exclusivement. S'il renferme de la *mannite*, il dégage à la fois CO^2 et de l'hydrogène.

A partir de cet instant, la pression augmente dans l'appareil (courbe *b c*); les principes sucrés subissent une véritable fermentation; le Champignon se décompose. La figure 644 permet de suivre ainsi les diverses phases du phénomène.

La Levure de bière est précisément dans la période prolongée de résistance à l'asphyxie lorsque, plongée à l'abri de l'air dans une dissolution de glucose, elle en dédouble le glucose en alcool, CO^2, acide succinique, glycérine, etc., *avec mise en liberté d'une petite quantité d'oxygène qu'elle absorbe pour sa respiration*.

C'est là le principe de la préparation des boissons fermentées.

L'*intensité de la respiration*, mesurée par la quantité d'oxygène absorbée pendant l'unité de temps, *augmente avec la température*,

1. Phénomène de Le Chartier et Bellamy.

avec l'état hygrométrique de l'air et diminue avec l'intensité de la lumière (surtout des radiations les moins réfrangibles).

La formule établie par de Faucouprot :

$$q = a + bt^2$$

est relative à cette variation des échanges respiratoires avec la température ; a et b sont des constantes, q et t désignent la quantité d'oxygène absorbée et la température de l'expérience.

La **transpiration** des Champignons est conforme à celle de tous les tissus sans chlorophylle et des tissus verts à l'obscurité ; elle est très rapide, car ces Végétaux renferment une grande proportion d'eau (90 pour 100 environ). *La transpiration augmente avec la température et la lumière diffuse ; elle diminue à mesure que l'état hygrométrique de l'air est plus élevé.*

La *formation des sclérotes* chez les Champignons est due à ce que les conditions extérieures ne sont plus favorables à la vie du thalle (sécheresse, froid, quantité d'oxygène ou de matière nutritive insuffisante) ; toute partie du thalle non comprise dans le sclérote meurt et disparaît.

Au retour de l'humidité, de la chaleur ou de circonstances plus favorables, *le sclérote germe* et produit un thalle nouveau ou directement un appareil reproducteur (*appareil sporifère*).

Multiplication. — La multiplication des Champignons peut être réalisée : 1° par la *dissociation du thalle* (multiplication végétative ou *bouturage*) ; 2° par la *reproduction proprement dite* (émission de *spores*, production d'*œufs*).

I. **Dissociation du thalle.** — L'indépendance des cellules de *Saccharomyces* (fig. 13, T. I), la production des *cercles de sorcière* signalée déjà chez l'*Agaricus campestris* (page 541) sont de véritables *marcottages* naturels.

Un *marcottage artificiel* consiste dans la fragmentation du mycélium vendu, sous le nom de graine, à ceux qui se livrent à la culture du Champignon de couche dans les carrières des environs de Paris.

II. **Reproduction proprement dite.**

(a) *Spores.* — 1° Les filaments mycéliens poussent, à la surface du milieu nutritif, des prolongements qui se renflent légèrement et se fragmentent en chapelets de spores dites *spores exogènes* : c'est le cas du *Cystopus candidus* (Voir T. I, page 558, fig. 577, II, *sp'*).

L'Agaric donne aussi naissance à des *spores exogènes*, *sp* (T. I, fig. 357), que produisent les cellules appelées *basides*, *ba*, portées par les lamelles, *l*, du chapeau (4).

Les **Basidiomycètes** se reproduisent tous de cette manière.

2° Les prolongements émis par le thalle peuvent être très renflés à leur extrémité et produire des *sporanges* dans lesquels s'organisent un grand nombre de *spores endogènes* : c'est le cas du *Mucor Mucedo* (Voir T. I, page 373, fig. 355, II, *sp*, *sp'*, *s*).

La Levure de bière (fig. 640, A), la Pézize et autres **Asco-**

mycètes se multiplient par spores endogènes, *sp*, prenant naissance dans des *asques*, *as* (fig. 645, C).

Polymorphisme de l'appareil sporifère. — Une même espèce de Champignons produit souvent, *sur le même thalle*, des spores différentes suivant les conditions de milieu auxquelles le végétal est assujetti. On réserve le nom de *spore* à la forme qui demeure invariable dans tous les cas; on appelle *conidies* toutes les autres formes.

Ainsi, parmi les **Mucorinées**, le genre *Syncephalis* produit, outre ses spores endogènes, des conidies exogènes disposées en séries parallèles au sommet de certains rameaux du thalle. Parmi les **Ascomycètes**, les genres *Penicillium* (A, B), *Peziza* (C), produisent par groupes de 8 des spores endogènes, *sp* (fig. 645), dans les asques, *as* et des conidies exogènes, *co*. Certains Agarics, Coprins, etc., se comportent de même parmi les **Basidiomycètes**.

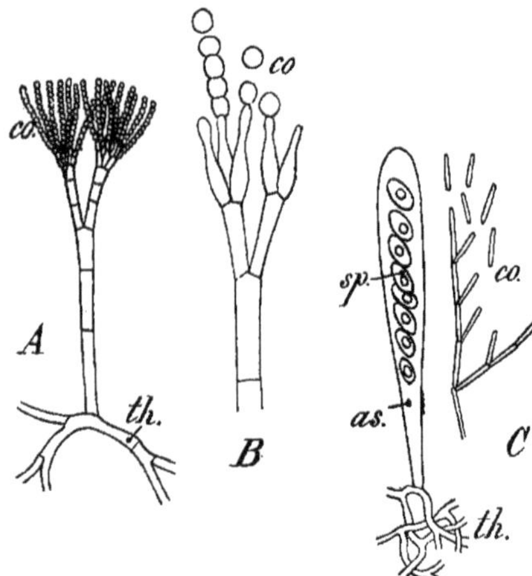

Fig. 645. — A, B; *Penicillium crustaceum*. *th*, thalle; *co*, appareil conidien plus grossi en B. — C; *Peziza*; à gauche, une asque, *as*, avec les spores endogènes, *sp*; à droite, conidies, *co*.

(**b**) ***Œufs***. — La plupart des Champignons se multiplient seulement par spores. Les **Oomycètes** se multiplient par *œufs* résultant de la combinaison des protoplasmes de deux cellules d'abord indépendantes.

Nous avons vu précédemment le mode de production de l'œuf par conjugaison égale ou *isogamie* chez *Mucor Mucedo* (T. I, page 373, fig. 355, III), par *hétérogamie* (*oosphère et pollinide*) chez *Cystopus candidus* (T. I, page 559, fig. 577).

Certains Champignons aquatiques, les Monoblépharidées, possèdent des *anthérozoïdes* mobiles qui vont féconder l'oosphère.

La germination des organes reproducteurs (*spores*, *conidies* et *œufs* qui renferment plus ou moins de matières de réserve) s'effectue dès que les conditions extérieures sont satisfaisantes (air, chaleur, humidité).

I. — MYXOMYCÈTES

Champignons formant à l'état végétatif un **plasmode**, *masse mucilagineuse sans membrane pénétrée de composés ternaires* (C,H,O). *Au moment de la reproduction, ils constituent des sporanges où* *prennent naissance des spores; sporanges et spores sont protégés par une membrane riche en composés ternaires (C,H,O).*

Caractères généraux. — Les Myxomycètes ont un thalle mucilagineux, microscopique le plus souvent (*Arcyria*), atteignant parfois 1 mètre de diamètre (*Fuligo septica* ou fleur de tan). Ces plantes se nourrissent ordinairement de débris végétaux (tiges pourries, feuilles mortes, etc.); quelques-unes vivent dans l'eau.

Leur développement se produit ainsi :

Soit une spore d'*Arcyria* (fig. 646, 1); elle déchire sa membrane; le protoplasme en sort d'abord arrondi (2), puis allongé (3), pourvu d'un cil vibratile, *c*, et de plusieurs vacuoles dont une au moins est une *vacuole pulsatile*, *v.p*; c'est une zoospore qui bientôt modifie sa forme, émet des pseudopodes et devient *myxamibe* (4). Le nouvel organisme rampe sur le bois mort et grandit; quand il a atteint sa dimension maximum, il se divise (5) par étranglements successifs en *n* myxamibes qui se répartissent dans le milieu nutritif (6, 7). Lors de l'épuisement de ce milieu, les myxamibes se rapprochent (8), se soudent (9, 10) et constituent des *plasmodes*, *pl* (11), amas protoplasmiques multinucléaires, effectuant des mouvements amiboïdes réglés :

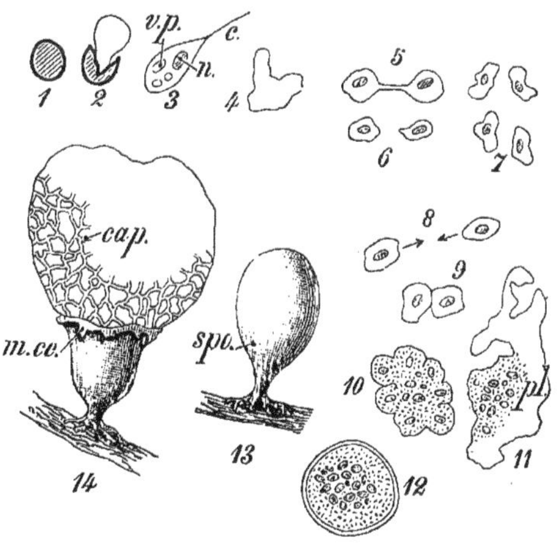

1° par un phototropisme négatif pour la lumière *à tous les degrés;*

2° par un hydrotropisme positif quand l'humidité n'est pas excessive, etc.

FIG. 646. — **Myxomycètes.** — Multiplication d'*Arcyria incarnata*. — 1; spore. — 2, 3; sortie du corps protoplasmique; *c*, cil; *n*, noyau; *v.p*, vacuole pulsatile. — 4, 5, 6, 7; *myxamibe* et sa division ultérieure. — 8, 9, 10, 11; groupement des myxamibes en *plasmode*. — 12; *sclérote*. — 13; *sporange* fermé. — 14; sporange ouvert dont la membrane, *m.ce*, a laissé échapper le capillitium, *cap*.

A un moment quelconque de ce développement, si la sécheresse survient, myxamibes ou plasmodes se forment en boules (12), s'entourent d'une membrane de *cellulose*, *s'enkystent* et constituent un *sclérote* uni- ou pluricellulaire. Sous cette forme, le sclérote peut résister longtemps et recouvrer sa faculté germinative au retour de circonstances plus propices (parfois au bout de 10 ou 20 ans).

A l'époque de la fructification, le plasmode vient former des *sporanges* à la surface du milieu nutritif. A cet effet, il s'établit sur un support en formant, chez l'*Arcyria*, un mamelon fortement adhérent au substratum par un pied cellulosique irrégulièrement lobé (13); une membrane avec composés (C,H,O) entoure la masse protoplasmique sphéroïdale composée de 2 parties : l'une employée à la formation d'autant de spores que le sporange contient de noyaux; l'autre disposée sous forme de tubes creux, ramifiés et anastomosés en un réseau abondant, le *capillitium*, dans les mailles duquel sont abritées les spores.

Les fibres du capillitium ont la même constitution que la membrane externe; fortement recourbées et pelotonnées sur elles-mêmes dans le sporange, elles peuvent se déployer par la sécheresse, s'enrouler par l'humidité.

Leur rôle est de se détendre par la sécheresse, de déchirer la membrane externe du sporange à la maturité des spores dont elles assurent la dissémination (14).

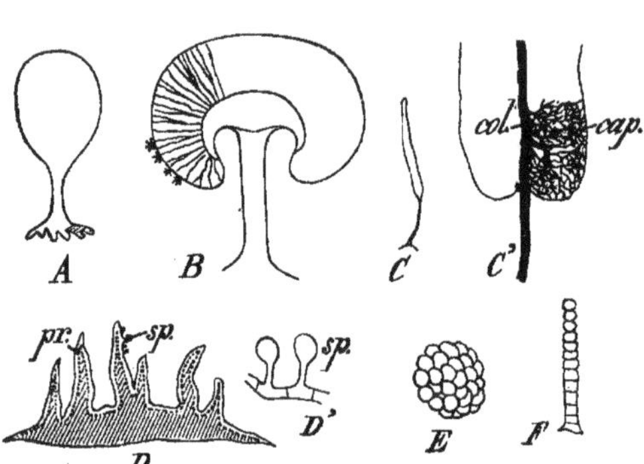

Fig. 647. — **Myxomycètes.** — A; *Physarum.* — B; *Didymium farinaceum* dont l'appareil sporifère, coupé longitudinalement, laisse voir les filaments rayonnants du capillitium et la surface couverte de mâcles de carbonate de calcium. — C, C'; *Stemonitis fusca* avec columelle, *col* et capillitium, *cap.* — D, D'; *Ceratium hydnoides*; *sp*, spores. — E; *Guttulina.* — F; *Acrasia.*

1° **Endomyxées.** — *Plasmode fusionné* (union complète des myxamibes); *spores endogènes.*

(a) *Pas de columelle* (axe central duquel partent les fibres du capillitium qui rayonnent vers la périphérie du sporange).

Arcyria (fig. 646, 13 et 14). Spores claires.

Physarum (fig. 647, A). Spores violettes; sporanges avec une membrane et un capillitium fortement imprégnés de calcaire; — *Fuligo septica* (fleur de tan); forme à la surface du tan des masses de 2 à 3 centimètres d'épaisseur.

(b) *Une columelle. Spores violettes.*

Stemonitis (C,C'). Sporanges sans calcaire, longs de plusieurs millimètres. — *Didymium* (B). Sporanges pénétrés de calcaire; fibres du capillitium en éventail.

2° **Cératiées.** — *Plasmode fusionné. Spores exogènes.*

Ceratium (D,D').

3° **Acrasiées.** — *Plasmode agrégé* (juxtaposition des myxamibes). *Pas de membrane autour de l'appareil sporifère.*

Guttulina (E). L'aspect du plasmode est celui d'une goutte de liquide trouble développé sur le crottin de Cheval placé sous cloche. — *Acrasia* (F).

II. — OOMYCÈTES

Champignons pourvus d'un thalle non cloisonné, enveloppé d'une membrane celluloso-pectique ou celluloso-callosique. Multiplication par **œufs** *et par spores.*

A. — CHYTRIDINÉES

Champignons Oomycètes pourvus tardivement d'une membrane celluloso-pectique. Œufs formés par isogamie. Zoospores. Parasites en général sur des plantes aquatiques.

La plupart des Chytridinées, vivent sur des Algues filamenteuses (*Chytridium* et *Olpidium*, parasites sur la Conferve); certaines s'attaquent aux Infusoires (*Polyphagus*, parasite sur l'Euglène); rarement elles s'établissent sur des végétaux terrestres (*Plasmodiophora*, parasite de la racine du Chou où elle provoque la formation d'excroissances ou *hernies* funestes à la plante).

Prenons, comme type du développement des Chytridinées, le genre *Zygochytrium*. La spore est une *zoospore*, *zo* (fig. 648, A), avec un noyau brillant et un cil fixé en arrière, contractile par saccades. Parvenue sur l'Algue nourricière, *al*, la zoospor *zo'*, perd son cil, se transforme en un véritable amibe, *am*, qui se fixe en un point convenable, perce la paroi de l'Algue et y enfonce un suçoir court, *su*. [Le suçoir du *Rhizidium*, de l'*Obelidium*, etc., est extrêmement ramifié et constitue un appareil nutritif important].

Le thalle du *Zygochytrium* consiste en un tube à 4 branches dont 2 sont terminées par de grosses ampoules, ou *zoosporanges*, *Zo'*, séparées du thalle par une cloison. Un couvercle se détache au sommet des zoosporanges qui mettent en liberté leur contenu protoplasmique, *Z*(*b*), divisé en un grand nombre de zoospores bientôt indépendantes, *zo*(*c*).

Puis les deux branches principales du thalle poussent l'une vers l'autre 2 prolongements, *r* (1), qui s'accolent (2); des cloisons, *cl* (3), isolent une cellule à l'extrémité de chacun d'eux ; les cellules ainsi isolées sont des gamètes qui confondent leur contenu (4) en un *œuf*, entouré d'une membrane épaisse hérissée de protubérances (5,6). La zygospore ainsi formée germera plus tard en émettant un tube terminé par un zoosporange.

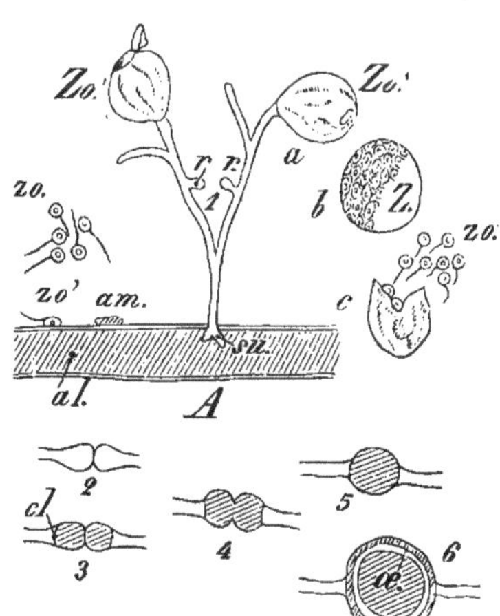

Fig. 648. — **Chytridinées.** — Multiplication de *Zygochytrium aurantiacum*. — A ; *zo*, zoospore à un cil qui rampe, en *zo'*, sur une Algue, *al*; elle se transforme en amibe, *am*, qui développe un suçoir, *su*, dans l'Algue et un thalle ramifié dichotomiquement. *Zo'*, zoosporange (*a*, dont le contenu *b*) donne naissance aux zoospores (*c*). — 1 à 6 ; formation de l'œuf par conjugaison.

1° **Chytridiées.** — *Zoosporange extérieur à l'organisme nourricier.*

Chytridium (fig. 648). Le thalle sert presque entièrement à former le zoosporange. — *Zygochytrium*. Un suçoir très court. — *Polyphagus*. Thalle ramifié dans l'eau pour capturer les Euglènes. — *Rhizidium*, *Obelidium*. Mycélium abondant.

2° **Olpidiées.** — *Zoosporange intérieur à l'organisme nourricier.*

Olpidium. Thalle tout entier transformé en zoosporange. — *Cladochytrium*. Mycélium abondant. — *Plasmodiophora*. Thalle non entouré d'une membrane cellulosique ; spores immobiles (caractères rapprochant ce genre des Myxomycètes).

B. — MUCORINÉES

Champignons Oomycètes à thalle non cloisonné, pourvu d'une membrane celluloso-pectique. Œufs formés par isogamie. Spores endogènes.

Les Mucorinées, désignées sous le nom de *moisissures*, vivent soit aux dépens des matières végétales ou animales en décomposition (*Mucor Mucedo*, *Rhizopus nigricans*), soit en parasites sur d'autres Champignons (*Syncephalis*, *Chætocladium*), rarement sur des Phanérogames (*Choanephora*).

Thalle. — Le thalle des Mucorinées est généralement incolore avec de nombreux petits noyaux; à mesure qu'il s'allonge, le protoplasme évacue les parties âgées (remplies alors d'un liquide hyalin) et remplit les ramuscules jeunes préposés à une absorption active. Des *cloisons de cicatrisation*, *cl* (fig. 649, A), isolent souvent le protoplasme vivant des fragments de mycélium qu'il a évacués.

La pression ou la blessure du mycélium en un point y provoque l'apparition de cloisons, *cl* (B), qui permettent d'opérer de véritables bouturages.

En général, les filaments mycéliens enchevêtrés qui se rencontrent ne s'anastomosent pas; cependant, chez *Syncephalis*, les anastomoses se produisent avec autant de renflements.

Modes de croissance variables avec la respiration. — 1° *Privation d'oxygène libre.* — Un thalle de *Mucor Mucedo* meurt peu de temps après la suppression de l'oxygène dans le milieu ambiant; le *Mucor racemosus*, dans les mêmes conditions, croît *en boule*, c'est-à-dire que les filaments mycéliens présentent des étranglements successifs qui se manifestent surtout sur les branches nouvelles (C). Les conditions normales étant rétablies, le thalle reprend sa forme normale.

2° *Fermentation.* — Certains Mucors (*M. racemosus*, *circinelloides*, etc.) provoquent la fermentation alcoolique du glucose ou du sucre interverti contenu dans le milieu nutritif, lorsque l'atmosphère est privée d'oxygène libre. Pendant cette période de résistance à l'asphyxie, ils croissent en boule; mais ils ne peuvent, comme la Levure de bière, intervertir le sucre de canne, car le thalle des Mucorinées ne fabrique pas d'invertine.

Chlamydospores. — On appelle ainsi les kystes, *chl* (D), formés en plusieurs points du thalle des Mucorinées, surtout de celles qui résistent le plus à la sécheresse, au froid, à la privation de nourriture, etc. (*Mucor racemosus*, *M. circinelloides*, *Mortierella reticulata*, etc.)

Modes de reproduction. — Nous avons vu précédemment (T. I, page 373, fig. 355) comment le *Mucor Mucedo* forme :

1° des sporanges remplis de *spores* mises en liberté par dissolution de la membrane du sporange;

2° un *œuf*, par la fusion des protoplasmes de deux cellules isolées aux extrémités de 2 filaments conjugués.

1° **Sporanges et Spores.** — La forme, la disposition et la déhiscence des sporanges, l'émission des spores diffèrent avec les genres considérés et fournissent d'excellents caractères pour la classification.

Ainsi le thalle jaune d'or des *Phycomyces* forme des sporanges, *spo* (E), portés par un pédicelle, *p*, fortement cutinisé qui atteint parfois 30 centimètres de long; ce pédicelle est doué de phototropisme positif. Le pédicelle, simple encore chez *Rhizopus*, peut être ramifié de manières diverses : en cyme chez *Circinella*, dichotomiquement chez *Sporodinia* (F), en grappe chez *Mortierella* (G); à l'extrémité du pédicelle simple ou ramifié sont disposés en capitule de nombreux sporanges tubuleux chez *Syncephalis* (K) et *Piptocephalis* (L).

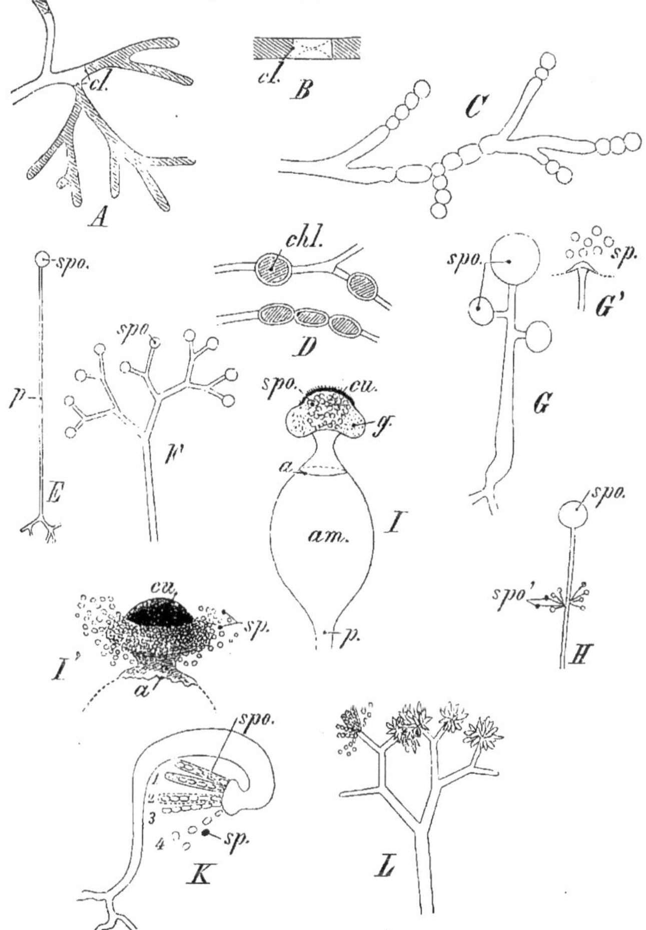

FIG. 649. — Mucorinées. — Accroissement et mode de multiplication par spores. A ; extrémité du thalle et cloisons de cicatrisation, *cl.* — B ; apparition de cloisons par pression. — C ; *Mucor racemosus*, croissance en boule. — D ; *chlamydospores.* — E ; sporange de *Phycomyces.* — F ; *spo*, sporange de *Sporodinia.* — G, G′ ; *Mortierella* ; sporange et mise en liberté des spores. — H ; *Thamnidium* ; *spo*, sporange ; *spo′*, sporangioles. — I, I′ ; *Pilobolus* ; *am*, ampoule du pédoncule, *p*, portant le sporange, *spo* ; *cu*, cuticule ; *g*, paroi gélifiée ; *sp*, spores libres. — K ; *Syncephalis.* — L ; *Piptocephalis.*

Parfois aussi le pédicelle porte, au-dessous du sporange terminal, *spo* (H), des *sporangioles* ou petits sporanges, *spo'*, qui contiennent chacun une spore (*Thamnidium*).

Tandis que les spores sont rendues libres, en général, par la dissolution de la membrane du sporange mûr dans une goutte d'eau émise par le pédicelle turgescent (*Mucor*, *Mortierella*), d'autres fois la membrane du sporange est cutinisée et incrustée de cristaux d'oxalate de calcium sur une certaine étendue, formant une calotte sphérique terminale; alors la déhiscence a lieu dans la région non cutinisée dont la paroi s'est préalablement gonflée outre mesure : c'est ce qui a lieu dans le genre *Pilobolus* qui se signale en outre par la turgescence énorme de son pédicelle, *p* (I); au-dessous du sporange, *spo*, se forme une ampoule, *am*, que la pression du liquide intérieur rompt suivant une ligne circulaire, *a*; le sporange, *spo*, est alors projeté avec force jusqu'à 1^m ou 1^{m}50, se fixe par sa paroi gélatineuse, *g*, sur la surface atteinte et met en liberté les spores qu'il renferme (I').

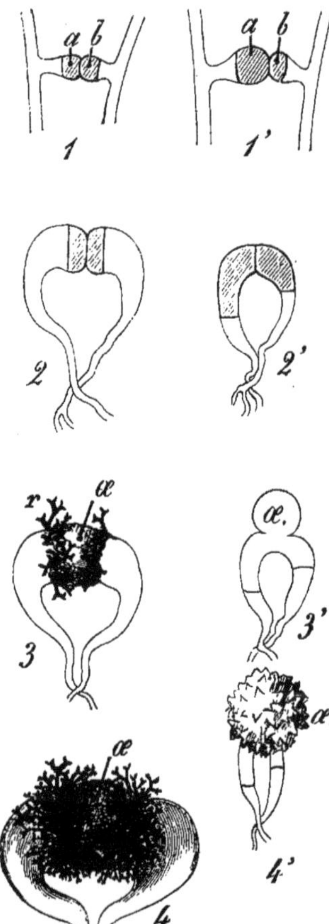

Fig. 650. — **Mucorinées.** — Modes de formation de l'œuf : par isogamie réelle (1 à 4); par isogamie approximative (1' à 4'). — 1; *Mucor*. — 1'; *Rhizopus*. — 4; œuf de *Phycomyces*; — 4'; œuf de *Syncephalis*.

Quelques espèces appartenant aux genres *Mortierella*, *Syncephalis*, etc., produisent des *conidies*.

2° **Œufs**. — *La multiplication par œufs*, assez rare chez les Mucorinées, a lieu seulement *dans le cas où le thalle est menacé de mort* par manque d'oxygène ou d'eau et par le froid.

(**a**) Les 2 filaments qui fournissent les gamètes, *a*, *b* (fig. 650) croissent l'un vers l'autre, s'accolent en formant une sorte d'échelon au milieu duquel apparaît l'œuf : par *isogamie réelle* [*Mucor* (1)]; par *isogamie approximative* [*Rhizopus* (1') où l'une des cellules conjuguées, *b*, est plus petite que l'autre, *a*].

(**b**) Les 2 filaments à peu près parallèles qui fournissent les gamètes recourbent leurs extrémités l'une vers l'autre (2,2') et s'accolent comme les mors d'une pince; la combinaison des protoplasmes des cellules conjuguées s'opère comme précédemment. L'œuf est formé : par *isogamie réelle* [*Pilobolus*, *Piptocephalis* (2)]; par *isogamie approximative* [*Syncephalis* (2')].

Chez nombre de Mucorinées, l'œuf ou *zygospore*, *œ* (4'), est protégé non seulement par sa membrane propre, mais encore par un feutrage plus ou moins compact de ramuscules à membrane cutinisée et colorée, émis par les filaments qui portent l'œuf [*Phycomyces nitens* (3 et 4)].

Lors de sa germination, suivant que l'œuf sera placé dans l'*air humide* simplement ou dans un *milieu nutritif*, il poussera un tube unique terminé par un sporange (1er cas), ou un thalle ramifié dans ce milieu nutritif (2e cas).

Parthénogénèse. — Chez le *Mucor tenuis*, on observe parfois des cas de *parthénogénèse*. Deux rameaux, croissant l'un vers l'autre, n'arrivent pas au contact et cependant l'une des cellules terminales (quelquefois les 2) s'enveloppe d'une membrane protectrice et se comporte dans la suite comme un véritable œuf. On appelle les faux-œufs des *azygospores*.

1° **Mucorées**. — *Sporanges à membrane entièrement soluble; une columelle; pas de conidies.*

Mucor (fig. 355, T. I). Pédicelle sporangifère simple, non cutinisé; œuf formé par isogamie réelle.

Les *Mucor* provoquent une lente fermentation alcoolique dans les liquides contenant du *glucose* (moût de bière, mélasses); mais comme ils ne développent pas d'*invertine*, ils ne peuvent intervertir le sucre de canne; ils sont aussi sans action sur la dextrine, l'inuline, le sucre de lait.

Phycomyces (fig. 649, E et 650, 3, 4). Thalle développé dans le pain humide et sur les laques; pédicelle sporangifère simple et cutinisé, parfois très long; spores d'un jaune d'or. L'œuf est protégé par un feutrage épais, noir, formé de filaments dichotomiques qu'on brise par une légère pression. — *Rhizopus*. Pédicelle sporangifère court, brun à maturité (*R. nigricans*); œuf formé par isogamie approximative; thalle aérien rampant sur les fruits, les feuilles, etc. — *Thamnidium* (fig. 649, H). Des sporangioles se développent sur le pédicelle sporangifère.

2° **Pilobolées**. — *Sporanges à membrane 1/2 cutinisée, 1/2 soluble; une columelle; pas de conidies.*

Pilobolus (fig. 649, I). Pédicelle sporangifère portant à son extrémité une ampoule turgescente qui se rompt et projette le sporange entier.

3° **Mortiérellées**. — *Sporanges sphériques, isolés, sans columelle; des conidies.*

Mortierella (fig. 649, G). La membrane du sporange non incrustée est entièrement dissoute à la maturité;

4° **Syncéphalées**. — *Sporanges tubuleux groupés en capitule; pas de columelle; des conidies.*

Syncephalis (fig. 649, K). Les sporanges sont au sommet d'un pédicelle renflé; œuf formé par isogamie approximative. — *Piptocephalis* (L). Les sporanges sont portés à l'extrémité des rameaux d'un pédicelle ramifié dichotomiquement; œuf formé par isogamie réelle.

C. — PÉRONOSPORÉES

Champignons Oomycètes aériens à thalle non cloisonné, pourvu d'une membrane celluloso-callosique. Œuf formé par l'union de deux cellules dissemblables immobiles (pollinide ♂ et oosphère ♀). Spores et zoospores suivant les cas.

Les Péronosporées, parasites chez certaines Phanérogames, y provoquent des maladies sérieuses : le *mildiou* de la Vigne dû au *Peronospora viticola*, la maladie de la Pomme de terre due au *Phytophthora infestans*, la *rouille blanche* des Crucifères provoquée par le *Cystopus candidus*. Nous avons fait déjà l'histoire du *Cystopus candidus* (Voir T. I, page 558, fig. 577).

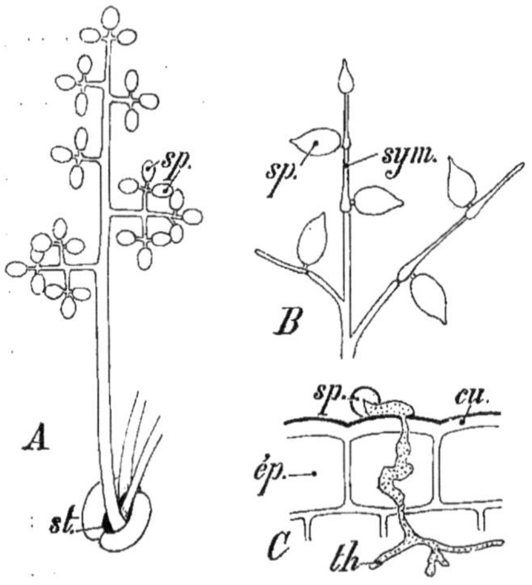

La spore primitive du *Cystopus* pénètre par un stomate dans le parenchyme de l'hôte, s'y nourrit à l'aide de *suçoirs en boule* et émet des faisceaux de *spores en chapelet* en un point de l'épiderme déchiré par leur pression ; chez les genres *Peronospora* et *Phytophthora*, la spore germe, *sp* (fig. 651, C), traverse l'épiderme, *ép* et se nourrit par des *suçoirs ramifiés* aux dépens du parenchyme sous-jacent ; les rameaux sporifères qui émanent du thalle sortent par des stomates de l'hôte et constituent, soit des grappes (*Peronospora*, A), soit un sympode (*Phytophthora*, B), portant des *spores isolées*, *sp*.

Fig. 651. — Péronosporées. — Appareil sporifère de *Peronospora viticola* en A, de *Phytophtora infestans* en B. — C ; germination d'une spore, *sp* et ramification du thalle, *th*, dans le tissu de l'hôte.

Les spores du *Phytophthora infestans* germent différemment suivant les conditions extérieures :

1° Tombant sur une feuille *sans eau*, une spore produit directement un filament qui perfore la cellule épidermique sur ses faces externe et interne et se ramifie en un thalle sous-épidermique.

2° La spore, *tombant dans une goutte d'eau* (pluie ou rosée), se gonfle et partage son protoplasme en petites masses polyédriques qui deviennent autant de zoospores à 2 cils ; parvenues en un point sec de la surface de la feuille, les zoospores perdent leurs cils et se comportent comme une spore ordinaire.

En résumé, reproduction des **Péronosporées** :

- par *spores*
  - germant direct[t] en un thalle (milieu sec).
  - produisant un zoosporange avec *zoospores* (milieu humide).
- par *spores de conservation* dues à l'enkystement des zoospores surprises par la sécheresse.
- par *œufs*.

Cystopus (fig. 577, T. I). Spores en chapelet. — *Phytophthora* (fig. 651, B). Spores isolées portées par des filaments ramifiés en sympode. — *Peronospora* (A). Spores isolées portées par des rameaux disposés en grappe.

On emploie, pour combattre le mildiou et la rouille blanche : soit l'*eau céleste* (obtenue en ajoutant de l'ammoniaque à une dissolution de sulfate de cuivre jusqu'à dissolution complète du précipité d'oxyde de cuivre) ; soit la *bouillie bordelaise* (100 litres d'eau avec 8 kilogrammes de sulfate de cuivre et 15 kilogrammes de chaux éteinte).

Ce traitement est préventif ; il est efficace en ce que les spores du *Peronospora viticola*, par exemple, ne peuvent attaquer l'épiderme des feuilles de Vigne imprégnées de sulfate de cuivre.

D. — SAPROLÉGNIÉES

Champignons Oomycètes aquatiques dont le thalle non cloisonné est entouré d'une membrane celluloso-callosique. Œuf résultant de la fusion de deux cellules dissemblables (pollinide ♂, oosphère ♀). Zoospores.

Les Saprolégniées sont saprophytes et vivent pour la plupart dans l'eau ou au sein de liquides contenant des matières organiques.

Leur multiplication se fait, comme pour *toute Thallophyte aquatique*, par *zoospores* provenant d'un sporange.

Soit le genre *Achlya* qui envahit souvent le corps des Mouches ou des larves en décomposition.

1° Sporanges et zoospores. — Non loin de l'extrémité renflée d'un filament du thalle (fig. 652 A), se produit une cloison, *cl*, qui isole ainsi une certaine quantité de protoplasme plurinucléaire ; des cloisons nouvelles, *cl'*, divisent celui-ci en autant de cellules qu'il renferme de noyaux. Les cellules s'arrondissent, deviennent indépendantes les unes des autres (B) et, grâce aux 2 cils dont elles sont pourvues, ces *zoospores* de 1re formation, *sp*, s'échappent par une ouverture au sommet du sporange mûr ; elles ne peuvent aller plus loin et s'entourent d'une membrane protectrice, *a*. Quelques heures plus tard sortira de chaque petite sphère, *a'*, une *zoospore de seconde formation*, *zsp*, très mobile qui se développera en un thalle ramifié sur un substratum convenable.

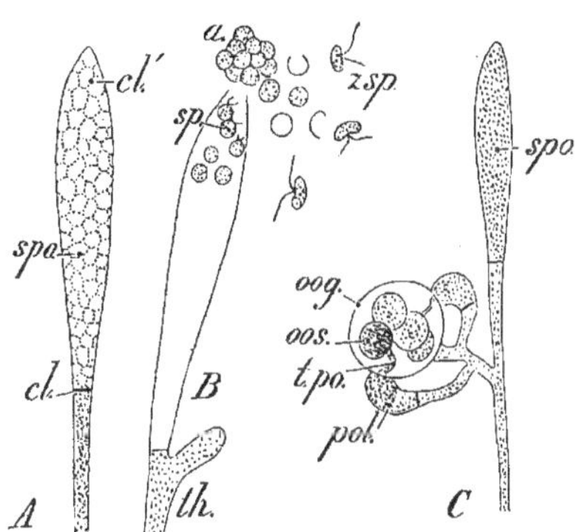

FIG. 652. — **Saprolégniées.** — Modes de multiplication d'*Achlya*. — A ; *spo*, sporange isolé par une cloison, *cl*, du reste du thalle ; *cl'*, cloisons secondaires. — B ; sporange ouvert ; *zsp*, zoospore. — C ; formation de l'œuf par fusion de la pollinide, *pol*, et de l'oosphère, *oos*, contenue dans l'oogone, *oog* ; *t.po*, tube pollinique.

Au-dessous de la cloison qui sépare le sporange vide, le thalle *th* s'allonge, se renflera plus tard et produira un second sporange.

2° Œufs. — La formation de l'oogone et de la pollinide est à peu près identique chez les Saprolégniées et les Péronosporées. Cependant l'oogone d'*Achlya*, *oog* (C), comme de la plupart des Saprolégniées d'ailleurs, renferme *plusieurs oosphères*, *oos*. Alors plusieurs pollinides, *pol*, peuvent s'appliquer contre un même oogone; chacune d'elles pousse dans l'oogone un prolongement tubuliforme, *t.po*, qui, s'il rencontre une oosphère, la féconde sans que cependant l'extrémité de la pollinide se soit ouverte. Une partie seulement du contenu de la pollinide est utilisée pour la fécondation de l'oosphère.

Le plus souvent tout le protoplasme de l'oogone sert à former les oosphères.

Un cas de **parthénogénèse** est à signaler chez quelques espèces (*Saprolegnia torulosa* et *monilifera* notamment) qui sont dépourvues de pollinides et produisent néanmoins des œufs.

Par sa germination, l'œuf donne, suivant les conditions de milieu, soit un zoosporange, soit un thalle qui donnera des sporanges et de nouveaux œufs.

1° **Pythiées.** — 1 *oosphère dans l'oogone.*

Pythium. Se développe sur les plantules des Phanérogames; se rapproche des Péronosporées par son oogone et des Saprolégniées par ses spores. — *Rhipidium.*

2° **Saprolégniées.** — *Plusieurs oosphères dans l'oogone.*

Saprolegnia. — *Achlya.*

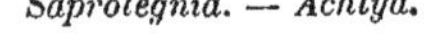

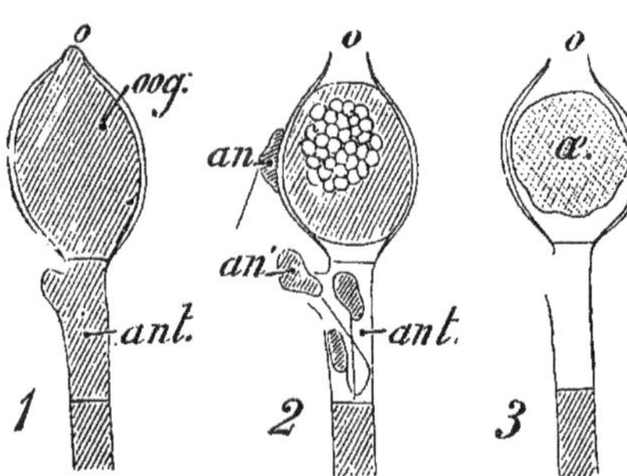

Fig. 653. — **Monoblépharidées.** — Formation de l'œuf, *œ*, chez *Monoblepharis*; *ant*, anthéridie; *oog*, oogone ouvert en *o'* pour permettre l'accès des anthérozoïdes *an'*, rampant en *an*.

E. — MONOBLÉPHARIDÉES

Champignons Oomycètes à thalle non cloisonné (Ce sont les seuls Champignons possédant des anthérozoïdes).

Le seul genre *Monoblepharis*, qui compose cette famille, est aquatique. A l'extrémité d'un filament se produit, comme chez les Saprolégniées, un sporange qui donne des *zoospores à 1 cil* postérieur. Chaque zoospore attire la suivante, en dégageant son cil du zoosporange.

La formation de l'œuf se produit ainsi : l'extrémité d'un filament se renfle en un oogone, *oog* (fig. 653, 1), isolé par une cloison de l'anthéridie, *ant*, qui s'isole également en dessous. Le protoplasme de l'oogone forme en son milieu une oosphère discoïde ; celui de l'anthéridie se partage en un certain nombre d'*anthérozoïdes* à un cil. Deux ouvertures se produisent : l'une au sommet de l'oogone, *o* (2), l'autre en un point de l'anthéridie qui laisse échapper les anthérozoïdes, *an'*; après avoir nagé dans l'eau ambiante, ces derniers, *an*, s'appliquent sur l'oogone, rampent jusqu'en *o* et l'un d'eux, pénétrant par cette ouverture, parvient à l'oosphère avec laquelle il se fusionne : l'*œuf* est formé et s'entoure d'une membrane, soit immédiatement, soit après sa sortie de l'oogone.

Monoblepharis.

Nous avons pu constater dans l'étude des ***Oomycètes*** que le phénomène de la formation de l'œuf se complique à mesure qu'on passe des **Chytridinées** (isogamie) aux **Mucorinées** (isogamie réelle ou approximative), puis aux **Péronosporées** et **Saprolégniées** (hétérogamie : oosphère et pollinide), aux **Monoblépharidées** enfin (hétérogamie : oosphère et anthérozoïde).

III. — ASCOMYCÈTES

Champignons à thalle cloisonné, pourvu d'une membrane calloso-pectique. Multiplication : 1° par spores naissant dans des **asques**; *2° par conidies.*

ASCOMYCÈTES.
- *Asques* isolés .... **Gymnoascées.**
- *Asques* rapprochés formant un *hymenium.*
  - *Périthèce* largement ouvert .... **Discomycètes.**
  - *Périthèce* clos ou faiblt ouvert.
    - Champignon souterrain .... **Tubéracées.**
    - Champignon aérien. Périthèce
      - ouvert : *Sphæriacées*
      - clos : *Périsporiacées*

      } **Pyrénomycètes**

Les Ascomycètes comprennent un grand nombre de formes saprophytes ou parasites. Parmi les saprophytes, on peut signaler les Levures, les *Penicillium*, qui vivent aux dépens de liquides nutritifs, de fruits, de peaux, etc.; la Pézize, l'Helvelle, la Morille, la Truffe qui se développent sur la terre humide. Les formes parasites principales sont : l'*Érysiphe* qui attaque la Vigne (*Oïdium*); le *Claviceps* qui produit l'*ergot* du Seigle, etc.

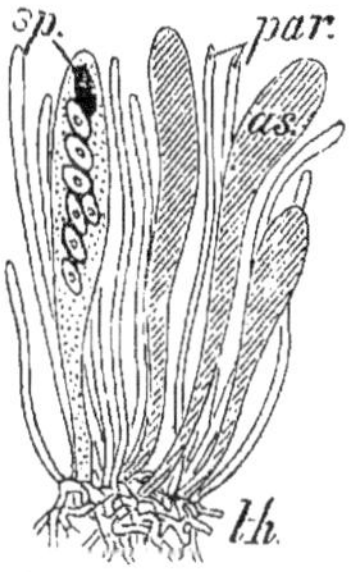

Fig. 654. — Fragment d'hymenium contenu dans le périthèce de *Peziza*. *th*, thalle; *as*, asque contenant 8 spores, *sp*; *par*, paraphyses.

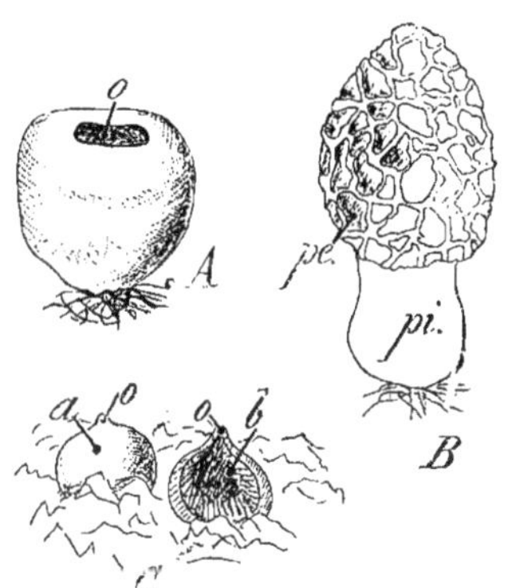

Fig. 655. — **Ascomycètes.** — A; *Peziza vesiculosa* (Pézize). — B; *Morchella esculenta* (Morille); *pi*, pied; *pé*, un périthèce. — C; *Sphæria*; *a*, vue extérieure; *b*, coupe; *o*, orifice du périthèce.

Le caractère fondamental des Ascomycètes est la présence d'un appareil sporifère appelé *asque*, *as* (fig. 654), provenant d'une cellule-mère dont le protoplasme s'est en partie divisé en 4 ou 8 *spores*, *sp*; [la partie non employée du contenu de l'asque renferme une amylodextrine qui sert à la nourriture des spores jusqu'à leur maturité].

Tantôt les asques sont isolés (Levures, *Eremascus*, *Exoascus*, etc.); tantôt ils sont groupés dans un *périthèce* où, serrés côte à côte et entremêlés de cellules stériles appelées *paraphyses*, *par* (fig. 654), ils forment un *hymenium*.

Tantôt le périthèce est une coupe large ouverte où les asques sont directement au contact de l'air [Pézize (fig. 655, A), Helvelle,

Morille (B)]; tantôt c'est une sphère creuse, à la surface interne de laquelle sont disposés les asques; la sphère est close (*Sphærotheca*) ou pourvue d'une petite ouverture [*Sphæria* (C), *Claviceps*].

Mode de formation d'un périthèce. — Il est excessivement variable avec les espèces considérées et parfois, pour une même espèce, avec les conditions de milieu. L'un des exemples les plus simples nous est offert par *Sphærotheca Castagnei :*

Deux filaments du thalle, *a* et *b* (fig. 656, 1), s'accolent et s'accroissent un peu; de la base partent des ramifications, *r* (2), qui les enveloppent dans une sorte de coupe; l'un des filaments primitifs s'atrophie; l'autre s'élargit alors et se divise

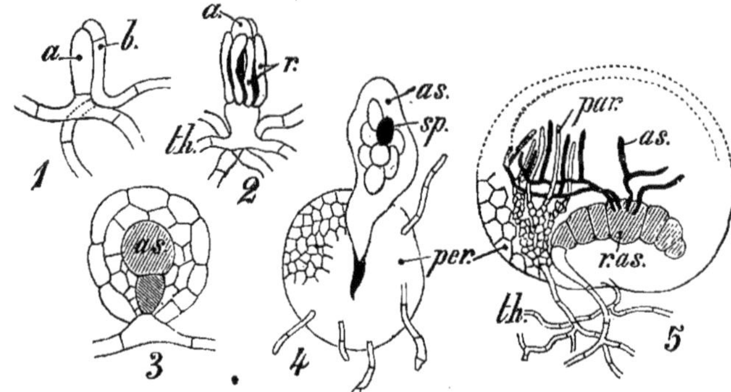

Fig. 656. — Formation du périthèce de *Sphærotheca Castagnei*. — 1 ; *a*, *b* ; deux filaments du thalle accolés. — 2 ; développement des rameaux couvrants, *r*. — 3 ; tubercule dont le centre est occupé par l'asque, *as*. — 4 ; périthèce mûr émettant l'asque unique, *as*, avec ses spores, *sp*. — 5 ; coupe théorique longitudinale d'*Ascobolus furfuraceus* ; *r.as*, rameau ascogène émettant des asques, *as*, au milieu des paraphyses, *par*, formées par le périthèce, *per*.

par une cloison transversale en 2 parties : la moitié supérieure donne un asque, *as* (3), plus tard libre par la rupture du pseudoparenchyme qui l'enveloppe (4). Les 8 spores, *sp*, de l'asque, *as*, seront alors disséminées.

Chez l'*Ascobolus* (5), une branche du thalle recourbée, *r.as*, formée de quelques cellules renflées, est entourée d'un grand nombre de filaments fins qui lui forment une large enveloppe pseudoparenchymateuse avec des paraphyses, *par*, saillantes à la face interne.

Plus tard, l'une des cellules de la branche recourbée émet un nombre variable de *rameaux ascogènes* dont les asques, *as*, s'insinuent entre les paraphyses, *par*, les dépassent et émettent à maturité leurs spores. Le périthèce, clos à l'origine, s'ouvre largement pour la dissémination des spores.

Plusieurs espèces d'Ascomycètes se multiplient également par *conidies* (*Sphærotheca*, *Aspergillus*, *Penicillium*, *Peziza*, etc.)

A. — GYMNOASCÉES

Champignons Ascomycètes à asques isolés.

Saccharomyces (Levures, fig. 657). Thalle à cellules sphériques ou ovoïdes se multipliant, suivant les conditions extérieures, par *bourgeonnement* ou par *spores endogènes* au nombre de 2 ou 4 dans un asque constitué par une cellule libre (Voir T. 1, pages 370-371, fig. 354, A et B).

Les *Saccharomyces* sont presque tous des *ferments alcooliques.* A la surface d'un fruit sucré ou d'un liquide sucré, *au contact de l'air*, ils vivent de sucre qu'ils transforment en eau et CO^2. Mais, *privés d'oxygène libre* (quand on les force à vivre au sein d'un liquide sucré non aéré), les *Saccharomyces* décomposent la matière sucrée, la dédoublent en CO^2 et en *alcool* principalement[1]; une petite quantité d'oxygène libre résultant de cette réaction est utilisée par la Levure pour sa respiration (période de *résistance à l'asphyxie*, page 542).

Une faible quantité d'air, insufflée dans le liquide, augmente l'activité vitale des cellules jeunes de Levure et accélère la fermentation.

La classification des *Saccharomyces* est basée : sur la *forme des cellules* de Levures cultivées dans des conditions identiques ; sur la rapidité de la *sporulation* et l'influence de la température sur ce phénomène ; sur leur action sur les *sucres et autres matières* composant le liquide nourricier [*Les S. Cerevisiæ, ellipsoideus, Pasteurianus*, etc., *sécrètent de l'invertine propre à la transformation du sucre de canne* ($C^{12}H^{22}O^{11}$) *en sucre interverti* ($C^6H^{12}O^6$).

S. Marxianus est sans action sur le maltose.

S. Kefir ne peut faire fermenter le lactose].

S. Cerevisiæ (Levure de bière, fig. 640, A). Cellules rondes ou ovales (8 à 9μ); 2 variétés : *Levure basse* et *Levure haute ;* la dernière, un peu plus grande, flotte de préférence à la surface du liquide en fermentation et se développe mieux à la température de 10 à 20°; la Levure basse se tient de préférence au fond des vases et fonctionne bien de 2 à 8°.

Pour chacune de ces variétés existent des *races* dont l'influence est incontestable sur la saveur de la bière produite.

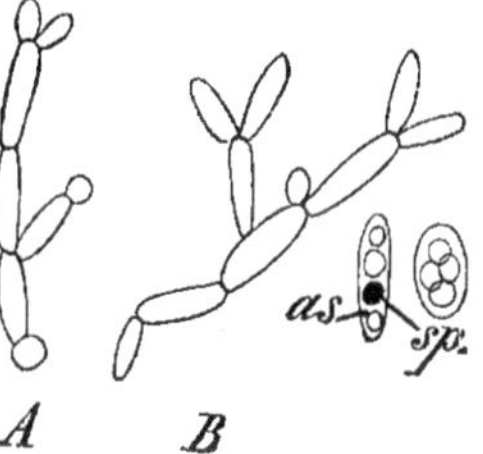

FIG. 657.— A ; *Mycoderma vini.* — B : *Saccharomyces Pasteurianus*; *as*, asque renfermant 4 spores, *sp.*

S. ellipsoideus (Levure ordinaire des vins, fig. 640, B). Cellules elliptiques (6μ), solitaires ou groupées en courtes colonies rameuses. — *S. Pasteurianus* (fig. 657, B). Cellules parfois allongées (18 à 25μ) quand la végétation est rapide. Semble être une *levure de maladie*, provoquant l'altération du vin, du cidre et de la bière, en leur communiquant un goût amer.

S. Kefir. Utilisé dans le Caucase pour la fermentation du lait de Vache; comme cette levure ne peut faire fermenter le lactose, on admet que ce sucre est d'abord dédoublé par *Dispora caucasica* en glucose et galactose fermentescibles. — *S. mycoderma* (Fleur du vin, fig. 657, A). Cellules allongées formant un *voile* sur le vin et la bière abandonnés à l'air ; on n'en a pas encore découvert les spores. Cet organisme oxyde l'alcool du liquide à la surface duquel il végète; ce n'est pas un ferment alcoolique.—*S. albicans* (Champignon du Muguet des enfants). Cellules, les unes allongées, les autres globuleuses, disposées en filaments qui forment un enduit blanchâtre sur la langue, le voile du palais et le pharynx, lorsqu'un défaut de nutrition en a modifié les sécrétions.

1. D'après M. Pasteur, la Levure de bière (*Saccharomyces Cerevisiæ*) donne, par la décomposition de 100 parties de sucre, dans ces conditions :
Alcool : 51,1 ; Acide carbonique : 49,2 ; Glycérine : 3,4 ; Acide succinique : 0,65 ; Formation de levure (matière grasse, hydrates de carbone, etc.) : 1,3.

Le Champignon du Muguet dédouble le sucre de lait (avec formation de glucose dont il se nourrit). Maladie fréquente dans la bouche des enfants athrepsiques où le mélange de lait et de salive est un milieu de culture favorable au développement du Champignon.

Exoascus. Parasites sur les feuilles de diverses plantes ligneuses.

E. deformans (Cloque du Pêcher). Le thalle, en se développant dans le parenchyme des jeunes feuilles, y provoque des boursouflures; certains filaments pénètrent entre l'épiderme et la cuticule qu'ils déchirent ensuite; ils forment en ces points une assise de cellules cylindriques serrées dont chacune se partage, par une cloison, en deux cellules : l'une inférieure petite, l'autre supérieure devenue un asque à 8 spores.

Diverses espèces d'*Exoascus* se remarquent également chez le Prunier, l'Aulne, le Bouleau, le Peuplier, etc.

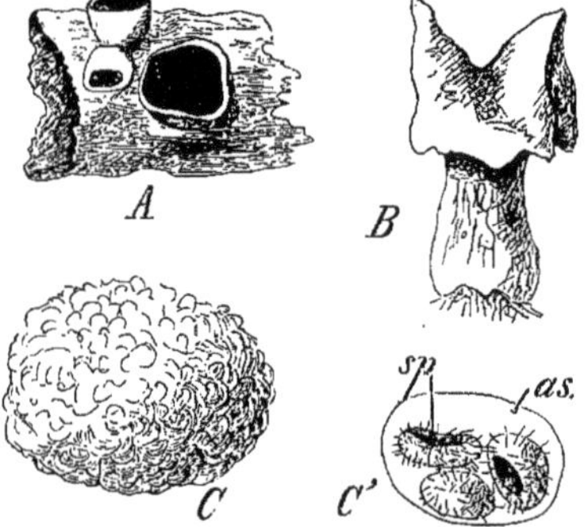

Fig. 658. — Ascomycètes. — A ; *Bulgaria inquinans*. — B : *Helvella crispa*. — C ; *Tuber melanosporum* (Truffe) ; en C' est un asque fortement grossi avec 3 spores visibles.

B. — DISCOMYCÈTES

Champignons Ascomycètes possédant un périthèce largement ouvert, en forme de coupe ou de disque.

Ascobolus (fig. 656, 5). Périthèce gélatineux d'abord clos, puis ouvert dans lequel les asques dépassent les paraphyses. Vit sur le fumier. — *Bulgaria* (fig. 658, A). Fructification gélatineuse, noire ou d'un brun roux à l'extérieur, légèrement concave; sur les vieux troncs d'arbre.

Peziza (Pézize, fig. 655, A). Périthèce en forme de coupe généralement; les asques n'y dépassent pas les paraphyses.

Un certain nombre de Pézizes sont parasites : tantôt elles forment directement leur périthèce sur la plante hospitalière (*P. calycina*, *P. trifoliorum*); tantôt le thalle s'y feutre en masses noires ou *sclérotes* d'où procéderont plus tard les périthèces (*P. Fuckeliania*, *P. sclerotiorum*, etc.).

P. calycina attaque la tige des jeunes Mélèzes, y provoque un écoulement de résine avec de profondes plaies; l'arbre dépérit et meurt. — *P. trifoliorum* tue les Trèfles. — *P. sclerotiorum* envahit le Chanvre, la Carotte, la Topinambour, etc. *P. bulborum* provoque une maladie noire chez les Jacinthes. — *P. Fuckeliana* est très répandue, avec des sclérotes sur les feuilles mortes de la Vigne pendant la saison froide.

Beaucoup de Pézizes se multiplient encore par conidies.

Helvella (fig. 658, B). Un pied lisse ou pourvu de sillons profonds; un chapeau (périthèce) comprenant plusieurs lames sur lesquelles sont disposés les asques. — *Morchella* (fig. 655, B). Un pied surmonté d'un chapeau, avec des alvéoles qui constituent autant de périthèces hérissés d'asques.

L'espèce *M. esculenta* est comestible; on la trouve assez abondamment au printemps dans les bois.

C. — TUBÉRACÉES

Champignons Ascomycètes souterrains, à périthèce clos.

Tuber (Truffe, fig. 658, C). Périthèce complètement enveloppé par les filaments du thalle.

La Truffe noire (*T. melanosporum*, C,C') de forme globuleuse, noire et couverte de dépressions polygonales, renferme en son milieu un grand nombre d'asques avec 3-6 spores hérissées de fines pointes. On la trouve dans les bois de chênes, surtout dans le Périgord, l'Aveyron et l'Yonne où elle vit probablement en parasite sur les racines des arbres. La Truffe blanche (*T. magnatum*) est très parfumée.

Dans les sables de la région méditerranéenne et de l'Algérie, on trouve une sorte de Truffe (*Terfezia africana*) que les indigènes apprécient beaucoup.

Elaphomyces. Le faux tissu enveloppant les asques constitue un capillitium chargé de la dissémination des spores qui forment une masse pulvérulente à maturité. Parasite sur les racines des Pins.

D. — PYRÉNOMYCÈTES

Champignons Ascomycètes à périthèce clos (Périsporiacées) ou communiquant avec l'extérieur par une faible ouverture (Sphæriacées).

Périsporiacées. — Les spores deviennent libres par la destruction de la paroi qui les entoure.

Aspergillus (fig. 659). Moisissure commune sur les matières organiques en décomposition.

L'*Aspergillus glaucus* (A) forme un thalle incolore dont les filaments émettent des branches dressées, non cloisonnées et renflées en boule à leur extrémité. Chaque vésicule terminale, *ap.co*, est hérissée de chapelets de *conidies*, *co*, qui forment des flocons poudreux et verdâtres sur le substratum. Dans des conditions particulières, l'*Aspergillus* peut se reproduire par *spores* naissant dans des asques.

A cet effet, l'extrémité, *a*, d'un filament s'enroule en tire-bouchon qu'entourent des rameaux du thalle, *r* (*b*), émis à la base de l'organe nouveau ; les cellules de cette assise protectrice croissent vers l'intérieur, dissocient les tours de la spire, se cloisonnent et forment une sphère de pseudoparenchyme (*c*). Les tours de la spire se cloisonnent activement eux-mêmes, poussent entre les cellules environnantes des ramifications terminées par des sphères qui deviendront autant d'asques à 8 spores, *as* (*d*). Les cellules du pseudoparenchyme sont résorbées pour le développement des asques, jusqu'à la maturité des spores. A ce moment, l'appareil sporifère consiste en une petite sphère creuse à paroi mince et friable, remplie de spores disposées par groupes de 8, car la paroi des asques même a disparu par résorption. Les spores, *sp*, une fois libres, germent en un nouveau thalle.

On appelait autrefois ce thalle *Eurotium repens;* on a reconnu que l'*Aspergillus glaucus* en est l'appareil conidien.

Les *Aspergillus* envahissent parfois les plaies résultant de lésions de la peau chez l'Homme, et y trouvent un milieu favorable à leur développement; ils produisent alors des maladies diverses :

affection des voies aériennes et des poumons (*Pneumomycose* dont l'agent infectant est *A. fumigatus*);

affection de la cornée de l'œil (*Kératomycose*);

affection du conduit auditif externe (*Otomycose* dont les agents infectants sont *A. fumigatus* et *flavescens*).

Sterigmatocystis (fig. 659, B). Les chapelets de conidies, *co*, y sont portés par des *stérigmates*, *st*, prolongements dont sont pour-

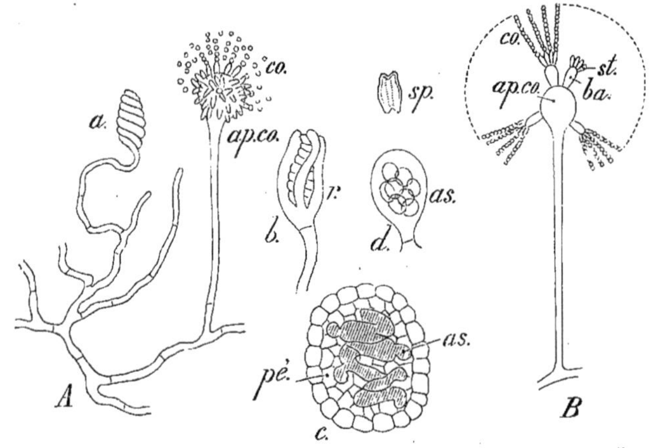

Fig. 659. — **Ascomycètes.** — A; Multiplication d'*Aspergillus repens*. *ap.co*, appareil conidien et conidies libres, *co*; *a*, filament enroulé en tire-bouchon à son extrémité; *b*, rameaux recouvrants, *r*, formant en *c* le périthèce, *pé*, qui entoure l'appareil ascogène, *as*; *d*, asque renfermant les spores, *sp*. — B; appareil conidien de *Sterigmatocystis nigra*; *ba*, basides; *st*, stérigmates portant des chapelets de conidies, *co*.

vues les *basides*, *ba*; ces dernières s'insèrent directement sur les renflements vésiculeux du thalle.

Le *St. nigra* se développe bien dans les milieux renfermant du tanin; il provoque, même dans les dissolutions concentrées, le dédoublement du tanin en acide gallique et en glucose : propriété utilisée dans l'industrie pour la préparation de l'acide gallique.

Les noix de galle (riches en tanin), entières et humectées d'eau au voisinage de 30°, deviennent le siège d'un développement actif du *St. nigra*; au début, le Champignon opère le dédoublement du tanin ; puis survient le dégagement de CO^2 déterminé par un *Saccharomyces* qui dédouble à son tour le glucose.

Ces actions se produisent seulement dans les parties du liquide où l'*oxygène n'a pas d'accès suffisant;* sinon tanin, glucose et acide gallique seraient consommés par la moisissure.

Penicillium. Les filaments conidiens sont ramifiés à leur extrémité et non terminés par une vésicule (fig. 645, A,B).

Le *P. glaucum* est une moisissure gris verdâtre, répandue *à profusion* sur toutes les matières organiques en décomposition. Capable de sécréter des diastases diverses (amylase, invertine, caséase, etc.), cette moisissure s'accommode des aliments les plus variés; elle dédouble aussi le tanin en glucose et acide gallique. Le *P. glaucum* est utilisé pour la fabrication des fromages de Roquefort; on l'y ensemence à l'aide de pain moisi.

Les genres précédents sont saprophytes en général.

Erysiphe. Thalle parasite sur les feuilles et les tiges; il enfonce des suçoirs dans les cellules épidermiques et émet des branches dressées qui portent un chapelet de *conidies*; çà et là se constituent des périthèces contenant des asques, ainsi que nous l'avons vu au sujet de *Sphærotheca* (Voir page 556).

L'*Erysiphe Tuckeri* (Oïdium de la Vigne) développe son thalle à la surface des jeunes feuilles; les grains à peine apparus sont rapidement détruits. On ne connaît que la forme conidienne de ce Champignon.

Les feuilles de la Vigne, qui sont attaquées deviennent cassantes; le fruit est dur et se fend.

On combat l'Oïdium par 3 soufrages successifs au début de la végétation (tiges de 10 centimètres), à la floraison et à la fructification.

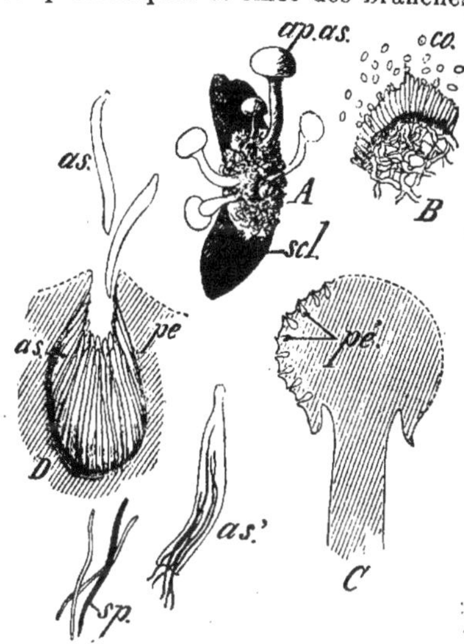

FIG. 660. — **Ascomycètes**. — *Claviceps purpurea* (Ergot du Seigle). — A; *scl*, sclérote produisant des appareils ascogènes, *ap.as.* — B; fragment d'appareil conidien et conidies libres, *co.* — C; coupe longitudinale d'un appareil ascogène montrant les périthèces, *pé.* — D; un périthèce grossi rempli d'asques, *as*; *as'*, asque libre émettant des spores filiformes, *sp.*

Sphæriacées. — Le périthèce présente une ouverture restreinte par laquelle sont émises les spores.

Sphæria (fig. 655, C). Périthèce simple en forme de sphère aplatie avec un petit col ouvert. — *Fumago* (Fumagine); forme des taches noires sur les feuilles du Houblon, du Tilleul, de l'Orme, du Chêne, etc.

Xylaria (Xylaire). Sorte de tige simple ou peu ramifiée, noire, portant à son sommet des cavités (périthèces) où sont contenus les asques. Vit sur les vieilles souches.

Claviceps. Périthèce composé avec asques tubuleux et spores filiformes.

Le *Claviceps purpurea* (Ergot du Seigle, fig. 660) développe son thalle filamenteux sur l'ovaire des Graminées (surtout du Seigle) et se substitue peu à peu au grain dont il s'est nourri. L'ovaire est donc remplacé par un mycélium d'abord mou et blanc qui produit à la surface un grand nombre de *conidies*, *co* (B), capables de germer sur place et de donner des conidies secondaires. Le mycélium devient ensuite plus compact à la base de l'ovaire et prend l'aspect d'un tubercule allongé et noirâtre : c'est l'*Ergot*, sclérote du *Claviceps* (A). Capable de résister à la sécheresse et au froid, l'Ergot germe au printemps, sous l'influence de l'humidité ; il se hérisse de petites tiges pseudoparenchymateuses, terminées chacune par une boule rouge, *ap.as* (A). Chacune de ces têtes est creusée à sa surface d'un grand nombre de petites bouteilles (périthèces, *pé*, C) où font saillie des asques tubuleux, *as* (D). Chaque asque contient 8 spores filiformes, *sp*, qui germeront à leur tour en milieu humide (jeunes fleurs de Graminées, par exemple).

L'Ergot renferme un alcaloïde cristallisable (*ergotinine*) ; on l'emploie en pharmacie pour combattre les hémorragies, probablement à cause de la constriction déterminée par l'alcaloïde en question sur les fibres musculaires lisses des vaisseaux capillaires.

IV. — BASIDIOMYCÈTES

Champignons à thalle cloisonné, pourvu d'une membrane calloso-pectique. Multiplication : 1° par spores naissant sur des **basides**; *2° par conidies.*

BASIDIOMYCÈTES.	**Trémellinées.** Basides divisées		en travers	*Auriculariées.*
			en long	*Trémellées.*
	Basides non divisées	externes. **Hyménomycètes.**	Basides sur toute la surface.	*Clavariées.*
			— sur une face	*Théléphorées.*
			— sur des cônes	*Hydnées.*
			— sur des lames	*Agaricinées.*
			— dans des tubes	*Polyporées.*
		internes. **Gastromycètes**	aériens. Basides dans une enveloppe générale.	*Tulostomées.* *Clathrées.*
			aériens. Basides dans des sacs renfermés dans une enveloppe.	*Cyathées.*
			souterrains	*Hypogées.*

Dans cet ordre très vaste, qui renferme à lui seul plus de 2000 espèces en France, sont rangés les *Champignons à chapeau* bien connus de tout le monde. Les Basidiomycètes sont le plus souvent saprophytes, vivant sur la terre riche en humus, sur le vieux bois, les feuilles mortes, etc.

Le caractère fondamental des Basidiomycètes est la naissance des spores (*basidiospores*) à l'extrémité des *stérigmates* portés par de grosses cellules-mères (*basides*) disposées côte à côte ou entremêlées de paraphyses, à la surface d'un appareil sporifère (Voir T. I, fig. 357).

Nous avons brièvement exposé déjà la *structure de l'appareil sporifère* du Champignon de couche (*Agaricus* ou *Psalliota campestris*, T. I, page 374, fig. 356 et 357).

Développement de l'appareil sporifère. — **1° Hyménomycètes.** — Prenons comme exemple le genre *Coprinus* dont plusieurs espèces croissent sur le fumier de Cheval.

Soit le *Coprinus stercorarius* (fig. 661). Une spore, *sp* (1), placée en milieu humide et aéré, germe en un tube qui se cloisonne, se ramifie et donne bientôt un thalle circulaire (2); celui-ci croît toujours vers la périphérie en multipliant ses filaments qui s'anastomosent de-ci de-là. Au bout de 10 jours environ apparaissent les jeunes appareils sporifères :

A cet effet, un filament, *f* (3), du thalle, *th*, produit en l'un de ses points un rameau, *r*, divisé en un nombre considérable de ramuscules enchevêtrés en tous sens; le tubercule ainsi formé présente déjà une partie médiane compacte à filaments dressés [origine du *pied* (*pi*, 4)] et une zone externe plus lâche qui représente la *volve*, *vo*.

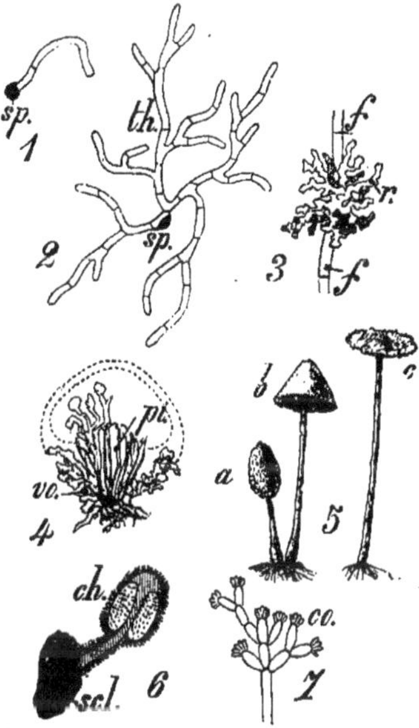

Fig. 661. — *Coprinus stercorarius*. — 1, 2 ; spore germant en un thalle, *th*. — 3 ; *f*, *f*, un filament du thalle sur lequel commence à se former un tubercule. — 4 ; tubercule plus avancé ; *vo*, volve ; *pi*, pied. — 5 ; états successifs de l'appareil sporifère. — 6 ; sclérote, *scl*, ayant produit un appareil sporifère : *ch*, chapeau et lamelles. — 7 ; appareil conidien d'une Trémellinée.

Au sommet de la partie médiane, les filaments se ramifient et dessinent peu à peu le chapeau qui croît latéralement ; des *lamelles* rayonnent bientôt du pourtour du pied jusqu'à la face interne du chapeau; des basides et des paraphyses couvrent la surface des lamelles; sur chaque baside se développent 4 spores. Lorsque ces spores sont mûres, le pied s'allonge rapidement de quelques centimètres (5), soulevant le chapeau et brisant la volve qui l'enveloppait.

Le chapeau lui-même s'ouvre comme un parapluie, les lamelles étendues laissent tomber les spores; la substance qui persiste de l'appareil sporifère se désorganise rapidement, tombe en déliquium et disparaît.

2° Gastromycètes.— Soit le *Crucibulum vulgare* qui développe ses cordons à la surface du bois mort. En un point d'un cordon se ramifient abondamment et s'enchevêtrent des filaments qui constituent un tubercule cylindrique, jaune, de 5 à 12 millimètres de hauteur. La couche externe du tubercule, épaisse à la base, est mince au sommet où elle constitue un opercule jaune ou orangé; dans la région moyenne, les filaments se gélifient ; la masse interne forme un certain nombre de cavités lenticulaires au centre de chacune desquelles se différencie un hyménium avec des basides tétrasporées et des paraphyses.

A la maturité des spores, l'opercule se rompt et le tubercule prend l'aspect d'un creuset largement ouvert, au fond duquel sont appliqués les périthèces.

Sclérote. — Si le milieu riche en matières nutritives est insuffisamment aéré (bouse de Vache pour le Coprin, par exemple), le thalle forme un *sclérote* qui entrera plus tard en germination dans l'air humide.

Conidies (fig. 661, 7). — Nombre de Basidiomycètes se multiplient aussi par *conidies*.

A. — TRÉMELLINÉES

Basidiomycètes dont les basides sont divisées en travers ou en long.

1° **Auriculariées**. — Basides divisées en travers (fig. 662, *ba*).

Auricularia (fig. 662, A). Champignon gélatineux, gonflable par l'humidité, pourvu ou non d'un pied que termine un chapeau avec des stries concentriques (*A. tremelloides*) ou en forme d'oreille (*A. auricula Judæ*, A); hyménium sur la *face inférieure*, portant des basides allongées et *cloisonnées transversalement*, *ba*. Les spores, *sp*, donnent, par germination, un mycélium peu développé, puis des conidies arquées. Vit sur les troncs de Noyer, de Sureau ou d'Acacia.

2° **Tremellées**. — Basides divisées en long (fig. 662, *ba'*).

Tremella (Trémelle, B). Champignon gélatineux, irrégulièrement plissé d'ordinaire ou arrondi, dont l'hyménium recouvre toute la surface; spores ovoïdes; bouquets de conidies dans la masse gélatineuse. Vit sur les vieux troncs, le bois mort, etc.

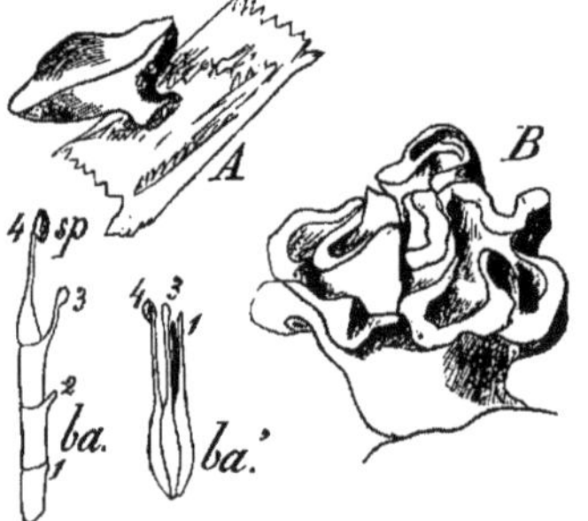

FIG. 662. — **Basidiomycètes**. — A; *Auricularia auricula Judæ*. *ba*, l'une de ses basides formant des spores, *sp*. — B; *Tremella mesenteroides*; *ba'*, l'une de ses basides avec la spore 4 plus développée.

B. — HYMÉNOMYCÈTES

Basidiomycètes pourvus d'un appareil sporifère formant chapeau le plus souvent; basides indivises, très serrées sur la surface externe de cet appareil sporifère.

1° **Clavariées**. — Basides sur *toute la surface* de l'appareil sporifère dressé en colonne simple ou rameuse (fig. 663, A et B).

Clavaria. Champignon charnu, d'assez grande taille, cylindrique, en massue (*C. pistillaris*, B), très ramifié le plus souvent [*C. flava* (A), *aurea*, *stricta*, etc.]. Vit dans les bois, les prairies, au milieu de l'herbe ou sur les troncs en décomposition.

Un certain nombre d'espèces de Clavaires sont comestibles.

Sparassis. Champignon charnu, à rameaux aplatis, foliacés. *S. crispa*; rameaux blancs, jaunes à l'extrémité; vit dans les forêts de Sapins (pays montagneux).

2° **Théléphorées.** — Basides recouvrant une partie de la surface lisse de la fructification.

Thelephora (Théléphore). Champignon ferme, de forme irrégulière, dressée et très rameuse (*T. coralloides*) ou étalée en croûte (*T. biennis*, C); *basides sur la face supérieure* avec des spores généralement brunes et hérissées de pointes. — *Stereum*. Champignon coriace, lignicole. — *Corticium*. Champignon formant une croûte sur le bois; *l'hyménium est directement appliqué sur le mycélium*, par suite les basides sont disposées sur la face inférieure; spores incolores.

3° **Hydnées.** — Les basides y sont insérées sur des cônes saillants sous le chapeau (D).

Hydnum. Champignon charnu ou coriace présentant un nombre considérable d'espèces, vivant de préférence dans les forêts de Conifères. *H. repandum*; comestible. — *Radulum*. Aiguillons de forme très irrégulière sur des croûtes tapissant des branches sèches.

4° **Agaricinées.** — Les basides y sont insérées sur des lames rayonnantes à la face inférieure du chapeau.

(a) **Spores blanches.**

Amanita (Amanite, E, F). Champignon pourvu d'une *volve*, *vo*, qui l'enveloppe complètement dans le jeune âge; lors de l'épanouissement du chapeau, la volve se déchire et forme : soit un étui autour du pied (*A. cæsarea*, E), soit un simple bourrelet annulaire (*A. citrina*) et pas de verrues (fragments de la volve) sur le chapeau; soit des verrues et un bourrelet annulaire (*A. muscaria*, F), etc.

L'Oronge (*A. cæsarea*, E) est un Champignon comestible; chapeau jaune-orangé, sans écailles, atteignant 10 à 15 centimètres, à chair ferme et jaune, ne rougissant pas à l'air; *les feuillets du chapeau sont inégaux et jaunes;* pied plein jaune doré, entouré à sa base d'une volve blanche formant étui : l'odeur en est agréable.

La fausse Oronge ou Amanite Tue-Mouches (*A. muscaria*, F) est extrêmement vénéneuse. Chapeau *rouge*, parfois orangé, *parsemé d'écailles blanches, éc; les feuillets du chapeau sont blancs;* le pied est entouré, à sa base, d'une volve réduite à des fragments écailleux blancs, *éc'*.

Ces caractères permettent de ne pas confondre l'Oronge à chair délicate et comestible avec la fausse Oronge; celle-ci renferme deux alcaloïdes principaux : l'*amanitine* et la *muscarine* qui dérive de l'amanitine par oxydation.

La muscarine produit une abondante salivation, des secousses musculaires, le ralentissement des battements du cœur et son arrêt en diastole [Provoquer des vomissements, aussitôt que l'empoisonnement est reconnu].

La muscarine est soluble dans l'eau acidulée; donc la fausse Oronge peut être employée comme aliment après une ébullition prolongée dans de l'eau vinaigrée et plusieurs fois renouvelée.

L'*Amanita citrina* (*venenosa*) cause de fréquents empoisonnements dans nos contrées, parce que sa couleur, variable du blanc pur au jaune citrin ou verdâtre, porte à confondre cette espèce avec l'*Agaricus arvensis* ou avec l'Oronge blanche (*A. ovoidea*) ; ses caractères sont les suivants : chapeau jaune ou verdâtre avec des flocons blancs, jaunes ou verdâtres ou des plaques brunes; volve formant un simple rebord autour du pied.

Armillaria. Un anneau au-dessous du chapeau dont les feuilles parviennent jusqu'au pied et le rendent difficilement séparable.

L'*A. mellea* pousse sur les vieilles souches dans toutes les forêts; chapeau campanulé de couleur variable du jaune-miel au brun, hérissé d'écailles noirâtres;

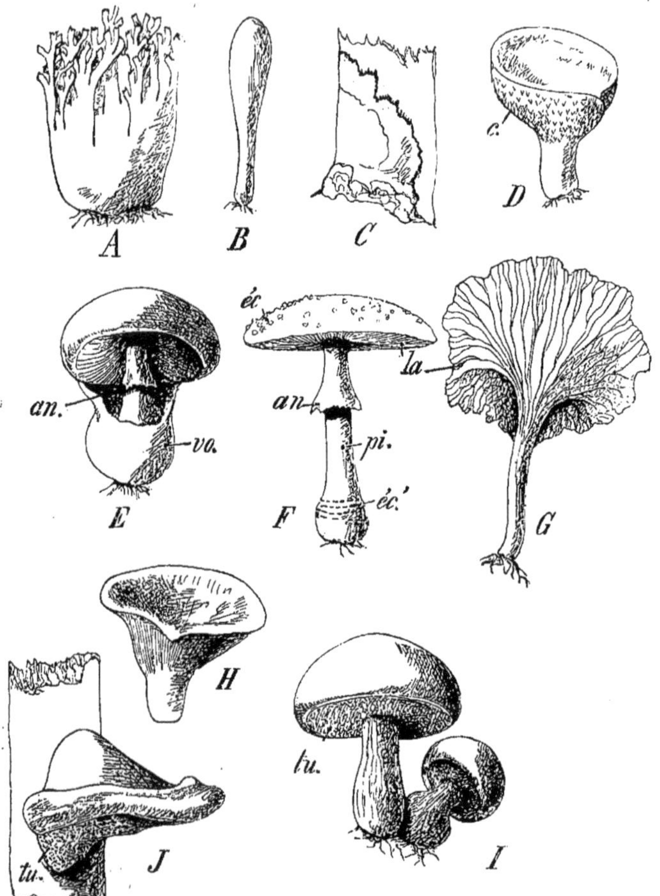

Fig. 663. — **Basidiomycètes.** — A; *Clavaria flava*. — B; *Clavaria pistillaris*. — C; *Thelephora biennis*. — D; *Hydnum repandum*. — E; *Amanita cæsarea* (Oronge). — F; *Amanita muscaria* (Fausse Oronge). — G; *Cantharellus cibarius* (Girolle). — H; *Russula delica*. — I; *Boletus edulis* (Bolet ou Cèpe). — J; *Polyporus fomentarius*. *c*, cônes; *vo*, volve; *an*, anneau; *la*, lames rayonnantes; *éc*, écailles; *tu*, tubes.

pied lisse, brun et strié en haut. Comestible après une cuisson qui en enlève l'âcreté.

Cantharellus (Chanterelle; fig. 663, G). Champignon charnu à pied plus ou moins excentrique; chapeau hérissé inférieurement de feuillets épais, peu saillants parfois, souvent anastomosés.

La Girolle ou Chanterelle comestible (*C. cibarius*) a le chapeau jaune ou orangé vif, quelquefois blanc-crème, en forme de coupe à bord irrégulier; les lames jaunes s'étendent sur le pied jaune-orangé, *épais*. Comestible et fort appréciée, la Girolle ne doit pas être confondue avec l'espèce vénéneuse *C. aurantiacus*, dont le pied est jaune-roux, quelquefois noir.

Lactarius. Spores blanches hérissées de pointes; laisse écouler un latex rouge, jaune ou blanc quand on le casse. — *Russula* (H). Pas de latex.

Certaines espèces sont comestibles parmi ces 2 genres.

(b) **Spores roses.**

Volvaria. Une volve et pas d'anneau.

(c) **Spores jaune d'ocre.**

Cortinarius. Champignon possédant une *cortine* (membrane très délicate formée d'un ensemble de filaments grêles qui, chez l'être jeune, s'étendent du haut du pied au bord supérieur du chapeau); les feuillets changent de couleur avec l'âge et deviennent très foncés.

(d) **Spores noires ou brun-pourpre foncé à maturité.**

Agaricus ou *Psalliota* (Agaric ou Psalliote, fig. 643). Champignon ayant un anneau, les feuillets libres; le pied se détache facilement du chapeau. La plupart des espèces en sont comestibles.

Le Champignon de couche (*P. campestris*) possède une chair qui devient rosée à l'air; un chapeau blanc, roux ou brun; des lames roses, puis pourpre foncé; un pied plein, blanc et lisse; une odeur agréable. On le cultive dans les environs de Paris.

Coprinus (Coprin, fig. 661). Champignon de peu de durée, à feuillets rapidement déliquescents à la maturité (Voir page 563).

5° **Polyporées**. — Basides tapissant la surface interne de tubes.

Boletus (Bolet, fig. 663, I). Champignon charnu, à pied central, à *tubes facilement séparables du chapeau;* pousse à terre et pourrit rapidement.

Le Cèpe de Bordeaux (*B. edulis*) est le plus connu des Bolets comestibles; le chapeau est brun, la chair molle et blanche, rougeâtre sous l'épiderme, le pied brun, souvent renflé à la base et finement réticulé; les tubes d'abord blancs, deviennent jaunâtres.

Polyporus (Polypore, fig. 663, J). Champignon charnu, parfois sans pied, à tubes difficilement séparables de la chair du chapeau; pousse sur le bois, rarement à terre.

Le nombre des espèces de Polypores est très grand, quelques-unes font élection de domicile sur des arbres déterminés (Mélèze, Peuplier, Aulne, etc.); mais ces espèces sont coriaces le plus souvent; elles peuvent atteindre des dimensions considérables par suite de leur accroissement continu. Le Polypore amadouvier (*P. fomentarius*) se développe sur le Frêne, le Saule, le Peuplier, le Chêne, etc., appliqué par l'un de ses côtés contre le tronc-support; il prend la forme d'un sabot de Cheval. On coupe sa chair en tranches qu'on ramollit à coups de maillet pour faire de l'*amadou*.

C. — GASTROMYCÈTES

Basidiomycètes dont les basides sont insérées sur la face interne de cavités pratiquées dans un appareil sporifère clos jusqu'à la maturité des spores.

1° **Tulostomées** (**Lycoperdinées**). — Fructification dont les cloisons internes sont détruites sauf un capillitium.

Tulostoma. Fructification sphérique pédicellée, s'ouvrant à la maturité des spores par un orifice situé à la partie supérieure; spores naissant sur les côtés des basides. — *Lycoperdon* (Vesse-de-loup, fig. 664, A). Pas de pied; une sorte de sphère s'ouvrant en haut, par un pore ou par la destruction de l'enveloppe. — *Geaster* (B). Fructification pourvue de 2 *enveloppes* dont l'externe s'ouvre et *s'étale en étoile* sur le sol, tandis que l'interne s'ouvre par un pore à son sommet.

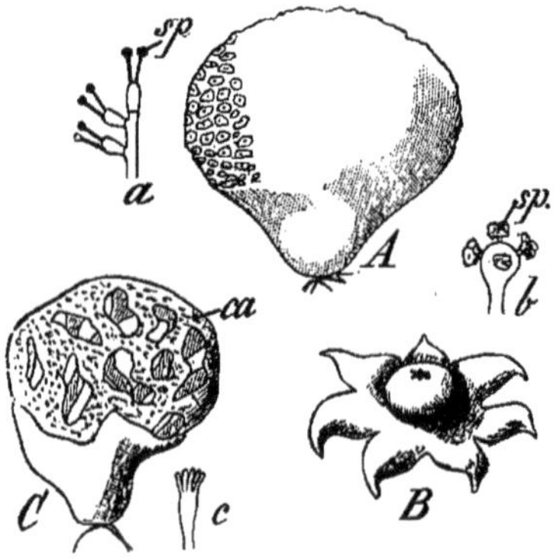

FIG. 664. — Gastromycètes. — A; *Lycoperdon* (Vesse-de-Loup). *a*; l'une de ses basides. — B; *Geaster hygrometricus*. *b*; l'une de ses basides. — C; *Clathrus ruber*. *c*; l'une de ses basides.

2° **Clathrées** (**Phalloïdées**). — Champignons présentant une volve d'où sort l'appareil sporifère surélevé par un corps caverneux cylindrique ou en réseau.

Clathrus (C). — *Phallus*.

3° **Cyathées** (**Nidulariées**). — Fructification à enveloppe épaisse se déchirant plus ou moins irrégulièrement à maturité; à l'intérieur sont contenus plusieurs *péridioles* contenant les basides et les spores.

Cyathus crucibulum. Péridioles pédicellés. — *Nidularia*. Péridioles non pédicellés.

4° **Hypogées** (**Hyménogastrées**). — Fructification ordinairement souterraine demeurant charnue (aspect d'une Truffe).

Hymenogaster; spores brunes fusiformes. — *Melanogaster;* spores noires.

V. — HYPODERMÉES

Champignons à thalle cloisonné, se reproduisant par spores de plusieurs sortes; ni asques ni basides. Parasites dans les végétaux terrestres.

Cet ordre comprend 2 familles : les **Ustilaginées** et les **Urédinées**.

A. — USTILAGINÉES

Thalle ramifié perforant souvent les membranes cellulaires de la plante hospitalière.

Ces parasites provoquent, chez les Graminées, les maladies de la *carie* et du *charbon*; ils attaquent aussi les Renonculacées, les Composées, etc. Quand une plante est attaquée, le thalle du parasite peut l'envahir totalement, mais il ne formera pas toujours ses spores en un point déterminé : *Tilletia Tritici* dévore l'ovule du Blé (*carie* du Blé) sans altérer l'ovaire qui est rempli de spores; *Ustilago segetum* détruit la fleur entière des Graminées et produit le *charbon* des céréales (Blé, Orge, Avoine), etc.

Soit le Champignon de la carie (*Tilletia Tritici* dont les spores remplissent complètement l'ovaire, au lieu du grain de Blé, à la maturité de l'épi; ces *spores globuleuses* brunes, *sp* (fig. 665), germent au moment des semailles, s'allongent en un tube court non cloisonné (*promycélium*), sur lequel prennent naissance des *spores secondaires* ou *sporidies primaires*, *spo*. Les sporidies fusiformes, au nombre de 2 à 8, s'anastomosent souvent 2 à 2 en H, tombent, germent et donnent : soit un thalle ramifié (dans un liquide nutritif), soit des *sporidies secondaires*, *s*.

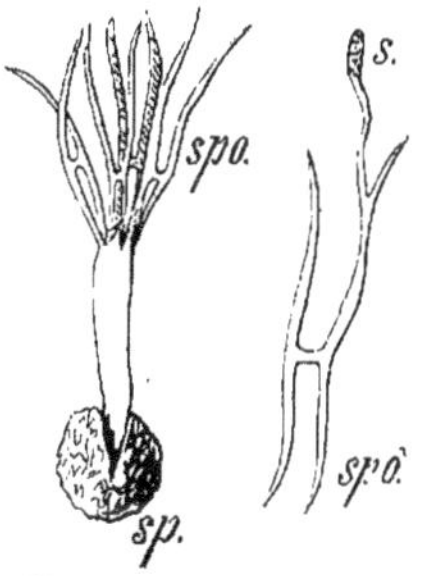

FIG. 665. — **Ustilaginées.** — *Tilletia Tritici*. *sp*, spore ayant germé et produit des sporidies primaires, *spo*. *s*, sporidie secondaire.

L'une ou l'autre de ces productions dernières envahit les jeunes plantes de Blé et y croît en un thalle plus ou moins abondant. Les branches du thalle, qui infectent l'ovaire, se ramifient à l'excès et se terminent par autant de spores.

Chez les *Ustilago*, le promycélium issu de la spore est un tube cloisonné, formé de 2 à 4 cellules superposées dont chacune émet latéralement 1 ou plusieurs sporidies anastomosées ou non; dans un liquide nutritif, les sporidies germent en un thalle formé de chapelets de cellules qui se séparent, comme la Levure de bière.

Spore ⟶ *Promycélium* ⟶ *Sporidie primaire* { *Thalle*.................... / *Sporidie secondaire* ⟶ *Thalle*. } ⟶ *Spore*:

tel est le cycle des formes qu'on remarque chez les Ustilaginées.

Les spores peuvent conserver leur faculté germinative pendant 2 ou 3 ans; elles sont tuées par immersion prolongée dans une dissolution de sulfate de cuivre contenant 5 grammes de ce sel par litre d'eau [Faire baigner les grains à ensemencer pendant 15 heures dans ce bain, sécher et semer ensuite].

(a) *Promycélium non cloisonné; sporidies terminales.*

Tilletia (Carie du Blé). — *Entyloma*; forme des pustules sur les feuilles de la Renoncule rampante, du Souci, etc.

(b) *Promycélium cloisonné; sporidies latérales.*
Ustilago (Charbon).

Le Charbon des céréales (*U. segetum*) détruit la fleur et y substitue une poussière noire formée par les spores brunâtres (5 à 8 μ). — Le Charbon du Maïs (*U. Maydis*) forme des pustules parfois volumineuses sur les fleurs, les tiges et les feuilles de l'hôte; spores hérissées de pointes (8 à 13 μ).

L'*Ustilago Maydis* renferme un alcaloïde (*ustilagine*) employé en pharmacie.

B. — URÉDINÉES

Thalle ramifié se développant dans les méats intercellulaires de la plante hospitalière sans pénétrer dans les cellules qu'ils entourent.

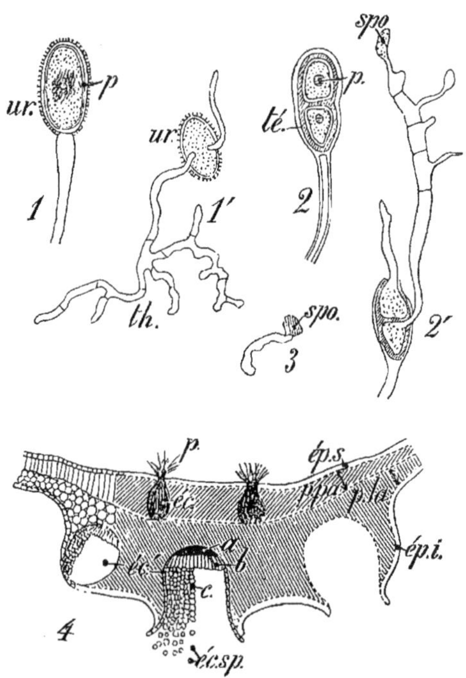

Fig. 666. — **Urédinées.** — Développement de *Puccinia graminis*. — 1; *ur*, urédospore; *p*, pore. — 1'; urédospore ayant germé en un thalle, *th*. — 2; téleutospore; — 2'; téleutospore ayant produit des sporidies, *spo*. — 3; sporidie en germination. — 4; coupe schématique d'une feuille d'Épine-vinette; *ép.s*, *ép.i*, épidermes supérieur et inférieur; *p.pa*, *p.la*, parenchymes palissadique et lacuneux. *éc*, écidiolispores; *éc'*, *sp*, écidiospores; *p*, poils.

Parasites *dans* les Végétaux terrestres, les Urédinées y provoquent des maladies appelées *rouilles*, à cause de la couleur des taches que forment les spores sur les feuilles et les tiges dont elles ont déchiré l'épiderme pour se disséminer.

L'une des plus communes et des plus redoutables pour l'agriculture est l'espèce *Puccinia graminis* qui produit la *rouille du Blé* (fig. 666).

En été, on remarque par transparence, sur la tige et les feuilles du Blé, des bourrelets longitudinaux étroits et rougeâtres constitués par de nombreuses ramifications du thalle de *Puccinia graminis*; ces ramifications, normales à la surface de la plante envahie, sont terminées chacune par une grosse spore ovoïde à membrane mince et à protoplasme rouge (*urédospore*, *ur*, 1) qui presse contre la face interne de l'épiderme, le déchire et se trouve ainsi mise à nu. Des rangées de spores semblables se voient sur toute l'étendue des bourrelets signalés : c'est la *rouille orangée*.

Les *urédospores*, pourvues à l'équateur de 4 pores, *p*, se détachent, germent sur la même plante ou des plantes voisines (1') en un ou plusieurs tubes qui pénètrent par un stomate dans le tissu de l'hôte, l'envahissent et produisent de nouveaux bourrelets. Ce phénomène se continue pendant tout l'été, propageant la maladie avec une grande rapidité.

Quand le Blé mûr va sécher, des spores d'une autre nature se produisent (*téleutospores*, *té*, 2); elles sont allongées, pourvues d'une cloison transversale ; leur membrane brune est fortement cutinisée avec 2 pores seulement, *p* et leur protoplasme est incolore. Les téleutospores demeurent adhérentes à leur pédicelle et peuvent subir les froids rigoureux sans altération.

Au printemps, une *téleutospore*, germant dans l'air humide (2'), donne un promycélium linéaire comprenant 4 cellules dont chacune produit une *sporidie* latérale, *spo*.

La *sporidie*, emportée par le vent, *ne peut germer que sur une jeune feuille d'Épine-vinette* (*Berberis vulgaris*); elle pousse un tube grêle (3) qui, perforant l'épiderme du nouvel hôte, pénètre dans les méats intercellulaires et y produit rapidement un thalle. Bientôt on remarque, sur les deux faces de la feuille envahie, 2 sortes de taches produites par les filaments pressés du thalle (4).

Les taches de la face supérieure font éclater l'épiderme et prennent l'aspect de bouteilles, *éc*, à col étroit par lequel font saillie de nombreux poils, *p*; au fond se trouvent des rameaux serrés qui se résolvent en chapelets de petites spores (*Écidiolispores*) *capables de propager la maladie sur l'Épine-vinette*.

Les taches de la face inférieure, après rupture de l'épiderme, *ép.i*, ont l'aspect de cupules, *éc'*, dans le fond desquelles est disposée une assise de cellules allongées ayant produit chacune un chapelet de spores (*Écidiospores, éc.sp*), *capables de germer seulement sur le Blé ou quelques autres Graminées.*

Le développement d'une *Écidiospore* produit un tube qui, pénétrant par un stomate de la feuille ou de la tige du Blé, se ramifie en un thalle abondant; au bout de 6 à 10 jours, ce thalle provoque la formation des bourrelets dont nous avons parlé au début. Le cycle des transformations ainsi fermé est représenté par le tableau suivant :

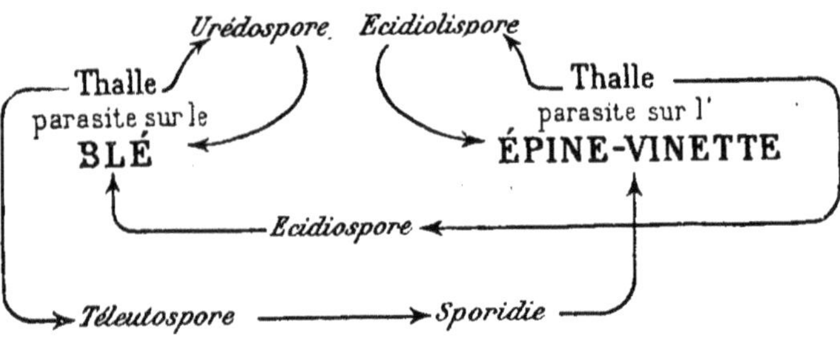

Hétérœcie-Autœcie. — On appelle *hétérœcie* le cas où un même Champignon a besoin de 2 hôtes différents pour accomplir son évolution; de même que *Puccinia graminis*, *P. Rubigovera* forme des écidiospores sur les Borraginées et atteint les Céréales en été. Ces Puccinies sont dites *hétéroïques.*

L'*autœcie* est le phénomène par lequel les 4 espèces de spores se développent sur la même plante. Les Puccinies de l'Asperge, de la Violette, de l'Hélianthe, etc., sont *autoïques*. Parmi les Puccinies autoïques, le développement peut subir une accélération, un raccourcissement : ainsi la Puccinie des Malvacées (*P. malvacearum*) se multiplie uniquement par sporidies.

Puccinia. — *Phragmidium.* Espèces toutes autoïques. Le *Ph. rosarum* provoque la rouille des Rosiers. — *Gymnosporangium.* Espèces toutes hétéroïques; passe le printemps et l'été sur le Pommier, le Poirier, etc., et l'hiver sur les branches des Conifères.

§ 2. — ALGUES

Thallophytes pourvues de chlorophylle ordinairement.

ALGUES à thalle
- vert, vert bleuâtre ou incolore.
  - *Thalle incolore ou vert bleuâtre.* Cellules à noyau peu ou pas distinct.
    - Spores endogènes. *Bactériacées.*
    - Cellules de conservation ou kystes. — **Algues bleues.** (**Cyanophycées**).
  - *Thalle ordinairement vert.* Cellules à noyau net............. — **Algues vertes.** (**Chlorophycées**).
- brun, olivâtre ou jaune.......................... — **Algues brunes.** (**Phéophycées**).
- ordinairem[t] rouge. — Spores sans cils vibratiles.......... — **Algues rouges.** (**Floridées**).

Caractères généraux. — Le thalle des Algues présente les formes les plus variées :

1° Le thalle est simple ou abondamment ramifié. — Unicellulaire chez *Protococcus*, *Cosmarium Botrytis*, *Botrydium* (fig. 640), il affecte la forme d'un filament continu [*Spirogyra*, *Œdogonium*] ou dissocié [*Nostoc*, *Rivularia* (fig. 667) *Bactériacées* (fig. 668)] ; il

FIG. 667. — Cyanophycées. — *Rivularia*. *ga,g*, gaine gélatineuse; *h*, hormogonie.

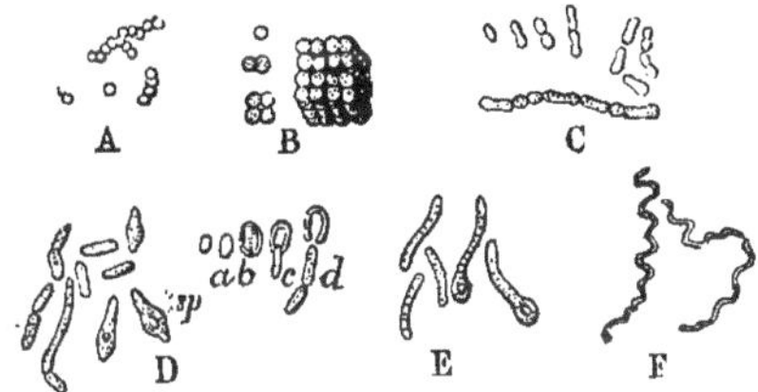

FIG. 668. — Bactéries diverses. — A; *Micrococcus ureæ*, dans la fermentation ammoniacale de l'urine. — B; *Sarcina ventriculi*, dans l'estomac, le sang et les poumons de l'homme. — C; *Bacterium Termo*, microbe aérobie des eaux corrompues. — D; *Bacillus Amylobacter* (ferment butyrique) agent anaérobie de la fabrication du fromage et du rouissage du chanvre; *sp*, spore; *a, b, c, d*, phases du développement d'une spore. — E; *Vibrio rugula*, microbe anaérobie des eaux corrompues. — F; *Spirillum plicatile*, dans l'eau croupissante. Les figures A, B..., E, représentent les Bactéries à divers états de développement.

est ramifié dichotomiquement (*Coleochæte*), assez irrégulièrement (*Cladophora*). Le thalle atteint sa complexité maximum chez certaines Fucacées et Floridées (fig. 669).

Le *Batrachospermum* (fig. 670, III) est une Floridée de constitution très curieuse : un axe filamenteux, composé d'un pseudoparenchyme, émet des ramifications à divers niveaux; les unes longitudinales forment un revêtement autour de l'axe; les autres transversales, parfois nombreuses et serrées, constituent en certains points un thalle massif où apparaissent les organes de reproduction.

2° Le thalle est homogène ou profondément différencié. — Semblable dans toutes ses parties chez les Algues filamenteuses (*Spirogyra*, *Cladophora*) ou membraneuses (*Ulva*), le thalle se différencie plus ou moins, chez les Algues fixées en particulier : un *crampon* ou *système fixateur* apparaît le premier; puis la partie libre ou flottante du thalle présente un *appareil nutritif* comprenant des parties élargies, lamelleuses, capables de recevoir beaucoup de lumière (*Caulerpa*, fig. 640, F) et un *appareil reproducteur*, le plus souvent localisé en un point de la surface du thalle (Laminaire, fig. 670, II).

Fig. 669. — *Lomentaria articulata.*

L'*Anthophycus longifolius* (fig. 642) présente l'un des meilleurs exemples de la différenciation portée au plus haut point chez les Algues : un *crampon*, *cr*, duquel

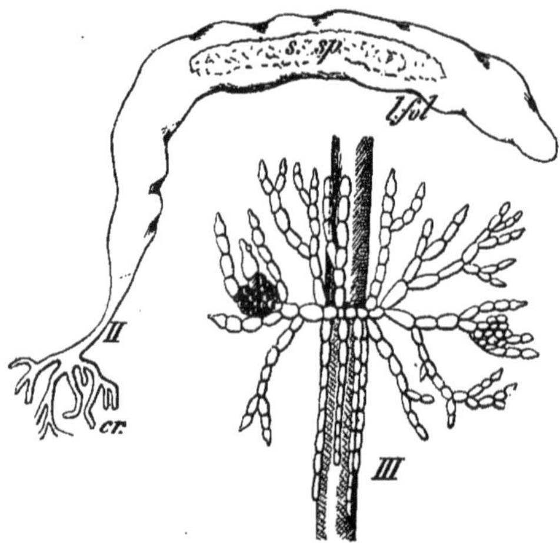

Fig. 670. — II; Laminaire; *cr*, crampons; *s.sp*, surface sporifère.— III; *Batrachospermum*.

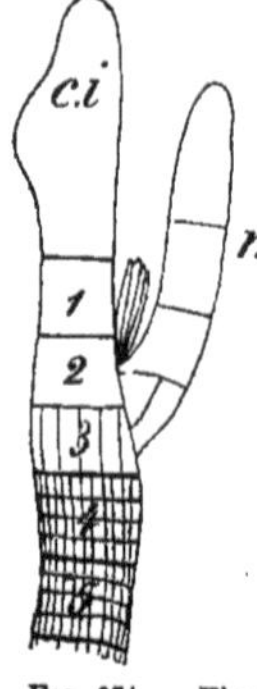

Fig. 671. — Figure schématisée montrant le mode de croissance terminale chez *Stypocaulon scoparium*.

part une sorte de *tige* axiale, *t*, avec des *lames foliacées;* quelques-unes de ces lames sont pourvues d'un *flotteur*, *fl*, à leur base; sur d'autres lames et au sommet de la tige est inséré l'*appareil fructifère* sous forme de grappes composées, *gr*. Au premier abord, l'*Anthophycus* rappelle une plante Phanérogame par son aspect, mais toutes ses parties sont constituées par des cellules non différenciées.

D'ailleurs, le *Caulerpa prolifera*, dont le thalle n'est pas cloisonné, présente une profonde différenciation dans sa forme extérieure, malgré sa structure continue.

Structure du thalle. — Le thalle est *réellement unicellulaire* chez quelques Algues (*Closterium lunula*, *Cosmarium Botrytis*); il est plurinucléaire chez nombre de genres à thalle non cloisonné (*Vaucheria*, *Caulerpa*, *Botrydium*, etc., où l'unicellularité n'est qu'apparente). Les Algues sont pluricellulaires en majorité et possèdent un thalle cloisonné dans une direction seulement (Algues filamenteuses : *Ulothrix*, *Œdogonium*, *Spirogyra*) ou dans les 3 directions (*Ulva*, *Laminaria*, *Fucus*, etc.).

Mode de développement d'un thalle pluricellulaire. — Certaines Algues ont un mode de développement qui nous conduit insensiblement à celui des Muscinées et des Cryptogames vasculaires.

La croissance du thalle est *intercalaire* ou *terminale*.

Nous avons vu déjà (T. I, pages 346-348, fig. 326, A) comment se produit la *croissance intercalaire* d'un filament d'*Œdogonium;* on l'observe aussi chez les Oscillariées (*Rivularia*, fig. 667), le *Nostoc*, etc.

La *croissance terminale* est due à la segmentation d'une cellule apicale dans une ou plusieurs directions [*Stypocaulon* (fig. 671), *Dyctiota*]. La cellule apicale des Fucacées présente même la forme d'une pyramide triangulaire à base bombée, signalée dans les Fougères (Voir T. I, page 348, fig. 327); mais le méristème, issu de la segmentation de cette cellule parallèlement à ses 3 faces latérales, ne subit pas ultérieurement la différenciation qui caractérise les Végétaux supérieurs.

Des pigments chez les Algues. Leur importance au point de vue de la nutrition. — Les Algues renferment presque toutes de la chlorophylle (Voir T. I, pages 334-336).

1° Ce pigment, mélangé simplement de xanthophylle, donne au thalle des **Chlorophycées** une couleur verte; il est localisé sur des chloroleucites plus ou moins nombreux dans une même cellule (les chloroleucites renferment ordinairement des grains d'amidon).

2° Un 3e pigment se superpose aux 2 précédents chez certaines Algues auxquelles il communique sa couleur propre *s'il est prédominant*; ce pigment additionnel est soluble dans l'eau, insoluble dans l'alcool et l'éther et peut être extrait du végétal par un lavage à l'eau; l'Algue ainsi traitée devient verte.

Le pigment surnuméraire est :

(a) la *phycocyanine bleue diffusée, avec la chlorophylle, dans toute l'étendue du protoplasme cellulaire* (dépourvu de noyau et de leucites) auquel elle communique une teinte bleu verdâtre (Algues bleues ou **Cyanophycées**);

(b) la *phycophéine*, jaune brun, superposée à la chlorophylle dans les chromoleucites (Algues brunes ou **Phéophycées** qui renferment de la mannite et non de l'amidon);

(c) la *phycoérythrine*, rouge, superposée à la chlorophylle dans les chromoleucites (Algues rouges ou **Floridées** qui présentent des grains d'amidon en dehors des leucites).

Spectres d'absorption des pigments. — Nous avons étudié déjà : 1° la manière dont on obtient un *spectre d'absorption* ; 2° la composition des *spectres de la chlorophylle* et *de la xanthophylle* indépendants ou superposés (Voir T. I, pages 335-336, fig. 313 et 314).

Or, la principale bande d'absorption de la *chlorophylle*, I, située entre les raies B et C, est déviée :

dans le jaune vers la raie D, avec la *phycocyanine ;*

dans le vert entre les raies D et E, avec la *phycophéine ;*

plus à droite vers le bleu, avec la *phycoérythrine.*

Importance de ces faits pour l'assimilation. — Déjà nous avons pu remarquer que *l'assimilation chlorophyllienne se fait* uniquement *dans les régions correspondant aux bandes d'absorption dans le spectre bien étalé de la chlorophylle* (Voir T. I, page 474). Si nous répétions la même expérience des feuilles de Bambou et des éprouvettes plates avec les spectres d'absorption de la *phycocyanine*, de la *phycophéine* et de la *phycoérythrine*, nous arriverions à une conclusion identique.

Quelle est l'intensité de l'assimilation ? Engelmann a imaginé, pour la mesurer chez les Algues, une méthode très élégante, basée sur l'avidité *pour l'oxygène* de certaines Bactéries mobiles telles que *Bacterium Termo :*

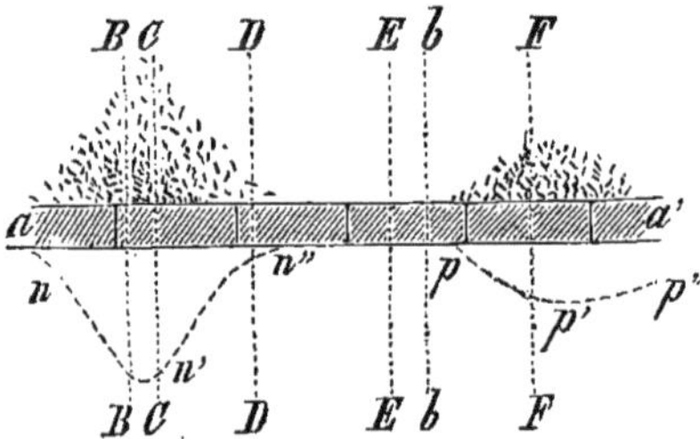

Fig. 672. — Expérience d'Engelmann. *a, a'*, Algue filamenteuse exposée dans un microspectre. On voit les 2 groupements de Bactéries dans les régions xanthique et cyanique (les courbes n, n', n'', p, p', p'', en indiquent à peu près l'étendue).

Sur le porte-objet d'un microspectroscope, on dispose *longitudinalement* dans le spectre (fig. 672) un filament d'Algue verte, *a, a'*, par exemple, baigné par une goutte d'eau dans laquelle pullule cette espèce de Bactérie ; on voit bientôt les Bactéries se rassembler dans les points où l'oxygène se dégage et s'y accumuler, au bout de quelques instants, proportionnellement à la quantité d'oxygène que l'Algue met à leur disposition en décomposant l'acide carbonique. Deux groupements se sont ainsi produits : l'un, n, n', n'', dont le maximum d'épaisseur correspond à la 1re bande d'absorption de la chlorophylle entre les raies B et C ; l'autre, p, p', p'', dont le maximum est un peu au delà de la raie F.

Le nombre des Bactéries est à peu près le même dans ces deux groupes.

Si donc on partage le spectre lumineux [qui s'étend de $\lambda_{rouge} = 0{,}765$ à $\lambda_{violet} = 0{,}395$] en deux moitiés égales par $\lambda_{vert} = 0{,}580$, chacune de ces moitiés renfermant l'un des groupes de Bactéries, on peut admettre que l'intensité de l'assimilation est la même dans les deux moitiés du spectre ; nous l'exprimerons par 100, nombre de Bactéries supposé de part et d'autre de $\lambda = 0{,}580$.

En remplaçant ensuite l'Algue verte par un filament d'Algue bleue, brune ou rouge, et en mesurant l'intensité de l'assimilation dans les 2 moitiés du spectre, par le nombre de Bactéries qui y sont contenues, on obtient les résultats suivants :

	Nombre de Bactéries dans :	
	la moitié moins réfrangible.	la moitié plus réfrangible.
Algue bleue :	189	100
— verte :	100	100
— brune :	85	100
— rouge :	40	100

Certaines Bactéries renferment un pigment rouge (*bactériopurpurine*) et pas de chlorophylle; néanmoins elles peuvent décomposer l'acide carbonique à la lumière. D'autres n'ont pas même ce pigment; elles sont alors *saprophytes* ou *parasites* comme les Champignons.

Répartition des Algues. — *La mer est presque exclusivement habitée par des Algues dont la répartition est variable, en profondeur, avec la nature du pigment qu'elles renferment* (fig. 673).

L'intensité de la lumière diminue à mesure qu'on pénètre plus profondément dans la mer; mais les radiations les plus réfrangibles, moins rapidement absorbées que les autres, pénètrent jusqu'à 350 mètres environ. A partir de ce niveau, il n'y a plus de lumière, partant plus d'Algues.

A la surface des eaux et à une faible profondeur, on trouve les diverses sortes d'Algues; à 100 mètres, on n'en trouve plus que des brunes et des rouges; au delà, on rencontre seulement des Algues rouges, et elles sont très rares.

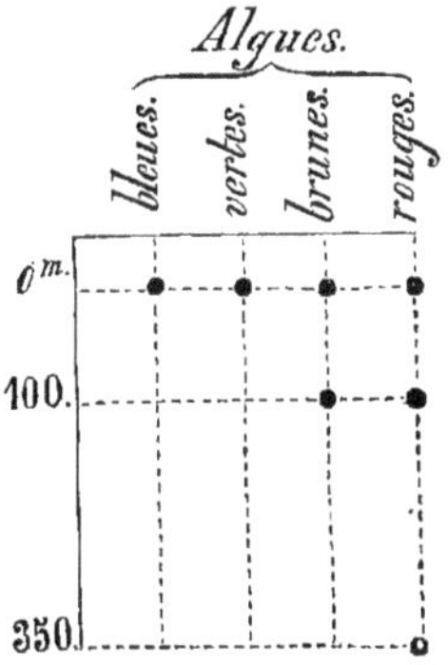

Cette répartition est conforme à la nature des radiations que peuvent absorber les pigments des Algues considérées.

Fig. 673. — Répartition des Algues en profondeur dans la mer.

Phototropisme. — La lumière agit sur la croissance des Algues pour en déterminer l'orientation si elles sont libres, la courbure si elles sont fixées, mouvements propres à rendre la plus grande possible l'intensité de l'assimilation. Le phototropisme est *positif* avec une lumière faible, *négatif* avec une lumière trop vive.

Dans une petite cuve de verre à faces parallèles contenant de l'eau, on met un *Closterium*, cellule libre et fusiforme (Algue verte Desmidiée). Supposons cette cellule appliquée par son pôle *a* sur le fond de la cuve, le pôle *b* étant libre; en projetant un faisceau de lumière de bas en haut sur l'Algue, elle se replie sur elle-même, applique son pôle *b* sur la paroi, détache son pôle *a* et place son axe parallèlement à la direction du rayon lumineux incident. Si l'on dirige alors la lumière latéralement sur la cuve, le *Closterium* pirouette autour de son pôle fixé, de telle sorte que son axe soit toujours parallèle au faisceau incident. Si on laisse fixe pendant quelque temps le faisceau lumineux, le *Closterium* tourne de 180° sur lui-même, de manière à recevoir la lumière par son autre pôle; ce pirouettement est périodique et, de plus, il est accompagné d'un rapprochement progressif de la cellule vers la source lumineuse.

Phototropisme, polarité périodiquement renversée et transport vers la source lumineuse: tels sont les phénomènes que nous permet d'observer le *Closterium* libre.

Multiplication. — Les Algues peuvent se multiplier : 1° par la *dissociation du thalle* (multiplication végétative ou *bouturage*); 2° par la *reproduction proprement dite* (émission de *spores*, production d'*œufs*).

I. **Dissociation du thalle.** — Les Nostocacées nous en fournissent des exemples.

Le genre *Rivularia* (fig. 667) est une Algue bleue composée de

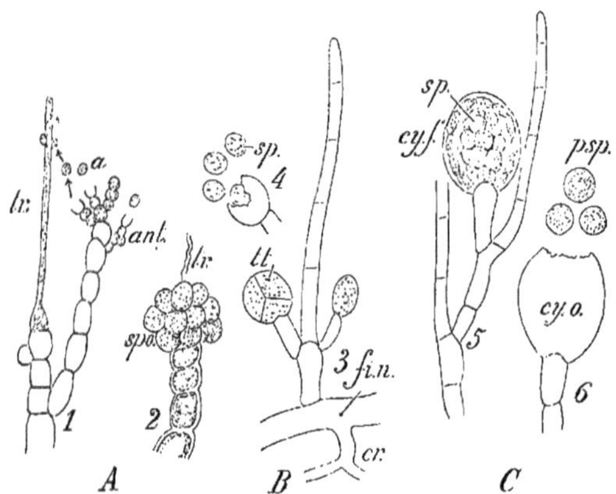

FIG. 674. — Mode de reproduction de certaines Algues Floridées. — A; *Nemalion* : 1, *ant*, pollinides flottant dans l'eau et retenus par le *trichogyne*, *tr*, d'un oogone; ils le fécondent et forment l'œuf qui, en 2, se développe en bourgeons producteurs de protospores, *spo*. — B; *Lejolisia*; *fi.n*, filament nutritif avec crampons, *cr*, et tétrasporange, *tt*, émettant 4 spores (*sp*, 4). — C; Les protospores, *p.sp*, de *Lejolisia* sont renfermées dans un cystocarpe, formé en *cy.f* (5), ouvert en *cy.o* (6).

filaments (chapelets de cellules) entourés d'une gaine gélatineuse; de temps à autre, apparaît dans l'un des chapelets un disque gélatineux qui isole du reste du filament une série de cellules appelée *hormogonie*, *h*. Une hormogonie, libre pendant quelque temps, est une bouture qui s'enveloppe d'une gaine de gélatine, s'accroît et forme un thalle nouveau.

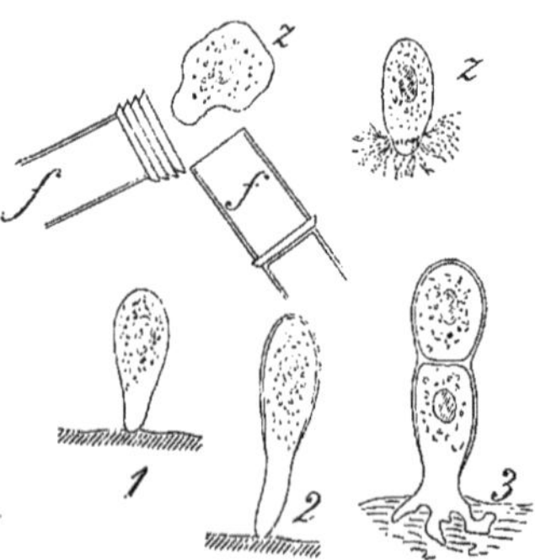

FIG. 675. — Chlorophycées. — *Œdogonium vesicatum*. Formation des zoospores, *z*. — 1, 2, 3, leur germination.

II. **Reproduction proprement dite.** — (a) *Spores*. — Au sein d'une cellule du thalle se produisent, aux dépens du protoplasme, 1, 2, 4 ou *n* spores ciliées ou non. Les spores endogènes des Bactéries (fig. 668) sont dépourvues de cils vibratiles; il en est de même des spores issus du tétrasporange de *Lejolisia* (fig. 674) ; les spores ciliées ou zoospores se rencontrent : avec 1 cil chez *Botrydium granulatum*

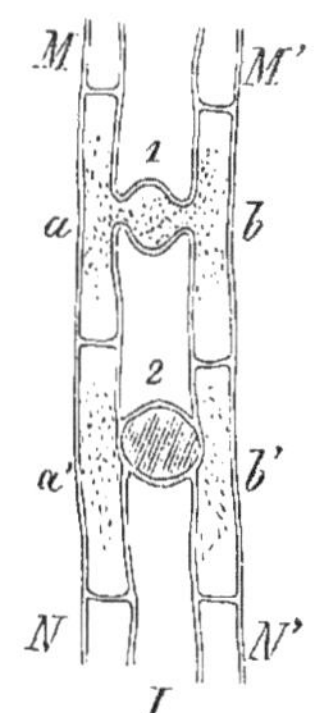

Fig. 676. — Chlorophycées. — *Mesocarpus* : fusion *partielle* du contenu protoplasmique des cellules *a'* et *b'*, pour la formation d'un œuf.

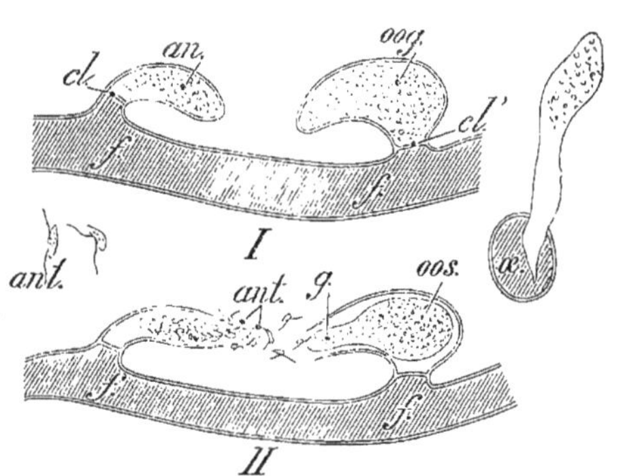

Fig. 677. — Chlorophycées. — *Vaucheria sericea*. Mode de formation de l'œuf. — I ; *f*, *f*, filament d'Algue sur lequel se sont formés l'oogone, *oog* et l'anthéridie, *an*, isolés par les cloisons, *cl*. *cl'*. — II ; l'anthéridie ouverte émet les anthérozoïdes, *ant*, dont l'un au moins est retenu par le mucilage, *g*, qui occupe l'ouverture de l'oogone ; *oos*, oosphère avant la fécondation. *æ*, œuf au début de la germination.

(Voir T. I, page 372, fig. 354, 2' et 3'') ; avec 2 cils chez *Botrydium* et *Coleochæte* ; avec 4 cils chez *Chætophora* ; avec *n* cils chez *Vaucheria* (Voir T. I, page 343, fig. 323, A).

Tandis que les zoospores, obtenues par *rénovation* du protoplasme isolé à l'extrémité d'un filament de *Vaucheria*, sont revêtues de cils vibratiles sur toute leur surface, les zoospores d'*Œdogonium*, obtenues également par rénovation totale dans les cellules végétatives ordinaires, sont pourvues d'une couronne de cils (fig. 675, *z*) ; rendues libres par une rupture circulaire de la membrane cellulaire, les zoospores d'*Œdogonium* nagent, puis perdent leurs cils (1), se fixent par leur extrémité antérieure transformée en crampon (2), s'allongent en un tube peu à peu cloisonné (3) et donnent un thalle nouveau.

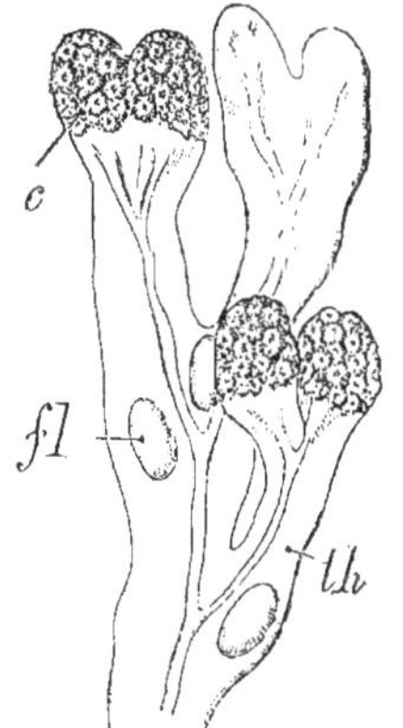

Fig. 678. — Phéophycées. — *Fucus vesiculosus*. *th*, thalle avec flotteurs, *fl* ; *c*, conceptacles.

(b) *Œufs*. — La formation d'œufs ne s'observe pas chez les **Cyanophycées** ; dans les autres ordres, elle se produit soit par isogamie, soit par hétérogamie.

Dans le cas de l'**isogamie**, les *gamètes* sont exactement de même importance chez *Mesocarpus* (fig. 676) : 2 cellules, *a* et *b*, conjuguées en 1, unissent, dans cette partie qui leur est commune, des portions équivalentes de leur protoplasme constitutif ; il en résulte un œuf vu en 2. — Dans la Spirogyre, l'isogamie n'est plus aussi absolue, puisque le *gamète mâle* passe totalement dans la cellule où le *gamète femelle* est demeuré immobile (Voir T. I, page 343, fig. 323, B).

L'**hétérogamie** s'observe chez le plus grand nombre d'Algues ;

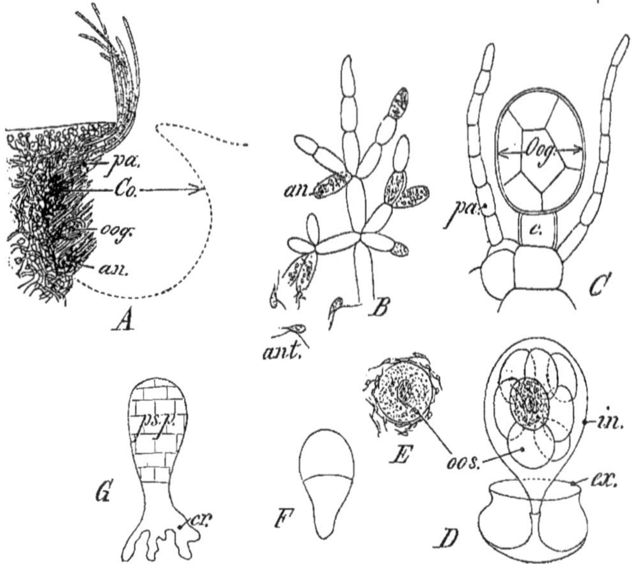

Fig. 679. — Phéophycées. — Formation de l'œuf chez *Fucus platycarpus* hermaphrodite, (en A) ; chez *Fucus vesiculosus* unisexué (en B,..., G). — A : *Co*, conceptacle ; *an*, groupes d'anthéridies ; *oog*, oogone ; *pa*, paraphyses. — B, poil ramifié dont certains articles sont des anthéridies, *an* ; *ant*, anthérozoïdes. — C ; *Oog*, oogone dont le protoplasme est divisé en 8 oosphères ; *pa*, paraphyse. — D ; les membranes de l'oogone se déchirent successivement pour mettre en liberté les oosphères, *oos*. — E ; fécondation de l'oosphère entourée d'un grand nombre d'anthérozoïdes. — F, G ; 2 stades de la germination de l'œuf.

la formation de l'œuf est due : à l'union d'un anthérozoïde mobile avec l'oosphère immobile (*Vaucheria*) ; à l'union d'un anthérozoïde mobile avec une oosphère libre, mais immobile (*Fucus*) ; à l'union d'un pollinide ou anthérozoïde immobile avec une oosphère immobile et pourvue d'un trichogyne (*Nemalion*, *Lejolisia*).

Chez les Algues vertes du genre *Vaucheria* (fig. 677, I), deux rameaux du thalle isolent leur contenu, par une cloison, du protoplasme continu qui remplit le filament principal *f*, *f* ; ce sont : l'oogone, *oog*, et l'anthéridie, *an*. L'oogone, dissymétrique, présente un bec latéral dont la membrane se gélifie; son protoplasme se contracte et forme l'oosphère, *oos* (II), en communication libre avec l'eau ambiante par l'ouverture résultant de la gélification locale de la membrane. L'anthéridie est ovale, allongée ; son contenu se partage en une foule d'anthérozoïdes à 2 cils, *ant*, mis en liberté par la gélification de la paroi à son extrémité (au voisinage de l'ouverture de l'oogone). 1 ou plusieurs anthérozoïdes pénètrent dans l'oogone; la fusion de l'un d'eux s'opère avec l'oosphère ; l'œuf, *œ*, qui en résulte, s'entoure aussitôt d'une membrane épaissie, cutinisée, passe à l'état de vie latente et germera tôt ou tard en produisant un thalle nouveau.

Parmi les Algues brunes, le genre *Fucus* ou Varech (fig. 678) est composé d'un thalle, *th*, ramifié dichotomiquement dans un même plan. Sur les rameaux du thalle, on distingue les orifices de cryptes pilifères dont les unes, groupées près de l'extrémité, sont des *conceptacles*, *Co* (fig. 679, A), à anthéridies et oogones tout à la fois chez *Fucus platycarpus*, mais unisexués chez *Fucus vesiculosus*.

L'oogone est une grosse cellule sphérique, *Oog* (C), portée par une cellule basilaire, *c*, insérée elle-même sur la paroi interne du conceptacle ; le protoplasme de l'oogone se divise par 3 bipartitions successives en 8 oosphères, *oos* (D,E), qui deviennent libres dans le conceptacle. — Les anthéridies, *an* (B), ont pour origine certains articles des poils rameux qui tapissent la crypte pilifère ; chacune d'elles produit 64 anthérozoïdes, *ant*, à 2 cils vibratiles (l'un antérieur, l'autre postérieur).

Les anthéridies mûres mettent en liberté les anthérozoïdes qui, nageant dans l'eau de mer en tournant autour de leur axe, vont à la recherche des oosphères (E), s'appliquent contre leur paroi et leur impriment un vif mouvement de rotation pendant une demi-heure. Pendant ce temps la fécondation s'opère, l'oosphère s'enveloppe d'une membrane cellulosique, tombe au fond de l'eau et y germera (F, G).

La formation de l'œuf chez les Algues rouges (*Nemalion*, *Lejolisia*) a été traitée précédemment (Voir T. I, page 559, fig. 578).

Le développement de l'œuf donne tantôt un thalle (*Vaucheria*, *Fucus*, *Spirogyra*, etc.), tantôt des spores ou des zoospores (*Lejolisia*, *Coleochæte*) d'où proviendront autant de thalles nouveaux.

I. — CYANOPHYCÉES

Thalle incolore ou vert bleuâtre, composé de cellules sans noyaux distincts. La chlorophylle, quand elle existe, est diffusée avec la **phycocyanine** *dans toute l'étendue du protoplasme.*

CYANOPHYCÉES.	Thalle ordin[t] incolore. Spores endogènes...	**Bactériacées.**
	Thalle ordin[t] vert bleuâtre. Spores exogènes.	**Nostocacées.**

A. — BACTÉRIACÉES

Thalle ordinairement incolore. Spores endogènes.

La plupart des Bactéries, dépourvues de chlorophylle et d'un pigment leur permettant de décomposer CO^2 et de s'en assimiler le carbone, semblent devoir être placées parmi les Champignons; toutefois la constitution de leur thalle (cellules fort petites et toutes semblables) nous amène à les ranger à côté des Nostocacées dont quelques genres d'ailleurs sont également incolores.

Quand on cultive certaines Bactéries (*Bacillus anthracis* ou Bactéridie charbonneuse) dans un milieu tranquille et à une température convenable, leurs cellules demeurent associées en longs filaments dont la dernière cellule subit des cloisonnements successifs, filaments parfois enveloppés de gelée : en cela, les Bactériacées se rapprochent davantage encore des Nostocacées.

Le thalle des Bactériacées est composé de cellules différentes par leur forme et leur association (fig. 668).

Ces cellules sont **sphériques** chez *Micrococcus* (libres ou disposées en chapelets), chez *Leuconostoc* (chapelets entourés d'une gaine gélatineuse, fig. 680), chez *Sarcina* (amas cubiques) ;

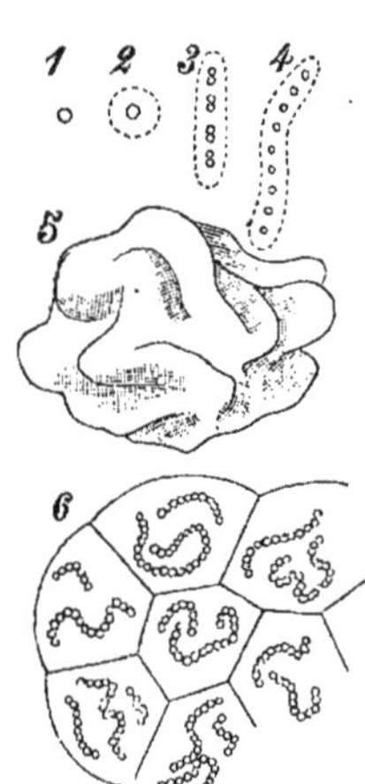

Fig. 680. — Bactériacées. — *Leuconostoc mesenteroides* (Gomme des sucreries). — 1 à 5; stades divers de sa formation. — 6; portion du thalle gélatineux cérébriforme (5) montrant la répartition des filaments pelotonnés dans des compartiments.

elles sont **elliptiques** chez *Bacterium* (isolées ou associées par 2, quelquefois dans une gaine gélatineuse) ;

elles ont la forme de **bâtonnets courts et droits** chez *Bacillus* (cellules libres ou associées par 2), chez *Leptothrix* (bâtonnets sériés); de **bâtonnets arqués**, fusiformes ou claviformes, chez *Vibrio*; de **bâtonnets en spirale** chez *Spirillum* et *Spirochæte*.

La forme des cellules, leur association, la présence d'une gaine gélatineuse ne sont pas autant de caractères spécifiques. Une même espèce peut présenter diverses formes, être mobile ou non, libre ou associée, etc., suivant les conditions du milieu dans lequel elle se développe : d'où la nécessité, pour bien connaître une espèce, d'en faire des *cultures pures* et dans des conditions variées.

L'agent actif du rouissage du Chanvre et du Lin, qui détruit le parenchyme des feuilles pendant l'hiver en les réduisant à leurs nervures, qui dissocie tous les tissus végétaux, le *Bacillus Amylobacter*, répandu partout dans la nature, se présente sous forme de filaments longs et immobiles, de baguettes droites ou spiralées, de bâtonnets courts ou de cellules ovoïdes.

Formation des spores. — Les Bactériacées, qui se multiplient très rapidement par *scissiparité* lorsqu'elles vivent dans un milieu nutritif convenable, produisent des *spores* dès que ce milieu est épuisé ou que les conditions extérieures deviennent défavorables (dessiccation, température trop basse ou trop élevée, sécrétion de produits nuisibles). On voit alors chaque cellule grossir, se remplir d'une matière de réserve peu à peu résorbée à mesure que se forme la spore : bientôt il ne reste plus dans la cellule qu'une spore séparée de la membrane par un liquide hyalin; la membrane se dissout elle-même, en tout ou en partie, et la spore est mise en liberté. Les spores peuvent résister à une température inférieure à 0°, comme à une température supérieure à 100°.

Ainsi les spores de la Bactéridie charbonneuse ne sont tuées qu'au bout d'un quart d'heure dans un milieu humide à 90° ou dans une atmosphère sèche à 120°; les spores de *Bacillus subtilis* résistent pendant 1 heure à l'ébullition de l'eau surchauffée entre 105 et 110°. Il faut, pour détruire les spores des Bactériacées et pour *stériliser les vases de cultures*, les soumettre pendant plusieurs heures à la température de 120° dans une étuve.

La germination des spores peut s'effectuer des mois, parfois des années, après leur passage à la vie latente; dès que les conditions de milieu sont favorables à leur développement, leur protoplasme absorbe de l'eau, leurs réserves sont dissoutes, leur membrane protectrice se déchire ; la cellule jeune qui provient de chacune d'elles se cloisonne et se multiplie par scissiparité ; tel est le cas du *Bacillus Amylobacter* (fig. 668 D, *a*,*b*,*c*,*d*).

La forme des cellules et leur association étant variables pour une même espèce de Bactériacées, il nous paraît préférable d'adopter à leur sujet des groupes physiologiques.

Tenant compte de la manière dont elles se comportent vis-à-vis de l'oxygène, les Bactériacées peuvent être divisées en *Bactériacées aérobies*, *Bactériacées anaérobies*, *Bactériacées aérobies ou anaérobies par circonstance* (Voir T. I, pages 495-496). M. Van Tieghem a esquissé cette division, plus satisfaisante qu'une classification en ce qu'elle permet de mieux interpréter les phénomènes intimes des organismes qui y sont rangés.

1° **Bactériacées capables de décomposer l'acide carbonique à la lumière.**

(a) **Bactéries pourvues de chlorophylle imprégnant le protoplasme d'une manière homogène.** — *Bacillus viridis.* — *Bacillus virens.* Leur nutrition est identique à celle de tous les végétaux verts.

(b) **Bactéries pourvues de bactériopurpurine.** — *Chromatium Okenii*, *Spirillum rubrum* (cloisonnement suivant 1 direction). — *Thiopedia rosea* (cloisonnement suivant 2 directions). — *Thiocystis violacea* (cloisonnement suivant 3 directions).

La *bactériopurpurine, à l'exclusion de la chlorophylle*, absorbe certaines radiations infrarouges, jaunes et vert bleu, dont l'énergie est utilisée, par les Bactériacées rouges, à la décomposition de CO^2 et à l'assimilation du carbone pour la synthèse de composés tertiaires (C,H,O).

Les Bactériacées vertes ou pourpres, bien que faisant la synthèse d'hydrates de carbone, *sont toujours dépourvues d'amidon* ou *d'amyloïde* (corps mal défini, voisin de l'amidon, bleuissant par l'iode, qu'on rencontre chez certaines Bactériacées incolores comme *Bacillus Amylobacter* et dans la paroi des asques de quelques Champignons Ascomycètes). En revanche, le protoplasme des Bactériacées vertes ou pourpres renferme habituellement des granules de *soufre*, brillants et opaques, solubles dans le sulfure de carbone (il est vrai que certaines Bactériacées incolores comme *Beggiatoa alba*, *Spirillum volutans*, fig. 681, renferment également du soufre : ce qui les a fait comprendre, avec les précédentes, dans le groupe des **Sulfobactéries**).

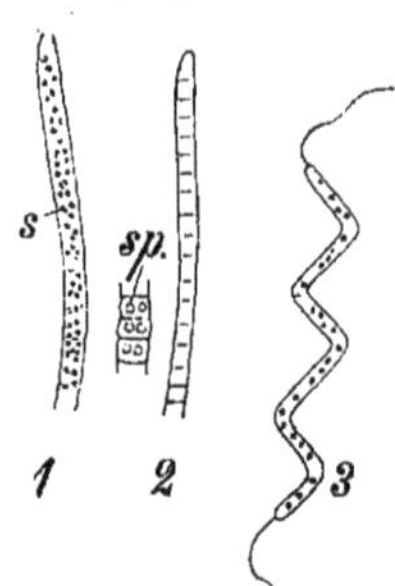

FIG. 681. — Bactériacées. — 1, 2; *Beggiatoa alba*. — 3; *Spirillum volutans*. *s*, granules de soufre; *sp*, spores endogènes.

Les *Sulfobactéries* tirent le soufre de l'hydrogène sulfuré dissous dans les eaux sulfureuses (Barèges, Enghien, etc.) où elles pullulent; elles fixent de l'oxygène sur H^2S qu'elles transforment en eau et en soufre libre; puis elles oxydent le soufre en l'amenant à l'état d'acide sulfurique éliminé sous forme de sulfate de calcium. Sans hydrogène sulfuré dissous dans l'eau, les Sulfobactéries ne sauraient vivre.

2° Bactériacées non assimilatrices.

Elles comprennent des espèces *chromogènes*, *diastasigènes*, *ferments*, *pathogènes*, etc.

(a) **Bactériacées chromogènes.** — Nombre de Bactéries fabriquent *au contact de l'air et déposent dans leur membrane* (*et dans leur gaine gélatineuse* quand elles en sont pourvues) des matières colorantes comparables aux couleurs d'aniline par leurs propriétés ; si elles sont solubles dans le milieu nutritif, elles s'y diffusent.

La couleur est :

rouge chez *Micrococcus prodigiosus* qui se développe fréquemment dans le lait (*lait rouge*) et sur les matières féculentes cuites (pain, hostie, pomme de terre, riz) ;

orangée ou **jaune** chez *Micrococcus aurantiacus* et *Bacterium synxanthum* qui colorent le lait en jaune ;

verte chez *Micrococcus chlorinus ;*

bleue chez *Micrococcus pyocyaneus* (microbe du *pus bleu*) et *Bacterium syncyanum* qui colore le lait en bleu.

Quelques *Bactériacées ferrugineuses* ou **Ferrobactéries,** ainsi appelées parce qu'elles vivent dans les eaux ferrugineuses (*Crenothrix*, *Leptothrix*), ont leur membrane colorée en jaune-rouille par le sesquioxyde de fer qu'elles y ont déposé en oxydant les sels ferreux.

(b) **Bactériacées diastasigènes.** — Les Bactériacées sont toutes diastasigènes; mais elles produisent des diastases diverses; souvent une même espèce sécrète plusieurs diastases à la fois. Ainsi le *Bacillus Amylobacter* sécrète : la *cellulase* par laquelle il digère la cellulose des tissus organiques et la transforme en glucose (rouissage, voir T. I, page 342); l'*amylase* par laquelle il hydrate et transforme également en glucose l'amidon de certaines plantes; l'*invertine* qui lui permet d'hydrater le sucre de canne; la *trypsine* par laquelle il peptonise les matières albuminoïdes

Leuconostoc mesenteroides (Gomme des sucreries, fig. 680). Cette espèce envahit les cuves renfermant le jus sucré de Betterave; elle y développe en peu de temps une masse gélatineuse composée de chapelets de cellules entourés d'une épaisse assise mucilagineuse. Par l'invertine qu'il sécrète, le *Leuconostoc* transforme le sucre de canne en glucose dont il se nourrit : d'où perte de sucre cristallisable.

Micrococcus ureæ hydrate l'urée qu'il transforme en carbonate d'ammonium.

Bacterium Termo (des eaux corrompues), *Bacillus subtilis* (de l'eau de foin), *B. anthracis* (Bactéridie charbonneuse), *Photobacterium*, etc., sécrètent la *trypsine* qui leur permet de transformer en peptones la gélatine, l'albumine, etc.

(c) **Bactériacées ferments.** — Nombre de Bactériacées provoquent, dans le milieu où elles vivent, la transformation rapide de certaines substances en principes qu'elles peuvent ne pas utiliser pour leur nutrition.

(α) *Ferments oxydants.* — Parmi eux, on peut signaler *Mycoderma aceti* qui transforme l'alcool du vin en vinaigre; *Micrococcus nitrificans* (Microbe de la nitrification ou ferment nitrique); les *Sulfobactéries*; les *Ferrobactéries*.

Encore insuffisamment connus, les *ferments nitriques* ou *nitrobactéries*, abondants dans toutes les terres végétales, y produisent les acides azoteux et azotique aux dépens et par oxydation de l'ammoniaque qui provient de la décomposition des substances organiques. L'acide azoteux apparaît d'abord, puis l'acide azotique qui, réagissant sur les carbonates du sol, les transforme en azotates solubles et dialysables; ces nitrates constituent l'un des aliments les plus précieux pour les Végétaux.

L'importance des ferments nitriques est mise en lumière par l'expérience : M. Duclaux a constaté que, dans un sol *stérilisé* et riche en matières organiques, les plantes restent aussi grêles que dans du sable arrosé d'eau distillée; vient-on à introduire une parcelle d'humus non stérilisé dans la culture, au bout de peu de temps la végétation des plantes souffreteuses devient active. M. Winogradski paraît avoir isolé l'un de ces ferments nitriques tout au moins, dans un liquide de culture renfermant par litre : 1 gramme de sulfate d'ammonium et 1 gramme de phosphate de potassium; on additionne la solution d'un peu de carbonate de magnésium et d'une trace de tissu végétal; quand la nitrification est active, il se forme au fond du vase de culture une zooglée grisâtre contenant une Bactérie ovale, ferment nitrique très actif.

(β) *Ferments réducteurs.* — Tels sont : *Bacillus Amylobacter*, *Bacillus urocephalus* qui détruit nombre de substances azotées en dégageant CO^2, H et H^2S, etc.

(γ) *Ferments dédoublants.* — Parmi ces derniers, il convient de citer *Dispora caucasica* qui, vivant en symbiose avec *Saccharomyces Kefir* (Voir page 557), transforme le lait en *kéfir*. L'Algue dédouble le lactose en galactose que le Champignon décompose à son tour en alcool et CO^2.

(d) **Bactériacées pathogènes.** — Nombreuses sont les Bactériacées qui s'attaquent soit aux animaux, soit aux plantes, en provoquant des maladies plus ou moins graves.

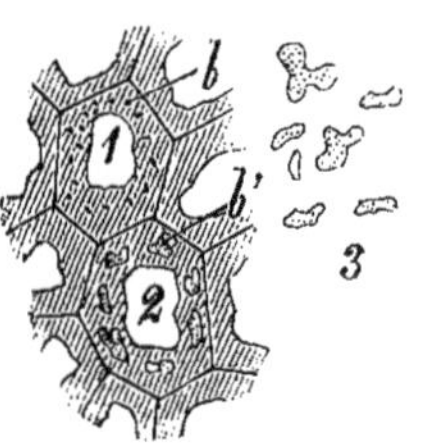

Fig. 682. — **Bactériacées.** — *Rhizobium Leguminosarum* à deux états différents de développement, *b, b'*, dans le protoplasme des cellules 1 et 2, prises dans les nodosités d'une Légumineuse.

Parmi les Bactéries parasites des animaux, citons : *Bacillus anthracis* (microbe du charbon) ; *Bacillus tuberculosis* (Bacille de Koch ou de la tuberculose) ; *Bacillus typhosus* (Bacille d'Eberth ou bacille typhique) ; *Vibrio diphteriæ* (Bacille de Klebs et Löffler ou de la diphtérie) ; *Vibrio choleræ* (Bacille virgule de Koch ou du choléra asiatique) ; *Bacillus mallei* (Bacille de la morve) ; *Vibrio septicus* (Bacille de la septicémie gangreneuse).

Un certain nombre d'autres Bactériacées, mal déterminées encore, déterminent la *variole*, la *rougeole*, la *fièvre scarlatine*, la *rage*, etc.

Nous renvoyons le lecteur, pour l'étude de ces microbes et des maladies qu'ils provoquent, à notre *Cours élémentaire d'Hygiène* [1] (pages 10 à 16, 99 à 145).

Parmi les Bactéries parasites des Végétaux, le *Rhizobium Leguminosarum* (Bacille radicicole, fig. 682) provoque sur les Légumineuses la formation de nodosités (fig. 683).

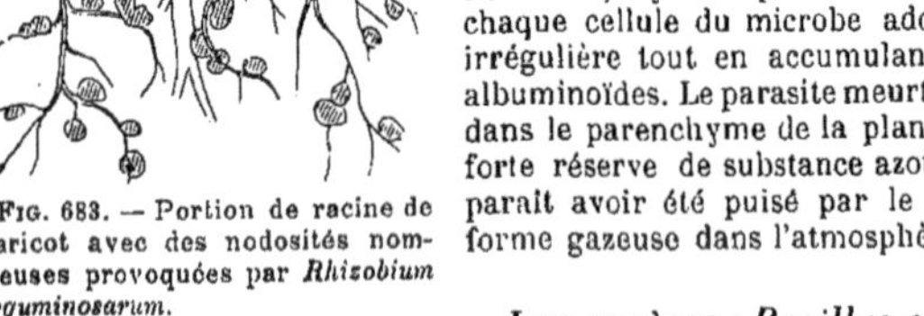

Fig. 683. — Portion de racine de Haricot avec des nodosités nombreuses provoquées par *Rhizobium Leguminosarum*.

Le Bacille radicicole, introduit dans les jeunes radicelles, s'y multiplie tout en croissant ; puis chaque cellule du microbe adopte une forme irrégulière tout en accumulant des matières albuminoïdes. Le parasite meurt en constituant, dans le parenchyme de la plante envahie, une forte réserve de substance azotée dont l'azote paraît avoir été puisé par le Bacille sous la forme gazeuse dans l'atmosphère.

Les espèces : *Bacillus oleæ*, *B. ampelopsora*, *B. Vuillemini*, provoquent des tumeurs chez l'Olivier, la Vigne, le Pin d'Alep.

1. *Cours élémentaire d'Hygiène*, par E. Aubert et A. Lapresté.

B. — NOSTOCACÉES

Thalle de coloration ordinairement vert bleuâtre, due à la superposition de chlorophylle et de phycocyanine diffusées dans le protoplasme (pas de chromoleucites). Une gaine gélatineuse autour des cellules. Cellules de conservation ou kystes.

La plupart des Nostocacées vivent dans la mer, dans l'eau ou dans l'air humide (murs, rochers, arbres).

La **multiplication cellulaire**, avec dissociation du thalle en éléments unicellulaires, est observée chez *Gleocapsa* (fig. 684, C).

Une cellule (1), entourée de sa gaine gélatineuse, se divise en 2 (2), puis en 4 (3), puis en $2n$ cellules indépendantes les unes des autres, mais englobées par une gaine épaisse et consistante.

La dissociation du thalle en *hormogonies* pluricellulaires a été signalée précédemment (page 578) chez *Rivularia*, *Nostoc*, *Oscillaria*.

Dans une même file de cellules, chez les genres *Rivularia* et *Nostoc* (fig. 684, A, B), certaines cellules se différencient, deviennent plus grandes que les autres, épaississent leur membrane et contiennent un liquide jaunâtre au lieu de protoplasme; ce sont les *hétérocystes*, *hé*, au niveau desquels se séparent ordinairement les hormogonies.

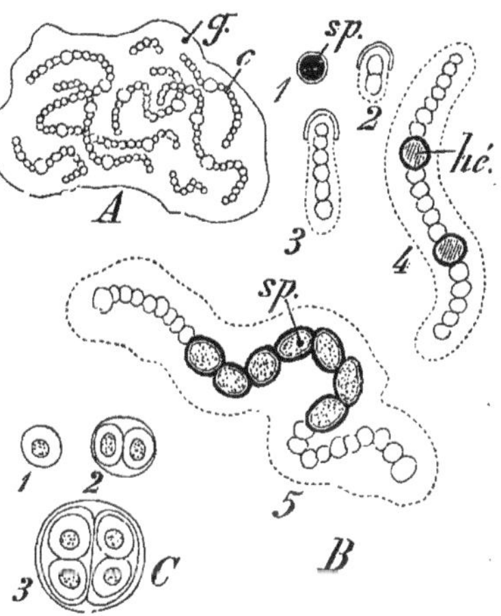

Fig. 684. — Nostocacées. — A ; *Nostoc verrucosum* ; *c*, chapelets de cellules contenus dans une gaine gélatineuse, *g*. — B ; 1, spore *sp*. 2, 3, 4, 5, stades successifs de sa germination. *hé*, hétérocystes ; *sp*, kystes. — C ; *Gleocapsa*.

La formation de **kystes** ou **cellules de conservation** paraît avoir lieu lorsque la sécheresse survient : certaines cellules végétatives grossissent et s'entourent d'une membrane épaisse (fig. 684, B, 5); elles sont généralement riches en chlorophylle (*Gleocapsa*, *Nostoc*). Après quelque temps de vie latente, le protoplasme se gonfle, rompt sa membrane externe cutinisée et se segmente en produisant un nouveau thalle qui s'entoure d'une gaine gélatineuse.

1° Thalle dissocié, sans hormogonies.

Chrooccocus. *Gleocapsa*; thalle massif.

2° **Thalle associé avec hormogonies.**

(a) **Cellules toutes semblables.** — *Oscillaria*, *Lyngbia*; sensibles à l'action de la lumière; se trouvent à la base des murs humides. Pas de cellules de conservation.

(b) **Cellules dissemblables ; hétérocystes ; cellules de conservation.** — *Nostoc.* — *Rivularia.*

II. — CHLOROPHYCÉES

Thalle ordinairement vert. Cellules avec noyau net et **chloroleucites** *contenant des grains d'amidon à la lumière. Multiplication par spores (zoospores le plus souvent) et toujours par œufs.*

CHLOROPHYCÉES.	Pas de spores. Œuf formé par isogamie.... **Conjuguées.**	Thalle dissocié :			*Desmidiées.*
		Thalle filamenteux cloisonné			*Zygnémées.*
	Des spores. Thalle	cloisonné		....	**Confervacées.**
		non cloisonné	non associé	Filament allongé plurinucléaire........	**Siphonées.**
				Cellules indépendantes........	**Protococcées.**
			associé en colonies	....	**Cénobiées.**

La plupart des Chlorophycées sont aquatiques, habitant les eaux douces (Conjuguées, Cénobiées), les eaux marines (Confervacées, Siphonées); quelques-unes vivent dans l'air humide (Protococcées). Cette répartition n'a toutefois rien d'absolu.

A. — CONJUGUÉES

Thalle formé d'un filament cloisonné transversalement en cellules associées (Zygnémées) ou séparées (Desmidiées). Pas de spores. Œuf résultant de la fusion d'isogamètes immobiles.

1° **Desmidiées.** — *Thalle dissocié. Œuf donnant naissance à 2 thalles jumeaux.*

Les Desmidiées vivent dans les eaux stagnantes et pullulent dans les tourbières. Elles se multiplient par *étranglement transversal* des cellules préexistantes; elles se reproduisent par *œufs*. Ces Algues renferment presque toutes des cristaux de sulfate de calcium.

Cosmarium (fig. 685). Cellules composées de 2 parties inégales dont l'une, plus grande, est aussi la plus jeune; chloroleucite étoilé.

La fig. 685 (A) montre le mode de multiplication par scissiparité du *Cosmarium Botrytis* et le développement des parties plus jeunes dans chacune des cellules-filles (B). — En C, D,... I, on peut suivre les phases de la formation de l'œuf : Les protoplasmes de 2 cellules ayant des dimensions inégales, c', c' (C) s'unissent totalement en un œuf, *œ*, qui s'entoure d'une membrane épaisse, hérissée de pointes (D). Au bout de quelques mois, l'œuf germe et déchire son enveloppe;

son contenu (E) devient libre, présente 2 chloroleucites étoilés et s'étrangle 2 fois successivement (F, G). Les 2 cellules-sœurs mises en liberté se dédoublent chacune (H) par un cloisonnement suivi de la formation d'un jeune segment pour chaque

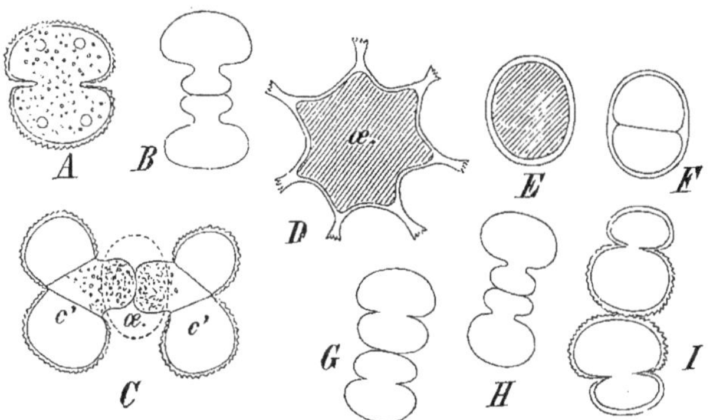

Fig. 685. — Conjuguées. — *Cosmarium Botrytis*. — A, B; segmentation. — C, D, ... I; formation de l'œuf et sa germination. — C; fusion des protoplasmes des cellules *c'* donnant l'œuf *œ*.

cellule nouvelle [les parties plus jeunes deviennent les plus grandes et ont leur paroi rugueuse (I)].

Closterium. Cellules en fuseau arqué; chloroleucite à bandes pariétales droites.

2° **Zygnémées**. — *Thalle filamenteux cloisonné. Œuf produisant un seul thalle.*

Elles vivent dans les eaux douces. Jamais on n'y trouve de sulfate de calcium ; les chloroleucites y forment 2 corps étoilés (*Zygnema*), des rubans spiralés (*Spirogyra*), une plaque axile (*Mesocarpus*). Les chloroleucites contiennent des cristalloïdes protéiques entourés de grains d'amidon.

La formation des *œufs* y a lieu par isogamie (Voir T. I, pages 343 et 344, fig. 323).

On appelle *zygospore* l'œuf formé par la conjugaison des protoplasmes de 2 cellules appartenant à des filaments parallèles ou à un même filament.

Parfois la protubérance émise par une cellule ne rencontre pas le prolongement d'une autre cellule; néanmoins le protoplasme s'y condense et forme, *non plus un œuf*, mais une spore appelée *azygospore*.

Zygogonium. — *Mesocarpus*. — *Staurospermum*. Gamètes absolument équivalents et formation de l'œuf dans le tube de conjugaison des cellules-mères (fig. 676). — *Spirogyra*. Le protoplasme du gamète mâle se transporte par le tube de conjugaison dans la cellule occupée par le gamète femelle (Voir T. I, fig. 323).

B. — CONFERVACÉES

Thalle cloisonné. Multiplication par spores et par œufs.

Les Confervacées habitent la mer (*Ulva*), les eaux douces (*Conferva*) ou la terre humide.

1° **Confervacées isogames.** — *Cladophora.* Thalle filamenteux ramifié et cloisonné dont chaque article est plurinucléaire.

Le protoplasme des cellules de *Cladophora* se partage, par division totale simultanée, en zoospores en 4 cils. Ces zoospores sortent par des ouvertures latérales dues à une gélification locale de la membrane, nagent quelque temps, puis se fixent et germent en autant de thalles nouveaux.

Des zoospores à 2 cils se forment en même temps que les zoospores à 4 cils, se fusionnent 2 à 2 et produisent des œufs.

Conferva. Thalle filamenteux simple et cloisonné, dont chaque article est une cellule uninucléaire. — *Ulva.* Thalle membraneux d'un beau vert, abondant sur les rochers maritimes ; comestible (laitue de mer).

2° **Confervacées hétérogames.**

Œdogonium. Thalle filamenteux simple, pourvu d'une croissance intercalaire (Voir T. I, pages 346 et 348, fig. 326). Zoospores avec une couronne de cils (fig. 675) ; formation d'un œuf par fusion d'un petit anthérozoïde, pourvu d'une couronne de cils, avec une oosphère volumineuse. — *Coleochæte.* Thalle filamenteux, abondamment ramifié et formant parfois une lame de pseudoparenchyme ; zoospores à 2 cils.

C. — SIPHONÉES

Thalle formé de filaments non cloisonnés (structure continue). Multiplication par spores et par œufs.

La plupart des Siphonées habitent la mer ; quelques-unes vivent dans les eaux douces (*Vaucheria terrestris*) ou sur la terre humide (*Botrydium granulatum*).

Le thalle, parfois simple (*Valonia*, fig. 640), se ramifie et subit une différenciation physiologique plus ou moins accusée (*Botrydium*, *Halimeda*, *Caulerpa*). La multiplication par *bouture* s'opère chez *Caulerpa* et *Halimeda* dont les branches peuvent se séparer. La formation de *spores* a été étudiée dans les genres *Vaucheria* et *Botrydium* (Voir T. I, pages 343 et 372) ; celle des *œufs* a été exposée précédemment chez *Vaucheria* (page 580).

1° **Siphonées isogames.**

Valonia. Thalle simple. — *Botrydium.* Thalle avec une ampoule verte aérienne et un appareil de fixation incolore et souterrain ; vit sur la terre humide. — *Bryopsis.* Thalle fixé au sol par des crampons ramifiés; branches aériennes portant des rameaux pennés qui se séparent par une cloison à leur base, tombent et constituent autant de boutures. — *Caulerpa*. Thalle très différencié, à ramification latérale (fig. 640); habite la Méditerranée (*C. prolifera*) et les mers tropicales. — *Acetabularia*. Thalle composé d'un tube dressé fixé aux rochers par un crampon et terminé au sommet par un verticille de rameaux formant parasol. Vit dans la Méditerranée.

Sur le parasol se développent de petits arbuscules portant des verticilles de rameaux grêles et caducs dont on ignore le rôle. Le parasol est creux et divisé par des cloisons rayonnantes en loges où se développent les spores au nombre de 100 environ par loge.

2° **Siphonées hétérogames.**

Vaucheria. Long tube très ramifié fixé par un crampon.

D. — PROTOCOCCÉES

Thalle composé de cellules indépendantes. Multiplication par spores et par œufs.

Protococcus. Cette Algue forme une couche poudreuse verte sur les surfaces humides (sol, rochers, vieux murs, écorce des arbres, particulièrement en hiver). Cellules immobiles à chloroleucite en cloche.

Au moment de la reproduction, les cellules s'entourent d'une membrane externe; leur protoplasme et leur noyau se divisent en nombreuses spores immobiles (*zoospores* à 2 cils, si les cellules vivent dans l'eau). On n'a pas encore observé la formation d'œufs.

Chlorochytrium. Parasite dans les Lentilles d'eau (*Lemna*); se multiplie par œufs; spores encore inconnues. — *Hematococcus*. Cellules biciliées.

E. — CÉNOBIÉES

Thalle formé de l'association, par contiguïté (*colonie ou cenobium*), *d'un certain nombre de thalles unicellulaires. Multiplication par zoospores et par œufs.*

Ces Algues habitent les eaux douces.

1° **Colonies immobiles.**

Pediastrum (fig. 686). Cellules associées en un disque circulaire. — *Hydrodictyon*. Cellules associées en un sac irrégulier avec de larges mailles (réseau d'eau, fig. 687).

Le mode de multiplication est assez compliqué chez ces Algues. Dans une même colonie d'*Hydrodictyon* peuvent naître jusqu'à 20000 zoospores qui se groupent à côté les unes des autres, après s'être mues quelque temps dans l'intérieur même du thalle ; elles forment ainsi une jeune colonie qui bientôt rompt, en grandissant, la membrane du thalle ancien.

Certains thalles d'*Hydrodictyon* produisent, à un moment donné, jusqu'à 100 000 zoospores biciliées très petites qui, libres, se fusionnent par 2, 3 ou 4 et forment des œufs; celles qui ne se fusionnent pas meurent.

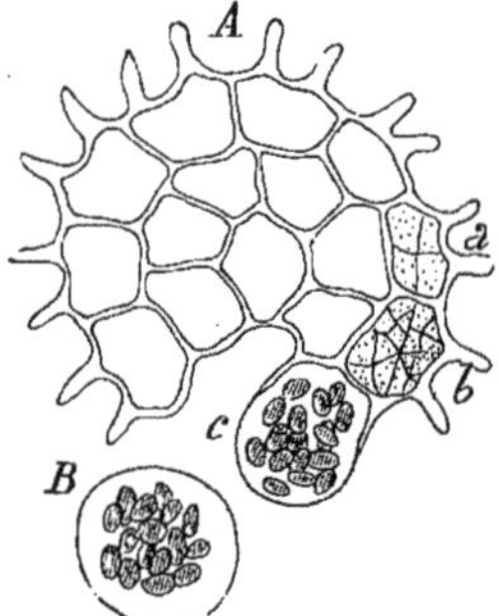

Fig. 686. — **Cénobiées.** — *Pediastrum granulatum.* — A ; colonie de cellules dont chacune se divise en 16 parties, *a*, *b*, qui, rejetées en *c*, s'organisent en une nouvelle colonie (B) identique à la première.

2° Colonies mobiles.

Volvox. Cellules biciliées, associées jusqu'au nombre de 20000 et disposées en une assise sphérique dont le centre est occupé par un mucilage provenant de la gélification des membranes. — *Eudorina.* Colonies de 16 à 32 cellules.

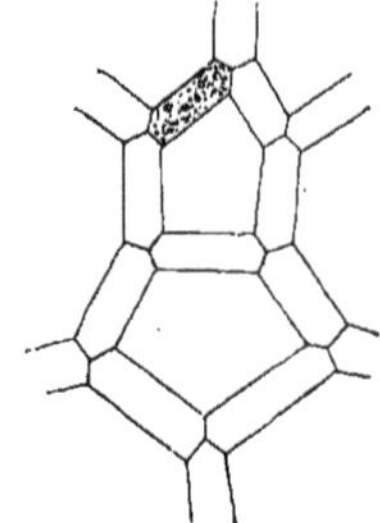

Fig. 687. — **Cénobiées.** — *Hydrodictyon.*

Les cellules des Volvocinées sont pourvues ordinairement d'un bec antérieur allongé avec un point rouge et d'une ou 2 vacuoles pulsatiles; leur organisation rappelle celle des Infusoires.

III. — PHÉOPHYCÉES

Thalle brun, olivâtre ou jaune. Cellules avec noyau net et **phéoleucites** *ne produisant jamais d'amidon. Multiplication par spores (zoospores le plus souvent) et presque toujours par œufs.*

PHÉOPHYCÉES.	Cellules dissociées. Membrane	silicifiée	**Diatomées.**
		non silicifiée. Pas d'œufs.	**Hydrurées.**
	Cellules associées.	Zoospores	**Phéosporées.**
		Spores immobiles	**Dictyotées.**
		Pas de spores	**Fucacées.**

Les Phéophycées habitent la mer en général; certaines vivent dans les eaux douces (*Hydrurus*, la plupart des *Diatomées*) ; les *Zooxanthelles* vivent en symbiose avec des animaux (Radiolaires, Polypes).

Leur couleur seule fait ranger les Diatomées dans ce groupe.

A. — DIATOMÉES

Algues unicellulaires dont la membrane, fortement silicifiée, est incapable de croître une fois formée; cette membrane consiste en 2 valves emboîtées [sorte de boîte et son couvercle (fig. 688, G)].

Certaines Diatomées vivent dans la mer; la plupart habitent les eaux saumâtres, les eaux douces ou la terre humide. Leurs carapaces siliceuses, accumulées pendant de longues années, ont formé des dépôts importants de *tripoli*, particulièrement à Berlin et à Kœnigsberg (dépôts récents), à Richmond et sur les côtes de la Méditerranée (dépôts tertiaires).

Les cellules sont libres en général (*Navicula*, A); parfois elles sont portées par un pédicelle gélatineux (*Gomphonema*, F).

La forme en est très variable avec les genres : circulaire (*Melosira*, D), elliptique (*Pinnularia*, E), losangique (*Navicula*), en S (*Pleurosigma*, C), etc.

Quand on traite les Diatomées par l'acide azotique bouillant, elles laissent comme résidu leur *carapace silicifiée* qui était contenue dans l'épaisseur de leur membrane gélifiée extérieurement.

Cette carapace présente, chez *Pleurosigma angulatum* par exemple, de magnifiques détails de structure qui permettent de mesurer approximativement le grossissement d'un microscope dans les limites de 300 à 1 200 diamètres; avec le grossissement de 900 à 1 200, la carapace se résout en petits hexagones qui portent à ne distinguer, pour un grossissement moindre, que 3, 2 ou 1 système de lignes, l'un horizontal, les 2 autres croisés et également inclinés sur le 1er.

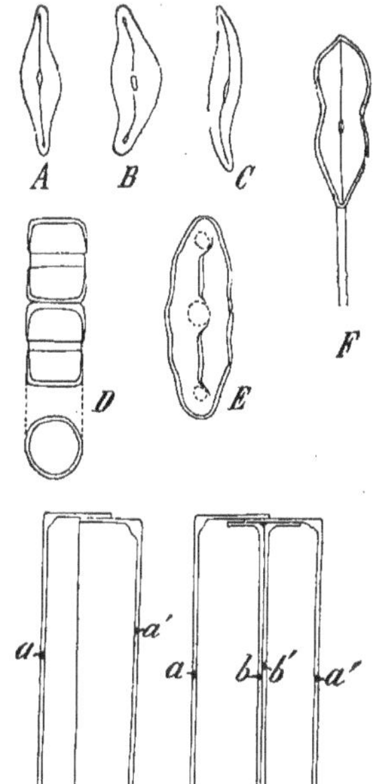

Fig. 688. — Diatomées. — A; *Navicula*. — B; *Encyonema*. — C; *Pleurosigma*. — D; *Melosira*. — E, G, G′; *Pinnularia*. — F; *Gomphonema*. a, a'; b, b' valves de la carapace.

La carapace est formée de 2 valves, plus ou moins emboîtées, a, a' (G), suivant la quantité d'eau que renferme le protoplasme. Au moment de l'*enkystement* d'une Diatomée sous l'influence de la sécheresse, les 2 valves se rapprochent tellement qu'elles se touchent; puis, le protoplasme continuant de se contracter, 2 membranes siliceuses apparaissent successivement, de plus en plus petites, qui forment un triple abri avec les 1res pour la cellule désormais à l'état de vie latente.

Au moment du *cloisonnement*, le protoplasme augmente de volume au contraire, à tel point que les 2 valves de la membrane sont presque déboîtées, *a*,*a′* (G′); le noyau se divise en 2; une cloison longitudinale apparaît, simple d'abord, puis dédoublée, *b*,*b′*, qui sépare les noyaux jeunes et se recourbe sur les bords en sens opposés, formant 2 boîtes indépendantes [*a*,*b*,] [*a′*,*b′*] dont les valves primitives, *a*,*a′*, sont les couvercles.

Spores. — Les cellules qui prennent naissance ainsi successivement sont de dimensions de plus en plus petites; elles ne peuvent toutefois dépasser un minimum. Quand ce minimum est atteint, la cellule rejette sa carapace, devient une spore qui atteint de grandes dimensions par une active nutrition; alors cette *auxospore* s'entoure d'une membrane silicifiée, devient une volumineuse Diatomée qui commencera à se cloisonner.

Œufs. — Certains genres seulement produisent des œufs. 2 cellules, qui viennent de se dégager de leur enveloppe siliceuse, s'unissent et forment un œuf qui s'entoure d'une membrane non minéralisée. Cet œuf grandit et donne bientôt une cellule de dimension maximum qui se comporte comme l'auxospore.

Melosira. Valves circulaires; nombreux phéoleucites. — *Pinnularia.* Valves elliptiques. — *Pleurosigma.* Valves en S. — *Navicula.* Valves en losange; 2 phéoleucites. — *Gomphonema.* Valves triangulaires; 1 phéoleucite; 1 pédicelle gélatineux.

B. — HYDRURÉES

Algues à membrane non silicifiée. Pas d'œufs. Zoospores à 1 cil.

Vivent dans les eaux douces.

Hydrurus. Cellules demeurant adhérentes dans une sorte de gelée; leur ensemble forme un thalle ramifié, long de 3 décimètres parfois et maintenu, par un crampon aplati, aux pierres des ruisseaux à courant rapide. — *Chromophyton.* Cellules libres pendant la belle saison, vivant dans les étangs. — *Zooxanthella.* Cellules vivant en symbiose avec les Radiolaires et certains Polypes.

C. — PHÉOSPORÉES

Thalle à cellules associées; multiplication par zoospores.

Les Phéosporées vivent dans la mer; elles comprennent le plus grand nombre des Algues brunes et, en particulier, les plus grands végétaux connus : les *Macrocystis* (fig. 689) dont la longueur peut atteindre 200 à 300 mètres.

Certaines Phéosporées se multiplient par des **propagules**, boutures pluricellulaires formées par de jeunes rameaux. Les **zoospores** sont piriformes, pourvues de 2 cils, l'un antérieur (rame), l'autre postérieur (gouvernail); elles prennent naissance par division totale de cellules du thalle diversement placées, suivant que le thalle est filamenteux ou massif.

Chez *Ectocarpus* filamenteux, les zoosporanges occupent l'extrémité ou le trajet des filaments; chez *Zanardinia* massif, ils sont répartis sur toute la surface, tandis qu'ils sont localisés dans la région médiane de la face supérieure chez les Laminaires (*surface sporangifère*, *s.sp*, fig. 670).

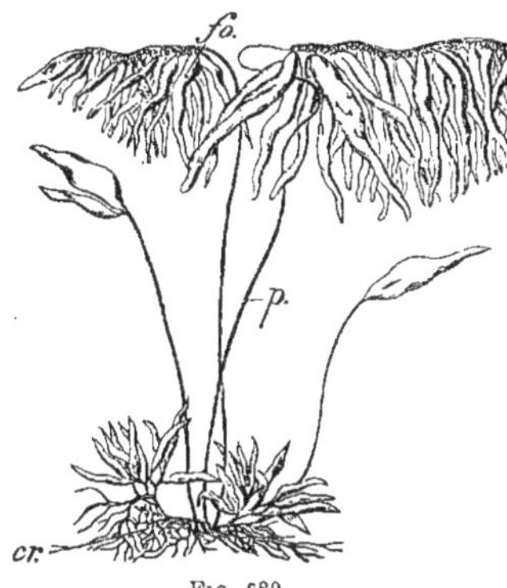

Fig. 689.
Phéosporées. *Macrocystis pirifera.*

La formation des **œufs** a lieu par isogamie ou hétérogamie suivant les genres.

1° Phéosporées isogames. *Ectocarpus* (fig. 690). Thalle filamenteux ; multiplication soit par zoospores, soit par gamètes biciliés qui peuvent ou non se conjuguer : dans le premier cas, production d'un œuf; dans le second cas, les gamètes se comportent comme des zoospores. — *Laminaria* (Laminaire, fig. 670). Thalle massif foliacé pourvu d'un pédoncule et d'un crampon rameux par lequel la Laminaire est fortement fixée au rocher; son accroissement se fait à la base du limbe.

La Laminaire sucrée (*L. saccharina*) a le limbe entier et ondulé sur les bords ; en se desséchant, elle se recouvre de mannite. On l'utilise pour faire des confitures. La Laminaire digitée (*L. digitata*) a le limbe découpé profondément.

Lessonia. — Pédoncule ramifié dichotomiquement ; chaque branche est terminée par un limbe (3 mètres parfois). — *Macrocystis* (fig. 689). Algue géante dont le pied simple et grêle, nageant sur l'eau, porte une foule de limbes pendants, longs de 1 à 2 mètres et pourvus d'un flotteur à leur base. — *Nereocystis*.

Fig. 690. — Phéosporées. *Ectocarpus littoralis*

Ces diverses Phéosporées forment les forêts sous-marines des mers arctiques et antarctiques (des côtes du Chili au cap Horn).

2° Phéosporées hétérogames.

Zanardinia. Oosphère à 2 cils (seul cas) et anthérozoïde également bicilié.

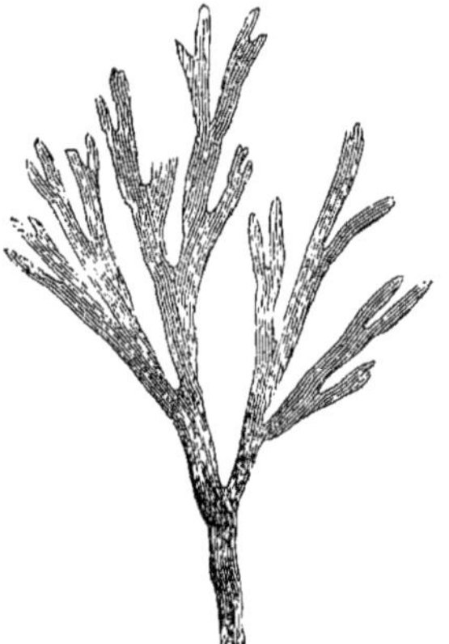

Fig. 691.
Dictyotées. *Dictyota dichotoma*.

D. — DICTYOTÉES

Thalle à cellules associées; multiplication par spores immobiles.

Vivent dans la mer. Leurs spores et leurs œufs produisent en germant : soit directement un thalle nouveau, soit un tubercule arrondi ou allongé dont les cellules périphériques se développeront en 1 ou plusieurs thalles nouveaux.

Dictyota (fig. 691). — *Padina*. Thalle différencié en crampons, en rameaux rampants et en branches élargies dressées portant les sporanges, les oogones et les anthéridies.

E. — FUCACÉES

Thalle massif. Pas de spores. Reproduction par œufs (Voir page 581).

Les Fucacées forment la végétation dont sont garnis les rochers que la mer découvre à marée basse (*Fucus* ou *Varec*); elles constituent la majeure partie des Algues qui composent la mer de Sargasse (*Sargassum* ou Raisins de mer, fig. 692).

Fig. 692. — Fucacées. *Sargassum bacciferum*.

La mer de Sargasse est due à l'accumulation de thalles du *Sargassum bacciferum* détachés de la côte américaine et entraînés par le courant du Gulf-Stream au milieu de l'océan Atlantique ; ces thalles sont rassemblés en une prairie flottante de 60000 milles carrés, entre les Canaries à l'est, les Açores au nord et les îles Bermudes à l'ouest.

Fucus (fig. 678). Conceptacles localisés à l'extrémité des branches du thalle qui présente çà et là des flotteurs remplis d'air. *F. vesiculosus* et *F. serratus*; conceptacles unisexués. *F. platycarpus*; conceptacles hermaphrodites. — *Sargassum* (Sargasse).

Les *Fucus*, arrachés par les vagues, forment sur les plages le *varec* ou *goémon* que l'on recueille comme engrais azoté et potassique pour les terres, comme nourriture pour le bétail. On brûle sur les bords de la mer le varec (Fucus et Laminaires) pour retirer des cendres la potasse, le brome et l'iode qui y sont contenus.

IV. — FLORIDÉES

Thalle ordinairement rouge. Cellules avec un noyau net et des **érythroleucites** *qui ne contiennent jamais d'amidon; grains d'amylodextrine libres dans le protoplasme. Reproduction par spores non ciliées et par œufs d'où dérivent des protospores.*

FLORIDÉES	Thalle non ramifié. Trichogyne très réduit			**Bangiées.**
	Thalle ordin^t ramifié. Trichogyne allongé.	Œuf se développant directement.	Thalle non calcifié.	**Némaliées.**
			— calcifié	**Corallinées.**
		Œuf se développant indirectement. (*Cellules auxiliaires*).		**Rhodyméniacées**

Les Floridées (*fleurs de mer*) sont marines, sauf quelques genres (*Batrachospermum*, fig. 670; *Bangia*), qui vivent dans les eaux douces. Leur thalle est composé d'un filament simple (*Bangia*), d'une assise unique de cellules (*Porphyra*), d'une lame massive parfois appliquée sur les rochers par sa face inférieure, mais le plus souvent dressée (*Delesseria*, fig. 641).

Nous avons vu plus haut (page 573) comment le thalle du *Batrachospermum*, filamenteux à l'origine, devient massif dans la suite.

Les Corallinées possèdent un thalle dur composé de cellules dont la membrane est fortement incrustée de *calcaire;* ce thalle est : tantôt une lame circulaire appliquée sur le rocher (*Melobesia*); tantôt un filament ramifié dont l'incrustation manque de distance en distance avec régularité, de telle sorte que l'Algue paraît formée d'articles (fig. 693). Ces articulations permettent l'inflexion des rameaux du thalle.

La croissance du thalle est uniforme (*Bangia*), localisée dans les cellules périphériques quand le thalle est une lame rampante (*Melobesia*) ou dans les cellules terminales quand il est ramifié. Dans ce dernier cas, la cellule terminale (*cellule apicale*) subit : soit la segmentation transversale dans *un sens unique* et produit une file de cellules; soit la segmentation suivant 3 plans parallèles à ses faces latérales, quand la cellule apicale a la forme d'une pyramide quadrangulaire (Voir page 575).

Le parenchyme massif qui résulte de ce dernier mode de segmentation présente : 1° une *couche corticale externe*, formée de petites cellules isodiamétriques; 2° une *couche interne* à grandes cellules allongées qui rappellent déjà celles que nous trouverons chez les Muscinées.

Multiplication : Propagules. — Spores. — Œufs.

Les modes de multiplication des Floridées présentent quelques particularités qu'il importe de signaler.

Quelques espèces (*Melobesia*, *Griffithsia corallina*) produisent des **propagules** (Voir page 594); nous trouverons ce caractère chez certaines Muscinées.

Toutes les Floridées, sauf la plupart des Némaliées, se multiplient par **spores**, prenant naissance par 4 (*tétraspores*) dans un tétrasporange (*Lejolisia*, fig. 674). Chez les Corallinées, les tétrasporanges sont groupés côte à côte au fond d'un conceptacle.

La disposition des spores est ordinairement tétraédrique; elle est sériale chez les Corallinées (fig. 693).

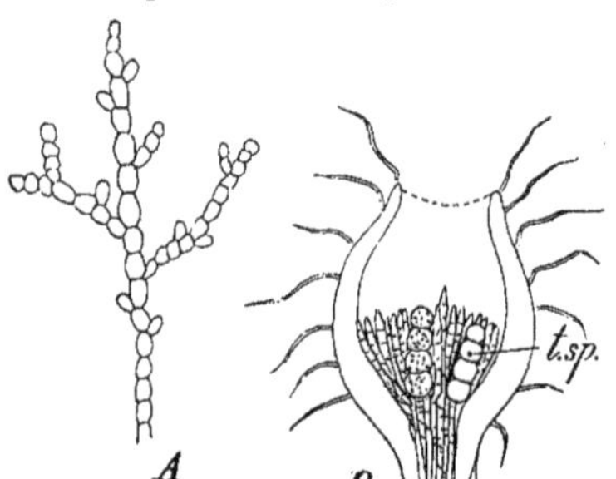

Fig. 693. — Corallinées. *Corallina*. — A; fragment du thalle. — B; conceptacle renfermant des tétrasporanges, *t.sp.*

La formation de l'**œuf** consiste dans la fusion d'un *pollinide* (anthérozoïde immobile) avec une *oosphère* qui occupe la partie basilaire de l'oogone; ce dernier est pourvu d'un *trichogyne*, prolongement court (Bangiées), généralement allongé (autres Floridées, en particulier *Dudresnaya* où il est enroulé en spirale). Le pollinide, mis en liberté par rupture de la membrane de l'anthéridie, est entraîné par l'eau vers le trichogyne contre lequel il s'accole; une résorption des membranes du trichogyne et du pollinide se produit à leur point de contact; protoplasme et noyau du gamète mâle entrent dans le trichogyne qu'ils parcourent jusqu'à l'oosphère.

L'œuf ainsi formé se développe aussitôt sur la plante-mère et à ses dépens (comme cela a lieu chez les Muscinées); il produit *de diverses manières* un *sporogone* duquel sortiront des *protospores* propres à multiplier le végétal.

1° *L'œuf ne grandit pas sensiblement*, se cloisonne et donne autant de spores qu'il renferme de cellules après la segmentation; le sporogone est ici un *sporange* comme celui du *Cystopus* et d'autres Thallophytes. . . . . **Bangiées.**

2° *L'œuf se développe directement;* il grandit beaucoup, produit à sa surface des bourgeons nombreux, branches elles-mêmes ramifiées parfois et divisées en cellules qui donneront des spores. Le produit de ce bourgeonnement, fort différent avec les espèces considérées, est un véritable sporogone. . . . . . . **Némaliées.**

La nutrition du sporogone a lieu, chez *Nemalion*, par la surface de contact de l'œuf avec la cellule qui le supporte (c'est le cas le plus simple); mais, la plupart du temps, certaines des branches, *p* (fig. 694), émises par l'œuf, s'anastomosent soit avec les cellules inférieures du filament qui porte l'œuf, soit même avec les cellules de filaments voisins, *f* (*Polyides*), pour y puiser l'aliment nécessaire.

3° *L'œuf se développe indirectement*, c'est-à-dire que le sporogone procède, non de l'œuf, mais d'une *cellule auxiliaire* voisine. L'œuf pousse un tube par lequel il déverse son contenu dans la cellule auxiliaire; celle-ci renferme dès lors la substance de 3 cellules primitives et devient capable de germer en un sporogone. . . . . **Rhodyméniacées.**

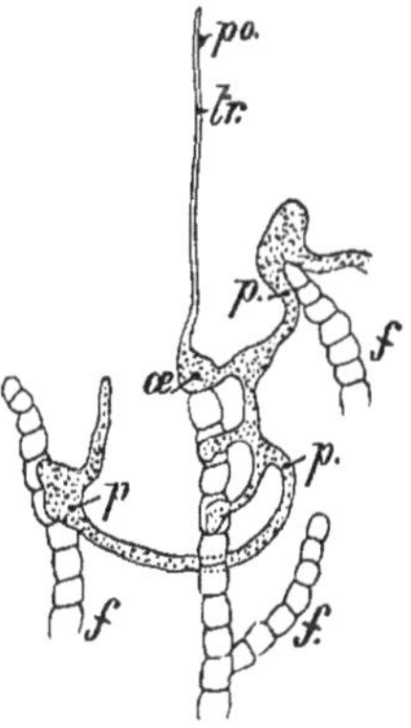

Fig. 694. — **Némaliées.** *Polyides.* — Développement de l'œuf, *œ*. *p*, branches anastomosées avec certaines cellules des filaments, *f*. *tr*, trichogyne; *po*, pollinide.

Protonéma. — Les protospores, *contrairement aux tétraspores*, ne produisent pas directement le thalle définitif, mais un ensemble de filaments ramifiés constituant un thalle provisoire (*protonéma*), origine d'une ou plusieurs Algues définitives. Nous retrouverons, chez les Muscinées, ce caractère signalé déjà (T. I, pages 555 et 560).

Les modes de multiplication des Algues Floridées peuvent être ainsi représentés d'une manière générale :

Plante { Tétrasporange → Tétraspore. . . . . → } Plante.
Plante { Anthéridie. → Pollinide. } Œuf. → (Cellule auxiliaire ou non.) → Protospore. → Protonéma. } Plante.
Plante { Oogone. → Oosphère }

A. — BANGIÉES

Thalle non ramifié. Multiplication par tétrospores et par protospores issues d'un œuf se développant directement en un sporange. Le trichogyne de l'oogone est très court.

Bangia. Thalle filamenteux non ramifié; quelques espèces d'eau douce (chutes d'eau des moulins), les autres marines. — *Porphyra.* Lame formée d'une assise unique de cellules; oogone à 2 trichogynes. Espèces toutes marines.

B. — NÉMALIÉES

Thalle ordinairement ramifié, non calcifié. Multiplication par tétraspores et par protospores issues d'un œuf se développant directement en un sporogone.

Les Némaliées sont marines, sauf quelques espèces qui vivent dans les eaux douces à cours rapide.

Batrachospermum. Thalle formé d'un filament cortiqué (fig. 670). Trichogyne court; sporogone extérieur dont les cellules terminales seules donnent des protospores. Vit dans les eaux douces, surtout dans les endroits à cours rapide (chutes, barrages, etc.). — *Nemalion.* Thalle formé d'un faisceau de filaments avec couche corticale et couche interne.

C. — CORALLINÉES

Thalle fortement incrusté de calcaire. Œuf à développement direct.

Les Corallinées sont marines.

Melobesia. Thalle lamelleux appliqué contre les rochers. — *Corallina* (fig. 693). Thalle filamenteux composé d'articles; conceptacles renfermant les tétrasporanges et les sporogones.

Abondantes sur toutes nos côtes, surtout dans la Méditerranée, les Corallines forment des touffes hautes de 4 à 6 centimètres, solidement fixées aux rochers.

D. — RHODYMÉNIACÉES

Thalle filamenteux ou massif. Multiplication par tétraspores et par protospores issues d'un œuf à développement indirect (cellule auxiliaire).

1° **Thalle filamenteux**. — *Lejolisia* (fig. 674). 1 cellule auxiliaire. — *Callithamnion* : 2 cellules auxiliaires. — *Ceramium* (fig. 695). 1 auxiliaire pour 2 œufs.

2° **Thalle massif**. — *Delesseria* (fig. 641). Thalle en forme de feuille composée palmée à folioles apparemment penninerves. — *Nitophyllum* (fig. 696); atteint plus d'un mètre sur les côtes d'Écosse. — *Gracilaria*. *G. lichenoides*, des îles de la Sonde et de Ceylan; fournit une gelée utilisée pour rendre les confitures consistantes. — *Lomentaria* (fig. 669). — *Chondrus*.

FIG. 695.
Rhodyméniacées. *Ceramium rubrum*.

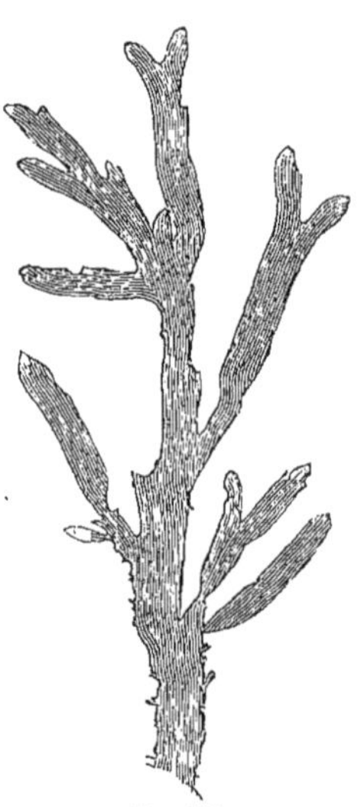
FIG. 696.
Nitophyllum laceratum.

Le *Chondrus crispus* (Carragaen ou Mousse perlée), abondant sur les côtes de la Manche, se trouve dans le commerce, décoloré et crispé; dans l'eau bouillante, il donne une gelée très consistante qu'on utilise en pharmacie.

On retire du thalle des Floridées la *gélose* (*agar-agar*) employée couramment aujourd'hui pour faire des cultures de Bactériacées. Il suffit, pour obtenir cette substance, de soumettre les Algues à l'action de l'eau bouillante qui en gélifie les membranes (Voir T. I, page 342).

V. — CHARACÉES

Algues d'organisation supérieure, **vertes comme les Chlorophycées**, *se multipliant par œufs. Les anthérozoïdes sont analogues à ceux des Muscinées. L'œuf donne, par sa germination, un protonéma dont procède le thalle définitif, par bourgeonnement, comme chez les Muscinées.*

Les Characées sont donc des *plantes formant bien le passage des Thallophytes aux Muscinées*: on les range d'ordinaire parmi les Algues à cause de leur organisation qui, bien que plus élevée, n'atteint pas encore le degré de différenciation présenté par les Muscinées.

Les Characées vivent dans les eaux douces (étangs profonds et ruisseaux rapides).

Description du thalle. — Le thalle se compose d'un filament dressé (fig. 697, A), dépassant parfois 1 mètre de longueur et à peine 2 millimètres de diamètre; ce filament, *t*, à croissance terminale indéfinie, porte des verticilles de rameaux *f* à croissance terminale limitée, eux-mêmes pourvus de ramuscules verticillés.

Les entrenœuds du filament principal (*tige*, *t*) sont de longueur inégale; l'un d'eux est plus développé, les autres diminuent progressivement à mesure qu'on se rapproche du sommet ou de la base.

Les verticilles de rameaux (*feuilles*), portés par la tige, alternent régulièrement (B); leur angle de divergence $\alpha = \frac{360°}{2n}$ (*n* désignant le nombre de rameaux par verticille). *Parmi les rameaux d'un même verticille*, il en est un plus âgé et plus long, *f*, à partir duquel les autres sont progressivement réduits.

Les verticilles de ramuscules (*folioles*) portés par les feuilles sont superposés; la foliole la plus âgée est située toujours au milieu du côté supérieur du rameau, et les autres décroissent rapidement.

Structure du thalle. — Au sommet de la tige (C) se trouve 1 *cellule initiale*, *c.i*, qui subit la segmentation transversale à mesure qu'elle s'accroît. Chaque cellule (1), isolée de la cellule terminale, se divise elle-même en deux transversalement : la cellule inférieure ou *internodale*, $c.in_2$, s'allonge parfois jusqu'à 15 centimètres sans se cloisonner, mais elle multiplie ses noyaux; la cellule supérieure ou *nodale*, $c.n_2$, se cloisonne longitudinalement en 2, puis à la périphérie, en isolant des segments origines d'autant de feuilles, *f*. Chacune de ces cellules périphériques s'allonge en effet et se segmente en isolant une cellule terminale, *c.i*, qui se comporte comme l'initiale de la tige, avec cette différence toutefois que son cloisonnement est limité.

La cellule nodale basilaire d'une feuille, après avoir subi son cloisonnement périphérique, présente 2 de ses segments (l'un supérieur, l'autre inférieur) qui, au lieu de devenir des folioles, se développent en s'appliquant contre la tige en haut et en bas et rejoignent celles des verticilles voisins, *c.co*. Toutes les cellules identiques des feuilles d'un même verticille se comportant ainsi, il en résulte pour la tige un *revêtement cortical* (C'). [Toutefois, la feuille la plus âgée n'émet

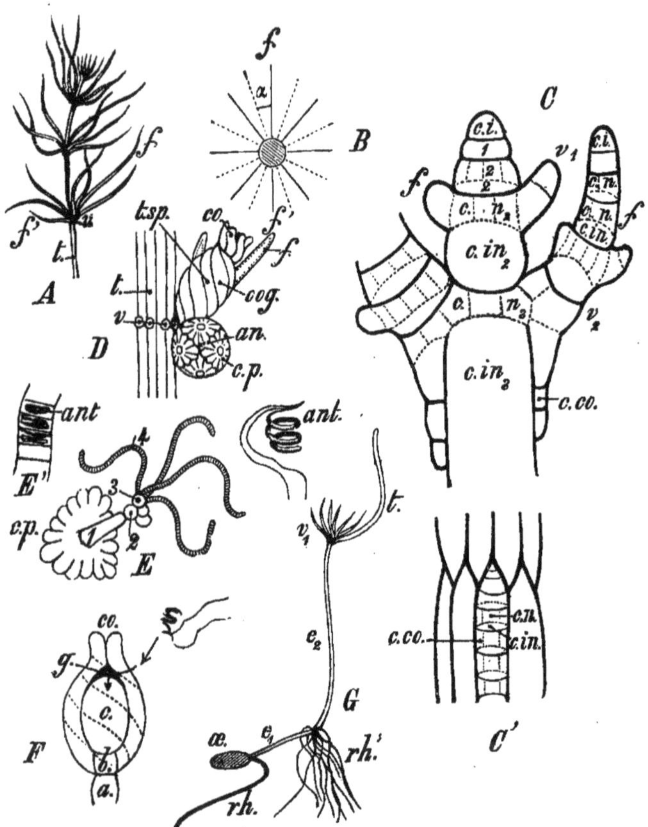

FIG. 697. — *Chara fragilis*. — A; portion du thalle, *t*, portant des verticilles, *v*, de rameaux, *f*,*f'*, etc. — B; section transversale passant par le verticille *v*; *f*, rameau le plus long et le plus âgé; *f'*, rameau le plus court et le plus récent. Le verticille *v* forme un angle de divergence α avec le verticille suivant (tracé en pointillé). — C; figure schématique montrant le mode d'accroissement du thalle; *c.i*, cellule initiale; 1, cellule jeune encore entière; 2, cellule divisée en 2 segments dont le supérieur (*cellule nodale*) a déjà subi des cloisonnements, tandis que le segment inférieur (*cellule internodale*) demeure entier; $c.n_2$, $c.in_2$, ensemble des cellules issues d'une même cellule primitive; les segments de la cellule nodale, $c.n_2$, commencent à produire un verticille, *v*, de rameaux *f*. Cette formation est plus accusée en cn_3, $c.in_3$, où le verticille, v_2, de rameaux *f* se complique davantage. *c.co*, cellules corticales (leur mode de cloisonnement pariétal est représenté en C'). — D; portion de tige, *t*, portant au niveau du verticille *v* de feuilles *f*, un oogone *oog* et une anthéridie *an*; *t.sp*, tubes spiralés; *co*, couronne; *c.p*, cellules pariétales. — E; une cellule pariétale et 4 des filaments à anthérozoïdes qu'elle supporte. — E'; portion d'un filament très grossie; *ant*, anthérozoïde. — F; oogone et sa constitution interne; *a*, cellule basilaire; *b*, cellule nodale produisant latéralement les 5 tubes spiralés, *t.sp* (figurés en pointillé); *c*, cellule d'où l'oosphère tire son origine. — G; germination de l'œuf, *œ*; *rh*, 1er rhizoïde; e_1,e_2, protonéma portant au 1er nœud un groupe de rhizoïdes, *rh'*; v_1, verticilles de rameaux dont le plus âgé donne la tige, *t*, du thalle définitif.

pas de prolongement ascendant, parce qu'à son aisselle se produit un bourgeon]. Chaque cellule corticale se divise elle-même et comprend alternativement une cellule internodale non cloisonnée et une cellule nodale divisée en 3.

Le nœud inférieur de la tige émet, au lieu de feuilles, des *rhizoïdes* ou longs tubes ramifiés qui fixent le thalle au sol.

Multiplication. — Les Characées se multiplient par **boutures**, feuilles ou folioles qui tombent, acquièrent des rhizoïdes et poussent un nouveau thalle.

Chez *Chara stelligera*, une bouture consiste en une sorte d'étoile comprenant un nœud souterrain avec un verticille de 6 feuilles courtes; le tout est bourré d'amidon. Chez *Chara fragilis*, des bourgeons, situés à l'aisselle de diverses feuilles, se développent au printemps en rameaux qui se détachent et deviennent autant de boutures.

Les Characées sont **dépourvues de spores**; elles se reproduisent par **œufs**. L'*œuf* résulte de la fusion d'une oosphère avec un anthérozoïde spiralé à 2 longs cils antérieurs, *ant*. L'anthéridie, *an* (D) et l'oogone, *oog*, naissent sur le même thalle ou sur des thalles différents; l'anthéridie du *Chara fragilis* a pour origine la partie terminale de la foliole la plus âgée d'un verticille; l'oogone provient du nœud basilaire de la même foliole.

L'anthéridie, *an*, est une petite sphère, verte d'abord, puis rouge, dont la paroi est formée de 8 cellules aplaties, *c.p.* Celles-ci (E) portent chacune, au centre de leur face interne, une cellule cylindrique (1) terminée par une petite cellule cylindrique arrondie (2). Toutes ces cellules convergent, suivant 8 rayons, vers le centre de l'anthéridie; au sommet de chacune des 8 cellules terminales internes (2) sont disposées 6 autres cellules encore plus petites (3) supportant 4 filaments grêles (4), eux-mêmes composés de 100 à 200 articles. Dans chaque article prend naissance un anthérozoïde (E'). Ainsi l'anthéridie, dont le diamètre atteint à peine 1 millimètre, renferme *au minimum :*

$$100 \times 4 \times 6 \times 8 = 19\,200$$ cellules-mères d'anthérozoïdes.

A la maturité des anthérozoïdes, les cellules pariétales de l'anthéridie se séparent; la membrane des cellules-mères se dissout, les anthérozoïdes filiformes et spiralés, mis en liberté, nagent souvent pendant 12 heures.

L'oogone (F) consiste en une série de cellules, *a,b,c*. La cellule basilaire, *a*, est internodale; *b* est une courte cellule nodale qui produit latéralement 5 tubes enroulés parallèlement en spirale formant un verticille protecteur pour la cellule *c*. Cette dernière (cellule terminale) sépare à sa base une cellule par une cloison, et le segment terminal est l'oosphère avec un protoplasme riche en matières nutritives (amidon, huile) et une membrane très gélifiable dans la région apicale.

Le sommet de l'oosphère est recouvert d'une calotte en forme de couronne, *co*, constituée par les sommets des 5 tubes spiralés, *t.sp* (D). A la maturité de l'oosphère, les tubes s'écartent sous la pression de la gelée qui coiffe le sommet de l'oosphère; les anthérozoïdes pénètrent par les 5 fentes latérales dans la gelée pour gagner l'oosphère et la féconder.

L'œuf s'entoure d'une membrane propre et d'une enveloppe extérieure lignifiée, ayant pour origine la face interne des tubes spiralés. Il germera à l'automne ou au printemps.

Germination de l'œuf. — Chez *Chara fragilis* (G), une cloison transversale divise l'œuf d'abord en deux cellules : l'une, plus petite (*cellule fertile*), qui se nourrira des substances contenues dans l'autre cellule plus grande (*cellule inactive* ou *nutritive*) ; puis l'enveloppe lignifiée se rompt pour livrer passage au *protonéma* composé d'un filament avec 2 entrenœuds : du premier nœud partent des rhizoïdes; au second naît un verticille de feuilles dont la plus âgée est la *tige du thalle définitif*.

Chara. Tubes spiralés bicellulaires. — *Nitella*. Tubes spiralés tricellulaires.

§ 3. — LICHENS

Thallophytes formées ordinairement de l'association d'une Algue et d'un Champignon.

Les Lichens vivent sur l'écorce des arbres, les rochers, la terre humide; ils abondent dans la nature, surtout dans les pays montagneux et les régions septentrionales où ils finissent par constituer l'unique végétation.

Morphologie extérieure. — Le thalle des

Fig. 698. — Lichens. *Parmelia parietina* : symbiose d'une Algue et d'un Champignon.

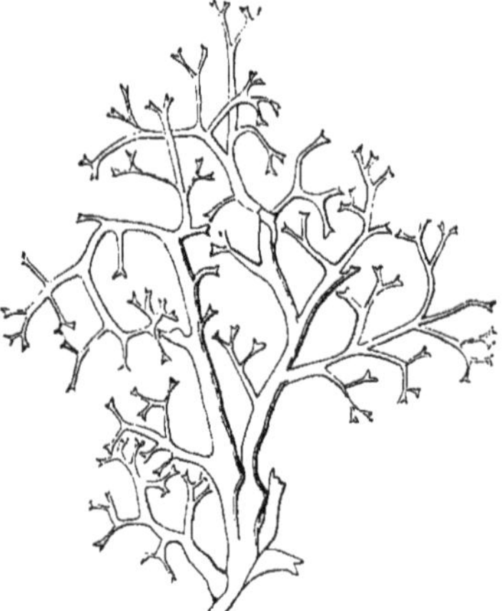

Fig. 699. — Lichens. *Cladonia rangiferina*.

Lichens est coloré de manières très diverses suivant les espèces. Quant à sa forme générale, elle dépend de la prédominance de l'Algue ou du Champignon constituant le thalle :

1° *Si l'Algue prédomine*, la plante est une masse molle (Lichen *gélatineux* : *Collema*, *Physma*).

2° Quand le *Champignon prédomine*, le thalle se développe : tantôt en croûte étroitement appliquée sur les écorces crevassées, sur les rochers (Lichen *crustacé* : *Lecanora*, *Graphis*, etc.); tantôt en lame membraneuse plus ou moins ondulée, fixée à la terre humide ou à tout autre substratum par quelques crampons [Lichen *foliacé* : *Physcia*, *Parmelia* (fig. 698), etc.]; tantôt en forme de buisson dressé, soutenu par une base étroite [Lichen *fruticuleux* : *Cladonia* (fig. 699), *Roccella*, *Usnea* (fig. 700), etc.].

Structure du thalle.— Soit le *Physcia parietina*, Lichen foliacé qui revêt les murs (fig. 701). Il est composé : 1° d'une *couche corticale supérieure*, *c.co.s*, pseudoparenchyme compact formé par le thalle du Champignon ; 2° d'une *couche médullaire* verte, *c.mé*, composée d'hyphes, *hy* (filaments incolores du Champignon) entourant d'un réseau lâche les cellules vertes de l'Algue ou *gonidies*, *go*, (*Protococcus*) ; 3° d'une *couche corticale inférieure*, *c.co.i*, formée de filaments incolores serrés, émettant des rhizoïdes, *cr*, qui jouent à la fois le rôle de crampons fixateurs et de poils absorbants.

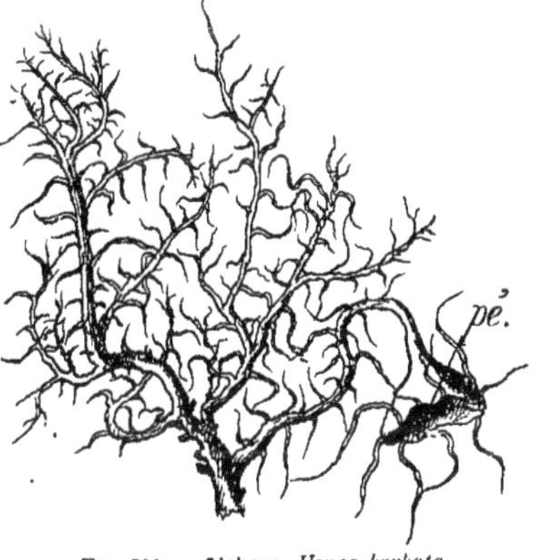

Fig. 700. — **Lichens.** *Usnea barbata*

Une telle structure est dite *hétéromère*, parce que les cellules de l'Algue sont localisées dans une région nettement déterminée du Lichen ; la structure est dite *homéomère* quand les thalles de l'Algue et du Champignon sont mélangés dans toute l'étendue du Lichen (*Collema*, *Leptogium*).

Le Lichen est une association d'une Algue et d'un Champignon. — Le fait a été rendu indiscutable par des expériences de *synthèse et d'analyse des Lichens*.

1° **Synthèse.** — M. Bonnier a, le premier, obtenu le développement complet de la Physcie des murs (*Physcia parietina*), en semant 2 spores du Champignon et quelques cellules de *Protococcus viridis* dans un petit récipient traversé par un courant d'air humide ; l'air était préalablement privé de ses poussières, en passant à travers un tube d'appel rempli de coton roussi (fig. 702).

Les spores du Champignon germent en filaments qui, au bout de quelques

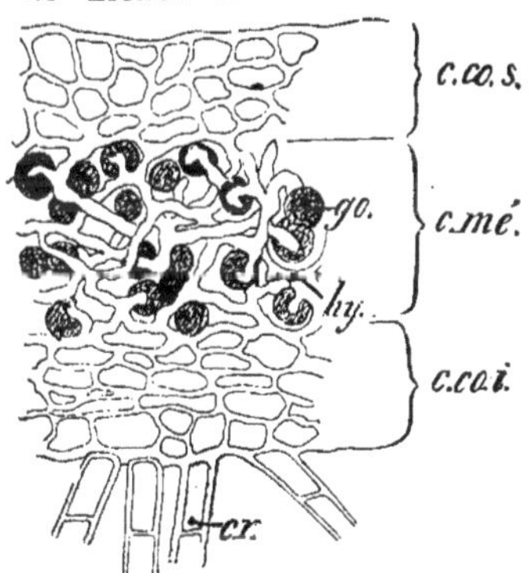

Fig. 701. — **Figure schématique montrant la structure du *Physcia parietina* (Lichens).** *c.co.s*, *c.co.i*, couches corticales supérieure et inférieure ; *cr*, crampons ; *c.mé*, couche médullaire ; *hy*, hyphes du Champignon ; *go*, gonidies de l'Algue.

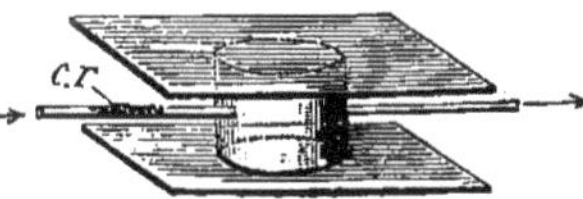

Fig. 702. — **Cellule pour la culture des Lichens obtenus par synthèse.**

jours, ont entouré les cellules de l'Algue. Ces filaments se différencient alors en *filaments renflés*, *f.r.* (fig. 703), en *filaments chercheurs*, *f.ch*, plus étroits, qui se dirigent vers la périphérie à la recherche de l'Algue, et en *filaments crampons*, *f.cr*, émis par les précédents autour des cellules vertes rencontrées.

Dès que le contact a eu lieu entre une cellule d'Algue et un filament crampon, la cellule verte s'accroît et se divise plus rapidement que les autres; le Champignon lui-même enlace plus étroitement l'ensemble de ces cellules et se ramifie davantage. Algue et Champignon vivent désormais en symbiose. Les filaments chercheurs périphériques qui ne rencontrent plus de cellules vertes s'anastomosent entre eux et avec les filaments renflés pour former le pseudoparenchyme protecteur du thalle nouveau.

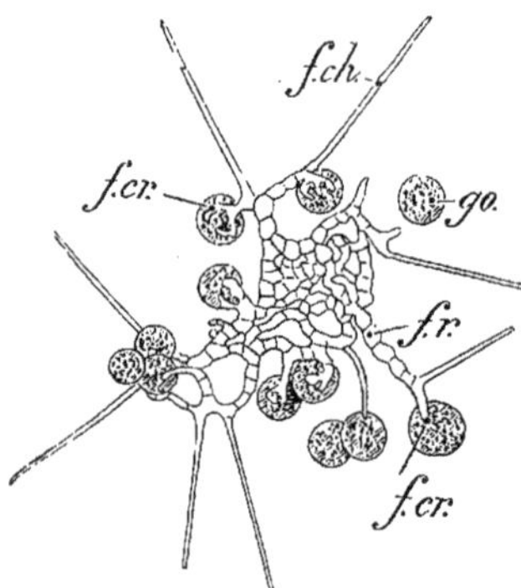

Fig. 703. — Synthèse de *Physcia parietina*. *go*, gonidies; *f.r*, filaments renflés; *f.cr*, filaments crampons: *f.ch*, filaments chercheurs émis par le Champignon en voie de développement.

Désormais le Lichen est constitué; il se nourrit, grandit et fructifie comme les Lichens naturels[1].

2° **Analyse.** — Quand on immerge pendant longtemps un Lichen dans *l'eau*, le thalle du Champignon constituant meurt et met en liberté les cellules ou filaments de l'Algue qui reprend le cours normal de son existence.

Si l'immersion du Lichen a lieu dans un *liquide nutritif* propice au développement du Champignon constituant, celui-ci peut se développer et fructifier sans le concours de l'Algue.

Nutrition. — Nous avons défini ailleurs les attributions de l'Algue et du Champignon constituant un Lichen (Voir T. I, pages 487-488). Nous n'y reviendrons pas. Grâce à la *symbiose* des deux végétaux associés, ils peuvent l'un et l'autre résister mieux à la sécheresse et au vent, vivre dans un milieu aride et jouer un rôle important dans la nature.

Un *Protococcus*, par exemple, pourra bien croître pendant la saison humide sur un rocher dénudé; vienne la sécheresse, il mourra s'il n'est pas préservé par un Champignon. L'association est capable de résister à toutes les intempéries : telle est la raison de la présence des Lichens dans les diverses régions du globe et sous tous les climats où, de temps à autre, l'humidité se manifeste : les débris des Lichens s'accumulant forment à la longue une couche propice au développement de Muscinées, puis de Cryptogames vasculaires et de Phanérogames. C'est là l'histoire de l'établissement de la végétation sur un point quelconque du globe : quelques spores de Champignons et d'Algues ont suffi, *au début*, pour un résultat aussi prodigieux.

Multiplication. — La multiplication des Lichens se fait par *sorédies*, par *spores* et par *conidies*.

1. La synthèse des Lichens a permis de reconnaître que l'on ne peut associer une espèce d'Algue quelconque à une espèce déterminée de Champignon pour obtenir un Lichen capable de fructifier; dans certains cas cependant, la substitution d'une Algue à une autre s'opère avec succès (*Stichococcus* à la place de *Protococcus*). En revanche, une même espèce d'Algue peut être associée à diverses espèces de Champignons et donne autant d'espèces de Lichens. [Les *Protococcées* entrent dans la composition des Lichens les plus divers : *Physcia*, *Usnea*, *Cladonia*, etc.].

M. Bonnier a réalisé la synthèse des Lichens obtenus par *la symbiose de Champignons et de protonémas de Mousses*. Les filaments mycéliens du Champignon embrassent étroitement le protonéma vert qui joue le même rôle que les cellules vertes d'une Algue. Parfois le protonéma résiste à l'envahissement du Champignon, se renfle en certains points, forme des cellules à protoplasme dense, à paroi épaisse, sortes de *propagules* qui germeront plus tard lorsque le mycélium envahisseur aura péri.

Sorédie. — Une *sorédie* est une sorte de bouture, comprenant quelques cellules d'Algue enveloppées par les filaments du Champignon formant une couche extérieure protectrice. La formation des sorédies a lieu ordinairement *à la surface du thalle*, où elles forment une fine poussière; chaque sorédie est capable de se développer si les conditions de milieu sont favorables. Quand le thalle est hétéromère, les sorédies naissent dans la couche moyenne où se trouvent les cellules et filaments associés.

Spores. — En certains points voisins de la surface du thalle, chez la plupart des Lichens, se développe l'appareil fructifère qui s'ouvre à l'extérieur, à la maturité des spores, soit par une coupe large ouverte (Lichen *gymnocarpe* : *Anaptychia*, fig. 704, A), soit par un pore étroit (Lichen *angiocarpe* : *Pertusaria*, *Endocarpon*).

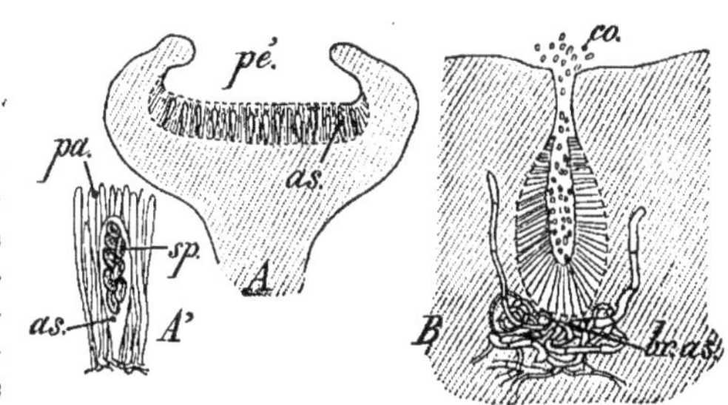

Fig. 704. — A; périthèce d'*Anaptychia* (Lichen gymnocarpe). — A'; portion grossie; *as*, asques; *sp*, spores; *pa*, paraphyses. — B; bouteille à conidies de *Physma*; *co*, conidies; *br.as*, rameaux ascogènes.

L'appareil fructifère ou *périthèce* présente, comme chez les Champignons Ascomycètes, un *hymenium* composé d'asques remplis de spores (A') et des paraphyses interposées. Les spores, au nombre de 1 (*Megalospora*), 2 à 6 (*Pertusaria*), 100 ou plus (*Bactrospora*) par asque, sont projetées avec force au dehors. Dans des conditions de milieu favorables, ces spores germent en un thalle incolore nouveau, qui subsistera s'il rencontre des conidies (cellules vertes d'Algue).

Conidies. — Elles se développent ordinairement au fond de conceptacles situés à la périphérie du thalle et communiquant avec l'extérieur par un orifice étroit (B). Les conidies, *co*, une fois émises, certains filaments ascogènes du thalle, *br.as*, se développent au fond des conceptacles et y forment un hymenium : au conceptacle conidien s'est substitué un périthèce.

A. — LICHENS ASCOSPORÉS

Association d'une Algue et d'un Champignon Ascomycète.

1° Gymnocarpes (Discomycètes-Lichens).

Thalle homéomère gélatineux. — *Physma. Leptogium. Collema.* Masses gélatineuses verdâtres.

Thalle hétéromère

(a) **Lichens crustacés.** — *Graphis. Opegrapha. Lecanora*, etc.

Le Lichen de la manne (*Lecanora esculenta*) se trouve en petites masses arrondies libres sur le sol, dans les steppes de la Russie, de la Perse et en Algérie; il contient de l'inuline et une autre substance amylacée alimentaire (lichénine) qu'on peut convertir en alcool.

(b) **Lichens foliacés**. — *Parmelia*, *Physcia*, *Peltigera*, etc.

Le Lichen des murailles (*Physcia parietina*), au thalle jaune-doré, est abondant sur les murs et l'écorce des arbres; il contient de l'*acide chrysophanique* qui le fait utiliser en Suède pour teindre les laines en jaune. — La Mousse de Chien (*Peltigera canina*), au thalle vert en dessus et blanc en dessous avec des périthèces brun-foncé, est très commune dans les bois.

(c) **Lichens fruticuleux**. — *Cetraria*. *Evernia*. *Usnea*. *Roccella*. *Cladonia*, etc.

Le Lichen d'Islande (*Cetraria islandica*) a un thalle dressé d'environ 10 centimètres de haut, à lobes étalés, ciliés sur les bords; il est gris-roux ou brun-verdâtre avec des périthèces d'un rouge-brun. Très répandu dans toute la région polaire, ce Lichen est un *aliment* pour les Islandais, qui en tirent une farine comestible quand elle a été bouillie. On l'utilise en pharmacie comme émollient et tonique (*acide cétrarique* amer).

L'*Evernia prunastri*, au thalle blanc-cendré ou verdâtre, est commun sur les arbres; on l'emploie comme aliment en Egypte où il est mélangé au pain.

L'*Usnea barbata* a un thalle très rameux qui pend sous les branches des arbres; on en tire des matières colorantes. Le thalle d'*Usnea longissima* peut atteindre 10 mètres.

L'Orseille de mer (*Roccella tinctoria*) a le thalle blanc, farineux et les périthèces noirs; commun sur les côtes de la Manche, du Sénégal, du Chili, des Indes, etc. On tire de ce Lichen des matières colorantes (*orseille* et *tournesol*).

Le Lichen des Rennes (*Cladonia rangiferina*) forme de petits buissons atteignant de 4 à 20 centimètres de hauteur; il est très commun dans les terrains non cultivés et surtout dans la zone arctique où le Renne sait le découvrir sous la neige et s'en nourrit.

2° **Angiocarpes** (Pyrénomycètes-Lichens).

Ephebe. Thalle homéomère formant de petites plaques noires. — *Pertusaria*. Lichen crustacé. — *Endocarpon*. Lichen foliacé en petites plaques sur l'argile.

B. — LICHENS BASIDIOSPORÉS

Association d'une Algue et d'un Champignon Basidiomycète.

Cora. *Dictyonema*.

Importance paléontologique des Thallophytes. — Dépourvues en général de parties résistantes, à part les Diatomées, les Thallophytes se sont peu conservées par la fossilisation. Leur existence aux époques géologiques antérieures est cependant indéniable.

Les **Champignons**, parasites sur d'autres Végétaux, se sont fossilisés avec eux; on en retrouve : soit le thalle filamenteux dans les tiges de *Lepidodendron* (*Carbonifère*) et dans les bois fossiles de l'*ère tertiaire*; soit des sclérotes sur les feuilles de Phanérogames tertiaires; soit des spores (téleutospores d'une Puccinie) renfermées dans des macrospores de *Lepidodendron*. Il a même été trouvé quelques Ascomycètes (Pézize) et Basidiomycètes (Polypore, Hydne) non parasites et datant de l'*ère tertiaire*.

Parmi les **Algues**, les Bactériacées ont pullulé à l'*époque carbonifère* et le *Bacillus Amylobacter* attaquait déjà les plantes vasculaires du terrain houiller. Nombre de Chlorophycées calcifiées et des Characées se trouvent dans la plupart des *formations secondaires et tertiaires*. Grâce à leur enveloppe siliceuse, les *Diatomées* forment de prodigieux dépôts qu'on désigne sous le nom de *tripoli*, dépôts abondants à Berlin, Kœnigsberg, Randan (Auvergne), Oran, etc. Parmi les espèces fossiles de Diatomées datant de l'époque houillère, on trouve des formes qui ont subsisté jusqu'à nos jours. Les *Corallines* et les *Nullipores* (*Lithothamnium*) sont également abondantes depuis le *Jurassique* et surtout le *Crétacé*.

II. — EMBRANCHEMENT DES MUSCINÉES

Plantes présentant de **vrais tissus** *qui constituent un* **thalle** *ou une* **tige** *couverte de* **feuilles**; *elles sont fixées au sol par des rhizoïdes* (crampons faisant parfois office de poils absorbants). **Jamais de vraies racines ni de vaisseaux.** *Reproduction par spores et œufs alternant régulièrement* (2 *phases dans le développement : de la spore naît la plante sexuée; de l'œuf dérive un sporogone asexué*).

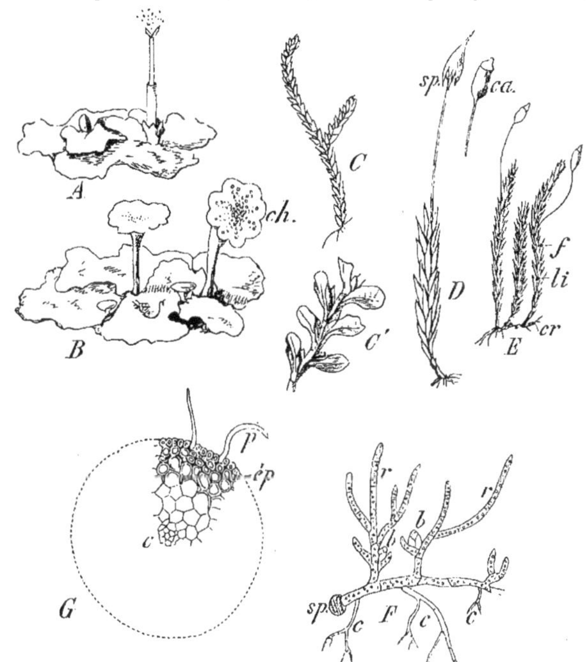

Fig. 705. — **Muscinées**. — 1° **Hépatiques** : A, thalle d'*Anthoceros* portant un sporogone au moment de sa déhiscence. — B, thalle de *Marchantia* avec chapeaux mâles, *ch*. — C, *Calypogeia* dont une portion C′ est grossie. — 2° **Mousses** : D, *Polytrichum* dont la tige feuillée porte un sporogone, *sp*, avec sa coiffe. — E, *Leucodon*; *cr*, rhizoïdes; *tt*, tige avec feuilles, *f*; *ca*, sporange grossi avec son opercule. — F, protonéma produit par la germination d'une spore, *sp*; *c*, rhizoïdes bruns; *r*, filaments verts ramifiés; *b*, bourgeons.

MUSCINÉES	Corps végétatif rampant.	Protonéma peu ou pas développé. Sporogone inclus dans l'archégone.	**Hépatiques.**
	Corps végétatif dressé. Protonéma. Sporogone libre.		**Muscinées.**

Morphologie générale. — Un certain nombre d'**Hépatiques** sont pourvues d'un thalle rampant homogène (*Metzgeria*) ou non (*Marchantia*), (fig. 705, B); les autres possèdent une tige filiforme, pourvue de feuilles sessiles *sans nervures* et réduites à un seul plan de cellules; l'insertion des feuilles est large et *oblique* sur la tige rampante *à symétrie bilatérale* (*Jungermannia*, *Calypogeia*, fig. 705, C,C').

Les **Mousses** possèdent, au contraire, une tige dressée (D,E) *symétrique par rapport à son axe* (G), fixée par des rhizoïdes basilaires (crampons, poils absorbants); sur la tige sont insérées *transversalement* des feuilles, pourvues le plus souvent d'*une nervure médiane* avec plusieurs couches de cellules, tandis que les parties latérales du limbe sont réduites à une seule assise cellulaire. Sur la face ventrale, les feuilles sont hérissées de lames longitudinales très riches en chlorophylle.

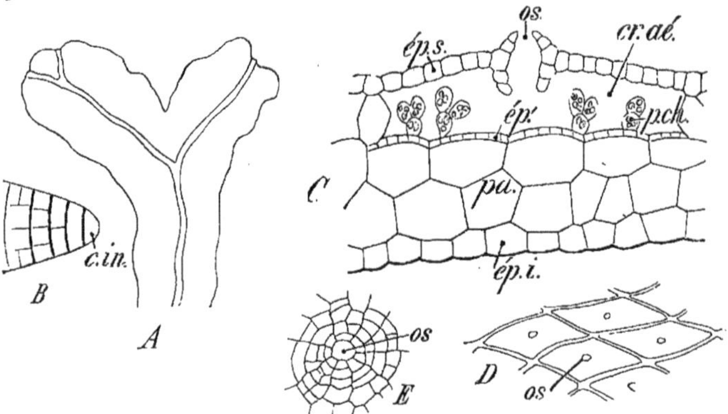

Fig. 706. — **Hépatiques.** — A; portion du thalle dichotome de *Metzgeria furcata*. — B: méristème dû au cloisonnement de la cellule initiale, *c.in*. — C; coupe transversale du thalle de *Marchantia polymorpha*; *ép.s*, épiderme supérieur avec stomates, *os*; *ép'*, couche épidermique tapissant les cryptes aérifères, *cr.aé*; *p.ch*, poils renfermant des chloroleucites; *pa*, parenchyme; *ép.i*, épiderme inférieur. — D; lambeau d'épiderme supérieur montrant la disposition régulière des ostioles des stomates, *os*. — E; stomate grossi fortement.

Croissance et structure de l'appareil végétatif. — La croissance de l'appareil végétatif est due à la segmentation d'*une cellule initiale*, *c.in* (fig. 706, B) placée dans un enfoncement quand il s'agit d'un thalle (*Metzgeria*, A) ou occupant l'extrémité de la tige (*Jungermannia*, **Mousses**). Cette cellule a, en général, la forme d'une pyramide triangulaire à base convexe, libre et fortement bombée.

Le thalle des **Hépatiques**, issu de la segmentation de la cellule initiale, est homogène chez *Metzgeria*. Chez *Marchantia* (C), il est formé d'assises superposées, les unes à chloroleucites, *p.ch*, les autres incolores constituant un parenchyme, *pa*.

A la face inférieure du thalle, on remarque chez *Riccia*, *Marchantia*, etc., des sortes de feuilles ou de lamelles transversales pluricellulaires; à sa face supérieure est un épiderme pourvu de stomates particuliers, *os* (D,E).

La tige des *Jungermanniées*, est constituée par du parenchyme.

La tige des **Mousses** présente, en général, une certaine différenciation : un épiderme sans stomates, *ép* (fig. 705, G); une écorce scléreuse dans sa région externe et formée d'un parenchyme incolore; enfin un cylindre central constitué par un réseau à mailles serrées de cellules très étroites, *c*; ces cellules allongées, à paroi mince, rappellent un tissu conducteur très dégradé[1].

Cette structure du cylindre central n'existe même que dans quelques genres (*Bryum*, *Funaria*, *Mnium*); chez d'autres genres (*Sphagnum*, *Fontinalis*, etc.), c'est un parenchyme uniforme, *p.in*, qui compose toute la région centrale de la tige protégée par l'hypoderme scléreux, *h.scl*, lui-même recouvert par 1 à 4 rangées de grandes cellules aquatiques externes sans cuticule, *p.aq* (fig. 707) : caractère des Mousses aquatiques.

La structure des feuilles est elle-même assez complexe chez les Mousses les plus élevées en organisation. Ainsi la feuille de *Polytrichum* présente successivement, de la face dorsale à la face ventrale : un *épiderme externe*, *ép.ex*. (fig. 708 et 709), qui se prolonge jusqu'au bord du limbe dont il constitue l'assise unique; un *hypoderme externe* sclérifié, *hy.ex*, dont les cellules sont allongées et très étroites; un *faisceau foliaire* médian, *f.fo*; un *hypoderme interne*, *hy.in*, peu étendu latéralement; un *épiderme interne*, *ép.in*, moins étendu que l'épiderme externe qu'il

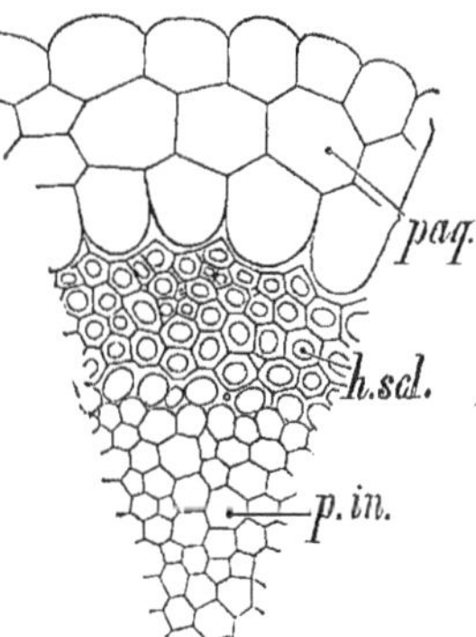

Fig. 707. — Portion de section transversale d'une **Mousse** aquatique. *p.aq*, parenchyme formé de cellules riches en eau; *h.scl*, hypoderme scléreux; *p.in*, parenchyme interne.

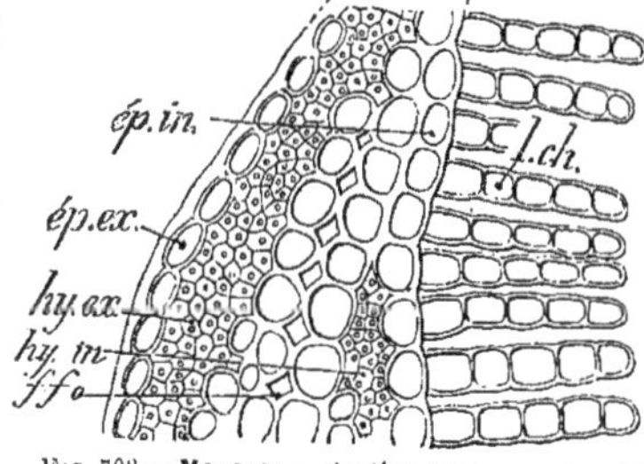

Fig. 708. — **Mousses**. — Section transversale schématisée d'une feuille de *Polytrichum* *ép.ex*, *ép.in*, épidermes externe et interne (ce dernier est hérissé de lames chlorophylliennes, *l.ch*); *hy.ex*, *hy.in*, hypodermes externe et interne; *f.fo*, faisceau foliaire.

rejoint de chaque côté; enfin des *lames chlorophylliennes*, *l.ch*, qui hérissent l'épiderme interne et constituent le principal tissu assimilateur de la plante.

A la base de la tige se trouvent des *écailles* brunes dont le limbe est constamment appliqué sur la tige. Outre leur rôle protecteur, *les écailles jouent un certain rôle dans la nutrition de la plante, car nombre des cellules de leur épiderme externe s'allongent en poils absorbants.* (Il en est de même d'ailleurs

1. Le cylindre central est même limité extérieurement par 2 ou 3 assises de cellules riches en amidon chez le *Polytrichum juniperinum*.

pour l'épiderme de la partie souterraine de la tige.) Les Mousses aquatiques sont dépourvues de poils absorbants.

Nutrition. — La nutrition du corps végétatif des Muscinées est assurée : 1° par les *poils absorbants* qui, ramifiés abondamment dans le sol, y puisent les liquides nutritifs; 2° par *le thalle et les feuilles* dont les cellules, riches en chlorophylle, constituent un parenchyme assimilateur très actif.

Les tiges des **Mousses** sont douées de géotropisme négatif et d'un phototropisme positif considérable. Leurs feuilles ne s'épanouissent pas dans l'air sec; relevées contre la tige, elles appliquent en outre les bords de leur limbe l'un contre l'autre du côté interne; les lames chlorophylliennes sont pressées à la manière des feuillets d'un livre.

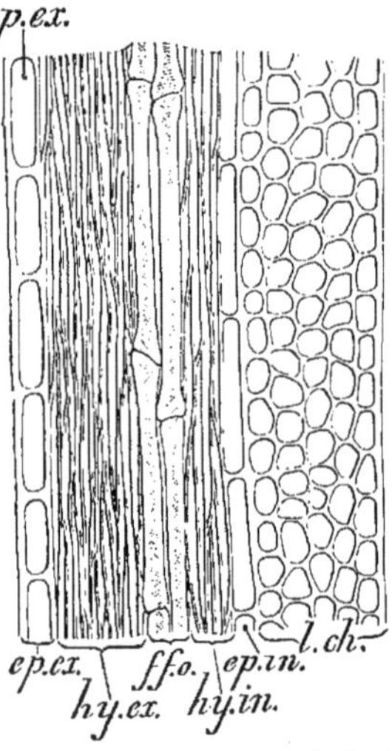

La respiration et l'assimilation des Mousses subissent une diminution notable dans cet état particulier.

Fig. 709. — Section longitudinale d'une feuille de *Polytrichum* (légende identique à celle de la figure 708).

Multiplication.— Les Muscinées se multiplient à profusion : 1° *par dissociation du corps végétatif;* 2° *par spores et par œufs* alternant avec régularité.

1° Dissociation du corps végétatif. — Des bourgeons, des branches, des fragments de protonéma (**Mousses**), des portions de thalle (**Hépatiques**) peuvent, en se détachant du corps végétatif principal, constituer autant de *boutures* propres à la multiplication des Muscinées.

Ces plantes se propagent aussi à l'aide de *propagules*, corps pluricellulaires pédiculés (*Tetraphis*), lenticulaires (*Marchantia*, fig. 709 *bis*, A), ayant pour origine la cellule terminale d'une papille située, soit au sommet de la tige, soit sur le thalle, et toujours dans un conceptacle.

Sur le thalle du *Marchantia polymorpha*, on voit, au fond de corbeilles ou conceptacles (fig. 709), des groupes de propagules, *pr*, qui se sont développés chacun par la segmentation d'une cellule, *a*, terminant la papille, *p* (1, 2, 3, 4, 5).

2° **Reproduction**. — Nous avons vu précédemment (Voir T. I, pages 555-557) que le cycle du développement chez les Muscinées peut se traduire par le cycle suivant :

Spore. ⟶ Protonéma. ⟶ *Plante feuillée sexuée.* { anthéridie-anthérozoïde. / archégone-oosphère. } Œuf. ⟶ *Sporogone asexué.* ⟶ Spore.

Les **Hépatiques** diffèrent des **Mousses** :
1° par leur protonéma rudimentaire ou nul;
2° par leur sporogone inclus dans l'archégone jusqu'à maturité;
3° par la déhiscence du sporogone en 4 valves en général.

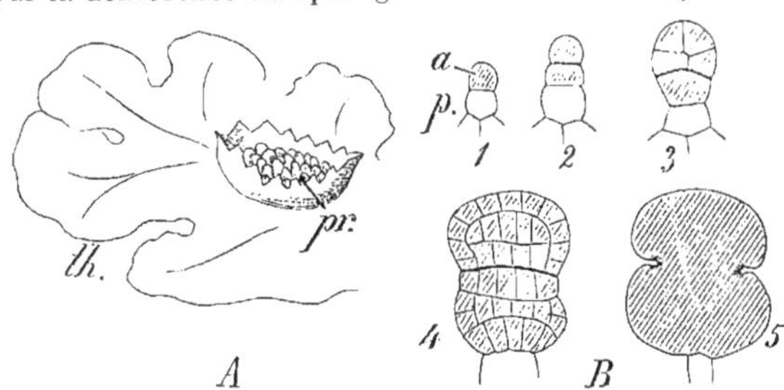

FIG. 709 *bis*. — **Hépatiques**. — A; *Marchantia*. *th*, portion de thalle avec une corbeille à propagules, *pr*. — B; 1 à 5; développement d'un propagule.

Le genre *Marchantia* nous offre, parmi les Hépatiques, le type le plus différencié au point de vue de la reproduction. Sur la face supérieure du thalle (issu d'une spore), se développent 2 sortes de *chapeaux :* les uns mâles, à anthéridies (fig. 710, A), les autres femelles, à *archégones* (fig. 711, A).

Les *anthéridies*, *an* (fig. 710), sont logées au fond de cryptes en forme de bouteilles qui s'ouvrent sur la face supérieure du chapeau mâle (A,B). Chaque anthéridie a pour origine la cellule terminale d'une papille dont la segmentation (C : 1,2,3,4) a produit une sphère portée par un pédicelle court. La sphère comprend une paroi externe formée d'une assise unique de cellules vertes abritant les cellules-mères des anthérozoïdes. Dans chacune de ces dernières (D), l'*anthérozoïde* provient du noyau de la cellule qui, tout en s'allongeant (I), s'est enroulé en spirale (II); les 2 cils fins dont il est pourvu à son extrémité antérieure sont formés par la couche périphérique du protoplasme.

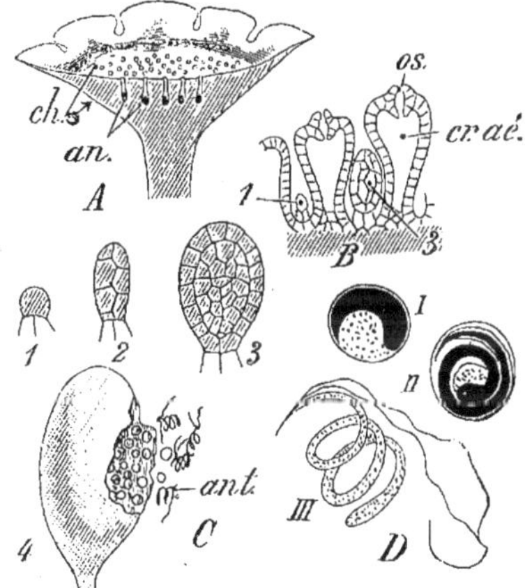

FIG. 710. — **Hépatiques**. — Organes mâles de *Marchantia polymorpha*. — A; coupe longitudinale d'un chapeau à anthéridies, *an*. — B; fragment de la face supérieure d'un jeune chapeau montrant deux anthéridies (1, 3) inégalement développées entre les cryptes aérifères, *cr.aé*. — C; 4 stades du développement des anthéridies; en 4, l'anthéridie mûre et ouverte met en liberté les anthérozoïdes, *ant*. — D; 3 stades du développement d'un anthérozoïde.

A la maturité, l'anthéridie s'ouvre irrégulièrement; les cellules-mères des anthérozoïdes sont expulsées, leur membrane gélifiée se dissout dans l'eau et les anthérozoïdes nagent en liberté (III).

Les *archégones* (fig. 711) sont également placés au début dans les cryptes de la face supérieure du chapeau femelle; mais la partie médiane de ce dernier, qui croît activement, refoule les cryptes sur les côtés, puis en dessous du chapeau (A). L'archégone, *ar*, procède, comme l'anthéridie, de la cellule terminale d'une papille. Cette cellule (B, 1) se divise en 2 autres : l'une inférieure, *a*, qui donnera le pédicelle, l'autre supérieure, *b*, qui se segmentera en formant le corps de l'archégone. A cet effet, de la cellule *b* se détachent latéralement 3 cellules pariétales, p, p', p'', qui se multiplient et donnent la paroi de l'archégone; la cellule centrale, *c*, se divise transversalement en une cellule inférieure, *i* (futur *ventre* de l'archégone) et une cellule supérieure, *s* (futur axe du *col* de l'archégone).

De la cellule *i* procèdent l'*oosphère*, *oos* (C), et la *cellule de canal*, *c.ca*, qui la surmonte. La cellule *s* donne 4 à 16 cellules de canal qui occupent l'axe du col; la paroi de ce dernier est due à la segmentation des cellules p, p', p''. A la maturité de l'oosphère, les cellules de canal gélifient leur paroi, se gonflent sous l'influence de l'eau, font éclater l'archégone au sommet (D), et le mucilage proéminent facilite la capture de l'anthérozoïde fécondateur de l'oosphère.

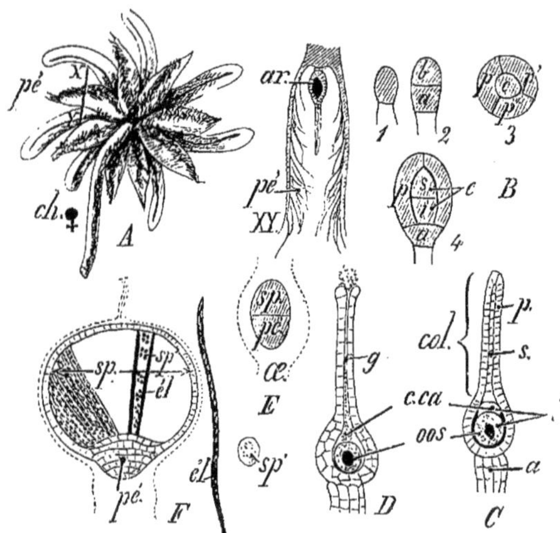

FIG. 711. — **Hépatiques.** — Organes femelles de *Marchantia polymorpha*. — A ; chapeau femelle ; *pé*, *X Y*, coupe transversale d'une crypte au fond de laquelle est un archégone, *ar*. — B ; 3 stades du développement de l'archégone (en 3 est la coupe transversale de l'archégone au stade 4). — C ; D ; archégone mûr avant et après la fécondation de l'oosphère, *oos* ; *c.ca*, cellule de canal ; *s*, cellules du col gélifiées en *g*. — E ; œuf déjà segmenté en une cellule-mère des spores, *sp* et en une cellule, *pé*, d'où tire origine le pédicelle du sporogone. — F ; *él*, élatères ; *sp'*, tétrade de spores.

L'œuf, une fois formé, se développe en *sporogone*. Une cloison transversale le divise d'abord en une cellule inférieure, *pé* (E), origine du pédicelle, et en une cellule supérieure, *sp*, origine du sporange. Les cellules issues de la segmentation de cette dernière sont de 2 sortes : les unes ovoïdes sont les cellules-mères des *spores*, disposées par 4 (F, *sp'*); les autres fusiformes et très longues, avec des bandes d'épaississement spiralées, sont les *élatères*, *él*, qui assurent la dissémination des spores quand celles-ci ont atteint leur maturité.

§ 1. — HÉPATIQUES

Muscinées dont le corps végétatif est rampant (thalle ou tige feuillée). *Protonéma peu ou pas développé. Sporogone inclus dans l'archégone jusqu'à la maturité.*

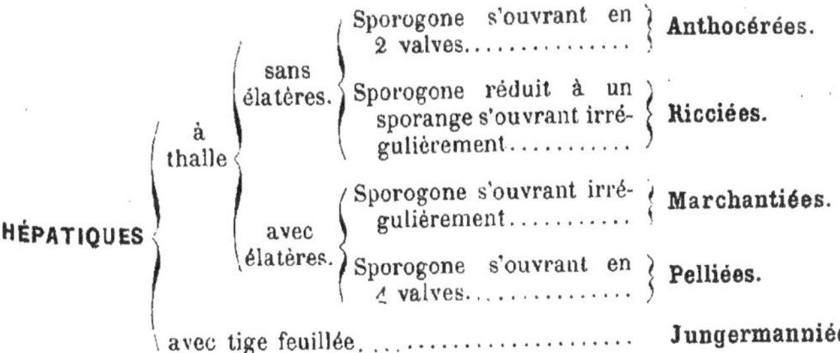

HÉPATIQUES	à thalle	sans élatères.	Sporogone s'ouvrant en 2 valves..............	**Anthocérées.**
			Sporogone réduit à un sporange s'ouvrant irrégulièrement...........	**Ricciées.**
		avec élatères.	Sporogone s'ouvrant irrégulièrement...........	**Marchantiées.**
			Sporogone s'ouvrant en 4 valves...............	**Pelliées.**
	avec tige feuillée......................			**Jungermanniées.**

Caractères généraux. — Les Hépatiques habitent les lieux humides : sol (*Anthoceros*, *Marchantia*); écorce des arbres (*Frullania*, *Calypogeia*, *Jungermannia*); surface des eaux (*Riccia*).

Leur corps végétatif rampant présente une dorsiventralité très nette; nous avons signalé plus haut les caractères généraux relatifs à la morphologie et à la structure du thalle. Les divers modes de multiplication ont été envisagés également chez *Marchantia polymorpha*; chez les autres Hépatiques, quelques différences d'ordre secondaire, tirées du développement du sporogone, de sa structure et de son contenu, fournissent des caractères utilisés pour la classification.

A. — ANTHOCÉRÉES

Hépatiques à thalle rubané. Sporogone avec columelle et sans élatères, s'ouvrant en 2 valves.

Anthoceros (fig. 705, A). Thalle formé de plusieurs assises de cellules; chaque cellule renferme un seul chloroleucite englobant une amylosphère (caractère des Algues Chlorophycées). Sur la face inférieure du thalle s'ouvrent, par un ostiole, des cryptes remplies de mucilage, dans lesquelles se développent souvent des *Nostocs en symbiose avec l'Hépatique.*

L'anthéridie, an (fig. 712, A), *a pour origine une cellule plongée dans le thalle;* elle se développe dans une lacune close jusqu'à la maturité des anthérozoïdes; alors la paroi de la cavité se déchire et ces derniers deviennent libres (A').

L'archégone, *ar*, demeure inclus dans le thalle [comme dans le prothalle des Fougères]; après fécondation, le sporogone se développe en perçant au sommet l'involucre formé par le thalle. Le sporogone, *spo* (A''), s'allonge par sa base, atteint jusqu'à 2 centimètres; il présente une paroi, une columelle centrale et un tissu sporigène dont certaines cellules stériles forment un réseau; il s'ouvre par 2 *valves*, *v*.

Vrais stomates sur le sporogone.

B. — RICCIÉES

Hépatiques à thalle dichotome. Sporogone sphérique réduit à un sporange sans columelle ni élatères.

Riccia (fig. 712, B). La face supérieure du thalle est formée par un paren-

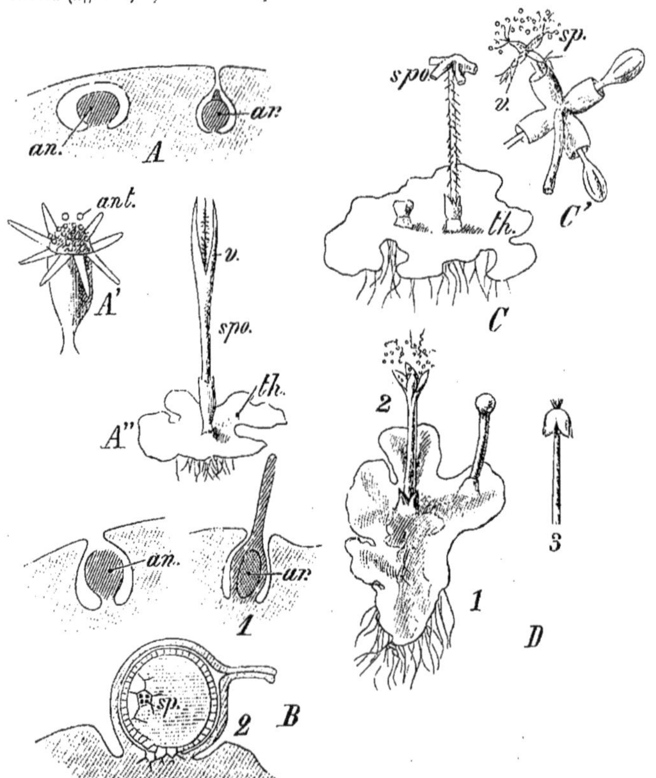

FIG. 712. — Organes de reproduction chez les **Hépatiques** (figure très schématisée). — A,A',A''; *Anthoceros*. *an*, anthéridie incluse complètement dans le thalle; mûre en A', elle abandonne les anthérozoïdes, *ant*; *ar*, archégone. L'œuf se développe en un sporange, *spo* (A''), qui s'ouvre en 2 valves, *v*. — B; *Riccia*. En 1, l'anthéridie, *an*, n'est pas totalement incluse et le col de l'archégone, *ar*, dépasse un peu le niveau du thalle. En 2, le sporogone développé renferme des tétrades de spores, mais pas d'élatères. — C,C'; *Lunularia vulgaris*; *th*, thalle sur lequel sont disposés en croix, au sommet d'un pédicelle, les sporanges, *spo*, ouverts en 4 valves (C') pour l'émission des spores, *sp*. — D; *Pellia epiphylla*.

chyme vert dont les cellules entourent des *cryptes aérifères* étroites en général, larges chez *Riccia fluitans*.

Primitivement réduites à de simples enfoncements de l'épiderme, les cryptes s'élargissent et sont recouvertes totalement par celui-ci, sauf au centre où subsiste un ostiole analogue à un stomate.

L'anthéridie, an et l'archégone, ar, naissent dans de pareilles cryptes. L'œuf se développe en un sporogone à court pédicelle (2), le sporange est pourvu d'une paroi mince et d'une cavité remplie de cellules-mères des spores, *sp*. La rupture de la paroi rend libres les spores mûres. *R. fluitans*; espèce nageante. *R. glauca*, espèce rampante.

Sphærocarpus. Le sporange renferme 2 sortes de cellules : les unes fertiles ou cellules-mères des spores; les autres stériles, mais pas encore transformées en élatères [Passage des Ricciées aux Marchantiées].

C. — MARCHANTIÉES

Hépatiques à thalle aplati dichotome, pourvu d'une nervure médiane. Anthéridies et archégones portés par des chapeaux unisexués. Sporogone sans columelle et avec élatères, s'ouvrant irrégulièrement.

Marchantia (fig. 705, B). Le thalle présente à sa face inférieure des rhizoïdes et des lames foliacées; la face supérieure porte des dessins losangiques (fig. 706, D), au milieu de chacun desquels est un ostiole, *os*, qui donne accès dans une vaste crypte aérifère tapissée par l'épiderme; sur le plancher de chaque crypte se sont développés des poils rameux pluricellulaires et riches en chloroleucites, *p.ch*. Les organes de multiplication (*propagules*) et de reproduction (anthéridie et archégone) ont été décrits page 613.

Vit à la surface des sols humides.

Lunularia (fig. 712, C, C'). Sporanges tubuleux au nombre de 4, disposés en croix au sommet du pédicelle.

D. — PELLIÉES

Hépatiques à thalle dont le sporogone, avec élatères, s'ouvre en 4 valves.

Pellia (fig. 712, D). Le sporogone sphérique, noir, est porté par un pied blanc allongé; les spores et les élatères y sont disposés en rayonnant de bas en haut (comme chez les Marchantiées). A maturité, le sporogone s'ouvre en 4 valves. Vit dans les fossés humides. — *Metzgeria* (fig. 706, A). Thalle régulièrement dichotomisé. *M. furcata* vit sur les arbres.

E. — JUNGERMANNIÉES

Hépatiques pourvues d'une tige feuillée rampante nettement dorsiventrale. Sporogone avec élatères et sans columelle.

La tige porte, en général, 2 séries de feuilles latérales rapprochées sur la face supérieure et, en outre, une 3e série de feuilles sur la face ventrale : ces dernières s'appellent *amphigastres*. Les anthéridies et les archégones naissent au sommet des branches principales ou de petits rameaux particuliers. Ces plantes vivent toutes sur le sol humide et sur l'écorce des arbres.

Jungermannia. 2 ou 3 rangées de feuilles sur la tige; anthéridies et archégones protégés par un *périchèze* (involucre de feuilles au sommet des branches fructifères), sporogone mûr formé d'un pédicelle allongé et d'un sporange sans columelle s'ouvrant en

4 valves. — *Frullania. Madotheca.* 3 rangées de feuilles. — *Calypogeia* (fig. 705, C,C'). Archégones protégés par un périchèze et par un *périanthe* (sorte d'urne qui se développe en même temps que le sporogone et l'enveloppe).

§ 2. — MOUSSES

Muscinées dont le corps végétatif dressé consiste en une **tige feuillée**. *Protonéma bien développé. Sporogone libre sans élatères.*

MOUSSES	Sporogone porté par un pseudopode. Anthéridies sphériques		**Sphagnées.**
	Sporogone pédicellé	s'ouvrant par 4 valves; un pseudopode.	**Andréacées.**
		indéhiscent. Pas de pseudopode	**Phascacées.**
		s'ouvrant par un opercule qui tombe...	**Bryacées.**

Caractères généraux. — Les Mousses vivent en touffes serrées dans les lieux les plus variés : les unes habitent les eaux courantes (*Fontinalis*) ou stagnantes (*Bryum*), les marécages où leurs débris accumulés forment de la tourbe (*Sphagnum*); les plus nombreuses poussent dans les endroits humides, au pied et sur les écorces des arbres dans les forêts touffues(*Polytrichum, Leucobryum, Hypnum*); certaines espèces, capables de résister à une sécheresse prolongée, croissent sur les toits, les rochers, les murs (*Grimmia, Andreæa*). Dans les endroits où sont établies les Mousses, le substratum est peu à peu couvert d'un riche humus dû à la destruction constante des tiges à leur base, à mesure qu'elles s'accroissent au sommet.

Nous avons exposé précédemment la structure de la tige, des feuilles et des écailles chez les Mousses, leur rôle et celui des rhizoïdes qui couvrent la partie basilaire de la tige.

Les modes de multiplication par **marcottage** ou **bouturage** naturel, par **propagules** (*Aulacomnium, Androgynum, Tetraphis pellucida*), la reproduction par **spores** et **œufs** alternant régulièrement ont été traités avec assez de détails pour que nous nous dispensions d'y revenir ici (Voir page 612 et T. 1, pages 555-557). Qu'il nous suffise de faire remarquer que le sporogone présente, avec les espèces, des formes variées qui servent à les caractériser dans la classification : suivant que le sporogone est inséré *à l'extrémité* de la tige ou *latéralement*, on dit que la Mousse est *acrocarpe* ou *pleurocarpe*.

A. — SPHAGNÉES

Mousses des marais tourbeux. Tige abondamment ramifiée, à croissance continue. Anthéridies sphériques. Sporogone porté par un pseudopode.

Un seul genre : *Sphagnum* (Sphaigne, fig. 713).

La spore de Sphaigne, *sp* (A), germant dans l'eau, y donne un protonéma filiforme, *pr*, tandis qu'elle produit un thalle ramifié, *pr'* (B), quand elle se développe sur un support solide. Des bourgeons, qui apparaissent sur ce protonéma, sortent les tiges feuillées, *t*, à croissance terminale continue. Ces tiges émettent elles-mêmes des branches : les unes stériles, *r.st* (C), sont disposées irrégulièrement tout autour de l'axe et s'allongent en divers sens; les autres fertiles sont mâles ou femelles, *r.m* et *r.f.* Les *branches mâles* (D) portent, entre les feuilles et latéralement, des *anthéridies* sphériques longuement pédicellées, *an*, qui s'ouvrent à maturité en plusieurs valves (E).

Les *branches femelles* portent au sommet les archégones protégés par de grandes feuilles formant un périchèze.

Après la fécondation, un seul œuf se développe par périchèze (F), et forme un sporogone, *spo*, *inclus dans l'archégone* jusqu'à la maturité des spores.

Le sporogone est pourvu d'un court pédicelle, *pé*, enclavé à sa base dans la partie supérieure de *la tige qui s'allonge et forme un pseudopode*, *ps* (non comparable au pédicelle des autres Mousses).

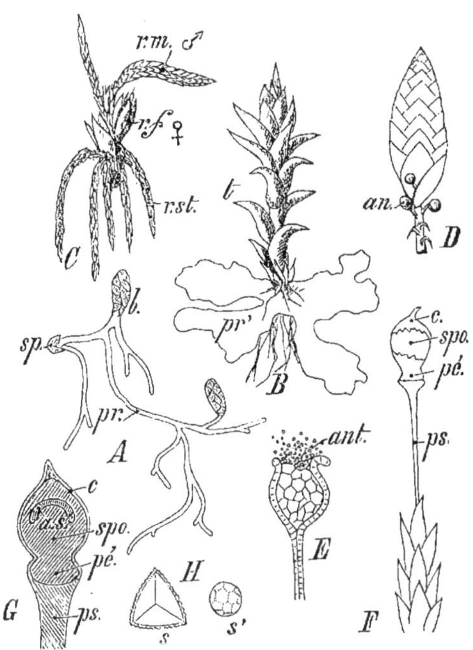

FIG. 713. — **Mousses.** — Thalle et organes de reproduction de *Sphagnum*. — A ; protonéma émanant d'une spore, *sp*, germant dans l'eau. — B ; protonéma issu d'une spore germant sur un support; *t*, tige feuillée. — C ; portion de tige portant des rameaux stériles, *r.st.* des rameaux mâles, *r.m* et des rameaux femelles, *r.f.* — D ; portion de rameau à anthéridies, *an.* — E; anthéridie mûre. — F ; sporogone développé au sommet d'un rameau à archégone; *c*, coiffe ; *spo*, sporange ; *pé*, pédicelle ; *ps*, pseudopode. — G ; coupe du sporange montrant l'assise sporifère, *a.s.* — H; *s*,*s'*, spores.

Dans le sporogone (G), l'assise sporigène, *a.s*, a la forme d'une calotte où naissent 2 sortes de spores (H) : les *spores ordinaires*, *s*, tétraédriques, nées par 4 dans chaque cellule-mère et capables de germer; les *spores stériles*, *s'*, sphériques, nées par 16 dans la cellule-mère et qui semblent représenter les élatères des Hépatiques.

A maturité, la coiffe du sporogone se déchire, l'opercule qui en occupe le sommet tombe et les spores deviennent libres.

Les Sphaignes vivent dans les marais tourbeux, se détruisent par leur base et s'accroissent constamment au sommet. Leurs débris s'accumulent dans l'eau, y subissent une lente décomposition, perdent de l'hydrogène et de l'oxygène sans que la proportion de carbone subisse de grandes variations.

La tourbe noire de Sphaigne renferme pour 100 : 64 de carbone, 5 d'hydrogène, 27 d'oxygène et 4 d'azote.

La transformation du Sphaigne en tourbe a lieu le plus activement dans des eaux limpides, aérées, à une température moyenne de 6 à 8 degrés; aussi trouve-t-on, en Irlande, plus d'un million d'hectares de tourbières (*bogs*) dont l'épaisseur moyenne de la tourbe est de 8 à 10 mètres.

B. — ANDRÉACÉES

Petites Mousses noires des rochers. Tige ramifiée à structure homogène. Sporogone à pédicelle court porté lui-même par un pseudopode; sporange s'ouvrant par 4 valves qui demeurent attachées au sommet et à la base (fig. 714, A).

Un seul genre : *Andreæa* qui vit sur les rochers.

Ce genre se rapproche du genre *Sphagnum* par son protonéma membraneux et par le pseudopode qui soulève le sporogone; mais il en diffère parce que le sporogone est pédicellé et sa déhiscence valvaire.

C. — PHASCACÉES

Mousses à tiges très petites, insérées sur un protonéma vivace jusqu'à la maturité des spores nouvelles. Sporogone pédicellé ; sporange indéhiscent avec une assise sporigène en forme de tonneau.

Phascum; se développe dans les champs récemment fumés. — *Ephemerum*; sols argileux.

D. — BRYACÉES

Mousses à sporogone longuement pédicellé surmonté d'une coiffe (débri de l'archégone). *Sporange comprenant une urne avec une assise sporigène en forme de tonneau et un opercule qui tombe à la maturité des spores.*

Ce groupe comprend la grande majorité des Mousses; les caractères généraux énumérés précédemment se rapportent surtout aux divers genres de Bryacées.

1° **Bryacées acrocarpes**. — *Sporogone inséré à l'extrémité de la tige.*

Polytrichum (fig. 714, B, B', 1, 2, 3). Vit dans les terrains sablonneux et humides. Grandes tiges de 5 à 10 centimètres; les unes sont terminées par une rosette de larges feuilles avec des anthéridies; les autres portent les archégones qui, après fécondation, forment un sporogone porté par un long pédicelle; la chute de l'opercule du sporange met à nu le *péristome externe* pourvu de 64 dents, en général; le *péristome interne* est tendu en peau de tambour.

Le Polytric commun sert à faire des balais et des brosses employées pour apprêter certaines étoffes.

Bryum (fig. 714, C, 1', 2'). Ce genre forme des tapis serrés dans les endroits humides; péristome à 16 dents. — *Barbula* (D, D'). Genre très répandu (*B. muralis*, sur les murs). Sporogone longuement pédicellé ; péristome treillisé dans le bas, puis à poils tordus. — *Funaria*. Sporogone à coiffe fendue d'un côté ; péristome double à dents libres. — *Tetraphis* ; péristome à 4 dents. Propagules. — *Grimmia* ; vit sur les rochers. — *Mnium*. — *Aulacomnium*.

2° **Bryacées pleurocarpes.** — *Sporogone inséré latéralement sur la tige.*

Hypnum (F, F′). Nombreuses espèces croissant dans les milieux

FIG. 714. — Sporogones de diverses Mousses. A ; *Andreæa*. — B, B′ ; *Polytrichum commune* ; 1, sporogone recouvert de sa coiffe ; 2, urne surmontée de l'opercule ; 3, urne seule que ferme l'épiphragme. — C (1′, 2′) ; *Bryum argenteum*. — D, D′ ; *Barbula*. — E ; *Tetraphis* (mode de déhiscence de l'urne). — F, F′ ; *Hypnum*.

les plus variés ; aussi ce genre est-il le plus répandu (on l'appelle vulgairement la mousse).

Les *Hypnum* sont employés comme litière pour les animaux, on en garnit des matelas ; ils servent pour l'emballage des objets fragiles, pour abriter les plantes frileuses, protéger les greffes, calfeutrer les bateaux, couvrir les toits des chaumières, etc.

Fontinalis. Vit dans les eaux courantes. Péristome double, l'externe à dents libres, l'interne réticulé.

Importance paléontologique des Muscinées. — L'existence de ces végétaux pendant les *ères primaire et secondaire* n'est révélée que par des restes bien imparfaits ; les fossiles trouvés dans les *dépôts tertiaires et plus récents* sont assez difficiles à déterminer ; les mieux conservés proviennent de l'ambre et se rapprochent des formes actuelles (*Hypnum*, *Fontinalis*, *Phascum*, *Sphagnum*).

III. — EMBRANCHEMENT DES CRYPTOGAMES VASCULAIRES

Plantes dont le corps végétatif comprend une **tige** *pourvue de* **feuilles** *et de* **vraies racines**; *jamais de fleurs. Des* **vaisseaux** *et des* **tubes criblés** *y assurent la circulation de la sève. Reproduction par spores et par œufs alternant régulièrement.* [*2 phases dans le développement : de la spore naît un prothalle sexué; de l'œuf dérive la plante asexuée*].

CRYPTOGAMES VASCULAIRES	Tige non ou peu ramifiée *latéralement* portant des feuilles très développées. Sporanges sur la face inférieure des feuilles................	*Filicinées*	isosporées....	**Fougères.** **Marattiacées.** **Ophioglossées.**
			hétérosporées.	**Hydroptéridées.**
	Tige portant de petites feuilles verticillées. Des *verticilles de rameaux* et de racines à chaque nœud. Sporanges sur des feuilles groupées en épi au sommet des tiges fertiles....	*Equisétinées*	isosporées....	**Equisétacées.**
			hétérosporées.	**Annulariées.**
	Tige portant de petites feuilles; elle est simple, parfois ramifiée en apparence *dichotomiquement* ainsi que les racines. Sporanges à l'aisselle des feuilles.................	*Lycopodinées*	isosporées....	**Lycopodiacées.**
			hétérosporées.	**Isoétées.** **Sélaginellées.** **Lépidodendrées.**

Morphologie générale. — Les Cryptogames vasculaires possèdent une *tige* pourvue de *feuilles* et un *système radiculaire* à l'aide duquel elles puisent dans le sol ou dans l'eau les liquides nutritifs qui leur sont nécessaires.

Pour la première fois, nous rencontrons des végétaux possédant un ensemble de *canaux* à travers lesquels circule la sève; ce sont les *vaisseaux* (*scalariformes*) *du bois* et les *tubes criblés* (*imperforés*) *du liber :* de là le nom de Cryptogames vasculaires qui leur a été attribué.

La tige, simple ou peu ramifiée chez les **Filicinées**, porte en général de grandes feuilles isolées et de nombreuses racines latérales.

Chez les **Lycopodinées**, la tige est simple (*Isoetes*) ou pourvue d'une ramification latérale *très voisine du sommet* qui lui donne l'apparence dichotomique (*Selaginella*, *Lepidodendron*) : sur cette tige sont insérées des feuilles ordinairement petites et disposées en spirale; les racines présentent toujours une fausse dichotomie.

La tige des **Équisétinées** porte des verticilles de petites feuilles soudées latéralement entre elles, de manière à former une gaîne qui enveloppe la tige; de chaque nœud partent des verticilles de rameaux *alternes avec les feuilles qu'ils ont traversées pour se développer;* des nœuds se détachent également de nombreuses racines tirant leur origine des mêmes bourgeons qui ont produit les rameaux.

Croissance et structure de l'appareil végétatif. — Cette étude a été faite d'une manière générale dans le tome Ier de cet ouvrage; nous en rappellerons ici les principaux traits, nous proposant de revenir sur les particularités intéressant chaque famille.

La **tige** *a pour origine* 1 *cellule tétraédrique*, en général, parfois cunéiforme (**Hydroptérides**) :

Dans le 1er cas, il s'en détache trois séries de segments sur les faces latérales, pour la formation du méristème, et *la tige a une symétrie axile.*

Quand l'initiale est cunéiforme, il s'en détache seulement 2 séries de segments, et *la tige* qui en provient *a une symétrie bilatérale.*

La structure de la tige des Cryptogames vasculaires mérite une attention par-

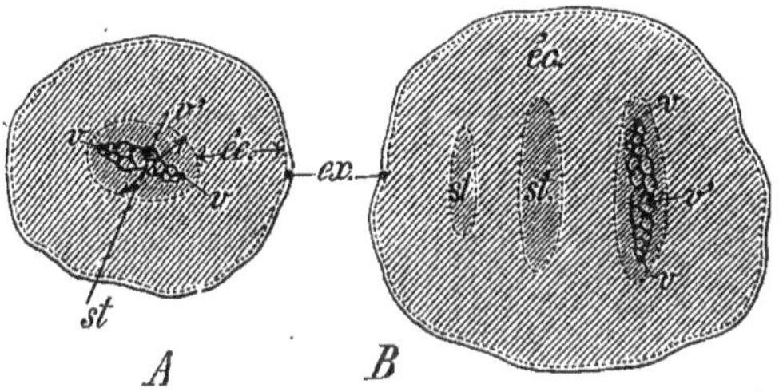

Fig. 715. — **Cryptogames vasculaires.** — Sections transversales de tiges. — A; tige monostélique de *Selaginella denticulata.* — B; tige polystélique de *Selaginella inæqualifolia.* *ex*, exoderme; *éc*, écorce; *st*, stèle; *v*. vaisseaux annelés et spiralés; *v'*, vaisseaux scalariformes.

ticulière. Quand elle reste grêle, elle présente un exoderme, *ex* (fig. 715), une écorce, *éc* et un cylindre central très étroit, *st*, dépourvu de moelle (*Hymenophyllum*, *Trichomanes*, etc.). D'ordinaire, la tige s'épaissit à mesure qu'elle s'allonge et alors son cylindre central se divise, par dichotomie répétée, en un nombre variable de parties appelées *stèles*, disposées ordinairement en un cercle unique autour du parenchyme cortical où elles sont noyées (*Aspidium Filix-mas*). La composition anatomique d'une stèle a été décrite (Voir T. Ier, fig. 418, D.D'). Les stèles s'anastomosent latéralement en un réseau à mailles variables d'où partent les stèles foliaires.

La tige des Cryptogames vasculaires peut aussi présenter la structure normale avec des faisceaux libéroligneux disposés en cercles dans le cylindre central autour d'un parenchyme médullaire[1].

1. Il ne faut pas confondre la stèle avec le faisceau libéroligneux.

La tige est donc *monostélique* [*Hymenophyllum*, *Selaginella denticulata* (fig. 715, A), *Lycopodium*], *polystélique* [*Aspidium*, *Selaginella inæqualifolia* (B)] ou *astélique* (*Ophioglossum*).

Elle ne présente jamais de formations secondaires, *sauf chez les Isoëtées* qui en renferment dans le péricycle (Consulter le T. Ier, pages 426, 429, 433, fig. 418, 422).

La **racine** *a pour origine* 1 *cellule tétraédrique*, sauf chez les Lycopodes et les Isoètes dont la racine provient d'un groupe de cellules initiales. La cellule tétraédrique subit des cloisonnements parallèlement à ses 4 faces : les segments détachés de l'initiale forment les diverses parties de la racine, ainsi qu'il a été indiqué déjà (Voir T. I, page 398, fig. 381).

Les radicelles et les racines latérales (insérées sur la tige) *ont pour origine une cellule endodermique* située en face d'un faisceau vasculaire (Consulter le T. I, pages 397-401, 433, fig. 381, 384, 385).

Chez les **Equisétinées**, où l'endoderme est dédoublé et où l'assise interne endodermique tient lieu du péricycle absent, c'est une cellule de cette assise interne qui devient l'initiale d'une radicelle ou d'une racine latérale. Les Hydroptérides n'ont jamais de radicelles.

La **feuille** *a pour origine une cellule exodermique voisine de l'initiale de la tige*. En général l'accroissement des feuilles est très lent : ainsi les feuilles de *Botrychium* (Ophioglossée) demeurent souterraines pendant 4 ans et ne s'épanouissent que la 5e année ; celles de *Pteris aquilina* ne s'épanouissent que deux ans après leur apparition.

Les feuilles des **Fougères** sont enroulées en crosse dans le bourgeon, de manière que leur sommet forme le centre de la crosse (T. I, fig. 460, 5) ; elles atteignent parfois un développement considérable, grâce à leur croissance continue : 3 à 6 mètres chez *Pteris aquilina*, *Alsophila* ; 1 mètre chez *Botrychium*.

Les feuilles ou frondes des Fougères (les plus intéressantes à considérer) sont composées d'une gaine plus ou moins étendue, d'un pétiole arrondi ou elliptique et d'un limbe rarement entier (*Scolopendrium*, fig. 716), très découpé ordinairement en lobes (*pennes* et *pinnules*, fig. 717) dont l'aspect fournit d'excellents caractères pour la classification.

L'épiderme qui recouvre les feuilles est très riche en chlorophylle et présente de nombreux stomates.

Le limbe des *Hymenophyllum* est réduit à une seule assise de cellules.

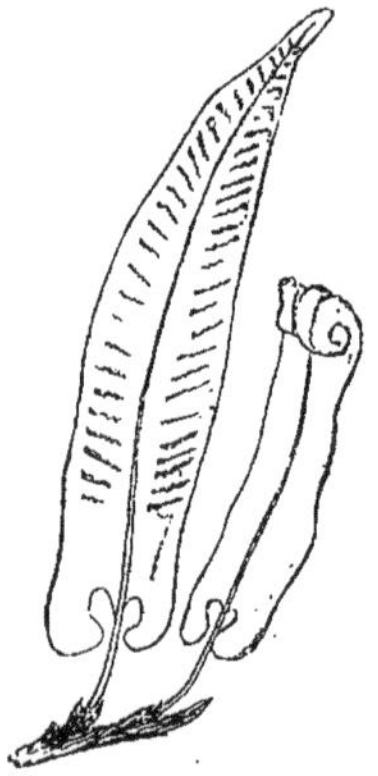

Fig. 716. — **Fougères**. — *Scolopendrium* (Scolopendre).

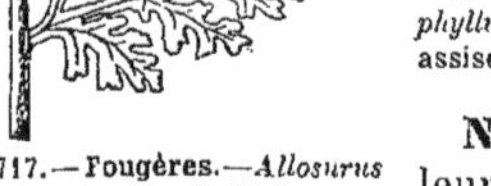

Fig. 717. — **Fougères**. — *Allosurus* (portion de feuille).

Nutrition. — Par leurs nombreuses racines latérales comme par leur système radiculaire proprement dit, les Cryptogames vasculaires puisent abondamment les liquides nutritifs dans les milieux humides (sol, eau) où elles vivent d'ordinaire.

Les feuilles des **Filicinées**, les tiges vertes et ramifiées des **Équisétinées** et des **Lycopodinées**, riches en parenchyme chlorophyllien, sont le siège d'une assimilation très active à la lumière.

Chez *Salvinia natans*, ce sont des feuilles submergées qui font l'office des racines absentes.

Multiplication. — 1° La **multiplication végétative** des Cryptogames vasculaires peut avoir lieu par *bulbilles* (*Hemionitis*) ou par *marcottage naturel* (*Asplenium*).

La feuille de Doradille (*Asplenium rhizophyllum*, fig. 718) se prolonge en une longue pointe terminale qui prend racine dans le sol et devient l'origine d'une nouvelle plante.

2° La **reproduction** par spores et par œufs est le mode

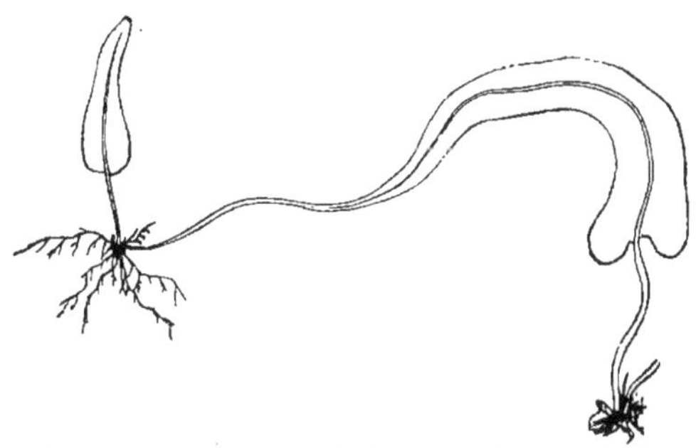

FIG. 718. — **Fougères**. — *Asplenium rhizophyllum* (**Doradille**).

de multiplication prédominant chez les Cryptogames vasculaires.

Nous avons vu précédemment (Voir T. I, pages 552-555) que le cycle du développement chez ces végétaux est composé de la manière suivante, suivant que les *spores* émises sont *identiques* (**Cryptogames isosporées**) ou *différentes* (**Cryptogames hétérosporées**) :

1° **Cryptogames isosporées** (Fougères, Équisétacées, Lycopodiacées) :

Spore. ⟶ *Prothalle sexué.* { Anthéridie ⟶ anthérozoïde. / Archégone ⟶ oosphère. } Œuf. ⟶ *Plante feuillée asexuée.* ⟶ Sporange ⟶ Spare.

2° **Cryptogames hétérosporées** (Hydroptéridées, Annulariées, Isoétées, Sélaginellées, Lépidodendrées) :

Microspore. { Prothalle mâle. / Anthéridie ⟶ anthérozoïde. }
Macrospore. { Archégone ⟶ oosphère. / Prothalle femelle. }
} Œuf. ⟶ Plante feuillée. ⟶ { Microsporange ⟶ Microspore. / Macrosporange ⟶ Macrospore. }

L'étude comparative des organes reproducteurs et de leur

développement, chez les Cryptogames vasculaires, est résumée dans le tableau suivant :

<table>
<tr><th></th><th></th><th>Ordres.</th><th>Sporanges.</th><th>Spores.</th><th>Prothalle.</th></tr>
<tr><td rowspan="7">CRYPTOGAMES VASCULAIRES</td><td rowspan="5">isosporées.</td><td>Fougères.</td><td>Sp. externes groupés en sores à la face inférieure des feuilles.</td><td>1 sorte.</td><td>Pr. très développé. Anthéridies et Archégones saillants à la face inférieure.</td></tr>
<tr><td>Marattiacées</td><td>id.</td><td>id.</td><td>Pr. cordiforme. Anth. et Arch. profondément enfoncés dans le prothalle.</td></tr>
<tr><td>Ophioglossées.</td><td>Sp. internes logés dans l'épaisseur d'un lobe de feuille.</td><td>id.</td><td>Pr. tuberculeux souterrain. Anth. et Arch. internes.</td></tr>
<tr><td>Equisétacées.</td><td>Sp. externes, à la face inférieure de feuilles spéciales disposées en épis terminant des tiges fertiles.</td><td>1 sorte avec deux rubans spiralés.</td><td>Pr. ordinairement unisexués et lobés. Pr. mâle petit (qq. millim.) : Anth. au bord des lobes. — Pr. femelle grand (20 millim.) : Arch. entre les lobes.</td></tr>
<tr><td>Lycopodiacées.</td><td>Sp. externes, gros, à l'aisselle de feuilles groupées en épis.</td><td>1 sorte.</td><td>Pr. ovoïde : Anth. et Arch. au sommet.</td></tr>
<tr><td colspan="5">Les prothalles des Cryptogames isosporées sont grands et capables d'une vie durable et indépendante.</td></tr>
<tr><td>hétérosporées.</td><td>Hydroptéridées.

Isoétées et Sélaginellées.</td><td>Sporocarpes renfermant des microsporanges (64 microspores) et des macrosporanges (1 macrospore).

Micro-et macrosporanges insérés à l'aisselle de feuilles groupées en épis.</td><td>Microspore et Macrospore.

id.</td><td>Prothalles unisexués rudimentaires.

id.</td></tr>
<tr><td></td><td colspan="5">Les prothalles unisexués sont rudimentaires et de faible durée ; ils demeurent adhérents aux spores génératrices.</td></tr>
</table>

Comparaison des Cryptogames vasculaires et des Muscinées. — Les considérations générales qui précèdent nous permettent de reconnaître qu'*il n'existe, entre les* **Cryptogames vasculaires** *et les* **Muscinées**, *aucun de ces termes de passage* *que nous avons pu trouver entre les* **Muscinées** *et les* **Thallophytes** (les Floridées par exemple).

Ces deux embranchements diffèrent :

1° *Par leur appareil végétatif.* Les Cryptogames vasculaires possèdent de vraies racines et un appareil conducteur de la sève, absents chez les Muscinées.

2° *Par leur mode de reproduction.* Chez les Cryptogames vasculaires, c'est le prothalle *transitoire* qui est la forme sexuée (il correspond au corps végétatif des Muscinées); tandis que la plante feuillée *de longue durée* est asexuée (elle correspond au sporogone transitoire des Muscinées).

3° *Par leurs anthérozoïdes.* Ceux des Cryptogames vasculaires présentent de nombreux cils vibratiles et sont très enroulés ; les anthérozoïdes des Muscinées n'ont que 2 cils vibratiles et forment une spirale à 2 ou 3 tours au plus.

§ 1. — FILICINÉES

Cryptogames vasculaires à tige simple ou peu ramifiée latéralement, portant des feuilles très développées. Sporanges nombreux sur la face inférieure des feuilles, en général.

FILICINÉES	**isosporées.**	Sporanges d'une seule sorte. Spores donnant des prothalles monoïques indépendants. Sporange issu.......	d'une cellule épidermique.	**Fougères.**
			de n cellules épidermiques.	**Marattinées.**
	hétérosporées.	Sporanges internes de 2 sortes. Spores donnant des prothalles unisexués inclus.		**Hydroptéridées.**

A. — FOUGÈRES

Filicinées isosporées. Sporanges externes développés à la face inférieure des feuilles. Le prothalle monoïque, issu de la spore, se développe librement et peut vivre plusieurs mois.

FOUGÈRES Sporanges	à anneau	transversal complet (fig. 719, A, A'), logés dans des cupules sur le bord des feuilles.............	**Hyménophyllées.**
		transv. complet, sessiles à la face infér. des feuilles.	**Gleichéniées.**
		oblique complet (B), groupés autour d'un axe dans une cupule..................................	**Cyathéacées.**
		dorsal (C), groupés en *sores* nus ou avec indusie...	**Polypodiacées.**
		latéral incomplet (D), groupés le long des nervures des lobes atrophiés......................	**Osmundées.**
	à calotte (E), disséminés sur les lobes des feuilles......		**Schizéacées.**

Caractères généraux. — Les Fougères sont des végétaux vivaces répandus dans les climats les plus variés, particulièrement abondants dans les régions équatoriales où ils atteignent de grandes dimensions et constituent les *Fougères arborescentes;* quelques espèces se rencontrent dans les régions polaires (*Pteris*

Fig. 719. — Diverses formes du sporange chez les Fougères. — A,A'; *Hymenophyllum*. B; *Cyathea*. — C; *Polypodium*. — D; *Osmunda*. — E; *Schizea*.

argentea). Les Fougères habitent de préférence les lieux humides, frais et ombragés; aussi forment-elles la plus grande partie de la végétation des îles.

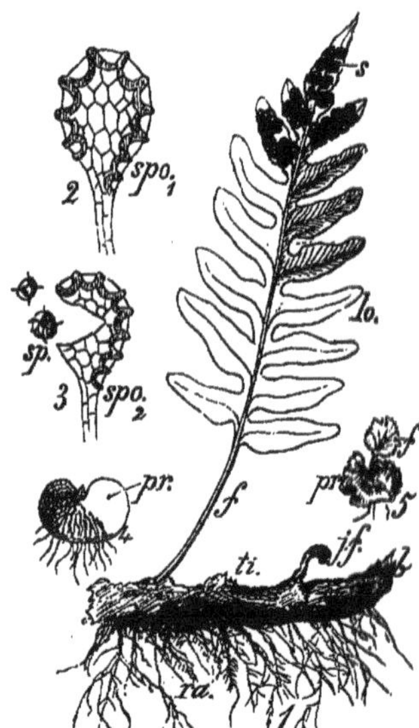

Fig. 720. — Fougères. — *Polypodium vulgare*. — 1, plante avec racines, *ra*, tige souterraine (rhizome) *ti*, feuille épanouie, *f* et jeune feuille enroulée en crosse, *j.f*; *b*, bourgeon terminal; la partie dorsale des frondes porte des accumulations de sporanges, *s*. — 2, *spo*1, sporange formé. — 3, *spo*2, sporange ouvert projetant les spores *sp*. — 4, prothalle, *pr*. — 5, jeune plante se développant sur le prothalle, *pr*.

La **tige** est tantôt rampante, souterraine (*Pteris aquilina*), ou à la surface du sol (*Polypodium vulgare*, fig. 720); tantôt grimpante; tantôt verticale et arborescente atteignant 15 à 20 mètres de hauteur parfois.

De nombreuses **racines** *latérales* noirâtres, entremêlées parfois de poils roux, incessamment émises par la tige près de son sommet, recouvrent celle-ci qui est protégée également par les gaines foliaires.

Les **feuilles**, enroulées en crosse avant leur épanouissement, sont très serrées et disposées tout autour de la tige si elle est verticale, espacées et insérées sur la face supérieure ou les faces latérales de la tige si elle est rampante (*Hymenophyllum*, *Polypodium vulgare*). La forme des feuilles et leur découpure sont très variables avec les espèces.

Le limbe est entier [*Scolopendrium* (fig. 716)], divisé 1 fois [*Polypodium*, *Blechnum* (fig. 722, D,D')], 2, 3,... 12 fois [*Osmunda*, *Trichomanes*, *Allosurus* (fig. 717)].

Structure de l'appareil végétatif. — La **tige**, rarement *monostélique* (*Hymenophyllum*, *Trichomanes*), s'épaissit d'ordinaire et devient *polystélique* à mesure qu'elle se développe (page 624). Elle présente alors un exoderme et une écorce dans laquelle sont rangées en cercle les stèles plus ou moins anastomosées.

Une stèle (fig. 721) limitée extérieurement par une assise endodermique, *en*, comprend, en général, un péricycle externe, *pé*, puis un manchon de liber, *li*, entourant un faisceau de bois central fusiforme, *v*,*v*.

Le bois est à développement centripète suivant deux directions concourantes; les vaisseaux les plus anciens, spiralés et annelés, occupent les extrémités du fuseau qui comprend en son milieu de larges vaisseaux scalariformes (Voir T. I, fig. 418, D.D'). Le liber est composé de larges tubes imperforés.

Le stéréome de la tige est entièrement formé aux dépens de l'écorce.

La **racine** présente la structure générale suivante : une assise pilifère externe dont les cellules deviennent des poils bruns; une écorce épaisse limitée par l'endoderme; un cylindre central composé lui-même d'un péricycle le plus souvent simple, de 2 ou *n* faisceaux vasculaires à développement centripète et réunis au centre en formant une étoile, de 2 ou *n* faisceaux libériens alternes avec les précédents; jamais de moelle.

La **feuille** possède, sauf chez les Hyménophyllées, un épiderme dont les cellules sont très riches en chloroleucites. Les stèles qui, de la tige, se rendent aux feuilles conservent leur composition dans le pétiole; mais elles perdent leur liber du côté de la face supérieure dans le limbe.

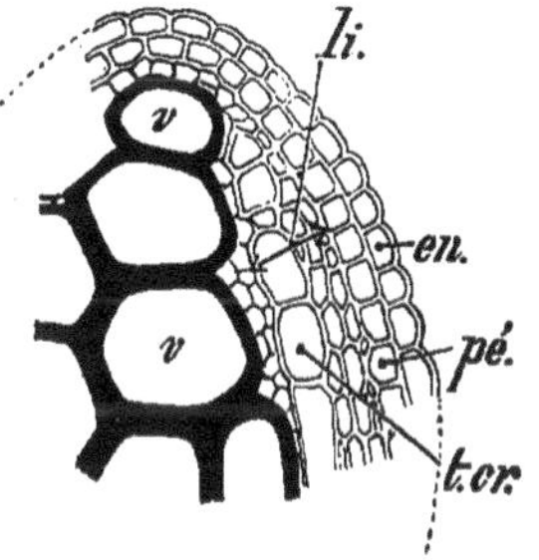

Fig. 721. — **Fougères.** — Portion de stèle de *Pteris aquilina*; *en*, endoderme; *pé*, péricycle; *li*, liber; *t.cr*, tubes criblés; *v*, vaisseaux.

Le mode de nutrition des Fougères ne présente rien de particulier. Le mode de reproduction a été exposé précédemment (Voir T. I, pages 552 et 553).

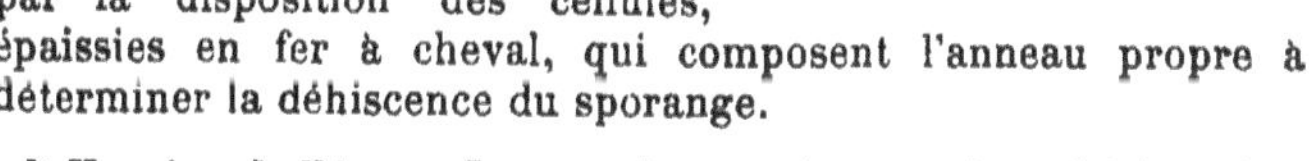

Les familles sont caractérisées par la disposition des cellules, épaissies en fer à cheval, qui composent l'anneau propre à déterminer la déhiscence du sporange.

1° **Hyménophyllées.** — *Sporanges à anneau transversal complet, logés dans un indusie cupuliforme au bord des feuilles. Feuilles découpées réduites à 1 assise de cellules.*

Hymenophyllum (fig. 722, A, A'); indusie à bord cilié. — *Trichomanes*; indusie à bord entier.

Très rares en France, les Hyménophyllées sont propres aux régions chaudes.

2° **Gleichéniées.** — *Sporanges à anneau transversal complet, sessiles à la face inférieure des feuilles.*

Habitent les régions tropicales.

3° **Cyathéacées.** — *Sporanges à anneau oblique complet, groupés autour d'un axe dans une cupule plus ou moins ouverte.*

Cyathea. — *Alsophila.* — *Dicksonia.*

Espèces arborescentes propres à la zone torride.

4° **Polypodiacées.** — *Sporanges à anneau dorsal incomplet, groupés en sores nus ou protégés par un indusie.*

C'est la famille la plus nombreuse.

(a) Polypodiées. — Sores le plus souvent nus, situés le long des nervures.

Polypodium (Polypode). Feuilles à limbe profondément découpé et brusquement interrompu à la base (fig. 720).

Le Polypode vulgaire pousse dans les anfractuosités des rochers et des murs,

Fig. 722. — Forme des feuilles et disposition des sporanges chez quelques Fougères. — A ; *Hymenophyllum* (A' ; portion de fronde grossie). — B,B' ; *Adianthum*. — C,C' ; *Pteris aquilina*. — D,D' ; *Blechnum spicant*. — E ; portion de fronde de *Nephrodium*. — F ; portion de fronde d'*Aspidium*. — G ; fronde d'*Asplenium*. — H ; *Asplenium Trichomanes*. — I ; fronde d'*Osmunda regalis*. *so*, sore ; *in*, indusie ; *sp*, sporange.

le long des talus et sur les troncs des vieux arbres ; ses feuilles persistantes atteignent de 2 à 5 décimètres.

La tige souterraine peut être employée comme purgatif léger.

Adianthum (Capillaire, fig. 722, B,B'). Feuilles 2 fois complètement divisées, à lobes arrondis au sommet et portés par un pétiole très étroit. — *Pteris*. Grandes feuilles à limbe très divisé (C) dont les lobes portent des sporanges sous leur bord recourbé légèrement (C').

La Fougère-aigle (*P. aquilina*) est très commune dans toutes nos forêts où ses feuilles atteignent 5 et 6 mètres dans les endroits touffus. Ses cendres sont riches en potasse.

Allosurus (fig. 717). 2 sortes de feuilles; les lobes des feuilles fertiles sont plus étroits que ceux des feuilles stériles. — *Ceratopteris*. Espèce aquatique vivant dans les pays chauds.

(b) **Aspléniées**. — Sores disposés le long des nervures et recouverts d'un indusie.

Scolopendrium (Scolopendre, fig. 716). Feuilles entières, longues de 2 à 5 décimètres. Groupes de sporanges disposés en lignes allongées.

La Scolopendre officinale habite les endroits humides et ombragés (bois, bord des ruisseaux, puits); elle est diurétique.

Blechnum (fig. 722, D,D'). 2 sortes de feuilles 1 fois profondément divisées; les feuilles stériles (D), à lobes larges, sont persistantes; les feuilles fertiles (D'), à lobes longs et étroits, disparaissent après la rupture des sporanges. Vit dans les bois humides. — *Asplenium* (G,H). Feuilles 1 ou plusieurs fois divisées, à pétiole vert ou noir. Sores linéaires ou ovales avec indusie soudé par le bord externe seulement. *A. Trichomanes* [Capillaire noire (H)]. Vit sur les rochers, les vieux murs.

(c) **Aspidiées**. — Sores en 2 séries à la base des lobes, avec un indusie en forme de rein adhérent par le hile.

Aspidium. Grandes feuilles (5-10 décimètres) à lobes crénelés, falciformes.

La Fougère mâle (*A. Filix-mas*) possède un rhizome riche en amidon, sucre, huiles essentielles, tanin et un principe cristallisable appelé *filicine* auquel cette plante paraît devoir ses propriétés vermifuges (ténifuge en particulier).

5° **Osmundées**. — *Sporanges à anneau latéral incomplet, groupés le long des nervures des lobes plus ou moins atrophiés.*

Osmunda (fig. 722, I). Feuilles dont les divisions supérieures forment une grappe rameuse de sporanges.

L'Osmonde royale (*O. regalis*) est assez répandue dans les bois marécageux, les tourbières; ses feuilles servent comme litière, sa tige est employée comme purgatif léger; c'est aussi une plante ornementale.

6° **Schizéacées**. — *Sporanges avec une calotte, disséminés sur les lobes des feuilles*. La plupart sont tropicales.

B. — MARATTINÉES

Filicinées isosporées. Sporange issu de plusieurs cellules épidermiques. Les spores donnent des prothalles monoïques.

MARATTINÉES Sporanges	externes groupés à la face inférieure des feuilles. Prothalle aérien et cordiforme...	**Marattiacées.**
	internes plongés dans les tissus foliaires. Prothalle souterrain et tuberculeux......	**Ophioglossées.**

Marattiacées — *Sporanges externes groupés en sores à la face inférieure des feuilles. Prothalle vert cordiforme.*

La tige des Marattiacées est courte, tuberculeuse et se termine par un bouquet de grandes feuilles (fig. 723, A). Sur la face inférieure de ces feuilles, on trouve des sores dont les sporanges sont libres (*Angiopteris*, B) ou soudés en un corps pluriloculaire (*Marattia*, C).

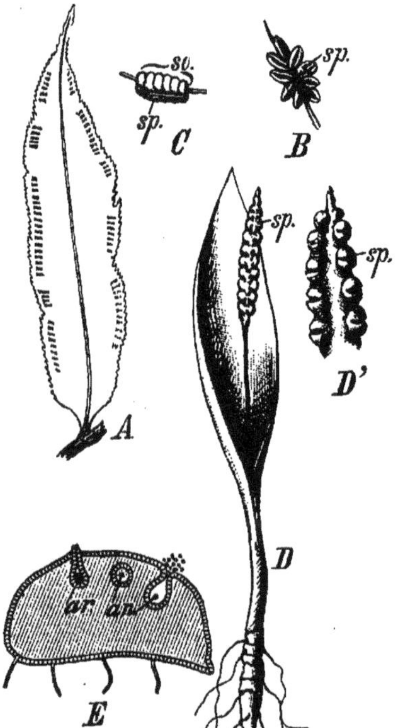

Ophioglossées. — *Sporanges plongés dans le tissu des feuilles. Prothalle souterrain, tuberculeux.*

La tige des Ophioglossées (D) est entièrement souterraine; elle émet chaque année une seule feuille fertile (*Ophioglossum*) ou 2 feuilles : l'une stérile, l'autre fertile (*Botrychium*). Ces feuilles à croissance lente atteignent parfois 1 mètre de long.

Les sporanges, *sp*, sont localisés sur une sorte de ligule de la feuille fertile où ils sont plongés en 2 rangées alternes dans la profondeur du tissu. A la maturité des spores, le couvercle de chaque sporange se déchire suivant un sillon visible à la surface de l'épiderme (D').

Ophioglossum. Feuille à limbe entier; vit dans les pâturages (Ouest de la France). — *Botrychium*. Feuille à limbe très découpé; vit dans les pâturages des montagnes.

Fig. 723. — Marattinées. — A,B; feuille et groupe de sporanges d'*Angiopteris*. — C; spore à sporanges soudés de *Marattia*. — D; feuille fertile d'*Ophioglossum vulgatum* avec deux rangées de sporanges, *sp*, grossis et ouverts en D'. — E; section longitudinale du prothalle de *Botrychium Lunaria* montrant 2 anthéridies, *an* et un archégone, *ar*.

Il convient de mentionner ici les **Fougères fossiles**, si nombreuses à l'époque houillère, dont les sporanges provenaient d'un groupe de cellules épidermiques comme ceux des Marattinées; ces sporanges étaient dépourvus d'anneau ou de calotte servant à la déhiscence.

Les principaux types à signaler sont : *Tæniopteris* (fig. 724, A), à forte nervure primaire et à nervures secondaires simples et parallèles; *Pecopteris* (B) et *Alethopteris* (C), à pinnules largement soudées au rachis et à nervures secondaires les unes simples, les autres dichotomes; *Nevropteris* (D), à pinnules attachées au rachis par la nervure primaire seulement et à nervures secondaires arquées; *Odontopteris* (E) et *Sphenopteris* (F), à pinnules découpées, etc.

Les *Pecopteris* étaient des Fougères arborescentes de très grandes dimensions; les autres étaient herbacées, mais parfois pourvues de grandes feuilles (jusqu'à 10 mètres chez *Nevropteris*).

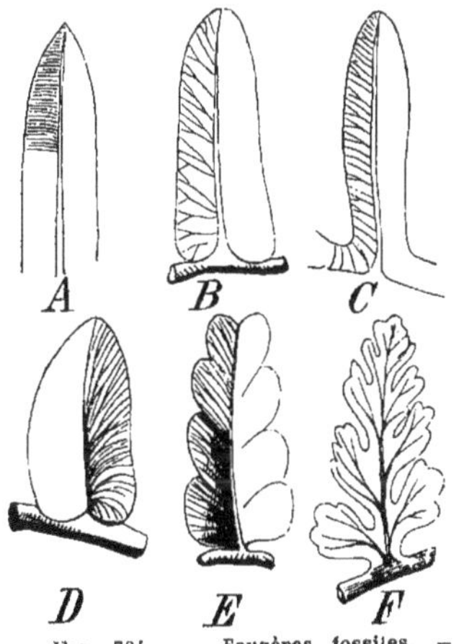

FIG. 724. — **Fougères fossiles.** — A; *Tæniopteris.* — B; *Pecopteris.* — C; *Alethopteris.* — D; *Nevropteris.* — E; *Odontopteris.* — F; *Sphenopteris.*

C. — HYDROPTÉRIDÉES

Filicinées hétérosporées. Sporanges internes de 2 sortes dont les spores donnent, en germant, des prothalles unisexués qui y demeurent inclus.

Les Hydroptéridées constituent le groupe improprement nommé **Rhizocarpées**.

HYDROPTÉRIDÉES	Sporocarpes uniloculaires et unisexués contenant 1 sore..................	**Salviniacées.**
	Sporocarpes pluriloculaires et monoïques renfermant n sores.........	**Marsiliacées.**

Caractères généraux. — Les Hydroptéridées (fig. 725) forment un petit groupe de plantes aquatiques (eaux dormantes) ou vivant dans les milieux très humides.

Leur tige rampante, *t*, a une symétrie bilatérale; elle porte sur sa face dorsale des feuilles normales, *f.aé*, ovales (*Salvinia*, A), tétralobées avec un long pétiole (*Marsilia*, B), filiformes (*Pilularia*, C); sur sa face ventrale elle émet des racines, *r* (**Marsiliacées**) ou des feuilles à limbe très divisé, *f.aq*, quand il n'y a pas de racines (*Salvinia*).

Un *sporange* naît d'une cellule épidermique de la feuille; cette cellule donne par cloisonnements successifs, comme chez les Fougères, un sac ovoïde, mais sans anneau. Les sporanges sphériques sont de 2 sortes : des *microsporanges*, plus petits, *mi* (E), renfermant chacun 64 *microspores* tétraédriques; des *macrosporanges*, *ma* (E), plus gros, ne contenant chacun qu'une *macrospore.*

L'ensemble des sporanges formés en une même région de la feuille est enveloppé par elle d'une capsule close appelée *sporocarpe*.

Un sporocarpe de *Salvinia* (D,E) présente une seule loge et ne contient que des sporanges d'une seule sorte (E), tandis qu'un sporocarpe de *Pilularia* (F) présente 4 loges contenant chacune indistinctement des microsporanges, *mi* et des macrosporanges, *ma*.

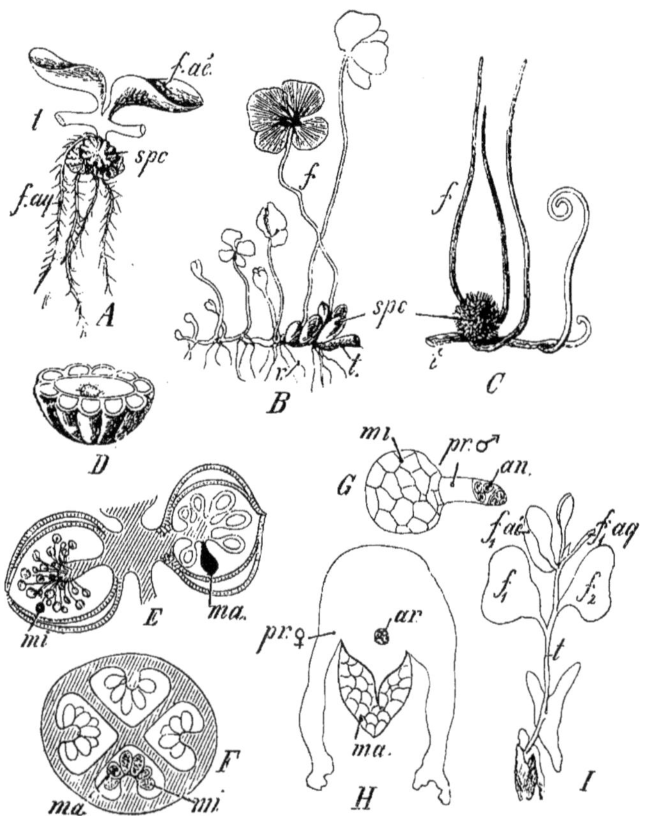

Fig. 725. — Hydroptéridées. A ; *Salvinia natans*. — B ; *Marsilia pubescens*. — C ; *Pilularia globulifera*. *t*, tige ; *f.aq*, feuille aquatique ; *f.aé*, feuille aérienne ; *f*, feuille ; *r*, racines ; *spc*, sporocarpe. — D,E ; Coupes transversale et longitudinale de sporocarpes de *Salvinia*. — F ; Coupe d'un sporocarpe de *Pilularia*. *mi*, microsporange ; *ma*, macrosporange. — G : microsporange de *Salvinia*, *mi*, en germination ; l'une des microspores a donné l'anthéridie, *an* et le prothalle mâle, *pr.* ♂. — H ; macrospore en germination montrant l'archégone, *ar* et le prothalle femelle, *pr* ♀. — I ; plantule de *Salvinia* encore pourvue du prothalle femelle à sa base ; *t*, tige avec une première feuille près de sa base et d'autres feuilles, f_1, f_2 ; $f_1.aé$, 1re feuille aérienne ; $f_1.aq$ 1re feuille aquatique.

La germination des spores et le développement de l'œuf sont intéressants à considérer ; nous les suivrons chez *Salvinia* par exemple :

Les microspores de *Salvinia* germent à l'intérieur du microsporange (G); chacune se développe en un tube cloisonné qui, perforant la paroi du sporange, forme une anthéridie, *an*, à son extrémité avec 8 anthérozoïdes; la base du tube cloisonné est le prothalle mâle, *pr.* ♂.

La macrospore, *ma* (H), rompt en 3 valves la membrane externe du sporange (*épispore*), brise son exospore et fait saillie en dehors de ces enveloppes sans les abandonner. Elle forme un prothalle trilobé, *pr.*♀, avec 3 à 7 archégones, *ar*, dont le développement est identique à celui des Fougères.

L'œuf résultant de la fécondation de l'oosphère se cloisonne en 8 segments : les 4 postérieurs forment le pied de l'embryon (qui puise sa nourriture dans le prothalle); 2 antérieurs forment la première feuille; l'un des 2 qui restent donne la tige, *t*; le dernier demeure stérile (I).

1° **Salviniacées**. — *Sporocarpes uniloculaires et unisexués.*

Salvinia. Pas de racines; feuilles ovales. — *Azolla*. Des racines; feuilles bilobées.

2° **Marsiliacées**. — *Sporocarpes pluriloculaires et monoïques.*

Marsilia. Feuilles tétralobées. — *Pilularia*. Feuilles filiformes.

§ 2. — ÉQUISÉTINÉES

Cryptogames vasculaires à tiges portant de petites feuilles verticillées. La tige émet, à chaque nœud, des verticilles de rameaux et de racines. Sporanges insérés sur des feuilles modifiées disposées en épi au sommet de tiges fertiles. Spores avec 2 rubans spiralés.

ÉQUISÉTINÉES	**isosporées**. Prothalles monoïques ou unisexués.	**Équisétacées.**
	hétérosporées. Prothalles unisexués.........	**Annulariées.**

A. — ÉQUISÉTACÉES

Équisétinées à spores identiques produisant des prothalles, les uns monoïques, les autres unisexués.

Caractères généraux. — Les Prêles (*Equisetum*), de petite taille et herbacées, représentent seules aujourd'hui cet ordre. Ce sont des plantes vivaces, à rhizome traçant et souvent rameux, qui croissent dans les sols très humides.

L'œuf développé aux dépens du prothalle (Voir page 625), donne une **tige** dressée dont l'un des rameaux basilaires, t_1 (fig. 726, A), s'enfonce obliquement dans le sol; un rameau de second ordre, t_2, né sur le 1er, s'enfonce plus obliquement encore; un rameau de 3e ordre, t_3, né sur le 2e, s'enfonce verticalement : parvenu à une certaine profondeur, ce dernier forme un rhizome, *rh*, qui croîtra désormais à ce niveau, émettant 2 sortes de rameaux : les uns horizontaux et *souterrains*, les autres *verticaux*, r_1, r'_1, r''_1 qui, doués de géotropisme négatif, parviennent à la surface du sol, se couvrent de verticilles de feuilles et émettent, ou

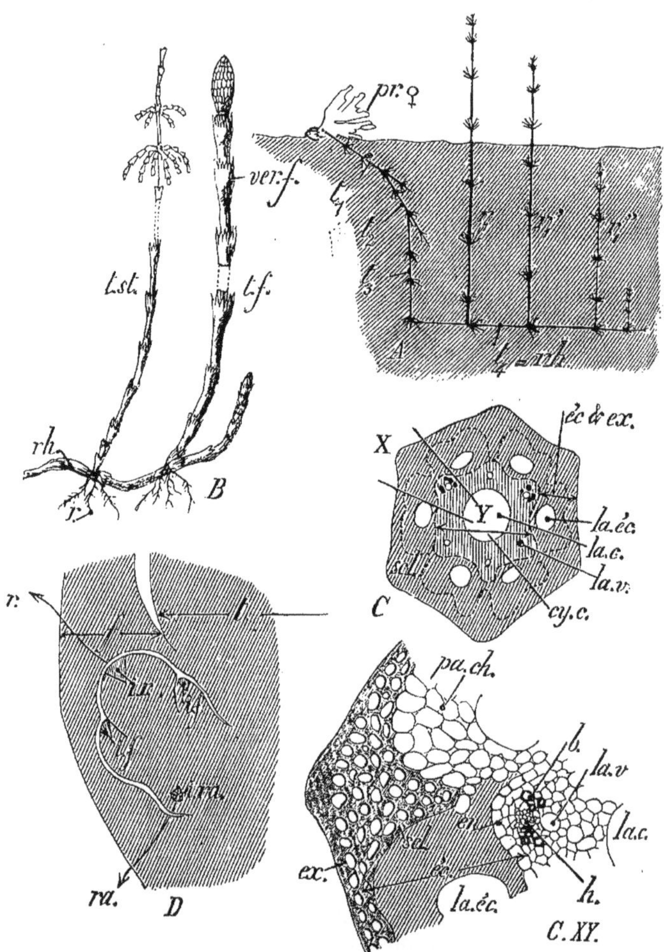

Fig. 726. — Équisétacées. — *Equisetum arvense*. — A; germination de l'œuf contenu dans le prothalle femelle, *pr.* ♀; t_1, t_2, t_3, t_4. tiges souterraines s'enfonçant de plus en plus dans le sol jusqu'à une profondeur limite; $t_4 = rh$, rhizome sur lequel se développent des rameaux verticaux r_1, r_1', r_1''. — B; portion de plante; *rh*, rhizome portant des racines, *r*, des tiges stériles, *t.st* et des tiges fertiles, *t.f*, avec des verticilles de feuilles, *ver.f*— C et Coupe *X Y*; structure de la tige vue en coupe transversale; *ex*, exoderme; *éc*, écorce; *scl*, sclérenchyme; *pa.ch*, parenchyme chlorophyllien; *la.éc*, lacunes de l'écorce; *en*, endoderme; *cy.c*, cylindre central; *li*, liber; *b*, bois; *la.v*, lacune vasculaire; *la.c*, grande lacune centrale. — D; coupe longitudinale de la tige, *t*, au niveau d'un verticille de feuilles, *f*, montrant la gaine des feuilles soudée à la tige et l'inclusion totale d'un bourgeon axillaire; *i.r*, initiale d'un rameau; *i.f*, initiales de feuilles; *i.ra*, initiale d'une racine; *r* et *ra*, directions de croissance du rameau axillaire et de la racine.

non, des verticilles de rameaux aux nœuds. Les tiges aériennes, formées dès l'automne, n'apparaissent à la lumière qu'au printemps et, grâce à une forte croissance intercalaire, atteignent parfois 1m50 (*E. Telmateia*), 8 ou 9 mètres (*E. giganteum*). Elles sont cannelées et comprennent autant de sillons que de feuilles par verticille.

Les **feuilles** demeurent petites et forment des verticilles alternes de divergence : $\alpha = \frac{360}{2n}$ (n, nombre de feuilles par verticille). Les feuilles d'un même verticille, concrescentes latéralement, forment une gaine dentelée dont la base, soudée à la tige (D), enveloppe les bourgeons axillaires et les initiales des **racines** latérales, *i.ra*. Bourgeons et racines, en réalité *exogènes* et disposés par verticilles, devront perforer la gaine foliaire pour se développer suivant *r* et *ra*.

Structure de l'appareil végétatif. — La **tige** *aérienne* de l'*Equisetum arvense* est composée :

1° d'un exoderme silicifié, *ex* (fig. 726, C et Coupe XY) portant des stomates uniquement dans les sillons;

2° d'une *écorce*, *éc*, avec des colonnades de sclérenchyme, *scl*, vis-à-vis des cannelures, un riche parenchyme chlorophyllien, *pa.ch* et une énorme lacune aérifère, *la.éc*, correspondant aux sillons (un endoderme continu, *en*, limite à l'intérieur cette écorce);

3° d'un cylindre central, *cy.c*, avec une grande lacune centrale, *la.c*, interrompue aux nœuds, autour de laquelle sont disposés des faisceaux libéroligneux, face aux cannelures.

Chaque faisceau comprend du liber, *li*, situé entre les branches d'un V formé par des vaisseaux scalariformes récents, *b*, et des vaisseaux annelés et spiralés anciens occupant le sommet de l'angle; la destruction de ces derniers amène l'apparition d'une petite lacune, *la.v*.

La **racine**, à peu près identique à celle des Fougères, porte un endoderme dédoublé dont l'assise interne fait l'office du péricycle absent et fournit les cellules-mères des radicelles.

La **feuille** aérienne seule porte des stomates sur sa face externe.

Nutrition. — Elle est assurée par le système radiculaire abondant dont la plante est pourvue, ainsi que par le parenchyme chlorophyllien des tiges aériennes et de leurs rameaux.

Multiplication. — La multiplicité des rameaux émis par les rhizomes assure aux Prêles une extension regrettable pour l'agriculture, extension que la reproduction exagère encore.

Reproduction. — Certaines tiges aériennes, *t.f* (fig. 726, B), ramifiées ou non, portent au sommet un épi formé de feuilles différenciées sur lesquelles se développent les sporanges (fig. 727, A).

Ces feuilles (B,B') ont l'aspect de clous à tête hexagonale, implantés perpendiculairement à la tige et tangents par leurs bords; sur leur face interne naissent 5 à 10 sporanges, *sp*, originaires d'un groupe de cellules dont une *sous-épidermique* sera l'initiale des cellules-mères des spores. Chaque spore, *s* (C), est enveloppée de

3 membranes dont l'externe se divise, par des sillons, en 2 rubans spiralés, *r,r'*, soudés à la spore en un point commun. Ces rubans, très hygrométriques, se déploient par la sécheresse (D) et s'enroulent autour de la spore au contact d'une goutte d'eau (C); *ils jouent un rôle important dans la dissémination des spores.*

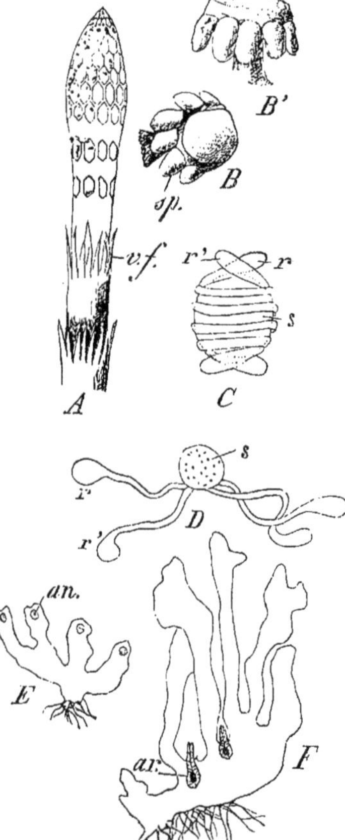

Fig. 727. — *Equisetum arvense.* — A; sommet d'une tige fertile montrant la disposition des feuilles modifiées qui soutiennent les sporanges, *sp* (B,B'). — C,D; spore, *s*, avec ses rubans spiralés, *r,r'*, enroulés en *C*, épanouis en *D*. — E; prothalle mâle; *an*, anthéridie. — F; prothalle femelle; *ar*, archégone.

A la maturité, le sporange se déchire, les spores libres étalent leurs rubans, s'enchevêtrent par groupes qui tombent sur le sol humide et y germent en *prothalles ordinairement unisexués, sans que rien, dans l'aspect extérieur des spores, puisse faire prévoir la nature du prothalle qu'elles produiront.*

Le prothalle mâle (E) atteint à peine quelques millimètres; il est lobé et porte les anthéridies, *an*, au bord des lobes (quelquefois des archégones s'y développent tardivement).

Le prothalle femelle (F), également lobé, mesure parfois 2 centimètres et produit les archégones, *ar*, au fond des sillons.

Après la fécondation de l'oosphère par le mode indiqué chez les Fougères, l'œuf se segmente en 8 cellules : les 4 postérieures donnent le pied et la première racine; les 4 antérieures sont les initiales de la tige et des 2 premières feuilles.

Equisetum (Prêle).

Les tiges de Prêles, incrustées de silice, sont employées pour polir le bois et les métaux.

Parmi les **Équisétacées fossiles**, *Equisetum columnare* du *Jurassique* atteignait une taille gigantesque.

Le genre *Calamites*, très commun à la fin de l'ère primaire (*Carbonifère* et *Permien*) mesurait parfois 10 mètres de haut. Pas de gaines foliaires.

B. — ANNULARIÉES

Equisétinées hétérosporées **fossiles**; *prothalles unisexués.*

Annularia. Genre de l'ère primaire (*Dévonien-Permien*); feuilles inégales.

Asterophyllites; date de la même époque; feuilles égales.

§ 3. — LYCOPODINÉES

Tige simple ou ramifiée et racine toujours ramifiée, simulant une dichotomie. Sporanges originaires d'une émergence du parenchyme sur la face supérieure de feuilles rapprochées en épis ou isolées.

LYCOPODINÉES	**isosporées.** Prothalle cylindrique ou ovoïde.			**Lycopodiacées.**
	hétérosporées. Prothalle très réduit. Tige	simple		**Isoétées.**
		ramifiée. Feuilles	opposées.	**Sélaginellées.**
			isolées ou non.	**Lépidodendrées.**

A. — LYCOPODIACÉES

Lycopodinées isosporées.

Lycopodium. Tige grêle et rameuse : dressée (*L. clavatum. L. selago*) ou rampant sur le sol (*L. inundatum*). Racines ramifiées dans des plans alternativement rectangulaires. Feuilles sessiles uninerves cachant ou non la tige, suivant les espèces.

Les sporanges isolés sont insérés sur la face supérieure de feuilles fertiles, tantôt groupées en épis au sommet de certains rameaux (*L. clavatum*), tantôt disséminées sur toute la tige (*L. selago*).

Les spores tétraédriques germent en un prothalle ovoïde portant dans sa région supérieure des anthéridies et des archégones à peine saillants.

L'œuf subit un 1er cloisonnement; des 2 cellules qui en résultent, l'une inférieure donnera l'embryon, *l'autre supérieure s'allonge en un suspenseur*, sans se cloisonner.

C'est là un caractère des Phanérogames (Voir T. I, page 536) *présenté par les* **Lycopodinées.**

Le Lycopode en massue (*L. clavatum*) croît dans les bois montagneux. La poussière que forment ses spores est très inflammable (feux de théâtre); elle est employée aussi comme dessiccative.

Quelques Lycopodes ont été trouvés à l'état fossile dans le *terrain houiller.*

B. — ISOÉTÉES

Lycopodinées hétérosporées à tige simple.

Le genre *Isoetes* qui représente cette famille est répandu partout, mais surtout dans la région méditerranéenne. Tige épaisse et courte terminée par une rosette de feuilles à large gaine, à limbe entier et atteignant jusqu'à 60 centimètres. *Dans le péricycle de la tige se forment des tissus secondaires (caractère des Phanérogames).*

Les sporanges sont insérés isolément dans la gaine de certaines feuilles dont les unes portent seulement des macrosporanges, les autres des microsporanges; d'autres enfin sont stériles.

Le mode de reproduction est identique à celui des Sélaginelles.

C. — SÉLAGINELLÉES

Lycopodinées hétérosporées à tige dichotome portant des feuilles opposées.

Le seul genre *Selaginella* compose cette famille. Il vit surtout dans les forêts tropicales humides où certaines de ses tiges rampantes peuvent atteindre jusqu'à 20 mètres de long (*S. exaltata*).

Tige grêle mono- ou polystélique, à rameaux dichotomes disposés tous dans le même plan. Feuilles petites, uninerves et pointues à l'extrémité libre. Racines latérales gemmaires naissant par 2, une de chaque côté d'un bourgeon.

Parfois les rameaux, au lieu de s'allonger, se renflent en *bulbilles* (*S. bulbillifera*).

Nous en avons étudié le mode de reproduction (Voir T. I, page 554).

D. — LÉPIDODENDRÉES

Lycopodinées hétérosporées **fossiles**.

Famille très importante apparue dans le *Dévonien* par de petites formes, représentée dans le *Carbonifère* par des espèces gigantesques (tiges de 20 à 30 mètres de haut et de 1 mètre de diamètre); elle s'éteint pendant la période *permienne*.

Les tiges étaient portées par de gros rhizomes (*Stigmaria*), d'où partaient des racines dichotomes; des feuilles aiguës, parfois longues, à section rhomboïdale, étaient insérées sur les tiges terminées elles-mêmes par des épis de feuilles fertiles (*strobiles*).

Lepidodendron (fig. 728, A). Épis fructifères terminaux. — *Sigillaria* (B). Épis fructifères latéraux.

On a trouvé récemment chez les **Calamodendrées** *des fructifications qui en font les intermédiaires entre les Cryptogames vasculaires et les Phanérogames.*

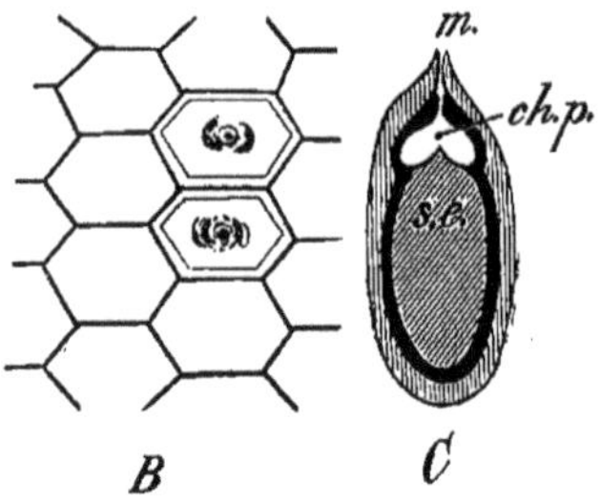

Ces plantes **fossiles** de l'*époque houillère*, dont la tige atteignait jusqu'à 20 mètres de hauteur, étaient pourvues de fructifications mâles et de fructifications femelles.

Fig. 728. — Cicatrices foliaires sur le tronc de *Lepidodendron* (A) et de *Sigillaria* (B). — C; graine de *Calamodendron*; *s.e*, sac embryonnaire; *ch.p*, chambre pollinique; *m*, micropyle.

Les premières consistaient en verticilles de feuilles portant des groupes de microsporanges, comme chez les *Equisetum*. Les secondes étaient de véritables **graines** (C) contenues, plusieurs ensemble, dans une sorte d'*ovaire* formé par la soudure des feuilles; dans chaque graine, on trouve un nucelle avec un sac embryonnaire, une chambre pollinique en entonnoir creusée dans le nucelle et un micropyle qui lui fait face.

Cette disposition rappelle à peu près la structure d'une graine de **Gymnosperme.**

Importance paléontologique des Cryptogames vasculaires. — Nous avons vu quel rôle important ont joué les Cryptogames vasculaires, dans la constitution des flores antérieures à la nôtre, particulièrement à l'*époque houillère;* il suffit de se reporter à l'étude des différents groupes contenus dans ce chapitre pour retrouver les **Pécoptéridées, Névroptéridées,** etc., parmi les Filicinées, les **Annulariées** parmi les Équisétinées et les diverses Lycopodinées, surtout les **Lépidodendrées** qui ont fourni les espèces géantes ou de faible taille, espèces dont la décomposition lente, à haute température et à l'abri de l'air, a donné la houille employée aujourd'hui comme source d'énergie dans nos diverses industries, comme combustible et comme source de lumière dans nos foyers.

IV. — EMBRANCHEMENT DES PHANÉROGAMES

Plantes pourvues d'une **tige**, *d'un* **système radiculaire** *et de* **feuilles**; *tôt ou tard y apparaissent des* **fleurs** *d'où proviennent des fruits et des graines. Jamais la fécondation de l'oosphère n'a lieu à l'aide d'anthérozoïdes.*

PHANÉROGAMES	Carpelle réduit à un ovaire non clos et portant les *ovules nus*................	**Gymnospermes.**
	Carpelle consistant en un *ovaire clos renfermant les ovules*, surmonté d'un style et d'un stigmate.................	**Angiospermes.**

Morphologie et Physiologie générales. — L'étude générale des Phanérogames a fait l'objet de la plus grande partie du Cours d'Anatomie et Physiologie végétales (Tome I de cet ouvrage). La reproduction en a été envisagée de même avec détail.

Ces connaissances et celles qui ont été acquises au cours de l'examen spécial des Cryptogames vasculaires nous permettent d'affirmer qu'*il n'existe pas de limite nette entre les Cryptogames vasculaires et les Phanérogames.*

La présence de *vaisseaux* dans les deux embranchements, l'analogie de structure des racines, l'existence de *formations libéroligneuses secondaires* chez les **Isoétées**, la communauté de caractères anatomiques des Cryptogames vasculaires avec certaines Phanérogames [*structure polystélique* de la tige des *Auricula* (**Primulacées**) par exemple, *cellule initiale unique* de la tige des **Gymnospermes**, etc.] que nous relèverons au passage, l'*équivalence des organes reproducteurs* établie sommairement déjà (Voir T. I, pages 555 et 560), le développement du *suspenseur* de l'embryon chez les **Lycopodinées** comme chez les Phanérogames, etc., sont autant de caractères qui lient étroitement les Cryptogames vasculaires aux Phanérogames.

§ 1. — GYMNOSPERMES

Phanérogames dont **les ovules sont nus**, *c'est-à-dire portés par une feuille carpellaire qui n'est pas transformée en un ovaire clos. Jamais de style ni de stigmate. Ovule orthotrope et unitégumenté (primine). Grain de pollen cloisonné. Tige ayant pour origine 1 cellule initiale.*

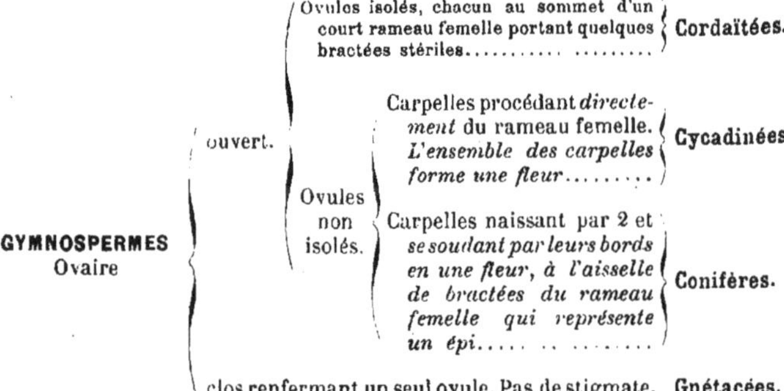

GYMNOSPERMES Ovaire
- ouvert.
  - Ovules isolés, chacun au sommet d'un court rameau femelle portant quelques bractées stériles.......... **Cordaïtées.**
  - Ovules non isolés.
    - Carpelles procédant *directement* du rameau femelle. *L'ensemble des carpelles forme une fleur*......... **Cycadinées.**
    - Carpelles naissant par 2 et *se soudant par leurs bords en une fleur, à l'aisselle de bractées du rameau femelle qui représente un épi*.......... **Conifères.**
- clos renfermant un seul ovule. Pas de stigmate. **Gnétacées.**

Caractères généraux. — Les Gymnospermes, plantes ligneuses, sont répandues sur toute la surface du globe; les unes

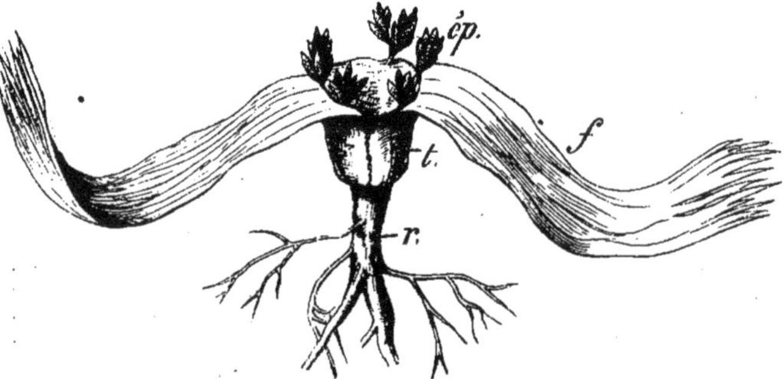

FIG. 729. — **Gymnospermes.** — *Welwitschia mirabilis*. *r*, racine; *t*, tige portant 2 feuilles, *f*, et des grappes d'épis, *ép*.

sous les climats froids (**Conifères**), d'autres dans les régions équatoriales principalement (**Gnétacées** et quelques **Cycadinées**).

La tige, simple (**Cycadinées**) ou ramifiée (**Conifères, Cordaïtées**), demeure rarement courte [et fortement tuberculeuse chez *Welwitschia*] (fig. 729); elle atteint 10 mètres et plus de hauteur.

La tige des **Conifères** mesure souvent 40 ou 50 mètres; celle du *Sequoia gigantea* atteint jusqu'à 150 mètres; chez les Cordaïtes, elle était communément de 20 à 30 mètres.

La **racine** est abondamment ramifiée.

Les **feuilles** vertes sont ordinairement petites, étroites, uninerves et sessiles chez les **Conifères** (fig. 730). Celles des **Cycadinées** sont de 2 sortes : les unes sont réduites à de petites écailles sèches et brunes ; les autres, au contraire, sont de grandes feuilles vertes penninerves, longues de 2 ou 3 mètres, qui alternent périodiquement avec les écailles (une rosette de grandes feuilles par période de 1 ou 2 ans). Parmi les **Gnétacées**, *Welwitschia mirabilis*

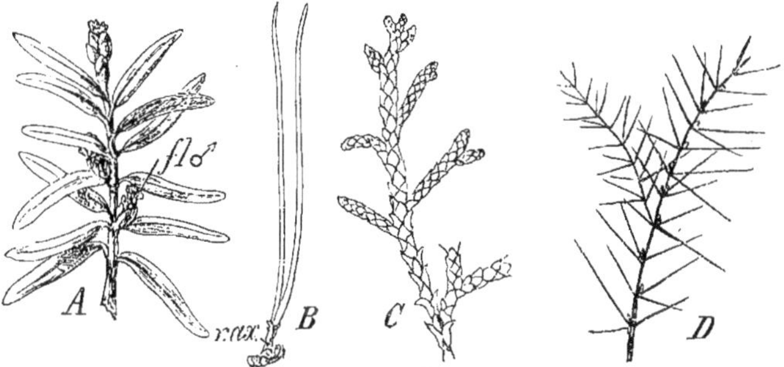

FIG. 730. — Disposition sur la tige des feuilles de quelques Conifères. — A ; If. — B ; Pin. — C ; *Thuia*. — D ; Genévrier.

produit seulement deux larges feuilles vertes, rectinerves, longues de plus de 2 mètres et étalées sur le sol (fig. 729). Les **Cordaïtes** possédaient des feuilles rectinerves aussi, ayant de 20 à 90 centimètres, arrondies au sommet.

Les feuilles ont une disposition spiralée chez les genres : *Cycas*, Pin (fig. 730, B), If (A), *Araucaria*, *Cordaites* ; on les trouve insérées cependant par verticilles de 2 chez le Cyprès, le *Thuia* (C) et les **Gnétacées** ; par verticilles de 3 à 5 chez le Genévrier (D).

Croissance et structure de l'appareil végétatif. — La tige des Gymnospermes a pour origine *une cellule initiale tétraédrique, comme celle des Cryptogames vasculaires;* cette cellule se découpe en 3 séries de segments qui se divisent ensuite par une cloison tangentielle en cellules externes et en cellules internes : les premières forment l'exoderme et l'écorce; aux dépens des secondes s'organise le cylindre central.

La **racine** croît aux dépens de 3 *sortes d'initiales superposées*, dont les segments produisent l'épiderme, l'écorce et le cylindre central. Ce caractère, rencontré déjà chez les Lycopodes et les Isoètes parmi les Cryptogames vasculaires, devient général chez les Phanérogames.

La **feuille** a une origine *exogène* (Voir T. I, page 462).

Consulter le Tome I pour la structure de ces organes (Tige : pages 427-428 et 434-435. Racine : pages 393-404 et 459-462).

Nous devons signaler chez les **Conifères**, sauf l'If, la présence de *canaux sécréteurs résinifères* répandus dans toute la plante ; chez les **Cycadinées**, on trouve des *canaux sécréteurs gommifères*, sauf dans la racine qui en est totalement dépourvue.

Appareil reproducteur. — Les Gymnospermes possèdent des *fleurs toujours unisexuées*, tantôt monoïques (Pin, Sapin, *Thuia*, Cyprès, *Gnetum*, *Welwitschia*), tantôt dioïques (*Cycas*, If, *Ephedra*).

La description générale des fleurs de **Conifères** a été faite ; la fécondation et le développement de l'œuf ont été exposés de même (Voir T. I : fleur mâle, page 274 ; fleur femelle, pages 532-533 ; germination du grain de pollen, page 534 ; fécondation, page 535 ; développement, pages 540-541).

Nous rappellerons brièvement ici la correspondance des organes reproducteurs chez les Gymnospermes et les Cryptogames vasculaires.

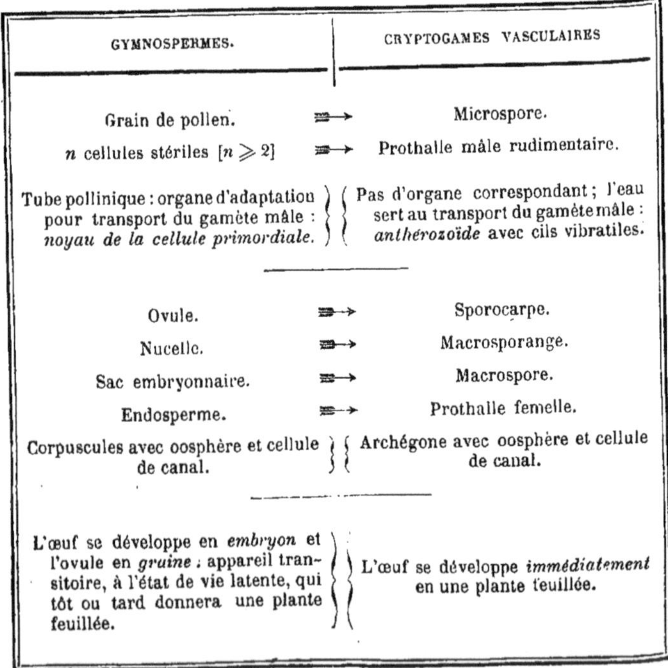

GYMNOSPERMES.		CRYPTOGAMES VASCULAIRES
Grain de pollen.	→	Microspore.
n cellules stériles [$n \geqslant 2$]	→	Prothalle mâle rudimentaire.
Tube pollinique : organe d'adaptation pour transport du gamète mâle : *noyau de la cellule primordiale.*		Pas d'organe correspondant ; l'eau sert au transport du gamète mâle : *anthérozoïde* avec cils vibratiles.
Ovule.	→	Sporocarpe.
Nucelle.	→	Macrosporange.
Sac embryonnaire.	→	Macrospore.
Endosperme.	→	Prothalle femelle.
Corpuscules avec oosphère et cellule de canal.		Archégone avec oosphère et cellule de canal.
L'œuf se développe en *embryon* et l'ovule en *graine* : appareil transitoire, à l'état de vie latente, qui tôt ou tard donnera une plante feuillée.		L'œuf se développe *immédiatement* en une plante feuillée.

A. — CORDAÏTÉES

Gymnospermes **fossiles**. *Ovules isolés, chacun occupant le sommet d'un rameau court, axillaire, qui porte quelques bractées stériles.*

Elles ont toutes vécu pendant l'ère primaire (*Dévonien — Permien* inférieur), avec maximum de développement à l'*époque carbonifère*.

Les Cordaïtes possédaient un tronc haut de 20 à 30 mètres, ramifié en haut et couvert, surtout au sommet, de grandes feuilles sessiles, rectinerves, arrondies à leur extrémité (fig. 731, A).

Leur tige comprenait au centre une *mœlle* abondante creusée de larges lacunes et entourée de 2 zones concentriques de *bois* : l'une interne plus ancienne, formée de vaisseaux spiralés, annelés et réticulés, d'où partaient les faisceaux se rendant aux feuilles; l'autre externe plus épaisse, formée de *vaisseaux ponctués-aréolés* disposés en assises rayonnantes séparées par de minces rayons médullaires. Une *zone génératrice libéroligneuse* entourait le bois. On remarque, plus en dehors, le *liber*, le *péricycle*, enfin l'écorce avec de nombreux canaux gommifères.

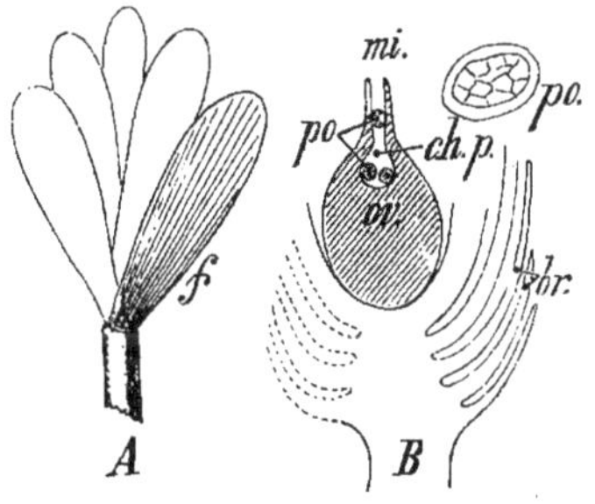

FIG. 731. — **Cordaïtes.** — A ; rameau feuillé. — B ; coupe longitudinale d'un cône femelle ; *br*, bractées ; *ov*, ovule ; *ch.p*, chambre pollinique renfermant quelques grains de pollen, *po* ; *mi*, micropyle.

Les inflorescences mâles et les cônes femelles étaient épars le long du tronc et à l'aisselle de certaines feuilles.

Dans chaque inflorescence mâle se trouvaient des feuilles : les unes stériles, les autres fertiles portant chacune 2 ou 3 étamines avec des grains de pollen abondants et pluricellulaires. Chaque cône femelle comprenait de courts rameaux axillaires, chacun avec quelques bractées stériles, *br* et un ovule terminal, *ov* (B). La fécondation de l'oosphère, fort tardive, n'avait lieu qu'après la chute de l'ovule emportant des grains de pollen, *po*, dans sa chambre pollinique, *ch.p*.

B. — CYCADINÉES

Gymnospermes dioïques. Nombreux carpelles ouverts procédant directement des flancs du rameau femelle et formant tous ensemble une **fleur**.

Caractères généraux. — Les Cycadinées sont des plantes exotiques arborescentes, dont le tronc *non ramifié* forme une colonne massive de 10 mètres parfois, couronnée par un bouquet de grandes feuilles pennées, rigides, atteignant plusieurs mètres. Ces arbres ont le port d'un Palmier ou d'une Fougère arborescente; leurs feuilles jeunes sont enroulées en crosse, comme celles des Fougères.

La tige porte, nous l'avons vu déjà, 2 sortes de feuilles : les unes écailleuses brunes, les autres grandes et vertes, alternant périodiquement.

La *tige primaire* comprend une écorce épaisse et un cylindre central composé du péricycle, d'un manchon libéroligneux et d'une moelle abondante. Le parenchyme médullaire et cortical contient de nombreux canaux gommifères; *il est riche en amidon et sert à préparer une sorte de sagou* (Japon, Iles Moluques).

L'assise génératrice libéroligneuse normale forme du bois et du liber secondaires pendant peu de temps; dans la suite, se forment d'autres assises génératrices semblables, mais péricycliques (la n^{me} toujours en dehors de la n-1me).

Le bois est formé de vaisseaux fermés : spiralés, puis scalariformes (bois primaire), scalariformes ou aréolés (bois secondaire).

Fleurs. — Les *fleurs mâles* du *Cycas* sont des chatons allongés sur l'axe desquels sont insérées en spirale les feuilles staminales pointues; des sacs polliniques en nombre variable couvrent toute la face de l'écaille; ils y sont groupés en sores.

Les *fleurs femelles* du *Cycas* consistent en un groupe de feuilles, plus petites que les feuilles ordinaires, très découpées (fig. 732, A), dont les folioles inférieures seules sont transformées en autant d'ovules, *ov*.

Une rosette de carpelles entoure ainsi la tige; au-dessus sont disposés : un cycle d'écailles, puis un cycle de feuilles vertes, puis une autre rosette de carpelles, etc. En réalité, *tout le Cycas est une fleur femelle*.

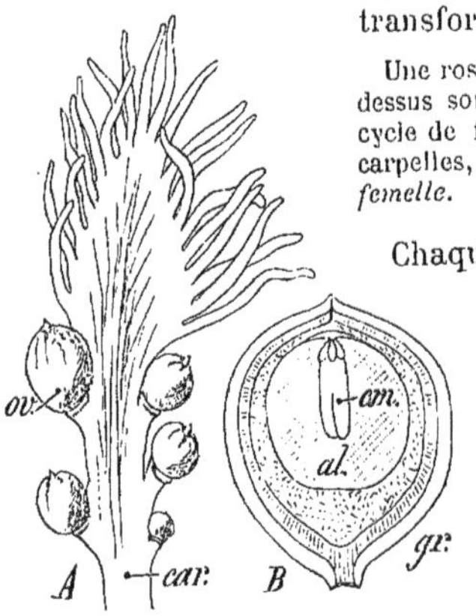

Fig. 732. — Cycadinées. *Cycas revoluta*. — A; feuille carpellaire avec quelques ovules, *ov*. — B; graine coupée; *em*, embryon; *al*, albumen.

Chaque ovule atteint, avant la fécondation, la grosseur d'une prune; il est orthotrope et son tégument est concrescent avec le nucelle à sa base; une vaste chambre pollinique est disposée au sommet pour recevoir les grains de pollen. Après fécondation se produit la polyembryonie mentionnée déjà (T. 1, page 540); le développement de l'ovule en graine (B) se fait au contact de l'air chez le *Cycas*.

Dans le genre *Zamia*, les écussons formés par les feuilles carpellaires se rapprochent après la fécondation, se soudent et enferment, pour un temps, les ovules dans une cavité close.

Cycas. Ovules insérés en nombre variable de chaque côté d'une feuille carpellaire pennée. — *Zamia*. Ovules disposés par paires à la face inférieure d'une feuille carpellaire peltée. — *Ceratozamia*.

Genres fossiles nombreux : *Pterophyllum* (Carbonifère). — *Nillsonia* (Trias-Lias). — *Zamites* (Lias-Miocène), etc.

C. — CONIFÈRES

Gymnospermes monoïques ou dioïques. Les carpelles naissent par 2 à l'aisselle des feuilles du rameau femelle et se soudent par leurs bords en une **fleur**. *Le rameau fertile est un* **épi**.

Caractères généraux. — Les Conifères sont des arbres ou des arbrisseaux, résinifères en général, croissant en tous les points du globe.

La **tige** dressée atteint souvent de grandes dimensions (*Sequoia gigantea* : 150 mètres) et émet de nombreux rameaux axillaires. La disposition de ces rameaux imprime à chaque espèce un aspect spécial qui permet de la reconnaître assez facilement[1].

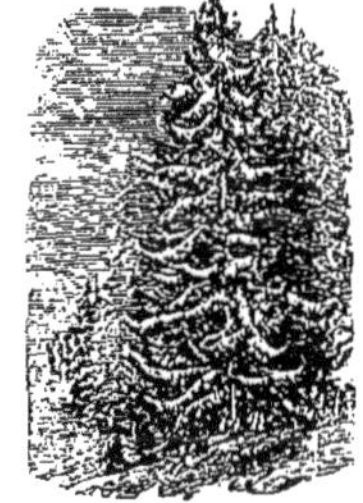

FIG. 733. — Conifères. *Picea excelsa* (Épicéa).

Les branches, toutes semblables chez le Sapin, le Cyprès, l'If, etc., sont de deux sortes chez le Pin, le Mélèze, le Cèdre : les unes sont longues, vigoureuses et persistantes avec des rameaux de 2e ordre plus ou moins nombreux; les autres sont courtes, caduques et sans ramification.

Les **feuilles** normales, toutes semblables et vertes chez le Sapin, le Mélèze, le Cèdre, le Cyprès, l'If (fig. 730, A), etc., sont de 2 sortes chez le Pin : les unes écailleuses, sans chlorophylle, sont portées par la tige et les rameaux allongés; les autres vertes (fig. 730, B), affectées à l'assimilation et très développées, sont portées au contraire par les rameaux courts, *r.ax*; elles sont associées par 2, 3 ou 5, suivant les espèces de Pins; mais leur nombre n'est pas absolument constant pour une même espèce.

La forme des feuilles fournit un excellent caractère pour la classification ; leur disposition est le plus souvent spiralée [Pin (B), *Araucaria*, If (A)]; elle est cependant verticillée : par 2 [Cyprès *Thuia* (C)], par 3 à 5 [Genévrier (D)].

Chez la plupart des Conifères, les *feuilles sont persistantes*, c'est-à-dire qu'elles peuvent vivre plusieurs années sur le rameau qui les porte ; aussi dans nos contrées, les Conifères font exception

1. L'Épicea (*Picea excelsa*, fig. 733) porte des *rameaux de 1er ordre horizontaux*, verticillés en apparence, graduellement décroissants de la base au sommet et figurant un cône à angle aigu ; les *rameaux de 2e ordre* y sont pendants. Chez le Sapin (*Abies pectinata*), les rameaux de 1er ordre les plus anciens meurent; les plus récents forment également un cône de faux verticilles en haut de la tige. Le Pin parasol (*Pinus pinea*) est également dépourvu de ses rameaux inférieurs; les branches les plus jeunes forment une tête élargie en parasol au sommet de l'arbre. La tige et les rameaux du Pin Laricio (*P. Laricio*) affectent dans leur ensemble, une forme ovoïde. Le Cèdre (*Cedrus Libani*) présente un axe central plus ou moins tortueux, avec des rameaux latéraux disposés en assises horizontales, de quelque ordre qu'ils soient. Le Mélèze (*Larix europæa*) a un aspect presque pleureur.

en hiver aux autres arbres qui, dès l'automne, ont perdu leur feuilles : d'où le nom *d'arbres toujours verts* attribué aux Conifères. [D'autres végétaux présentent cependant le même caractère, le Houx par exemple].

Structure de l'appareil végétatif. — La tige primaire des Conifères présente un cylindre central avec un anneau libéroligneux dont le bois est formé de *vaisseaux imparfaits* (les plus anciens annelés et spiralés, les plus récents réticulés, scalariformes). Le bois secondaire est formé essentiellement de *vaisseaux à ponctuations aréolées*, disposés en assises rayonnantes séparées par des *rayons médullaires unisériés*. Le liber comprend des *tubes criblés imparfaits*. L'écorce est très riche en tanin.

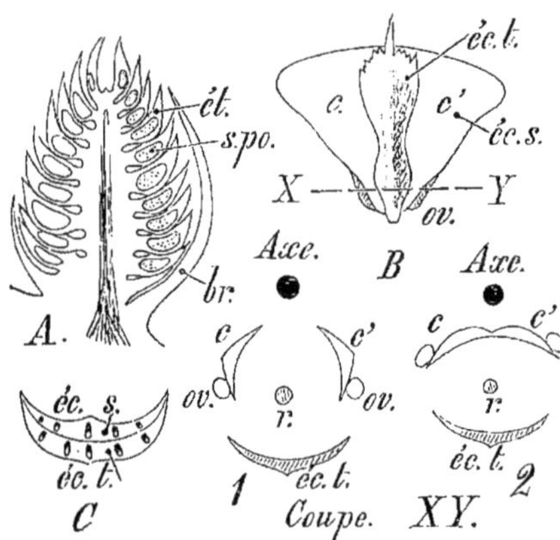

Fig. 734. — A ; section longitudinale de fleur mâle de *Pinus pumilio* (Pin nain); *br*, bractée; *ét*, une étamine; *s.po*, un sac pollinique. — B et Coupe *XY*; fleur femelle réelle et vue en coupe chez les Abiétinées. *éc.s*, écaille séminale résultant de l'ensemble des carpelles, *c* et *c'*, libres en 1, soudés en 2 (chaque carpelle porte un ovule, *ov*); *éc.t*, écaille tectrice; *r*, rameau atrophié. — C ; soudure des carpelles en une écaille séminale, *éc.s*, appliquée contre l'écaille tectrice, *éc.t*, chez les Cupressinées.

Les **feuilles** sont pourvues d'un épiderme fortement cutinisé avec des stomates profonds, et d'un hypoderme sclérifié qui leur donne une grande fixité de formes (fig. 339, T. I); les cellules du parenchyme chlorophyllien présentent de nombreux replis internes.

La **racine** présente une structure normale. De nombreux *canaux résinifères* (des *poches sécrétrices* seulement chez le Sapin) sont répartis dans toute l'étendue du corps végétatif chez les Conifères, sauf l'If qui en est dépourvu[1].

Fleurs. — Les fleurs des Conifères sont toujours *unisexuées et sans périanthe :* monoïques (Pin, Sapin, Cyprès, *Thuia*, etc.) ; dioïques (If, *Ginkgo*).

La **fleur mâle** (fig. 734, A) est un groupe de nombreuses

1. La *résine* demeure au lieu de production si elle est peu abondante; quand elle est produite en grande quantité, elle s'écoule au dehors en se frayant un chemin à travers le parenchyme cortical (Épicéa, Pin). On facilite cet écoulement par le *gemmage;* on pratique à cet effet des incisions dans l'écorce et parfois jusqu'au jeune bois de l'*Épicéa* (duché de Bade), du *Pin maritime* (Landes), du *Pin Laricio* (Autriche).

On appelle *térébenthine brute* le produit qui s'écoule par les incisions. Soumise à la distillation, la térébenthine donne l'*essence de térébenthine* volatile et un résidu de composition très variable (poix blanche, résine ordinaire, etc.).

Le *baume du Canada* est une térébenthine très limpide et très réfringente, originaire d'*Abies balsamea*, précieuse dans les recherches d'histologie.

La *colophane* est obtenue en maintenant longtemps en fusion de la térébenthine jusqu'à ce que la masse soit devenue très limpide.

étamines, disposées en spirale ou en verticilles le long d'un axe court, parfois accompagné de bractées écailleuses, *br*, à sa base[1].

L'étamine, *ét*, est une sorte d'écusson porté par un filet plus ou moins long; dans l'épaisseur du limbe se développent les sacs polliniques, *s.po*, en nombre variable suivant les genres : 2 (Pin, Sapin, Épicéa); 3 à 4 (Genévrier, Cyprès); 5 à 8 (If); 6 à 20 (*Araucaria*). Les grains de pollen sont pluricellulaires [2 cellules : Pin (fig. 538, T. I), Cyprès, *Thuia*; 4 cellules : Épicéa, Sapin, Mélèze, etc.]

La **fleur femelle** (fig. 374, B et Coupe XY, 1, 2) consiste en 2 carpelles écailleux, *c,c'*, placés côte à côte dans l'aisselle d'une bractée ou *écaille tectrice*, *éc.t.* Ces 2 carpelles sont insérés sur un rameau court, *r*, qui avorte immédiatement; ordinairement rapprochés et soudés par leurs bords en contact (2), ils forment une *écaille séminale*, unique en apparence, *éc.s* (B), portant les ovules, *ov*, sur la face dorsale.

Les relations des carpelles avec la bractée tectrice permettent de partager les Conifères en tribus :

I. **Taxinées**. — *Carpelles très réduits, libres de toute adhérence avec la bractée tectrice. 1 ou 2 ovules forment la fleur femelle. Graine entourée ou non d'un* **arille**.

II. **Cupressinées**. — *Carpelles soudés à la bractée tectrice dans l'aisselle de laquelle les ovules paraissent placés. Bractées disposées en* **cônes** *formés ainsi d'écailles d'une seule sorte en apparence* (fig. 734, C).

III. **Abiétinées**. — *Carpelles indépendants de la bractée tectrice;* **cônes** *formés en apparence par 2 sortes d'écailles :* **écailles séminales** *fertiles, internes;* **écailles tectrices** *stériles, externes* (B).

I. — TAXINÉES

Carpelles indépendants de la bractée tectrice. Pas de cône. Embryon à 2 cotylédons.

Taxus (If). Arbre de faible taille; feuilles linéaires, aiguës à l'extrémité, disposées en spirale et étalées horizontalement. *Fleurs*

---

1. Après la chute des étamines, le rameau peut continuer de croître et devenir un rameau normal avec des feuilles vertes.

mâles globuleuses et solitaires à l'aisselle des feuilles (fig. 735, A), chaque fleur comprend 5 à 8 étamines, *ét*, avec un écusson polygonal d'où pendent 5 à 8 sacs polliniques, *s.po* (B). *Fleurs femelles* sessiles et solitaires (C); chacune porte un ovule, *ov* (C et D), au milieu de bractées stériles; l'ovule donne une graine dont la base est entourée d'un *arille charnu*, *ar* (E, F).

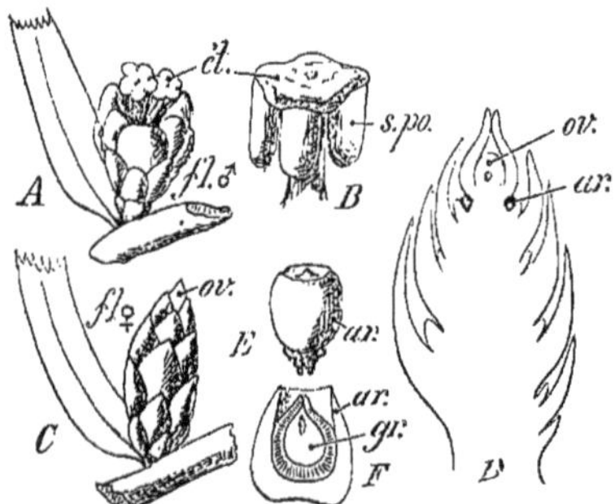

Fig. 735. — **Taxinées.** — Organes de reproduction de *Taxus baccata* (If). — A ; fleur mâle renfermant un groupe d'étamines, *ét.* — B ; étamine grossie portant des sacs polliniques, *s.po.* — C ; fleur femelle vue en coupe en D ; *ov*, ovule ; *ar*, début de l'arille. — E ; fruit, coupé en F pour montrer la graine, *gr.*

L'If commun (*T. baccata*) atteint parfois 12 à 14 mètres; il exhale une odeur nuisible; ses feuilles sont vénéneuses; son arille l'est moins.

Le bois d'If rougeâtre est susceptible d'un beau poli (vaisseaux ponctués-aréolés avec épaississements spiralés); on l'emploie en ébénisterie et pour fabriquer les cannelles des tonneaux. Arbre d'ornement.

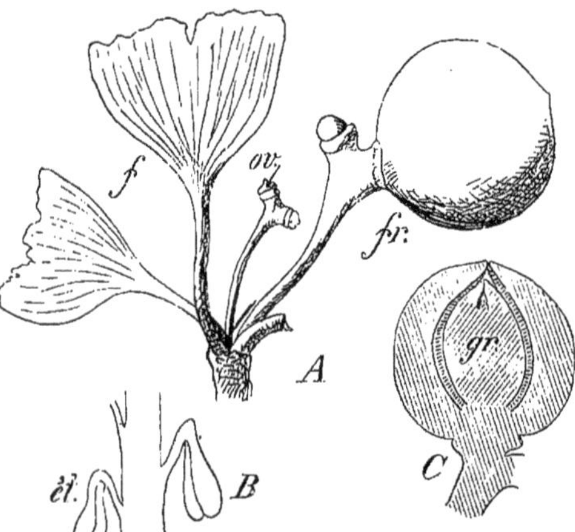

Fig. 736. — **Taxinées.** *Ginkgo biloba.* — A : rameau portant des feuilles, *f* et des carpelles pétiolés pourvus chacun de 2 ovules, *ov* ; *fr*, fruit. — B ; portion de fleur mâle montrant 2 étamines, *ét.* — C ; coupe longitudinale du fruit ; *gr*, graine.

Ginkgo (*Salisburia*, fig. 736). Arbre de dimensions colossales en Chine (13 mètres de circonférence). Feuilles triangulaires, *f*. *Fleurs mâles* solitaires, comprenant une grappe de nombreuses étamines à 2 sacs polliniques, *ét* (B). *Fleurs femelles* (A) composées de 2 ovules nus, *ov*, dont l'un avorte ordinairement. Graine sans arille (C); son enveloppe, charnue extérieurement, est lignifiée en dedans. Amande comestible.

Le Ginkgo est un arbre d'ornement pour les parcs et jardins.

II. — CUPRESSINÉES

Carpelles soudés à la bractée tectrice. Les bractées sont disposées en **cônes** *formés en apparence d'écailles d'une seule sorte* (fig. 737).

Cupressus [Cyprès (A à D)]. Arbre ou arbrisseau à *rameaux cylindriques* avec de petites feuilles écailleuses, sessiles et opposées. Épis femelles globuleux (C), ordinairement solitaires sur de courts rameaux ; écailles opposées.

Le bois du Cyprès est imputrescible. Cet arbre a un port pyramidal et une couleur sombre. Arbre d'ornement des jardins et des cimetières.

Thuia [Thuya] (E à G). Arbrisseau à *rameaux aplatis* portant de petites feuilles écailleuses, sessiles et opposées. *Fleurs mâles*

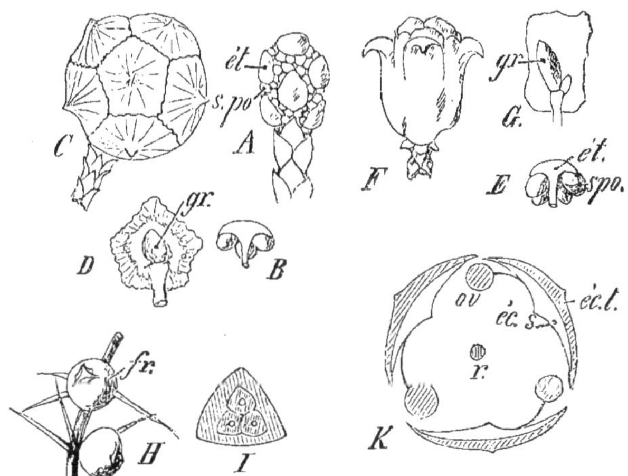

Fig. 737. — Organes de reproduction des **Cupressinées**. — A à D ; Cyprès. — E à G ; *Thuia*. — H à K ; *Juniperus communis*. — A ; fleur mâle. — B,E ; étamines isolées. — C,F ; cônes femelles. — D,G ; fleurs femelles isolées avec graine, *gr.* — H ; baie de Genévrier coupée en I. — K ; disposition schématisée des écailles tectrices, *éc.t* et des écailles séminifères, *éc.s*, avec leurs ovules latéraux, *ov*, chez le Genévrier.

solitaires terminant les rameaux. *Fleurs femelles* disposées en épis oblongs solitaires sur des rameaux courts (F), 2 ou 3 ovules dans l'aisselle des écailles (G).

Th. occidentalis ; rameaux d'une même branche étalés dans un plan horizontal ; bois brun, tendre, utilisé en menuiserie fine. — *Th. orientalis* (*Biota*) ; rameaux d'une même branche dans un plan vertical, bois dur. Arbres d'ornement.

Juniperus [Genévrier (H à K)]. Arbre ou arbrisseau à feuilles opposées ou ternées (en aiguilles très pointues et ternées chez *J. communis*, fig. 730, D). *Fleurs mâles* réunies parfois en capitules de quelques fleurs; chaque étamine porte 3 ou 4 sacs polliniques. Épis globuleux de *fleurs femelles* (H) verticillées par 3 (I); chaque écaille porte latéralement 1 ovule (K). Les écailles, charnues à la maturité, se pressent et abritent les graines pendant leur développement.

Les épis charnus ou fruits du Genévrier commun sont connus sous le nom de *baies de genièvre* et employés comme épice à cause de leur saveur aromatique. Par distillation, on en extrait une essence (eau-de-vie de grains parfumée aux baies de genièvre). Le bois en est surtout utilisé par les tourneurs. — Espèces principales : *J. sabina, oxycedrus, virginiana*, etc. Arbres d'ornement.

Le bois rouge-brun odorant de *J. virginiana* sert à fabriquer les crayons.

Sequoia. Géant du règne végétal qui vit aujourd'hui en Californie dans les lieux humides. Écaille tectrice plus petite que l'écaille séminale. — *Araucaria*. Écaille tectrice plus développée que l'écaille séminale.

Arbrisseau utilisé pour l'ornement des jardins et des appartements.

III. — ABIÉTINÉES

Carpelles **soudés en une écaille séminale** *indépendante de la bractée tectrice*. **Cônes** *formés en apparence de 2 sortes d'écailles : écailles séminales fertiles internes; écailles tectrices stériles externes.*

Pinus (Pin). Arbre à feuilles de 2 sortes: les unes petites et écailleuses, insérées sur l'axe et sur de longs rameaux axillaires; les autres longues, en aiguille, réunies (2 à 5) sur de courts rameaux axillaires. *Fleurs mâles* globuleuses, groupées en épi au sommet d'un rameau qui traverse cet épi et continue sa croissance; étamines portant 2 sacs polliniques; grain de pollen bicellulaire et pourvu de deux ampoules latérales pleines d'air[1]. *Fleurs femelles* groupées en cônes, avec de petites écailles tectrices membraneuses et de grandes écailles séminales dilatées et épaissies en écusson à l'extrémité libre. Sur chaque écaille séminifère sont disposés dorsalement 2 ovules. A la maturité des graines, une lame de liège se forme sur l'écaille, vis-à-vis de chacune d'elles, et détache une sorte d'aile qui demeure attachée à la graine.

Embryon renfermant de 3 à *n* cotylédons. L'embryon est vert, bien qu'il soit renfermé dans une graine opaque.

---

1. Ces ampoules aérifères facilitent la dissémination du pollen, puisque les Insectes visitent peu les forêts de Conifères.

Rameaux axillaires courts à 2 feuilles.

Le Pin sylvestre (*P. sylvestris*) a l'écorce rouge et tanifère (industrie des peaux); le bois en est tendre. Il habite l'Europe centrale et septentrionale. Ses bourgeons sont employés comme diurétique et pour aromatiser la bière. Le *Pin Laricio* est originaire de la région méditerranéenne; son bois est plus durable que le précédent. — Le Pin maritime (*P. Pinaster*), à cime conique, est cultivé dans les Landes et fournit de la résine, un bois précieux pour la charpente et les constructions navales. — Le Pin pignon ou Pin parasol (*P. pinea*) en parasol; très répandu dans le midi de l'Europe, il forme de gros cônes à la tête élargie (fig. 738, A) avec des *graines non ailées* (C) dont l'amande, comestible, est employée à la préparation des pralines.

Rameaux axillaires courts à 3 feuilles.

Le Pin de Virginie (*P. Tæda*) forme de grandes forêts en Amérique du Nord.

Rameaux axillaires courts à 5 feuilles.

Le Pin de Lord Weymouth (*P. Strobus*), qui atteint 25 mètres, provient du Canada; arbre d'ornement des parcs.

Picea (Épicéa, fig. 733). Arbre pyramidal à rameaux de 2e ordre pendants et couverts de feuilles en aiguille à section rhomboïdale. *Fleurs mâles* en forme de chou-fleur. *Fleurs femelles* groupées en *cônes pendants* où les

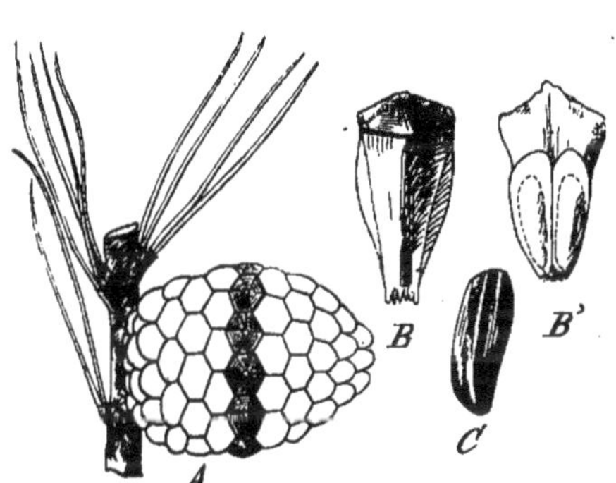

Fig. 738. — Conifères. — *Pinus pinea* (Pin parasol). — A; cône,— B,B', écaille vue de dos (B) et ventralement (B'). — C; graine.

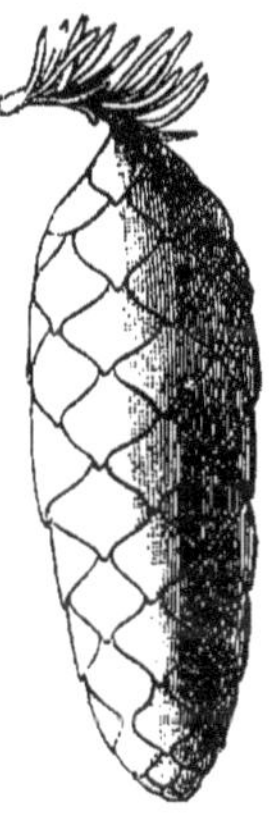

Fig. 739. — Cône de *Picea excelsa* (Épicéa).

écailles tectrices sont cachées à la maturité par les écailles séminales minces (fig. 739).

L'Épicéa ou Sapin de Norwège (*P. excelsa*) est très répandu dans toute l'Europe septentrionale; son bois tendre et durable est utilisé pour les constructions navales.

Abies (Sapin, fig. 740). Arbre pyramidal élancé à feuilles planes, légèrement échancrées au sommet, vertes et planes en dessus, blanches en dessous. *Fleurs mâles* globuleuses. *Cônes dressés* à écailles tectrices peu apparentes seulement au sommet; écailles séminifères lâchement imbriquées se détachant en même temps que les graines.

Le Sapin des Vosges (*A. pectinata*) abonde dans les Vosges et les Pyrénées. Son bois tendre craint l'humidité.

Larix (Mélèze). Arbre à longues branches grêles, étalées et *pendantes*; des rameaux courts portent des *faisceaux de feuilles*

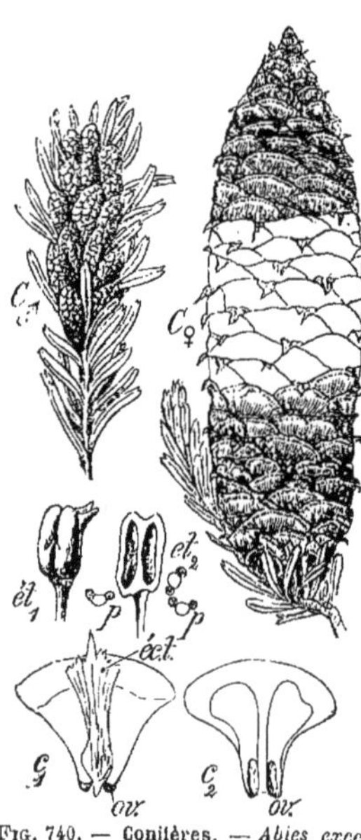

Fig. 740. — Conifères. — *Abies excelsa* (Sapin).

Fig. 741. — Cône de *Larix europæa* (Mélèze).

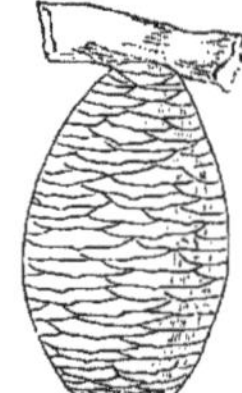

Fig. 742. — Cône de *Cedrus Libani* (Cèdre).

aiguës caduques. *Fleurs mâles* solitaires sur des rameaux courts. Petits *cônes globuleux* avec des écailles tectrices, visibles seulement au sommet, appliquées sur les écailles séminifères membraneuses (fig. 741).

Le Mélèze (*L. europæa*) croît jusqu'à 2000 mètres d'altitude. Son bois tendre et grossier résiste bien à l'humidité; le cœur du bois est particulièrement précieux pour les constructions.

Cedrus (Cèdre). Grand arbre à grosses branches horizontales, ainsi que leurs courts rameaux sur lesquels sont des faisceaux de feuilles en aiguille. *Cônes volumineux* (fig. 742) à *écailles caduques*, parce que l'axe qui les porte pourrit sur l'arbre.

Le Cèdre du Liban est simplement ornemental. Il se rencontre sur le Liban, l'Himalaya et la chaîne de l'Atlas.

Conifères fossiles. — Outre de nombreuses espèces fossiles appartenant à la plupart des genres précédents (If, Ginkgo, Genévrier, Pin, Épicéa, Sapin, Cèdre) et datant toutes du *Crétacé*, du *Tertiaire* et du *Quaternaire*, il convient de signaler deux genres principaux remontant à une époque antérieure : *Walchia* (*W. piniformis*) du *Permien*; *Voltzia* (*V. heterophylla*) du *Trias*.

Walchia. Arbre de grandes dimensions à feuilles en faux spiralées. — *Voltzia.* Arbre pourvu de 2 sortes de feuilles : les unes falciformes, les autres linéaires et planes; écailles séminales portant *n* ovules.

D. — GNÉTACÉES

Gymnospermes dont l'ovaire clos renferme un seul ovule. Pas de stigmate.

Ce groupe comprend 3 genres d'aspect très différent : *Ephedra*, *Gnetum* et *Welwitschia*.

Le genre *Ephedra* comprend des arbrisseaux aux branches longues, grêles et vertes, portant à chaque nœud 2 petites feuilles écailleuses, opposées et concrescentes formant gaine (sables du littoral méditerranéen).

Le genre *Gnetum* comprend des plantes ligneuses volubiles à grandes feuilles pétiolées et penninerves (Asie et Amérique tropicales).

Le genre *Welwitschia* est représenté par une grosse et courte tige tuberculeuse terminée par 2 longues feuilles rectinerves étalées sur le sol; ces feuilles limitent un plateau sur le bord duquel sont insérées les fleurs formant des grappes d'épis (fig. 729).

Les Gnétacées forment le passage des Gymnospermes aux Angiospermes.

Caractères de Gymnosperme : 1 *cellule initiale* pour la tige; grain de pollen cloisonné; 1 ovule orthotrope et *unitégumenté* (sauf *Gnetum*) inséré sur 2 carpelles concrescents; *ni style, ni stigmate*. Sac embryonnaire avec *endosperme*.

Caractères d'Angiosperme : Vaisseaux du bois secondaire *perforés* (encore aréolés); ovule inséré sur la *face ventrale* des carpelles formant un *ovaire clos;* tégument prolongé en un tube micropylaire.

§ 2. — ANGIOSPERMES

Phanérogames dont **les ovules sont contenus dans des cavités closes formées par les carpelles.** *Style et stigmate surmontant l'ovaire. Grain de pollen sans cloison persistante. Tige ayant pour origine* 3 (ou 3 n) *cellules initiales.*

Caractères généraux. — Chez les Angiospermes, la racine et la tige croissent à l'aide de 3 (ou 3 n) initiales superposées.

Le bois renferme des vaisseaux imparfaits (annelés, spiralés et réticulés) et des *vaisseaux parfaits* (ponctués); des fibres intercalées servent d'organes de soutien. Le liber comprend des *tubes criblés perforés* où circule une sève élaborée riche en matières albuminoïdes.

La fleur est *pourvue d'un périanthe* le plus souvent; le grain de pollen n'est pas cloisonné; il renferme 2 noyaux dont le plus petit sert de gamète mâle. L'*ovaire clos*, uni ou pluriloculaire, est surmonté d'*un style* et d'*un stigmate* sur lequel germe le grain de pollen.

Ces caractères, opposés à ceux des Gymnospermes, peuvent être groupés dans le tableau suivant :

ANGIOSPERMES		GYMNOSPERMES
3 ou 3 n initiales pour la tige.	→	1 initiale pour la tige.
Bois avec vaisseaux *parfaits* et imparfaits (*ponctués*, rayés, annelés, spiralés, qqf. scalariformes).	} {	Vaisseaux imparfaits. (annelés, spiralés, réticulés, *ponctués-aréolés*).
Liber avec tubes criblés *perforés*.	→	Tubes criblés imperforés.
Fleur avec *périanthe coloré* généralement.	} {	Fleur sans périanthe (bractées parfois).
Grain de pollen *non cloisonné*.	→	Grain de pollen cloisonné.
Ovaire *clos* avec *style et stigmate*	→	Ovaire non clos.
Pollen germant sur le stigmate.	→	Pollen germant sur le nucelle.

ANGIOSPERMES
- Embryon avec 1 cotylédon : Feuilles en général rectinerves. Fleurs construites sur le type 3. — **Monocotylédones.**
- Embryon avec 2 cotylédons. Feuilles penni- ou palminerves. Fleurs non construites sur le type 3. — **Dicotylédones.**

A. — MONOCOTYLÉDONES

Embryon pourvu d'un cotylédon. *Racine primaire avortée; système radiculaire fasciculé. Les formations secondaires* (quand elles existent) *n'ont pas pour origine une assise comprise entre le bois et le liber primaires. Feuilles en général rectinerves, sans stipules. Fleurs construites sur le type* 3.

MONOCOTYLÉDONES	Corolle nulle..........	Ovaire supère.	**Gramininées.**
	Corolle sépaloïde......		**Joncinées.**
	Corolle pétaloïde.		**Liliinées.**
	.....	Ovaire infère.	**Iridinées.**

[Voir les caractères généraux des **Monocotylédones** comparés à ceux des **Dicotylédones** à la page 693.]

I. — GRAMININÉES

Fleurs très simples, le plus souvent nues, très petites; elles sont rapprochées en épis simples (épillets) formant des épis composés ou des grappes.

GRAMININÉES	Plantes. Albumen amylacé.	terrestres.	Feuilles distiques.	**Graminées.**
			— tristiques.	**Cypéracées.**
		aquatiques nageantes.......		**Lemnacées.**
	Pas d'albumen.........			**Naïadacées.**
	Albumen charnu. Fleurs unisexuées dans.....	le même épi.....		**Aroïdées**
		des épis différents.		**Typhacées.**

1. — FAMILLE DES GRAMINÉES

Tige aérienne ordinairement creuse, interrompue par des nœuds, cylindrique ou comprimée, jamais triangulaire. Feuilles distiques avec gaine fendue du côté opposé au limbe et avec ligule. Fleurs le plus souvent hermaphrodites, enfermées dans 2 bractées (glumelles). Fruit sec (akène) à enveloppes soudées avec la graine; albumen amylacé.

Les Graminées sont des plantes herbacées annuelles (Blé), ou vivaces (Chiendent), rarement ligneuses (Bambou), répandues sur tout le globe; elles sont importantes en ce qu'elles comprennent les *céréales* et la plupart des *plantes fourragères* qui constituent les prairies naturelles.

Appareil végétatif. — La **tige** est ordinairement creuse (*chaume*), parfois pleine (Maïs, Sorgho). Chez les Graminées annuelles, la tige produit à sa base un grand nombre de rameaux (*tallement*) qui fleurissent et fructifient comme elle[1]. Chez les Graminées vivaces, un rhizome émet des pousses aériennes et

Fig. 743. — Graminées. *Briza media*. *n.n'*, nœuds de la tige; *f*, feuille; *l*. limbe; *g*. gaine; *li*, ligule; *gr*, grappe d'épillets, *ép*.

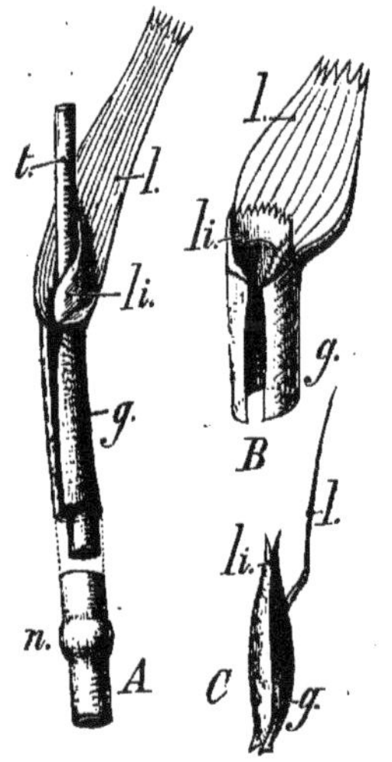

Fig. 744. — A,B; figures montrant la forme et la disposition d'une feuille de Graminée, insérée au nœud, *n*, sur la tige, *t*. — C; glumelle d'Avoine. *l*. limbe; *g*, gaine; *li*, ligule.

des ramifications qui accumulent des matières de réserve pour l'année suivante.

Système radiculaire fasciculé (fig. 376, T. I).

Feuilles engainantes (sauf chez le Bambou), sans pétiole; la gaine, *g* (fig. 744), est presque toujours fendue du côté opposé au limbe, *l*; entre la gaine et le limbe est une *ligule*, *li*, membrane transparente variable avec les espèces qu'elle sert à déterminer.

Les *glumelles* qui entourent les fleurs sont aussi des feuilles où l'on retrouve les 3 parties (gaine, ligule, limbe); chez l'Avoine, le Brome, etc., l'arête dorsale, *l*, de la glumelle (fig. 744, C) n'est autre que le limbe de la feuille originelle[2].

---

1. La tige conserve longtemps aux nœuds sa sensibilité géotropique; quand le Blé a été roulé pour provoquer le tallement, la tige se coude à l'endroit des nœuds, *n'*, pour reprendre la direction verticale (fig. 743).

2. Les *arêtes* des glumelles (et parfois des glumes), très développées chez certaines Graminées (Orge, Seigle, Brome, *Andropogon*, etc.), sont à la fois des organes de *transpiration* et de *dissémination*.

Appareil reproducteur. — **Fleur**. — La structure de la fleur des Graminées est, en général, conforme à celle qu'on trouve dans le Blé ou l'Avoine (fig. 745 et 746) :

une *glumelle inférieure* ou externe, *g.i*, à laquelle est opposée une *glumelle supérieure* ou *préfeuille*, *g.s*; ces 2 glumelles cachent 2 *glumellules*, *s*, adossées à la glumelle inférieure et placées symétriquement; puis un verticille de 3 étamines, *ét*, entourant un ovaire *c*, uniloculaire et uniovulé; l'ovaire est hérissé de 2 stigmates plumeux.

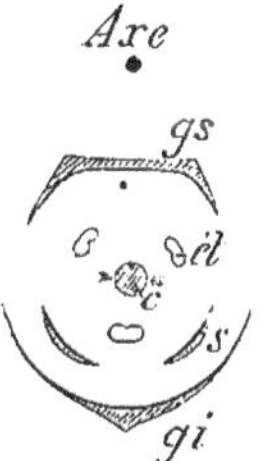

Fig. 745. — Diagramme de la fleur du Blé. *g.s*, glumelle supérieure; *g.i*, glumelle inférieure; *s*, 2 glumellules seulement; *ét*, 3 étamines; *c*, carpelle.

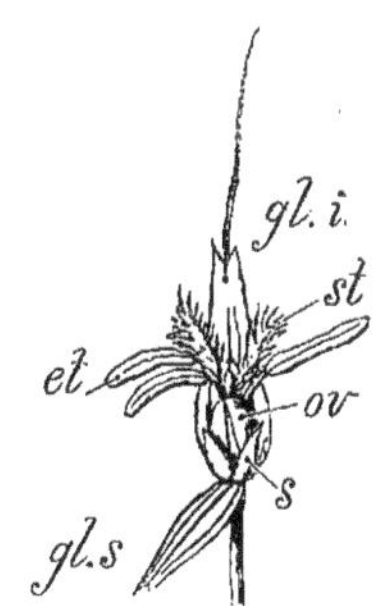

Fig. 746. — Fleur d'Avoine (*Avena pratensis*). *ov*, ovaire; *st*, stigmates plumeux. Même légende que la fig. 745.

Nous conviendrons d'appeler *fleur* cet ensemble de parties.

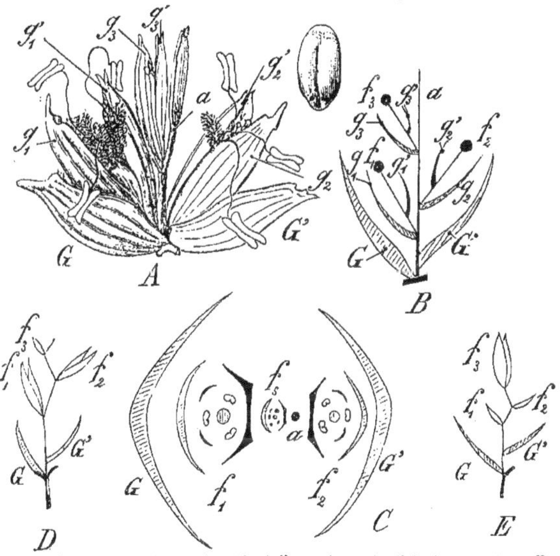

Fig. 747. — Épillet de Blé représenté réellement en A, théoriquement en B, vu en section transversale en C. — D; épillet à avortement centrifuge. — E; épillet à avortement centripète. *G*,*G'*, glumes. g_1, g'_1; g_2, g'_2; g_3, g'_3, glumelles des fleurs, f_1, f_2, f_3, qui composent l'épillet; *a*, axe de l'épillet.

Ce diagramme subit des modifications : ainsi, dans la Flouve odorante

(*Anthoxanthum*), on ne trouve que deux étamines; dans le Riz (*Oryza*), il y a 6 étamines et 3 carpelles [ce qui nous ramène au type général **Monocotylédone**]; dans le Maïs (*Zea*), les fleurs sont unisexuées.

Inflorescence. — Les fleurs sont toujours associées en *épillets* (épis simples) disposés en *épis* (épis composés) ou en *grappes*.

L'épillet (fig. 747, A,B,C) est embrassé par 2 bractées basilaires stériles appelées *glumes*, G, G' ; le long de son axe sont insérées, suivant la disposition distique, n glumelles inférieures, g_1, g_2, g_3; dans l'aisselle de chaque glumelle est inséré l'axe d'une fleur f_1, f_2, f_3, portant la glumelle supérieure bicarénée, g'_1, g'_2, g'_3, à l'opposé de la glumelle inférieure unicarénée.

Le nombre de fleurs par épillet est très variable [20 parfois : Chiendent (*Agropyrum*), Ivraie (*Lolium*); 1 seulement : (*Agrostis*); 2 (*Aira*), Seigle (*Secale*)].

Les fleurs d'un même épillet sont aussi diversement développées (fig. 747, D,E); la dernière est ordinairement stérile.

Fig. 748. — **Graminées.** — *Triticum sativum* (Blé).

Fig. 749. — **Graminées.** — *Dactylis glomerata* (Dactyle pelotonné).

Dans le Blé (fig. 748), le Seigle, l'Ivraie, etc., les épillets sessiles sont disposés alternativement sur les deux faces de l'axe de l'épi; ils sont sur 3 rangs dans l'Orge (*Hordeum*), sur n rangs ($n > 12$) dans le Maïs. Toutes ces plantes présentent de *vrais épis composés*.

Chez le Brome (*Bromus*), le Dactyle (*Dactylis glomerata*, fig. 749), l'Avoine (*Avena*), le Paturin (*Poa*), etc., les épillets sont pédonculés et l'inflorescence est une grappe dont la forme (longueur et insertion des pédoncules, nombre de fleurs par épillet, etc.) est utilisée pour la classification.

Fruit et graine. — Après la fécondation, le fruit se développe rapidement; il contient une seule graine dont le tégument est intimement appliqué contre la paroi interne du fruit (*akène*, appelé plus spécialement *caryopse* à cause de cette disposition).

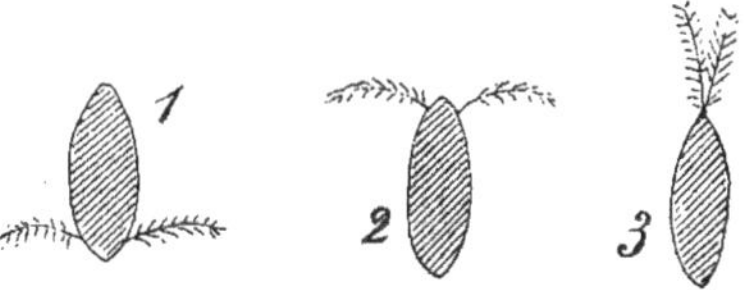

Fig. 750. — Divers modes d'émergence des stigmates plumeux par rapport aux glumelles : 1, Euryanthées. 2, Sténanthées. 3, Clisanthées.

La graine (fig. 571, T. I) renferme un embryon monocotylédone et un albumen dont les cellules sont riches en amidon, sauf l'assise externe ou couche protéique remplie de grains d'aleurone (fig. 478, T. I).

Certains botanistes considèrent comme un prolongement de la tige, ou *scutelle*, la partie appelée ordinairement *cotylédon* étroitement appliquée sur l'albumen ; le cotylédon est pour eux la 1re gaine foliaire ou *piléole*.

GRAMINÉES	**Céréales** (fig. 750).	Euryanthées (1)	= *Hordéacées*, *Festucacées*, *Stipacées*, *Avénacées*.
		Sténanthées (2)	= *Arundinacées*.
		Clisanthées (3)	= *Alopécuroïdées*.
	Sacchariféres.	Hermaphrodites	= *Anthoxanthées*, *Panicées*, *Oryzées*.
		Monoïques	= *Andropogonées*, *Olyrées*.
	....		*Bambusées*.

I. — CÉRÉALES

Fleurs hermaphrodites; celles de la base de l'épillet sont seules fertiles (fig. 747, D).

(a) **Euryanthées**. — *Stigmates plumeux sortant latéralement des glumelles près de la base de la fleur* (fig. 750, 1).

1. Tr. **Hordéacées**. — Épillets sessiles ou brièvement pédonculés, disposés en épi composé.

Lolium (fig. 751, A,A'). Espèces vivaces avec rhizome et espèces annuelles. Épi allongé dont les épillets sessiles ont un plan de symétrie contenant l'axe du rachis; épillets avec 3 à 20 fleurs, possédant une seule glume, G, sauf l'épillet terminal qui en a 2. Feuilles comprimées, roulées avant l'épanouissement. Grains d'amidon petits et polyédriques.

L'Ivraie (*L. temulentum*) est une mauvaise herbe ; sa farine, mêlée à celle du Blé, lui donne des propriétés enivrantes. Le Ray-grass (*L. italicum* et *perenne*) constitue un excellent fourrage.

Triticum (Froment, Blé, fig. 747, 748 et 751, B,B'). Plante herbacée annuelle; épi dense avec 2 rangées d'épillets de 3 à 5 fleurs (1 ou 2 fertiles), accolés latéralement au rachis; 2 glumes ventrues, plurinerves et tronquées. Glumelle avec ou sans arête. Fruit oblong; grains d'amidon lenticulaires.

Le Blé est inconnu à l'état sauvage. Les espèces et variétés en sont très nombreuses (1700 environ); les principales sont : *T. sativum* (Blé d'été et d'hiver),

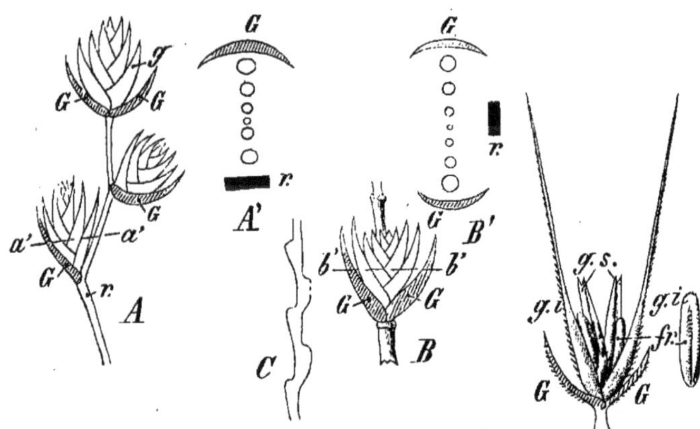

FIG. 751. — **Graminées.** — A; *Lolium perenne*; disposition des épillets sur le rachis, *r*. L'épillet terminal a 2 glumes; les épillets latéraux n'en ont qu'une. — A'; coupe théorique d'un épillet latéral et du rachis, *r*, suivant *aa'* (A). — B,B'; épillet de *Triticum* (Blé) et sa position par rapport au rachis, *r*; coupe suivant *bb'*. — C; portion du rachis.

FIG. 752. — Épillet de *Secale cereale* (Seigle) avec 2 fleurs limitées par les glumelles, *g.s* et *g.i*, *fr*, fruit.

T. polonicum (Blé d'été, de Pologne), au fruit nu; *T. Spelta* (Épeautre), au fruit vêtu.

Par la mouture, on retire du Blé la *farine* et le *son* que sépare le blutage. La *farine*, qui provient de l'embryon et de l'albumen, contient de l'amidon, du gluten et des matières sucrées; le *son* a pour origine les enveloppes du grain; il renferme des substances azotées.

Agropyrum (Chiendent). Plante vivace à rhizome rampant; épi allongé, lâche.

Le Chiendent (*A. repens*) est une mauvaise herbe qui envahit les lieux cultivés; son rhizome donne une tisane émolliente et apéritive.

Secale (Seigle, fig. 752). Plante annuelle; épi dense avec 2 rangées d'épillets isolés, composés de 2 ou 3 fleurs (1 ou 2 fertiles). Glumes uninerves, comprimées; glumelle inférieure avec 3 nervures et une longue arête. Fruit allongé à sillon étroit.

Le Seigle (*S. cereale*) résiste mieux que le Blé à une température un peu rigoureuse; aussi peut-on le cultiver dans les pays montagneux.

Hordeum (Orge, fig. 753). Épi dense avec épillets uniflores disposés par 3 sur chaque dent du rachis. Glumes très étroites; glumelle inférieure des fleurs fertiles avec longue arête.

L'Orge commune (*H. vulgare*) est à 6, 4 ou 2 rangs, suivant que toutes les fleurs sont fertiles et gardent leur position (6 rangs), chevauchent latéralement les unes

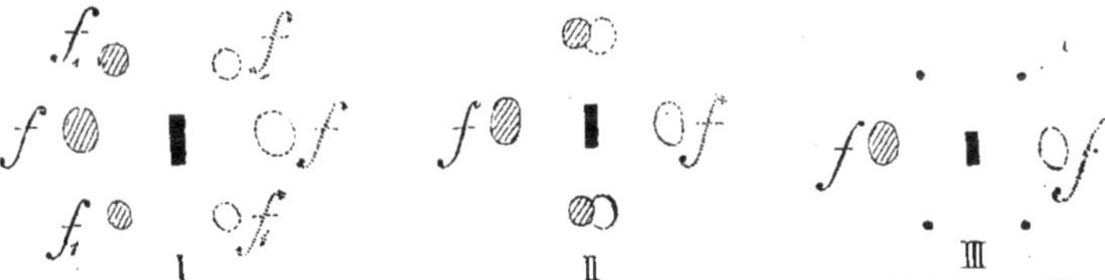

Fig. 753. — Position théorique des rangs d'épillets dans l'Orge à 6 rangs (I), à 4 rangs (II) à 2 rangs (III).

sur les autres (4 rangs), ou que les fleurs médianes seules sont fertiles (2 rangs).

L'Orge cultivée sert à la préparation de la bière. L'Orge des Rats (*H. murinum*) est une mauvaise herbe abondante partout.

Elymus (*E. arenarius*); vit dans le sable des dunes.

2. Tr. **Festucacées**. — Grappe d'épillets pédonculés et pluriflores.

Poa (Paturin, fig. 754). Plantes annuelles ou vivaces dont les ramifications de la grappe sont étalées; elles croissent partout, sauf dans les lieux arides.

Nombreuses espèces dont quelques-unes (*P. trivialis*, *pratensis*, *serotina*) donnent de bons fourrages.

Dactylis (Dactyle, fig. 749). Épillets disposés par paquets à l'extrémité des rameaux de l'inflorescence.

Le Dactyle pelotonné (*D. glomerata*), commun dans les prés et les bois, est une plante fourragère précieuse.

Festuca (Fétuque). Espèces nombreuses annuelles ou vivaces, à épillets ovoïdes ou allongés, à feuilles sétiformes ou planes.

Les espèces fourragères sont : *F. heterophylla*, *rubra*, *arundinacea*, *pratensis*, qui vivent de préférence dans les endroits humides.

Fig. 754. — Graminées. — *Poa pratensis* (Paturin des prés).

Bromus (Brome). Plante annuelle à grappe simple ou peu ramifiée; longs épillets pendants; glumelles inférieures avec une longue arête.

Mauvaise herbe; la farine de *B. secalinus* communique au pain, s'il en renferme beaucoup, des propriétés stupéfiantes et somnifères.

Briza (Brize, fig. 743). Inflorescence penchée à épillets multiflores discoïdes; glumes et glumelles enflées et cordiformes. *B. media*.

3. **Tr. Stipacées.** — Épillets pédonculés uniflores, en grappe peu garnie.

Stipa. Plante vivace. Glumes membraneuses étroites; glumelle inférieure terminée par une longue arête plumeuse atteignant 15 centimètres chez *S. pennata*.

L'espèce *S. tenacissima* (Sparte) fournit des feuilles coriaces utilisées en sparterie, en corderie et pour la fabrication du papier.

4. **Tr. Avénacées.** — Épillets pédonculés uniflores ou multiflores, disposés en grappe composée le plus souvent. Longues glumes; glumelles inférieures en général pourvues d'une arête dorsale, tordue et genouillée.

Avena (Avoine, fig. 755). Plante annuelle à grands épillets de 2 à 4 fleurs, pendants après la floraison. Fruit allongé ; petits grains d'amidon groupés.

L'Avoine cultivée (*A. sativa*) sert à la nourriture des Chevaux; en Bretagne et en Irlande, les grains d'Avoine concassés forment le *gruau d'avoine* utilisé pour l'alimentation humaine.

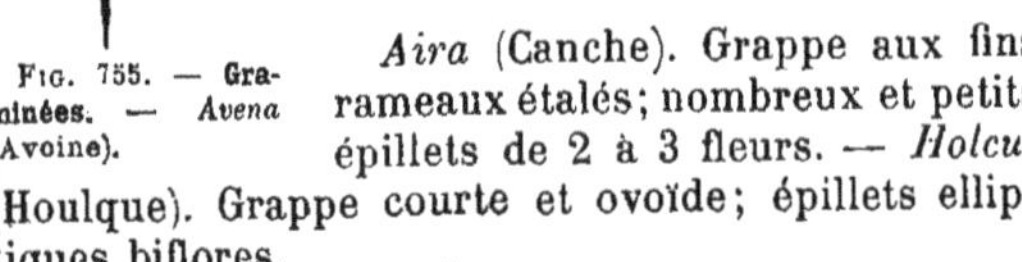

Fig. 755. — **Graminées.** — *Avena* (Avoine).

Aira (Canche). Grappe aux fins rameaux étalés; nombreux et petits épillets de 2 à 3 fleurs. — *Holcus* (Houlque). Grappe courte et ovoïde; épillets elliptiques biflores.

H. lanatus et *mollis* donnent un fourrage médiocre.

Agrostis. Épillets uniflores dont la glumelle est pourvue ou non d'une arête.

A. alba est une plante fourragère excellente.

Fig. 756. — **Graminées.** — *Alopecurus pratensis* (Vulpin des prés).

(b) **Sténanthées** (fig. 750, 2). — *Stigmates plumeux sortant latéralement des glumelles au-dessous du sommet. Glumes courtes.*

5. **Tr. Arundinacées.** — Grappe ramifiée avec épillets cylindriques de 2 à 6 fleurs; l'axe de l'épillet est couvert de longs poils.

Phragmites (Roseau). Plante très commune au bord des eaux et dans les marais.

Le Roseau (*Ph. communis*) sert à confectionner des nattes et à faire des toitures.

(c) **Clisanthées** (fig. 750, 3). — *Stigmates minces sortant du sommet de la fleur.*

6. **Tr. Alopécuroïdées.** — Épillets uniflores légèrement pédonculés, dont l'ensemble forme une grappe cylindrique (faux épi).

Alopecurus (Vulpin, fig. 756). Glumes soudées à la base. — *Phleum* (Fléole). Glumes indépendantes.

Le Vulpin des prés (*A. pratensis*), le Vulpin genouillé (*A. geniculatus*) et la Fléole des prés (*Ph. pratense*) poussent dans nos meilleures prairies et sont d'excellentes espèces fourragères.

II. — SACCHARIFÈRES

Fleurs hermaphrodites ou unisexuées; une seule fleur fertile au sommet de l'épillet (fig. 747, E).

(a) **Hermaphrodites**. — *Épillets tous de même espèce, chacun avec 1 fleur hermaphrodite.*

7. **Tr. Anthoxanthées.** — Plantes dont l'odeur agréable est due à la coumarine. Fleurs fertiles avec 2 étamines. — *Anthoxanthum* (Flouve).

La Flouve odorante (*A. odoratum*) donne un fourrage odorant, mais de mauvaise qualité.

8. **Tr. Panicées.** — Grappe étalée ou digitée. Épillets composés de 2 glumes et de 3 glumelles (l'une représentant une fleur stérile, les autres abritant la fleur fertile).

Panicum. Grappe étalée.

Le Millet (*P. miliaceum*) a les feuilles larges et terminées en pointe.

Setaria. Grappe ovoïde ou cylindrique.

9. **Tr. Oryzées.** — Épillets composés de 2 glumes et 2 glumelles représentant 2 fleurs stériles, plus une fleur fertile.

Oryza (Riz). Plante semi-aquatique à tige dressée grêle, à longues feuilles planes et rudes; grappe terminale à rameaux flexueux. Fleurs pourvues de 6 étamines.

Le Riz (*O. sativa*) est cultivé pour son fruit dans les plaines inondées de la région méditerranéenne (vallée du Pô), au Tonkin, dans l'Inde et l'Amérique. Les grains d'amidon sont petits et polyédriques.

(b) **Monoïques**. — *Épillets unisexués, parfois polygames. Tige pleine.*

10. **Tr. Andropogonées.** — 2 épillets collatéraux uniflores de sexes différents, disposés sur un même gradin de l'inflorescence.

Glumes membraneuses; glumelle inférieure avec une longue arête genouillée.

Andropogon. Grappe en éventail plus ou moins étalée.

Nombreuses espèces. Les rhizomes et les racines d'*A. muricatus* sont employés comme parfum (*vétiver*).

Sorghum (Sorgho). Grappe très rameuse. Épillets globuleux.

Le Sorgho vulgaire (*S. vulgare*) donne un grain alimentaire dont on peut extraire de l'alcool; la plante est utilisée comme fourrage. Le Sorgho sucré (*S. saccharatum*), cultivé dans l'Amérique du Nord, renferme jusqu'à 18 pour 100 de sucre qu'on en extrait concurremment à celui de notre Betterave à sucre.

Fig. 757. — Graminées. — *Zea* (Maïs).

Saccharum (Canne à sucre). Grappe droite et étalée terminant une tige qui atteint parfois 3 mètres, avec des entrenœuds renflés et gorgés de sucre.

La Canne à sucre (*S. officinarum*) présente des rhizomes d'où partent de nombreuses tiges aériennes; on l'élève de *boutures* dans tous les pays tropicaux.

On en extrait du sucre cristallisé, de la mélasse; elle sert aussi à la préparation du rhum.

11. **Tr. Olyrées.** — Fleurs mâles et femelles dans des inflorescences distinctes. Grappe de fleurs mâles au sommet de la tige; épis de fleurs femelles insérés aux nœuds le long de l'axe.

Zea (Maïs, fig. 757). Fleurs femelles avec longs stigmates finement ciliés.

Le Maïs commun (*Z. Maïs*) est cultivé dans les pays chauds et tempérés, pour son grain et comme plante fourragère. Sa tige pleine atteint de 1 à 3 mètres; elle contient beaucoup de sucre. La farine de Maïs, qui est sans gluten, ne se prête pas à la panification; on en fait des gâteaux; elle sert aussi pour l'engraissement des bestiaux. On en retire des boissons alcooliques.

12. **Tr. Bambusées.** — Tiges ligneuses, arborescentes, donnant des branches ramifiées. Feuilles lancéolées. Grappes d'épillets multiflores. Fleurs avec 6 étamines et un style très long.

Le Bambou est un arbre de taille considérable (30 mètres parfois) dans la zone torride où il se développe surtout; l'épiderme de la tige est incrusté de silice et, sous l'écorce peu épaisse, on trouve des faisceaux libéroligneux entourés d'un fort stéréome. Le bois en est à peu près imputrescible; on en fait des conduites d'eau, des vases, des clôtures, la charpente des habitations, etc.

2. — FAMILLE DES CYPÉRACÉES

Plantes ordinairement vivaces pourvues d'un rhizome ramifié. Tige aérienne triangulaire ou cylindrique, en apparence sans nœuds, parce qu'ils sont tous à la base et souterrains. Feuilles tristiques, avec gaine non fendue le plus souvent et ligule peu développée; limbe parfois nul. Fleurs unisexuées ou hermaphrodites, à périanthe représenté par des écailles ou des soies. Anthères fixées par la base. Fruit sec (akène) dont le péricarpe n'adhère pas à la graine; abondant albumen amylacé.

Les Cypéracées sont des plantes à port de Graminée, le plus souvent vivaces, particulièrement abondantes dans les endroits humides ou marécageux (régions tempérées et froides de l'hémisphère nord. Leurs rhizomes (fig. 758), pourvus de nœuds, émettent des tiges aériennes avec plusieurs nœuds basilaires; l'entrenœud supérieur d'une tige en forme à lui seul la partie aérienne et florifère.

FIG. 758. — **Cypéracées.** — Rhizome de *Carex* portant des tiges aériennes pourvues de feuilles et d'épis.

L'étude des fleurs nous amène à faire 2 groupes dans les Cypéracées (le genre *Carex* forme à lui seul un groupe particulier).

I. **Carex.** — **Tige** généralement triangulaire, silicifiée, dont les bords sont très coupants; **feuilles** tristiques à limbe plié en deux et à gaine non fendue; les bords et la nervure médiane sont également coupants.

Fleurs *unisexuées* disposées en épis simples ou composés, les épis mâles au sommet de la tige, les épis femelles au-dessous (quelquefois un même épi renferme les 2 sortes de **fleurs**); quelques espèces sont dioïques (*C. dioica*).

Une *fleur mâle* consiste en une bractée portée par l'axe, avec 3 étamines à l'aisselle de la bractée (fig. 759 et 760).

Une *fleur femelle* présente, dans l'aisselle de la bractée, une petite bourse (utricule) qui contient l'ovaire et le style surmonté de 3 stigmates qui font saillie en haut de l'utricule.

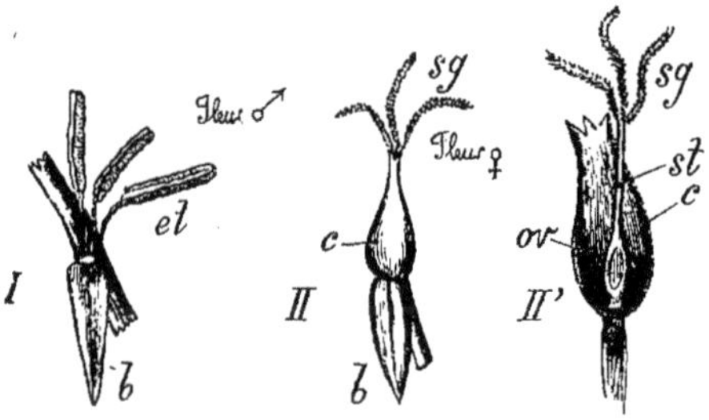

L'utricule paraît être due

Fig. 759. — **Cypéracées.** *Carex glauca.* — I, fleur mâle avec 3 étamines. — II, fleur femelle entourée d'une cupule, *c*, vue en coupe en II'; *st*, style. *sg*, stigmate; *b*, bractée.

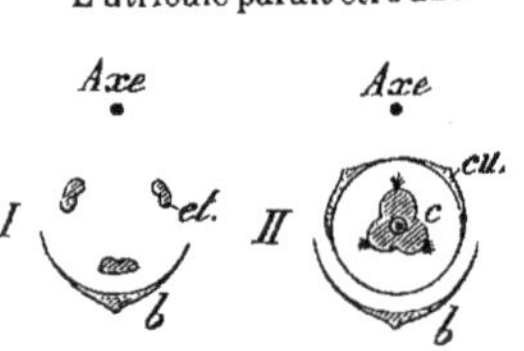

Fig. 760. — *Carex glauca.* Diagrammes des fleurs mâle (I) et femelle (II).

à la soudure des bords d'une *préfeuille* opposée, *sur l'axe de la fleur*, à la bractée basilaire. La fleur femelle constitue donc, à elle seule, un épillet uniflore.

L'utricule s'accroît avec le fruit et se détache en même temps.

Les rhizomes des Carex (surtout du *C. arenaria*, Laiche des sables) sont amers et légèrement camphrés, employés en Allemagne comme succédanés de la Salsepareille. En Hollande, la Laiche des sables fixe les dunes.

Fig. 761. — **Cypéracées.** Diagramme de la fleur de *Scirpus lacustris*. *a*, axe; *br*, bractée; *s*, soies; *ét*, étamines; *c*, carpelles

II. **Autres Cypéracées.** — *Fleurs hermaphrodites* disposées en épis simples, groupés en grappe, épi, ombelle ou capitule.

La fleur (fig. 761), insérée dans l'aisselle d'une bractée basilaire, *br*, comprend : un périanthe de 6 soies, *s*, disposées sur 2 rangs ($n > 6$ chez *Eriophorum*); un verticille externe de 3 étamines (et rarement un autre verticille interne); un pistil composé de 3 carpelles opposés aux étamines.

Scirpus. Épillets multiflores; fleurs avec périanthe de 6 à 0 soies. Akène trigone, terminé en pointe.

Toutes les espèces de Scirpes sont plus ou moins aquatiques; tiges employées pour le rempaillage des chaises, la fabrication des nattes fines d'Égypte et des paillassons. Les Chinois cultivent, au bord des rivières, le *Sc. lacustris* qu'ils mangent comme les asperges.

Cyperus (Souchet). Épillets multiflores; fleurs sans périanthe disposées sur 2 rangs.

Le Souchet comestible (*C. esculentus*), cultivé dans le midi de l'Europe, produit des tubercules souterrains, gros comme une amande, riches en sucre, en fécule et en huile. Ces tubercules sont disposés en chapelets chez *C. articulatus*. Avec la tige de *C. tegetiformis*, les Chinois fabriquent des chapeaux.

Eriophorum (Linaigrette). Périanthe floral composé de nombreuses soies longues et blanches.

3. — FAMILLE DES LEMNACÉES

Plantes aquatiques nageantes réduites à une lame verte avec ou sans racine. Fleurs unisexuées, nues. Fruit (akène) à péricarpe membraneux, généralement avec une seule graine.

Lemna (Lentille d'eau). La lame verte, qui nage à la surface de l'eau, présente une racine plongée verticalement dans l'eau, avec une coiffe très visible (T. I, fig. 369, I et I'). Sous le thalle (fig. 762, A), sont 2 cavités du fond desquelles partent de nouvelles lames vertes, 2, 3, 4, etc., dues au développement de *bourgeons* inégaux (Multiplication végétative).

Rarement se forment les *fleurs* : on trouve alors, dans une même fossette couverte d'une foliole (B, C) : 2 étamines, *ét*, inégalement développées et 1 carpelle, *c*, avec 1 ou 2 ovules orthotropes ou semi-anatropes.

Les *Lemna* se multiplient très rapidement à la surface des eaux tranquilles; ils sont souvent un obstacle à la vie des Algues (privées de lumière) et des Poissons qui ne trouvent plus suffisamment d'oxygène dans l'eau.

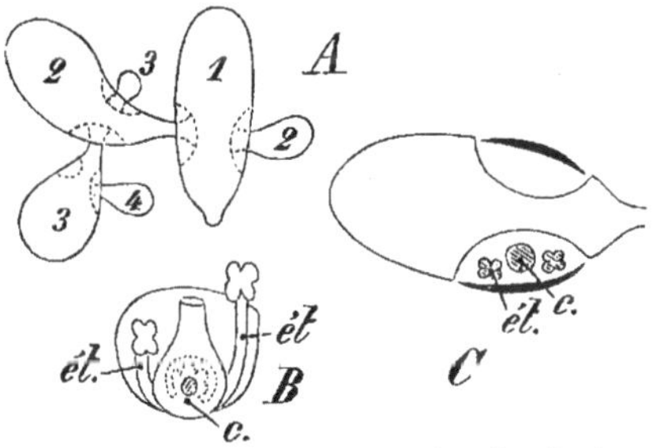

FIG. 762. — Lemnacées. *Lemna* (Lentille d'eau). — A ; thalle représenté schématiquement ; 2, 2, 3, 3, 4, 4, bourgeons inégaux naissant par paires de plus en plus réduites. — B ; fleur vue en coupe en C ; *ét*, étamines ; *c*, carpelle.

4. — FAMILLE DES NAÏADACÉES

Plantes marines ou fluviales à feuilles supérieures parfois nageantes. Fleurs unisexuées ou hermaphrodites. Fruit ordinairement sec (akène), mais follicule ou baie quelquefois. Graine sans albumen.

La famille des Naïadacées est la seule, parmi les Phanérogames, avec celle des **Hydrocharidées,** qui renferme des végétaux marins (*Zostera*, *Cymodocea*); elle comprend aussi quelques espèces d'eau douce (*Potamogeton*, *Najas*).

Potamogeton (Potamot). Fleurs hermaphrodites, groupées en épis terminaux et construites sur le type 4 : 4 étamines à filets très courts; 4 carpelles libres. Les fleurs se développent hors de l'eau.

Zostera. Fleurs unisexuées réunies en un épi terminal enveloppé d'une spathe.

Les feuilles des *Zostera* desséchées servent à garnir les couchettes, à emballer les marchandises.

5. — FAMILLE DES AROÏDÉES

Plantes ordinairement herbacées, vivaces à l'aide d'un rhizome, avec ou sans tige aérienne. Feuilles alternes, engainantes à la base, à limbe ordinairement large et découpé. Fleurs unisexuées (rarement hermaphrodites), insérées sur un spadice: fleurs mâles en haut, fleurs femelles en bas. Fruit ordinairement charnu (baie). Graine à albumen charnu abondant.

Les Aroïdées vivent surtout dans les régions tropicales et s'étendent peu dans la zone tempérée septentrionale. Quelques-unes sont terrestres et pourvues d'un rhizome épais et charnu

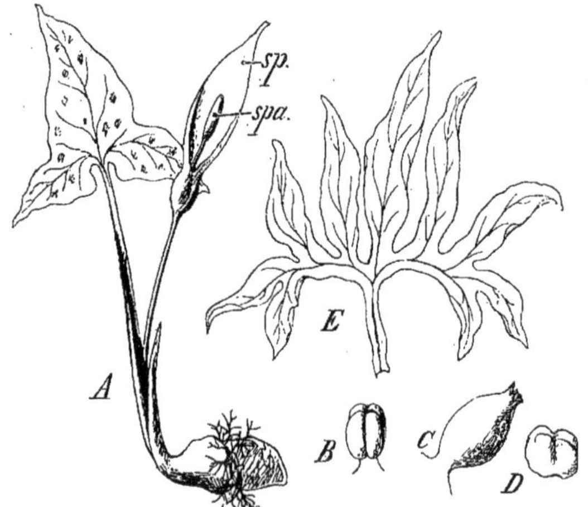

FIG. 763. — Aroïdées. — A; *Arum maculatum*; *sp*, spathe; *spa*, spadice. — B; étamine. — C; carpelle. — D; fruit. — E; feuille de *Dracunculus*.

(*Arum*); d'autres habitent les marécages (*Acorus*, *Calla*); le genre *Pistia* est essentiellement aquatique.

Étant données les différences nombreuses que présentent les appareils végétatif et reproducteur des Aroïdées, il est préférable d'en envisager quelques types particuliers.

I. Aroïdées à fleurs unisexuées.

Arum (fig. 763, A). Rhizome charnu renfermant une fécule alimentaire abondante[1]. Feuilles en fer de flèche (maculées de

1. A cette fécule est adjoint un latex très âcre qui, dans la bouche, provoque une inflammation de la muqueuse et un gonflement démesuré de la langue. Ce principe âcre disparaît à la floraison et par la coction.

pourpre chez *A. maculatum*). Un cornet ou *spathe*, *sp*, entoure un *spadice* florifère simple, *spa*, dont la partie inférieure est seule fertile. On y trouve : 1° plusieurs rangées de *fleurs mâles* composées d'étamines à 4 loges (B); 2° au-dessous, des organes stériles; 3° des *fleurs femelles* composées chacune d'un carpelle pluriovulé (C). Fruit en forme de baie (D).

Le Gouet ou Pied-de-veau (*A. maculatum*) est très commun dans les haies, buissons et lieux ombragés de nos contrées; ses rhizomes, broyés et lavés, sont consommés par les Lapons et les Finlandais.

Dracunculus (Serpentaire). Feuilles palmées à lobes latéraux découpés (fig. 763, E). — *Colocasia*.

Le rhizome de *C. esculenta* est utilisé comme aliment à la Martinique.

Amorphophallus. Grandes feuilles très découpées, de 2 mètres parfois ; plante ornementale.

II. **Aroïdées à fleurs hermaphrodites.**

Acorus (fig. 764). Plante croissant au bord des ruisseaux, dans

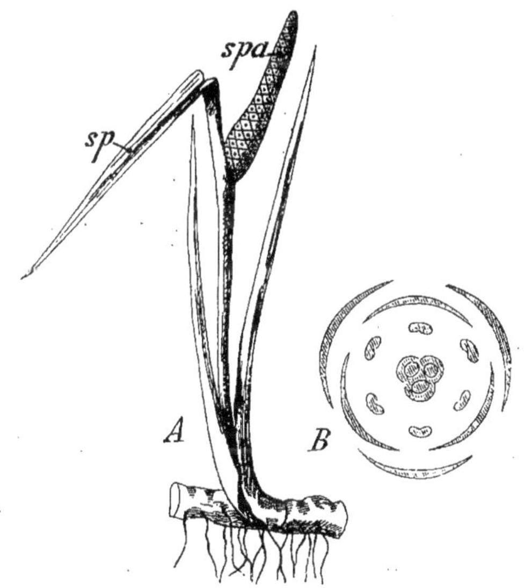

Fig. 764. — **Aroïdées.** — A ; *Acorus calamus*. — B ; diagramme de la fleur.

les marécages, etc. Rhizome rampant. Feuilles longues et rubanées. Spathe longue et étroite, *sp*, recouvrant à peine un spadice, *spa*, déjeté latéralement. Fleurs hermaphrodites (B) avec un périanthe de 6 folioles sur 2 rangs, 6 étamines insérées à la base de ces folioles et 3 carpelles contenant des ovules orthotropes. Baies renfermant de 1 à 3 graines.

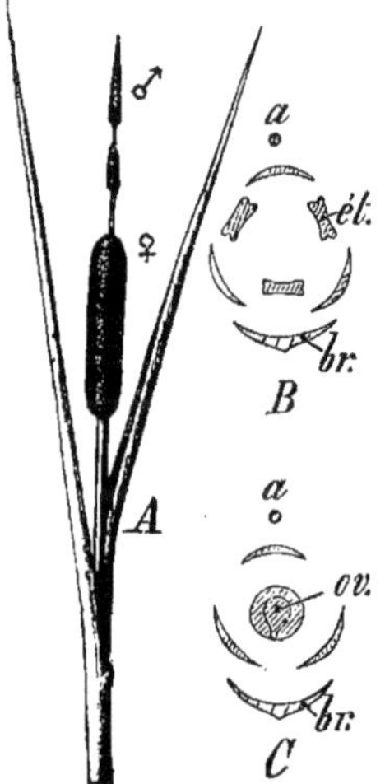

FIG. 765. — **Typhacées.** — A. *Typha latifolia*; extrémité de la tige portant un épi de fleurs femelles, surmonté de 2 épis de fleurs mâles ♂. — B; diagramme d'une fleur mâle. — C; diagramme d'une fleur femelle.

Le rhizome d'*A. calamus* est aromatique, âcre et amer; il renferme un glucoside (*acorine*) et un alcaloïde (*calamine*). Employé comme fébrifuge dans l'Inde.

Anthurium. Plante ornementale à feuilles de couleurs diverses (variétés créées par la culture).

Le spathe d'*A. Scherzerianum* est écarlate.

6. — FAMILLE DES TYPHACÉES

Plantes herbacées aquatiques, vivaces par un rhizome ramifié émettant des tiges aériennes. Feuilles distiques, engainantes et rubanées. Fleurs unisexuées et monoïques, groupées en épis : les uns mâles, les autres femelles. Fruit (akène ou drupe) contenant une graine avec un albumen abondant.

Cette famille comprend seulement 2 genres : *Typha* (Massette, fig. 765). Épis cylindriques (1 épi femelle, surmonté de 1 ou *n* épis mâles).

Le rhizome en est féculent et astringent; tiges et feuilles servant à couvrir les chaumières.

Sparganium (Rubanier). Épis sphériques. Graines alimentant les Oiseaux aquatiques.

II. — JONCINÉES

Fleurs petites pourvues d'une corolle sépaloïde. Ovaire supère.

JONCINÉES	Fruit charnu	**Palmiers.**
	Fruit sec	**Joncacées.**

7. — FAMILLE DES PALMIERS

Arbres souvent de taille élevée. Tige cylindrique non divisée (stipe), couverte des restes des anciennes feuilles et terminée par un bouquet de feuilles vivantes. Feuilles rectinerves, entières dans le jeune âge, découpées et prenant l'apparence penninerve ou palminerve. Fleurs petites, hermaphrodites ou unisexuées, portées par un spadice composé en général, entouré d'une grande spathe et de spathes secondaires plus petites (l'une ou les autres peuvent d'ailleurs manquer).

Fruit charnu (baie ou drupe). *Graine à albumen corné ou huileux.*

Les Palmiers vivent normalement dans la zone torride et les régions tempérées voisines, là où ils trouvent, avec la chaleur, une atmosphère suffisamment humide; une seule espèce, le Palmier nain (*Chamærops humilis*) est indigène de l'Europe méridionale.

Appareil végétatif. — La tige non ramifiée des Palmiers est un *stipe* dont nous avons étudié déjà la structure et les rapports avec les feuilles (Voir T. I, page 430, fig. 421 et 421 *bis*)[1]. Les **feuilles** prennent naissance au sommet de la tige; la sève y afflue en abondance.

Le bourgeon terminal de la tige s'appelle *chou palmiste;* il constitue un mets exquis chez nombre de Palmiers. Tout arbre dont on a enlevé le bourgeon terminal ne peut plus croître; il est abattu pour servir aux constructions; la sève qui s'écoule de l'*Arenga saccharifera*, soumise à la distillation, donne un alcool appelé *arrack*.

Les feuilles jeunes, rectinerves, sont entières et plissées. A mesure qu'elles se développent, elles se déchirent suivant les arêtes des plis de manières diverses et prennent l'aspect penné (*Phœnix*) ou palmé (*Chamærops*). Quand elles tombent, leur gaine demeure adhérente au stipe et subit un rouissage à l'air : les différents faisceaux libéroligneux isolés pendent alors comme une grossière filasse qui enveloppe le tronc.

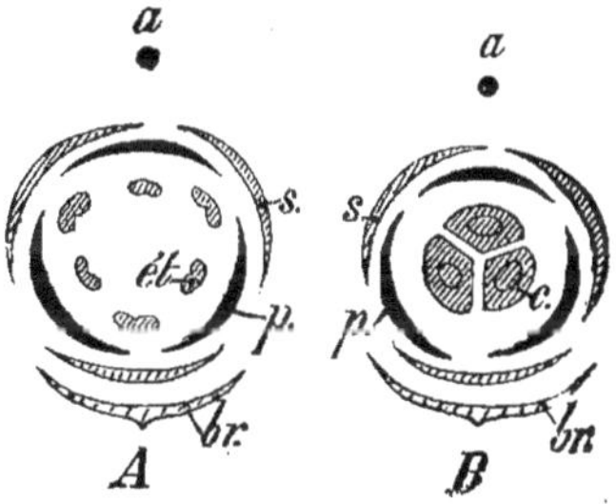

Fig. 766. — Palmiers. Diagrammes des fleurs unisexuées de *Chamærops humilis*. *a*, axe, *br*, bractée; *s*, sépales; *p*, pétales; *ét*, étamines; *c*, carpelles.

Appareil reproducteur. — **Fleur.** — Les fleurs des Palmiers sont hermaphrodites (*Corypha*) ou unisexuées (Cocotier); le *Chamærops* est polygame, c'est-à-dire qu'on y trouve à la fois des fleurs hermaphrodites et des fleurs unisexuées.

Une fleur hermaphrodite se compose : d'un périanthe à 6 divisions sur 2 rangs (calice et corolle); de 6 étamines bisériées et de

1. La tige des Palmiers employée entière, et non découpée en long, est d'une extrême solidité; aussi l'emploie-t-on comme bois de construction, pour faire des solives, etc. Celle des Rotangs ou Palmiers-joncs, qui est très grêle, atteint parfois 400 à 600 mètres; son extraordinaire flexibilité la fait employer pour la confection de meubles treillisés, de badines, de cannes appelées joncs.

3 carpelles distincts (*Chamærops*, *Phœnix*) ou non (*Calamus*, *Areca*). — Une fleur unisexuée n'en diffère que par la disparition des étamines ou des carpelles (fig. 766, A et B).

Le nombre des étamines est variable : 3 ou 6 (Dattier) ; 3 à 12 (*Areca*).

Inflorescence. — Elle est très variable; la plus commune consiste en un spadice ramifié à fleurs spiralées ou à fleurs distiques (fig. 767).

L'inflorescence distique a quelque ressemblance avec celle des Graminées. Dans l'aisselle d'une grande spathe basilaire, *S* (fig. 767),

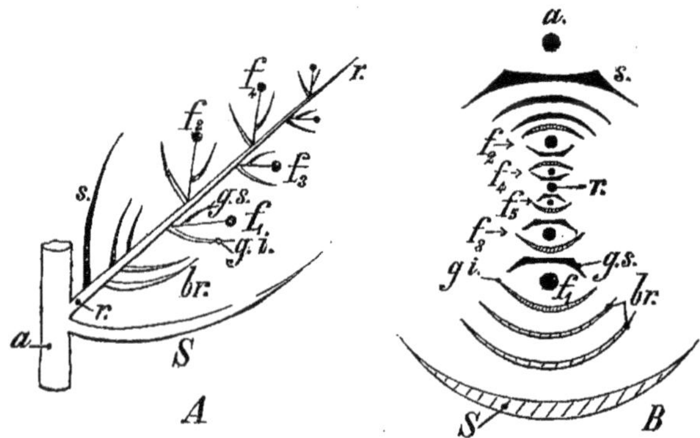

Fig. 767. — A ; inflorescence théorique de Palmier vue en section transversale en B (on suppose que la section rencontre toutes les parties de l'inflorescence). *a*, axe ; *S*, spathe : *s*, préfeuille ; *br*, bractées stériles ; *g.i*, *g.s*, glumelles inférieure et supérieure pour chaque fleur, $f_1, ..., f_8$; *r*, rameau de l'inflorescence.

naît l'axe de l'inflorescence qui porte une préfeuille, *s*, opposée à la spathe *S* ; puis on remarque quelques spathes secondaires stériles, *br* ; dans l'aisselle de chacune des bractées fertiles, *g.i* (sortes de glumelles inférieures), naissent des pédoncules floraux portant des préfeuilles adossées, *g. s* (sortes de glumelles supérieures).

Le diagramme de cette disposition est indiqué dans la figure 767, B.

Fruit. — C'est une baie (*Calamus*, Dattier) ou une drupe (Cocotier) avec une seule graine ordinairement.

Dans le Dattier, le fruit ou *datte* (fig. 768) renferme une graine très dure, *gr*, à albumen corné, *al* (C) et un petit embryon, *em*, qui y est implanté en coin.

Lors de la germination (D), le cotylédon envahit peu à peu l'albumen, à mesure que son pétiole, *p.co*, s'enfonce de plusieurs centimètres dans la terre en entraînant avec lui la plantule. [Chez *Copernicia*, l'allongement du pétiole cotylédonaire atteint 65 centimètres parfois; la tige de ce Palmier est donc enterrée d'autant et, par cela même, solidement fixée.]

Le fruit du Cocotier (*noix de Coco*, fig. 769) est une drupe dont le péricarpe, charnu en dehors, est envahi par une foule de faisceaux libéroligneux entrecroisés (*roya*); l'endocarpe est fortement sclérifié, d'une dureté excessive et percé de 3 pores à la base. Il contient l'amande comestible; exprimée à froid, l'amande donne l'*huile de Coco* incolore et comestible également.

Quand on ouvre une noix de Coco avant la maturité, au lieu de l'albumen non encore organisé, on trouve un liquide opalescent légèrement aigrelet, de saveur agréable.

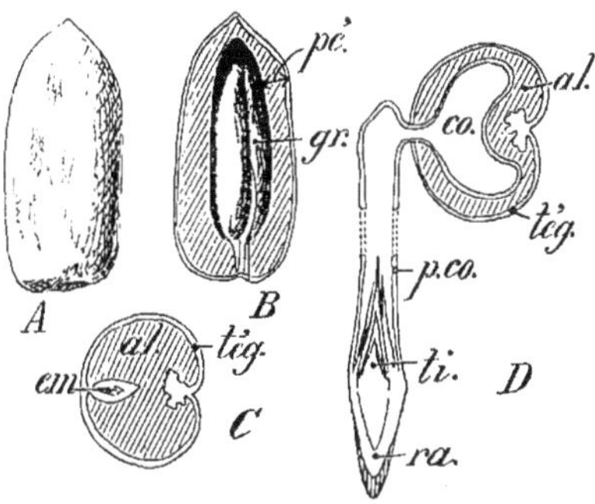

Fig. 768. — **Palmiers.** — *Phœnix* (Dattier). — A ; fruit vu en coupe en B ; *pé*, péricarpe ; *gr*, graine. — C ; section transversale de la graine ; *tég*, tégument ; *al*, albumen ; *em*, embryon. — D ; graine en germination ; *co*, cotylédon ; *p.co*, long pétiole cotylédonaire à l'extrémité duquel se développe la jeune plante dans le sol ; *ti*, tigelle ; *ra*, radicule.

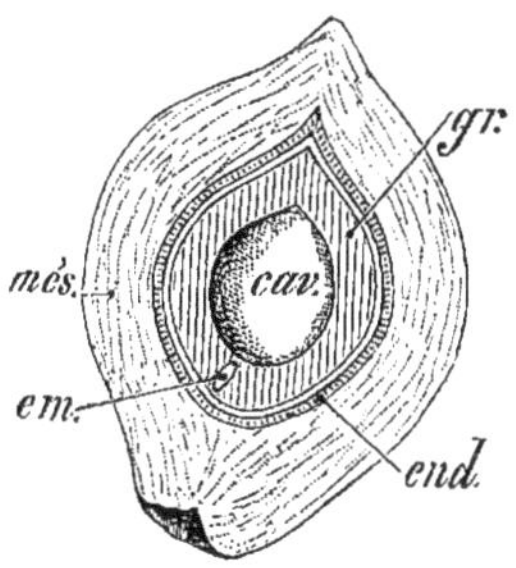

Fig. 769. — Section d'une noix de Coco. *més*, mésocarpe ; *end*, endocarpe sclérifié ; *gr*, graine ; *em*, embryon ; *cav*, cavité remplie de liquide lactescent.

1. Fruit sans écailles.

(a) Carpelles libres.

Chamærops. Feuilles en éventail ; fleurs polygames dioïques, avec 6 étamines à filets soudés à la base ; 3 carpelles. Baie en forme d'olive.

Le Palmier nain (*Ch. humilis*) croît spontanément dans l'Europe méridionale (Nice, Espagne); il atteint rarement 7 ou 8 mètres; le pétiole des feuilles est armé d'épines. Les faisceaux libéroligneux des feuilles servent à faire des cordages.

Copernicia. Palmier de l'Amérique tropicale. Feuilles en éventail.

Le *Copernicia cerifera* vit au Brésil; le stipe en est employé comme bois de construction; les feuilles servent à faire des paniers, des chapeaux. Elles fournissent aussi de la cire qui y forme un enduit ayant parfois 5 millimètres d'épaisseur. La *cire de Carnauba* est employée dans la fabrication des bougies et des vernis.

Phœnix (Dattier). Palmier de l'Inde et de l'Afrique du Nord. Feuilles pennées.

Les *dattes* constituent l'aliment le plus important des Arabes. Le stipe et les feuilles sont utilisés dans l'industrie; mais le bois se fend trop facilement.

(b) **Carpelles soudés.**

Euterpe. Palmier de l'Amérique. Fleurs unisexuées monoïques sur le même spadice. Baie à une seule graine.

L'*E. oleracea*, de grande taille (30 mètres), est cultivé pour son *chou palmiste* coupé avant que l'arbre ait atteint sa taille normale.

Cocos (Cocotier, fig. 770). Palmier de l'Océanie tropicale. Fleurs

Fig. 770. — **Palmiers.** — *Cocos nucifera* (Cocotier).

unisexuées monoïques, réunies sur un même spadice protégé par une spathe ligneuse.

Le Cocotier (*C. nucifera*) habite le voisinage des mers dans toute la zone torride. On l'a appelé le *roi des végétaux* à cause de son immense utilité. Sa tige sert de bois de charpente; les faisceaux foliaires et ceux du mésocarpe du fruit, particulièrement résistants, sont utilisés pour la fabrication des cordages, câbles, tapis, brosses, couvertures, etc. L'endocarpe sclérifié de la noix de Coco forme des vases solides; tourné et sculpté, il sert à la fabrication d'objets divers. L'amande est comestible et fournit l'huile de Coco, consommée telle ou employée pour faire des savons. On peut aussi retirer de cet arbre précieux du sucre, des liquides alcooliques, etc.

Elœis. Afrique et Amérique tropicales.

On retire du mésocarpe un beurre appelé encore *huile de palme*.

II. **Fruit avec écailles.**

Calamus (Rotang). Palmier-jonc de l'Inde et de l'Afrique, à tige sarmenteuse atteignant plusieurs centaines de mètres. Feuilles pennées. Baie couverte d'écailles dirigées de haut en bas.

Le *C. Draco* fournit une gomme-résine rouge, appelée *sang-dragon*, extraite du fruit chauffé au soleil, à feu nu ou par la vapeur d'eau. Le sang-dragon est employé pour la préparation des vernis en ébénisterie et pour le polissage des meubles.

Sagus (Sagoutier). Palmier ayant l'aspect du Dattier.

Le stipe du *S. Rumphii* renferme une abondante moelle, chargée de fécule qu'on extrait ainsi : L'arbre, abattu un peu avant la floraison, est fendu en long; la moelle enlevée est coupée en menus fragments; lavée à l'eau sur des cribles; l'eau qui s'en écoule entraîne la fécule qui se dépose (*sagou*).

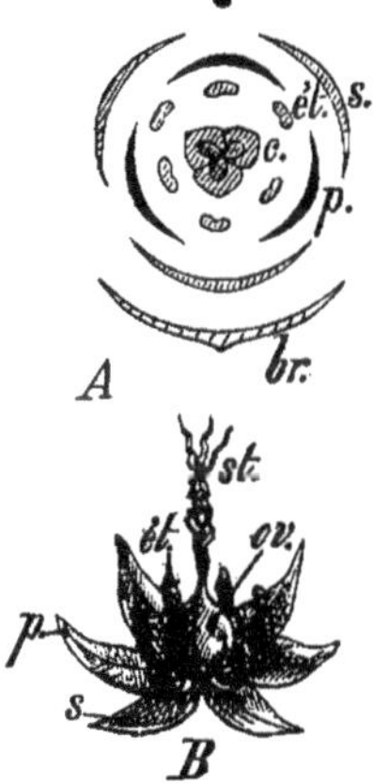

FIG. 771. — Joncacées. *Luzula* (Luzule). — A ; diagramme de la fleur B.

8. — FAMILLE DES JONCACÉES

Plantes vivaces, à rhizome rampant en général. Tige simple, parfois ramifiée. Feuilles alternes, cylindriques ou planes. Fleurs petites, hermaphrodites, régulières et disposées en grappe ou en épi. Périanthe à 6 folioles glumacées, vertes ou brunes; 6 étamines; 3 carpelles concrescents, 1 style et 3 stigmates. Fruit sec (capsule). Graine à albumen charnu (fig. 771).

Les Joncacées, représentées dans nos pays par les Joncs (*Juncus*) et les Luzules (*Luzula*), habitent surtout les lieux humides (prairies, marécages, bois, etc.).

Juncus (Jonc). Feuilles longues, cylindriques ou canaliculées et glabres. Capsule à 3 loges contenant plusieurs graines. Nombreuses espèces.

Les Joncs servent à faire des nattes, des corbeilles, des liens pour les jardiniers.

Luzula (Luzule). Feuilles plates, parfois velues. Capsule uniloculaire à graines.

Les rhizomes des Joncs et des Luzules sont employés comme diurétique.

III. — LILIINÉES

Fleurs régulières complètes ; *elles comprennent normalement : un périanthe composé d'un calice (3 sépales) et d'une* **corolle nettement pétaloïde** ; *un androcée formé de 6 étamines disposées sur 2 rangs ; un pistil à 3 carpelles clos pluriovulés (ovaire supère). Les 5 verticilles sont alternes. Composition florale typique :*

$$3\,S + 3\,P + 3\,E + 3\,E' + 3\,C.$$

LILIINÉES	Calice sépaloïde. Corolle pétaloïde.................	**Alismacées.**
	Calice et corolle pétaloïdes.......................	**Liliacées.**

9. — FAMILLE DES ALISMACÉES

Plantes herbacées aquatiques, vivaces. Feuilles de forme variable, groupées en une rosette basilaire. Fleurs hermaphrodites le plus souvent. Fruit sec (akène ou follicule). Graine sans albumen.

Les Alismacées habitent les eaux douces, partout sauf dans les pays froids.

I. **Alismées**. — Fruit sec composé d'une réunion d'akènes nombreux et uniovulés.

Les feuilles des Alismées (*Alisma* et *Sagittaria*) forment une rosette à la base de la plante; suivant qu'elles sont aériennes, nageantes ou submergées, elles sont lancéolées, cordiformes ou rubanées (fig. 772).

FIG. 772. — **Alismacées.** — *Sagittaria* (**Sagittaire**).

Alisma. Fleurs hermaphrodites; étamines groupées 2 par 2. *A. Plantago* (Plantain d'eau). — *Sagittaria*. Fleurs unisexuées.

Les rhizomes de la Flèche d'eau (*S. sagittifolia*) sont féculents et alimentaires.

II. **Butomées**. — Fruit sec consistant en un follicule pluriovulé. *Butomus*.

Le rhizome du Jonc-fleuri (*B. umbellatus*), une fois torréfié, est alimentaire.

10. — FAMILLE DES LILIACÉES

Plantes pourvues d'un bulbe ou d'un rhizome, herbacées ordinairement, parfois arborescentes. Feuilles simples, entières, le plus souvent linéaires et engainantes. Fleurs hermaphrodites régulières, solitaires ou groupées diversement ; leur formule générale est : $3S + 3P + 3E + 3E' + 3C$, *avec concrescence variable des pièces florales. Fruit sec ordinairement* (*capsule*) ; *quelquefois une baie. Graine avec un volumineux albumen.*

Les Liliacées sont très répandues sur tout le globe, sauf dans les pays froids ; elles abondent dans les zones tempérées.

Appareil végétatif. — Leur **tige** est parfois couverte à la base d'écailles épaisses formant un bulbe tuniqué [Tulipe, Jacinthe (fig. 773), Ail] ou écailleux [Lis (fig. 443, T. I)]. Chez le Muguet et le Sceau de Salomon (fig. 774), un rhizome horizontal redresse chaque année, au printemps, son bourgeon terminal qui devient une tige aérienne. Le Colchique possède un tubercule basilaire, sorte de rhizome raccourci à axe vertical (fig. 777).

La tige est tout entière aérienne : herbacée et ramifiée (Asperge) ou arborescente et ligneuse (Aloès, *Yucca*, *Dracæna*).

La tige arborescente ligneuse présente une assise génératrice péricyclique.

FIG. 773. — Bulbe de Jacinthe avec racines dépourvues de poils absorbants.

Les **feuilles** sont, en général, très développées avec un limbe charnu (Aloès) ou cylindrique et creux (Ail) ; elles se réduisent à de petites écailles chez l'Asperge dont les nombreux rameaux verts de la tige sont assimilateurs.

Le plus souvent isolées et spiralées (*Phormium*), les feuilles sont verticillées par 2 (*Maianthemum*), par 4 (*Paris*).

Appareil reproducteur. — Fleur. — La fleur des Liliacées présente la composition générale indiquée pour le groupe des Liliinées (fig. 775, A) ; mais tantôt les pièces des 5 verticilles sont indépendantes, sauf les carpelles toujours plus ou moins concrescents [Tulipe (fig. 775, B), Lis, *Yucca*, etc.] ; tantôt la concrescence atteint les autres verticilles isolément ou tous ensemble : calice, corolle et androcée sont soudés chez le Colchique, le Muguet (E), la Jacinthe, l'Aloès, etc.

FIG. 774. — Rhizome de *Polygonatum multiflorum* (Sceau de Salomon) portant des racines adventives *r.ad* ; *b.t*, bourgeon terminal. *T*, tige aérienne feuillée et florifère de l'année ; *c*, cicatrice laissée par la chute de la tige aérienne de l'année précédente.

Inflorescence. — L'inflorescence est solitaire chez la Tulipe. Les fleurs forment une grappe simple [Lis (fig. 776), Jacinthe,

Muguet, *Muscari*] ou composée (*Yucca*. Aloès); parfois elles sont groupées en cyme (Asperge).

Fruit et graine. — Le fruit est une capsule (*Liliées*, *Colchicacées*) ou une baie (*Asparaginées*). La déhiscence de la capsule est longitudinale : *septicide* chez les Colchicacées, *loculicide* chez les Liliées (Voir T. 1, page 545).

La graine renferme un albumen abondant, dans l'axe duquel est placé l'embryon.

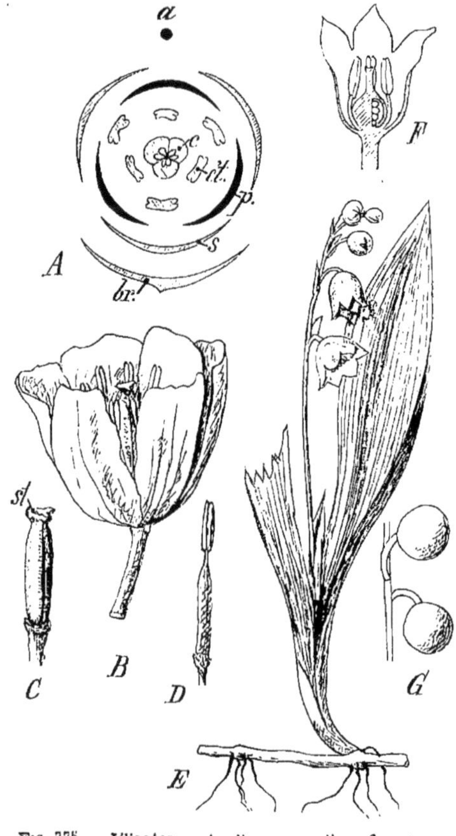

Fig. 775. — **Liliacées.** — A; diagramme d'une fleur-type. — B; *Tulipa* (Tulipe). — C; pistil. — D; étamine. — E; *Convallaria maialis* (Muguet). — F; section longitudinale d'une fleur de Muguet. — G; son fruit.

1. **Liliées.**

Capsule loculicide. Styles concrescents.

(a) Sépales, pétales et étamines libres.

Tulipa (Tulipe, fig. 775, B à D). Plante herbacée ornementale avec bulbe; périanthe campanulé; ovaire triloculaire avec stigmate sessile. Capsule trigone avec de nombreuses graines.

Des variétés nombreuses sont l'objet d'une culture attentive.

Fritillaria. F. imperialis (Couronne impériale). Couronne de belles fleurs rouges au sommet de la tige, avec bouquet de feuilles terminales.

Lilium (Lis, fig. 776). Bulbe écailleux. Feuilles alternes. Périanthe en entonnoir. Ovaire surmonté d'un long style et d'un stigmate à 3 lobes.

Nombreuses espèces ornementales : Lis blanc (*L. candidum*), Lis tigré (*L. tigrinum*), Lis Martagon, etc.

Allium (Ail). Bulbe tuniqué; feuilles planes ou cylindriques creuses. Fleurs disposées en une ombelle entourée d'une spathe. Périanthe à folioles étalées.

Toutes les espèces du genre *Allium* renferment une essence sulfurée (sulfure d'allyle) à laquelle elles doivent leurs propriétés médicinales; elles sont alimentaires et contiennent beaucoup de sucre. Celles que cultivent les maraîchers sont : l'Oignon (*A. cepa*), l'Ail (*A. sativum*), le Poireau (*A. porrum*), l'Échalote (*A. ascalonicum*), la Ciboule (*A. fistulosum*), etc.

Scilla (Scille). Périanthe étalé en roue. Espèces ornementales : *S. bifolia*, *italica*, *maritima*.

Le bulbe de *S. maritima* renferme un suc très corrosif. Diurétique.

Asphodelus (Asphodèle). Plante vivace par un rhizome; racines tubéreuses.

Yucca. Tige arborescente avec un bouquet de feuilles lancéolées, épaisses, souvent denticulées sur les bords; du milieu de ce bouquet sort une longue grappe de fleurs à périanthe campanulé.

FIG. 776. — **Liliacées.** — *Lilium* (Lis). Tige portant une grappe de fleurs.

Certaines espèces du genre *Yucca* sont ornementales; en Amérique, on fait des cordes avec les faisceaux libéroligneux des feuilles. Fruits purgatifs; racine employée en guise de savon.

(**b**) Sépales, pétales et étamines concrescents.

Endymion. *E. nutans* (Jacinthe des bois). Plante bulbeuse; feuilles toutes basilaires : fleurs en entonnoir disposées en grappes retombantes. — *Hyacinthus* (Jacinthe). Diffère du genre précédent par une plus grande soudure des pièces du périanthe. Plante ornementale. — *Muscari*. Fleurs en grelot avec 6 dents courtes.

Le périanthe, chez ces 3 genres bulbeux, est diversement coloré dans les tons bleu et violet (rose et blanc, en outre, pour la Jacinthe).

Les genres *Agapanthus*, *Hemerocallis*, fournissent des plantes ornementales pourvues d'un rhizome.

Phormium (*Ph. tenax*). Plante à racines tubéreuses; fleurs jaunes à périanthe tubuleux court, disposées en grappe. Nouvelle-Zélande.

Les feuilles du *Phormium* sont étroites, mais longues de 1 ou 2 mètres; elles fournissent jusqu'à 22 °/₀ de fibres textiles brutes; ces dernières sont utilisées telles pour la confection des cordages; quand on les travaille, elles servent à la fabrication de tissus.

Aloe (Aloès). Tige arborescente. Feuilles charnues, épineuses sur les bords. Grappes axillaires ou terminales de fleurs à périanthe tubuleux et nectarifère au fond.

L'Aloès est une plante grasse dont les feuilles épaisses fournissent un latex amer qui se résout par évaporation en une gomme rougeâtre (purgatif); cette gomme contient un principe cristallisable appelé *aloïne*.

On peut extraire aussi des feuilles les faisceaux libéroligneux qui constituent de longues fibres brillantes, fines et blanches. Plante d'ornement.

II. **Colchicacées.**

Capsule septicide. Styles libres.

Colchicum (Colchique, fig. 777). Plante pourvue d'un tubercule souterrain; à l'automne, apparaissent les fleurs d'un lilas tendre, avec un long périanthe tubuleux étroit à la base; l'ovaire est caché profondément dans le sol; au printemps, le fruit apparaîtra à la surface, au milieu d'une rosette de feuilles.

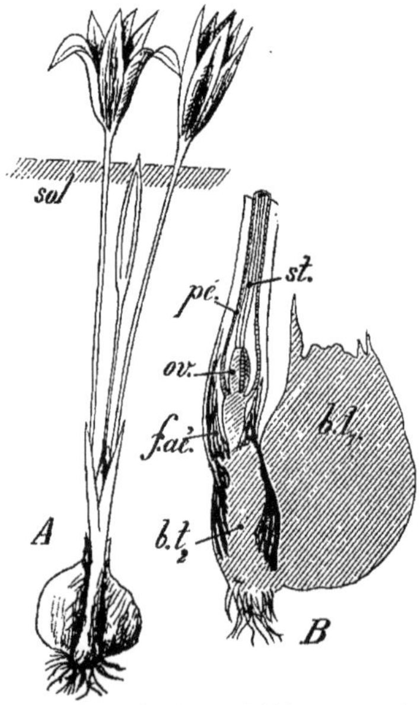

Le Colchique d'automne (*C. autumnale*) est une plante *très vénéneuse* qui croît dans les prairies humides; ses graines fournissent la *colchicine*, alcaloïde amer et brun qui, employé à très faible dose, est purgatif et diurétique; à haute dose, il détermine rapidement la mort.

Fig. 777. — **Liliacées.** — *Colchicum autumnale.* — A; plante avec 3 fleurs inégalement développées. — B; section longitudinale d'une fleur à sa base; *pé*, périanthe; *ov*, ovaire; *st*, style; *f.aé*, feuilles aériennes; $b.t_1$, tubercule de l'année; $b.t_2$, tubercule de l'année prochaine.

III. **Asparaginées.** — *Le fruit est une baie.*

(a) Sépales, pétales et étamines libres.

Paris. P. quadrifolia (Parisette). Un verticille de 4 ou 5 feuilles. Fleur construite sur le type 2 ou 5 : Périanthe à 8 ou 10 folioles sur 2 rangs; 8 ou 10 étamines; ovaire à 4 ou 5 loges surmonté de styles distincts. — ***Maianthemum.*** Périanthe à 4 divisions sur 2 rangs; 4 étamines sur 2 rangs; ovaire biloculaire (fig. 778).

Smilax. Plante ligneuse grimpante ; feuilles alternes, cordiformes, de 10 à 20 centimètres ; longues racines adventives. Petites fleurs unisexuées.

Les racines adventives de *Smilax* constituent la *salsepareille* ; elles contiennent de l'amidon et une résine amère (*smilacine*) qui les fait employer comme dépuratif et diurétique.

Asparagus (Asperge). Plante ligneuse, vivace à l'aide d'un rhizome (*griffe*) couvert d'écailles et pourvu de nombreuses racines (fig. 779) ; ce rhizome émet des tiges aériennes ou *turions*, *tu*, qui se ramifient beaucoup, en croissant librement. Feuilles écailleuses à peine visibles, remplacées physiologiquement par les rameaux verts appelés *cladodes*. Fleurs unisexuées, souvent dioïques. Périanthe campanulé à 6 folioles (B) ; 6 étamines ; ovaire triloculaire surmonté d'un style court et d'un stigmate trilobé. Baie globuleuse à 3 loges.

L'Asperge (*A. officinalis*) est l'objet d'une culture fort productive. On la reproduit par semis ; on laisse acquérir aux jeunes rhizomes une grande vigueur, puis on les transplante dans un terrain richement fumé ; les jeunes griffes croissent librement pendant 3 ou 4 ans ; alors seulement on peut couper, jusqu'à la fin de juin, les *turions* ou tiges aériennes qu'émet la plante. Ces jeunes pousses comestibles renferment de l'asparagine, de la mannite, des matières albuminoïdes, des phosphates, etc.

FIG. 778. — Liliacées. — Diagramme de la fleur de *Maianthemum bifolium*.

FIG. 779. — Liliacées — *Asparagus* (Asperge). — A ; griffe avec plusieurs turions, *tu*, inégalement formés. — B ; section longitudinale d'une fleur mâle.

(**b**) Sépales, pétales et étamines concrescents.

Convallaria (Muguet, fig. 775, E). Plante vivace par un rhizome ramifié ; feuilles ovales ; fleurs campanulées d'odeur agréable. — *Polygonatum* (Sceau de Salomon). Rhizome dont le bourgeon terminal sort de terre une fois par an et se développe en une tige avec des feuilles alternes rejetées d'un côté et les fleurs de l'autre. — *Dracæna* (Dragonnier). Tige ligneuse arborescente, ornementale. — *Ruscus* (Petit-Houx). Arbrisseau dont les feuilles sont réduites à de petites écailles ; les derniers rameaux aplatis en lames vertes portent les fleurs dioïques.

IV. — IRIDINÉES

Fleurs régulières ou zygomorphes possédant toujours une corolle pétaloïde (le calice quelquefois); ovaire infère.

Composition florale typique : (3 S + 3P + 3E + 3E′ + 3C).

IRIDINÉES	avec albumen.	Fleur régulière	6 étamines.	**Amaryllidées.**
			3 étamines.	**Iridées.**
		Fleur zygomorphe.............		**Scitaminées.**
	sans albumen.	Fleur zygomorphe.............		**Orchidées.**
		— régulière................		**Hydrocharidées.**

11. — FAMILLE DES AMARYLLIDÉES

Plantes herbacées vivaces, ordinairement bulbeuses, rarement pourvues d'une tige dressée. Feuilles simples, entières, linéaires. Fleurs hermaphrodites, le plus souvent régulières, solitaires ou en ombelles enfermées dans une spathe.

Composition de la fleur : (3S + 3P + 3E + 3E′ + 3C).

Ovaire infère. Fruit sec ordinairement (capsule loculicide). Graine avec un albumen charnu; embryon axile.

Les Amaryllidées peuvent être définies des Liliacées à ovaire infère; elles ne diffèrent aussi des Iridées que par le nombre et le mode de déhiscence des étamines.

Fig. 780. — **Amaryllidées.** *Galanthus nivalis* (Perce-neige).

Ces plantes croissent dans la région tropicale et les zones tempérées, sauf le *Galanthus nivalis* (Perce-neige, fig. 780) qui pénètre dans les contrées froides et se trouve parfois à de hautes altitudes.

Appareil végétatif. — Comme les Liliacées, les Amaryllidées comprennent des genres avec bulbe (*Galanthus*, *Leucoium*, *Narcissus*), avec rhizome (*Alstrœmeria*), ou pourvus d'une tige dressée (*Agave*). Les feuilles sont entières, rubanées, ordinairement engainantes et parfois charnues (*Agave*, fig. 782).

Appareil reproducteur. — **Fleur.** — De même que, parmi les Liliacées, la tribu des Asparaginées renferme des espèces à fleurs unisexuées, de même les Dioscorées sont les seules Amaryllidées à fleurs unisexuées.

Les sépales du calice et les pétales de la corolle, concrescents autour de l'ovaire infère, sont tantôt libres immédiatement au-dessus de l'ovaire (*Galanthus*, *Leucoium*), tantôt concrescents en un tube ou un entonnoir sur une certaine longueur (*Amaryllis*, *Narcissus*, fig. 781, A). Dans ce dernier cas, le périanthe porte une *collerette interne*, *col* (B).

La forme originelle des sépales et des pétales chez le Narcisse, par exemple, est un cornet; si les cornets rangés en cercle deviennent concrescents latéralement et que leurs parois latérales communes disparaissent, il en résulte un périanthe à 6 divisions avec une *collerette interne à 6 lobes opposés à ceux du périanthe*.

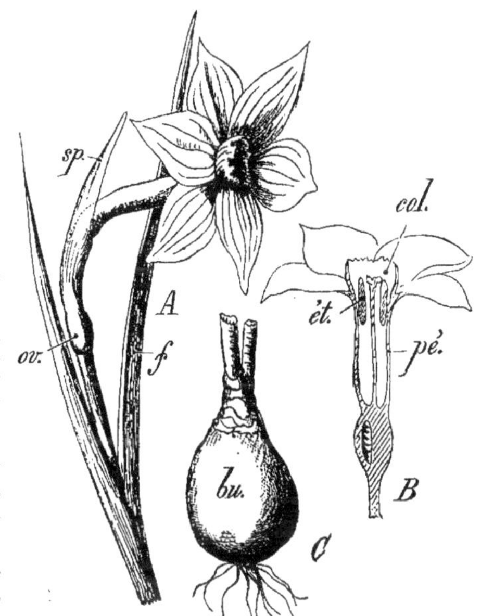

Fig. 781. **Amaryllidées.** — *Narcissus poeticus*. — A ; fleur épanouie vue en coupe longitudinale en B ; *col*, collerette ; *ov*, ovaire infère. — C ; bulbe.

Inflorescence. — Elle est solitaire et terminale chez *Galanthus*, *Leucoium vernum*, etc.; les fleurs forment des grappes chez *Agave*, etc. La spathe qui enveloppe généralement l'ensemble des fleurs ou la fleur unique est due à la concrescence de 2 bractées basilaires.

I. **Amaryllidées à bulbe.**

(a) Sépales, pétales et étamines libres.

Galanthus. *G. nivalis* (Perce-neige). Fleurs blanches renversées; pétales échancrés au sommet, avec une tache verte en dehors. Plante très printanière. — *Leucoium* (Nivéole). Fleurs blanches renversées; les 6 pièces du périanthe sont semblables.

L. vernum fleurit en février.

(b) Sépales, pétales et étamines concrescents.

Amaryllis. Périanthe à tube court sans couronne ; étamines insérées sur la gorge du périanthe.

L'*A. Belladona* possède un bulbe volumineux et de grandes fleurs roses à la fin de l'été; plante ornementale et médicinale; le bulbe en est éminemment vénéneux (Antilles). — L'*A. lutea* possède une fleur jaune dressée (région méditerranéenne).

Narcissus (fig. 781). Périanthe tubuleux, surmonté d'une couronne campanulée *au-dessous* de laquelle sont insérées les étamines.

Les Narcisses sont des plantes ornementales : *N. Pseudo-Narcissus* (Narcisse des bois) à fleurs jaunes; *N. incomparabilis*, *N. Jonquilla* aux fleurs jaunes et odorantes; *N. poeticus* à fleurs blanches avec une couronne légèrement jaunâtre et bordée de rouge. La fleur du *N. Pseudo-Narcissus* est narcotique à petite dose (vomitif), dangereuse à forte dose.

II. **Amaryllidées à rhizome ou à tige dressée.**

Alstrœmeria. Plante ornementale à rhizome; belles fleurs à sépales et pétales libres; tubercules farineux alimentaires.

Agave (fig. 782). Tige dressée portant de grandes feuilles charnues et dentées; inflorescence magnifique en grappe ramifiée; fleurs à sépales, pétales et étamines concrescents. Ne fleurit qu'une fois.

Fig. 782. — **Amaryllidées.** — *Agave americana.*

L'*A. americana* croît spontanément dans la région méditerranéenne; feuilles longues de 1m50 parfois et larges de 0m20. Il fleurit d'autant plus tôt qu'il pousse dans une région plus chaude (au bout de 12 ans en Algérie, de 40 ans en Bretagne). On retire de ses feuilles un liquide sucré qui, fermenté, donne le *pulque*, spiritueux très recherché des Mexicains; le pulque distillé donne une sorte de rhum.

Les faisceaux libéroligneux foliaires donnent une filasse résistante, la *soie végétale*, dont les Mexicains faisaient des étoffes et du papier. La moelle de la tige est utilisée en Grèce au même titre que les bouchons de liège.

III. **Dioscorées** (Amaryllidées à tiges volubiles et fleurs unisexuées).

Tamus (Taminier). Racine charnue; fleurs dioïques petites et verdâtres, disposées en grappes; baies rouges vénéneuses.

Dioscorea. *D. Batatas* (Igname de Chine). Gros tubercules féculents et comestibles.

L'Igname est un légume précieux en Chine et au Japon où il est cultivé sur une grande échelle, comme la Pomme de terre l'est en Europe.

12. — FAMILLE DES IRIDÉES

Plantes herbacées, ordinairement vivaces par un rhizome ou un tubercule. Tige aérienne portant des feuilles distiques, entières et engainantes. Fleurs hermaphrodites, régulières le plus souvent, solitaires, en épis ou en grappes.

Composition de la fleur : (3 S + 3 P + 3 E + 3 C).

3 étamines seulement. Ovaire infère. Fruit sec (capsule trigone, à 3 loges, loculicide). Graine avec un albumen charnu ou corné; embryon axile.

Les Iridées habitent les zones tempérées plus que la zone torride; les Iris, les Glaïeuls et les *Crocus*, qui croissent spontanément dans la région méditerranéenne et jusque dans les plaines de l'Europe centrale, sont les genres principaux qui nous intéressent.

Iris. Plante vivace par un rhizome horizontal ramifié

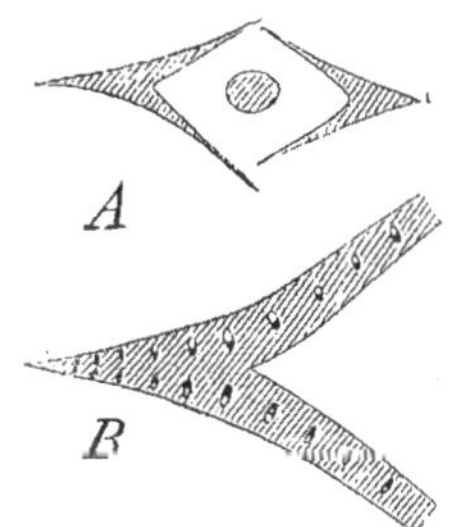

FIG. 783. — Iridées. — Coupe transversale d'une tige et de feuilles d'*Iris*.

FIG. 784. — Iridées. — *Iris*.

(Voir T. I, fig. 406), feuilles pliées en gouttière et engainantes (fig. 783). Fleur régulière (fig. 784). Calice composé de 3 folioles réfléchies, pourvues d'une bande médiane de *papilles situées au-dessous des anthères*; corolle de 3 folioles relevées vers le sommet de la fleur; les 3 stigmates pétaloïdes, alternant avec les pétales, sont recourbés au dehors au-dessus des anthères qui sont cachées dans leur concavité (fig. 785).

I. florentina. Fleurs blanches teintées de jaune pâle sur les folioles externes. — *I. germanica*. Fleurs d'un bleu violacé. — *I. Xiphium*. Fleurs bleu d'azur. Espèces ornementales. — *I. Pseudo-Acorus*; espèce aquatique à fleurs jaunes.

Les rhizomes d'Iris contiennent beaucoup d'amidon, une matière grasse âcre et une huile volatile. Les rhizomes *frais* d'*I. florentina* ont une saveur amère et l'odeur âcre; ils constituent alors de violents purgatifs; *desséchés*, ils perdent cette âcreté, présentent une odeur suave (de violette) qui les fait employer en parfumerie.

Crocus (Safran, fig. 786). Plante avec un tubercule basilaire; feuilles étroites linéaires. Périanthe en entonnoir avec un long tube, à 6 folioles dressées; 3 étamines à long filet; *ovaire demeurant sous le sol*; long style surmonté de 3 stigmates en cornet.

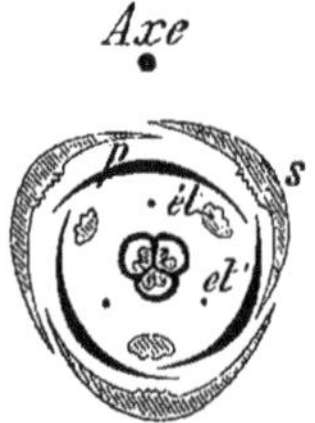

FIG. 785.— **Iridées.** — Diagramme de la fleur d'*Iris*. *s*, 3 sépales; *p*, 3 pétales; *et*, 3 étamines développées; *ét'*, 3 étamines atrophiées; 3 carpelles au centre.

FIG. 786.
Iridées. — *Crocus sativus* (Safran).

Le Safran (*C. sativus*), aux fleurs violettes et aux stigmates rouges pendants, est cultivé dans l'Orléanais et en Espagne pour ses stigmates, employés en médecine et comme condiment (aromatique stimulant), en teinture (*crocine*, glucoside jaune brun).

Gladiolus (Glaïeul). Fleurs zygomorphes. Plante ornementale.

13. — FAMILLE DES SCITAMINÉES

Plantes herbacées, parfois gigantesques. Feuilles simples, entières, engainantes, à nervures secondaires très fines, obliques et parallèles. Fleurs zygomorphes à androcée de composition variable.

Les Scitaminées sont des plantes intertropicales comprenant 3 tribus importantes : les *Musacées* (Bananier), les *Zingibéracées* (Gingembre, Curcuma) et les *Cannacées* (Balisier).

Cette famille se rattache : 1° aux Amaryllidées par les Musacées qui ont 6 étamines ; 2° aux Orchidées par les Zingibéracées possédant une seule étamine.

Musa (Bananier, fig. 787). Herbes gigantesques ; la tige est couronnée par un bouquet de feuilles longues de 2 à 3 mètres et larges de 0m60 ; un épi terminal penché porte les fleurs hermaphrodites zygomorphes ; périanthe à 6 folioles dont 5 sont soudées en un tube fendu en arrière ; 6 ou 5 étamines ; ovaire à 3 loges avec de nombreux ovules. Le fruit est une baie oblongue (*banane.*) L'épi s'appelle *régime*.

Le Bananier, plante ornementale dans nos contrées, est excessivement utile pour les habitants des pays tropicaux : sa tige et ses feuilles, soumises au rouissage, fournissent des fibres longues de 1 à 2 mètres (faisceaux libéroligneux). C'est le *chanvre de Manille* qui sert à faire des cordages, des toiles grossières, etc. Avec les feuilles, les indigènes recouvrent leurs cabanes ; ils se nourrissent des fruits farineux avant la maturité, sucrés et acidulés ensuite (bananes). La fécule qu'on en peut extraire s'appelle *arrow-root* en Guyane. On retire de la banane mûre une boisson alcoolique par fermentation.

Fig. 787. — Scitaminées. *Musa textilis* (Bananier).

Zingiber (Gingembre). Fleurs avec 1 étamine creusée en gouttière logeant le style. Asie tropicale.

Le rhizome du Gingembre est utilisé comme condiment et en médecine.

Curcuma. Rhizome tubéreux riche en fécule (arrow-root de l'Inde) ; racines longues contenant une matière colorante jaune (*curcumine*) employée en teinture.

Le Curcuma est cultivé dans l'Inde et à Java.

Canna (Balisier). Fleur très irrégulière contenant une demi-anthère et un ovaire à 3 loges dont un seul carpelle forme le stigmate.

Le rhizome du Balisier contient beaucoup de fécule alimentaire ; on cultive cette plante à la Réunion, la Martinique, la Guadeloupe, etc.

14. — FAMILLE DES ORCHIDÉES

Plantes herbacées, vivaces à l'aide d'un rhizome ou d'un tubercule (parfois épiphytes et pourvues de racines aériennes). Feuilles distiques ou spiralées, entières, engainantes. Fleurs hermaphrodites zygomorphes, groupées ordinairement en épi ou en grappe. Périanthe à 6 divisions sur 2 rangs; androcée représenté généralement par 1 étamine confondue en un seul corps avec le style (gynostème) au-dessus de l'ovaire infère, uniloculaire et tricarpellé. Fruit sec (capsule septifrage). Graine très petite sans albumen, avec un embryon peu développé.

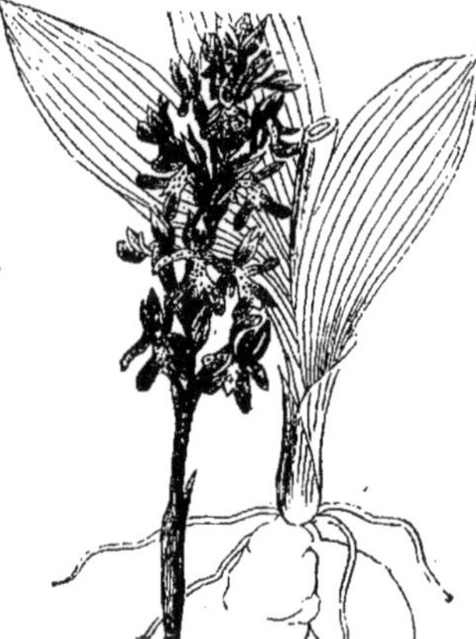

FIG. 788. — Orchidées. *Orchis militaris.*

Les Orchidées sont particulièrement abondantes dans la zone torride, où elles sont terrestres ou épiphytes ; moins nombreuses dans les régions tempérées, elles manquent dans la zone glaciale (sauf *Calypso borealis*).

Appareil végétatif. — Certaines Orchidées ont un rhizome ramifié, avec de nombreuses racines étroites (*Listera*) ou renflées (*Neottia*); d'autres présentent 2 tubercules basilaires formés par la concrescence de racines latérales (Voir T. I, page 384, fig. 365, 5.)

FIG. 789. — Diagramme d'une fleur d'*Orchis*. *la*, labelle; *st*, staminodes (les étamines atrophiées ont été remplacées par des croix).

Parmi les Orchidées épiphytes, la Vanille a une tige élancée pourvue de racines enroulées en vrille.

La tige aérienne porte des feuilles toutes basilaires (fig. 788), ou insérées latéralement (*Orchis purpurea*, *Cephalanthera rubra*, etc.).

Appareil reproducteur. — **Fleur.** — La fleur d'*Orchis* est zygomorphe (fig. 789). Le périanthe a subi une rotation de 180° par la torsion de l'ovaire.

Le calice comprend 3 sépales, *s* (fig. 790) : l'un superposé à la bractée basilaire, *br*, et les 2 autres redressés latéralement. La corolle comprend 3 pétales, *p* : l'un supérieur large (devenu inférieur par la torsion de l'ovaire) est le *labelle*, *la*, en forme de tablier pourvu d'un éperon creux nectarifère, *ép*;

les 2 autres concourent, avec le sépale médian, à former une sorte de casque recouvrant l'étamine, *ét.* L'androcée est représenté par une seule étamine comprenant une anthère.

A maturité, les grains de pollen demeurent adhérents et forment 2 *pollinies*. (Voir T. I, fig. 536).

L'ovaire infère, *ov*, uniloculaire et composé de 3 carpelles, a subi une torsion de 180° en renversant la fleur; la placentation y est axile. Stigmate, *st*, à la base du gynostème. L'ovaire s'ouvre à maturité en une capsule à 6 valves (déhiscence *septifrage* : fig. 790, B. Voir aussi T. I, fig. 566, C'). La graine renferme un embryon homogène, ovoïde et pas d'albumen (C).

La fécondation est réalisée par les Insectes qui, attirés par le nectar du labelle, plongent leur tête dans la fleur d'*Orchis*; les pollinies se fixent sur la tête du visiteur qui les porte inconsciemment sur le stigmate d'une fleur voisine, tout en y puisant le liquide sucré.

Par la germination, l'embryon prend la forme d'une toupie dont la face supérieure verte porte des stomates et la face inférieure des poils absorbants; puis se différencient un bourgeon adventif, une 1re feuille et une 1re racine adventive; le développement en est excessivement lent.

Les Orchidées sont des plantes sans utilité dont nombre d'espèces sont cultivées comme plantes ornementales; la Vanille toutefois fournit des capsules recherchées comme condiment.

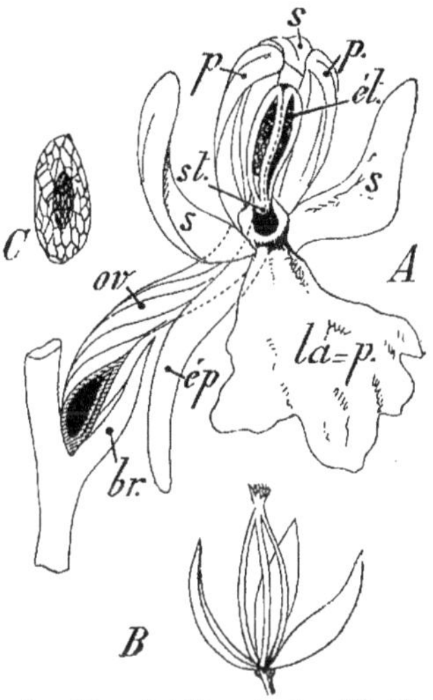

FIG. 790. — **Orchidées.** A; fleur d'*Orchis*; *s*, sépales; *p*, pétales dont l'un forme le labelle, *la*, avec éperon, *ép*; *ét*, étamine avec ses 2 pollinies; *ov*, ovaire contourné; *st*, stigmate.— B; fruit ouvert.—C; graine.

Orchis (fig. 788). 2 tubercules à la base de la tige. Feuilles vertes engainantes. Labelle pourvu d'un éperon. Nombreuses espèces dans les prairies et les bois au printemps. — *Ophrys* (fig. 9). 2 tubercules basilaires. Labelle sans éperon présentant des aspects divers : abeille, bombyx, frelon, araignée, etc., qui servent à caractériser les espèces. Vit dans les prés et les bois, sur les coteaux.

On retire, des tubercules desséchés de plusieurs espèces d'*Orchis* et d'*Ophrys*, le *salep* qui contient beaucoup de fécule alimentaire et une gomme analogue à la bassorine. On emploie le salep en gelée sucrée et aromatisée.

Epipactis. Pas de tubercules à la base de la tige; labelle sans éperon, ovaire non contourné. — *Listera*. Pas de tubercules; 2 feuilles en cœur seulement; fleurs vertes à labelle sans éperon et bifide. — *Spiranthes* (fig. 791). — *Neottia*. Plante sans feuilles vertes développées; tige et fleurs jaunâtres ou violacées; nombreuses racines développées sur des débris de feuilles; vit dans les bois.

Vanilla (Vanille, fig. 792). Plante indigène du Mexique, à tige sarmenteuse, *t*, avec de grandes feuilles elliptiques, *f*, dans l'aisselle desquelles naissent de courtes grappes de fleurs, *fl*, à périanthe presque régu-

Fig. 791. — Orchidées. *Spiranthes autumnalis*.

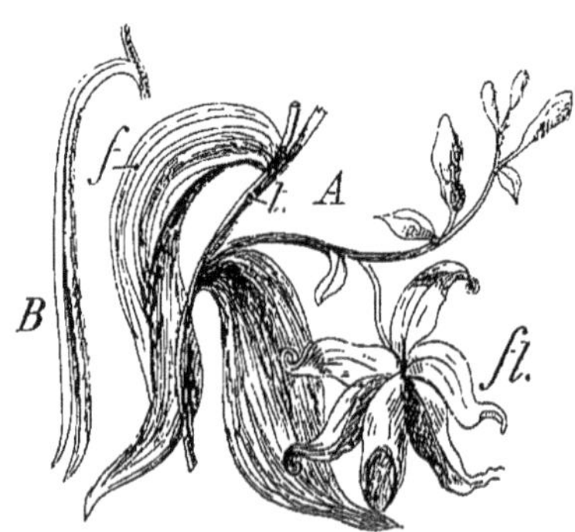

Fig. 792. Inflorescence (A) et fruit (B) de la Vanille.

lier; labelle roulé en cornet. Long fruit aromatique (gousse, B).

Les gousses, cueillies un peu avant la maturité, sont séchées et bottelées; elles brunissent et se couvrent de petits cristaux blancs dont l'abondance est en rapport avec la qualité du fruit. 2 substances aromatiques y sont contenues : l'une huileuse, l'autre cristalline (*vanilline*) qui produit les cristaux et répand un parfum agréable.

15. — FAMILLE DES HYDROCHARIDÉES

Plantes aquatiques. Feuilles submergées ou nageantes. Fleurs régulières unisexuées; ovaire infère. Fruit charnu (baie). Graine sans albumen à embryon droit.

Les Hydrocharidées vivent dans les eaux douces et tranquilles, sous les climats tempérés.

Elodea. Feuilles sessiles disposées le long de la tige, par verticilles de 3; fleurs femelles longuement pédonculées.

Originaire du Canada, l'*E. canadensis* a envahi depuis 50 ans tous nos cours d'eau et les canaux où il entrave la navigation.

Vallisneria (Vallisnérie). Feuilles sessiles, rubanées, en rosette à la base de la tige. Fleurs mâles petites et submergées avec 2 étamines; fleurs femelles portées par un long pédoncule à la surface de l'eau.

Au moment de la fécondation, les fleurs mâles détachées flottent sur l'eau au milieu des autres; une fois la fécondation opérée, le pédoncule de la fleur femelle s'enroule en une spirale qui entraîne au fond de l'eau la fleur dont le fruit mûrit peu à peu. Abondante dans le canal du Languedoc.

Hydrocharis (Morrène). Plante flottante à feuilles cordiformes et pétiolées. Fleurs avec 3 pétales blancs.

B. — DICOTYLÉDONES

Embryon pourvu de 2 cotylédons. *Racine primaire développée. Formations secondaires dues généralement à une assise génératrice située entre le bois et le liber primaires. Feuilles pennées ou palmées. Fleurs non construites sur le type* 3.

DICOTYLÉDONES	sans corolle		**Apétales.**
	avec corolle	à pétales libres	**Dialypétales.**
		à pétales concrescents	**Gamopétales.**

Caractères distinctifs des Dicotylédones et des Monocotylédones. — L'étude des **Monocotylédones** une fois réalisée, il nous a paru utile d'en établir ici même les caractères généraux comparés à ceux du groupe des **Dicotylédones** qu'il nous reste à envisager. Sauf le nombre des cotylédons que renferme l'embryon, aucun n'est absolu des caractères qu'on peut énumérer à propos de l'un ou de l'autre des deux groupes; ces caractères souffrent cependant assez peu d'exceptions pour ne pas mériter l'attention.

MONOCOTYLÉDONES.		DICOTYLÉDONES.
Embryon avec 1 *cotylédon*	→	Embryon avec 2 *cotylédons*.
Tige avec nombreux faisceaux libéroligneux disposés en *n* cercles concentriques.		Peu de faisceaux disposés en *un seul* cercle à la périphérie du cylindre central.
Racine primaire avortée.	→	Racine primaire développée.
Feuilles *rectinerves*, sans stipules, le plus souvent engainantes.		Feuilles à *nervation pennée* ou *palmée*, prenant peu de faisceaux à la tige.
Fleur construite sur le type 3.	→	Fleur construite généralement sur le type 5 (parfois 2).
4 grains de pollen naissent d'une cellule-mère par 2 *bipartitions successives*.		4 grains de pollen naissent d'une cellule-mère *simultanément* par *quadripartition*.

I. — DICOTYLÉDONES APÉTALES

Fleurs à périanthe nul ou composé seulement d'un verticille (calice).

APÉTALES Fleurs unisexuées en général.	Périanthe nul ou peu net. (*Amentacées*)	Plantes dioïques		**Salicinées.**
		Plantes monoïques	Feuilles simples.	**Cupulifères.**
			Feuilles composées	**Juglandées.**
	Un périanthe.	Ovaire uniloculaire et uniovulé		**Urticacées.**
		Ovaire à 2 ou 3 loges. Latex en général		**Euphorbiacées.**
Fleurs hermaphrodites en général.	Feuilles avec gaine et stipule spéciale (*ocrea*). Fruit à 2-3 angles			**Polygonées.**
	Feuilles sans stipules. Fruit arrondi			**Chénopodiacées.**

16. — FAMILLE DES SALICINÉES

Arbres ou arbrisseaux, à feuilles alternes, simples, stipulées et caduques. Fleurs dioïques nues, en épis cylindriques à l'aisselle de bractées très serrées. Capsule ovoïde s'ouvrant en 2 ou 4 valves. Nombreuses graines petites, entourées de longs poils soyeux insérés sur le funicule; pas d'albumen; embryon droit.

Les Salicinées sont très répandues dans les régions tempérées

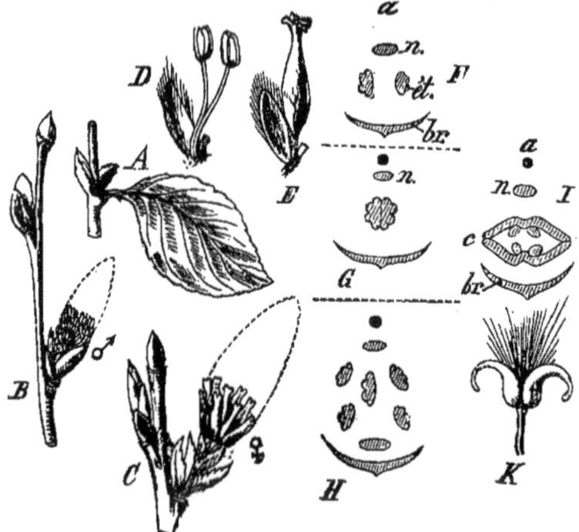

Fig. 793. — **Salicinées.** *Salix* (Saule). — A; feuille. — B; chaton de fleurs mâles, D. — C; épi de fleurs femelles, E. — F,G,H; diagrammes de fleurs mâles chez *Salix diandra* et *pentandra*; *n*, nectaires. — I; diagramme de fleur femelle. — K; fruit.

et froides de l'hémisphère boréal. Elles comprennent 2 genres : *Salix* (Saule) et *Populus* (Peuplier).

Salix (Saule, fig. 793). Bourgeons à 1 écaille nette. Feuilles entières ou finement dentées, plus ou moins allongées. Épis (*chatons*) denses et dressés, à fleurs sessiles (fig. 794).

Fig. 794. Fleurs mâles du Saule (chaton).

Fleurs avec une bractée basilaire entière. *Fleur mâle* réduite à une bractée portant 2 étamines en général (parfois 3 ou 5), à filets libres. *Fleur femelle* réduite à une bractée portant 1 ovaire uniloculaire avec 2 placentas pariétaux. Capsule bivalve.

Le Saule habite les lieux humides et marécageux, le bord des cours d'eau : on l'y multiplie facilement par bouture (Voir T. I, page 499).

Il en existe de nombreuses espèces. Les fleurs mâles contiennent 2 étamines à filets libres (*S. caprea*, *viminalis*) ou soudés (*S. purpurea*); 3 étamines (*S. triandra*); 5 étamines (*S. pentandra*).

On taille en têtard les *S. fragilis* et *viminalis* (Osier) pour y provoquer la formation de nombreuses verges d'osier utilisées dans la vannerie. Le bois mou et grossier de *S. caprea* sert à faire des échalas, des cercles de tonneaux; les feuilles en sont consommées par les Chèvres. L'écorce de certaines

Fig. 795. — Salicinées. *Populus alba* (Peuplier blanc).

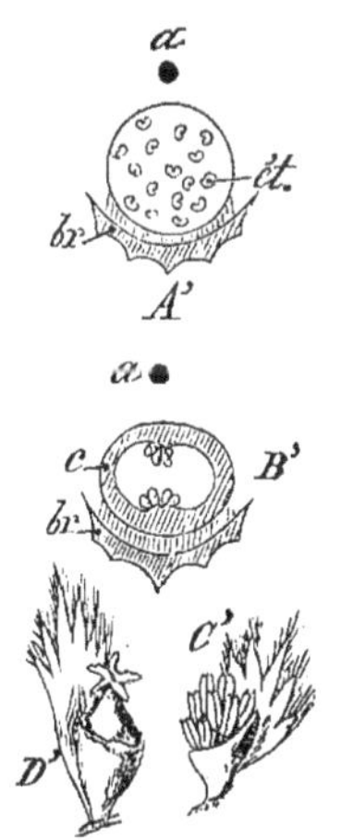

Fig. 796. — Salicinées. *Populus nigra*. — A ; diagramme d'une fleur mâle, C. — B ; diagramme d'une fleur femelle, D.

espèces fournit la *salicine* employée comme fébrifuge ; sa richesse en tanin fait utiliser l'écorce pour le tannage des cuirs.

Populus (Peuplier, fig. 795). Bourgeons résineux avec plus de 3 écailles nettes dont la première, plus grande, enveloppe les autres. Feuilles alternes simples, dentées, à pétiole aplati latéralement (Voir T. I, fig. 447).

Chatons mâles ordinairement pendants. Fleurs brièvement pédicellées avec une bractée charnue en forme de coupe à bord denté; *fleur mâle* avec 4 à 30 étamines; *fleur femelle* avec un ovaire sessile et de nombreux ovules (fig. 796). Graines petites avec une houppe de poils favorisant leur dissémination.

Le Peuplier se plaît dans les endroits humides; il comprend plusieurs espèces : le Peuplier noir (*P. nigra*) aux feuilles glabres et finement dentées et à l'écorce gerçurée en long; le Peuplier blanc (*P. alba*) aux feuilles blanches ou grises, velues en dessous; le Tremble (*P. Tremula*) aux feuilles âgées glabres, à l'écorce lisse sauf à la base du tronc.

Le bois de Peuplier sert à faire des caisses d'emballage, des meubles grossiers; les bourgeons résineux de *P. nigra* et *Tremula* servent à combattre les affections des poumons. Le *P. balsamifera* de l'Amérique du Nord fournit du baume du Canada.

17. — FAMILLE DES CUPULIFÈRES

Arbres ou arbrisseaux à feuilles alternes, simples, entières ou dentées, avec des stipules souvent fugaces. Fleurs monoïques : les fleurs mâles disposées en chatons pendants ou dressés; les fleurs femelles, solitaires ou en épis, entourées de bractées formant généralement une **cupule** *autour du fruit. Une seule graine par avortement, dépourvue d'albumen.*

CUPULIFÈRES	à périanthe.	Carpelles biovulés	*Quercinées.*
		— uniovulés	*Corylées.*
	à cupule avortée. Carpelles uniovulés		*Bétulinées.*

Les Cupulifères sont répandues dans les régions tempérées de l'hémisphère Nord; elles y forment de vastes forêts, soumises à des coupes réglées par l'homme qui exploite ces espèces végétales et en tire d'inappréciables avantages.

I. **Quercinées.** — Fleurs femelles solitaires ou groupées par 2 ou 3 dans un involucre formé par de nombreuses bractées constituant une *cupule*; inflorescence mâle variée.

Les Quercinées comprennent 3 genres : *Quercus* (Chêne), *Castanea* (Châtaignier) et *Fagus* (Hêtre).

Quercus (Chêne, fig. 797). Arbre de grande taille généralement. Bourgeons à *n* écailles (ceux du sommet des rameaux réunis en groupe). Feuilles penninerves, lobées ou dentées, alternes, caduques ou persistantes. Fleurs femelles au sommet des jeunes rameaux feuillés et fleurs mâles disposées latéralement en général.

L'inflorescence mâle est une grappe simple, pendante (A, ♂); chaque *fleur mâle* comprend un périanthe de 5 à 6 lobes avec 5 ou

12 étamines (B, D). L'inflorescence femelle est un épi dressé de 1 à 5 fleurs (C, E); chaque *fleur femelle*, solitaire à l'aisselle d'une écaille (C), est entourée d'une cupule, *cu* (E); elle comprend

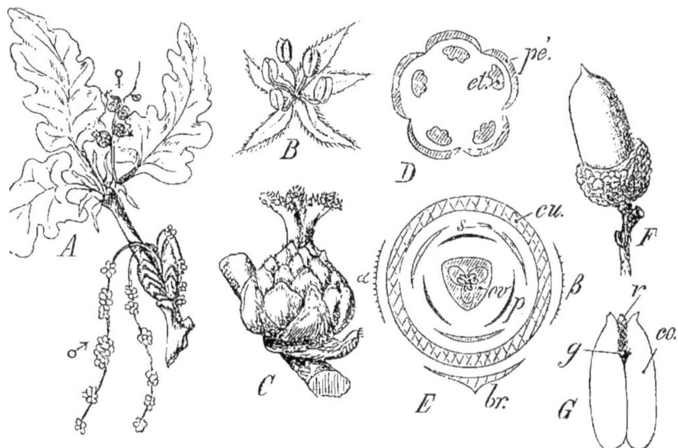

FIG. 797. — **Quercinées.** *Quercus pedunculata* (Chêne pédonculé). — A ; rameau portant des inflorescences mâles ♂ et femelles ♀. — B ; fleur mâle. — C ; fleur femelle entourée de sa cupule. — D ; E ; diagrammes des fleurs mâle et femelle. — F ; fruit. — G ; graine vue en coupe ; *r*, radicule ; *g*, gemmule ; *co*, cotylédons.

un périanthe à 6 divisions (E) et un ovaire triloculaire, *ov*, avec 6 ovules dont un seul se développe.

Fruit appelé *gland* (F) avec une graine unique (G) aux cotylédons charnus. Germination hypogée.

Le Chêne est précieux à cause des nombreuses applications dont il est l'objet : le cœur du bois est employé en menuiserie, en tonnellerie (douves) et dans les constructions navales (*Q. sessiliflora*, var. *pubescens*). L'écorce, riche en tanin, est séchée, réduite en poudre sous le nom de *tan* et sert au tannage des peaux (*Q. robur pedunculata*, etc.); celle du Quercitron (*Q. tinctoria*) fournit une matière colorante jaune; on retire le liège de l'écorce du Chêne-liège (*Q. suber*).

Les cupules du Chêne *Vélani* et les *galles* formées sur le pétiole des feuilles (par la piqûre des Cynips et la ponte de leurs œufs) sont utilisées pour l'extraction du tanin, de l'acide gallique et la préparation de l'encre; les glands, riches en amidon, sont consommés par les bestiaux (Porcs); torréfiés et traités par l'eau bouillante, les glands fournissent une boisson tonique.

Castanea (Châtaignier, fig. 798 et 564, T. 1). Arbre pouvant atteindre 30 à 40 mètres; bourgeons de 2 ou 3 écailles; feuilles ovales, allongées pointues, à dents un peu recourbées. Inflorescence en épi, portant des glomérules de fleurs mâles au sommet, de fleurs femelles à la base. *Fleur mâle* (B) avec un périanthe à 6 divisions sur 2 rangs et 8 à 12 étamines (A, 5). *Fleur femelle* (D) avec un périanthe identique, un ovaire à 6 loges (C, 2). L'involucre fructifère, hérissé de piquants, s'ouvre en 4 valves contenant 1, 2,

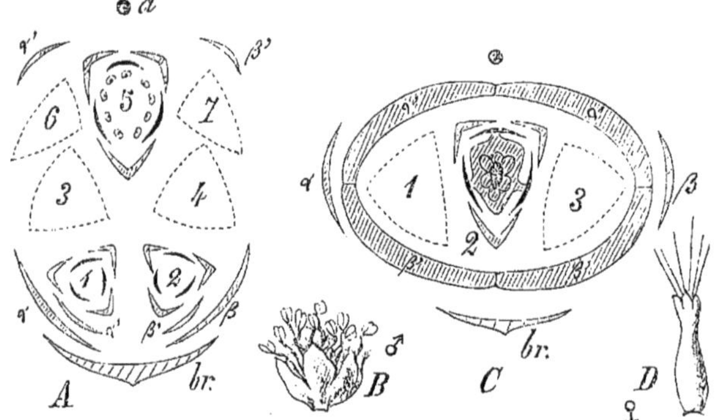

FIG. 798. — **Quercinées.** *Castanea vulgaris* (Châtaignier). — A; coupe transversale d'un glomérule mâle. — B; fleur mâle. — C; coupe transversale d'un glomérule femelle. — D; fleur femelle. *br*, bractée.

rarement 3 fruits (*châtaignes*, *marrons*). Graine avec 2 cotylédons charnus.

Le bois de Châtaignier fournit de belles charpentes; son fruit est un aliment précieux cuit à l'eau, grillé ou confit (marron glacé).

Fagus (Hêtre, fig. 799). Arbre à écorce lisse, grise; bourgeons

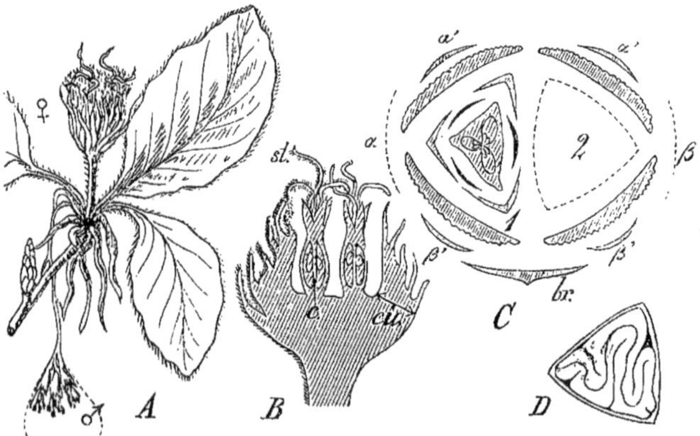

FIG. 799. — **Quercinées.** *Fagus sylvatica* (Hêtre). — A; rameau portant un bourgeon, une inflorescence mâle ♂ et un capitule femelle ♀. — B,C; coupes longitudinale et transversale d'un capitule femelle biflore; *cu*, cupule; *c*, carpelle; *st*, stigmates. — D; section transversale de la graine.

très aigus avec *n* écailles. Feuilles entières ou à bord sinueux ondulé et soyeux, avec de longues et étroites stipules. Inflorescences en capitules longuement pédonculés (A); capitules mâles multiflores pendants ♂; capitules femelles biflores dressés (♀ et B). *Fleur mâle* avec un périanthe de 5 à 7 lobes et 8 à 12 étamines. *Fleur femelle* avec un périanthe à 6 divisions sur 2 rangs et un ovaire à 3 loges biovulées (C). Fruit trigone appelé *faîne*, avec 1 graine à cotylédons contournés (D). Cupule s'ouvrant en 4 valves.

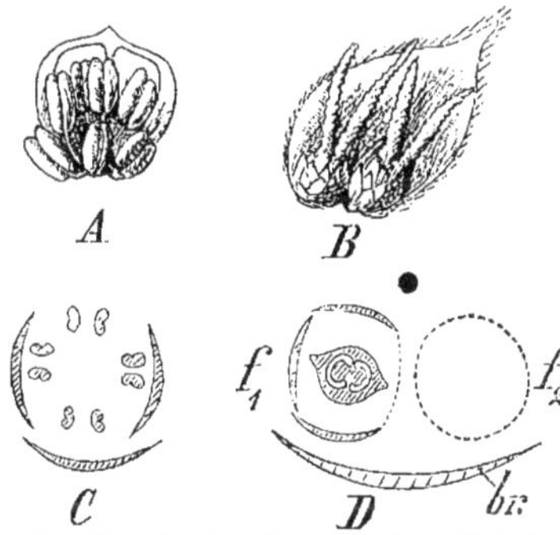

Fig. 800. — **Corylées.** *Corylus avellana* (Noisetier). — A; fleur mâle, coupée transversalement en C. — B; inflorescence femelle biflore, coupée transversalement en D.

Le Hêtre fleurit vers l'âge de 50 ans; son bois, très durable, est employé en menuiserie, en charronnerie et pour le chauffage; ses copeaux sont utilisés dans la fabrication du vinaigre; on retire du fruit une huile grasse, comestible à petite dose, surtout employée pour l'éclairage et la fabrication des savons.

II. **Corylées.** — *Chatons mâles pendants. Inflorescence femelle variée; périanthe soudé avec l'ovaire à 2 loges uniovulées.*

Les Corylées comprennent 2 genres : *Corylus* (Noisetier ou Coudrier) et *Carpinus* (Charme).

Corylus (Noisetier, fig. 800 et 496, T. I). Arbrisseau; bourgeons globuleux avec *n* écailles. Feuilles dentées ovales à pétiole velu apparaissant après les fleurs. Inflorescences mâles en chatons pendants; *fleur mâle* sans périanthe (A) à 8 étamines (4 dédoublées, C). Inflorescences femelles biflores (B,D), isolées dans des bourgeons terminés par une houppe de stigmates rouges; *fleur femelle* avec un périanthe fugace et un ovaire biloculaire. Fruit (*noisette*).

Fig. 801. — **Corylées.** *Carpinus* (Charme). — A; rameau portant une inflorescence mâle latérale ♂ et une inflorescence femelle terminale ♀. — B; fleur mâle; — C; fleur femelle. — D; fruit avec sa cupule.

Le Noisetier, commun dans les taillis, cultivé dans les parcs et les jardins, donne un bois peu durable, employé en menuiserie. La noisette est alimentaire et donne, par expression, une huile douce comestible.

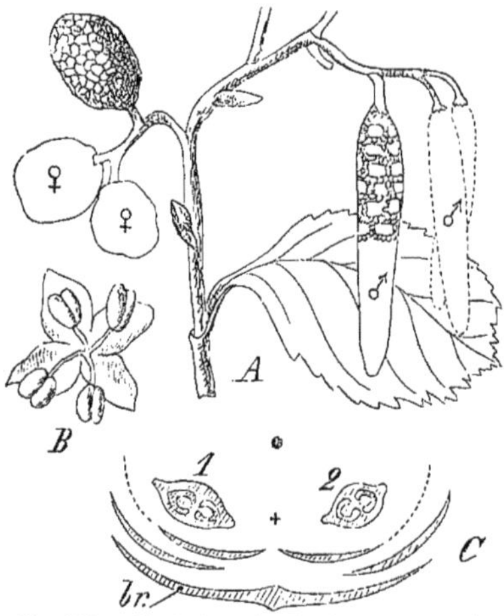

FIG. 802. — Bétulinées. *Alnus* (Aulne). — A ; rameau portant des inflorescences mâles ♂ et femelles ♀. — B ; fleur mâle. — C ; section transversale de 2 fleurs femelles associées à l'aisselle d'une même bractée, *br*.

Carpinus (Charme, fig. 801). Arbre ; bourgeons aigus avec *n* écailles. Feuilles doublement dentées, ovales, plissées dans le bourgeon, à nervures secondaires parallèles et saillantes. Inflorescences (A) apparaissant en même temps que les feuilles, les femelles en épi terminal ♀, les mâles en chatons latéraux pendants ♂. *Fleur mâle* avec 4-10 étamines (fendues, B). *Fleur femelle* (C) donnant un fruit entouré d'une cupule trilobée (D).

Le Charme se rencontre dans toutes les forêts ; on en fait des *charmilles*. Son bois, blanc à l'état frais, brunit en vieillissant ; on l'emploie en charronnage (poulies, vis de pressoir, manches d'outils) et comme bois de chauffage.

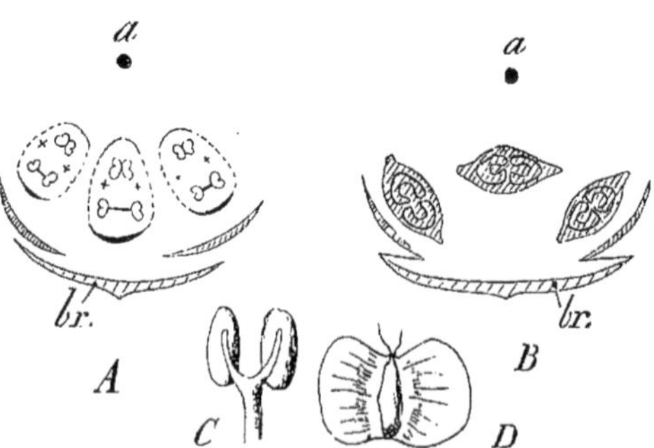

FIG. 803. — Bétulinées. *Betula* (Bouleau). — A, B ; sections transversales de fleurs mâles (A) et femelles (B), associés par 3 à l'aisselle d'une bractée. — C ; étamine. — D ; fruit.

III. **Bétulinées.** — *Chatons mâles terminaux et pendants. Épis femelles latéraux et dressés. Pas de cupule. Ovaire à 2 loges uniovulées.*

2 genres : *Alnus* (Aulne) et *Betula* (Bouleau).

Alnus (Aulne, fig. 802) ; Arbre ; bourgeons pédiculés avec 2-3 écailles. Feuilles pétiolées dentées, sans pointe au sommet, presque glabres. *Fleurs mâles* associées par 3 avec un périanthe à 4 divisions et 4 étamines (B). *Fleurs femelles* associées par 2 (C) avec un ovaire nu et 2 stigmates.

L'Aulne (*A. glutinosa*) vit au bord des eaux; son bois, blanc d'abord, puis rouge-brun, résiste longtemps à l'action de l'eau (constructions hydrauliques).

Betula (Bouleau, fig. 803). Arbre, bourgeons aigus avec *n* écailles; jeunes pousses grêles et pendantes. Feuilles pétiolées finement dentées, élargies vers la base, vertes et luisantes en dessus, vert-pâle en dessous. *Fleurs mâles* associées par 3 (A) avec 2 étamines dédoublées (C). *Fleurs femelles*, également par 3 (B). Le fruit est une samare (D).

Le *Bouleau* a un tronc blanc-argenté (cellules du liège remplies d'air). Son bois, trop hygrométrique, est employé en charronnage et en menuiserie grossière; l'écorce en est utilisée pour le tannage des cuirs et sert surtout à la préparation du *cuir de Russie*, à cause de l'huile balsamique résineuse qu'elle contient. Dans les régions septentrionales où pousse encore le Bouleau blanc, on en recueille la sève sucrée pour faire une boisson fermentée (bière) et du vinaigre.

18. — FAMILLE DES JUGLANDÉES

Arbres à feuilles composées pennées. Fleurs monoïques : les fleurs mâles groupées en chatons pendants latéraux ; les fleurs femelles groupées par 3 au sommet des jeunes rameaux. Fruit (drupe, noix).

Juglans (Noyer, fig. 804). Arbre de grande taille. *Fleur mâle* avec un périanthe de 2 à 4 folioles et 3 à 10 étamines; *Fleur femelle* avec un périanthe à 4 divisions, soudé à l'ovaire uniloculaire et uniovulé; 1 style court et 2 stigmates.

Le Noyer (*J. regia*) donne un bois fin, dur, très estimé en ébénisterie; son fruit, la *noix*, renferme une amande comestible dont on retire, par pression, une huile excellente, mais qui rancit très vite.

FIG. 804. — **Juglandées.** — *Juglans regia* (Noyer commun).

19. — FAMILLE DES URTICACÉES

Plantes herbacées ou arborescentes à feuilles ordinairement alternes, pétiolées et stipulées. Fleurs en général unisexuées et régulières, pourvues d'un périanthe simple, sépaloïde. Ovaire uniloculaire avec un ovule droit ou anatrope. Fruit indéhiscent (akène, samare ou drupe) à 1 graine, avec ou sans albumen.

La famille des Urticacées comprend un grand nombre d'espèces, répandues dans les zones torride et tempérées; ces espèces sont réparties en tribus importantes par leurs caractères et leurs applications industrielles. Les principales de ces tribus sont : les *Urticées*, les *Artocarpées*, les *Morées*, les *Cannabinées* et les *Ulmées*.

FIG. 806. — **Urticées.** — Fleur mâle d'Ortie (*Urtica dioica*). — *s*, 4 sépales du calice; *ét*, étamines avec filet *f* et anthère *an*.

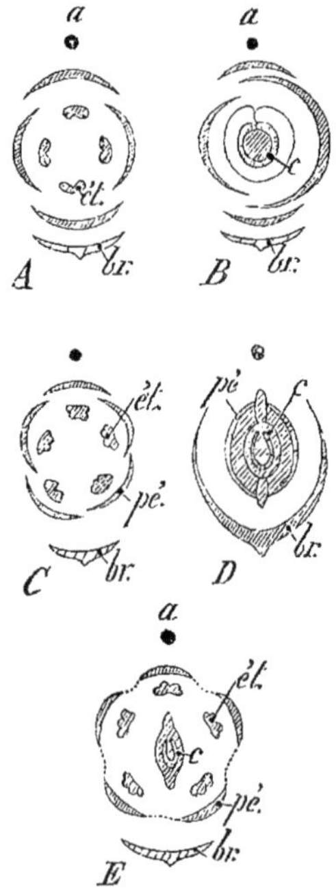

I. **Urticées.** — *Fleurs unisexuées; étamines à filet se déroulant élastiquement; ovule dressé; embryon droit avec cotylédons charnus.*

FIG. 805. — **Urticacées.** — A et B; *Urtica dioica* (Ortie). — C et D; *Cannabis sativa* (Chanvre). Diagrammes des fleurs mâle (A, C) et femelle (B, D), — E; *Ulmus campestris* (Orme); diagramme de la fleur.

Urtica (Ortie). Plante herbacée couverte de poils urticants. Feuilles opposées pétiolées et dentées avec des stipules latérales. Fleurs très petites groupées diversement le long de la tige; *fleur mâle* (fig. 805, A) avec un périanthe à 4 divisions et 4 étamines opposées (fig. 806); *fleur femelle* (fig. 805, B et 807, A) avec un périanthe identique; un ovaire et un ovule dressés; peu d'albumen.

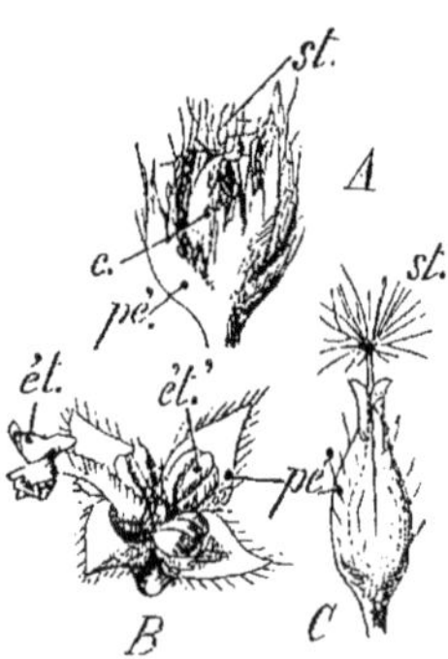

FIG. 807. — Urticées. — A; fleur femelle d'Ortie. — B, C; fleurs mâle et femelle de Pariétaire. *pé*, périanthe; *ét*, *ét'*, étamines; *c*, carpelle; *st*, stigmate.

L'Ortie habite les pays tempérés; la grande Ortie (*U. dioica*) renferme des fibres libériennes textiles; l'Ortie brûlante (*U. urens*), la plus commune, utilisée par les médecins en thérapeutique, irrite la peau à la suite de l'injection sous-cutanée du liquide brûlant renfermé dans ses poils (*urtication*). Ces plantes, surtout la première, donnent un excellent fourrage pour les vaches laitières. La piqûre de l'*U. ferox* est dangereuse.

Bœhmeria (Ramie). Arbrisseau dont la face dorsale des feuilles est blanche (*B. nivea*) ou verte (*B. candicans*); il renferme de précieuses fibres textiles (Voir T. I, p. 363, fig. 350); on le cultive depuis quelques années dans le midi de la France.

Parietaria (Pariétaire, fig. 808). Herbe à petites fleurs polygames (fig. 807, B,C) disposées en glomérules à l'aisselle des feuilles alternes, non stipulées. Les étamines s'ouvrent à maturité en se détendant comme un ressort (B); ovaire surmonté d'un stigmate en pinceau, *st* (C).

Très commune dans les fissures des vieux murs, sur les plâtras, la Pariétaire est employée comme diurétique en décoction, car elle est riche en salpêtre.

Fig. 808. — Urticées. *Parietaria officinalis* (Pariétaire officinale).

II. **Artocarpées.** — *Arbres contenant beaucoup de latex. Fleurs unisexuées réunies en grand nombre dans un réceptacle charnu (figue) qui renferme les fruits. Ovule pendant. Anthères dressées dans le bouton.*

Ficus (Figuier, fig. 809). Arbre à feuilles alternes lobées avec stipules caduques. Inflorescence en forme de poire, ouverte au sommet près duquel sont les *fleurs*

Fig. 809.
Artocarpées. *Ficus carica* (Figuier.)

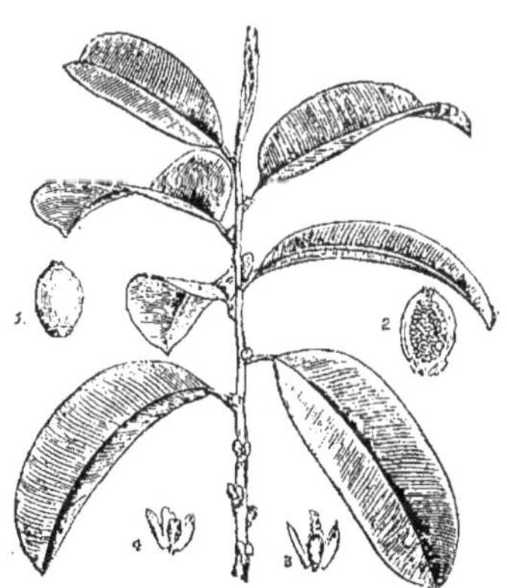

Fig. 810.
Artocarpées. *Ficus elastica.*

mâles; fleurs femelles insérées sur toute la face interne du réceptacle.

Le Figuier (*F. carica*), cultivé dans le midi et l'ouest de la France, le nord de l'Afrique, etc., atteint parfois 10 à 12 mètres de haut; ses inflorescences charnues sont consommées à l'état frais ou sec. De l'écorce incisée s'écoule un latex beaucoup plus abondant chez *F. elastica* (fig. 810) et *F. indica* (Figuier des Banians), espèces d'où on retire le caoutchouc.

Artocarpus (Arbre à pain); cultivé comme arbre ornemental en France, précieux par son inflorescence énorme et comestible dans les îles de l'océan Indien.

III. **Morées.** — *Plantes herbacées ou arbres lactescents. Fleurs unisexuées, les femelles en inflorescence serrée. Anthères renversées dans le bouton. Ovule pendant.*

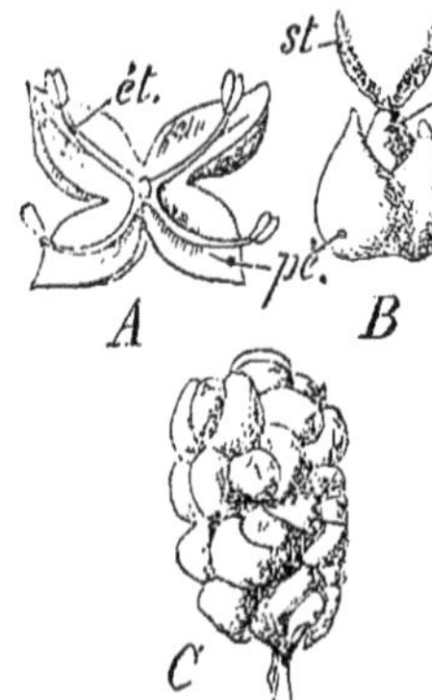

Fig. 811. — Morées. *Morus* (Mûrier). — A, B; fleurs mâle et femelle. — C; fruit.

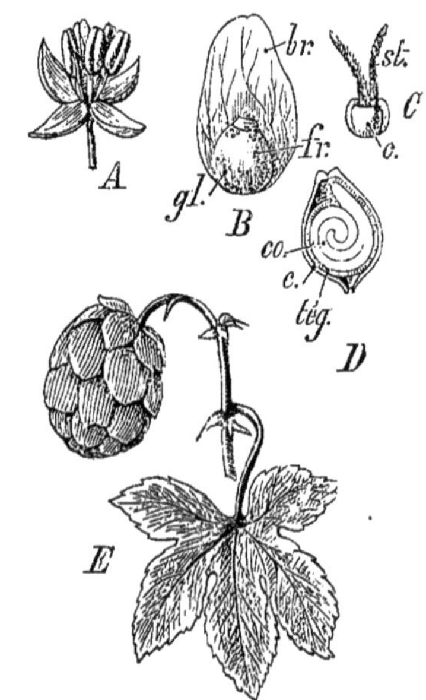

Fig. 812. — Cannabinées. *Humulus Lupulus* (Houblon). — A, C; fleurs mâle et femelle. — B; fruit, *fr*, à l'aisselle d'une bractée, *br*. — D; coupe du fruit; *c*, carpelle; *tég*, tégument de la graine; *co*, cotylédons. — E; cône et feuille.

Morus (Mûrier). Arbre à feuilles alternes dentées, avec stipules caduques. Épis allongés de *fleurs mâles* (fig. 811, A); glomérules de *fleurs femelles* (B) formant à la maturité une agrégation de baies (C).

Le Mûrier comprend plusieurs espèces dont les fruits sont comestibles (*M. nigra* et *rubra*). Les feuilles du Mûrier blanc (*M. alba*) servent à nourrir les vers à soie.

Broussonnetia. B. papyrifera (Mûrier à papier) donne d'excellentes fibres libériennes employées pour faire du papier et des étoffes. — *Dorstenia*; réceptacle charnu, non fermé comme celui du Figuier.

IV. **Cannabinées.** — *Feuilles opposées palminerves. Fleurs unisexuées dioïques. Anthères dressées dans le bouton. Ovule suspendu.*

Humulus (Houblon, fig. 812). Plante herbacée, volubile, à

feuilles toutes opposées. *Fleurs mâles* (A) disposées en grappe; *fleurs femelles* (C) en chatons avec de grandes bractées (B), formant des cônes ovoïdes (E); ovaire surmonté de 2 styles. Graine à embryon spiralé (D).

Le Houblon commun (*H. Lupulus*) est cultivé pour la récolte de ses cônes utilisés dans la fabrication de la bière; les écailles et les périanthes floraux sont couverts de poils glanduleux (Voir T. I, fig. 338), qui sécrètent une résine, la *lupuline*, composée d'huiles volatiles et d'un alcaloïde amer.

Cannabis (Chanvre, fig. 813). Plante herbacée droite à feuilles inférieures opposées, séquées et stipulées. Inflorescence en cyme scorpioïde. *Fleur mâle* pédonculée avec un périanthe de 5 divisions auxquelles sont opposées 5 étamines (fig. 805, C); *fleur femelle* sessile avec un périanthe non découpé, étroitement soudé à l'ovaire surmonté lui-même de 2 styles (D). Akène avec un embryon courbé et un albumen charnu.

Fig. 813. — Cannabinées. *Cannabis sativa* (Chanvre).

Le Chanvre (*C. sativa*) est une plante textile cultivée dans les régions tempérées; on arrache les pieds mâles à l'époque de la floraison et les pieds femelles avant la fin de la maturation du fruit (*chènevis*). Les fibres sont isolées par rouissage (Voir T. I, pages 342 et 363, fig. 368)[1]; elles ont d'autant plus de valeur qu'elles sont moins lignifiées. On retire du fruit l'*huile de chènevis*, utilisée dans l'industrie.

V. Ulmées. — *Fleurs ordinairement hermaphrodites, développées avant les feuilles alternes et distiques. Anthères dressées dans le bouton. Ovule suspendu; embryon droit.*

Ulmus (Orme). Arbre à feuilles alternes, dentées et penninerves,

1. On pratique aujourd'hui un rouissage chimique consistant à traiter les tiges de Chanvre par les carbonates alcalins sous pression.

à stipules caduques. Fleurs polygames disposées en faisceaux aux nœuds des feuilles tombées de l'année précédente. Périanthe en cloche (fig. 814) renfermant 5 étamines et 1 ovaire surmonté d'un style bifide (fig. 805, E). Fruit (samare) avec une aile membraneuse réticulée (fig. 815).

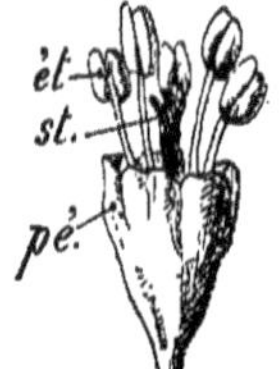

Fig. 814. Fleur de l'Orme.

Fig. 815. Fruit de l'Orme.

L'Orme (*U. campestris*), est un arbre ornemental au port majestueux, planté au bord des routes et dans les parcs; son bois dur, mais grossier, est employé par les charrons et les tourneurs; on en fait des crosses de fusil.

20. — FAMILLE DES EUPHORBIACÉES

Plantes herbacées ou arborescentes, annuelles ou vivaces, à feuilles le plus souvent alternes, simples et stipulées. Tiges et feuilles renferment un abondant latex. Fleurs unisexuées monoïques ou dioïques, ordinairement régulières, groupées en inflorescences terminales ou axillaires variées. Périanthe petit, parfois nul, **quelquefois double.** *Étamines* 1 *à* **n.** *Ovaire à* 2 *ou* 3 *loges. Capsule* (*le plus souvent*) *avec une graine à testa crustacé, pourvue d'un abondant albumen charnu.*

La famille des Euphorbiacées est très vaste et polymorphe bien que très naturelle, diffusée sur toute la surface du globe, sauf dans les pays froids.

Appareil végétatif. — Quelques espèces ont une tige charnue, verte, qui leur donne l'aspect des Cactées (*Euphorbia splendens, polygona, mamillosa*, etc.); chez d'autres, la tige est aplatie (*Phyllanthus*). Des cellules laticifères très ramifiées sillonnent les tissus d'un grand nombre d'Euphorbiacées (Voir T. 1, page 354, fig. 338, *d*).

Quand on blesse une tige d'Euphorbe, le latex s'écoule par la plaie; ce phénomène n'a pas lieu chez les Cactées.

Appareil reproducteur. — Les fleurs sont constituées et groupées de manières très variables; à ne considérer que nos espèces indigènes, les Euphorbiacées ne possèdent qu'un périanthe et peuvent être rangées parmi les Apétales; mais *un certain nombre d'espèces exotiques possèdent un calice et une corolle distincts, de telle sorte que leur place normale se trouve parmi les Dialypétales où l'on range d'ordinaire aujourd'hui les Euphorbiacées.*

Fleur (fig. 816). *Genres à périanthe unique.* — Chez la Mercuriale (*Mercurialis*, fig. 404, T. 1), les fleurs unisexuées (fig. 816, A,B) ont un périanthe à 3 divisions, avec *n* étamines (fleur mâle, A) et 2 carpelles (fleur femelle, B).

Le Buis (*Buxus*) possède des fleurs mâles (C) avec 4 sépales et 4 étamines, et des fleurs femelles (D) avec 5 sépales et 3 carpelles.

Le Ricin (*Ricinus*) a des fleurs mâles (E) construites sur le type 5 (5 sépales et *n* étamines *ramifiées*) et des fleurs femelles (F) construites sur le type 3 (3 sépales et 3 carpelles).

Chez l'Euphorbe (*Euphorbia*), la fleur mâle (G) est réduite à

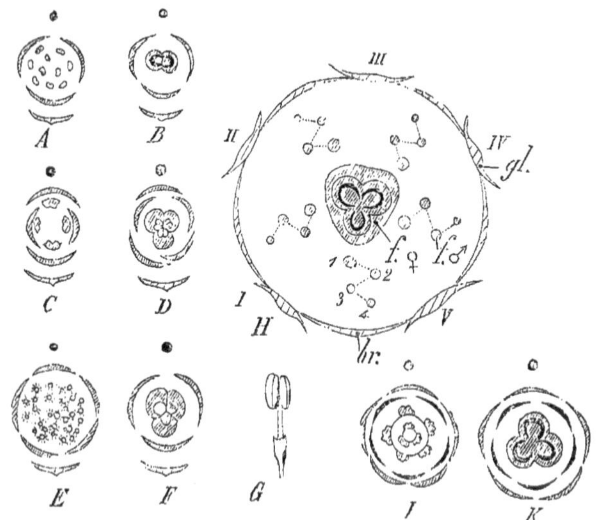

Fig. 816. — **Euphorbiacées.** — Diagrammes de fleurs. — A et B ; *Mercurialis* (Mercuriale). — C et D ; *Buxus* (Buis). — E et F ; *Ricinus* (Ricin). — I et K ; *Crozophora tinctoria*. — G ; fleur mâle d'*Euphorbia* (Euphorbe). — H ; section transversale schématique d'une inflorescence d'Euphorbe. *br*, bractées ; *gl*, glandes nectarifères.

1 étamine (car on trouve parfois sur le filet staminal un petit périanthe) et la fleur femelle comprend 3 carpelles (H, *f.* ♀).

Genres à périanthe double. — Les fleurs unisexuées de *Crozophora* (I, K) sont construites sur le type 5 (5 sépales et 5 pétales); les fleurs mâles (I) renferment 2 verticilles d'étamines concrescentes (5 externes et 3 internes); les fleurs femelles (K) renferment 3 carpelles. Les genres *Croton*, *Jatropha*, etc., ont des fleurs composées différemment.

Inflorescence. — Les fleurs sont disposées le plus souvent en grappes, ombelles ou capitules de cymes.

L'inflorescence de l'Euphorbe (H) est intéressante à envisager. Un involucre ou cupule est formé par l'union de 5 folioles, *br*, soudées par leurs bords, avec des glandes nectarifères, *gl*, aux points de soudure; cette cupule renferme 5 cymes scorpioïdes de fleurs mâles unistaminées, *f.* ♂, disposées à l'aisselle des folioles, *br*; au milieu est une fleur femelle composée de 3 carpelles soudés.

Les Euphorbiacées sont toutes plus ou moins vénéneuses.

I. **Euphorbiées.** — *Involucre caliciforme renfermant plusieurs fleurs mâles et 1 fleur femelle. Ovule solitaire dans chaque loge. Cotylédons larges, foliacés.*

Euphorbia. Herbes ou arbrisseaux charnus, avec un latex âcre. Inflorescence particulière (décrite plus haut). Fleurs unisexuées :

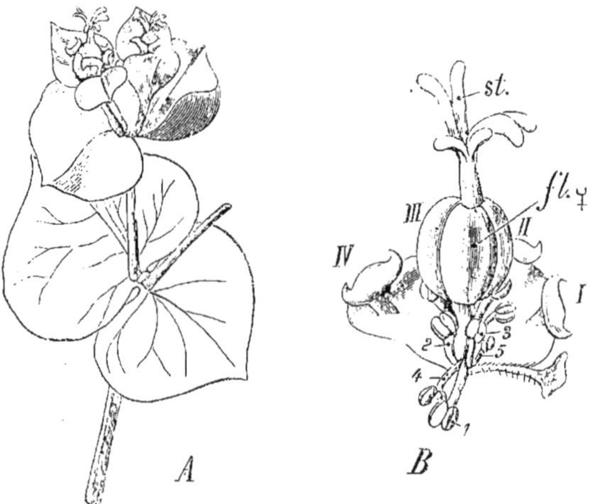

Fig. 816 *bis.* — Euphorbiées. Inflorescence d'*Euphorbia sylvatica* dont la 5e bractée a été en partie enlevée en B, pour montrer l'une des cymes scorpioïdes de fleurs mâles, 1, 2, 3, 4, 5.

fleur mâle à 1 étamine; *fleur femelle* à 3 carpelles uniovulés, surmontés de 3 styles. Capsule s'ouvrant en 3 coques bivalves.

Les graines de l'Épurge (*E. Lathyris*) renferment une huile purgative; le latex de la petite Ésule (*E. Cyparissias*) a la réputation de guérir les verrues; celui d'*E. Ipecacuanha* et *resinifera* est émétique.

II. **Crotonées.** — *Pas d'involucre. Périanthe de la fleur simple ou double; étamines sur 2 rangs. Ovule solitaire dans chaque loge.*

Hevea. Arbre élevé. Feuilles à 3 folioles. Fleurs monoïques petites et monopérianthées groupées en cymes dont la fleur centrale est femelle.

Le latex d'*H. Guyanensis* se prend en masse et donne du *caoutchouc.*

Croton. Arbrisseau à feuilles alternes, ovales. Fleurs monoïques, petites et nombreuses. Capsule contenant des graines brunes plus petites que celles du Ricin.

La piqûre faite par un insecte à la tige du *C. lacciferum* (Inde) provoque l'écoulement d'une gomme-laque employée pour la fabrication des vernis, de la cire à cacheter, etc. ; les graines du *C. Tiglium* (Inde) renferment l'*huile de croton*, très dangereuse et fortement purgative par l'acide crotonique et un alcaloïde.

Crozophora. Plante herbacée à feuilles alternes. Fleurs monoïques avec une corolle.

Le liquide exprimé des fruits et des parties jeunes du *C. tinctoria* (région méditerranéenne) sert à la préparation du *tournesol en drapeaux* avec lequel sont colorés les fromages de Hollande et certaines liqueurs.

Manihot (fig. 817). Arbre ou plante herbacée à feuilles alternes, à racines tuberculeuses riches en fécule; Amérique.

Les tubercules du Manioc (*M. utilissima*) renferment, outre la fécule, de l'acide cyanhydrique qu'on extrait de la pulpe par forte pression ; le résidu est la farine de manioc comestible et fort utilisée au Brésil ; on prépare le *tapioca* avec cette farine. La culture du Manioc, très rémunératrice, s'étend en Amérique, en Afrique et en Océanie.

Fig. 817. — Crotonées. *Manihot utilissima* (Manioc).

Mercurialis (Mercuriale). Plante annuelle ou vivace à feuilles opposées (Voir T. I, fig. 404). Fleurs dioïques, sans corolle, décrites plus haut.

La Mercuriale est une très mauvaise herbe qui pullule dans les campagnes.

Ricinus (Ricin). Plante herbacée dans nos contrées, arborescente et ligneuse dans les pays chauds, à larges feuilles palmées. Fleurs unisexuées disposées en grappes de cymes dont les cymes inférieures sont mâles, les supérieures femelles et les intermédiaires mixtes. Les fleurs mâle et femelle ont été décrites (page 707) Capsule lisse s'ouvrant en 3 coques bivalves. Graine avec cotylédons foliacés et un albumen abondant (Voir T. I, page 548, fig. 569, 570).

On extrait par pression des graines du Ricin (*R. communis*) une huile purgative, servant aussi à fabriquer les savons, à graisser les cuirs, etc.

Hura. Grand arbre d'Amérique. Fruit composé de coques

bivalves, qui s'ouvre brusquement en produisant un bruit comparable à un coup de pistolet (*H. crepitans*).

III. **Buxées**. — *Ovaire triloculaire à loges biovulées.*

Buxus (Buis). Arbuste à feuilles opposées, entières, glabres, brièvement pétiolées. Fleurs unisexuées, monoïques, disposées en petites grappes à l'aisselle des feuilles. Fleurs sans corolle, décrites page 707.

Le Buis (*B. sempervirens*), qui habite les régions tempérées et montagneuses surtout, peut former de véritables arbres (Asie Mineure). Son bois compact, jaune, sert pour la gravure sur bois, la sculpture, la fabrication d'instruments de musique (flûte, hautbois).

Dans les jardins, on cultive le Buis en bordures.

21. — FAMILLE DES CHÉNOPODIACÉES

Plantes herbacées annuelles ou vivaces. Feuilles le plus souvent alternes, entières ou irrégulièrement dentées, **sans stipules.** *Fleurs hermaphrodites (parfois polygames ou unisexuées) solitaires ou variablement groupées suivant les genres. Périanthe de 5 sépales ordinairement*, **auxquels sont opposées les étamines**; *pistil formé de 2-3 carpelles concrescents en un* **ovaire uniloculaire et uniovulé; ovule courbé. Fruit** *globuleux presque toujours sec (akène) enveloppé par le périanthe persistant qui tombe avec lui. Graine avec un albumen charnu entouré par l'embryon.*

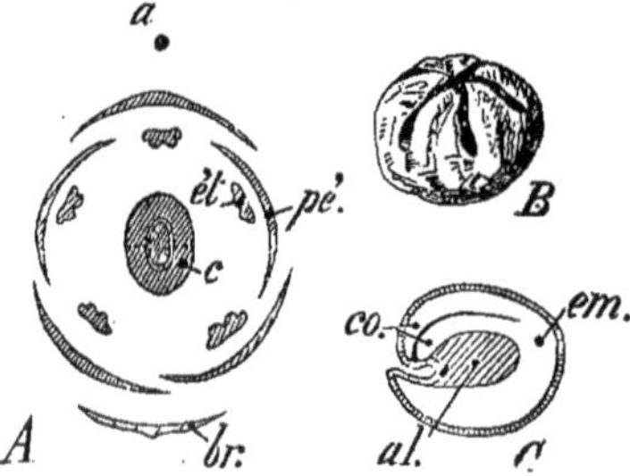

Fig. 818. — **Chénopodiacées.** *Chenopodium.* — A; diagramme de la fleur. — B; fruit enveloppé du périanthe. — C; coupe de la graine; *em*, embryon; *co*. cotylédons; *al*, albumen.

Les Chénopodiacées sont abondantes dans la zone tempérée septentrionale, les unes sur le rivage des mers et des lacs salés, d'autres dans les déserts jadis occupés par la mer; certaines espèces préfèrent les décombres, le voisinage des lieux cultivés, où elles peuvent trouver un substratum riche en matières azotées.

Les Chénopodiacées se rapprochent des Monocotylédones par leurs formations secondaires péricycliques (Voir T. 1, page 405).

La structure générale de la fleur est conforme au type 5 (*Chenopodium*, *Beta*); parfois elle présente par avortement le type 4 (*Spinacia*), 3 (*Blitum*, *Salicornia*), etc.

Chenopodium (fig. 818). — Plante herbacée, parfois ligneuse à la base, d'aspect farineux. Feuilles alternes larges, entières ou dentées. *Fleurs hermaphrodites* petites, groupées en glomérules axillaires ou en épis. Périanthe (A) ordinairement à 5 divisions avec 5 étamines (parfois moins); ovaire globuleux surmonté d'un style court prolongé par 2-3 stigmates. Fruit enveloppé par le périanthe persistant, sans y adhérer (B). Graine avec un tégument coriace et un embryon annulaire entourant un albumen farineux abondant (C).

Le *Ch. bonus-Henricus* est commun autour de nos habitations; ses pousses jeunes sont comestibles comme l'Épinard. Le *Ch. Quinoa* du Chili donne une graine remplie d'une farine alimentaire. Diverses espèces indigènes sont des mauvaises herbes (*Ch. murale* ou Ansérine, *Ch. album*, *hybridum*, etc.).

Beta (Betterave, fig. 819). Plante bisannuelle à tige sillonnée, portant à la base surtout de larges feuilles glabres. Racines charnues. *Fleurs hermaphrodites* petites, en glomérules disposés le long de l'axe. Périanthe en forme de grelot, à 5 divisions, contenant 5 étamines et 1 ovaire auquel il adhère à la base. Fruit soudé au périanthe, avec un embryon annulaire et un albumen abondant.

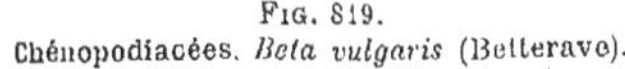

Fig. 819.
Chénopodiacées. *Beta vulgaris* (Betterave).

Fig. 820. — Chénopodiacées. *Spinacia* (Épinard).

La Betterave (*B. vulgaris*) présente des variétés diverses : la *Poirée* dont on consomme les feuilles (Cardon); la *rouge longue*, la *jaune longue*, etc., dont on mange la racine cuite; la *Betterave de Silésie*, la blanche à collet rose, etc., dont on extrait du sucre dans l'industrie.

Spinacia (Épinard, fig. 820). Plante annuelle à feuilles larges. Fleurs unisexuées petites, groupées en glomérules, les mâles au sommet, les femelles le long de l'axe. *Fleur mâle* avec un périanthe de 4-5 dents et 4-5 étamines à filets fins; *fleur femelle* à périanthe de 2-4 dents enfermant l'ovaire, puis le fruit. Graine avec embryon annulaire entourant l'albumen farineux.

L'Épinard commun (*Sp. oleracea*) et d'autres espèces sont cultivés pour leurs feuilles consommées après cuisson.

Atriplex (Arroche). Plante herbacée à fleurs unisexuées, monoïques ou dioïques. *Fleur mâle* à 3 ou 5 divisions renfermant 3 ou 5 étamines; *fleur femelle* avec un périanthe développé en 2 grandes lèvres entourant le fruit à la maturité. — *Salsola*. Plante vivant au bord de la mer; feuilles étroites, riches en sels de sodium, incinérées autrefois pour l'extraction du carbonate de sodium.

22. — FAMILLE DES POLYGONÉES

Plantes herbacées, rarement arborescentes. Feuilles alternes, engainantes, pourvues le plus souvent de stipules concrescentes formant

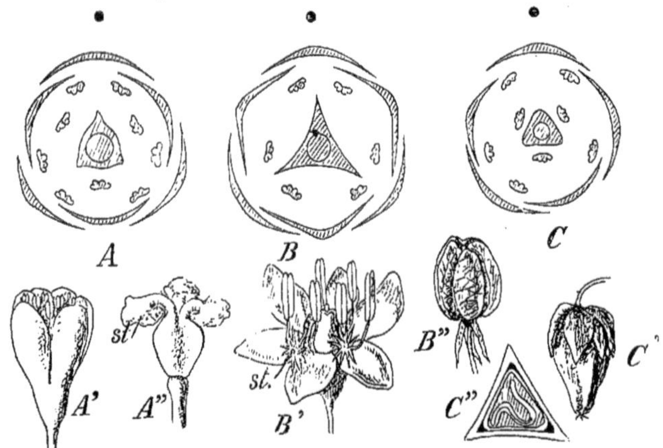

Fig. 821. — **Polygonées.** — Diagrammes de fleurs : A ; *Rheum*. B ; *Rumex*. C ; *Polygonum aviculare*. — A' et A''; fleur et fruit de *Rheum*. — B' et B''; fleur et fruit de *Rumex*. — (C'); fruit de *Polygonum* coupé transversalement en C''.

une ocrea qui entoure la tige. Fleurs ordinairement hermaphrodites disposées en grappes de cymes. Périanthe à 4-6 divisions **alternes avec les étamines** *au nombre de 6 à 9. 3 carpelles concrescents en* *un ovaire uniloculaire et uniovulé.* **Ovule droit.** *Fruit sec (akène)* **à 3 angles** *le plus souvent; graine pourvue d'un embryon de forme variable, avec un abondant albumen farineux.*

La structure florale des Polygonées est variable suivant les espèces : Les unes ont un périanthe à 6 divisions sur 2 rangs et 9 étamines dont 6 externes et 3 internes (*Rheum*, fig. 821, A); d'autres, avec le même périanthe n'ont que les 6 étamines externes (*Rumex*, B). Chez le genre *Polygonum* (C), le périanthe présente 5 divisions : avec 8 étamines et 3 carpelles (*P. aviculare* et *P. Bistorta*), avec 7 étamines et 2 carpelles (*P. orientale*), avec 5 étamines (*P. amphibium*); enfin certaines espèces ont un périanthe de 4 divisions, 6 étamines sur 2 rangs et 2 carpelles (*P. Hydropiper*).

Rheum (Rhubarbe, fig. 822). Grande plante herbacée vivace, à gros rhizome produisant chaque année une rosette de grandes feuilles (1m50). Longues grappes de petites *fleurs hermaphrodites*. Fleur avec un périanthe de 6 divisions, 9 étamines et 3 carpelles (fig. 821, A'). Fruit trigone (A''); embryon droit.

Fig. 822. — **Polygonées.** *Rheum officinale* (Rhubarbe officinale).

La Rhubarbe officinale (*R. officinale*), comme toutes les autres espèces, est cultivée pour l'ornement des parcs; en outre, son rhizome, employé contre les maladies d'estomac, doit son efficacité à des résines purgatives, du tanin, des oxalate et malate de calcium. Le *R. hybridum* est cultivé surtout en Angleterre où l'on utilise les pétioles, succulents et légèrement acidulés, pour la préparation des confitures.

Rumex. Plante herbacée à fleurs ordinairement hermaphrodites (B). Périanthe à 6 divisions sur 2 rangs (les 3 internes enveloppant le fruit, B''), 6 étamines et 3 carpelles concrescents en un ovaire. Fruit à arêtes vives.

On cultive dans les jardins, pour ses feuilles, l'Oseille (*R. acetosa*) à fleurs dioïques et grand périanthe; cette espèce est très riche en acide oxalique comme la petite Oseille (*R. acetosella*) commune au bord des chemins et dans les pâturages; on consomme également les feuilles de *R. Patientia*.

Polygonum (Renouée). Plantes herbacées à tige droite, couchée ou volubile. Gaine des feuilles pourvue d'une *ocrea*. Fleur pourvue d'un périanthe à 5 divisions, le plus souvent coloré en rose; 5 à 8 étamines suivant les espèces et 2 ou 3 carpelles. Fruit à 2 ou 3 angles (C'); embryon arqué, latéral à l'albumen (C'').

Le rhizome de la Bistorte (*P. Bistorta*), riche en tanin, est employé en médecine comme astringent, et pour la préparation des cuirs. On retire de l'*indigo* des feuilles du *P. tinctorium* cultivé en Chine; le *P. Hydropiper* a les feuilles vésicantes. Le *P. aviculare* est une herbe envahissante, aux feuilles étroites, qui couvre les endroits incultes de ses tiges grêles et traçantes; la tige volubile du *P. convolvulus* est également nuisible aux plantes dont elle fait son support. Le Sarrasin (*P. esculentum*) a la tige dressée, les fleurs blanches ou rosées, les fruits trigones et lisses avec un embryon placé au milieu d'un abondant albumen amylacé; comme le Sarrasin se contente de terrains pauvres et résiste assez bien au froid, les habitants des régions peu favorisées en tirent la farine nécessaire à leur alimentation (*blé noir*) et à celle des oiseaux de basse-cour.

Les Dicotylédones apétales comprennent encore un certain nombre de familles moins importantes que les précédentes, familles parmi lesquelles on peut citer :

Les **Thyméléacées** (*Daphne*, *Passerina*, etc.) à périanthe tubuleux, ovaire libre et graine ordinairement sans albumen.

Les **Santalacées** (*Thesium*, *Santal*, etc.) à fleurs petites et verdâtres, construites sur le type 3, 4 ou 5, à périanthe tubuleux et ovaire infère.

Les **Loranthacées** (*Loranthus* à fleurs hermaphrodites, *Viscum* ou Gui à fleurs unisexuées), dont les étamines sont peu distinctes des sépales et dont l'ovaire infère contient un ovule peu différencié [Loranthacées et Santalacées sont des plantes parasites quoique vertes].

Les **Aristolochiées** (*Aristolochia*, *Asarum*) à fleurs hermaphrodites pourvues d'un périanthe en tube allongé; étamines à filets parfois concrescents dont les connectifs prolongés jouent le rôle de stigmates; ovaire infère.

II. — DICOTYLÉDONES DIALYPÉTALES

Fleurs à périanthe composé de 2 verticilles distincts (calice et corolle); **les pétales** *de la corolle* **ne sont pas soudés entre eux**.

DIALYPÉTALES

- thalamiflores à placentation
  - axile.
    - Étamines nombreuses
      - non réunies par leurs filets .... **Renonculacées.**
      - plus ou moins réunies par leurs filets.
        - Feuilles opposées. **Hypéricinées.**
        - Feuilles alternes. **Malvacées.**
    - Moins de 12 étamines
      - 5 carpelles distincts extérieurement .... **Géraniacées.**
      - Carpelles réunis .... **Linées.**
      - Carpelles réunis ou non. Poches sécrétrices abondantes .... **Rutacées.**
  - centrale libre .... **Caryophyllées.**
  - pariétale.
    - Étamines nombreuses
      - Nombreux pétales .... **Nymphéacées.**
      - Moins de 10 pétales.
        - Carpelles réunis. 4 pétales.... **Papavéracées.**
        - Carpelles distincts au sommet. **Résédacées.**
    - Moins de 10 étamines
      - Fleurs zygomorphes ordinairement .... **Violariées.**
      - Fleurs régulières.
        - Type 5 .... **Droséracées.**
        - Type 4 .... **Crucifères.**
- caliciflores. Ovaire
  - libre. Fleurs zygomorphes ordinairement. Fruit (Gousse) ...... **Légumineuses**
  - parfois libre, parfois adhérent. Fleurs régulières .... **Rosacées.**
  - adhérent
    - Fleurs hermaphrodites
      - en grappe ou en cyme .... **Saxifragacées.**
      - en ombelle .... **Ombellifères.**
    - Fleurs unisexuées .... **Cucurbitacées.**

On appelle *thalamiflores* les Dialypétales chez lesquelles les verticilles floraux externes (calice, corolle et androcée) sont

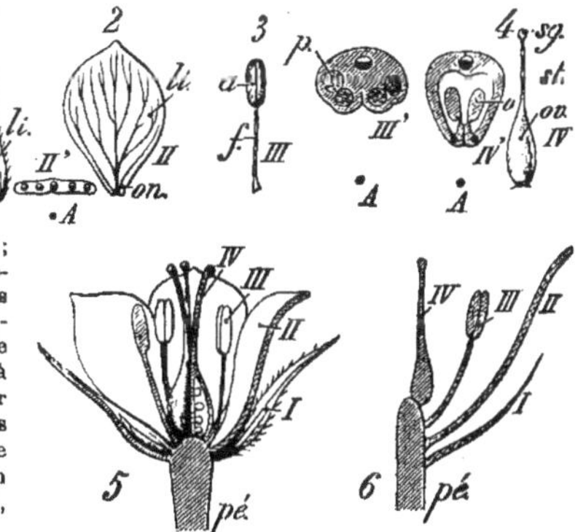

FIG. 823. — Fleur de Lin. 1,2,3,4, pièces florales indépendantes. — *I*, sépale; *li*, limbe. — *II*, pétale; *li*, limbe; *on*, onglet. *II'*, coupe d'un pétale montrant les faisceaux libéroligneux dont le bois est orienté du côté de l'axe *A* du pédicelle. — *III*, étamine; *f*, filet; *a*, anthère. *III'*, coupe de l'anthère montrant les 4 sacs polliniques *p*. — *IV*, carpelle; *ov*, ovaire; *st*, style; *sg*, stigmate. *IV'*, section de l'ovaire montrant les ovules *o*. Les coupes *III'* et *IV'* montrent aussi l'orientation des faisceaux libéroligneux de l'étamine et du carpelle par rapport à l'axe *A* du pédicelle (bois en dedans, liber en dehors). — 5, coupe de la fleur avec les verticilles floraux en place. — 6, figure schématique montrant la superposition des verticilles : *I* (calice), *II* (corolle), *III* (androcée), *IV* (pistil).

insérés séparément sur le pédoncule floral ou *torus* (Lin, fig. 823, 5, 6 ; Œillet, fig. 528, T. I).

On appelle *caliciflores* les Dialypétales dont les étamines sont concrescentes au moins à la base avec les sépales et les pétales ; l'ovaire est souvent enfermé dans le tube du calice (Pommier, fig. 885).

23. — FAMILLE DES RENONCULACÉES

Plantes herbacées à feuilles alternes ou arbrisseaux grimpants à feuilles opposées, généralement sans stipules. Fleurs à sépales caducs, colorés souvent; étamines nombreuses et indépendantes; carpelles libres. Graine avec albumen corné ou charnu.

Les Renonculacées sont répandues surtout dans les régions tempérées et froides, rares dans la zone tropicale. Les espèces qui y sont rangées paraissent très différentes, mais leurs caractères anatomiques et chimiques, leur mode de développement indiquent que ces plantes constituent une famille naturelle.

La structure primaire des Renonculacées est analogue à celle d'une Monocotylédone : Dans les faisceaux libéroligneux, le bois est disposé en un V dans l'angle interne duquel est logé le liber; la Ficaire présente même un seul cotylédon.

La plupart des Renonculacées sont âcres et plus ou moins vénéneuses par les alcaloïdes qu'elles sécrètent (*anémonine*, *aconitine*, etc.).

La structure florale des Renonculacées (typiquement spiralée et non verticillée) est très variable avec les espèces ; on ne peut la traduire que par une formule vague :

$$n\,S + [n'P] + \infty E + \infty\ [\text{ou}\ n]\ C.$$

Toutefois il est possible d'établir 4 séries divergentes où les modifications s'accusent d'une manière progressive :

1° les **Clématitées** et **Anémonées** (genres *Clematis*, *Anemone*, *Thalictrum*) avec calice seulement et carpelles nombreux uniovulés;

2° les **Renonculées** (genres *Ranunculus*, *Ficaria*, *Adonis*, *Myosurus*) avec double périanthe et carpelles nombreux uniovulés;

3° les **Helléborées** (genres *Trollius*, *Helleborus*, *Nigella*, *Aquilegia*, *Aconitum*, *Delphinium*) à double périanthe et carpelles en petit nombre, déhiscents et pluriovulés ;

4° les **Pæoniées** (*Pæonia*) à grands pétales et carpelles en petit nombre, déhiscents et pluriovulés.

La figure 824, qui permet de saisir les rapports de ces divers genres, indique aussi que les séries : S.1, S.2, S.3, S.4, sont liées par des formes intermédiaires, telles que les genres *Atragene* et *Myosurus*, entre la première série et les Renonculées; le genre *Caltha* entre la première série et les Helléborées ; le genre *Trollius* entre les Renonculées et les Helléborées[1].

---

1. Les séries établies ici ne sont pas entièrement conformes à celles qu'admettait de Candolle.

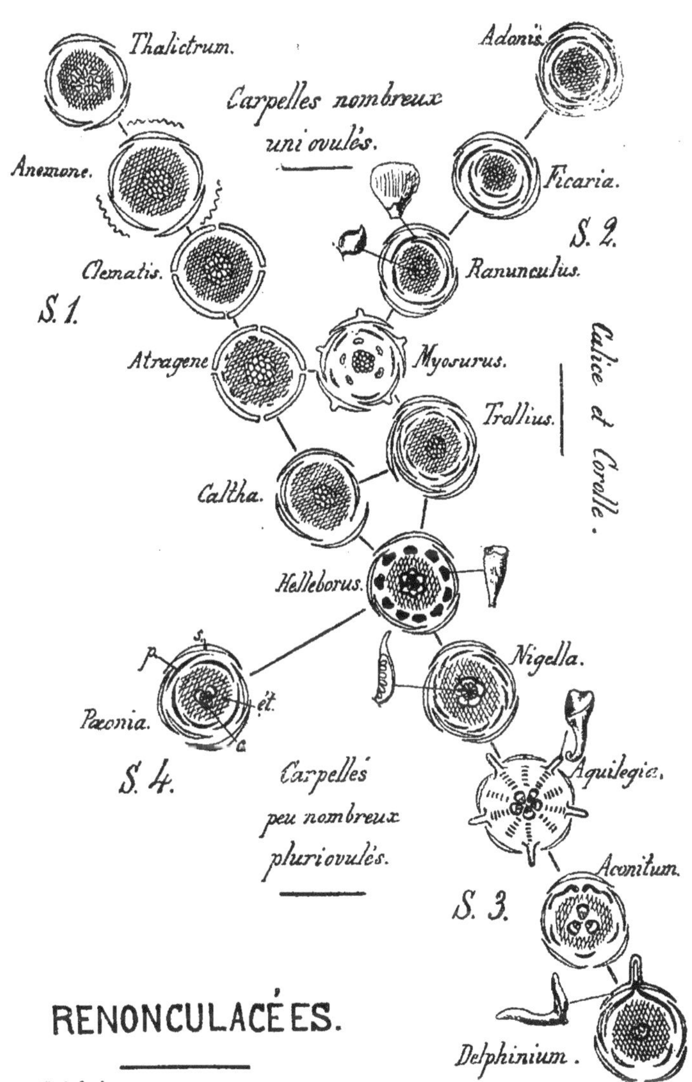

RENONCULACÉES.

E. Aubert.

FIG. 824.

I. **Clématitées** et **Anémonées**. — *Calice seulement. Étamines nombreuses. Carpelles nombreux uniovulés.*

Clematis (Clématite). Plante sarmenteuse à tige ligneuse qui grimpe le plus souvent à l'aide des pétioles des feuilles composées pennées. Fleurs blanc grisâtre, solitaires ou en grappes axillaires. Périanthe de 4 sépales blancs; pétales nuls ou étroits, passant peu à peu à la forme des étamines. Fruit : groupe d'akènes surmontés chacun d'un style plumeux (fig. 560, T. I).

La Viorne (*Cl. vitalba*) possède, ainsi que d'autres espèces, un suc âcre et vésicant ; celui de *Cl. cirrhosa* (région méditerranéenne) et de *Cl. Mauritiana* (Madagascar) est employé au lieu de la cantharide. La Clématite odorante (*Cl. Flammula*) est ornementale, ainsi que *Cl. Viticella* aux petites fleurs bleues.

Atragene. Diffère du genre *Clematis* par les étamines extérieures à filets dilatés qui forment des staminodes pétaloïdes. Fleurs violettes.

Anemone (Anémone, fig. 825). Plantes herbacées vivaces à feuilles plus ou moins divisées. Involucre de 3 feuilles (en réalité 1 feuille

Fig. 825. — Renonculacées. *Anemone nemorosa*.

Fig. 826. — Renonculacées. *Anemone pulsatilla*.

triséquée) au-dessous de la fleur. 4 à 20 sépales colorés diversement suivant les espèces. Akènes avec un style persistant.

Toutes les Anémones sont vésicantes à l'état frais seulement. Plusieurs espèces sont ornementales : *A. sylvestris* aux fleurs d'un blanc velouté; *A. coronaria* avec des variétés à fleurs blanches, rouges, violettes; *A. Hepatica* à fleurs ordinairement bleues, mais de couleurs variées par la culture; *A. Pulsatilla* (fig. 826) à feuilles très velues et grandes fleurs violettes.

L'Anémone Pulsatille renferme un acide volatil et un alcaloïde violent (*anémonine*) qui la font utiliser en médecine.

Thalictrum (Pigamon). Plante herbacée à rhizome vivace; feuilles composées pennées. Fleurs petites en général; 4-5 sépales colorés et caducs.

Le Pigamon jaune (*T. flavum*) sert à combattre l'ictère et les fièvres intermittentes.

II. **Renonculées.** *Calice et Corolle. Étamines nombreuses. Carpelles nombreux uniovulés.*

Myosurus. Petite plante herbacée annuelle à feuilles entières toutes basilaires. Tige portant une seule fleur composée : d'un calice à 5 sépales éperonnés; d'une corolle à 5 pétales étroits avec un godet nectarifère à la base; de quelques étamines; d'un long épi de carpelles disposés en spirale.

Le genre *Myosurus* peut être considéré comme un intermédiaire entre les Anémonées, les Renonculées et les Helléborées.

Fig. 827. — Renonculacées. *Ranunculus acris* (Renoncule âcre).

Ranunculus (Renoncule, fig. 827). Plantes herbacées annuelles ou vivaces, à feuilles entières ou découpées. Fleurs jaunes, quelquefois blanches ou rouges. Ordinairement 5 sépales caducs et 5 pétales portant à la base une fossette nectarifère devant laquelle se trouve une petite languette (fig. 541, T. 1, V). Akènes à style crochu.

Les nombreuses espèces de Renoncules croissent dans les prés, les bois (Bouton d'or ou *R. acris*, *R. auricomus*, *bulbosus*, *arvensis*, etc.), dans l'eau ou au bord des fossés (*R. aquatilis*, *Flammula*, *sceleratus*, etc.). Dans les prairies, ce sont de mauvaises herbes à cause de leur âcreté et des propriétés vénéneuses de quelques-unes.

Ficaria (Ficaire, fig. 828). Plante vivace, très commune dans les endroits humides, à feuilles réniformes. Fleur avec 3 sépales, 6 à 9 pétales; Embryon monocotylédone. Elle se multiplie surtout par bulbilles. — *Adonis.* 5 à 8 sépales caducs; 5 à 16 pétales étroits, d'un rouge sang chez *A. autumnalis* des moissons, d'un jaune d'or chez *A. vernalis*, qui est une plante ornementale.

III. **Helléborées.** — *Calice et corolle. Étamines nombreuses. Carpelles peu nombreux en général et pluriovulés, déhiscents à la maturité.*

Caltha (Populage). Fleur avec 5 à 9 sépales colorés et caducs; nombreux carpelles déhiscents. — *Trollius.* Fleurs avec un calice et une corolle dont les pétales linéaires ont une fossette nectarifère et de nombreux carpelles.

Fig. 828. — **Renonculacées.** *Ficaria* (Ficaire).

Ces 2 genres établissent la transition des Anémonées et des Renonculées aux Helléborées proprement dites.

Helleborus (Hellébore, fig. 829). Plante herbacée à tige dressée ou non, avec de grosses souches radicales. Feuilles palmées, lobées ou séquées. Fleurs pourvues de 5 sépales verts et persistants ; 3 à 21 pétales petits, en cornet nectarifère ; 1 à 5 carpelles en général.

Les diverses espèces (*H. fœtidus*, *niger*, etc.) renferment une résine purgative mais vénéneuse à haute dose.

La Rose de Noël (*H. niger*), à floraison hivernale, est une plante ornementale, de même que *H. caucasicus*, *orientalis*, *guttatus*, etc.

Nigella (Nigelle). Plante herbacée; Fleurs régulières à 5 sépales colorés en bleu et caducs; 5 pétales en cornet, petits; 3 à 10 carpelles.

La Nigelle des champs (*N. arvensis*), commune dans les moissons, n'a pas d'involucre et diffère en cela de *N. Damascena;* plante ornementale.

FIG. 829. — Renonculacées. *Helleborus niger* (Rose de Noël).

FIG. 830. — Renonculacées. *Aquilegia vulgaris* (Ancolie).

Aquilegia (Ancolie, fig. 830). Plante herbacée vivace. Fleurs régulières composées : d'un calice à 5 sépales colorés et caducs; d'une corolle à 5 pétales en cornet avec un long éperon; de 5 carpelles transformés en follicules à la maturité. Plante ornementale. — *Aconitum* (Aconit). Plante herbacée vivace. Fleurs irrégulières avec 5 sépales colorés inégaux (le postérieur forme un casque); 2 à 5 pétales petits, dont 2 postérieurs longuement pédicellés (terminés en capuchons abrités sous le casque). 3 à 5 carpelles (fig. 831).

L'espèce *A. Napellus*, aux fleurs violettes, est ornementale. La racine d'Aconit renferme de l'*aconitine*, alcaloïde vénéneux qui rend très dangereux l'emploi de cette racine en pharmacie.

FIG. 831. — Fruit de l'Aconit composé de 3 follicules (déhiscence septicide).

Delphinium (Dauphinelle). Plante herbacée portant des grappes de belles fleurs bleues. *D. consolida*. Fleurs irrégulières composées : d'un calice à 5 sépales dissemblables (le postérieur prolongé en éperon); d'une corolle à

2-4 pétales, les 2 postérieurs avec un petit éperon engagé dans celui du calice. 1 à 5 carpelles.

IV. **Pæoniées**. — *Calice et grande corolle. Nombreuses étamines. 2 à 5 carpelles pluriovulés.*

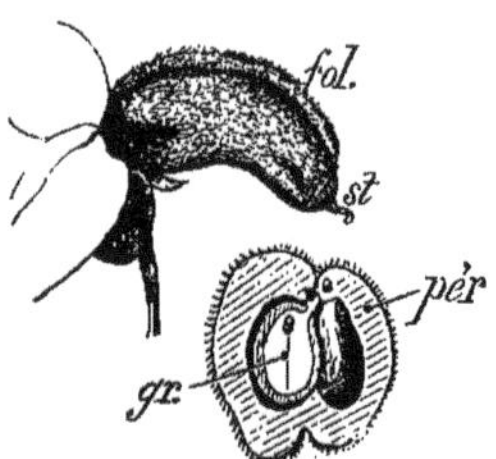

Fig. 832. — Fruit de la Pivoine (follicule, *fol*); coupe de ce fruit en bas et à droite, pour montrer le mode d'insertion des graines, *gr*, sur le placenta.

Pæonia (Pivoine). Plante à feuilles alternes présentant tous les passages de la feuille proprement dite au pétale (Voir T. I, fig. 509). Fleurs avec 5 sépales persistants, de nombreux pétales et 2 à 5 carpelles pluriovulés (fig. 832).

La Pivoine odorante (*P. albiflora*), formant de grosses touffes avec fleurs blanc-rosé et la Pivoine officinale (*P. officinalis*), à grandes fleurs rouges, sont cultivées comme plantes ornementales.

La famille des **Berbéridées**, voisine de celle des Renonculacées, comprend des *arbustes ou des plantes herbacées à feuilles composées. Fleurs hermaphrodites régulières, de composition générale :*

$$3S + 3S' + 3P + 3P' + 3E + 3E' + 3 \text{ [ou 1] } C.$$

Principaux genres : *Berberis* (Épine-vinette); les feuilles en sont envahies par l'*Æcidium* de la Rouille du Blé (Voir page 571). — *Mahonia*; arbrisseau à feuilles pourvues de dents piquantes, cultivé comme plante ornementale.

24. — FAMILLE DES HYPÉRICINÉES

Plantes herbacées [celles de nos régions] *à feuilles opposées simples, entières et sans stipules. Fleurs hermaphrodites, régulières, groupées en cymes.*

Composition de la fleur : $5S + 5P + \infty E + 3$ [ou 5] C.

Fruit sec (capsule); graine sans albumen.

Les Hypéricinées, surtout répandues dans la zone tempérée septentrionale, sont caractérisées par la présence de *canaux sécréteurs* oléifères dans la tige et la racine, de *poches sécrétrices* dans les feuilles.

Vues par transparence, les feuilles semblent percées d'une foule de trous, parce que la lumière les traverse plus facilement aux points correspondant aux poches sécrétrices (Millepertuis).

Les étamines sont, en général, soudées par leurs filets en 3 ou 5 groupes.

Hypericum (Millepertuis). Plante herbacée vivace à tige tétragone; fleurs jaunes.

L'extrémité de la tige de l'*H. perforatum*, infusée dans l'huile d'olives, est employée en frictions dans les douleurs goutteuses.

Les **Clusiacées** sont des *arbres* habitant la zone torride, *à feuilles opposées simples, entières et sans stipules; fleurs hermaphrodites, régulières.*

Composition de la fleur : $5S + 5P + 5(nE) + (5C)$.

Canaux sécréteurs nombreux qui contiennent un latex d'où on tire de la *gomme-gutte* (*Garcinia*), des baumes et des résines (*Clusia*).

Les **Diptérocarpées** sont des *arbres*, tous tropicaux, *à feuilles isolées, simples et pourvues de petites stipules caduques; fleurs hermaphrodites, régulières* (type 5). *Canaux sécréteurs oléorésineux* au pourtour de la moelle et dans le bois secondaire.

Le *Dryobalanops aromatica* fournit un bois dur et le *camphre de Bornéo*. Le *Dipterocarpus* laisse écouler, par des incisions, l'*huile de bois* ou oléorésine usitée en pharmacie.

Les **Euphorbiacées**, rangées parmi les Dicotylédones, trouveraient ici leur place normale.

25. — FAMILLE DES MALVACÉES

Plantes herbacées ou arborescentes à feuilles alternes, ordinairement simples, palminerves et munies de petites stipules caduques. Fleurs le plus souvent hermaphrodites, régulières, disposées en grappe ou en cyme. Composition de la fleur : 5S + 5P + 5 [*n* E] + (5 C).

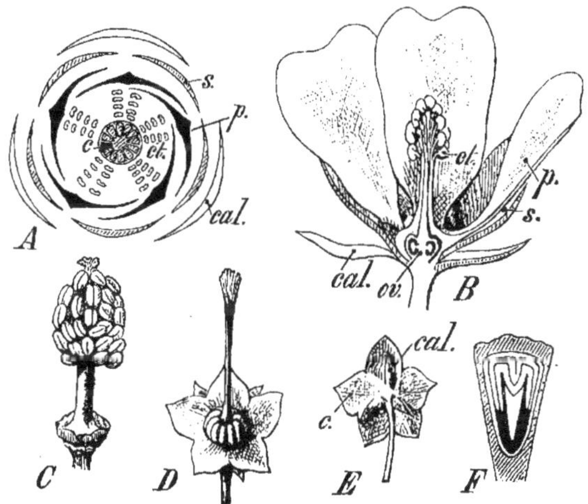

FIG. 833. — **Malvacées.** *Malva sylvestris* (Mauve). — A et B; diagramme schématisé et coupe longitudinale de la fleur. *cal*, calicule; *s*, sépale; *p*, pétale; *ét*, étamine; *c*, carpelle. — C; androcée. — D; calice et pistil. — E; calice et calicule. — F; portion de fruit vue en coupe transversale.

Calice pourvu d'un calicule de 3 *à* n *folioles. Corolle formée de* 5 *pétales un peu soudés à la base. Androcée composé d'un grand nombre d'étamines* **opposées aux pétales, à anthères uniloculaires, soudées par leurs filets** *en une colonne entourant le pistil ordinairement pluriloculaire. Capsule ou akènes; graine avec un albumen mucilagineux peu abondant ou nul.*

Les Malvacées croissent surtout dans la région tropicale. La plupart renferment un abondant mucilage qui leur donne des propriétés émollientes.

I. Malvées. — *Fruit composé d'un verticille d'akènes.*

Malva (Mauve). Plante herbacée à feuilles lobées. Fleur munie d'un calicule de 3 folioles, *cal* (fig. 833, A, B, E); Calice gamosépale à 5 divisions (D); corolle rouge, rose ou blanche, à 5 pétales faiblement soudés à la base et portant la colonne staminale avec un grand nombre d'étamines (C), *n* carpelles, soudés en un ovaire pluriloculaire (D), qui forment à la maturité un disque épais et deviennent libres en se détachant de l'axe sans s'ouvrir.

Les feuilles et les fleurs de *M. rotundifolia* et *sylvestris* sont employées comme émollient. *M. crispa* est ornementale; les fibres libériennes en peuvent être utilisées comme matière textile.

Althæa. Herbe vivace des contrées humides. Fleur avec un calicule de 6 à 9 folioles.

La racine et les fleurs de la Guimauve (*A. officinalis*) et de la Rose trémière (*A. rosea*) sont employées comme émollient. La Rose trémière est cultivée comme plante d'ornement; sa grande tige atteint 2 mètres et se termine par un épi de grandes fleurs roses ou rouges.

Fig. 834. — **Malvacées.** *Gossypium* (Cotonnier). A gauche, fleur. A droite, fruit ouvert renfermant les graines entourées de longs poils (coton).

II. Hibiscées. — *Fruit à 5 loges* (*Capsule loculicide*).

Hibiscus. Calicule avec *n* bractées ($n > 5$).

Ce genre appartient surtout à la région tropicale; un grand nombre d'espèces fournissent des fibres textiles peu lignifiées et très flexibles. Les fruits verts d'*H. esculentus* sont consommés comme légume. La Rose de Chine (*H. Rosa sinensis*) est cultivée dans nos parcs et jardins comme ornementale.

Gossypium (Cotonnier, fig. 834). Plante herbacée ou ligneuse de la zone torride. Grandes fleurs jaunes. Capsule loculicide dont les graines sont couvertes de poils laineux denticulés (*coton*).

Le Cotonnier en arbre (*G. arboreum*) fournit un coton de qualité supérieure à celle des espèces herbacées. Les poils du coton sont fusiformes, faciles à filer et sont devenus l'objet d'une industrie des plus importantes : la fabrication des tissus de coton.

Les **Sterculiacées** se distinguent des Malvacées par *leurs anthères biloculaires*, elles comprennent quelques genres importants :

Theobroma. *T. Cacao* (Cacaoyer); cultivé en Amérique. — *Kola*; originaire du Gabon et de la Sénégambie.

Le fruit du Cacaoyer renferme des séries de graines comprimées; la graine, connue sous le nom de *cacao*, sert à la fabrication du chocolat; l'embryon est riche en *théobromine*, alcaloïde, et en *beurre de cacao*, substance grasse facilement fusible et d'odeur agréable. — La *noix de Kola* est un médicament tonique dont l'usage se répand de plus en plus aujourd'hui.

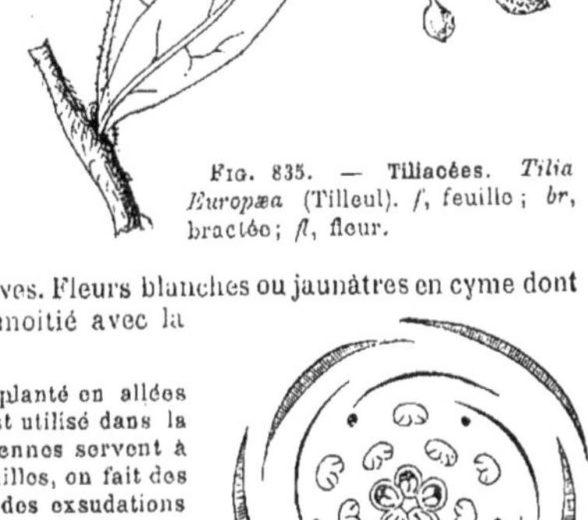

Fig. 835. — **Tiliacées.** *Tilia Europæa* (Tilleul). *f*, feuille; *br*, bractée; *fl*, fleur.

Les **Tiliacées** diffèrent des Malvacées et des Sterculiacées par leurs étamines libres ou à peine concrescentes à la base.

Tilia (Tilleul, fig. 835). Arbre à feuilles simples, dentées et penninerves. Fleurs blanches ou jaunâtres en cyme dont le pédoncule est soudé jusqu'à la moitié avec la bractée foliacée axillaire, *br*.

Le Tilleul d'Europe (*T. Europæa*) est planté en allées et massifs dans nos parcs; son bois est utilisé dans la menuiserie grossière; les fibres libériennes servent à la confection de cordages; avec les feuilles, on fait des infusions; feuilles et fleurs produisent des exsudations sucrées (*miellat* et *nectar*) récoltées par les Abeilles.

Fig. 836. — Diagramme de la fleur du Géranium.

26. — FAMILLE DES GÉRANIACÉES

Plantes herbacées en général, à fleurs hermaphrodites, régulières le plus souvent, solitaires ou diversement groupées. Composition de la fleur :

5S + 5P + 5E + 5E′ + (5C). (fig. 836).

Le fruit est ordinairement une capsule à déhiscence loculicide ou septifrage. Graine avec ou sans albumen ; embryon droit à cotylédons plans ou plissés.

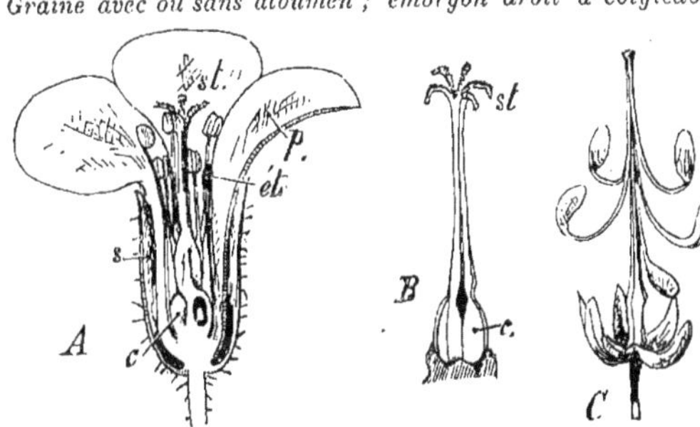

Fig. 837. — **Géraniacées.** *Geranium Robertianum.* — A; coupe longitudinale de la fleur. — B; pistil. — C; dissémination des fruits.

Les Géraniacées habitent surtout les régions tempérées.

Geranium (fig. 837). Plante herbacée à rameaux articulés renflés aux nœuds. Fleurs régulières pourvues de 10 étamines. Le fruit (B), parvenu à maturité, se sépare avec élasticité en 5 akènes demeurant accolés à l'axe placentifère par la partie supérieure du style arqué (sorte de candélabre à 5 branches, C).

Les Géraniums sont communs le long des murs et des haies ; ils contiennent du tanin et de l'acide gallique qui leur donnent des propriétés astringentes : telle la racine de *G. maculatum*.

G. sanguineum est cultivé comme plante ornementale.

Fig. 838. — Géraniacées. *Erodium cicutarium*.

Erodium (fig. 838). Fleurs régulières avec 5 étamines fertiles. Les styles qui soutiennent les carpelles mûrs sont enroulés en hélice. — *Pelargonium*. Fleurs zygomorphes dont le sépale postérieur est prolongé en éperon; 10 étamines dont 7 fertiles.

Plusieurs espèces sont cultivées comme plantes d'ornement : *P. zonale*, *inquinans*, *triste*; cette dernière, à fleurs jaune-pâle et tachées de brun, répand une odeur suave pendant la nuit.

Tropæolum (Capucine). Plante grimpante à feuilles peltées. Fleurs zygomorphes à sépale postérieur prolongé en éperon *libre*; 8 étamines; 3 carpelles sans bec.

Le *T. majus* est cultivé comme plante d'ornement; fleurs rouges, orangées ou jaunes.

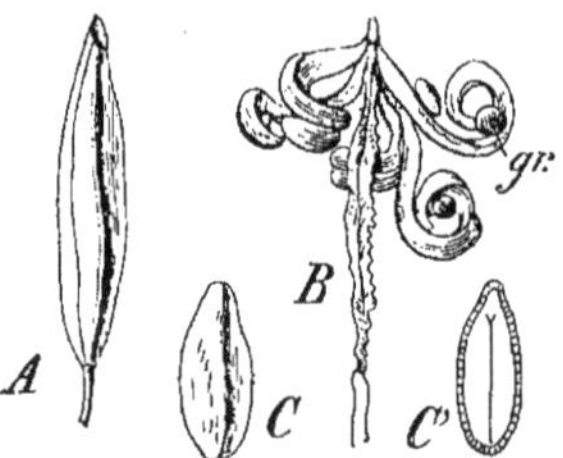

Fig. 839. — Géraniacées. *Impatiens noli tangere*. — A ; fruit. — B ; déhiscence du fruit. — C, C' ; graine.

Oxalis. Plante vivace à rhizome charnu ou à tige dressée. Feuilles composées pennées à folioles articulées (sommeil des feuilles, T. I, p. 467). Fleurs régulières avec 10 étamines et 5 carpelles à styles indépendants. Embryon droit entouré d'un albumen charnu.

Les *Oxalis* renferment beaucoup d'oxalate de potassium.

Impatiens (fig. 839). Fleurs irrégulières. 3 ou 5 sépales colorés, le supérieur prolongé en éperon; 5 pétales; 5 étamines; 5 carpelles soudés. Capsule loculicide à 5 valves (A) se tordant brusquement (B) et projetant les graines (C). Pas d'albumen.

La Balsamine (*I. Balsamina*) et l'espèce *I. noli tangere* sont des plantes ornant les parterres de nos jardins; variétés nombreuses.

27. — FAMILLE DES LINÉES

Plantes herbacées en général [celles de nos régions], *à feuilles alternes, simples et entières. Fleurs hermaphrodites, régulières, disposées en grappe. Composition de la fleur :*

$$5S + 5P + 5E + 5E' + (5C).$$

Fruit (capsule ou drupe). Graine à albumen charnu et embryon droit.

Les Linées se distinguent des Géraniacées par leurs feuilles entières et leurs carpelles soudés complètement et non distincts (fig. 840).

Linum (Lin, fig. 841). Herbe annuelle à fleurs bleues disposées en corymbe; 5 étamines fertiles. Ovaire à 5 loges biovulées (souvent une fausse cloison entre les 2 ovules). Capsule septicide. Graine à tégument externe gélifié.

Fig. 840. — Diagramme de la fleur du Lin.

L'espèce la plus cultivée aujourd'hui (*L. usitatissimum*) fournit des fibres textiles contenues dans le péricycle de la tige et une huile grasse, siccative, extraite de la graine. Dans les pays chauds, les fibres sont peu abondantes et de mauvaise qualité, mais les plantes produisent beaucoup de graines; l'inverse a lieu dans les pays froids (nord de la France, Belgique, Allemagne du Nord, Russie septentrionale). L'huile de Lin est employée pour la fabrication de l'encre d'imprimerie, des vernis, du savon, etc.

Erythroxylon. E. Coca. Arbuste à rameaux grêles, de l'Amérique du Sud (Bolivie). Fleurs à 10 étamines fertiles.

Des feuilles de l'*E. coca*, on retire la *cocaïne*, alcaloïde provoquant des anesthésies locales.

Fig. 841. — Linées. *Linum usitatissimum* (Lin).

28. — FAMILLE DES RUTACÉES

Plantes ordinairement arborescentes à feuilles non stipulées, simples ou composées. Fleurs généralement hermaphrodites construites sur le type 5 *ou* 4. 2 *verticilles d'étamines* (toutes fertiles ou le verticille externe seulement; dans ce dernier cas, les étamines deviennent plus ou moins nombreuses). 5 *ou* 4 *carpelles libres ou diversement concrescents et pluriovulés. Le fruit est une réunion de follicules provenant des carpelles libres*, ou *une baie dont la paroi interne est hérissée de poils charnus formant une pulpe comestible.*

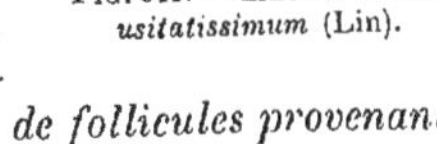

Les Rutacées sont répandues dans les régions tempérées et chaudes du globe, surtout dans le sud de l'Afrique et l'Australie. Elles ont pour caractère essentiel des poches sécrétrices, remplies d'huile essentielle odorante, réparties dans le parenchyme de l'écorce et des feuilles qui paraissent ponctuées comme le Millepertuis (page 722).

I. **Carpelles libres.**

Ruta (Rue). Plante herbacée vivace, d'un vert glauque, à feuilles composées pennées. Fleurs régulières en cyme, les unes pentamères, les autres tétramères. 5-4 carpelles indépendants à la maturité (follicules). Graines avec albumen huileux.

La Rue commune (*R. graveolens*) contient une huile essentielle d'odeur désagréable, poison narcotico-âcre à haute dose ; elle est employée comme emménagogue.

Dictamnus (Fraxinelle). Herbe vivace à feuilles composées; tige terminée par une grappe de grandes fleurs zygomorphes, roses ou purpurines. Plante ornementale. — *Pilocarpus.* Plante de l'Amérique.

Les feuilles du Jaborandi (*P. pinnatifolius*) contiennent la *pilocarpine*, alcaloïde qui provoque la sécrétion des glandes sudoripares, du foie, du pancréas, des mamelles, etc. ; instillée dans l'œil, la pilocarpine rétrécit la pupille.

Citrus. Arbre originaire de l'Inde tropicale. Feuilles simples, persistantes, dont le pétiole porte 2 ailes latérales. Fleurs blanches très odorantes. Calice en coupe, à 3 ou 5 divisions; corolle de 4-8 pétales; 20 à 60 étamines polyadelphes ; *vaste disque nectarifère* entre l'androcée et le pistil ; Ovaire avec de nombreuses loges pluriovulées. Fruit (baie) avec cloisons membraneuses et de nombreux poils remplis d'un suc sapide.

FIG. 842. — Rutacées. *Citrus aurantium* (Oranger).

L'Oranger (*C. aurantium*, fig. 842), abandonné à lui-même, atteint de grandes dimensions (10 à 14 mètres); mais alors les fruits qu'il produit en grand nombre sont de mauvaise qualité. On le taille de manière à maintenir ses dimensions de 1m50 à 3 mètres; les oranges qu'il produit alors ont une pulpe abondante d'abord acide, puis sucrée à la maturité.

L'*Oranger de Malte* produit les oranges dites *sanguines*. Les fruits du Bigaradier (*C. Bigaradia*), plus rugueux et plus petits que l'orange, sont

Fig. 843.— **Ampélidées.** Rameau de Vigne (*Vitis vinifera*) avec feuilles, vrilles et grappe.

consommés en conserves; les fleurs en sont très parfumées. La *Mandarine*, à saveur douce et très sucrée, est produite par *C. deliciosa*. Le *Citron* ou *limon* provient de *C. Limonium*; il est toujours acide.

La famille des **Ampélidées** comprend des arbrisseaux à tige noueuse, grimpante à l'aide de vrilles fourchues. Ces vrilles sont opposées aux feuilles simples et palminerves (fig. 843). Fleurs hermaphrodites, petites et vertes, disposées en grappe (inflorescence provenant d'une vrille modifiée).

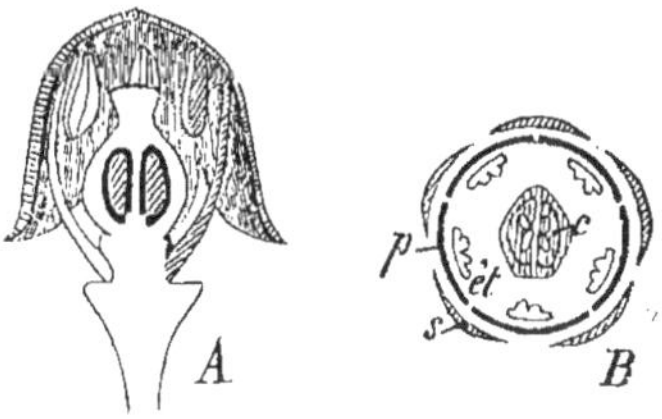

Fig. 844. — **Ampélidées.** *Vitis vinifera.* — A ; fleur vue en coupe longitudinale au moment du soulèvement de la corolle provoqué par l'épanouissement des étamines. — B ; diagramme de la fleur.

Vitis (fig. 844). Très petit calice à 5 sépales, une corolle formée de 5 pétales soudés au sommet et se détachant à la base comme un capuchon que soulèvent les 5 étamines lors de leur épanouissement (les étamines sont opposées aux pétales). 2 à 6 carpelles soudés en un ovaire pluriloculaire. Le fruit est une baie.

La Vigne cultivée (*V. vinifera*) présente une multitude de variétés.

Ampelopsis (Vigne-vierge). Plante d'ornement pour les tonnelles; feuilles composées palmées.

29. — FAMILLE DES CARYOPHYLLÉES

Plantes herbacées en général, à tige et rameaux souvent renflés aux nœuds. Feuilles opposées sans stipules, parfois concrescentes à la base. Fleurs régulières hermaphrodites (rarement dioïques par avortement) *groupées en cymes. Fleur construite sur le type 5 ou 4* fig. 845). 2 *verticilles d'étamines. Pistil composé de carpelles clos soudés en un ovaire pluriloculaire ; puis résorption des cloisons telle*

Fig. 845. — Caryophyllées. *Silene.* — A ; diagramme de la fleur, B. — C ; un pétale isolé.

Fig. 846. Caryophyllées. *Dianthus* (Œillet).

que la placentation devient centrale. Le fruit est une capsule à déhiscence variable, rarement une baie. Graine à albumen amylacé entouré par l'embryon (Voir T. I, fig. 554).

Les Caryophyllées sont abondantes surtout dans la zone tempérée septentrionale et se rencontrent parfois à de hautes altitudes ; le nombre des espèces en est considérable.

I. **Silénées.** — *Calice gamosépale tubuleux; pétales à onglet très développé.*

Dianthus (Œillet, fig. 846). Herbe vivace à feuilles étroites, à fleurs rouges ou roses groupées en cymes lâches ou denses, 2 styles.

Nombreuses espèces ornementales dont les principales sont : l'Œillet de poète (*D barbatus*), l'Œillet des fleuristes (*D. Caryophyllus*), l'Œillet de Chine (*D. sinensis*), la Mignardise (*D. plumarius* et *superbus*).

Gypsophila (Gypsophile). Herbe annuelle avec de nombreuses petites fleurs; 2 styles; capsule globuleuse divisée profondément en 4 valves. Plante ornementale. — *Saponaria* (Saponaire). 2 styles; capsule s'ouvrant par 4 petites valves au sommet.

La Saponaire (*S. officinalis*), commune dans nos contrées, sur les berges des rivières, le long des chemins, etc., fournit la *saponine*, abondante surtout dans la racine et employée comme dépuratif.

Silene (fig. 845). 3 styles; capsules à 3-6 valves petites. — *Lychnis*. 4 ou 5 styles; capsule s'ouvrant par 5-10 ou 4-8 valves étroites.

La Nielle des champs (*Lychnis Githago*) a des graines âcres dont la farine, mêlée en forte proportion à celle du Blé, rend le pain vénéneux.

Cucubalus. Plante grimpante dont le fruit est une baie; 3 styles.

II. **Alsinées.** — *Calice à sépales libres ou soudés seulement tout à fait à la base; onglet des pétales très réduit.*

Cerastium (Céraiste). 5 sépales libres; 5 pétales ordinairement bifides ou laciniés; 10 étamines; 5 styles opposés aux sépales; Capsule cylindrique. — *Stellaria* (Stellaire, fig. 847). Mêmes caractères que Cerastium; capsule globuleuse ou oblongue; 3 styles alternant avec les sépales.

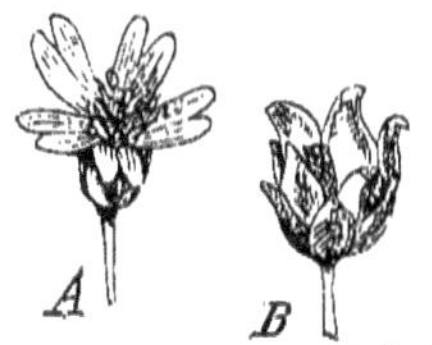

Fig. 847. — Caryophyllées. *Stellaria Holostea* (Stellaire). — Fleur et fruit.

Fig. 848. — Caryophyllées. *Stellaria media* (Mouron des Oiseaux).

L'espèce *S. media* est le Mouron des Oiseaux (fig. 848).

Les genres : *Arenaria*, *Sagina*, *Spergula*, *Spergularia* ont les pétales non échancrés, parfois absents; les 2 derniers sont pourvus de feuilles avec de petites stipules écailleuses (fig. 849).

Fig. 849.
Caryophyllées. *Spergula* (Spergule).

30. — FAMILLE DES NYMPHÉACÉES

Plantes aquatiques à rhizome enraciné dans la vase, à feuilles simples, entières et peltées, ordinairement flottantes. Fleurs flottantes avec pièces florales présentant des formes de passage nombreuses.

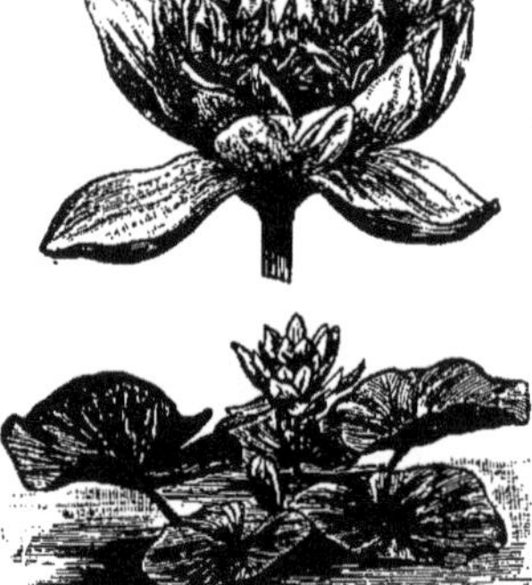

Fig. 850.
Nymphéacées. (*Nymphæa*) Nénuphar.

Composition de la fleur : (3 - 5) S + (3 - ∞) P + (6 - ∞) E + (3 - ∞) C.
Fruit formé d'une réunion de drupes ou d'une baie.

Les Nymphéacées se rapprochent des Monocotylédones par l'exfoliation totale de leur épiderme avec la coiffe (Voir T. I, page 397, fig. 380); elles ont quelque analogie avec les Renonculacées par le grand nombre de leurs pièces florales et la disposition spiralée de ces pièces.

Nuphar. 5 sépales. *N. luteum*; fleurs jaunes; rhizome chargé de fécule et de tanin. — *Nymphæa* (Nénuphar, fig. 850). 4 sépales. *N. alba*; belles fleurs blanches servant à préparer un sirop calmant. Quelques espèces ornementales : *N. Lotus, versicolor.*

31. — FAMILLE DES PAPAVÉRACÉES

Plantes ordinairement herbacées à feuilles alternes sans stipules. Fleurs hermaphrodites régulières. Composition générale de la fleur:

$$2\,S + 2\,P + 2\,P' + \infty\,E + (2\,[\text{ou}\ \infty\,]\,C).$$

Calice à 2 (rarement 3 ou 4) sépales caducs. Corolle à 4 (ou 6) pétales *sur 2 rangs, caducs ou chiffonnés dans le bouton. Étamines nombreuses à filets étroits. Pistil de 2 à n carpelles ($n > 20$) soudés en un ovaire uniloculaire, à placentas pariétaux pluriovulés. Le fruit est une capsule à déhiscence poricide ou valvaire. Graines globuleuses avec un petit embryon à la base d'un albumen huileux.*

Les Papavéracées habitent surtout la zone tempérée septentrionale; il en vit peu sous l'équateur ou dans l'hémisphère austral.

Fig. 851. — **Papavéracées.** *Papaver* (Pavot).

Papaver (Pavot, fig. 851). Plante herbacée à feuilles lobées ou séquées d'ordinaire; tige et feuilles renfermant du latex blanc. Grandes fleurs de couleur variable provenant de boutons penchés sur le pédoncule. 2 sépales; 4 pétales; ∞ étamines; ovaire pluriloculaire à placentas lamellaires, fausses cloisons couvertes d'ovules (fig. 852). Capsule globuleuse à déhiscence poricide (fig. 853).

Le Pavot (*P. somniferum*) fournit de l'*huile d'œillette* et de l'*opium*. L'huile d'œillette ou huile blanche est douce et comestible; comme elle est siccative, on l'utilise en peinture. Le Pavot blanc (*P. s. album*) fournit une huile plus fine, mais moins abondante que le Pavot noir (*P. s. nigrum*), cultivé à cet effet au nord de la France, en Belgique et en Allemagne.

L'opium, latex recueilli par des incisions pratiquées sur les capsules vertes du Pavot, renferme entre autres principes des alcaloïdes (*morphine, codéine, papavérine, thébaïne*, etc.) qui en font un poison mortel à haute dose, mais un médicament précieux à dose convenable. Les Orientaux s'enivrent et s'abrutissent à le boire, le fumer ou le mâcher.

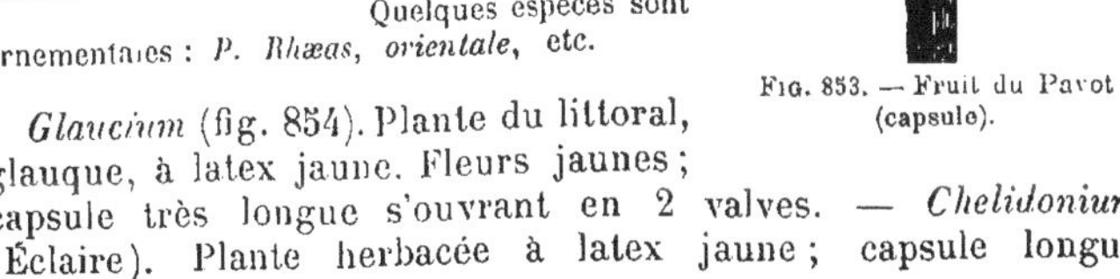

Fig. 852. — **Papavéracées.** *Papaver Rhœas* (Pavot). Diagramme de la fleur.

Quelques espèces sont ornementales : *P. Rhœas*, *orientale*, etc.

Fig. 853. — Fruit du Pavot (capsule).

Glaucium (fig. 854). Plante du littoral, glauque, à latex jaune. Fleurs jaunes; capsule très longue s'ouvrant en 2 valves. — *Chelidonium* (Éclaire). Plante herbacée à latex jaune; capsule longue bivalve à maturité (silique); graines lisses avec une caroncule.

La grande Éclaire (*Ch. majus*), commune sur les vieux murs et les décombres, est vénéneuse; elle sert à détruire les verrues.

On range, à côté des Papavéracées, les **Fumariacées** qui s'en distinguent par l'absence de latex, leurs fleurs zygomorphes et 2 étamines trifurquées (Voir T. I, 525, II).

Fumaria. — *Corydalis*.

Fig. 854.
Papavéracées. *Glaucium luteum*.

32. — FAMILLE DES RÉSÉDACÉES

Plantes herbacées, annuelles ou vivaces, à feuilles simples, diversement lobées, munies de petites stipules. Fleurs zygomorphes et hermaphrodites, en grappes ou en épis. Calice persistant avec 4-7 divisions; 4-7 pétales entiers ou multifides; 3-40 étamines; pistil composé de 2-6 carpelles plus ou moins distincts au sommet, ordinairement ouverts et concrescents en un ovaire pluriloculaire à placentation pariétale. Ovules courbés. Le fruit est ordinairement une capsule.

Fig. 855. — Résédacées. *Reseda odorata* (Réséda odorant). — 2 pétales de la fleur. *fr*, fruit déhiscent.

Reseda. Fruit largement ouvert au sommet (fig. 855).

R. odorata. 6 sépales, 6 pétales, 3 carpelles.

Chez *R. lutea*, les 3 carpelles sont libres au sommet.

Chez *R. luteola* (Gaude), on trouve 4 sépales, 5 pétales et les carpelles libres au sommet sur une grande longueur.

La Gaude est une plante tinctoriale donnant une matière colorante jaune. Le Réséda odorant est cultivé pour le parfum que répandent ses fleurs.

33. — FAMILLE DES VIOLARIÉES

Plantes herbacées à feuilles ordinairement alternes, simples, munies de stipules plus ou moins développées. Fleurs hermaphrodites le plus souvent zygomorphes, solitaires, parfois groupées.

Composition de la fleur : 5S + 5P + 5E + (3C).

Pistil de 3 (rarement 4 à 5) *carpelles soudés en un ovaire uniloculaire à placentation pariétale; ovules anatropes. Capsule à déhiscence loculicide. Graine à albumen charnu abondant* (fig. 525, 541 et 560, T. I).

Les Violariées sont réparties surtout dans les régions tempérées; certains genres ligneux appartiennent à la zone torride.

Viola (fig. 856). Fleur à 5 sépales presque égaux ; 5 pétales dissemblables dont l'inférieur présente un éperon plus grand que les autres ; 5 étamines dont les connectifs des 2 inférieurs sont prolongés par un éperon nectarifère (B) logé

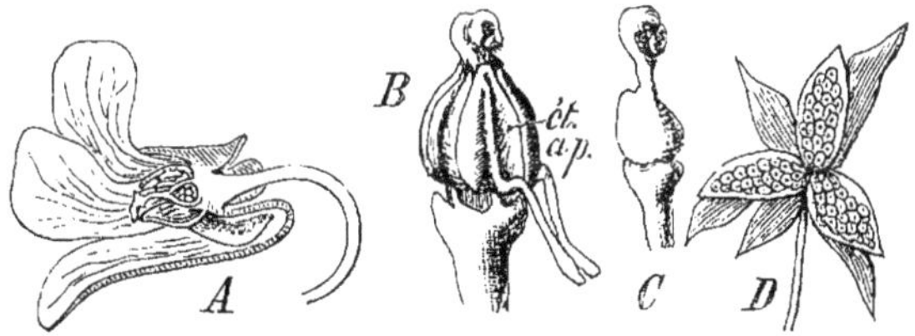

FIG. 856. — **Violariées.** *Viola tricolor.* — A ; coupe longitudinale de la fleur. — B ; androcée découvert montrant 2 étamines avec éperon, *ap.* — C ; pistil. — D ; déhiscence du fruit.

dans celui du pétale inférieur ; pistil muni d'un style courbé en S (C). En outre, petites fleurs cléistogames seules fertiles (Voir T. I, page 534).

La Violette odorante (*V. odorata*), à fleurs bleues, violettes ou blanches, commune dans les bois et les buissons, est aussi cultivée dans nos jardins à cause du parfum suave qu'elle répand ; ses fleurs s'emploient en infusion comme émollientes. Les espèces *V. canina* et *sylvestris* n'ont pas de parfum.

La Pensée des jardins est une variété de *V. tricolor* (fig. 490 T. I) ou de *V. altaica* ; elle est essentiellement décorative. La racine de la Pensée sauvage (*V. tricolor*) sert à la préparation de tisanes dépuratives.

Quelques genres exotiques ont des fleurs régulières.

34. — FAMILLE DES DROSÉRACÉES

Plantes herbacées à feuilles alternes ordinairement en rosette à la base de la hampe florale, hérissées de lobes ou de poils irritables et sécréteurs. Fleurs hermaphrodites, régulières, solitaires ou groupées diversement, construites sur le type 5 ou 4. Capsule à déhiscence loculicide. Graine avec un petit embryon droit entouré d'un albumen charnu.

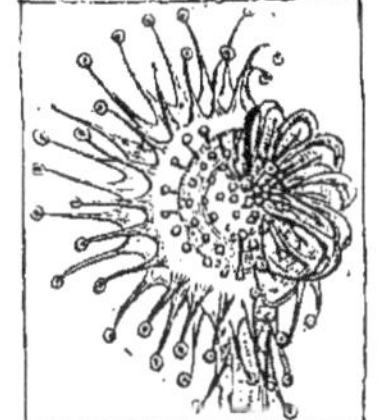

FIG. 857. — Feuille de *Drosera*. Les poils sécréteurs de droite sont recourbés comme si un insecte avait touché la feuille en cet endroit.

Les Droséracées vivent sous les climats les plus divers ; en Europe, elles habitent surtout les marécages, les tourbières. *Plantes carnivores* de Darwin.

Drosera (Rossolis, fig. 857). Fleur pentamère ordinairement ; 3 ou 4 carpelles.
Dionæa (Dionée gobe-mouches). Fleur pentamère (Voir T. I, pages 468-469).

35. — FAMILLE DES CRUCIFÈRES

Plantes herbacées, rarement ligneuses. Feuilles alternes, simples, sans stipules. Fleurs hermaphrodites régulières (parfois zygomorphes) disposées en grappes terminales ou axillaires.

Composition de la fleur : $4S + 4P + 2E + 2 \times 2E' + (2C)$.

6 étamines tétradynames; pistil composé de 2 carpelles concrescents à placentas pariétaux, divisé en deux loges par une fausse cloison; 2 stigmates alternant avec les carpelles. Le fruit est une silique. Graine sans albumen avec embryon huileux courbé (fig. 858, 859 et 860).

Les Crucifères, répandues sur tout le globe, sont particulièrement abondantes dans la zone tempérée septentrionale. Leur

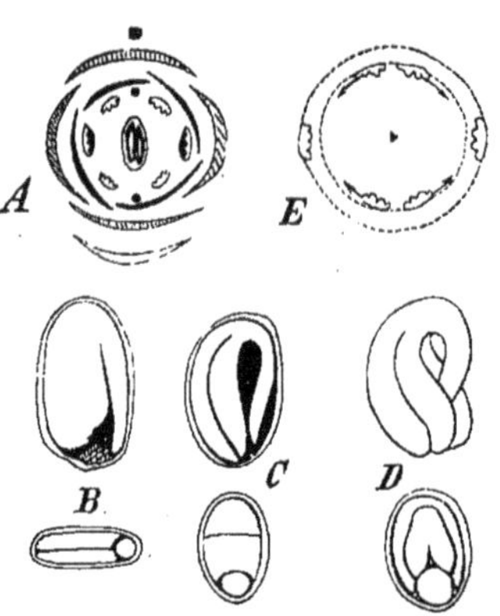

Fig. 858. — **Crucifères.** — A; diagramme de la fleur. — E; disposition théorique des étamines. — Cotylédons accombants (B), incombants (C), condupliqués (D).

Fig. 859. — Pistil et étamines d'une fleur de Giroflée.

Fig. 860.— Silique du Colza (exemple de fruit déhiscent).

caractère essentiel, au point de vue chimique, est la présence dans leur parenchyme de composés sulfurés qui, lors de leur décomposition, se résolvent en acide sulfhydrique et en ammoniaque; d'où résulte alors leur odeur insupportable.

La disposition de l'androcée des Crucifères a été interprétée de diverses manières : elle paraît devoir être ramenée à 2 verticilles dimères : les étamines internes étant dédoublées (diagramme, fig. 858, E). Le torus (surface d'insertion des pièces florales) porte un certain nombre de nectaires. Le fruit est une *silique* quand il est beaucoup plus long que large, une *silicule* quand la longueur et la largeur s'équivalent à peu près (Voir T. I, p. 378, fig. 360; *si*, *si'*, silique fermée, puis ouverte; *sil*, silicule).

I. *Silique ou silicule déhiscente, à cloison large. Valves du fruit* **planes ou concaves** *à l'intérieur, jamais comprimées perpendiculairement à la cloison.*

(a) **Arabidées.** — *Silique étroite renfermant ordinairement 1 série de graines. Cotylédons accombants.*

Dans ce cas, la radicule est appliquée sur le bord des cotylédons plans (fig. 858, B).

Cheiranthus (Giroflée, fig. 861). Herbe ou sous-arbrisseau à feuilles oblongues; grappe de grandes fleurs jaunes ou pourpres à sépales dressés, à pétales pourvus d'un onglet long. Silique tétragone.

C. cheiri, à tige quelquefois ligneuse, pousse sur les vieux murs. Elle répand un parfum agréable.

Nasturtium (Cresson). Plante herbacée, aquatique ou terrestre, à petites fleurs jaunes ordinairement; sépales courts et égaux; pétales sans onglet. Silique ou silicule cylindrique renfermant 2 (ou 1) séries de graines.

Le Cresson de fontaine (*N. officinale*) à fleurs blanches, aujourd'hui cultivé en grand dans les environs de Paris (cressonnières), est consommé abondamment dans la capitale; c'est un stimulant antiscorbutique dont on fait un sirop.

Barbarea (fig. 862). Fleurs jaunes; silique tétragone avec 1 série de graines.

L'Herbe de Sainte-Barbe (*B. vulgaris*) est diurétique. Variété ornementale.

Arabis. — Fleurs blanches

FIG. 861.
Crucifères. *Cheiranthus cheiri* (Giroflée).

FIG. 862.
Crucifères. *Barbarea præcox* (Cresson de terre).

ou roses; silique grêle. — *Cardamine*; caractères à peu près identiques.

Le Cresson des prés (*C. pratensis*), plante vivace à fleurs lilas, donne au printemps de jeunes feuilles que l'on mange en salade.

(b) **Alyssinées.** — *Silique courte, large, à 2 séries de graines. Cotylédons accombants.*

Alyssum. Herbe ordinairement couverte de poils étalés et rameux; feuilles entières linéaires; fleurs blanches ou jaunes à sépales et pétales courts.

La Corbeille d'or (*A. saxatile*), vivace, à feuilles blanchâtres et à fleurs jaune d'or, est cultivée dans les jardins où elle forme, pour les parterres, des bordures en touffes serrées; il en est de même d'*A. maritimum*, à fleurs blanches.

Cochlearia. Herbe vivace, glabre, à feuilles entières; grappes de fleurs ordinairement blanches.

Le *C. officinalis* a des propriétés antiscorbutiques très prononcées, dues à un oxysulfure d'allyle; ce principe rend âcre et piquant le liquide exprimé des feuilles au moment de la floraison. Le Raifort (*C. Armoracia*) a de fortes racines d'un goût piquant; coupées ou broyées, ces dernières donnent aussi, par fermentation, une essence sulfurée utilisée en médecine.

Les sirops de *Cochlearia*, de Raifort, les teintures, infusions, etc., sont des préparations pharmaceutiques obtenues avec ces plantes.

(c) **Sisymbriées.** — *Silique étroite, allongée, à 1 série de graines. Cotylédons incombants.*

Dans ce cas, les cotylédons plans sont appliqués l'un sur l'autre et la radicule est rabattue sur le milieu de l'un d'eux (fig. 858, C).

Sisymbrium. Épis de fleurs ordinairement jaunes. Pétales avec long onglet.

Le Vélar (*S. officinale*) à tige dressée, rameuse au sommet, porte des feuilles astringentes, dont l'infusion est employée contre le catarrhe pulmonaire.

Erysimum. Fleurs jaunes ou purpurines. — *Hesperis* (Julienne).

L'*H. matronalis*, à longues grappes de fleurs violettes, lilas ou blanches, est cultivé comme plante d'ornement.

(d) **Brassicées.** — *Silique parfois indéhiscente au sommet. Cotylédons condupliqués.*

La radicule est logée dans un pli médian formé par les 2 cotylédons appliqués l'un sur l'autre (fig. 858, D).

Brassica. Plante herbacée à grandes feuilles; fleurs ordinairement jaunes : sépales dressés, plus ou moins étalés; silique linéaire renfermant 1 série de graines globuleuses.

Le genre *Brassica* présente de nombreuses espèces alimentaires :

Le Chou proprement dit (*B. oleracea*) dont la culture a favorisé le développement et la disposition des feuilles en une tête parfois énorme.

Parmi les nombreuses variétés consommées par l'homme, il convient de rappeler les Choux pommés (*Chou cœur-de-bœuf*, *gros Chou d'Alsace*, etc.), le

Choux cloqués dont les feuilles ont un limbe très sinueux (*Chou de Milan*, *Chou de Bruxelles*) et les *Choux-fleurs* dont on mange seulement l'inflorescence.

Le Colza (*B. campestris oleifera*) se distingue du précédent par ses jeunes feuilles *ciliées;* ses graines fournissent, par pression, une huile douce, d'odeur faible, non siccative, employée pour l'éclairage et le graissage.

Le Turneps (*B. c. napo-brassica*) a une grosse racine charnue presque sphérique (Rutabaga), ou allongée (Chou-navet) consommée par l'homme et les animaux.

Le Chou-rave (*B. c. pabularia*, fig. 863) a la base de la tige renflée en une grosse sphère sur laquelle s'insèrent les grandes feuilles.

Le Navet (*B. rapa*) diffère des précédents par ses feuilles hérissées de poils raides; la base de sa racine est charnue, sphérique ou cylindrique (nombreuses variétés).

Fig. 863. — Crucifères. *Brassica campestris pabularia* (Chou-rave).

Sinapis (Moutarde, T, I, p. 368, fig. 380). Diffère du genre précédent par ses feuilles ordinairement velues, ses fleurs jaunes à sépales étalés, rarement dressés, et par les valves de ses fruits portant de 3 à 5 nervures (1 à 3 chez *Brassica*). La silique est dépourvue de bec chez la Moutarde noire (*S. nigra*); elle est terminée par un bec conique plus court que les valves chez la Moutarde sauvage (*S. arvensis*); le bec est 2 à 3 fois plus long que les valves chez la Moutarde blanche (*S. alba*).

Les graines de Moutarde donnent une farine employée: soit comme condiment, soit à l'extérieur comme rubéfiant. Leur principe actif est le *sulfocyanate d'allyle* (essence de moutarde) non préexistant dans la graine, mais qui se développe lors du contact de la farine de moutarde avec l'eau : alors la *myrosine* (ferment soluble contenu dans certaines cellules) se dissout et réagit sur la *sinigrine* (myronate de potassium) dont elle hydrate l'acide myronique en le dédoublant en glucose et sulfocyanate d'allyle (Voir T. I, p. 492).

II. *Silique courte déhiscente. Valves du fruit* très concaves *comprimées perpendiculairement à la cloison.*

(e) **Lépidinées.** — *Cotylédons incombants.*

Capsella. Fleurs petites, blanches; silicule elliptique à valves carénées naviculaires.

La Bourse-à-Pasteur (*C. Bursa-Pastoris*) est une mauvaise herbe très commune.

Lepidium. Petites fleurs blanches; silicule de forme variée.

Les jeunes pousses et les feuilles du Cresson alénois (*L. sativum*) ont une saveur piquante et âcre ; aussi les emploie-t-on comme condiment dans les salades.

(f) **Thlaspidées.** — *Cotylédons accombants.*

Thlaspi. Fleurs blanches ou roses; silicule oblongue à valves non carénées. Très commun. — *Iberis.* Fleurs blanches ou purpurines en corymbes (la fleur du centre est régulière, celles de la périphérie sont zygomorphes).

Le Thlaspi blanc (I. *amara*) est cultivé dans les jardins.

III. *Fruit indéhiscent au moins en partie.*

(g) **Isatidées.** — *Silicule indéhiscente.*

Isatis (Pastel). Plante dressée rameuse, à feuilles entières et sagittées. Fleurs jaunes; silicule ovale, graine solitaire à cotylédons incombants.

Les feuilles d'*I. tinctoria*, séchées rapidement, sont pulvérisées; on en fait avec l'eau une pâte abandonnée à l'air libre qui fermente et développe une matière colorante bleue. Le Pastel était cultivé autrefois comme plante tinctoriale.

(h) **Raphanées.** — *Silique indéhiscente.*

Raphanus Grappes de fleurs blanches ou jaunes, veinées de pourpre; silique cylindrique, avec des étranglements; graines globuleuses à cotylédons condupliqués.

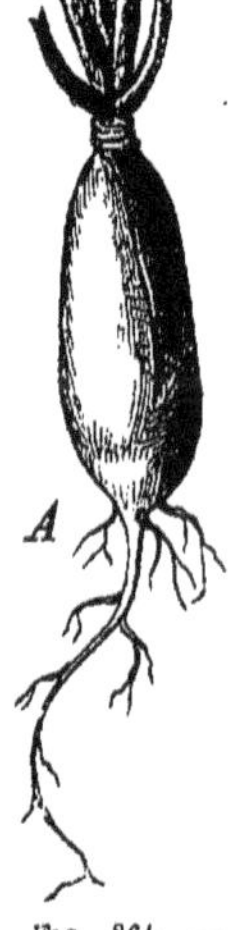

Fig. 864. — Crucifères. *Raphanus sativus* (Radis).

Le Radis (*R. sativus*) présente 2 races . l'une (*Radis rose*, (fig. 864, dont la tige hypocotylée seule est charnue; l'autre (*Radis noir* ou Raifort) dont la tige hypocotylée et une partie de la racine principale sont charnues. Le Radis noir surtout est diurétique, antiscorbutique, etc.

(i) **Cakilées.** — *Silicule biarticulée; l'article supérieur est indéhiscent.*

Cakile. Crambe. Espèces du littoral.

Les feuilles charnues et blanchies de *Crambe maritima* sont consommées comme celles du Chou.

36. — FAMILLE DES LÉGUMINEUSES

Plantes herbacées ou arborescentes. Feuilles alternes, stipulées, composées pennées avec 1 *à* n *folioles entières ou lobées (parfois réduites à leur nervure principale). Fleurs ordinairement hermaphrodites et zygomorphes (rarement régulières et polygames), solitaires ou disposées en grappes variées.* 1 *carpelle renfermant* n *ovules anatropes. Fruit (gousse ou légume) sec ou charnu. Graine ordinairement sans albumen; embryon à cotylédons charnus* (fig. 865).

La famille des Légumineuses est plus répandue dans la zone

torride que dans les régions tempérées où abondent cependant plus particulièrement certaines d'entre elles (**Papilionacées**).

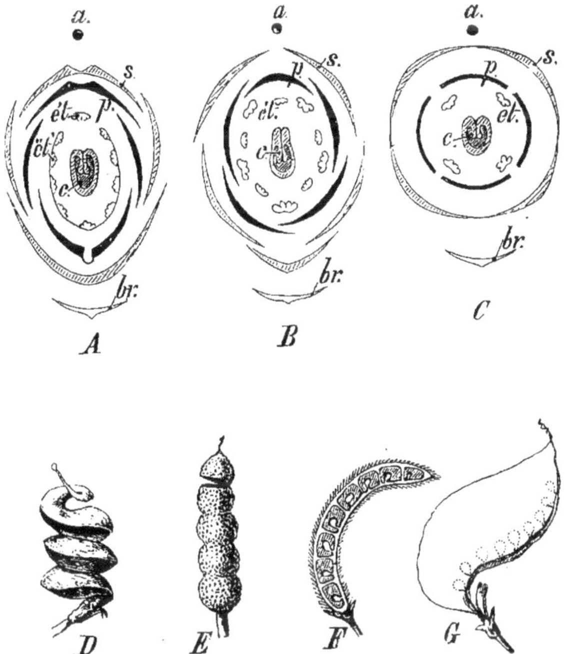

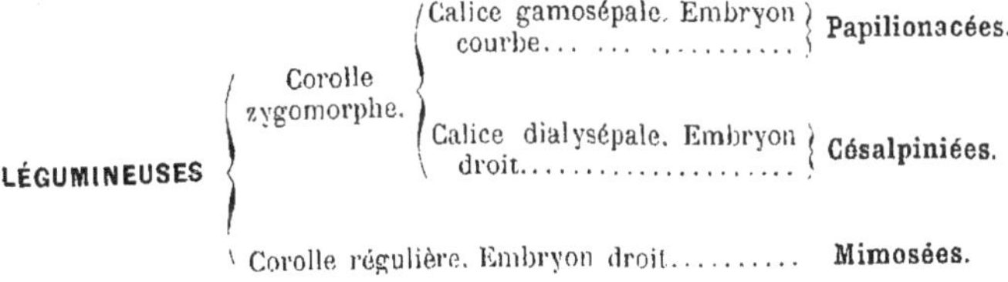

Fig. 865. — **Légumineuses.** Diagrammes de fleurs. — A ; Papilionacée (*Faba*). — D, Césalpiniée (*Cercis*). — C ; Mimosée (*Mimosa*). — **Fruits.** — D ; **Luzerne.** — E ; Sainfoin. — F ; Indigotier. — G ; Baguenaudier.

A cause du nombre considérable d'espèces qu'elle renferme, on a divisé cette famille en 3 sous-familles :

LÉGUMINEUSES	Corolle zygomorphe.	Calice gamosépale. Embryon courbe...	**Papilionacées.**
		Calice dialysépale. Embryon droit....................	**Césalpiniées.**
	Corolle régulière. Embryon droit.........		**Mimosées.**

(*A*). PAPILIONACÉES

Fleurs zygomorphes à corolle papilionacée.

Composition générale de la fleur : (5 S) + 5 P + 10 E + 1 C (fig. 865, A).

La corolle papilionacée (fig. 866) comprend : l'*étendard*, pétale supérieur très développé ; 2 *ailes*, pétales latéraux recouverts en partie par l'étendard et recouvrant la *carène;* la carène est formée de 2 pétales inférieurs soudés par leurs bords en contact. Les 10 étamines sont : tout ou partie soudées par leurs filets en un tube entourant le carpelle ; ou toutes libres. La suture ventrale du carpelle est dirigée vers l'étendard.

Fig. 866. — Corolle papilionacée.

I. **Génistées.** — *Herbes ou arbrisseaux non grimpants. Étamines toutes soudées. Feuilles composées digitées.*

Lupinus (Lupin, fig. 867). Plante herbacée avec feuilles de 5 à 15 folioles ; grappes de fleurs bleues, violettes, rarement jaunes ou blanches.

Le Lupin est cultivé pour l'emploi comme engrais vert, comme fourrage ; sa graine est riche en matières albuminoïdes (aleurone, T. I, page 491) et contient un alcaloïde toxique, la *lupinine*.

Les espèces : *L. hirsutus*, *varius*, *mutabilis*, etc., sont cultivées comme ornementales.

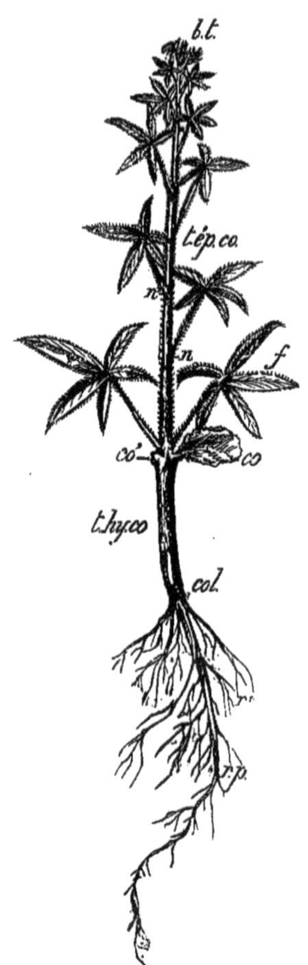

Fig. 867. — **Légumineuses.** *Lupinus* (Lupin).

Genista (Genêt). Arbrisseau épineux ou non ; feuilles de 1 à 3 folioles.

Le *G. tinctoria* était employé autrefois pour la teinture en jaune ; fleurs purgatives.

Ulex (Ajonc, fig. 868). Arbrisseau à rameaux verts ; feuilles réduites à leur pétiole épineux.

L'Ajonc (*U. europæus*) forme des haies défensives ; il pousse dans les landes.

Cytisus (Cytise) Arbrisseau à feuilles de 1 à 3 folioles; fleurs jaunes, purpurines ou blanches.

Le *C. purpureus* à fleurs lilas forme, avec le *C. Laburnum* à fleurs jaunes, un hybride : *C. Adami*, dont les fleurs ont une couleur intermédiaire.

On range dans ce genre le rustique Genêt à balais (*Sarothamnus scoparius*) à grandes fleurs jaunes, qui décore les parcs.

II. **Trifoliées.** — *Herbes non grimpantes à feuilles composées de 3 folioles dentées.*

Ononis. Fleurs roses ou jaunes; 10 étamines monadelphes; gousse déhiscente. — *Medicago* (Luzerne). Fleurs jaunes ou

Fig. 868. Légumineuses. *Ulex* (Ajonc).

Fig. 869. — Légumineuses. *Medicago Lupulina* (Lupuline).

violettes; gousse à peine déhiscente, contournée en spirale (fig. 865, D). Plante fourragère excellente.

La Luzerne (*M. sativa*) a une longue racine vivace et pivotante (1^m,30); elle pousse au printemps des tiges aériennes avec des épis de fleurs violettes; fruits décrivant 2 ou 3 tours de spire. *M. falcata* a les fleurs jaunes et le fruit en forme de faux; dans les prairies artificielles, on sème aussi la Lupuline (*M. Lupulina*) dont les épis sont formés de petites fleurs jaunes (fig. 869).

Melilotus (Mélilot). Fleurs petites, jaunes ou blanches, en grappes grêles. Gousse ovoïde à 2 ovules, tardivement déhiscente. — *Trifolium* (Trèfle, fig. 870). Fleurs purpurines, rouges ou blanches, en épis, capitules ou ombelles. Pétales dont les onglets sont plus ou moins soudés avec le tube staminal; petite gousse indéhiscente avec 1 ou 2 graines.

Les espèces fourragères principales sont : le Trèfle rouge vivace (*T. pratense*), le Trèfle incarnat annuel (*T. incarnatum*), le Trèfle blanc vivace (*T. repens*), etc.; les 2 premières espèces sont assez sensibles aux gelées.

Fig. 870. — **Légumineuses.** *Trifolium repens* (Trèfle blanc).

III. **Lotées.** — *Herbes non grimpantes à feuilles composées de 5-n folioles entières.*

Anthyllis. Fleurs jaunes, purpurines ou blanches en capitules réunis souvent au sommet des rameaux. Gousse indéhiscente. — *Lotus* (Lotier). Fleurs jaunes ou rouges en ombelles axillaires, parfois solitaires. Gousse déhiscente.

Les 2 espèces : *A. vulneraria* et *L. corniculatus* (fig. 499, T. 1) entrent dans la composition des prairies artificielles.

IV. **Galégées.** — *Plantes herbacées ou arborescentes à feuilles composées de 2 n ou 2 n + 1 folioles. 9 étamines soudées en général; la 10ᵉ plus ou moins libre.*

Amorpha. 1 seul pétale (étendard); tous les autres avortés. *A. fructicosa*, ornemental. — *Indigofera* (Indigotier). Fleurs à étendard persistant; la 10ᵉ étamine est libre; *n* graines dans la gousse arquée et cloisonnée (fig. 865, F).

De nombreuses espèces sont cultivées dans l'Océanie, l'Asie et l'Afrique tropicales, en vue d'en extraire l'*indigo*, mélange complexe dont l'*indigotine* est le principe colorant.

Robinia (Robinier). Arbre à feuilles composées de $2n+1$

folioles entières; stipules sétacées ou épineuses; fleurs blanches ou roses en grappes axillaires. Gousse linéaire déhiscente à suture dorsale ailée.

Le Robinier commun (*R. Pseudo-Acacia*) est cultivé dans nos parcs à cause de son port élégant, de ses nombreuses fleurs blanches qui dégagent un parfum suave; il est planté le long des talus (chemins de fer) qu'il consolide par ses racines.

Colutea (Baguenaudier). Arbre à fleurs jaunes; Gousses vésiculeuses énormes (fig. 865, G). — *Astragalus* (Astragale). Gousse divisée longitudinalement en 2 par une fausse cloison.

L'*A. gummifer*, cultivé en Asie Mineure et en Perse, fournit des *gommes adragantes :* ce produit, liquide d'abord, s'écoule par des incisions pratiquées sur le tronc, et se solidifie au bout de 3 à 4 jours. Gonflable dans l'eau, la *gummose* (résultat de l'altération des parois cellulaires du parenchyme) est utilisée dans les préparations pharmaceutiques.

Glycyrrhiza (Réglisse). Rhizome vivace très ramifié contenant un principe sucré.

FIG. 871. — Papilionacées. *Onobrychis sativa* (Sainfoin).

V. **Hédysarées.** — *Herbes ou arbrisseaux parfois grimpants, à feuilles composées de* [2 *n* + 1] *folioles;* 10 *étamines diadelphes* (9-1). *Fruit indéhiscent divisé en* *articles contenant chacun une graine et indépendants à maturité.*

Coronilla. Plante vivace à fleurs roses bigarrées de violet (*C. varia*), à fleurs jaunes (*C. coronata*). — *Hippocrepis*. Gousse en fer à cheval composée d'articles arqués. — *Onobrychis*, (fig. 871). Fleurs purpurines, roses ou blanches, en grappe conique; carpelle contenant 1 ou 2 ovules.

Le Sainfoin (*O. sativa*) est cultivé comme plante fourragère, ainsi que la Luzerne.

Arachis (Arachide). Herbe basse à feuilles de [2 *n*] folioles; le fruit se développe et mûrit sous le sol. Graine comestible et de laquelle on extrait de l'huile (éclairage et savons).

VI. **Viciées**. *Herbes basses ou grimpantes; feuilles composées de 2 n folioles; souvent l'extrémité du pétiole principal et plusieurs folioles sont transformées en vrilles* (Voir T. I, fig. 449, 10); 9 *étamines soudées en un tube fendu. Gousse déhiscente.*

Fig. 872. — Papilionacées. *Lathyrus* (Gesse).

Vicia (Vesce). Gousse avec plusieurs graines globuleuses, parfois comprimées. La Vesce commune (*V. sativa*), à fleurs purpurines, est cultivée surtout comme fourrage vert; elle pousse bien même dans les pays froids. La Fève (*V. Faba*) a de grosses gousses provenant de fleurs blanches ou violacées; la graine en est comprimée latéralement (Voir T. I, fig. 373 et 570, D); on l'emploie pour l'alimentation de l'Homme et des animaux

Lens (Lentille, T. I, fig. 450). Gousse avec 1 ou 2 graines lenticulaires comestibles.

Lathyrus (Gesse, fig. 872). Feuilles transformées en vrilles et ne conservant le plus souvent que 2 folioles; parfois toutes les folioles ont disparu et les stipules seules prennent un grand développement (fig. 873). Gousse comprimée avec *n* graines globuleuses.

La Gesse des prés (*L. pratensis*) est une plante fourragère excellente. Les espèces : *L. odoratus* et *L. latifolius* (Pois de senteur) sont ornementales.

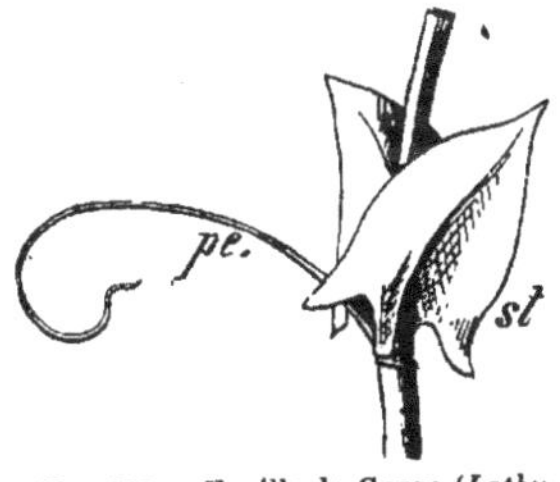

FIG. 873. — Feuille de Gesse (*Lathyrus Aphaca*) réduite à son pétiole, *pé*, avec deux grandes stipules, *st*.

Pisum (Pois, fig. 874). Plante glabre grimpante à grandes fleurs purpurines, roses ou blanches. Gousse comprimée à graines globuleuses renfermant d'épais cotylédons (fig. 875).

2 espèces sont cultivées : *P. sativum*, à fleurs blanches et *P. arvense*, à fleurs violettes, avec de nombreuses variétés.

VII. **Phaséolées.** — *Herbes grimpantes à feuilles trifoliolées; les feuilles primordiales sont opposées* (Voir T. I, fig. 452, C et C').

Phaseolus (Haricot). Tige anguleuse volubile; fleurs en grappes avec calice à 2 lèvres, large étendard et carène contournée en spirale, ainsi que

FIG. 874.
Légumineuses. *Pisum* (Pois).

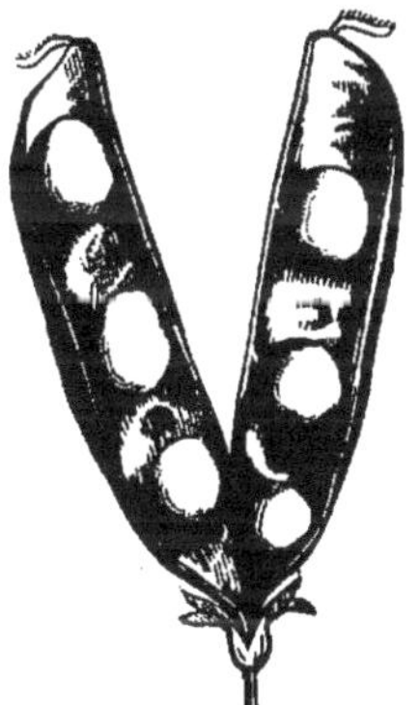

FIG. 875.
Gousse du Pois.

le style et les étamines. Gousse déhiscente bosselée et graines réniformes.

Le Haricot commun (*Ph. vulgaris*) est l'objet d'une culture attentive dans les pays où des températures basses ne sont pas à craindre; il en existe de nombreuses variétés dont on consomme les gousses en vert et les graines avant ou après la maturité.

Il existe encore de nombreux genres exotiques de Légumineuses parmi lesquels on citera seulement : le *Sophora japonica*, grand arbre de 12 à 15 mètres cultivé dans nos parcs ; le *Myroxylon toluiferum* duquel on extrait le baume de Tolu ; le *Physostigma venenosum*, liane qui fournit la graine appelée *fève de Calabar*, redoutable par l'*ésérine* qu'elle renferme ; cet alcaloïde paralyse les muscles moteurs au même titre que le curare.

(*B*). CÉSALPINIÉES

Fleurs zygomorphes ; calice dialysépale ; corolle papilionacée dont les pétales inférieurs ne sont pas soudés en carène (fig. 865, B). *Embryon droit.*

Plantes appartenant presque toutes à la zone torride.

Cæsalpinia. Arbres ou lianes à feuilles bipennées. Gousse déhiscente ou non.

Le cœur du bois est coloré en rouge foncé par la *brasiline* employée comme matière tinctoriale ; le *bois de Fernambouc*, le *bois de Sappan* sont fournis par 2 espèces différentes.

Hematoxylon. Gousse s'ouvrant par le milieu des faces des 2 valves.

Le bois de Campêche (*H. Campechiacum*) contient l'*hématoxyline*, principe colorant employé pour la teinture en noir et en violet.

Ceratonia (Caroubier, fig. 876). Arbre de 10 à 12 mètres, cultivé dans la zone méditerranéenne. Gousses sucrées servant d'aliment pour les animaux ; on les utilise pour faire des sirops ; on en extrait aussi de l'alcool.

Cassia. Arbrisseau d'Afrique dont les feuilles contiennent l'*acide cathartique*, principe qui leur communique des propriétés purgatives ; elles sont employées en pharmacie sous le nom de *séné*. Longues gousses aplaties remplies de graines et de pulpe également purgatives. — *Copaifera.* Arbre d'Amérique ; les incisions, pratiquées à la base du tronc, laissent écouler l'*oléo-résine de Copahu.*

Fig. 876. — Césalpiniées. — *Ceratonia Siliqua* (Caroubier).

(*C*). MIMOSÉES

Fleurs régulières construites sur le type 3, 4 *ou* 5. *Pétales souvent soudés par leurs onglets. Étamines libres ou monadelphes* (fig. 865, C).

Plantes de la zone torride.

Mimosa. Plantes herbacées ou arborescentes, à feuilles bipennées fréquemment sensitives (Voir T. I, page 467). Fleurs tétra- ou pentamères ; étamines libres avec nombreux *grains de pollen libres*. *M. pudica* (Sensitive). — *Acacia.* Arbres ou arbrisseaux souvent armés de piquants, à feuilles bipennées parfois réduites à un phyllode (Voir T. I, fig. 442) ; fleurs petites tétra- ou pentamères, en capitules globuleux ; nombreuses étamines avec *grains de pollen agrégés*. Gousse bivalve, mais parfois indéhiscente et étranglée entre les graines.

On retire, des nombreuses espèces d'Acacia, la *gomme arabique* exsudée de lésions faites à l'écorce ; cette gomme est employée pour fabriquer des liqueurs, apprêter les soieries et les dentelles ; on en consomme beaucoup dans la préparation des colles, des couleurs à l'aquarelle, dans l'impression des tissus, etc.

37. — FAMILLE DES ROSACÉES

Plantes herbacées ou arborescentes, pourvues de feuilles stipulées, simples ou composées, le plus souvent alternes. Fleurs ordinairement régulières et hermaphrodites, solitaires ou groupées en inflorescences variées. La fleur est construite sur le type 5 *(rarement* 4 *ou* 3*). Calice libre ou soudé à l'ovaire, avec sépales persistants constituant un plateau ou une coupe portant les diverses pièces florales; corolle à*

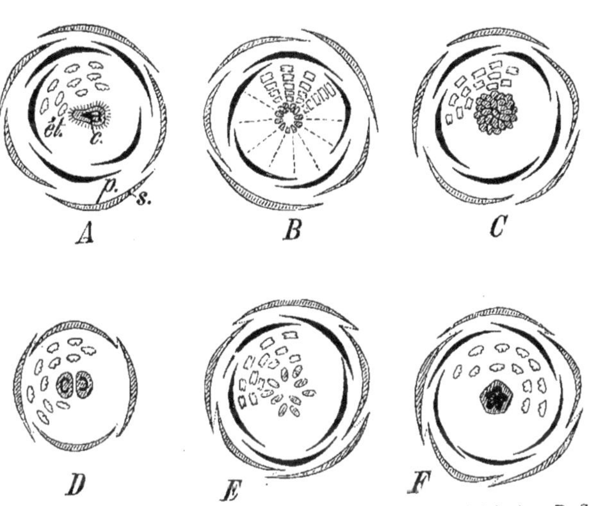

Fig. 877. — **Rosacées.** Diagrammes de fleurs. — A ; *Prunus Persica* (Pêcher). — B ; *Spiræa* (Spirée). — C ; *Rubus* (Ronce). — D ; *Poterium* (Pimprenelle). — E ; *Rosa* (Rosier). — F ; *Pirus Cydonia* (Cognassier).

pétales caducs; étamines souvent nombreuses; 1 *à n carpelles uniloculaires et biovulés d'ordinaire. Ovule anatrope. Fruit varié (akène, capsule ou drupe). Graine avec embryon sans albumen et cotylédons épais.*

I. **Amygdalées.** — *Calice sans calicule.* 1 *carpelle avec* 2 *ovules pendants. Le fruit est une drupe* (fig. 877, A).

Prunus. Arbres ou arbrisseaux à feuilles simples, dentées. Fleurs blanches ou roses en grappe ou en corymbe. Composition de la fleur : (5S) + 5 P + 15 à 20 E + 1 C.

Drupe à noyau lisse ou rugueux.

L'Amandier (*P. Amygdalus communis*, fig. 878), arbre de 5 à 6 mètres à feuilles lancéolées, présente une drupe veloutée à mésocarpe mince et endocarpe rugueux (fig. 879); cette drupe est déhiscente, avec une seule graine en général.

Les amandes douces sont consommées à l'état frais ou sec; elles contiennent surtout de l'huile, des matières albuminoïdes, du glucose, etc. Les amandes amères, consommées en pâtisserie, contiennent de l'acide cyanhydrique qui provient du dédoublement de l'*amygdaline* (parenchyme) par l'*émulsine* (liber des jeunes faisceaux) au contact de l'eau (Voir T, I, page 492).

Fig. 878. — Rosacées. *Amygdalus communis* (Amandier).

Le Pêcher (*P. Persica*), arbre à feuilles longues et lancéolées, glabres et vert foncé, à fleurs rouges purgatives, donne de grosses drupes succulentes et finement veloutées; l'endocarpe est creusé de sillons; la graine est amère et sert à la préparation d'une liqueur. Certaines pêches sont veloutées; d'autres sont lisses (*brugnons* à chair adhérente).

L'Abricotier (*P. Armeniaca*) est un petit arbre à larges feuilles cordiformes, à fleurs roses, qui fournit une petite drupe veloutée à mésocarpe ferme et succulent, à endocarpe lisse.

Le Prunellier (*P. spinosa*), arbrisseau épineux et rameux, donne un petit fruit noir et glabre; il sert à faire des haies vives.

Les Pruniers cultivés (*P. domestica* et *insititia*) présentent de nombreuses variétés dont les fruits sont des drupes glabres, souvent glauques, à noyau généralement lisse; les prunes sont consommées soit à l'état frais, soit en conserves (pruneaux).

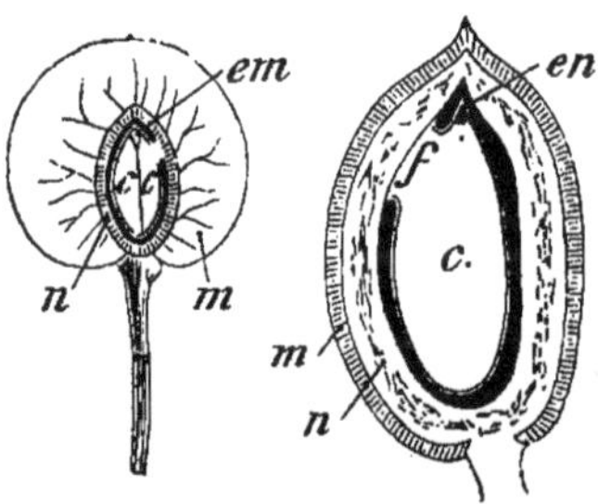

Fig. 879. — Coupes de fruits : à gauche, Cerise; à droite, Amande. *m*, parenchyme mou; *n*, noyau renfermant la graine.

Le Cerisier (*P. Cerasus*) nous offre de nombreuses variétés issues des espèces : *C. avium* à feuilles pubescentes en dessous et à fruit doux (Var. Merisier, Guigne, Bigarreau) et *C. vulgaris* à feuilles glabres et à fruit acide. La Cerise est une drupe à noyau lisse (fig. 879). Le *C. Mahaleb* ou bois de Sainte-Lucie, est ornemental.

Outre leurs fruits et leurs graines comestibles, les Amygdalées nous sont précieuses par leur bois utilisé dans la menuiserie; celui du *C. Mahaleb*, est odorant et sert à faire des tuyaux de pipe; les queues de Cerises et les feuilles du Laurier-cerise (*P. Lauro-cerasus*) développent, au contact de l'eau, de l'acide cyanhydrique : d'où leur emploi comme diurétique et calmant. La gomme qui s'écoule d'incisions au tronc est formée de 2 principes : l'*arabine* et la *cérasine*.

II. **Spirées**. — *Calice sans calicule. 5 carpelles en verticille. Le fruit est un follicule ou une drupe* (fig. 877, B).

Spiræa (Spirée, fig. 880). Plantes herbacées ou arborescentes à feuilles variées. Fleurs ordinairement hermaphrodites, blanches,

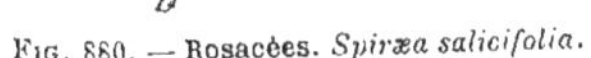

Fig. 880. — Rosacées. *Spiræa salicifolia*.

Fig. 881. — Rosacées. *Spiræa Ulmaria*.

roses ou rouges en grappe. Composition ordinaire de la fleur :

$$(5S) + 5P + \infty E + 5C.$$

Carpelles 1 à 8, renfermant de 2 à *n* ovules. Follicules non enfermés dans le tube du calice.

La Reine des prés (*S. Filipendula Ulmaria*, fig. 881) est commune au bord des eaux ; petites fleurs blanches odorantes. La Filipendule (*S. Filipendula*) est ornementale ; ses feuilles sont très découpées. — Toutes les Spirées sont astringentes.

Kerria. Arbuste ornemental à fleurs jaune-orangé tétramères.

III. **Fragariées**. — *Calice avec ou sans calicule. Nombreux carpelles uniovulés. Le fruit est un akène ou une drupe* (fig. 877).

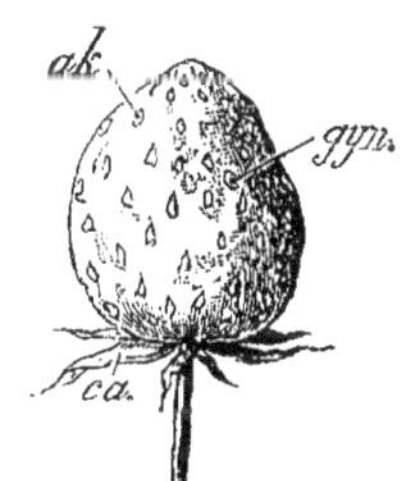

Fig. 882. — Fraise portant de nombreux akènes, *ak*, sur le gynophore, *gyn*.

Fragaria (Fraisier). Herbe vivace à rhizome épais, émettant des stolons ; feuilles stipulées à 3 folioles [Voir T. I, fig. 449, 11 et 12)]. Fleurs blanches ; Calice persistant à 5 sépales, avec un calicule de 5 folioles ; 5 pétales ; *n* étamines et carpelles insérés sur un réceptacle (gynophore) qui devient charnu pendant la maturation des fruits ou akènes (fig. 882).

Le Fraisier commun (*F. vesca*) et de nombreuses espèces, sauvages ou cultivées, donnent les fraises comestibles et dépuratives ; le rhizome est astringent.

Potentilla (Potentille). Rhizome épais; tiges aériennes grêles et rampantes; feuilles digitées (3-7 folioles) ou imparipennées; fleurs blanches ou jaunes le plus souvent, ordinairement pentamères; sorte de Fraisier à réceptacle sec.

Plusieurs espèces communes dont le rhizome est astringent.

Rubus (Ronce, fig. 495, T. I). Arbrisseau à tige sarmenteuse, armée d'aiguillons; feuilles composées pennées à $[2n+1]$ folioles et alternes; fleurs blanches ou roses, comparables à celles du Fraisier, mais calice sans calicule; les carpelles deviennent autant de drupes à maturité.

Espèces nombreuses dont l'une, appelée Framboisier (*R. Idæus*), est cultivée pour ses fruits.

Toutes les Rosacées précédentes ont le **fruit nu**; *toutes les suivantes ont le* **fruit enveloppé.**

IV. **Potériées.** — *Calice urcéolé* (*en forme d'outre*); *pétales*, *0 ou 4*; *1 à 3 carpelles uniovulés devenant autant d'akènes libres dans le tube du calice sec* (fig. 877, D).

Alchemilla. Pas de pétales. *A. vulgaris;* endroits humides, bois ombragés. — *Poterium* (Pimprenelle). Calice sans bractéoles; pas de pétales ; 4 à *n* étamines; 1 ou 2 carpelles.

La Pimprenelle commune (*P. Sanguisorba*, fig. 883), vivace et répandue dans les prairies, a des capitules de petites fleurs verdâtres avec 2 stigmates rouge-sang; c'est une plante fourragère, aromatique et astringente.

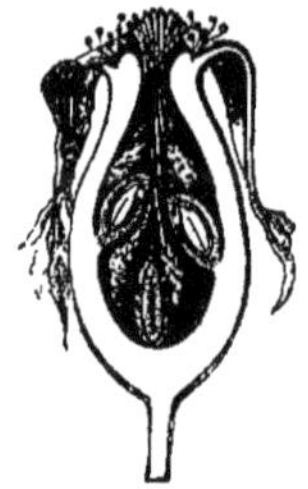

FIG. 884. — Fruit du Rosier coupé.

FIG. 883. — **Rosacées.** *Poterium sanguisorba* (Pimprenelle commune).

Agrimonia (Aigremoine). Fleurs jaunes; calice terminé par des soies; 5 pétales.

V. **Rosées.** — *Calice urcéolé sans calicule. 5 pétales; carpelles nombreux devenant autant d'akènes libres, mais contenus dans le tube du calice charnu* (fig. 884 et 877, E).

Rosa (Rosier). Arbrisseau dressé ou sarmenteux, ordinairement armé d'aiguillons, à feuilles alternes composées de $[2n+1]$

folioles. Fleurs solitaires ou en corymbe, blanches, jaunes, roses ou rouges. Composition de la fleur :

$$(5S) + 5P + \infty E + \infty C.$$

Calice sans calicule.

L'Églantier (*R. canina*) est employé pour faire des haies vives. De nombreuses espèces sont cultivées pour la beauté et le parfum de leurs fleurs; la régression des étamines a multiplié le nombre des pétales dont la couleur varie du blanc lilial au pourpre foncé. Les pétales de *R. gallica* (Rose de Provins), de *R. Damascena*, de *R. moschata*, etc., servent à préparer l'essence et l'eau de roses, employées en médecine et en pharmacie.

VI. **Pirées**. — *Calice urcéolé. Carpelles concrescents avec le tube du calice en un ovaire infère, ordinairement à 5 loges bi- ou multi-ovulées. Le fruit est une drupe concrescente avec le calice charnu formant une* **pomme** (fig. 877, F).

Pirus. Arbre ou arbrisseau à feuilles alternes, pétiolées et dentées, à stipules caduques; fleurs en cyme, rarement en corymbe. Composition de la fleur en général :

$$(5S) + 5P + \infty E + (2\text{-}5)C.$$

Les principales espèces sont :

Le Poirier (*P. communis*), à feuilles ovales, longuement pétiolées, velues dans le jeune âge, ordinairement glabres ensuite; le fruit en est la *poire*.

Le Pommier (*P. Malus*, fig. 885), à feuilles ovales, velues dans le jeune âge et encore sur la face inférieure dans l'âge adulte; le fruit en est la *pomme*, jamais parsemée des nodules scléreux qu'on trouve dans la poire.

Le Néflier (*P. Mespilus*), épineux dans le premier âge; le fruit en est la *nèfle*, à endocarpe scléreux, présentant à sa partie supérieure un disque concave circonscrit par les sépales persistants.

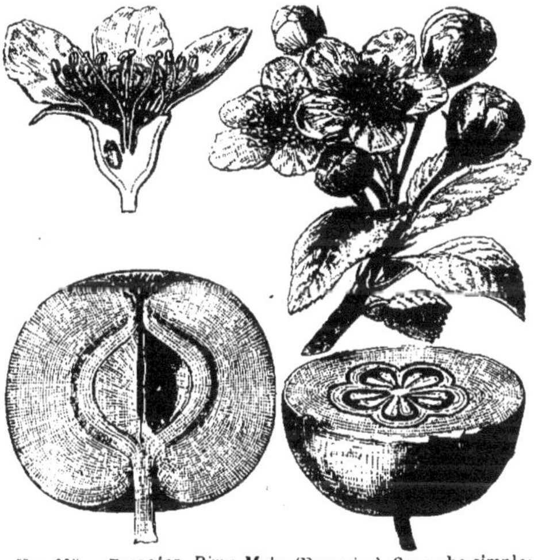

Fig. 885. — **Rosacées.** *Pirus Malus* (Pommier). Corymbe simple; fleur vue en coupe pour montrer la concrescence des verticilles floraux. Fruit vu en coupes longitudinale et transversale.

Le Cognassier (*P. Cydonia*), peu cultivé, dont le fruit très gros renferme de nombreuses graines à tégument mucilagineux; ce fruit sert à préparer des compotes et des gelées.

Le Sorbier (*P. Sorbus*) a des fleurs disposées en corymbes ramifiés.

Cratægus (Aubépine, fig. 886). Arbrisseau souvent épineux à feuilles alternes pétiolées et stipules caduques. Fleurs blanches, roses ou rouges; petit fruit, rouge ou noir, à endocarpe très dur.

Fig. 886. — Rosacées. *Cratægus oxyacantha* (Aubépine).

L'Épine blanche (*C. oxyacantha*) est commune dans les haies et sur la lisière des bois; elle est employée pour faire des haies vives; le bois en est dur et sert à confectionner des bâtis de machines, des outils, etc.

Amelanchier. Planté dans les parcs.

38. — FAMILLE DES SAXIFRAGACÉES

Plantes herbacées ou arborescentes, à feuilles ordinairement simples et sans stipules, alternes ou opposées. Fleurs hermaphrodites, rarement unisexuées ou polygames, disposées en grappes, épis ou capitules.

Constitution de la fleur : (5S + 5P + 5E + 5E′ + 5C).

Fruit *(capsule ou baie) à graines ordinairement albuminées.*

Les Saxifragacées sont réparties surtout dans la zone tempérée boréale, parfois à de hautes altitudes. Elles comprennent 2 tribus importantes : les **Saxifragées** et les **Ribésiées**.

I. **Saxifragées.** — *Plantes herbacées à feuilles alternes, sans stipules; fleurs pentamères avec un ovaire biloculaire en général. Capsule.*

Saxifraga (fig. 887). Fleurs régulières, blanches ou jaunes, rarement roses, ordinairement en grappe.

Composition de la fleur :

(5S + 5P + 5E + 5E′ + 2C).

Calice libre ou soudé à la base de l'ovaire; 5 ou 10 étamines. Fruit (capsule) renfermant un grand nombre de petites graines.

Fig. 887. — **Saxifragacées.** *Saxifraga granulata* (Saxifrage).

Les *S. tridactylites* et *granulata* abondent sur les toits de chaume et les vieux murs; quelques espèces sont cultivées comme gazons.

II. **Ribésiées.** — *Arbrisseaux à feuilles alternes, simples; fleurs en grappe; ovaire infère uniloculaire; graines immergées dans la pulpe du fruit (Baie).*

Ribes (Groseillier, fig. 888). Fleurs régulières, blanches, jaunes, rouges ou verdâtres, quelquefois unisexuées par avortement. Composition de la fleur tétra- ou pentamère : [(4 ou 5) S] + (4 ou 5) P + (4 ou 5) E + (2C).

Fig. 888. — **Saxifragacées.** *Ribes rubrum* (Groseillier à grappes).

Ovaire infère, uniloculaire et multiovulé. Baie sphérique ou oblongue couronnée par la partie libre du calice persistant. Graines nombreuses à petit embryon.

Plusieurs espèces utiles : Le Groseillier à grappes (*R. rubrum*), à baies rouges ou blanches qui contiennent un mucilage riche en sucre et en acides malique et citrique ; ces baies servent à préparer un sirop et une gelée. Le Groseillier à maquereau (*R. uva-crispa*) produit de gros fruits à saveur sucrée et aigrelette. Le Groseillier noir (*R. nigrum*) sert à préparer le *cassis*. Les espèces *R. aureum* et *sanguineum* sont ornementales.

Les **Crassulacées**, aux feuilles charnues et riches en bimalate de calcium, aux fleurs régulières ordinairement hermaphrodites, construites sur le type 3,4,5 ou n ($n > 5$), se rattachent assez nettement aux Saxifragacées.

Genres principaux : *Sedum*; fleurs tétra- ou pentamères. — *Crassula*. Fleurs pentamères. — *Sempervivum* (Joubarbe). Fleurs construites sur le type 6 ou $n > 6$.

39. — FAMILLE DES OMBELLIFÈRES

Plantes aromatiques ordinairement herbacées à feuilles alternes, sans stipules, mais très engainantes à la base. Fleurs petites, régulières ou zygomorphes, hermaphrodites, parfois polygames, disposées en ombelles ou en capitules.

Composition générale de la fleur :

$$(5S + 5P + 5E + 2C).$$

Ovaire adhérent. Fruit formé de 2 akènes soudés ; graine avec un abondant albumen corné dans l'axe duquel est un petit embryon droit.

Fig. 889. — **Ombellifères.** *Bunium bulbocastanum.*

Les Ombellifères abondent dans les régions tempérées, surtout dans l'hémisphère boréal; elles comprennent un grand nombre d'espèces. Leur mode d'inflorescence a été étudié (Voir T. I, pages 502 et 507, fig. 500); leur diagramme général est donné par la figure 890.

I. **Ombelles simples. Pas de canaux sécréteurs dans les sillons du fruit.**

(a) **Hydrocotylées.** — *Fruit comprimé latéralement, à dos saillants.*

Hydrocotyle H. vulgaris. Plante aquatique à tige rampante; feuilles à long pétiole aboutissant au milieu du limbe arrondi et crénelé, à nervation peltée; petites fleurs blanches groupées par 3 ou 6; fruit plus large que haut (fig. 891, A).

L'espèce *H. asiatica* des régions tropicales y est préconisée contre la lèpre.

Fig. 890. — Ombellifères. Diagramme de la fleur d'*Eryngium*.

(b) **Saniculées.** — *Fruit cylindrique ou ovoïde.*

Eryngium (Panicaut, fig. 890). Plante à feuilles épineuses plus ou moins divisées; fleurs toutes sessiles en capitule entouré d'un involucre à 4-2 bractées épineuses; fruit ovoïde ordinairement hérissé d'épines. *E. campestre;* fleurs blanches; racine diurétique. *E. maritimum*; fleurs bleues.

Sanicula S. europæa. Plante vivace dont les feuilles ont les nervures en éventail (3-5 lobes), fleurs blanches ou rosées pédicellées, polygames monoïques; fruit hérissé de soies. Amère et astringente.

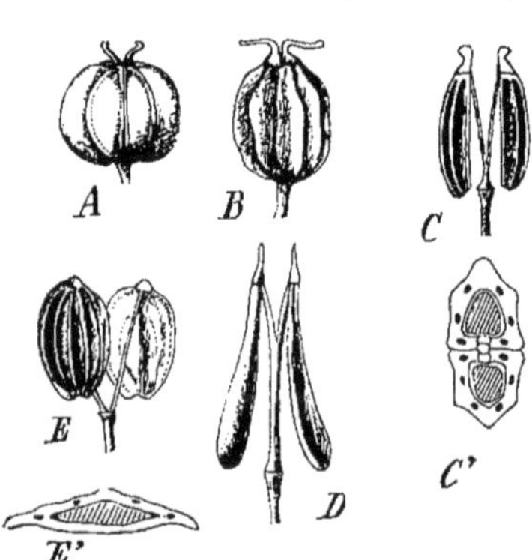

Fig. 891. — Ombellifères. Fruits. — A; *Hydrocotyle.* — B; *Conium* (Grande Ciguë). — C, C'; *Fœniculum* (Fenouil). — D; *Anthriscus.* — E, E'; *Peucedanum Pastinaca* (Panais). — Les coupes C', E' montrent la position des canaux oléo-résineux.

II. **Ombelles composées. Fruit sans côtes secondaires.**

(c) **Amminées.** — *Fruit comprimé latéralement, ordinairement sans ailes.*

Conium (fig. 892). Grande herbe à tige creuse ordinairement tachée de pourpre à la base; feuilles pennées très divisées, luisantes et molles; fleurs blanches polygames disposées en ombelles à ∞ rayons avec de nombreuses petites bractées renversées. Calice à dents non visibles. Fruit à 10 côtes proéminentes et ondulées (fig. 891, B).

La grande Ciguë (*C. maculatum*), abondante sur les décombres, au bord des chemins, est extrêmement vénéneuse; elle renferme (surtout dans l'endocarpe) de la *conicine* et de la *conhydrine*, alcaloïdes très actifs qui la font employer contre l'engorgement des glandes et des viscères.

FIG. 892. — Ombellifères. *Conium maculatum* (Grande Ciguë).

Buplevrum. Feuilles entières; fleurs jaunes. Nombreuses espèces communes (*B. falcatum*). — *Apium* (Céleri). Feuilles composées pennées; ombelles nombreuses dont l'involucre est nul ou représenté par quelques bractées. Fleurs blanches à pétales entiers; fruit largement ovale, sans ailes.

Le Céleri odorant (*A. graveolens*) est cultivé pour sa racine tuberculeuse et ses feuilles mangées cuites ou crues en salade; propriétés excitantes.

Carum. Diffère surtout du genre *Apium* par le support du fruit (*carpophore*) qui est bifide à maturité. Canaux oléo-résineux solitaires dans chaque sillon ou *vallécule* du fruit.

Les fruits aromatiques du *C. carvi* renferment une huile essentielle jaune-clair (mélange de *carvène* et de *carvol*); on les utilise soit pour la préparation du *kümmel*, soit en parfumerie, soit comme condiment : on en saupoudre le pain et le fromage en Allemagne. Le Persil (fig. 893) est une espèce de *Carum* (*C. Petroselinum*) dont les feuilles sont employées comme assaisonnement; les fruits doivent leur arome à l'*apiol* qu'ils renferment.

FIG. 893. — Ombellifères. *Carum Petroselinum* (Persil).

Pimpinella (Boucage, fig. 894). Carpophore bifide; plusieurs canaux oléo-résineux dans chaque sillon du fruit. Ni involucre ni involucelle.

Le *P. Anisum*, à feuilles polymorphes, est cultivé pour ses fruits ovoïdes, riches en huile essentielle employée en confiserie et pour la fabrication des liqueurs.

Anthriscus. Fleurs blanches ordinairement polygames. Fruit terminé en pointe (fig. 891, D).

Le Cerfeuil (*A. Cerefolium*) a des feuilles aromatiques employées comme condiment.

(d) **Sésélinées.** *Fruit cylindrique ou oblong, pourvu de côtes.* *Fœniculum* (Fenouil, fig. 895). Plante herbacée, ordinairement vivace et de grande taille; feuilles composées très découpées, à divisions linéaires. Involucre et

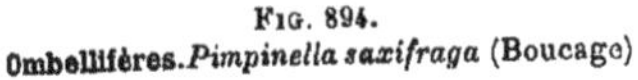

Fig. 894. Ombellifères. *Pimpinella saxifraga* (Boucage)

Fig. 895. Ombellifères. *Fœniculum vulgare* (Fenouil).

involucelle nuls. Fleurs jaunes; fruit à côtes à peu près égales non ailées présentant des canaux oléo-résineux solitaires dans les sillons (fig. 891, C et C'). Carpophore bipartit.

On cultive, dans le Midi, le Fenouil officinal vivace (*F. officinale*) et le Fenouil doux annuel (*F. dulce*), pour en recueillir une huile essentielle jaunâtre et douce, utilisée en parfumerie; les racines, les jeunes tiges et les feuilles blanchies aromatiques sont stimulantes et consommées cuites ou crues.

Fig. 896. — Ombellifères. *Crithmum maritimum.*

Seseli. Fleurs blanches; fruit ovale à poils courts. — *Crithmum. C. maritimum* (fig. 896). Plante du littoral à feuilles charnues divisées en lanières; fleurs blanc verdâtre; fruit à côtes avec de nombreux canaux oléo-résineux — *Œnanthe.* Plante très vénéneuse; fruit à côtes obtuses, les marginales plus développées; calice et styles persistants; pas de carpophore. — *Æthusa* (Petite Ciguë). Ombelle longuement pédonculée; involucelle à 3 folioles; fleurs blanches. — *Archangelica* (Angélique). Fruit comprimé à côtes marginales prolongées en ailes.

La racine charnue d'Angélique est aromatique et tonique; ses jeunes tiges confites sont utilisées comme condiment.

(e) **Peucédanées.** — *Fruit fortement comprimé par le dos; les côtes latérales forment l'aile ou le rebord du fruit* (fig. 891, E,E').

Ferula (Férule). Herbe vivace et glabre à feuilles très découpées; ombelles composées à multiples rayons; involucre et involucelle à bractées courtes. Fleurs jaunes, souvent polygames; fruit glabre portant plusieurs canaux oléo-résineux par sillon.

Les diverses espèces de Férules fournissent des gommes-résines (*galbanum* et *assa fœtida*) dont on provoque l'exsudation en coupant et excavant la racine au niveau du sol; la gomme s'accumule dans cette cavité. Médicament antispasmodique et expectorant.

Peucedanum. Fleurs jaunes. Un seul canal oléo-résineux par sillon du fruit.

On extrait l'*essence d'Aneth* des fruits aromatiques du *P. Anethum*; la racine du Panais (*P. Pastinaca*) est alimentaire.

III. Ombelles composées. Fruit à côtes secondaires.

(f) **Caucalinées.** — *Fruit plus ou moins comprimé à côtes secondaires obtuses ou ailées.*

Coriandrum (Coriandre). Plante herbacée avec de petites ombelles de fleurs blanches ou rosées; fruit glabre et globuleux. Employé comme condiment. — *Cuminum*.

Daucus (*D. Carota*, Carotte, fig. 897). Plante bisannuelle à racine ligneuse, tige dressée et feuilles très découpées. Fleurs blanches ou rosées, disposées en ombelles multiradiées; involucre et involucelles à nombreuses bractées découpées; la fleur centrale de chaque ombelle est stérile et pourpre. Fruit garni de piquants.

La Carotte commune est abondante dans les prairies et les pâturages; elle y constitue un excellent fourrage; la Carotte cultivée, qui en dérive probablement, nous est utile par sa racine charnue, comestible après cuisson et riche en sucre.

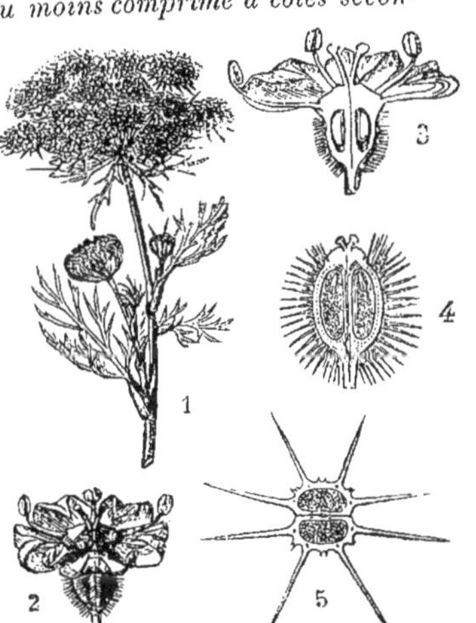

FIG. 897. — Ombellifères. *Daucus Carota* (Carotte commune). — 1 : inflorescence en ombelle. — 2 ; fleur isolée. — 3 ; coupe d'une fleur. — 4 et 5 ; fruit en coupes longitudinale et transversale.

Thapsia. Plante à racine charnue vivace, à tige élevée lisse, à feuilles très divisées. Fleurs jaunes. Fruit à côtes ailées, les 2 côtes dorsales développées en ailes larges et brillantes.

La plante contient un suc âcre, irritant, vésicant; l'écorce de la racine fournit une résine employée pour préparer les emplâtres de Thapsia.

On range souvent, parmi les Ombellifères, la famille des **Araliacées** qui en diffère par le fruit drupacé. Les genres principaux de cette famille sont : *Aralia* et *Hedera* (Lierre).

L'*Aralia* est une plante ornementale; les jeunes pousses d'*A. edulis* sont comestibles; on fabrique le papier de riz avec *A. papyrifera*. — Le Lierre (*H. helix*) est un arbuste ornemental grimpant de nos contrées; ses feuilles sont aromatiques.

40. — FAMILLE DES CUCURBITACÉES

Plantes herbacées, rampantes, parfois grimpantes au moyen de vrilles foliaires simples ou ramifiées. Feuilles alternes, simples, sans stipules, à limbe entier ou diversement découpé. Fleurs unisexuées, blanches ou jaunes en général, solitaires ou groupées. Calice formant un tube à 5 (3 *ou* 6) *lobes, soudé avec l'ovaire; corolle à* 5 (3 *ou* 6) *pétales, libres ou soudés en corolle gamopétale, confluents avec le calice; androcée composé de* 5 *demi-étamines portant chacune une seule loge d'anthère courbée en S; pistil composé de* 5 (4 *ou* 3) *carpelles soudés en un ovaire infère unique* (les bords des carpelles, recourbés jusqu'à l'axe, reviennent vers la périphérie et les placentas se trouvent rapprochés de la paroi de l'ovaire). *Le fruit est une baie dont la paroi externe est dure, les cloisons et les placentas transformés en une pulpe liquide. Nombreuses graines sans albumen, avec de larges cotylédons plans* (fig. 898).

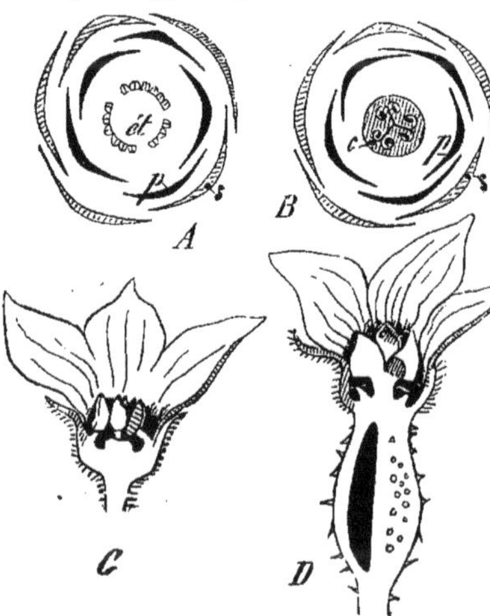

Fig. 898.— **Cucurbitacées.** *Cucumis Melo* (Melon). — A, B ; diagrammes des fleurs mâle (A), femelle (B). — C, D ; sections longitudinales de ces fleurs.

Les Cucurbitacées croissent le mieux dans les pays chauds.

Cucurbita (Courge). Plante herbacée rampante à feuilles lobées cordiformes, à vrilles [2 *n* fois] divisées. Grandes fleurs jaunes, monoïques et solitaires. *Fleur mâle* : corolle campanulée à 5 lobes peu profonds; 3 étamines à filets libres et à anthères confluentes. *Fleur femelle* : périanthe identique à celui de la fleur mâle; ovaire avec un grand nombre d'ovules, surmonté de 3 stigmates bilobés.

On en cultive diverses espèces : le Potiron (*C. maxima*), la Citrouille (*C. Pepo*), etc., à fruit d'aspect très variable suivant les races.

Cucumis (Concombre). Feuilles cordées; vrilles simples. Fleurs jaunes monoïques, les mâles groupées, les femelles solitaires. Les 5 lobes de la corolle sont profonds.

2 espèces principales sont cultivées : le Concombre (*C. sativus*, var. Concombre blanc et Concombre à cornichons) et le Melon (*C. Melo*) var. *Cantaloup*, brodé, etc.).

Citrullus (Pastèque). Feuilles profondément découpées ; fleurs toutes solitaires.

La Coloquinte (*C. colocynthis*) produit des fruits d'une amertume excessive.

Bryonia. B. dioica (Bryone). Plante grimpante herbacée, à feuilles lobées; vrilles simples; fleurs verdâtres dioïques. Baie petite et rouge contenant au plus 6 graines.

La grosse racine vivace de Bryone renferme un suc rubéfiant; elle renferme un glucoside, purgatif à très faible dose, la *bryonine*.

III. — DICOTYLÉDONES GAMOPÉTALES

Fleurs à périanthe composé de 2 verticilles distincts (calice et corolle); les pétales de la corolle sont soudés entre eux.

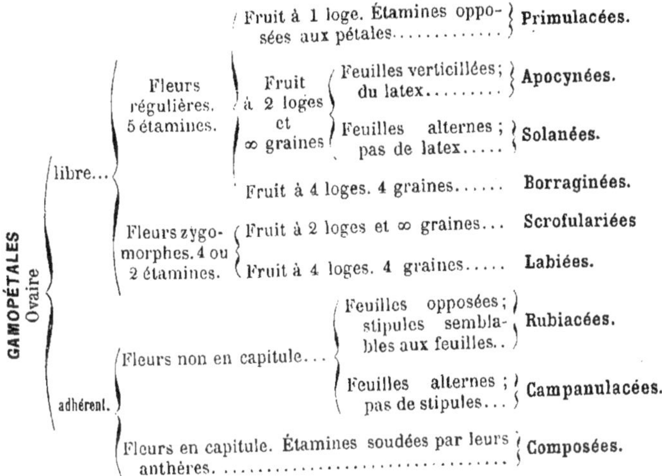

GAMOPÉTALES Ovaire	libre...	Fleurs régulières. 5 étamines.	Fruit à 1 loge. Étamines opposées aux pétales............		**Primulacées.**
			Fruit à 2 loges et ∞ graines	Feuilles verticillées; du latex.........	**Apocynées.**
				Feuilles alternes; pas de latex.....	**Solanées.**
			Fruit à 4 loges. 4 graines......		**Borraginées.**
		Fleurs zygomorphes. 4 ou 2 étamines.	Fruit à 2 loges et ∞ graines...		**Scrofulariées.**
			Fruit à 4 loges. 4 graines.....		**Labiées.**
	adhérent.	Fleurs non en capitule...	Feuilles opposées; stipules semblables aux feuilles..		**Rubiacées.**
			Feuilles alternes; pas de stipules...		**Campanulacées.**
		Fleurs en capitule. Étamines soudées par leurs anthères..................................			**Composées.**

41. — FAMILLE DES PRIMULACÉES

Plantes herbacées ordinairement à rhizome vivace, à feuilles sans stipules et rarement lobées, alternes ou verticillées (à la base). Fleurs régulières, hermaphrodites, solitaires ou diversement groupées. Constitution de la fleur en général : (5 S) + (5 P + 5 E) + (5 C).

Étamines opposées aux pétales; 5 *carpelles concrescents en un ovaire uniloculaire à* **placentation centrale libre.** *Le fruit est une capsule ou un pyxide; graine à albumen charnu et embryon droit.*

Les Primulacées habitent surtout les régions tempérées de l'hémisphère nord. Leur mode de placentation a été étudié précédemment (Voir T. 1, page 530, fig. 541).

Primula (Primevère, fig. 899). Herbe à feuilles toutes radicales entières ou dentées. Fleurs blanches, roses, pourpres ou jaunes, les unes à long style, les autres à style court (*fécondation croisée*).

Calice tubuleux à 5 lobes; corolle gamopétale en entonnoir, à 5 lobes sur la gorge desquels sont insérées les 5 étamines. Ovaire globuleux à style filiforme et stigmate capité. Capsule à nombreuses graines, déhiscente par 5 valves au sommet (fig. 900).

Fig. 899. — **Primulacées.** *Primula officinalis* (Primevère).

Le Coucou (*P. officinalis*) est commun dans nos prairies; l'infusion des fleurs en est employée comme antispasmodique. Les espèces suivantes sont ornementales: *P. acaulis* à fleurs jaune pâle variée par la culture; *P. auricula* à fleurs variant du jaune au pourpre foncé; *P. variabilis* à fleurs pourpres, etc.

Cyclamen. Corolle à tube court et à lobes renversés; capsule déhiscente par des valves. *C. persicum* est ornemental.

Le rhizome des *Cyclamen* renferme la *cyclamine*, glucoside très vénéneux.

Lysimachia. Corolle très divisée, à la base de laquelle sont insérées les étamines. — *Anagallis* (Mouron). Plante herbacée glabre, à feuilles verticillées par 2 ou par 3. Fleurs axillaires, rouges ou bleues. Pyxide (fig. 566, D,D′, T. I).

Le Mouron des champs (*A. arvensis*) est une mauvaise herbe.

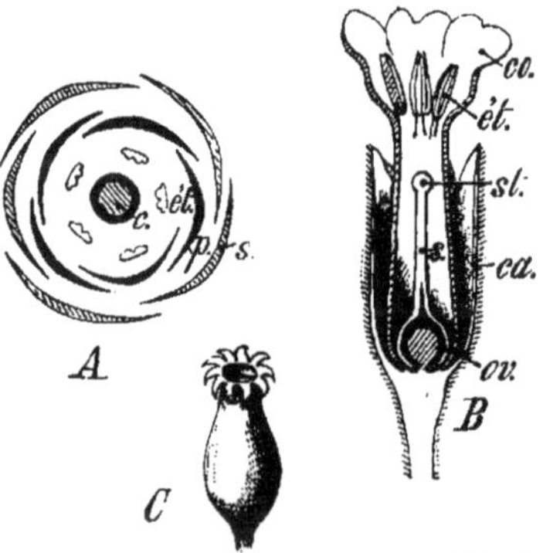

Fig. 900. — **Primulacées.** *Primula officinalis* (Primevère). — A; diagramme de la fleur. — B; fleur coupée longitudinalement. — C; capsule.

La famille des **Oléacées** se distingue de la précédente par ses fleurs tétramères et les 2 étamines seulement que contient chaque fleur.

Constitution de la fleur :

$$(4S) + (4P + 2E) + (2C).$$

Le fruit est une capsule, une baie ou une drupe.

Les principaux genres sont : le Jasmin (*Jasminum*), le Lilas (*Syringa*), le Frêne (*Fraxinus*), l'Olivier (*Olea*) et le Troène (*Ligustrum*). Tous sont des arbrisseaux ou des arbres d'ornement ou de rapport.

Le bois du Frêne (*F. excelsior*) est fin et dur; on l'utilise dans la charpente, la menuiserie, la fabrication d'instruments aratoires, etc. L'Olivier (*O. europæa*) est cultivé en vue de la récolte des baies qui fournissent, à la maturité, une grande quantité d'huile estimée.

42. — FAMILLE DES APOCYNÉES

Plantes généralement arborescentes, à feuilles verticillées simples, entières et sans stipules, **riches en latex.** *Fleurs régulières hermaphrodites, solitaires, en grappes ou en cymes.*

Composition de la fleur : (5S) + (5P + 5E) + 2C. *Étamines alternes avec les pétales; pistil composé de 2 carpelles le plus souvent fermés, libres ou concrescents; style portant, au-dessous du stigmate, un disque où s'appliquent les anthères. Graine à embryon droit et albumen mince, fréquemment munie d'une aigrette.*

Les Apocynées appartiennent surtout à la zone torride.

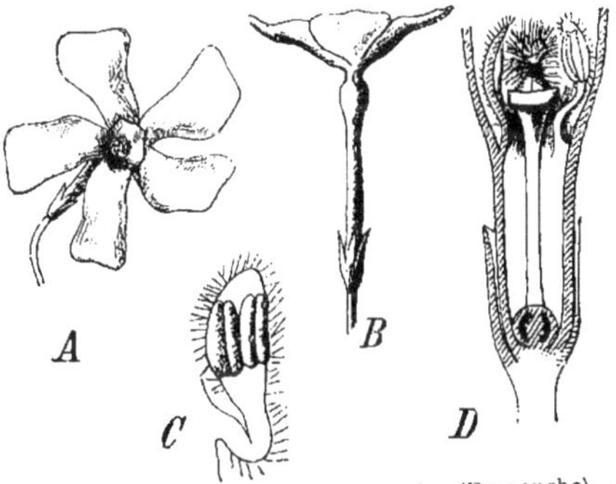

Vinca (Pervenche. fig. 901). Plante herbacée vivace à rameaux couchés, à feuilles opposées, ovales et luisantes. Grandes fleurs axillaires en apparence, disposées en cyme unipare hélicoïde. Calice très divisé à 5 lobes étroits; corolle en entonnoir à 5 lobes se recouvrant de droite à gauche (A, B) et portant les 5 étamines alternes. Disque nectarifère entre la corolle et le pistil qui est formé de 2 carpelles distincts; 1 style et 1 stigmate avec un anneau épais et visqueux à sa base, mais non adhérent aux anthères (D). Fruit composé de 2 follicules; graines albuminées sans aigrette.

FIG. 901. — **Apocynées.** *Vinca major* (Pervenche). — A; B; fleur vue de face et de profil. — C; étamine. — D; coupe longitudinale de la fleur au niveau de l'androcée et du pistil.

Les espèces *V. major* et *minor*, à belles fleurs bleues, sont ornementales (bordures dans les jardins). L'infusion des feuilles est tonique lorsqu'elle est étendue d'eau; concentrée, elle devient purgative et fait cesser la sécrétion du lait chez les nourrices.

Nerium. N. Oleander (Laurier-rose). Arbuste de la région méditerranéenne, à feuilles coriaces, glabres, verticillées par 3. Grandes fleurs roses ou blanches, en grappes terminales. Calice avec de nombreuses glandes à la base; la gorge de la corolle présente 5 larges écailles (caractère de la plupart des Borraginées); étamines à filet court et renflé, dont les anthères, sagittées et

adhérentes au stigmate, ont un connectif prolongé en un appendice velu. 2 carpelles pluriovulés.

Fruit composé de 2 follicules à graines velues, pourvues d'une aigrette.

Le Laurier-rose est cultivé en caisse dans le Nord parce qu'il doit, en hiver, être protégé contre le froid; il atteint 7 à 8 mètres en pleine terre dans le Midi; les fibres libériennes en sont textiles. Très vénéneux.

Apocynum. Herbe dressée, vivace, à feuilles opposées; petites fleurs.

L'*A. cannabinum* est cultivé dans la Virginie pour l'extraction des fibres libériennes textiles; en médecine, on l'emploie comme fébrifuge.

De nombreuses Apocynées exotiques fournissent du caoutchouc : *Hancornia speciosa* au Brésil, *Vahea gummifera et Madagascariensis*, *Urceola elastica*, etc.

Les **Asclépiadées** diffèrent des Apocynées par l'androcée : le plus souvent, les étamines ont leurs filets soudés en un tube entourant l'ovaire, et les anthères adhérentes entre elles et avec le stigmate. Le pollen est agglutiné en 2 ou 4 pollinies (Voir T. I, page 524). Ces plantes, également riches en latex, sont souvent émétiques et toxiques; elles abondent surtout dans les régions chaudes.

Genres principaux : *Vincetoxicum* (*V. officinale*) de nos contrées; la racine en est diurétique. *Tylophora* ou *Ipeca* de l'Inde; employé comme vomitif, etc.

Les **Gentianées** diffèrent des familles précédentes par leur ovaire bicarpellé à *placentation pariétale*. Les Gentianées, riches en principes amers, sont des plantes herbacées glabres, à feuilles opposées; elles habitent les régions tempérées et parfois à de hautes altitudes.

Genres principaux : *Gentiana* (*G. lutea* ou grande Gentiane) dont la racine contient l'*amer de gentiane* et l'*acide gentianique* utilisés comme apéritifs et toniques. *Erythræa* (*E. Centaurium* ou petite Centaurée, fig. 504, T. I); jolies fleurs roses, disposées en cyme; on les emploie comme tonique et fébrifuge.

43. — FAMILLE DES SOLANÉES

Plantes herbacées ou arbrisseaux à feuilles alternes, penninerves, entières ou fort découpées, sans stipules. Fleurs hermaphrodites régulières, rarement un peu zygomorphes.

Composition de la fleur : (5S) + (5P + 5E) + (2C).

Généralement 2 carpelles soudés en un ovaire biloculaire et multiovulé surmonté d'un style unique et d'un stigmate entier ou bilobé. Ovule anatrope. Fruit : baie ou capsule. Graine à albumen charnu entourant l'embryon généralement courbé en cercle ou en spirale (fig. 902, *Solanum*).

Les Solanées sont réparties sur toute l'étendue du globe, sauf dans les régions polaires; elles sont plus abondantes dans la zone torride.

I. **Atropées**. — *Étamines toutes fertiles. Baie. Embryon enroulé.*

Lycopersicum (Tomate). Herbe velue, glanduleuse; feuilles

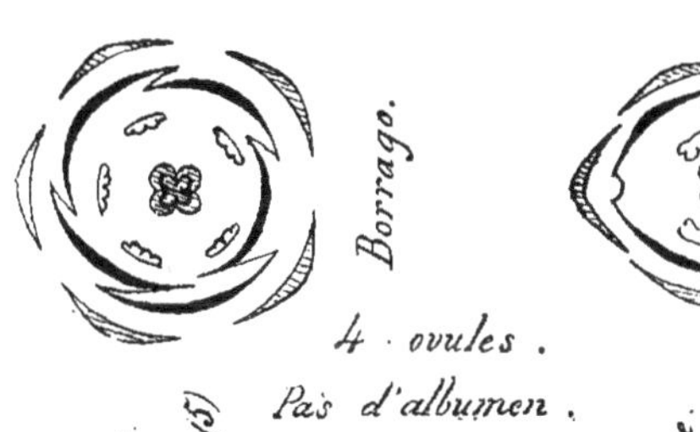

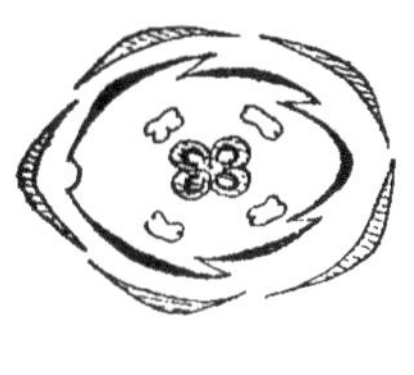

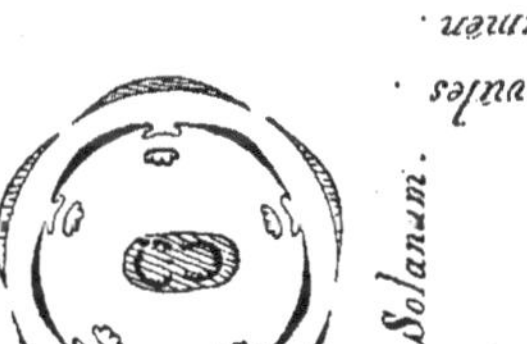

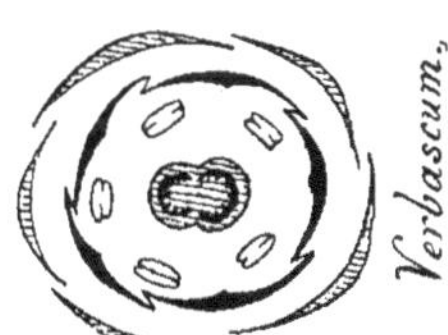

FIG. 902. — Diagrammes comparés des Solanées, Borraginées, Scrofulariées et Labiées (plantes-types).

séquées; fleurs régulières en cymes pédonculées, de couleur jaune pâle. Anthères s'ouvrant par des fentes longitudinales. Plus de 10 carpelles; grosse baie.

La baie rouge ou tomate du *L. esculentum* est remplie d'une pulpe orangée, aigrelette, usitée comme condiment.

Solanum (fig. 903). Plante herbacée ou arborescente, à feuilles entières ou séquées. Fleurs blanches, jaunes, violettes ou purpurines, disposées en cymes dichotomes ou simples. Calice campanulé; corolle rotacée ou campanulée, à tube court. Étamines à anthères dressées, parfois coalescentes, s'ouvrant au sommet par un pore. Baie nue ou entourée du calice persistant.

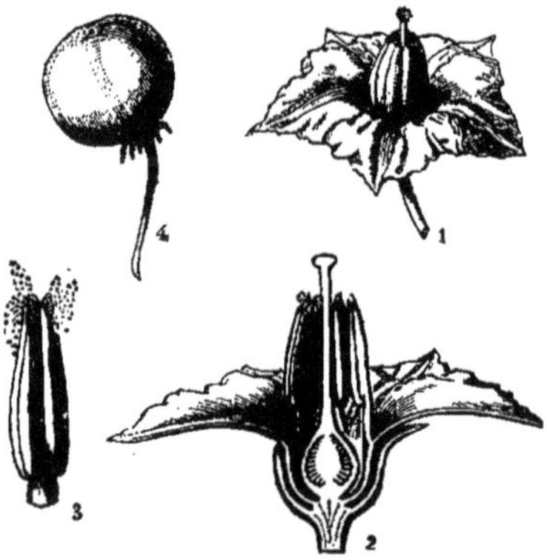

Fig. 903. Solanées. *Solanum tuberosum*. (Pomme de terre).

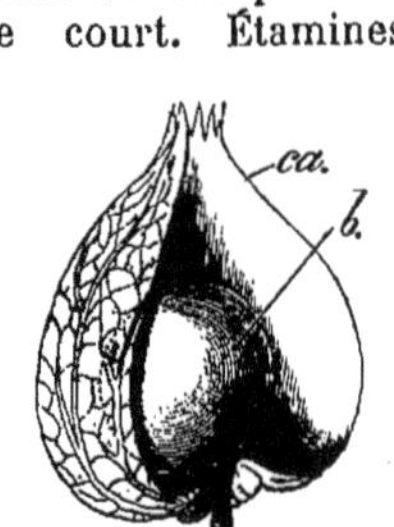

Fig. 904. — Solanées. *Physalis Alkekengi* (Alkékenge). Baie avec le calice persistant, *ca*.

La Morelle douce-amère (*S. dulcamara*) est arborescente; tige de saveur amère, dont l'infusion est dépurative. La Morelle noire (*S. nigrum*) est une mauvaise herbe abondante au milieu des jardins et dans les décombres. La Pomme de terre (*S. tuberosum*) nous est extrêmement précieuse par ses tubercules riches en fécule et comestibles; on peut préparer du sucre et de l'alcool industriellement à l'aide de cette fécule. La partie verte de la Pomme de terre (tige, feuilles et fruits) renferme, comme tous les *Solanum*, de la *solanine*, alcaloïde vomitif et narcotique dont la production paraît liée à la présence de la chlorophylle.

Il faut éviter le verdissement des tubercules en veillant à ce qu'ils se développent dans le sol et non à sa surface. Dans ce dernier cas, en effet, ils contiennent de la solanine et leur consommation présente un certain danger.

L'Aubergine (*S. esculentum*) fournit une longue baie, comestible seulement à l'état cuit.

Physalis (Coqueret). Baie rouge-vif ayant l'aspect d'une cerise (*P. Alkekengi*), entourée du calice très renflé, rouge et veiné (fig. 904), diurétique. — *Capsicum* (Piment). Corolle profondément divisée. Baie allongée, vert foncé avant la maturité, rouge ou orangée ensuite, avec un suc âcre et rubéfiant.

La baie du Piment est employée comme condiment, surtout dans les pays chauds; l'extrait de Piment sert au traitement des hémorroïdes.

Lycium. L. barbarum (Lyciet). Arbrisseau souvent cultivé dans les parcs. La corolle est d'un violet pâle.

Atropa. A. Belladona (Belladone, fig. 905). Herbe vivace à rameaux dressés; feuilles entières et grandes fleurs d'un pourpre sale ou d'un jaune pâle. Calice foliacé, persistant, à 5 lobes profonds; large corolle campanulée à lobes courts. Baie noire luisante, semblable à une cerise, *mais accompagnée au calice*. Graines nombreuses.

La plante contient 2 alcaloïdes très dangereux : l'*atropine* et l'*hyoscyamine* qu'on extrait surtout de la partie souterraine, un peu après la floraison.

II. **Hyoscyamées.** — *Étamines toutes fertiles. Capsule. Embryon enroulé.*

Datura. D. Stramonium (Pomme épineuse, fig. 906). Plante herbacée à larges feuilles sinuées, à grandes fleurs blanches. Corolle en entonnoir à limbe plié; ovaire bi-, puis tétraloculaire, par le développement d'une fausse cloison. Capsule hérissée de piquants, s'ouvrant par 4 valves.

Fig. 905. — Solanées. *Atropa Belladona* (Belladone).

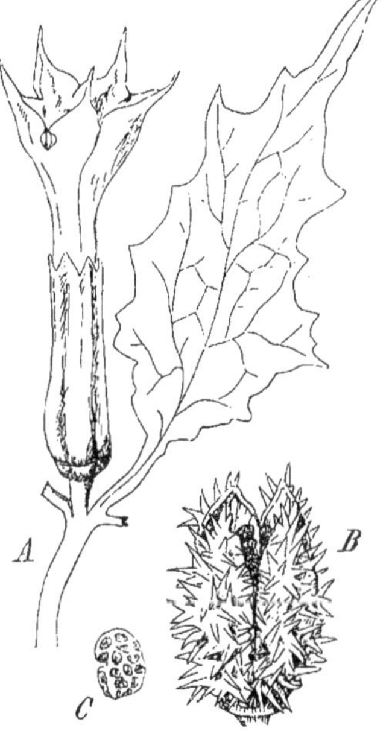

Fig. 906. — Solanées. *Datura stramonium* (Pomme épineuse). — A; feuille et fleur. — B; fruit. — C; graine.

La plante (les graines particulièrement) contient aussi un alcaloïde (*daturine*); on la cultive comme plante d'ornement, mais son odeur est désagréable.

Hyoscyamus (Jusquiame). Herbe rude à feuilles sinuées, sessiles. Calice tubuleux; corolle en entonnoir, à pétales un peu inégaux, de couleur blanche ou jaune, avec un réseau violacé. 5 étamines un peu inégales. Ovaire biloculaire. Capsule s'ouvrant par un opercule (pyxide).

La Jusquiame (*H. niger*) renferme de l'*hyoscyamine* abondante surtout dans les graines; propriétés narcotiques.

III. **Cestrées.** — *Étamines toutes fertiles. Capsule. Embryon droit.*

Nicotiana (Tabac, fig. 907), Herbe velue glanduleuse, à larges feuilles entières et sinuées. Fleurs régulières blanches, jaunes ou purpurines. Corolle en entonnoir à gorge un peu renflée. Ovaire à 2 loges multiovulées. Capsule s'ouvrant par 2 valves bifides.

On en cultive de nombreuses espèces comme plantes d'ornement (*N. Tabacum*, *macrophylla*, *quadrivalvis*, etc), pour la récolte des feuilles servant à la fabrication du tabac et pour l'extraction de 2 alcaloïdes très dangereux : la *nicotine* et la *nicotianine* ou *camphre du Tabac*.

FIG. 907. — Solanées. *Nicotiana Tabacum* (Tabac).

44. — FAMILLE DES BORRAGINÉES

Plantes généralement herbacées, à feuilles alternes, simples, entières ou ondulées, sans stipules. Fleurs hermaphrodites régulières, rarement zygomorphes, groupées en cymes bipares, devenant unipares scorpioïdes après la première dichotomie.

Formule florale identique à celle des Solanées.

Les pétales sont souvent prolongés chacun en un éperon dirigé vers le centre de la gorge formée par la corolle gamopétale. Étamines à filets concrescents avec le tube de la corolle et appendiculés parfois. Pistil formé de 2 carpelles concrescents en un ovaire bi-, puis tétraloculaire par suite du développement d'une fausse cloison. Style gynobasique ou non. Fruit : tétrakène, parfois drupe. Graine avec ou sans albumen et embryon droit ou courbe (fig. 902, *Borrago*).

Les Borraginées sont surtout nombreuses dans la zone tempérée boréale (région méditerranéenne et Asie centrale).

I. **Borragées.** — *Style gynobasique simple ou bifide ; 4 akènes. Graine sans albumen généralement.*

Symphytum (Consoude, fig. 533. T. I). Herbe à fleurs jaunes, bleues ou pourpres. Corolle tubuleuse campanulée, avec 5 écailles à la gorge ; étamines incluses.

La Grande Consoude (S. *officinale*), commune dans nos prairies, présente une racine riche en mucilage et en tanin, employée comme émolliente.

Le S. *asperrimum* est préconisé aujourd'hui comme plante fourragère.

Borrago (Bourrache, fig. 908). Herbe velue à belles fleurs bleues. Corolle rotacée avec écailles à la gorge entourant les 5 étamines saillantes à filet appendiculé.

La Bourrache (*B. officinalis*) est commune dans nos jardins; ses feuilles, hachées et confites dans le vinaigre, constituent un hors-d'œuvre; ses fleurs sont émollientes et diurétiques.

Fig. 908. — **Borraginées.** *Borrago officinalis* (Bourrache).

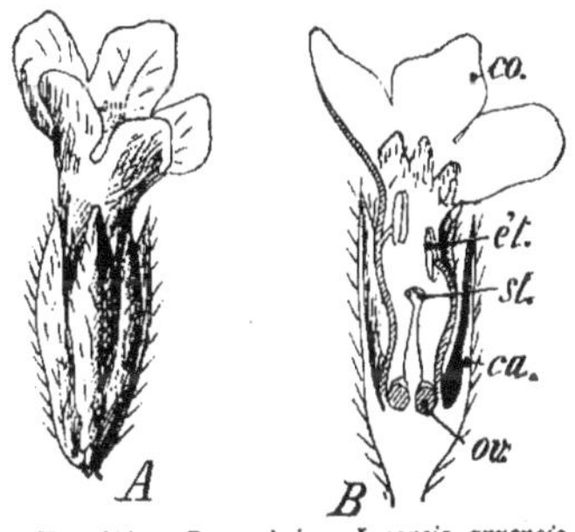

Fig. 909. — **Borraginées.** *Lycopsis arvensis.* — A; fleur vue en coupe en B. *ca*, calice; *co*, corolle; *ét*, étamine; *ov*, ovaire; *st*, stigmate.

Anchusa (Buglosse). Corolle bleue à tube droit et à lobes étalés; la gorge en est fermée par des écailles; étamines incluses. — *Myosotis*. Fleurs bleues, roses ou blanches; corolle à tube court et à lobes contournés ; la gorge en est également fermée. — *Lithospernum* (Grémil). Akènes résistants à paroi mate (*L. arvense*) ou brillante (*L. officinale*, Herbe aux perles). — *Pulmonaria*. Fleurs rouges et bleues; corolle en entonnoir. — *Lycopsis*. Fleurs bleues un peu irrégulières (fig. 909). — *Echium* (Vipérine). Fleurs zygomorphes, bleues, violettes, rouges ou blanches, disposées en cymes formant des épis en apparence; étamines inégales. *E. vulgare* (fig. 902).

La racine d'*E. violaceum* renferme une matière colorante rouge.

II. **Tournefortiées.** — *Style terminal avec un large anneau stigmatique. Drupe à 4 noyaux distincts.*

Heliotropium. *H. europæum* (Tournesol, fig. 910). Fleurs petites blanches ou lilas. Mauvaise herbe commune dans les champs sablonneux.

L'*H. peruvianum* est cultivée pour ses fleurs bleues odorantes, disposées en cymes denses.

Les **Convolvulacées**, de composition florale identique aux Borraginées, s'en distinguent, par leurs cotylédons foliacés, plissés ou chiffonnés au milieu de l'albumen mucilagineux. Leur tige est le plus souvent volubile, pourvue de cellules laticifères superposées en files, sans résorption des cloisons. Le latex de ces plantes leur donne des propriétés purgatives.

Genres principaux : *Convolvulus* (fig. 911), *Ipomœa*, *Exogonium*, *Cuscuta*, etc.

FIG. 910. — **Borraginées.** *Heliotropium* (Héliotrope).

On utilise comme purgatives les racines du Liseron (*Convolvulus arvensis* et *sepium*), du Jalap (*Exogonium Jalapa*), de la Scammonée (*Convolvulus Scammonia*) desquelles on peut extraire des résines (latex desséché). La racine de Patate (*Ipomœa Batatas*) est tuber-

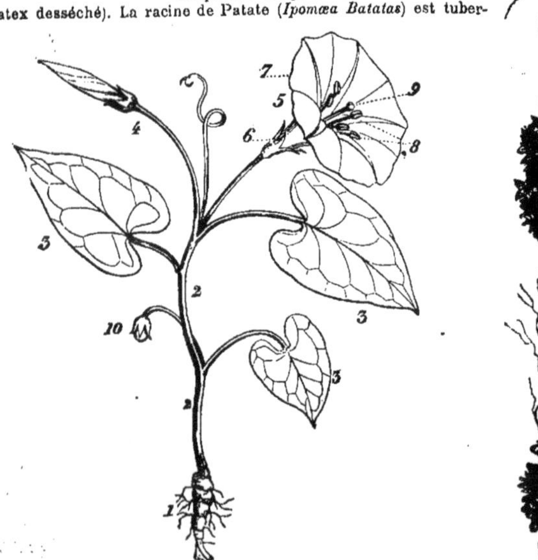

FIG. 911.
Convolvulacées. *Convolvulus* (Liseron).

FIG. 912. — **Convolvulacées.** *Cuscuta minor* (Cuscute).

culeuse, amylacée et sucrée ; on la consomme au même titre que la Pomme de terre.

La Cuscute (*Cuscuta minor*, fig. 922), dépourvue de chlorophylle, vit en parasite, au moyen de suçoirs, sur la Luzerne, le Trèfle des prés, le Serpolet, l'Ajonc, etc.

45. — FAMILLE DES SCROFULARIÉES (PERSONNÉES)

Plantes herbacées ou arborescentes, à feuilles ordinairement opposées, simples, sans stipules, entières ou diversement découpées. Fleurs zygomorphes hermaphrodites le plus souvent groupées en grappes, épis ou cymes bipares.

Constitution générale de la fleur : (5 S) + (5 P + 4 E) + (2 C).

Calice persistant. Corolle souvent bilabiée dont la lèvre supérieure comprend 2 pétales et la lèvre inférieure les 3 autres. 4 étamines didynames. Pistil composé de 2 carpelles concrescents en un ovaire

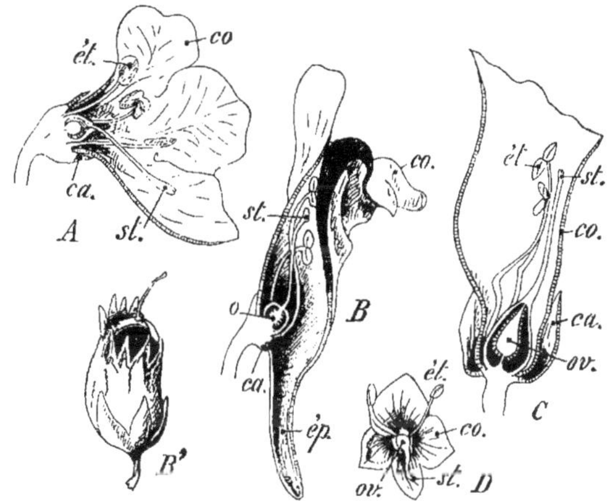

Fig. 913. — **Scrofulariées.** — A : coupe de la fleur de *Verbascum* (Molène). — B ; coupe de la fleur de *Linaria vulgaris* (Linaire). — B'; capsule de Linaire. — C; coupe de la fleur de *Digitalis purpurea* (Digitale). — D ; fleur de *Veronica Teucrium.*

biloculaire et multiovulé. Ovule anatrope généralement. Fruit : capsule à déhiscence variable ou baie. Graine à embryon droit avec un albumen charnu (fig. 902, *Antirrhinum*)

La famille des Scrofulariées est représentée sur tout le globe, même à de hautes altitudes et surtout dans les régions tempérées.

I. **Verbascées.** — *Feuilles toutes alternes. Corolle rotacée; étamine postérieure* (5e) *parfois fertile.*

Verbascum (Molène, fig. 902 et fig. 913, A). Plante herbacée ordinairement velue, à feuilles molles, entières ou dentées. Fleurs zygomorphes jaunes, rouges ou blanches, en cymes disposées en épis. Corolle à 5 lobes un peu inégaux ; 5 étamines dont les

3 postérieures à filets velus. Capsule septicide bivalve à graines nombreuses.

Les fleurs jaunes du Bouillon blanc (*V. Thapsus*) sont émollientes.

II. **Antirrhinées.** — *Feuilles inférieures ordinairement opposées. Corolle à tube plus ou moins développé, à 2 lobes postérieurs externes. Étamine postérieure stérile.*

Linaria (Linaire, fig. 913, B,B'). Fleurs solitaires ou en épis, à corolle bilabiée (B), de couleur variée suivant les espèces; base du tube de la corolle *éperonnée* en avant; lèvre supérieure à 2 lobes, lèvre inférieure à 3 lobes formant une bosse qui obstrue la gorge de la corolle. 4 étamines incluses, didynames. Capsule globuleuse à déhiscence poricide (B').

Nombreuses espèces (*L. vulgaris, striata, spuria*, etc.) communes dans nos champs. *L. Cymbalaria* est remarquable par le phototropisme positif de ses fleurs et par le phototropisme négatif de ses fruits qui s'enfoncent dans les fissures du substratum (mode particulier de dissémination).

Antirrhinum (Muflier, fig. 902 et 914). Fleurs solitaires ou en grappes terminales. Corolle bilabiée à tube large, avec une *bosse basilaire* et la gorge plus ou moins fermée; 4 étamines didynames incluses. Capsule à loges souvent inégales, s'ouvrant par 3 pores.

Fig. 914. — Scrofulariées. *Antirrhinum* (Muflier).

La Gueule-de-loup (*A. majus*) est une plante ornementale dont la culture a varié la couleur de la corolle; employée autrefois comme diurétique.

Scrofularia (Scrofulaire). Corolle à tube développé, ni renflé en sac, ni éperonné. 4 étamines didynames. Capsule ovoïde, septicide.

Les *S. nodosa* et *aquatica*, d'odeur fétide, sont sudorifiques.

Paulownia. Arbre d'ornement à larges feuilles opposées, à grandes fleurs bleu-lilas. Capsule ovoïde à nombreuses petites graines.

III. **Rhinanthées.** — *Feuilles variées. Corolle à pétales antérieurs externes. Étamine postérieure stérile.*

Digitalis (Digitale, fig. 913, C et 915). Plante herbacée à feuilles alternes. Grandes fleurs purpurines ordinairement, disposées en longues grappes terminales. Corolle à tube large ouvert, oblique. 4 étamines didynames incluses, à anthères rapprochées par paires. Capsule ovale, septicide, à nombreuses petites graines.

La Digitale (*D. purpurea*), commune dans les terrains siliceux et cultivée comme ornementale, doit sa toxicité à la *digitaline*, glucoside diurétique qui provoque, à haute dose, la paralysie du cœur.

Veronica (Véronique, fig. 913, D). Herbe à feuilles opposées. Fleurs un peu zygomorphes, bleues, rouges ou blanches, à tube court. 2 étamines seulement.

La Véronique officinale (*V. officinalis*) est tonique; *V. Beccabunga* est antiscorbutique.

Rhinanthus (Rhinanthe, fig. 916). Ovaire à loges multiovulées.

FIG. 915. — **Scrofulariées**. *Digitalis purpurea* (Digitale).

FIG. 916. — **Scrofulariées** *Rhinanthus* (Rhinanthe).

— *Melampyrum* (Mélampyre). Ovaire à loges biovulées.

Ces 2 genres, bien que pourvus de chlorophylle, sont parasites sur d'autres végétaux variables suivant les espèces (Voir T. I, page 487).

Euphrasia. *Pedicularis*, etc.

Les **Orobanchées** sont de véritables Scrofulariées sans feuilles ni chlorophylle, à ovaire uniloculaire, parasites suivant les espèces sur des végétaux très divers (*Lotus*, *Sarothamnus*, *Hedera*, *Thymus*, etc.).

46. — FAMILLE DES LABIÉES

*Plantes ordinairement herbacées, à tige quadrangulaire; feuilles opposées, simples et sans stipules, entières ou découpées, avec d'***abondants poils sécréteurs.** *Fleurs hermaphrodites zygomorphes, souvent groupées en cymes bipares ou héliçoïdes.*

Composition générale de la fleur : (5S)+(5P+4E)+2C.

Calice persistant; corolle ordinairement bilabiée dont les lobes pétaloïdes sont diversement groupés. 4 étamines didynames (parfois 2 atrophiées). Pistil composé de 2 carpelles concrescents en un ovaire bi-, puis tétraloculaire par développement d'une fausse cloison. Fruit : tétrakène. Graine ordinairement sans albumen avec un embryon droit (fig. 902, *Lamium*).

Les Labiées se rencontrent dans les régions tropicales et tempérées, à des altitudes variées.

Par leurs caractères tirés surtout de la structure de la fleur et du fruit, on voit que **les Labiées ont, avec les Scrofulariées, les mêmes rapports que les Borraginées avec les Solanées** : ce que montre d'ailleurs la figure 902.

I. Lavandulées. — *4 étamines à anthères confluentes uniloculaires.*

Lavandula (Lavande, fig. 917). Plante plus ou moins lignifiée, à feuilles longues et étroites; petites fleurs bleues ou violacées,

Fig. 917. — **Labiées.** *Lavandula* (Lavande).

Fig. 918. — **Labiées.** *Mentha piperita* (Menthe poivrée).

disposées en épis cylindriques longuement pédonculés. Calice tubuleux à 5 dents; corolle bilabiée à 5 lobes presque égaux (2 supérieurs, 3 inférieurs); étamines incluses.

On utilise surtout les fleurs de la Lavande vraie (*L. vera*) pour l'extraction, par distillation, de l'*essence de Lavande* aromatique, et pour la préparation de l'*alcoolat de Lavande*.

II. **Saturéinées**. — 4 *étamines parfaites* (*rarement* 2) *dressées ou divergentes, à anthères biloculaires au moins à l'état jeune. Calice à* 5-10 *nervures ordinairement.*

Mentha (Menthe, fig. 918). Plante herbacée à feuilles opposées, à glomérules de fleurs disposés en épis cylindriques (*M. piperita*), en tête globuleuse (*M. aquatica*), ou dispersés le long de l'axe (*M. arvensis*). Calice à 10 nervures et 5 dents; corolle à 4 lobes dont le supérieur est échancré ; anthères à loges parallèles.

Nombreuses espèces dont nous citerons les principales.

1° *Menthes à glomérules de fleurs en épis cylindriques :* La Menthe poivrée (*M. piperita*), d'odeur agréable, est cultivée dans les jardins; ses feuilles pétiolées glabres fournissent la plus forte proportion de l'*essence de Menthe poivrée* servant à préparer des infusions et le *menthol* ou *camphre de Menthe*. La Menthe verte (*M. viridis*), à feuilles sessiles et glabres, sert à l'extraction de l'*essence de Menthe verte*.

2° *Menthes à glomérules de fleurs en tête globuleuse* : La Menthe aquatique (*M. aquatica*), à feuilles pétiolées, est très commune dans les marécages. La Menthe crispée (*M. crispa*) a les feuilles ondulées et sessiles.

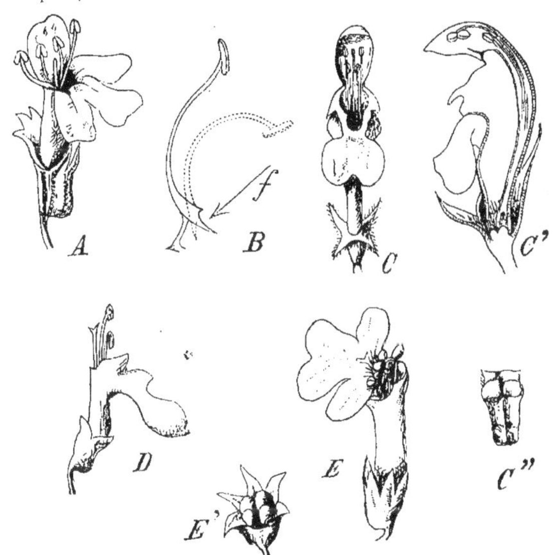

FIG. 919. — **Labiées**. — A; fleur de *Thymus Serpillum* (Serpolet). — B; étamine de *Salvia pratensis* (Sauge). — C, C', C''; fleur et fruit de *Lamium purpureum* (Lamier). — D; fleur de *Teucrium scorodonia* (Germandrée). — E, E; fleur et fruit d'*Ajuga reptans*.

3° *Menthes à glomérules de fleurs dispersés le long de l'axe* : Le Pouliot (*M. Pulegium*) a la gorge du calice fermée par une couronne de poils; il est très commun dans les endroits humides, ainsi que le Pouliot thym (*M. arvensis*) dont le calice a la gorge nue.

Thymus (Thym, fig. 919, A). Petite plante ligneuse à feuilles entières; glomérules de fleurs dispersés le long de l'axe ou réunis en épis courts au sommet de la tige. Calice bilabié à 10-13 nervures, à gorge fermée par des poils; corolle à lobes plans; 4 étamines parfaites divergentes.

Nombreuses espèces dont les principales sont : le Thym (*T. vulgaris*) et le Serpolet (*T. Serpyllum*), cultivés comme bordures dans les jardins, employés comme assaisonnement et pour l'extraction de l'*essence de Thym*. On en retire le *thymol*, précieux antiseptique dont l'usage se répand de plus en plus.

Hyssopus (Hyssope). Corolle avec 2 lobes supérieurs et 3 inférieurs; étamines saillantes. *H. officinalis*. — *Origanum* (Origan). Corolle avec 1 lobe supérieur et 3 inférieurs. *O. Majorana* (Marjolaine).

Melissa (Mélisse). Herbe à feuilles pétiolées dentées; glomérules axillaires de fleurs blanches ou jaunâtres. Calice à 13 nervures; corolle bilabiée à étamines convergentes au sommet, sous la lèvre supérieure.

La Mélisse (*M. officinalis*) renferme une matière qui rappelle l'odeur du citron; on l'emploie en infusion dans l'eau ou l'alcool.

III. **Monardées**. — 2 *étamines parfaites ascendantes; anthères à loges linéaires disjointes.*

Salvia (Sauge, fig. 920). Herbes ou arbrisseaux à feuilles entières ou diversement découpées. Glomérules axillaires de grandes fleurs bleues, roses ou blanches. Calice bilabié à gorge nue; corolle à 2 grandes lèvres, la supérieure concave recouvre en partie les 2 étamines dont *les anthères ont les loges séparées par un long connectif arqué et articulé par le milieu avec le filet* (fig. 919, B).

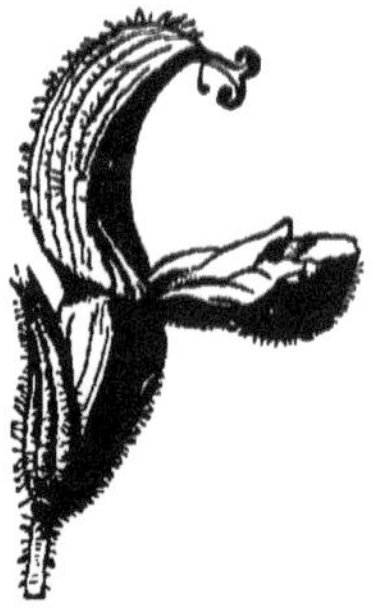

Les feuilles et les fleurs de la Sauge officinale (*S. officinalis*) sont usitées comme aromatique stimulant. *S. splendens* est ornementale. *S. pratensis* est très commune dans les champs.

Rosmarinus (Romarin). Arbrisseau à feuilles étroites entières; fleurs opposées identiques à celles de la Sauge; 2 étamines dont *les anthères ont le connectif continu avec le filet.*

Le Romarin fournit une essence utilisée en médecine; l'infusion en est stimulante.

Fig. 920. — Labiées. *Salvia pratensis* (Sauge).

IV. **Stachydées**. — 4 *étamines parfaites, les 2 antérieures plus longues. Calice à 5-10 nervures. Corolle bilabiée, à lèvre supérieure dressée ordinairement concave, à lèvre inférieure étalée et trifide.*

Marrubium. Calice à 10 dents. — *Lamium* (fig. 919, C à C'' et

921). Calice à 5 dents; akènes tronqués au sommet. — *Stachys.* Calice à 5 dents; akènes arrondis au sommet. — *Brunella.* Calice bilabié, à gorge fermée après la floraison.

V. **Ajugoïdées.** — *4 étamines parfaites. Ovaire à 4 lobes moins indépendants que dans les tribus précédentes où il donne 4 akènes. Fruit drupacé. Calice à 10 nervures.*

Teucrium (Germandrée, fig. 919, D et 922). Corolle à tube

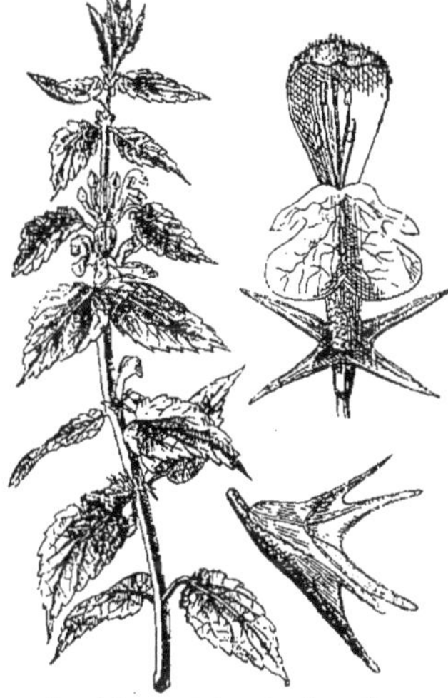

Fig. 921. — **Labiées.** *Lamium album* (Lamier blanc).

Fig. 922. — **Labiées.** *Teucrium scorodonia* (Germandrée).

court, avec une seule lèvre divisée en 5 lobes. — *Ajuga* (Bugle, fig. 919, E, E'); lobe médian très grand.

Les Labiées sont surtout utilisées à cause de leurs parfums.

Les **Verbénacées** se distinguent des Labiées par leur style terminal et leur fruit drupacé le plus souvent; dans la Verveine (*Verbena officinalis*) cependant, c'est un tétrakène.

47. — FAMILLE DES RUBIACÉES

Plantes herbacées ou arborescentes, à feuilles verticillées, stipulées, simples et ordinairement entières. Fleurs hermaphrodites (rarement unisexuées), régulières, groupées en inflorescences diverses; elles sont pentamères ou tétramères.

Constitution de la fleur au niveau des lobes du calice (type 5) : 5S + (5P + 5E) + (2C).

Calice à tube soudé à l'ovaire. Corolle de forme variable avec les genres. Pistil concrescent avec les 3 verticilles externes sur toute la longueur de l'ovaire infère, bicarpellé et biloculaire en général. Fruit : akène, capsule, drupe ou baie. Graine albuminée.

La famille des Rubiacées comprend un grand nombre de genres appartenant presque tous à la zone torride ou à son voisinage; elle n'a que peu de représentants dans nos régions.

I. **Rubiées.** — *Stipules foliacées simulant un verticille avec les feuilles. Carpelles uniovulés.*

Rubia (Garance, fig. 923). Herbe rigide à tige tétragone couverte d'aiguillons; feuilles verticillées par 2, mais avec des stipules foliacées (verticilles apparents de 4, 6 feuilles). Petites fleurs pentamères en cymes axillaires et terminales. Corolle rotacée, sur le tube de laquelle sont insérées les 5 étamines. Ovaire biloculaire, parfois uniloculaire; style bifide. Graine

Fig. 923. — Rubiacées. *Rubia* (Garance).

Fig. 924. — Rubiacées. *Galium* (Gaillet).

renfermant un embryon un peu courbe entouré d'un albumen corné.

La racine de *R. tinctorium* et de quelques autres espèces renferme, en dissolution dans le suc cellulaire, une matière colorante rouge, l'*alizarine*, d'où provient la *purpurine* par fermentation. L'alizarine est diurétique.

Galium (Gaillet, fig. 924). Herbe glabre ou couverte d'aiguillons; tige tétragone grêle, à verticilles *apparents* de 4-12 feuilles. Petites fleurs tétramères, blanches, jaunes ou verdâtres. Corolle rotacée à 4 lobes, portant 4 étamines. Ovaire biloculaire ; 2 styles courts. Fruit : diakène glabre ou hérissé de pointes.

La Croisette (*G. Cruciata*) a les fleurs jaunes; le Caille-lait blanc (*G. Mollugo*), le Grateron (*G. Aparine*), etc., à fleurs blanches, ont des racines propres à la teinture en rouge.

Asperule (Aspérule, fig. 925). Corolle infundibuliforme.

La Reine des bois (*A. odorata*), à petites fleurs blanches, est employée en infusion; l'*A. tinctoria* contient de la matière colorante rouge.

II. **Cofféées**. — *Stipules membraneuses; carpelles uniovulés.*

Coffea (Caféier, fig 926). Arbrisseau à feuilles opposées ordinairement, avec de larges stipules. Glomérules axillaires de fleurs blanches pentamères. Drupe à 2 noyaux marqués d'un sillon en dedans. Graine à embryon courbe vers la base de l'albumen.

FIG. 925. — Rubiacées. *Asperula odorata* (Aspérule). Diagramme de la fleur.

FIG. 926. — Rubiacées. *Coffea* (Caféier).

Le Caféier (*C. arabica*) est cultivé en grand dans la plupart des pays chauds : Moka, Bourbon, la Martinique, Haïti sont les lieux de production les plus connus. Les grains torréfiés acquièrent un arome particulier dû au développement de la *caféone*, huile essentielle brune; les grains de Café vert contiennent un alcaloïde, la *caféine*, tonique du cœur et diurétique.

Psychotria. Les *P. parviflora* et *sulfurea*, de la Guyane et du Pérou, fournissent des matières colorantes : rouge pour la première, jaune pour la seconde, utilisées pour la teinture des étoffes. — *Cephælis*. *C. Ipecacuanha* (fig. 927). Arbrisseau du Brésil, à racines épaisses dont l'écorce renferme l'*ipéca*, vomitif couramment employé.

FIG. 927. — Rubiacées. *Cephælis Ipecacuanha*.

III. **Cinchonées**. — *Stipules membraneuses. Carpelles multiovulés.*

Cinchona (Quinquina). Plantes arborescentes à feuilles opposées, persistantes et glabres, munies de stipules caduques. Grappes corymbiformes de petites fleurs blanches ou roses, très odorantes. Capsule septicide s'ouvrant de bas en haut [de haut en bas dans le genre voisin *Cascarilla*]

C'est dans les Andes de l'Amérique tropicale que vivent les *Cinchona* (*officinalis*, *Calisaya*, *succirubra*, etc.) ou arbres à *quinquina*. L'écorce de ces arbres renferme un certain nombre de principes immédiats (*quinine*, *quinidine*, *cinchonine*, *cinchonidine*, *acides quinique* et *cinchotanique*, etc.) d'application courante en médecine pour guérir la fièvre. Aussi enlève-t-on avec précaution l'écorce des arbres *maintenus aujourd'hui sur pied* et protégés aussitôt par une couche de mousse qui favorise la production d'une nouvelle écorce. Les tablettes d'écorce séchée sont livrées à l'industrie qui en retire les principes utiles, par des procédés chimiques.

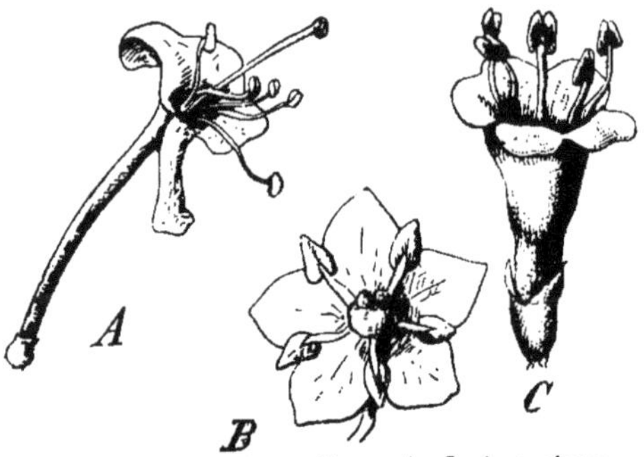

FIG. 928. — **Caprifoliacées**. — Fleurs : A ; *Lonicera glauca*. — B ; *Sambucus nigra*. — C ; *Viburnum opulus*.

Les **Caprifoliacées** diffèrent des Rubiacées par leurs feuilles non stipulées, leurs fleurs parfois zygomorphes et leur pistil le plus souvent composé de 3 carpelles (fig. 928).

Genres principaux : *Lonicera* (Chèvrefeuille), *Symphoricarpus* (Symphorine), à corolle tubuleuse et à style allongé unique. *Sambucus* (Sureau) et *Viburnum* (Viorne), à corolle rotacée régulière et à style court profondément divisé.

La plupart de ces plantes sont ornementales.

Les **Valérianées** sont également voisines des Rubiacées. Ce sont des plantes herbacées à feuilles opposées, à fleurs souvent zygomorphes possédant, suivant les genres, un nombre variable d'étamines (3 chez *Valeriana*, 1 chez *Centranthus*); le pistil est composé de 3 carpelles dont *un seul développe son ovaire uniovulé*.

FIG. 929. — **Valérianées**. *Valeriana officinalis* (Valériane).

La principale espèce est la Valériane (*Valeriana officinalis*, fig. 929) qu'on rencontre dans les régions humides de l'Europe et de l'Asie.

Son rhizome odorant, connu sous le nom de *racine de Valériane*, renferme une huile essentielle et de l'acide valérianique; on l'utilise comme antispasmodique et stimulant.

48. — FAMILLE DES CAMPANULACÉES

Plantes ordinairement herbacées, à feuilles sans stipules, alternes, rarement verticillées, entières ou dentées. Nombreuses files de cellules laticifères anastomosées en réseau. Fleurs hermaphrodites, régulières ou zygomorphes, solitaires ou groupées (épi, grappe, capitule, cyme bipare).

Composition de la fleur au niveau des lobes du calice : 5 S + (5 P) + 5 E + (2 C).

Étamines opposées aux sépales, à filet large à la base, portant des anthères parfois concrescentes en un tube entourant le style et les stigmates. 2-5 carpelles concrescents en un ovaire pluriloculaire avec un grand nombre d'ovules anatropes. 1 style et 2-5 stigmates. Fruit : capsule, pyxide, rarement baie. Graine avec un embryon droit entouré par l'albumen charnu.

Les Campanulacées sont particulièrement nombreuses dans les régions tempérées.

I. **Campanulées.** — *Corolle régulière; anthères libres le plus souvent.*

Jasione. J. montana. Plante herbacée vivace, à fleurs bleues disposées en capitules involucrés. Corolle à divisions étroites et profondes; anthères réunies par leur base et formant une étoile. — *Phyteuma. Ph. spicatum* (Raiponce). Fleurs blanc-jaunâtre en épi compact; anthères non réunies. — *Campanula* (Campanule, fig. 930). Herbes vivaces à fleurs bleues, violettes ou blanches. Corolle ordinairement en cloche, à 5 divisions peu profondes; ovaire hémisphérique; capsule s'ouvrant par des pores latéraux.

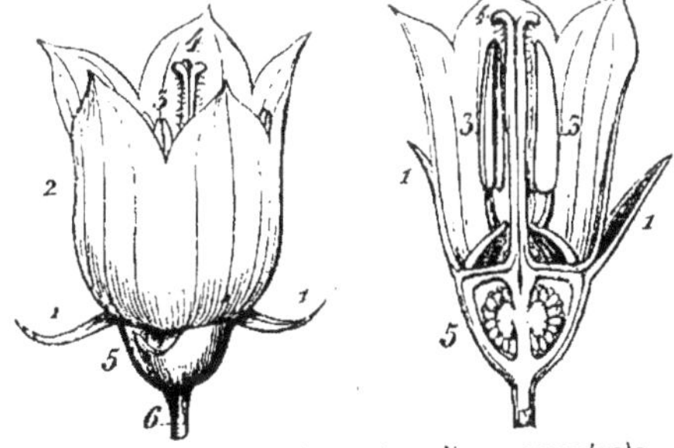

Fig. 930. — Campanule. — 1; calice gamosépale. — 2; corolle gamopétale campanulée. 3; androcée. — 4, 5; pistil (ovaire adhérent ou infère).

Nombreuses espèces employées comme ornementales : *C. pyramidalis, glomerata, muralis, medium*, etc.; la racine charnue de *C. Rapunculus* est mangée en salade sous le nom de Raiponce.

Specularia. S. Speculum (Miroir de Vénus). Belles touffes de fleurs violettes à corolle non campanulée, abondantes dans les moissons.

II. **Lobéliées.** — *Corolle zygomorphe; anthères soudées en un tube entourant le style.*

Lobelia. L. Erinus. Petite plante ornementale à fleurs d'un beau bleu.

Les *Lobeliées* sont vénéneuses.

49. — FAMILLE DES COMPOSÉES (SYNANTHÉRÉES)

Plantes généralement herbacées à feuilles sans stipules, alternes ou opposées, entières ou découpées, mais jamais composées. Fleurs hermaphrodites ou unisexuées par avortement, réunies en un capitule entouré d'un involucre formé de 1 à n séries de bractées.

Constitution générale de la fleur : 5S + (5P + 5E) + (2C).

Tube du calice soudé à l'ovaire et surmonté souvent d'une aigrette de soies; corolle à tube plus ou moins allongé, à limbe régulier ou zygomorphe de 4-5 ou 2-3 dents; étamines à filets libres insérés sur le tube de la corolle; **anthères soudées en un tube entourant le style** ; *2 carpelles concrescents en un ovaire uniloculaire contenant 1 seul ovule anatrope. Fruit : akène à sommet nu ou pourvu de* *l'aigrette du calice. Graine sans albumen à embryon droit* (fig. 931).

La corolle, typiquement pentamère chez les Composées, présente 3 formes utilisées dans la classification :

La forme *régulière* ou *tubuleuse* (corolle tubuleuse à 5 lobes plus ou moins étalés);

La forme *bilabiée* (corolle dont les 2 lobes supérieurs sont beaucoup plus petits que les 3 autres);

La forme *ligulée* (corolle dont tous les lobes sont rabattus en un ruban denté à son extrémité libre).

Les Composées constituent la famille la plus vaste des Phanérogames, elles comprennent plus de 10000 espèces, répandues sur toute l'étendue habitable du globe; elles abondent surtout dans les zones tempérées au voisinage de la zone torride.

I. **Tubuliflores.** — *Fleurs toutes régulières.*

Eupatorium (fig. 932). Plantes herbacées ou arbrisseaux à petits capitules disposés en corymbe. Fleurs purpurines ou blanches, hermaphrodites; aigrette composée de nombreuses soies fines.

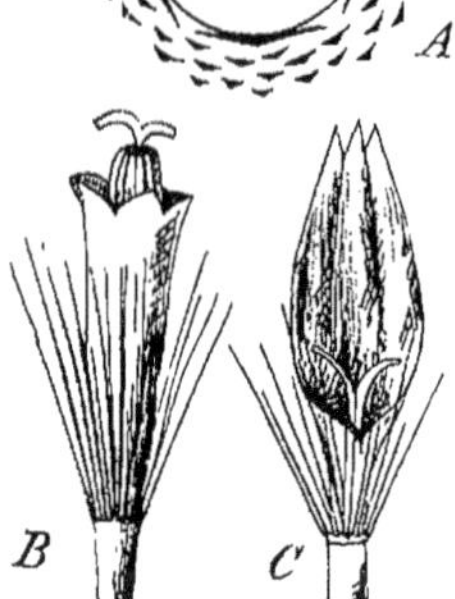

Fig. 931. — **Composées.** Diagramme (A) et fleurs (B, C) de *Senecio Jacobæa.*

Fig. 932. — **Composées,** *Eupatorium cannabinum.*

L'*E. cannabinum* est commun dans les fossés humides et les marécages; 2 espèces du Brésil (*E. indigoferum* et *tinctorium*) donnent de l'indigo.

Carduus (Chardon). Plantes herbacées dressées, à feuilles alternes armées de dents épineuses. Capitules de fleurs purpurines ou blanches, toutes hermaphrodites ou dioïques par avortement. Involucre à n séries de bractées épineuses; akènes glabres, surmontés d'une aigrette de soies insérées sur un anneau caduc.

Mauvaises herbes en général. Le *C. Silybum marianum* est employé comme ornemental à cause de son feuillage quelquefois panaché de blanc; il est aussi diurétique et sudorifique.

Cynara (fig. 933). Herbes dressées à grandes feuilles séquées; grands capitules solitaires de fleurs purpurines, bleues ou blanches, entourées d'un involucre à larges bractées charnues

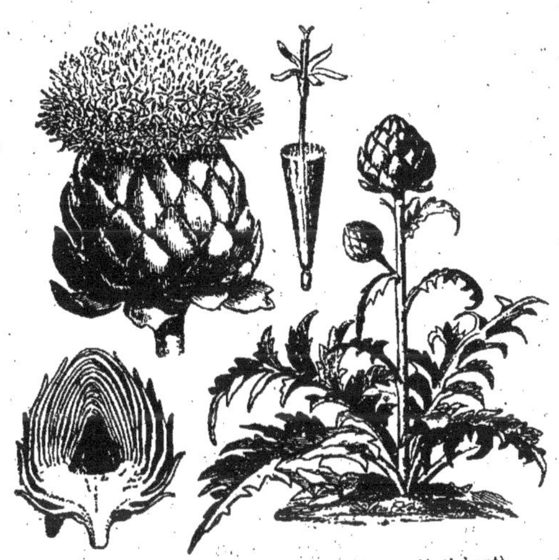

FIG. 933. — Composées. *Cynara Scolymus* (Artichaut).

à la base comme le réceptacle. Akènes avec aigrette comme *Carduus*.

On cultive comme légumes l'Artichaut (*C. Scolymus*) et le Cardon (*C. Cardunculus*) dont les racines et les nervures des feuilles étiolées sont consommées cuites.

Centaurea (Centaurée, fig. 934). Capitules pédonculés de fleurs neutres à corolle plus grande à la périphérie, et de fleurs hermaphrodites au centre. Fleurs de couleur variable avec les espèces, insérées sur un réceptacle plan chargé de soies.

Espèces communes : Bleuet (*C. cyanus*) à fleurs d'un bleu vif pour les plantes des champs; (*C. Jacea*) dont le bout des bractées de l'involucre est coloré. Nombreuses espèces ornementales.

Nos Centaurées indigènes sont amères, toniques et fébrifuges.

Carthamus (fig. 935). Herbes dressées rameuses; capitules à fleurs toutes hermaphrodites fertiles. Fleurs jaunes ou purpurines, jamais bleues, insérées sur un réceptacle plan couvert de soies.

Les fleurs jaunes du *C. tinctorius*, séchées à l'air à l'abri du soleil, sont

Fig. 934. — Centaurée : capitule. A droite, fleur détachée. — 5 ; aigrette. — 1 ; corolle gamopétale. — 4 ; androcée dont les étamines sont soudées par les anthères. — 5 ; stigmate du pistil.

Fig. 935. — **Composées.** *Carthamus tinctorius* (Carthame).

employées pour la teinture de la soie en jaune et en rouge; elles contiennent la *carthamine*, soluble dans l'alcool et non dans l'eau.

II. Liguliflores.— *Fleurs toutes ligulées, à 5 dents. Capitules à fleurs toutes hermaphrodites fertiles.*

Fig. 936. — **Composées.** *Hieracium murorum.*

Scolymus. Herbes dressées glabres, à feuilles alternes plus ou moins découpées, à lobes épineux. Capitules sessiles de fleurs jaunes, insérées sur un réceptacle conique chargé de paillettes comprimées.

La racine du *S. hispanicus* est comestible, sauf le cylindre central.

Cichorium (Chicorée). Herbes dressées, rameuses, à feuilles découpées. Fleurs bleues, insérées sur un réceptacle plan et nu.

De nombreuses variétés en sont cultivées comme salade, dérivées de *C. Endivia* (Chicorée frisée). *C. Intybus* (Barbe de Capucin qui a poussé en cave et présente de jeunes pousses étiolées, amères).

Hieracium (fig. 936). *Taraxacum. T. Dens leonis* (Pissenlit, fig. 937). Herbe à feuilles dentées. Fleurs jaunes insérées dans un

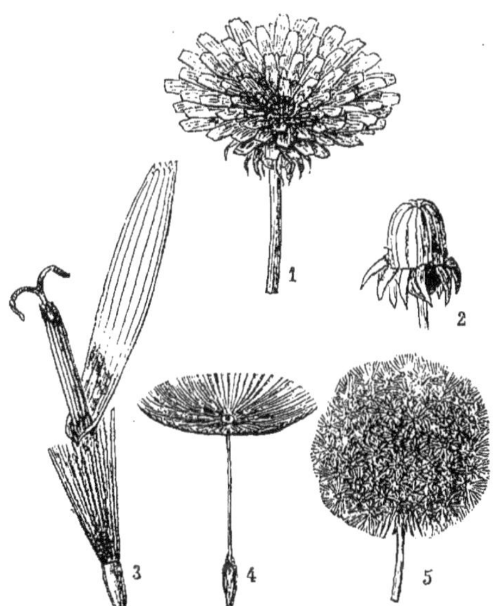

Fig. 937. — **Composées.** *Taraxacum Dens leonis* (Pissenlit). — 1; capitule de fleurs développées. — 2; fleurs épanouies. — 3; une fleur isolée. — 4; un fruit isolé. — 5; ensemble des fruits avec leurs aigrettes.

involucre campanulé, sur un réceptacle plan, nu; akènes prolongés en un bec mince avec une aigrette de soies.

Le Pissenlit est consommé en salade.

Lactuca (Laitue). Capitules de fleurs jaunes ou bleues contenues dans un involucre cylindrique, sur un réceptacle plan et nu. Abondant latex.

De nombreuses variétés de Laitues (*Laitues pommées* et *Laitues romaines*) sont cultivées pour la consommation en salade.

Sonchus (Laiteron, fig. 938). Herbes à feuilles embrassant la tige par 2 lobes de formes variables suivant les espèces.

Fig. 938. — **Composées.** *Sonchus asper.*

Tragopogon (Salsifis). Herbes à feuilles alternes, linéaires. Capitules terminaux de fleurs jaunes ou purpurines insérées dans un involucre cylindrique, sur un réceptacle plan.

La racine du Salsifis blanc (*T. porrifolius*), comme celle du Salsifis noir (*Scorzonera hispanica*), se mange après cuisson ; les feuilles sont consommées en salade.

III. **Radiées**. — *Fleurs centrales régulières et tubuleuses; fleurs périphériques ligulées avec 3 dents.*

Bellis (Pâquerette, fig. 939). Capitules solitaires à fleurs ligulées femelles blanches ou roses (1 série), à fleurs centrales régulières hermaphrodites et jaunes. *B. perennis*, ornementale. — *Aster*. Capitules solitaires ou groupés; fleurs ligulées bleues, violettes ou blanches; fleurs régulières centrales jaunes, parfois

Fig. 939.
Composées. — *Bellis perennis* (Pâquerette).

Fig. 940.
Composées. — *Erigeron canadense.*

purpurines. Plusieurs espèces sont ornementales. — *Erigeron* (fig. 940). — *Helichrysum* (Immortelle). Capitules à fleurs périphériques femelles, disposées sur 2 ou 3 rangs; peu de fleurs centrales hermaphrodites. Toutes les fleurs sont jaunes, contenues dans un involucre de couleur variable.

On désigne par le même nom d'Immortelle les espèces des genres *Helichrysum* et *Gnaphalium*; les capitules jaunes d'*H. orientale* servent surtout à la confection des couronnes funéraires.

Inula. Fleurs toutes jaunes; les ligulées sont parfois blanches.

I. Helenium est aromatique; on la cultive comme plante d'ornement.

Helianthus. Grands capitules de fleurs jaunes, solitaires en général. 1 série de fleurs ligulées périphériques neutres, fleurs régulières centrales hermaphrodites.

Le Topinambour (*H. tuberosus*, fig. 440, T. I) est cultivé pour ses tubercules riches en sucre et en inuline; on en retire aussi de l'alcool. Le Soleil (*H. annuus*) est cultivé comme plante d'ornement, ainsi que le *Dahlia* aux racines charnues et aux gros capitules de couleur profondément modifiée par la culture.

Achillea (Achillée). Petits capitules disposés en corymbe; fleurs ligulées femelles, blanches, roses ou jaunes; fleurs centrales hermaphrodites jaunes.

L'Achillée Millefeuille (*A. millefolium*) est amère et astringente; l'*A. filipendulina*, aux capitules jaune vif, est ornementale.

Anthemis. Fleurs ligulées blanches ou jaunes; fleurs centrales jaunes, insérées sur un réceptacle convexe couvert de paillettes.

La Camomille romaine (*A. nobilis*) a des capitules odorants, toniques et digestifs.

Leucanthemum (Marguerite). — *Chrysanthemum* (Chrysanthème). Grands capitules plus ou moins pédonculés dont la couleur des fleurs a été très modifiée par la culture; réceptacle nu. Plante ornementale. — *Matricaria* (Matricaire). Petits capitules à fleurs ligulées blanches, à fleurs centrales jaunes, insérées sur un réceptacle nu. — *Tanacetum* (Tanaisie). Corymbes denses de capitules aux fleurs jaunes. Plante stimulante, très aromatique, mais toxique à haute dose. — *Artemisia* (Armoise). Fleurs toutes tubuleuses (les externes légèrement irrégulières) jaunes ou blanchâtres, formant de petits capitules diversement groupés; réceptacle plan ou hémisphérique, avec ou sans paillettes.

FIG. 941. — Composées. *Arnica montana.*

A ce genre appartiennent des espèces multiples : l'Estragon (*A. Dracunculus*) dont les feuilles aromatiques sont employées comme condiment; les *A. pauciflora, ramosa*, etc., dont les capitules constituent le *semen-contra* employé comme vermifuge; l'Absinthe (*A. Absinthium*) si tristement célèbre par l'abrutissement que causent les liqueurs alcooliques à la composition desquelles elle participe.

Arnica (fig. 941). Grands capitules solitaires. Plante stimulante, sudorifique, émétique à haute dose.

On prépare la *teinture de fleurs d'Arnica* employée pour guérir les contusions.

Senecio (Seneçon, fig. 942). Capitules solitaires ou groupés, à fleurs ligulées de couleurs variées, à fleurs centrales jaunes ou blanches, rarement purpurines. Réceptacle plan ou convexe, nu ou couvert de petites paillettes. *S. vulgaris*, *S. Jacobæa* : espèces très communes.

IV. **Labiatiflores.** — *Fleurs bilabiées, seules ou mélangées de fleurs régulières au centre, de fleurs ligulées périphériques.*

Fig. 942. — **Composées.** *Senecio vulgaris* (Seneçon vulgaire).

Fig. 943. — **Dipsacées.** *Scabiosa succisa* (Scabieuse).

Ces plantes appartiennent à la zone torride et surtout à l'Amérique méridionale.

50. — FAMILLE DES DIPSACÉES

Plantes généralement herbacées à feuilles opposées simples, sans stipules. Fleurs hermaphrodites zygomorphes, réunies en un capitule entouré d'un involucre. Constitution normale de la fleur : 5S + (5P + 5E) + (2C).

Étamines alternes avec les pétales et concrescentes avec le tube de la corolle; **anthères ordinairement libres**; *2 carpelles médians concrescents dont l'antérieur se développe seul en un ovaire avec 1 ovule anatrope. Fruit : akène. Graine avec 1 embryon droit occupant l'axe d'un albumen charnu.*

Les Dipsacées sont peu nombreuses.

Genres principaux : *Dipsacus* (Cardère); *Scabiosa* (Scabieuse, fig. 953); *Knautia;* ces plantes sont cultivées parfois comme plantes d'ornement.

Importance paléontologique des Phanérogames. — Les **Gymnospermes** sont représentées déjà pendant l'ère primaire par des **Cordaïtes** (*Dévonien-Permien*); par des **Cycadées** et quelques **Conifères** qui font une timide apparition au *Carbonifère moyen.*

A l'exception des **Gnétacées**, dont on ne connaît de représentants qu'à l'*époque quaternaire*, et des Cordaïtes éteintes dès la fin de l'*époque permienne*, les Gynmospermes s'épanouissent à travers les âges (ères secondaire, tertiaire et quaternaire) et nous offrent encore aujourd'hui de nombreuses formes arborescentes.

Bien que l'apparition des **Angiospermes** paraisse remonter au *Jurassique* et peut-être à une époque antérieure, c'est seulement au *Crétacé supérieur* que se manifeste l'épanouissement de la nouvelle flore. *Le Cénomanien est considéré comme la fin de l'***ère paléophytique** (prédominance des Cryptogames et des Gymnospermes dans nos contrées) *et comme le début de l'***ère néophytique** (prédominance des Angiospermes).

Les **Monocotylédones** sont d'abord représentées par des Palmiers, des Pandanées, des Bambous, etc.; les **Dicotylédones** par des Saules, des Peupliers, des Hêtres, des Platanes, des Figuiers, etc., qui dénotent un climat chaud lors de l'époque crétacée (Couches de Beausset, lignites de Fuveau).

L'*Éocène* comprend 2 phases au point de vue qui nous occupe ici : 1° l'*Éocène inférieur*, avec des Chênes, des Lauriers, de la Vigne, etc., attestant des conditions de végétation actuellement propres à la partie méridionale de la zone tempérée; 2° l'*Éocène moyen* et *supérieur* avec des Palmiers, des *Dracæna*, etc., qui indiquent une recrudescence de la chaleur.

Avec l'*Oligocène* apparaissent les *arbres à feuilles caduques* (Chêne, Érable, *Acacia*) associés à des espèces tropicales (Palmier, Camphrier). Puis les arbres à feuilles caduques prédominent sur les autres dans nos régions, indiquant l'existence d'une saison humide, relativement froide, succédant à une saison chaude. A l'*époque pliocène*, le *Chamærops humilis* seul représente en France les Palmiers. Le refroidissement s'accentue pendant l'*époque pléistocène* (période glaciaire) et la flore s'identifie plus complètement avec notre flore actuelle.

RÉPARTITION DES VÉGÉTAUX DANS LE TEMPS ET L'ESPACE

I. RÉPARTITION DANS LE TEMPS

Il est possible de résumer en un tableau général et succinct les connaissances paléontologiques que nous avons indiquées à la fin des chapitres concernant les 4 embranchements du règne végétal.

ÈRES

- quaternaire. — Migrations des espèces végétales sur le globe. = Espèces tropicales, tempérées, boréales.
- tertiaire. = Apparition des arbres à feuilles caduques et des **MUSCINÉES**.
- secondaire.
  - Crétacé = Apparition des **Dicotylédones** (les Gamopétales en dernier lieu).
  - Jurassique = Cycadées, Conifères. Apparition des **Angiospermes** (*Monocotylédones*).
  - Trias = Fougères (*Nevropteris*). Gymnospermes (*Voltzia*). Extinction des *Calamites*.
- primaire.
  - Permien = Diminution des Lycopodinées. Accroissement des Gymnospermes (*Walchia*).
  - Carbonifère. — Règne des Cryptogames vasculaires.
    - Houiller supérieur = *Pecopteris. Calamites. Cordaïtes.*
    - Houiller inférieur = *Nevropteris. Sigillaria. Cordaïtes.*
    - Culm. *Sphenopteris.* **Lépidodendrées. Calamodendrées.**
  - Dévonien = **Algues.** Équisétinées. **PHANÉROGAMES** (**Gymnospermes** : *Cordaïtes*).
  - Silurien = **THALLOPHYTES** (Algues ?). **CRYPTOGAMES VASCULAIRES** (**Équisétinées** : *Psilophyton, Annularia*).

II. RÉPARTITION DANS L'ESPACE

Nombreux sont les facteurs qui influent sur la répartition des Végétaux à la surface du globe. Si l'*oxygène*, la *chaleur* et l'*humidité* sont seuls indispensables à la germination des graines, les plantes issues de ces graines doivent, en outre, recevoir de la *lumière* et trouver dans le *sol* les éléments nutritifs qui leur conviennent.

Pour chaque plante, il existe un *optimum* concernant chacun des facteurs énumérés ci-dessus, c'est-à-dire que l'accroissement maximum n'est pas obtenu pour la plante A dans les mêmes conditions que pour la plante B ; la lutte pour l'existence aidant, les divers végétaux se sont distribués sur le globe de la manière la plus conforme à leurs exigences et aux conditions du milieu. Quelques exemples rendront cette conclusion plus saisissante.

Oxygène. — Les *plantes terrestres* trouvent dans l'air une quantité d'oxygène suffisante, à quelque altitude que ce soit ; mais si leurs parties souterraines en sont partiellement privées (sol trop compact), ces plantes dépérissent et meurent.

Si les *plantes aquatiques* des eaux courantes respirent facilement, il n'en est pas de même de celles qui fréquentent les eaux stagnantes ; certaines d'entre elles, les *Lemna*, pullulant à la surface de l'eau, empêchent l'accès de l'air dans les couches profondes où toute végétation active devient impossible (fermentations anaérobies).

Humidité. — Il convient d'envisager ici l'*humidité du sol* et l'*humidité de l'air*. Dans nos contrées, par exemple, les Algues, le Nénuphar, l'*Elodea*, la Renoncule aquatique, la Sagittaire se développent dans l'eau; le Jonc, le *Carex*, le Roseau, le Saule, le Peuplier, l'Aulne se plaisent au bord des ruisseaux; mais le Paturin, la Flouve, le Dactyle, le Trèfle, le Pavot, nos divers arbres fruitiers, la plupart de nos arbres forestiers, préfèrent un sol moins humide; la Bruyère (fig. 944), le Genévrier, l'Ajonc, le Sapin pectiné croissent dans les terrains secs.

Fig. 944. — Bruyère.

Le Myrte, les Lauriers, le Houx, le Chêne vert, le Figuier, le Pin maritime, le Pin d'Alep affectionnent les côtes de l'Atlantique et de la Méditerranée où l'état hygrométrique de l'air est assez élevé.

La flore des pays où la sécheresse est extrême ne comprend pas d'arbres, mais quelques arbustes rabougris et épineux pourvus de tiges vertes sans feuilles, des Chénopodées à tige et feuilles charnues, des Graminées à feuilles dures et piquantes.

Chaleur. — Toute plante se développe si elle trouve dans le milieu extérieur la quantité de chaleur qui lui est nécessaire, entre des limites de température [t et T], variables pour chaque espèce végétale. Or, la température en un point du globe est fonction de la *latitude* et de l'*altitude* de ce lieu; les modifications que subit avec la latitude la flore de l'équateur vers les pôles, ont une grande analogie avec celles qu'on observe à mesure qu'on fait l'ascension d'une haute chaîne de montagnes.

Quand on gravit les pentes de la chaîne des Alpes françaises, en partant du fond des vallées, on trouve successivement 5 zones caractérisées par une végétation spéciale :

1° La *zone inférieure*, s'élevant en moyenne jusqu'à 1300 mètres, où sont établies les cultures, les prairies; les bois de Chênes et de Hêtres y dominent (arbres à feuilles caduques);

2° La *zone subalpine*, de 1300 à 2200 mètres, où le Chêne a disparu; le Hêtre, qui persiste aux altitudes les plus basses, disparaît à son tour tandis que le Frêne, le Bouleau, l'Aulne vert et les Conifères (*Abies pectinata*, *Picea excelsa*) y forment de vastes forêts.

3° La *zone alpine inférieure*, de 2200 à 2500 mètres, caractérisée par les Rhododendrons (fig. 945), les Genévriers nains, *Anemone alpina*, *Phleum alpinum*, *Polygonum viviparum*, etc.

4° La *zone alpine supérieure*, de 2500 mètres à la limite des neiges persistantes, où ne se rencontrent plus que des Mousses, des Lichens et quelques espèces vivaces, à rhizomes très développés, protégés durant les grands froids par une épaisse couche de neige. Tels sont : *Ranunculus glacialis*, *Papaver alpinum* et *Salix herbacea*.

5° La *zone des neiges persistantes* dépourvue de végétation.

Lumière. — Les espèces de la 4° zone ne peuvent émettre leurs tiges aériennes, fleurir et fructifier que pendant une courte saison; mais alors *leur accrois-*

sement rapide est dû à l'intensité considérable de la lumière qu'elles reçoivent sur les hauts sommets où elles se développent; leur parenchyme est particulièrement riche en chlorophylle et ces végétaux, *à temps égal*, emmagasinent une quantité de radiation bien supérieure à celle des végétaux des plaines.

La lumière étant indispensable à toute plante verte, on comprend pourquoi il existe autant de *plantes épiphytes* dans les forêts vierges les plus impénétrables; ces plantes s'épanouissent aux dépens des arbres qui les supportent, à un niveau plus ou moins élevé, pour se rapprocher de la lumière qui leur parvient difficilement.

FIG. 945. — Rhododendron.

Sol. — Sans aucun doute la nature chimique du sol exerce son influence sur la répartition des espèces végétales; mais l'étude de cette question est peu avancée.

Les Chénopodées se développant dans un sol riche en sel marin acquièrent une structure charnue, ainsi que les plantes exposées sur le littoral.

La répartition actuelle des végétaux dépend nécessairement aussi de la flore des époques antérieures, des changements qu'a subis cette flore sous des influences diverses (migrations, phénomènes de descendance, lutte pour l'existence, modifications dans la distribution des continents et des mers, des chaînes de montagnes, etc.).

Telles sont les causes principales qui ont présidé à l'établissement des **flores naturelles** caractéristiques des **régions botaniques** actuelles du globe.

FLORES NATURELLES

I. **Flore arctique.** — Elle occupe la zone située entre la limite des neiges persistantes au Nord et la limite des arbres au Sud. Cette flore comprend : Lichens, Mousses, Saxifrages, Graminées, *Carex*, Rhododendrons, Bouleaux nains, Saules (*Salix lanata*, *S. polaris*), Airelles, etc.

Les parties souterraines des plantes vivaces y sont très riches en matière nutritive utilisée lors de la végétation estivale pour le développement des tiges aériennes toujours rabougries. *Ni cultures, ni forêts :* tels sont les caractères des vastes plaines arctiques appelées *toundras*.

II. **Flore des forêts boréales.** — *Ces forêts, formées seulement par quelques espèces végétales* qui comptent de nombreux représentants, peuvent se diviser, en Europe surtout, en 2 catégories : 1° les *forêts de Conifères,* septentrionales, avec le Pin sylvestre, l'Épicéa, le Mélèze, le Sapin de Sibérie, etc., à feuilles persistantes, auxquels s'adjoignent le Hêtre, le Chêne rouvre, le Bouleau (*Betula glutinosa*); 2° les *forêts d'arbres à feuilles caduques*, qui couvrent le centre de l'Europe, avec le Hêtre, le Chêne rouvre, l'Érable, le Frêne, le Tilleul, l'Orme, le Châtaignier, le Noyer, etc.

Sur les hauts massifs montagneux du centre de l'Europe, aux altitudes élevées, se rencontrent les forêts de Conifères avec les espèces : *Pinus sylvestris et Cembro*, Épicéa, Mélèze, Sapin, etc.

Dans l'Amérique du Nord, la région des forêts occupe surtout le Canada et l'est des États-Unis ; on y trouve quelques espèces particulières : Pin de Wey-

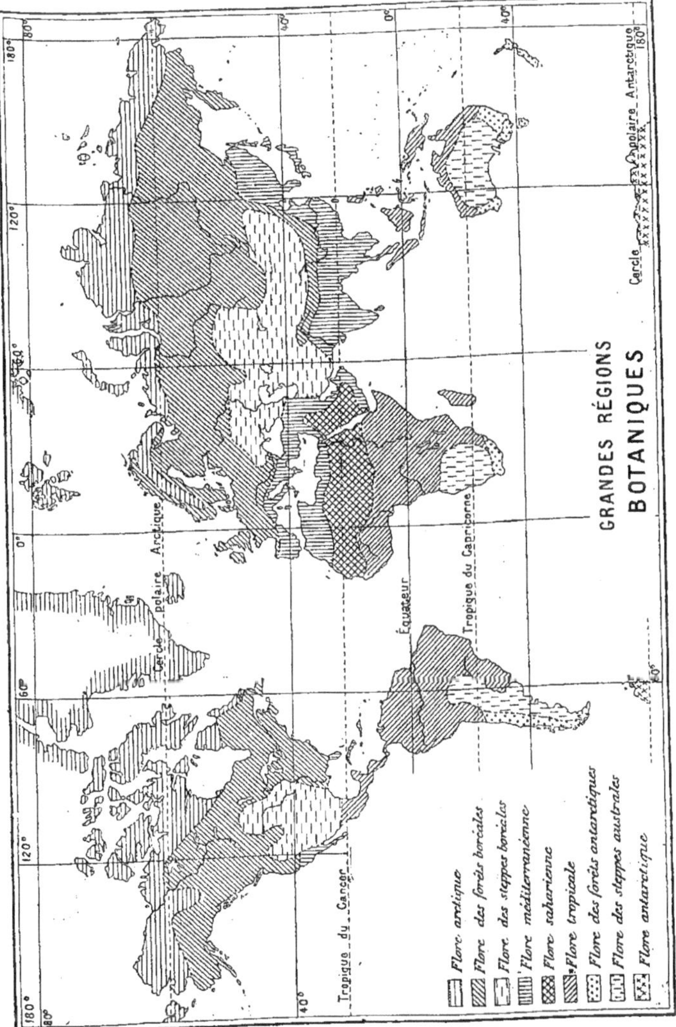

mouth, *Abies balsamea*, *Larix americana*, *Thuya occidentalis* et *gigantea*, etc., et, plus au sud (Floride), Tulipier, *Magnolia*, Palétuvier, Palmier, *Yucca*.

III. **Flore des steppes et prairies boréales.** — Dans l'Ancien continent (Eurasie), la Russie méridionale et tout l'espace compris entre les monts Khoukhounoor à l'est, l'Himalaya, l'Indus, le sud de l'Euphrate et le littoral de l'Asie Mineure sont couverts de *steppes;* ce sont de vastes espaces dotés d'un été très sec et chaud auquel succède un hiver rigoureux; ni forêts, ni cultures dans ces régions où il pleut seulement au printemps et en automne. La végétation y consiste : en Graminées à feuilles piquantes (*Stipa*, *Andropogon*), en Chénopodées charnues dans les steppes salées voisines de la mer Caspienne, en Astragales à gomme, en Armoises protégées par un duvet abondant, en Liliacées bulbeuses et en Iridées à rhizome.

Les mêmes buissons de Chénopodées et d'Armoises se rencontrent en Amérique dans la région des Plateaux (Montagnes Rocheuses) et dans le grand désert Salé (région de l'Utah); mais l'immense bassin du Mississipi, qui s'étend à l'est, est riche en Graminées, Mimosées, Composées, etc., et en plantes grasses (Cactées et Agavés).

IV. **Flore méditerranéenne.** — Les bords de la Méditerranée jouissent d'une température assez uniforme; on y trouve une flore spéciale peuplant des *buissons toujours verts.*

Myrte, Arbousier, Laurier, Laurier-rose, Chêne vert, Chêne-liège, Olivier, Grenadier, Oranger, Mûrier, *Palmier nain*, Pin parasol, Pin maritime, Cyprès, If, parmi les plantes arborescentes; Labiées diverses et odorantes (Lavande, Thym, Serpolet, Romarin); Monocotylédones bulbeuses (Narcisse, Tulipe, Jacinthe, etc.) parmi les plantes herbacées : tels sont quelques-uns des végétaux les plus importants dans cette région.

Des Salsolacées couvrent les plateaux de l'Espagne comme ceux de l'Asie Mineure.

La **flore californienne**, qui diffère par la nature des espèces de la flore méditerranéenne, présente avec elle une grande analogie quant à l'aspect de la végétation; les buissons toujours verts y comprennent, avec les Arbousiers, des Chênes (*Quercus agrifolia* et *densiflora*), des *Chamæcyparis* et des *Torreya*; le *Sequoia gigantea* s'y rencontre à plus de 1500 mètres d'altitude avec des individus qui peuvent atteindre 150 mètres de haut.

La **flore de la Chine orientale et du Japon** se rapproche des deux précédentes; mais l'hiver plus froid et les précipitations atmosphériques plus considérables impriment à cette flore un caractère particulier. Parmi les espèces arborescentes, de beaucoup les plus nombreuses, on trouve le Pin de Chine, le Pin de Bunge, le Cyprès funèbre, les genres *Podocarpus* et *Ginkgo*, le Hêtre et le Châtaignier japonais, des Érables, des Frênes et des Tilleuls; les genres *Aucuba*, *Ilex*, *Cinnamomum Camphora*, *Camellia Thea* (arbre à thé), *Hibiscus*, *Aralia papyrifera*, le Mûrier à papier, etc., sont associés aux Laurinées qui rappellent la flore méditerranéenne; les Bambous, les Palmiers (*Corypha*), qu'on y trouve aussi, rappellent la flore tropicale.

V. **Flore saharienne.** — La région du Sahara occupe, au sud du Maroc, de l'Algérie, de la Tunisie et de la Tripolitaine, une large bande limitée du côté de l'équateur par la région du Soudan; on peut y adjoindre l'Arabie.

Le Sahara est une vaste étendue de sables, de dunes mouvantes, entrecoupée de vallées (*oueds*) où se trouvent de nombreuses oasis dues au peu de profondeur des nappes d'eau souterraines. En ces seuls points privilégiés, on trouve le Dattier, divers arbres fruitiers et des Cucurbitacées (Pastèque, Concombre, Citrouille); çà et là, dans les dunes, quelques buissons épineux d'*Ephedra* et des Graminées rabougries, des Salsolacées dans les régions salées, des amas de *Parmelia esculenta* (manne) résistant longtemps à la sécheresse; plus au sud des Acacias à gomme.

VI. **Flores tropicales.** — Remarquable par l'abondance des espèces végétales et par leur développement extraordinaire, la flore tropicale présente toujours deux aspects : les *savanes* et la *forêt*.

Les **savanes** sont de vastes plaines couvertes de hautes herbes avec des bouquets d'arbres disséminés çà et là, surtout le long des cours d'eau. Les herbes sont des Graminées (Canne à sucre, *Andropogon* dépassant parfois 7 mètres, Bambou), des Labiées, des Scrofulariées, de nombreuses plantes à bulbe et des Cactées.

Les **forêts** consistent en masses plus au moins compactes d'arbres enchevêtrés ou non par des lianes qui les rendent parfois impénétrables. Dans les *Jungles* de l'Inde et de la Malaisie, les principales espèces arborescentes sont : des Palmiers-éventails (*Borassus*), des Rotangs, des *Phœnix*, des Palmiers à bétel (*Areca Catechu*), des Cocotiers, des Sagoutiers, des *Pandanus*, des *Acacia*, le Figuier des pagodes, des *Cycas*, des *Dracæna*.

Les forêts d'Afrique, très épaisses particulièrement dans le bassin du Congo, renferment des *forêts de Palmiers* de diverses espèces, surtout le Palmier à bétel, le Palmier à huile (*Elæis*) et le Palmier à vin (*Raphia vinifera*), des Acacias épineux (*Acacia arabica*), le Figuier sycomore, des *Zamia*, des Fougères arborescentes dans les régions un peu élevées, des Palétuviers (*Rhizophora*) qui forment sur les côtes de véritables forêts aux troncs submergés quelquefois par la marée.

Les espèces sont assez différentes et bien plus variées dans les forêts américaines qui s'étendent du Mexique méridional jusqu'au sud du Brésil, en comprenant les Antilles. On y trouve l'arbre à cire (*Ceroxylon*), le Palmier à huile, le *Phytelephas* duquel on extrait l'ivoire végétal, le *Cardulovica* dont on se sert pour fabriquer les chapeaux de panama, l'Acajou, le Bois de Campêche, divers *Mimosa*, des *Zamia et Ceratozamia*, des Liliacées arborescentes (*Fourcroya*, *Yucca*, *Agave*) et des plantes grasses (Cactées et Euphorbes), etc. Les lianes sont très nombreuses dans les forêts vierges du Brésil et des Guyanes; à citer la Vanille et la Salsepareille sur les troncs des arbres.

La forêt tropicale du **bassin de l'Amazone**, en particulier, présente à distinguer deux types : les *parties fréquemment submergées des bords du fleuve* avec des arbres de taille moins élevée (surtout des Palmiers), et la *forêt non submergée* où se développent beaucoup de Fougères et les plantes épiphytes les plus variées. Dans les cours d'eau et les lacs de ce bassin se trouve le Nénuphar gigantesque (*Victoria regia*), dont les feuilles atteignent 2 mètres de diamètre.

A mesure qu'on s'élève sur les **hauts plateaux de la zone tropicale** (versant méridional de l'Himalaya, Andes), les espèces tropicales disparaissent peu à peu (Palmiers, Bananiers, Fougères arborescentes)[1]. Au-dessus de 3000 mètres, on trouve dans la région des forêts des formes appartenant à la zone tempérée (Chêne, Quinquina sur la pente orientale des Andes, Épicéa, Bouleau); plus haut, on observe des Anémones, des Renoncules, des Gentianes, des Graminées, des Carex; en dernier lieu, des Mousses et des Lichens dans la région qui borde la zone des neiges persistantes.

VII. **Flore des steppes australes.** — Entre le 20e et le 50e degré de latitude Sud, on trouve des steppes et des déserts, en Australie, en Afrique (*région de Kalahari*) et en Amérique (*pampas*).

Au centre de l'Australie, les steppes sont herbeuses ou salées; on y trouve des espaces couverts d'un gazon de Graminées servant au pâturage, ou bien des fourrés de buissons formés par des Bruyères et des Protéacées.

Au nord, la *savane forestière* (*Grassland*), jouissant d'une plus grande humidité, constitue de véritables prairies boisées où prospèrent les Graminées au milieu de forêts d'*Eucalyptus* et d'Acacias à feuilles souvent verticales et toujours vertes.

1. Les Bambous persistent jusqu'à 3700 mètres d'altitude sur l'Himalaya.

Sur le littoral poussent des espèces déjà signalées dans la flore tropicale malaise (*Caryota*, *Pandanus*, *Calamus*, *Araucaria*).

Au S.-E. de l'Australie sont des forêts occupant les montagnes élevées, où les *Eucalyptus* et les Acacias sont associés à des Hêtres, à des Fougères arborescentes, etc.

Au sud de l'Afrique tropicale, on trouve la *région de Kalahari* qui s'étend presque jusqu'au Cap de Bonne-Espérance; elle consiste en steppes herbeuses (avec des buissons d'Acacias épineux plus ou moins arborescents) qui forment un croissant autour de la partie déserte occupant la côte Ouest et le centre de la région. Dans la partie déserte, on rencontre *Welwitschia mirabilis* (page 642), *Cucumis caffer* qui rappelle la pastèque de la Méditerranée, et diverses plantes grasses, notamment des Mésembryanthémées et des Aloès.

La flore du Cap, qui occupe une bande étroite sur la côte méridionale de l'Afrique, rappelle assez la flore du S.-E. de l'Australie et celle de la Méditerranée par la quantité de buissons et d'arbres toujours verts qu'on y rencontre; les Bruyères, les Myrtacées et les Protéacées y sont abondantes, ainsi que les plantes bulbeuses; les forêts de Conifères (*Podocarpus*) s'y rencontrent comme dans les forêts antarctiques de l'Amérique du Sud.

En Amérique, la région des *Pampas* s'étend dans l'immense triangle limité au Nord par le Brésil, à l'Ouest par les Andes, à l'Est par l'océan Atlantique; elle forme des plaines sans forêts, couvertes de petites *Graminées annuelles*, de Légumineuses, de Salsolacées dans les steppes salées et de Cactées (*Opuntia*). Le long des cours d'eau se trouvent des arbres à feuilles caduques.

A l'ouest de la Cordillère des Andes, l'étroite bande limitée par l'océan Pacifique et qui s'étend du Chili méridional à la Terre de Feu est recouverte de *forêts* dites *antarctiques*, où dominent les Hêtres nains antarctiques (*Fagus antarctica*, *F. betuloïdes*), le Cyprès, le Pin et le Sapin austral, qu'on retrouve dans les forêts de la Nouvelle-Zélande. La flore des prairies humides de cette même région contient de nombreux genres des régions forestières boréales (*Ranunculus*, *Galium*, *Gentiana*, *Primula*, *Veronica*, etc.); les Fougères sont nombreuses, aussi bien au sud de l'Amérique que dans la Nouvelle-Zélande.

VIII. **Flore antarctique.** — Les quelques végétaux trouvés dans la zone glaciale antarctique consistent en Mousses et en Lichens exclusivement.

I. — CLASSIFICATIONS DES ANIMAUX.

DEGRÉS d'organisation	SÉRIES	EMBRANCHEMENTS	CLASSES	ORDRES
PROTOZOAIRES			Rhizopodes	Amiboïdes. Foraminifères. Radiolaires.
			Sporozoaires	Microsporidies. Myxosporidies. Sarcosporidies. Grégarinides.
			Mégacystidés.	
			Infusoires	Flagellifères. Ciliés. Tentaculifères.
MÉTAZOAIRES. I. — [PHYTOZOAIRES]	1. Spongiaires		Éponges calcaires.	Homocèles. Hétérocèles.
			Éponges non calcaires.	Hexactinellides. Spiculispongiés. Cornacuspongiés. Myxospongiés.
	2. Polypes	HYDROZOAIRES.	Hydrides.	
			Hydroméduses	Tubulaires. Campanulaires.
			Trachyméduses	Trachoméduses. Narcoméduses.
			Siphonophores	Siphonanthes. Disconanthes.
		SCYPHOZOAIRES	Acalèphes.	
			Anthozoaires	Tétracoralliaires. Hexacoralliaires (Zoanthaires). Octocoralliaires (Alcyonnaires).
			Cténophores.	
	3. Échinodermes.	ANANGIÉS.	Stellérides	Tétrasériés. Bisériés.
			Ophiurides	Ophiures. Euryales.
		ANGIOPHORES	Crinoïdes	Paléocrinoïdes. Néocrinoïdes.
			Échinides (Oursins)	Oursins réguliers. Clypéastroïdes. Spatangoïdes.
			Holothurides	Pédieux. Apodes.

II. — CLASSIFICATIONS DES ANIMAUX (*suite*).

DEGRÉS d'organisation	SÉRIES	EMBRANCHEMENTS	CLASSES	ORDRES
MÉTAZOAIRES. II.— [ARTIOZOAIRES]	4. Chitinophores.	ARTHROPODES.	*Branchiates.* Mérostomacés.	Xiphosures. *Euryptéridés.* *Trilobites.*
			Branchiates. Crustacés. Malacostracés. Podophthalmes.	Décapodes. Schizopodes. Stomatopodes.
			Branchiates. Crustacés. Malacostracés. Edriophthalmes.	Cumacés. Amphipodes. Isopodes.
			Branchiates. Crustacés. Entomostracés.	Copépodes. Ostracodes. Branchiopodes. Cirripèdes. Kentrogonides. Pygnogonides.
			Trachéates. Arachnides.	Arthrogastres. Aranéides. Acariens. Linguatulides. Tardigrades.
			Trachéates. Onychophores.	*Peripatus.*
			Trachéates. Myriapodes.	Chilopodes. Chilognathes.
			Trachéates. Insectes.	Coléoptères. Strepsiptères. Orthoptères. Thysanoures. Pseudonévroptères. Névroptères. Hyménoptères. Lépidoptères. Hémiptères. Diptères. Parasites.
		NÉMATHELMINTHES.	Chætognathes. Chætosomidés. Nématodes. Gordiens. Acanthocéphales.	

III. — CLASSIFICATIONS DES ANIMAUX (*suite*).

DEGRÉS d'organisation	SÉRIES	EMBRANCHEMENTS	CLASSES	ORDRES
MÉTAZOAIRES. II. — [ARTIOZOAIRES] (*suite*).	5. Néphridiés.	LOPHOSTOMÉS	Rotifères.	
			Bryozoaires	Ectoproctes.
				Entoproctes.
				Ptérobranches.
			Brachiopodes	Articulés.
				Inarticulés.
		VERS	*Annelés.* Chétopodes	Polychètes.
				Oligochètes.
			Annelés. Hirudinées	Gnathobdellides.
				Rhynchobdellides.
			Géphyriens.	
			Némertes.	
			Plathelminthes. Turbellariés	Dendrocèles.
				Rhabdocèles.
				Acèles.
			Plathelminthes. Trématodes	Distomiens.
				Polystomiens.
			Plathelminthes. Cestodes	Téniadés.
				Bothriocéphalidés.
				Tétraphyllidés.
			Pseudhelminthes	Dicyémides.
				Orthonectides.
		MOLLUSQUES	Amphineures	Solénogastres.
				Placophores.
			Gastéropodes: Prosobranches	Diotocardes.
				Hétérocardes.
				Monotocardes.
			Gastéropodes: Pulmonés	Stylommatophores.
				Basommatophores.
			Gastéropodes: Opisthobranches	Tectibranches.
				Nudibranches.
				Ptérobranches.
			Scaphopodes	*Dentalium.*
			Lamellibranches	Protobranches.
				Filibranches.
				Eulamellibranches.
			Céphalopodes	Dibranchiaux.
				Tétrabranchiaux.

IV. — CLASSIFICATIONS DES ANIMAUX (*fin*).

DEGRÉS d'organisation	SÉRIES	EMBRANCHEMENTS	CLASSES	ORDRES
MÉTAZOAIRES. II. — [ARTIOZOAIRES] (*fin*).	5. Néphridiés (*fin*).	PROTOCHORDES.	Hémichordes.....	*Balanoglossus.*
			Urochordes (Tuniciers).	Appendiculaires.
				Ascidiacés.
				Thaliacés.
			Céphalochordes. .	*Amphioxus.*
		VERTÉBRÉS......	Anamniens. Poissons......	Cyclostomes.
				Sélaciens.
				Ganoïdes.
				Dipnoï.
				Téléostéens. Physostomes.
				Lophobranches.
				Plectognathes.
				Anacanthiniens.
				Acanthoptérygiens.
			Amphibiens...	Gymnophiones.
				Urodèles.
				Anoures.
				Stégocéphales.
			Amniens. Reptiles......	Rhynchocéphales.
				Chéloniens.
				Lépidosauriens. Sauriens.
				Ophidiens.
				Crocodiliens.
				Anomodontes.
				Enaliosauriens.
				Ptérosauriens.
				Dinosauriens.
			Oiseaux....	Carinates. Grimpeurs.
				Rapaces.
				Passereaux.
				Colombins.
				Gallinacés.
				Échassiers.
				Palmipèdes.
				Ratites. Struthioniformes.
				Aptérygiformes.
				Hespérornidés.
				Saururés.
			Mammifères...	Monotrêmes.
				Marsupiaux.
				Édentés.
				Cétacés.
				Siréniens.
				Périssodactyles.
				Artiodactyles.
				Proboscidiens.
				Hyracoïdes.
				Rongeurs.
				Insectivores.
				Cheiroptères.
				Pinnipèdes.
				Carnivores.
				Lémuriens.
				Singes.
				Hommes.

V. — CLASSIFICATIONS DES VÉGÉTAUX.

EMBRANCHEMENTS	CLASSES	ORDRES	FAMILLES
I. Thallophytes.	CHAMPIGNONS.	Myxomycètes...	Endomyxées.
			Cératiées.
			Acrasiées.
		Oomycètes......	Chytridinées.
			Mucorinées.
			Péronosporées.
			Saprolégniées.
			Monoblépharidées.
		Ascomycètes...	Gymnoascées.
			Discomycètes.
			Tubéracées.
			Pyrénomycètes.
		Basidiomycètes.	Trémellinées.
			Hyménomycètes.
			Gastromycètes.
		Hypodermées...	Ustilaginées.
			Urédinées.
	ALGUES.	Cyanophycées..	Bactériacées.
			Nostocacées.
		Chlorophycées..	Conjuguées.
			Confervacées.
			Siphonées.
			Protococcées.
			Cénobiées.
		Phéophycées....	Diatomées.
			Hydrurées.
			Phéosporées.
			Dictyotées.
			Fucacées.
		Floridées......	Bangiées.
			Némaliées.
			Corallinées.
			Rhodyméniacées.
		Characées.	
	LICHENS.		Ascosporés.
			Basidiosporés.

VI. — CLASSIFICATIONS DES VÉGÉTAUX (*suite*).

EMBRANCHEMENTS	CLASSES	ORDRES	FAMILLES
II. Muscinées	HÉPATIQUES		Anthocérées. Ricciées. Marchantiées. Pelliées. Jungermanniées.
	MOUSSES		Sphagnées. Andréacées. Phascacées. Bryacées.
III. Cryptogames vasculaires	FILICINÉES	Fougères	Hyménophyllées. Gleichéniées. Cyathéacées. Polypodiacées. Osmundées. Schizéacées.
		Marattinées	Marattiacées. Ophioglossées.
		Hydroptéridées	Salviniacées. Marsiliacées.
	ÉQUISÉTINÉES		Équisétacées. *Annulariées.*
	LYCOPODINÉES		Lycopodiacées. Isoétées. Sélaginellées. *Lépidodendrées.*
IV. Phanérogames	GYMNOSPERMES		*Cordaïtées.* Cycadinées. Conifères. Gnétacées.
	ANGIOSPERMES. Monocotylédones	Gramininées	Graminées. Cypéracées. Lemnacées. Naïadacées. Aroïdées. Typhacées.
		Joncinées	Palmiers. Joncacées.
		Liliinées	Alismacées. Liliacées.
		Iridinées	Amaryllidées. Iridées. Scitaminées. Orchidées. Hydrocharidées.
	ANGIOSPERMES. Dicotylédones (Voir TABLEAU VII).		

VII. — CLASSIFICATIONS DES VÉGÉTAUX (*suite*).

EMBRANCHEMENTS	CLASSES	ORDRES	FAMILLES
IV. **Phanérogames.**	**ANGIOSPERMES** Dicotylédones.	**Apétales**........	+ Salicinées[1]. + Cupulifères. Juglandées. + Urticacées. + Euphorbiacées. + Chénopodiacées. + Polygonées. Thyméléacées. Santalacées. Loranthacées. Aristolochiées.
		Dialypétales....	+ Renonculacées. Berbéridées. + Hypéricinées. Clusiacées. Diptérocarpées. + Malvacées. Sterculiacées. Tiliacées. + Géraniacées. + Linées. + Rutacées. Ampélidées. + Caryophyllées. + Nymphéacées. + Papavéracées. Fumariacées. + Résédacées. + Violariées. + Droséracées. + Crucifères. + Légumineuses. + Rosacées. + Saxifragacées. Crassulacées. + Ombellifères. + Cucurbitacées.
		Gamopétales (Voir TABLEAU VIII).	

1. Les familles de Phanérogames qui ont reçu un plus grand développement dans le texte sont marquées d'une croix.

VIII. — CLASSIFICATIONS DES VÉGÉTAUX (*fin*).

EMBRANCHEMENTS	CLASSES	ORDRES.	FAMILLES
IV. **Phanérogames.**	ANGIOSPERMES Dicotylédones.	**Gamopétales....**	+ Primulacées. Oléacées. + Apocynées. Asclépiadées. Gentianées. + Solanées. + Borraginées. Convolvulacées. Valérianées. + Scrofulariées. Orobanchées. + Labiées. Verbénacées. + Rubiacées. Caprifoliacées. + Campanulacées. + Composées. Dipsacées.

INDEX ALPHABÉTIQUE

des noms *latins* et français.

I. — ANIMAUX

B

K

L

M

N

O

R

S

II. — VÉGÉTAUX

A

D

M

N

IMPRIMERIE E. CAPIOMONT ET Cie

PARIS
6, RUE DES POITEVINS, 6
(Ancien Hôtel de Thou)

www.ingramcontent.com/pod-product-compliance
Ingram Content Group UK Ltd.
Pitfield, Milton Keynes, MK11 3LW, UK
UKHW020125220726
13923UKWH00001B/5